解剖生理學

第二版

袁本治／黃經 著

Essentials of Anatomy and Physiology

自序

解剖生理學的特色就是由一大堆難記的專有名詞與奇形怪狀的人體解剖圖片所組成，除了要記清楚名詞與圖片相對應的位置，還要了解其中的化學作用與生理反應，致使學生的學習興趣降低而望之興嘆。

在大學護理系教授解剖生理學科時，常爲找不到一本不會失之過簡又不致太繁雜的參考書而煩惱，因此興起了撰寫解剖生理教科書的想法，正好五南出版社的編輯群也希望有本易懂易學的解剖生理學教科書，因而促成本書的完成。

此書前三章是人體生物學及化學的理論，中間六章是對身體各系統的介紹，最後七章則是人體重要器官與功能的描述。從初步易學開始認識人體解剖結構，到最後深入了解各系統器官生理的奧妙，並有臨床指引的單元，將臨床醫學常識導入本書之中，讓學生臨床專業與基礎知識結合並行，每章最後均有自我測驗可供學生了解本章學習之後的效果。

本書的完成，首先感謝黃經學姐答應協同編撰，沒有她努力不懈的編輯撰寫整理，就沒有本書的誕生。其次感謝李楷雯及方珮珍小姐的協助，本書才得以完成。最後感謝我的愛妻與家人無悔的付出。雖然校閱再三，但百密一疏在所難免，尚祈先進後學不吝指正。

袁本治、黃經

推薦序

在醫學院求學期間，最痛苦的科目是人體解剖生理學。因爲有太多繁冗的名詞與陌生的圖片要記，且須許多基本的化學和生物學的概念來了解，所以往往會讓醫學院學生對此二學科頭痛不已。

袁本治醫師兼任大學解剖生理學教師多年，深感缺乏一本好的解剖生理教科書，因此利用公餘之暇著手撰寫這本《解剖生理學》。

本書的編排方式由容易簡單入門，讓學生知曉解剖生理的基本概念，再深入認識人體器官與功能，前後章節連貫易懂，並視實際需要，輔以臨床新知的醫學常識，堪稱解剖生理的重要參考書目；亦是非醫學系的醫學院學生不可或缺的教科用書。

袁醫師在醫院服務二十餘年，教學研究認眞，深獲病患與同事愛戴。在大學護理系教授解剖生理學時，深入淺出，並以動畫的方式教學，更受學生的歡迎。本書的出版是初入醫學院學生的一大福音，也是醫護同仁對於解剖生理最好的參考書，故樂於推薦這本好書。

輔英科技大學執行董事

張惠人

目錄

第一章　緒論

本章大綱

解剖學與生理學的定義

人體組成的層次

身體系統介紹

恆定、正回饋、負回饋

- 恆定
- 正回饋機轉
- 負回饋機轉

解剖語言

- 解剖學姿勢

身體剖面

體腔

- 背側體腔
- 腹側體腔

腹部四象限分法與九分法

- 四象限分法
- 九分法

學習目標

1. 能了解解剖學和生理學的定義及範圍。
2. 能了解人體組成的各個階層。
3. 能了解人體的基本結構。
4. 能了解人體恆定的機轉。
5. 知道人體的解剖語言。
6. 能明白人體各項解剖面的定義。
7. 能清楚了解人體的主要體腔及重要器官位置的敘述方式。

解剖學與生理學的定義

人體解剖學（human anatomy）是研究人體各部位的構造及各構造之間相互關係的學問；而人體生理學（human physiology）則是探討人體各部位構造功能的學問。在探討人體構造與形態的同時，也應該了解每一構造的功能，兩者之間是不能完全分開的，因為各個部位的構造和功能是互相契合的。例如扁平足會影響走路功能，又如心臟功能不全者會使心臟肥大而引發衰竭，即是此道理。

人體解剖學與人體生理學涵蓋的範圍很廣，所包含的範疇如下所述：

1. 大體解剖學（gross anatomy）：研究可直接用肉眼觀察的人體構造。
   (1)系統解剖學：研究身體系統結構為主的科學。
   (2)局部解剖學：研究身體特定部位結構的科學。
2. 顯微解剖學（microscopic anatomy）：研究人體的顯微構造。
   (1)組織學：研究身體各組織的構造。
   (2)細胞學：研究身體細胞內的構造。
3. 發育解剖學（developmental anatomy）：研究從受精卵至成體的發育過程。
   (1)胚胎學：研究受精卵至第八週，在子宮內的胚胎發育過程。
   (2)畸形學：研究不正常的胚胎發育情形。
4. 病理解剖學（pathological anatomy）：研究人體因疾病導致身體構造變化的情形。
5. 一般生理學（general physiology）：研究體內的一般生理作用，為生理學通論。
6. 系統生理學（systemic physiology）：研究身體各系統的特殊功能，為生理學各論。
7. 比較生理學（comparative physiology）：比較各種動物間功能行使之差異及演化上的關係。
8. 應用生理學（applied physiology）
   (1)環境生理學：研究外在環境與人體生理功能間的關係。
   (2)病理生理學：研究身體正常生理與病變生理間功能變化的關係。

人體組成的層次

人體構造是由數個層次組成，彼此間相互關連（圖 1-1）。由最低至最高的層次依序為：

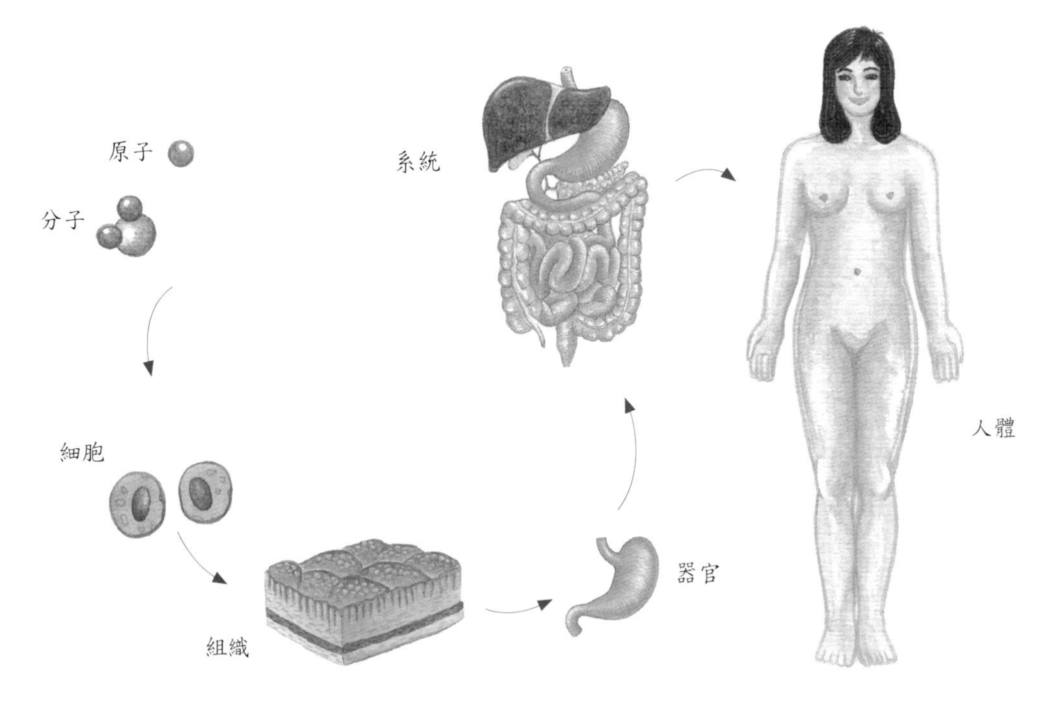

圖1-1 人體組成的層次，每個層次皆比前一個層次來得高級且繁雜。

1. 化學層次（chemical level）：是人體組成的最低層次，包括維持生命所必需的所有化學元素，此化學元素以不同方式組合成許多化學化合物。人體內有 26 種化學元素，其中氧、碳、氫、氮便占了 96%，其他尚包括鈣、磷及一些微量元素。
2. 細胞層次（cellular level）：是由化學化合物組成，是生物體在構造上及功能上的基本單位。例如人體有肌肉細胞、神經細胞、血細胞等。
3. 組織層次（tissue level）：是由相同胚胎來源、功能相似的細胞及細胞間質所組成。人體內有上皮組織、結締組織、肌肉組織、神經組織等四種基本組織。
4. 器官層次（organ level）：是由兩種或兩種以上之不同組織所組成，具有特定形狀及功能。例如腦、心臟、肺、肝、胃、血管等。
5. 系統層次（system level）：是由具有共同功能之器官所組成。例如心臟血管系統具有運輸功能，是由心臟和血管等器官組成。
6. 生物體層次（organismic level）：是指人體內所有的系統彼此配合，以行使功能而構成一生命體，是人體組成的最高層次。

身體系統介紹

1. 皮膚系統（integumentary system）：由皮膚、毛髮、指甲、汗腺、皮脂腺所組成。

具有調節體溫、保護身體、排除廢物，以及接受外在溫度、壓力及疼痛等刺激的功能。

2. 骨骼系統（skeletal system）：由硬骨、軟骨、韌帶、關節所組成。能支持保護人體的軟組織、造血，並與肌肉配合產生運動及儲存礦物質。
3. 肌肉系統（muscular system）：由肌肉及相關的結締組織所構成，包括骨骼肌、心肌、平滑肌。一般所講的肌肉，多指骨骼肌，具有產生運動、維持姿勢及產生能量等功能。
4. 循環系統（circulatory system）：由心臟、血管、血液所組成。具有運送氧氣、營養物質和廢物，以維持身體的酸鹼平衡，並抵抗疾病、形成血塊，以防止出血及幫助調節體溫。
5. 淋巴系統（lymphatic system）：由胸腺、脾臟、扁桃腺等淋巴器官及淋巴結、淋巴管、淋巴液所組成，能將蛋白質及血漿送回心臟血管系統，並將部分脂肪由消化道送至心臟血管系統，亦能過濾體液、製造白血球、抵抗疾病。
6. 神經系統（nervous system）：由腦、脊髓、神經細胞、感覺器官所組成，可藉由神經衝動來調節身體的活動。
7. 呼吸系統（respiratory system）：由鼻腔、咽、喉、氣管、支氣管、肺所組成，可供應身體氧氣、排除二氧化碳、幫助身體維持酸鹼平衡等功能。
8. 消化系統（digestive system）：由口腔、食道、胃、腸、肛門、唾液腺及肝臟、膽囊、胰臟等器官所組成，具有攝食、分解、吸收及排泄等功能。
9. 泌尿系統（urinary system）：由腎臟、輸尿管、膀胱及尿道所組成，具有排除廢物、維持體液及電解質平衡的功能。
10. 內分泌系統（endocrine system）：由腦下垂體、下視丘、甲狀腺、副甲狀腺、腎上腺、卵巢、睪丸、胃腸及松果體等腺體所組成，可藉由心臟血管系統輸送荷爾蒙來調節身體的活動，以維持身體的恆定功能。
11. 生殖系統（reproductive system）：由產生精子與卵的睪丸和卵巢、輸送精子與卵的管道及其他相關的腺體與構造所組成，具有繁殖生命的功能。

恆定、正回饋、負回饋

恆定

當外界環境改變時，生物體在某一範圍內可保持相當穩定的狀態，此狀態稱為恆定（homeostasis）。它足以應付急劇變化的外在環境，為一種動態平衡。人體內恆定現象的維持主要受神經系統及內分泌系統控制。

控制恆定的機轉至少包括了接受器（receptor）、控制中樞（control center），及動作器（effector）三個彼此關連的部分（圖1-2）。接受器能監測身體內、外環境的改變（即刺激），將訊息輸入控制中樞，而控制中樞是決定維持恆定的地方，它能分析輸入的訊息，然後做出適當的反應。反應由動作器輸出呈現，反應的結果再返回影響刺激。如果對刺激的影響是抑制性的，則稱為負回饋；若是促進性的，則稱為正回饋。

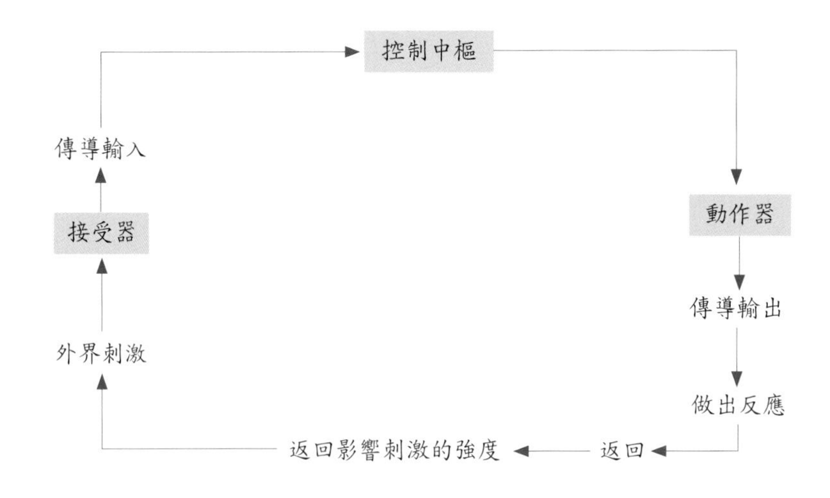

圖1-2　控制系統的組成

正回饋機轉

在回饋機轉中，當動作器受刺激而反應時會增強原來刺激者，稱為正回饋機轉（positive feedback mechanism）。例如分娩時，胎兒由母體子宮下降至產道，使子宮頸壓力升高，刺激了壓力接受器，將神經衝動傳至腦部，促使催產素（oxytocin）的分泌及釋放。催產素經由血液運送至子宮，促使子宮肌層收縮，催產素分泌越多，子宮肌層收縮會越厲害，直至嬰兒生下為止。

負回饋機轉

當接受器偵測到偏離設定值時，會將訊息傳至控制中樞，使動作器依刺激產生的反應結果與刺激強度相反，即為負回饋機轉（negative feedback mechanism）。人體恆定現象之維持大部分是靠負回饋機轉。例如體溫、血糖、大部分荷爾蒙等的調節皆屬於負回饋機轉，而胰臟分泌荷爾蒙來調節血糖濃度是最好的例子（圖1-3）。

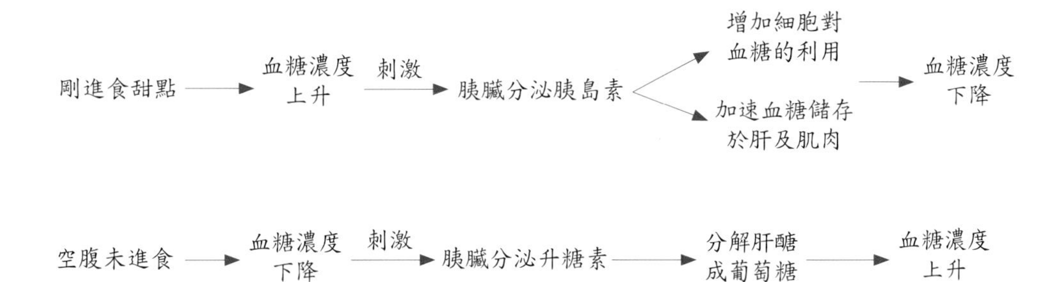

說明：進食造成血糖上升，空腹造成血糖下降，身體便以負回饋的方式維持正常血糖濃度的恆定。

圖1-3　胰臟分泌荷爾蒙調節血糖濃度的負回饋機轉

解剖語言

解剖學姿勢

是指人體直立面對觀察者，上肢自然下垂於身體兩側，下肢合併，手掌面朝前（圖1-4）。所有解剖學的描述皆是根據解剖學姿勢來表示，如此可避免描述部位混淆不清（表1-1）。

表1-1　指示方位的術語

名　詞	定　義	例　子
上側（顱側）	靠近頭部	心臟在胃的上側
下側（尾側）	靠近足部	頸部在頭部的下側
前側（腹側）	靠近身體的前面	胸骨在心臟的前側
後側（背側）	靠近身體的後面	食道位於氣管的後側
內側	靠近身體的正中線	脛骨位於小腿的內側
外側	遠離身體的正中線	拇指在小指外側
同側	位於身體的同側	肝臟與升結腸在同側
對側	位於身體的不同側	肝臟在脾臟的對側
近側	靠近軀幹或原始起點	肱骨位於尺骨的近側
遠測	遠離軀幹或原始起點	指骨在腕骨的遠側
淺層	靠近身體表面	肌肉位於骨骼的淺層
深層	遠離身體表面	肌肉位於皮膚的深層
壁層	貼近體腔壁	漿膜的外層
臟層	貼近內臟的被膜	漿膜的內層

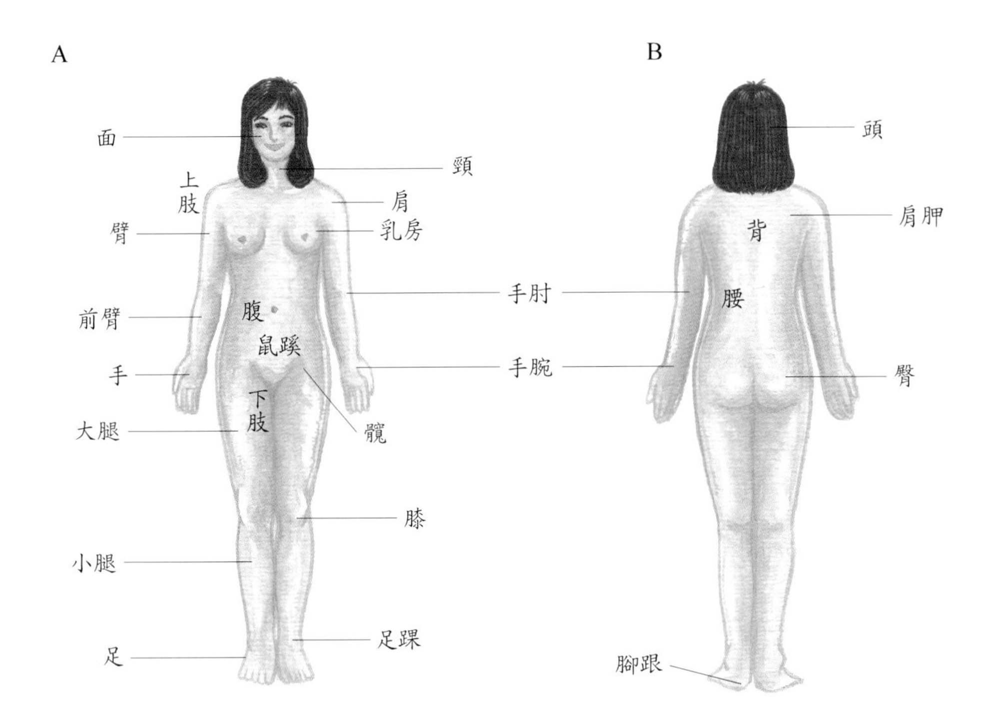

圖1-4 解剖學姿勢。A. 前面觀；B. 後面觀。

身體剖面

解剖的描述建構在通過身體解剖位置的三個常用基本切面上，切面之間彼此互相垂直（圖1-5）。

1. 矢狀切面（sagittal plane）：將身體由前後方向切開分成左右兩半，所形成的切面為矢狀切面。若切面通過身體的正中線，則稱為正中矢狀切面，故人體可以切成無數個矢狀面。
2. 冠狀切面（coronal or frontal plane）：將身體由左右方向切開分成前後兩半，所形成的切面稱為冠狀切面，又稱額狀切面。

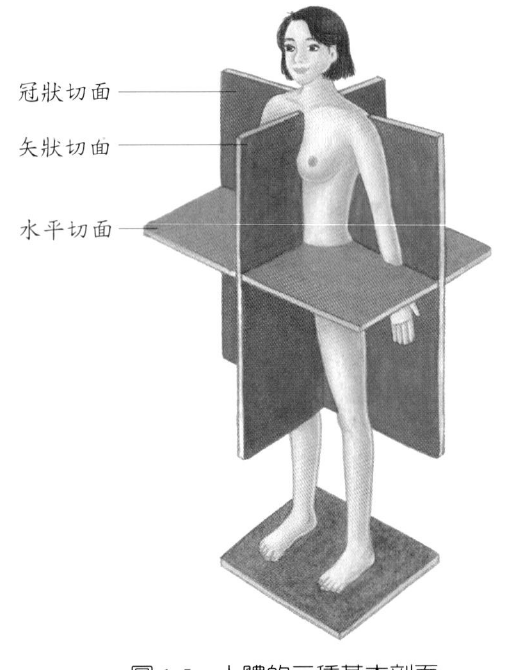

圖1-5 人體的三種基本剖面

3. 水平切面（horizontal or transverse plane）：將身體由水平方向切開分成上下兩半，所形成的切面稱為水平切面，又稱橫切面。

體腔

指人體內含有內部器官的空間（圖1-6），可分為背側體腔與腹側體腔。

背側體腔

背側體腔（dorsal body cavity）位於身體背側，又稱為後腔，含腦脊髓液，分成顱腔及脊髓腔兩部分。

顱腔

由顱骨圍成的空腔，內含腦，以枕骨大孔與椎管相通。

脊髓腔

由脊椎骨的椎孔相連而成，內含脊髓和脊神經根。

腹側體腔

腹側體腔（ventral body cavity）位於身體腹側，又稱為前腔，內有內臟器官，以橫膈隔開胸腔與腹盆腔。

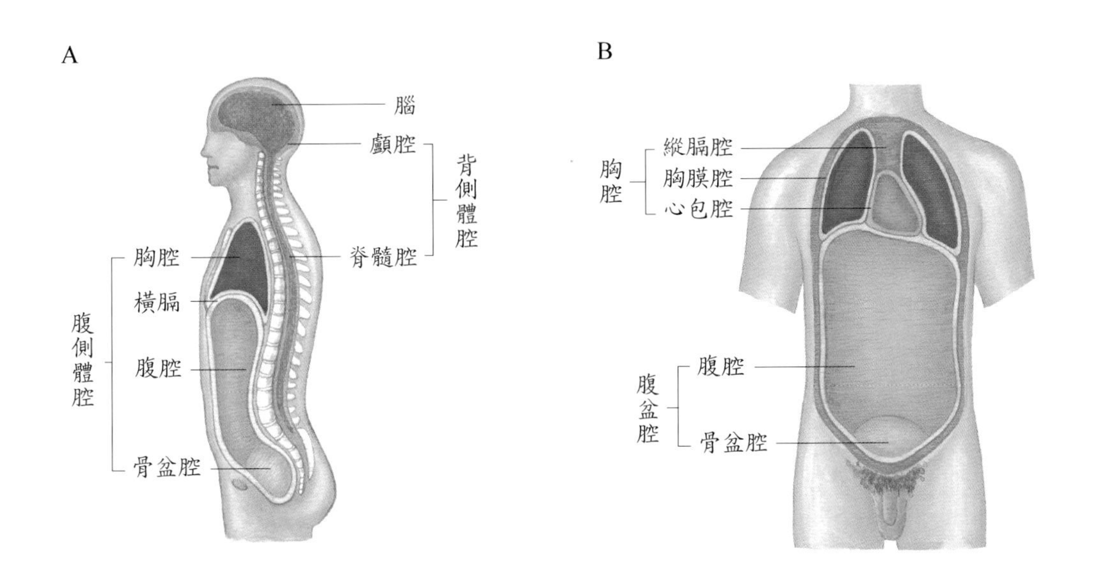

圖1-6　體腔。A. 在正中矢狀切面所見之體腔；B. 體腔之前面觀。

胸腔

1. 胸膜腔：由胸膜壁層與臟層圍成的空腔，左右各一，內無任何器官，只有少量液體（漿液）作為潤滑之用。胸膜的臟層覆蓋於肺臟表面。
2. 縱膈腔：位於左右肺之間，故不包含肺臟，亦即在胸骨至胸椎之間，由胸骨角至第四胸椎為界線分成上、下縱膈腔。上縱膈腔內包含了主動脈弓、上腔靜脈、迷走神經等；下縱膈腔又分成前、中、後縱膈腔。前縱膈腔內含胸腺，中縱膈腔內含心臟；後縱膈腔內含氣管、食道、迷走神經、交感神經等（圖 1 - 7）。
3. 心包腔：位於心包膜壁層與臟層圍成的空腔，內無任何器官，只有少量液體（漿液）作為潤滑之用。心包膜的臟層覆蓋於心臟表面。

腹盆腔

由薦骨岬至恥骨聯合連線成為腹腔與骨盆腔的分界線。

1. 腹腔：是體內最大的體腔。位於腹膜壁層與臟層之間，包住腹腔的器官，內含胃、脾、肝、膽、胰、小腸及部分大腸。
2. 骨盆腔：在腹腔的下方，內含膀胱、乙狀結腸、直腸、生殖器官。

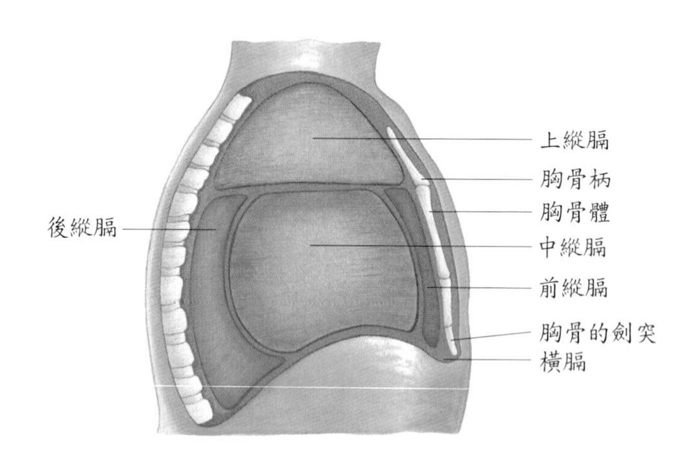

圖1-7　縱膈腔側面觀

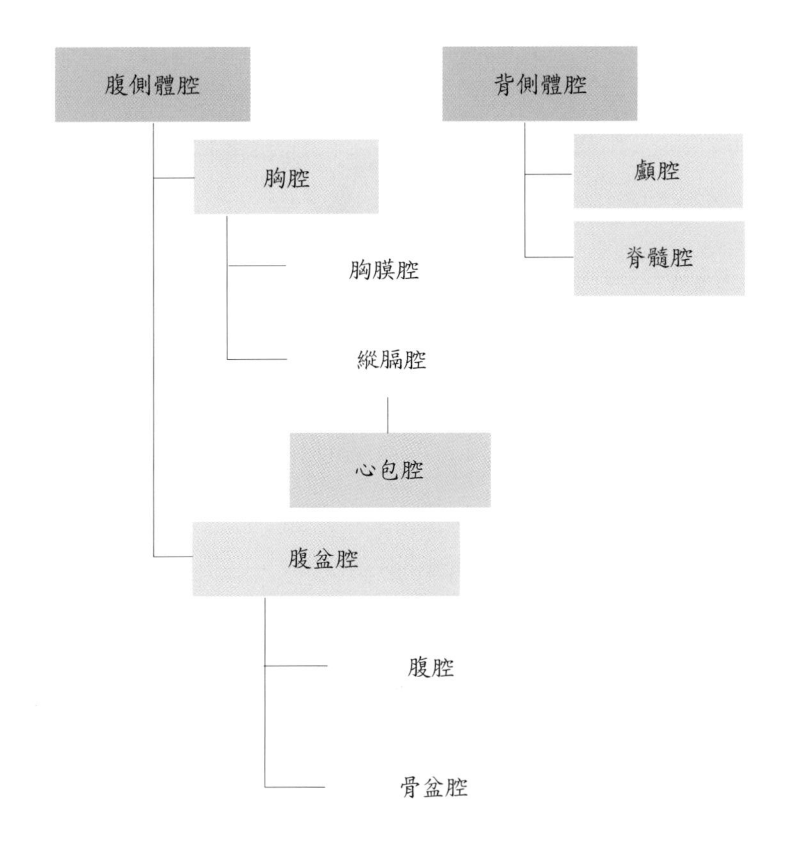

圖1-8　簡易體腔分法

腹部四象限分法與九分法

四象限分法

一條水平線與一條垂直線交會於肚臍，將腹部分成右上象限（right upper quadrant; RUQ）、左上象限（left upper quadrant; LUQ）、右下象限（RLQ），及左下象限（LLQ），此分法適合臨床醫師用來判斷腹腔或是骨盆腔的異常現象（圖1-9）。

臨床指引：

四象限分法在臨床使用上非常普遍，讀者必須細加了解。例如：急性闌尾炎（acute appendicitis）會在右下象限區域發現反彈痛（rebounding pain），意即觸壓此區後再迅速放開，則會產生疼痛。

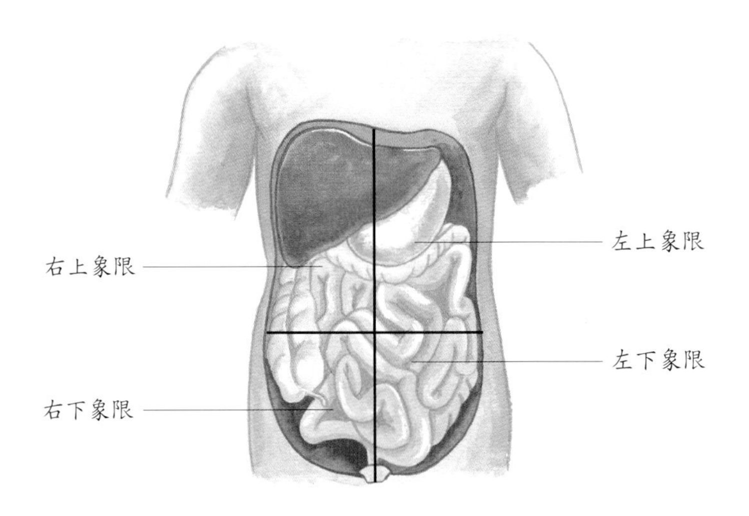

圖1-9 腹部四象限分法

九分法

經由兩條水平線及兩條垂直線，將身體的肚、腹、骨盆部位腔畫分成九個區域，以方便描述器官位置。左右肋骨下緣連線及左右腸骨結節連線形成上、下水平線；腸骨前上棘與恥骨聯合連線之中點形成左、右各一條垂直線，將腹盆腔分成九個區域（圖1-10）。各區域內部器官與部位如表1-2。

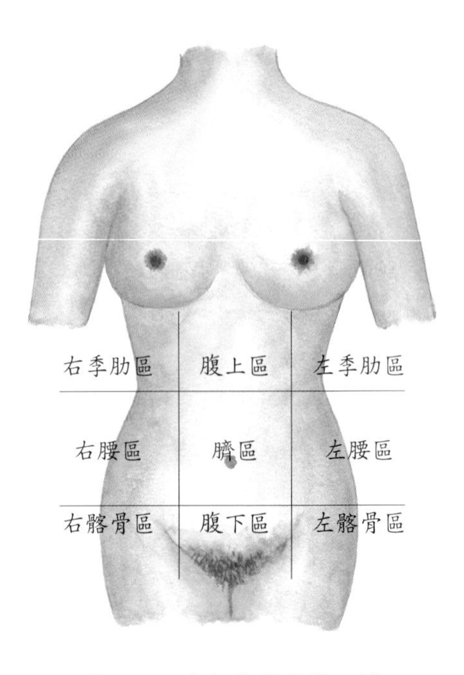

圖1-10 九個腹骨盆腔區域

表1-2　腹部九分法

右季肋區	腹上區	左季肋區
肝臟右葉 膽囊 右腎臟上1/3	肝臟左葉及右葉 胃小彎及幽門部 十二指腸 胰臟頭頸體部 腎上腺	胃體及胃底 脾臟 左腎上2/3 胰臟尾部 左結腸曲
右腰區	**臍區**	**左腰區**
升結腸 右結腸曲 盲腸上半部 右腎 小腸	空腸 迴腸 腹主動脈 下腔靜脈 橫結腸中段	降結腸 小腸 左腎
右腸（髂）骨區	**腹下區**	**左腸（髂）骨區**
闌尾 盲腸下半部 小腸	部分的乙狀結腸 充滿尿液的膀胱 小腸	降結腸與乙狀結腸交接處、小腸

歷屆考題

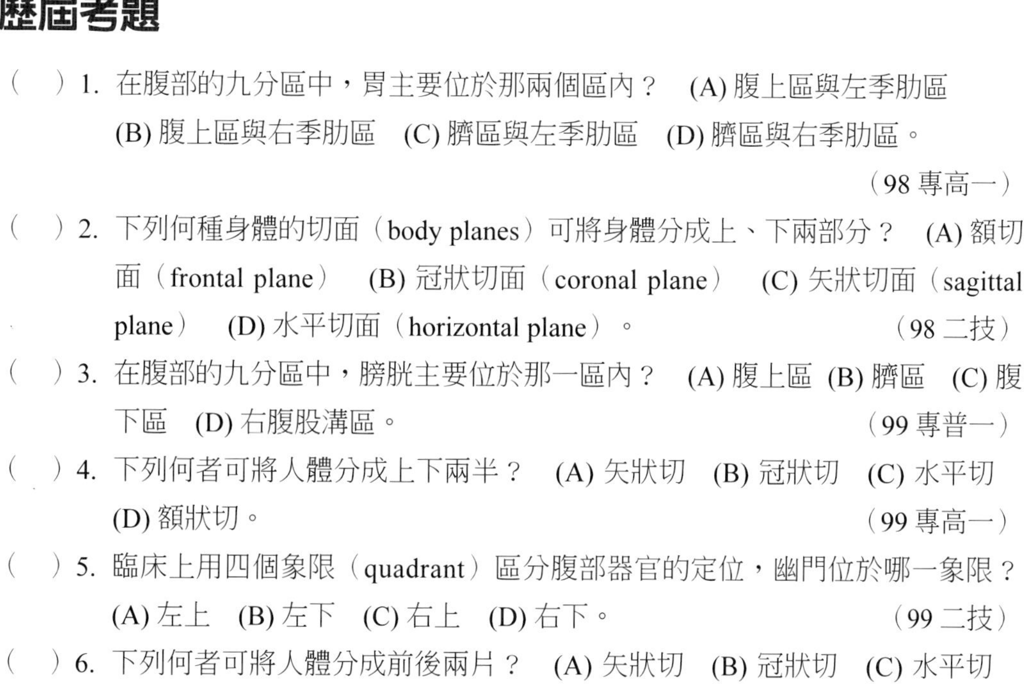

(　) 1. 在腹部的九分區中，胃主要位於那兩個區內？ (A) 腹上區與左季肋區 (B) 腹上區與右季肋區 (C) 臍區與左季肋區 (D) 臍區與右季肋區。（98 專高一）

(　) 2. 下列何種身體的切面（body planes）可將身體分成上、下兩部分？ (A) 額切面（frontal plane） (B) 冠狀切面（coronal plane） (C) 矢狀切面（sagittal plane） (D) 水平切面（horizontal plane）。（98 二技）

(　) 3. 在腹部的九分區中，膀胱主要位於那一區內？ (A) 腹上區 (B) 臍區 (C) 腹下區 (D) 右腹股溝區。（99 專普一）

(　) 4. 下列何者可將人體分成上下兩半？ (A) 矢狀切 (B) 冠狀切 (C) 水平切 (D) 額狀切。（99 專高一）

(　) 5. 臨床上用四個象限（quadrant）區分腹部器官的定位，幽門位於哪一象限？ (A) 左上 (B) 左下 (C) 右上 (D) 右下。（99 二技）

(　) 6. 下列何者可將人體分成前後兩片？ (A) 矢狀切 (B) 冠狀切 (C) 水平切

(D) 橫切。 (99 專普二)

( ) 7. 在腹部的九分區中，胃的幽門部位於那一區？ (A) 左季肋區 (B) 右季肋區 (C) 腹上區 (D) 臍區。 (100 專高一)

( ) 8. 以腹部九分法區分，結腸脾曲（splenic flexure）主要位在哪一區？ (A) 左腰區 (B) 左季肋區 (C) 右腰區 (D) 右季肋區。 (100 二技)

( ) 9. 在腹骨盆腔的九個區域中，大部分的胃位於 (A) 右季肋區 (B) 左季肋區 (C) 腹上區 (D) 臍區。 (100 專普二)

( ) 10. 在腹部的九分區中，膽囊主要位於 (A) 右季肋區 (B) 左季肋區 (C) 右腰區 (D) 左腰區。 (100 專高二)

( ) 11. 因車禍造成右季肋區器官破裂，下列何者最可能受損？ (A) 右肺 (B) 胰臟 (C) 脾臟 (D) 肝臟。 (101 專高一)

( ) 12. 脾臟位於腹腔的那個區域？ (A) 左季肋區 (B) 右季肋區 (C) 腹上區 (D) 腹下區。 (101 專普二)

( ) 13. 下列何者只位於胸縱膈中？ (A) 氣管 (B) 主動脈弓 (C) 迷走神經 (D) 交感神經鏈。 (101 專高二)

( ) 14. 胸膜腔位於： (A) 胸壁與壁層胸膜之間 (B) 壁層胸膜與臟層胸膜之間 (C) 臟層胸膜與肺臟之間 (D) 整個胸壁所包圍的空間。 (96 專普一)

( ) 15. 下列何者主要位於腹上區（epigastric region）？ (A) 脾臟 (B) 膽囊 (C) 胰臟 (D) 盲腸。 (96 專高一)

( ) 16. 下列何者不與肝臟接觸？ (A) 左腎 (B) 下腔靜脈 (C) 胃 (D) 右結腸曲。 (97 專高一)

( ) 17. 下列何者不與右腎接觸？ (A) 脾臟 (B) 肝臟 (C) 十二指腸 (D) 結腸。 (97 專普二)

( ) 18. 在腹骨盆腔的九個區域中，闌尾位於： (A) 右髂區 (B) 腹下區 (C) 左腰區 (D) 右腰區。 (97 專普二)

( ) 19. 有關解剖姿勢之敘述，下列何者正確？ (A) 身體平躺 (B) 手臂外展 (C) 掌面向前 (D) 雙腳外展。 (96 專普二；97 專高二)

( ) 20. 下列何者橫跨頸部、胸部及腹部？ (A) 氣管 (B) 食道 (C) 下腔靜脈 (D) 上腔靜脈。 (97 專普二、專高二)

( ) 21. 下列何者具協調身體內各器官活動之功能？ (A) 骨骼系統 (B) 肌肉系統 (C) 循環系統 (D) 神經系統。 (98 專普一)

( ) 22. 在腹部的九分區中，胃主要位於哪兩個區內？ (A) 腹上區與左季肋區 (B) 腹上區與右季肋區 (C) 臍區與左季肋區 (D) 臍區與右季肋區。 (98 專高一)

(　) 23.氣管位於下列哪一個體腔中？ (A) 縱隔腔 (B) 胸膜腔 (C) 顱腔 (D) 脊髓腔。 (98 專普二)

(　) 24.在腹部的九個區域中，肝臟主要位在： (A) 右季肋區與右腰區 (B) 左季肋區與左腰區 (C) 腹上區與左季肋區 (D) 右季肋區與腹上區。(98 專高二)

(　) 25.有關闌尾的敘述，下列何者錯誤？ (A) 位於左腹股溝區 (B) 與盲腸相連 (C) 是大腸的一部分 (D) 屬於腹膜內器官。 (98 專高二)

(　) 26.肝臟超音波檢查的主要部位是： (A) 左腰區 (B) 右腰區 (C) 左季肋區 (D) 右季肋區。 (100 專普二)

(　) 27.下列有關體腔與體膜的敘述，何者錯誤？ (A) 顱腔內壁皆貼附著硬腦膜 (B) 胸腔內壁皆貼附著胸膜 (C) 腹腔內壁皆貼附著腹膜 (D) 骨盆腔內壁皆貼附著腹膜。 (102 專高一)

(　) 28.在腹部的九分區中，下列何者劃分臍區與腹下區？ (A) 通過髂前上棘的水平線 (B) 通過肚臍的垂直線 (C) 通過左右肋骨下緣的水平線 (D) 通過左右髂骨結節的水平線。 (102 專高二)

(　) 29.下列何者不受到身體恆定作用的調控？ (A) 體溫 (B) 血壓 (C) 血糖 (D) 尿素。 (94 專高二)

(　) 30.下列大腸的各段構造，何者位於骨盆腔？ (A) 盲腸 (B) 降結腸 (C) 升結腸 (D) 直腸。 (98 專普一)

解答：

1.(A) 2.(D) 3.(C) 4.(C) 5.(C) 6.(B) 7.(C) 8.(B) 9.(C) 10.(A)
11.(D) 12.(A) 13.(B) 14.(B) 15.(C) 16.(A) 17.(A) 18.(A) 19.(C) 20.(B)
21.(D) 22.(A) 23.(A) 24.(D) 25.(A) 26.(D) 27.(B) 28.(D) 29.(D) 30.(D)

第二章　生命的化學性質

本章大綱

元素與原子——結構、鍵結

元素

原子

分子與化合物

離子鍵

共價鍵

氫鍵

放射性同位素

化學反應

合成反應

分解反應

交換反應

可逆反應

無機化合物

水

酸、鹼及鹽類

有機化合物

碳水化合物

脂肪

蛋白質

蛋白質與核酸

蛋白質結構

蛋白質分類

核酸

學習目標

1. 能清楚知道元素與生命起源的關係。
2. 能清楚區別分子間的各項鍵結。
3. 能了解有機及無機化合物在人體中扮演的角色。
4. 明瞭基本的化學反應模式。
5. 能清楚身體蛋白質的結構與分類。

任何生物體均是由無生命的分子所組成（例如水分子、醣類分子），而分子則由元素（element）所構成，這些元素在體內不斷進行化學反應，合成了化合物，最後演化成生命過程中最基本的單位——細胞。因此元素與生命起源有密切的關係。

元素與原子——結構、鍵結

元素

無法再進一步分解的物質，我們稱為元素（element）。從 H（氫）到 Uuo 目前已知的元素（element）有 118 種，其中 92 種是天然存在的，其餘則由人工合成。人體基本上是由 26 種元素所構成，其中氧、碳、氫、氮即占了體重的 96%，鈣和磷占了 3%，其餘的 20 種微量元素，如矽、銅、鋅、硒、鈷、鎘、鉻、鋁等約占 1%，其含量雖少，但也參加了體內多項重要的生理功能。由表 2-1 可知人體組成的元素及功能。每一元素均有一化學符號代表，為國際科學家們所承認之縮寫。

表 2-1　組成人體的化學元素及其功能

化學元素	化學符號	占體重百分比	功　能
氧	O	65.0	• 體內化學物質的主要組成分子 • 細胞內利用氧進行呼吸作用，爲細胞產生能量所必需的物質 • 人體內最多的元素
碳	C	18.5	構成有機分子的主要成分
氫	H	9.5	• 水和體內大部分化合物的組成分子 • 以離子狀態存在時，可影響體液的 pH 值
氮	N	3.2	構成核酸與蛋白質的主要成分
鈣	Ca	1.5	• 以鈣鹽的形式構成骨骼及牙齒 • 參與細胞分裂、細胞運動、細胞膜上物質的進出、血液凝固、肌肉收縮、神經衝動傳導等多項生理功能
磷	P	1.0	• 以磷酸鈣鹽的形式構成骨骼及牙齒 • 構成核酸、蛋白質、ATP、c-AMP 的成分
鉀	K	0.4	• 細胞內的主要陽離子 • 在細胞膜內外的進出，造成細胞膜電位的改變，因而影響神經的傳導及肌肉的收縮

（續）

化學元素	化學符號	占體重百分比	功　能
硫	S	0.3	構成肌肉細胞中收縮蛋白的成分
鈉	Na	0.2	• 細胞外液的主要陽離子 • 是肌肉收縮、神經傳導及維持血液滲透壓的重要因子
氯	Cl	0.2	• 細胞外液的主要陰離子 • 與膜的功能及水分的吸收相關
鎂	Mg	0.1	構成體內輔酶的成分
鐵	Fe	0.1	組成血紅素所必需
碘	I	0.1	構成甲狀腺素的重要成分

原子

元素都是由原子（atom）所構成，兩者命名均相同，如碳原子構成碳元素（圖2-1），原子則是由原子中心的原子核和周圍的電子群所組成。原子核包含帶正電的質子（proton, p^+）和不帶電的中子（neutron, n^0），而電子群則為帶負電的電子（electron, e^-）。原子所帶正電的質子數，稱為原子序，而原子量等於質子數量加中子數量，因為電子幾乎沒有重量；例如 C_6^{12}，原子序＝質子數量＝6，所以中子數量即為 12－6＝6。鋁$^{27}_{13}$，原子量＝27，原子序＝質子數＝13，中子數＝14。

一個元素的原子所含的質子數目永遠等於電子數目，使原子呈電中性。當原子之間相結合或分離，使原子之間的鍵結形成或破壞的過程，稱為化學反應，在反應過程中使原子獲得或失去電子，則正負電荷平衡消失。若獲得一個電子，總電荷為一個負電荷；若失去一個電子，總電荷則為一個正電荷。這種帶正電或負電的原子稱為離子（ion）。因此，這些新的分子產生，使人體細胞內不斷地持續進行著化學反應。

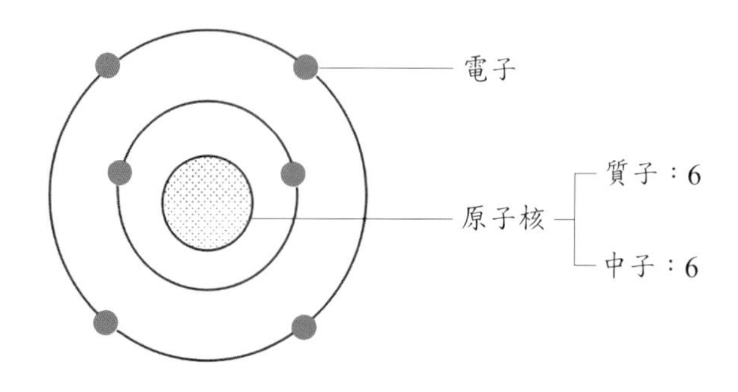

圖2-1　碳原子的結構

分子與化合物

兩個以上的原子經由化學反應結合形成分子，一個分子可由兩個相同的原子組成，例如氧分子（O_2），亦可由兩個不同的原子反應形成，例如氯化鈉（NaCl）。由不同原子組成的分子即為化合物。分子中的原子之間是由化學鍵所結合，而化學鍵又可分為下列三種：

離子鍵

不同電荷之間會互相吸引，因此，帶正電的離子會與帶負電的離子相吸引，這種帶電荷的原子相互結合形成分子的力量，即為離子鍵（ionic bond），例如 $Na^+ + Cl^- \rightarrow NaCl$（圖2-2）。

共價鍵

當原子結合時，既不失去電子也不獲得電子，而是兩個原子共用一個、兩個或三個電子，共用配對之間的鍵結稱為共價鍵（covalent bond）。共有的電子繞著兩個原子核運轉，使原子核外層能階都充滿電子。如圖2-3之氫（H_2）、氧（O_2）、二氧化碳（CO_2）皆為共價鍵。

氫鍵

氫鍵（hydrogen bond）類似離子鍵，但連結的強度更弱，只有共價鍵的 5%。氫原子通常與氧或氮原子間形成離子鍵或共價鍵，結合後，微弱陽性的氫離子會被附近帶負電的原子或離子所吸引，氫鍵通常太弱，無法將分子繫在一起，但可造成鄰近分子間的顯著吸引力，例如：水分子中的 H^+ 氫離子會被鄰近的氧原子 O^- 吸引，而產生氫鍵（圖2-4）。故可在分子間當作橋樑的角色。因此，在大的分子如蛋白質、核酸中，氫鍵可使原子間形成暫時性的鍵結，但因大分子可能同時含有數百個氫鍵，反而形成相當強而穩定的鍵結。

放射性同位素

元素的原子化學性質相同，而原子質量不同者稱為同位素（isotope）。每一元素之同位素所含的質子數相同，但中子數不同，因此其原子量各異。以碳 ${}^{12}_{6}C$ 為例，表示碳原子含六個中子，而質子數是六個；如果是 ${}^{14}_{6}C$，表示質子 6 個，中子為 8 個，此為同位素。因此，碳的同位素 ${}^{12}_{6}C$ 及 ${}^{14}_{6}C$，左上角數字代表各同位素的原子量，左下角數字 6 則代表相同的質子數。

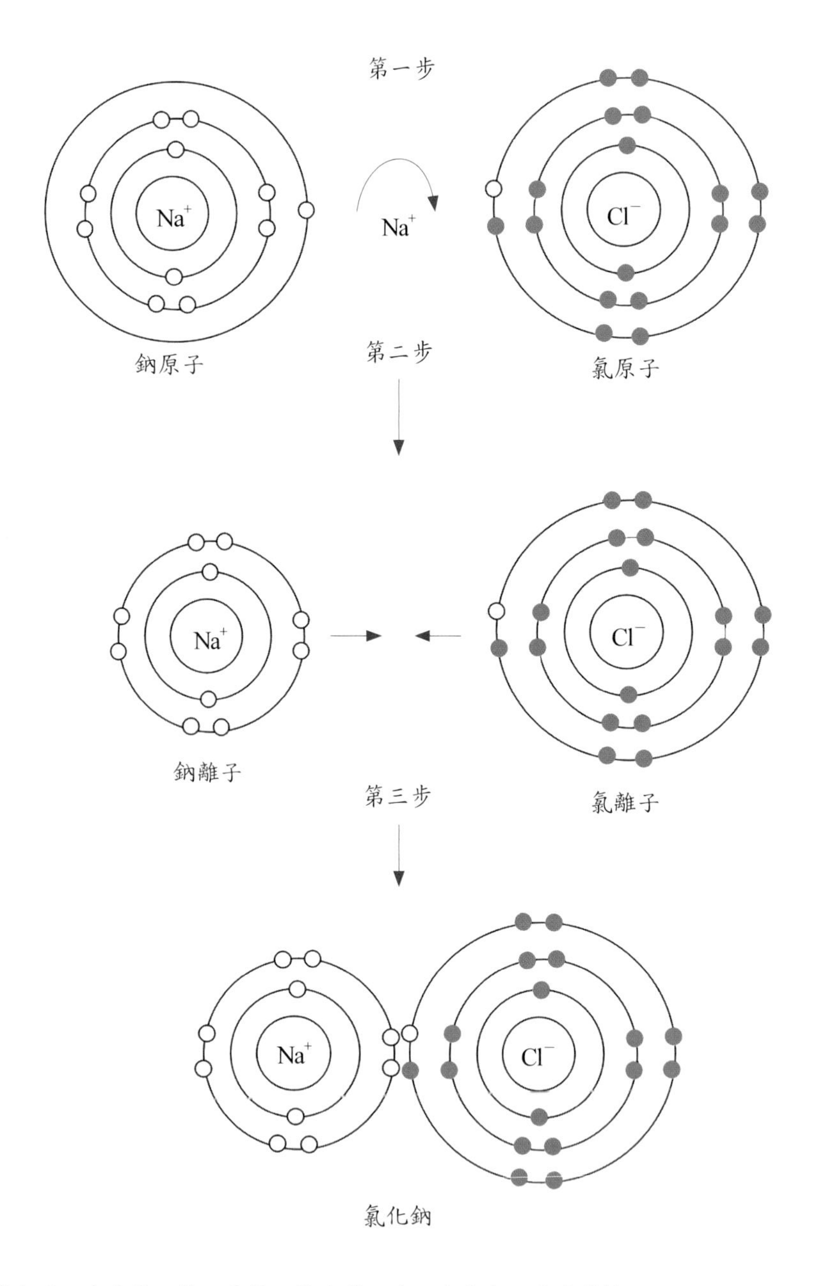

第一步：當鈉原子失去電子後，其電子數比質子少，為帶有正電的陽離子。

第二步：得到電子的氯原子，電子數比質子多而成為帶負電的陰離子。

第三步：陽離子和陰離子會彼此吸引，形成離子化合物「氯化鈉」。

圖2-2 離子鍵的形成

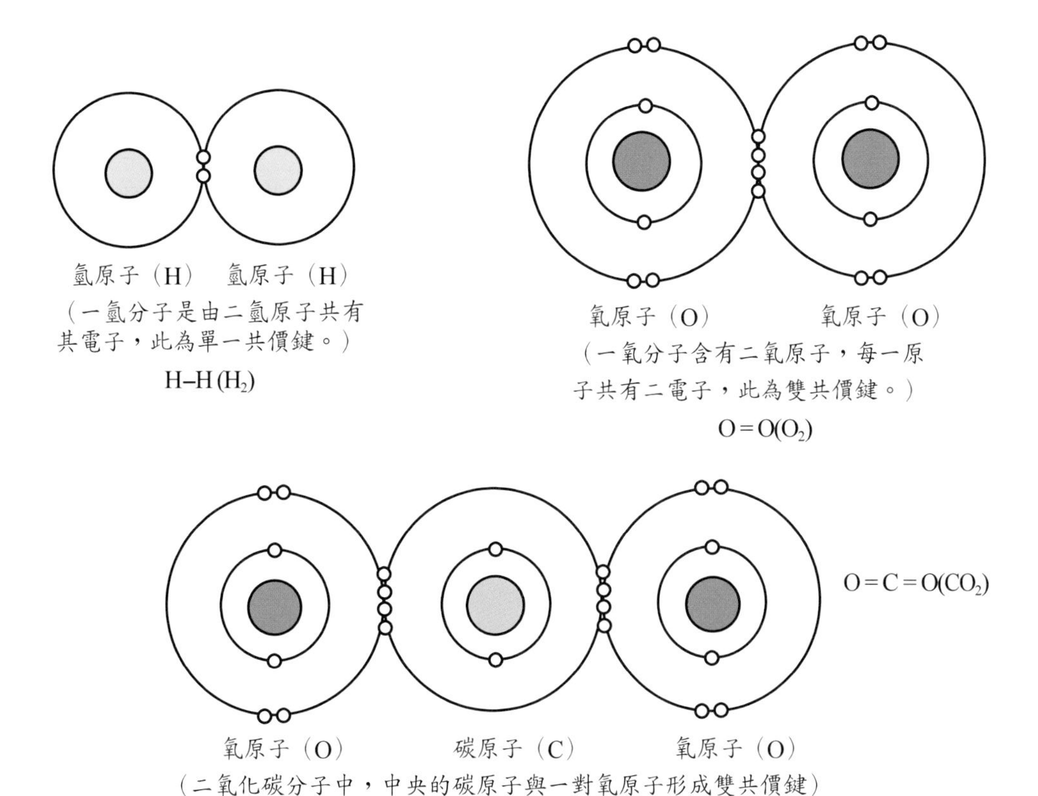

圖2-3　共價鍵

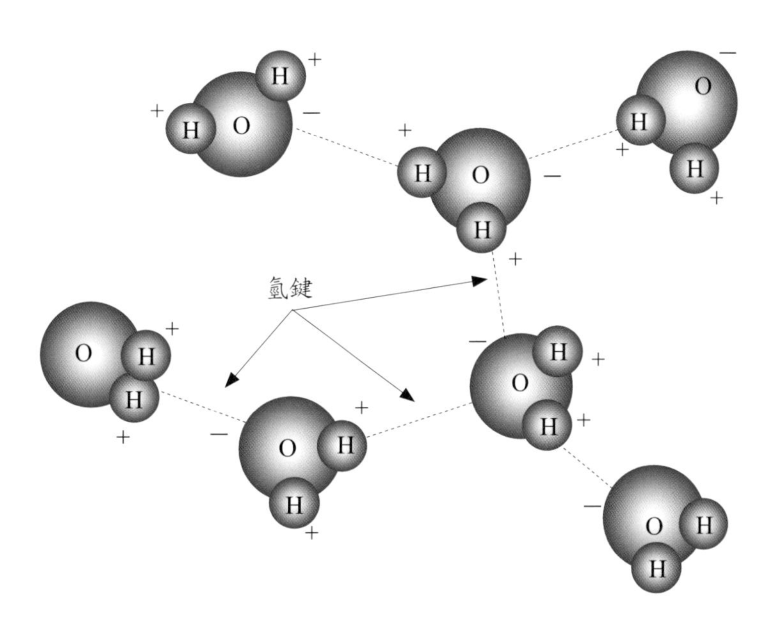

圖2-4　氫鍵的產生

很多元素中較重之同位素不穩定，它們會不斷的由原子核中發射出高能的α、β、γ粒子，改變其原子核的結構，使之趨於穩定。這種原子衰變的過程稱為放射性。具有放射性的同位素失去一半放射性所需的時間即為半衰期（half life）。因為放射性可由掃描器或其他偵測器測得，因此放射性同位素（radioisotopes）可作為生物醫學研究的工具，亦可應用於臨床之診斷和治療。

臨床指引：

鈷 ${}^{54}_{27}Co \rightarrow {}^{58}_{27}Co$ 半衰期 71 天，可用於偵測維生素 B_{12} 之腸管吸收情形；鉻 ${}^{48}_{24}Cr \rightarrow {}^{51}_{24}Cr$ 半衰期 28 天，可用於偵測個體之血量；利用碘 ${}^{126}_{53}I \rightarrow {}^{131}_{53}I$ 半衰期 8 天，於注射後，經甲狀腺掃描，可測得甲狀腺影像，此為核子造影術（nuclear imaging）。

2011 年 3 月 12 日在日本福島核電廠因地震引起大量核輻射外洩，其中銫 137 半衰期 30 年，累積在體內能產生癌變。所以該地區附近的農牧魚產品因有銫 137 汙染而不可食用。

化學反應

化學反應是指原子之間的鍵結生成或斷裂，原子經重新排列，形成新的分子。體內通常有四種基本的化學反應模式。

合成反應

兩個或兩個以上的原子、離子或分子結合形成一個新的大分子之過程，稱為合成反應（synthesis reaction），亦即同化作用。例如胺基酸分子結合成蛋白質、葡萄糖分子結合成肝醣、鈉與氯結合成氯化鈉等皆為同化作用。若寫成簡單的程式即為：A＋B→AB。

分解反應

一個大分子被分解成較小的原子、離子或分子的過程，稱為分解反應（decomposition reaction），亦即異化作用。例如食物分子的消化、肝醣分解成葡萄糖等。若寫成簡單的程式即為：AB→A＋B。

交換反應

交換反應（exchange reaction）是指部分合成、部分分解的反應。例如攜帶二氧化碳的還原血紅素與氧氣作用，產生攜帶氧分子的氧合血紅素與二氧化碳。若寫成簡單的程式即為：AB＋CD→AC＋BD 或 AD＋BC。

可逆反應

化學反應後的終產物可再變回原先的反應分子，稱為可逆反應（reversible reaction），其發生原因是因反應物與終產物皆不穩定所致。例如 ADP 與 ATP 之間的變化即屬此種反應。若寫成簡單的程式即為：$A+B \leftrightarrows AB$。

無機化合物

無機化合物不同時含有碳及氫原子為主要結構元素，分子通常體積較小，而且彼此間以離子鍵結合（水例外，以共價鍵結合）。人體內的無機化合物，包括水、酸、鹼及鹽類。

水

水是體內含量最多也是最重要的無機化合物，它約占體重的 2/3，廣布於身體各處（除牙齒琺瑯質及骨骼外）。水在身體中的效用如下：

1. 是良好的溶劑：大部分的物質均可溶於水中，所以水是體內的主要運送介質。例如營養物質、呼吸氣體、代謝廢物等皆可溶於血漿中帶往身體各處。體內的許多大型有機分子可懸浮於細胞內之水中，與其他的化學物質接觸來進行各種必要的化學反應。
2. 參與體內的生理反應：食物中大分子的分解作用以及小分子的合成作用，皆需水的參與。
3. 參與體溫的調節：水的比熱較高，需吸收大量的熱來增加溫度，也需放出大量的熱來降低溫度。而水有氫鍵，所以加熱或冷卻會比較緩慢。因此，體內大量的水可調解因內外環境變化所造成的體溫改變，以維持體溫的恆定。
4. 具有良好的冷卻功能：水由液體蒸發成氣體時，需要大量的熱能。因此，人在排汗時，會帶走許多熱能，而具備了很好的冷卻功能。
5. 潤滑劑及保護墊：體內的黏液、漿液、潤滑液的主要成分皆為水。運動時，潤滑劑可減少相鄰器官間的摩擦。而腦脊髓液圍繞著腦和脊髓則具有保護作用。

酸、鹼及鹽類

體內的無機酸、無機鹼或無機鹽類分子溶於水中時，會分解成離子，這種溶液會導電，因此其中的粒子稱為電解質（electrolytes）。物質若可分解成一個以上的氫離子（H^+）或陰離子則稱為「酸」（acid），其為質子的供應者。若物質分解成一個以上的氫氧離子（OH^-）或陽離子則稱為「鹼」（base），其為質子的接受者。酸與鹼反應會形成鹽，鹽類（salt）的離子是許多基本化學元素的來源。體內的鹽類很多，其存在於細胞內及體液中。

體液內的重要電解質，陽離子有鈉離子（Na^+, sodium）、鉀離子（K^+, potassium）、鈣離子（Ca^{2+}, calcium）、鎂離子（Mg^{2+}, magnesium）；陰離子有氯離子（Cl^-, chloride）、重碳酸根離子（HCO_3^-, bicarbonate）、磷酸根（PO_4^{3-}/HPO_4^{2-} phosphate/biphosphate）、硫酸根（SO_4^{2-}, sulfate）。

供應人體重要化學丙元素的鹽類有：

1. 氯化鈉（NaCl）→Na^+＋Cl^-。
2. 氯化鉀（KCl）→K^+＋Cl^-。
3. 氯化鈣（$CaCl_2$）→Ca^{2+}＋2 Cl^-。
4. 碳酸氫鈉（$NaHCO_3$）→Na^+＋HCO_3^-。
5. 氯化鎂（$MgCl_2$）→Mg^{2+}＋2 Cl^-。
6. 碳酸氫二鈉（Na_2HPO_4）→2 Na^+＋HPO_4^{2-}。
7. 硫酸鈉（Na_2SO_4）→2 Na^+＋SO_4^{2-}。

有機化合物

有機化合物除了含有碳及氫等主要結構外，有時也含有氧原子。有機化合物分子間是以共價鍵結合成大分子。因為不易溶於水，所以是身體結構的組成單位。當分子間的共價鍵被破壞時，可釋出巨大能量供人體利用。有機化合物主要包括了碳水化合物、脂肪、蛋白質三大類。

碳水化合物

體內的有機化合物有一大部分是碳水化合物（carbohydrate），其組成元素為碳、氫、氧，其中氫、氧比例和水相同為 2：1。因此除了少數例外，碳水化合物的一般分子式為 C_n（H_2O）n，n ≥ 3。碳水化合物依其分子大小可分成單醣類 $C_6H_{12}O_6$（葡萄糖、果糖）、雙醣類 $C_{12}H_{22}O_{11}$＋H_2O（蔗糖、乳糖、麥芽糖）及多醣類（$C_6H_{10}O_5$）n（澱粉、肝醣、菊糖）。

碳水化合物是人類基本攝取的食物，經消化系統迅速吸收後，大部分經合成作用轉變為肝醣儲存於肝臟及骨骼肌中。當身體需要能量時，肝醣便迅速分解成葡萄糖，經血液輸送至組織細胞中繼續分解，一分子葡萄糖完全分解可產生 38 個 ATP（腺核苷三磷酸）來供應能量，故葡萄糖是體內最主要的能量來源。同時，在特殊的生理狀況下，碳水化合物亦可在肝臟經生化反應轉換成脂肪或蛋白質，當作建造或修補身體組織架構的材料（圖2-5）。

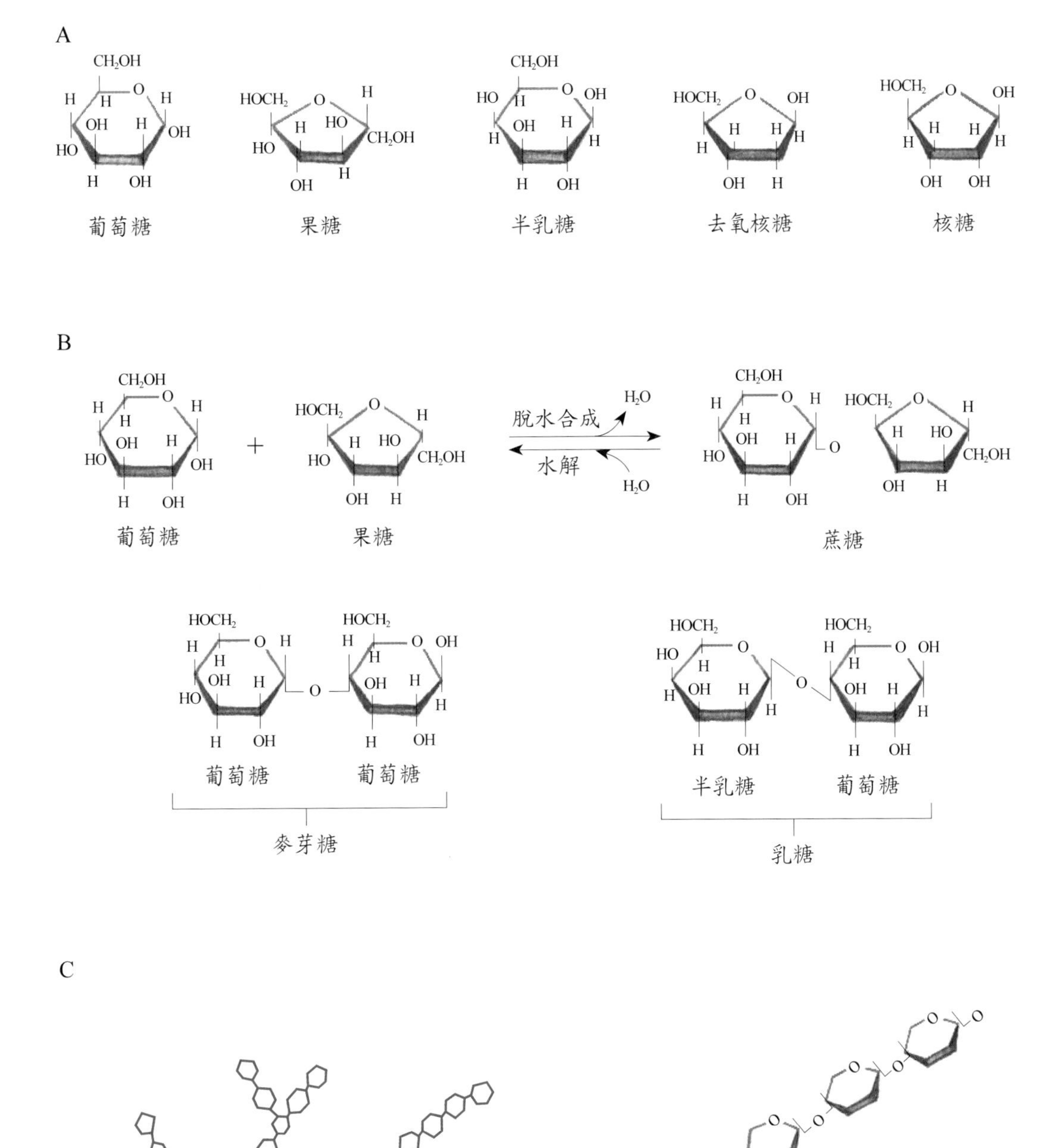

圖2-5　碳水化合物。A. 單醣類；B. 雙醣類；C. 多醣類分子（肝醣）。

脂肪

脂肪（lipid）是由甘油及脂肪酸組成。多數脂質不溶於水，但易溶於酒精、氯仿、乙醚等溶劑中。依脂肪分子中碳原子鍵結形式來區分，可分成不飽和脂肪及飽和脂肪兩種（圖2-6）。不飽和脂肪碳原子結構間有雙鍵存在，未被氫原子完全飽和，一般均存在於植物中，例如橄欖油、花生油、玉米油、葵花子油、芝麻油、黃豆油等。飽和脂肪碳原子結構間皆為單一共價鍵，鍵結皆被氫原子飽和，多存在於動物性食物中，例如肉類製品、牛油、豬油、雞油等。飽和脂肪極易於肝臟中轉變成膽固醇，膽固醇過多時會引起心臟血管疾病。因此，過胖及心臟血管疾病患者應少食用動物性食物，多攝取蔬菜、水果。

脂肪在人體內的含量約占體重的 12%，大部分的脂肪儲存於全身的組織器官中，具絕緣、隔熱的效果，可減少體內熱量的散失。脂肪的柔軟度亦佳，是組織器官良好的保護墊。脂肪也是人體的能量儲存庫，當體內碳水化合物耗盡時，細胞就開始燃燒脂肪，產生能量以維持生命（表2-2）。

臨床指引：

有些分子的組成完全一樣，但是原子排序在空間的方向不同，這種分子稱為立體異構物（stereoisomers），可分為右旋異構物與左旋異構物，就好像人體的左右手一樣。左旋可與胺基酸結合，右旋可與醣類結合，這種些微的結構差異十分重要。如孕婦服用的沙利竇邁（thalidomide），左旋異構物可當鎮靜劑使用，右旋異構物則會影響胚胎發育，導致胎兒缺陷。以前孕婦服用沙利竇邁導致胎兒畸形，現在則用此藥來治療痲瘋病及 AIDS。

—C═C—C═C—C—

不飽和脂肪：鍵結中有雙鍵存在

—C—C—C—C—C—

飽和脂肪：鍵結中無雙鍵存在，只有單一共價鍵

圖2-6　飽和及不飽和脂肪的構造特徵

表2-2 人體內存在的脂肪形式

脂肪形式	存在位置與生理功能
中性脂肪	在皮下組織及器官周圍，具有支持、保護、絕緣的功能且爲能量來源
磷脂類 • 卵磷脂 • 腦磷脂	 • 是細胞膜的主要成分，組成胞漿 • 是神經組織的重要成分
類固醇 • 膽固醇 • 膽鹽 • 維生素D • 性荷爾蒙 • 腎上腺皮質素	 • 存在於細胞、血液、神經組織中，是膽鹽、維生素D及類固醇激素的前驅物質 • 由肝臟釋出至消化道，以助脂肪的消化和吸收，爲吸收脂溶性維生素A、D、E、K所必需 • 紫外線照射皮膚所產生，與骨骼的生長與修復有密切關係 • 爲性腺所分泌，是正常生殖功能所必需 • 可維持正常血糖、調節鹽類及水分的平衡
其他類脂質物質 • 胡蘿蔔素 • 維生素E • 維生素K • 攝護腺素 • 脂蛋白	 • 在蛋黃、胡蘿蔔、番茄等食物中，是維生素A的前驅物質。維生素A可轉變成網膜素，與視覺有關 • 在麥芽及綠色的葉菜中，具有抗氧化的功能，可防止細胞結構與功能的異常，亦能促進傷口癒合 • 除了食物中有以外，尚可由腸內細菌作用產生，可促進血液凝固，爲合成部分凝血因子所必需 • 存在於細胞膜中，但生理功能多樣化，包括促進子宮收縮、影響血管收縮、調節新陳代謝、調節胃液分泌、抑制脂肪分解等 • 有高、低密度脂蛋白，能在血液中運輸脂肪酸和膽固醇

蛋白質

蛋白質（protein）含量占人體重 20%，是由胺基酸所構成。常見的胺基酸有 20 種，人體的必需胺基酸不能自行合成，必須仰賴食物提供。蛋白質在體內擔任重要功能，例如組成遺傳物質、構成細胞結構、參與防衛作用、維持細胞內的酸鹼度等。在不適當的溫度及酸鹼值下，蛋白質會變性而失去活性，因此，當體內溫度失調或酸鹼值改變時，體內蛋白質的活性會降低，繼而影響生命。

蛋白質與核酸

蛋白質結構

蛋白質以胜肽鍵（peptide bond）將兩個胺基酸連接起來，多胜肽鏈（poly peptides）可接幾百個胺基酸，其具有四種層次的結構組態（圖2-7）。

1. 初級結構：組成蛋白質的胺基酸，按照特定的順序，成線狀排列。例如血型蛋白。
2. 次級結構：線狀的多胜肽分子沿二度空間纏繞成螺旋狀。屬纖維性蛋白質，不溶於水。例如胰島素分子。
3. 三級結構：是由次級結構再纏繞成三度空間的球狀蛋白質，可溶於水。若加熱，三度空間結構就被破壞而鬆開，形成混亂無次序的結構，而使蛋白質失去活性，此為變性。例如肌紅素分子。

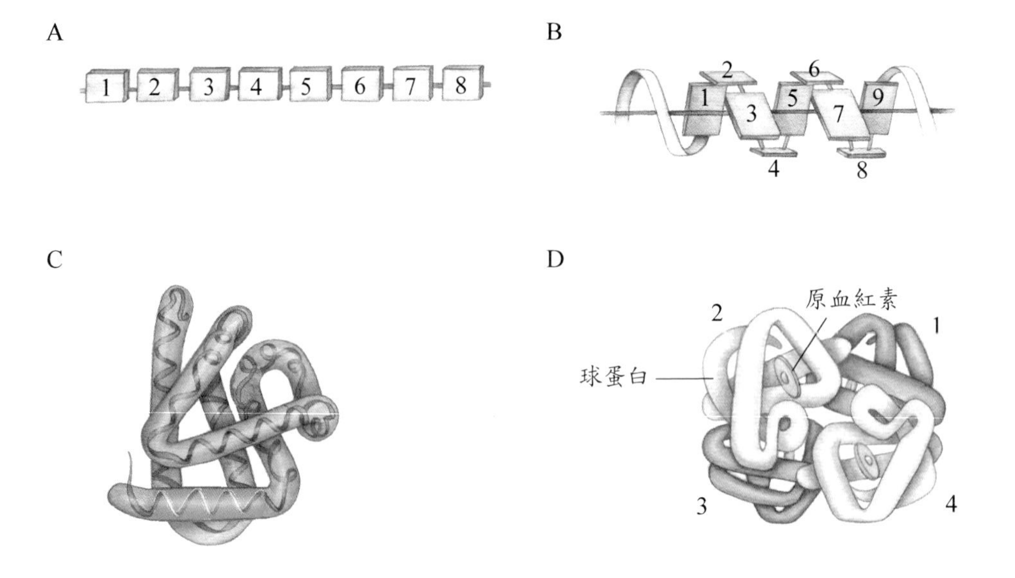

圖2-7　蛋白質的構造。A. 初級結構；B. 次級結構；C. 三級結構（肌紅素分子）；D. 四級結構（血紅素分子）。

4. 四級結構：兩個或兩個以上的三級結構蛋白質相互作用所形成更複雜的蛋白質。例如圖2-7的血紅素分子。

蛋白質分類

蛋白質是許多身體細胞的構造成分，且與許多生理活動有關。依功能分類有下列六種：

1. 結構性蛋白質：構成身體的架構，例如結締組織中的膠原蛋白、指甲、皮膚之角蛋白。
2. 調節性蛋白質：以荷爾蒙形式調節生理功能，例如可促進生長的生長激素；胰島素、升糖素。
3. 收縮性蛋白質：作為肌肉組織中的收縮成分，例如肌動蛋白、肌凝蛋白。
4. 免疫性蛋白質：作為抗體，以抵抗入侵的微生物，例如γ球蛋白。
5. 運輸性蛋白質：運送物質至全身，例如血紅素在血液中運送氧及二氧化碳。
6. 分解性蛋白質：以酶為生化反應，例如唾液澱粉酶可將多醣類分解成雙醣類。

核酸

核酸（nucleic acid）在細胞核內，含有元素碳（C）、氫（H）、氧（O）、氮（N）和磷（P）的大分子有機化合物，具有去氧核糖核酸（deoxyribonucleic acid; DNA）及核糖核酸（ribonucleic acid; RNA）兩類。我們的遺傳基因（gene）是由DNA所組成。因此DNA存有遺傳密碼資料，並和RNA一起來執行細胞內蛋白質的合成。有關DNA與RNA之異同說明請見表2-3。

表2-3　DNA與RNA的比較

比　較	DNA	RNA
分布	大部分在細胞核的染色體，少量見於粒線體、中心粒	90%在細胞質，10%在核仁
構造	雙股螺旋狀	單股直線狀
五碳糖	去氧核糖	核糖
氮鹼基	• 腺嘌呤（A）、鳥嘌呤（G）、胸嘧啶（T）、胞嘧啶（C） • A與T配對，C與G配對	• 腺嘌呤（A）、鳥嘌呤（G）、尿嘧啶（U）、胞嘧啶（C） • A與U配對，C與G配對
功能	是遺傳訊息儲存所在，控制生殖、生理，並進行轉錄作用	進行轉譯作用，控制蛋白質的合成

構成核酸的基本單位是核苷酸，單一核苷酸有三個基本單位組成，即五碳糖、氮鹼基（nitrogen base）和一個磷酸根（phosphate group）（圖2-8）。

1. 五碳糖：分為核糖（組成 RNA）及去氧核糖（組成 DNA）。
2. 氮鹼基：有腺嘌呤（adenine）、鳥嘌呤（guanine）、胸嘧啶（thymine）、胞嘧啶（cytosine）及尿嘧啶（uracil）。尿嘧啶（U）只存在於 RNA；胸嘧啶（T）則侷限於 DNA 中。氮鹼基附著於五碳糖上即造成核苷（nucleoside），其名稱則是根據所含的氮鹼基而來，例如附著有腺嘌呤（A）的稱為腺嘌呤核苷（圖2-9）。
3. 磷酸根：磷酸根結合到核苷的五碳糖上即形成核苷酸。

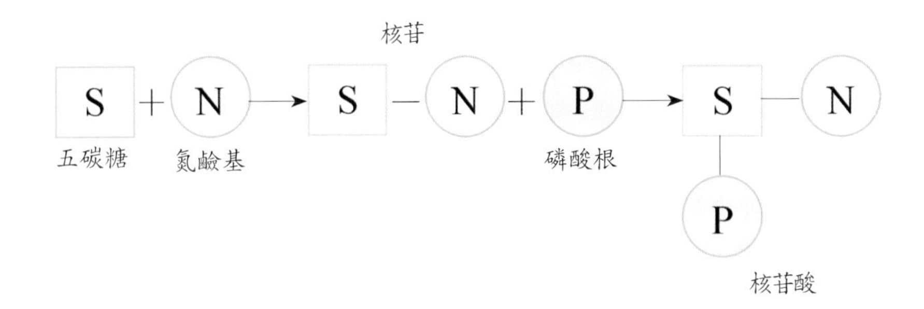

圖2-8　核酸之構造

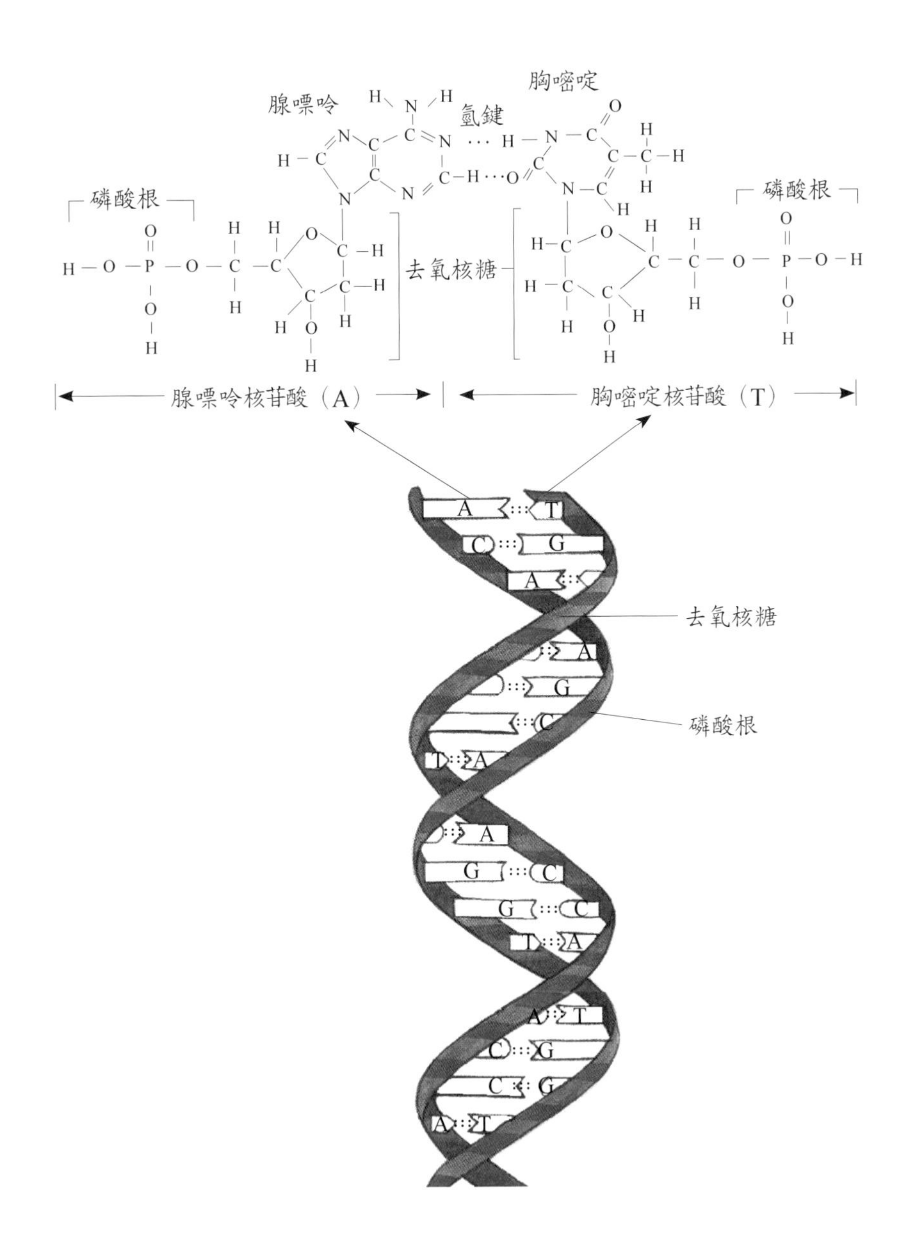

圖2-9 DNA 的構造。由雙股組成，中間有橫木，扭曲成雙螺旋狀。階梯的垂直部分含有彼此相間的磷酸根與核苷酸的去氧核糖部分，階梯的橫木含有一對以氫鍵相結合的氮鹼基。

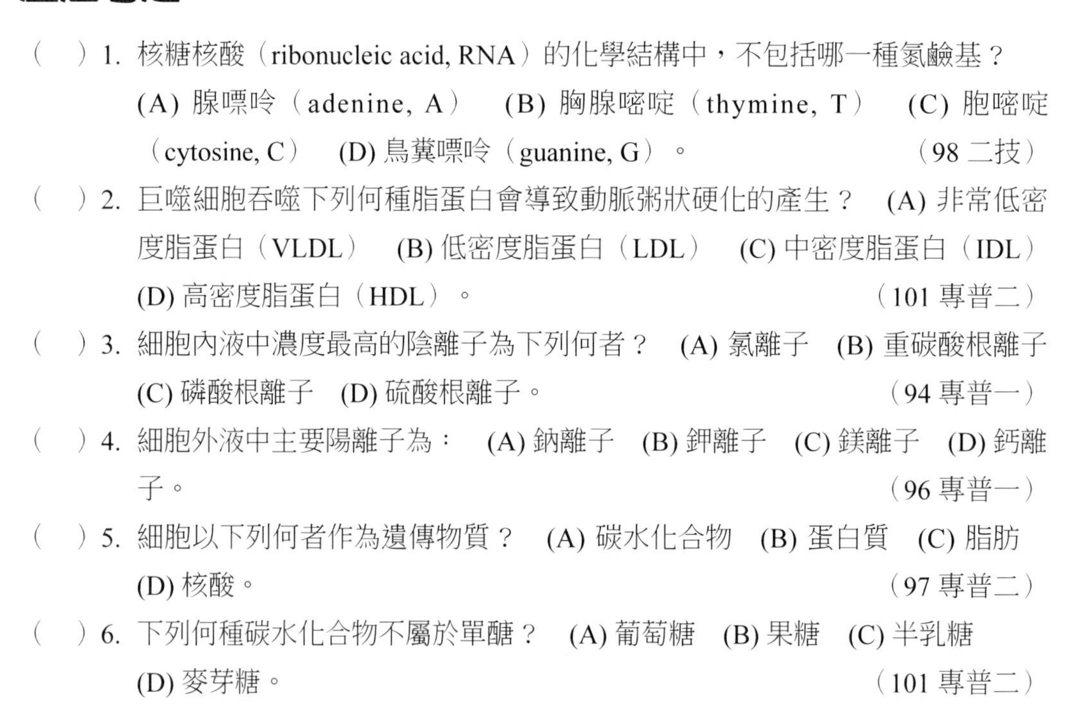

歷屆考題

(　　) 1. 核糖核酸（ribonucleic acid, RNA）的化學結構中，不包括哪一種氮鹼基？ (A) 腺嘌呤（adenine, A） (B) 胸腺嘧啶（thymine, T） (C) 胞嘧啶（cytosine, C） (D) 鳥糞嘌呤（guanine, G）。（98 二技）

(　　) 2. 巨噬細胞吞噬下列何種脂蛋白會導致動脈粥狀硬化的產生？ (A) 非常低密度脂蛋白（VLDL） (B) 低密度脂蛋白（LDL） (C) 中密度脂蛋白（IDL） (D) 高密度脂蛋白（HDL）。（101 專普二）

(　　) 3. 細胞內液中濃度最高的陰離子為下列何者？ (A) 氯離子 (B) 重碳酸根離子 (C) 磷酸根離子 (D) 硫酸根離子。（94 專普一）

(　　) 4. 細胞外液中主要陽離子為： (A) 鈉離子 (B) 鉀離子 (C) 鎂離子 (D) 鈣離子。（96 專普一）

(　　) 5. 細胞以下列何者作為遺傳物質？ (A) 碳水化合物 (B) 蛋白質 (C) 脂肪 (D) 核酸。（97 專普二）

(　　) 6. 下列何種碳水化合物不屬於單醣？ (A) 葡萄糖 (B) 果糖 (C) 半乳糖 (D) 麥芽糖。（101 專普二）

解答：

1.(B)　2.(B)　3.(C)　4.(A)　5.(D)　6.(D)

第三章　細胞的構造與功能

本章大綱

細胞構造

細胞膜

細胞質

胞器

細胞核

細胞生理學

細胞膜的通透性

被動運輸

主動運輸

基因作用

蛋白質的合成

細胞分裂

學習目標

1. 能知道人體內最小生命單位的基本構造。
2. 能明白細胞膜的組成。
3. 能了解細胞質的性質。
4. 能清楚細胞內胞器的功能。
5. 知道細胞生理學的重要性。
6. 能了解物質進出細胞膜的方式。
7. 能了解體內蛋白質的合成及細胞分裂的方式。

細胞構造

細胞是人體內最小的生命單位，其內部是個複雜的化學工廠，可以製造許多維持生命所必需的化學物質。由於構成人體的各類細胞，其大小、形狀、內容物及功能等，皆有其差異性，為了便於敘述細胞的構造，我們以典型的細胞構造來探討。細胞的中央有細胞核，核外充滿了半液體狀的細胞質，胞器散布在細胞質中，細胞質的外面是細胞膜（圖3-1）。

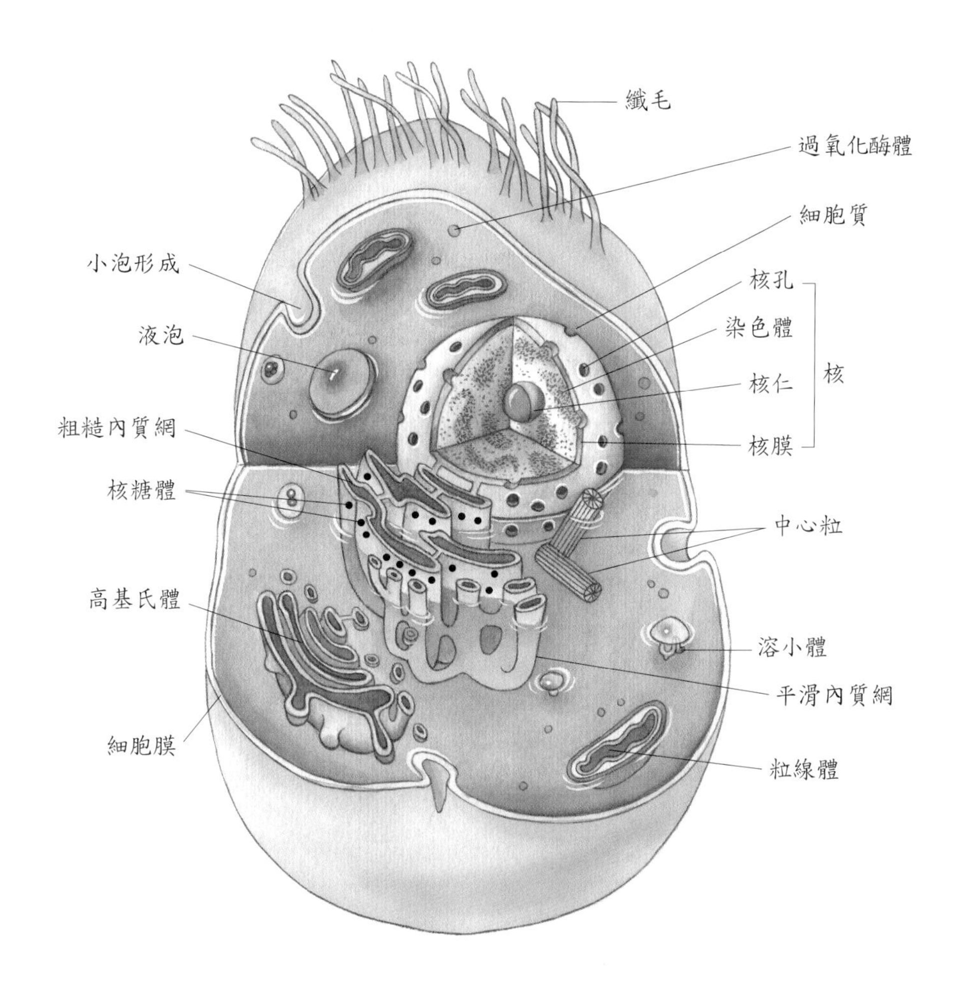

圖3-1　典型細胞構造圖

細胞膜

細胞膜（cell membrane）是將細胞內（細胞質）與細胞外分開的膜，此膜極薄且脆弱，大約由 55% 蛋白質、25% 磷脂質、13% 膽固醇、4% 各種脂質和 3% 碳水化合物所組成。雙層的磷脂質是細胞膜的基本架構，每個磷脂質分子有兩條脂肪酸鏈附著於磷酸根頭端（圖3-2）。磷酸根頭端為水溶性，具親水性，呈球狀，朝外側帶正電而有極性；脂肪酸鏈則為脂溶性，具厭水性，呈波狀線條，朝內側不帶電，非極性。氧及二氧化碳等脂溶性分子能通過此磷脂質雙層構造，但是胺基酸、醣、蛋白質、核酸等水溶性分子則不能通過。而膜膽固醇可增加細胞膜的穩定性，防止磷脂質的聚集而使細胞膜含有水。

細胞膜的蛋白質可分為本體蛋白質（integral protein）及周邊蛋白質（peripheral protein）兩類。本體蛋白質可位於或靠近內外膜表面，亦可整個以球狀或不規則形貫穿整個細胞膜（圖3-2）；而周邊蛋白質藉由許多方式附著於膜的表面，可作為酵素。膜蛋白的功能敘述如下：

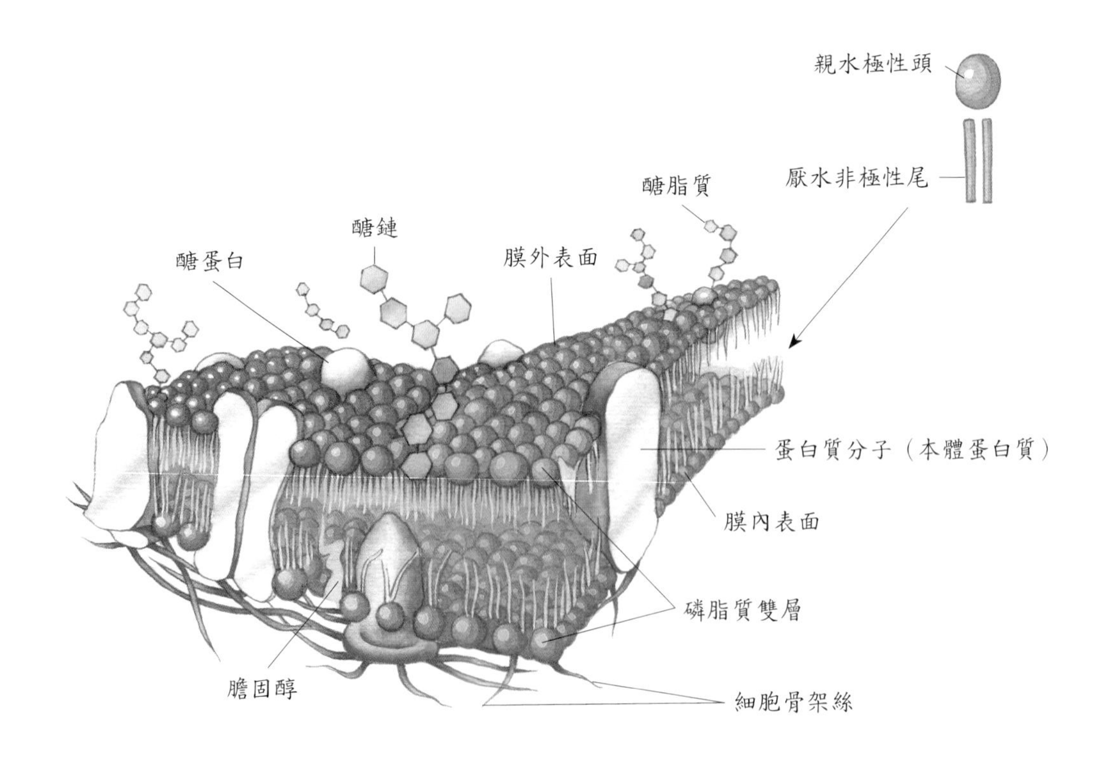

圖3-2　細胞膜的構造

1. 為結構蛋白。
2. 在離子通過膜的主動運輸時，可作為幫浦（pump），例如鈉－鉀（$Na^{+}-K^{+}$）幫浦。
3. 可作為攜帶體，藉由協助性擴散，將物質沿著濃度梯度來運輸。
4. 可作為離子通道，是非脂溶性分子通過細胞的路徑。
5. 可作為接受體，能與神經傳導物質或荷爾蒙、藥物結合，引發細胞內的生理變化。
6. 與碳水化合物結合成醣蛋白，以作為細胞標誌，可識別、區分同種或不同種細胞。
7. 可作為酶，以催化一些發生於膜表面的反應。

細胞膜是動態的構造，鑲嵌在膜上的蛋白質像飲料杯中的冰塊一樣，可隨時變更位置。以其化學性質及構造來探討細胞膜在生理上的功能如下：

1. 是物理上的屏障：它可包住細胞內容物，使其與細胞外液及其他細胞相隔離。
2. 是外來訊息的接收站：細胞膜上的醣蛋白通常是接收器的位置，使細胞能識別同類細胞或外來物質，進而接納或排斥。例如血型相容時的接納及器官移植的排斥。
3. 是構造上的支持者：能使相鄰細胞間或細胞和其他構造間相連結，形成穩定的三度空間結構。
4. 是代謝上的障壁：為具有選擇性、通透性的半透膜，可調節物質的進出。
5. 完整性：細胞膜的完整性是細胞生命的必要條件。

細胞質

細胞質（cytoplasm）位於細胞膜與細胞核之間的物質，也稱為胞漿，是一種黏稠的半透明液體，其中水分占了 75～90%，其餘尚有蛋白質、脂質、碳水化合物及無機鹽類等固體成分。無機鹽類與大部分的碳水化合物溶於水中而成為溶液，大部分的有機化合物則懸浮於水中形成膠體，故細胞質同時具有溶液和膠體的性質。

大部分的細胞都在細胞質中進行生化反應。細胞質接受外來的物質，以轉化成能量，排除細胞內廢物或合成新物質，以供細胞修補或產生新構造之用。

散布於細胞質中的大型顆粒有：中性的脂肪球滴、肝醣顆粒、核糖體、分泌性顆粒；其中有四種重要胞器：內質網、高基氏體、粒線體及溶小體。

胞器

胞器（organelles）是散布在細胞質中的微小構造體，這些特化的微小構造，各具形態上的特徵，在細胞上的生長、維持、修補、控制等方面分別擔任重要的角色（表3-1）。

表3-1 胞器的功能

胞器名稱	功　能
• 核糖體	• 合成蛋白質
• 粗糙內質網	• 儲存及合成蛋白質
• 平滑內質網	• 合成脂質及類固醇
• 高基氏體	• 包裝、運送及分泌
• 粒線體	• 有氧細胞呼吸
• 溶小體	• 分解、消化
• 過氧化酶體	• 減少過氧化氫之傷害
• 細胞骨骼	• 支撐細胞形狀
• 中心體	• 細胞分裂
• 鞭毛與纖毛	• 細胞運動

核糖體

核糖體（ribosome）是由核糖體核酸（r-RNA）與核醣蛋白以 2：1 的比例組成，為細小的顆粒，DNA 與 RNA 在此合成身體所需的蛋白質。若以核糖體的分布位置區分，可分成兩大類：

1. 游離性核糖體：散布於細胞質中，不與其他構造接觸，其功能為合成細胞內使用的蛋白質，將製造出的蛋白質送至自己的細胞核，作為自身生長使用。
2. 固定性核糖體：附著於內質網，可合成細胞膜上的特殊蛋白質，並將其送出細胞外，如荷爾蒙。

內質網

內質網（endoplasmic reticulum; ER）是細胞質中一系列複雜的小管狀結構，與核膜相連續，具有運輸功能，是細胞內的循環系統。核糖體合成的蛋白質可儲存於內質網，待需要時才送至高基氏體包裝或釋放至細胞外。

內質網分為表面附有核糖體顆粒的粗糙內質網（rough ER），和表面沒有核糖體粗糙顆粒附著的平滑內質網（smooth ER）兩類（圖3-3）。通常分泌性較旺盛的細胞，其顆粒性內質網也較發達。而無顆粒性內質網，雖不含核糖體，但含有脂質代謝所需的酵素，可合成中性脂肪及類固醇激素。

高基氏體

義大利科學家 Camillo Golgi 是第一個發現高基氏體（Golgi complex）存於細胞中的，故而以之命名。此體是由 4～8 個大的扁平膜性囊所構成，位於細胞核附近。扁囊排列緊密且平行呈疊盤狀（圖3-4）。

高基氏體具有處理、分類、包裝、運送、分泌蛋白質的功能。核糖體合成的蛋白質先運送至粗糙內質網，蛋白質被粗糙內質網所形成的小泡包起來，離開內質網送往高基

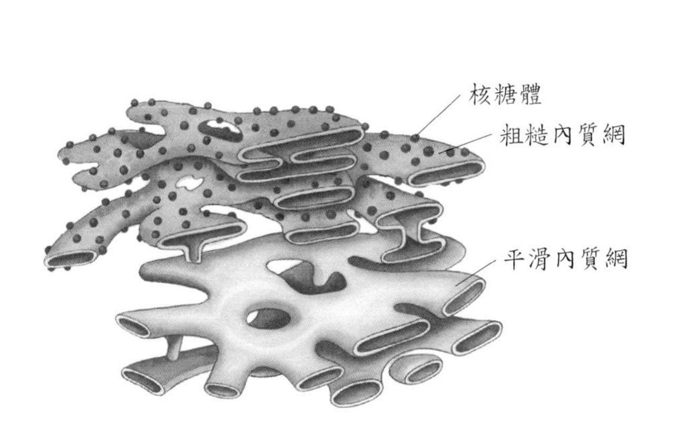

圖3-3　內質網的立體形態模式圖

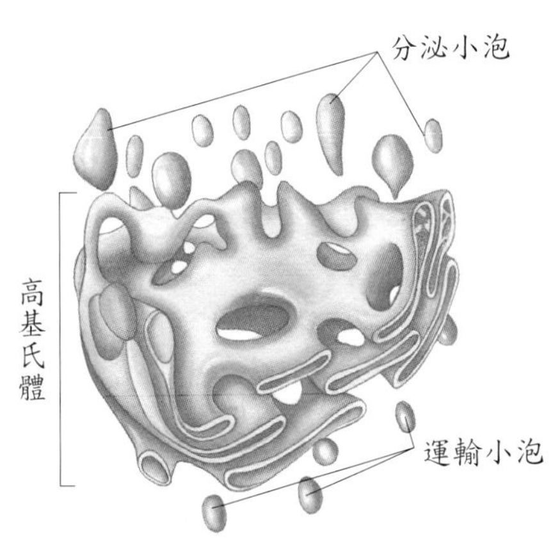

圖3-4　高基氏體

氏體，經高基氏體的扁囊作用，被分類包裝成小泡，有些小泡變成分泌顆粒，移至細胞膜邊，經胞泄作用送出細胞外。故高基氏體是包裝、分泌部門（圖3-5）。

高基氏體包裝、分泌由內質網送來的蛋白質、醣蛋白及脂質等，有的小泡所攜帶的內含物含有特別的消化酶，若保存於細胞質內即成溶小體。所以，分泌黏液能力很強的細胞，皆具有發達的高基氏體及粗糙內質網。

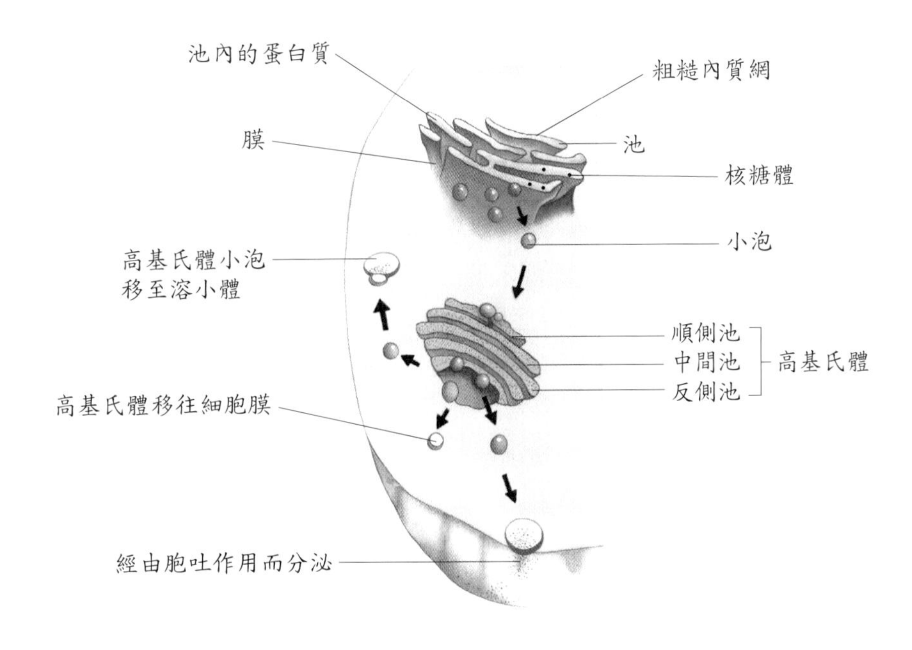

圖3-5　高基氏體進行分類、包裝、運送、分泌的過程

粒線體

粒線體（mitochondria）是由兩層雙脂層的膜所圍成的橢圓形或圓形構造（圖3-6），兩層間有液體隔開。外膜光滑，內膜則有許多稱為「嵴」的皺褶，而嵴提供了大面積來進行化學反應。粒線體的中央稱為基質，嵴上富含合成腺核苷三磷酸（ATP）所需的酶，藉以產生高能量的 ATP，故有細胞的發電廠之稱。通常活動量較大的細胞，如肌肉、肝、腎等，需要消耗大量能量，所以這些細胞含有大量的粒線體，達細胞體積 20%。

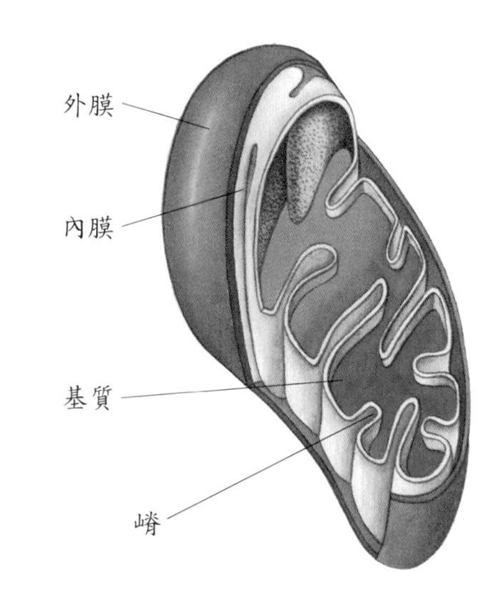

圖3-6 粒線體

粒線體產生 ATP 的方式，稱為有氧代謝，即細胞呼吸作用。來自消化系統的葡萄糖分解成丙酮進入粒線體，同時肺中氧氣也運送至細胞的粒線體，兩者作用後產生二氧化碳、水及 ATP，但水及二氧化碳會離開細胞。所以粒線體有氧呼吸作用寫成簡單的程式就是：醣＋氧＝二氧化碳＋水＋ATP。也因為有氣體交換，所以粒線體就是有氧細胞呼吸的地方，故粒線體對缺氧最敏感。通常一分子的葡萄糖經粒線體代謝後可產生 38 個 ATP。ATP 是生物使用的能量來源，粒線體利用有氧代謝提供細胞近 95% 的能量。

粒線體可自行複製，複製過程是由粒線體內的 DNA 控制。自行複製時，細胞需要 ATP 的量增加。

溶小體

溶小體（lysosome）是由高基氏體所形成，為內含強力消化酶的小囊泡。當微生物侵入人體細胞時，溶小體的膜會被活化而釋出消化酶來分解微生物，如吞噬細菌的白血球即含有大量的溶小體，故溶小體有細胞內的消化系統之稱。

當細胞受傷或死亡時，溶小體會自體分解（autolysis），釋出酶促使細胞分解，所以有人稱溶小體為自殺小包。

臨床指引：

若服用過量的維生素 A 會使溶小體活性增加，使骨骼組織的破骨（蝕骨）細胞分泌酶來溶解骨骼，因而易引起自發性骨折。缺乏溶小體是新生兒一種遺傳性疾病（Tay Sache disease），此病能使細胞中的溶小體失去分解能力，嚴重時會導致新生兒死亡。

過氧化酶體

過氧化酶體（peroxisome）比溶小體小，是一種微小體，含有觸酶。在肝細胞與腎細胞中含有許多與過氧化氫（H_2O_2）代謝有關的催化酶（觸酶），這與解毒作用有關，可以減少過氧化氫對人體的傷害。

細胞骨骼

細胞質內有一些纖維狀的蛋白質，它們互相聚合組成微絲、中間絲、微小管的構造，在細胞質中交織成網狀，支撐細胞維持一固定形狀，故稱為細胞骨骼（cytoskeleton）（圖3-7）。

微絲在肌肉細胞內是由肌動蛋白或肌凝蛋白所組成，與肌肉收縮有關。在非肌肉細胞內，微絲提供支持與保持細胞形狀，藉著微絲的收縮與鬆弛可改變網狀架構的形狀，使細胞外形也隨之改變，協助細胞移動，故為一動力構造，例如吞噬細胞的吞噬、分泌、胞飲作用等；但其伸出偽足則是靠微小管的幫忙。微小管也能形成鞭毛、纖毛、中心粒與紡錘體；微絲則能構成微絨毛；中間絲只是提供結構上的增強作用。

中心體與中心粒

中心體（centrosome）內有一對中心粒，每一個中心粒（centriole）是由九個微小管三元體（三個一組）排列成環形結構（圖3-8），兩個中心粒之長軸互相垂直。中心體與細胞有絲分裂時與染色體的移動有關，在有絲分裂之初，中心體會自行複製，然後成對的中心粒互相分離，形成有絲分裂紡錘絲的兩極，所以中心粒可控制紡錘體的形成。然而，成熟的中樞神經細胞沒有中心體，故不能分裂。

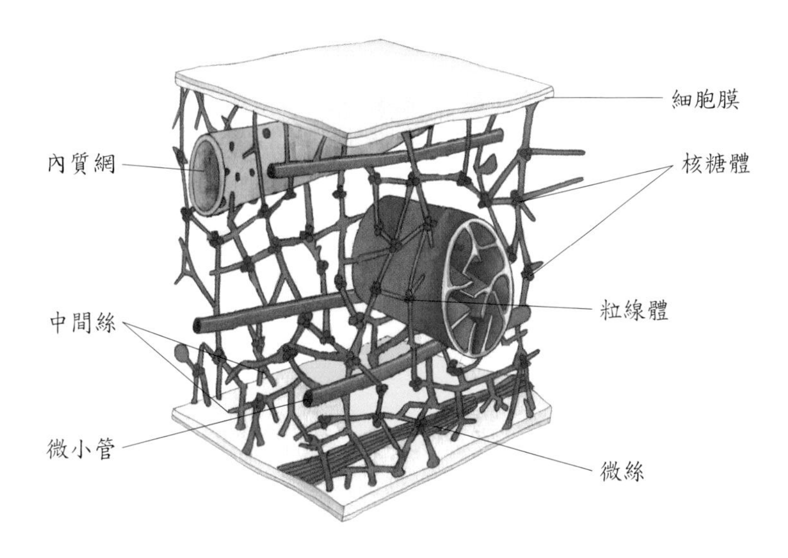

圖3-7　細胞骨骼

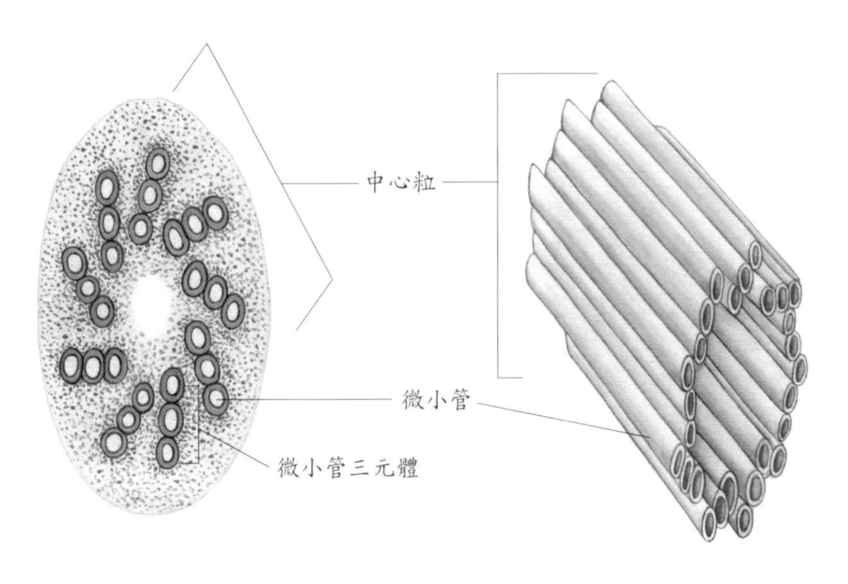

圖3-8 中心粒

鞭毛與纖毛

有一些細胞具有突起，可使整個細胞運動，或使一些物質沿細胞表面移動。如果突起的數目少且長，稱為鞭毛（flagella）。在人體內唯一具鞭毛的是精蟲細胞，可供細胞運動。如果突起的數目多且短，像毛髮一般，即為纖毛（cilia），如人類呼吸道的纖毛細胞可撥動黏在組織表面的異物顆粒。以電子顯微鏡觀察鞭毛與纖毛，兩者結構上並無差異，皆與中心粒相似，有九個管狀構造排列，但管壁中央多了一對微小管，而且九組周圍構造的每一束中，含有兩個而非三個微小管。但在基體，各纖毛固著處的構造卻和中心粒一樣，有九組環繞的三元體（圖3-9）。

細胞核

細胞核（nucleus）多呈球形或卵圓形，是細胞內最大的胞器，內含有基因的遺傳因子，故為細胞運轉的主要控制中心。大部分細胞含有一個核，但有的細胞，如成熟的紅血球、血小板就沒有細胞核；但也有細胞含有多個核，如骨骼肌細胞就含有多個核。細胞核具有核膜、核仁及染色質等三種明顯構造（圖3-10）。核膜內的膠狀液為核質，核仁及染色質懸浮於其中。

核膜

是一雙層膜構造，細胞核藉此膜與細胞質隔開。核膜的雙層膜間的空隙稱為核周池（perinuclear cisterna）。每一層核膜皆與細胞膜類似，為磷脂質雙層結構。雙層膜在很多點會彼此融合形成核孔，核孔與內質網相通，是物質進出細胞核的主要門戶。

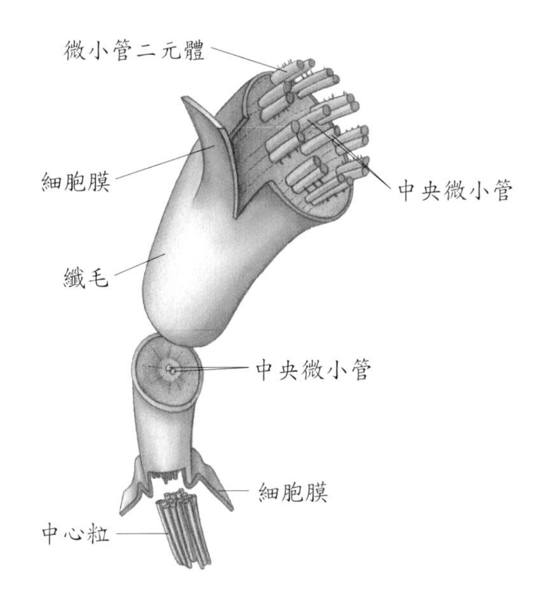

圖3-9 纖毛的構造

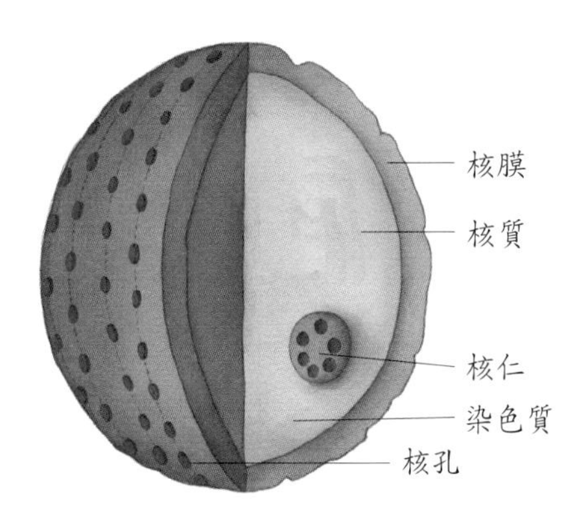

圖3-10 細胞核的構造

核仁

為球體構造，通常含有一或兩個，沒有膜包圍，由 DNA、RNA 及蛋白質所組成。DNA 控制 RNA 在核仁形成，RNA 則控制蛋白質在細胞中的合成。

染色質

為散布在核質中的顆粒性物質，是由 DNA 組成的遺傳物質。細胞生殖前，染色質（chromatin）會變短並捲曲成桿狀體，稱為染色體（chromosome），故染色體成分與染色質完全相同。人類細胞內含有 23 對（46 條）染色體，但精子與卵子則各為 23 條染色體。而基因是染色體上的遺傳基本單位。

細胞生理學

細胞膜的通透性

細胞膜是具有選擇性通透性的半透膜，可調節物質的進出，其通透性的功能決定於：

1. 分子的大小：分子越小，越易通過。大分子則不易通過。
2. 在脂質中的溶解度：易溶於脂質的物質，如氧、二氧化碳及類固醇激素等易通過細胞膜。
3. 離子所帶的電荷：離子電荷與膜的電荷相反者，易通過細胞膜。所以各種離子的通透性容易度為：陽離子＞中性離子＞陰離子，亦即鈉離子比水或氯離子易通過細胞膜。

4. 載運體（攜帶體）分子的存在，可修正膜的通透性。例如葡萄糖類的大而不帶電的極性分子，即可利用運輸蛋白（亦屬本體蛋白）通過細胞膜。

被動運輸

物質通過細胞膜的機制有兩種，即被動運輸與主動運輸。被動運輸（passive transport）的特性是溶質分子由高濃度往低濃度方向移動，不需 ATP 供應能量，也不一定要在活體內進行。包括簡單擴散（simple diffusion）、促進性擴散（facilitated diffusion）、滲透（osmosis）、過濾（filtration）與透析（dialysis）作用。

簡單擴散

氣體或物質之分子或離子（溶質）由高濃度往低濃度移動，直到兩邊均衡後才會停止，但分子仍在持續活動（圖 3-11A）。這種高、低濃度的差異，即為濃度梯度，由高濃度往低濃度進行的移動，即是濃度梯度運動。體內如氧、二氧化碳等脂溶性分子可直接穿過膜，在血液與肺之間擴散作氣體交換；而鈉、鉀、氯、水等非脂溶性小分子，則是通過由細胞膜本體蛋白所構成的小通道擴散，此種擴散無飽和性。

促進性擴散

促進性擴散又稱為協助性擴散或易化擴散。與簡單擴散類似，但在擴散過程中還需要細胞膜上的攜帶蛋白質協助，物質才能通過細胞膜。如葡萄糖，需藉本體蛋白擔任攜帶體，通過半透膜進入細胞質，不耗能量的由高濃度移向低濃度，直到平衡，但有飽和性且須在活體中進行（圖 3-11B）。

A

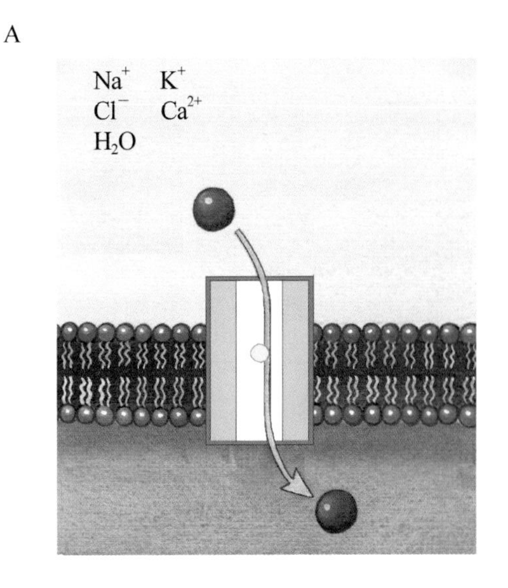

B

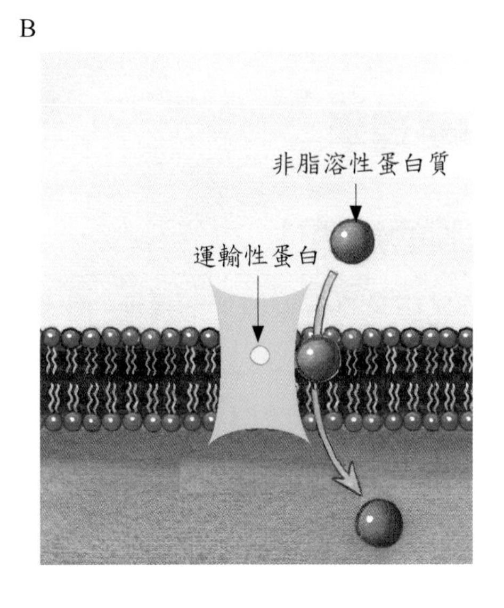

圖 3-11　通過細胞膜的擴散作用。A. 簡單擴散；B. 促進性擴散。

促進性擴散的速率比簡單擴散快得多，速率快的因素決定於：膜兩邊物質濃度的差異、可運送物質的攜帶體數量、攜帶體與物質結合的速率。葡萄糖經此種方法由血液擴散至細胞內，而胰島素可加速此促進性擴散。

滲透作用

滲透作用是指溶劑（水）由濃度（稀溶液）較高處，藉本體蛋白的離子通道通過半透膜，移向濃度（稠溶液）較低處的擴散作用，亦即水分子由水多的地方流向水少的地方。能阻止純水流向含有溶質的溶液所需之壓力，即為滲透壓；所以溶液中濃度越大（水少溶質多）者，滲透壓越大，也就是滲透壓與溶質濃度成正比。例如含蔗糖的溶液水較少，蔗糖分子大無法移出與純水間隔的半透膜，正常情況下，純水可進入水較少的蔗糖溶液來稀釋，而阻止純水過來稀釋的力量，就是蔗糖溶液的滲透壓。

人體的正常體液都是等張溶液，細胞置於其中能保持正常的形狀，如 5% 葡萄糖及 0.9% 的生理食鹽水濃度大約與細胞內液的總粒子濃度相同，所以兩者皆為等張溶液，但是只有 0.9% 的生理食鹽水與血漿滲透壓相同，它是真正的等張滲溶液，故輸血時只使用 0.9% 的生理食鹽水，而不用 5% 葡萄糖。

若細胞處於濃度低於 0.9% 的生理食鹽水之低張溶液中，細胞會因水的滲入而膨脹破裂，對紅血球而言，則是產生溶血（hemolysis）現象；若細胞處於濃度高於 0.9% 的生理食鹽水之高張溶液中，細胞會因水分的滲出而皺縮（圖3-12）。

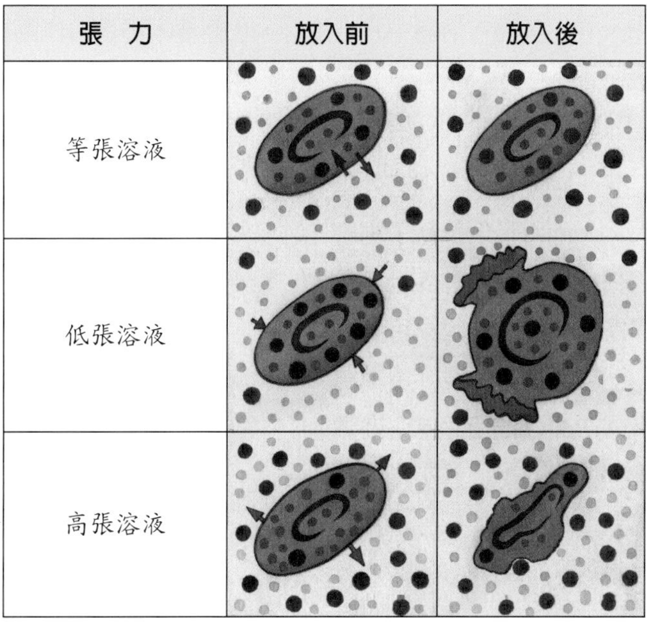

張　力	放入前	放入後
等張溶液		
低張溶液		
高張溶液		

註：● 表溶質；● 表水分子。

圖3-12　紅血球放入不同濃度的溶液所產生的結果

過濾作用

是指半透膜兩側的壓力差，導致溶液（包括溶劑及溶質）受壓力而由高壓區移向低壓區的作用。此過濾作用只要壓力差存在即會持續進行，例如腎臟的腎絲球即是利用輸入小動脈與輸出小動脈之間的壓力差，使葡萄糖、胺基酸、鈉離子等物質在腎絲球中過濾而流入腎小管中。

透析作用

是指不同分子有不同通透性，當分子進行擴散時，利用選擇性通透膜將不同通透性的分子分開，此過程稱為透析（dialysis）。此原理被應用於人工腎臟、腹膜透析上。

臨床指引：

血液透析（hemodialysis）是一種取代腎臟移除含氮廢物或鹽類的功能所採取的方法。腎臟因某種疾病而無法執行此項功能時，病人血液流過透析液後，血液中含氮的廢物或部分鹽類會在透析液中以擴散方式通過人造透析膜的孔，與其他血球或血漿蛋白分開而透析排出；血球及血漿蛋白則再流回病人血液中。

主動運輸

主動運輸（active transport）的特性是溶質分子逆著濃度梯度，由低濃度移往高濃度，且需 ATP 供應能量。它不但需在活體中方可進行，也需要本體蛋白作為攜帶體的幫忙。

鈉—鉀幫浦

鈉—鉀幫浦（Na^+-K^+pump）是細胞膜上的一種耗能的結構，它能主動將細胞外兩個鉀離子送入細胞內，而將三個鈉離子由細胞內送出細胞外，鈉鉀離子的交換比值是 3：2，此時氯離子會被動跟著鈉離子跑到細胞外。鈉—鉀幫浦的整個過程是以主動運輸進行，必須消耗 ATP 供應的能量，主要消耗於鈉離子釋出時（圖 3-13）。鈉—鉀幫浦在生理上的意義有下列三項：

1. 維持細胞內、外液正常的離子分布。
2. 是神經系統中訊號傳遞機轉的基礎。能使呈現過極化的神經細胞，

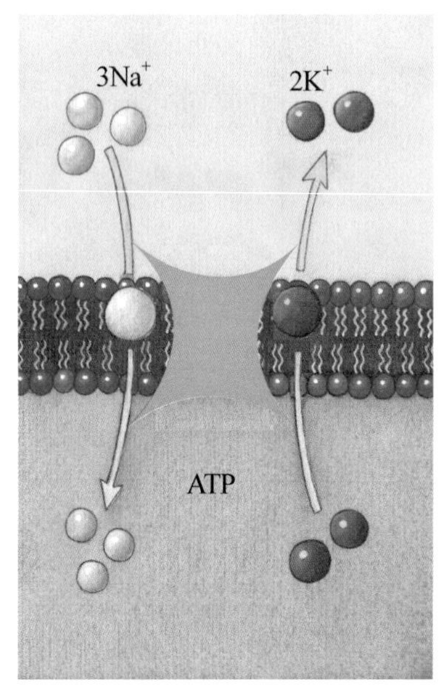

圖 3-13 鈉—鉀幫浦作用

回復為靜止時的極化狀態。

3. 能促使小腸黏膜上皮吸收葡萄糖、胺基酸、半乳糖。

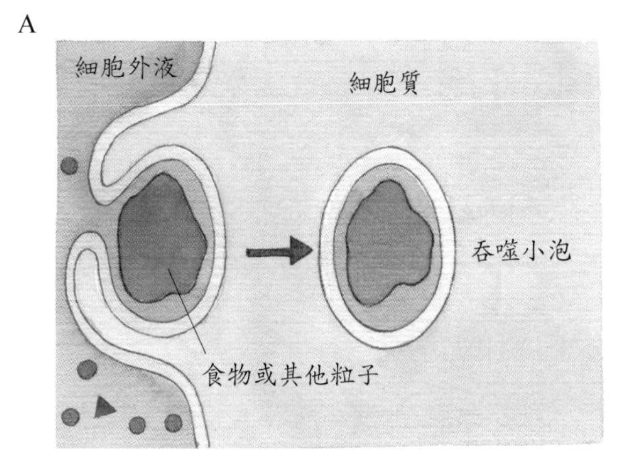

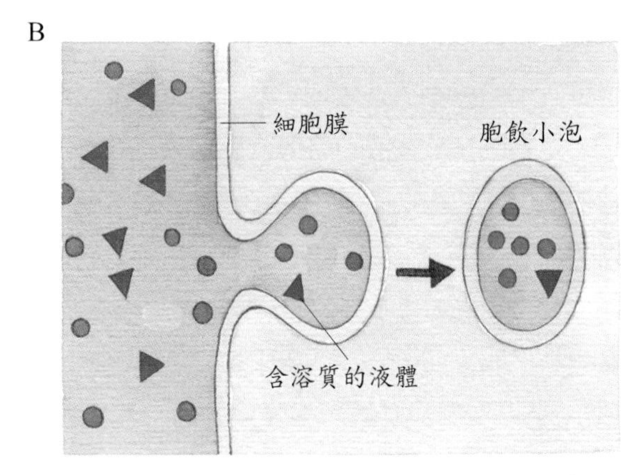

圖3-14　吞噬作用的兩種形式。A. 胞噬作用；B. 胞吞作用。

吞噬作用

分子和離子在細胞內外移動必須透過細胞膜。然而細胞外之分子過於龐大，細胞膜亦可用大分子運輸的方法將它攝入細胞。

1. 胞噬作用（phagocytosis）：細胞質突出形成偽足，包住細胞外的細菌、血塊、外來物，形成吞噬小泡後，再由溶小體的酶消化掉。無法消化掉的顆粒，則由胞吐作用移出細胞外。例如吞噬性白血球能經由吞噬作用包住，並摧毀細菌及其他異物（圖3-14A）。
2. 胞吞作用（endocytosis）：細胞膜吸住細胞外的液體小滴（可溶性大分子），膜往內形成胞飲小泡後，與膜分離。例如組織液中的物質入微血管壁（圖3-14B）。

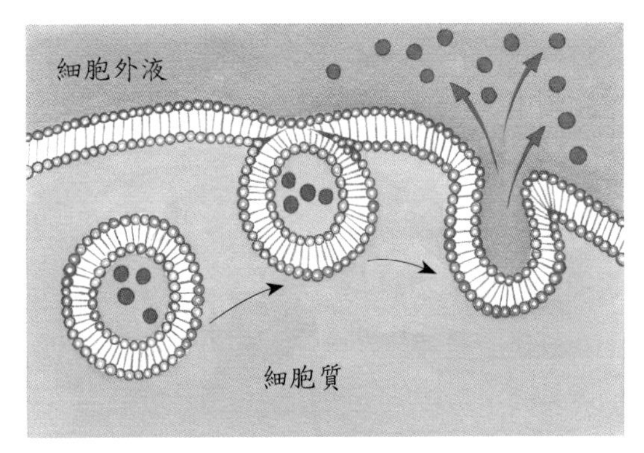

圖3-15　胞吐作用

胞吐作用

胞吐作用（exocytosis）與吞噬作用相反，是將細胞內廢棄物質形成小泡向外移動，當小泡與細胞膜接合後，將廢棄物質移出細胞外（圖3-15）。

基因作用

基因位於細胞核的染色質內，儲存生物所有的遺傳訊息，它能將遺傳密碼轉錄給RNA，RNA即遵循密碼的指令製造各種類型的蛋白質，這些蛋白質不但決定了細胞架構，也決定了細胞的特殊生理功能，所以基因被視為細胞營運的主宰。

蛋白質的合成

製造蛋白質的遺傳指示存在於細胞核的DNA內，細胞藉信息核糖核酸（mRNA）攜帶遺傳密碼，決定胺基酸的排列順序，再經轉運核糖核酸（tRNA）攜帶遺傳密碼至細胞質的核糖體，合成多胜肽的蛋白質。經過的步驟有轉錄與轉譯。

轉錄

是指DNA攜帶的遺傳密碼被複印的過程，亦即以DNA的特定部分作為鑄模，使儲存在DNA氮鹼基序列的遺傳訊息被複寫在mRNA的氮鹼基上。例如DNA鑄模有一個胞嘧啶（C）經過mRNA即製造一個鳥嘌呤（G）；一個腺嘌呤（A）經過mRNA即製造一個尿嘧啶（U），因為RNA上不含胸嘧啶（T）（參考表2-3）。mRNA上三個氮鹼基形成一個密碼，如果DNA的鑄模氮鹼基序列為CATATG，經mRNA轉錄的氮鹼基序列即成GUAUAC。DNA除了可作為mRNA的鑄模外，尚可合成核糖體核糖核酸（rRNA）及tRNA。mRNA、rRNA、tRNA三者被合成後，即離開細胞核，進入細胞質進行轉譯步驟。

轉譯

是指mRNA氮鹼基序列內的核糖體之訊息，可經由tRNA合成胺基酸序列過程進行解譯。當mRNA攜帶了密碼會與攜帶特定胺基酸（反密碼）的tRNA以氫鍵配對，因為tRNA會將mRNA上的胺基酸序列密碼解譯。配對的過程是在核糖體中進行，合成胺基酸（表3-2）。

蛋白質的合成步驟

許多胺基酸接連產生，便可合成蛋白質。此過程從DNA開始，在細胞核轉錄，在核糖體轉譯，最後成為胺基酸，再合成蛋白質。其合成步驟可簡化為下列形式：

DNA（基因）—轉錄（細胞核）→ mRNA —轉譯（核糖體）→ 合成胺基酸 → 合成蛋白質

表3-2　DNA三氮鹼基序列與mRNA密碼合成胺基酸

DNA氮鹼基序列	mRNA密碼	tRNA反密碼	合成的胺基酸
TAC	AUG	UAC	轉譯起始
AAA	UUU	AAA	苯丙胺酸
AGG	UCC	AGG	絲胺酸
ACA	UGU	ACA	半胱胺酸
GGG	CCC	GGG	脯胺酸
GAA	CUU	GAA	白胺酸
GCT	CGA	GCU	精胺酸
TTT	AAA	UUU	離胺酸
TGC	ACG	UGC	穌胺酸
CCG	GGC	CCG	甘胺酸
CTC	GAG	CUC	麩胺酸
ATC	UAG	–	轉譯終止

細胞分裂

細胞分裂（cell division）是指細胞自行生殖的過程，分裂的過程包括細胞核分裂及細胞質分裂兩個步驟，通常是細胞核分裂完畢後，才開始產生細胞質的分裂。細胞核的分裂又有體細胞分裂（有絲分裂）及生殖細胞分裂（減數分裂）兩種方式。

有絲分裂

有絲分裂（mitosis）是指體細胞（身體一般組織細胞）的生殖方式，分裂前母細胞將自己複製，分裂完成後，兩個子細胞所含有的遺傳物質及遺傳潛能，皆與母細胞完全相同。由某次分裂開始，到下次分裂開始的過程期間，稱為細胞週期，它包括了間期（G_1期、S期、G_2期）、有絲分裂（細胞核分裂）（前期、中期、後期、末期）與細胞質分裂等部分（圖3-16）。

1. 間期（interphase）：是指兩次有絲分裂的間隔。在此期染色體進行複製，同時製造兩個細胞成分結構所需的RNA與蛋白質，只要DNA複製與RNA與蛋白質產生完成，有絲分裂即開始進行。此期可分成下列三期：

⑴ G_1期：又稱複製前期，此時細胞增大兩倍，但染色體不變，並合成核酸以製造蛋白質而產生新的膜狀胞器。

⑵ S 期：又稱 DNA 複製期，此期執行複製工作，但 DNA 未加倍，此時細胞生長旺盛。

⑶ G_2 期：又稱複製後期，此時 DNA 加倍，mRNA 合成，進而合成蛋白質，亦即製造紡錘絲所用的微管蛋白，以利進行細胞分裂。

2. 有絲分裂又可分為四期：

⑴前期（prophase）：此期的染色質會變短且纏繞成染色體，核仁變模糊，核膜消失而形成紡錘絲，中心粒向兩邊移動。

⑵中期（metaphase）：此期是染色體最肥最短的時候，此時染色體排列於細胞中央的赤道板上。

⑶後期（anaphase）：此期為染色體分離期，染色體由中節分裂，也是染色體加倍期。此時細胞膜出現分裂溝，分開的兩組染色體向兩端移動。

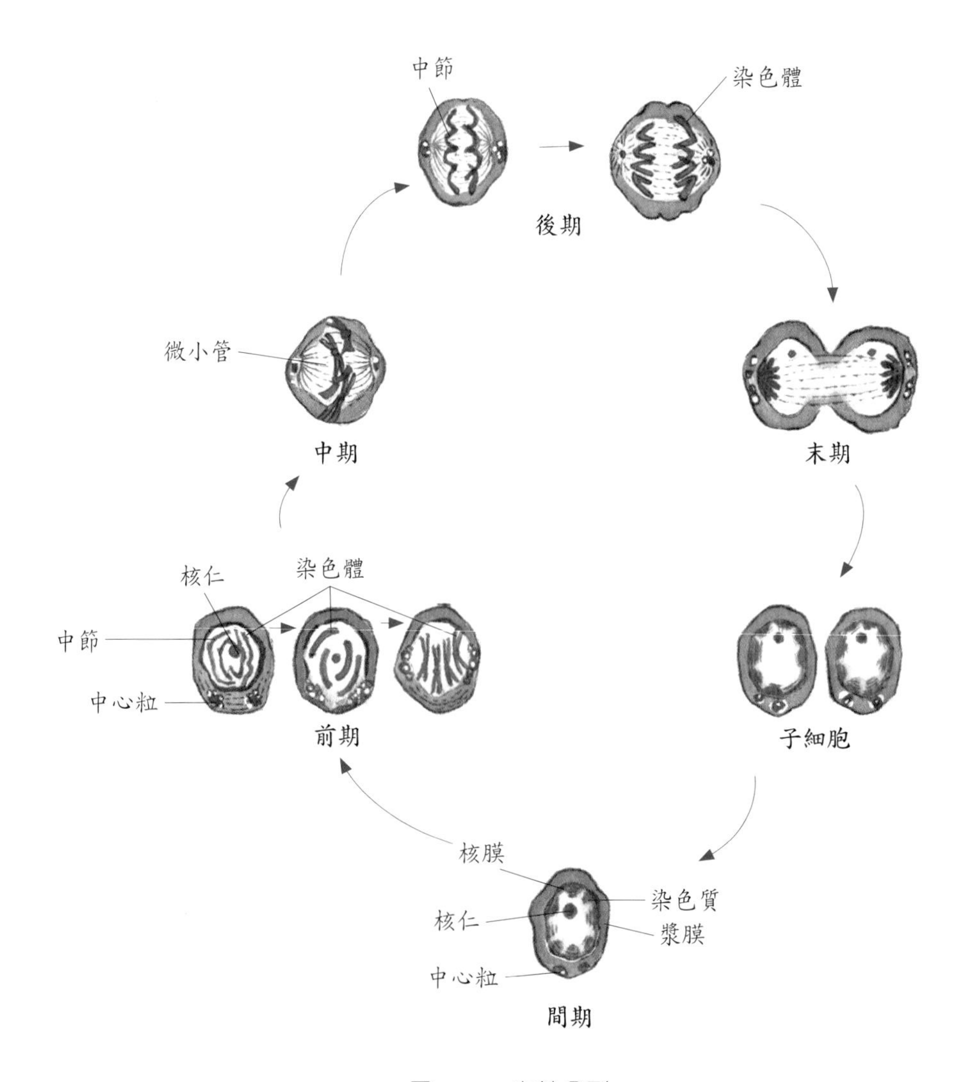

圖3-16 有絲分裂

⑷末期（telophase）：為有絲分裂的最後一期，其發生過程是前期的倒反。此時，兩套相同的染色體分別移向細胞的兩極，新的核膜包住染色體，染色體變成染色質形態，核仁出現，紡錘體消失，中心粒複製，分裂溝更明顯。

3. 細胞質分裂（cytokinesis）：分裂溝將一個細胞分裂成兩個細胞的過程，此時產生的兩個子細胞，所含的染色體數目完全與母細胞相同。

減數分裂

減數分裂（meiosis）是生殖細胞的分裂方式，子細胞只含母細胞一半的遺傳物質及染色體數目。經減數分裂產生的子細胞稱為配子；女生的配子是卵子，男生的配子是精子，兩者結合受精後稱結合子，在子宮內發育成新的個體。結合子內所含的基因雖然來自父母雙方，但生殖細胞在減數分裂過程中，基因可能產生交叉互換的現象，所以結合子孕育而成的子代，其表現的遺傳特性與父母任何一方均不可能完全相同。減數分裂是複製一次，分裂兩次，故有減數分裂Ⅰ及減數分裂Ⅱ（圖3-17）。

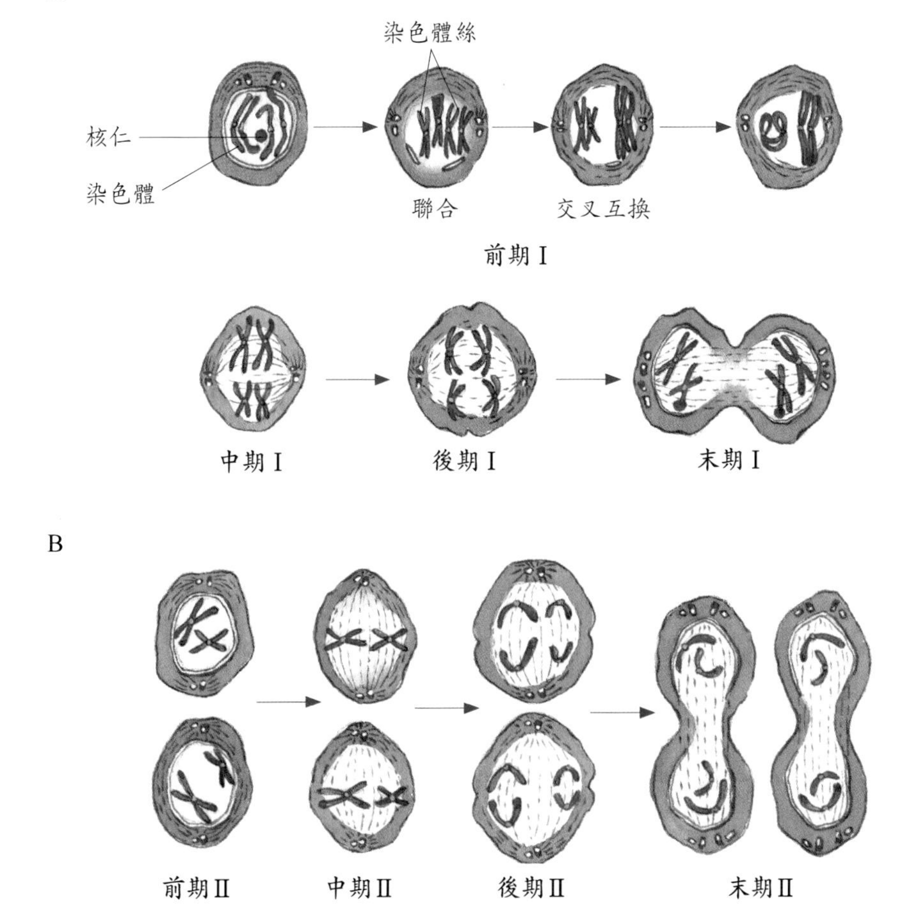

圖3-17　減數分裂。A. 減數分裂Ⅰ；B. 減數分裂Ⅱ。

1. 減數分裂Ⅰ（meiosis Ⅰ）：在分裂前的間期，染色體自行複製，一旦複製完成馬上進入減數分裂Ⅰ。
   (1)前期Ⅰ：染色體變粗短，核膜、核仁消失，中心粒複製，紡錘體出現。同源染色體配對，稱為聯會（synapsis），兩條完全配對的染色體中，含有四條染色體稱為四合體（tetrad）。四合體內的染色體可能會部分交換，稱為交叉互換（crossing over），由於基因互換，所以不致產生與親代相同的細胞。
   (2)中期Ⅰ：成對染色體在細胞赤道面兩邊排列成線。
   (3)後期Ⅰ：成對染色體分開，四合體變成二合體，但中節不分裂。
   (4)末期Ⅰ：兩組染色體分別至兩極端，核仁、核膜重新形成。
   (5)細胞質分裂Ⅰ：產生兩個單套染色體的子細胞。
2. 減數分裂Ⅱ（meiosisⅡ）：基本上與有絲分裂時相似。
   (1)前期Ⅱ：染色體變粗變短，核仁、核膜消失，紡錘絲形成，中心粒向兩邊移動。
   (2)中期Ⅱ：染色體排列在赤道板上。
   (3)後期Ⅱ：染色體中節斷裂分成兩組。
   (4)末期Ⅱ：兩組染色體分別移至細胞兩極端，核膜、核仁重新形成。
   (5)細胞質分裂Ⅱ：產生四個單套染色體的子細胞。
3. 兩次減數分裂的比較，請見表3-3。

臨床指引：

癌的形成就是正常細胞產生基因突變，開始不正常分裂，使細胞增生繁殖導致細胞癌化。P53基因產生P53蛋白質，與DNA連接，而防止細胞失控倍增；細胞若有P53基因不正常，就會有許多癌症的產生。所以，P53基因又稱為抗癌基因。

表3-3　兩次減數分裂的比較

項目	減數分裂Ⅰ	減數分裂Ⅱ
染色體	複製	不複製
過程	發生聯會及交叉互換	不發生聯會及交叉互換
結果	成對的同源染色體分開，但中節不斷裂，染色體減半	染色體中節斷裂分開

歷屆考題

(　) 1. 下列何者相當於細胞的骨架？ (A) 核糖體 (B) 內質網 (C) 微小管 (D) 粒線體。（98 專普一）

(　) 2. 一毫莫耳 NaCl（即 58.8 克）溶解於水中所產生的滲透壓濃度為多少 mOsmole/L？ (A) 1 (B) 2 (C) 3 (D) 4。（98 專高一）

(　) 3. 有關細胞間化學訊息（chemical messengers）的作用機制之敘述，下列何者正確？ (A) 一種細胞僅能分泌一種化學訊息 (B) 一種化學訊息僅能引發一種功能 (C) 同一種化學訊息僅能從同一類細胞分泌 (D) 一種化學訊息可能在不同組織引發不同之生理作用。（98 專高一）

(　) 4. 下列何者富含溶小體？ (A) 表皮細胞 (B) 心肌細胞 (C) 蝕骨細胞 (D) 杯細胞。（98 專高一）

(　) 5. 有關鈉鉀幫浦（Na^+/K^+－pump）的敘述，下列何者不正確？ (A) 需消耗腺核苷三磷酸才可運作 (B) 與細胞靜止膜電位的形成有關 (C) 可將鉀離子由細胞內送到細胞外 (D) 可造成細胞內外鈉離子的濃度差。（98 二技）

(　) 6. 下列何者不是細胞膜的主要組成成分？ (A) 磷脂質 (B) 蛋白質 (C) 膽固醇 (D) 核糖核酸。（98 專普二）

(　) 7. 下列何種物質無法經由簡單擴散（simple diffusion）方式通過細胞膜？ (A) 一氧化碳分子 (B) 二氧化碳分子 (C) 氧分子 (D) 葡萄糖。（98 專高二）

(　) 8. 有關人體細胞分裂的敘述，下列何者正確？ (A) 減數分裂時染色體複製一次，再經連續兩次分裂 (B) 有絲分裂只發生在生殖細胞 (C) 有絲分裂時，同源染色體會配對出現聯會的現象 (D) 減數分裂後會形成四個雙套染色體的細胞。（98 專高二）

(　) 9. 有關9% NaCl溶液之敘述，下列何者正確？ (A) 是高張溶液 (B) 細胞處於此溶液中會脹大 (C) 細胞處於此溶液中形態及功能均正常 (D) 可用於大量靜脈輸注補充體液。（99 專普一）

(　) 10. 細胞分裂時，下列何者也會分裂，並形成紡錘體的兩極？ (A) 核糖體 (B) 核仁 (C) 中心體 (D) 內質網。（99 專高一）

(　) 11. 多醣類合成主要在那一胞器進行？ (A) 溶小體（lysosome） (B) 粒線體（mitochondria） (C) 高基氏體（Golgi complex） (D) 核糖體（ribosomes）。（99 專高一）

(　) 12. 細胞死亡時會釋出酵素使細胞溶解，並且有「自殺袋」之稱的胞器為何？ (A) 過氧化體（peroxisomes） (B) 高基氏體（Golgi apparatus） (C) 溶小體

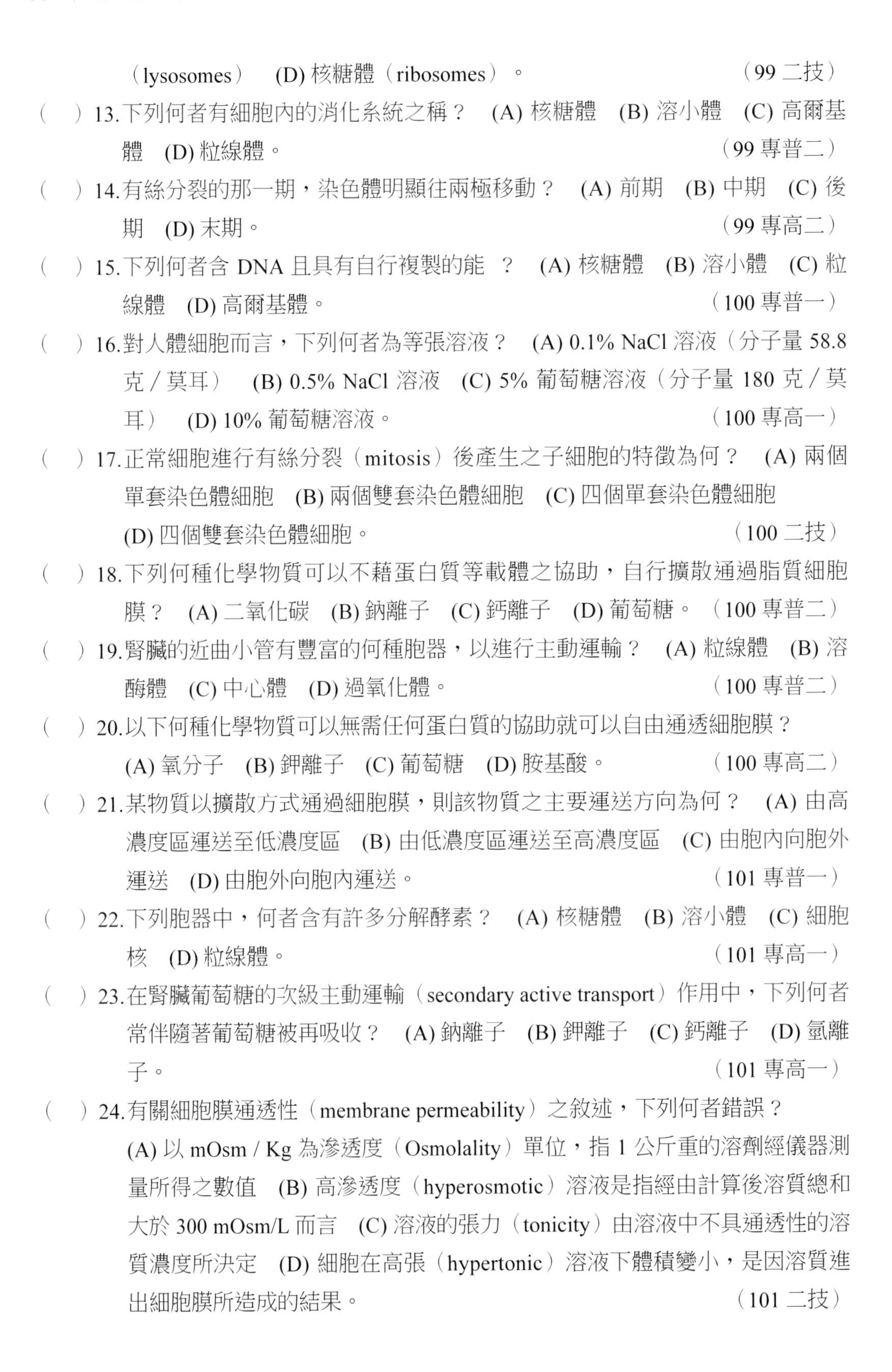

（lysosomes） (D) 核糖體（ribosomes）。 （99 二技）

( ) 13.下列何者有細胞內的消化系統之稱？ (A) 核糖體 (B) 溶小體 (C) 高爾基體 (D) 粒線體。 （99 專普二）

( ) 14.有絲分裂的那一期，染色體明顯往兩極移動？ (A) 前期 (B) 中期 (C) 後期 (D) 末期。 （99 專高二）

( ) 15.下列何者含 DNA 且具有自行複製的能 ？ (A) 核糖體 (B) 溶小體 (C) 粒線體 (D) 高爾基體。 （100 專普一）

( ) 16.對人體細胞而言，下列何者為等張溶液？ (A) 0.1% NaCl 溶液（分子量 58.8 克／莫耳） (B) 0.5% NaCl 溶液 (C) 5% 葡萄糖溶液（分子量 180 克／莫耳） (D) 10% 葡萄糖溶液。 （100 專高一）

( ) 17.正常細胞進行有絲分裂（mitosis）後產生之子細胞的特徵為何？ (A) 兩個單套染色體細胞 (B) 兩個雙套染色體細胞 (C) 四個單套染色體細胞 (D) 四個雙套染色體細胞。 （100 二技）

( ) 18.下列何種化學物質可以不藉蛋白質等載體之協助，自行擴散通過脂質細胞膜？ (A) 二氧化碳 (B) 鈉離子 (C) 鈣離子 (D) 葡萄糖。 （100 專普二）

( ) 19.腎臟的近曲小管有豐富的何種胞器，以進行主動運輸？ (A) 粒線體 (B) 溶酶體 (C) 中心體 (D) 過氧化體。 （100 專普二）

( ) 20.以下何種化學物質可以無需任何蛋白質的協助就可以自由通透細胞膜？ (A) 氧分子 (B) 鉀離子 (C) 葡萄糖 (D) 胺基酸。 （100 專高二）

( ) 21.某物質以擴散方式通過細胞膜，則該物質之主要運送方向為何？ (A) 由高濃度區運送至低濃度區 (B) 由低濃度區運送至高濃度區 (C) 由胞內向胞外運送 (D) 由胞外向胞內運送。 （101 專普一）

( ) 22.下列胞器中，何者含有許多分解酵素？ (A) 核糖體 (B) 溶小體 (C) 細胞核 (D) 粒線體。 （101 專高一）

( ) 23.在腎臟葡萄糖的次級主動運輸（secondary active transport）作用中，下列何者常伴隨著葡萄糖被再吸收？ (A) 鈉離子 (B) 鉀離子 (C) 鈣離子 (D) 氫離子。 （101 專高一）

( ) 24.有關細胞膜通透性（membrane permeability）之敘述，下列何者錯誤？ (A) 以 mOsm / Kg 為滲透度（Osmolality）單位，指 1 公斤重的溶劑經儀器測量所得之數值 (B) 高滲透度（hyperosmotic）溶液是指經由計算後溶質總和大於 300 mOsm/L 而言 (C) 溶液的張力（tonicity）由溶液中不具通透性的溶質濃度所決定 (D) 細胞在高張（hypertonic）溶液下體積變小，是因溶質進出細胞膜所造成的結果。 （101 二技）

(　) 25.下列哪一種新陳代謝作用會因缺氧而產生乳酸？ (A) 醣解作用（glycolysis） (B) 糖質新生（gluconeogenesis） (C) 脂肪分解（lipolysis） (D) 脂肪同化作用（lipogenesis）。（101 二技）

(　) 26.染色質位於以下何種胞器？ (A) 細胞核 (B) 核糖體 (C) 內質網 (D) 高基氏體。（101 專普二）

(　) 27.下列何者具發達的粗糙內質網？ (A) 紅血球 (B) 硬骨的骨細胞 (C) 胰臟的腺泡細胞 (D) 皮膚角質層的細胞。（101 專高二）

(　) 28.攜帶遺傳密碼，並能在核糖體上作為蛋白質合成模版的是： (A) 雙股 DNA (B) 單股 DNA (C) mRNA (D) tRNA。（96 專普二）

(　) 29.除了水分及一些小分子之外，物質很難通過消化道上皮細胞之間的間隙，主要是因為這些上皮細胞之間有下列何種構造的關係？ (A) 胞橋小體（desmosome） (B) 緊密接合（tight junction） (C) 半橋體（hemidesmosome） (D) 間隙接合（gap junction）。（94 專普一）

(　) 30.細胞膜上的蛋白質所具有之生理功能不包括下列何者？ (A) 作為接受器（receptor） (B) 作為離子通道（ion channel） (C) 作為攜帶體（carrier） (D) 作為第二訊息者（second messenger）。（94 專普一）

(　) 31.脂肪物質經消化後的最終產物主要是藉由下列何種方式通過小腸細胞的細胞膜而進入細胞內？ (A) 單純擴散（simple diffusion） (B) 促進性擴散（facilitated diffusion） (C) 主動運輸（active transport） (D) 次級主動運輸（secondary active transport）。（94 專普一）

(　) 32.細胞內負責合成及儲存分泌物的重要胞器（organelle）為： (A) 粒線體 (B) 細胞核 (C) 高基氏體 (D) 核糖體。（95 專普一）

(　) 33.下列何者並非粒線體之主要功能或性質？ (A) 含有自己的 DNA (B) 可利用氧化磷酸反應產生 ATP (C) 參與脂肪酸 β 氧化過程 (D) 醣解作用。（95 專普二）

(　) 34.促進性擴散（facilitated diffusion）不具下列何種性質？ (A) 經由特定膜蛋白分子（carrier） (B) 飽和現象（saturation） (C) 特異性（specificity） (D) 將物質由低濃度送往高濃度。（95 專普二）

(　) 35.細胞內外鉀離子濃度差之維持，主要直接依賴下列何者？ (A) 鈣離子通道 (B) 鈉－鉀幫浦 (C) 葡萄糖載體 (D) 水通道。（95 專普二）

(　) 36.下列何者不是細胞內平滑形內質網（smooth endoplasmic reticulum）的功能？ (A) 儲存鈣離子 (B) 製造類固醇 (C) 合成磷脂質 (D) 製造 ATP。（95專高一）

(　) 37.細胞有絲分裂中，染色體隨意排列於紡錘體中央是屬於哪個階段？
(A) 間期（interphase） (B) 前期（prophase） (C) 中期（metaphase）
(D) 後期（anaphase）。 （95 專高一）

(　) 38.將細胞放置於 5% 葡萄糖溶液中，會造成細胞何種反應？ (A) 脹破 (B) 皺縮 (C) 不變 (D) 先皺縮後脹破。 （95 專高二）

(　) 39.有關粒線體之敘述，下列何者正確？ (A) 進行蛋白質合成的場所 (B) 進行克氏循環（Kreb's cycle）以生產大量 ATP 的場所 (C) 儲存待分泌物質
(D) 進行糖蛋白合成的場所。 （96 專普一）

(　) 40.遺傳訊息的轉錄是指： (A) 按照 DNA 上的密碼次序合成 mRNA 的過程
(B) 按照 mRNA 上的密碼次序合成蛋白質的過程 (C) 按照 mRNA 上的密碼次序合成 DNA 的過程 (D) 按照蛋白質的胺基酸次序合成 mRNA 的過程。
（96 專普一）

(　) 41.下列何者是細胞內的發電廠？ (A) 核糖體 (B) 粒線體 (C) 中心體 (D) 核仁。 （96 專普一）

(　) 42.在細胞核中以 RNA 為模板合成蛋白質的過程，稱為： (A) 複製（replication）
(B) 轉譯（translation） (C) 轉錄（transcription） (D) 傳輸（transmission）。
（96 專高一）

(　) 43.下列何種胞器的主要功能是處理、分類及包裝蛋白質？ (A) 中心體 (B) 粒線體 (C) 核糖體 (D) 高爾基體。 （96 專高一）

(　) 44.一般情況下，鈉鉀幫浦（sodium-potassium pump）運送鈉鉀離子的方向為何？ (A) 鈉離子由胞內向胞外，鉀離子由胞外向胞內 (B) 鈉離子由胞外向胞內，鉀離子由胞內向胞外 (C) 鈉鉀離子皆由胞外向胞內 (D) 鈉鉀離子皆由胞內向胞外。 （96 專普二）

(　) 45.下列何者合成細胞所需的蛋白質？ (A) 核糖體 (B) 溶小體 (C) 中心體
(D) 粒線體。 （95 專高二；94、96 專普二）

(　) 46.成熟的神經細胞不能進行細胞分裂，主要是因為缺乏下列何種胞器？
(A) 中心體 (B) 核糖體 (C) 溶小體 (D) 粒線體。 （96 專高二）

(　) 47.有絲分裂（mitosis）過程中，染色體排列於紡錘體中央時，下列何者正確？
(A) 染色體數目為原來的兩倍 (B) 為前期（prophase） (C) 表示細胞分裂已完成 (D) 正要進入第二次分裂。 （95 專高一；97 專普一）

(　) 48.粒線體（mitochondria）內之 DNA 遺傳自何處？ (A) 母親 (B) 父親
(C) 父母親各半 (D) 父母親之貢獻依隨機分布，沒有一定之比例。
（97專高一）

(　) 49.下列何者形成細胞內的運輸骨架？ (A) 微絲（microfilament） (B) 中間絲（intermediate filament） (C) 微小管（microtubule） (D) 肌凝蛋白（myosin） （97 專高一）

(　) 50.轉譯（Translation）是指下列何者？ (A) 以 mRNA 為模版合成蛋白質的過程 (B) 以 tRNA 為模版合成蛋白質的過程 (C) 以 DNA 為模版合成 RNA 的過程 (D) 以 RNA 為模版合成 DNA 的過程。 （97 專普二）

(　) 51.維持細胞質液態特性的主要組成物質是： (A) 鈣離子 (B) 蛋白質 (C) 磷脂質 (D) 醣類。 （97 專普二）

(　) 52.構成鞭毛與纖毛的骨架，主要為： (A) 微小管 (B) 中間絲 (C) 微絲 (D) 肌凝蛋白。 （97 專普二）

(　) 53.下列何種細胞含豐富的粒線體？ (A) 肌肉細胞 (B) 表皮細胞 (C) 杯狀細胞 (D) 紅血球。 （100 專高一）

(　) 54.下列何者不是細胞骨架？ (A) 微絲 (B) 中間絲 (C) 橫小管 (D) 微小管 （102專高二）

(　) 55.正常細胞週期（cell cycle）之各分期的順序為何？ (A) $G_1 \rightarrow S \rightarrow G_2 \rightarrow M$ (B) $G_1 \rightarrow M \rightarrow G_2 \rightarrow S$ (C) $S \rightarrow M \rightarrow G_1 \rightarrow G_2$ (D) $M \rightarrow S \rightarrow G_1 \rightarrow G_2$。（102 專高二）

(　) 56.有關鈉鉀幫浦之正常生理運作，下列敘述何者正確？ (A) 鈉鉀幫浦是種次級主動運輸子 (B) 鈉鉀幫浦從細胞內打出二個鈉離子到細胞外 (C) 鈉鉀幫浦從細胞內打出二個鉀離子到細胞外 (D) 鈉鉀幫浦的淨反應是讓細胞內多出一個負電荷。 （103 專高一）

(　) 57.將剛分離出來的人體紅血球放入 1% NaCl 食鹽水中，相隔 20 分鐘後，在顯微鏡下觀察紅血球細胞體積，會發生下列何種變化？ (A) 變小 (B) 變大 (C) 細胞破裂 (D) 沒有明顯改變。 （103 專高一）

(　) 58.細胞膜為分隔細胞質與間質液之間的一層薄膜，其厚度約為： (A) 10 nm (B) 100 nm (C) 1 μm (D) 1 mm。 （95 專普一）

(　) 59.下列有關細胞能量物質的敘述，何者正確？ (A) 磷脂質為細胞膜的主要成分 (B) 類固醇為碳水化合物的一種 (C) 碳水化合物的碳氫氧比例為1：1：2 (D) 乳糖屬於單醣類。 （94 專普二）

解答：

1.(C) 2.(B) 3.(D) 4.(C) 5.(C) 6.(D) 7.(D) 8.(A) 9.(A) 10.(C)
11.(C) 12.(C) 13.(B) 14.(C) 15.(C) 16.(C) 17.(B) 18.(A) 19.(A) 20.(A)
21.(A) 22.(B) 23.(A) 24.(D) 25.(A) 26.(A) 27.(C) 28.(C) 29.(B) 30.(D)
31.(A) 32.(C) 33.(D) 34.(D) 35.(B) 36.(D) 37.(C) 38.(C) 39.(B) 40(.A)
41.(B) 42.(B) 43.(D) 44.(A) 45.(A) 46.(A) 47.(A) 48.(A) 49.(C) 50.(A)
51.(D) 52.(A) 53.(A) 54.(C) 55.(A) 56.(D) 57.(A) 58.(A) 59.(A)

第四章　身體的組織

本章大綱

上皮組織

- 特徵
- 分類

結締組織

- 固有結締組織
- 軟骨
- 硬骨
- 血液

肌肉組織

- 平滑肌
- 骨骼肌
- 心肌

神經組織

- 神經細胞
- 神經膠細胞

身體膜組織

- 皮膜
- 黏膜
- 漿膜
- 滑液膜
- 腦脊髓膜

學習目標

1. 認識上皮組織的各種分類。
2. 能清楚知道結締組織與其他組織的異同點。
3. 能知道肌肉組織的分類與特性。
4. 能了解神經組織的基本概念。
5. 認識身體膜組織的類型、構造與功能。

組織（tissue）是由一群源自於胚胎內胚層及構造相似的細胞，共同執行相同生理功能而組成的構造。人體的組織依構造與功能可分為：上皮組織、結締組織、肌肉組織、神經組織四大類型。

上皮組織

上皮組織（epithelial tissue）簡稱上皮（epithelium），可分為覆蓋身體表面及器官內襯體腔的上皮和組成腺體分泌部分的腺體上皮兩大類。

特徵

上皮具有下列之特徵：

1. 細胞性（cellularity）：上皮幾乎全由細胞組成，且緊密相連，細胞外間質很少。
2. 緊密接觸（tight junction）：上皮緊密相連，形成連續片狀。細胞與細胞間的相接，可限制物質轉移，形成良好的保護構造，然而又可與其他細胞相通。細胞間的接合方式有間隙接合、緊密接合及胞橋小體三種方式。
3. 無血管（avasculanity）：上皮可能有很好的神經分布，但血管未延伸至上皮層。其養分是經由上皮下的結締組織內之血管擴散而來。
4. 表面特化性（surface specialization）：上皮有的外露，有的襯於內臟器官空腔的游離面，有的表面光滑，有的形成纖毛或微絨毛。
5. 基底膜（basement membrane）：基底膜不含細胞，只是一層由蛋白纖維形成的網狀膜，它介於上皮與結締組織之間，可強固上皮，以防止上皮被扯破。
6. 再生（regeneration）：能分裂增生，具有高度的再生能力。

分類

覆蓋與內襯上皮

上皮組織依細胞層數的多寡，可分成單層上皮（simple epithelium）和複層上皮（stratified epithelium）；依細胞形狀的不同又可分為鱗狀、立方、柱狀上皮，故依細胞層數與形狀綜合分類而成以下各類：

1. 單層上皮：是指基底膜上的細胞為很薄的單一層，不具有保護作用。

    (1)單層鱗狀上皮（simple squamous epithelium）：是由單層扁平的魚鱗狀細胞所組成，故又稱為單層扁平上皮，細胞核位於細胞中央（圖 4 - 1）。由於這種上皮只有一單層細胞，非常適合進行擴散、滲透、過濾等方式之物質交換，例如：襯於肺泡，可使氧與二氧化碳進行交換；襯於腎臟腎小體，可過濾血液。襯於心臟、血管、淋巴管或微血管壁的單層鱗狀上皮，稱為內皮；若單層鱗狀上皮形成漿膜的內襯，例如在心包膜、肋膜、腹膜、鞘膜等處的內襯，則稱為間皮。

(2)單層立方上皮（simple cuboidal epithelium）：由立方形細胞緊密排列而成，細胞核在細胞中央，具有吸收、分泌的功能。例如卵巢表面、眼球水晶體的前表面、視網膜的色素上皮、腎小管上皮、甲狀腺濾泡細胞等處皆是此種上皮（圖4-2）。

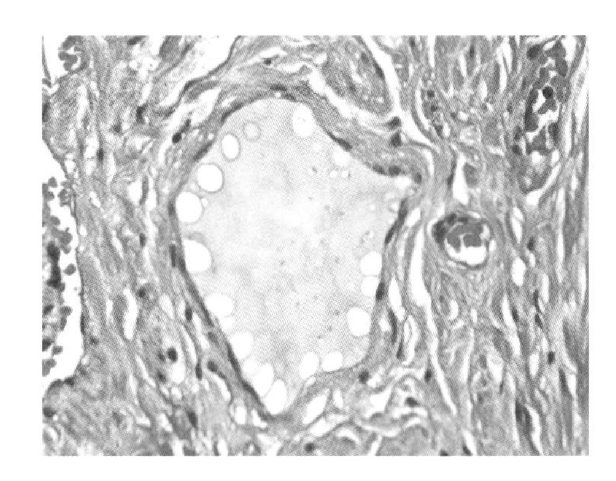

圖4-1　單層鱗狀上皮

(3)單層柱狀上皮（simple columnar epithelium）：由一層長柱狀細胞形成，細胞核在細胞的基部（圖4-3）。柱狀上皮常具有一些特化構造：

①分泌黏液的杯狀細胞：在腸胃道，杯狀細胞所分泌的黏液可作為食物與消化道管壁間的潤滑劑。

②可排除異物的纖毛：在子宮、輸卵管、脊髓中央管、某些副鼻竇、上呼吸道等處皆有，可藉纖毛運動將物質往前推送。上呼吸道的柱狀上皮細胞間散布有杯狀細胞，分泌的黏液可捕捉異物顆粒。

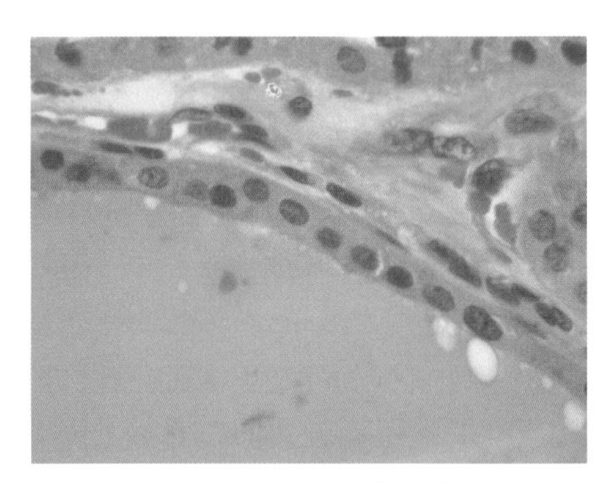

圖4-2　單層立方上皮

③可增加吸收表面積的微絨毛，例如小腸。

2. 偽複層柱狀上皮（pseudostratified columnar epithelium）：由長短不一的單層柱狀上皮細胞所構成，其細胞核位於不同高度，

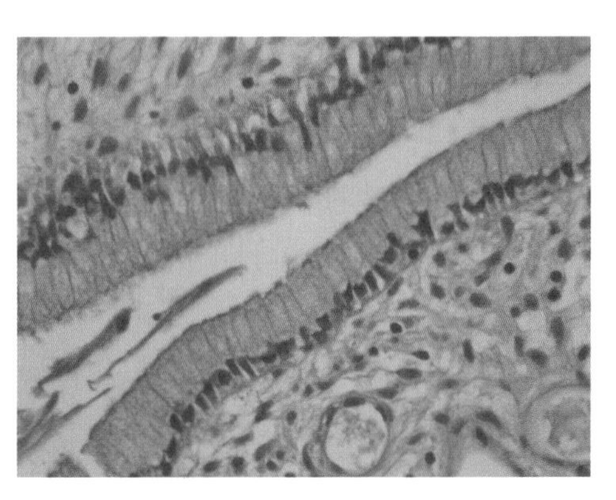

圖4-3　單層柱狀上皮

看似多層但只有單層結構（圖4-4）。主要分布在腺體的分泌管道、男性尿道、耳咽管等處。這類組織有的表面含有特化的纖毛與杯狀細胞，大都襯於上呼吸道、男性生殖系統管道，具有保護功能。

3. 複層上皮：基底膜上至少含有兩層細胞，較堅韌，能保護下面組織，防止裂損。

⑴複層鱗狀上皮（stratified squamous epithelium）：此種上皮表層細胞為鱗狀，深層細胞則由立方形變化到柱狀。其基底細胞分裂增殖，新細胞會將表面細胞往外推，舊細胞脫落，新細胞取代。所以這類上皮多分布於磨損較大的管腔黏膜或皮膚表面（圖4-5）。

①非角質化複層鱗狀上皮：見於表面潤濕、受磨損、不負責吸收功能的部位，例如口腔、食道、肛門、陰道的內襯。

②角質化複層鱗狀上皮：表層有角蛋白，可防水、抗摩擦，助抵抗細菌的侵襲，例如皮膚表皮。

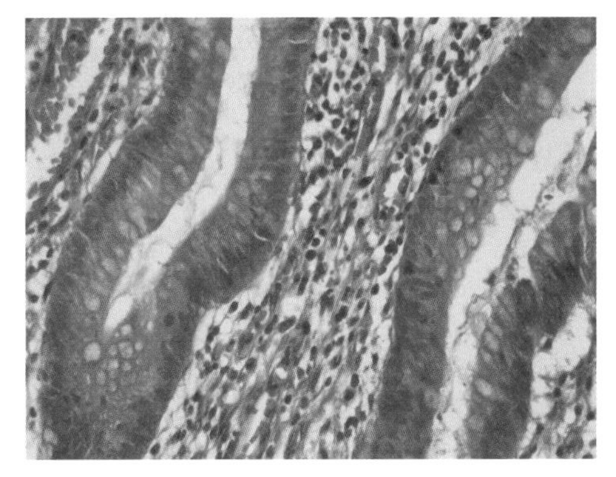

圖4-4　偽複層柱狀上皮

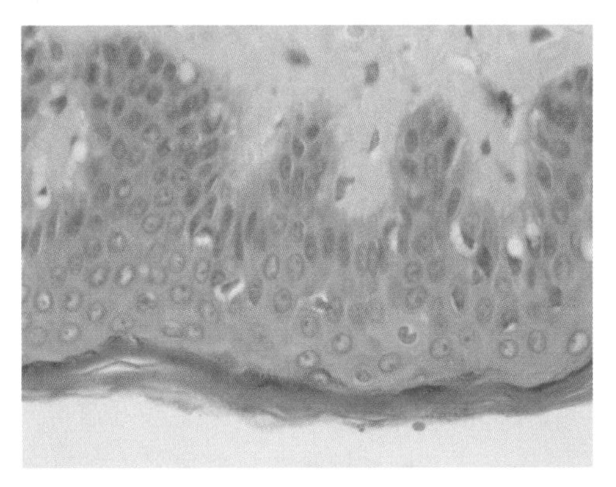

圖4-5　複層鱗狀上皮

⑵複層立方上皮（stratified cuboida epithelium）：這種上皮在體內含量較少，具保護作用，它存在於汗腺導管、眼結膜及男性尿道海綿體等處（圖4-6）。

⑶複層柱狀上皮（stratified columnar epithelium）：這種上皮最表層為柱狀，底層通常由短而不規則的多角形細

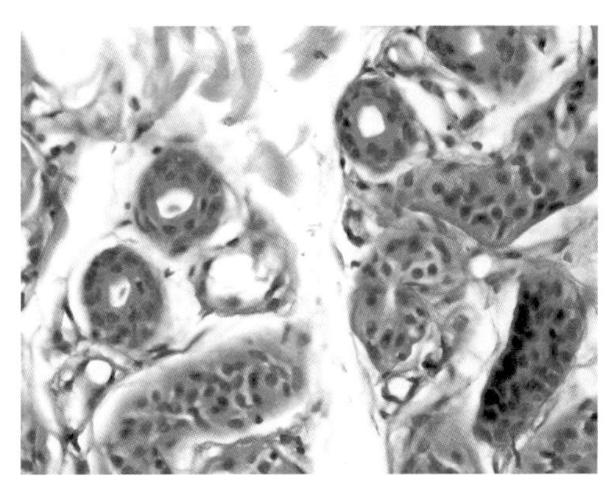

圖4-6　複層立方上皮

胞所組成。部分上皮細胞特化，具有分泌功能。它存在於唾液腺及乳腺導管、肛門黏膜、食道與胃的交接處等地方（圖4-7）。

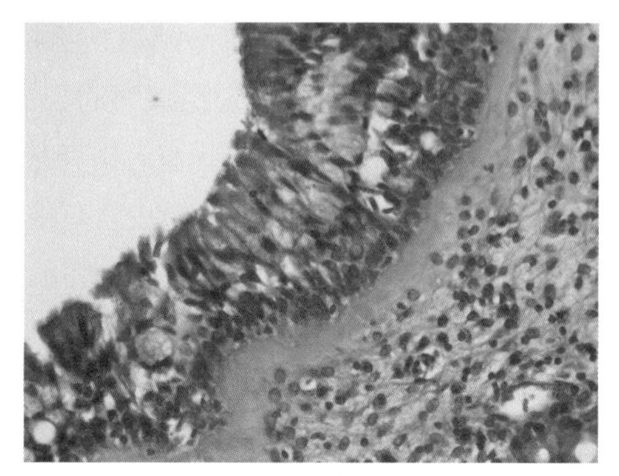

圖4-7 複層柱狀上皮

(4)變形上皮（transitional epithelium）：此種上皮又稱為移形上皮。其伸縮性極強，完全伸張時，表層細胞呈扁平鱗狀上皮細胞的形態，可使表面積增加許多；當緊縮時，表層上皮細胞會轉變成立方上皮細胞，以使表面積變小。故襯於會受張力拉扯的中空構造，例如泌尿道、膀胱等處，以防器官破損（圖4-8）。

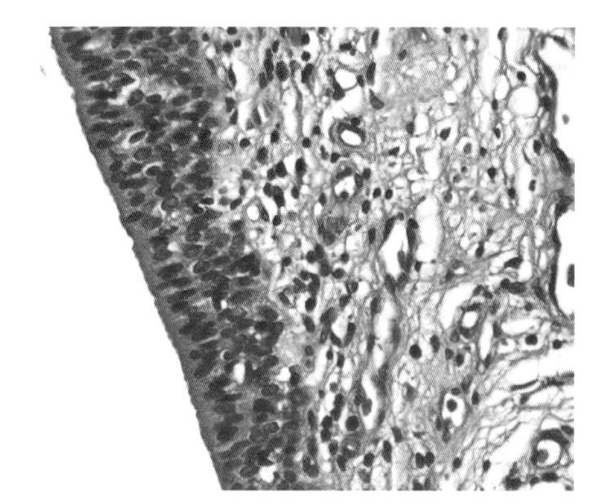

圖4-8 變形上皮

臨床指引：

子宮頸癌是女性最常見的生殖道惡性腫瘤。最常見的病因是感染尖銳濕疣（condyloma acuminatum），俗稱菜花。因為其病原體（人類乳頭瘤病毒，Human Papilloma Virus，HPV）能使子宮頸鱗狀上皮產生變異，最後導致子宮頸癌。Pap smear是醫師以棉花棒擦下子宮頸上皮細胞，在顯微鏡下檢查是否有上皮細胞癌症病變，使患者得以及時治療。近三十年來，由於Pap smear的檢查，使子宮頸癌病發率及死亡率下降5～7成。更可因為注射HPV疫苗而降低子宮頸癌的罹病率。

腺體上皮

腺體上皮（glandular epithelium）是由一群具有分泌能力的腺細胞聚集而成，可分成內分泌腺及外分泌腺。

1. 內分泌腺（endocrine gland）：例如腦下垂體、甲狀腺、腎上腺、性腺、胰腺等內分泌腺無導管，又稱為無管腺。其所分泌的激素，藉由血液運輸來影響身體活動。
2. 外分泌腺（exocrine gland）：例如汗腺、皮脂腺、乳腺、唾液腺等腺體，所分泌之物質會經由導管送至皮膚表面或中空器官的器官內。其還可因功能及構造的不同來作區分，說明如下：

⑴以功能作區分（圖4-9）

①部分分泌腺體（merocrine gland）：腺體分泌時，將分泌物經由胞吐作用釋出，整個過程其細胞仍為完整的，例如唾液腺、胰腺。

②頂漿分泌腺體（apocrine gland）：腺體分泌物先聚集於分泌細胞的游離端，分泌物釋出時，細胞的頂端一起脫出，細胞留下的部分會自行修復，可再行分泌，例如乳腺。

③全漿分泌腺體（holocrine gland）：腺體分泌物聚集於細胞質中，分泌時，細胞會死亡與其內容物一起釋出，釋出的細胞會被新細胞取代，例如皮脂腺。

⑵以構造作區分

①單細胞腺體（unicellular gland）：例如位於消化道、呼吸道及泌尿生殖系統內襯上皮的杯狀細胞，即為體內的單細胞外分泌腺，它能分泌黏液，潤滑黏膜表面。

②多細胞腺體（multicellular gland）：由於導管的有無分枝而分為單式、複式腺體；由於分泌部位的構造形狀不同，又分為管狀、泡狀、管泡狀腺體，將其綜合即成表4-1及圖4-10。

結締組織

結締組織（connective tissue）是體內含量最多、分布最廣的組織。結締組織不同於上皮組織，其有大量的細胞外纖維，可將其他組織相接在一起，並支持組織內細胞。細胞間質（基質）、纖維（膠原、彈性、網狀纖維）為其主要的基本構造。結締組織除支持的功能外，還有填補間隙、癒合傷口、維持器官的形狀、保護體內器官、儲存能量和礦物質、吞噬入侵的微生物及細胞殘餘物質等功能。

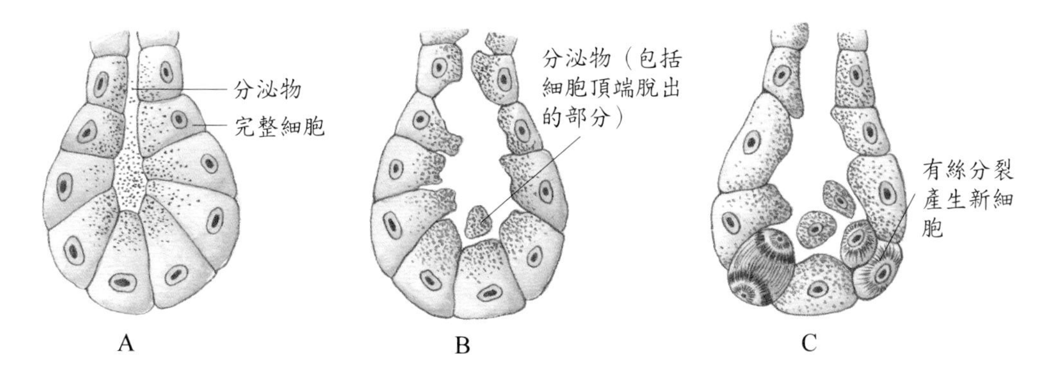

圖4-9　多細胞腺體的功能性分類。A.部分分泌腺體；B.頂漿分泌腺體；C.全漿分泌腺體。

表4-1　多細胞腺體的構造性分類

種　　類	特　　徵	例　　子
單式腺體： • 管狀 • 螺旋管狀 • 分枝管狀 • 泡狀 • 分枝泡狀	導管沒有分枝： • 分泌部為直管狀 • 分泌部為螺旋狀 • 分泌部為管狀有分枝 • 分泌部為燈泡狀 • 分泌部為燈泡狀有分枝	 • 腸腺 • 汗腺 • 胃腺、子宮腺 • 精囊腺 • 皮脂腺
複式腺體： • 管狀 • 泡狀 • 管泡狀	導管有分枝： • 分泌部呈管狀 • 分泌部呈燈泡狀 • 分泌部呈管狀及燈泡狀	 • 尿道球腺、肝臟 • 舌下腺、頷下腺 • 耳下腺、胰臟

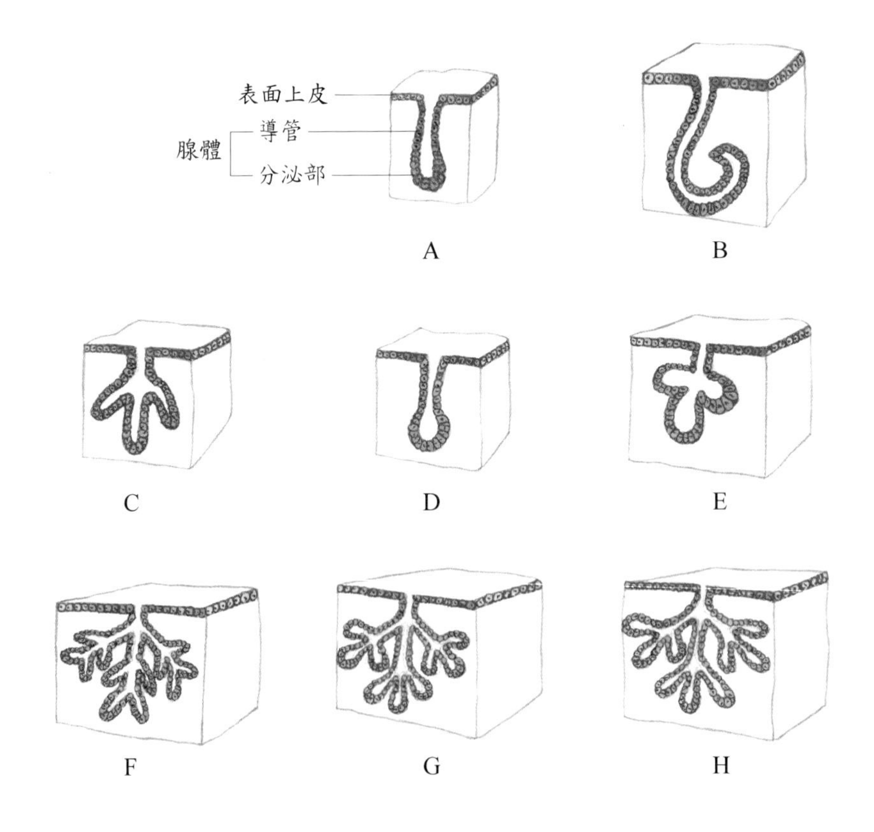

圖4-10　多細胞腺體的構造性分類。A. 單式管狀腺體；B. 單式螺旋管狀腺體；C. 單式分枝管狀腺體；D. 單式泡狀腺體；E. 單式分枝泡狀腺體；F. 複式管狀腺體；G. 複式泡狀腺體；H. 複式管泡狀腺體。

結締組織依其所含細胞及基質的種類或比例，可分為：固有結締組織、軟骨、硬骨、血液四大類。除了軟骨不含血管外，其餘結締組織富含血管且血液供應充足。

固有結締組織

1. 固有結締組織（connective tissue proper）含有各種細胞、纖維及黏性的基質。所含的主要細胞如下：
   (1)成纖維細胞：為細長或星形細胞，負責結締組織纖維的合成及分泌，亦能分泌玻尿酸，使基質具有黏性。是疏鬆結締組織的主要細胞類型。
   (2)巨噬細胞：可吞噬受傷的細胞及入侵的病原體。
   (3)脂肪細胞：可儲存脂肪。
   (4)幹細胞：當組織受傷或受細胞感染時，則可分裂而增生，並分化成其他種類的結締組織細胞。
   (5)肥胖細胞：可製造肝素及組織胺；肝素可防止血液凝固，組織胺可增加到達該區的血流量。
   (6)漿細胞：由B淋巴球轉變形成，可製造抗體。
2. 固有結締組織含有的纖維，如下所示：
   (1)膠原纖維：為白纖維，由成束的膠原蛋白所構成，纖維長、直、沒有分枝，故強韌可抗拉力。
   (2)彈性纖維：為黃纖維，含有蛋白質彈性素，較膠原纖維細，呈不規則分枝，具有很大的伸展性，能提供強固力量及彈性。
   (3)網狀纖維：亦含有膠原纖維，但纖維會交織形成強韌柔軟之網路，具有支持、強固的功能。
3. 類型
   (1)疏鬆結締組織（loose connective tissue）：亦稱為蜂窩組織，是體內最多的結締組織；此處若遭受細菌感染發炎時，即為蜂窩性組織炎。疏鬆結締組織在皮下可將皮膚和肌肉連接在一起，也能填充實體構造間的腔隙，提供保護作用，也能將神經、血管黏附於周圍構造，並儲存脂質。此類組織含有固有結締組織中所有的細胞和纖維，由於膠原纖維和彈性纖維疏鬆交織排列於膠狀基質中，較具伸展性，但也較易被撕裂（圖4-11）。
   (2)緻密結締組織（dense connective tissue）：其特性是纖維緊密排列，組織韌性極佳，具有良好張力（圖4-12）。
      ①當纖維束互相交織排列，緻密方向不規則，通常形成肌膜、皮膚真皮層、骨外膜、器官被膜。

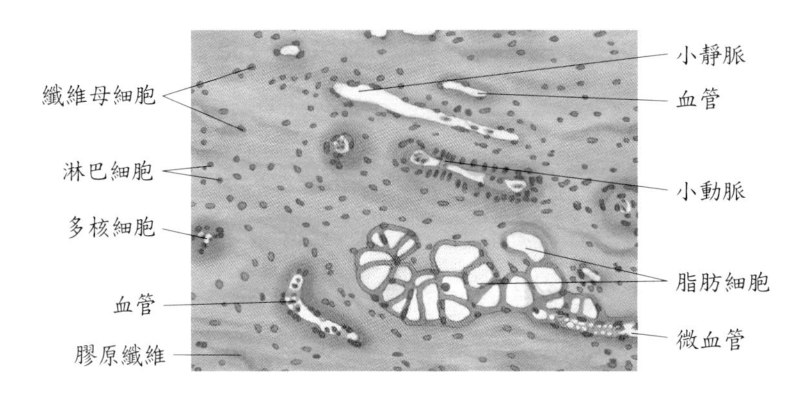

圖4-11　疏鬆結締組織

②當纖維整齊平行排列，只承受一個方向的張力，相當堅韌。而形成肌腱、腱膜、韌帶的主要成分，由於呈銀白色，又稱為白色纖維組織。

⑶彈性結締組織（elastic connective tissue）：是由帶黃色含分枝的彈性纖維組成，能牽張後彈回原狀。它是喉軟骨、彈性血管壁、氣管、支氣管、肺的組成分子。由彈性纖維組成的黃色彈性韌帶，可形成脊椎的黃韌帶，陰莖的懸韌帶、真聲帶亦屬此類（圖4-13）。

⑷網狀結締組織（reticula connective tissue）：是由交織的網狀纖維組成，內含大量吞噬細胞，具有良好的防禦功能，形成網狀內皮系統，見於肝、脾、淋巴結、骨髓（圖4-14）。

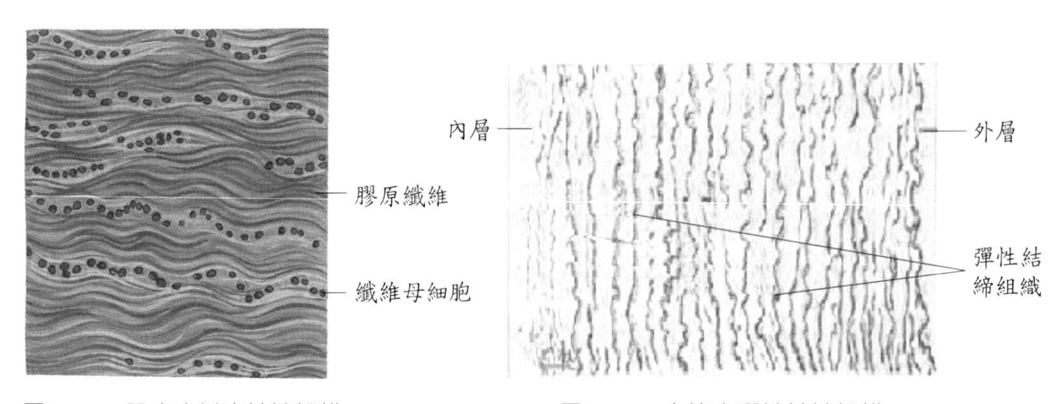

圖4-12　肌肉之緻密結締組織

圖4-13　血管之彈性結締組織

(5)脂肪組織(adipose tissue):

是由許多儲存脂肪小滴細胞所構成,此脂肪細胞內含的油滴將細胞質和胞器擠到細胞邊緣,細胞核占據之處形成突起,有如印章、戒指一般。只要有疏鬆結締組織的地方就有脂肪組織,特別在皮膚的皮下層、黃骨髓、腎臟周圍、心臟基部及表面等處。脂肪組織是熱的不良導體,可減少皮膚的熱損失,也是主要的能量來源,並能對臟器提供支持與保護(圖4-15)。

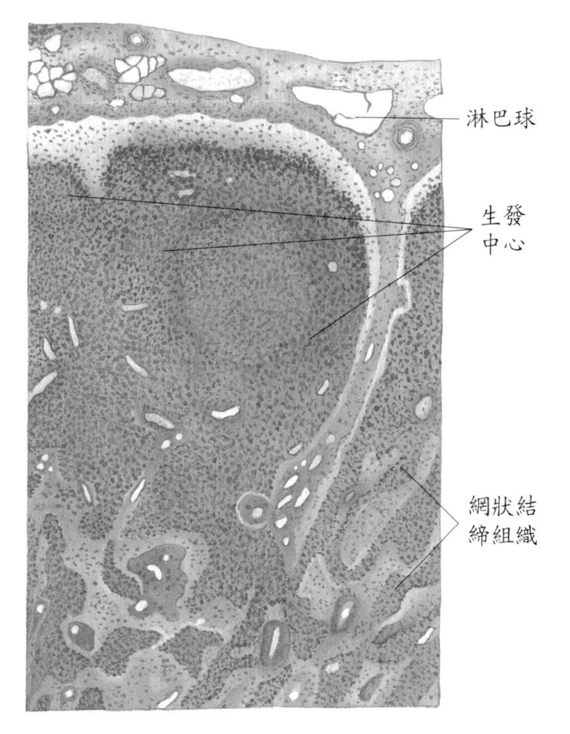

圖4-14 淋巴結之網狀結締組織

臨床指引:

馬凡氏症候群(Marfan's syndrome)乃人體第15對染色體異常的顯性遺傳疾病,會使身體結締組織較正常人脆弱,而導致心臟血管、骨骼、眼睛等部位出現病變。馬凡氏症候群的病人骨瘦如柴、高瘦而手腳指特長,胸廓異常(雞胸或漏斗胸)。眼睛深度近視,甚至視網膜剝離,嚴重者因主動脈結締組織脆弱,常引起血管破裂而死亡。

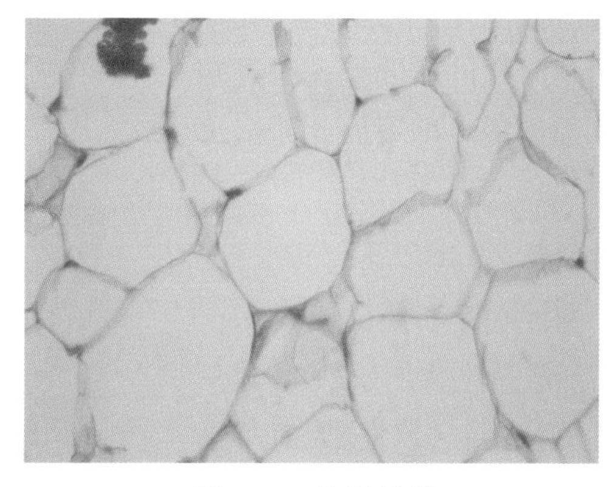

圖4-15 脂肪組織

軟骨

軟骨(cartilage)只含一種細胞——軟骨細胞(chondrocyte),位於骨隙(lacuane)內。由於軟骨細胞產生的一種化學物質會阻止血管形成,所以軟骨是無血管的,須靠基質的擴散作用產生,因此軟骨細胞的再生與修復速度較慢。軟骨有纖維性軟骨膜

（perichondrium）與周圍組織分開。軟骨膜有兩層，外層是緻密不規則的結締組織，內層是細胞層。軟骨因為纖維的種類、數量及內含膠狀基質三種組成的不同，而分成下列三類軟骨：

透明軟骨

透明軟骨（hyaline cartilage）是體內最多的軟骨，含緊密排列不易染色的膠原纖維，其纖維含量使此類軟骨強韌且易屈，例如身上的肋軟骨、關節軟骨、氣管C型軟骨、骨骺板、鼻中膈軟骨、甲狀軟骨等皆屬此類軟骨（圖4-16）。

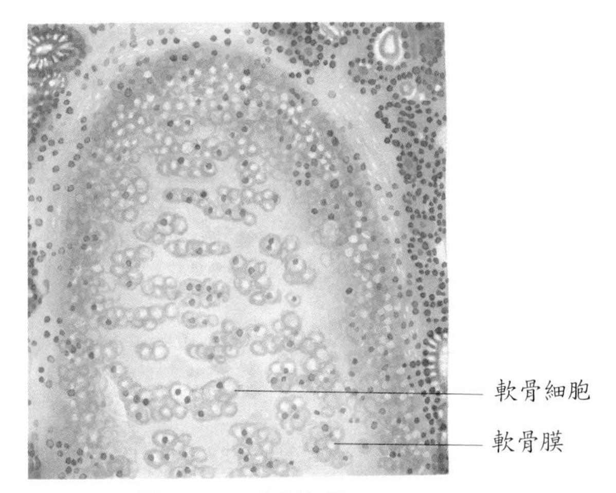

圖4-16 透明軟骨

纖維軟骨

纖維軟骨（fibro cartilage）基質甚少，但有無數膠原纖維，具有強固與固定之功能。在恥骨聯合、脊柱的椎間盤、膝蓋的關節盤等處，即屬於此種軟骨（圖4-17）。

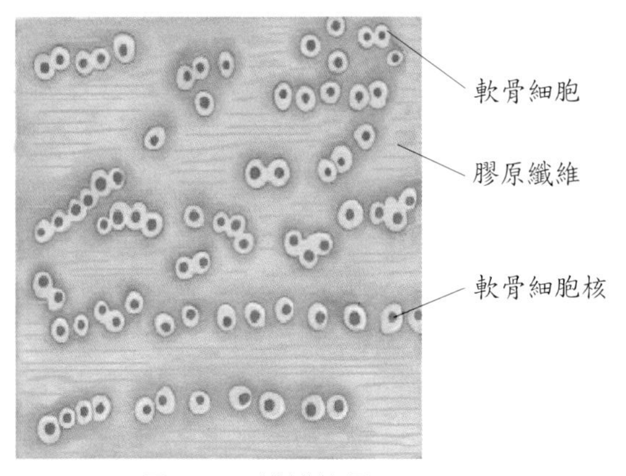

圖4-17 纖維軟骨

彈性軟骨

彈性軟骨（elastic cartilage）含有無數彈性纖維，使軟骨具有彈性及可屈性，軟骨細胞在彈性纖維組成的線狀網上。在外耳殼、鼻尖、會厭軟骨、耳咽管等處，屬此類軟骨（圖4-18）。

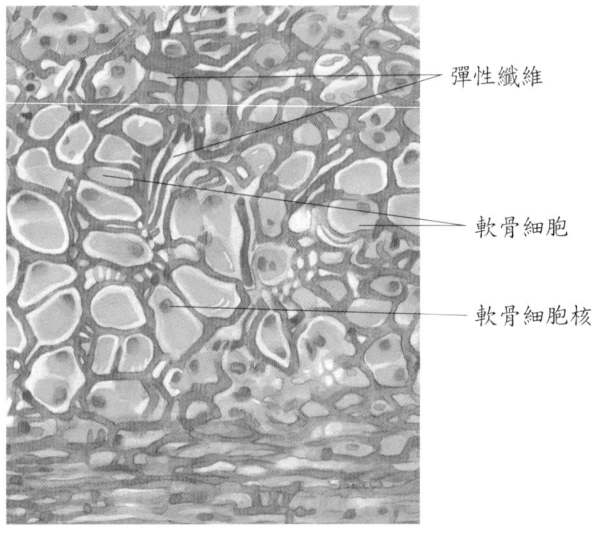

圖4-18 彈性軟骨

硬骨

骨骼系統是由軟骨和硬骨（bone）所構成，主要功能為支持軟組織、保護體內器官、與骨骼肌一起產生運動、儲存鈣與磷、紅骨髓還能製造紅血球等。它與軟骨不同，是由礦物鹽（鈣）形成最堅硬的結締組織；骨組織布滿血管，骨細胞間有許多小管相互聯繫，可與血液交換養分與廢物（表4-2）。

由於間質與細胞的排列不同，硬骨可分為緻密骨與疏鬆骨。緻密骨的基本單位為骨元，亦即哈維氏系統（Harversian system），每一個骨元由骨板、骨隙、骨小管、中央管所組成；疏鬆骨則是由骨小樑組成網洞狀，洞內充滿骨髓，由於樣子像海綿，故又稱為海綿骨（詳細敘述見第六章）。

血液

血液（blood）是一種黏稠的紅色液狀結締組織，由細胞間質液（血漿）和定形成分（血球細胞、血小板）所組成。在抗凝劑的處理下，血液不凝固，離心沉澱可將血漿與定形成分分開；若未用抗凝劑，沉在試管底的血凝塊是定形成分，而漂浮在上層的淺黃色液體是血清。

紅骨髓是專門製造血球細胞的地方，紅骨髓主要存在於如肋骨、胸骨、脊椎骨、髂骨等的海綿骨中。由於血球細胞的存活期不長，需靠造血組織不斷製造新的血球細胞來替換死去的血球細胞。所有的血球細胞皆來自於未分化的血胚細胞（hemocytoblast），先分化成五類細胞，這五類細胞再各自經多次分裂後產生新的血球細胞，其中最重要的是：紅血球、白血球、血小板（詳細敘述見第十章）。

表4-2　軟骨與硬骨之比較

特徵	軟　骨	硬　骨
細胞	骨隙內軟骨細胞	骨隙內骨細胞
基質	硫酸軟骨素（澱粉蛋白）溶於水中	不溶性之磷酸鈣和碳酸鈣之結晶
纖維成分	膠原、彈性、網狀纖維	膠原纖維
氧需求	相當低	相當高
血管	無	有，分布廣
營養供應	經由基質擴散	經由小管內胞漿擴散
生長方式	間質和堆積生長	只有堆積生長
修復能力	有限	廣泛
覆蓋骨面	軟骨膜	骨膜
骨骼強度	有限	強力

肌肉組織

肌肉組織（muscle tissue）是由肌動蛋白（actin）及肌凝蛋白（myosin）的肌肉纖維所組成的彈性組織，受刺激時具有收縮功能。在構造與功能的特性下，肌肉可分為平滑肌、骨骼肌、心肌三類（詳細敘述見第七章）。

平滑肌

平滑肌（smooth muscle）位於體內中空的構造，例如血管、胃、腸、膽囊、膀胱、子宮等的壁上。平滑肌是不隨意肌，且不具有橫紋，其細胞小，呈梭狀，且有一個細胞核位於中央（圖4-19）。

平滑肌纖維的肌蛋白，在肌漿內呈網狀排列，如此構造可使收縮緩慢。平滑肌纖維藉由不同的面貌，分布於人體不同部位，例如在毛球中，則形成毛髮的豎毛肌；在腸壁中，內層肌纖維呈橫向排列，外層肌纖維呈縱向排列，可藉由蠕動將內容物往前推進。

骨骼肌

骨骼肌（skeletal muscle）細胞的收縮成分是肌原纖維（myofibril），肌原纖維含有寬的暗帶與窄的明帶，使肌細胞呈橫紋外貌。骨骼肌與骨骼相連，可由意識控制收縮而移動身體的部分，故為隨意肌。

骨骼肌細胞細長，由於呈長條狀，而稱為肌纖維，在組織中呈平行排列。骨骼肌細胞為多核性，核的位置靠近肌漿膜（圖4-20）。

心肌

心肌（cardiac muscle）構成心臟的厚壁，雖具橫紋，但與骨骼肌不同，它的收縮是自動自發的，不受意識控制，其節律性是由心壁上的竇房結所控制。在顯微鏡下，可看到心臟是由分枝成網狀的肌纖維所組成，在兩條肌纖維相連處有橫向加厚的肌漿膜，此為間盤（intercalated disc），可強化組織並幫助神經傳導，此為心肌所獨有（圖4-21）。

神經組織

神經組織（nervous tissue）具有發動及傳導神經衝動的功能，神經衝動會沿著神經纖維傳送至身體各處，以調節各項生理活動。神經組織主要由神經細胞及神經膠細胞所組成（詳細敘述請見第八章）。

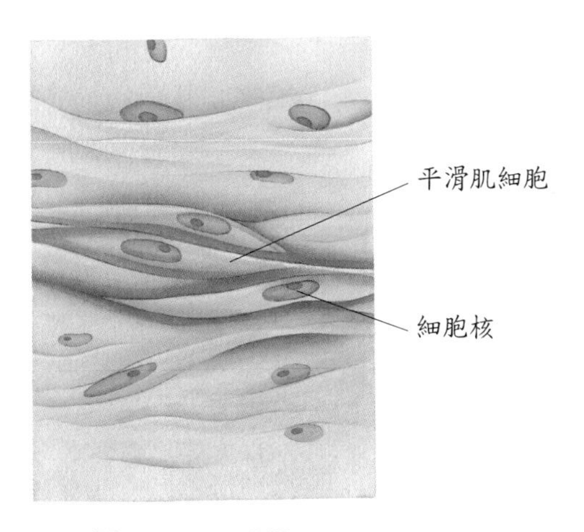

圖4-19　平滑肌

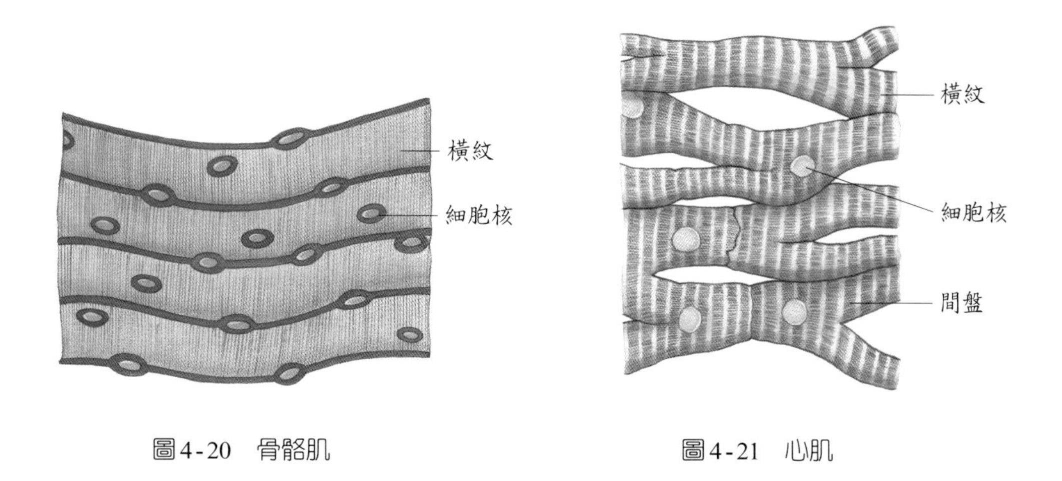

圖4-20　骨骼肌

圖4-21　心肌

神經細胞

神經細胞（nerve cell）又稱為神經元（neuron），是神經系統的結構與功能性的單位，具有接收和傳送神經衝動的特性。典型神經元具有細胞體、樹突、軸突三部分，細胞體含有核及其他胞器；樹突是細胞體極度分枝的一個或數個短突起，能將神經衝動傳向細胞體；軸突只有一條，是細胞體延長的突起，能將神經衝動傳至另一神經元或肌纖維與腺體。

神經膠細胞

神經膠細胞（neuroglia）具有支持與保護的作用，並能提供神經元所需的營養物質。它比神經元小，數目比神經元多。神經膠細胞有星狀膠細胞、寡突膠細胞、微小膠細胞、室管膜膠細胞、許旺氏細胞等不同功能的細胞。

身體膜組織

上皮層與其下的結締組織層合併形成上皮膜（epithelial membrane），主要的上皮膜有皮膜、黏膜、漿膜。滑液膜是另外一種不含上皮層的膜。腦脊髓膜則是保護腦與脊髓的特有構造。

皮膜

皮膜（cutaneous membrane）又稱為皮膚（skin），覆蓋於人體表面，包括複層鱗狀上皮及其下的結締組織，皮膜與黏膜、漿膜不同，其本身是乾燥而防水的（詳細敘述請見第五章）。

黏膜

黏膜（mucous membrane）襯於身體內部直接對外開口的通道中，如口腔、消化道、呼吸道、生殖泌尿道。黏膜的表面組織可能不同，如在食道是複層鱗狀上皮，在腸道則是單層柱狀上皮。

黏膜的上皮層能分泌黏液，保持管道濕潤；在呼吸道可捕捉塵埃顆粒；在消化道能潤滑食物，並能分泌消化酶幫助食物消化、吸收。

黏膜的結締組織層稱為固有層（lamina propria），可將上皮及下層結締組織連結，使黏膜具有一些彈性。固有層能固定血管，並保護其下的肌肉避免磨損或刺傷，同時也提供上皮層的氧氣與營養，並移除廢物。

漿膜

漿膜（serous membrane）襯於不直接對外開口的體腔中，並覆蓋於體腔內器官。漿膜含有很薄的疏鬆結締組織，外覆一層間皮，此間皮為單層鱗狀上皮。漿膜具有雙層，貼於體腔壁的部分為壁層；覆蓋於器官表面的是臟層。襯於胸腔，包覆肺臟的漿膜是胸膜（pleura）；襯於心包腔，覆蓋心臟的漿膜是心包膜（pericardium）；襯於腹盆腔，包覆腹腔器官及部分骨盆腔器官的漿膜是腹膜，腹膜是體內最大的漿膜。

漿膜的上皮層分泌漿液，以減少腔壁和內部器官表面間的摩擦。若漿膜因外科手術或感染而受損，漿液生成可能停止，造成壁層與臟層間互相摩擦受損，受損的間皮會吸引纖維細胞，而漿膜與膠原纖維網結合在一起以減少摩擦，此為黏連（adhesions），因而影響了器官的功能。

滑液膜

滑液膜（synovial membrane）襯於關節腔及滑液囊中，不含上皮層，但含有疏鬆結締組織、彈性纖維和脂肪。滑液膜分泌滑液，當骨骼在關節運動時可潤滑骨端，並能營養關節軟骨。

腦脊髓膜

腦與脊髓是軟而脆弱的器官，分別位於顱腔與脊椎管，並被腦脊髓膜（meninges）及腦脊髓液所包圍，以為保護。腦膜（cerebral meninges）包圍腦部，脊髓膜（spinal meninges）包圍脊髓，兩者相連於枕骨大孔。由內至外，腦脊髓膜分為軟膜、蜘蛛膜、硬膜三層（詳細敘述請見第八章）。

歷屆考題

（　）1. 下列何者屬於彈性軟骨？ (A) 肋軟骨 (B) 甲狀軟骨 (C) 會厭軟骨 (D) 膝關節軟骨。（96 專普一）

（　）2. 下列何者不屬於特化的結締組織？ (A) 腺體 (B) 血液 (C) 軟骨 (D) 硬骨。（97 專普一）

（　）3. 年輕成人之恥骨聯合（pubic symphysis）屬於下列何種組織？ (A) 硬骨 (B) 纖維軟骨（fibrous cartilage） (C) 彈性軟骨（elastic cartilage） (D) 透明軟骨（hyaline cartilage）。（98 專高二）

（　）4. 在發生組織細胞傷害時，修復時最少出現纖維芽細胞（fibroblast）的是 (A) 肺 (B) 皮膚 (C) 腦 (D) 肝。（98 專高二）

（　）5. 下列何種結構常存在於上皮細胞間（例如消化道上皮細胞），以阻止物質由細胞間通過？ (A) 緊密接合（tight junction） (B) 胞橋小體（desmosomes） (C) 間隙接合（gap junction） (D) 接合質（connexons）。（99 專普一）

（　）6. 耳殼的骨組織屬於下列何種？ (A) 硬骨 (B) 纖維軟骨（fibrocartilage） (C) 彈性軟骨（elastic cartilage） (D) 透明軟骨（hyaline cartilage）。（100專高一）

（　）7. 下列何者的內襯屬於複層鱗狀上皮？ (A) 胃 (B) 十二指腸 (C) 結腸 (D) 肛門。（100專高二）

( ) 8. 下列何者由軟骨組成？ (A) 軟腭 (B) 聲帶 (C) 骨骺板 (D) 心肌的間盤。 （100 專高二）

( ) 9. 內分泌腺屬無管腺，其胚胎發生來源起源於： (A) 上皮組織 (B) 結締組織 (C) 神經組織 (D) 肌肉組織。 （100 專高二）

( ) 10. 輸卵管的上皮組織是屬於： (A) 單層鱗狀上皮 (B) 單層柱狀上皮 (C) 複層鱗狀上皮 (D) 複層柱狀上皮。 （100 專普二）

( ) 11. 下列何者不含軟骨？ (A) 滑液（膜）關節 (B) 主支氣管 (C) 椎間盤 (D) 軟腭。 （100 專普二）

( ) 12. 下列何者內襯單層鱗狀上皮？ (A) 肺泡 (B) 膀胱 (C) 輸卵管 (D) 十二指腸。 （101 專普一）

( ) 13. 下列何者之上皮組織屬於移形上皮？ (A) 膀胱 (B) 子宮 (C) 陰道 (D) 直腸。 （101 專普一）

( ) 14. 髕韌帶主要由下列何者構成？ (A) 弓狀纖維 (B) 網狀纖維 (C) 膠原纖維 (D) 彈性纖維。 （101 專高二）

( ) 15. 下列何者含有高比例的膠原纖維？ (A) 淋巴結 (B) 硬腦膜 (C) 主動脈壁 (D) 氣管黏膜。 （103 專高一）

( ) 16. 口咽之內襯上皮為： (A) 單層立方 (B) 單層柱狀 (C) 複層扁平 (D) 複層立方。 （103 專高一）

( ) 17. 下列何種管腔的內襯屬於單層柱狀上皮細胞（simple columnar epithelium）？ (A) 小腸 (B) 乳腺 (C) 氣管 (D) 腎絲球。 （98 二技）

( ) 18. 下列何種腺體屬於單分支泡狀腺（simple branched acinar gland）？ (A) 皮脂腺（sebaceous gland） (B) 頂漿汗腺（apocrine sweat gland） (C) 耵聹腺（ceruminous gland） (D) 外分泌汗腺（merocrine sweat gland）。 （99 二技）

( ) 19. 下列何種結締組織細胞是由B 淋巴球轉變而來？ (A) 肥胖細胞（mast cell） (B) 漿細胞（plasma cell） (C) 巨噬細胞（macrophage） (D) 纖維母細胞（fibroblast）。 （99 二技）

( ) 20. 下列何種細胞間具有緊密接合（tight junction）的構造？ (A) 心臟肌肉 (B) 肺臟漿膜 (C) 膀胱上皮 (D) 食道平滑肌。 （100二技）

( ) 21. 下列何者具有纖維軟骨的構造？ (A) 氣管 (B) 喉部 (C) 耳咽管 (D) 椎間盤。 （100 二技）

( ) 22. 構成真聲帶（true vocal cord）之結構主要是下列何種結締組織？ (A) 疏鬆結締組織（loose connective tissue） (B) 彈性結締組織（elastic connective tissue）　(C) 緻密結締組織（dense connective tissue）　(D) 網狀結締組織（reticular connective tissue）。　（101 二技）

解答：

1.(C)　2.(A)　3.(B)　4.(C)　5.(A)　6.(C)　7.(D)　8.(C)　9.(A)　10.(B)
11.(D)　12.(A)　13.(A)　14.(C)　15.(B)　16.(C)　17.(A)　18.(A)　19.(B)　20.(D)
21.(D)　22.(B)

第五章 皮膚系統

本章大綱

功能

保護

調節體溫

感覺

分泌與排泄

維生素 D 的合成

儲存血液

構造

表皮

真皮

皮下層

膚色

灼傷

灼傷深度與級數

灼傷注意事項

傷口癒合

炎症反應期

增生期

變異期

年齡的影響

皮膚的附屬構造

毛髮

指甲

腺體

體溫之調節

學習目標

1. 認識皮膚系統的組成。
2. 了解皮膚的功能與構造。
3. 能明白表皮、真皮、皮下層的不同。
4. 知道膚色形成的原因。
5. 知道灼傷的級數與狀況。
6. 認識皮膚受到傷害時可能產生的變化及傷口癒合的過程。
7. 能明白年齡對皮膚癒合的影響。
8. 了解表皮上衍生物的構造和功能。

皮膚系統是由皮膚及其衍生的附屬構造（如毛髮、指甲、各種多細胞腺體）所組成。皮膚是人體最大的器官，表面積約為二平方公尺。皮膚覆於體表，構造複雜，能執行數種維持生命所必需的功能。

功能

保護

皮膚覆蓋體表，對外形成天然屏障，可以隔絕外界的灰塵、粒子、光、熱及雜質，而且皮脂腺分泌的皮脂有抗細菌、抗黴菌的功能，能阻止一部分的微生物生長；同時，皮脂也能維持皮膚的酸鹼度，抑制部分致病菌的生長。皮膚含黑色素，可保護皮下細胞，避免被紫外線傷害。

調節體溫

在正常情況下，皮膚可調節體內熱量的產生與喪失，以維持人體體溫的恆定。體溫過高時，汗腺分泌汗液，並調節到皮膚的血流量，以助降低體溫；天冷時，微血管收縮，減少體熱喪失。

感覺

皮膚含有無數的感覺接受器及末梢神經，能接受碰觸、壓力、溫度及疼痛的刺激，並將其傳至相關的神經結構，以產生感覺（sensation）的認知及適當的反應。

分泌與排泄

皮脂腺分泌皮脂，汗腺分泌汗液，經由排汗排除代謝廢物、水分及鹽類。

維生素 D 的合成

皮膚內含有維生素 D（vitamin D）的先質去氫膽脂醇（dehydrocholesteral），經陽光中的紫外線照射後，轉變成不具活性的維生素 D_3，再經由肝及腎臟，才轉變成能被人體利用且具活性的維生素 D。因此，體內合成具有生物功能的維生素 D，需經由皮膚、肝臟、腎臟共同作用。

儲存血液

皮膚密布血管，含大量血液。當體內其他器官需要較多的血液供應時，皮膚血管會收縮，增加其所需的血液。

構造

皮膚主要是由表皮及真皮組成（圖 5-1）。表皮是由角質化複層鱗狀上皮組成，真皮則是較厚的結締組織組成。皮膚底下是皮下組織，稱為皮下層或淺層筋膜，由疏鬆結締組織及脂肪組織所組成，它連接皮膚及底下的深層肌膜。

表皮

表皮（epidermis）沒有血管分布，但有神經到達。表皮具有角質細胞（keratinocyte），可產生防水及保護功能的角蛋白；有來自骨髓具免疫功能的蘭氏細胞（Langerhans'cell）；也含有可產生黑色素決定膚色的黑色素細胞（melanocyte）；也具有莫克氏細胞（Merkel's cell）與末梢神經形成碰觸式接受器。表皮依位置的不同，組成的細胞層數亦不同，通常在摩擦劇烈的部位，如手掌及腳掌，即含五種細胞層，其他部位則缺乏透明層，只有四種細胞層。表皮的五種細胞層，由深層至表層依序說明如下（圖 5-2）：

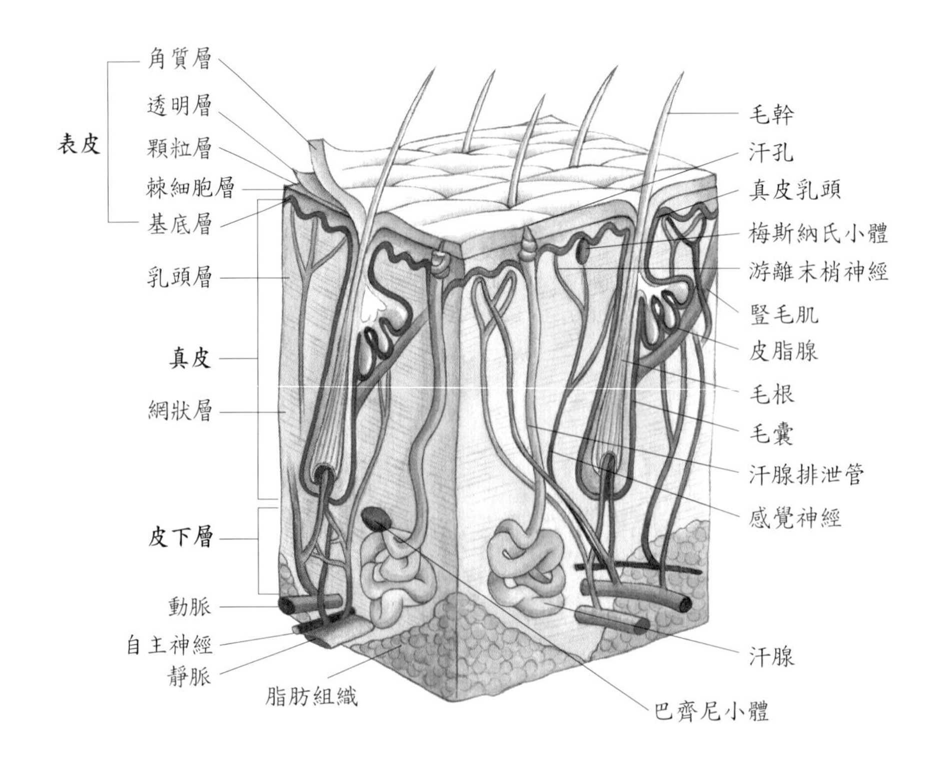

圖 5-1 皮膚與皮下層的構造

基底層

基底層（stratum basele）是表皮的最底層，細胞附著於基底膜（basement membrane）上，是表皮中唯一具有分裂能力的細胞，並可直接攝取微血管內的養分，補充細胞分裂複製之所需。分裂增生的細胞會往上推擠，變成其他細胞層，因逐漸離開血液供應而退化死亡，最後由表層脫落。此層含有黑色素細胞及莫克氏細胞。

棘細胞層

棘細胞層（stratum spinosum）含有 8～10 層緊密連接的多邊形細胞，細胞表面具有很多棘突。此層細胞稍具分裂能力，與基底層合稱為生發層（stratum germinativum）。此層間含蘭氏細胞，可吞噬病毒、細菌。

顆粒層

老化的細胞繼續被推送到顆粒層（stratum granulosum）裡，此時細胞質內充滿角質透明顆粒，此透明顆粒與角蛋白的形成有關，故表皮的角質化即由此層開始，細胞也因角質化而死亡。

透明層

透明層（stratum lucidum）有 2-5 層，只見於手掌與腳掌的厚皮膚。此層含有幾層清晰、扁平的死細胞，內有透明的油粒蛋白滴（eleidin），此油粒蛋白滴是由角質透明質而來，最後變成角蛋白。

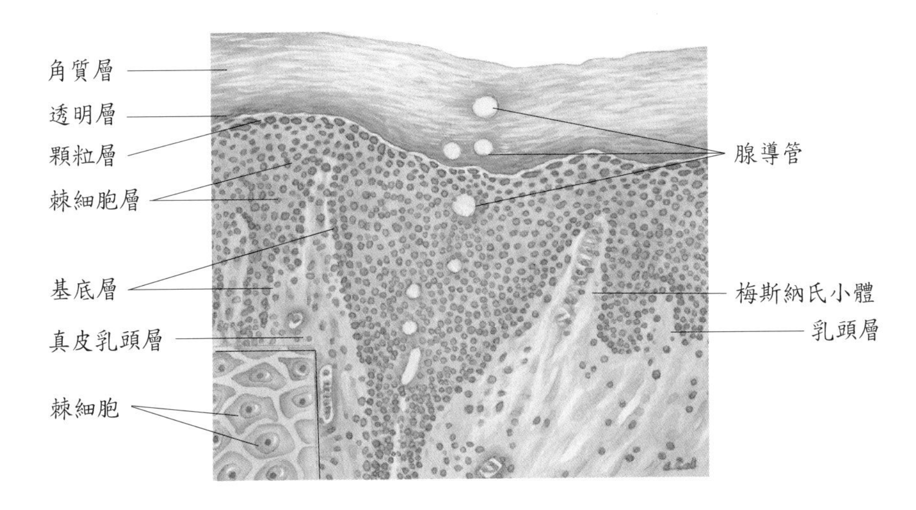

圖 5-2　表皮細胞層

角質層

角質層（stratum corneum）是表皮的最上層，由 25～30 層完全角質化的死細胞所構成。這些緊密相連的死細胞，是抗光與熱、細菌及許多化學物的有效屏障，並可限制體內水分的喪失。在角質化的過程中，細胞自基底層形成，升到表面角質化，然後脫落，所需時間約 2～3 週。

眞皮

真皮（dermis）位於表皮下方，由含有膠原纖維及彈性纖維的緻密結締組織所組成。手掌與腳掌的真皮很厚，但全身最厚的地方是背部，厚度有 4mm，而眼瞼、陰莖、陰囊處的真皮就很薄。在真皮的纖維間有血管、毛囊、皮脂腺、汗腺、末梢神經及觸覺小體。

乳頭層

乳頭層（papillary layer）在真皮的上 1/5 處，由含有彈性纖維的疏鬆結締組織所組成。表面具有指狀突起，突向表皮，稱為真皮乳頭。很多真皮乳頭含有微血管環，有的含有觸覺小體，即梅斯納氏（Meissner）小體，對觸覺敏感。

網狀層

網狀層（reticular layer）位於真皮的下 4/5 處，由緻密不規則結締組織組成，其內含有互相交織的膠原纖維束及粗的彈性纖維，提供了皮膚強度、伸展性與彈性。如果年齡增加、荷爾蒙減少和紫外線破壞下，使真皮內的彈力束數量減少，皮膚會鬆弛且產生皺紋。網狀層的厚度會影響皮膚的厚度。

網狀層的膠原纖維束會讓上方乳頭層的纖維束滲入，所以兩層間無明顯界限，同時網狀層的膠原纖維也延伸到下面的皮下層，把真皮牢固地附著於身體其他部分。

臨床指引：

真皮含有血管可供應皮膚。長期維持固定姿勢的臥床病人，因壓力導致真皮及組織缺乏血液循環，而引起褥瘡（bedsores）的形成。通常褥瘡是由深層表皮組織開始，進而變成圓椎形的潰瘍，且常位於骨骼較突出的部位，如薦骨、股關節、腳跟等。

治療須以外科手術將壞死組織切除，或將突起骨頭切除以避免再發。由於褥瘡復發率可高達 95%，所以切除壓力、控制感染及傷口照護能有效降低褥瘡復發而使傷口成功癒合。

皮下層

皮下層（subcutaneous）位於真皮的下方，由疏鬆結締組織及脂肪組織所組成，真皮的網狀層即藉皮下層與其下之器官，例如骨骼或肌肉相接觸。皮下層含脂肪、蜂窩組織、血管、神經組織，也含有對壓力敏感的巴齊尼（Pacinian）小體。

膚色

控制膚色（skin color）的因素有三：

1. 表皮的黑色素：因黑色素細胞所製造的黑色素量及分布情形而產生不同膚色，故黑色素含量越高、越黑，如黑人皮膚的黑色素含量就很高。黑色素是由基底層的正下方或其細胞間之黑色素細胞所合成，黑色素細胞在酪胺酸酶（tyrosinase）存在下，可將酪胺酸合成黑色素。若暴露在紫外線輻射下，會增加黑色素細胞的酪胺酸酶活力，導致黑色素量增加。同時腦下垂體前葉所產生的黑色素細胞刺激素（MSH），會促進黑色素的合成，並分布至整個表皮。茲將皮膚的三種病變說明如下：
   (1)白化症（albinism）：是在缺乏酪胺酸酶的情況下，使酪胺酸無法轉變成黑色素，導致其毛髮、皮膚變白。
   (2)白斑（vitiligo）：皮膚區域的一部分或全部喪失黑色素細胞，所產生的白色斑塊。
   (3)雀斑（freckles）：由於黑色素在某區形成的斑塊。
2. 真皮內的胡蘿蔔素：真皮內的胡蘿蔔素與表皮的黑色素組合成黃種人的膚色。
3. 真皮乳頭層：真皮乳頭層的微血管血液，構成白種人的粉紅色膚色。

臨床指引：

與陽光中紫外線有關的皮膚病，有晒傷和黑斑，分別說明如下：

晒傷：晒傷是因過度的日光照射所引起，輕微的晒傷呈現紅腫疼痛；嚴重的晒傷則會起水泡，一星期後紅腫消退，開始脫皮，之後可能會有黑色素沉澱。要預防晒傷的方法，除了盡量避免在紫外光最強的上午十點到下午兩點之間出門，也要做好完善的防晒工作。

黑斑：紫外線和皮膚變黑及臉上肝斑、雀斑的關係密不可分。雀斑是臉上常見的棕色小點，日晒後顏色會變深；肝斑則是在女性兩頰、額頭及下巴常見的棕黑色斑塊，因為顏色有點像煮熟的豬肝，又稱為「肝斑」，和肝功能好不好並沒有直接關係。要預防及治療黑斑，還是要做好完善的防晒，並在皮膚科醫師診斷後，使用退斑藥膏、美白保養品及接受脈衝光或雷射的治療。

如何做好防晒工作：防晒其實很簡單，最重要的就是選用適當的防晒用品，目前全世界的皮膚科醫師都在推展廣效型防晒的觀念，也就是同時防護紫外線 A 光及 B 光，要具有如此能力的防晒乳液，防晒係數（SPF）一定要大於 15，此外游泳戲水時也要注意防晒乳液是否具防水性，正確的塗抹方式及適時的補充也很重要。防晒乳液要在每天出門前 15～30 分鐘前使用，每兩小時或流汗碰水時要隨時補充，另外大家也要準備適當的防晒衣物、帽子、口罩、洋傘。

灼傷

當體表受到熱、電、輻射線或化學物質的傷害，細胞蛋白質受破壞，造成細胞受傷或死亡的情形，稱為灼傷（burn）或燒傷。皮膚在 40°C 以上的溫度，就會造成細胞及組織的破壞，受傷害的程度會隨著接觸熱源的時間與溫度之高低呈正比。

皮膚是身體最大的器官，有防止感染、調節體溫、保持體液、分泌排泄、感覺、產生維生素 D 及確立自我心像的功能，所以灼傷不但直接對皮膚造成傷害，也對身心產生影響。

灼傷深度與級數

灼傷的傷口由於深度的不同，可分成四級，說明如下：

一級灼傷

一級灼傷（first-degree burn）通常只損及表皮或極淺之真皮，無皮膚破損、無水泡，只有局部紅腫熱痛的現象。例如晒傷就是最常見的一級灼傷，在沒有感染的情形下，約 3～7 天可自行痊癒。

二級灼傷

二級灼傷（second-degree burn）是指傷及表皮及不同程度的真皮層（例如被熱水燙到），又可細分為淺二級及深二級灼傷。

1. 淺二級灼傷：傷及表皮及大於 1/3 以上之真皮，有水泡產生，有血清分泌物，傷口潮濕，極其疼痛，若未感染，約 7～14 天會自行癒合。通常不會出現增生的疤痕，不太會影響肢體的功能。
2. 深二級灼傷：傷及全部的表皮及真皮層，但汗腺及毛囊仍完整，皮膚呈暗紅色，無微血管反應，或呈灰白色，有水泡、局部水腫，疼痛感較差，約需 21～28 天才會痊癒，且有疤痕產生。但若感染，則變為三級傷口，癒合情況會更差。

三級灼傷

三級灼傷（third-degree burn）是指表皮、真皮及皮下組織皆受損，皮膚顯現乾硬灰白或焦褐碳化，無水泡、無彈性、傷口不痛，除非傷口四周有二級灼傷傷口的牽扯，才會有痛的感覺。最常見的原因是火燄燒傷，這類傷口不會自行癒合，須做清創術（或擴創術）或皮膚移植來修補或關閉傷口。

四級灼傷

四級灼傷（fourth-degree burn）是指燒傷的範圍擴及全身皮膚、皮下組織及肌肉骨骼，傷口不會自行癒合，必須經由多次手術來處理傷口，日後常有肢體畸形及功能缺損的問題。一般而言，深二級以上的傷口都會留下疤痕。

灼傷注意事項

體液喪失

灼傷患者因皮膚的損傷，會造成體液喪失（fluid loss）及電解質的外漏，其體液失去的速率是正常程度的五倍。再加上灼傷後 6～8 小時微血管通透性的增加，造成體液分布的障礙，使血管中的血漿移至組織間，因此有效循環量減少，而造成血比容降低及組織水腫。

體溫喪失

當灼傷患者喪失大面積皮膚時，體液流失的增加，使蒸發冷卻作用增加，而導致體溫喪失（heat loss），身體必須消耗更多的能量才能保持體溫在可被接受的範圍內。故遇灼傷患者時，應適時給予患者主動回溫的措施。

細菌感染

潮濕的表皮表面本來就會增進細菌生長，再加上灼傷處的血流較慢，營養供應不良，且又有很多的血塊及焦痂，而血流無法穿透焦痂，使白血球、抗體，甚至抗生素都無法到達焦痂的部位，所以細菌感染（bacterial infection）是最常見的合併症。最常見的感染菌種是鏈球菌，其他如金黃色葡萄球菌、綠膿桿菌、大腸桿菌等也常見。因此灼傷患者一定要預防敗血症的出現。

移除有害物質

灼傷後首要處理的是讓患者盡快遠離灼傷源，以免造成更大的傷害，例如立即將著火或含有化學物質的衣服除去，被灼傷處或接近灼傷處的手錶、戒指或飾物皆應移除。並利用微溫流動清潔的水持續沖洗傷口，不要用很冷或很冰的水長時間沖洗傷口，以防體溫過低。若灼傷處有類似焦油或柏油黏附，不要急著移除，應先評估傷口，至醫院後再做處理。

九分定律

嚴重灼傷的治療需快速補充流失的體液，而流失的體液量可間接以九分定律計算出來。九分定律（rule of nine）是將體表畫分成幾個區域，每一區域的大小占整個體表的百分比為九的倍數（圖 5-3）。

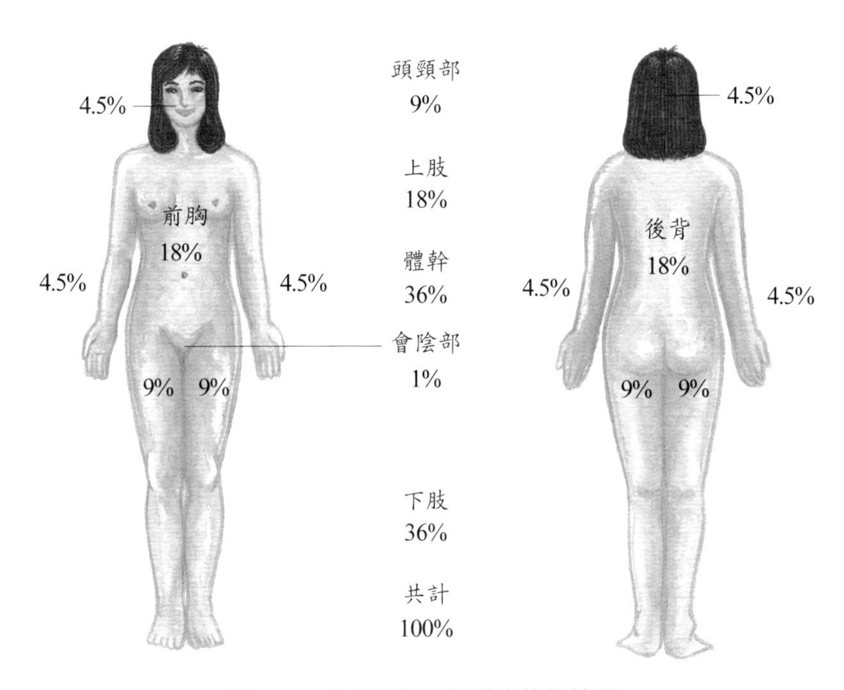

圖 5-3　九分定律估算體表灼傷範圍

傷口癒合

傷口癒合（wound healing）的過程牽涉到表皮、真皮及皮下組織的功能和特性，通常癒合可分成炎症反應期、增生期及變異期三步驟。炎症反應期主要是清除傷口上的碎屑及異物；增生期主要是在重建破損的皮膚；變異期是將不成熟的疤痕組織轉變為成熟的疤痕。此三期間並沒有明顯界限且互相重疊，但會依一定的順序發生。茲分述如下：

炎症反應期

炎症反應期（inflammatory phase）是癒合過程中的第一步，它會產生紅、腫、熱、痛等現象，來刺激癒合過程。此時灼傷處的血管會收縮，並釋出腎上腺素，同時血小板會分泌血清胺（serotonin），除使血管收縮外，尚能形成血小板栓子，以防繼續出血。急性的炎症反應期大約 24～48 小時，若要完全完成炎症反應期則需兩週時間。

增生期

通常於受傷後 48 小時後即進入增生期（proliferative phase），這時血管會產生新生作用（angiogensis）、皮膚上皮化（epithelialization）及傷口收縮（wound contraction）。由於有新血管、新表皮的產生，又稱為新生期（regenerative phase），此時傷處會有癢的感覺；由於有纖維母細胞變為纖維細胞時產生的膠原使傷口往中間拉攏，故又稱為纖維增生期（fibroplastic phase）。炎症反應期越長，纖維母細胞越多，疤痕則會越明顯。

變異期

變異期（differentiation phase）通常發生於受傷後第 21 天，此期有疤痕形成。成熟的疤痕是顏色較淺、較平、質地較軟且不會痛。整個癒合過程見圖 5-4。

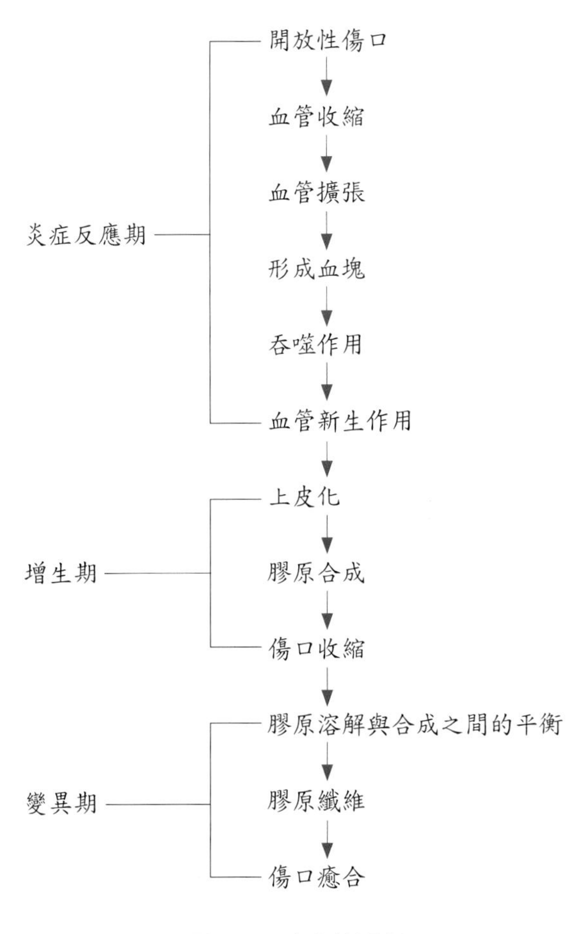

圖 5-4　癒合的過程

年齡的影響

年齡是影響皮膚癒合的重要因素之一。一般說來，年齡越長者所需癒合的時間也越長，因為年紀越長者，免疫抵抗力越低，血液循環也越差，營養狀況也較不理想。其實癒合過程中不單是生理或病理上的變化，還牽涉到患者的心理上對傷口或疤痕的認知，以及對社會角色的認同，故患者雖然年長，但是如果身、心、社會認同等層面健康的話，其癒合能力也會增強。

皮膚的附屬構造

表皮衍生出毛髮、指甲及腺體等附屬構造（accessory structure），它們各具功能，例如毛髮及指甲可保護身體，汗腺則可幫助調解體溫。

毛髮

除了在足側和足底部、手指和足趾、手指旁側、口唇和部分外生殖器官上方外，毛髮幾乎在身體任何地方的皮膚上出現。通常頭髮可保護頭皮避免日光晒傷及承受頭部打擊；睫毛與眉毛可防止異物進入眼睛；在鼻孔和外耳道的毛可阻止昆蟲或灰塵進入。

每一根毛髮皆是由露出體表的毛幹和埋於皮膚內的毛根所組成（圖 5-5）。毛幹由外至內包括外皮、皮質、髓質三部分，外皮是由單層角質化的鱗狀細胞所構成；皮質構成毛幹主體，由含有色素顆粒的長形細胞組成；髓質位於毛幹的中心，由多數有油粒蛋白的多邊形細胞及含空氣的空隙所組成。毛根構造與毛幹相同，由外皮、皮質、髓質三部分組成，只是有毛囊包裹，毛囊是由內、外根鞘所組成。內根鞘是由基質的增殖細胞形成；外根鞘則是由表皮的基底層與棘狀層向下延伸而成。

毛囊基部有含基質（matrix）的毛球，可進行分裂製造新毛髮。毛囊底部凹槽處是含有許多微血管和神經的小結締組織毛乳頭（hair papilla），它伸入毛球，可供毛髮生長。毛囊外繞有感覺末梢神經，稱為毛根叢，所以毛幹一動即會有感覺。髮色則與毛髮皮質內黑色素顆粒的多寡來決定，當色素生成隨年齡減少，髮色就變為灰色，白髮則不含任何色素顆粒，色澤是由髮細胞間停留空氣的反光所致。

豎毛肌（arrector pili）是平滑肌，與毛囊相連，受交感神經支配。人在受到恐懼、寒冷、情緒波動時，豎毛肌收縮會使毛髮呈垂直，並壓迫皮脂腺擠出皮脂分泌物，使皮膚表面出現乳頭狀突起，稱為雞皮疙瘩（goose flesh）。

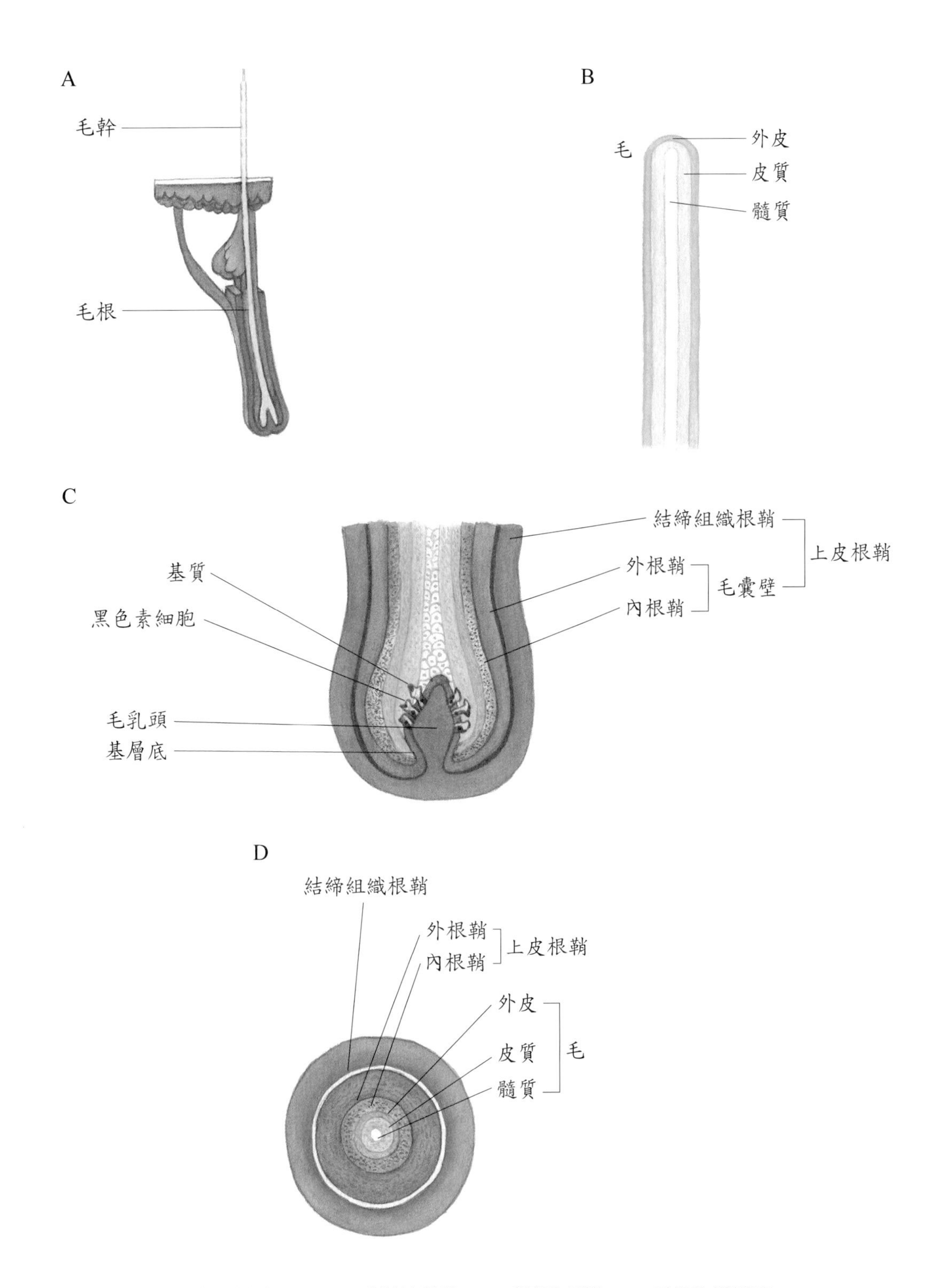

圖 5-5 毛髮與毛囊的構造。A.、B. 毛髮的構造；C. 毛囊的構造；D. 毛根的橫切面。

指甲

硬的角質化細胞稱為指甲（nail），覆蓋在手指和腳趾末端的背側面。指甲體覆蓋於指甲床上，指甲生成是在指甲根處，稱為指甲基質的上皮，通常手指甲長得比腳趾甲快。指甲外側緣延伸到指甲上的一條狹窄表皮，稱為甲床表皮，甲床表皮前的白色半月狀區，稱為指甲弧（lunula）。未覆蓋於指甲床上的指甲為游離緣。指甲顏色是由下面的血管組織所呈現，指甲弧會呈微白色是因基底層較厚，使微血管血色無法顯現（圖 5-6）。指甲可幫助抓握東西，並能操縱小物品，並防止指尖受傷。

腺體

皮脂腺

位於乳頭、口唇、陰莖龜頭、小陰唇、眼瞼的瞼板腺之皮脂腺（sebaceous gland），未連接毛囊，直接開口於皮膚表面，其餘的皮脂腺接於毛囊；腺體（gland）的分泌部分位於真皮，開口於毛囊頸部（圖 5-1），但手掌和腳掌缺乏皮脂腺。

皮脂腺分泌的油狀物稱為皮脂（sebum），它可防止毛髮變得乾燥脆弱，並能形成保護膜防止水分過度由皮膚蒸發，保持皮膚柔軟及抑制某些細菌生長。當臉部皮脂腺管道受阻，使得皮脂堆積後，即發生粉刺（comedo），其顏色是由黑色素與油脂氧化造成，若被細菌感染就會形成膿皰或癤子。

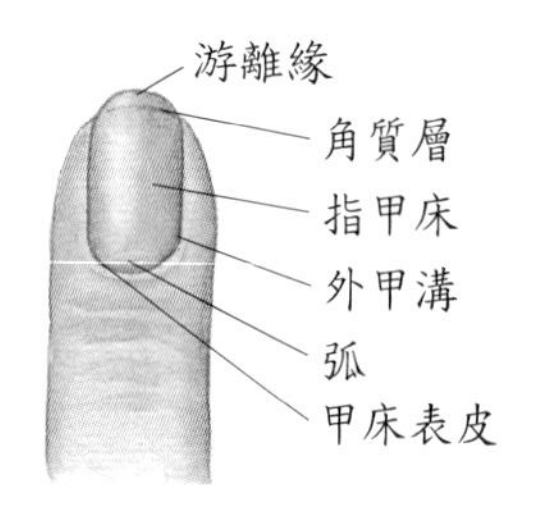

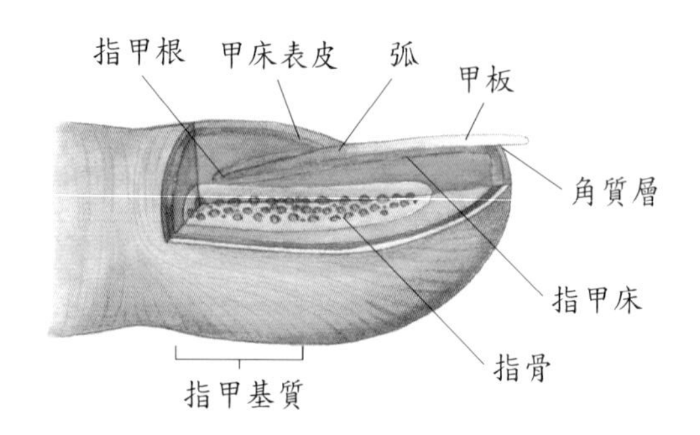

圖 5-6 指甲構造

表 5-1 汗腺的種類

種 類	腺體特徵	分布位置	分泌部位	排泄管開口	分泌物
頂漿汗腺（大汗腺）	單式分枝管狀	腋窩、恥骨部、乳暈	眞皮與皮下層	毛囊	濃稠
排泄汗腺（小汗腺）	單式螺旋管狀	手掌、腳掌最多	皮下層	皮膚表面	稀薄

汗腺

依構造與位置的不同，可將汗腺（sweat gland）分為兩類，其比較見表 5 - 1。汗腺位於真皮層，所分泌的汗液，不但可排除廢物，還能幫助維持體溫。乳腺是屬於頂漿分泌型的腺體，腺細胞在分泌時會失去一部分的細胞質，這些細胞質會隨著分泌物被排出，是頂漿（泌離）汗腺的變形特化腺體。

耵聹腺

耵聹腺（ceruminous gland）是外耳道皮膚頂漿汗腺的變形，屬於單式螺旋管狀腺體，其分泌部位於皮脂腺深部的皮下層，排泄管直接開口於外耳道表面或進入皮脂腺導管。耵聹腺與皮脂腺之混合分泌物，稱為耳垢（cerumen），可防止外物進入。

體溫之調節

人體的體溫調節（regulation of body temperature）中樞是在下視丘，其前區為散熱中樞，後區為產熱中樞。下視丘有感溫細胞，可因流經下視丘血液溫度的高低而引起調節體溫的作用。

正常體溫的維持必須是體熱的產生與散失達到平衡，而皮膚扮演了重要角色。人體體熱的產生是細胞進行新陳代謝的產物，因此運動造成的骨骼肌收縮是產熱最多的方式，占了 80%。過多的體熱則是利用輻射、傳導、對流、蒸發四個方式離開體表，其中輻射占了 60% 的比例。

歷屆考題

（　）1. 下列何種表皮細胞具分裂能力？ (A) 角質層 (B) 顆粒層 (C) 基底層 (D) 透明層。（93 師檢二；94 士檢二）

（　）2. 下列有關皮脂腺的敘述，何者正確？ (A) 分泌物經由毛囊排至體表 (B) 細胞分泌時本身並不損失，又稱為全泌腺 (C) 分泌細胞分布於表皮和真皮 (D) 耵聹腺和瞼板腺均屬特化的皮脂腺。（101 專高一）

(　) 3. 下列何種組織跟血漿中鈣離子濃度的調節作用無直接或間接的關係？ (A) 腎臟 (B) 肝臟 (C) 皮膚 (D)肺臟。（94 專普一）

(　) 4. 下列敘述何者正確？ (A) 鐵是甲狀腺素的組成分子 (B) 維生素 D 可在皮膚內合成 (C) 人體內恆定狀態完全依賴神經系統控制 (D) 碘是血紅素的組成分子。（94 專普二）

(　) 5. 黑色素細胞（melanocytes）位於表皮的哪一層？ (A) 基底層（stratum basale） (B) 棘狀層（stratum spinosum） (C) 角質層（stratum corneum） (D) 顆粒層（stratum granulosum）。（98 二技）

(　) 6. 乳腺（mammary gland）是屬於何種腺體？ (A) 單細胞腺體（unicellular glands） (B) 頂端分泌腺體（apocrine glands） (C) 全分泌腺體（holocrine glands） (D) 部分分泌腺體（merocrine glands）。（98 二技）

(　) 7. 那一種維生素（vitamine）可在皮膚中生成？ (A)維生素 C (B)維生素 D (C)維生素 E (D)維生素 K。（98 專普二）

(　) 8. 人體哪一部位的真皮層最厚？ (A) 身體背部 (B) 身體腹部 (C) 大腿內側 (D) 眼瞼。（100 二技）

(　) 9. 下列有關皮脂腺的敘述，何者正確？ (A) 分泌物經由毛囊排至體表 (B) 細胞分泌時本身並不損失，又稱為全泌腺 (C) 分泌細胞分布於表皮和真皮 (D) 耵聹腺和瞼板腺均屬特化的皮脂腺。（101 專高一）

(　) 10. 手掌及腳底的皮膚表皮（epidermis）哪一層最厚？ (A) 基底層（stratum basale） (B) 顆粒層（stratum granulosum） (C) 透明層（stratum lucidum） (D) 角質層（stratum corneum）。（101 二技）

解答：

1.(C)　2.(A)　3.(D)　4.(B)　5.(A)　6.(B)　7.(B)　8.(A)　9.(A)　10.(D)

第六章 骨骼及關節系統

本章大綱

骨骼的功能

骨骼的構造

長骨

扁平骨

緻密骨

海綿骨

骨骼的發育

骨骼的生長

骨骼的恆定

老化的影響

骨骼的分類

人體骨骼

中軸骨骼

附肢骨骼

關節的分類

功能性分類

構造性分類

人體重要的關節

肩關節

髖關節

膝關節

學習目標

1. 了解人體骨骼的構造、功能與分類。
2. 知道長骨、扁平骨、緻密骨與海綿骨的不同。
3. 認識骨骼的發育與生長。
4. 了解骨骼的恆定與老化。
5. 將清楚明白人體骨骼的六大分類。
6. 能了解人體中軸骨骼位置及名稱。
7. 能明白人體附肢骨骼的位置及名稱。
8. 能知道人體各種關節的位置及名稱。
9. 清楚知道關節的分類與功能。

人體的骨骼是由骨頭藉著關節相互連接而成，並與肌肉配合來產生運動。骨骼系統由206塊骨骼及關節，加上軟骨及關節韌帶所組成的。

骨骼的功能

1. 支持：構成全身的支架和外形，並提供肌肉的附著，使身體能維持姿勢。
2. 運動：肌肉附著於骨骼上，當肌肉收縮時，以骨骼當作槓桿產生有效的動作。
3. 保護：骨骼保護內在器官。例如大腦受顱骨保護；脊髓受脊椎骨保護；心肺受胸廓保護；內生殖器受骨盆保護。
4. 造血：骨骼內含有紅骨髓，可製造紅血球、血小板及部分白血球。
5. 儲存：骨骼儲存許多鹽類，主要為磷酸鈣；骨髓腔儲存脂質。

骨骼的分類

人體骨骼依其形狀可分成六大類（圖6-1）：

1. 長骨：長骨的長度較寬度大，並由一個骨幹和二個骨端所組成。大部分的四肢骨屬於長骨。例如上肢的肱骨、尺骨、橈骨、掌骨、指骨及下肢的股骨、脛骨、腓骨、趾骨。
2. 短骨：短骨的長度與寬度相似，略呈立方形，例如上肢的腕骨和下肢的跗骨。
3. 扁平骨：扁平骨較薄，由兩層緻密骨板夾著一層海綿骨所構成，例如頭蓋骨、胸骨、肋骨、肩胛骨。
4. 不規則骨：形狀複雜，例如脊椎骨及一些顏面骨、中耳腔的聽小骨屬於此類。
5. 種子骨：位於肌腱或韌帶的小骨頭，膝蓋骨（髕骨）是體內最大的種子骨。
6. 其他：例如位於頭蓋骨關節間的小骨頭的縫間骨；骨內有空氣的副鼻竇及顳骨乳突部等的含氣骨。

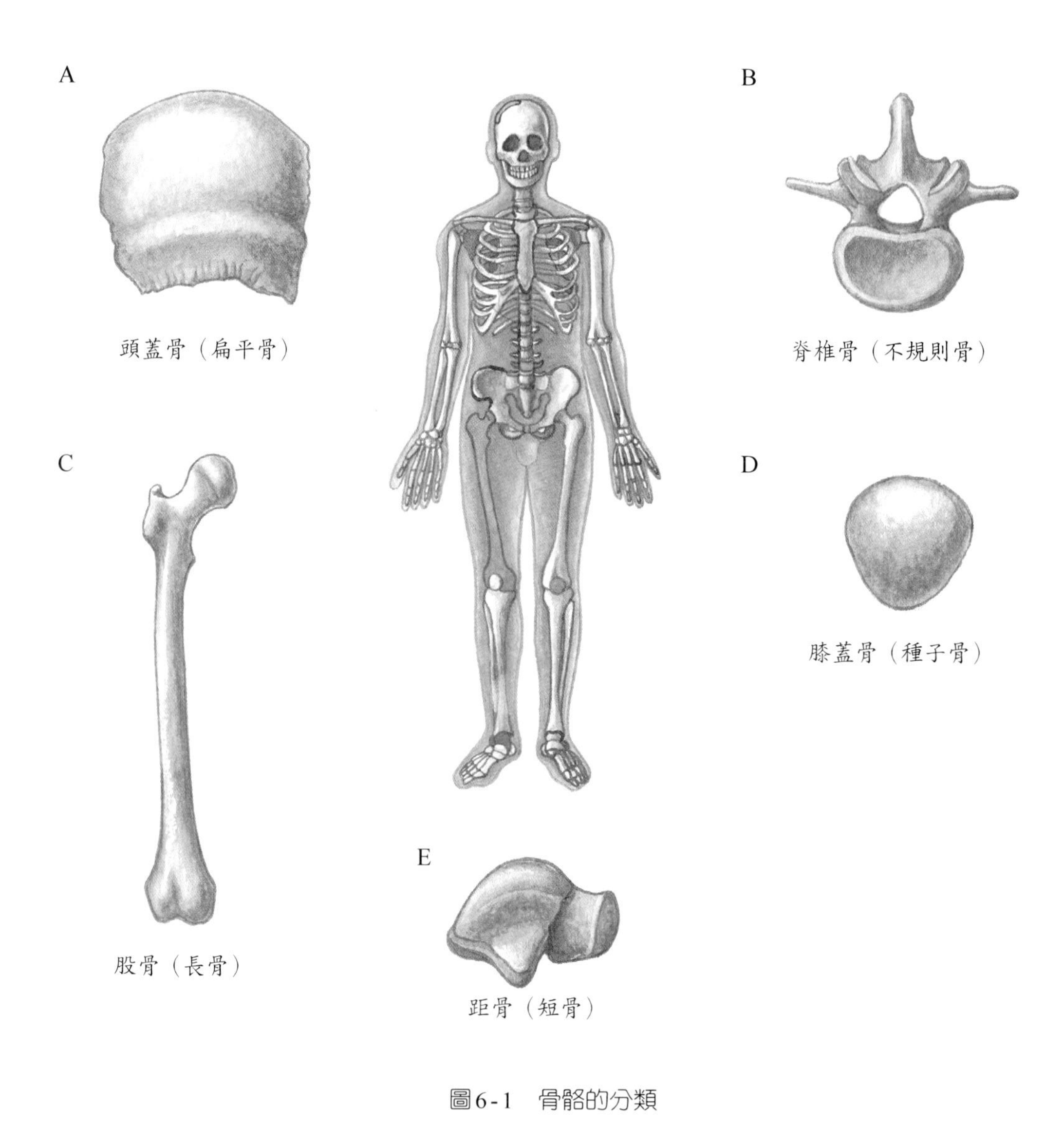

圖6-1　骨骼的分類

骨骼的構造

長骨

長骨（long bone），例如肱骨、脛骨，其構造說明如下（圖6-2）：

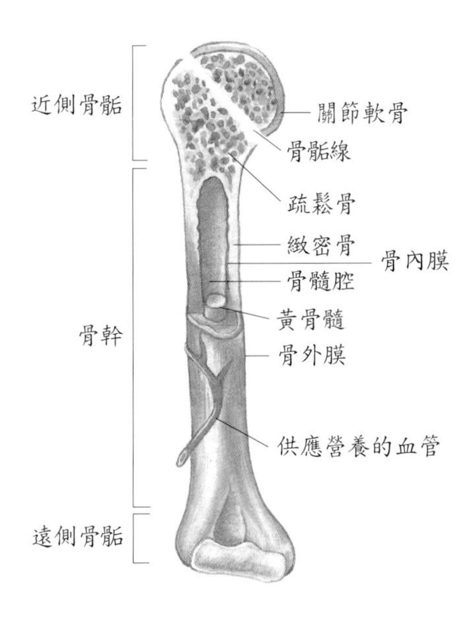

圖6-2　肱骨的構造

1. 骨幹：是長骨的主要部分，由緻密骨組成。
2. 骨骺：在長骨的兩端，其外為薄的緻密骨，中間為疏鬆的海綿骨。
3. 骨骺線：未成年時，在骨幹與骨骺間有透明軟骨稱為骨骺板，有助於骨骼生長，至成人時即骨化成骨骺線而停止生長。在生長過程中，生長激素會刺激骨骼生長，但動情素（estrogen）會加速骨骺板變成骨骺線。
4. 關節軟骨：於關節處覆蓋於骨端的透明軟骨即為關節軟骨，此處沒有骨外膜。
5. 骨外膜：是覆蓋於關節軟骨以外之骨骼表面的緻密白纖維，外層為纖維層，含血管、淋巴管及神經的結締組織；內層為生骨層，含血管、造骨細胞及蝕骨細胞，對骨骼的營養、生長、修復很重要。骨外膜有成束的膠原纖維，即夏氏纖維（Sharpey's fiber），能將骨外膜延伸至骨基質內。骨外膜也是肌腱、韌帶附著的地方。
6. 骨髓腔：位於骨幹中。在成年人，其內含有脂肪是為黃骨髓。在骨骺的海綿骨空腔內則含有紅骨髓，有造血功能。
7. 骨內膜：含有一層造骨細胞襯於骨髓腔，其中有散落的蝕骨細胞。造骨細胞可使斷骨面形成新骨，也能使骨骼的橫徑增加；蝕骨細胞則負責骨骼基質鈣化的溶解，以利骨骼重塑。所以人類在年輕時，造骨細胞多於蝕骨細胞；成年時，兩者相等；等到老年時，造骨細胞就比蝕骨細胞少，因此容易骨質疏鬆、骨折。

扁平骨

頭蓋骨、胸骨、肋骨、肩胛骨皆為扁平骨（flat bone），由兩層緻密骨板夾著中間稱為板障的海綿骨（圖6-3），骨表面覆蓋有骨外膜，其內的空腔亦襯有骨內膜。海綿骨的空腔中含有造血功能的紅骨髓。

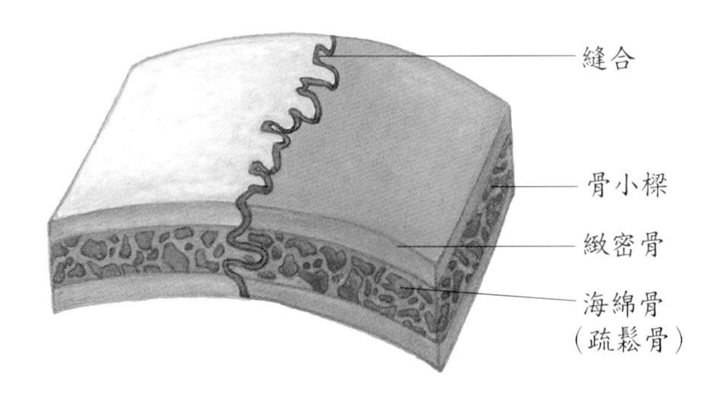

圖6-3 扁平骨（頭蓋骨）的構造

緻密骨

緻密骨（compact bone）相當密實，在骨幹位置比骨骺厚，有支持保護的作用，並能幫助長骨抵抗加諸其上的壓力。

緻密骨的構造單位是哈維氏系統（Haversian system）或稱骨元（osteon）。每一個哈維氏系統的中央含有一條與骨骼長軸平行的哈維氏管，又稱中央管，被排列成同心圓的硬骨板所環繞，骨板間的小空隙是骨隙（lacunae），內含成熟的骨細胞。骨隙間有骨小管（canaliculi）相通，內含骨細胞突起，使骨元內的骨細胞得以相連通往中央管內的血管，使其獲得營養物質及排除所產生的廢物（圖6-4）。

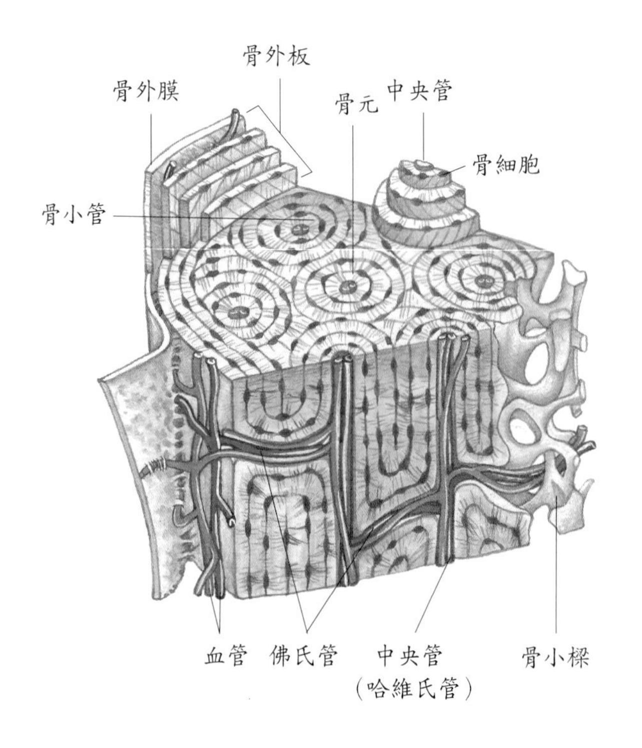

圖6-4 緻密骨的構造

佛氏管（Volkman's canal）為橫走管腔與骨骼長軸垂直，使分布至骨外膜的血管及神經通到中央管及骨髓腔。所以血液供應骨細胞營養的順序是：骨外膜→佛氏管→中央管→骨小管→骨隙→骨細胞。

骨元間的不完整骨板，為間質骨板，是硬骨重塑時，舊骨元被破壞所留下的片斷。而沿著骨幹外圍排列的是周邊骨板。

海綿骨

海綿骨（spongy bone）（疏鬆骨）不含哈維氏系統，是由骨小樑（trabeculae）的不規則骨片所構成（圖6-5）。骨小樑具有骨隙、骨細胞、骨小管，血管由骨外膜穿入到海綿骨內，骨細胞直接由髓腔中循環的血液獲得營養。海綿骨在骨小樑的空間中充滿了具造血功能的紅骨髓。它構成了短骨、扁平骨、不規則骨及大部分長骨骨骺的骨組織。

骨骼的發育

骨骼在受精成胚胎後第六週左右開始持續成長，此時骨骼完全由纖維膜及透明軟骨所構成，再過六週，骨骼即由膜內骨化及軟骨內骨化形成。兩種方式所產生的骨骼並沒有構造上的差異，只是形成方法的不同而已。骨骼的發育持續生長到青春期，有些成年人甚至可以生長到25歲為止。成年以後，骨化目的在於重塑（remodeling）或修補（骨折癒合）。

1. 膜內骨化（Intramembranous ossification）：是骨骼在纖維膜形成，比較單純直接。例如：頭顱中的扁平骨、鎖骨即是經由此方式形成。膜內骨化的過程見圖6-5。間質細胞分化而來的造骨細胞聚集於纖維膜內，形成骨化中心。骨化中心的造骨細胞分泌類骨質（osteoid）當骨基質，包圍細胞間質中的膠原纖維，再加上鈣鹽的堆積，鈣化基質包圍造骨細胞形成骨小樑。隨著骨骼的繼續鈣化，而形成骨隙及骨小管，並使骨隙中的造骨細胞喪失造骨能力，變成骨細胞。骨小樑間的空隙充滿紅骨髓，包住骨骼生長部位的原始性結締組織變成骨外膜，表層則重塑成緻密骨。
2. 軟骨內骨化（endochondral ossification）：人體內絕大多數的骨骼是在透明軟骨內形成，有關整個骨化過程茲以長骨為例說明如下（圖6-6）。
   ⑴骨環形成：在胚胎早期，外面覆有軟骨外膜的透明軟骨模子，當血管穿過軟骨外膜刺激內層的軟骨母細胞變成造骨細胞，這些造骨細胞圍繞軟骨模子骨幹處形成一圈緻密骨，此即為骨環的形成。
   ⑵骨幹形成空腔：在骨環形成的同時，軟骨骨幹的中心形成初級骨化中心，此中心的軟骨細胞變肥大且分泌鹼性的磷酸酵素，使軟骨基質鈣化，由於無血管供

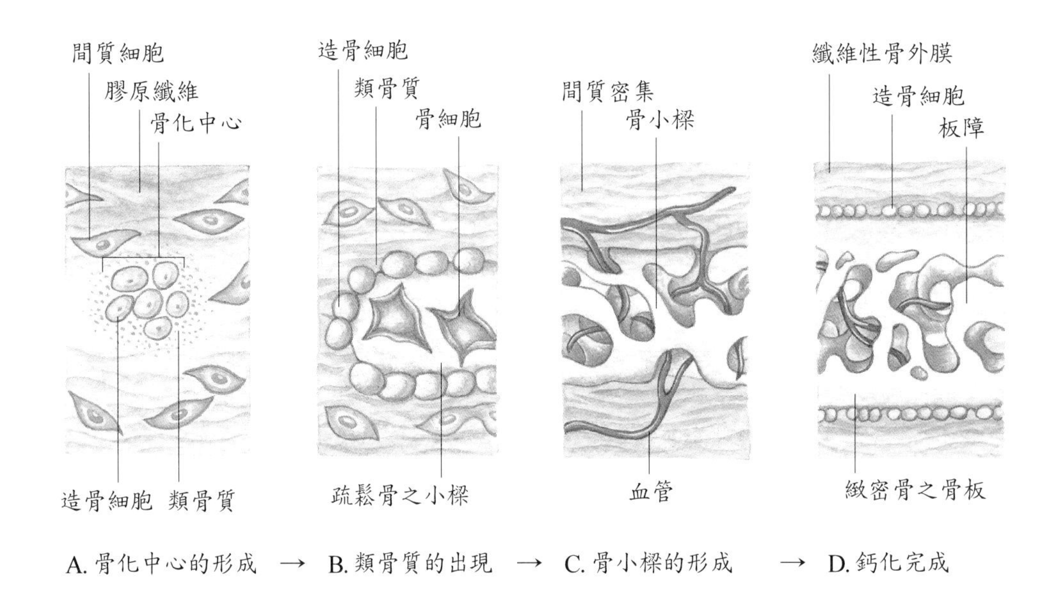

圖6-5 膜內骨化過程

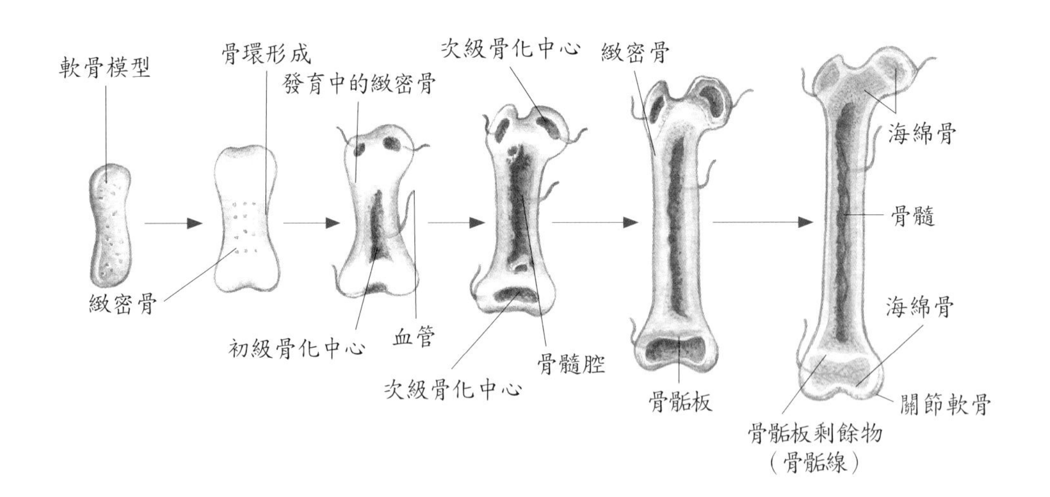

圖6-6 長骨的軟骨內骨化

應營養，軟骨細胞死亡，細胞間質退化形成空腔。

⑶海綿骨形成：空腔形成後，骨外膜的血管、淋巴管、神經纖維、造骨細胞、蝕骨細胞進入，造骨細胞分泌類骨質圍繞殘留的軟骨碎片形成骨小樑，進而海綿骨形成。

⑷骨髓腔的形成：初級骨化中心向兩端延伸，同時蝕骨細胞破壞新形成的海綿骨，使骨幹中央形成骨髓腔，此為骨幹骨化的最後階段。在整個胚胎時期，

透明軟骨模隨著軟骨細胞的分裂增生而增長，所以，骨化亦沿著骨幹的長軸進行。

(5)骨骺之骨化：血管進入骨骺端形成次級骨化中心，其骨化作用與初級骨化中心所產生的幾乎完全相同。唯一不同的是骨骺內保留了疏鬆骨，未產生骨髓腔。次級骨化中心完全骨化後，只有關節軟骨和骨骺板未被骨化。

骨骼的生長

骨骺板有軟骨保留帶、軟骨增殖帶、軟骨增大帶及基質鈣化帶四個帶形成，軟骨保留帶緊鄰骨骺，是小的較不成熟的軟骨細胞；軟骨增殖帶的名稱已告知可細胞分裂產生新的軟骨細胞，細胞的增殖可使骨骼長度擴展；軟骨增大帶的細胞較大也較成熟，也越接近骨幹；至於基質鈣化帶，因為細胞基質已鈣化，大部分為死細胞，使骨骺板的骨幹端堅牢的接合於骨幹上。

骨幹能增加長度是靠骨骺板的活性，骨骺板的軟骨細胞藉有絲分裂增生，然後被破壞，同時軟骨也被骨骺板骨幹端的硬骨取代，以使骨骺板維持一定厚度，骨幹也因而增長，直至成年（女性約18歲、男性約20歲），骨骺板軟骨細胞停止分裂，被硬骨取代而成為骨骺線。鎖骨是最後停止生長的硬骨。

骨骼直徑的生長與長度的生長是同時發生的，由蝕骨細胞將原先襯於髓腔表面的硬骨破壞，髓腔直徑加大。同時，骨外膜的造骨細胞圍著骨骼外表面加入新的硬骨組織。

骨骼的恆定

骨骼由開始生長至成熟後，都不斷地在進行重塑（remodeling），亦即不斷的有新的骨基質（主要鈣質）堆積到骨骼，同時也不斷的有舊的骨基質被再吸收（即分解）到血液中，堆積與再吸收的速率相當，而使骨骼的結構維持恆定，此即骨骼的恆定（homeostasis of bone）。

新骨基質的堆積是由造骨細胞負責，而舊骨基質的分解是蝕骨細胞的作用，兩者的活性要維持平衡。若新骨質形成太多，骨骼會變得厚重，甚至形成骨刺等，而影響關節運動或壓迫鄰近神經；若太多的骨基質被分解，骨骼會變脆弱，易造成骨折。

骨骼的重塑會受下列因素的影響：

1. 鈣與磷：使骨骼堅硬的主要鹽類是磷酸鈣，因此在正常的重塑過程中，必須由飲食中攝取足夠的鈣與磷。血鈣的正常濃度應維持在每100毫升的血液中含9～11毫克的鈣。

2. 維生素：維生素 D 會控制十二指腸對鈣質的吸收，所以缺維生素 D 會造成佝僂症；維生素 C 能幫助骨骼保留細胞間質，促進膠原蛋白分泌填充骨質；維生素 A 能幫助控制造骨細胞與蝕骨細胞的活性和分布。
3. 內分泌激素：腦下垂體分泌的生長激素可促進骨骼生長；甲狀腺分泌的降鈣素能抑制蝕骨細胞的活性，加速鈣質堆積到骨骼上，而降低血鈣濃度；副甲狀腺分泌的副甲狀腺素可增加蝕骨細胞的數目和活性，加速骨骼的分解，而增高血鈣濃度；性激素能促進造骨細胞的活性，促進骨骼生長，但同時也能使骨骺板的軟骨細胞退化，而成骨骺線。所以，過早進入青春期，會引起骨骺軟骨提早退化，而無法長到一般成年人的高度。
4. 壓力與重力：骨骼承受較大的壓力與重力時，會使重塑的速率較快，骨骼較堅厚。

老化的影響

年齡增長，由於性激素的減少，使鈣質由骨質中流失，再加上合成蛋白質的速率降低，使骨骼形成有機基質的能力下降，兩者皆會造成骨質疏鬆，骨骼變得脆弱，而易發生骨折。

臨床指引：

骨質疏鬆症（osteoporosis）是一種骨骼疾病，35 歲後骨骼鈣質逐漸流失，使骨質慢慢變得脆弱，最後發生骨折。

骨質疏鬆症患者最容易發生骨折部位是髂骨、股骨、前臂骨及脊椎骨。通常營養異常（鈣及維生素缺乏）、體質異常（早期停經、有家族史）、罹患其他疾病（副甲狀腺機能亢進、女性荷爾蒙減少、肝腎疾病）及生活習慣不正常（高鹽飲食、菸酒、咖啡、久坐不動等）均容易造成此症。多運動、陽光照射、多攝取鈣質及維生素等，可以預防或延緩骨質疏鬆症發生。

人體骨骼

成年的人體骨骼（body skeleton）通常由 206 塊所組成，大致可分為中軸骨骼及附肢骨骼兩部分。中軸骨骼 80 塊，形成身體長軸，其架構可以支持、保護頭頸部、胸腔與腹腔之器官，且能提供穩定或安置 126 塊附肢骨骼。

表6-1　人體骨骼系統區分與數目

附肢骨骼	骨骼數目	中軸骨骼	骨骼數目
1.肩帶（shoulder girdles）		1.頭顱骨（skull）	
(1)鎖骨（clavicle）	2	(1)頭蓋骨（cranial bones）	8
(2)肩胛骨（scapula）	2	(2)顏面骨（facial bones）	14
2.上肢骨（upper estremities）		2.舌骨（byoid）	1
(1)肱骨（humerus）	2	3.聽小骨（auditory ossicles）	6
(2)尺骨（ulna）	2	4.脊柱（vertebral column）	26
(3)橈骨（radius）	2	5.胸廓（tborax）	
(4)腕骨（carpals）	16	(1)胸骨（sternum）	1
(5)掌骨（metacarpals）	10	(2)肋骨（ribs）	24
(6)指骨（phalanges）	28		
3.骨盆骨（pelvic girdle）			
•髖骨（hip bone）	2		
4.下肢骨（lower extremities）			
(1)股骨（femur）	2		
(2)脛骨（tibia）	2		
(3)腓骨（fibula）	2		
(4)膝蓋骨（patella）	2		
(5)跗骨（tarsals）	14		
(6)蹠骨（metatasals）	10		
(7)趾骨（phalanges）	28		
共計126			共計80
人體骨骼總數80＋126＝206			

中軸骨骼

中軸骨骼（axial skeleton）包括頭顱（22）、聽小骨（6）、舌骨（1）、脊柱（26）、肋骨（24）及胸骨（1）共80塊。

頭顱

頭顱（skull）包含顱骨（8）和顏面骨（14）共22塊，位於脊柱上端。顱骨包圍並保護腦部，由額骨、頂骨（2）、顳骨（2）、枕骨、蝶骨、篩骨等六種8塊骨骼所組成。顏面骨構成顏面部的支架，由鼻骨（2）、顴骨（2）、上頜骨（2）、下頜骨、淚骨（2）、顎骨（2）、下鼻甲（2）、犁骨等八種14塊骨骼所組成（圖6-7）。

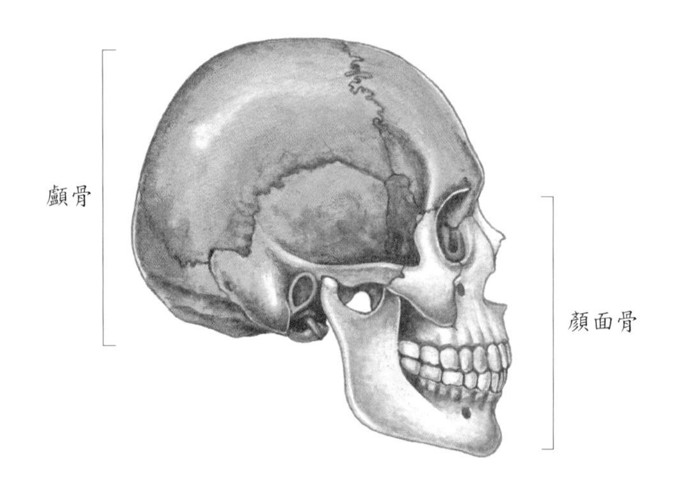

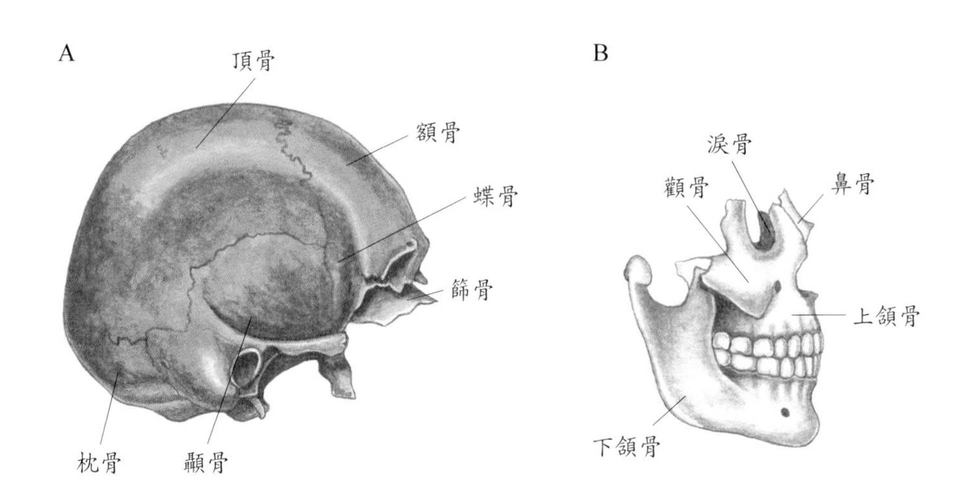

圖6-7 顱骨和顏面骨的區分。A.顱骨；B.顏面骨。

在顱骨間的不動關節是骨縫，四種較明顯的骨縫如下（圖6-8）：

1. 冠狀縫（coronal suture）：位於額骨與頂骨之間。
2. 矢狀縫（sagittal suture）：位於兩塊頂骨之間。
3. 人字縫（lambdoidal suture）：位於頂骨與枕骨之間。
4. 鱗縫（squamosal suture）：位於頂骨與顳骨之間。

初生嬰兒的顱骨間為膜所填充的空間為囟門，其骨化尚未完成，便於生產時顱骨能被壓縮順利通過產道，同時有助於決定胎兒出生前的頭部位置，以利助產。有四種六個囟門（圖6-8）。

1. 前囟（anterior fontanel）：位於額骨與頂骨及冠狀縫與矢狀縫交會處，又稱為額囟，是最大的囟門，呈菱形，通常在出生後18～24個月閉合，也是最晚閉合的囟門。

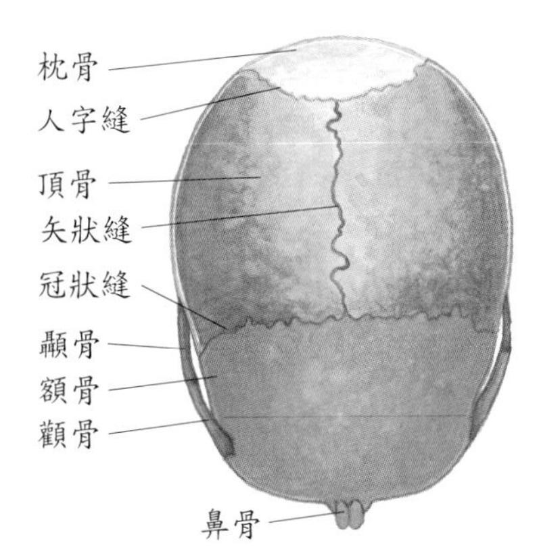

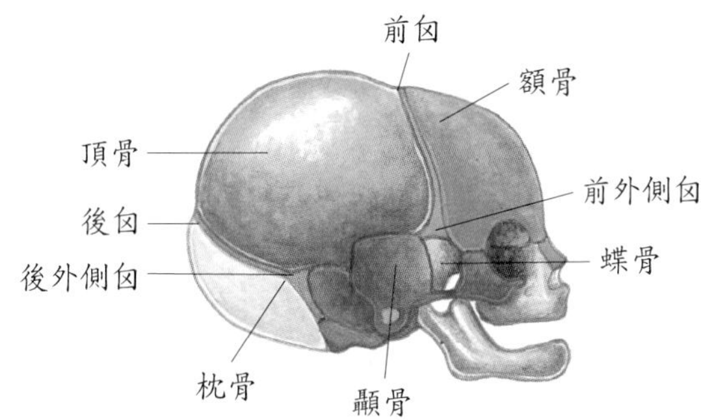

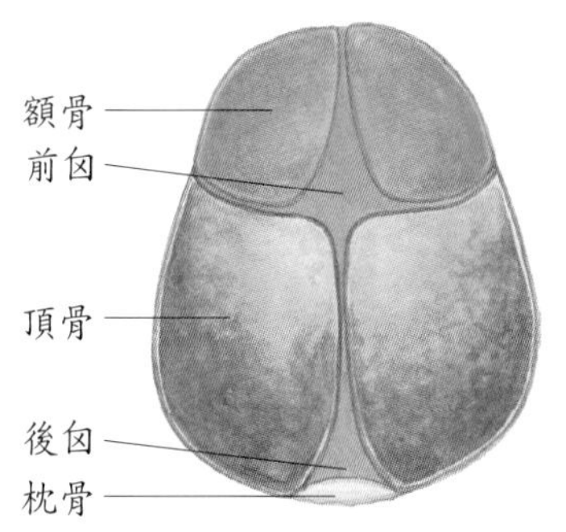

圖6-8　初生嬰兒的頭顱

2. 後囟（posterior fontanel）：位於頂骨與枕骨及矢狀縫與人字縫之間，又稱為枕囟，呈三角形，比前囟小，通常於出生後兩個月閉合，是最早閉合的囟門。
3. 前外側囟（anterolateral fontanel）：左右成對，位於額骨、頂骨、顳骨及蝶骨的交會處，又稱為蝶囟，通常在出生後三個月閉合。
4. 後外側囟（posterolateral fontanel）：左右成對，位於頂骨、枕骨、顳骨交會處，又稱乳突囟，在出生後十二個月閉合。

1. 顱骨（cranium）
   (1)額骨（frontal bone）：額骨形成前額、眼眶頂部、顱底前半部的大部分（顱前凹）。出生時，額骨左右由骨縫相連，於6歲前，骨縫逐漸消失。若未消失，稱為額縫（metopic suture）。眼眶間額骨的深部有額竇（frontal sinus），是聲音的共鳴箱（圖6-9）。
   (2)頂骨（parietal bone）：兩塊頂骨形成顱腔頂部和兩側的大部分。外表有兩個微嵴，上、下顳線，頂骨內面有硬腦膜血管的壓跡（圖6-9、圖6-10）。

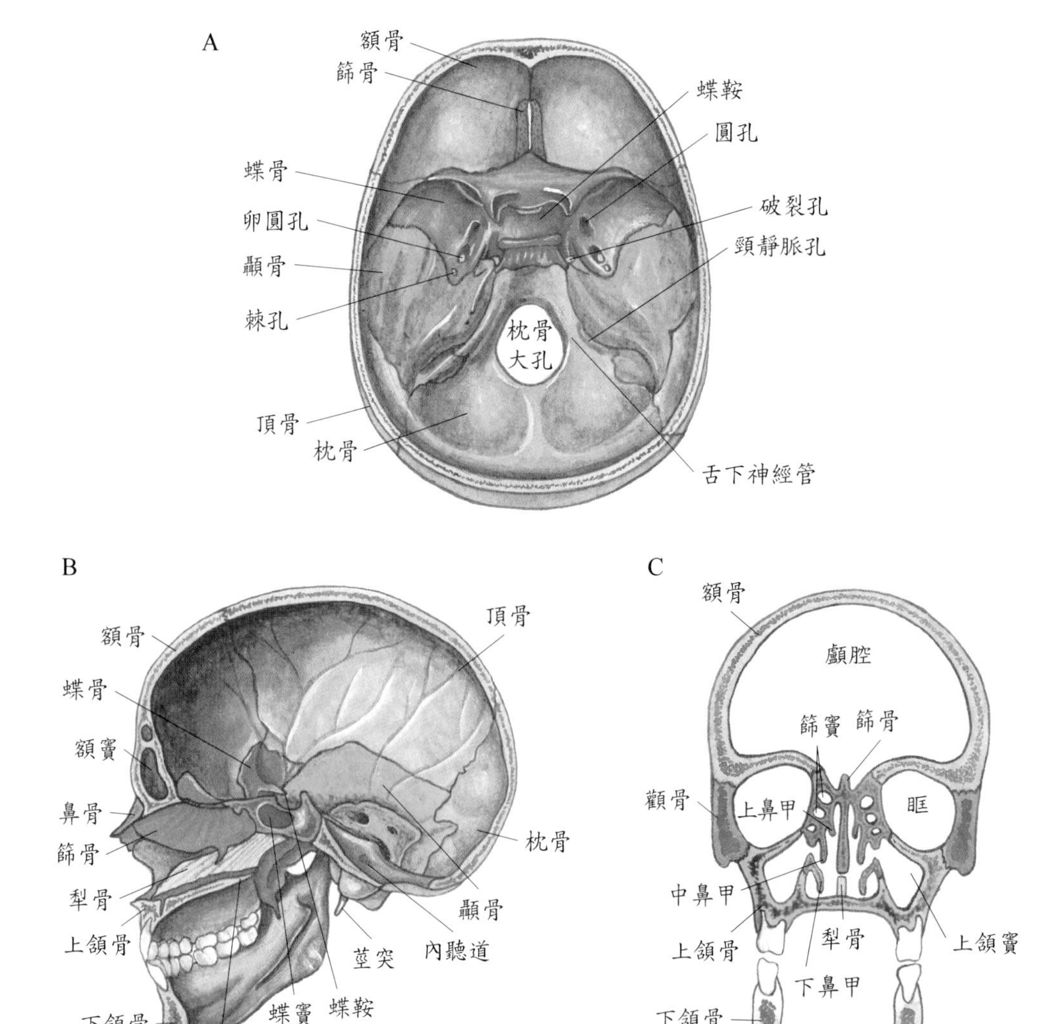

圖6-9 頭顱的切面圖。A.水平切面；B.矢狀切面；C.冠狀切面。

(3)枕骨（occipital bone）：枕骨位於頭顱的後下部（顱後凹），在枕骨底部有枕骨大孔，延腦與脊髓在此相連，且有副神經的脊髓根、椎動脈、脊髓動脈通過（圖6-10）。

- 在枕骨大孔兩側之橢圓形突起為枕骨髁（occipital condyle），與第一頸椎的上關節突形成枕寰關節，可以產生點頭的動作。在枕骨髁的基部有舌下神經管（hypoglossal can al），是舌下神經通過的地方。在枕骨大孔的正上方有枕外粗隆。

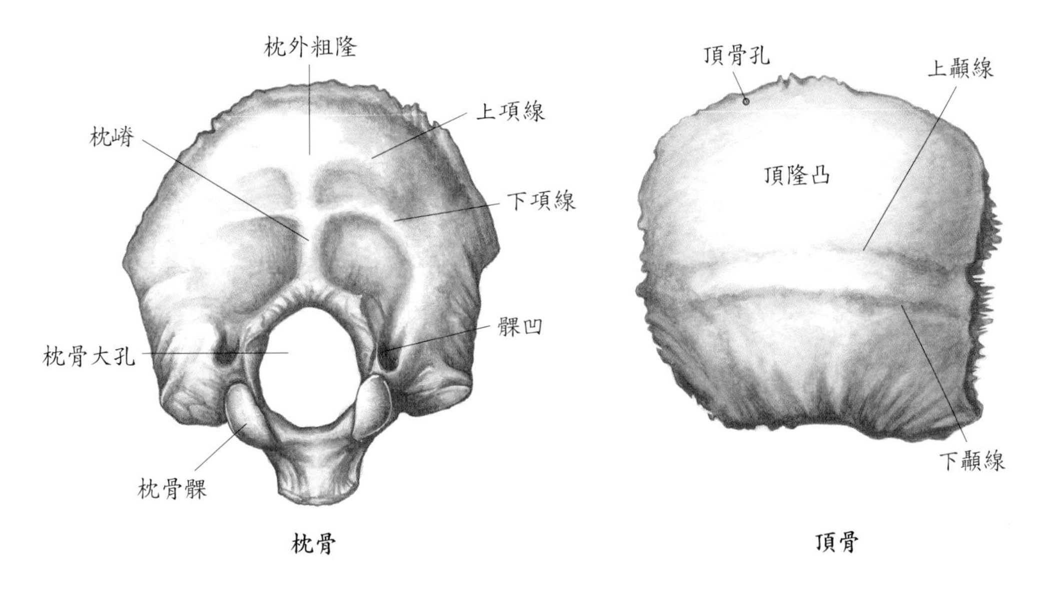

圖6-10　枕骨和頂骨

(4)顳骨（temporal bone）：兩塊顳骨構成顱底（顱中凹）及顱腔側壁的一部分，由鱗部、鼓室部、乳突部及岩部四部分組成。

①顳骨的側面可看到鱗部（squamous portion）是一單薄而廣大的骨片，下方往前突出的部分是顴突（zygomatic process），它與顴骨的顳突形成顴弓（zygomatic arch）（圖6-11）。

②在外耳道周圍的部分是鼓室部（tympanic portion），內部有鼓室（tympanic cavity），外面向下突出的是莖突（styloid process），有舌、頸部的肌肉及韌帶附著。

③外耳道的後下方是乳突部（mastoid portion），內有很多小氣室，與中耳相通，所以中耳炎與乳突炎常一起發生。乳突與莖突之間有莖乳孔（stylomastoid foramen），有顏面神經分枝由此穿出，分布到顏面表情肌。

④在顱底內面的是岩部（petrous portion），它含有聽覺器官的主要部分——內耳，也含有頸動脈管，有內頸動脈通過。在頸動脈管上方的內耳道（internal auditory meatus）有顏面神經、前庭耳蝸神經、內耳動脈通過；在頸動脈管後面，枕骨前面的是頸靜脈孔（jugular foramen），有內頸靜脈、舌咽神經、迷走神經及副神經通過。

⑤在鱗部與岩部之間，外耳道口前有一凹處內含下頜窩（mandibular fossa）及關節結節，它與下頜骨的髁突形成顳頜關節，是頭骨中唯一可動的關節。

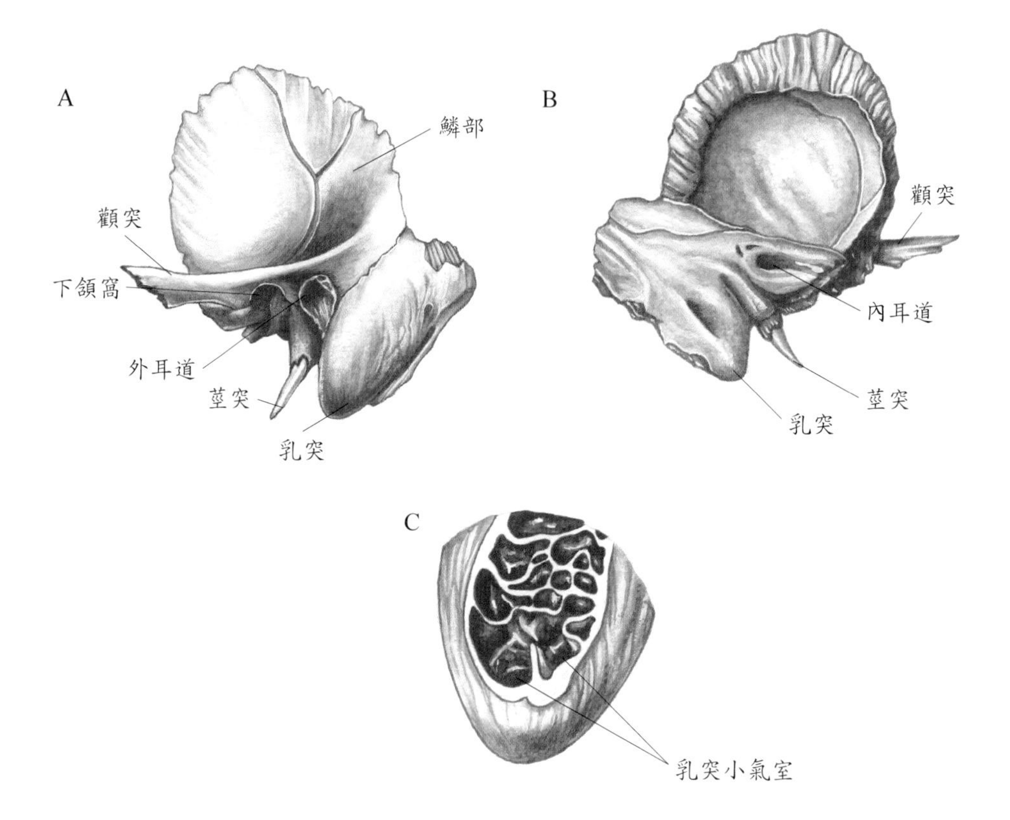

圖6-11　顳骨。A. 鱗部、鼓室部及乳突部；B. 岩部；C. 乳突部內之小氣室。

(5)蝶骨（sphenoid bone）：蝶骨位於顱底中央（顱中凹），形狀似伸展翅膀的蝴蝶，與所有顱骨皆成關節，為顱底楔石（圖6-9）。

①蝶骨體位於篩骨與枕骨間，內含一對蝶竇（sphenoid sinus），可引流至鼻腔。蝶骨體上面的鞍狀凹陷，稱為蝶鞍（sella turcica），是腦下垂體存在的位置。

②蝶骨大翼（greater wing）由蝶骨體部向外側突出，形成顱底的前外側底部及側壁。大翼上由前往後有三個孔，依序為圓孔（三叉神經的上頜枝通過）、卵圓孔（三叉神經的下頜枝通過）、棘孔（中腦膜動脈通過）。大翼的前上部是蝶骨小翼（圖6-12），形成部分顱底和眼眶後部。在蝶骨體與小翼間可見視神經孔及管（optic foramen and canal），有視神經及眼動脈通過。在小翼及大翼間的三角形裂縫是眶上裂（superior orbital fissure），有動眼神經、滑車神經、三叉神經的眼枝及外旋神經通過。在蝶骨的下部可見一對翼突（pterygoid process），形成鼻腔側壁的一部分。

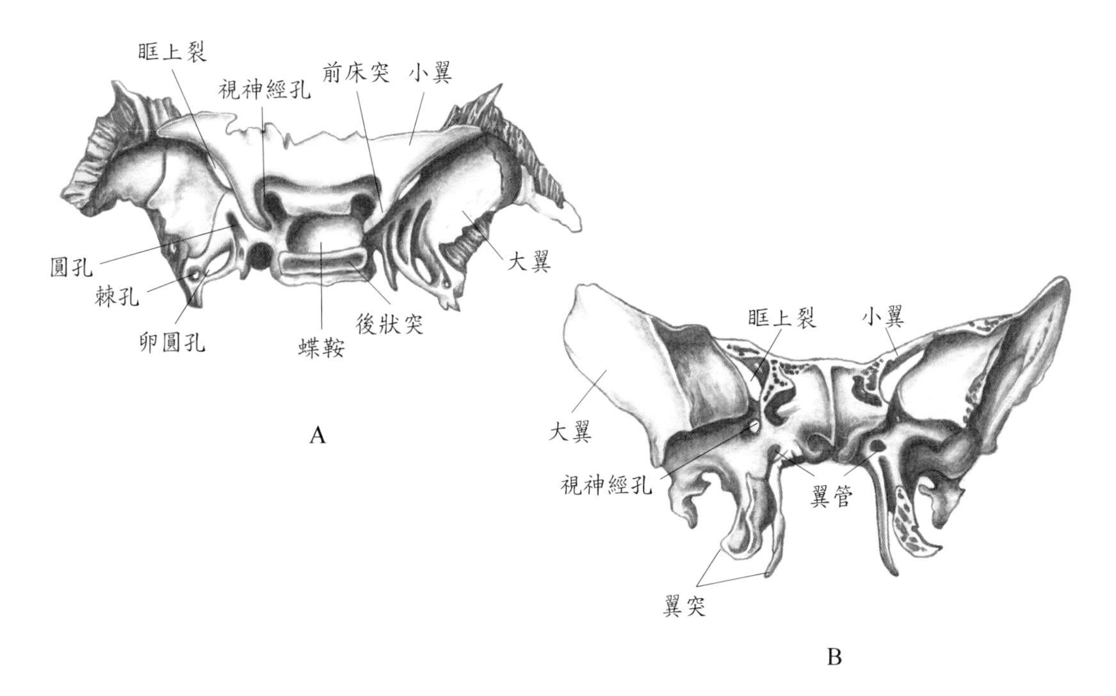

圖6-12　蝶骨。A.上面；B.前面。

⑹篩骨（ethmoid bone）：篩骨位於顱底前部（顱前凹），介於左右眼眶間，前為鼻骨，後為蝶骨。構成眼眶內側壁、鼻中膈的上部、鼻頂側壁的大部分（圖6-9、6-13），可分成水平板、垂直板、外側塊三部分。

①水平板構成部分顱底前部及鼻腔頂部。篩板（cribriform plate）位於水平板，上有許多嗅神經孔，有嗅神經通過，若水平板骨折，可使嗅覺喪失。水平板向上突出的部分是雞冠（crista galli），有腦膜附著。

②垂直板構成鼻中膈的上部。

③外側塊又稱篩骨迷路，構成眼眶內壁及鼻腔外壁，含有許多氣室，稱為篩竇（ethmoid sinus）。內側面含有兩塊突向鼻腔的上鼻甲及中鼻甲（圖6-13、14），鼻甲使空氣在進到氣管、支氣管及肺之前得到充分的循流及過濾。

2. 顏面骨

⑴鼻骨（nasal bone）：兩塊鼻骨連合構成鼻樑的上半部，下半部主要是由軟骨所構成（圖6-14）。鼻骨上與額骨相連，後與上頷骨相連。

⑵上頷骨（maxillae）：成對的上頷骨構成眼眶底部、部分口腔頂部、鼻腔底部和側壁的部分。它可分為體部、齒槽突、顎突、額突、顴突（圖6-15）。

①體部含有上頷竇（maxillary sinus），是最大的鼻竇，開口於鼻腔中。

②齒槽突含有上齒槽，內有牙根。

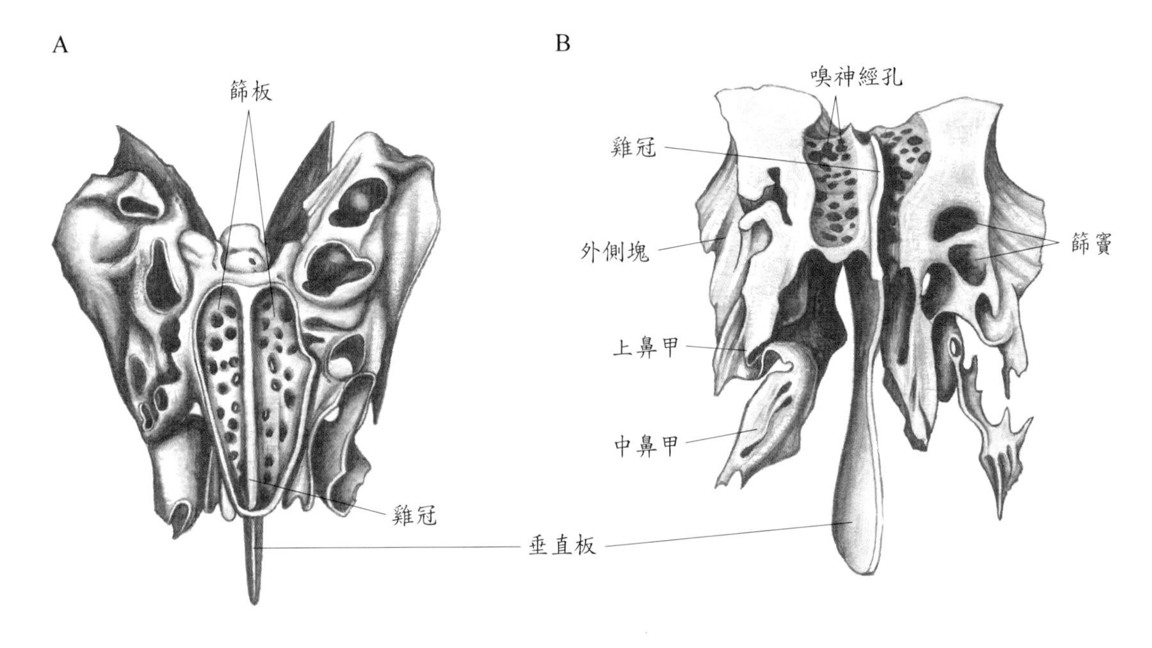

圖6-13　篩骨。A.上面；B.下面。

③顎突是水平的突出構造，形成硬顎的前面3/4，亦即口腔頂部的前半部。於出生時，左右兩部分會完全接合，若未接合，即成顎裂。

④額突與額骨、淚骨、鼻骨相連。

⑤顴突與顴骨相連。在上頷骨、顴骨、蝶骨大翼間有眶下裂，是三叉神經的上頷分枝、眶下血管及顴神經通過的地方。

臨床指引：

鄰近鼻腔的骨頭含有副鼻竇（paranasal sinus）（圖6-14），即額竇、蝶竇、篩竇、上頷竇。副鼻竇與鼻腔相通，其內襯黏膜也與鼻腔的黏膜相連續，例如蝶竇注入蝶篩隱窩；篩後竇注入上鼻道；篩前竇、篩中竇、額竇、上頷竇皆注入中鼻道。副鼻竇的功能可產生黏液、減輕顱骨重量、作為聲音的共鳴箱，若因感染或過敏引起發炎，即為鼻竇炎。

(3)下頷骨（mandibular bone）：下頷骨是顏面骨中最大、最強狀的骨骼，也是顱骨中唯一能動的骨骼（圖6-16），由體部和下頷枝構成，兩者交會的地方為下頷角（angle）。下頷枝具有髁突（condylar process）與冠狀突（coronoid process），前者與顳骨的下頷窩形成顳頷關節，後者有顳肌附著。在髁突與冠狀突之間的

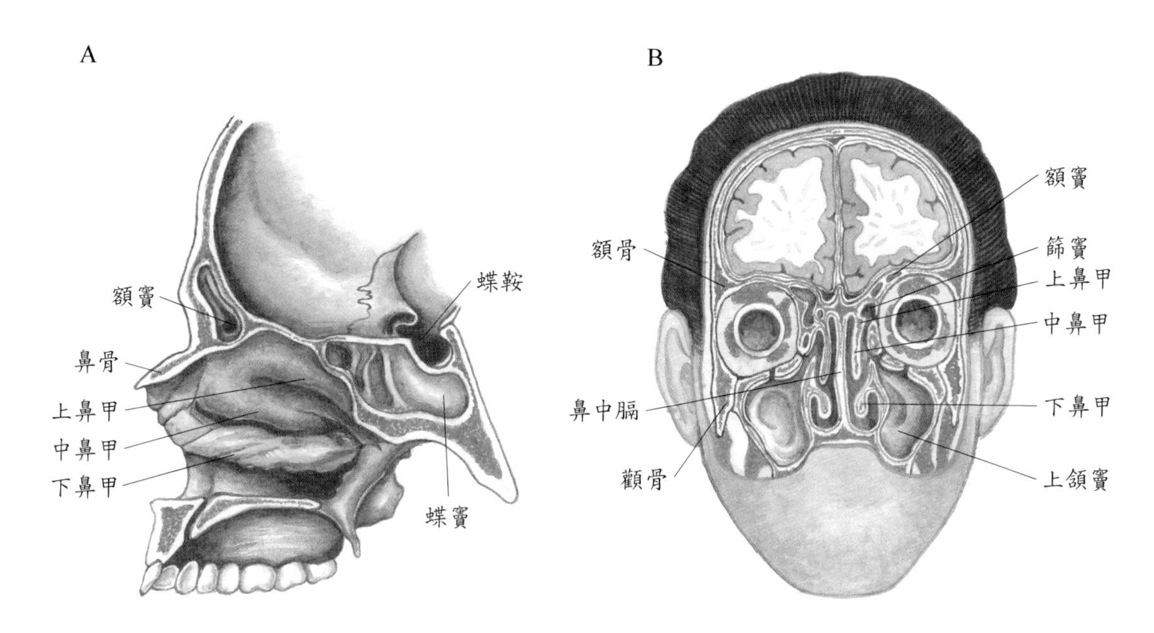

圖6-14　頭顱。A.矢狀切面；B.冠狀切面。

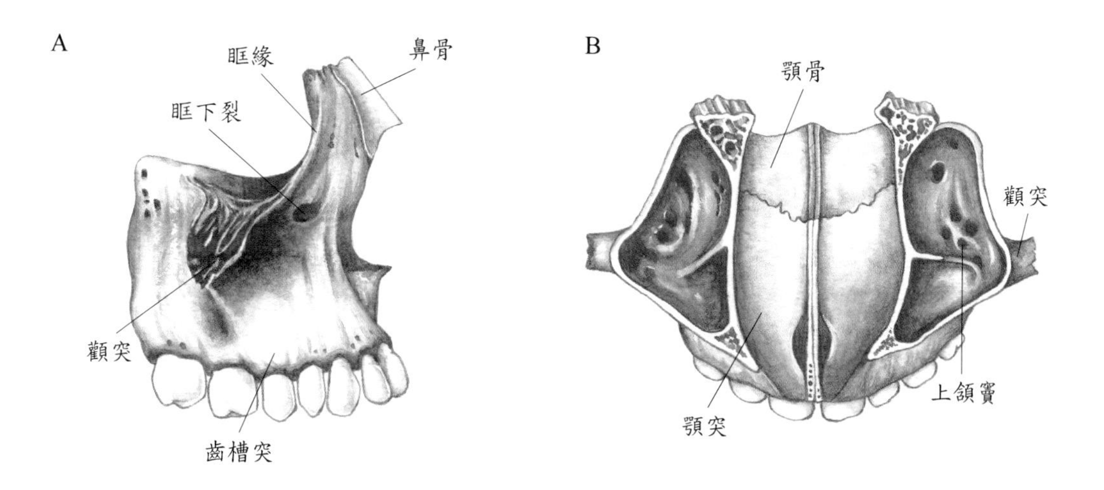

圖6-15　上頷骨。A.縱面圖；B.橫切圖。

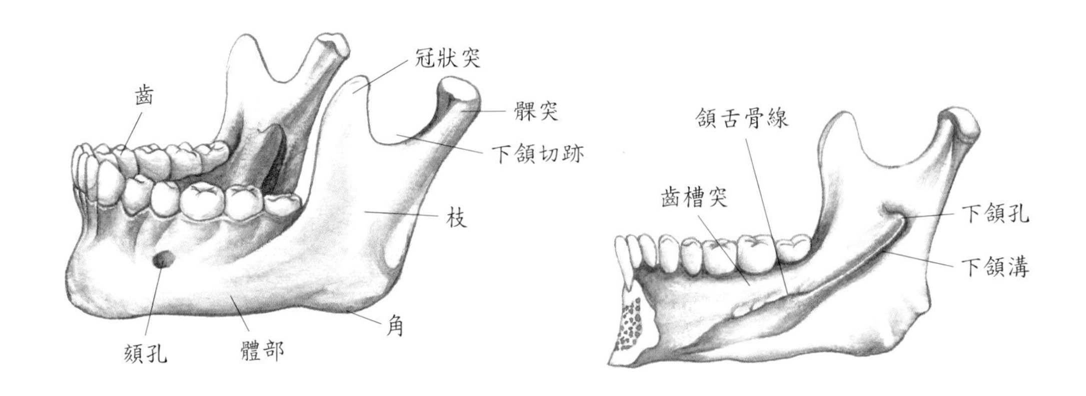

圖6-16　下頜骨

凹陷是下頜切跡。

- 在下頜枝的內側有下頜孔，有下齒槽神經及血管通過；在體部的第二前臼齒下有頦孔，有頦神經及血管通過，下頜孔及頦孔皆為牙科醫師打麻醉的地方，兩者相通成為下頜管。

(4)淚骨（lacrimal bone）：成對的淚骨是顏面骨中最小者，位於鼻骨的後外側（圖6-7），構成眼眶內側壁的一部分，有鼻淚管通過。淚溝與上頜骨形成淚窩，為淚囊所在。

(5)顎骨（palatine bone）：成對的顎骨呈L字形，形成硬顎的後1/4、鼻腔外側壁及底部、眼眶底的一部分。顎骨水平板形成部分硬顎，隔開鼻腔、口腔（圖6-15）。

(6)顴骨（zygomatic bone）：兩塊顴骨形成臉頰的突出部分，並構成部分眼眶底部和側壁（圖6-7）。顴骨的顳突與顳骨的顴突形成顴弓；額突與額骨、上頜骨相連。

(7)下鼻甲（lnferior nasal conchae）：成對的下鼻甲是一種渦捲形骨骼（圖6-9、6-14），形成鼻腔側壁，並延伸進入鼻腔中。下鼻甲是分離的骨頭而非篩骨的一部分，其功能與上、中鼻甲相同。

(8)犁骨（vomer）：犁骨呈三角形，形成鼻中膈後部（圖6-9）。犁骨、篩骨的垂直板及鼻中膈軟骨共同構成鼻中膈（nasal septum）（圖6-14）。

舌骨

舌骨（hyoid bone）是中軸骨骼中獨特的一塊，不與其他骨頭形成關節，而是以韌帶及肌肉懸於顳骨的莖突（圖6-17）。舌骨位於頸部大約第三頸椎的位置，在下頜骨與喉之間，它支持舌頭並提供一些舌頭肌肉的附著點。

舌骨是由一水平的體部及一對大、小角所構成，肌肉、韌帶即附著在這些突出的角上。

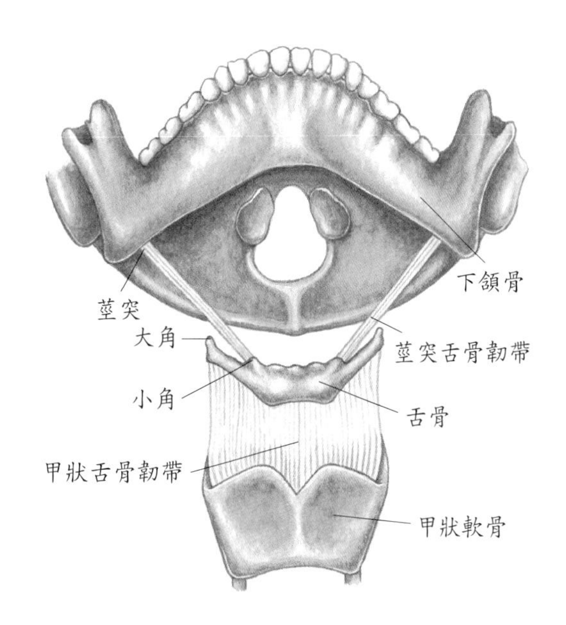

圖6-17　舌骨

脊柱

脊柱（vertebral column）是由一串脊椎骨所組成，在成人平均長度約為 61～71 公分。它可向前後及兩側運動，並保護脊髓及支持頭部，也作為肋骨及體幹背部肌肉的附著點。出生時，頸椎 7 塊、胸椎 12 塊、腰椎 5 塊、薦椎 5 塊、尾椎 3～5 塊，共33塊。成年後，薦椎5塊合成1塊，尾椎3～5塊合成1塊，共26塊。

脊椎骨串連形成的椎孔，有脊髓通過；相鄰的脊椎骨間有椎間孔，是脊神經通過的地方。由第二頸椎至薦椎，其相鄰的脊椎骨間有纖維軟骨形成的椎間盤（intervertebral disc），共23個。每一個椎間盤由纖維環及中間的髓核所構成，可吸收垂直的震動。

由側面觀有四個彎曲，向前凹的胸彎曲與薦彎曲，在胎內產生的，為原發性彎曲；出生後第三個月開始抬頭產生頸彎曲，第十二個月開始走路、站立而產生腰彎曲，此為次發性彎曲。四個彎曲的作用是要增加脊柱強度、幫助維持站立姿勢時的平衡、吸收走路產生的震動、避免脊柱產生骨折（圖6-18）。

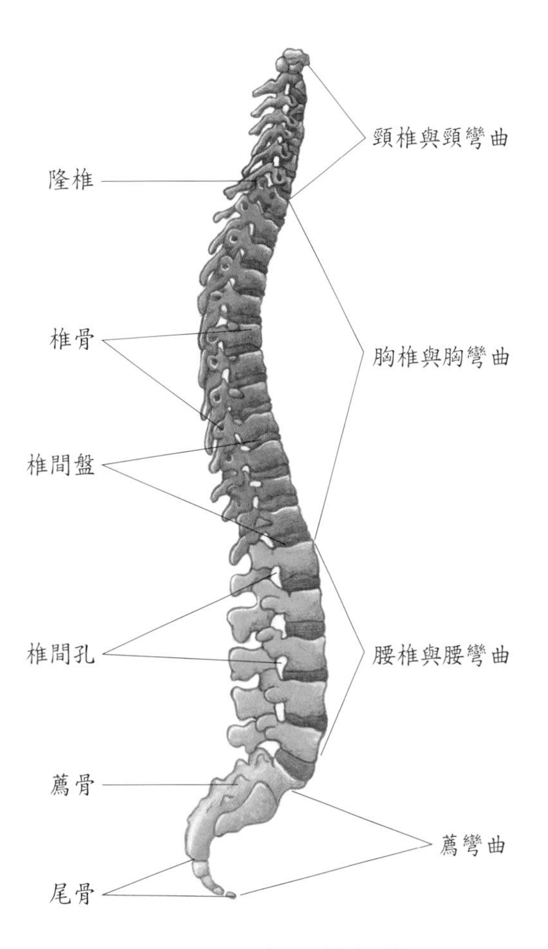

圖6-18　脊柱的右側面觀

不同部位的脊椎骨，其大小、形狀及細部構造有很大的差異，但基本構造卻是相同的（圖6-19），所以一個典型的脊椎骨具有下列部分：

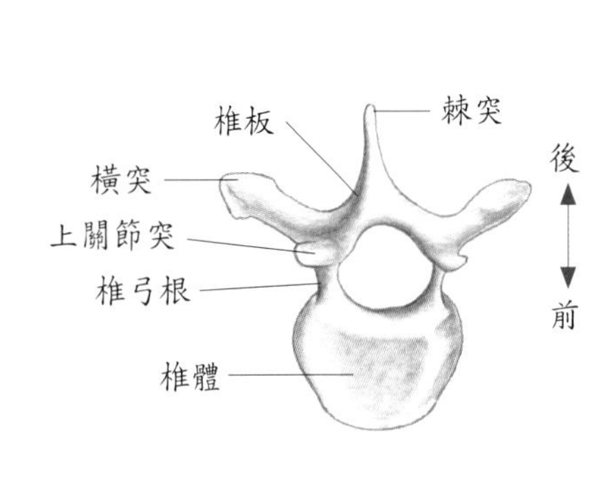

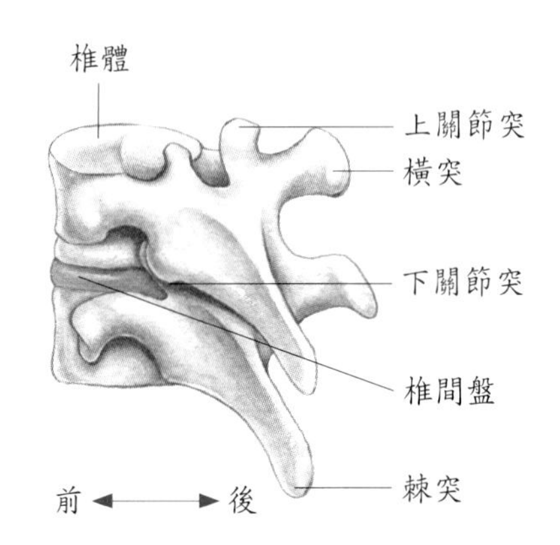

圖6-19　典型椎骨構造

1. 椎體：位於椎骨前面，粗厚而呈圓盤形的部分，可承受重力。
2. 椎弓：由椎體向後延伸而成，是由椎弓根和椎板構成。相鄰椎板間有黃韌帶連接，椎弓和椎體共同形成椎孔，椎骨串連即成椎管，內含脊髓。上、下椎弓根形成椎間孔，有脊神經通過。椎弓上有四種七個突起（表6-2）。

脊椎骨可分成：

1. 頸椎（cervical vertebrae）：第三至第六頸椎是典型的頸椎（圖6-20），頸椎的椎體是所有脊椎骨中最小的，相對之下椎弓就顯得較大。通常第二至第六頸椎棘突有分叉，第一至第六頸椎橫突有橫突孔，有椎動脈及伴隨的靜脈、神經通過。
   (1)第一頸椎稱為寰椎（atlas），因為沒有椎體、棘突，由前弓、後弓及外側塊構成環狀，外側塊上的上關節突與枕骨髁形成枕寰關節，產生點頭動作。
   (2)第二頸椎稱為軸椎（axis），因椎體上有齒狀突（odontoid process）向上穿過寰椎的環形構造（圖6-20），形成寰軸關節，使頭部可以左右轉動。

表6-2　椎弓上四種突起

突起	說　明
橫突	由椎弓根與椎管之交界處向兩側突出，有一對
棘突	由椎板交界處向後下方的單一突起
上關節突	與相鄰的上位椎骨形成關節，有一對
下關節突	與相鄰的下位椎骨形成關節，有一對

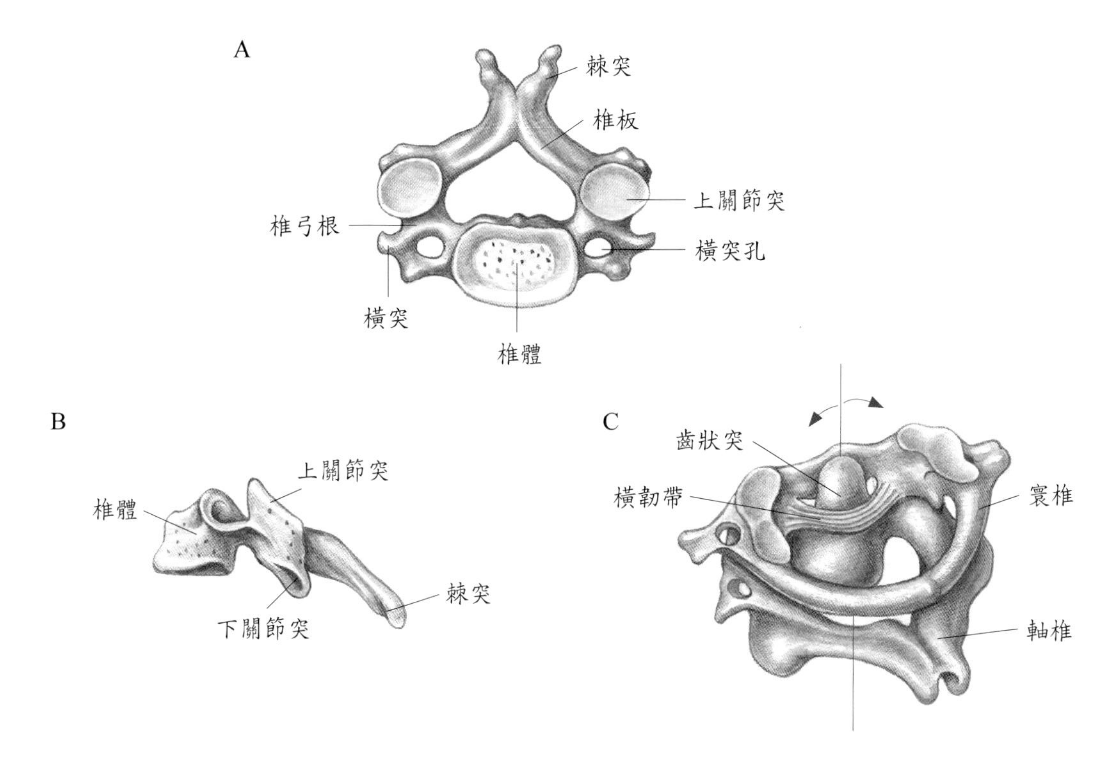

圖6-20　頸椎。A.上面觀；B.側面觀；C.寰軸關節。

(3)第七頸椎稱為隆椎（vertebra prominens），因為棘突大而不分叉，低頭時可觸摸得到。

2. 胸椎（thoracic vertebrae）：胸椎較頸椎強大（圖6-21），棘突長且朝下。除了第十一、十二胸椎以外，其他胸椎的橫突都具有與肋骨結節形成關節的關節面，而椎體則與肋骨頭形成關節面。

3. 腰椎（lumbar vertebrae）：腰椎是脊柱中椎體最大、椎孔最小、最強壯的部分（圖6-22），尤以第五腰椎最大。其上關節突朝內，下關節突朝外。棘突呈方形、厚且寬，直向後方突出，適合背部大肌肉的附著。
   - 年紀越大，椎間盤內的髓核開始退化，纖維環失去彈性，壓力使椎間盤突出而造成椎間盤脫出（herniated disc），突出的質塊壓迫經過椎間孔的神經，而造成坐骨神經痛（sciatica）。

4. 薦骨和尾骨（sacrum and coccyx）：薦骨又稱骶骨，是由五塊薦椎癒合而成的三角形骨骼，其間無椎間盤，它與兩塊髖骨形成骨盆帶（圖6-23）。凹面朝向骨盆腔，有四對前後骶孔；凸面正中有棘突癒合而成的正中骶嵴（median sacral crest），兩側有橫突癒合而成的外側骶嵴。骶管是脊椎管的延續，在第四、第五骶椎的椎板沒有癒合，使骶管的下端留有骶裂孔（sacral hiatus），裂孔的兩側有骶角（sacral cornua）。

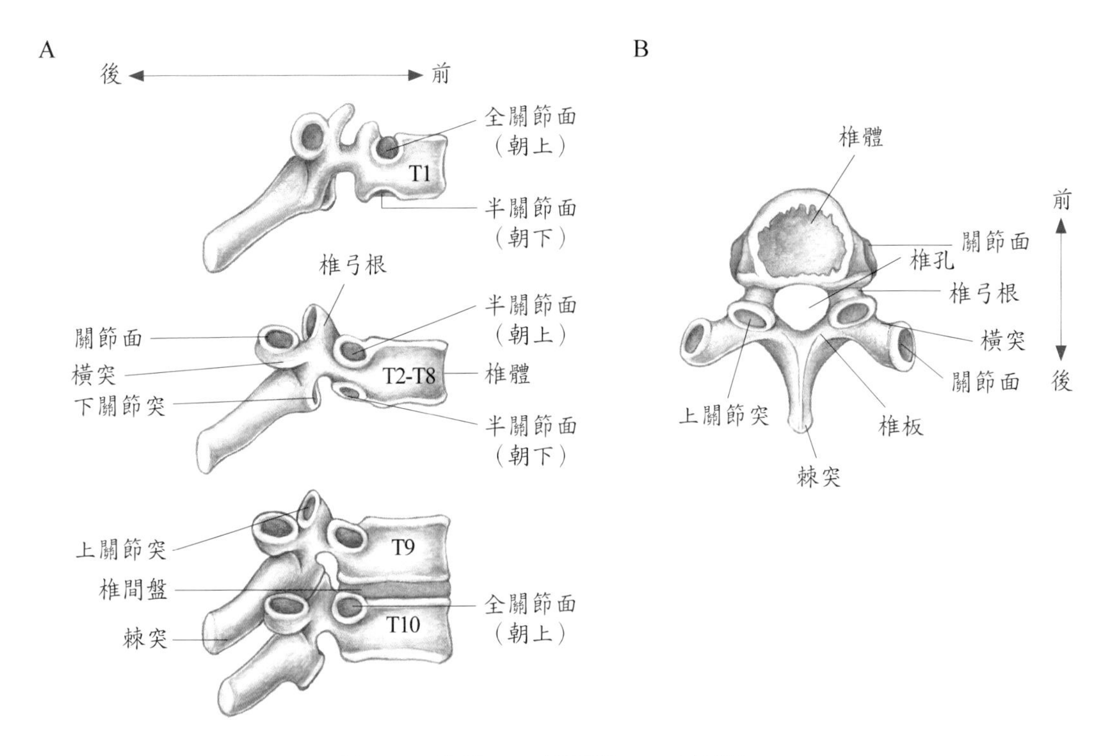

圖6-21　胸椎。A. 側面觀；B. 上面觀。

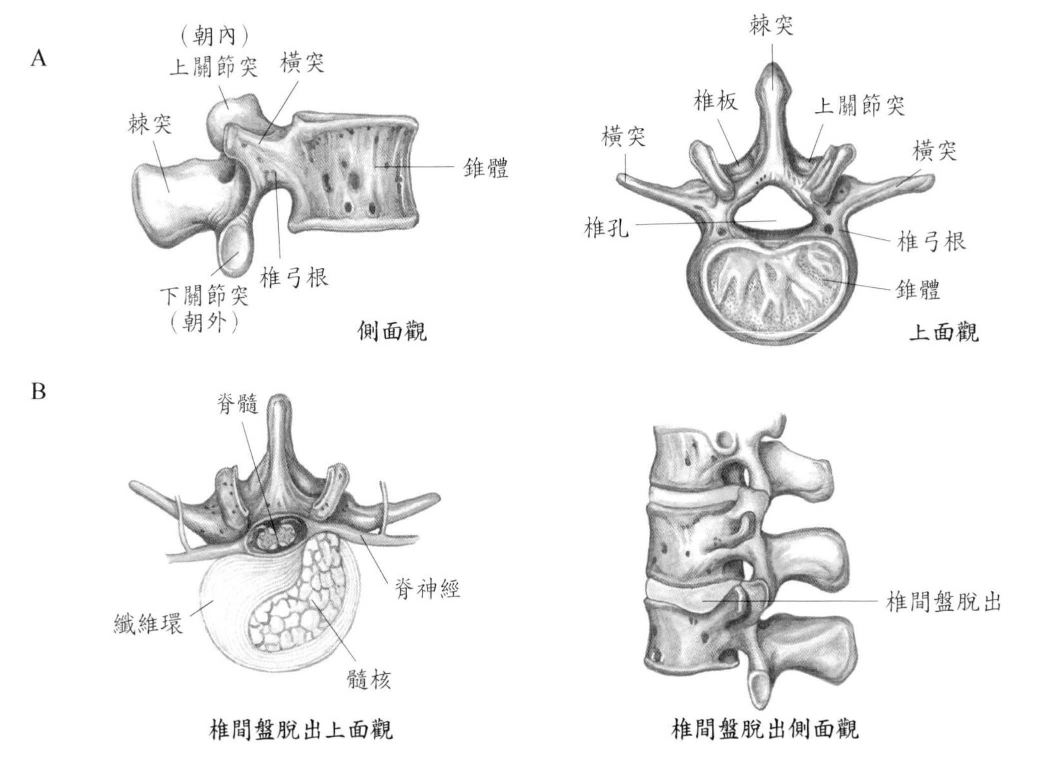

圖6-22　腰椎。A. 腰椎的側面與上面觀；B. 椎間盤脫出的上面與側面觀。

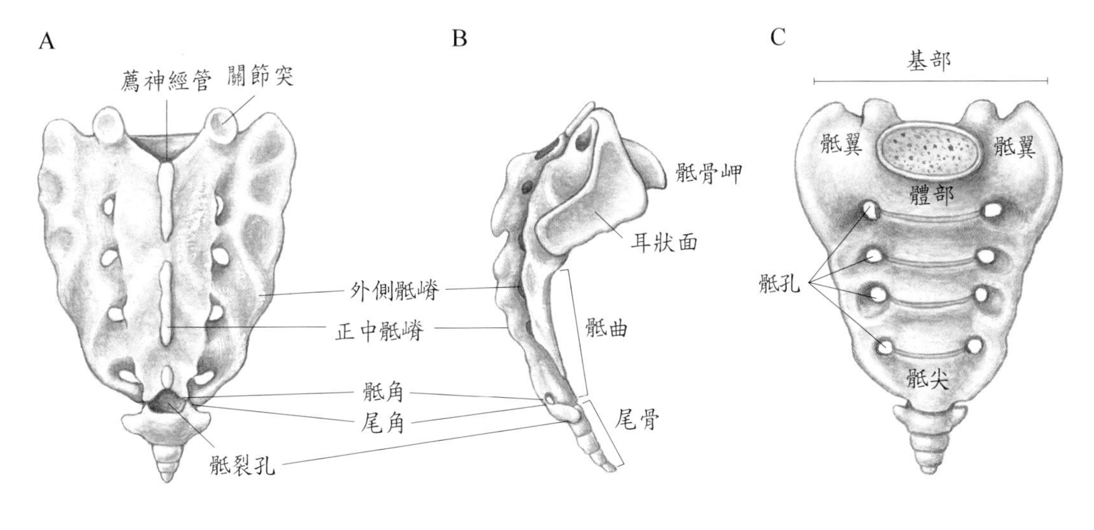

圖6-23 薦骨和尾骨

⑴骶骨上端突出的前緣是骶骨岬（promontory），由恥骨聯合上緣至骶骨岬畫一假想線，可分開腹腔和骨盆腔，也是產科上測量骨盆大小的標記。骶骨外側有大的耳狀面，是與髖骨中的腸（髂）骨相關節。

⑵3～5塊的尾椎癒合而成三角形的尾骨（coccyx），上與骶骨相關節。尾骨背側有尾骨角，由第一尾椎的椎弓根和上關節突所組成。

胸廓

胸廓（thoracic cage）是由胸骨、肋軟骨、肋骨、胸椎之椎體所組成（圖6-24），上部狹小，下部寬大，呈圓錐狀，可保護胸腔的內臟器官，也支持肩帶及上肢的骨骼。

1. 胸骨（sternum）：胸骨是扁平骨，長約15公分，位於前胸壁正中線，由胸骨柄、胸骨體、劍突三部分構成（圖6-25）。

⑴胸骨柄（manubrium）上緣有頸靜脈切跡，兩旁有鎖骨切跡，與鎖骨的胸骨端形成胸鎖關節，並與第一、第二肋軟骨相關節。

⑵胸骨體（body）直接或間接與第二至第十肋軟骨相關節。胸骨柄與胸骨體相連處的突起是胸骨角（sternal angle），此為左、右氣管分叉高度，亦為上、下縱膈分界點高度，相當於第二肋骨高度，也是第四至第五的椎間盤高度。

⑶胸骨劍突（xiphoid process）沒有肋骨附著，但提供一些腹部肌肉的附著。在嬰兒及小孩時是軟骨，直至40歲時才完全骨化。在做心肺復甦術（CPR）時，若施救者的手壓於劍突，會使骨化的劍突骨折插入肝臟。

⑷胸骨終生具有紅骨髓，可經由胸骨穿刺（sternal puncture）做骨髓檢查。

2. 肋骨（rib）：構成胸廓的主要部分是12對肋骨（圖6-24），第一對至第七對長度逐漸增長，第七對至第十二對又逐漸變短，每一肋骨後面皆與相對應的胸椎相關節。

⑴第一至第七對肋骨直接以肋軟骨與胸骨相連，稱為真肋（true rib）或椎胸骨肋。其他五對為假肋（false rib），其中第八至第十對以肋軟骨連接至上位肋軟骨，稱為椎軟骨肋（vertebrochondral rib）；第十一、十二肋骨有一端是游離的，故稱為懸肋（floating rib）或椎肋骨（vertebral rib）。

⑵肋骨結構可分成頭、頸、體部三部分。頭部與胸椎的椎體相關節；頸部位於頭部外側，在頸部與體部交會處有肋骨結節，與胸椎的橫突相關節；體部是肋骨的主要部分，距離結節不遠處，有一角度很大的轉彎，是為肋骨角（angle），在肋骨的下內側有肋骨溝（costal groove），有靜脈、動脈、神經通過。介於肋骨間的稱為肋間，有肋間肌、肋間血管及神經通過。

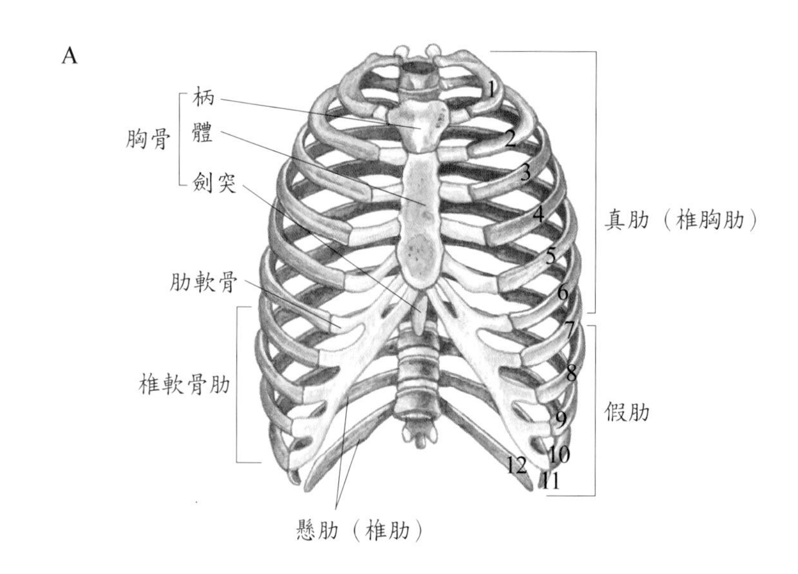

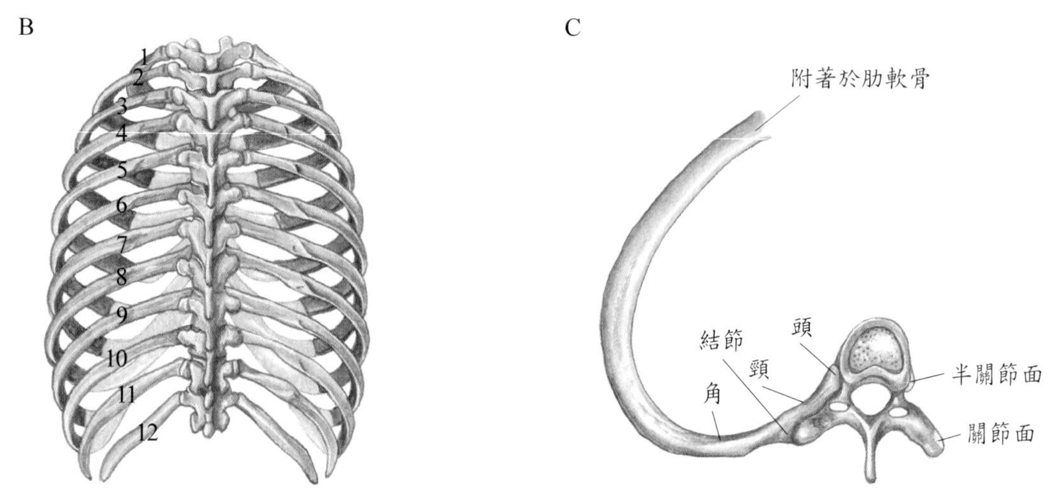

圖6-24　胸廓。A.前面觀；B.後面觀；C.肋骨與胸椎間關係。

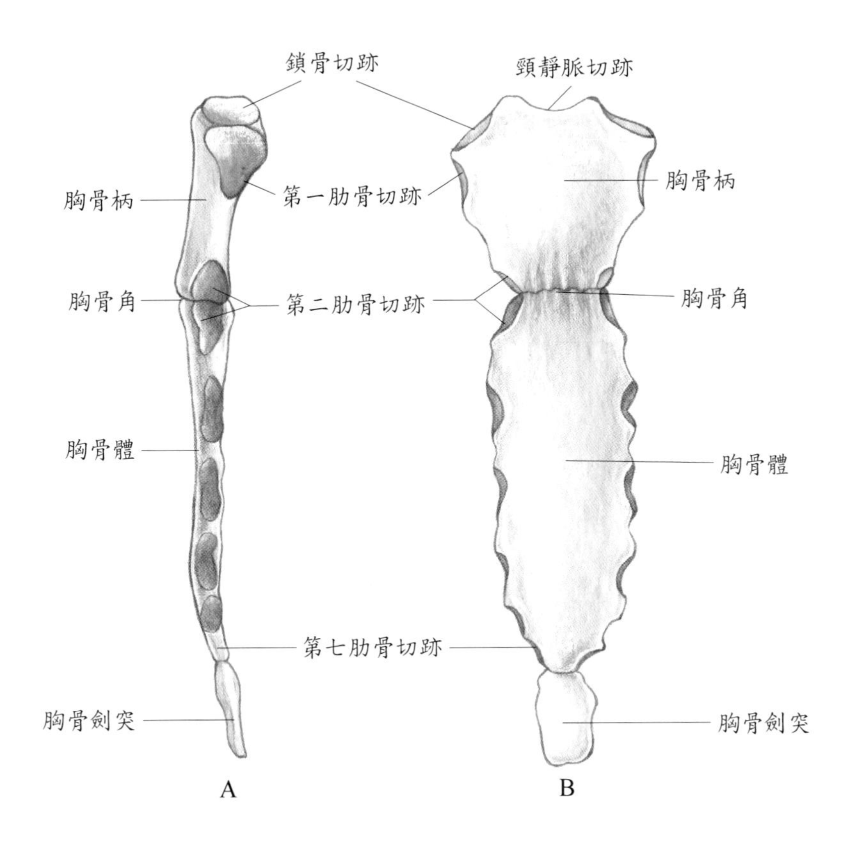

圖6-25 胸骨。A.側面觀；B.前面觀。

附肢骨骼

附肢骨骼（appendicular skeleton）包括肩帶（4）、骨盆帶（2），以及四肢骨骼（120），共126塊。

肩帶

肩帶（shoulder girdle）是由肩胛骨和鎖骨組成，它使上肢骨骼與中軸骨骼連結在一起，但未與脊柱相關節。

1. 肩胛骨（scapula）：位於胸部背側，約在第二至第七肋骨之間，為一大的倒三角形扁平骨骼（圖6-26），內緣距脊柱約5公分。

   ⑴肩胛骨體部的背側有一突出的嵴，稱為棘（spine）。棘的上、下方各有一個窩，分別為棘上窩、棘下窩，是肌肉附著的地方。棘的末端突出的部分為肩峰（acromion），與鎖骨形成肩鎖關節。肩峰下有一凹陷，稱關節盂（glenoid cavity），與肱骨的頭部形成肩關節。肩胛骨腹面有肩胛下窩，也是肌肉附著處。

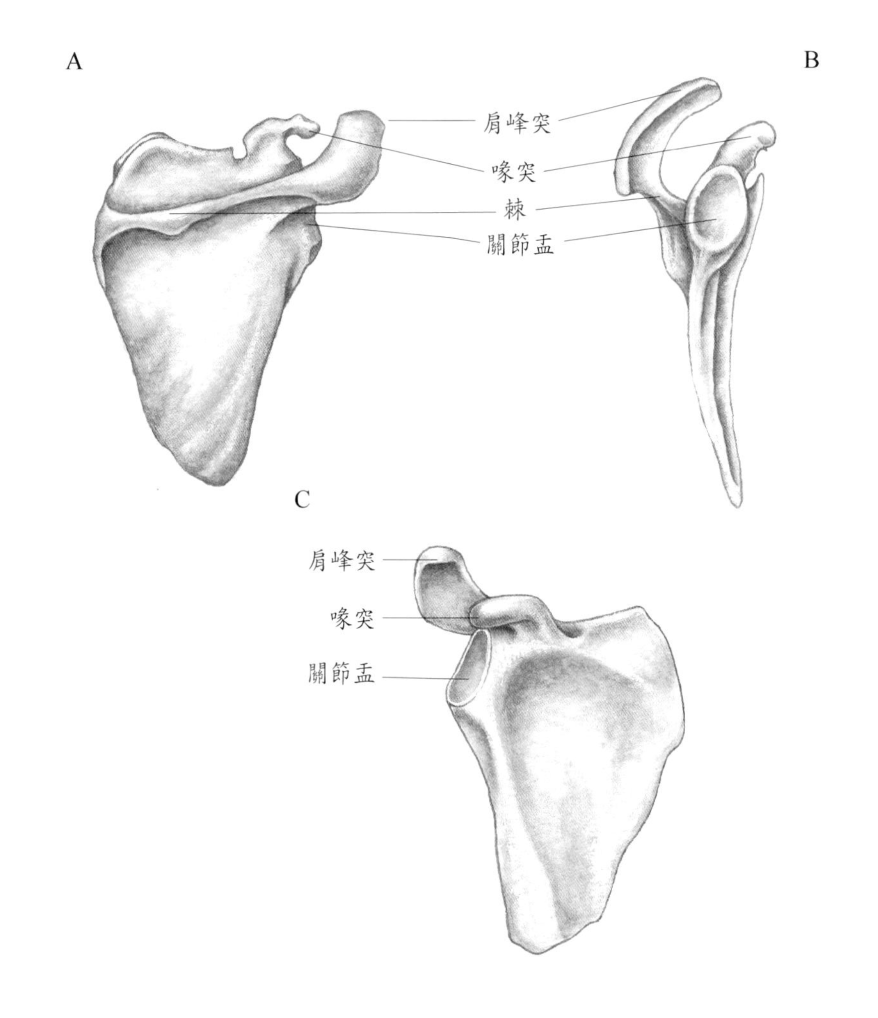

圖6-26　肩胛骨

⑵每一塊肩胛骨都有一個棘及以下的特徵：肩峰突（acromion process）可與鎖骨相關節，並提供上肢及胸部肌肉的附著處；喙突（coracoid process）可提供上肢和胸部肌肉的附著處；關節盂可與上肢骨（肱骨）的頭部形成關節。肩帶的柔軟性亦是因關節盂比肱骨頭來得小的緣故。

2. 鎖骨（clavicle）：是細長且呈S型的骨骼。每一塊鎖骨在內側與胸骨柄相關節，這是肩帶接到中軸骨架的唯一地方。

⑴每一塊鎖骨亦可與肩胛骨形成關節。鎖骨可作為肩胛骨的支架且可協助穩定肩膀。不過其結構是脆弱的，是故如果肩膀受力過度的話便會使鎖骨骨折。

⑵鎖骨可將上肢所承受的力量傳至體幹，所以跌倒時，伸直手臂著地，會造成鎖骨骨折，亦為出生時最易發生骨折的骨頭（圖6-27）。

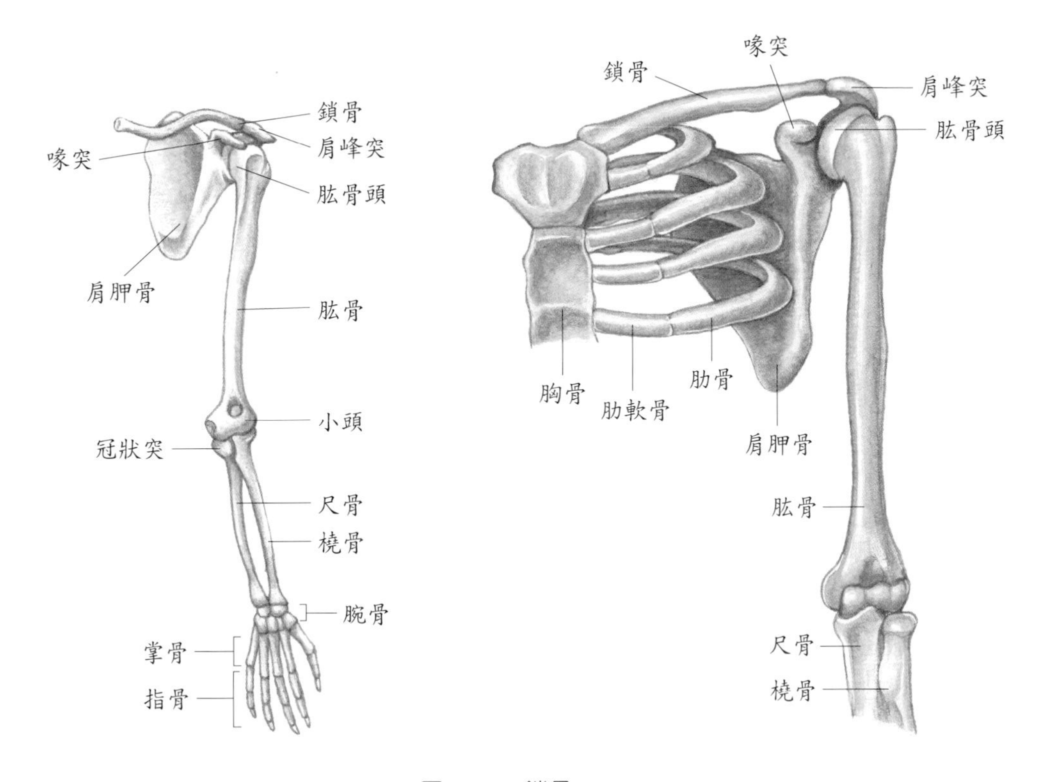

圖6-27　鎖骨

上肢骨

上肢骨（upper extremity）包括了上臂的肱骨（2），前臂的尺骨（2）、橈骨（2），手部的腕骨（16）、掌骨（10）、指骨（28），共60塊。

1. 肱骨（humerus）：是上肢骨中最長、最大者（圖6-28），近側端與肩胛骨形成肩關節，遠側端與尺骨、橈骨形成肘關節。

⑴近側端構造

①肱骨頭部：與肩胛骨的關節盂相關節。

②解剖頸：位於頭部遠端之斜溝。

③大結節：頸部遠端向外側之突出構造，向下延伸成大結節。

④小結節：向前突出之構造，向下延伸成小結節。

⑤結節間溝：在大、小結節間的溝，有肱二頭肌腱通過，又稱二頭肌溝。

⑥外科頸：位於結節遠端較狹窄處，易發生骨折而得名。

⑵體部（骨幹）構造：近側端呈圓錐形，然後漸呈三角形，至遠側端則變成扁平而寬廣。

①三角肌粗隆：在體部中段的外側有一V字形的粗糙區，有三角肌附著。

②橈神經溝：有橈神經通過，故骨幹骨折易造成橈神經受損。

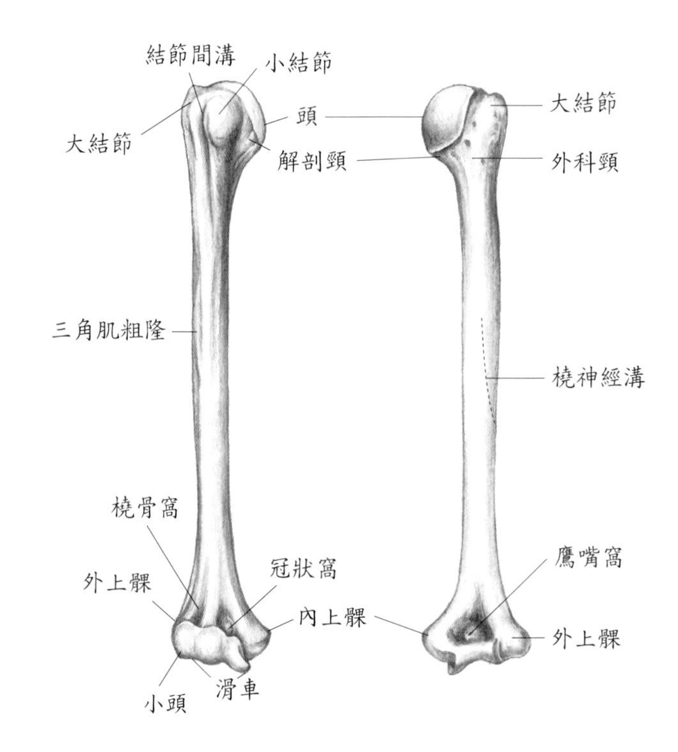

圖6-28 肱骨

(3)遠側端構造

①肱骨小頭：在外側的圓形結狀構造，與橈骨頭相關節。

②肱骨滑車：在內側類似滑輪的表面，與尺骨相關節。

③橈骨窩：位於前面外側的凹陷，前臂彎曲時可容納橈骨頭。

④冠狀窩：位於前面內側的凹陷，前臂彎曲時可容納尺骨冠狀突。

⑤鷹嘴窩：位於後面的凹陷，前臂伸直時可容納尺骨的鷹嘴突。

⑥內、外上髁：位於遠側端兩側的粗糙突出構造。

2. 橈骨（radius）：橈骨位於前臂外側，亦即拇指側的骨骼（圖6-29）。

(1)近側端構造

①頭部：與肱骨小頭及尺骨的橈骨切跡相關節。

②橈骨粗隆（radial tuberosity）：位於內側的粗糙突出構造，有肱二頭肌附著。

(2)遠側端構造

①腕骨關節面：與腕骨中的月狀骨及舟狀骨相關節。

②莖突：位於外側。

③尺骨切跡：位於內側，與尺骨的頭部相關節。

橈骨遠側端發生骨折，手會向外向後變形，此為柯勒斯氏（Colles's）骨折。

3. 尺骨（ulna）：位於前臂內側，亦即小指側的骨骼（圖6-29）。

(1)近側端構造

①鷹嘴突（olecranon process）：是肱三頭肌的止端，前臂伸直時可卡入肱骨鷹嘴窩。

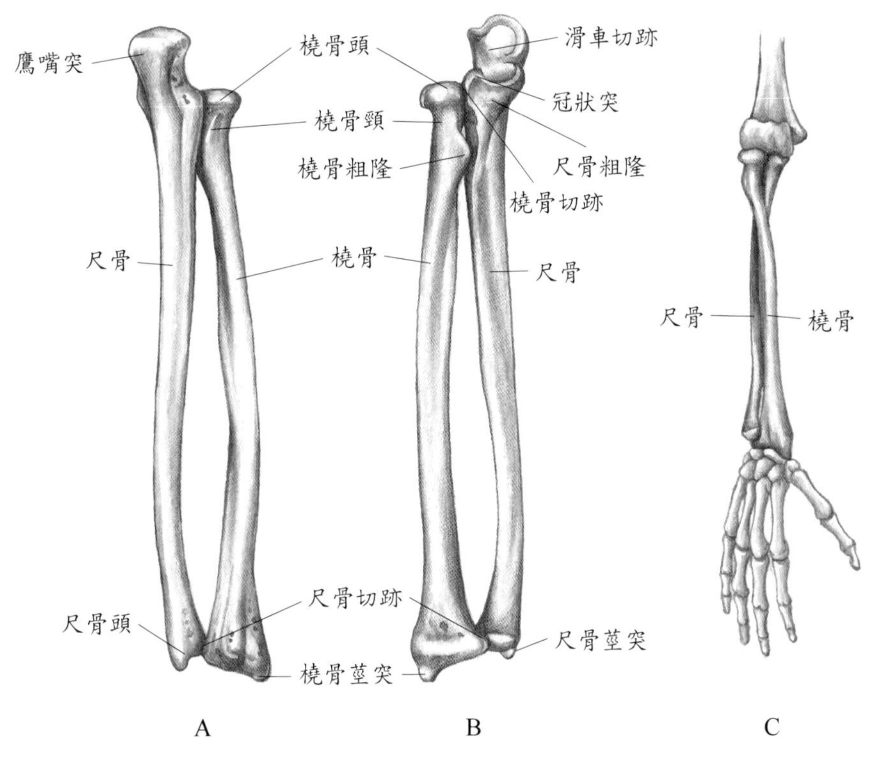

圖6-29　橈骨和尺骨

②冠狀突：為一朝前的突起，前臂彎曲時可卡入肱骨冠狀窩。

③滑車切跡：位於鷹嘴突與冠狀突之間，與肱骨滑車相關節。

④橈骨切跡：為滑車切跡內側下方的一個凹陷，可容納橈骨頭。

⑤尺骨粗隆：位於冠狀突的下方。

⑵遠側端構造

①頭部：以纖維軟骨盤與手腕相隔，不直接與任何腕骨相關節。

②莖突：在後內側。

4. 腕骨（carpal）：由八塊小骨頭所組成（圖6-30），排成兩排，彼此間以韌帶相連。

⑴近側排腕骨由外（橈側）至內（尺側）的排列為：舟狀骨、月狀骨、三角骨、豆狀骨，所以外側近端可摸到的腕骨是舟狀骨，內側近端可摸到的腕骨是豆狀骨，而70%的腕骨骨折發在舟狀骨。

⑵遠側排腕骨由外（橈側）至內（尺側）的排列為：大多角骨、小多角骨、頭狀骨、鉤狀骨，其中腕骨中最大的是頭狀骨。

5. 掌骨（metacarpal）：五塊掌骨組成手掌，由外至內分別稱為第一至第五掌骨，每一塊掌骨皆含近側的基部（base）、骨幹及遠側的頭部。基部與遠側排的腕骨相關節，頭部與近側指骨相關節，當握拳時可看得很清楚。

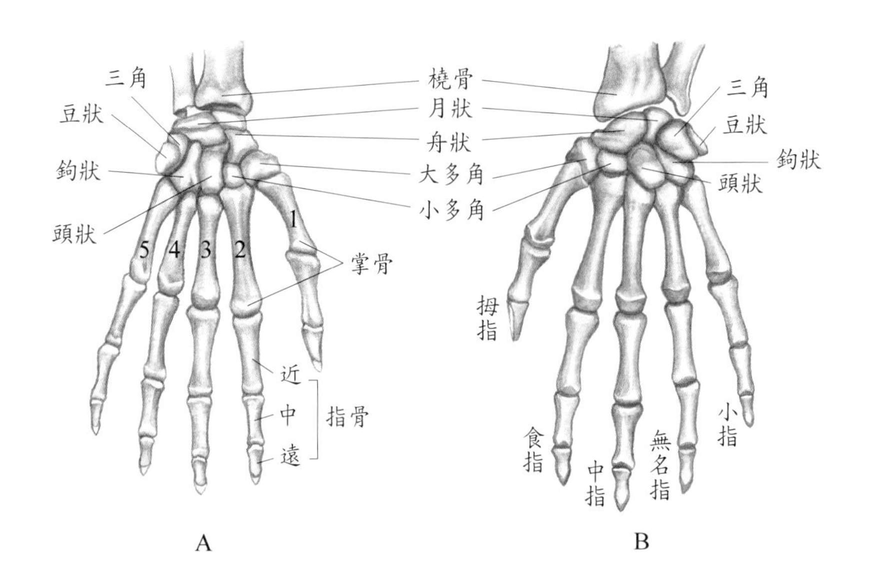

圖6-30　腕和手部。A.右手後側觀；B.右手前側觀。

6. 指骨（phalange）：每一隻手有14塊指骨（圖6-30），每一指骨和掌骨一樣，含有近側的基部、骨幹和遠側的頭部。拇指只有2塊指骨，其餘四指則各含3塊指骨，分別為近側、中間、遠側指骨，拇指則無中間指骨。

骨盆帶

骨盆帶（pelvic girdle）是由兩塊髖骨（hip bone）組成，對支撐體重的下肢，提供堅強穩定的支撐作用（圖6-31）。骨盆帶與骶骨、尾骨構成骨盆。由骶骨岬經兩側的髂恥線（弓狀線）至恥骨聯合為界線，此界線的上面是假骨盆（大骨盆），下面是真骨盆（小骨盆），真骨盆的上方開口是骨盆入口，下方開口是骨盆出口。產科即利用測量骨盆產道入口及出口的大小，來避免難產的發生。

1. 髖骨（hip bone）：在新生兒時，每塊髖骨皆是由上方的髂（腸）骨（ilium）、前下方的恥骨（pubis）及後下方的坐骨（ischium）三部分所組成，最後三塊癒合成一塊。融合的部位在骨骼外側形成一個深陷的窩槽，稱為髖臼（acetabulum）。
   ⑴髂骨是組成髖骨的三塊骨骼中最大的，其上緣為髂骨嵴（iliac crest），前端止於前上髂骨棘，後端止於後上髂骨棘，兩者下方分別為前下髂骨棘、後下髂骨棘，棘皆為腹部肌肉之附著處。在後下髂骨棘下有大坐骨切跡（greater sciatic notch）。髂骨內側面是髂骨窩（iliac fossa）；後面有髂骨粗隆和耳狀面，粗隆是骶髂韌帶的附著點，耳狀面則與骶骨相關節；外側面有後、中、下臀線，是臀肌的附著點。
   ⑵坐骨含有一個突出的坐骨棘（ischial spine），棘下方是小坐骨切跡及坐骨粗隆（ischial tuberosity），粗隆正好是坐椅子時與椅面接觸的部分。朝前的部分是坐

骨枝（ramus），它與恥骨圍繞成閉孔（obturator foramen）。

(3)恥骨分成體部、上枝及下枝，在體部的上緣有恥骨嵴（pubic crest），恥骨嵴的外側是恥骨結節，體部的內側面為恥骨聯合面。介於兩塊髖骨間的恥骨聯合，含纖維軟骨，屬微動關節。髖臼是由各含2/5的髂骨、坐骨及1/5恥骨所構成的窩，可容納股骨頭。

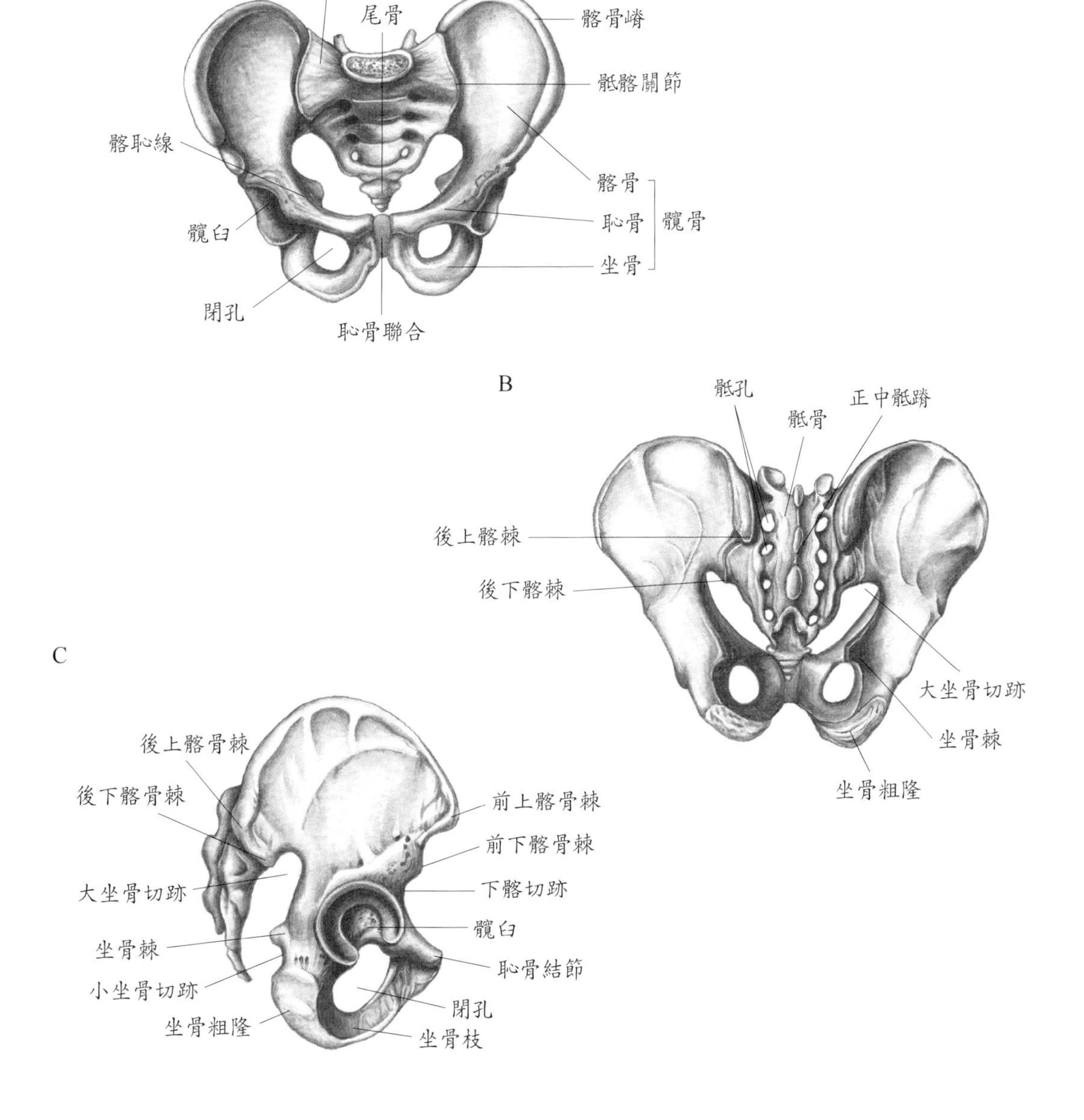

圖6-31　骨盆帶。A.前面觀；B.後面觀；C.外側觀。

下肢骨

下肢骨（lower extremity）包括了大腿的股骨（2）、膝蓋的髕骨（2）、小腿的脛骨（2）與腓骨（2）、足部的跗骨（14）、蹠骨（10）及趾骨（28），共60塊。

1. 股骨（femur）：即大腿骨，是體內最長、最重的骨骼（圖6-32）。近側端與髖臼形成髖關節，遠側端與髕骨、脛骨形成膝關節。

⑴近側端構造

①股骨頭：與髖骨的髖臼形成髖關節，頭部上有股骨頭小凹（fovea），與骨幹呈125度。

②股骨頸：股骨頭遠側的狹窄部分，是老年人常見的骨折發生處。

③大、小轉子：是臀部和大腿肌肉附著的突出構造。後面兩者之間有轉子間嵴（intertrochanteric crest）。

④轉子間線：位於股骨前面，頸部與體部之間。

⑵體部構造：向內彎，使兩邊的膝關節更接近身體的重心線。

①粗線：位於體部後面，分為內唇和外唇，有內收肌群附著。

②臀肌粗隆及恥骨線：大腿肌肉附著的地方。

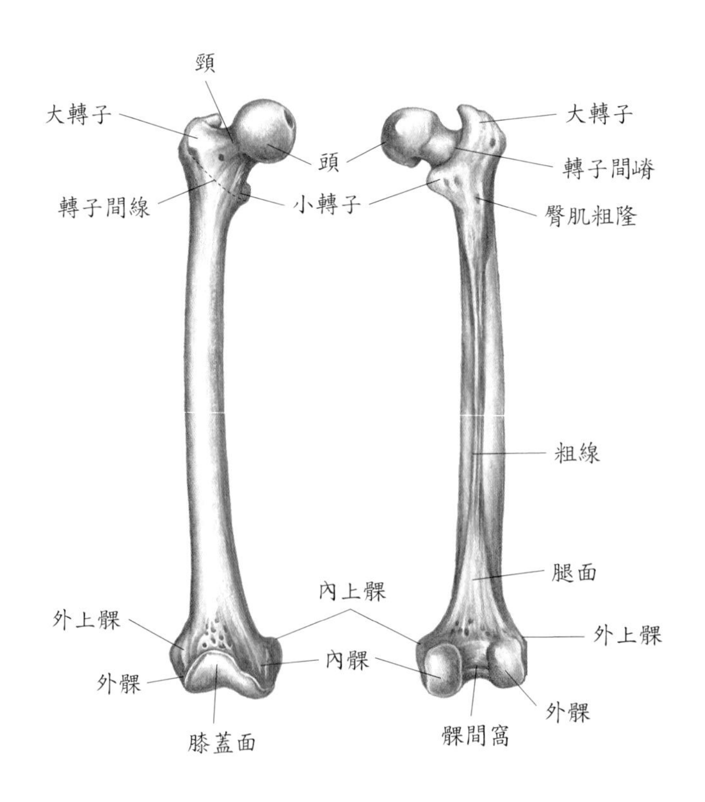

圖6-32　股骨

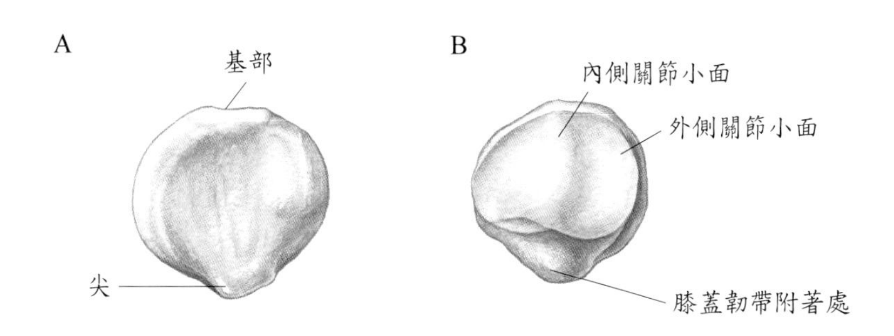

圖6-33 右髕骨。A.前面觀；B.後面觀。

⑶遠側端構造

①內、外髁：與脛骨的內、外髁相關節。

②髁間窩：位於後面的內、外髁之間。

③膝骨面：位於前面的內、外髁之間，與髕骨相關節。

④內、外上髁：位於內、外髁的上方。

2. 髕骨（patella）：即膝蓋骨，位於膝關節前面，是股四頭肌肌腱內的一塊三角形種子骨（圖6-33），為人體內最大的種子骨，屬於不規則骨。寬廣的上端為基部，尖銳的下端為尖部，後面含有兩個關節小面，分別與股骨的內、外髁相關節。

3. 脛骨（tibia）：位於小腿內側，須承受小腿主要部位的重量。近側端與股骨、腓骨相關節，遠側端與腓骨、距骨相關節（圖6-34）。

⑴近側端構造

①內、外髁：與股骨的內、外髁相關節，外髁的下方與腓骨的頭部相關節。

②髁間隆起：在內、外髁間有一往上突出的隆起。

③脛骨粗隆：在脛骨的前上方，是膝韌帶附著的地方。

⑵遠側端構造：與腓骨、距骨相關節。

①內髁：位於脛骨的內側面。

②體部後面有比目魚肌線（soleal line）。

4. 腓骨（fibula）：位於小腿外側，比脛骨小，不負荷人體重量（圖6-34）。

⑴近側端構造：具有頭部。

⑵遠側端構造：與脛骨的腓骨切跡相關節。

• 外髁：與足踝的距骨相關節，形成踝關節。

5. 跗骨（tarsal）：有7塊骨骼（圖6-35），位於足後部的距骨（talus）、跟骨（calcaneus），及其前面的骰骨（cuboid）、舟狀骨（navicular）、3塊楔狀骨。距骨位於最上方，是足部中唯一與脛骨、腓骨相關節的骨骼，其上方兩側分別為脛骨的內髁和腓骨的外髁所包圍。走路時，距骨起先承受整個身體的重量，然後約有一半的重量轉移至其他跗骨。跟骨是跗骨中最大、最壯者，穿平底鞋時，足部承受重量最多的骨頭。

6. 蹠骨（metatarsal）：有五塊（圖6-35），相當於手部掌骨，有近側的基部、骨幹及遠側的頭部。基部與楔狀骨、骰骨相關節，頭部與趾骨的近側端相關節。穿高跟鞋時，蹠骨是承受重量最多的骨頭，尤其是第一蹠骨，所以較粗厚。

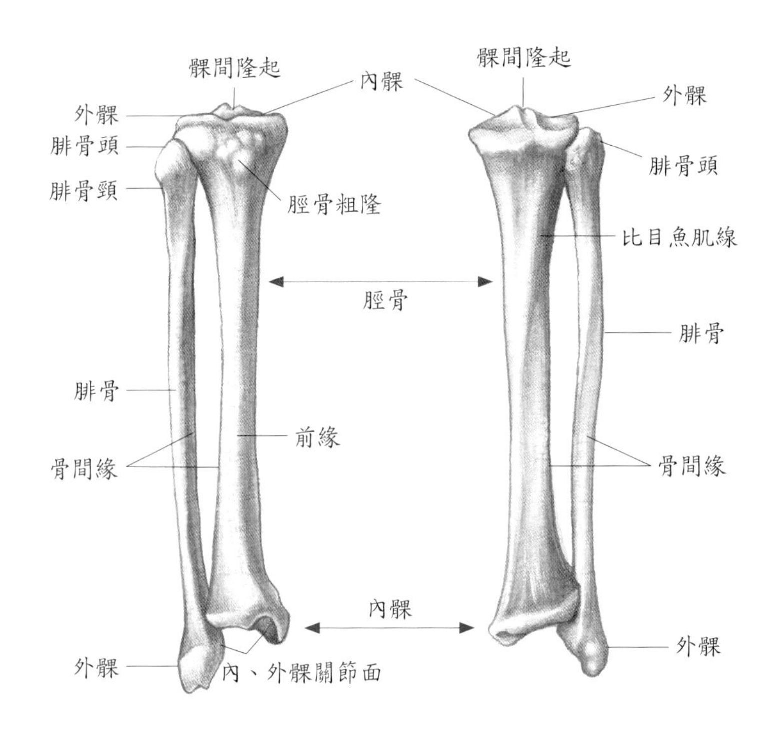

圖6-34　脛骨與腓骨

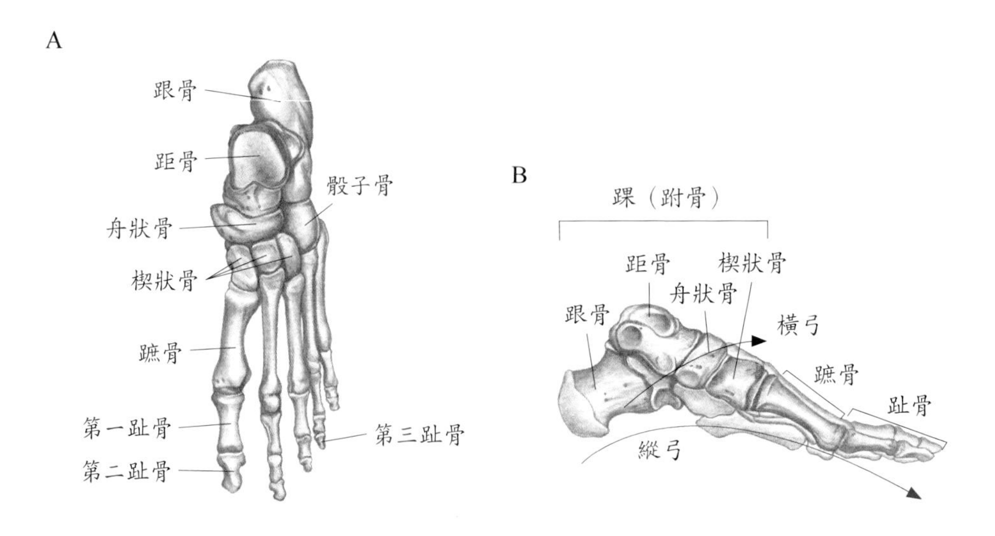

圖6-35　跗骨和足。A.左足上面觀；B.左足內側面觀。

7. 趾骨（phalange）：其數目及排列情形皆與手部的指骨相似。
8. 足弓（arches of the foot）：足部的骨骼排列成兩個弓形的構造（圖6-35），此弓形構造能使足部支撐全身體重，保護足底的神經、血管，並提供走路時的槓桿作用。足弓在承受重量時會變平，重量移除時就反彈恢復原狀。
   (1)縱弓由跗骨和蹠骨由後向前排列成弓狀結構。內側縱弓由跟骨開始，向上升至距骨，然後經由舟狀骨、三塊楔狀骨及三塊內側蹠骨下降，其中以距骨為基石。外側縱弓也是由跟骨開始，經由骰骨往上升，再下降至兩塊外側蹠骨，其中以骰骨為基石。
   (2)橫弓是由跟骨、舟狀骨、骰骨、楔狀骨、五塊蹠骨的基部所構成。
   (3)形成足弓的骨骼之間有韌帶及肌腱相連繫，如果這些韌帶及肌腱變弱，會使內側縱弓的高度變小而形成扁平足（flatfoot）。人類骨骼會因性別不同而有所差異，見表6-3。

表6-3　人類骨骼的性別差異

比較項目	男　性	女　性
頭顱		
• 一般外表	• 較重、較粗	• 較輕、較平滑
• 額	• 傾斜	• 較垂直
• 竇	• 較大	• 較小
• 顱骨	• 平均約大10%	• 約小10%
• 下頷骨	• 較大、較強壯	• 較小、較輕
• 牙齒	• 較大	• 較小
骨盆		
• 一般外表	• 狹窄、強壯、重、粗	• 寬、輕、平滑
• 關節面	• 大	• 小
• 骨盆入口	• 心形	• 卵圓或圓形
• 骨盆出口	• 較小	• 較大
• 髂骨窩	• 深	• 淺
• 髂骨	• 較垂直	• 較不垂直
• 恥骨弓	• 小於90度	• 大於90度
• 恥骨下枝	• 有一強壯的外翻面供陰莖腳附著	• 沒有外翻面
• 恥骨聯合	• 較深	• 較淺
• 坐骨棘	• 內彎較明顯	• 內彎不明顯
• 坐骨粗隆	• 內彎	• 外翻
• 髖臼	• 大	• 小
• 閉孔	• 卵圓形	• 三角形
• 骶骨	• 長窄三角形有明顯骶曲	• 短寬三角形，骶曲較不明顯
• 尾骨	• 指向前	• 指向下
其他骨骼		
• 骨重	• 較重	• 較輕
• 肌肉附著粗隆、骨線、嵴等	• 較粗大、突出	• 較小、較不顯著

關節的分類

關節是指骨骼與骨骼間或骨骼與軟骨間相接合的構造，如此可使骨骼連接在一起並產生運動。通常，骨骼間距越近，關節越強固，但運動較會受限制；若骨骼間距越遠，關節的運動性較大，但易脫臼。人體的關節很多，可依功能或構造的差異來加以分類。

功能性分類

是以運動程度的差異來分類（表6-4）。

表6-4　關節的功能性分類

種　類	活動限度	舉　例
不動關節	不能運動	齒根與齒槽間、骨縫
微動關節	可做有限度的運動	恥骨聯合、椎間盤
可動關節	可自由運動	肩關節、膝關節、肘關節等

構造性分類

是以關節腔的有無及骨骼間結締組織的種類來分類。

纖維關節

纖維關節（fibrous joint）無關節腔，骨骼之間是以纖維結締組織緊密接合，例如骨縫（suture）、韌帶連結（syndesmosis）、嵌合關節（gomphosis）（表6-5）。

表6-5　纖維關節的種類

種　類	構造特徵	舉　例
骨縫	• 骨骼間以緻密纖維結締組織相結合 • 屬於不動關節	頭顱的骨縫
韌帶連結	• 骨骼間以纖維結締組織相結合，但結合程度較不緊密，可做輕微運動 • 屬於微動關節	• 脛腓遠側關節 • 橈骨體與尺骨體間的關節
嵌合關節	• 錐狀的齒根嵌入上、下頷骨的骨槽中，兩者間的接合物質是牙周韌帶。 • 屬於不動關節	齒根與上、下頷骨的骨槽

軟骨關節

軟骨關節（cartilaginous joint）不具關節腔，骨骼間是以軟骨相接合，只能做輕微的運動（表6-6）。

表6-6　軟骨關節的種類

種　類	構造特徵	舉　例
軟骨結合	•接合物質是透明軟骨，有時是暫時性的關節 •屬於不動關節	•骨骺板 •肋軟骨
聯合	•接合物質是纖維軟骨 •屬於微動關節	•恥骨聯合 •椎間盤

滑液關節

滑液關節（synovial joints）具有含液體的空腔，以隔開形成關節的骨骼，因此可自由運動。其構造上的特徵如下（圖6-36）：

1. 關節腔：具有含滑液的滑液腔。
2. 關節囊：關節腔是由雙層結構的關節囊所包圍。
   (1)囊外層：是由緻密結締組織所構成的強韌纖維囊，附著於距離關節軟骨邊緣不等距離的骨外膜上，使關節能運動，其張力可防脫臼。
   (2)囊內層：是由疏鬆結締組織所構成的滑液膜，並能分泌滑液，它襯於整個滑液腔，但不覆蓋關節軟骨。
3. 滑液：是由滑液膜細胞所分泌的琉璃醣碳基酸（hyaluronic acid）及來自血漿的組織間液所組成，其外觀和黏稠度類似蛋白，當關節活動時，黏稠度會降低。滑液的功能如下：
   (1)在關節面承受體重時，滑液可使關節軟骨不相接觸，以免受損。
   (2)是潤滑液，可減少關節運動時的摩擦。
   (3)可營養關節軟骨。
   (4)含有吞噬細胞，可移除微生物及因關節運動所撕裂的碎片。
4. 關節軟骨：形成關節的骨骼表面所覆的透明軟骨。
5. 附屬韌帶：有的是由關節囊本身增厚而成，例如髖關節的腸股韌帶；有的位於關節腔內，但被滑液膜包圍而與關節腔相隔，例如膝關節的十字韌帶；有的位於囊外，例如膝關節的腓側韌帶。
6. 能自由運動，為可動關節。
7. 有的有關節盤，例如膝關節的半月板，可增加關節的穩定度。

雖然所有的滑液關節在構造上類似，但關節面的形狀各有不同，因此可分為滑動關

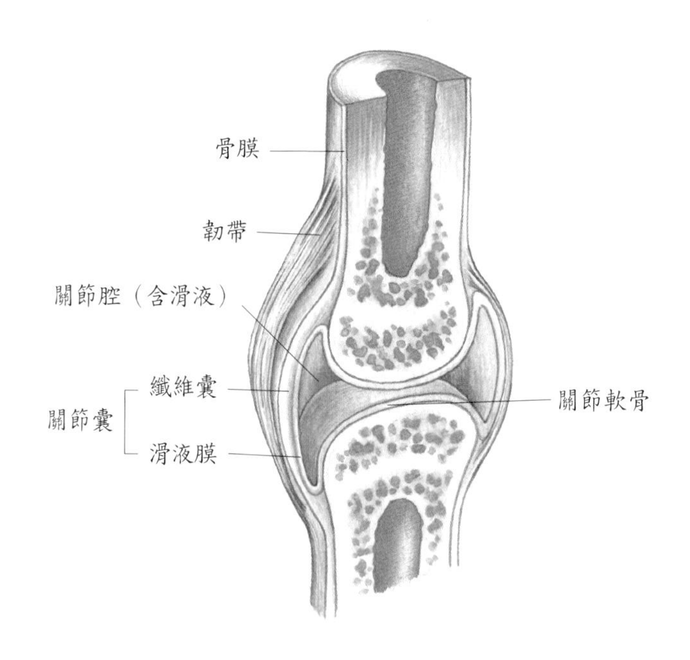

圖6-36　滑液關節的構造

節、屈戍關節、車軸關節、橢圓關節、鞍狀關節、杵臼關節等六種類型（圖6-37）。

1. 滑動關節（gliding joint）：又稱為摩動關節（arthrodia）或平面關節（plane joint），因其關節面通常是平的，只能前後、左右兩平面的移動，故為雙軸（biaxial）關節，因韌帶限制了關節鄰近骨骼的運動，所以無法做扭轉的動作。例如腕骨間關節、跗骨間關節、胸鎖關節、肩鎖關節、脊柱的關節突間、肋椎關節、肋胸關節、跗蹠關節等皆屬之。
2. 屈戍關節（hinge joint）：又稱為樞紐關節或絞鏈關節，為一凸出的關節面嵌入另一凹下的關節面，只能在一個平面上做屈曲、伸直運動，故為單軸（uniaxial）關節，例如肘關節、指間關節、脛股關節、踝關節、趾間關節等屬之。
3. 車軸關節（pivot joint）：是一骨骼的圓面、尖面或圓錐面與環狀構造相關節，為單軸關節，主要做旋轉動作。例如寰軸關節、近側及遠側橈尺關節等屬之。
4. 橢圓關節（ellipsoidal joint）：又稱髁狀（condyloid）關節，是卵圓形骨髁嵌入另一骨骼的橢圓腔內，可前後、左右運動，為雙軸關節。例如腕關節、掌指關節、蹠趾關節、枕寰關節等屬之。可作屈曲、伸直、內收、外展運動。
5. 鞍狀關節（saddle joint）：是凹與凸的關節面嵌合而成，可以前後、左右運動，為雙軸關節。例如大多角骨與拇指的掌骨間關節，可執行屈曲、伸直、內收、外展、旋轉運動。
6. 杵臼關節（ball-and-socket joint）：又稱球窩關節，是一球狀關節面嵌入另一杯狀凹槽內，活動最自由，可在三個平面上作各個方向的運動，可執行屈曲、伸直、內收、外展、旋轉、迴旋等運動，為多軸關節。例如肩關節、髖關節等屬之。

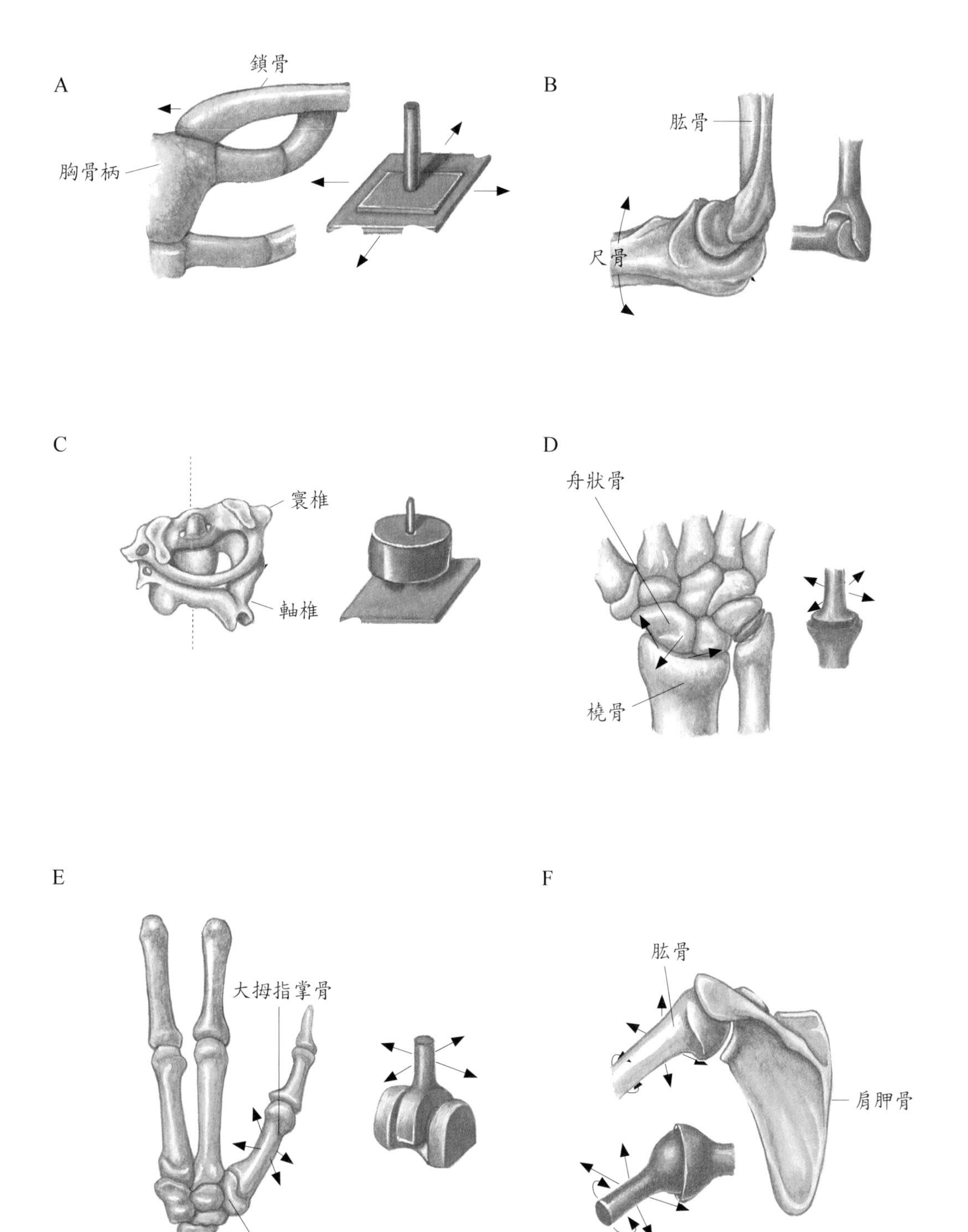

圖6-37　滑液關節的類型。A.滑動關節；B.屈戍關節；C.車軸關節；D.橢圓關節；E.鞍狀關節；F.杵臼關節。

人體重要的關節

肩關節

肩關節（shoulder joint）是由肱骨頭與肩胛骨的關節盂所組成，屬於球窩關節，是全身活動最大的關節，也是最常脫臼的關節（圖6-38）。關節本身是鬆弛的，被由肩胛骨延伸至肱骨的被膜牽拉，是由周圍的韌帶、肌肉來加強其穩定性。

解剖組成：

1. 關節囊：由關節盂的周圍延伸至肱骨的解剖頸。
2. 喙肱韌帶：由肩胛骨的喙突延伸至肱骨的大結節，寬廣、強韌。
3. 盂肱韌帶：在關節腹側，為關節囊增厚的部分。

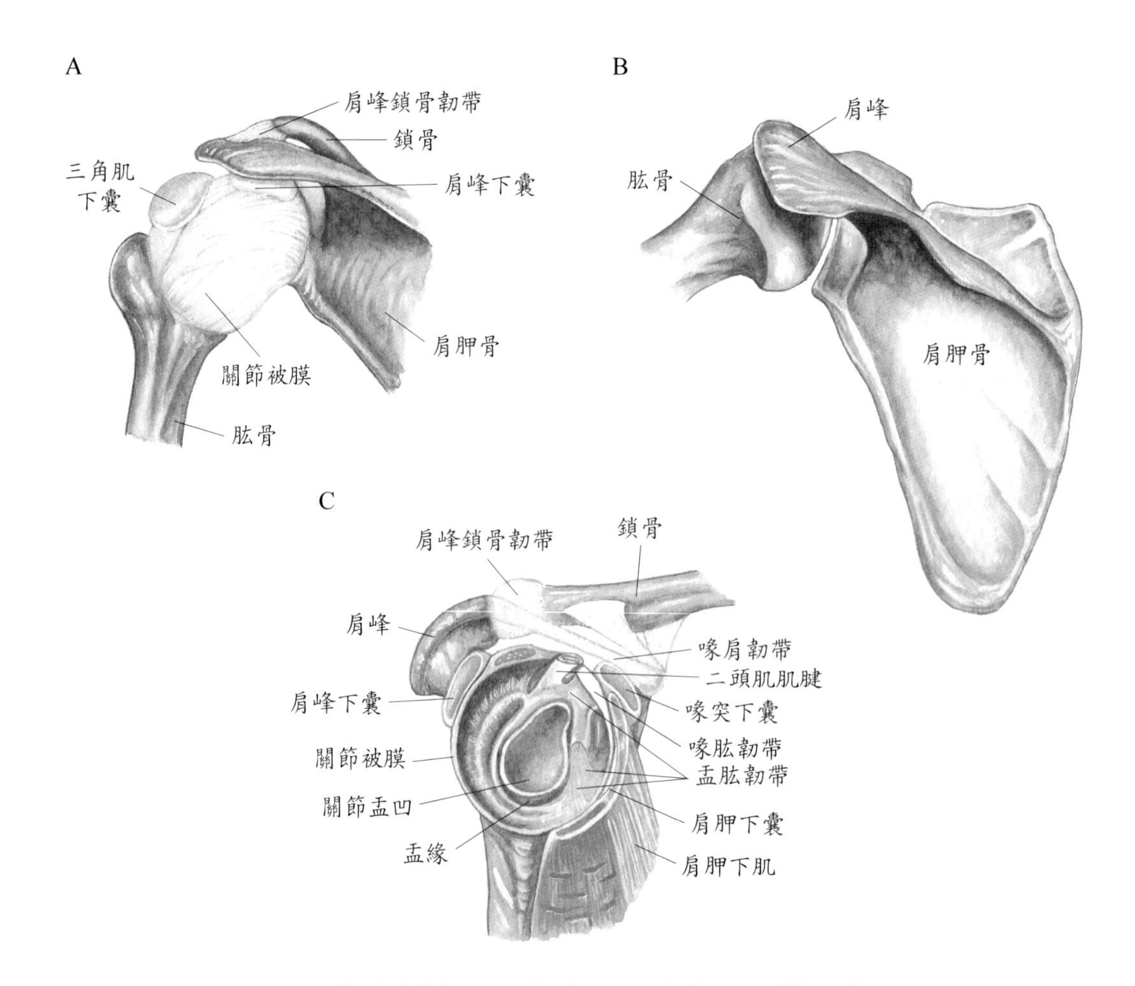

圖6-38 肩關節的構造。A. 前面觀；B. 後面觀；C. 關節冠狀切面。

4. 肱骨橫韌帶：由肱骨的大結節跨過結節間溝至小結節。
5. 盂緣：繞在關節盂邊緣部位的一圈狹窄纖維軟骨。
6. 相關的黏液囊
   (1)肩胛下囊：在肩胛下肌的肌腱與關節囊之間。
   (2)三角肌下囊：在三角肌與關節囊之間。
   (3)肩峰下囊：在肩峰與關節囊之間。
   (4)喙突下囊：在喙突與關節囊之間。

髖關節

髖關節（hip joint）是由股骨頭與髖臼所組成，屬球窩關節。成人的髖關節很少脫臼，因為此關節有強韌的關節囊、韌帶及關節周圍的廣大肌群，使其穩定性較佳（圖6-39）。

解剖組成：
1. 關節囊：由髖臼緣延伸至股骨頸部，含有環走和縱走纖維。
2. 髂股韌帶：由前下髂骨棘延伸至股骨的轉子間線，為關節囊的增厚部分。

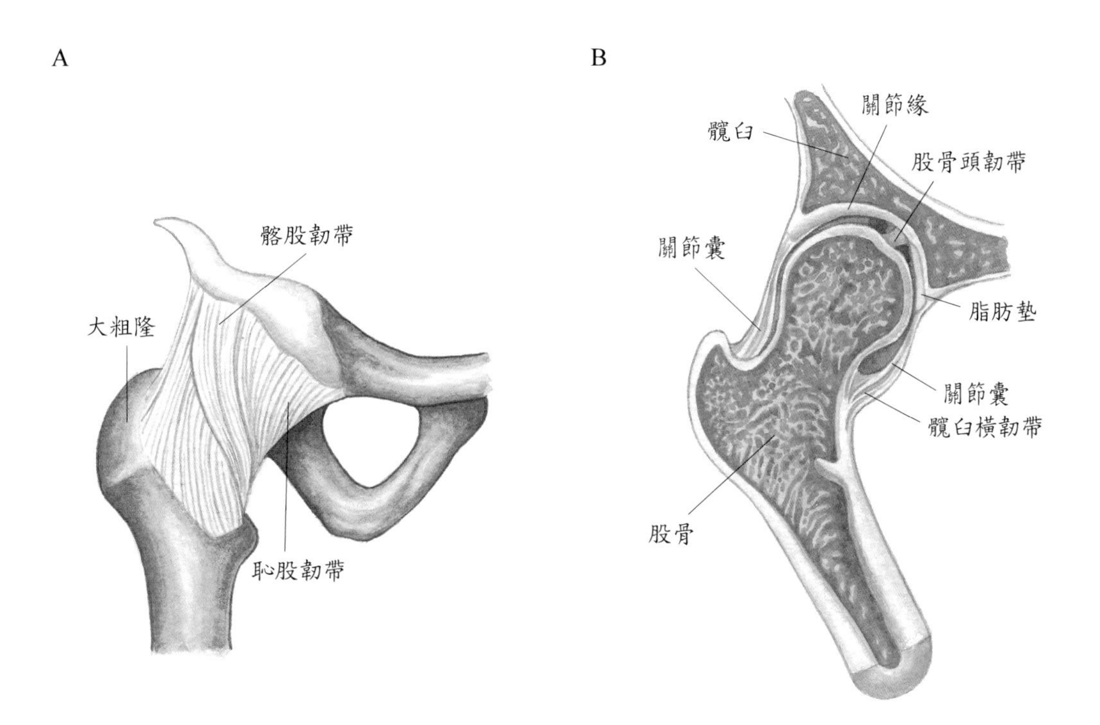

圖6-39 髖關節的構造。A.前面觀；B.縱切面。

3. 恥股韌帶：由髖臼緣的恥骨部分延伸至股骨頸部，為關節囊的增厚部分。
4. 坐股韌帶：由髖臼的坐骨壁延伸至股骨頸部，為關節囊的增厚部分。
5. 股骨頭韌帶：由髖臼窩延伸至股骨頭，是扁平、三角形的帶狀構造。
6. 髖臼緣：附著於髖臼邊緣的纖維軟骨。
7.. 髖臼橫韌帶：跨過髖臼切跡的強壯韌帶。

膝關節

膝關節（knee joint）（圖6-40）是人體中最大的關節，由三個部分組成：
1. 中間的膝股關節：是指膝蓋骨和股骨的膝骨面間，屬滑動關節。
2. 外側的脛股關節：是指股骨外髁和外側半月板之間，屬屈戍關節。
3. 內側的脛股關節：是指股骨外髁和內側半月板之間，屬屈戍關節。

解剖組成：
1. 關節囊：不完整。
2. 膝韌帶：由膝蓋骨延伸至脛骨粗隆，可強化關節的前面部分。
3. 膕韌帶：連接股骨及脛骨頭、腓骨頭之間，可加強膝關節後面。
4. 關節囊內韌帶：有前、後十字韌帶，連接股骨和脛骨，可限制股骨的前後移動，並維持股骨和脛骨髁的排列。
5. 關節囊外韌帶：有脛側副韌帶加強膝關節內側面，腓側副韌帶則加強膝關節外側面。當膝關節完全伸直時，此二韌帶始拉緊來安定關節。
6. 關節盤：即內、外側半月板，為纖維軟骨盤。

臨床指引：

骨關節炎（osteoarthritis; OA）是指關節內軟骨磨損或破裂，引起關節腫脹、變形、疼痛及僵硬感。

原發性骨關節炎可能與遺傳及體重有關，患者通常大於50歲且以女性居多；次發性骨關節炎可能與外傷有關，患者通常小於40歲且男性居多。通常治療以保守療法為主，包括藥物治療（類固醇、非類固醇抗炎藥、葡萄糖胺glucosamine）、復健治療（增加關節旁肌肉的強度，減少引發疼痛的活動）及注射針劑（玻尿酸）、減重（減輕關節負擔）。若保守治療無效、症狀持續惡化而引起行動困難時，可以做關節鏡手術（受損軟骨修補）及關節重建術（人工關節置換術）。

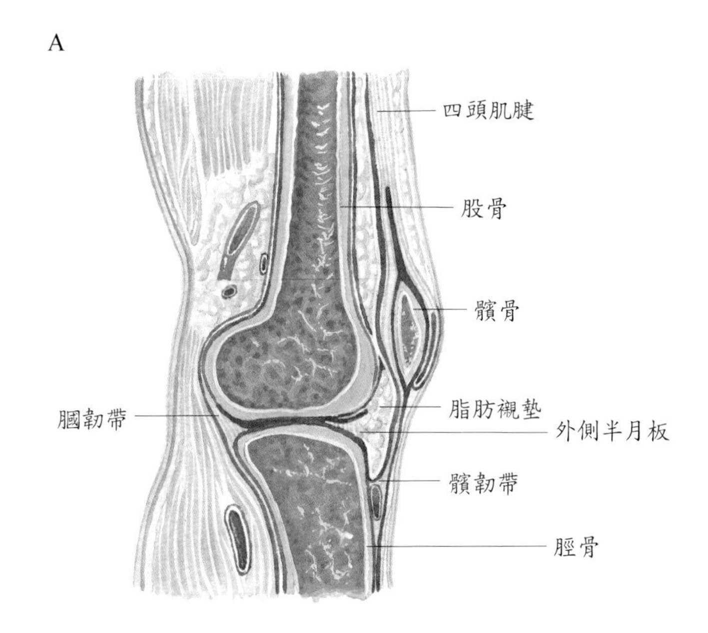
A
四頭肌腱
股骨
髕骨
膕韌帶
脂肪襯墊
外側半月板
髕韌帶
脛骨

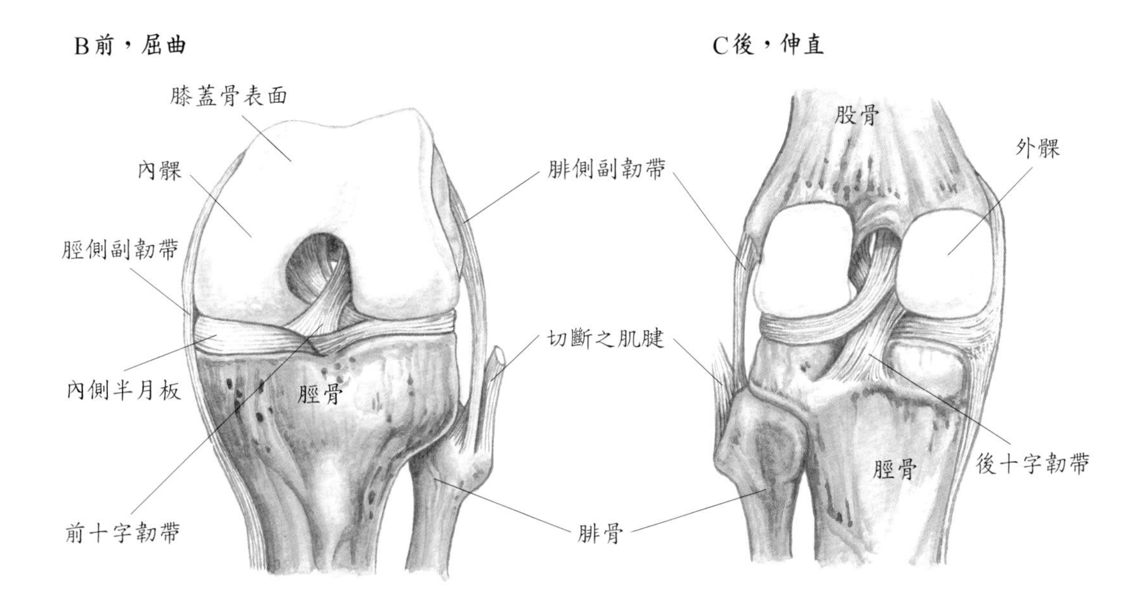
B前，屈曲
C後，伸直
膝蓋骨表面
內髁
脛側副韌帶
內側半月板
脛骨
前十字韌帶
腓側副韌帶
切斷之肌腱
腓骨
股骨
外髁
後十字韌帶
脛骨

圖6-40 膝關節構造

歷屆考題

( ) 1. 成年人之腰椎數目為多少？ (A) 4 (B) 5 (C) 7 (D) 8。 (94 專普二)

( ) 2. 人體全身最小的骨骼為何？ (A) 鎚骨 (B) 砧骨 (C) 鐙骨 (D) 指骨。 (94 專普二)

( ) 3. 腰椎穿刺（lumbar puncture）在診斷腦部病變是一項重要的檢察項目，其穿刺的部位主要在何處？ (A) 第三、第四胸椎之間 (B) 第三、第四腰椎之間 (C) 第五腰椎與第一薦椎之間 (D) 第一、第二腰椎之間。 (95 專高一)

( ) 4. 以外形分類，胸骨（sternum）屬於下列何種骨頭？ (A) 長骨 (B) 短骨 (C) 扁平骨 (D) 規則骨。 (96 專高二)

( ) 5. 肩峰（acromion）位於下列何骨上？ (A) 尺骨（ulnA） (B) 橈骨（radius） (C) 肱骨（humerus） (D) 肩胛骨（scapulA）。 (96 專普一)

( ) 6. 三叉神經之下頷支經由下列何處離開顱腔？ (A) 眶上裂 (B) 圓孔 (C) 卵圓孔 (D) 棘孔。 (96 專普一)

( ) 7. 下列何者通過棘孔？ (A) 視神經 (B) 上頷神經 (C) 下頷神經 (D) 腦膜中動脈。 (96 專普二)

( ) 8. 牙齒固著在： (A) 上頷骨與腭骨 (B) 腭骨與顴骨 (C) 顴骨與下頷骨 (D) 上頷骨與下頷骨。 (97 專高一)

( ) 9. 莖乳突孔（stylomastoid foramen）位於下列哪一塊骨頭上？ (A) 額骨（frontal bone） (B) 篩骨（ethmoid bone） (C) 蝶骨（sphenoid bone） (D) 顳骨（temporal bone）。 (97 專高二)

( ) 10. 下列何者不參與鼻腔側壁的形成？ (A) 篩骨 (B) 顴骨 (C) 上頷骨 (D) 下鼻甲。 (97 專普二、專高二)

( ) 11. 人字縫合介於下列何者之間？ (A) 額骨與頂骨 (B) 左右頂骨間 (C) 頂骨與枕骨 (D) 頂骨與顳骨。 (97 專普一)

( ) 12. 下列何者是當我們坐下時臀部壓著椅子的部分？ (A) 坐骨棘 (B) 恥骨嵴 (C) 腸骨嵴 (D) 坐骨粗隆。 (97 專普二)

( ) 13. 脊柱由幾塊骨頭所組成？ (A) 25 (B) 26 (C) 27 (D) 28。 (97 專普二)

( ) 14. 三角肌粗隆位於： (A) 尺骨 (B) 橈骨 (C) 肱骨 (D) 肩胛骨。 (97 專普二)

( ) 15. 下列何者穿過頸椎之橫突孔，上行進入顱腔？ (A) 大腦前動脈 (B) 頸內動脈 (C) 椎動脈 (D) 後交通動脈。 (97 專普二)

( ) 16. 頭顱骨中，何者不是形成副鼻竇的骨骼？ (A) 額骨（frontal bone） (B) 鼻骨（nasal bone）　(C) 蝶骨（sphenoid bone）　(D) 篩骨（ethmoid bone）。
（97 專普一）

(　) 17.位於腦部蝶骨蝶鞍的腺體為何？　(A) 下視丘（hypothalamus）　(B) 腦下腺（pituitary glanD）　(C) 甲狀腺　(D) 腎上腺。　（97、98 專普一）

(　) 18.下列何者是扁平骨？　(A) 脛骨　(B) 腕骨　(C) 頂骨　(D) 髕骨。
（98 專普一）

(　) 19.鷹嘴突（olecranon process）位在下列哪一塊上肢骨？　(A) 尺骨（ulnA）　(B) 橈骨（radius）　(C) 肱骨（humerus）　(D) 肩胛骨（scapulA）。
（98 專高一）

(　) 20.口腔硬腭由下列何者組成？　(A) 蝶骨與篩骨　(B) 蝶骨與上頜骨　(C) 腭骨與篩骨　(D) 腭骨與上頜骨。　（98 專高一）

(　) 21.下列何者是成對的顏面骨？　(A) 犁骨　(B) 舌骨　(C) 腭骨　(D) 下頜骨。
（98 專普二）

(　) 22.下列何者位於上頜骨？　(A) 篩孔　(B) 門齒孔　(C) 頦孔　(D) 小腭孔。
（98專普二）

(　) 23.下列何者通過圓孔（foramen rotundum）？　(A) 視神經（optic nerve）　(B) 上頜神經（maxillary nerve）　(C) 下頜神經（mandibular nerve）　(D) 腦膜中動脈（middle meningeal artery）。　（98 專高二）

(　) 24.下列何者介於顳骨與頂骨間？　(A) 冠狀縫合（coronal suture）　(B) 矢狀縫合（sagittal suture）　(C) 人字縫合（lambdoid suture）　(D) 鱗狀縫合（squamous suture）。　（99 專高二）

(　) 25.下列何者是成對的顱骨？　(A) 額骨　(B) 頂骨　(C) 枕骨　(D) 蝶骨。
（99 專普一）

(　) 26.參與形成口腔硬腭的骨骼，除了腭骨之外還有：　(A) 蝶骨　(B) 上頜骨　(C) 下頜骨　(D) 篩骨。　（99 專普二）

(　) 27.以形狀分類，腕骨（carpal bone）屬於下列何種骨頭？　(A) 長骨　(B) 短骨　(C) 扁平骨　(D) 種子骨。　（100 專高一）

(　) 28.下列何者介於額骨與頂骨之間？　(A) 冠狀縫合（coronal suture）　(B) 矢狀縫合（sagittal suture）　(C) 人字縫合（lambdoid suture）　(D) 鱗狀縫合 (squamous suture)。　（100 專高一）

(　) 29.前囟通常在出生後多久會完全骨化閉合？　(A) 3個月左右　(B) 6 個月左右　(C) 1年左右　(D) 1年半左右。　（100 專普一）

(　) 30.下列哪一塊是人體內最大的種子骨？　(A) 腸骨　(B) 恥骨　(C) 髕骨　(D) 坐

骨。（100 專普一）

( ) 31.鷹嘴窩位於下列何者？ (A) 尺骨 (B) 橈骨 (C) 肱骨 (D) 肩胛骨。（100 專普一）

( ) 32.舌下神經孔（hypoglossal canal）位於下列哪一塊骨頭上？ (A) 額骨（frontal bone） (B) 篩骨（ethmoid bone） (C) 枕骨（occipital bone） (D) 顳骨（temporal bone）。（100 專高二）

( ) 33.下列有關男、女骨盆的敘述，何者錯誤？ (A) 女性骨盆腔比男性深 (B) 女性恥骨弓的角度比男性大 (C) 女性骨盆出口的寬度比男性大 (D) 女性左、右髂前上棘的距離比男性寬。（100 專高二）

( ) 34.下頷骨與下列何者形成關節？ (A) 顴骨 (B) 上頷骨 (C) 腭骨 (D) 顳骨。（100 專普二）

( ) 35.下列何部位是臨床上常用以抽取腦脊髓液檢查的位置？ (A) 第一與第二腰椎之間 (B) 第三與第四腰椎之間 (C) 第三腦室 (D) 大腦導水管。（100 專普二）

( ) 36.下列何者構成鼻中隔的一部分？ (A) 枕骨（occipital bone） (B) 蝶骨（sphenoid bone） (C) 篩骨（ethmoid bone） (D) 顳骨（temporal bone）。（101 專高一）

( ) 37.依形狀，股骨（femur）屬於下列何種骨？ (A) 長骨 (B) 短骨 (C) 扁平骨 (D) 種子骨。（101 專高一）

( ) 38.下列何者通過頸靜脈孔？ (A) 頸內靜脈 (B) 第七對腦神經 (C) 第八對腦神經 (D) 第十二對腦神經。（101 專普一）

( ) 39.下列何者未參與組成骨盆？ (A) 腰椎 (B) 髂骨 (C) 薦骨 (D) 尾骨。（101 專普一）

( ) 40.足弓的骨骼中，位置最高的是下列何者？ (A) 跟骨 (B) 距骨 (C) 骰骨 (D) 舟狀骨。（101 專高二）

( ) 41.下列有關脊柱的敘述，何者正確？ (A) 頸椎共 8 塊 (B) 第 11、12 胸椎不與肋骨形成關節 (C) 腰椎棘突短且呈水平延伸 (D) 薦骨與坐骨形成骨盆。（101 專普二）

( ) 42.蝶骨（sphenoid bone）屬於下列何種骨骼？ (A) 長骨 (B) 短骨 (C) 扁平骨 (D) 不規則骨。（102 專高一）

( ) 43.人體最大的囟門是介於下列何者之間？ (A) 顳骨與頂骨 (B) 枕骨與頂骨 (C) 額骨與頂骨 (D) 蝶骨與頂骨。（102 專高二）

( ) 44.橈神經溝是下列何者的構造？ (A) 橈骨 (B) 尺骨 (C) 肱骨 (D) 肩胛骨。

（102 專高二）

（　）45. 下列有關顳骨的敘述，何者正確？ (A) 參與形成前顱窩 (B) 與額骨形成骨縫 (C) 內耳所在處 (D) 含副鼻竇。（103 專高一）

（　）46. 下列哪種關節不具關節腔及滑液？ (A) 髖關節 (B) 肩關節 (C) 膝關節 (D) 脊椎間關節。（94 專高二）

（　）47. 肘關節屬於下列何種？ (A) 屈戌關節（hinge joint） (B) 樞軸關節（pivot joint） (C) 滑動關節（gliding joint） (D) 髁狀關節（condylar joint）。（96 專高一）

（　）48. 下頜骨（Mandible）的哪一部分參與形成顳頜關節（temporomandi-bular joint）？ (A) 髁狀突（condylar process） (B) 冠狀突（coronoid process） (C) 齒槽突（alveolar process） (D) 顴突（zygomatic process）。（97 專高一）

（　）49. 足踝因過度外翻而造成韌帶撕裂傷，下列何者最可能受損？ (A) 前十字韌帶 (B) 脛骨側韌帶 (C) 腓骨側韌帶 (D) 足踝內韌帶。（102 專高一）

（　）50. 下列何者參與形成踝關節？ (A) 跟骨 (B) 距骨 (C) 骰骨 (D) 舟狀骨。（102 專高二）

（　）51. 下列何者通過椎間孔？ (A) 脊神經 (B) 視神經 (C) 嗅神經 (D) 顏面神經。（99 專普一）

（　）52. 中耳位於顳骨（temporal bone）的哪一區？ (A) 鱗部（squamous part） (B) 鼓部（tympanic part） (C) 岩樣部（petrous part） (D) 乳突部（mastoid part）。（99 專高一）

（　）53. 有齒槽突可供牙齒固著的骨是： (A) 上頜骨與下頜骨 (B) 上頜骨與舌骨 (C) 腭骨與舌骨 (D) 腭骨與下頜骨。（99 專普一）

（　）54. 下列何者屬於車軸關節（pivot joints）？ (A) 寰枕關節（atlanto - occipital joint） (B) 胸鎖關節（sternoclavicular joint） (C) 寰軸關節（atlantoaxial joint） (D) 顳下頜關節（temporomandibular joint）。（98 二技）

（　）55. 下列何者在骨骼形成時進行膜內骨化（intramembranous ossifica-tion）？ (A) 尺骨（ulna） (B) 股骨（femur） (C) 鎖骨（clavicle） (D) 指骨（phalanges）。（98 二技）

（　）56. 具有分泌類骨質（osteoid）並引起鈣鹽堆積而產生鈣化（calcification）的細胞為何？ (A) 骨細胞（osteocyte） (B) 軟骨細胞（chondrocyte） (C) 造骨母細胞（osteoblast） (D) 軟骨母細胞（chondroblast）。（98 二技）

（　）57. 下列何者不屬於篩骨（ethmoid bone）的構造？ (A) 雞冠（crista galli）

(B) 上鼻甲（superior nasal concha） (C) 篩板（cribriform plate） (D) 下鼻甲（inferior nasal concha）。 （98 二技）

( ) 58.頭顱骨（skull）中唯一能動的骨骼為何？ (A) 上頜骨（maxillae） (B) 腭骨（palatine bones） (C) 下頜骨（mandible） (D) 顴骨（zygomatic bones）。 （98 二技）

( ) 59.下列何者是組成外側縱弓（lateral longitudinal arch）的骨骼？ (A) 距骨（talus） (B) 骰骨（cuboid） (C) 舟狀骨（navicular） (D) 楔狀骨（cuneiforms）。 （98 二技）

( ) 60.鱗部（squamous portion）的顴突（zygomatic process）是屬於下列哪塊骨骼的一部分？ (A) 上頜骨（maxilla） (B) 下頜骨（mandible） (C) 額骨（frontal bone） (D) 顳骨（temporal bone）。 （99 二技）

( ) 61.下列何塊跗骨（tarsal bone）與第五蹠骨（fifth metatarsal bone）相關節？ (A) 骰子骨（cuboid bone） (B) 內側楔狀骨（medial cuneiform bone） (C) 舟狀骨（navicular bone） (D) 外側楔狀骨（lateral cuneiform bone）。 （99 二技）

( ) 62.可增加破骨細胞（osteoclast）活性的主要激素為何？ (A) 醛固酮（aldosterone） (B) 降鈣素（calcitonin） (C) 甲狀腺素（thyroxine） (D) 副甲狀腺素（parathyroid hormone）。 （99 二技）

( ) 63.有關成人關節之形態與功能的配對，下列何者正確？ (A) 骨縫（suture）：微動關節 (B) 嵌合關節（gomphosis）：不動關節 (C) 聯合（symphysis）：不動關節 (D) 韌帶聯合（syndesmosis）：可動關節。 （99 二技）

( ) 64.下列何者屬於髁狀關節（condyloid joint）？ (A) 肘關節 (B) 掌指關節 (C) 腕骨間關節 (D) 指骨間關節。 （100 二技）

( ) 65.有關骨骺板的構造，下列哪一區距離骨幹的骨髓質腔最遠？ (A) 靜止軟骨區（zone of resting cartilage） (B) 成熟軟骨區（zone of maturing cartilage） (C) 鈣化軟骨區（zone of calcifying cartilage） (D) 增生軟骨區（zone of proliferating cartilage）。 （100 二技）

( ) 66.下列何者不屬於蝶骨的構造？ (A) 卵圓孔（oval foramen） (B) 眶上孔（supraorbital foramen） (C) 視神經管（optic canal） (D) 眶上裂（superior orbital fissure）。 （100 二技）

( ) 67.下列何者是鼻中隔（nasal septum）的硬骨部分？ (A) 上頜骨及腭骨 (B) 上頜骨及下鼻甲 (C) 篩骨及上頜骨 (D) 篩骨垂直板及犁骨。 （100 二技）

(　) 68.坐骨神經（sciatic nerve）會通過下列何種構造而延伸至下肢？ (A) 髂骨窩（iliac fossa） (B) 小坐骨切迹（lesser sciatic notch） (C) 閉孔（obturator foramen） (D) 大坐骨切迹（greater sciatic notch）。（100 二技）

(　) 69.肩胛骨的哪一部位與肱骨形成肩關節？ (A) 肩峰（acromion） (B) 關節盂（glenoid cavity） (C) 喙突（coracoid process） (D) 肩胛棘（scapular spine）。（100 二技）

(　) 70.下列何者屬於車軸關節（pivot joint）？ (A) 肘關節（elbow joint） (B) 膝關節（knee joint） (C) 肩關節（shoulder joint） (D) 上橈尺關節（upper radioulnar joint）。（101 二技）

(　) 71.下列何者不參與足部內側縱弓（medial longitudinal arch）的組成？ (A) 三塊內側蹠骨（metatarsals） (B) 骰骨（cuboid） (C) 距骨（talus） (D) 舟狀骨（navicular）。（101 二技）

(　) 72.下列哪一個構造不屬於顳骨（temporal bone）？ (A) 大翼（greater wing） (B) 鱗部（squamous portion） (C) 乳突部（mastoid portion） (D) 鼓室部（tympanic portion）。（101 二技）

(　) 73.下列何者是經由膜內骨化（intramembranous ossification）所形成的膜性硬骨？ (A) 脊椎（vertebra） (B) 頂骨（parietal bone） (C) 肱骨（humerus） (D) 脛骨（tibia）。（101 二技）

解答：

1.(B) 2.(C) 3.(B) 4.(C) 5.(D) 6.(C) 7.(D) 8.(D) 9.(D) 10.(B)
11.(C) 12.(D) 13.(B) 14.(C) 15.(C) 16.(B) 17.(B) 18.(C) 19.(A) 20.(D)
21.(C) 22.(B) 23.(B) 24.(D) 25.(B) 26.(B) 27.(B) 28.(A) 29.(D) 30.(C)
31.(C) 32.(C) 33.(A) 34.(D) 35.(B) 36.(C) 37.(A) 38.(A) 39.(A) 40.(B)
41.(C) 42.(C) 43.(C) 44.(C) 45.(C) 46.(D) 47.(A) 48.(A) 49.(D) 50.(B)
51.(A) 52.(B) 53.(A) 54.(C) 55.(C) 56.(C) 57.(D) 58.(C) 59.(B) 60.(D)
61.(A) 62.(D) 63.(B) 64.(B) 65.(A) 66.(B) 67.(D) 68.(D) 69.(B) 70.(D)
71.(B) 72.(A) 73.(B)

第七章 肌肉系統

本章大綱

肌肉的特性

肌肉的功能

肌肉的收縮

- 粗細肌絲
- 收縮生理學
- 收縮能量
- 閾刺激原理
- 收縮種類
- 肌肉氧債
- 肌肉疲勞

骨骼肌的解剖

- 結締組織成分
- 神經血管
- 組織學

心肌的解剖

平滑肌的解剖

骨骼肌與運動

- 起止端
- 肌束排列
- 骨骼肌命名

人體主要的骨骼肌

肌肉注射部位

學習目標

1. 清楚知道肌肉特性與功能。
2. 能區分三種肌肉的差異處。
3. 了解骨骼肌的細微構造。
4. 能明白肌肉收縮過程與機轉。
5. 能分辨骨骼肌收縮的種類。
6. 能清楚骨骼肌的命名方式。
7. 能明白各部位骨骼肌的名稱。
8. 清楚知道人體肌肉注射的正確位置。

肌肉是人體中具有收縮性的組織，約占人體重量的 40～50%。肌肉系統包括骨骼肌、心肌、平滑肌，它會配合神經系統產生運動（表7-1）。

表7-1 肌肉的種類與比較

項目	骨骼肌	心肌	平滑肌
肌纖維	平行排列呈長圓柱狀	分叉且互相連接，呈方形，屬合體細胞	比骨骼肌小呈梭形（紡錘形）
細胞核	多核，在細胞周圍	單一，在細胞中央	中央單一卵圓形
肌纖維長度	最長	最短	次之
位置	附著於骨骼	心臟壁	內臟及血管壁
橫紋	＋	＋	－
A帶與I帶	＋	＋	－
肌節	＋	＋	－
支配神經	體運動神經	自律神經	自律神經
刺激來源	外來刺激	心臟本身的竇房結	外來刺激
神經控制	隨意	不隨意	不隨意
節律性收縮	－	＋	＋
強直性收縮	＋	－	－
不反應期	最短（5毫秒）	最長（300毫秒）	次之（約50毫秒）
切斷神經會萎縮	＋	－	－
具有運動終板	＋	－	－
具有間盤	－	＋（肌漿膜增厚形成）	－
橫小管	＋（A與I帶的接合處）	＋（在Z線上）	－
鈣離子來源	肌漿網	肌漿網和細胞外液	細胞外液
粒線體	次之	最多	最少
收縮速度	快	中	慢
再生能力	有限	－	較好，比上皮差
遵守全或無定律	＋	－	－

肌肉的特性

1. 興奮性：是指肌肉組織對刺激的接受與反應能力。
2. 收縮性：當肌肉接受一個充分的刺激時，有變短、變粗的收縮能力，這是主動且耗能的過程。
3. 伸展性：當肌肉不收縮時，可以伸長或延伸到相當程度而無傷害。
4. 彈性：肌肉在收縮或伸展後，能恢復原來形狀的能力。

肌肉的功能

1. 運動：骨骼、關節和附著在骨骼上之肌肉經收縮、協調整合後，可產生走路、跑步、講話、寫字等各種動作。其他如心跳、食物的消化移動、膀胱的收縮排尿等動作，也是因肌肉的收縮而產生。
2. 維持姿勢和平衡：骨骼肌的收縮能使身體保持在固定的姿勢，並能平衡腳以上的身體重量，而能長時間站著或坐著。
3. 支持軟組織：例如腹壁和骨盆腔底有層層的骨骼肌來支持內部器官的重量，並能保護其不受環境危害。
4. 保護入口和出口：消化道和泌尿道的入口、出口皆有肌肉圍繞，以利吞嚥、排便、排尿之隨意控制。
5. 調節血流量：心肌組織的收縮推送血液通過循環系統，而血管壁內的平滑肌控制血液的分布。
6. 產生熱：骨骼肌收縮所產生的熱，是維持正常體溫的重要因素。

肌肉的收縮

粗細肌絲

肌纖維（肌細胞）是由圓柱狀縱走的肌原纖維（myofibrils）組成，構成肌原纖維的單位是肌節（sarcomere），也是肌肉收縮的最小單位。肌節是由細肌絲（thin myofilament，肌動蛋白 actin）及粗肌絲（thick myofilaments，肌凝蛋白 myosin）排列而成。兩肌節間被緻密物質組成的 Z 線分開（圖 7-1A）。一段肌節可區分為幾個區域，其中暗的緻密區稱為暗帶或 A 帶（A band），代表粗肌絲的長度，A 帶的兩邊因粗細肌絲重疊顏色更暗，

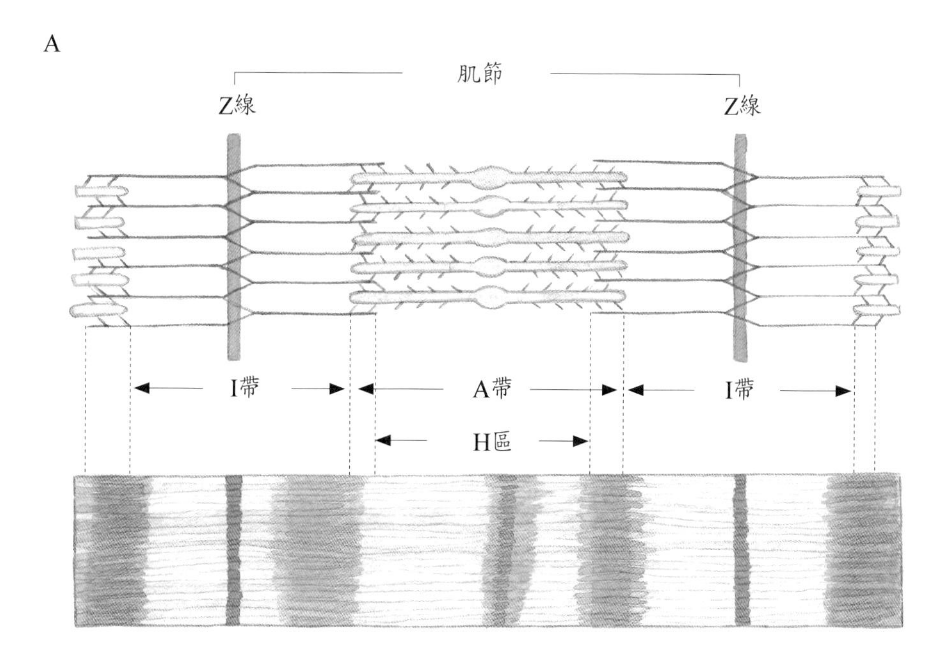

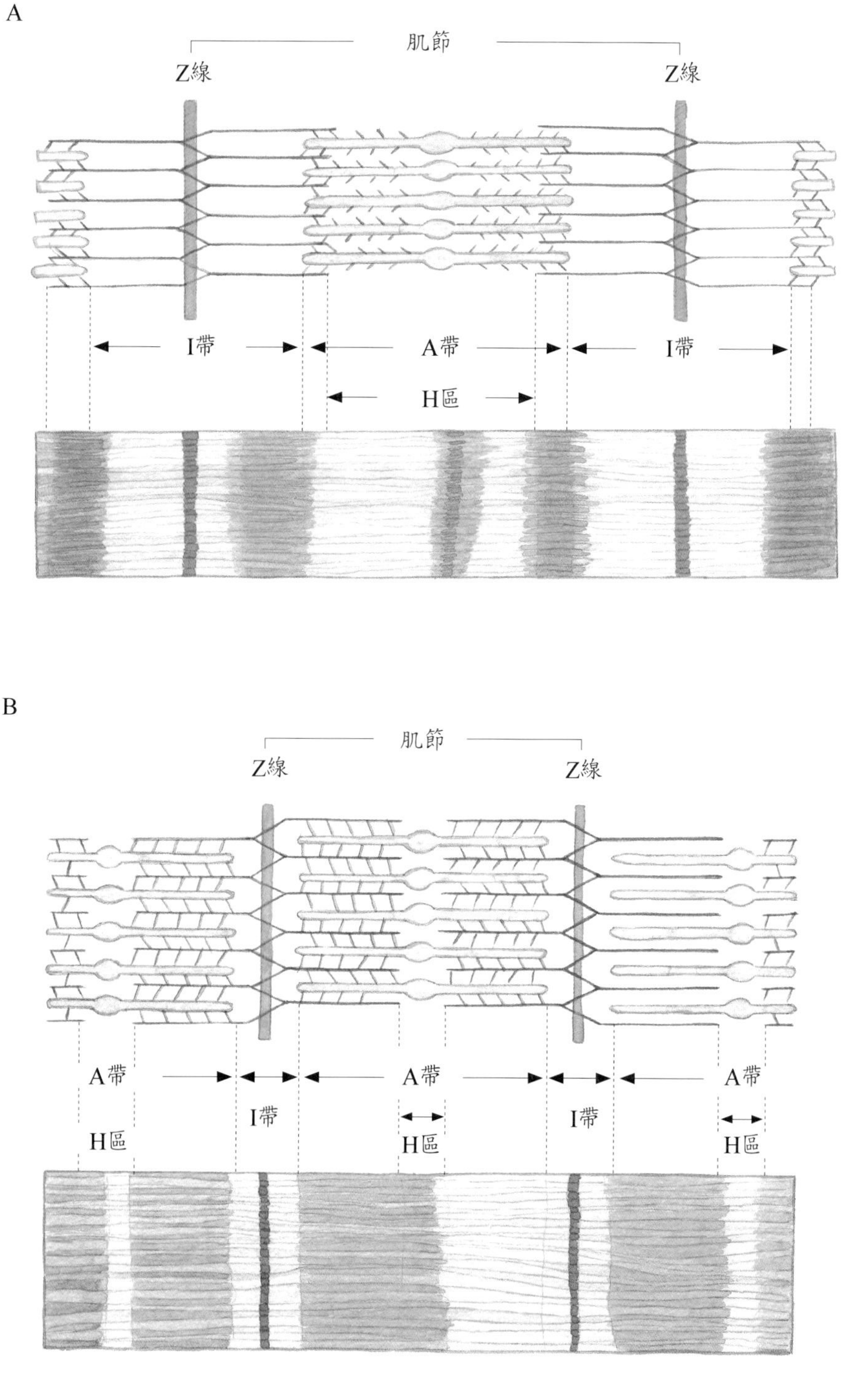

圖7-1　肌肉的放鬆與收縮狀態。A. 肌肉放鬆狀態；B. 肌肉收縮狀態。

肌肉收縮程度越大時，粗細肌絲重疊的越多；肌節中淺色、較不緻密的區域，只含有細肌絲的部分是明帶或 I 帶（I band）。暗色的 A 帶與淺色的 I 帶交替排列，形成橫紋的外觀。狹窄的 H 區（H zone）只含有粗肌絲，在 H 區的中央有一系列的細線是 M 線，連繫相鄰粗肌絲的中間部分。

肌肉收縮主要是粗、細肌絲相互滑動，使肌節縮短所造成，但粗、細肌絲的長度皆未改變（圖 7-1B）。在滑動時，粗肌絲的肌凝蛋白橫樑與細肌絲的肌動蛋白部分結合，結果橫樑就像船槳一樣，在細肌絲的表面移動，同時粗、細肌絲相互滑動。當細肌絲移過粗肌絲時，細肌絲往肌節中央會合，所以 H 區變窄，甚至消失，肌節變短，I 帶變短。

細肌絲固定在 Z 線上，並往兩邊突出，主要是由雙股螺旋狀的肌動蛋白所組成的（圖 7-2）。每一肌動蛋白分子含有一個可與肌凝蛋白上的橫樑作用的肌凝蛋白結合位置。除了肌動蛋白外，尚含有與肌肉收縮調節有關的旋轉素（troponin; Tn）與旋轉肌球素（tropomyosin; T）兩種蛋白質分子。

旋轉素位於旋轉肌球素表面的一定間隔處，並構成三個次單位：連接到肌動蛋白的旋轉素 I（TnI）；連接鈣離子的旋轉素 C（TnC）；連接至旋轉肌球素的旋轉素 T（TnT）。旋轉肌球素與旋轉素的複合體可維持肌肉在鬆弛狀態。

粗肌絲主要是由肌凝蛋白所組成，每一肌凝蛋白的形狀像高爾夫球桿，分成頭、尾部，突出的頭部稱為橫樑（cross bridge），含有一個肌動蛋白的結合位置及一個 ATP 的結合位置（圖 7-2）。

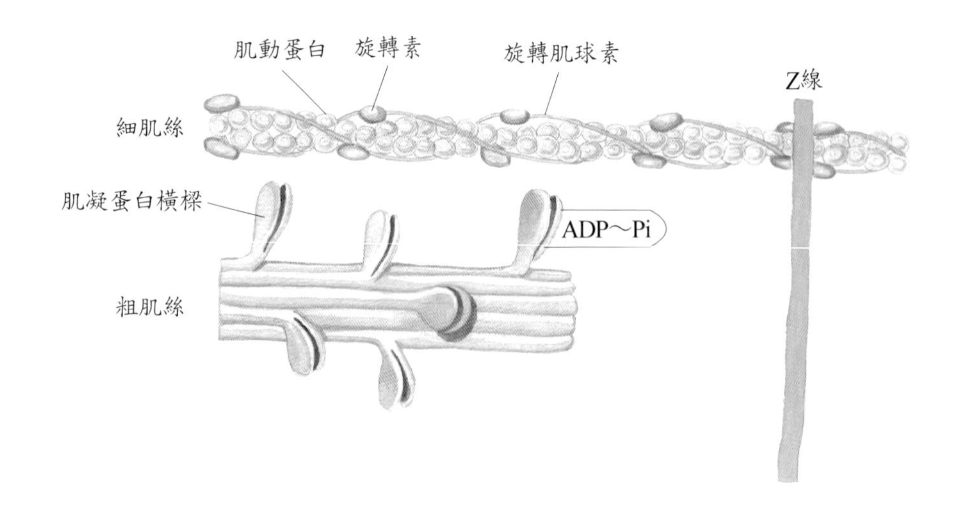

圖 7-2　肌絲的構造

收縮生理學

運動神經元由脊髓前角發出，能刺激骨骼肌收縮（contractioa）。每一條運動神經元與所支配的肌纖維（肌細胞），合稱為運動單位（motor unit）。控制精細動作的肌肉，每一運動神經元支配約不到 10 條的肌纖維，例如眼球的外在肌、負責粗重動作的肌肉。每一運動神經元支配約 200～500 條，甚至 2,000 條肌纖維，例如肱二頭肌、腓腸肌等。換句話說，支配肌纖維數目越少的，動作越精細；支配肌纖維數目越多者，動作越粗重。

運動神經元的軸突終端球與肌肉細胞的肌漿膜之交接處，稱為神經肌肉接合（neuromuscular junction）或運動終板（motor end plate）（圖 7-3A）。在軸突終端球內有儲存神經傳導物質的突觸小泡。當運動神經衝動到達軸突終端球時，會誘發突觸小泡釋出神經傳導物質乙醯膽鹼（acetylcholine; Ach），以引起肌肉收縮。

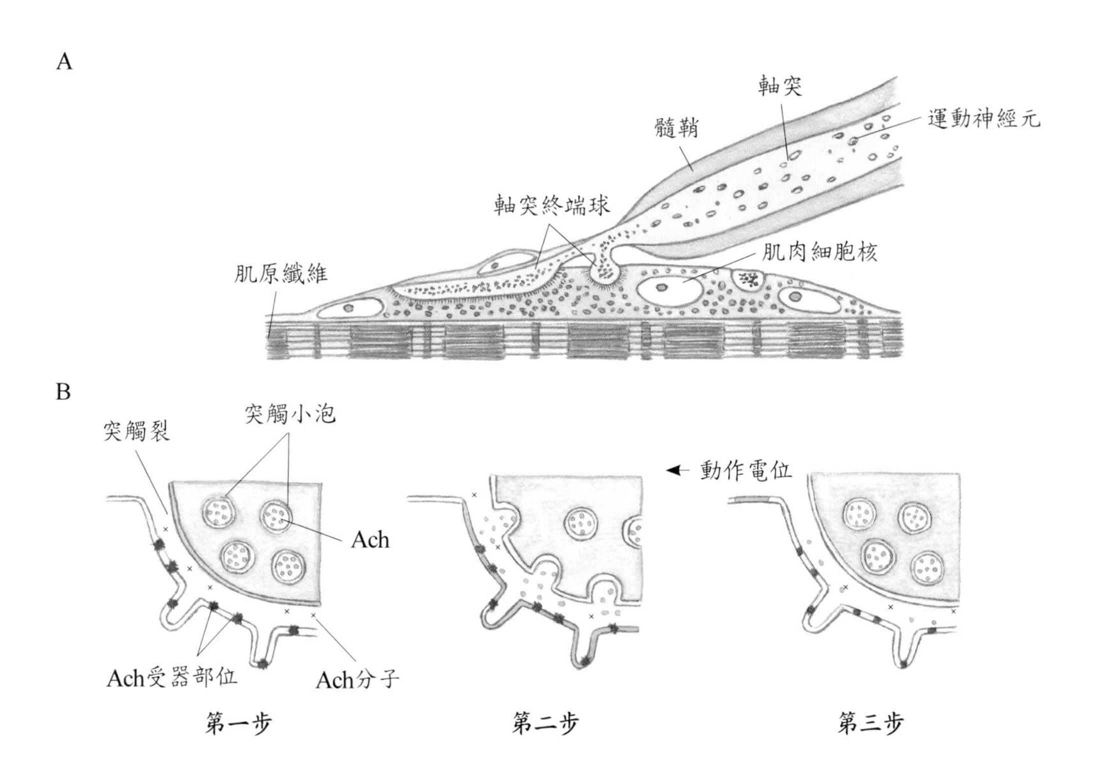

1. 第一步：動作電位到達軸突終端球，引起去極化。
2. 第二步：含有乙醯膽鹼的小泡與膜表面融合，釋出其內容，Ach 分子擴散通過突觸裂，結合肌表面的受器，以使膜去極化。
3. 第三步：動作電位移動離開神經肌肉接合，當乙醯膽鹼脂酶把 Ach 的受器部位除去，使軸突終端傳到肌漿膜的神經衝動終止。

圖7-3 神經肌肉接合。A. 運動終板的縱切面；B. 軸突終端球與肌纖維膜接合傳導情形。

當刺激經由神經衝動傳至運動神經元的軸突終端球，此時鈣離子由細胞外液進入細胞內（軸突終端球），刺激突觸小泡釋出乙醯膽鹼（Ach），接著乙醯膽鹼（Ach）擴散通過突觸裂與肌漿膜上的接受器結合（圖7-3B），使肌漿膜的通透性發生改變，衝動進入橫（T）小管，刺激橫小管旁邊的肌漿網，使鈣離子由肌漿網進入肌漿與 TnC 結合（啟動收縮機轉），拉開旋轉肌球素與旋轉素的複合體（鬆弛蛋白），暴露肌凝蛋白結合位置，與肌凝蛋白橫梁結合，使橫樑上的 ATP 水解酶活化，將 ATP 分解成 ADP＋P 並放出能量，此能量使粗、細肌絲互相滑動，產生收縮（圖7-4）。

當乙醯膽鹼（Ach）被乙醯膽鹼脂酶摧毀後，會使軸突終端傳到肌漿膜的神經衝動終止，於是鈣離子經主動運輸，由肌漿回到肌漿網儲存，肌漿內的低鈣濃度使旋轉肌球素與旋轉素的複合體（鬆弛蛋白）回到活化位置與橫樑之間，ADP 被再合成 ATP，肌節回復放鬆狀態。

臨床指引：

重症肌無力（myasthenia gravis; MG），是指神經肌肉處的 Ach 接受器減少，導致肌肉收縮無力，是一種自體免疫疾病，發生年齡以 11～30 歲的女性或 51～70 歲的男性為多。

好發生於眼肌、吞嚥肌、呼吸肌及四肢肌肉。其中以侵犯眼肌（內直肌）最常見，所以 MG 病患在早期會發生眼皮下垂及複視現象，約 85% 病人會有肌無力症狀。治療 MG 多以抗 Ach 酶為主，輔以胸腺切除法或配合免疫抑制治療及血液透析。

收縮能量

ATP 是肌肉收縮所需的立即且直接的能源。不過肌纖維內的粒線體經由有氧細胞呼吸所產生的 ATP 量，僅能提供劇烈運動時 5～6 秒的肌肉收縮，所以需靠下列機轉不停的製造 ATP：

1. 高能分子的磷酸肌酸（phosphocreatine）：其能分解成肌酸（creatine）與磷酸（phosphate），並放出大量能量將 ADP 轉化為 ATP，但最多也只能供應肌肉收縮 15 秒。
2. 肝醣分解：能合成 ATP，但也只能提供肌肉收縮數分鐘。
3. 脂肪分解：能大量合成 ATP，可以使肌肉做長時間收縮。

A

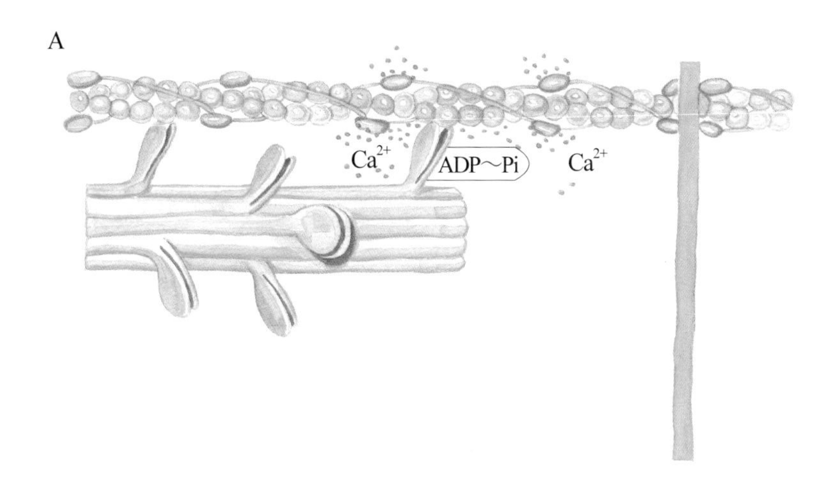

B

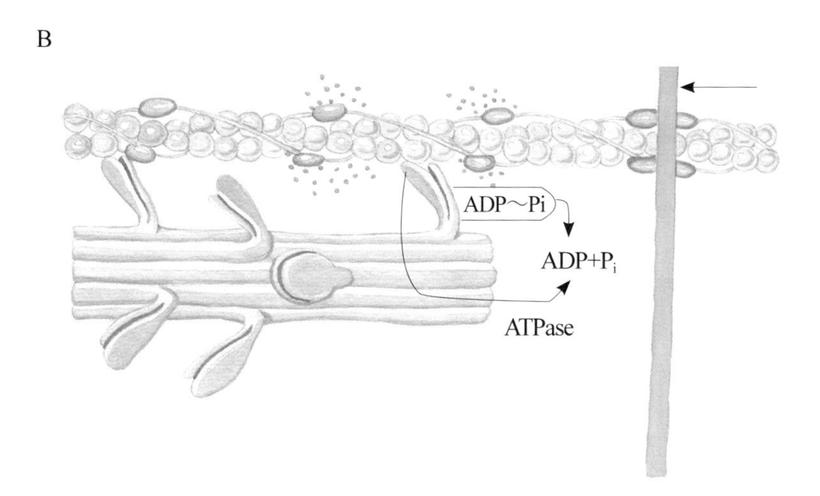

圖7-4　肌肉收縮的機轉。A. 在細肌絲上鈣離子與 TnC 結合，露出肌凝蛋白結合位在粗肌絲上，使肌凝蛋白頭部區的 ATP 活化產生能量；B. 粗細肌絲互相結合滑動，產生收縮。

閾刺激原理

能引起收縮作用的最小刺激，稱為閾刺激（threshold stimulus）。刺激較閾刺激程度小且不能引發收縮，則稱為閾下刺激（subthreshold stimulus）。任何一個刺激，若強度不及閾刺激時，則只能在細胞膜上產生局部的電位變化；若刺激到達閾刺激的強度時，則不管刺激大小，皆會產生相同的神經衝動，使肌纖維以最大程度收縮。只要施以刺激，一個運動單位內的個別肌纖維以最大程度收縮或完全不收縮的，稱為全或無定律（all-or-none principle）。

收縮種類

依刺激的頻率，骨骼肌能產生下列不同的收縮。詳細狀況敘述於下：

肌肉緊張度

肌肉緊張度（muscle tone）又稱緊張性收縮，是一種溫和式的強直收縮，整塊肌肉中的肌纖維非同時興奮收縮，而是部分纖維收縮、部分鬆弛，是身體維持姿勢所必需。肌肉若失去緊張度，會因張力過低而使肌肉軟弱，所以肌肉長時間未接受刺激會造成肌肉萎縮。如果肌肉很有力的反覆活動，會使肌肉肥大。整個肌肉的收縮是遵守等級反應原則，收縮程度和刺激強度、參與收縮的肌纖維數目呈正比。

牽扯收縮

牽扯收縮（twitch contraction）又稱單一抽搐，是單一刺激引發的快速收縮，從肌動波或肌電圖所示，收縮過程可分潛伏、收縮、鬆弛三期（圖7-5）。

1. 潛伏期：在刺激與開始收縮之間的 10 毫秒（msec）期間，此時鈣離子由肌漿網釋出，肌凝蛋白橫樑的活性正要開始。
2. 收縮期：肌肉張力上升和到達尖峰的 40 毫秒期間，此時，橫樑與肌動蛋白互相滑動。
3. 鬆弛期（舒張期）：此時張力下降至靜止水平期間，約 50 毫秒。

當肌纖維接受足夠的刺激而收縮時，會暫時失去興奮性，這段時間無法接受刺激收縮，這種失去興奮性的時期，稱為不反應期（refractory period）。骨骼肌的不反應期只有 5 毫秒，心肌則長達 300 毫秒，所以不似骨骼肌容易強直、疲倦。

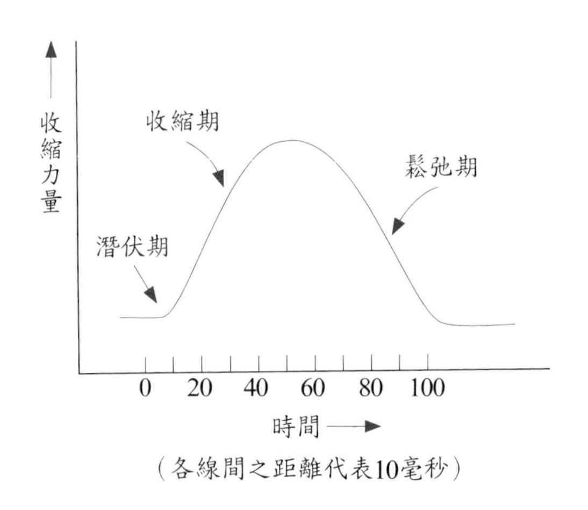

圖7-5 一次牽扯收縮的肌動波

強直收縮

在每一次收縮的不反應期結束後，給予快速、反覆的刺激，使肌肉不鬆弛，而成一連續性的收縮，是為強直收縮（tetanus contraction），只有骨骼肌才有。肌肉發生強的張力約為牽扯收縮的四倍。若在刺激與刺激間，肌肉沒鬆弛，稱為完全強直；若有部分肌肉鬆弛，則為不完全強直。而正常運動是屬於不完全強直收縮。

階梯收縮

一塊肌肉，以一連串相同頻率和強度，但速度不會快到引起強直收縮的刺激，肌波動的軌跡會顯現每次收縮的高度，呈階梯性增高的，即為階梯收縮（treppe contraction）。運動員在運動前的熱身運動即是利用此原理，以達最高的活動效度。

等張與等長收縮

1. 等張收縮（isotonic contraction）：肌肉縮短而張力保持固定，產生運動，能量被消耗（圖7-6A）。運動能使肌肉增大、耐力增強。例如彎曲前臂將書本往上提。
2. 等長收縮（isometric contraction）：肌肉長度不變，張力卻增加許多，雖不會產生運動，但還是消耗了能量（圖7-6B）。例如伸直手臂攜帶書本、立正站立時的腓腸肌收縮、手臂伸直用力頂住牆壁等。

肌肉氧債

食物分解所產生的葡萄糖可分解成丙酮酸和能量，此能量可使 ADP 轉換成 ATP（有氧細胞呼吸）。當骨骼肌在休息狀態時，有足夠的氧使丙酮酸氧化代謝成二氧化碳、水與能量。若骨骼肌在劇烈活動收縮時，由於葡萄糖分解成丙酮酸的速度太快，血液無法

A

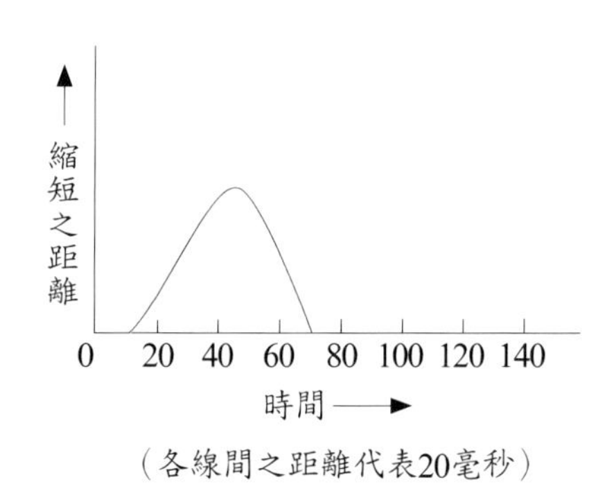

B

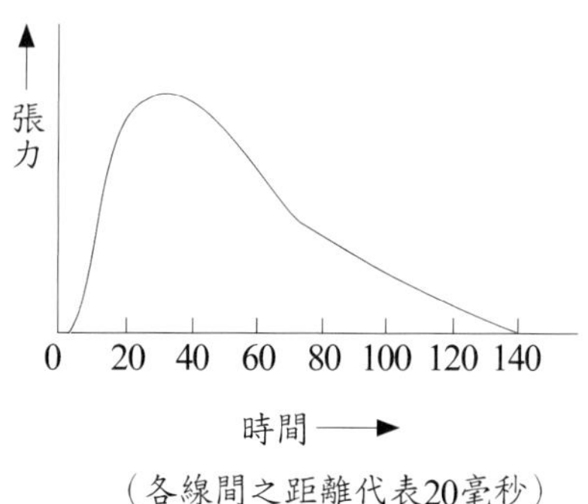

圖7-6　腓腸肌等張與等長收縮的比較。A. 等張收縮；B. 等長收縮。

供應足夠的氧來分解丙酮酸，於是在無氧的狀態下而產生乳酸。乳酸 80% 會經由骨骼肌擴散至肝臟合成肝醣再利用，剩下的 20% 會堆積在肌肉中造成肌肉疲勞，此堆積的乳酸（無氧細胞呼吸），需要額外的氧來幫助分解成二氧化碳和水，此額外的氧即為氧債（oxygen debt）。

肌肉疲勞

骨骼肌長時間的連續刺激會使收縮程度漸漸變弱，直到不反應為止，此即肌肉疲勞（muscle fatigue）。造成疲勞的原因有的是因可利用的氧減少，有的是乳酸、二氧化碳的堆積造成。常見的原因如下：

1. 過度活動，造成乳酸、二氧化碳等有毒物質的堆積。
2. 營養不良，使葡萄糖與 ATP 供應不足。
3. 呼吸障礙，會干擾氧的供應，而增加氧債。
4. 心臟血管循環不良，無法將有用的物質送往肌肉，同時也無法將肌肉代謝的廢物運出。

骨骼肌的解剖

肌肉運動的機轉與肌肉的結締組織、神經血管及構造有關，所以必須了解相關的肌肉解剖名詞。

結締組織成分

筋膜（fascia）位於皮下，或包住肌肉及其他器官的片狀或帶狀纖維結締組織（connective tissue），分成淺層及深層筋膜（表7-2）。

表7-2 肌肉的結締組織

項目	組　成	功　能
淺層筋膜	脂肪組織及疏鬆結締組織	• 是水和脂肪的倉庫 • 形成絕緣層，以保護身體，免於喪失水分 • 對重擊提供機械性保護 • 作爲神經血管的通路
深層筋膜	皮下組織的深層部分，爲不含脂肪的緻密結締組織	• 延伸成肌外膜，包覆整個肌肉，得以自由運動 • 作爲體壁內襯與填充肌肉間之空隙 • 有時作爲肌肉的起始點

其他的結締組織尚有由粗細肌絲構成的肌原纖維組成肌纖維（肌細胞），而肌纖維組成肌束，肌束再組成肌肉（表7-3、圖7-7）。肌內膜（endomysium）包圍肌纖維，肌束膜（perimysium）包圍肌束，肌外膜（epimysium）包圍整塊肌肉，三者皆為深層筋膜延伸而成，皆可延伸至肌肉外；肌內膜、肌束膜、肌外膜三者合成肌腱（tendon），附著於骨骼上。若肌腱擴展為片狀時，即為腱膜（aponeurosis），例如顱頂的帽狀腱膜。在手腕及足踝處的肌腱外圍，包有管狀的緻密纖維結締組織，稱為腱鞘（tendon sheath），內有滑液，使肌腱滑動順利。而在腹部中央的白線及將心臟房室瓣附著於乳頭狀肌的是腱索。

神經血管

骨骼肌的神經（nerve）支配和血管（blood）供應的情形會直接影響肌肉收縮的功能，通常都會有一條動脈伴隨一或二條靜脈及一條神經穿入一塊骨骼肌，而較大的血管及神經分枝會相伴通過肌肉的結締組織。微血管則分布於肌內膜，所以每一條肌細胞皆能與較多的微血管接觸。每一條骨骼肌纖維通常會與一個神經細胞的軸突終端球相連接，以便接受神經衝動的刺激，才會產生收縮。收縮所需的能量、營養、氧氣的供應及廢物的去除，皆有賴血液的供應與運送。

表7-3　肌肉各層次構造特性的比較

項　目	肌原纖維（肌絲）	肌纖維（肌細胞）	肌　肉
構成	肌凝蛋白、肌動蛋白組成	肌原纖維組成	肌纖維組成
收縮	全或無定律收縮	全或無定律收縮	等級性收縮
收縮後長度	長度不變	縮短	縮短

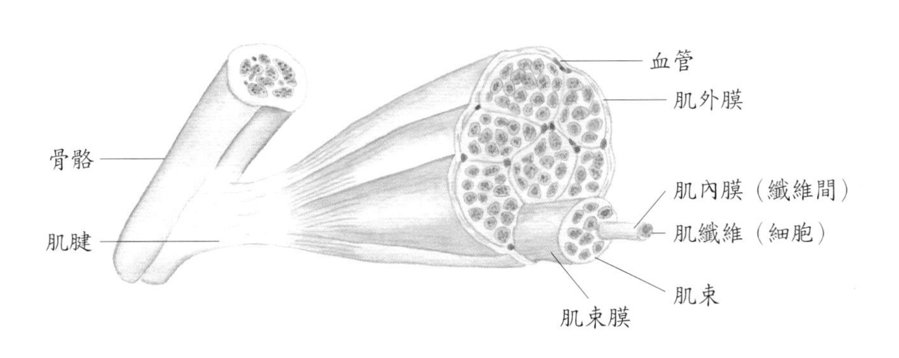

圖7-7　結締組織與骨骼的關係

組織學

肌纖維被肌漿膜（細胞膜）包覆，內有肌漿（細胞質），近肌漿膜處有多個細胞核。肌漿內有肌原纖維、特殊高能量分子、酶及肌漿網。肌漿網相當於一般細胞的無顆粒內質網，可儲存與輸送鈣離子。橫走肌纖維，並與肌漿網垂直的是橫小管（T 小管），由明亮的 I 帶與暗的 A 帶交接處進入肌漿，可將細胞間液直接送入每一肌節，是肌漿膜延伸而開口於肌纖維外的構造。一個橫小管與其兩旁的肌漿網側囊（終池）組成三合體（triad）（圖 7-8）。

心肌的解剖

心肌組織構成心臟壁，具有橫紋，但為不隨意肌。心肌纖維大致呈方形，細胞核位於中央，纖維外部有肌漿膜，只是與骨骼肌相較，心肌的肌漿較多、粒線體較大且數目亦較多。其粗細肌絲的情況與骨骼肌相似，只是橫小管較大並且位於 Z 線上，肌漿網也較不發達。

心肌纖維間以間盤相隔，間盤是增厚的肌漿膜，可強化心肌組織，以助衝動的傳導。在正常情況下，心肌組織以每分鐘約 75 次的速率，作快速、連續及節率性的收縮與

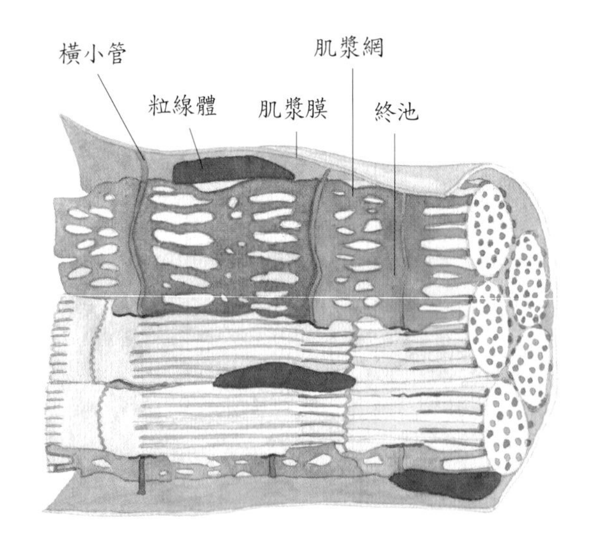

圖 7-8　骨骼肌的組織

舒張，所以需數目較多且大的粒線體來供應能量。心臟本身有傳導組織，並不需靠外在神經的刺激。心肌纖維收縮的時間比骨骼肌長 10～15 倍，不反應期是骨骼肌的 60 倍，故不易強直、疲倦。

平滑肌的解剖

平滑肌組織不具橫紋，是不隨意肌。平滑肌纖維呈梭形，卵圓形細胞核位於中央，雖也有粗、細肌絲，但排列不規則，且無 A 帶、I 帶，但有中間絲連在兩個緻密體（相當於橫紋肌的 Z 線）上。肌漿網較骨骼肌不發達。胞飲小泡相當於橫小管，可將神經衝動傳入肌纖維。

平滑肌纖維收縮與鬆弛的持續時間約較骨骼肌長 5～500 倍，收縮所需的鈣離子來自肌漿網與細胞外液，因不具橫小管，發動收縮程序所需時間較長。平滑肌纖維也不具與鈣離子結合的旋轉素，使用耗時較久的機轉，使肌肉收縮持續較久。

鈣離子進出肌纖維的速度慢，可延遲鬆弛的時間，而提供肌肉的緊張度，這對消化管壁、小動脈管壁及膀胱壁等內容物能維持穩定的壓力很重要。

平滑肌組織的類型：

1. 內臟或單一單位（single-unit）：較普遍存在的類型，其位於小的動脈與靜脈及中空的臟器，例如胃、腸、子宮、膀胱等壁上，其纖維緊緊連在一起，形成連續的網，只要一條平滑肌纖維受刺激，即會將衝動傳至相鄰的纖維，而產生收縮波。
2. 多單位（multi-units）：見於大動脈壁、到肺臟的大型空氣通道、連接於毛囊上的豎毛肌、眼球的內在肌等，是由個別的平滑肌纖維組成，與骨骼肌組織相似，每一條纖維接一個運動神經終端。

骨骼肌與運動

骨骼肌形成肌束，肌束兩端的肌腱附著於骨骼並越過關節，在經過運動神經元的刺激傳導後，骨骼肌收縮施力於肌腱拉動關節兩端的骨骼而產生運動。

起止端

骨骼肌施力於肌腱拉動骨骼而產生運動。肌腱附著於固定骨的一端稱為起端（origia），附著於可動骨的一端稱為止端（insertion），通常起端在近側端，止端在遠側端。運動時，止端移向起端（圖 7-9）。

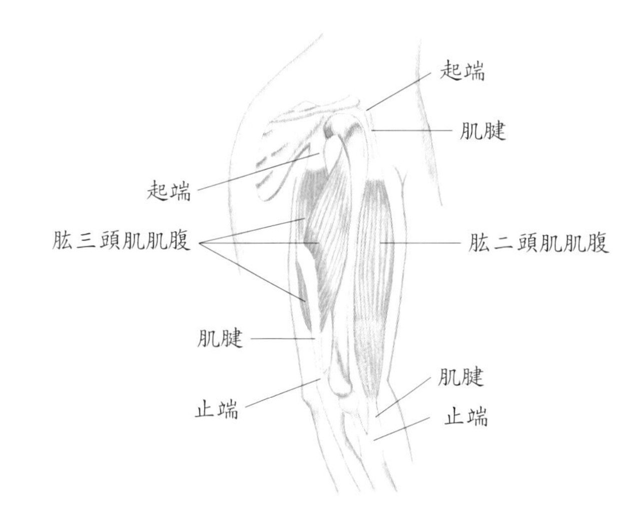

圖7-9　骨骼肌與骨骼的關係

肌束排列

肌束內的肌纖維彼此平行排列，稱為肌束排列（arrangement of fasciculi），但是肌束對於肌腱的排列方式則可能有下列四種形式（圖7-10）：

1. 平行（parallel）：肌束與肌腱之長軸平行。
   ⑴四邊形：兩端終止於扁平肌腱，肌肉形狀為四邊形，例如腹直肌。
   ⑵梭形：肌肉在越近肌腱處越細，例如肱二、三頭肌。
2. 會聚式（convergent）：一片廣闊的肌束會聚集成一狹窄的止端，這一類肌肉呈三角形，例如胸大肌。
3. 環狀（circular）：肌束排列成環狀而環繞一開口，例如口輪匝肌、眼輪匝肌。
4. 羽毛狀（pennate）：肌束之長度較短，而肌腱則幾乎延伸到整條肌肉的長度，肌束斜向肌腱，就像羽幹之羽毛一般。
   ⑴單羽狀肌：肌束只排列在肌腱的一側，例如伸趾長肌、脛骨後肌。
   ⑵雙羽狀肌：肌束排列在肌腱的兩側，例如股直肌。
   ⑶多羽狀肌：肌腱在肌肉內分枝，例如手臂的三角肌。

骨骼肌命名

骨骼肌命名（naming skeletal muscle）是依據下列特徵：

1. 位置：以位置與骨骼或身體之部位相關而命名。例如顳肌覆於顳骨上、肋間肌位於肋間、脛骨前肌位於脛骨前面等。
2. 形狀：依據肌肉具有特別形狀而命名。例如三角肌呈三角形、斜方肌呈不等邊四邊形等。

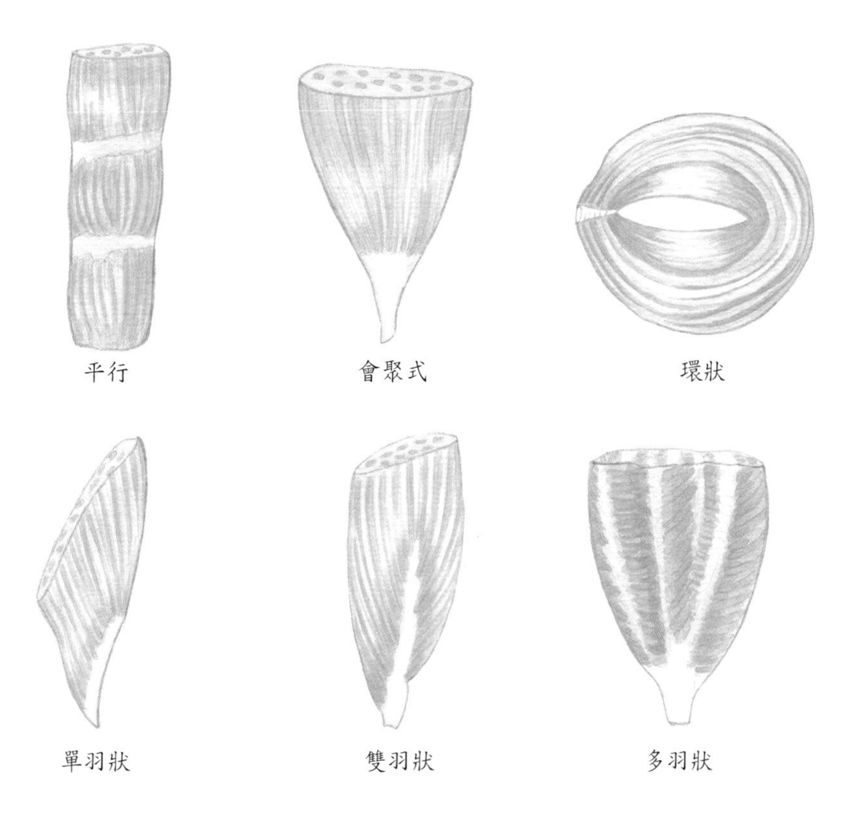

圖7-10　肌束排列的形式

3. 相對之大小：例如臀大肌及臀小肌、內收長肌及內收短肌。
4. 肌纖維之方向：可依據肌纖維的方向與體幹的中線或四肢的長軸之相關性而命名。例如腹直肌、腹橫肌、腹斜肌。
5. 起端的數目：例如肱二頭肌、肱三頭肌、股四頭肌，分別有二個、三個、四個起端或頭。
6. 起端與止端的位置：以其附著點，即起端與止端之名稱來命名。例如胸鎖乳突肌即起於胸骨、鎖骨，止於顳骨乳突；莖突舌骨肌起於顳骨莖突，止於舌骨。
7. 作用：例如橈骨伸腕長肌即是以作用來命名，其實也表達了位置與大小。

人體主要的骨骼肌

表情肌

位於顏面部及頭皮的皮下肌肉，起始於頭顱骨或筋膜，終止於顏面部及頭皮的皮膚，肌肉收縮時，可引起臉部表情的變化（圖7-11、表7-4）。

臨床指引：

肉毒桿菌是一種神經毒素，分A、B、E、F、G五種，能緊密的附著在末梢神經抑制乙醯膽鹼的正常釋放，進而阻止肌肉收縮，使肌肉暫時性的力量減弱或麻痺。

1977年Scott醫師將少量肉毒桿菌A局部注射在斜視的病人臉上後，意外發現具有減少臉部皺紋的用途。

顏面表情肌肉因收縮時間太長，而使顏面肌肉產生紋路，也就是動態紋或表情紋，就會產生動態性皺紋，例如蹙眉紋、抬頭紋、魚尾紋等。利用少量的肉毒桿菌A注射，阻斷肌肉的神經衝動，使臉上的皺紋放鬆，進而達到繃緊而除皺的效果。注射一次肉毒桿菌，效果可維持半年，有2%的機率會導致眼瞼下垂。

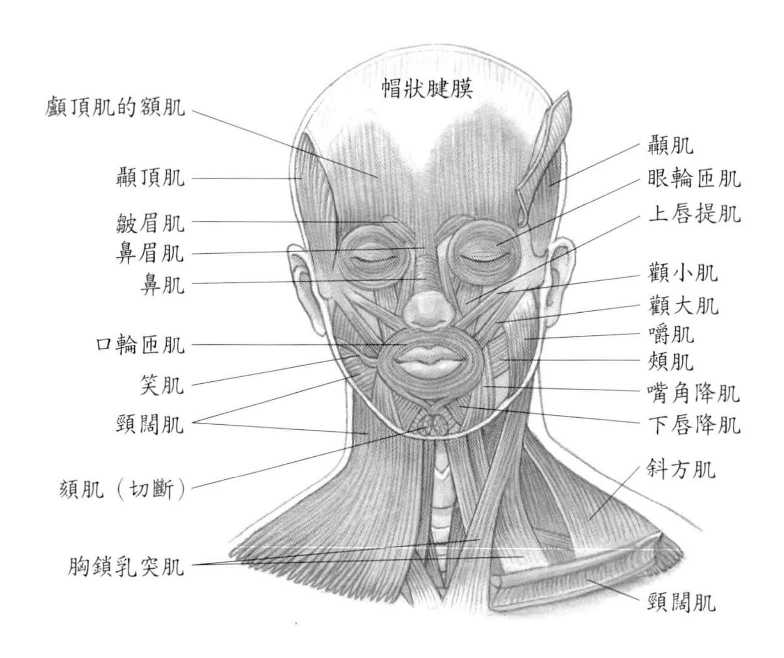

圖7-11 表情肌的側面觀

表7-4 臉部的表情肌

肌肉	起端	止端	作用	神經支配
顱頂肌	包括額肌與枕肌，兩者間以帽狀腱膜相連接			
• 額肌	帽狀腱膜	眶上線上面之皮膚	舉眉、皺前額	顏面神經
• 枕肌	枕骨及顳骨乳突	帽狀腱膜	將頭皮往後拉	顏面神經
眼輪匝肌	眼眶內緣、瞼內側韌帶、淚骨	眼眶邊緣的皮膚、瞼板	關閉眼裂（閉眼）	顏面神經
皺眉肌	蝶骨小翼、視神經管前方與上方	上眼瞼的皮膚和瞼板	上提上眼瞼（開啓眼裂、睜眼）	動眼神經
口輪匝肌	上、下頜骨，口唇周圍的深層皮膚	嘴唇的黏膜層	口唇的關閉、突出、壓迫等（如吹口哨、吸吮時，嘴唇的縮攏）及說話時使口唇成形	顏面神經
顴大肌	顴骨	嘴角及口輪匝肌上之皮膚	發笑時，使嘴角向上向外拉	顏面神經
上唇提肌	上頜骨	上唇皮膚	上唇上舉	顏面神經
下唇降肌	下頜骨	下唇皮膚	下唇下壓	顏面神經
頰肌（喇叭手肌）	上、下頜骨的齒槽突及翼突、下頜韌帶	口輪匝肌	吹口哨、吹氣時壓迫臉頰，並能產生吸吮動作	顏面神經
頦肌	下頜骨的門齒窩	下巴的皮膚	上提並突出下唇	顏面神經
笑肌	圍繞耳下腺之筋膜	嘴角之皮膚	將嘴角向外拉	顏面神經
頸闊肌	胸大肌、三角肌的淺筋膜	下頜骨、臉頰皮膚、嘴角及口輪匝肌	下頜骨後縮及臉下半部、頸部皮膚的拉張	顏面神經

咀嚼肌

可拉動下頜骨引起咀嚼運動，同時也與講話動作有關。顳肌的肌肉呈扇形，覆蓋整個顳區；嚼肌呈四角形，覆蓋於下頜枝及髁狀突的外側；翼外肌起源於二個頭，尖端往後方附著；翼內肌呈四邊形，位於下頜骨枝深部（圖7-12、表7-5）。

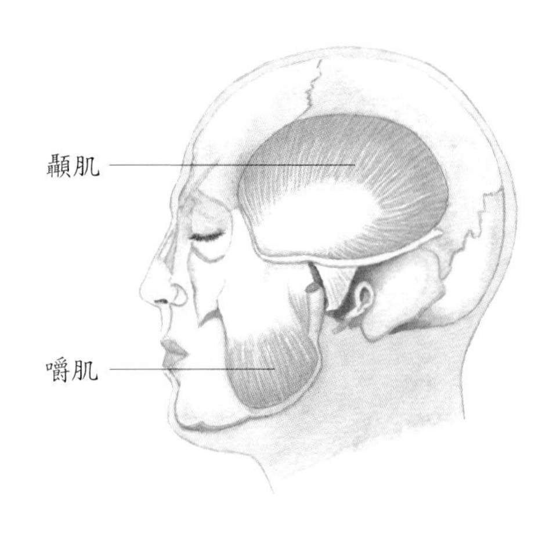

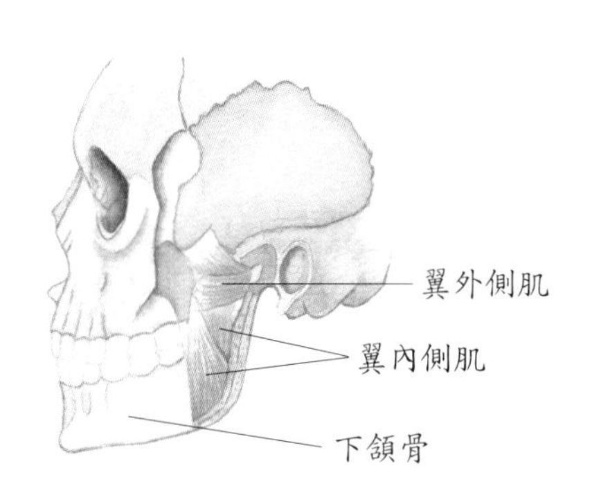

圖7-12 咀嚼肌

表7-5 臉部的咀嚼肌

肌 肉	起 端	止 端	作 用	神經支配
嚼肌	顴弓	下頷角及下頷枝外側面	咀嚼肌中最有力者，上提下頷骨使口閉合	三叉神經之下頷枝
顳肌	沿著顱顳線	下頷骨冠狀突	咀嚼肌中最結實者，上提及縮回下頷骨，可使牙關緊閉	三叉神經之下頷枝
翼外肌	• 上頭：蝶骨大翼的顳下嵴 • 下頭：翼外板的外側	下頷骨的髁突及顳頷關節	張口，使下頷骨前突及移向對側。可單獨作用或與另一側交互作用，使下頷骨作橫向移動	三叉神經之下頷枝
翼內肌	• 深頭：翼外板的內側面與顎骨 • 淺頭：上頷骨	下頷枝	使下頷骨上提、前突、移向對側，有助於牙齒作研磨的動作	三叉神經之下頷枝

移動眼球的肌肉

移動眼球的肌肉是指眼球的外在肌（表7-6、圖7-13）。其起端在眼球以外的構造，止端在眼球的外表面。

表7-6　移動眼球的肌肉

肌肉	起　端	止　端	作　用	神經支配
上直肌	眼眶頂部腱環	眼球上中央	眼球的上提、內收、內轉	動眼神經
下直肌	眼眶頂部腱環	眼球下中央	眼球的下降、內收、內轉	動眼神經
外直肌	眼眶頂部腱環	眼球外側	眼球外展	外旋神經
內直肌	眼眶頂部腱環	眼球內側	眼球內收	動眼神經
上斜肌	腱環上方	上直肌及外直肌間之眼球	眼球的外展、下降、內轉	滑車神經
下斜肌	眼眶底板的前面	下直肌及外直肌間之眼球	眼球的外展、上提、外轉	動眼神經

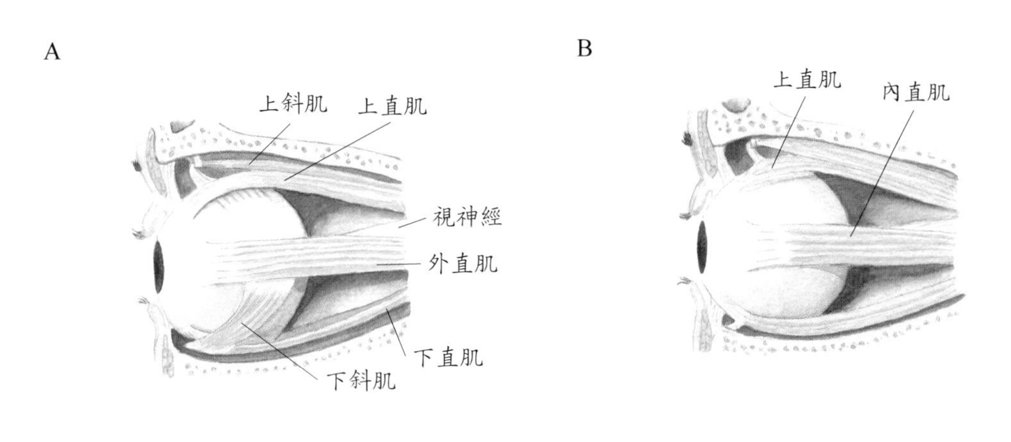

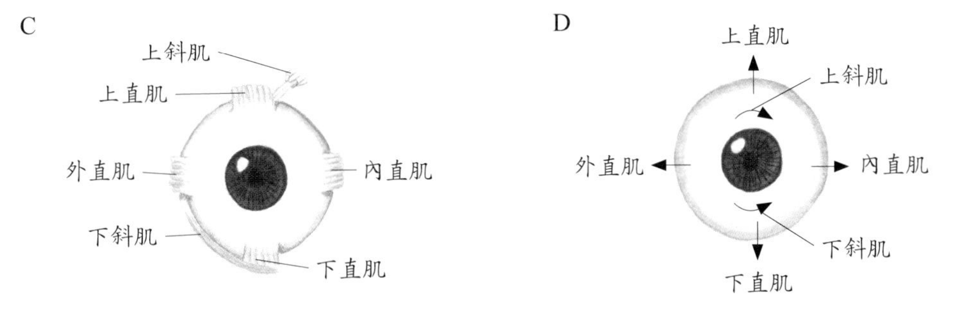

圖7-13　移動眼球的肌肉。A. 眼外側面；B. 眼內側面；C. 眼的前面；D. 顯示眼球運動方向。

移動舌頭的肌肉

舌的每一半各有四條內在肌及外在肌，移動舌頭的肌肉是外在肌，能使舌頭產生如捲舌之靈巧動作的是內在肌。舌的外在肌群主要由頦舌肌構成，是由下頜骨內的上頦棘以不同方向延伸至舌內，收縮時，可藉由不同的動作，助吞嚥動作的進行（表 7 - 7、圖7-14）。

表7-7 移動舌頭的肌肉

肌 肉	起 端	止 端	作 用	神經支配
頦舌肌	下頜骨頦棘	舌背及舌骨	舌下壓及前伸	舌下神經
莖突舌肌	顳骨莖突	舌底部及兩側	舌上提及縮回	舌下神經
顎舌肌	軟顎前面	舌兩側	舌上提及軟顎下壓	舌下神經
舌骨舌肌	舌骨體	舌兩側	舌下壓及縮回	舌下神經

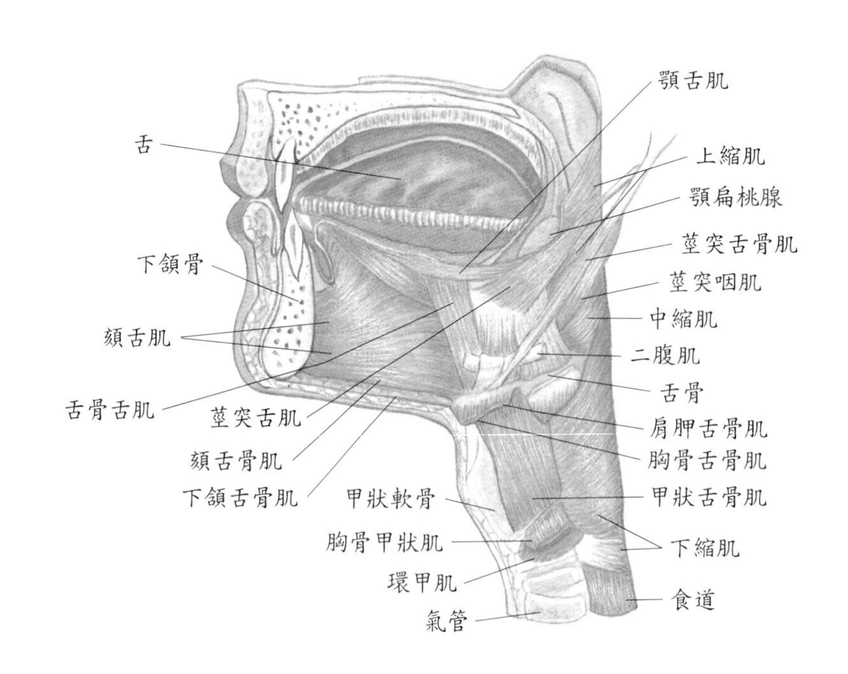

圖7-14 咽及移動舌頭的肌肉

咽的肌肉

包括構成咽壁的咽縮肌，以及其他終止於咽壁的肌肉，主要負責吞嚥的功能（圖7-14）。其中除了莖突咽肌是由舌咽神經支配外，其餘皆由迷走神經支配。現將吞嚥的過程敘述於下：

1. 舌及頰肌收縮擠壓食物，使食物沿著口腔頂部，後移至咽。
2. 下頷舌骨肌、頦舌骨肌（口腔底肌肉）收縮，將喉頭向上向前拉起，使食道打開，會厭軟骨拉向下方，將喉開口封閉。
3. 顎帆張肌、顎帆提肌（口腔後側肌肉）可將軟顎向上提，封閉後鼻孔。
4. 顎咽肌上提咽、喉部，以關閉鼻咽。
5. 耳咽管咽肌上提咽部，使耳咽管打開。
6. 食物入咽以後，咽縮肌（上、中、下縮肌）接受延腦訊息而收縮，將食物送入食道。

喉的外在肌

是指終止於舌骨的肌肉，以舌骨為界線，位於舌骨上方的是舌骨上肌（口腔底部肌肉），位於舌骨下方的是舌骨下肌（頸部肌肉）（圖7-15、表7-8）。可控制舌骨及喉的位置，下壓下頷骨、上提舌骨，穩固舌頭和咽。

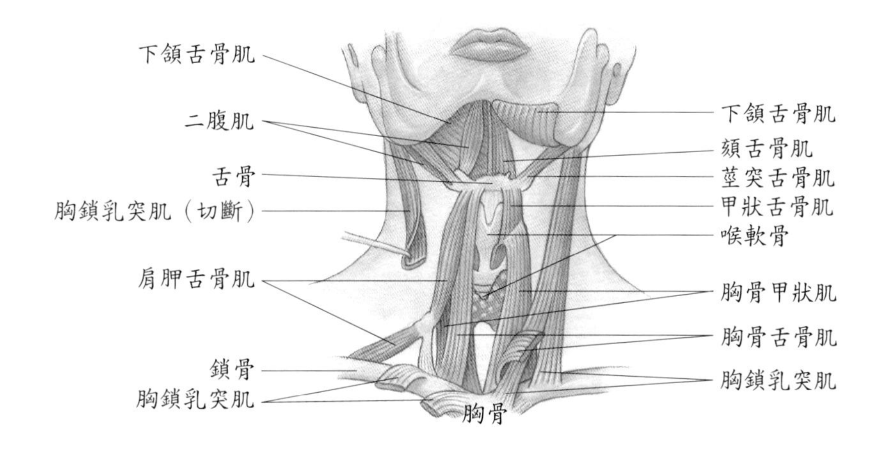

圖7-15　喉的外在肌

表7-8 喉的外在肌

肌肉		起端	止端	作用	神經支配
舌骨上肌	二腹肌	• 前腹：下頷骨的二腹肌窩 • 後腹：顳骨乳突	舌骨體	在吞嚥、說話時，下壓下頷骨、上提舌骨和維持穩定	• 前腹：三叉神經下頷枝 • 後腹：顏面神經
	下頷舌骨肌	下頷骨內側面	舌骨體	在吞嚥、說話時，上提舌骨、口腔底部、舌頭	三叉神經下頷枝
	頦舌骨肌	下頷骨內側面	舌骨體	將舌骨向前上方拉時，會縮短口腔底部，加寬咽部	舌下神經
	莖突舌骨肌	顳骨莖突	舌骨體	上提、回縮舌骨，加長口腔底部	顏面神經
舌骨下肌	肩胛舌骨肌	肩胛骨上緣	舌骨下緣	下壓、回縮和穩定舌骨	頸神經叢
	胸骨舌骨肌	胸骨柄和鎖骨內側	舌骨體下緣內側	下壓舌骨	頸神經叢
	甲狀舌骨肌	甲狀軟骨斜線	舌骨體外下緣	下壓舌骨、升高喉部	頸神經叢
	胸骨甲狀肌	胸骨柄後面	甲狀軟骨斜線	下壓舌骨和喉部	頸神經叢

喉的內在肌

是指喉本身的肌肉，起、止端均在喉的軟骨（圖7-16）。除了環甲肌是由迷走神經的喉外枝所支配外，其餘皆由迷走的喉返神經支配。主要功能是在發聲時能改變聲帶的緊張度及聲門的大小。

環甲肌能使聲帶變緊，聲音尖銳；甲杓肌使聲帶變鬆，聲音低沉；環杓後肌能外展聲帶襞，使聲門變大，聲音大聲；環杓側肌、杓肌則是內收聲帶襞，使聲門變窄，聲音小聲。肌肉皆以起止端命名。

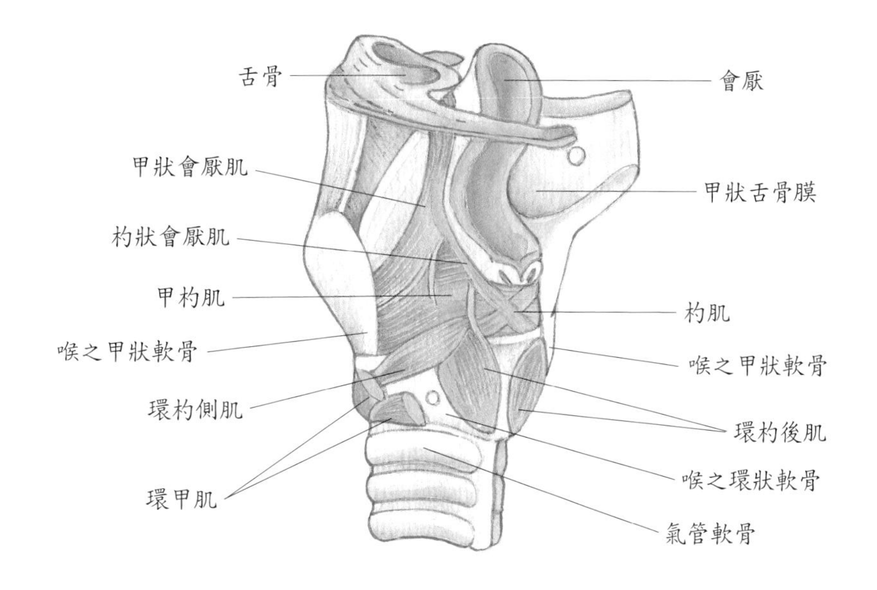

圖7-16 喉的內在肌

移動頭部的肌肉

位於頸部，起端在頸椎、胸骨或鎖骨，止端在枕骨或顳骨（圖7-17）。此處最重要的肌肉是胸鎖乳突肌（sternocleidomastoid muscle; SCM），其起端在胸骨、鎖骨，止端在顳骨乳突，斜行於頸部，將頸部分成前後兩個三角，是頸部最明顯的肌肉，亦是呼吸輔助肌之一。單側收縮時，頭轉向對側；雙側同時收縮時，彎曲頸部，將頭拉向前、將頦上提。它也是出生時最容易斷裂的肌肉。

- 頭半棘肌、頭夾肌收縮，胸鎖乳突肌鬆弛，會伸展頭頸部呈仰頭狀態。

腹壁的肌群

前外側腹壁的上方以第十二對肋軟骨及劍突為界，下方則以腹股溝韌帶和髖骨為界。腹壁由皮膚、皮下結締組織、肌肉、筋膜、腹膜所組成。前外側腹壁有四條重要的肌肉，由外至內，由淺至深的排列順序是：腹直肌、腹外斜肌、腹內斜肌、腹橫肌（圖7-18）。腹部正中央由劍突至恥骨聯合的索狀結締組織稱為白線，是腹直肌筋膜所形成的腱索。

腹股溝（鼠蹊）位於腸骨前上棘與恥骨結節間，是由腹外斜肌腱膜在腹部下緣特別增厚而成。腹外斜肌的腱膜在恥骨之上外側有一三角形裂縫，是淺鼠蹊環，亦即腹股溝管的外環，開口於皮下；腹股溝管的內環，亦即深鼠蹊環開口於腹腔，由腹橫肌腱膜形

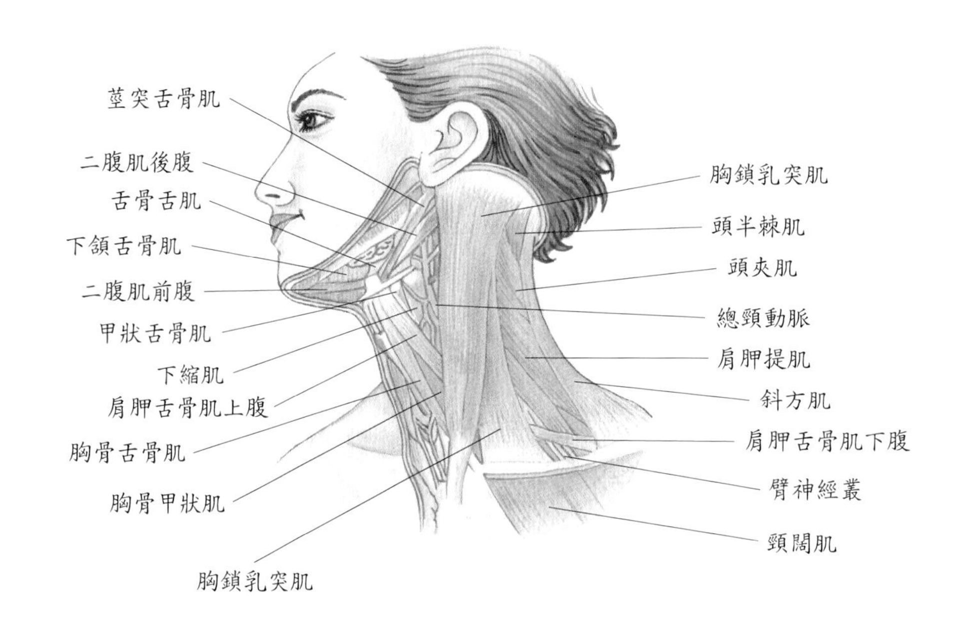

圖7-17 頸部前外側肌肉含頸前三角（喉外在肌）、頸後三角（移動頭頸部肌肉）

成。腹股溝管位於腹股溝韌帶內側上方的斜走管道，有男性的精索或女性的子宮圓韌帶通過。腹股溝管是腹壁上較弱的部位，男性開口較女性大，當腹壓增加時，較易使腸子進入其內，甚至進入陰囊內，此即為腹股溝疝氣。提睪肌是腹內斜肌的延伸，與精索相伴而至精囊。

腹外斜肌、腹內斜肌、腹橫肌三塊扁平的肌肉皆以強韌的片狀腱膜終止於前方。每一層腱膜的纖維皆與來自對側的纖維，在白線處互相交織而形成腹直肌鞘。這三層扁平的肌肉及其腱膜形成了前外側腹壁強壯，可擴張性的支持，並提供腹腔內臟相當重要的保護。所以四塊腹壁肌肉收縮可壓縮腹腔，增加腹壓，以利排便、強力呼吸、分娩等的進行。

臨床指引：

疝氣，腹股溝疝氣（ingular hernia）是小兒泌尿外科最常見的疾病，俗稱脫腸。出生後腹股溝管關閉不全，導致腹腔內的小腸、網膜等進入其內，而成為疝氣；若僅有腹腔液進入陰囊內，即為陰囊水腫。疝氣一般發生率為 1～4%，男生比女生多 10 倍。治療則以手術高位結紮腹股溝管的方法，宜早日實施以避免發生管內小腸嵌塞產生壞死現象。

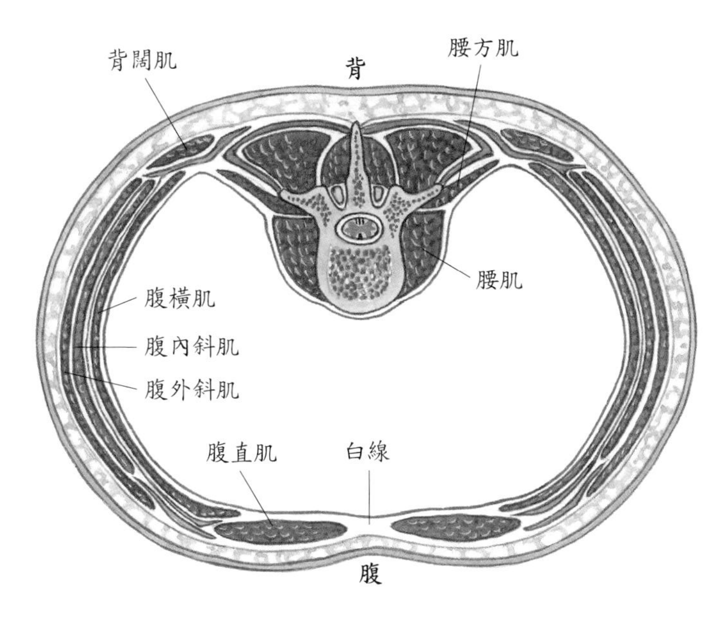

圖7-18　下腹部橫切面

用於呼吸的肌肉

主要位於胸部能改變胸腔體積的肋間肌和橫膈。橫膈是圓頂狀的骨骼肌，為最主要的吸氣肌，前方起端在胸骨劍突及下位六根肋軟骨，後方起端在腰椎（圖7-19），止端在中央腱，由第 3～5 的頸脊神經組成的膈經所支配。吸氣時，橫膈收縮，將中央腱拉下，增加胸腔的垂直徑，同時肋間外肌收縮，提升肋骨、胸骨，增加胸腔的前後徑及左右徑。但若用力吸氣時，則會用到胸鎖乳突肌、斜角肌、提肩胛肌、前鋸肌、胸大肌等吸氣輔助肌。

1. 只要橫膈及肋間外肌鬆弛，即可產生呼氣動作。若是用力吐氣，才會用到肋間內肌及腹直肌的收縮，以減少胸腔體積。
2. 橫膈隔開胸腔與腹腔，但被一些器官所貫穿，形成了下列開口，由後往前的排列順序為：

   ⑴主動脈裂孔（在 T12 高度）：有主動脈、奇靜脈、胸管通過。

   ⑵食道裂孔（在 T10 高度）：有食道、迷走神經通過。

   ⑶下腔靜脈孔（在 T8-9 高度）：有下腔靜脈、膈神經通過。

骨盆底的肌肉

骨盆膈是由提肛肌及尾骨肌構成，為骨盆腔的最底層，隔開骨盆腔和會陰部。提肛肌是骨盆底很重要的一塊肌肉，由恥骨直腸肌、恥尾肌、髂尾肌三部分組成，形成一條

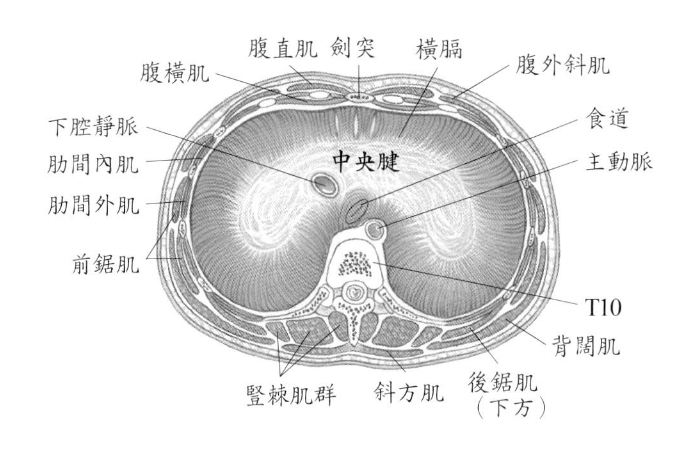

圖7-19 橫膈膜

肌肉吊帶來支持腹盆腔的臟器，以抗拒腹內壓的上升，並幫助骨盆腔的臟器保持原位。

在生產時，提肛肌有支持胎兒頭部的作用。若難產，會使提肛肌受傷，尤其是恥尾肌最容易受傷，易引起壓力性尿失禁、膀胱脫垂、子宮脫垂等問題。

會陰部肌肉

會陰部是指骨盆腔出口，骨盆膈以下的部位，也就是大腿與臀部之間的菱形區域（圖7-20），前方以恥骨聯合為界，外側以坐骨粗隆為界，後方以尾骨為界，在左右坐骨粗隆間畫一橫線，將會陰部分成了泌尿生殖三角及肛門三角。在菱形區域四個角畫對角線，交會處是會陰部的中央腱，此處對女性而言很重要，因為它是骨盆內臟器的最終支撐點，若生產時發生牽扯或撕裂，會使陰道後壁下段失去支撐而造成陰道壁由陰道口脫出，所以分娩時會施行會陰切開術。

會陰深橫肌、尿道括約肌及覆蓋於其上的纖維膜構成泌尿生殖膈，它圍繞泌尿生殖道，並助加強骨盆底。

移動肩帶的肌肉

移動肩胛骨的肌肉止端皆位於肩胛骨或鎖骨，包括的肌肉有位於淺層或深層。淺層肌肉在前面的有胸鎖乳突肌、三角肌、胸大肌、肱二頭肌；在背面的有斜方肌。深層肌肉在前面的有鎖骨下肌、胸小肌、前鋸肌；背面的有提肩胛肌、大菱形肌、小菱形肌（圖7-21）。

1. 斜方肌的起端在枕骨、項韌帶、頸椎及胸椎的棘突，止端在鎖骨、肩峰及肩胛棘，呈兩個大三角形的斜方肌附著在肩帶及脊柱上，以協助上肢懸掛著。它可上提鎖骨，內收、上提、下壓肩胛骨，並伸展頭部（頭部後仰），由第十一對腦神經控制。

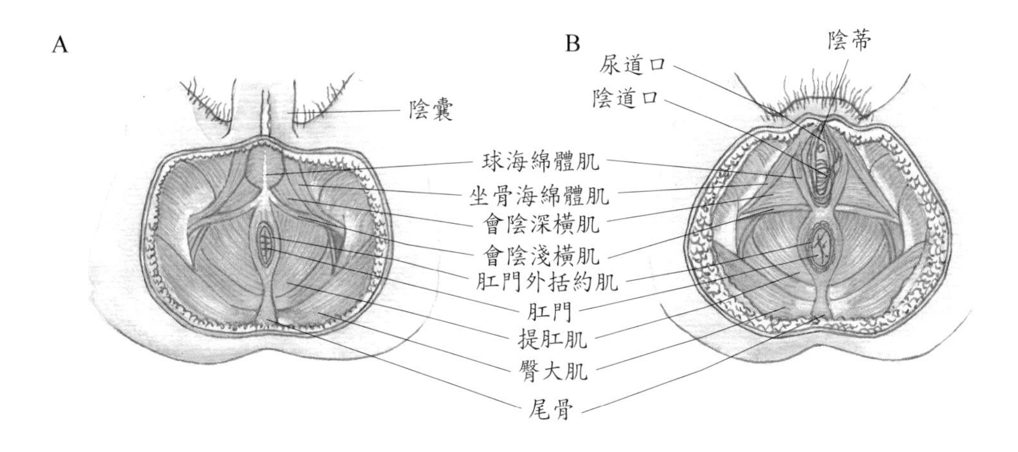

圖 7-20　骨盆底與會陰部的肌肉。A. 男性；B. 女性。

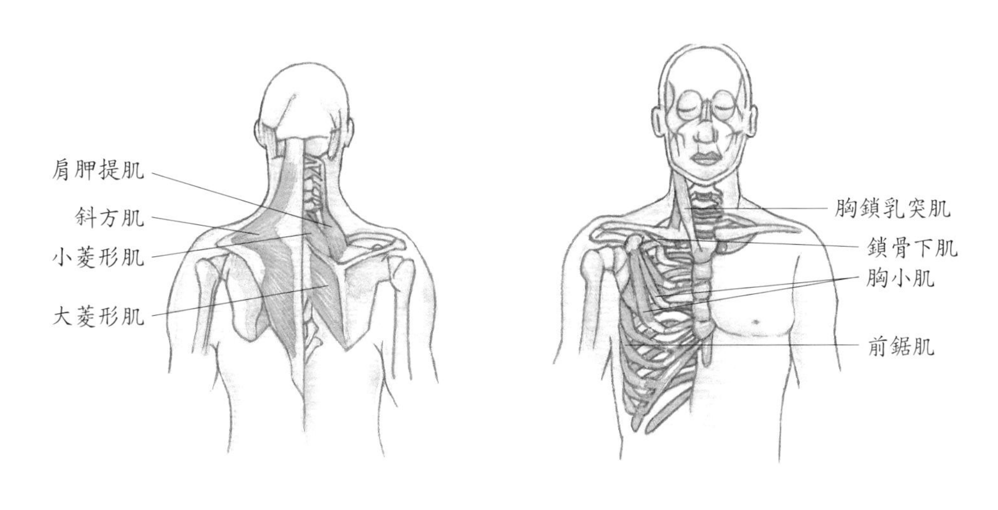

圖 7-21　移動肩帶的肌肉

2. 肩胛提肌的上 1/3 位於胸鎖乳突肌之下，下 1/3 位於斜方肌之下，可上提肩胛骨。大、小菱形肌位於斜方肌之下，由脊柱到肩胛骨內側，可內收肩胛骨。
3. 鎖骨下肌由第一肋骨至鎖骨外側，可下壓鎖骨。胸小肌是由第 3～5 肋骨前面至肩胛骨喙突，可下壓肩胛骨，也可上提肋骨。前鋸肌則由第 1～8 或 9 肋骨至肩胛骨內側緣及下角，可上提肋骨，旋轉肩胛骨。

移動上臂的肌肉

移動上臂的肌肉中，胸大肌位於胸部淺層，喙肱肌、肱二頭肌、肱三頭肌位於上臂，其餘的均位於背部及肩胛部（圖7-22）。

1. 三角肌形成肩膀的外形，是上臂的主要外展肌，同時棘上肌會協助三角肌的外展動作。肩胛下肌、棘上肌可使上臂向內側旋轉，棘下肌和小圓肌則是向外側旋轉，故此四條源於肩胛骨的肩胛肌稱為旋轉環帶肌。喙肱肌位於肩胛骨的喙突至肱骨幹中段之前內側，可使上臂屈曲、內收。
2. 胸大肌延伸於胸部和肱骨大結節間，乳房附於其上；背闊肌延伸於胸、腰椎與肱骨小結節間。胸大肌屈曲上臂而背闊肌伸直它，此二肌肉可共同工作產生肱骨內收和內旋轉。其實背闊肌的位置，可使肌肉直接作用於肩關節，間接作用於軀幹，所以在攀爬時，可使身體升向手臂。

A

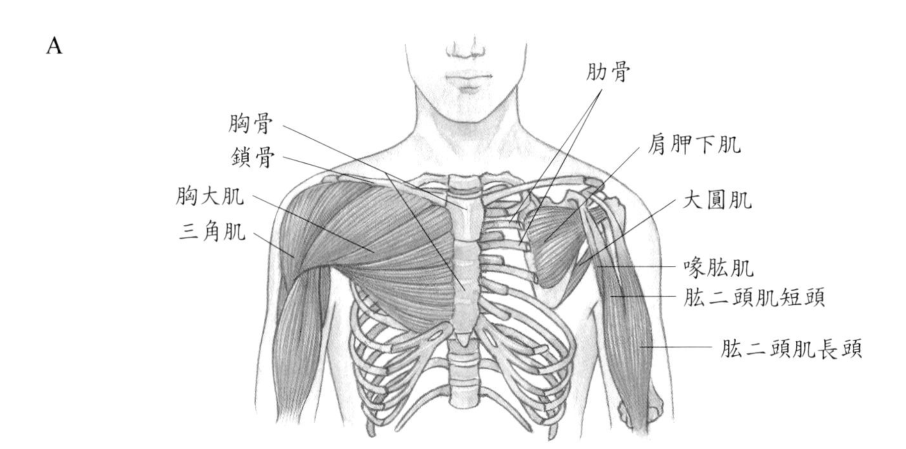

B

第一胸椎
棘上肌
棘上肌
棘下肌
三角肌
小圓肌
大圓肌
肱三頭肌長頭
背闊肌
肱三頭肌外側頭
腰背肌束

圖7-22　移動上臂的肌肉。A.前面觀；B.後面觀。

移動前臂的肌肉

四條上臂肌肉，三條屈肌（肱二頭肌、肱肌、喙肱肌）位於前面，接受肌皮神經的支配；一條伸肌（肱三頭肌）位於後面，接受橈神經支配，與肱二頭肌互為拮抗。肘肌雖位於前臂，卻與肱三頭肌有密切關係（圖7-23、表7-9）。

1. 移動前臂的肌肉，包括能使前臂彎曲的屈肌有肱二頭肌、肱肌、肱橈肌；能使前臂伸展的伸肌有肱三頭肌、肘肌；能使前臂旋前的旋前圓肌、旋前方肌及使前臂旋後的旋後肌。
2. 肘窩位於肘的前方之凹陷區，內側是旋前圓肌，外側是肱橈肌，底是肱肌、旋後肌，頂部則由深筋膜混合二頭肌腱膜、淺筋膜和皮膚所組成。

移動手腕及手指的肌肉

1. 手的外在肌：起始於上臂或前臂，終止於手部。位於前面的是屈肌群，在後面的是伸肌群（圖7-24）。

   (1)屈肌群：肌腱在腕部的前面被支持帶所覆蓋。

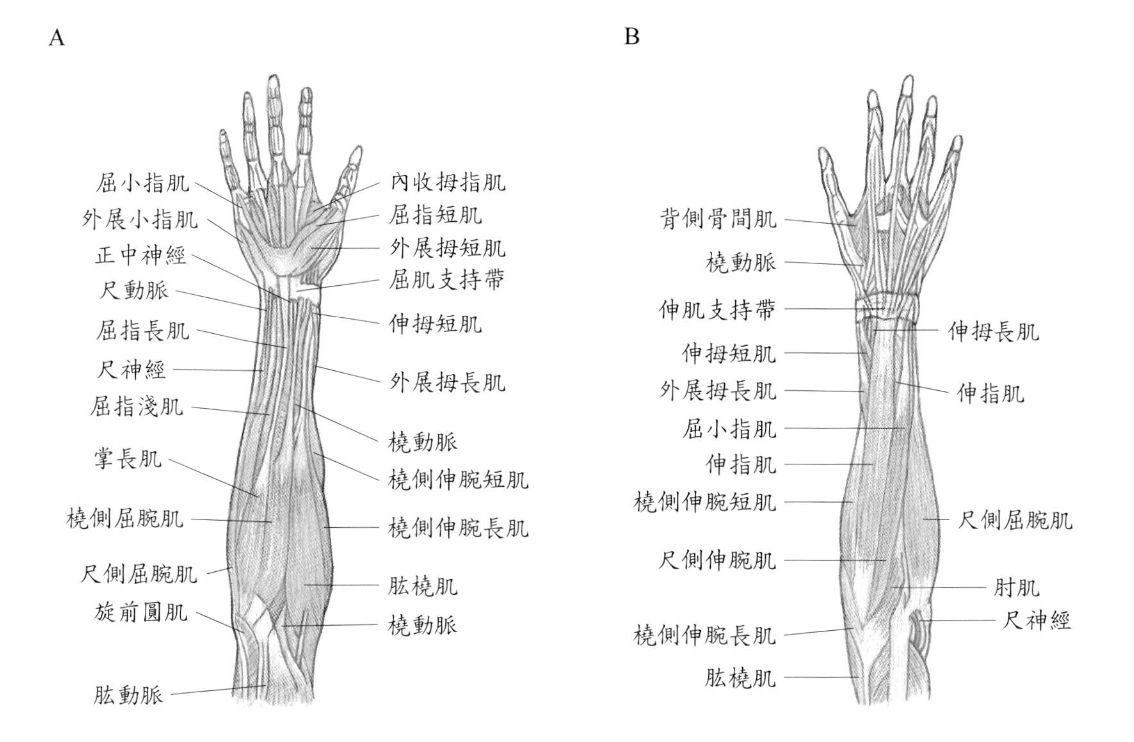

圖7-23 前臂的肌肉。A. 前面觀；B. 後面觀。

表7-9 移動前臂的肌肉

肌 肉	起 端	止 端	作 用	神經支配
肱二頭肌	• 長頭：肩胛骨盂上結節 • 短頭：肩胛骨喙突	橈骨粗隆及藉由二頭肌腱膜至前臂筋膜	前臂屈曲（肘關節彎曲）及旋後	肌皮神經
肱肌	肱骨前面遠側端	尺骨冠狀突及粗隆	前臂屈曲	肌皮神經及橈神經
肱橈肌	肱骨髁上嵴	橈骨莖突	前臂屈曲	橈神經
肱三頭肌	• 長頭：肩胛骨盂下結節 • 外側頭：肱骨橈神經溝以上部分 • 內側頭：肱骨橈神經溝以下部分	尺骨鷹嘴突	伸展前臂 長頭有助於外展的肱骨頭穩定	橈神經
肘肌	肱骨外上髁	尺骨幹之上部及鷹嘴突	伸展前臂	橈神經
旋後肌	肱骨外上髁及尺骨嵴	橈骨斜線	旋後前臂	橈神經
旋前圓肌	肱骨內上髁及尺骨冠狀突	橈骨幹中部外側面	旋前前臂	正中神經
旋前方肌	尺骨幹遠側端	橈骨幹遠側端	旋前前臂	正中神經

①淺層肌群：旋前圓肌、橈側屈腕肌、掌長肌、尺側屈腕肌和屈指淺肌。

②深層肌群：屈指伸肌、屈指長肌、旋前方肌。

⑵伸肌群：依功能可分三群。

①在腕關節處可伸、外展或內收的肌肉：橈側伸腕長肌、橈側伸腕短肌、尺側伸腕肌。

②可伸內側四指的肌肉：伸指肌、伸食指肌、伸小指肌。

③可伸或外展拇指的肌肉；外展拇長肌、伸拇短肌、伸拇長肌。

其中橈側伸腕短肌、尺側伸腕肌、伸指肌、伸小指肌是屬淺層伸肌。

2. 手的內在肌：起、止端皆在手部，涉及手部的靈巧運動，其神經支配大部分來自尺神經。所以手部的靈巧動作與尺神經最相關（圖7-25）。可分成四群：

⑴在拇指部分的拇指球肌（魚際肌群）：包括外展拇短肌、屈拇短肌、拇對掌肌，可先伸後外展、屈曲、內旋、內收。在內收拇肌及屈拇長肌的作用下，可增加拇指對其他指尖的壓力。

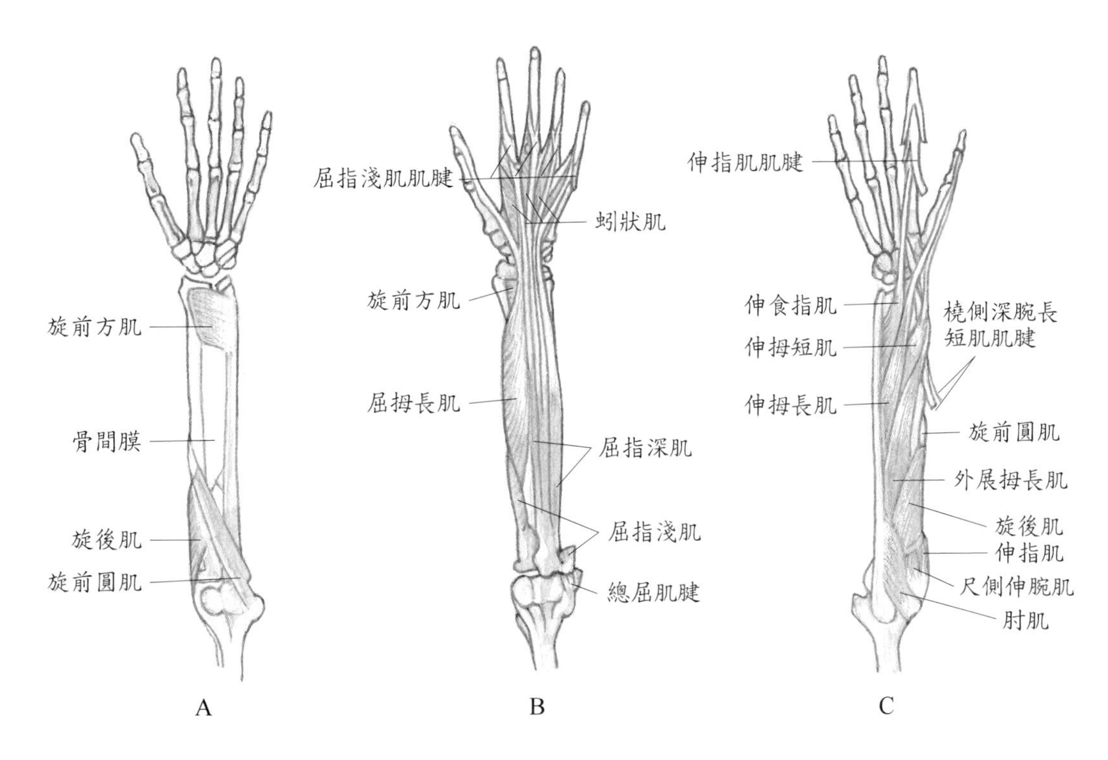

圖7-24　手腕的深層肌肉。A. 旋轉肌；B. 屈肌；C. 伸肌。

⑵內收部分的內收拇肌：當橈動脈進入手掌形成深掌弓時，將內收拇肌分成兩頭，遠端附著點是近端指節底的內側面，肌腱的終點則含有一種子骨。

⑶在小指部分的小指球肌：包括外展小指肌、屈小指短肌、小指對掌肌，可移動第五小指。

⑷手的短肌：包括蚓狀肌和骨間肌。蚓狀肌作用在內側四指，骨間肌介於掌骨之間，可作用於全部五指。骨間背肌外展手指，骨間掌肌則內收手指。

移動脊柱的肌肉

位於背部的深層（圖7-26），它是背部的內在肌，其中最主要的是薦（骶）棘肌。薦棘肌縱向重疊分布於整條脊柱上，上端附著於枕骨或顳骨乳突上，因此它可使頭、頸、軀幹產生伸展、側屈及旋轉的動作。薦棘肌由外至內包括了三組肌群，即髂肋肌群、最長肌群、棘肌群。另外較短小的肌肉，如旋轉肌、棘間肌等，是薦棘肌的協同肌，並可穩固脊柱。此外，腹部肌肉亦可助脊柱運動。

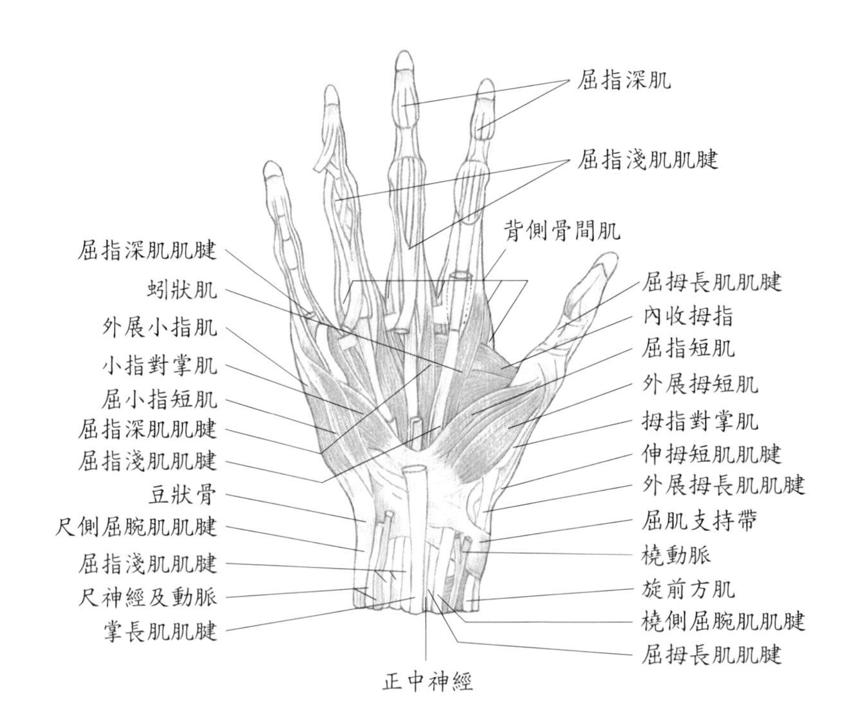

圖7-25 手部的內在肌（前面觀）

表7-10 使頸椎椎骨間關節運動的主要肌肉

屈　曲	伸　展	側　彎	旋　轉
兩側同時收縮 • 頸長肌 • 斜角肌 • 胸鎖乳突肌	兩側同時收縮 • 頭夾肌 • 頭半棘肌 • 頸半棘肌	單側收縮 • 頸髂肋肌 • 頭最長肌 • 頸最長肌 • 頭夾肌、頸夾肌	單側收縮 • 轉肌 • 頭及頸半棘肌 • 多裂肌 • 頸夾肌

表7-11 使胸、腰椎椎骨間關節運動的主要肌肉

屈　曲	伸　展	側　彎	旋　轉
兩側同時收縮 • 腹直肌 • 腰大肌	兩側同時收縮 • 薦棘肌 • 多裂肌 • 胸半棘肌	單側收縮 • 胸、腰髂肋肌 • 胸最長肌 • 多裂肌 • 腹內、外斜肌 • 腰方肌	單側收縮 • 多裂肌 • 腹外斜與對側腹內斜肌同時作用 • 胸半棘肌

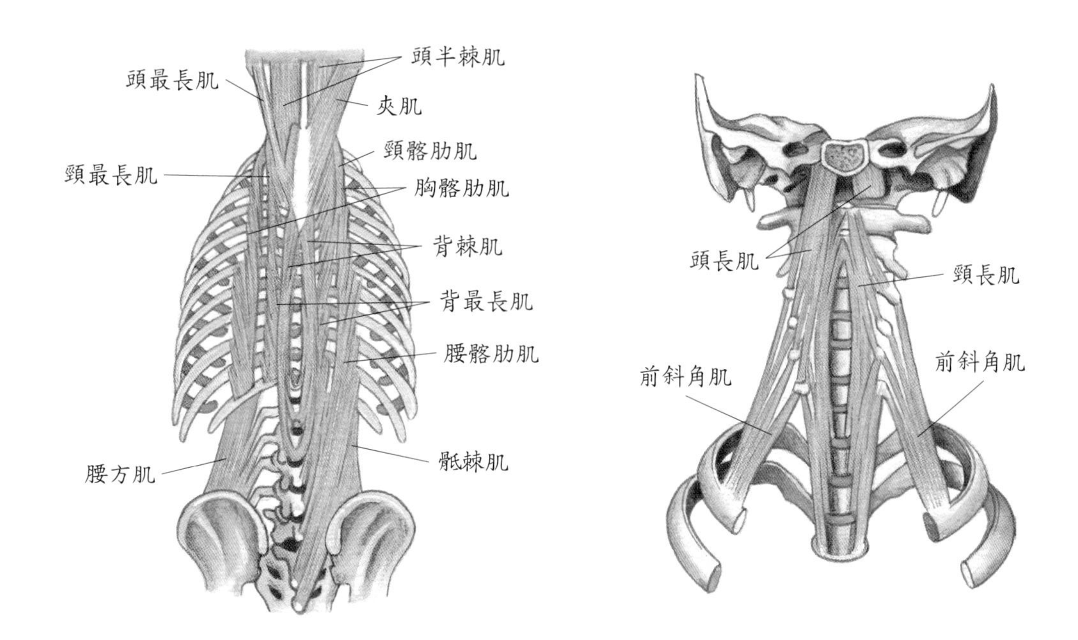

圖7-26 脊柱的肌肉

移動大腿小腿的肌肉

移動大腿的肌肉起始於髖骨，越過髖關節，終止於股骨（圖7-27、7-28），越過髖關節前面的，可屈大腿；越過髖關節內側的，可內收或內旋大腿；越過關節後面的，可伸大腿；越過關節外側的，可外展或外旋大腿。

移動小腿乃作用於膝關節的肌肉，起始於髖骨或股骨，終止於脛骨或腓骨（圖7-27、7-28、7-29）。

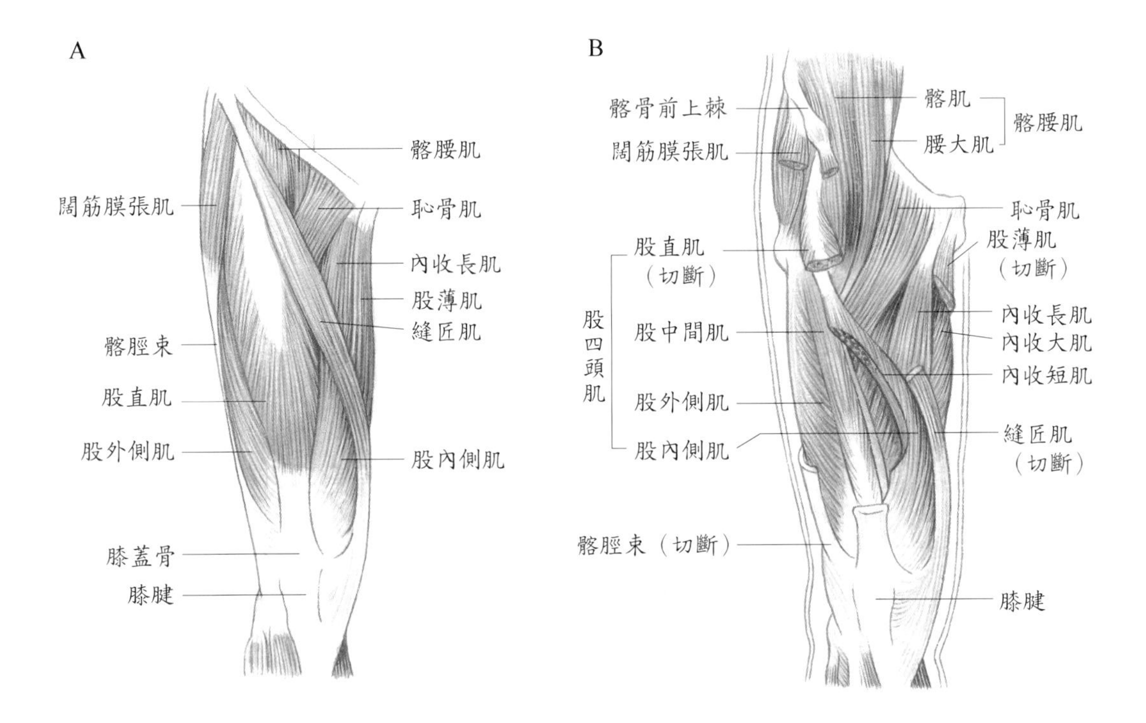

圖7-27　大腿前側肌肉

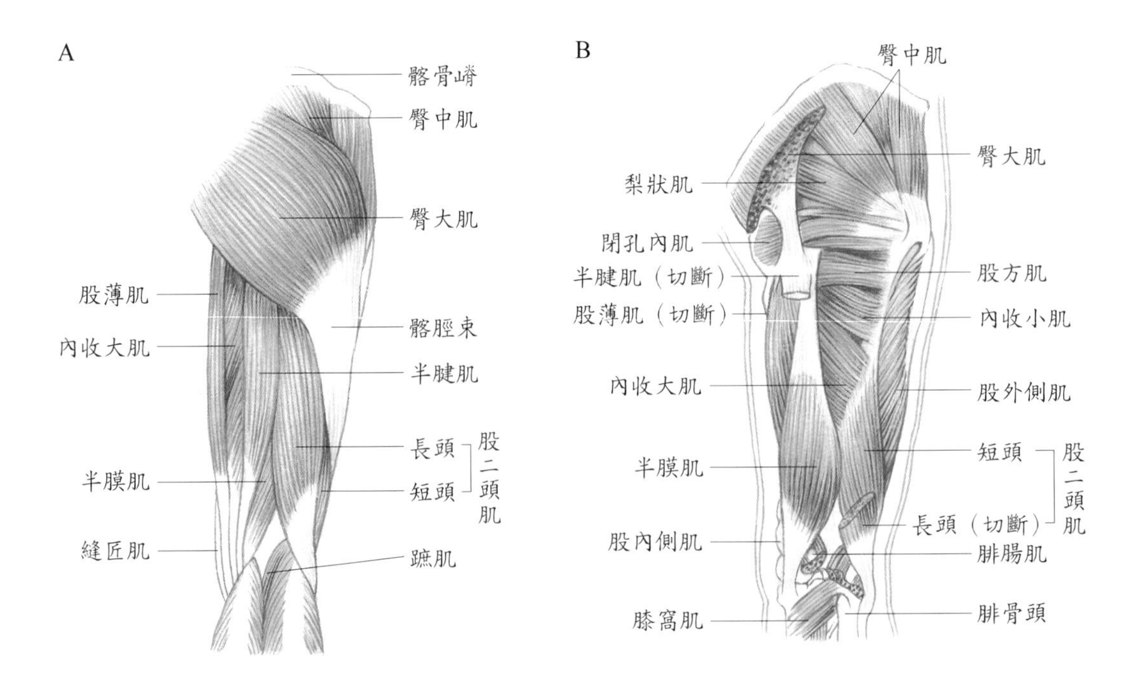

圖7-28　大腿後側肌肉

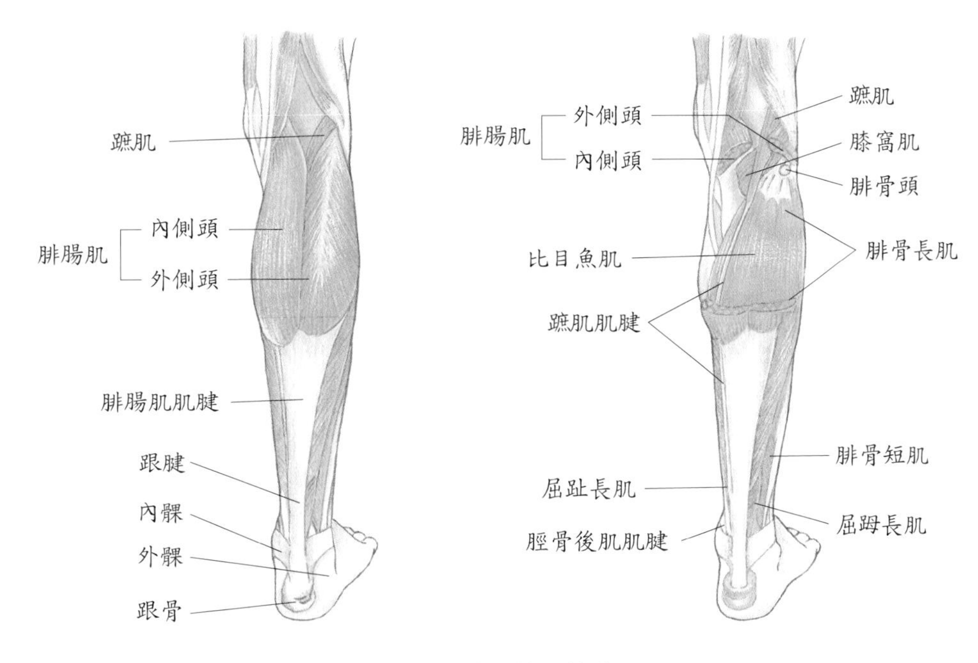

圖7-29　小腿後面的淺層肌

表7-12　大腿前側的肌肉

肌　肉	起　　端	止　　端	作　　用	神經支配
髂腰肌 • 腰大肌 • 髂肌	 • 腰錐體部及橫突 • 髂骨嵴、髂骨窩	 • 股骨小轉子 • 腰大肌肌腱	 • 彎曲、內旋大腿，彎曲脊柱 • 彎曲、內旋大腿	 • 腰脊神經 • 骨神經
闊筋膜張肌	髂骨嵴	腸（髂）脛束	屈曲、外展、內旋大腿	上臀神經
縫匠肌	髂骨前上嵴	脛骨體內側上方	作用於髖關節：大腿外展、外旋、屈曲 作用於膝關節：小腿屈曲	股神經
股四頭肌 • 股直肌 • 股中間肌 • 股外側肌 • 股內側肌	 • 腸骨前下棘 • 股骨幹前外側面 • 股骨大轉子和粗線外唇 • 股骨轉子間線和粗線內唇	 • 經由膝韌帶至脛骨粗隆 • 經由膝韌帶至脛骨粗隆 • 經由膝韌帶至脛骨粗隆 • 經由膝韌帶至脛骨粗隆	 • 彎曲大腿、伸展小腿 • 伸展小腿 • 伸展小腿 • 伸展小腿	 • 股神經 • 股神經 • 股神經 • 股神經

1. 大腿內側肌肉：除了閉孔外肌，其他皆屬內收肌群，運動時常屬於綜合性的（表7-13）。
2. 臀部肌肉：此處有六塊大腿外旋肌肉，即梨狀肌、閉孔內肌、上孖肌、下孖肌、股方肌及閉孔外肌（表7-14）。

表7-13 大腿內側肌肉

肌　肉	起　　端	止　　端	作　　用	神經支配
恥骨肌	恥骨上枝	股骨小轉子下方的恥骨肌線	內收、屈曲大腿	股神經 閉孔神經
內收長肌	恥骨前方	股骨粗線中段	內收大腿	閉孔神經
內收短肌	恥骨下枝	股骨粗線近端	內收大腿	閉孔神經
內收大肌	恥骨、坐骨下枝及坐骨粗隆	股骨粗線	內收大腿，前面部分屈大腿，後面部分伸大腿	閉孔神經 坐骨神經
股薄肌	恥骨體及下枝	脛骨內側上方	內收大腿、彎曲小腿	閉孔神經
閉孔外肌	閉孔緣和膜	股骨轉子間窩	外旋大腿	閉孔神經

表7-14 臀部肌肉

肌　肉	起　　端	止　　端	作　　用	神經支配
臀大肌	髂骨嵴、骶骨、尾骨、薦棘肌腱膜	大部分在髂脛束，小部分在股骨臀粗隆	伸展、外旋大腿	下臀神經
臀中肌	臀前、後線之間	股骨大轉子	外展、內旋大腿	上臀神經
臀小肌	臀前、下線之間	股骨大轉子	外展、內旋大腿	上臀神經
梨狀肌	薦骨前外側	股骨大轉子	外展、外旋大腿	第1、2薦神經
閉孔內肌	閉孔緣和膜之內側面	股骨大轉子	外展、外旋大腿	閉孔內肌神經
上孖肌	坐骨棘	股骨大轉子	外展、外旋大腿	閉孔內肌神經
下孖肌	坐骨粗隆	股骨大轉子	外展、外旋大腿	股方肌神經
股方肌	坐骨粗隆	股骨大轉子下方	外旋大腿	股方肌神經

3. 大腿後側肌肉：稱腿後腱肌群，它跨過髖和膝關節，因此能使大腿伸展，小腿屈曲，但不能同時發生（表7-15）。
4. 股三角：在大腿前上方的鼠蹊韌帶、內側的內收長肌、外側的縫匠肌所圍成的三角形區域，內有股動脈、股靜脈及股神經等構造。
5. 膝窩：是由股二頭肌（外上）、半腱肌、半膜肌（內上）、腓腸肌（下）在膝蓋後面所圍成的菱形陷窩，內有膝窩血管、脛神經、腓總神經及脂肪等構造。

移動足部及腳趾的肌肉

移動足部及部分移動腳趾的肌肉位於小腿（圖7-29、7-30、7-31），這些肌肉由深層筋膜將其分隔成三群：

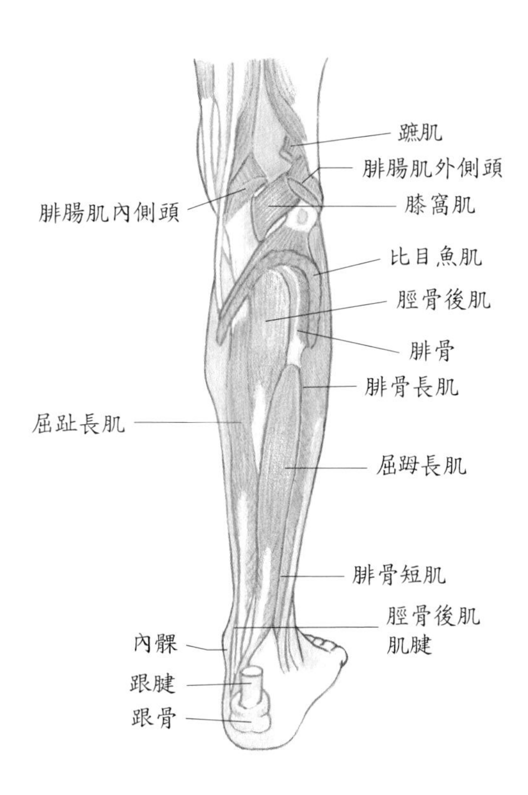

圖7-30　右小腿後面的深層肌

1. 前面肌群：可使足部產生足背彎曲，為深腓神經所支配。有脛骨前肌、伸踇長肌、伸趾長肌、腓骨第三肌。
2. 外側肌群：可使足部產生足底彎曲及外翻，為淺腓神經所支配。有腓骨長肌、腓骨短肌。
3. 後面肌群：可使足部產生足底彎曲，為脛神經所支配。
   ⑴淺層肌肉：由外至內的排列順序為腓腸肌、比目魚肌、蹠肌。
   ⑵深層肌肉：膝窩肌、屈踇長肌、屈趾長肌、脛骨後肌。

跟腱（calcaneal tendon）又稱阿基里斯腱（Achilles tendon），是腓腸肌和比目魚肌的共同肌腱，是人體中最強韌的肌腱，能承受很大的力量，也是最容易受到傷害的肌腱。

表7-15 大腿後側肌肉

肌肉	起端	止端	作用	神經支配
半腱肌	坐骨粗隆	脛骨體內側上方	伸大腿、屈小腿	脛神經
半膜肌	坐骨粗隆	脛骨內髁	伸大腿、屈小腿	脛神經
股二頭肌	長頭：坐骨粗隆 短頭：股骨粗線	腓骨頭 腓骨頭	伸大腿、屈小腿 屈小腿	脛神經 腓總神經

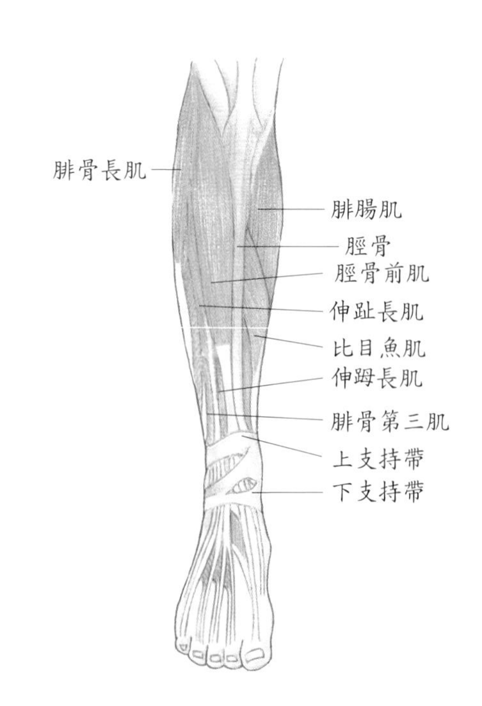

圖7-31 右小腿前面的肌肉

足部的內在肌

足部和手部一樣，有很多內在肌（圖7-32）。除了伸趾短肌位於足背外，其餘皆位於足底。

1. 第一層（淺層）：外展蹞肌、外展小指肌、屈趾短肌。
2. 第二層：蹠方肌、蚓狀肌。
3. 第三層：屈蹞短肌、屈小趾短肌、內收蹞肌。
4. 第四層：蹠側骨間肌、背側骨間肌。

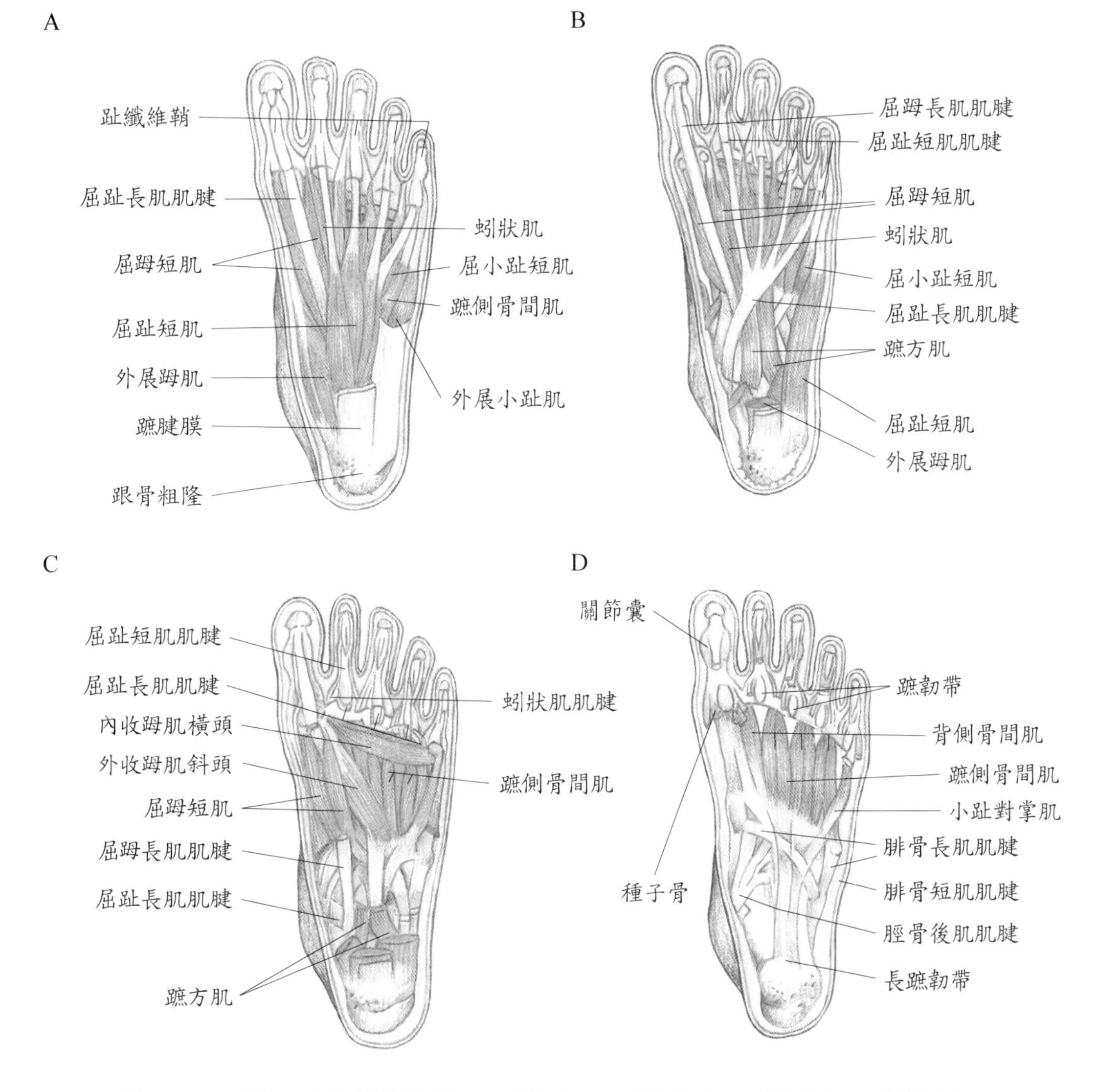

圖7-32　由第一～四層的足底肌。A. 第一層；B. 第二層；C. 第三層；D. 第四層。

肌肉注射部位

理想的肌肉注射是將藥物注入肌肉深部，並且避開主要的神經及血管。一般的肌肉注射部位（intramuscular injection）包括：臀部、大腿外側及上臂的三角肌位置（表 7 - 16、圖 7 - 33）。

表 7 - 16　肌肉注射部位

項　目	部　　位	注射位置
臀部	臀中肌	將一邊臀部分成四個象限，注射於外上 1/4 象限，以防傷到坐骨神經引起下肢麻痺
大腿	股四頭肌的股外側肌	在膝部以上一個手掌寬及大轉子以下一個手掌寬間的位置，正好在大腿中段外側
上臂	三角肌	在肩峰以下 2～3 個橫指

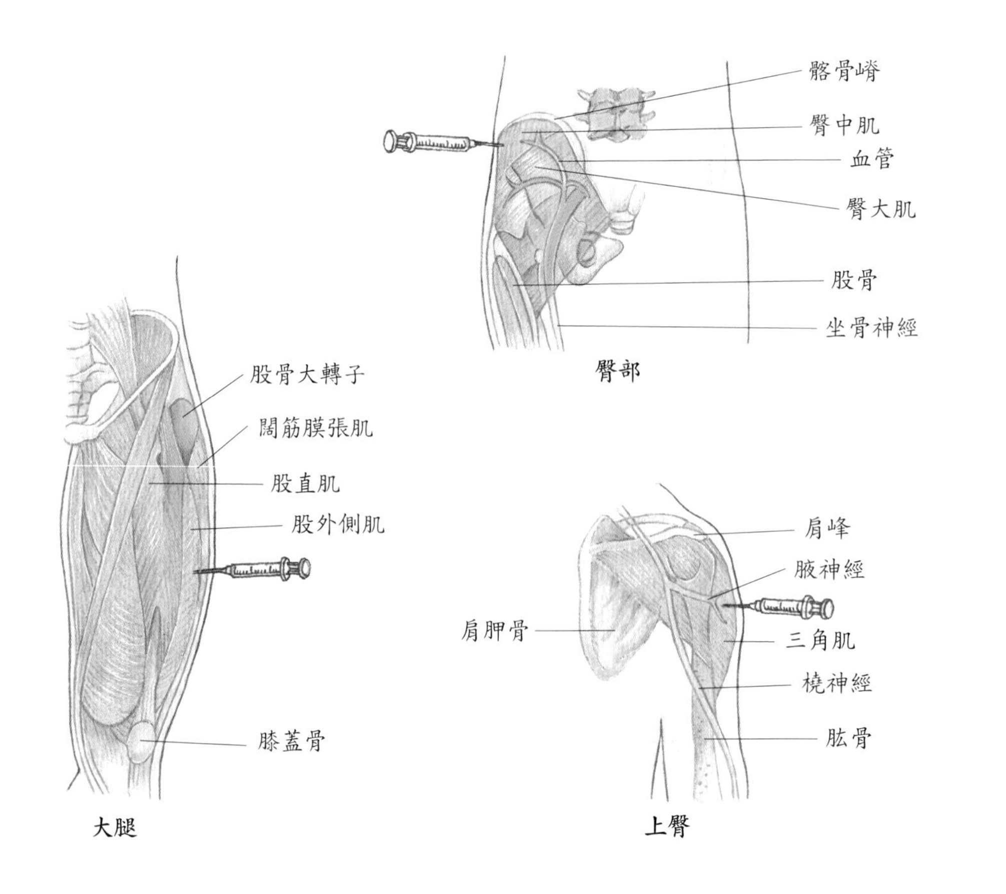

圖 7 - 33　肌肉注射的三個位置

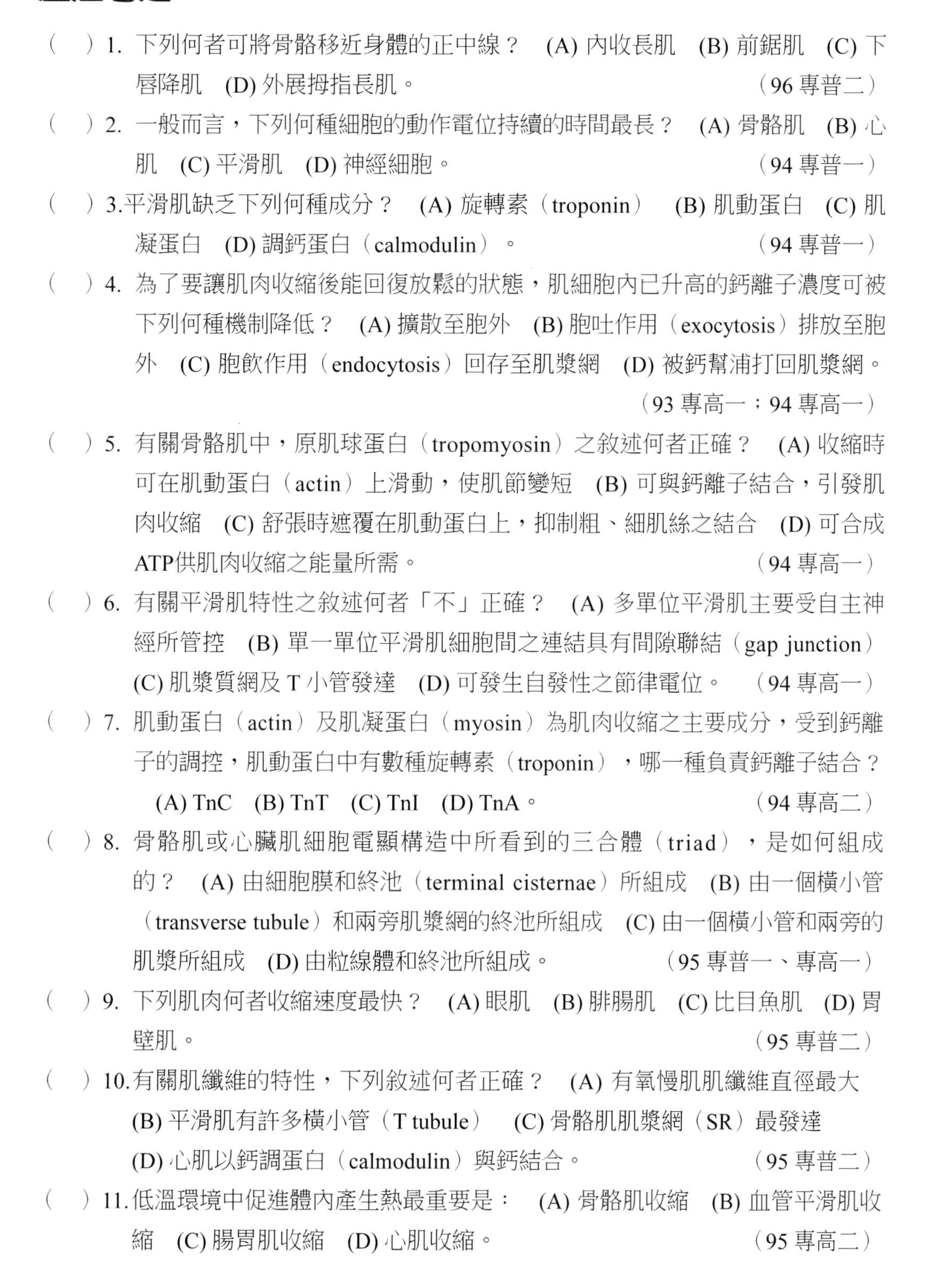

歷屆考題

（　）1. 下列何者可將骨骼移近身體的正中線？ (A) 內收長肌 (B) 前鋸肌 (C) 下唇降肌 (D) 外展拇指長肌。（96 專普二）

（　）2. 一般而言，下列何種細胞的動作電位持續的時間最長？ (A) 骨骼肌 (B) 心肌 (C) 平滑肌 (D) 神經細胞。（94 專普一）

（　）3.平滑肌缺乏下列何種成分？ (A) 旋轉素（troponin） (B) 肌動蛋白 (C) 肌凝蛋白 (D) 調鈣蛋白（calmodulin）。（94 專普一）

（　）4. 為了要讓肌肉收縮後能回復放鬆的狀態，肌細胞內已升高的鈣離子濃度可被下列何種機制降低？ (A) 擴散至胞外 (B) 胞吐作用（exocytosis）排放至胞外 (C) 胞飲作用（endocytosis）回存至肌漿網 (D) 被鈣幫浦打回肌漿網。（93 專高一；94 專高一）

（　）5. 有關骨骼肌中，原肌球蛋白（tropomyosin）之敘述何者正確？ (A) 收縮時可在肌動蛋白（actin）上滑動，使肌節變短 (B) 可與鈣離子結合，引發肌肉收縮 (C) 舒張時遮覆在肌動蛋白上，抑制粗、細肌絲之結合 (D) 可合成ATP供肌肉收縮之能量所需。（94 專高一）

（　）6. 有關平滑肌特性之敘述何者「不」正確？ (A) 多單位平滑肌主要受自主神經所管控 (B) 單一單位平滑肌細胞間之連結具有間隙聯結（gap junction） (C) 肌漿質網及 T 小管發達 (D) 可發生自發性之節律電位。（94 專高一）

（　）7. 肌動蛋白（actin）及肌凝蛋白（myosin）為肌肉收縮之主要成分，受到鈣離子的調控，肌動蛋白中有數種旋轉素（troponin），哪一種負責鈣離子結合？ (A) TnC (B) TnT (C) TnI (D) TnA。（94 專高二）

（　）8. 骨骼肌或心臟肌細胞電顯構造中所看到的三合體（triad），是如何組成的？ (A) 由細胞膜和終池（terminal cisternae）所組成 (B) 由一個橫小管（transverse tubule）和兩旁肌漿網的終池所組成 (C) 由一個橫小管和兩旁的肌漿所組成 (D) 由粒線體和終池所組成。（95 專普一、專高一）

（　）9. 下列肌肉何者收縮速度最快？ (A) 眼肌 (B) 腓腸肌 (C) 比目魚肌 (D) 胃壁肌。（95 專普二）

（　）10.有關肌纖維的特性，下列敘述何者正確？ (A) 有氧慢肌肌纖維直徑最大 (B) 平滑肌有許多橫小管（T tubule） (C) 骨骼肌肌漿網（SR）最發達 (D) 心肌以鈣調蛋白（calmodulin）與鈣結合。（95 專普二）

（　）11.低溫環境中促進體內產生熱最重要是： (A) 骨骼肌收縮 (B) 血管平滑肌收縮 (C) 腸胃肌收縮 (D) 心肌收縮。（95 專高二）

(　) 12. 骨骼肌劇烈收縮所產生的乳酸大部分經由循環進入肝臟，並轉化成：(A) 肝醣　(B) 尿素　(C) 脂肪　(D) 蛋白質。（95 專高二）

(　) 13. 骨骼肌收縮時下列何者的長度不改變：　(A) A帶　(B) 肌節　(C) I帶　(D) H區。（94 專普二；95 專高二）

(　) 14. 下列何者與骨骼肌收縮無關？　(A) 鈣離子由肌漿網釋出　(B) 鈣離子與旋轉素（troponin）結合　(C) 鈣離子與攜鈣素（calmodulin）結合　(D) 肌凝蛋白與肌動蛋白互相接觸。（96 專高一）

(　) 15. 有關快肌（fast muscle）之敘述，下列何者正確？　(A) 收縮速度（contraction velocity）慢　(B) 肌凝蛋白ATP水解酵素活性高　(C) 對疲勞有很大的抗力　(D) 肌紅素含量高。（96 專普一）

(　) 16. 平滑肌收縮時，肌細胞內之Ca2+結合至何種蛋白分子？　(A) calmodulin　(B) troponin　(C) tropomyosin　(D) myosin。（96 專普一、專高一）

(　) 17. 下列何者可於肩關節處屈曲及內收上臂？　(A) 三角肌（deltoideus）　(B) 棘下肌（infraspinatus）　(C) 棘上肌（supraspinatus）　(D) 喙肱肌（coracobrachialis）。（96 專高一）

(　) 18. 心肌可歸類為何種肌肉？　(A) 內臟平滑肌　(B) 橫紋肌　(C) 隨意肌　(D) 骨骼肌。（96 專普二）

(　) 19. 下列何者參與上臂的外旋？　(A) 胸小肌　(B) 棘下肌　(C) 棘上肌　(D) 胸大肌。（96 專普二）

(　) 20. 下列何者參與前臂的伸展？　(A) 肱肌　(B) 肘肌　(C) 肱二頭肌　(D) 旋前方肌。（96 專普二）

(　) 21. 有關氧化型慢肌的特性之敘述，下列何者正確？　(A) 肌纖維的直徑粗大　(B) 白肌　(C) 疲勞之發生較慢　(D) 粒線體含量極少。（96 專高二）

(　) 22. 下列何者可使聲帶變緊？　(A) 杓肌（arytenoid）　(B) 環甲肌（cricothyroid）　(C) 後環杓肌（posterior cricoarytenoid）　(D) 外側環杓肌（lateral cricoarytenoid）。（96 專高二）

(　) 23. 在骨骼肌之神經肌肉接合處（neuromuscular junction），神經所釋放之主要神經傳導物質（neurotransmitter）是：　(A) 乙醯膽鹼（acetylcholine）　(B) 鈣離子　(C) 多巴胺（dopamine）　(D) 一氧化氮（NO）。（97 專普一）

(　) 24. 下列何者構成股三角（femoral triangle）的外側緣？　(A) 縫匠肌（sartorius）　(B) 內收長肌（adductor longus）　(C) 內收大肌（adductor magnus）　(D) 內收短肌（adductor brevis）。（97 專普一）

(　) 25. 心肌細胞間存在著間隙接合結構（gap junction），其主要功能為何？

(A) 使動作電位於心肌細胞間之傳送加速 (B) 使大量鈣離子流入心肌細胞，引發心肌細胞收縮 (C) 使心肌細胞動作電位具高原期 (D) 加強心肌細胞間之結合，以免於收縮過程中細胞彼此分離。（97 專普一）

( ) 26.有關運動神經對骨骼肌支配的情形，下列何者最正確？ (A) 一個運動神經元只能支配一個骨骼肌細胞 (B) 一個骨骼肌細胞只會接受一個運動神經元的支配 (C) 多個運動神經元共同支配一個骨骼肌細胞 (D) 兩者間的支配比例固定為1:1。（97 專高一）

( ) 27.下列何者最適合描述神經肌肉傳遞之性質？ (A) 電性突觸 (B) 主動運輸 (C) 興奮性突觸 (D) 膜電位過極化。（97 專高一）

( ) 28.支配喉部發音相關肌群主要的是： (A) 舌咽神經 (B) 迷走神經 (C) 副神經 (D) 舌下神經。（97 專高一）

( ) 29.下列何者可使眼球向上內側看及向內旋轉？ (A) 上直肌（superior rectus） (B) 下直肌（inferior rectus） (C) 外直肌（lateral rectus） (D) 內直肌（medial rectus）。（97 專高一）

( ) 30.舌頭的外在肌，主要由下列何者支配？ (A) 迷走神經 (B) 舌咽神經 (C) 舌下神經 (D) 副神經。（97 專普二）

( ) 31.下列何者可在踝關節處向下伸直足部（plantar flexion）？ (A) 腓腸肌 (B) 脛骨前肌 (C) 闊筋膜張肌 (D) 肛門括約肌。（97 專高二）

( ) 32.提睪肌源自下列何者？ (A) 腹外斜肌 (B) 腹內斜肌 (C) 腹橫肌 (D) 腹橫筋膜。（97 專高二）

( ) 33.橫紋肌收縮過程中，肌凝蛋白（myosin）與何者結合形成橫橋（cross bridge）聯結？ (A) 旋轉肌球素（tropomyosin） (B) 旋轉素（troponin） (C) 肌動蛋白（actin） (D) 鈣離子。（98 專普一）

( ) 34.下列何者是上臂主要的內收肌？ (A) 三角肌 (B) 棘下肌 (C) 棘上肌 (D) 胸大肌。（98 專普一）

( ) 35.下列何者為口輪匝肌肌束的排列方式？ (A) 環狀 (B) 平行 (C) 羽毛狀 (D) 會聚式。（98 專普一）

( ) 36.有關心肌纖維的敘述，下列何者正確？ (A) 屬於隨意肌 (B) 沒有橫紋 (C) 心肌纖維具有分枝 (D) 形成心臟壁的最內層。（98 專普一）

( ) 37.有關舉重選手之肌肉訓練，最需增強哪一類肌纖維的功能？ (A) 氧化型快肌纖維（fast oxidative fiber） (B) 糖解型快肌纖維（fast glycolytic fiber） (C) 氧化型慢肌纖維（slow oxidative fiber） (D) 糖解型慢肌纖維（slow glycolytic fiber）。（98 專高一）

(　) 38.下列何者可使足底內翻（invert）？ (A) 腓骨短肌 (B) 腓骨長肌 (C) 腓腸肌 (D) 脛骨前肌。 （98 專高一）

(　) 39.人死後數小時，全身肌肉開始攣縮，此稱為屍僵，發生屍僵之原因為何？ (A) 鈣離子代謝減少 (B) 神經衝動增加 (C) 鎂離子含量減少 (D) ATP 完全耗盡。 （98 專普二）

(　) 40.心肌細胞受到刺激後之再極化的原因為何？ (A) 細胞膜對 Na^{+} 通透性增加 (B) 細胞膜對 Ca^{2+} 通透性增加 (C) 細胞膜對 K^{+} 通透性增加 (D) 細胞膜對 Mg^{2+} 通透性增加。 （98 專普二）

(　) 41.下列何者參與大腿的內收？ (A) 腸腰肌 (B) 臀中肌 (C) 臀大肌 (D) 內收大肌。 （98 專普二）

(　) 42.下列何者可產生吸吮的動作？ (A) 頰肌 (B) 顴大肌 (C) 上唇提肌 (D) 下唇降肌。 （98 專普二）

(　) 43.骨骼肌收縮所需之鈣離子主要來自： (A) 肌漿質網（sarcoplasmic reticulum） (B) T 小管（T tubule） (C) 粒線體（mitochondria） (D) 細胞外液。 （98 專高二）

(　) 44.下列何者是眼球向外看最主要的肌肉？ (A) 上直肌（superior rectus） (B) 下直肌（inferior rectus） (C) 外直肌（lateral rectus） (D) 內直肌（medial rectus）。 （99 專高一）

(　) 45.當一骨骼肌被拉長超過其最適長度（optimal length），則其收縮產生之最大張力將降低的原因為： (A) 粗肌絲與細肌絲疊合程度降低 (B) 鈣離子釋放量降低 (C) ATP 產量降低 (D) 動作電位傳播速度降低。 （99 專高一）

(　) 46.肌肉細胞在鬆弛狀態時，下列何者會接在肌動蛋白絲（actin filament）上，阻斷橫橋（cross bridge）與肌動蛋白的結合？ (A) 原肌凝蛋白（tropomyosin） (B) 肌鈣蛋白（troponin） (C) 肌凝蛋白（myosin） (D) ATP。 （99 專高一）

(　) 47.下列何者是健身運動家前腹壁常呈現六塊的肌肉？ (A) 腹直肌（rectus abdominis） (B) 腹外斜肌（external oblique） (C) 腹內斜肌（internal oblique） (D) 腹橫肌（transversus abdominis）。 （99 專高二）

(　) 48.橫紋肌肌纖維內T小管（transverse tubule）之主要功能為何？ (A) 支持粗肌絲 (B) 支持細肌絲 (C) 協助提供收縮所需之能量 (D) 快速傳遞神經衝動至肌纖維各部。 （99專高二）

(　) 49.下列何者參與大腿的彎曲？ (A) 腸腰肌 (B) 臀中肌 (C) 臀大肌 (D) 梨狀肌。 （99 專普一）

(　) 50.逼尿肌是： (A) 膀胱壁的肌肉 (B) 泌尿橫膈的肌肉 (C) 輸尿管壁的肌肉

(D) 尿道壁的肌肉。 (99 專普一)

( ) 51.下列何者參與支持骨盆腔的內臟，並幫助排便？ (A) 提肛肌 (B) 尾骨肌 (C) 尿道括約肌 (D) 肛門括約肌。 (99 專普二)

( ) 52.下列何者參與前臂的屈曲？ (A) 肱肌 (B) 肘肌 (C) 肱三頭肌 (D) 旋前方肌。 (99 專普二)

( ) 53.下列何者能結合ATP，且具ATPase活性，藉由水解ATP提供骨骼肌收縮所需之能量？ (A) 旋轉肌球素（tropomyosin） (B) 旋轉素（troponin） (C) 肌動蛋白（actin） (D) 肌凝蛋白（myosin）。 (99 專普二)

( ) 54.氧債是肌肉經長期或劇烈收縮後，需要額外的氧來分解肌肉中所堆積的：(A) ADP (B) 乳酸 (C) 鈣離子 (D) 橫橋聯結。 (99 專普二)

( ) 55.正常情況下，下列哪一類細胞具有產生動作電位的能力？ (A) 血管內皮細胞 (B) 肝臟細胞 (C) 骨骼肌細胞 (D) 白血球細胞。 (100 專普一)

( ) 56.下列何種主要的肌肉組織為橫紋肌？ (A) 小腸 (B) 血管 (C) 子宮 (D) 心室肌。 (100 專高一)

( ) 57.有關糖解型快肌（fast glycolytic muscle）與氧化型慢肌（slow oxidative muscle）之敘述，下列何者正確？ (A) 前者細胞內之肝醣（glycogen）含量較後者低 (B) 前者肌纖維之直徑通常較後者小 (C) 前者肌纖維收縮產生之張力通常較後者大 (D) 前者在能量代謝所產生的乳酸（lactic acid）通常較後者少。 (100 專高一)

( ) 58.有關肌肉發生等張收縮（isotonic contraction）時之敘述，下列何者正確？(A) 肌肉張力會變大 (B) 肌肉張力會變小 (C) 肌肉長度會縮短 (D) 肌肉長度會增長。 (100 專普一)

( ) 59.在骨骼肌之神經肌肉接合處（neuromuscular junction），骨骼肌終板上的何種受器負責接收神經肌肉間之訊息傳遞？ (A) 乙醯膽鹼（acetylcholine）菸草型（nicotinic）接受器 (B) 乙醯膽鹼（acetylcholine）蕈毒型（muscarinic）接受器 (C) 腎上腺素α型接受器 (D) 腎上腺素β型接受器。 (100 專普一)

( ) 60.幼兒做肌肉注射時經常選在大腿外側進行，注射位置的肌肉是下列何者？(A) 股四頭肌 (B) 半腱肌 (C) 半膜肌 (D) 股薄肌。 (100 專高二)

( ) 61.下列何種物質或反應，能最快提供ATP給肌肉使用？ (A) 有氧磷酸化 (B) 糖解作用 (C) 肌酸磷酸 (D) 磷脂質。 (100 專高二)

( ) 62.下列何者會造成手指的屈曲？ (A) 掌長肌 (B) 尺側屈腕肌 (C) 屈指淺肌 (D) 橈側屈腕肌。 (100 專普二)

( ) 63.下列何者的收縮不牽動肩關節？ (A) 背闊肌 (B) 三角肌 (C) 胸鎖乳突肌

(D) 斜方肌。（100 專普二）

(　) 64. 有關肌肉之敘述，下列何者正確？ (A) 骨骼肌受意識控制，平滑肌不受意識控制 (B) 骨骼肌不受意識控制，平滑肌受意識控制 (C) 骨骼肌與平滑肌皆受意識控制 (D) 骨骼肌與平滑肌皆不受意識控制。（100 專普二）

(　) 65. 下列何者可以伸展手腕？ (A) 掌長肌（palmaris longus） (B) 屈指深肌（flexor digitorum profundus） (C) 屈指淺肌（flexor digitorum superficialis） (D) 橈側伸腕短肌（extensor carpi radialis brevis）。（101 專高一）

(　) 66. 有關無氧快肌與有氧慢肌的比較，下列何者正確？ (A) 無氧快肌的運動單位一般比較小 (B) 無氧快肌的肌纖維一般比較小 (C) 無氧快肌一般比較容易疲乏 (D) 無氧快肌一般比較會先收縮。（101 專高一）

(　) 67. 臀部肌肉注射時，為避免誤傷坐骨神經，較理想的位置是： (A) 半腱肌 (B) 半膜肌 (C) 臀中肌 (D) 臀大肌下半部。（101 專普一）

(　) 68. 橫紋肌收縮時，下列何者不會發生？ (A) 肌節（sarcomere）縮短 (B) 肌凝蛋白絲（myosin filament）縮短 (C) I 帶（I band）縮短 (D) H 區（H zone）縮短。（101 專普一）

(　) 69. 下列何者是造成肌肉疲勞的主要原因之一？ (A) 肌細胞內鈣離子用盡 (B) 乳酸堆積 (C) ATP 堆積 (D) 磷酸肌胺酸（creatine phosphate）減少。（101 專普一）

(　) 70. 下列何者是最重要伸展背部的肌肉？ (A) 背闊肌 (B) 豎脊肌 (C) 腰方肌 (D) 髂腰肌。（101 專高二）

(　) 71. 下列何者可向前滑動下頜骨，以便張口？ (A) 嚼肌（masseter） (B) 顳肌（temporalis） (C) 翼外側肌（lateral pterygoid） (D) 翼內側肌（medial pterygoid）。（101 專高二）

(　) 72. 當骨骼肌發生疲勞現象時，下列何者最不可能發生？ (A) 細胞內 glycogen 及 creatine phosphate 含量減少 (B) ATP 及 lactate 含量降低 (C) pH 降低 (D) 肌肉收縮張力變小。（101 專高二）

(　) 73. 腹股溝韌帶橫跨於恥骨結節和下列何者之間？ (A) 大轉子 (B) 小轉子 (C) 髂前上棘 (D) 髂前下棘。（101 專普二）

(　) 74. 前腹壁外側，最內層的肌肉是： (A) 腹直肌 (B) 腹外斜肌 (C) 腹內斜肌 (D) 腹橫肌。（101專普二）

(　) 75. 跟腱是由下列何者的肌腱共同組成？ (A) 脛後肌和比目魚肌 (B) 半腱肌和脛後肌 (C) 半腱肌和腓腸肌 (D) 腓腸肌和比目魚肌。（101 專普二）

(　) 76. 下列哪兩類肌肉的肌細胞之間含有裂隙接合（gap junction）？ (A) 心肌與

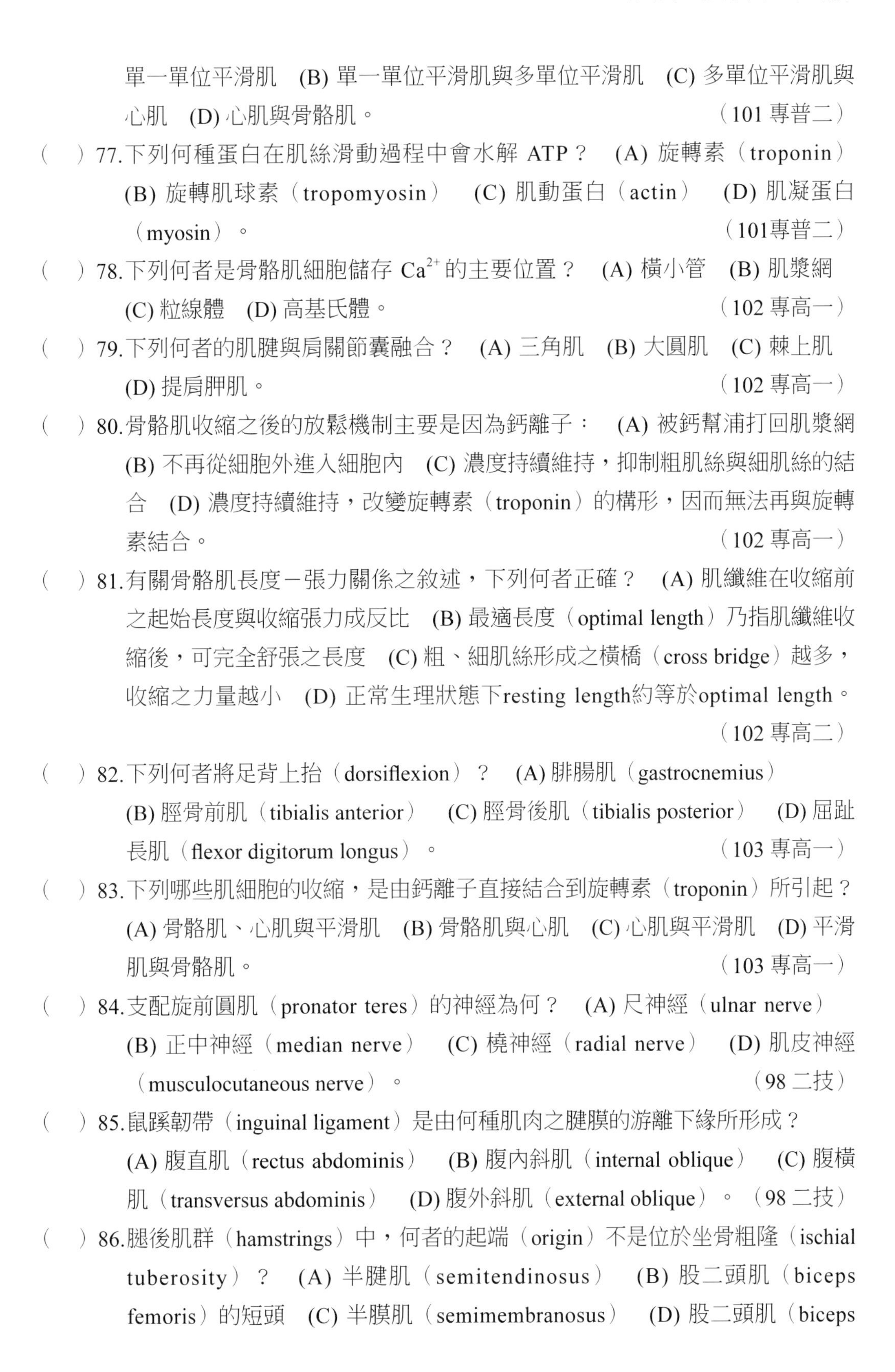

單一單位平滑肌 (B) 單一單位平滑肌與多單位平滑肌 (C) 多單位平滑肌與心肌 (D) 心肌與骨骼肌。 （101 專普二）

( ) 77. 下列何種蛋白在肌絲滑動過程中會水解 ATP？ (A) 旋轉素（troponin） (B) 旋轉肌球素（tropomyosin） (C) 肌動蛋白（actin） (D) 肌凝蛋白（myosin）。 （101專普二）

( ) 78. 下列何者是骨骼肌細胞儲存 Ca^{2+} 的主要位置？ (A) 橫小管 (B) 肌漿網 (C) 粒線體 (D) 高基氏體。 （102 專高一）

( ) 79. 下列何者的肌腱與肩關節囊融合？ (A) 三角肌 (B) 大圓肌 (C) 棘上肌 (D) 提肩胛肌。 （102 專高一）

( ) 80. 骨骼肌收縮之後的放鬆機制主要是因為鈣離子： (A) 被鈣幫浦打回肌漿網 (B) 不再從細胞外進入細胞內 (C) 濃度持續維持，抑制粗肌絲與細肌絲的結合 (D) 濃度持續維持，改變旋轉素（troponin）的構形，因而無法再與旋轉素結合。 （102 專高一）

( ) 81. 有關骨骼肌長度－張力關係之敘述，下列何者正確？ (A) 肌纖維在收縮前之起始長度與收縮張力成反比 (B) 最適長度（optimal length）乃指肌纖維收縮後，可完全舒張之長度 (C) 粗、細肌絲形成之橫橋（cross bridge）越多，收縮之力量越小 (D) 正常生理狀態下resting length約等於optimal length。 （102 專高二）

( ) 82. 下列何者將足背上抬（dorsiflexion）？ (A) 腓腸肌（gastrocnemius） (B) 脛骨前肌（tibialis anterior） (C) 脛骨後肌（tibialis posterior） (D) 屈趾長肌（flexor digitorum longus）。 （103 專高一）

( ) 83. 下列哪些肌細胞的收縮，是由鈣離子直接結合到旋轉素（troponin）所引起？ (A) 骨骼肌、心肌與平滑肌 (B) 骨骼肌與心肌 (C) 心肌與平滑肌 (D) 平滑肌與骨骼肌。 （103 專高一）

( ) 84. 支配旋前圓肌（pronator teres）的神經為何？ (A) 尺神經（ulnar nerve） (B) 正中神經（median nerve） (C) 橈神經（radial nerve） (D) 肌皮神經（musculocutaneous nerve）。 （98 二技）

( ) 85. 鼠蹊韌帶（inguinal ligament）是由何種肌肉之腱膜的游離下緣所形成？ (A) 腹直肌（rectus abdominis） (B) 腹內斜肌（internal oblique） (C) 腹橫肌（transversus abdominis） (D) 腹外斜肌（external oblique）。 （98 二技）

( ) 86. 腿後肌群（hamstrings）中，何者的起端（origin）不是位於坐骨粗隆（ischial tuberosity）？ (A) 半腱肌（semitendinosus） (B) 股二頭肌（biceps femoris）的短頭 (C) 半膜肌（semimembranosus） (D) 股二頭肌（biceps femoris）的長頭。（98 二技）

（　）87. 受腓深神經（deep fibular nerve）控制而使足內翻的肌肉為何？ (A) 脛前肌（tibialis anterior） (B) 伸拇長肌（extensor hallucis longus） (C) 第三腓骨肌（peroneus tertius） (D) 伸趾長肌（extensor digitorum longus）。（98 二技）

（　）88. 骨骼肌舒張時，抑制橫橋（cross - bridge）與細絲（thin filament）結合的蛋白質為何？ (A) 肌凝蛋白（myosin） (B) 肌動蛋白（actin） (C) 旋轉肌球素（tropomyosin） (D) 旋轉素 C（troponin C）。（98 二技）

（　）89. 提供慢肌收縮所需能量的主要方式為何？ (A) 分解肌凝蛋白（myosin） (B) 糖解作用（glycolysis） (C) 肝醣分解（glycoge-nolysis） (D) 氧化磷酸化（oxidative phosphorylation）。（98 二技）

（　）90. 運動神經引起骨骼肌興奮的過程，下列敘述何者錯誤？ (A) 到達神經末梢的動作電位引發細胞外液鈣離子流入 (B) Ach 釋放並作用於終板的蕈毒鹼（muscarinic）接受器 (C) 鈉離子流入肌細胞內導致終板電位（EPP）形成 (D) EPP 引起肌細胞膜形成動作電位。（99 二技）

（　）91. 皺眉肌（corrugator supercilli）的止端（insertion）位於下列何處？ (A) 上眼瞼之皮膚 (B) 眉毛處之皮膚 (C) 額骨眉弓之外側端 (D) 額骨眉弓之內側端。（99 二技）

（　）92. 當我們用力呼氣時，下列何者可使肋骨拉近而減少胸腔的側徑及前後徑？ (A) 橫膈（diaphragm） (B) 肋間內肌（internal intercostals） (C) 斜角肌（scalenes） (D) 肋間外肌（external intercostals）。（99 二技）

（　）93. 下列何者具有協助縮小陰道口徑的功能？ (A) 球海綿體肌（bulbospongiosus） (B) 坐骨海綿體肌（ischiocavernosus） (C) 會陰深橫肌（deep transverse perineus） (D) 尿道外括約肌（external urethral sphincter）。（99 二技）

（　）94. 當跟腱（calcaneal tendon）嚴重受傷時，下列哪種動作會直接受到影響？ (A) 足背屈曲 (B) 足底屈曲 (C) 小腿伸展 (D) 小腿屈曲。（99 二技）

（　）95. 提睪肌（cremaster muscle）是由下列何者延伸而來？ (A) 腹直肌（rectus abdominis） (B) 腹橫肌（transversus abdominis） (C) 腹內斜肌（internal abdominal oblique） (D) 腹外斜肌（external abdominal oblique）。（99 二技）

（　）96. 下列何種肌肉的作用可使嘴角往外拉？ (A) 笑肌（risorius） (B) 頦肌（mentalis） (C) 嚼肌（masseter） (D) 顳肌（temporalis）。（100 二技）

(　) 97.下列何者是肩胛上神經（suprascapular nerve）控制的肌肉？ (A) 小圓肌（teres minor） (B) 棘下肌（infraspinatus） (C) 大圓肌（teres major） (D) 提肩胛肌（levator scapulae）。 （100 二技）

(　) 98.下列何者不具有外旋大腿的功能？ (A) 梨狀肌（piriformis） (B) 股方肌（quadratus femoris） (C) 臀小肌（gluteus minimus） (D) 閉孔內肌（obturator internus）。 （100 二技）

(　) 99.下列何者具有使足背彎曲及外翻的功能？ (A) 脛前肌（tibialis anterior） (B) 腓短肌（peroneus brevis） (C) 腓長肌（peroneus longus） (D) 第三腓骨肌（peroneus tertius）。 （100 二技）

(　) 100.骨骼肌舒張時，細胞內鈣離子（Ca2＋）濃度降低的機轉為何？ (A) Ca2＋幫浦將細胞內Ca2＋送回肌漿網 (B) Ca2＋因濃度差而流至細胞外液 (C) Ca2＋與旋轉素（troponin）結合 (D) Ca2＋因濃度差而流回肌漿網。 （100二技）

(　) 101.有關肌肉的敘述，下列何者正確？ (A) 骨骼肌與平滑肌都有肌小節（sarcomere） (B) 骨骼肌收縮時 H 區（H zone）跟 I 帶（I band）間距會縮短 (C) 骨骼肌和心肌都有間隙接合通道（gap junction） (D) 骨骼肌和心肌的收縮都具有加成作用（summation）。 （101 二技）

(　) 102.下列哪一種肌肉不受自主神經調控？ (A) 骨骼肌 (B) 單一單元（single-unit）平滑肌 (C) 多單元（multiunit）平滑肌 (D) 心肌。 （101二技）

(　) 103.跟腱（calcaneal tendon）是腓腸肌（gastrocnemius）、蹠肌（plantaris）與下列何者的共同肌腱？ (A) 脛後肌（tibialis posterior） (B) 比目魚肌（soleus） (C) 股二頭肌（biceps femoris） (D) 半腱肌（semitendinosus）。 （101二技）

(　) 104.下列哪一塊肌肉收縮時不會移動肱骨（humerus）？ (A) 胸小肌（pectoralis minor） (B) 胸大肌（pectoralis major） (C) 三角肌（deltoid） (D) 背闊肌（latissimus dorsi）。 （101 二技）

解答：

1.(A)	2.(B)	3.(A)	4.(D)	5.(C)	6.(C)	7.(A)	8.(B)	9.(A)	10.(C)
11.(A)	12.(A)	13.(A)	14.(C)	15.(B)	16.(A)	17.(D)	18.(B)	19.(B)	20.(B)
21.(C)	22.(B)	23.(A)	24.(A)	25.(A)	26.(B)	27.(C)	28.(B)	29.(A)	30.(C)
31.(A)	32.(B)	33.(C)	34.(B)	35.(A)	36.(C)	37.(B)	38.(D)	39.(D)	40.(C)
41.(D)	42.(A)	43.(A)	44.(C)	45.(A)	46.(A)	47.(A)	48.(D)	49.(A)	50.(A)
51.(A)	52.(A)	53.(D)	54.(B)	55.(C)	56.(D)	57.(C)	58.(C)	59.(A)	60.(A)
61.(C)	62.(C)	63.(C)	64.(A)	65.(D)	66.(C)	67.(C)	68.(B)	69.(B)	70.(B)
71.(C)	72.(B)	73.(C)	74.(D)	75.(D)	76.(A)	77.(D)	78.(B)	79.(C)	80.(A)
81.(D)	82.(B)	83.(B)	84.(B)	85.(C)	86.(B)	87.(A)	88.(C)	89.(D)	90.(B)
91.(B)	92(B)	93.(A)	94.(B)	95.(C)	96.(A)	97.(B)	98.(C)	99.(B)	100.(A)
101.(B)	102.(A)	103.(B)	104.(A)						

第八章 神經系統

本章大綱

神經系統的組成

神經系統的功能

神經組織

- 神經膠細胞
- 神經元

神經生理學

- 神經衝動
- 突觸
- 神經傳導物質
- 反射與反射弧

中樞神經系統

- 腦
- 脊髓
- 腦脊髓膜
- 腦脊髓液
- 血腦障壁

周邊神經系統

- 腦神經
- 脊神經
- 神經叢

自主神經系統

- 交感神經分枝
- 副交感神經分枝
- 神經傳導物質

學習目標

1. 認識神經系統的組成與分類。
2. 明白神經系統的各項功能。
3. 能知道神經系統的各種構造。
4. 了解神經衝動的產生與傳導方式。
5. 確能知道各種神經傳導物質。
6. 能清楚知道中樞神經系統的組成與功能。
7. 能清楚知道周邊神經系統的組成與功能。
8. 能明白自主神經的調節過程。

神經系統是身體的聯絡網及控制協調中心，能感受體內、體外環境的變化，然後將這些變化的訊息加以解析整合，再以隨意和不隨意的活動形式產生反應，藉以協調維持身體的恆定。

神經系統的組成

神經系統（nervous system）依結構及分布部位的不同，可分成中樞神經系統（central nervous system; CNS）及周邊神經系統（peripheral nervous system; PNS）兩部分（圖8-1）。

中樞神經系統是由腦及脊髓組成，是整個系統的控制中樞，也是人體發號司令的最高執行機構。周邊神經系統是由腦神經、脊神經所組成，可區分為傳入、傳出兩大系統。傳入（afferent）系統是將身體末梢受體所聚集的訊息（身體及內臟感覺）傳向中樞神經系統的神經細胞所組成，此種神經細胞稱為傳入或感覺神經元（上行神經元）。傳出（efferent）系統則是將中樞神經系統訊息送至肌肉、腺體的神經細胞組成，此種神經細胞稱為傳出或運動經元（下行神經元）。

傳出系統再分成軀體神經系統（somatic nervous system; SNS）及自主神經系統（autonomic nervous system; ANS）。軀體神經系統，由脊髓灰質前角所發出，控制骨骼肌，可隨意識控制。自主神經系統由脊髓灰質側角發出，控制心肌、平滑肌、腺體等臟器、血管，故又稱為內臟傳出神經系統，無法隨意識控制，此系統有交感、副交感神經，一產生刺激活動，一產生抑制活動。

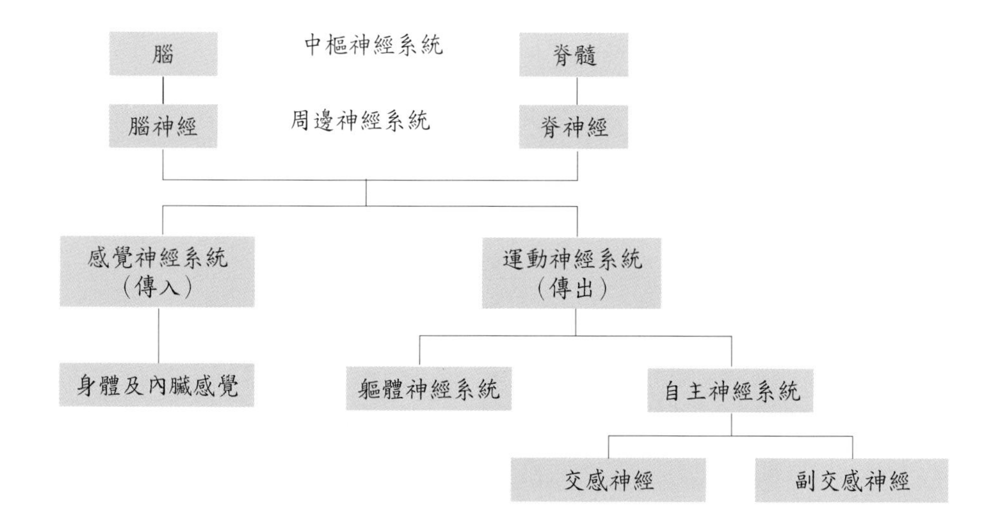

圖8-1 神經系統的組成

神經系統的功能

神經系統分布很廣，具有下列功能：

1. 感覺的傳入：在體表與內臟的感覺接受器，接受了外在或內在的刺激產生神經衝動。這衝動最後會傳至腦和脊髓的中樞神經系統。
2. 進一步整合：中樞神經系統會將來自全身的傳入神經衝動在此做整合，整合好下一步的動作後，將此動作的神經衝動送到反應接受的所在。
3. 運動的傳出：來自中樞神經系統的神經衝動會到達肌肉（產生收縮）或腺體（產生分泌），這是對原來的刺激所產生的反應。

神經組織

神經系統是由神經膠細胞和神經元組成。神經膠細胞無法傳遞神經衝動，但細胞有支持、保護、產生營養神經物質及調節周圍環境的功能；神經元是唯一能傳導神經衝動的細胞，是神經系統的構造與功能單位。

神經膠細胞

神經膠細胞（neuroglia）的數量是神經元的 10～50 倍，約占神經系統體積的一半（圖8-2）。現將神經膠細胞的種類與功能敘述於表8-1。

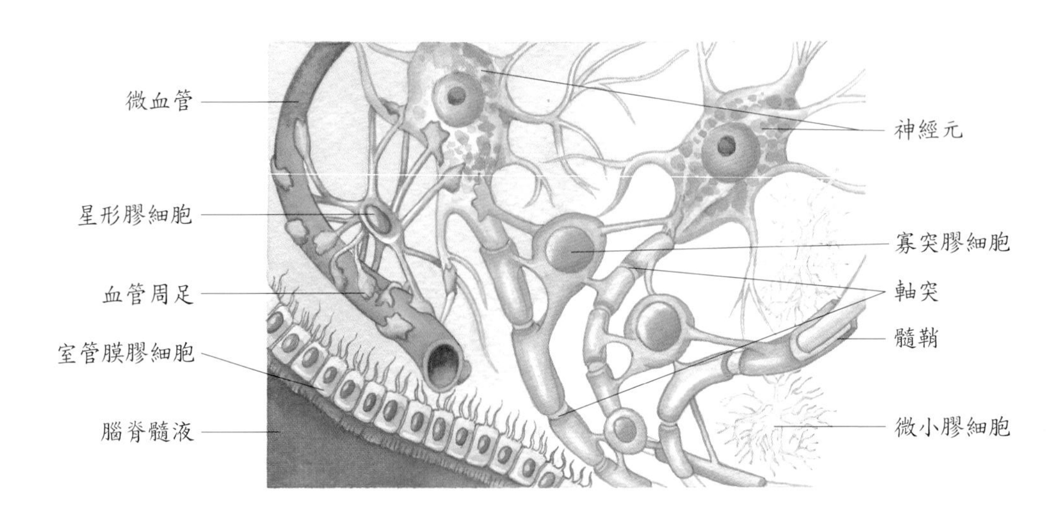

圖8-2　不同種類之神經膠細胞

表8-1　神經膠細胞的種類與功能

種　類		特　徵	功　能
中樞神經系統	星形膠細胞（astrocyte）	• 爲數目最多的膠細胞 • 呈星狀含有許多突起 • 突起填充於神經元空隙之中，而分布於微血管壁上，形成血管周足 • 原生質星形膠細胞位於灰質中，纖維性位於白質中	• 血管周足負責血管與神經之間的物質之攝取與轉換，並且與微血管內皮細胞、基底膜共同形成血腦障壁（blood brain barrier; BBB） • 當神經組織受傷時，纖維性星形膠細胞可形成疤痕組織填充於破損處，稱爲膠瘤
	寡突膠細胞（oligodendrocyte）	突起較少、較短	構成中樞神經系統神經元軸突上的髓鞘
	微小膠細胞（microglia）	爲單核球特化細胞，有腦的吞噬細胞之稱	神經組織受傷發炎時，能吞噬並摧毀微生物及細胞碎片
	室管膜膠細胞（ependymal cell）	• 形成腦室及脊髓腔的上皮內襯，排列成單層立方至柱狀的細胞，有的表面具有纖毛 • 與軟腦膜共同形成脈絡叢	具有分泌、吸收、過濾腦脊髓液的功能
周邊神經系統	許旺氏細胞（Schwann cell）	又稱神經鞘細胞	• 構成周邊神經系統中神經元的髓鞘 • 協助周邊神經受傷後的再生與修復
	衛星細胞（satellite cell）	圍繞於神經節細胞的細胞體周圍，形狀略微扁平	可促進神經元所需化學物質的傳遞

神經元

神經系統是由數十億（10^{11}）的神經元（neuron）組成，神經元的四周有支撐組織的神經膠質圍繞著，而神經膠質本身是由神經膠細胞構成，神經膠細胞的延伸物將神經元和小血管連接在一起，所以參與了神經元的氧分供應及結痂行列。

構造與功能

神經元是神經系統構造上與功能上的單位，基本構造為細胞體、樹突、軸突等三部分（圖8-3）。

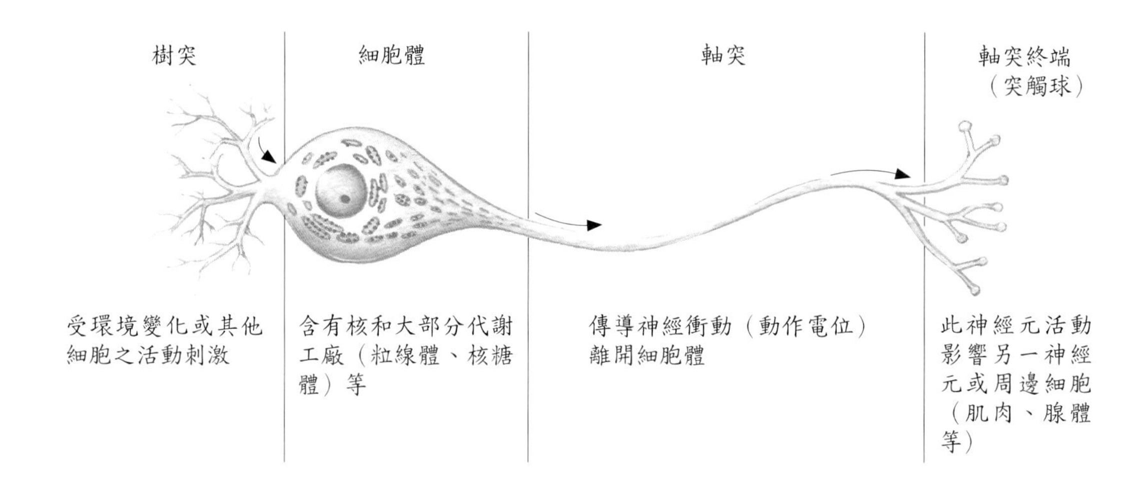

圖8-3 典型神經元的構造

1. 細胞體（cell body）：是神經元膨大的部分。
   (1)具有細胞核與核仁。
   (2)細胞質內有溶小體、粒線體、高氏體等胞器。
   (3)有的神經元細胞質內尚含有一些細胞包涵體。
      ①脂褐質色素：是溶小體分泌出來的脂肪素黃棕色顆粒，會隨年齡增大而增加，故與老化有關。
      ②尼氏體（Nissl body）：相當於顆粒性內質網，可合成蛋白質，供給神經元營養，助神經元的生長與再生。
      ③成熟的神經元不含有絲分裂器。
2. 樹突（dendrite）：由細胞體伸出的細胞質突起，有一條至多條不等。樹突短，無髓鞘，但有很多分枝，能將神經衝動傳至細胞體。
3. 軸突（axon）：和樹突一樣，也是由細胞體伸出的細胞質突起。
   (1)通常由細胞體旁圓錐狀突起，稱為軸丘（axon hillock）處發出。
   (2)只有一條，能將神經衝動由細胞體傳至另一神經元或組織。
   (3)軸突的終端分成許多細絲，稱為終樹（telodendria），終樹的遠端有膨大成燈泡狀的軸突終端球（axon terminals）或稱突觸球（synaptic bulbs），內有突觸小（囊）泡（synaptic vesicle），內含化學傳導物質，可產生神經衝動。此為胞泄作用，與流入胞內鈣離子濃度呈正比，與流入胞內鎂離子濃度呈反比。
4. 軸突上的髓鞘（myelin sheath）：神經纖維是指軸突及包於其外的構造，髓鞘為其中之一，它是一種分節、多層、白色的磷脂外套，有絕緣、保護及增加神經傳導速度的功能。

⑴許旺氏細胞（Schwann cell）形成周邊神經系統軸突外髓鞘，它是用細胞膜順時鐘方向持續纏繞軸突數次形成髓鞘，而將細胞質、細胞核擠到外邊形成神經膜（鞘）（neurolemma），以助受傷的軸突再生。

⑵寡突膠細胞形成中樞神經系統軸突外髓鞘，不會形成神經膜，所以沒有再生能力。

分類

1. 依細胞體的突起數目來分（圖8-4、表8-2）：

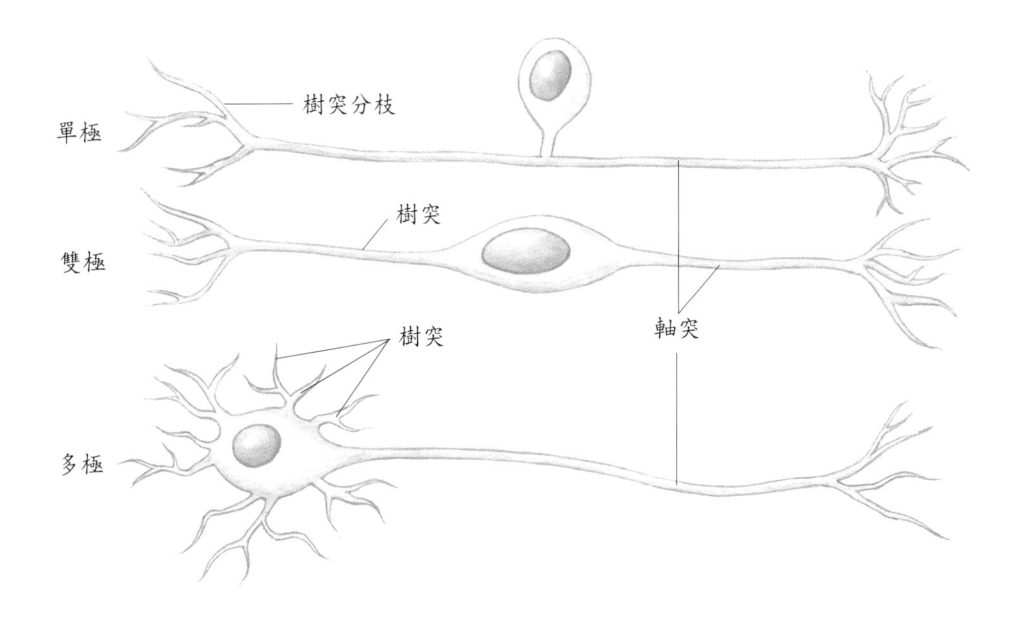

圖8-4　神經元依細胞體突起的數目而分類

表8-2　依細胞體突起數目分類的神經元

項　目	定　義	例　子
多極神經元（multipolar neuron）	由單一軸突及多個樹突組成	• 存在於中樞神經系統內 • 控制骨骼肌運動的所有運動神經元
雙極神經元（bipolar neuron）	在細胞體的兩端各有一條軸突和樹突	存在於嗅覺上皮、視網膜及內耳，即嗅、視、聽覺神經元
單極神經元（unipolar neuron）	在胚胎時是雙極神經元，在發展過程中，軸突及樹突由細胞體突出的部分融合成一條而成	• 由雙極衍生而來，故稱僞單極神經元 • 周邊神經系統的感覺神經元，例如脊髓的背根神經節

2. 依傳導衝動的方向為基礎來分（圖8-5、表8-3）：

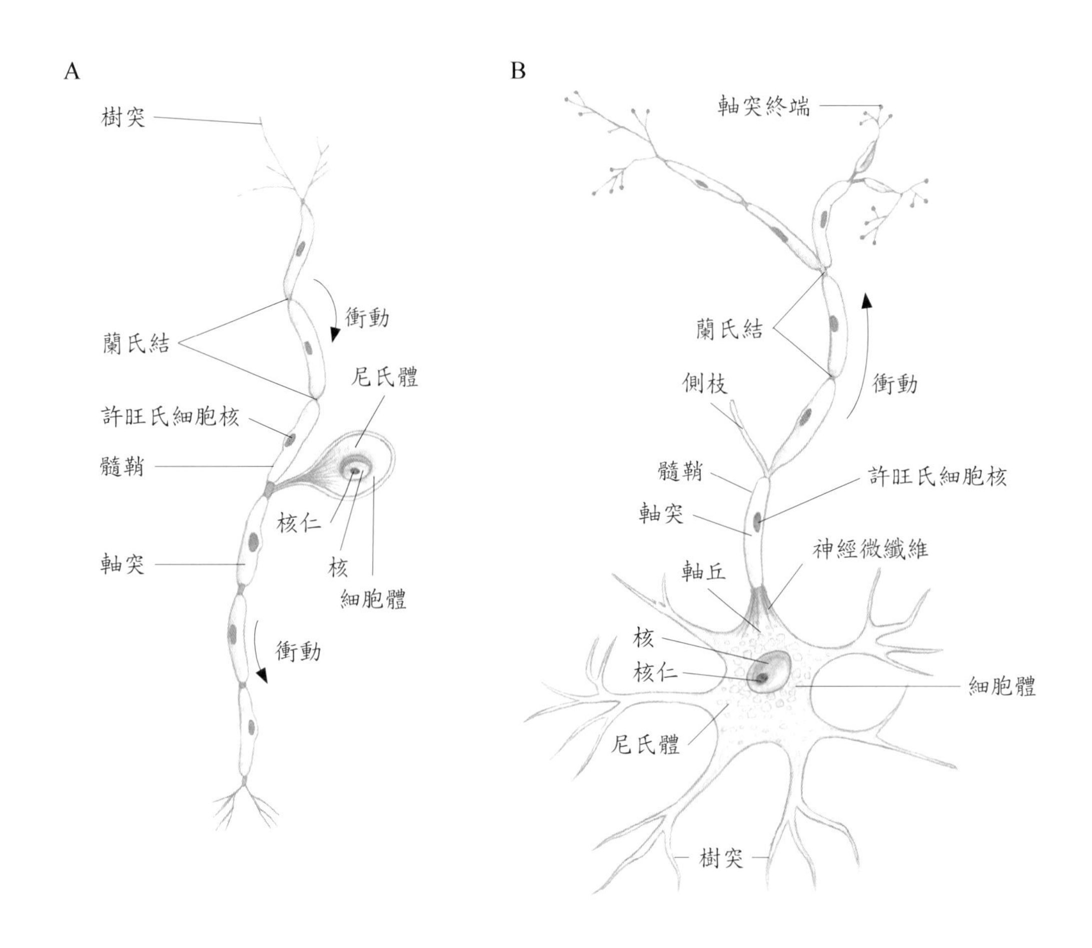

圖8-5 神經元。A. 感覺神經元；B. 運動神經元。

表8-3 依傳導衝動方向分類的神經元

項　目	特　性
感覺神經元（sensory neuron）	細胞體位於周邊神經系統，將訊息由接受器傳至中樞神經系統，故稱爲輸（傳）入神經元，屬僞單極神經元
聯絡神經元（association neuron）	細胞體位於中樞神經系統的灰質內，將衝動由感覺神經元傳至運動神經元，負責聯絡與整合，屬於多極神經元
運動神經元（motor neuron）	細胞體位於中樞神經系統的灰質內，將衝動由中樞神經系統傳至動作器，故稱輸（傳）出神經元，屬多極神經元

傳導方式

1. 連續傳導（continuous conduction）：是無髓鞘的神經纖維傳導方式（types of conduction），神經衝動是逐步的、連續性的在膜上產生去極化，所以傳導速度慢。
2. 跳躍傳導（saltatory conduction）：是有髓鞘的神經纖維傳導方式，因髓鞘為磷脂質，具有良好的絕緣效果，在髓鞘中斷處的蘭氏結，其細胞膜處才會產生去極化、產生動作電位，所以傳導是由一個蘭氏結跳到另一個蘭氏結，即為跳躍傳導。傳導速度比連續傳導要快50倍，且消耗的能量也少。

臨床指引：

多發性硬化症（multiple sclerosis）是一種神經髓鞘的疾病。當神經發炎或髓鞘受傷時，髓鞘就會脫失或變硬成痂，如此神經傳導就會受到干擾而變慢。由於變硬成痂的髓鞘區域可能有好幾個，或隨時間的進展，新的硬痂區也可能出現，所以稱為多發性。

多發性硬化症好發在30歲左右的女性，可能跟自體免疫有關。症狀包括了麻木感、無力、步履不穩，口齒不清等。這些症狀嚴重度因人而異，發作後會減輕或消失，也會再度發作。

用類固醇可治療急性發作，合併其他藥物及復健可改善症狀，使用干擾素可減少復發次數及嚴重程度，抱著樂觀的態度來面臨多發性硬化症的患者，將有助於過著美好的人生。

神經生理學

是指神經衝動的產生，傳導過程與方式，神經傳導物質的釋放，最後產生的結果。茲詳述如下：

神經衝動

動作電位會沿著神經纖維移動形成神經衝動（neural impulse），所以神經衝動是一個沿著細胞膜表面移動的負電波。

靜止膜電位

一個靜止、不傳導神經衝動的神經元，其細胞膜的內外兩邊電荷有差距。形成細胞膜兩邊電荷差距的原因為（圖8-6）：

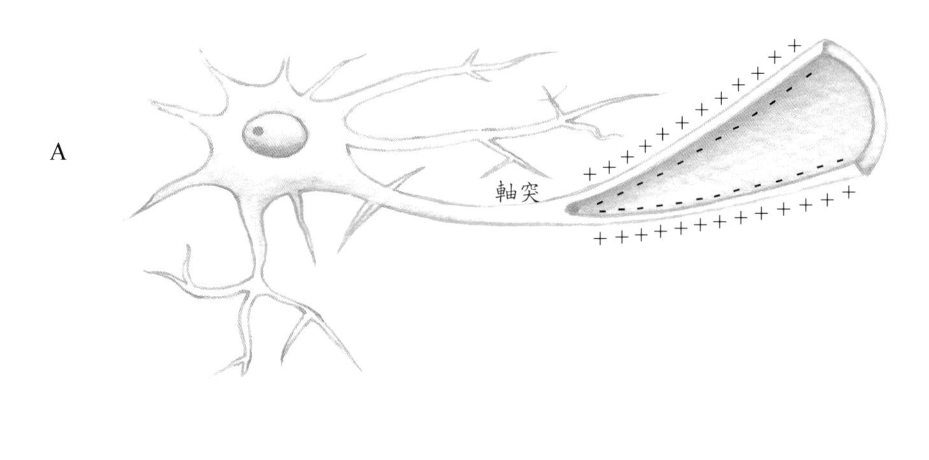

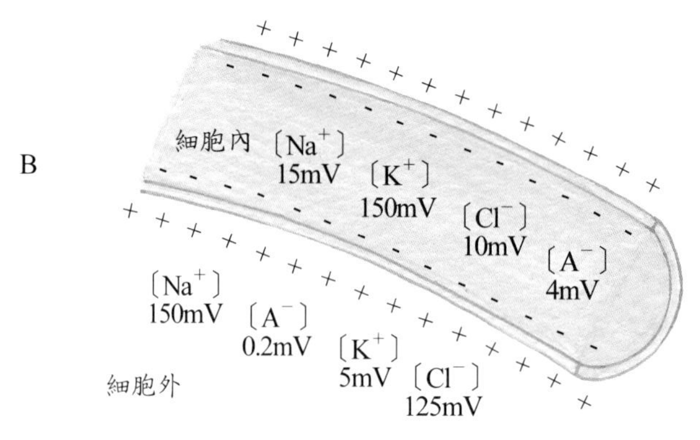

圖8-6　靜止膜電位。A. 膜電位內外相差70mV；B. A^-代表蛋白質負離子。

1. 細胞膜上有鈉－鉀幫浦：其會主動運輸的將兩個鉀離子送入細胞內，同時將三個鈉離子送至細胞外，使細胞外的正電荷高於細胞內。換句話說，每一幫浦循環，即會使神經纖維內側失去一正電荷。
2. 細胞膜靜止時對各離子的通透性不同：細胞膜上另有鈉－鉀漏流通道（Na^+-K^+ leak channel），鉀離子比鈉離子更易通過此通道，是鈉離子的 100 倍，且不需消耗能量。
3. 細胞膜內有大分子的蛋白質帶負電：由於分子大，不具滲透性，難擴散至細胞外，而使得細胞膜內的負電荷高於細胞外。

由於上述因素導致靜止的神經細胞膜電位在胞內為負值、胞外為正值，此為靜止膜電位（resting membrane potential），此時的細胞膜為極化膜（polarized membrane）。一般神經細胞的靜止膜電位為－70mV，表示膜內比膜外少 70mV（毫伏特），負號表示胞內為負電荷。骨骼肌是－90mV，心肌是－80mV，平滑肌是－50mV。

動作電位

細胞對刺激所產生的反應稱為興奮性，身體中只有神經和肌肉可被興奮而產生動作電位（action potential）。動作電位的分期如下（圖8-7、8-8、8-9）：

1. 靜止期（resting stage）：細胞膜保持內負外正的極化現象，神經細胞的膜電位為－70mV。
2. 去極化（depolarization）：當刺激強度到達閾值時，鈉離子通道打開，使較多的 Na^+ 擴散入細胞內，大量的 Na^+ 湧入細胞內，打破原有的極化狀態，變成內正外負的現象，是為去極化，同時產生動作電位（尖峰電位），亦即神經衝動，具傳導性。此時的膜電位由－70mV 變成＋30mV。
3. 再極化（repolarization）：去極化後，由於細胞膜內積聚過多的正電荷，使 Na^+ 通道迅速（0.3 毫秒）關閉，接著 K^+ 通道打開，使細胞內大量的 K^+ 擴散出細胞外，使膜電位由動作電位＋30mV 逐漸往靜止膜電位－70mV 方向進行，恢復細胞膜內負外正的現象。

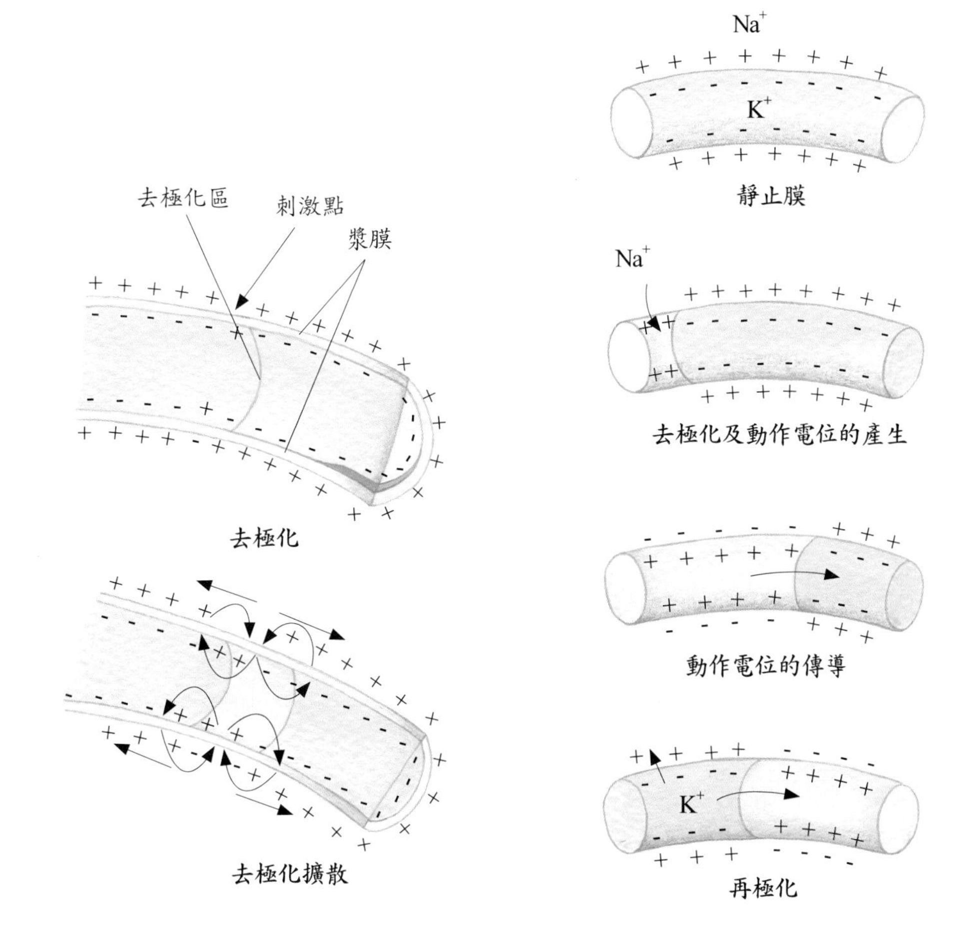

圖8-7　局部細胞膜的去極化

圖8-8　動作電位的產生及傳導

4. 過（超）極化（hyperpolarization）：再極化時由細胞內流出 K^+ 的量超過細胞外流入的 Na^+ 量，造成膜電位比靜止時更偏向負值，也就是膜電位比－70mV 更負的狀況。
5. 鈉－鉀幫浦：協助 Na^+ 回到細胞外，K^+ 回到細胞內，而恢復正常的靜止膜電位。

動作電位的特性

1. 不反應期（refractory period）：是指一處細胞膜產生動作電位（action potential）時，對另一個刺激不能產生反應，也就是不能再產生另一個動作電位，這段期間即為不反應期。包括：
   (1)絕對不反應期：在去極化狀態時，由於 Na^+ 通道不活化，給予再大的任何刺激，均無法產生另一個動作電位。
   (2)相對不反應期：在再極化狀況時，由於 K^+ 繼續向外擴散，此時給予一大於閾值的刺激即可引發另一個動作電位。
   (3)較大的神經纖維絕對不反應期約 0.4 毫秒，第二個神經衝動可在 1/2,500 秒之後傳出去，亦即每秒可傳導 2,500 個神經衝動。
2. 神經衝動的傳導速度：其傳導速度與刺激強度無關，但與溫度、纖維直徑、是否有髓鞘有關。
   (1)軸突神經纖維越粗，跳躍距離越大，傳導速度就越快。神經纖維由粗至細可分成A、B、C 三類纖維（表8-4）。
   (2)神經纖維有髓鞘者，傳導較快。
   (3)溫度高、壓力小，傳導較快。

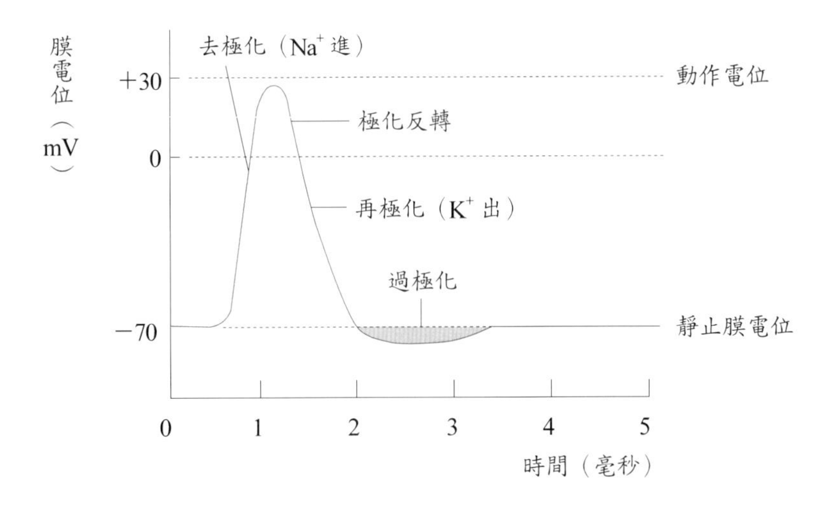

圖8-9 動作電位的分期

表8-4 神經纖維的種類

種類	髓鞘	傳導方式	直徑（μm）	傳導速度	絕對不反應期	機能
Aα	有	跳躍傳導	12～20（最快）	70～120（最快）	0.4～1 毫秒	本體感覺、軀體運動
Aβ			5～12	30～70		觸覺、壓覺
Aγ			3～6	15～30		肌梭運動
Aδ			2～5	12～30		快痛、溫覺
B	有	跳躍傳導	<3（中）	3～15（中）	1.2 毫秒	自主神經節前纖維
C	無	連續傳導	0.4～1.2（最慢）	0.5～2（最慢）	2 毫秒	慢痛、自主神經節後纖維

⑷缺氧或麻醉藥劑等也會阻斷神經衝動的傳導。

3. 全或無定律（all-or-none principle）：只要刺激強度超過閾值時，則不論刺激強度的大小，皆可產生一個大小相同的動作電位，且以固定強度沿著細胞膜傳導。但若是刺激強度低於閾值，則無法產生任何的動作電位。

突觸

突觸（synapse）是指神經元軸突末端（突觸球）與另一神經樹突功能性連接但未接觸的區域。它能將訊息由一個神經元傳至另一個神經元，或傳給肌肉細胞或腺體細胞。神經元和肌肉細胞間的突觸，稱為神經肌肉接合，而與腺體細胞間的突觸，稱為神經腺體接合。

將衝動傳到突觸的神經元，稱為突觸前神經元，是訊息的發送者；將衝動傳離突觸的神經元，稱為突觸後神經元，是訊息的接受者。大部分神經元同時具有突觸前及後的神經元功能。位於突觸前神經元與突觸後神經元之裂隙，稱為突觸裂。突觸前神經元的神經衝動經由突觸而傳到突觸後神經元，其過程簡要說明如下（圖8-10）：

1. 當神經衝動到達突觸前神經元的突觸球時，會使其膜上 Ca^{2+} 通道打開，而使 Ca^{2+} 由細胞外液進到突觸球。
2. 突觸球內之 Ca^{2+} 濃度增加後，可促使突觸小泡黏附到軸突膜上，而使神經傳導物質釋放到突觸裂。之後，Ca^{2+} 很快進到突觸球的粒線體內或由主動的鈣幫浦將其送回到細胞外。
3. 神經傳遞物經由擴散作用而越過突觸裂，並與突觸後膜上的特定接受器結合。

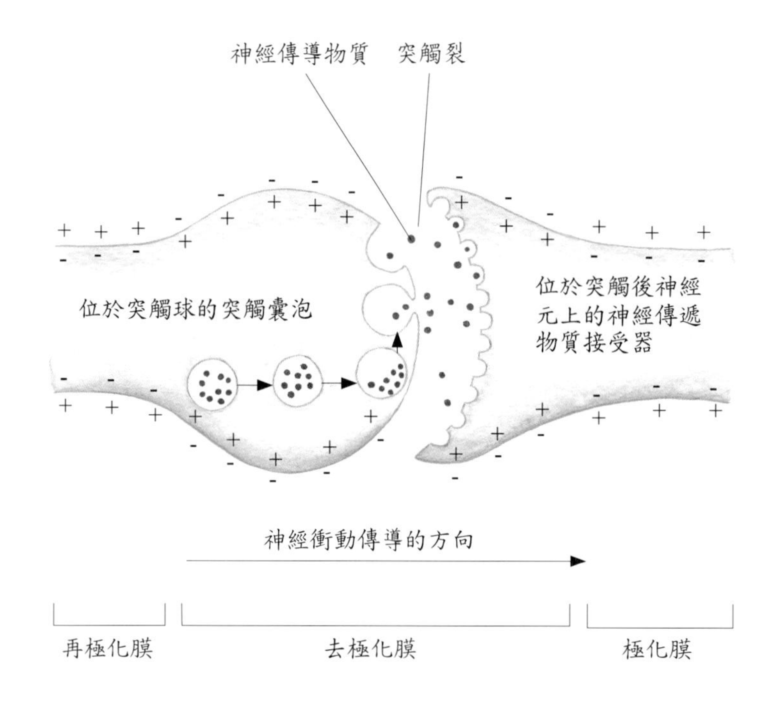

圖8-10　神經衝動在突觸的傳導

4. 當接受器與神經傳導物質結合後，則其立體結構發生變化，而導致離子通道之開啟，因而引起突觸後膜電位之局部變化。隨著釋放之神經傳導物質之形態，及與其結合之接受器蛋白質之不同，其結果可能興奮或抑制突觸後神經元。這種受神經傳導物質與接受器結合所促進之改變非常短暫，因為神經傳導物質隨即被酶分解或被再收回到突觸球內，而很快的由突觸後膜被移除。

突觸的傳導

1. 興奮性傳導（excitatory transmission）：突觸後細胞對 Na^+ 通透性增加，使 Na^+ 流入細胞內，造成接近靜止膜電位，但並不足以引起動作電位，稱為興奮性突觸後電位（excitatory postsynaptic potential; EPSP）。EPSP的電位值比靜止膜電位（－70mV）高，但較閾值（－60mV）低（圖8-11A）。
2. 抑制性傳導（inhibitory transmission）：突觸後細胞對 Na^+ 通透性降低，K^+ 及 Cl^- 通透性增加，使 Cl^- 流入細胞內而 K^+ 流出細胞外，造成比靜止膜電位更負的情況（過極化），稱為抑制性突觸後電位（inhibitory postsynaptic potential; IPSP）（圖8-11B）。

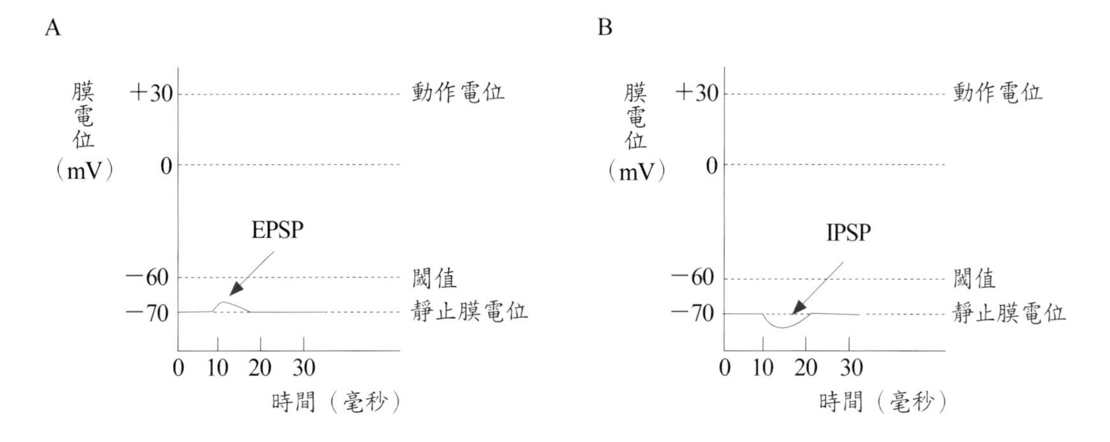

圖8-11　突觸的傳導。A. 興奮性傳導；B. 抑制性傳導。

突觸電位的特性：加成作用

通常 EPSP 只能維持幾毫秒。如果幾個突觸球約在同一時間釋出其神經傳導物質，則合併的效果足以引發一次神經衝動，這種效果即為加成作用。此加成作用（summation）是突觸電位的特性，可分為兩類：

1. 時間加成（temporal summation）：是指快速連續的二個或多個閾下刺激，同時作用於單一個突觸球上，足以引發動作電位時稱之。
2. 空間加成（spatial summation）：是由很多個突觸球同時釋放化學傳導物質，增加突觸後神經元引發一次衝動的機會時稱之。

神經傳導物質

能構成神經傳導物質（neurotransmitter）必須具備下列三項標準：(1)須存在於突觸球內；(2)能改變突觸後膜對離子的通透性，產生興奮性或抑制性突觸後電位；(3)在突觸裂內能被酶分解失去活性或被收回突觸球內。大部分神經元只產生及釋放一種神經傳導物質，但也有例外可產生兩種或兩種以上之傳導物質（表8-5）。

臨床指引：

帕金森氏症（Parkinson's disease）是一種慢性中樞神經失調導致的疾病，跟無法製造足夠的多巴胺有關。患有帕金森氏症的人，一開始可能只有身體一側受到影響，不久後身體兩側都產生病變。一般而言，病情會隨著時間而有所改變且越來越嚴重。通常患有帕金森氏症的人，記憶力不會受到影響。常見的病徵：四肢顫抖、肌肉僵硬、動作遲緩、平衡感失調、講話速度緩慢、音調呆板、寫字越寫越小等。

阿茲海默症（Alzheimer's disease）是一種腦部異常導致智力逐漸喪失到癡呆的

地步，這是神經傳導物質乙醯膽鹼減少所產生的疾病。此疾病的表徵或症狀可能因人而異，特別是疾病剛開始時。隨著時間進行，記憶力逐漸喪失，首先最常被注意到的症狀，往往是病人無法記住人名，東西放錯位置，經常重複相同的話，時間一久便出現無法操作熟悉的事物、時間及空間定向力異常、情緒及行為改變、無法抽象思考、對事物喪失興趣或原動力、人格特質改變、語言障礙等問題。

反射與反射弧

人體對於內在、外在及有傷害性的刺激能產生自動且快速的反應，即為反射（reflex）。涉及反射的傳導路徑即為反射弧（reflex arc）。反射弧是神經系統的功能單位，含有兩個或兩個以上的神經元，其基本組成如下（圖8-12）：

1. 感受器（receptor）：能接受身體內在、外在環境改變的訊息，而使感覺神經元引發衝動。
2. 感覺神經元（sensory neuron）：將感受器接受的衝動由樹突傳至其他位於中樞神經內的軸突末端。
3. 中樞（center）：位於中樞神經系統內，將傳入的訊息經整合後，可直接或間接傳至運動神經元引起神經衝動。

表8-5　神經系統各部位化學傳導物質的比較

部　位	化學傳導物質
軀體神經系統	乙醯膽鹼（acetylcholine; Ach）
自主神經系統	• 乙醯膽鹼（acetylcholine; Ach） • 正腎上腺素（norepinephrine; NE）
中樞神經系統	已知的中樞神經系統化學傳導物質超過40種，較重要的如下： • 膽鹼衍生物：乙醯膽鹼（acetylcholine; Ach） • 兒茶酚胺（catecholamines）：多巴胺（dopamine）、腎上腺素（epinephrine; E）、正腎上腺素（norepinephrine; NE） • 胺類（amine）：組織胺（histamine）、血清素（serotonin） • 胺基酸類（amino acids）：γ胺基丁酸（GABA）、麩胺酸（glutamic acid）、甘胺酸（glycine）、天門冬胺酸（aspartic acid） • 多胜肽類（polypeptides）：升糖素（glucagon）、胰島素（insulin）、體制素（somatostatin）、P物質（substance P）、腎上腺皮質刺激素（ACTH）、血管收縮素II（angiotensin II）、內生性鴉片（endorphins）、促黃體素釋放激素（LHRH）、升壓素（ADH）、膽囊收縮素（CCK）等 • 除了GABA、glycine、endorphins、somatostatin外，其他皆爲興奮性

4. 運動神經元（motor neuron）：將感覺神經元或聯絡神經元在中樞所產生的衝動傳至將反應的器官。
5. 動作器（effector）：運動神經元所支配的身體構造，如肌肉或腺體，會引起相對應的收縮、放鬆或分泌。

反射是對內、外環境改變的快速反應，以維持身體的恆定。若反射中樞的整合位於脊髓，即為脊髓反射（spinal reflex）。若反射結果引起骨骼肌的收縮，稱為軀體反射（somatic reflex）；若是引起平滑肌或心肌的收縮，或是腺體的分泌，則為內臟（visceral）反射或自主（autonomic）反射。

若以參與的神經元間所形成突觸數目來分類，可分成單突觸反射（只有感覺神經元和運動神經元形成的一個突觸）、雙突觸反射（多一個聯絡神經元參與）、多突觸反射。

臨床指引：

反射常被用來診斷神經系統的疾病，並可確定神經受傷位置。

膝反射：由股神經傳導，無此反射表示受損部位在脊髓 L1～L4。

踝反射：由坐骨神經傳導，無此反射表示受損部位在脊髓 L4～S3。

肘反射：由橈神經傳導，無此反射表示受損部位在脊髓 C5～T1。

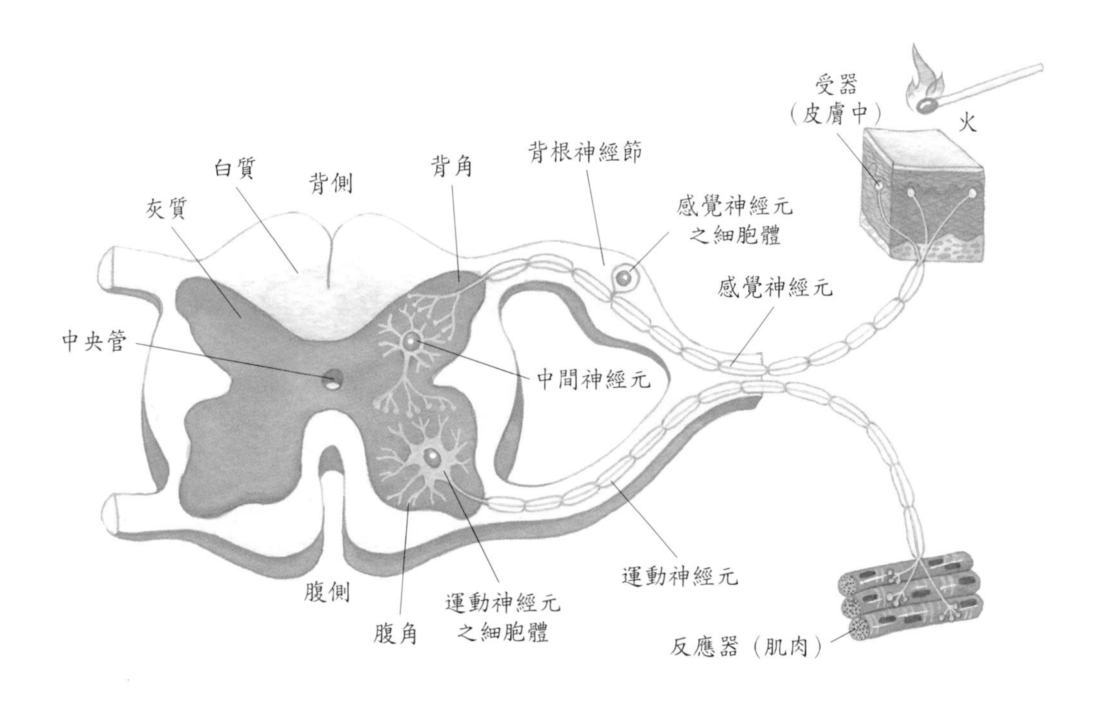

圖8-12　反射弧的構造

足底反射：由皮質脊髓徑傳導，無此反射表示受損部位在皮質脊髓徑。

瞳孔反射：由視神經傳入，動眼神經傳出，無此反射表示受損部位在中腦。

角膜反射：由三叉神經眼枝傳入，顏面神經傳出，無此反射則表示受損部位在橋腦。

咽反射：由舌咽神經傳入，迷走神經傳出，無此反射表示受損部位在延腦。

中樞神經系統

中樞神經系統（central nervous system）是由腦和脊髓組成。

腦

腦（brain）由神經管前端發育而成，位於顱腔內，分成大腦、間腦、腦幹及小腦等部分，其中腦幹包括了中腦、橋腦及延腦（圖 8-13）。腦重約 1,400～1,600 公克，每分鐘可吸收全身血流量的 20%，以因應腦部的高度代謝速率，它是神經系統中最大、最複雜的部分。

大腦

大腦（cerebrum）是由左、右大腦半球所構成，兩半球間由胼胝體（corpus callosum）的髓鞘纖維束互相連結。大腦占了整個腦部的 80%，構成腦的主體，表層有 2～4mm 厚的灰質，即為大腦皮質（cerebral cortex），皮質底下是白質，由神經纖維構成。

1. 白質（white matter）：是由有髓鞘的軸突所組成，位於皮質下面，包括下列三種纖維（圖 8-14）：
   (1)聯絡纖維：傳遞同側大腦半球內不同腦回間的神經衝動（前後傳導）。
   (2)連合纖維：傳遞對側大腦半球的神經衝動（左右傳導）。左右大腦半球的連接就是靠胼胝體、前連合、後連合三個連合纖維。
   (3)投射纖維：連接大腦與其他腦部位或脊髓之上升徑及下降徑所構成（上下傳導），例如內囊、大腦腳。
2. 皮質：在胚胎發育期間，腦急速長大，皮質（cortex）的生長速度比白質快，由於皮質在外包附著白質，而形成許多皺褶腦回（gyri），在腦回間的深溝稱腦裂，淺的稱腦溝。

   最明顯的腦裂有分開左、右大腦半球的縱裂及分開大、小腦的橫裂。至於腦溝有分開額葉和頂葉的中央溝，在中央溝正前方的是負責運動中央前回，在中央溝正

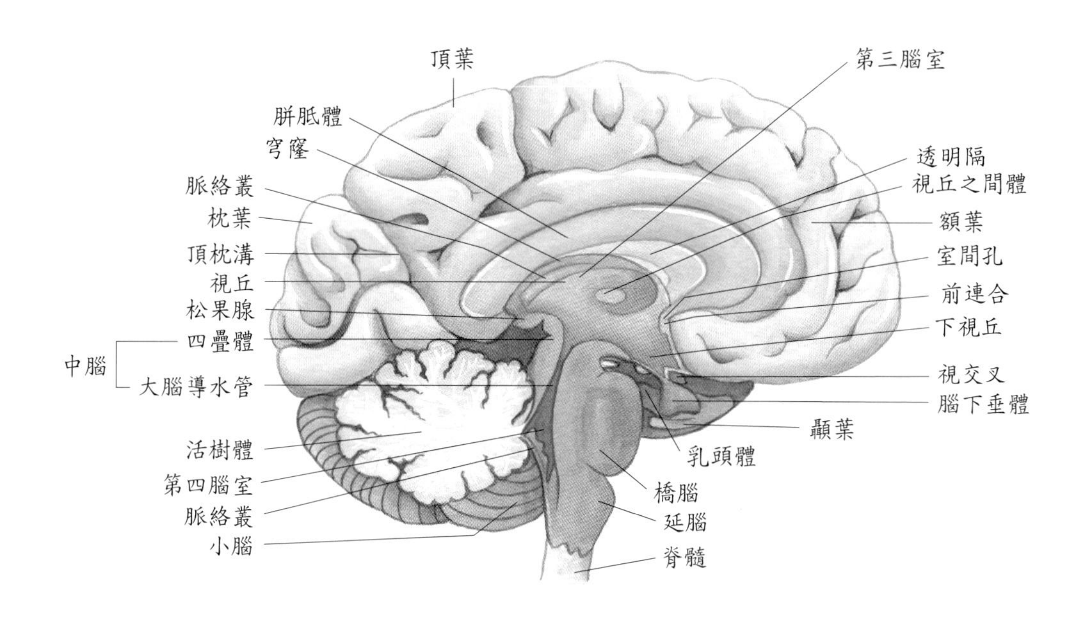

圖8-13　腦的解剖圖

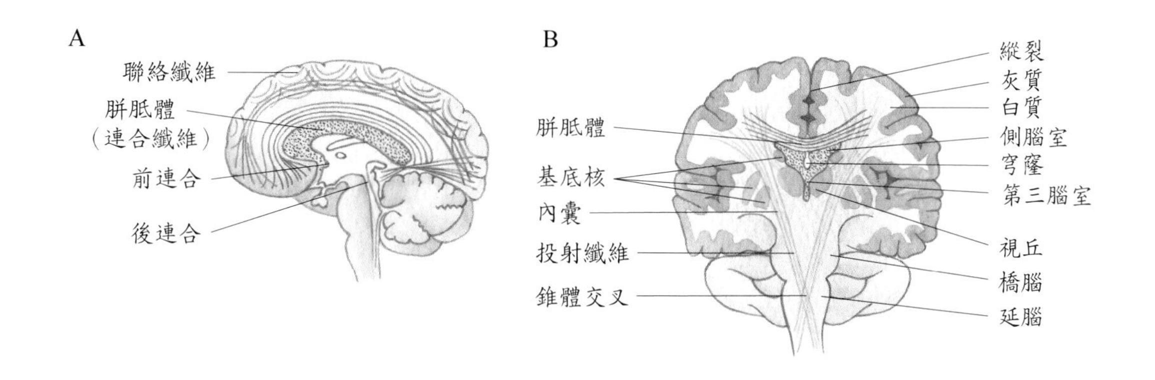

圖8-14　大腦白質的纖維。A. 矢狀切面；B. 冠狀切面。

後方的是負責感覺的中央後回，分開額葉和顳葉的是側腦溝，分開頂葉和枕葉的是頂枕溝（圖8-15）。在側腦溝的深部有腦島（insula；島葉）。

⑴各腦葉的功能

依位置將大腦分成額葉、頂葉、顳葉、枕葉、腦島，其功能見表8-6。

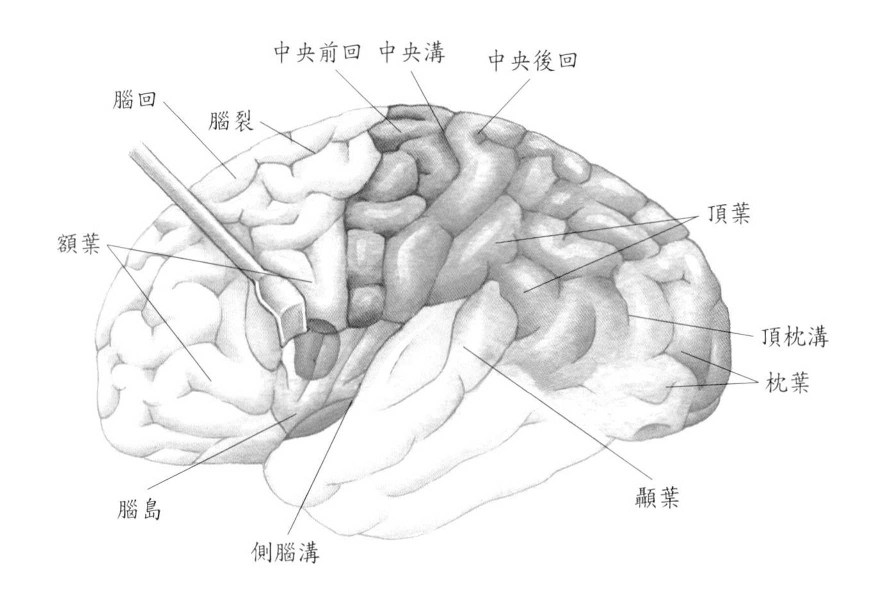

圖8-15　大腦的皮質外觀，分開側腦溝可看見腦島。

⑵大腦皮質功能區（圖8-16）

①大腦半球功能的特化：

- 左腦主要是語言能力，它強調的是數理、邏輯和分析的能力。
- 右腦是對形狀及空間等感受的來源，它強調整體性的視野功能。
- 通常慣用右手之人，左腦占優勢，但不管慣用左手或右手者，其語言區皆在左大腦半球。

②大腦皮質可分成：

- 感覺區：詮釋感覺性衝動。
- 運動區：控制肌肉的運動。
- 聯絡區：占大腦皮質的大部分，與記憶、情緒、理性、意志、判斷、人格特質及智力有關，換句話說，只要涉及情緒及智力的延生過程皆屬聯絡區。

③大腦感覺或運動區如屬愈重要或愈精細者，在腦部皮質所占區域愈大（圖8-17）。

表8-6　各腦葉的功能

腦葉	功　能
額葉	控制骨骼肌的隨意運動、人格特性、語言溝通，例如集中注意力、計畫、決定等的高等智慧處理
頂葉	體感覺的詮釋言語的理解，形成字彙以表達想法與情感；物質材料及形狀的詮釋
顳葉	聽覺詮釋、視覺及聽覺經驗的儲存（記憶）
枕葉	整合眼球的對焦動作，將視覺影像與之前的視覺經驗及其他感覺刺激互相連貫，視覺認知
腦島	與內臟痛覺訊息的記憶編碼及整合有關

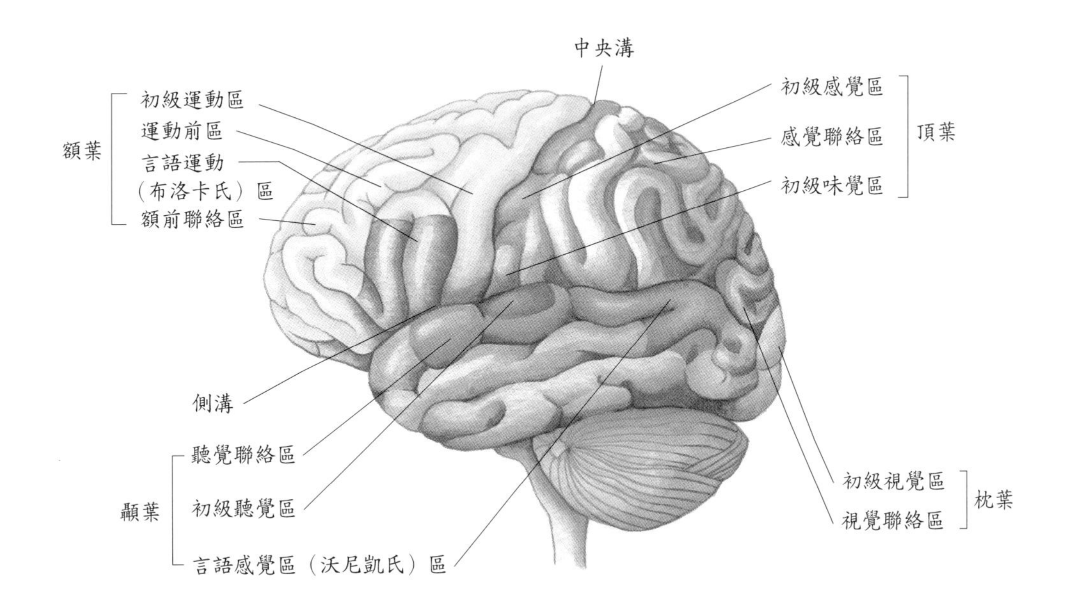

圖8-16　大腦皮質與功能，可分成四葉：額葉、顳葉、頂葉和枕葉。

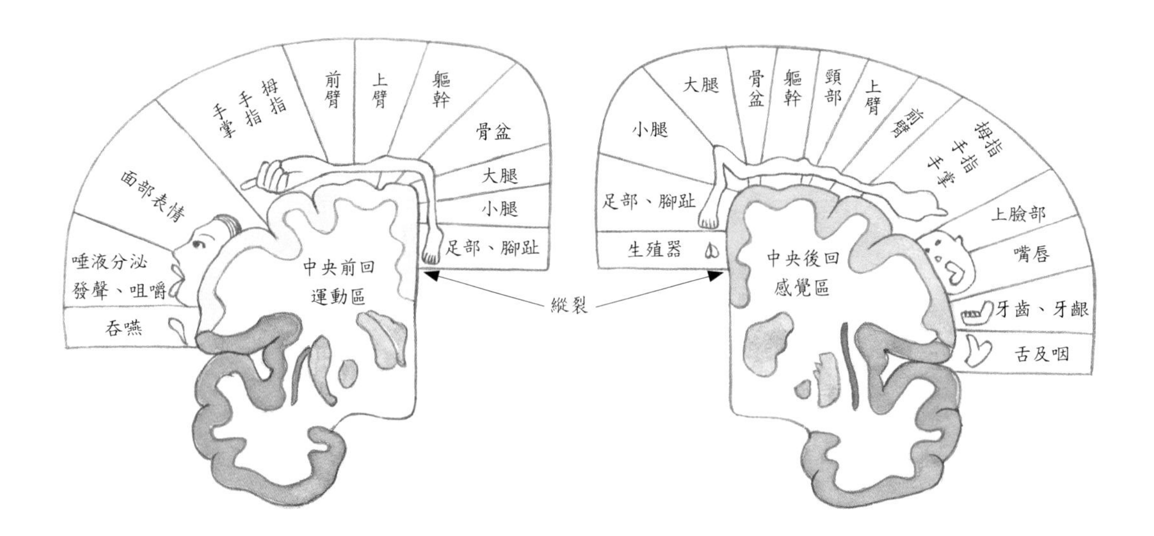

圖 8-17　大腦皮質感覺及運動區與身體部位的關係，感覺或運動越重要或越精細的部位，所占的區域越大。

3. 邊緣系統（limbic system）：神經元的細胞體與樹突組成的灰質，位於大腦表層的皮質及大腦深部聚集形成神經核（nuclei）。邊緣系統就是由一部分的前腦神經核及圍繞腦幹形成環狀纖維徑所組成的構造（圖 8-18）。

(1)組成：

①邊緣葉：由大腦的扣帶回（cingulate gyrus）及海馬旁回（parahippocampal gyrus）所組成。

②海馬：為海馬旁回延伸到側腦室底部的部分。負責將短期記憶轉換成長期記憶儲存於大腦皮質內。經由邊緣系統構造所產生的情緒能增加或抑制長期記憶的儲存。

③杏仁體：位於尾狀核的尾端。正常可助個人做出符合社會環境要求的適當行為反應。

④下視丘的乳頭體：位於大腦腳附近。

⑤視丘的前核：位於側腦室的底部。

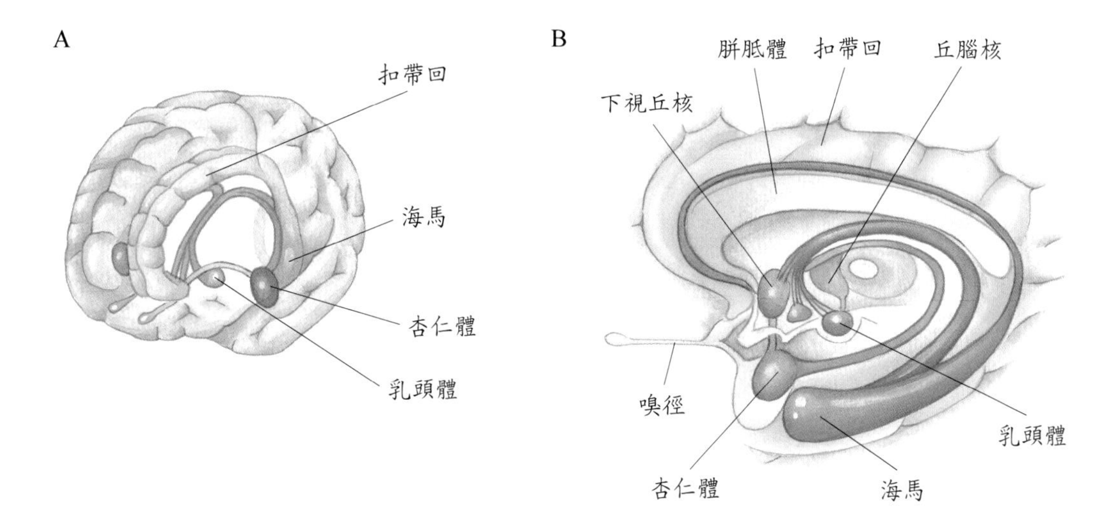

圖8-18　邊緣系統立體構造圖及其相關性

⑵功能：邊緣系統被稱為「嗅腦」、「情緒腦」、「內臟腦」。

①一些基本動物行為：嗅覺、記憶、性行為。

②與下視丘相關的功能：情緒控制（憤怒、歡樂、恐懼）、進食行為、自主神經反應。

4. 基底核（basal ganglia）：是位於大腦白質深層內的灰質團塊，又稱基底神經節。

⑴組成：基底核最顯著的是由數個神經核集合形成的構造（圖8-19）。

①紋狀體（corpus striatum）：占最大，由尾狀核（caudate nucleus）與豆狀核（lentiform nucleus）組成，豆狀核又包括外側的殼核（putamen）及內側的蒼白球（globus pallidus）兩部分。內囊雖為白質，但貫穿於豆狀核、尾狀核及視丘間，有時也被認為是紋狀體的一部分。

②帶狀核（claustrum）：在視覺訊息的處理中占有未確定的角色。

③杏仁核（amygdala nucleus）。

④黑質（substantia nigra）。

⑵功能：大腦皮質運動區、基底核（基底神經節）與其他腦部區域間互相連結形成運動迴路（motor circuit）。

①控制骨骼肌的潛意識運動，例如走路時手臂的擺動。

②調節與身體之特定運動所需之肌肉緊張度，例如姿勢的改變。

③經由皮質脊髓徑來調控對側身體的動作。

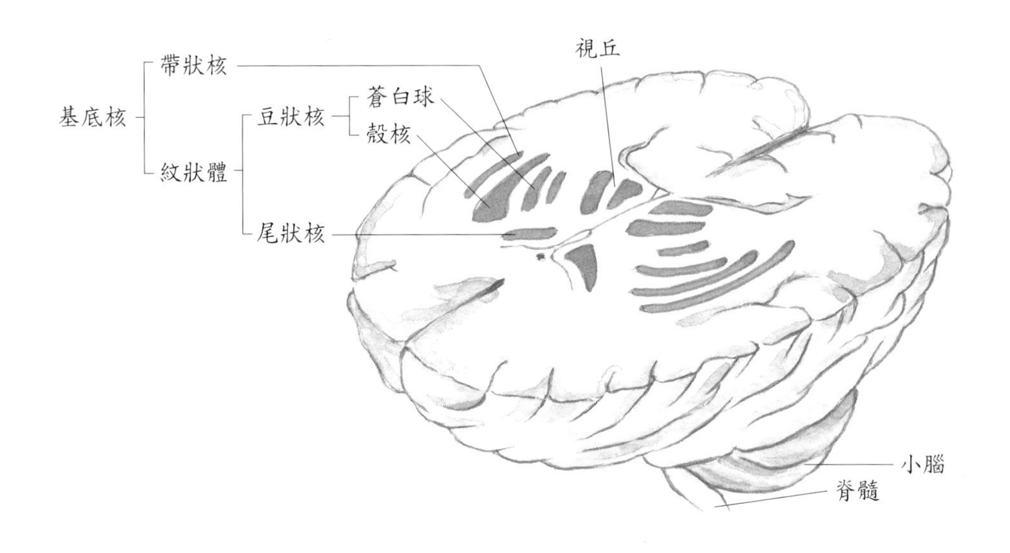

圖8-19 視丘及基底核（水平切面）

⑶病變

①若黑質及紋狀體中的多巴胺含量減少，會引起帕金森氏症（Parkinson's disease），導致痙攣性麻痺或靜止震顫等不正常的軀體運動。

②若蒼白球外側或合併紋狀體受損，會產生臉部、手部、舌頭及身體其他部位持續而緩慢的扭曲運動，稱為手足徐動症（athetosis）。

間腦

間腦（diencephalon）與大腦共同組成前腦，幾乎完全由大腦半球所圍繞。間腦包含視丘、下視丘及一部分腦下垂體等重要構造，內含有一狹窄的空間是腦室。

1. 腦室（ventricles of brain）：腦的內部是充滿腦脊髓液的中空腔室，含四個中央通道，稱為腦室（圖 8-20）。最大的兩個為側腦室（位於大腦半球），藉著腦室間孔（interventricular foramen）與第三腦室（third ventricle）相通。而位於中腦的大腦導水管（cerebral aqueduct）則連接著第三腦室與第四腦室。第四腦室在延髓中與脊髓中央管相通。

2. 視丘（thalamus）：位於中腦上方，大腦半球側腦室下方，約占間腦的 3/4，形成第三腦室的外側壁（圖8-21），功能是將所有感覺訊息（除嗅覺外）送至大腦皮質前的轉換站，也扮演隨意與不隨意運動指令之協調角色。
3. 下視丘（hypothalamus）：為間腦最下方的部分，構成第三腦室的底部及外側壁，位於腦下垂體的上方，為自主神經系統的高級中樞（圖8-21），其內神經核控制的身體活動，大部分與身體的恆定有關。功能說明如下：
   ⑴自主神經系統的調節作用：交感神經中樞位於下視丘的後部，副交感神經中樞位於前部，會影響血壓、心跳速率及強度、消化道運動、呼吸頻率及深度、瞳孔大小等自主神經功能，所以下視丘又稱自主神經整合中樞。
   ⑵調節體溫：下視丘的前部有散熱中樞，後部有產熱中樞，可調節體溫。並產生多種內分泌激素，包括抗利尿激素（antidiuretic hormone; ADH）、催素（oxytocin）。
   ⑶調節攝食：下視丘的腹內側有飽食中樞，腹外側有飢餓中樞。
   ⑷調節睡眠週期，並能影響情緒反應與行為。

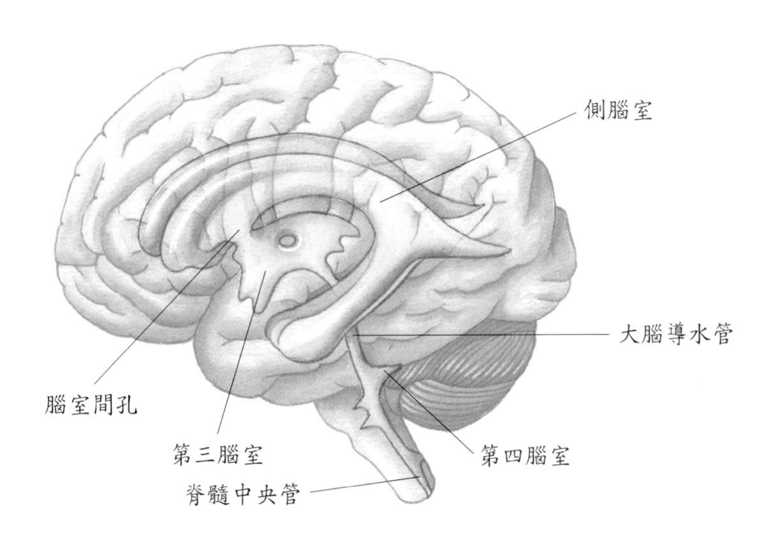

圖8-20 腦室解剖圖

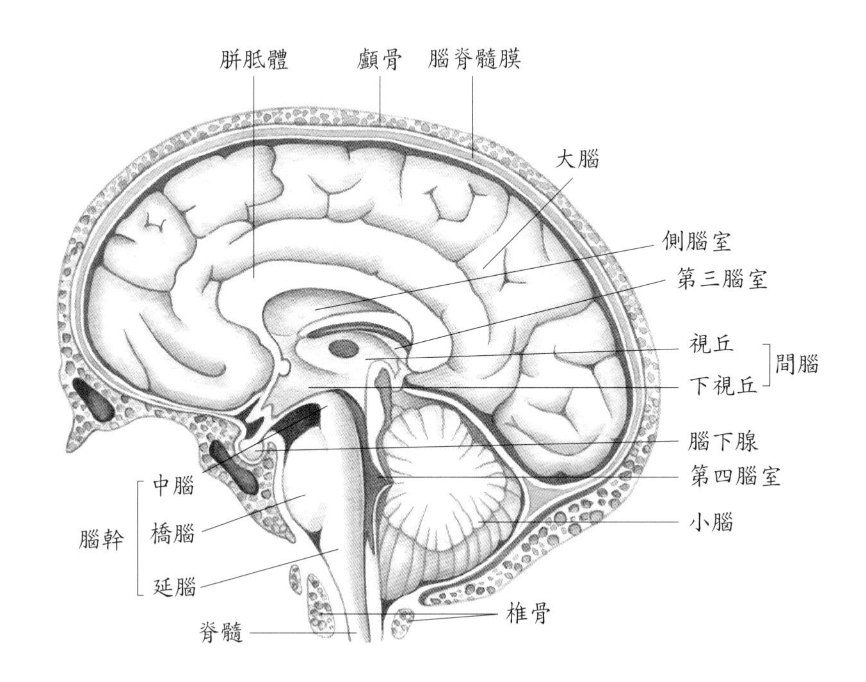

圖8-21　視丘

腦幹

腦幹（brain stem）包括中腦、橋腦及延腦。

1. 中腦（midbrain）：位於間腦與橋腦之間，貫穿其間的大腦導水管上下各連接第三、四腦室（圖8-21）。
   (1)中腦的背側有頂蓋（tectum），上下各一對隆起，稱為四疊體（corpora guadrigemina）。上方的一對，稱為上丘，對視覺刺激會引起眼球與頭部運動之反射中樞；下方的一對，稱為下丘，對聽覺刺激會引起頭部與體幹運動的反射中樞。
   (2)中腦的腹側有一對大腦腳（cerebral peduncles），是由上升及下降徑纖維所組成的構造，可聯絡上下。
   (3)中腦有兩組多巴胺性神經元系統投射至其他腦部區域。一組是黑質紋狀體系統，由黑質投射至基底核的紋狀體，負責運動協調，若神經纖維退化會引起帕金森氏症；另一組則是中腦邊緣系統的一部分，由黑質附近的神經核投射至前腦的邊緣系統，與行為表現有關。

⑷中腦內尚有紅核、內側蹄系、網狀結構及腦神經核（圖 8-22B）。來自大腦皮質及小腦的神經纖維終止於紅核，再由紅核發出紅核脊髓徑至脊髓，影響骨骼肌運動神經元之促進興奮作用。內側蹄系則是白色神經纖維束，是腦幹的共同構造，可將觸覺及本體感覺之神經衝動由延腦傳至視丘。網狀結構則與意識及清醒的維持有關，亦是腦幹的共同構造。中腦有動眼神經核及滑車神經核二對腦神經核。

2. 橋腦（pons）：是腦幹的膨大部分，位於延腦的上方、小腦的前方。有橫走的纖維形成中小腦腳與小腦相連，也有縱走的纖維為感覺及運動徑，以連繫上下（圖 8-22A）。
   ⑴橋腦含有三叉神經核、外旋神經核、顏面神經核、前庭神經核四對腦神經核。
   ⑵在橋腦的上方有呼吸調節中樞及長吸區，與延腦的節律區共同控制呼吸作用。
3. 延腦（medulla oblongata）：位於腦幹的最下部，在枕骨大孔的高度與脊髓相延續（圖 8-22A），所有連接腦與脊髓的上升徑、下降徑皆需通過延腦。
   ⑴延腦的背側有薄核及楔狀核，是一般感覺的轉遞核，它們接受來自脊髓的薄束及楔狀束（脊髓後柱徑）所傳來的精細觸覺及意識性本體感覺之訊息，由此轉換至對側視丘，最後至大腦的感覺皮質。
   ⑵延腦的兩側有橄欖體（olives），內含下橄欖核及副橄欖核，其神經纖維經下小腦腳與小腦相連。
   ⑶延腦的腹側有成對的錐體，由皮質脊髓徑組成，80% 在延腦與脊髓交接處交叉至對側的稱為錐體交叉，屬外側皮質脊髓徑，剩下的 20% 經錐體外側至脊髓灰質內交叉，屬前皮質脊髓徑，皆屬於錐體徑（表 8-8、圖 8-28）。
   ⑷延腦含第 8～12 對腦神經的神經核，還含有許多涉及自主反射的神經核，最重要的有：
   ①心臟中樞：可調節心跳速率及心臟收縮的強度。
   ②血管運動中樞：可調節血管壁平滑肌的收縮，改變血管口徑，調節血壓。
   ③呼吸中樞：延腦的呼吸節律區可以控制呼吸的速率與深度，維持呼吸的基本節律。

   以上這三種中樞皆涉及生命的維持，所以延腦是生命中樞，除此之外尚有調節吞嚥、嘔吐、咳嗽、打噴嚏、打嗝等中樞。

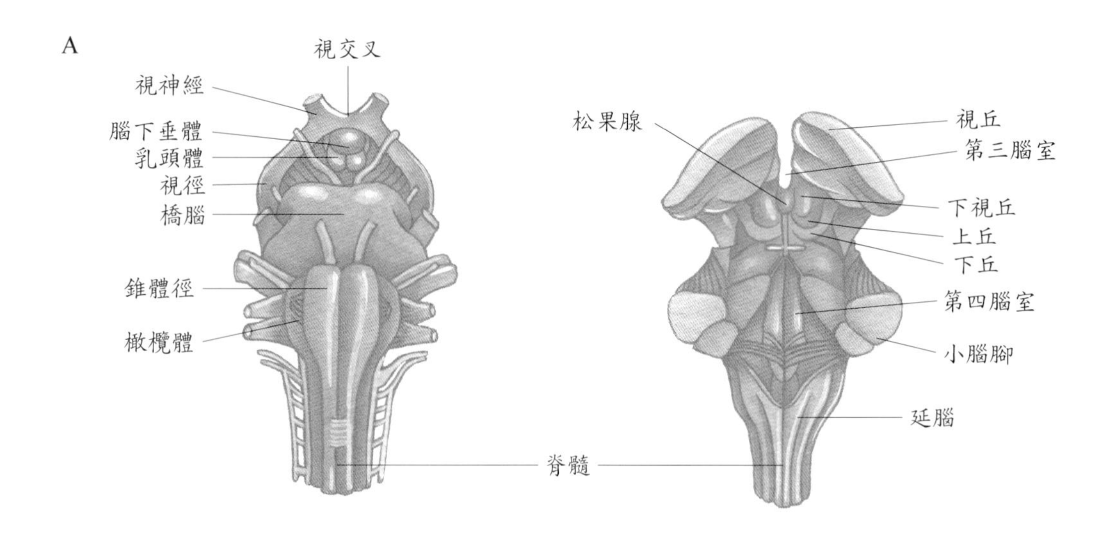

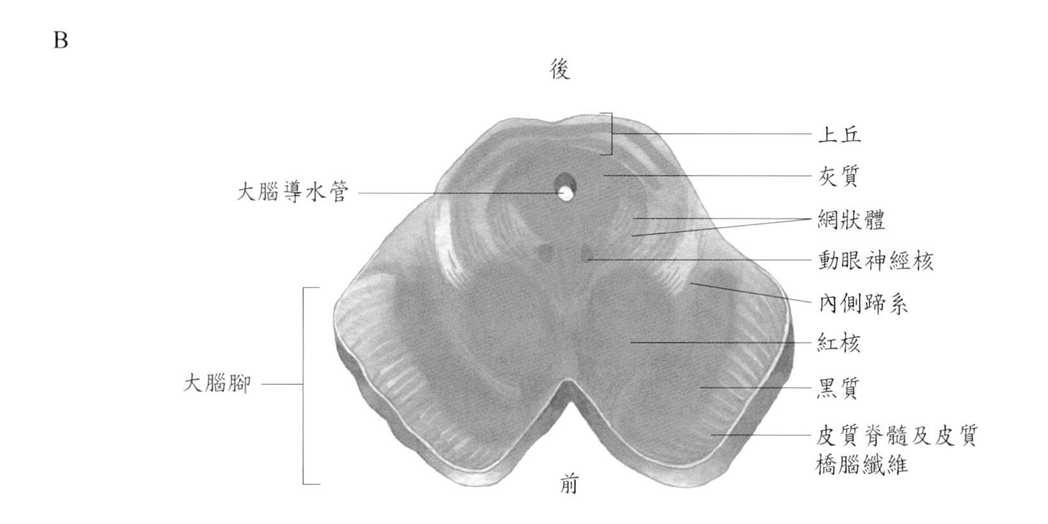

圖 8-22　腦幹與中腦之解剖圖。A. 腦幹圖；B. 中腦。

小腦

小腦（cerebellum）是由超過數百萬個神經元所組成的構造，為腦內第二大構造，和大腦一樣，灰質在外，白質在內。灰（皮）質部分由外至內三層的排列為：分子層、滿氏層、顆粒層；白（髓）質深部的灰質塊有四對，由外至內的排列是：齒狀核（最大）、栓狀核、球狀核、頂狀核。小腦位於橋腦與延腦的後方，大腦枕葉的下方，以橫裂及小腦天幕與大腦相隔。

小腦中間是蚓部（vermis），兩側為小腦半球，每一半球由小腦葉組成，其中前、後葉與骨骼肌的潛意識運動有關，為協調動作、姿勢的維持與平衡感有關。小葉小結葉（vestibulocerebellum）則與平衡和眼部運動有關。有上小腦腳與中腦相連接，中小腦腳與橋腦相連接，下小腦腳與延腦、脊髓相連接（圖8-23）。

1. 功能
   ⑴隨意動作的協調：由於可預知將來身體位置，所以對極快速的肌肉活動，例如跑步、打字、彈琴、說話等的運動控制特別重要。
   ⑵肌肉張力的維持：例如姿勢的維持。
   ⑶平衡。
2. 受損
   ⑴運動失調：動作的速度、力量、方向產生錯誤因而導致動作不協調（共濟失調）。
   ⑵意向性震顫（intention tremor）：伸手拿東西時，常無法瞄準物品，患者會想往相反方向矯正，結果造成肢體來回震顫，無法立即停止動作。
   ⑶辨距不良：常因估計錯誤而造成運動失調。
   ⑷更替運動不能：無法快速的交替反覆動作，例如手反覆的旋前、旋後。

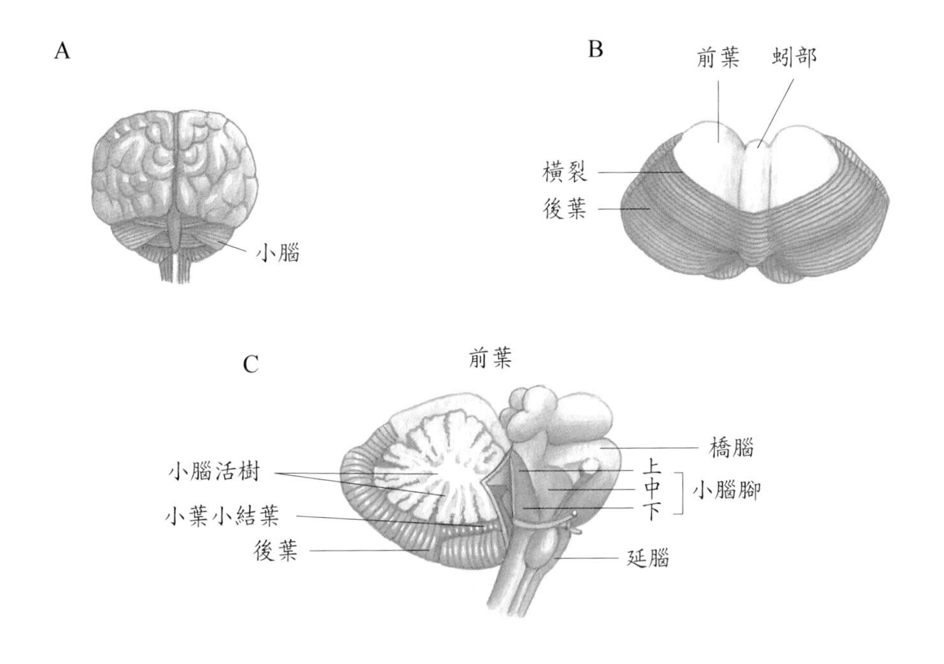

圖8-23　小腦。A. 後面；B. 上面；C. 矢狀切面。

臨床指引：

腦的活動可以用腦波電流圖（electroencophalogram; EEG）的方法記錄下來。有四種波最明顯。1. α 波：當眼睛閉起放鬆時，此波最明顯。2. β 波：頻率比 α 波高，但電位較 α 波低，在眼睛張開清醒時最顯著。3. θ 波：常見於兒童。4. δ 波：在沉睡不易喚醒時出現。EEG 是很好的診斷工具，不規則腦波表示可能有癲癇或腫瘤產生，平坦腦波表示腦細胞不活動或死亡。

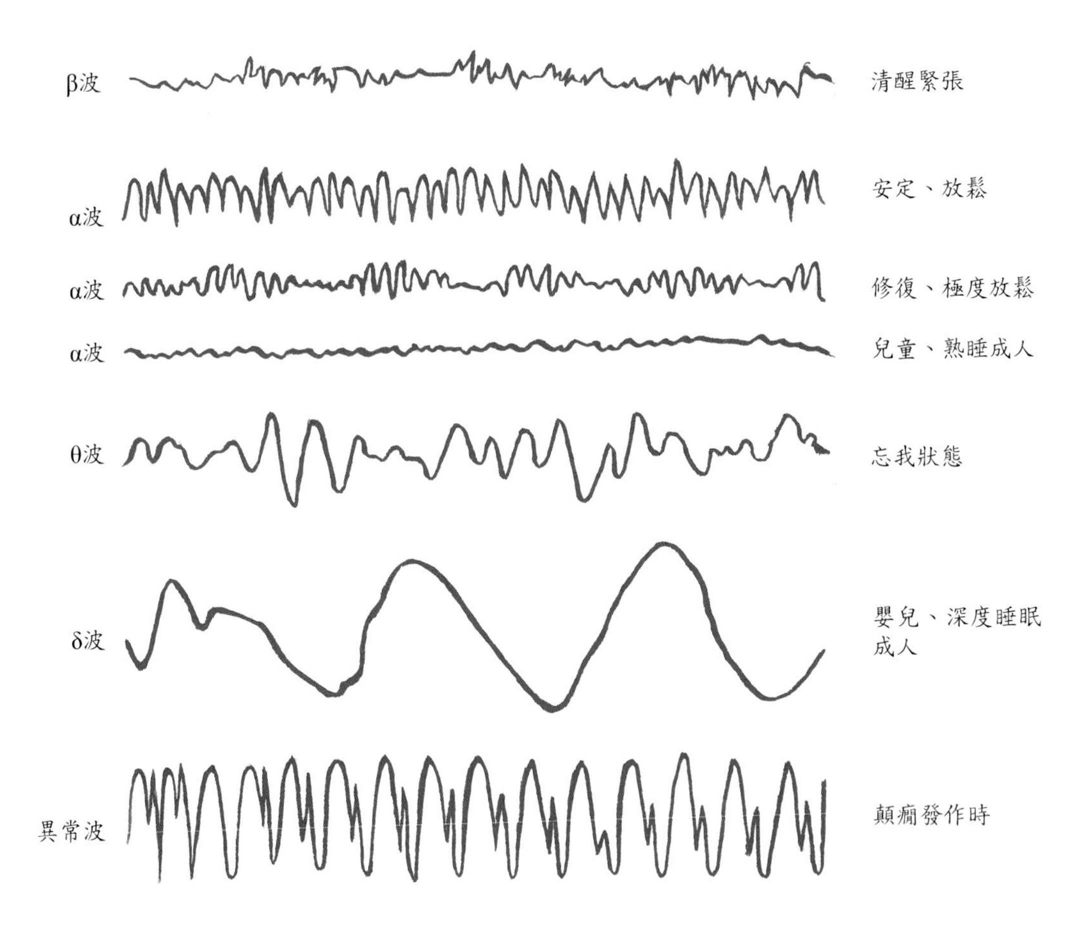

選擇第1 β 波→張眼清醒。第2 α 波→閉眼放鬆。第5 θ 波→常見兒童。第6 δ 波→沉睡的成人或嬰兒。第7異常波→癲癇發作時

脊髓

脊髓（spinal cord）位於椎管內，上端在枕骨大孔的高度與延腦相連接，下端則達第一與第二腰椎間的椎間盤高度，約 42～45 公分。

構造

脊髓的外觀有兩處膨大的地方，頸膨大在第四頸椎至第一胸椎的高度，腰膨大在第九胸椎至第十二胸椎的高度。由腰膨大以下開始變細形成脊髓圓錐（conus medullaris），其下方伸出非神經組織的終絲，所以終絲是在第二腰椎由軟脊髓膜組成，至第二薦椎與硬脊髓膜會合，最後終止於第二尾椎（圖 8-24）。

脊神經共有 31 對，包括頸脊神經 8 對、胸脊神經 12 對、腰脊神經 5 對、骶脊神經 5 對、尾脊神經 1 對。由下段脊髓（腰、骶脊髓）所分出的脊髓神經在椎管內下行至相當的椎間孔才離開脊柱，這些下行的神經就像由脊髓下端往外散開的頭髮，故稱為馬尾（cauda equina）。

由脊髓的橫切面可見，前面正中部位有一深而寬的縱走裂溝，稱前正中裂，而後面的正中淺溝，稱後正中溝，兩者皆為左右兩邊脊髓的分界線（圖 8-25）。灰質在內，白質在外。

1. 灰質

灰質（gray matter）位於深部，是由聯絡神經元與運動神經元的細胞體、樹突及無髓鞘軸突所組成，在橫切面上呈 H 型。H 的橫桿部分是灰質聯合，中間有中央管貫穿整條脊髓，上端與第四腦室相連。H 的直立部分可分成三個部分：

⑴前角（anterior horn）：具有體運動神經細胞體，其神經纖維分布到骨骼肌。

⑵後角（posterior horn）：感覺神經纖維與聯絡神經元細胞體所構成。

⑶外側角（lateral horn）：由自主神經的節前神經元之細胞體所組成，其節後神經元分布到心肌、平滑肌、腺體。

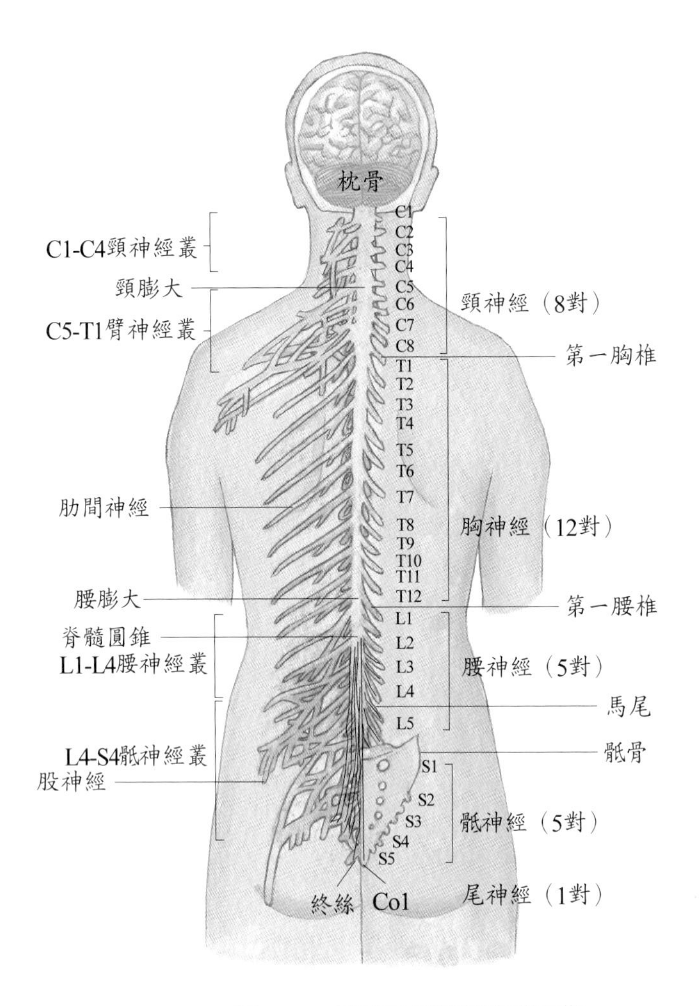

圖8-24 脊髓及脊神經之背面觀

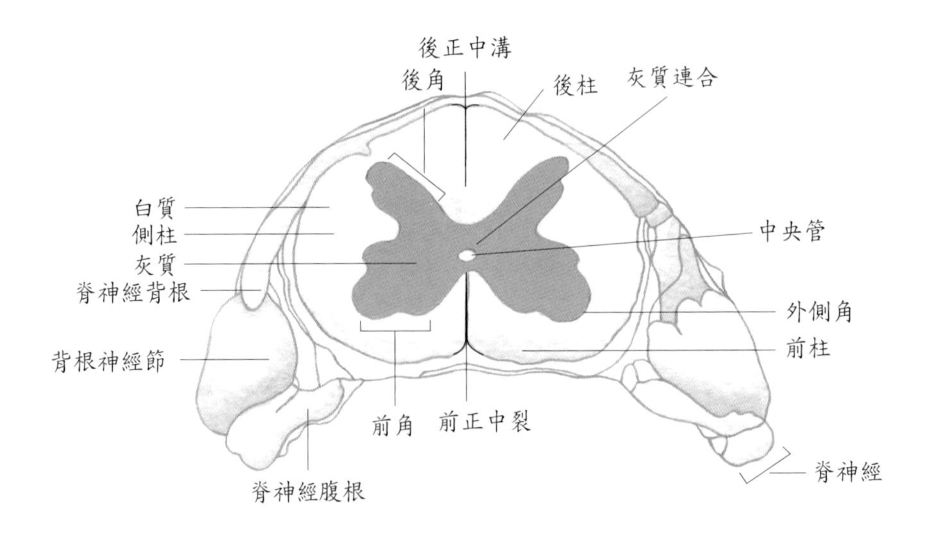

圖8-25 脊髓的橫切面構造

2. 白質

白質（white matter）位於表層，是由有髓鞘的神經纖維所組成，被灰質的前後角分成三部分：

(1)前柱（anterior column）：負責粗略觸覺、壓覺。

(2)後柱（posterior column）：負責本體感覺、實體感覺、兩點辨識。

(3)外側柱（lateral column）：負責痛覺、溫覺。

白質柱內的神經纖維主要構成各種縱走的神經徑，往上傳達的是感覺徑（上行徑見表8-7），往下傳達的是運動徑（下行徑見表8-8）。除此之外，也有一些橫向的纖維可傳達至對側。

功能

1. 將感覺神經衝動由周邊傳至腦，將運動神經衝動由腦傳至周邊。
2. 反射的中樞。

表8-7　脊髓的主要上行徑（感覺徑）

上行徑	白質位置	起　點	終　點	功　能
前脊髓視丘徑（圖8-26）	前柱	對側脊髓灰質後角	同側視丘 同側大腦皮質	• 負責粗略觸覺及壓覺 • 感覺接受器（左側）→脊髓後角（左）→脊髓前柱（右）→視丘（右）→大腦皮質（右）
外側脊髓視丘徑	外側柱	對側脊髓灰質後角	同側視丘 同側大腦皮質	• 負責痛覺、溫覺 • 感覺接受器（左側）→脊髓後角（左）→脊髓側柱（右）→視丘（右）→大腦皮質（右）
脊髓後柱徑（薄束、楔狀束）（圖8-27）	後柱	同側脊髓	同側延腦 對側視丘 對側大腦皮質	• 負責精細觸覺、兩點辨識、本體感、實體感 • 感覺接受器（左側）→脊髓後角（左）→脊髓後柱（左）→延腦內側蹄系交叉（右）→視丘（右）→大腦皮質（右）
後脊髓小腦徑	側柱後部	同側脊髓	同側小腦	• 負責潛意識本體感覺 • 感覺接受器（左側）→脊髓後角（左）→脊髓側柱（左）→下小腦腳→小腦（左）
前脊髓小腦徑	側柱前部	同側脊髓	同側及對側小腦	• 負責潛意識本體感覺 • 感覺接受器（左側）→脊髓後角（左）→脊髓側柱（左）→下小腦腳→小腦（左、右）

由感覺接受器至大腦皮質至少需經過3個神經元（圖8-26、8-27）。

1. 第一個神經元：感覺接受器→脊髓後角。
2. 第二個神經元：脊髓→視丘。
3. 第三個神經元：視丘→大腦皮質。

表8-8 脊髓主要下行徑（運動徑）

下行徑		白質位置	起點	終點	功能
錐體徑	外側皮質脊髓徑（圖8-28）	側柱	對側大腦皮質在延腦錐體交叉	脊髓灰質前角	• 負責肌肉張力之維持 • 大腦皮質（4區）（左側）→延腦錐體交叉→脊髓外側柱（右）→脊髓灰質前角（右）→骨骼肌
	前皮質脊髓徑	前柱	對側大腦皮質在脊髓交叉	脊髓灰質前角	• 負責肌肉張力之維持 • 大腦皮質（4區）（左側）→錐體不交叉→脊髓前柱（左）→脊髓灰質內交叉→脊髓灰質前角（右）→下運動神經元→骨骼肌
錐體外徑	紅核脊髓徑	側柱	對側中腦紅核	脊髓灰質前角	• 負責對側肢體肌肉張力及姿勢之維持與協調 • 大腦皮質（4、6區）（左側）→基底核→腦幹交叉→脊髓側柱（右）→脊髓灰質前角（右）→下運動神經元→骨骼肌
	四疊體脊髓徑	前柱	對側中腦四疊體	脊髓灰質前角	• 經視、聽的反射控制對側肢體肌肉張力及姿勢之維持與協調 • 大腦皮質（4、6區）（左側）→基底核→腦幹交叉→脊髓前柱（右）→脊髓灰質前角（右）→下運動神經元→骨骼肌
	前庭脊髓徑（圖8-29）	前柱	對側延腦	脊髓灰質前角	• 因頭部移動所產生身體肌肉張力及姿勢之維持與協調 • 大腦皮質（4、6區）（左側）→基底核→腦幹交叉→脊髓側柱（右）→脊髓灰質前角（右）→下運動神經元→骨骼肌

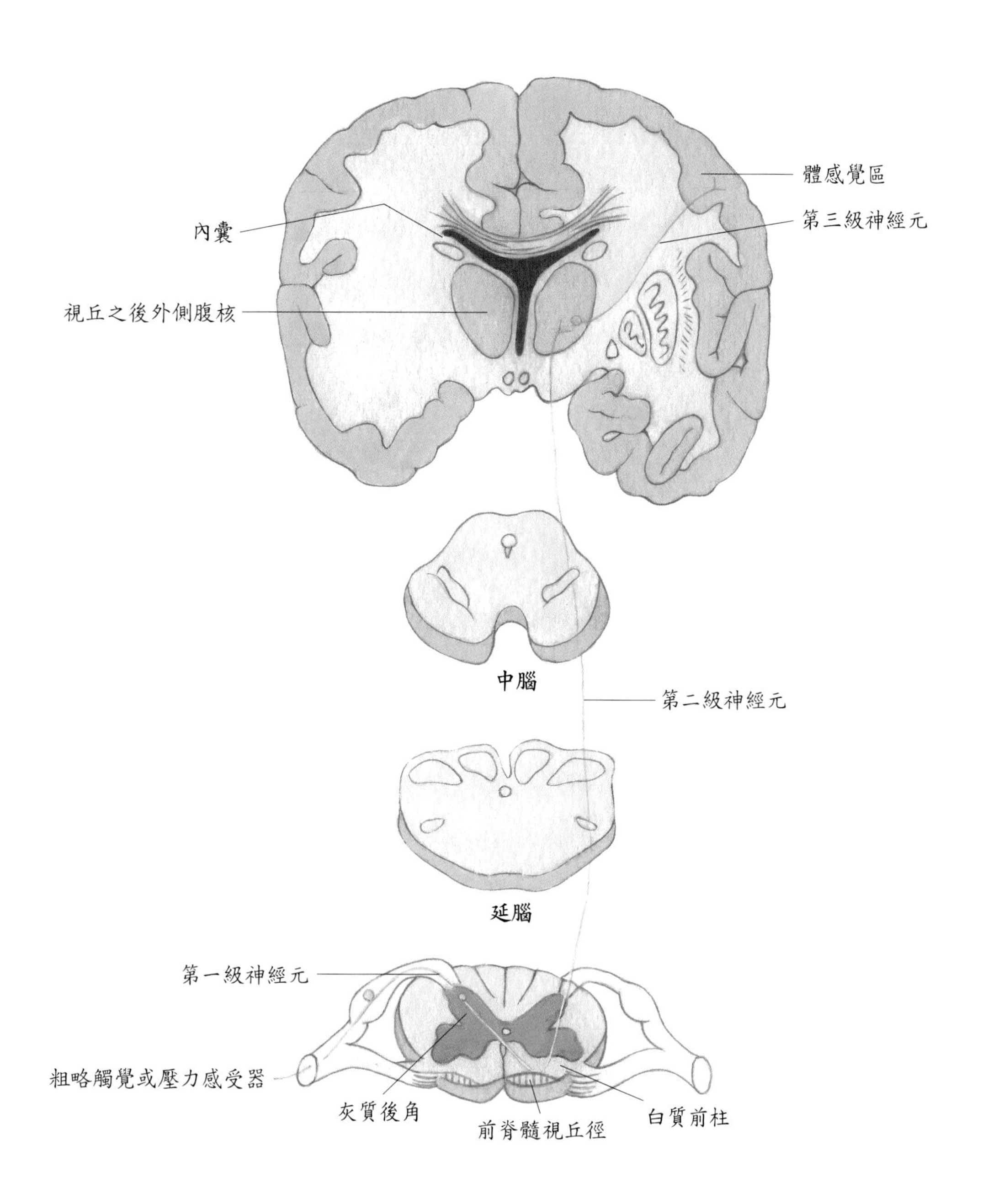
體感覺區
內囊
第三級神經元
視丘之後外側腹核
中腦
第二級神經元
延腦
第一級神經元
粗略觸覺或壓力感受器
灰質後角
前脊髓視丘徑
白質前柱

圖8-26　前脊髓視丘徑

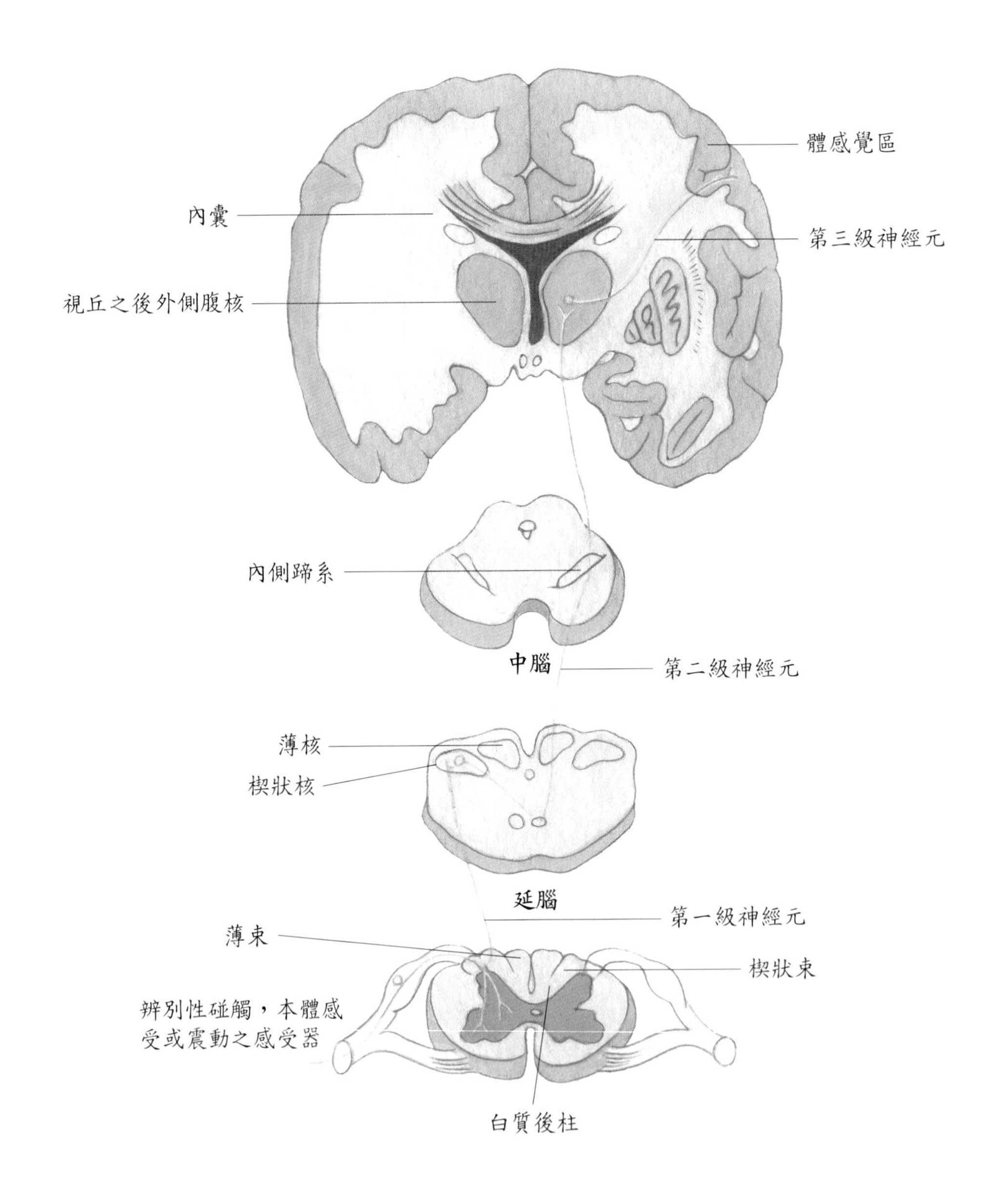
體感覺區
內囊
第三級神經元
視丘之後外側腹核
內側蹄系
中腦
第二級神經元
薄核
楔狀核
延腦
第一級神經元
薄束
楔狀束
辨別性碰觸，本體感受或震動之感受器
白質後柱

圖8-27 脊髓後柱徑

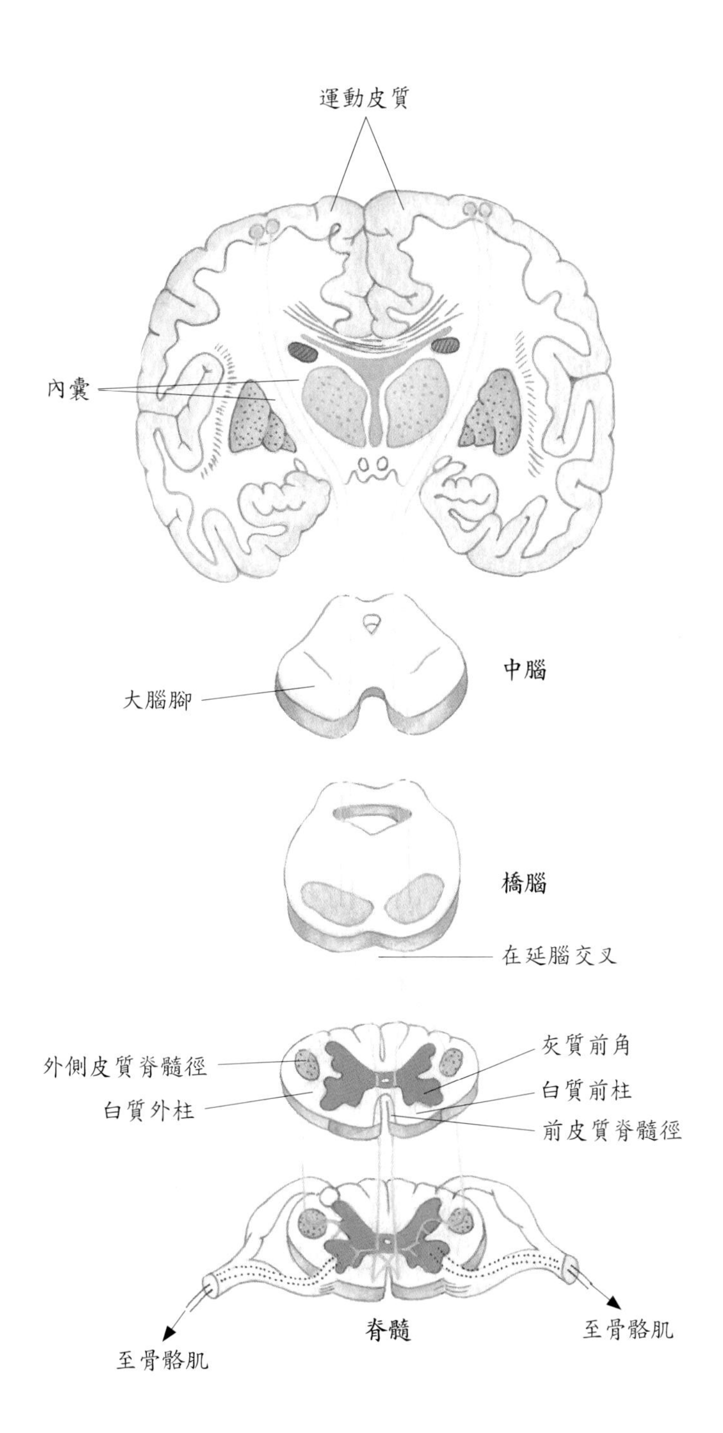
運動皮質
內囊
中腦
大腦腳
橋腦
在延腦交叉
外側皮質脊髓徑
灰質前角
白質外柱
白質前柱
前皮質脊髓徑
脊髓
至骨骼肌
至骨骼肌

圖8-28　錐體徑

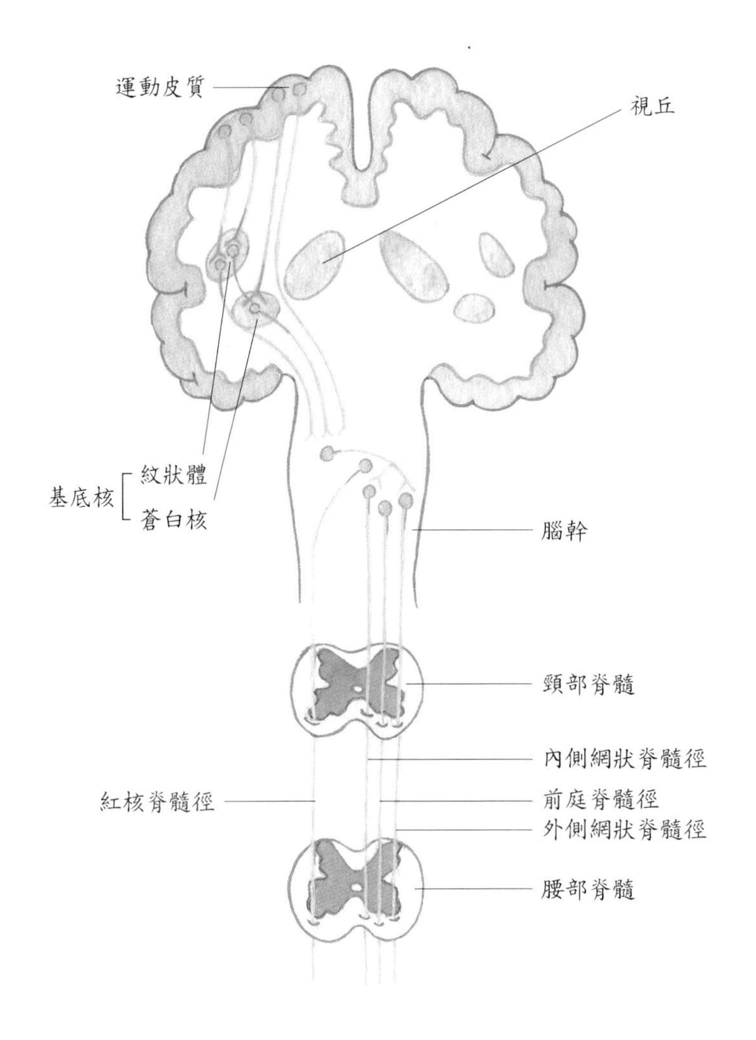

圖8-29　錐體外徑

腦脊髓膜

包圍腦部的是腦膜，包圍脊髓的是脊髓膜，兩者在枕骨大孔處相連，統稱為腦脊髓膜（meninges），由外至內分成硬膜（dura mater）、蜘蛛膜、軟膜三層（圖8-30）。

硬膜

1. 硬腦膜：含有兩層構造，外層的骨膜層附著於顱骨內側面而成骨內膜，與顱骨間的空間為硬膜上腔（epidural space）；內層則是腦膜層，與椎管內的脊髓硬膜鞘相連。通常兩層癒合在一起，只有某些部位會分離形成硬膜靜脈竇，以收集腦部的靜脈血液，並將其導引至內頸靜脈。
   - 當頭部外傷造成此部位出血，稱為硬膜外出血（epidural hematoma），而出血部位介於硬膜與顱骨之間，稱為硬膜下出血（subdural hematoma）。

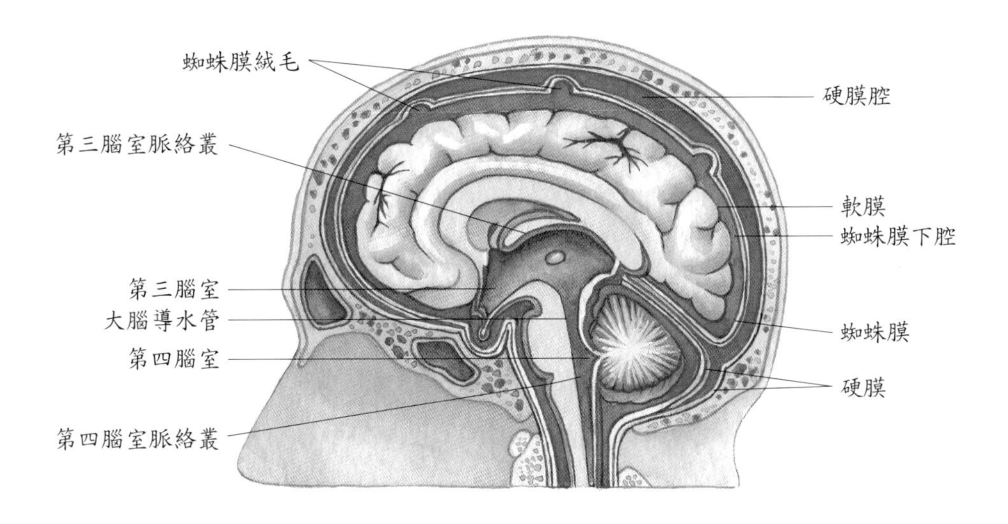

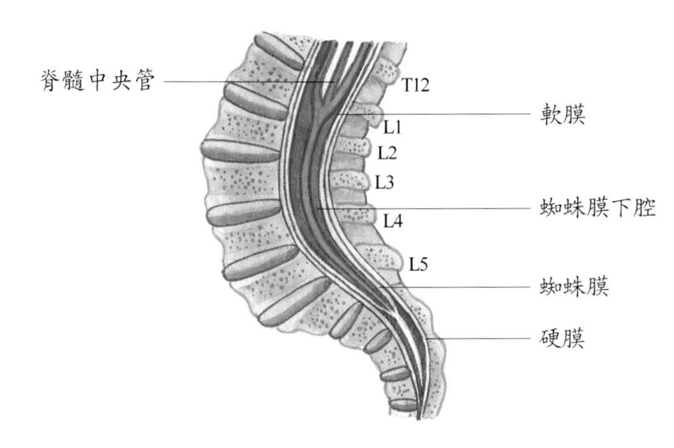

圖 8-30　硬膜與脊髓膜解剖構造

2. 硬脊髓膜：是強韌的結締組織，沒有骨膜層，下端延伸至第二薦椎的高度，形成硬膜鞘（dural sheath）。
   - 硬膜鞘與椎管壁間是硬膜上腔，在第二腰椎的高度以下可作為麻醉注射的位置。

蜘蛛膜

蜘蛛膜（arachnoid）與硬膜間的空間是硬膜下腔（subdural space），與軟膜間的空間是蜘蛛膜下腔（subarachnoid space），內有腦脊髓液（CSF）。

1. 腦蜘蛛膜：腦蜘蛛膜特化而成的蜘蛛膜絨毛突進上矢狀竇，腦脊髓液即由此被吸收至靜脈血液內。
2. 脊髓蜘蛛膜：脊髓蜘蛛膜與脊髓硬膜一樣，下端達第二薦椎的高度，而脊髓的下端只到第一腰椎下緣的高度，因此在第三、四腰椎間可進行腰椎穿刺（lumbar

puncture），由蜘蛛膜下腔抽取腦脊髓液（圖8-30）。病人穿刺時須採取蝦米狀姿勢，然後連接兩側腸骨前上棘的假想線，即能找到第四腰椎的棘突。

軟膜

軟膜（pia mater）是透明的薄膜並富含血管，覆於腦與脊髓的表面，並伸入溝或裂內。

1. 軟腦膜：軟腦膜富含血管，為營養層。與室管膜膠細胞形成脈絡叢，以製造腦脊髓液。
2. 軟脊髓膜：在第二腰椎高度形成的終絲，即由軟脊髓膜形成。軟脊髓膜在脊髓的兩側伸出齒狀韌帶（denticulate ligament）附著於硬膜鞘，使脊髓懸浮於鞘中，即可免於受到震動或突然位移的傷害。

腦脊髓液

腦脊髓液（cerebrospinal fluid; CSF）是由脈絡叢產生，每天產量約有 500 毫升，但在腦室及蜘蛛膜下腔的只有 140 毫升，正常腦壓為 80～180mmH_2O。脈絡叢大部分存在於側腦室，部分存在於第三、四腦室，是軟膜特化而成的微血管叢，上面覆有單層的室管膜細胞。腦脊髓液的組成類似血漿，只是蛋白質、膽固醇含量極微，離子濃度較相似。腦脊髓液的功能除了能作為腦與脊髓的保護墊外，尚能營養腦與脊髓，同時也能移除腦與脊髓的代謝廢物。

側腦室（在左右大腦半球內各一個）的脈絡叢產生的腦脊髓液，由室間孔進入第三腦室（在間腦），與第三腦室所產生的匯合，經由大腦導水管（貫穿中腦）進入第四腦室（在橋腦、延腦、小腦間），與第四腦室所產生的匯合，少部分進入脊髓中央管，其餘的由外側孔、正中孔進入蜘蛛膜下腔，循流於腦與脊髓的表面，最後經由蜘蛛膜絨毛而被吸收回流到上矢狀竇的靜脈血液中（圖8-30、8-31）。在正常情況下，腦脊髓液產生和回流的速度相同，如果腦部循環或回流受到阻礙，則腦部積聚的腦脊髓液會造成水腦（hydrocephalus）。

血腦障壁

腦部微血管的細胞較密集，且其外圍有較多的星形膠細胞，並為連續的基底膜所包圍，而形成了選擇性的障壁，使小分子或有攜帶體協助的才易通過，以保護腦細胞免於受到有害物質的傷害。只有下視丘和第四腦室無血腦障壁（blood-brain barrier; BBB）。

腦只占體重的 2%，但耗氧量卻占全身的 20%，是耗氧最多的器官。血液中的葡萄糖是腦細胞能量的主要來源，所以葡萄糖、氧、二氧化碳、水、酒精、氫離子較易通過血腦障壁，肌酸酐、尿素、氯、胰島素、蔗糖通過速度較慢，而蛋白質和大部分的抗生素

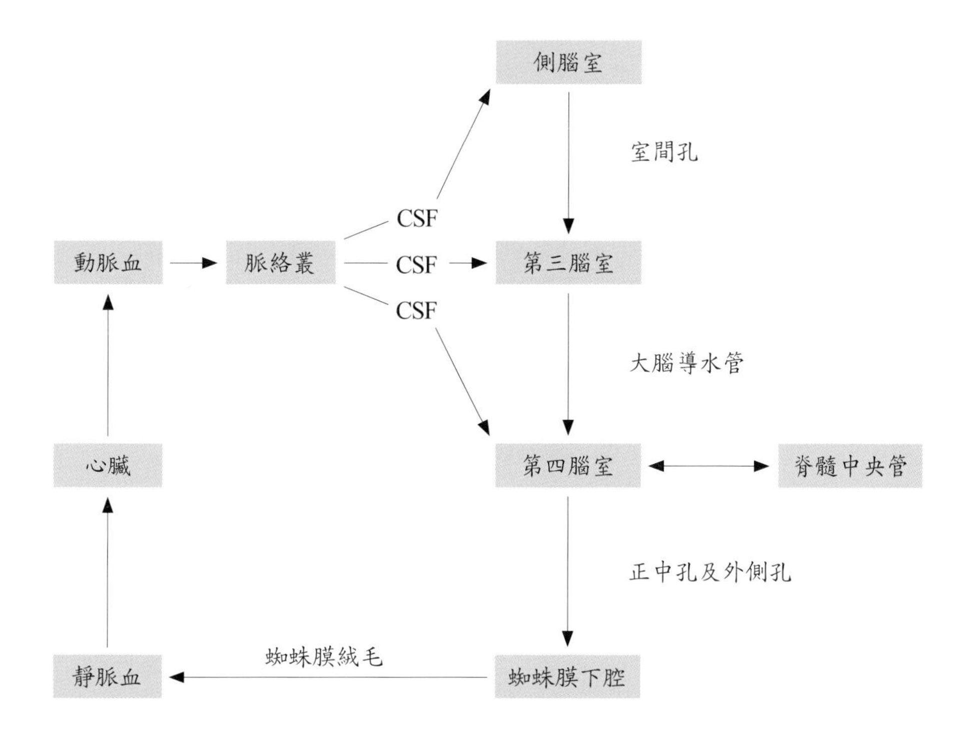

圖8-31　腦脊髓液的形成、循環及吸收過程

皆因分子較大，不易通過血腦障壁。

周邊神經系統

周邊神經系統（peripheral nervous system）包括腦與脊髓以外的所有神經組織，包含了 12 對腦神經、31 對脊神經的神經纖維束（軸突的集合）及相關的神經節（細胞體的集合）。

腦神經

腦神經（cranial nerves）有 12 對，除了第一對附著於大腦、第二對附著於視丘外，其餘皆附著於腦幹（圖8-32）。而且 12 對腦神經都通過頭顱骨的孔、裂、管離開顱腔。腦神經可經由羅馬數字及名稱來表示，羅馬數字代表腦神經在腦中由前至後排列的順序，而神經的名稱則顯示支配的構造或功能。

大部分的腦神經是含有運動及感覺纖維的混合神經（mixed nerve），只有與特殊感覺（如嗅、視覺）有關的神經僅含有感覺纖維，這些感覺神經元的細胞體並非位於腦中，而是位於靠近感覺器官的神經節內。各對腦神經的名稱與作用請見表8-9。

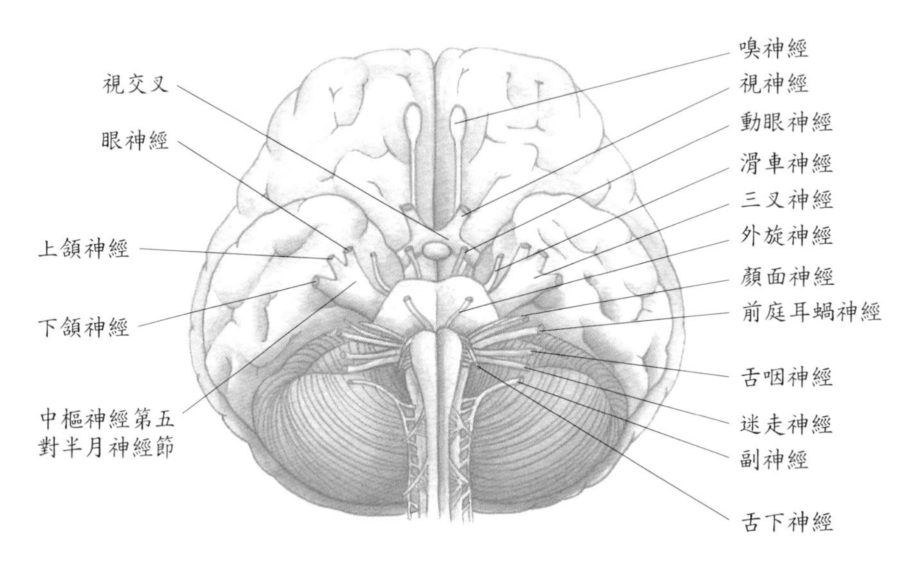

圖8-32　腦神經於腦表的起始處

表8-9　腦神經的摘要

名　稱	感覺作用	運動作用	副交感作用
Ⅰ 嗅神經	嗅覺	—	—
Ⅱ 視神經	視覺	—	—
Ⅲ 動眼神經	由其運動纖維支配的肌肉傳來的本體感覺	控制上、下、內直肌、下斜肌之眼外肌及提上眼瞼肌	控制瞳孔括約肌及睫狀肌之眼內肌
Ⅳ 滑車神經	上斜肌的本體感覺	控制眼球上斜肌的運動	—
Ⅴ 三叉神經	顏面的觸覺、溫度、痛覺及咀嚼肌的本體感覺	控制咀嚼肌及可拉緊鼓膜的肌肉	—
Ⅵ 外旋神經	外直肌的本體感覺	控制眼球外直肌	—
Ⅶ 顏面神經	舌前2/3味覺及面部表情肌本體感覺	控制臉部表情及可拉緊蹬骨的肌肉	控制淚液及唾液的分泌
Ⅷ 前庭耳蝸神經	平衡覺及聽覺	—	—
Ⅸ 舌咽神經	舌後1/3味覺及咽部肌肉的本體感覺	控制吞嚥所使用的咽部肌肉	控制腮腺唾液分泌及血壓調整
Ⅹ 迷走神經	內臟肌肉的本體感覺及舌後味蕾、耳廓感覺	控制咽、喉部肌肉，與吞嚥、發音有關	控制內臟蠕動、心跳及血壓的調節等
Ⅺ 副神經	頭、頸、肩肌肉的本體感覺	控制咽、喉及胸鎖乳突、斜方肌	—
Ⅻ 舌下神經	舌頭肌肉的本體感覺	控制舌頭的動作	—

脊神經

脊神經（spinal nerve）有 31 對，根據所發出的脊椎部位分為 8 對頸脊神經、12 對胸脊神經、5 對腰脊神經、5 對骶脊神經及 1 對尾脊神經。每一條脊神經皆含有感覺及運動神經纖維的混合神經。這些纖維是包圍在同一束神經內，直到接近進入脊髓前才分開成兩條短分枝，稱為背根（dorsal root）與腹根（ventral root）。背根含感覺神經纖維，腹根含運動神經纖維。

背根處有聚集所有感覺神經元細胞體的膨大端為背根神經節（dorsal root ganglion）（圖 8-33）。腹根分自主神經與體運動神經，體運動神經元的細胞體不位於神經節內，而是在脊髓灰質內；而自主運動神經元的細胞體則是位於脊髓外的神經節。

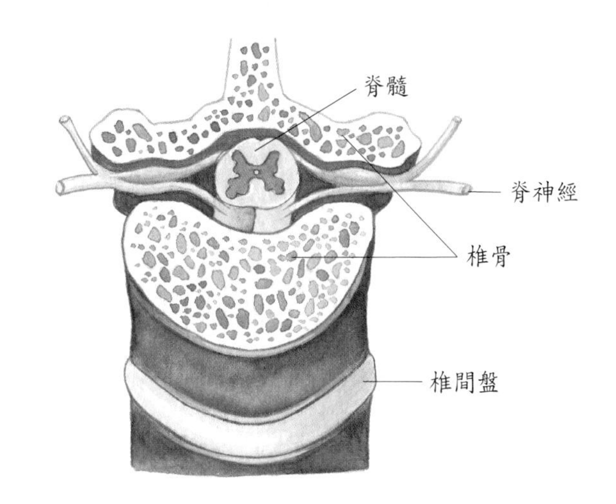

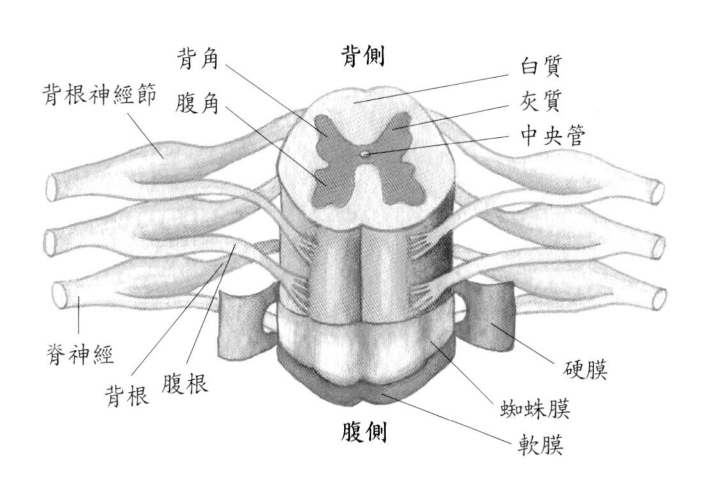

圖 8-33　脊神經的分枝

全身的皮膚，除了顏面及頭皮前半的部分是三叉神經所支配外，其餘皆由脊神經的背根分別支配某一特定的皮膚區域，此皮膚區域稱為皮節（dermatome）（圖8-34），只要知道每一皮節與脊神經的關係，即可找出脊神經的異常處。

神經叢

周邊神經可連接成複雜的神經叢（plexus），再分布至身體各部位。主要的有頸神經叢、臂神經叢、腰神經叢及薦神經叢。主要周邊神經位置及功能請參照圖8-35、表8-10。

肋間神經（T2-11）不屬上述神經叢，但也是重要周邊神經，支配肋間肌、腹肌、和軀幹皮膚。

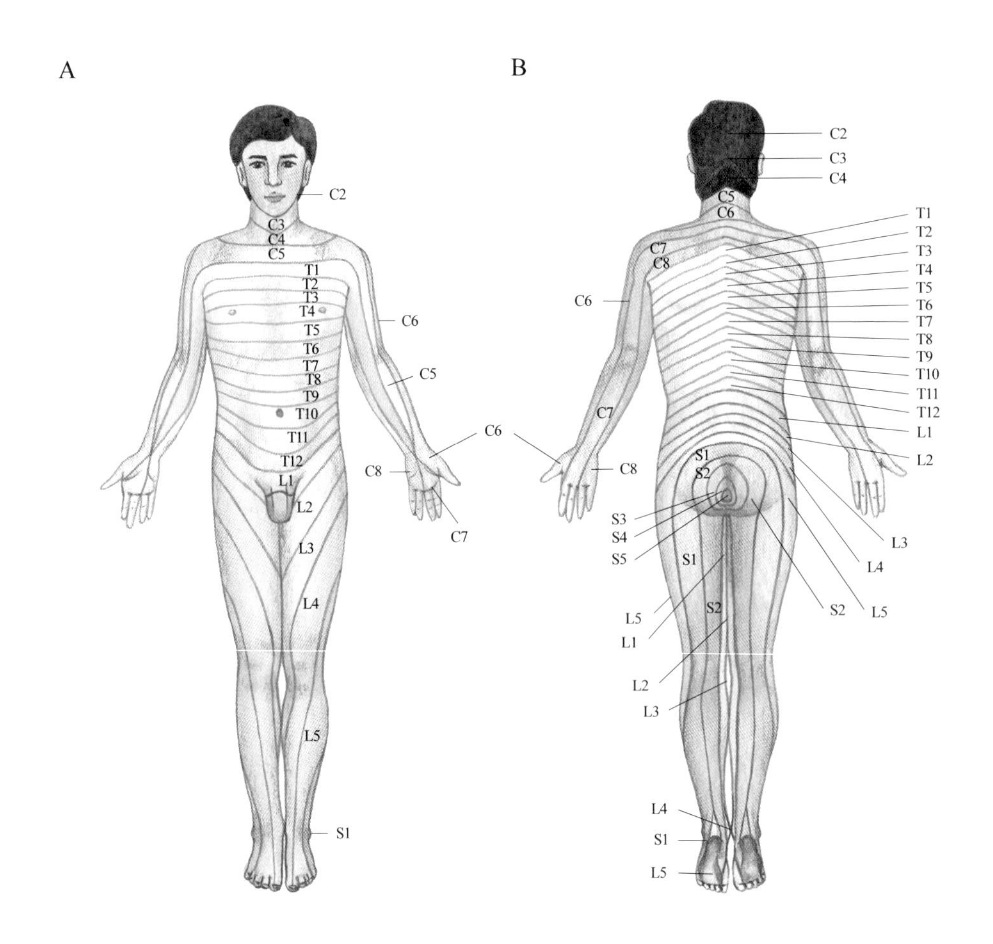

圖8-34　皮節分布情形。A. 正面；B. 背面。

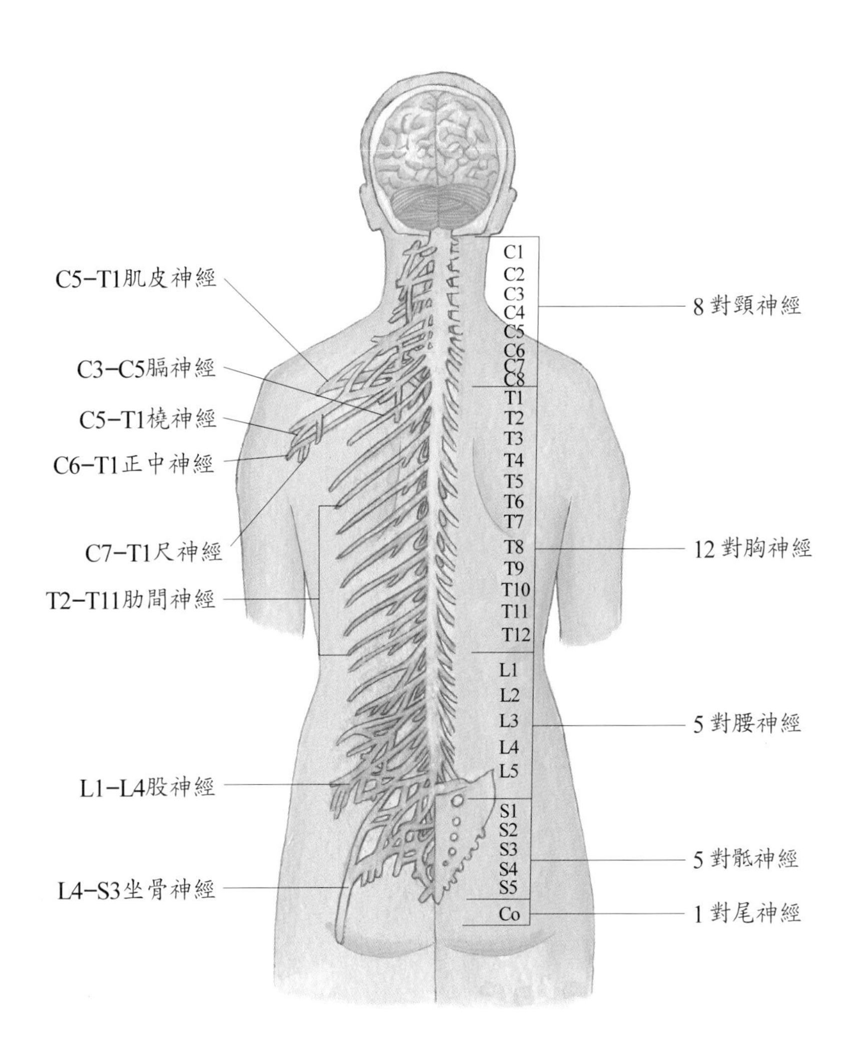

圖8-35 主要周邊神經位置圖

表8-10 主要周邊神經

名 稱	參與之脊神經	功 能
肌皮神經	C5-T1	支配手臂前側肌肉和前臂的皮膚感覺
橈神經	C5-T1	支配手臂後側肌肉和前臂及手的皮膚感覺
正中神經	C6-T1	支配前臂手腕與拇指
尺神經	C7-T1	支配前臂和手指伸展
膈神經	C3-C5	支配橫膈與呼吸運動
肋間神經	T2-T12	支配肋間肌、腹肌和軀幹的皮膚

（續）

名　稱	參與之脊神經	功　　能
股神經	L1-L4	支配大腿和腳的肌肉及其內側感覺
坐骨神經	L4-S3	支配大腿、腳和足的肌肉和皮膚

註：C＝頸神經；T＝胸神經；L＝腰神經。

自主神經系統

自主神經系統（Autonomic Nervous System）是由交感神經（sympathetic nerve）及副交感神經（parasympatheic nerve）所組成。可自主的調節心肌、平滑肌及腺體的活動。

在調節過程中，每一神經衝動皆用到一個自主神經節和兩個運動神經元（即節前神經元與節後神經元，見表8-11）。第一個神經細胞體位於中樞神經中並具有節前纖維（preganglionic fiber）；第二個細胞體位於神經節中並有一節後纖維（postganglionic fiber）。二神經元接觸的突觸即為自主神經節（圖8-36）。此與體運動神經元所控制的骨骼肌隨意動作有所不同（表8-12）。

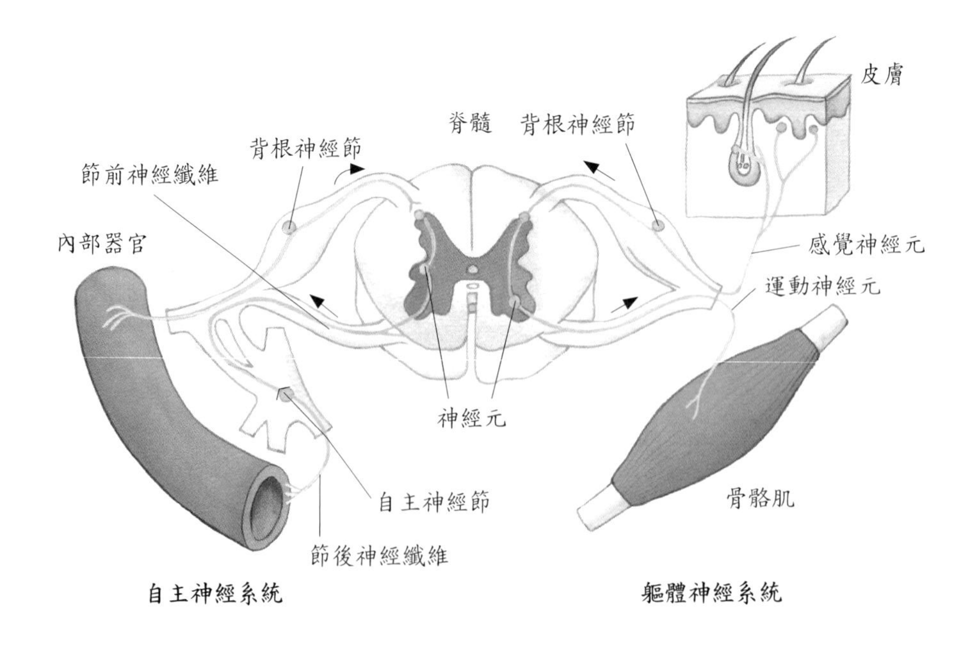

圖8-36　軀體神經與自主神經

表8-11　節前神經元與節後神經元的比較

項　目	節前神經元	節後神經元
細胞體	在中樞神經系統內	在自主神經節
神經纖維	有髓鞘，屬B纖維	無髓鞘，屬C纖維
軸突終止處	自主神經節	內臟動作器
交感神經	分泌乙醯膽鹼，一條	大部分分泌正腎上腺素，有許多條，可控制許多內臟動作器
副交感神經	分泌乙醯膽鹼，一條	分泌乙醯膽鹼，4～5條，僅控制一個動作器

表8-12　軀體神經系統和自主神經系統的比較

特　　徵	軀體神經系統	自主神經系統
作用器官	骨骼肌	心肌、平滑肌、腺體
神經節	無	自主神經節後神經元細胞體位於椎旁、椎前及終末神經節內
從中樞神經系統傳到作用器所含神經元數目	一個	二個
神經肌肉接合處的種類	特化性運動終板	無特化性突觸後細胞膜；平滑肌細胞的所有部位皆含有神經傳導物質的蛋白質接受器
神經衝動對肌肉的影響	興奮性	興奮性或抑制性
神經纖維的種類	傳導性較快，直徑較大有髓鞘	傳導較慢，節前纖維含髓鞘，節後纖維無髓鞘，兩者直徑皆小
切除神經之後的效應	癱軟及萎縮	肌肉張力及功能仍在，但標的細胞則因神經切除而有過度敏感現象

交感神經分枝

節前神經元

交感神經分枝（sympathetic division）的節前神經元細胞體位於脊髓的第一胸髓節（T1）至第二或第三腰髓節的灰質外側角（L2），因此交感神經分枝又稱為胸腰神經分枝（thoracolumbar division）。

自主神經節

1. 交感神經幹神經節：又稱脊柱旁神經節，是位於脊柱兩旁的一連串神經節，由顱底延伸至尾骨，它只接受來自交感神經分枝之節前神經纖維。
2. 脊柱前神經節：又稱側枝神經節，位於脊柱前面並靠近腹腔的大動脈，例如腹腔神經節、腸系膜上神經節、腸系膜下神經節等。
   - 交感神經分枝的神經節靠近中樞神經系統而遠離所支配的內臟動作器，所以節前纖維短，節後纖維長。

節後神經元

有髓鞘的節前神經纖維由脊神經的腹根自脊髓伸出後，隨即經由白交通枝（white rami communicantes）達同側最近的交感神經幹神經節，每一交感神經幹含有 22 個神經節（3 個頸神經節、11 個胸神經節、4 個腰神經節、4 個骶神經節）。因此進入神經節後可延伸至不同高度與無髓鞘的節後神經元形成突觸，部分經由灰交通枝（gray rami communicantes）進入脊神經，並和脊神經一起分布到體壁、上下肢及頸部的動作器，例如汗腺、豎毛肌、血管壁的平滑肌等；部分形成內臟神經，終止於脊柱前神經節，再經由節後纖維分布至體腔內臟器官。沒有脊神經分布的頭部，交感神經來自上頸神經節之節後神經纖維，隨著血管分布至頭部的內臟動作器。

交感神經分枝的每一節前神經纖維與很多節後神經元產生突觸，而通往很多內臟動作器，分布全身，包括皮膚、骨盆腔的內臟器官（圖 8 - 37）。交感神經通常是消耗能量，產生戰鬥或逃跑反應，以應付壓力，度過難關。

副交感神經分枝

節前神經元

副交感神經分枝（parasympathetic division）的節前神經元細胞體位於腦幹中第三、七、九、十對腦神經的腦神經核，及第二至第四薦髓節的灰質內。因此副交感神經分枝又稱顱薦（頭骶）神經分枝（圖 8 - 38）。

自主神經節

副交感神經分枝的自主神經節是終末神經節，因為非常靠近內臟動作器，甚至可能完全位於此內臟的臟壁內。故節前纖維長，節後纖維短。

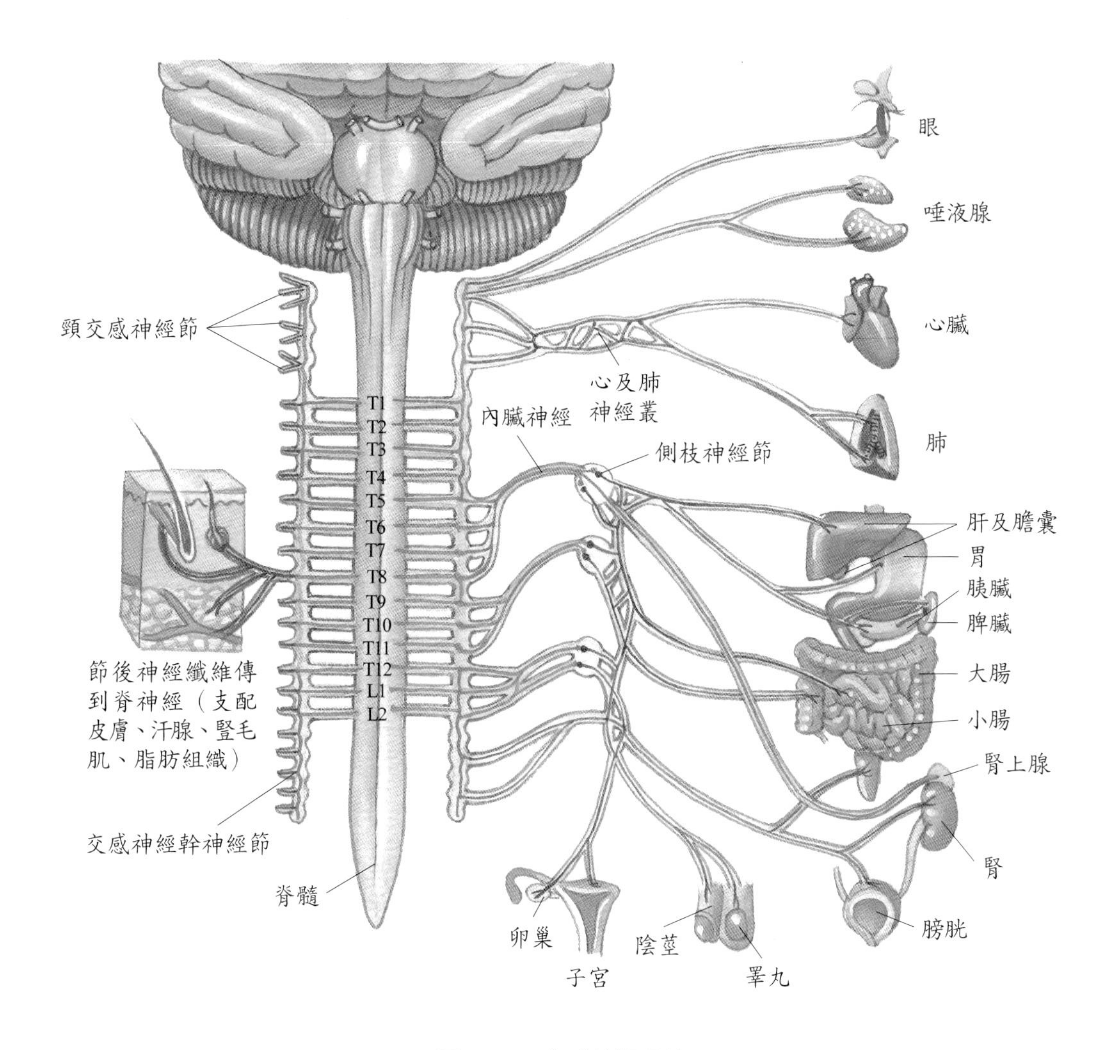

圖8-37 交感神經分枝

節後神經元

大部分的副交感神經纖維不與脊神經並行，因此血管、汗腺、豎毛肌只由交感神經支配，並無副交感神經的支配。副交感神經分枝的節後神經元支配的內臟動作器如表8-13。

副交感神經分枝每一節前神經纖維只與四或五個節後神經元產生突觸，而只通往一個動作器，且只分布到頭部、胸腔、腹腔與骨盆腔的內臟器官。此分枝通常用來儲存能量，是休息、安眠系統，能使身體恢復恆定及安靜狀態。與交感神經分枝的比較如表8-14。

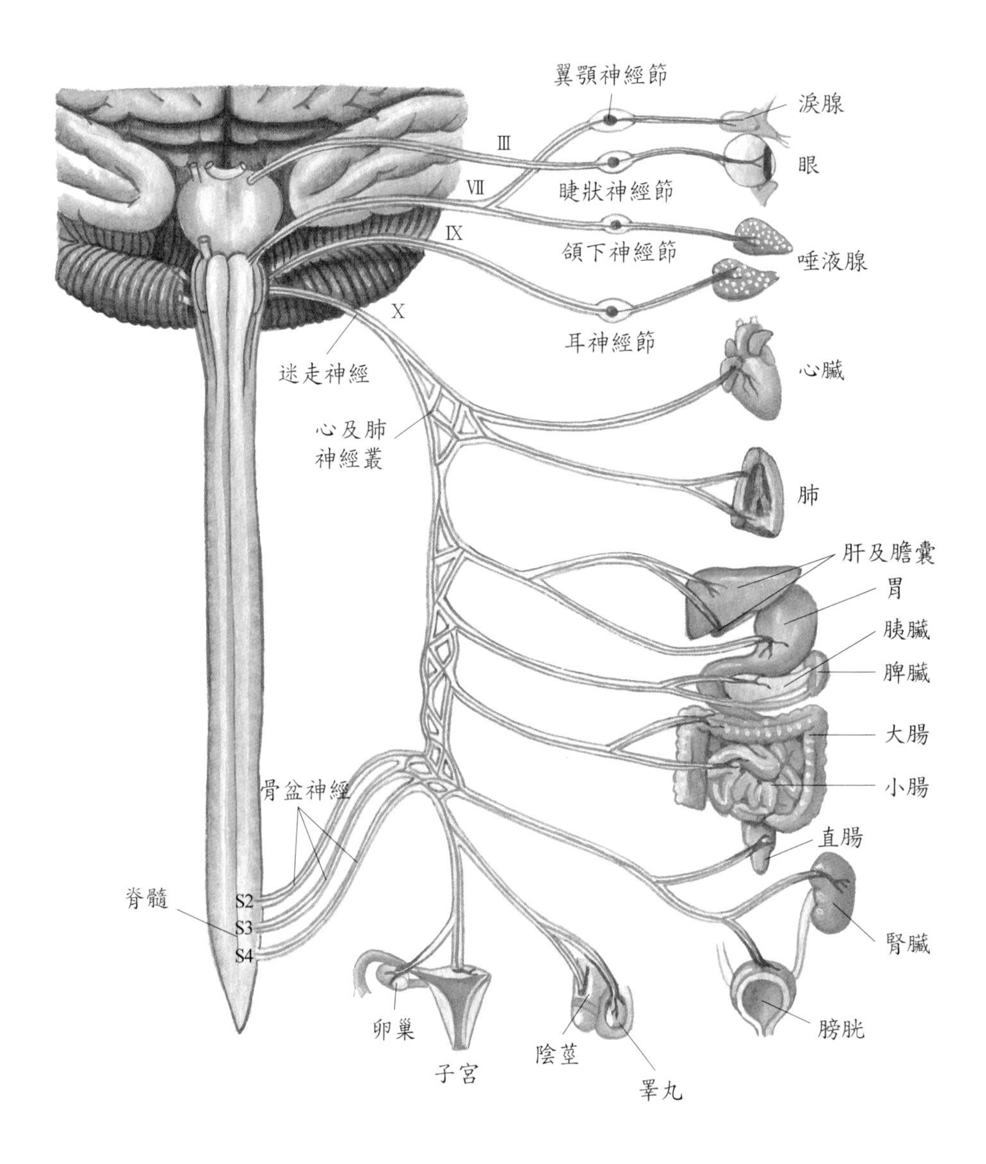

圖8-38　副交感神經分枝

神經傳導物質

自主神經纖維可分為膽鹼激性（cholinergic）纖維及腎上腺素激性（adrenergic）纖維（圖8-39、表8-15）。

表8-13　副交感神經分枝的節後神經元

神　經	節前纖維的起源	終末神經節的位置	動作器
Ⅰ 動眼神經	中腦	睫狀神經節	眼球瞳孔括約肌及睫狀肌
Ⅷ 顏面神經	橋腦	翼顎神經節 頷下神經節	鼻腔、口顎、咽的黏膜與淚腺 頷下唾液腺、舌下唾液腺
Ⅸ 舌咽神經	延腦	耳神經節	耳下唾液腺
Ⅹ 迷走神經	延腦	位在臟器內或附近之終末神經節	胸腹腔內臟動作器
骨盆脊神經	S2～S4	位在骨盆的終末神經節	結腸後半段、輸尿管、膀胱、生殖器官

表8-14　交感神經與副交感神經構造之差異

比　較	交感神經	副交感神經
起源	起始於第一胸髓節至第二或第三腰髓節	起始於腦幹中第三、七、九、十對腦神經之神經核及第二至第四薦髓節
自主神經節	含有交感神經幹神經節及脊柱前神節	含有終末神經節
神經元	神經節靠近中樞神經系統而遠離所支配之內臟動作（節前短、節後長）	神經節靠近或位於所支配之內臟內（節前長、節後短）
與內臟的關係	每一節前神經纖維與很多節後神經元產生突觸，而通往很多內臟動作器	每一節神經纖維只與4或5個節後神經元產生突觸，而只通往一個動作器
分布範圍	分布到全身，包括皮膚	只分布到頭部及胸腔、腹腔與骨盆腔之內臟器官
作用	戰鬥或逃跑	休息或安眠

膽鹼激性纖維

1. 釋放乙醯膽鹼（Ach）的神經纖維：

(1)所有交感及副交感的節前纖維。

(2)所有副交感的節後纖維。

(3)分布到汗腺、骨骼肌血管、皮膚及外生殖器的交感節後纖維。

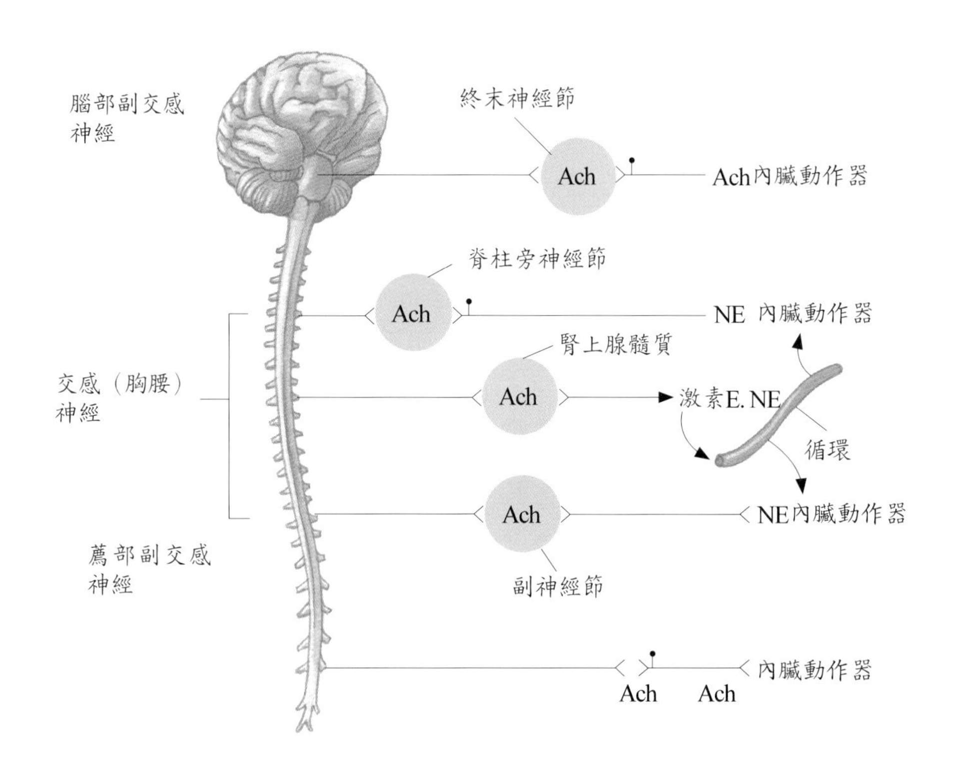

圖8-39 自主神經纖維所產生的神經傳導物質

2. 乙醯膽鹼（Ach）接受器依所在位置可分兩大類：

(1)菸鹼（尼古丁）接受器：位於節後神經元上，可被節前神經元釋放的乙醯膽鹼（Ach）興奮。骨骼肌上也是此型接受器，可被運動神經元釋放的乙醯膽鹼（Ach）所興奮。

(2)蕈毒接受器：位於平滑肌、腺體、心肌上，可被副交感神經節後纖維釋放的乙醯膽鹼（Ach）興奮。此類接受器又依其對不同藥物的專一性反應，而分成M1、M2、M3、M4四種。

3. 乙醯膽鹼（Ach）會很快被乙醯膽鹼脂酶分解失去活性，所以作用時間短，作用範圍是局部的。

腎上腺素激性纖維

1. 釋放正腎上腺素（NE）的神經纖維：除了分布到汗腺、骨骼肌血管、皮膚及外生殖器的其餘交感節後纖維。
2. 腎上腺素類接受器：是位於交感的節後神經元所支配的動作器上，例如平滑肌、心肌、腺體等，可被交感神經與腎上腺髓質釋出的正腎上腺素（NE）及腎上腺素（E）所興奮。此類接受器又依其對不同藥物的專一性而分成α_1、α_2、β_1、β_2等類型，通常α接受器是促進性的，β接受器是抑制性的。

3. 正腎上腺素易被 COMT（catechol-o-methyltransferase）及 MAO（monoamineoxidase）分解，但失去活性的速度比乙醯膽鹼（Ach）慢，而且正腎上腺素能進入血液中，所以作用時間較長，作用範圍也較廣。

表8-15 交感神經及副交感神經的腎上腺素激性和膽鹼激性效應

器官		交感神經效應		副交感神經效應	
		作用	接受器*	作用	接受器*
眼	虹膜輻射肌	收縮	α_1	—	—
	虹膜環狀肌	—	—	收縮	M
	睫狀肌	鬆弛看遠物	β_2	收縮看近物	M
心	竇房結	加速	β_1	減速	M
	收縮力	增加	β_1	減少	M
血管	皮膚、內臟	收縮	α、β	—	—
	骨骼肌	放鬆	β_2	—	—
		放鬆	M**	—	—
支氣管平滑肌		放鬆	β_2	收縮	M
腸胃道	平滑肌壁	放鬆	β_2	收縮	M
	括約肌	收縮	α_1	放鬆	M
	分泌	減少	α_1	增加	M
	腸肌層神經叢	抑制	α_1	—	—
生殖泌尿平滑肌	膀胱壁	放鬆	β_2	收縮	M
	尿道括約肌	收縮	α_1	放鬆	M
	子宮	放鬆	β_2	—	—
	懷孕子宮	收縮	α_1	—	—
	陰莖	射精	α_1	勃起	M
皮膚	豎毛肌	收縮	α_1	—	—
汗腺	調節溫度	增加	M	—	—
	泌離汗腺	增加	α_1	—	—

*腎上腺素激性接受器以α或β表示。

**骨骼肌的血管平滑肌含有交感膽鹼激性纖維

歷屆考題

(　) 1. 周圍神經系統中之神經元的髓鞘是由下列何種細胞所構成？　(A) 許旺氏細胞（Schwann cell）　(B) 衛星細胞（satellite cell）　(C) 寡突膠細胞（oligodendrocyte）　(D) 星形膠細胞（astrocyte）。　（94專普一）

(　) 2. 有一種鎮靜劑為一離子通道的活化劑，則該離子通道最有可能通透：(A) 鈉離子　(B) 氯離子　(C) 鈣離子　(D) 鎂離子。　（94專高一）

(　) 3. 下列有關電壓依賴型鈉離子通道的敘述何者較合理？　(A) 因為細胞內鈉離子的濃度比細胞外低，所以該離子通道開啟時，鈉離子會進入細胞內 (B) 因為細胞內鈉離子的濃度比細胞外高，所以該離子通道開啟時，鈉離子會流出細胞外　(C) 細胞膜的靜止膜電位是正的，所以該離子通道開啟時，鈉離子會進入細胞內　(D) 細胞膜的靜止膜電位是負的，所以該離子通道開啟時，鈉離子會流出細胞外。　（95 專普一）

(　) 4. 下列有關鉀離子進出細胞膜的敘述何者為合理的？　(A) 細胞內的鉀離子濃度比細胞外低，所以鉀離子通道開啟時，鉀離子會進入細胞內　(B) 細胞膜的靜止膜電位是正的，所以鉀離子通道開啟時，鉀離子會進入細胞內 (C) 細胞膜的靜止膜電位是負的，所以鉀離子通道開啟時，鉀離子會進入細胞內　(D) 細胞內的鉀離子濃度比細胞外高，所以鉀離子通道開啟時，鉀離子會流出細胞外。　（95 專普一）

(　) 5. 下列有關神經動作電位的傳導之敘述，何者不正確？　(A) 髓鞘（myelin sheath）使傳導速度變快　(B) 髓鞘與蘭氏結（Ranvier's node）允許跳躍式傳導（saltatory conduction）發生　(C) 神經纖維較粗者傳導速度較快　(D) 突觸（synapse）使神經纖維變粗。　（95 專普二）

(　) 6. 動作電位發生不具下列何項性質？　(A) 全有全無現象（all-or-none principle）　(B) 再極化（repolarization）由開啟鈉通道及鉀通道造成　(C) 一旦產生，在同一細胞其形狀與大小都很相似　(D) 最高點時，胞內可具正電位（overshoot）。　（95 專普二）

(　) 7. 神經或骨骼肌動作電位（action potential）的產生主要是和哪種離子進出細胞有關？　(A) 鉀離子（K^+）進入細胞　(B) 氯離子（Cl^-）進入細胞　(C) 鈉離子（Na^+）進入細胞　(D) 鈣離子（Ca^{2+}）流出細胞。
（94 專高二；95 專普一、專高一）

(　) 8. 目前常用的抗憂鬱的藥物（antidepressant agents），其最普遍作用的神經傳導物質（neurotransmitter）為下列何者？　(A) serotonin　(B) acetylcholine

(C) histamine　(D) glutamate。（95 專普一、專高一）

(　) 9. 當一個細胞的細胞內與細胞外之鈉離子濃度分別為 10 和 100 mM。依照奈恩斯特方程式（Nernst equation），如果這個細胞有專一性的鈉離子通道，請問該細胞對鈉離子的平衡電位（equilibrium potential）約為若干 mV？　(A) －60　(B) 0　(C) +60　(D) +100。（95 專普一、專高一）

(　) 10. 興奮性（excitable）與非興奮性（non-excitable）細胞的差別為何？　(A) 非興奮性細胞沒有靜止膜電位，而興奮性細胞有靜止膜電位　(B) 非興奮性細胞沒有動作電位，而興奮性細胞有動作電位　(C) 非興奮性細胞的細胞膜沒有離子通道，而興奮性細胞有離子通道　(D) 非興奮性細胞的細胞膜上沒有鈉鉀幫浦，而興奮性細胞有鈉鉀幫浦。（95 專高一）

(　) 11. 一般而言，動作電位之再極化過程，主要是由何種機制造成？　(A) 氯離子大量流出細胞　(B) 鈉離子大量流入細胞　(C) 鉀離子大量流出細胞　(D) 鈣離子大量流入細胞。（96 專高一）

(　) 12. 大多數的神經傳遞物質是由何處所分泌？　(A) 軸突　(B) 樹突　(C) 細胞體　(D) 髓鞘。（96 專普二）

(　) 13. 細胞膜電位形成原因不包括下列何者？　(A) 鈉鉀幫浦的貢獻　(B) 各種離子在細胞內外液之濃度差　(C) 細胞內外滲透壓差　(D) 細胞膜對分布於細胞內外之各主要離子之選擇性通透。（97 專普一）

(　) 14. 光學顯微鏡所觀察到的尼氏體是：　(A) 高爾基氏體　(B) 粒線體　(C) 顆粒性內質網　(D) 核糖體。（97 專普一）

(　) 15. 藥物濫用所造成的藥物依賴性，與下列哪種神經傳導物質系統最有關？　(A) 乙醯膽鹼系統　(B) 多巴胺系統　(C) 神經胜肽Y 系統　(D) 物質 P 系統。（97 專高一）

(　) 16. 有關抑制性突觸之性質，下列何者錯誤？　(A) 全有全無律　(B) 膜電位過極化　(C) 化學性突觸　(D) 降低神經興奮性。（97 專高二）

(　) 17. 當動作電位發生時，細胞膜電位如何變化？　(A) 過極化　(B) 極化　(C) 先去極化然後再極化　(D) 先再極化然後去極化。（98 專普一）

(　) 18. 下列哪種細胞，在一般情況下具有最短之動作電位？　(A) 心室肌細胞　(B) 骨骼肌細胞　(C) 心臟節律細胞　(D) 平滑肌細胞。（98 專普一）

(　) 19. 下列何者與神經衝動的跳躍傳導最不相關？　(A) A型神經纖維　(B) C型神經纖維　(C) 蘭氏結　(D) 髓鞘。（98 專普一）

(　) 20. 有關電性突觸之性質，下列何者錯誤？　(A) 常見於肌肉細胞　(B) 不需要神經傳導物質　(C) 可產生抑制性突觸後電位　(D) 為雙向性傳導。（98 專高一）

(　)21.動作電位具有下列何種特性？ (A) 空間加成性 (B) 時間加成性 (C) 刺激強度愈大，引發之動作電位振幅愈大 (D) 遵循全有全無律。 (98專普二)

(　)22.神經傳遞物質是經何種機制由軸突釋出？ (A) 擴散作用 (B) 主動運輸 (C) 胞吐作用 (D) 被動運輸。 (98 專普二)

(　)23.下列何者形成周圍神經的髓鞘？ (A) 許旺氏細胞 (B) 寡突膠細胞 (C) 微小膠細胞 (D) 星狀膠細胞。 (98 專普二)

(　)24.大部分的動作電位都是在神經細胞的何處產生？ (A) 樹突 (B) 髓鞘 (C) 突觸 (D) 軸突丘。 (98 專高二)

(　)25.神經動作電位的傳遞速度與下列何者成正比關係？ (A) 軸突直徑 (B) 樹突數目 (C) 不反應期長度 (D) 靜止膜電位大小。 (98 專高二)

(　)26.多巴胺系統的過度活化，可能會導致下列何種疾病？ (A) 帕金森氏症 (B) 憂鬱症 (C) 精神分裂症 (D) 失語症。 (99 專高一)

(　)27.下列何者最不可能是化學性突觸？ (A) 軸突－細胞體之間 (B) 軸突－軸突之間 (C) 軸突－樹突之間 (D) 肌肉細胞之間。 (99 專高二)

(　)28.治療重症肌無力可使用乙醯膽鹼酯抑制劑（acetylcholinesterase inhibitor）減輕症狀，其作用機轉為何？ (A) 增加乙醯膽鹼（acetylcholine）接受器數量 (B) 增加神經肌肉接合處（neuromuscular junction）之乙醯膽鹼濃度 (C) 促進神經釋放乙醯膽鹼 (D) 直接刺激肌肉收縮。 (99專普一)

(　)29.依外形，運動神經元屬於： (A) 單極性神經元 (B) 偽單極性神經元 (C) 雙極性神經元 (D) 多極性神經元。 (99 專普一)

(　)30.下列何者之細胞膜纏繞在神經纖維外形成髓鞘？ (A) 星狀膠細胞 (B) 微小膠細胞 (C) 寡突膠細胞 (D) 室管膜細胞。 (99 專普二)

(　)31.下列何者在神經系統中負責支持、保護的功能？ (A) 神經細胞 (B) 上皮細胞 (C) 神經膠細胞 (D) 結締組織細胞。 (99 專普二)

(　)32.下列何者與腦組織受傷後，疤的形成最有關係？ (A) 寡樹突膠細胞 (B) 微小膠細胞 (C) 星狀膠細胞 (D) 許旺氏細胞。 (100 專高一)

(　)33.治療憂鬱症的藥物主要針對下列哪種神經傳導物質的功用？ (A) 乙醯膽鹼 (B) 血清張力素 (C) 神經胜肽Y (D) 麩胺酸。 (100 專高一)

(　)34.下列何者不屬於突觸後電位之性質？ (A) 膜電位過極化 (B) 全有全無律 (C) 加成作用 (D) 離子通道開啟。 (100 專普一)

(　)35.某神經纖維的絕對不反應期為 5 毫秒，此神經纖維理論上最快每秒鐘可產生幾次動作電位？ (A) 20 次 (B) 50 次 (C) 200 次 (D) 500 次。 (100 專普二)

(　) 36. 位於中樞神經系統血管旁的膠細胞，最可能是下列何者？ (A) 星狀膠細胞 (B) 微小膠細胞 (C) 寡樹突膠細胞 (D) 許旺氏細胞。 （100 專普二）

(　) 37. 下列何者具有引導周邊神經再生的功能？ (A) 衛星細胞 (B) 許旺氏細胞 (C) 星狀膠細胞 (D) 寡樹突膠細胞。 （101 專高一）

(　) 38. 關於突觸電位（synaptic potential）的特性，下列何者錯誤？ (A) 刺激需達到閾值方可發生 (B) 不遵守全或無定律 (C) 可產生加成作用 (D) 無不反應期。 （101 專高一）

(　) 39. 鈉鉀幫浦（sodium-potassium pump）運送鈉鉀離子的比例（Na^+:K^+）為何？ (A) 1:1 (B) 1:3 (C) 2:3 (D) 3:2。 （101 專高二）

(　) 40. 下列何種神經纖維不具有髓鞘？ (A) Aα 型纖維 (B) B 型纖維 (C) C 型纖維 (D) Aγ 型纖維。 （101 專高二）

(　) 41. 有關神經突觸之性質，下列何者錯誤？ (A) 神經傳導物質是由胞吐作用釋放出來 (B) 電性突觸會有短暫時間的突觸延遲 (C) 化學性突觸的特徵是具有突觸隙裂 (D) 人體神經與肌肉間之訊息傳遞是屬於化學性突觸。 （101 專高二）

(　) 42. 感覺刺激越強，則傳入神經元之動作電位的最常見變化為何？ (A) 頻率越高 (B) 傳導速率越快 (C) 峰值越大 (D) 時間寬度越窄。 （101專高二）

(　) 43. 下列何者形成中樞神經系統神經纖維的髓鞘？ (A) 許旺氏細胞 (B) 寡突膠細胞 (C) 微小膠細胞 (D) 星狀膠細胞。 （101 專普二）

(　) 44. 下列有關靜止膜電位之敘述，何者錯誤？ (A) 為細胞處於一種極化的狀態 (B) 為細胞內負電較多而細胞外正電較多的現象 (C) 鈉－鉀幫浦有助於建立靜止膜電位 (D) 一般神經細胞之靜止膜電位為 +50 mV。 （101 專普二）

(　) 45. 下列何種構造與化學性突觸無關？ (A) 隙裂接合（gap junction） (B) 突觸小泡（synaptic vesicles） (C) 神經傳導物質 (D) 突觸後細胞膜接受器。 （102 專高一）

(　) 46. 依突起數目多寡分類，背根神經元屬於下列何種類型？ (A) 多極神經元 (B) 雙極神經元 (C) 偽單極神經元 (D) 無軸突神經元。 （102 專高二）

(　) 47. 下列何種神經傳導物質為色胺酸（tryptophan）之衍生物？ (A) 多巴胺 (B) 血清素 (C) 乙醯膽鹼 (D) 正腎上腺素。 （102 專高二）

(　) 48. 下列何種接受器之作用不需透過 G- 蛋白（G-protein）產生？ (A) 蕈毒鹼類膽鹼接受器 (B) β 型腎上腺素性接受器 (C) α 型腎上腺素性接受器 (D) 尼古丁類膽鹼接受器。 （103 專高一）

(　) 49. 下列分泌何種物質的腦部神經元退化與阿滋海默症（Alzheimer disease）之

關係最為密切？ (A) 腎上腺素 (B) 多巴胺 (C) 乙醯膽鹼 (D) P 物質。（103專高一）

( ) 50.痛覺和溫度的感覺經由哪一條脊髓上行徑傳入視丘後，再傳到大腦的體感覺皮質？ (A) 前脊髓視丘徑 (B) 外側脊髓視丘徑 (C) 薄束及楔狀束 (D) 後脊髓小腦徑。（93 專普一；96 專高一）

( ) 51.下列何者為傳遞粗糙觸覺及壓力覺之神經徑路？ (A) 後脊髓小腦徑 (B) 前脊髓小腦徑 (C) 前脊髓視丘徑 (D) 外側脊髓視丘徑。（94 專普一）

( ) 52.下述有關神經系統的敘述，何者正確？ (A) 周邊神經系統包括脊神經與脊髓 (B) 自主神經屬於周邊神經系統 (C) 交感神經屬於中樞神經系統 (D) 體神經系統屬於中樞神經系統。（94 專普二）

( ) 53.於清醒而警覺的張眼狀態下所測到的腦波是下列何者？ (A) α波 (B) β波 (C) θ波 (D) δ波。（92、94 專普二）

( ) 54.下列有關腦脊髓液（cerebrospinal fluid）的敘述何者正確？ (A) 位於蜘蛛膜與軟腦膜之間 (B) 為腦細胞間液 (C) 所形成的腦壓約 60 毫米汞柱 (D) 內含白血球但沒有紅血球。（94 專高一）

( ) 55.下列何者不屬於下視丘所負責調控的功能？ (A) 維持正常體溫 (B) 調節口渴及食慾 (C) 聽覺 (D) 控制腦下垂體賀爾蒙的分泌。（94 專高二）

( ) 56.下列何者是造成水腦症的最主要原因？ (A) 腦瘤 (B) 大腦皮質萎縮 (C) 腦脊髓液蓄積 (D) 腦血管栓塞。（94專高二）

( ) 57.貝爾氏麻痺（Bell's palsy）是哪一對腦神經的問題所引起？ (A) 第五對 (B) 第七對 (C) 第九對 (D) 第十對。（94 專高二）

( ) 58.下列有關下視丘（hypothalamus）的敘述何者正確？ (A) 位於邊緣系統的中心位置 (B) 和聽覺傳導有關 (C) 為呼吸節律中樞的位置 (D) 與身體的平衡有關。（95 專普一）

( ) 59.心臟調控中樞、呼吸節律中樞與血管運動中樞主要位於： (A) 橋腦 (B) 延腦 (C) 脊髓 (D) 中腦。（95 專普一、專普二）

( ) 60.大腦皮質的Broca's area又稱之為： (A) 言語感覺區 (B) 肢體運動區 (C) 言語運動區 (D) 視覺區。（95 專普一）

( ) 61.最可能使肌肉張力發生僵硬（rigidity）的腦部病變位置在： (A) 大腦額葉 (B) 大腦枕葉 (C) 小腦 (D) 基底核。（95 專普一）

( ) 62.有關語言功能異常之敘述，下列何者正確？ (A) 弓狀束（Arcuate fasciculus）受損導致失去理解語言之能力 (B) 沃尼克氏區（Wernicke's area）受損導致表達性失語症 (C) 孛羅卡氏區（Broca's area）受損仍可了解

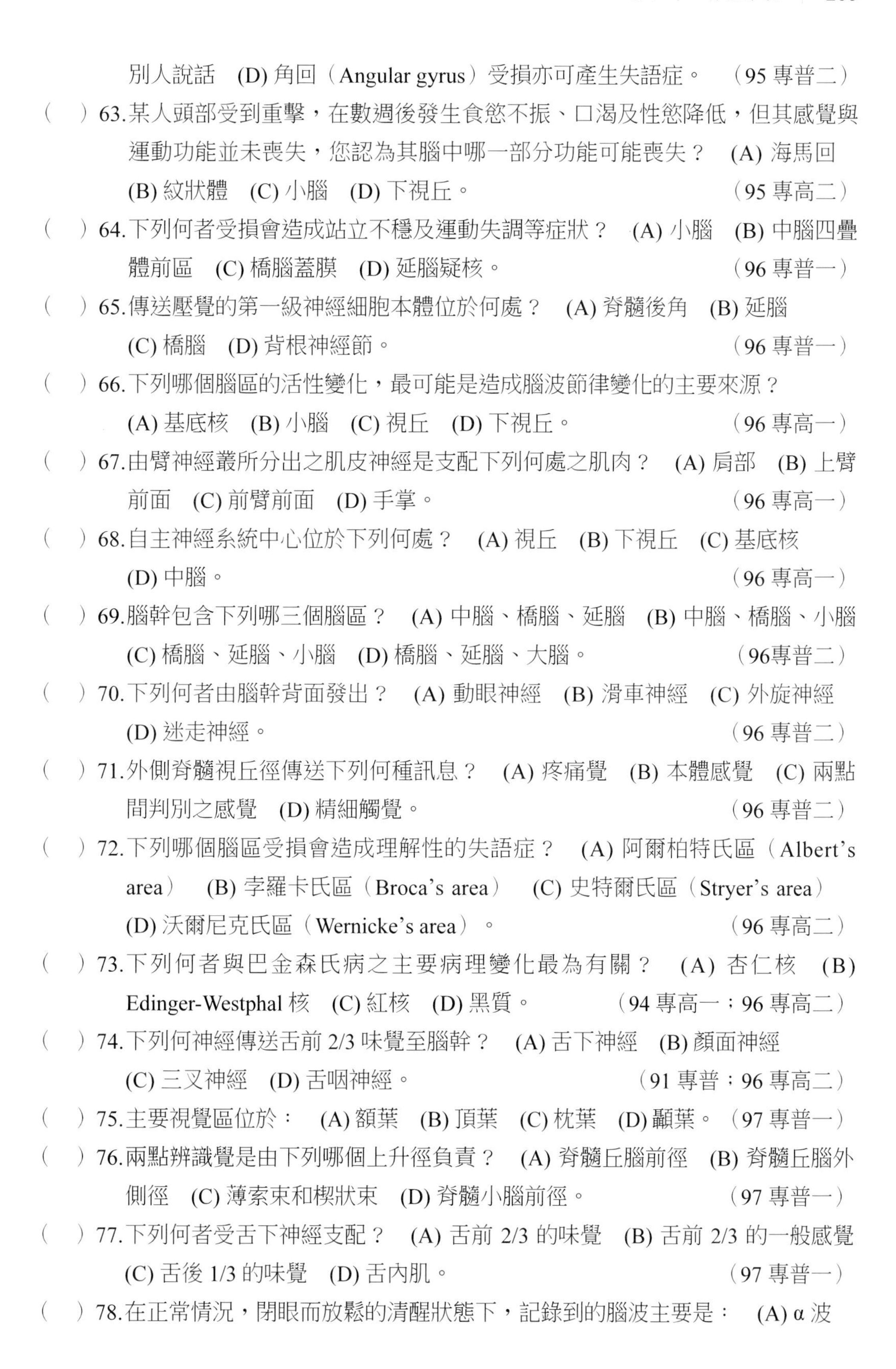

別人說話 (D) 角回(Angular gyrus)受損亦可產生失語症。 (95 專普二)

( ) 63.某人頭部受到重擊,在數週後發生食慾不振、口渴及性慾降低,但其感覺與運動功能並未喪失,您認為其腦中哪一部分功能可能喪失? (A) 海馬回 (B) 紋狀體 (C) 小腦 (D) 下視丘。 (95 專高二)

( ) 64.下列何者受損會造成站立不穩及運動失調等症狀? (A) 小腦 (B) 中腦四疊體前區 (C) 橋腦蓋膜 (D) 延腦疑核。 (96 專普一)

( ) 65.傳送壓覺的第一級神經細胞本體位於何處? (A) 脊髓後角 (B) 延腦 (C) 橋腦 (D) 背根神經節。 (96 專普一)

( ) 66.下列哪個腦區的活性變化,最可能是造成腦波節律變化的主要來源? (A) 基底核 (B) 小腦 (C) 視丘 (D) 下視丘。 (96 專高一)

( ) 67.由臂神經叢所分出之肌皮神經是支配下列何處之肌肉? (A) 肩部 (B) 上臂前面 (C) 前臂前面 (D) 手掌。 (96 專高一)

( ) 68.自主神經系統中心位於下列何處? (A) 視丘 (B) 下視丘 (C) 基底核 (D) 中腦。 (96 專高一)

( ) 69.腦幹包含下列哪三個腦區? (A) 中腦、橋腦、延腦 (B) 中腦、橋腦、小腦 (C) 橋腦、延腦、小腦 (D) 橋腦、延腦、大腦。 (96專普二)

( ) 70.下列何者由腦幹背面發出? (A) 動眼神經 (B) 滑車神經 (C) 外旋神經 (D) 迷走神經。 (96 專普二)

( ) 71.外側脊髓視丘徑傳送下列何種訊息? (A) 疼痛覺 (B) 本體感覺 (C) 兩點間判別之感覺 (D) 精細觸覺。 (96 專普二)

( ) 72.下列哪個腦區受損會造成理解性的失語症? (A) 阿爾柏特氏區(Albert's area) (B) 孛羅卡氏區(Broca's area) (C) 史特爾氏區(Stryer's area) (D) 沃爾尼克氏區(Wernicke's area)。 (96 專高二)

( ) 73.下列何者與巴金森氏病之主要病理變化最為有關? (A) 杏仁核 (B) Edinger-Westphal 核 (C) 紅核 (D) 黑質。 (94 專高一;96 專高二)

( ) 74.下列何神經傳送舌前 2/3 味覺至腦幹? (A) 舌下神經 (B) 顏面神經 (C) 三叉神經 (D) 舌咽神經。 (91 專普;96 專高二)

( ) 75.主要視覺區位於: (A) 額葉 (B) 頂葉 (C) 枕葉 (D) 顳葉。 (97 專普一)

( ) 76.兩點辨識覺是由下列哪個上升徑負責? (A) 脊髓丘腦前徑 (B) 脊髓丘腦外側徑 (C) 薄索束和楔狀束 (D) 脊髓小腦前徑。 (97 專普一)

( ) 77.下列何者受舌下神經支配? (A) 舌前 2/3 的味覺 (B) 舌前 2/3 的一般感覺 (C) 舌後 1/3 的味覺 (D) 舌內肌。 (97 專普一)

( ) 78.在正常情況,閉眼而放鬆的清醒狀態下,記錄到的腦波主要是: (A) α 波

(B) β 波 (C) θ 波 (D) δ 波。 (96 專普一；97 專高一)

( ) 79.下列何者連接左、右大腦半球？ (A) 內囊（internal capsule） (B) 胼胝體（corpus callosum） (C) 鉤束（uncinate fasciculus） (D) 穹窿（fornix）。 (97 專高一)

( ) 80.下列何者為錐體徑路？ (A) 皮質脊髓徑 (B) 前庭脊髓徑 (C) 網狀脊髓徑 (D) 紅核脊髓徑。 (97 專高一)

( ) 81.中腦 Edinger-Westphal 神經核發出之神經纖維與下列何者伴行？ (A) 視神經 (B) 動眼神經 (C) 滑車神經 (D) 顏面神經。 (97 專高一)

( ) 82.控制骨骼肌梭外纖維（extrafusal fiber）的下運動神經元，是位於脊髓灰質腹角的： (A) α運動神經元 (B) β運動神經元 (C) γ運動神經元 (D) δ運動神經元。 (97 專普二)

( ) 83.下列何者不屬於脊神經系統之病變？ (A) 坐骨神經痛 (B) 正中神經受傷 (C) 臂叢神經受傷 (D) 三叉神經痛。 (97 專普二)

( ) 84.飲食與體溫調節中樞位在下列哪個腦區？ (A) 視丘 (B) 下視丘 (C) 松果體 (D) 腦下垂體。 (94 專普二；97 專普二)

( ) 85.大部分的錐體徑路神經纖維於何處交叉？ (A) 脊髓 (B) 延腦 (C) 橋腦 (D) 中腦。 (97 專普二)

( ) 86.下列何者不是感覺神經核？ (A) 楔狀核 (B) 孤獨核 (C) 疑核 (D) 三叉神經脊髓核。 (97 專普二)

( ) 87.從清醒到深睡期的腦波變化為何？ (A) 強度變大而頻率變快 (B) 強度變大而頻率變慢 (C) 強度變小而頻率變快 (D) 強度變小而頻率變慢。 (97 專高二)

( ) 88.光腳踩到碎玻璃時，最可能引發下列何種反射動作？ (A) 屈肌反射 (B) 牽張反射 (C) 肌腱反射 (D) 條件反射。 (97 專高二)

( ) 89.下列何者是下行神經徑路？ (A) 脊髓小腦徑 (B) 脊髓視丘徑 (C) 紅核脊髓徑 (D) 楔狀束。 (97 專高二)

( ) 90.與聽覺反射有關之神經核位於何處？ (A) 視丘 (B) 中腦 (C) 橋腦 (D) 延腦。 (97 專高二)

( ) 91.臂神經叢（brachial plexus）主要包含的脊神經腹側枝為何？ (A) C1~C4 (B) C3~C5 (C) C5~T1 (D) T2~T11。 (97 二技)

( ) 92.與語言理解有關的沃爾尼克氏區（Wernicke's area）位於： (A) 額葉 (B) 頂葉 (C) 枕葉 (D) 顳葉。 (98 專普一)

( ) 93.下列何者由薄束（gracile fasciculus）傳送？ (A) 疼痛覺 (B) 溫覺 (C) 視

覺　(D) 精細觸覺。（98 專普一）

(　) 94.三叉神經的感覺神經細胞本體位於：　(A) 膝狀神經節　(B) 睫狀神經節　(C) 半月狀神經節　(D) 翼腭神經節。（98 專普一）

(　) 95.下列何者不是中腦的構造？　(A) 滑車神經核　(B) 動眼神經核　(C) 顏面神經核　(D) Edinger-Westphal核。（98 專普一）

(　) 96.下列何種疾病，最可能見到腦部乙醯膽鹼神經元的退化？　(A) 憂鬱症　(B) 阿茲海默症　(C) 精神分裂症　(D) 失語症。（98 專高一）

(　) 97.大部分皮質脊髓徑的神經纖維於下列何處交叉？　(A) 中腦　(B) 橋腦　(C) 延腦　(D) 脊髓。（98專高一）

(　) 98.下列何者由橋腦處進入腦幹？　(A) 動眼神經　(B) 滑車神經　(C) 三叉神經　(D) 舌咽神經。（98 專高一）

(　) 99.大部分視徑之神經纖維終止於何處？　(A) 視覺皮質　(B) 下視丘　(C) 上丘　(D) 外側膝狀體。（98 專高一）

(　) 100.中腦黑質神經元多巴胺釋放不足時，可能會導致：　(A) 精神分裂症　(B) 帕金森氏症　(C) 舞蹈症　(D) 嗜睡症。（98專普二）

(　) 101.下列何者與反射弧無關？　(A) 脊髓　(B) 接受器　(C) 大腦　(D) 動作器。（98專普二）

(　) 102.有關腦脊髓液之敘述，下列何者錯誤？　(A) 由腦室之脈絡叢生成　(B) 中樞神經系統內之腦脊髓液量約在 250~350 毫升　(C) 第四腦室有三個孔道讓腦脊髓液流入蜘蛛網膜下腔　(D) 經由蜘蛛網膜滲透入腦硬膜竇內。（98專普二）

(　) 103.下列何者不屬於單突觸反射弧的功能單位？　(A) 接受器　(B) 中間神經元　(C) 作用器　(D) 運動神經元。（98 專高二）

(　) 104.下列何者與情緒性活動及個體防禦、生殖等有關？　(A) 邊緣系統　(B) 基底核　(C) 視丘　(D) 紋狀體。（98專高二）

(　) 105.下列何者支配提上眼瞼肌？　(A) 顏面神經　(B) 外旋神經　(C) 三叉神經　(D) 動眼神經。（98專高二）

(　) 106.下列何者所含之副交感神經纖維與下頷腺之分泌有關？　(A) 三叉神經　(B) 顏面神經　(C) 舌咽神經　(D) 舌下神經。（99專高一）

(　) 107.下列何者損傷會導致感覺性之失語症（receptive aphasia）？　(A) 言語運動區（Broca's area）　(B) 前運動區　(C) 沃爾尼克區（Wernicke's area）　(D) 輔助運動區。（99 專高一）

(　) 108.嗅覺皮質大部分位於大腦何處？　(A) 枕葉　(B) 顳葉　(C) 頂葉　(D) 腦

島。（99專高一）

(　) 109.下列何者可通過血腦屏障（blood brain barrier）？(1)氧 (2)蛋白質 (3)葡萄糖 (4)二氧化碳： (A) (1)(2)(3) (B) (1)(3)(4) (C) (1)(2)(4) (D) (2)(3)(4)。（99 專高一）

(　) 110.牙齒的痛覺神經是： (A) 面神經 (B) 三叉神經 (C) 舌咽神經 (D) 迷走神經。（99 專高二）

(　) 111.下列何者損傷會導致亨丁頓氏舞蹈症（Huntington's chorea）？ (A) 海馬迴 (B) 乳頭體 (C) 韁核（habenular nucleus） (D) 尾核（caudate nucleus）。（99 專高二）

(　) 112.雙側海馬受損的患者會產生下列何種症狀？ (A) 失語症 (B) 失憶症 (C) 舞蹈症 (D) 帕金森氏症。（99 專高二）

(　) 113.飲食中樞位在下列哪個腦區？ (A) 視丘 (B) 下視丘 (C) 松果體 (D) 腦下垂體。（99 專高二）

(　) 114.下列何者損傷會造成內斜視？ (A) 視神經 (B) 動眼神經 (C) 滑車神經 (D) 外旋神經。（99 專高二）

(　) 115.人體唯一的單突觸反射是： (A) 屈肌反射 (B) 伸張反射 (C) 感壓反射 (D) 足底反射。（99專普一）

(　) 116.下列何者不屬於周邊神經系統？ (A) 腦神經 (B) 運動神經 (C) 感覺神經 (D) 下視丘。（99 專普一）

(　) 117.在針刺手指誘發縮手之反射弧中，下列何者為反射中樞？ (A) 視丘 (B) 脊髓 (C) 大腦 (D) 腦幹。（99專普一）

(　) 118.與語言表達有關的孛羅卡氏區（Broca' s area）位於： (A) 額葉 (B) 頂葉 (C) 枕葉 (D) 顳葉。（99 專普一）

(　) 119.腦部的腦脊髓液，由何處流入脊髓蜘蛛膜下腔？ (A) 側腦室 (B) 第三腦室 (C) 中腦導水管 (D) 第四腦室。（99 專普一）

(　) 120.咽部的肌肉主要由下列何者支配？ (A) 舌咽神經 (B) 迷走神經 (C) 副神經 (D) 舌下神經。（99專普一）

(　) 121.下列何者不是基底核的構造？ (A) 殼核 (B) 蒼白球 (C) 海馬迴 (D) 尾狀核。（99 專普一）

(　) 122.下列何者支配舌後 1/3 的味覺？ (A) 三叉神經 (B) 顏面神經 (C) 舌咽神經 (D) 舌下神經。（99 專普一）

(　) 123.一般感覺區位於大腦何處？ (A) 頂葉 (B) 顳葉 (C) 額葉 (D) 枕葉。（99 專普一）

(　) 124.下列有關脊髓背索（dorsal funiculus）之敘述，何者正確？ (A) 內含運動神經纖維 (B) 內含感覺神經纖維 (C) 神經纖維為混合性 (D) 具有神經細胞。 （99 專普二）

(　) 125.下列何者不受動眼神經之支配？ (A) 提上眼瞼肌 (B) 上直肌 (C) 上斜肌 (D) 下直肌。 （99 專普二）

(　) 126.下列何者含有副交感神經纖維？ (A) 動眼神經 (B) 滑車神經 (C) 三叉神經 (D) 外展神經。 （99 專普二）

(　) 127.下列哪個構造與情緒有關？ (A) 大腦腳 (B) 小腦腳 (C) 胼胝體 (D) 邊緣系統。 （99 專普二）

(　) 128.控制呼吸與心跳的反射中樞位在： (A) 間腦 (B) 中腦 (C) 小腦 (D) 延腦。 （99 專普二）

(　) 129.下列何者支配咀嚼肌？ (A) 迷走神經 (B) 舌咽神經 (C) 顏面神經 (D) 三叉神經。 （95 專高一；100 專普一）

(　) 130.下列何種感覺訊息不經由視丘傳送至大腦？ (A) 視覺 (B) 溫覺 (C) 嗅覺 (D) 平衡覺。 （100 專普一）

(　) 131.下列哪個腦區與記憶功能最為相關？ (A) 黑質 (B) 紅核 (C) 海馬 (D) 腦垂體。 （100 專普一）

(　) 132.傳遞軀體感覺之神經纖維由下列何者進入脊髓？ (A) 背根 (B) 腹根 (C) 灰交通枝 (D) 白交通枝。 （100 專高二）

(　) 133.當肌肉被過度拉長時，會引發何種反射作用以避免肌肉受傷？ (A) 縮回反射 (B) 交互伸肌反射 (C) 肌腱器反射 (D) 牽張反射。 （100 專高二）

(　) 134.下列何者與聽覺反射有關？ (A) 上丘 (B) 下丘 (C) 耳蝸神經核 (D) 紅核。 （100 專普二）

(　) 135.腰椎穿刺時主要是由下列何處抽取腦脊髓液？ (A) 硬膜上腔 (B) 硬膜下腔 (C) 蛛網膜下腔 (D) 脊髓中央管。 （101 專高一）

(　) 136.有關正常快速動眼睡眠的特徵，下列何者錯誤？ (A) 四肢之活動絕少 (B) 血壓上升或不規則 (C) 男性可能出現陰莖勃起現象 (D) 腦波呈現慢波。 （101專高一）

(　) 137.媽媽切菜時不慎切到手，食指流血劇烈疼痛，其產生痛覺的傳導路徑，下列何者錯誤？ (A) 經由 Aδ 型與 C 型神經纖維傳導 (B) 初級感覺神經傳入脊髓前角 (C) 次級感覺神經於脊髓交叉 (D) 其傳導係經由外側脊髓視丘路徑。 （101專高一）

(　) 138.下列何種構造不會出現在中樞神經系統？ (A) 神經核 (B) 神經元 (C) 神

經節 (D) 星狀膠細胞。 （101 專高一）

( ) 139.橈神經受損時，下列何者不受影響？ (A) 上臂背面肌群 (B) 上臂前面肌群 (C) 前臂背面淺層肌群 (D) 前臂背面深層肌群。 （101 專普一）

( ) 140.位於左右視丘之間的腦室為下列何者？ (A) 側腦室 (B) 第三腦室 (C) 第四腦室 (D) 中央管。 （101 專普一）

( ) 141.下視丘與晝夜節律有關的部位為： (A) 室旁核 (B) 視上核 (C) 前核 (D) 視交叉上核。 （101 專普一）

( ) 142.若某人臉部肌肉收縮困難導致表情僵硬，最可能受損的神經是下列何者？ (A) 三叉神經 (B) 外展神經 (C) 顏面神經 (D) 迷走神經。 （101 專普一）

( ) 143.有關腦脊髓液的敘述，下列何者正確？ (A) 由脈絡叢過濾血液而產生的 (B) 其成分與細胞內液相似 (C) 其流動方向是：第四腦室→第三腦室→側腦室 (D) 一般成人的腦脊髓液約為500毫升。 （101 專普一）

( ) 144.下列哪個腦區受損會造成表達性的失語症？ (A) 阿爾柏特氏區（Albert's area） (B) 孛羅卡氏區（Broca's area） (C) 史特爾氏區（Stryer's area） (D) 沃爾尼克氏區（Wernicke's area）。 （101 專普一）

( ) 145.下列何者不需經過視丘即可直接傳遞到大腦？ (A) 視覺 (B) 聽覺 (C) 觸覺 (D) 嗅覺。 （101專高二）

( ) 146.腕隧道症候群中受壓迫的神經是： (A) 正中神經 (B) 橈神經 (C) 尺神經 (D) 肌皮神經。 （101 專高二）

( ) 147.有關大腦皮質的敘述，下列何者正確？ (A) 每個大腦半球的皮質可分成七葉 (B) 大腦皮質細胞主要分為三層 (C) 大腦皮質主要輸出神經元是錐狀細胞（pyramidal cells） (D) 投射到大腦皮質的神經纖維主要來自小腦。 （101 專高二）

( ) 148.掌管視覺功能的腦葉為： (A) 額葉 (B) 頂葉 (C) 枕葉 (D) 顳葉。 （101 專普二）

( ) 149.有關白質與灰質的敘述，下列何者正確？ (A) 大腦與脊髓的灰質都在表面 (B) 大腦與脊髓的白質都在表面 (C) 大腦的灰質在表面、白質在內，而脊髓的白質在表面、灰質在內 (D) 大腦的白質在表面、灰質在內，而脊髓的灰質在表面、白質在內。 （101 專普二）

( ) 150.下列何者損傷會導致垂腕（wrist drop）？ (A) 橈神經 (B) 正中神經 (C) 肌皮神經 (D) 尺神經。 （102 專高一）

( ) 151.控制軀體肌肉的運動神經元主要聚集於脊髓的哪個部分？ (A) 前角 (B) 後角 (C) 外側角 (D) 灰質連合。 （102 專高一）

( ) 152.下列何種腦波頻率最快？ (A) β (B) δ (C) α (D) θ。 （102 專高一）

( ) 153.下列何處之神經元退化與漢丁頓氏舞蹈症（Huntington's chorea）患者無法控制肢體動作有關？ (A) 脊髓 (B) 邊緣系統 (C) 基底核 (D) 小腦。 （102專高一）

( ) 154.下列何者的訊息不經由視丘轉送至大腦？ (A) 嗅神經 (B) 視神經 (C) 三叉神經 (D) 平衡聽神經。 （102 專高二）

( ) 155.關於體運動系統（somatic motor system），下列何者錯誤？ (A) 具有神經節 (B) 具有運動終板 (C) 只有支配骨骼肌 (D) 始於大腦運動皮質。 （102專高二）

( ) 156.有關脊髓頸膨大（cervical enlargement）之敘述，下列何者錯誤？ (A) 由 C3 至 T1 脊髓節段組成 (B) 該段脊髓內含有較多的運動神經細胞 (C) 其脊髓神經組成臂神經叢 (D) 主要負責支配上肢之運動與感覺。（103 專高一）

( ) 157.重症肌無力症（myasthenia gravis）的特徵是肌肉軟弱無力，下列何者是主要原因？ (A) 運動神經釋出乙醯膽鹼少於正常量 (B) 乙醯膽鹼受器被自體抗體阻斷 (C) 乙醯膽鹼與其受器的親和力降低 (D) 乙醯膽鹼酯酶活性過強。 （103 專高一）

( ) 158.成年人最會出現α波的時機是在何時？ (A) 慢波睡眠期 (B) 快速動眼睡眠期 (C) 閉眼而放鬆的清醒狀態 (D) 開眼或集中精神的清醒狀態。 （103 專高一）

( ) 159.下列何者為自主神經之節前神經元所分泌的主要傳遞物質？ (A) 前列腺素 (B) 腎上腺素 (C) 乙醯膽鹼 (D) 多巴胺。 （94 專普一）

( ) 160.下列有關副交感神經對消化系統的作用機制何者正確？ (A) 促進腸胃蠕動 (B) 抑制消化液分泌 (C) 促進幽門括約肌收縮 (D) 促進脂肪分解。 （94 專高一）

( ) 161.下列何種功能屬於交感神經受到刺激之後所造成？ (A) 腸子蠕動加速 (B) 心跳減慢 (C) 腺體分泌增加 (D) 血壓上升。 （94 專高二）

( ) 162.交感神經節前神經元細胞體的位置在： (A) T1~L2 之灰質側角 (B) 第 3、7、9、10 對腦神經 (C) 內臟裡面 (D) 交感神經節。 （94、95 專普一；95 專高一）

( ) 163.下列何者物質會使心臟竇房結細胞的放電頻率增快？ (A) 乙醯膽鹼（acetylcholine） (B) 腎上腺素（epinephrine） (C) 腺苷酸（adenosine） (D) 前列腺素（prostaglandin）。 （95 專普一）

( ) 164.交感節前神經纖維直接支配： (A) 腎上腺髓質 (B) 舌下腺 (C) 唾腺

(D) 甲狀腺。 （95 專普二）

( ) 165.下列有關「戰或逃反應」（fight or flight response）之敘述何者錯誤？
(A) 血糖濃度增加 (B) 肝臟醣解作用減少 (C) 心跳加速 (D) 到活動中肌肉之血流增加。 （95 專普二）

( ) 166.迷走神經（vagus nerve）興奮時，心臟會出現什麼反應？ (A) 房室節傳導速率會變快 (B) 心跳速率會變慢 (C) 心室收縮功能會變快 (D) 輸出量變大。 （95 專高一）

( ) 167.當身體的β-adrenergic receptors受刺激時，則會產生何種變化？ (A) 心臟收縮的功能會下降 (B) 支氣管會發生擴張的現象 (C) 冠狀動脈會收縮
(D) 胃腸的蠕動（peristalsis）會增加。 （95 專高一）

( ) 168.某人服用可以阻斷β（beta）型腎上腺素受體的藥物，此藥對於心臟功能會有什麼影響？ (A) 心臟節律及收縮力皆會增加 (B) 心臟節律及收縮力皆會減少 (C) 心臟節律增加而收縮力減少 (D) 心臟節律減少而收縮力增加。 （95 專高二）

( ) 169.將一實驗動物體內通往腎上腺髓質的交感節前神經切除後，對該動物在靜止狀態下與遭受壓力時，血中腎上腺素的濃度有什麼影響？ (A) 完全沒有影響 (B) 血中腎上腺素皆處於高濃度 (C) 靜止狀態會降得非常低，在遭受壓力時也無法增加 (D) 靜止狀態時處於正常濃度，在遭受壓力時會增加更多。 （95 專高二）

( ) 170.腎上腺髓質節前神經元所分泌的神經傳遞物質為何？ (A) 乙醯膽鹼
(B) 腎上腺素 (C) 多巴胺 (D) 血清素。 （95 專高二）

( ) 171.自主神經系統中心位於下列何處？ (A) 視丘 (B) 下視丘 (C) 基底核
(D) 中腦。 （96 專高一）

( ) 172.迷走神經是屬於： (A) 交感神經 (B) 脊神經 (C) 中樞神經 (D) 副交感神經。 （96 專普一）

( ) 173.下列何種物質競爭性的結合於骨骼肌終板之乙醯膽鹼受器，導致骨骼肌無法接受運動神經的刺激，而使骨骼肌麻痺？ (A) 南美箭毒（curare）
(B) 河豚毒素（tetrodotoxin） (C) 肉毒桿菌素（botulismotoxin） (D) 阿托品（atropine）。 （96專高一）

( ) 174.臨床降血壓常用的腎上腺素受器阻斷劑，其主要作用機制為何？ (A) 抑制交感神經作用 (B) 強化交感神經作用 (C) 抑制副交感神經作用 (D) 強化副交感神經作用。 （97 專普一）

( ) 175.下列何者是交感神經節？ (A) 腹腔神經節 (B) 翼腭神經節 (C) 睫狀神經

節　(D) 背根神經節。（97 專普二）

(　) 176.肉毒桿菌素（Botulinum toxin）的作用機轉為何？　(A) 抑制乙醯膽鹼（acetylcholine）的釋放　(B) 抑制運動神經動作電位之產生　(C) 競爭骨骼肌終板上之乙醯膽鹼接受器　(D) 抑制骨骼肌之鈣離子通道。（97 專高二）

(　) 177.下列何者所含之副交感神經纖維與腮腺之分泌有關？　(A) 三叉神經　(B) 顏面神經　(C) 舌咽神經　(D) 迷走神經。（97 專高二）

(　) 178.動眼神經的節後副交感神經纖維支配：　(A) 下斜肌　(B) 內直肌　(C) 瞳孔舒張肌　(D) 睫狀肌。（98專普一）

(　) 179.內臟的活動大多是：　(A) 意識控制　(B) 脊髓控制　(C) 自主反射　(D) 小腦控制。（98專普二）

(　) 180.腎上腺髓質細胞分泌的激素，與下列何者分泌的物質相同？　(A) 心臟交感神經的節前神經細胞　(B) 心臟交感神經的節後神經細胞　(C) 心臟副交感神經的節前神經細胞　(D) 心臟副交感神經的節後神經細胞。（98 專高二）

(　) 181.下列何者屬於交感神經之反應？　(A) 豎毛肌收縮　(B) 胃酸分泌增加　(C) 支氣管收縮　(D) 心臟收縮力降低。（99 專高一）

(　) 182.下列何者是椎旁神經節（paravertebral ganglion）？　(A) 上腸繫膜神經節　(B) 下腸繫膜神經節　(C) 腹腔神經節　(D) 交感神經節。（99 專高二）

(　) 183.下列何者屬於副交感神經之反應？　(A) 瞳孔放大　(B) 血管收縮　(C) 胃腸蠕動降低　(D) 心跳速率下降。（100 專高一）

(　) 184.腮腺的副交感神經支配來自：　(A) 耳神經節　(B) 翼腭神經節　(C) 下頜神經節　(D) 膝狀神經節。（100 專普一）

(　) 185.使用過量南美箭毒（curare）引起動物或人死亡，其主要原因是什麼？　(A) 心跳停止　(B) 腦部神經元死亡　(C) 減少乙醯膽鹼受器蛋白質之數量　(D) 阻斷神經與橫膈肌細胞間的傳遞作用。（100專高二）

(　) 186.交感神經節前神經纖維末梢所釋放的神經傳遞物質是什麼？　(A) 正腎上腺素　(B) 麩胺酸　(C) 乙醯膽鹼　(D) 神經胜　。（100 專高二）

(　) 187.下列何者發出「節前交感神經纖維」？　(A) 整個脊髓的灰質　(B) C1~T12 脊髓　(C) T1~L2 脊髓　(D) T1~L5 脊髓。（100 專普二）

(　) 188.下列何者為副交感神經興奮時產生之作用？　(A) 增加心跳率　(B) 降低心跳率　(C) 增加傳導速率　(D) 增加收縮強度。（100 專普二）

(　) 189.下列何者同時分布於頸部、胸縱隔與腹腔？　(A) 食道　(B) 氣管　(C) 胸主動脈　(D) 迷走神經。（103 專高一）

(　) 190.下列何者是迷走神經興奮時的身體反應？　(A) 心跳速率增加　(B) 呼吸速

率增加　(C) 腸胃蠕動增加　(D) 眼睛瞳孔放大。（103 專高一）

(　) 191.小華車禍受傷，下肢動彈不得，膝跳反射（knee jerk reflex）消失，但手部肌肉握力仍正常，無眩暈症狀，他最有可能的受傷的部位為：(A) 初級運動皮質（primary motor cortex）(B) 脊髓運動神經元　(C) 小腦　(D) 基底核。（94 專高一）

(　) 192.左腳踩到釘子痛得迅速回縮，但是右腳會伸直。此反應由何種神經網絡所引發？　(A) 脊髓的牽張反射　(B) 腦幹的平衡反射　(C) 脊髓的交叉伸肌反射　(D) 大腦運動皮質的命令。（94 專高一）

(　) 193.運動神經受興奮時，乙醯膽鹼會從神經末梢釋放出來。而該物質作用在運動神經終板的受體時：　(A) 會直接刺激細胞膜的電壓依賴型鈉離子通道　(B) 會使神經終板的膜電位過極化　(C) 會使神經終板對鉀離子的通透性降低　(D) 會使神經終板對鈉離子的通透性增加。（95 專普一、專高一）

(　) 194.反射弧（reflex arc）之組成不包括下列何者？　(A) 感覺受器　(B) 聯絡神經元　(C) 運動神經元　(D) 皮質運動前區。（95 專普二）

(　) 195.下視丘之神經核中，何者與晝夜節律有關？　(A) 視上核　(B) 後核　(C) 視交叉上核　(D) 視旁核。（100 專高一）

(　) 196.心室細胞的靜止膜電位（resting membrane potential）正常約為：　(A) +50 mV　(B) 0 mV　(C) –50 mV　(D) –80 mV。（95 專普一、專高一）

(　) 197.下列何者不屬於臂神經叢（brachial plexus）的分支？　(A) 膈神經（phrenic nerve）(B) 正中神經（median nerve）(C) 腋神經（axillary nerve）(D) 肌皮神經（musculocutaneous nerve）。（98 二技）

(　) 198.第三腦室與第四腦室之間的連接構造為何？　(A) 室管膜（ependyma）(B) 側腦室（lateral ventricles）(C) 脈絡叢（choroid plexus）(D) 大腦導水管（cerebral aqueduct）。（98 二技）

(　) 199.將脊髓固定於椎管的骨壁上之齒狀韌帶（denticulate ligament）是由何者構成？　(A) 軟膜（pia mater）(B) 硬膜（dura mater）的臟層　(C) 蜘蛛膜（arachnoid mater）(D) 硬膜（dura mater）的壁層。（98 二技）

(　) 200.下列何者受損會導致短期記憶無法形成新的長期記憶，但不影響過去的長期記憶？　(A) 橋腦（pons）(B) 海馬（hippocampus）(C) 顳葉（temporal lobe）(D) 枕葉（occipital lobe）。（98 二技）

(　) 201.下列何者為神經動作電位相對不反應期（relative refractory period）間的變化？　(A) 鉀離子持續流出細胞外　(B) 鈉離子持續流入細胞內　(C) 發生在去極化階段當中　(D) 鈉離子通道無法對任何刺激產生反應。（98 二技）

(　) 202.下列何種神經膠細胞（neuroglia）具有協助神經組織與腦脊髓液間物質交換的功能？ (A) 室管膜細胞（ependymal cell） (B) 星狀膠細胞（astrocyte） (C) 寡樹突膠細胞（oligodendrocyte） (D) 神經膜細胞（neurolemocyte）。 （99二技）

(　) 203.有關突觸後膜電位（postsynaptic membrane potential）的特性，下列敘述何者正確？ (A) 具有閾值（threshold） (B) 具有不反應期（refractory period） (C) 不會產生過極化作用（hyperpolarization） (D) 膜電位幅度（amplitude）會隨刺激強度而改變。。 （99 二技）

(　) 204.乙醯膽鹼（acetylcholine；ACh）對下列哪一種肌肉具有抑制效應？ (A) 支氣管平滑肌 (B) 腓腸肌 (C) 睫狀肌 (D) 心肌。 （99 二技）

(　) 205.股神經（femoral nerve）是屬於何種神經叢（plexus）？ (A) 薦神經叢（sacral plexus） (B) 腰神經叢（lumbar plexus） (C) 臂神經叢（brachial plexus） (D) 尾神經叢（coccygeal plexus）。 （99 二技）

(　) 206.蛛網膜下腔（subarachnoid space）是蛛網膜與下列何者之間的構造？ (A) 硬膜（dura mater） (B) 蛛網膜絨毛（arachnoid villi） (C) 軟膜（pia mater） (D) 上矢狀竇（superior sagittal sinus）。 （99 二技）

(　) 207.大腦主要的聽覺皮質位於下列哪一腦葉？ (A) 額葉（frontal lobe） (B) 頂葉（parietal lobe） (C) 顳葉（temporal lobe） (D) 枕葉（occipital lobe）。 （99 二技）

(　) 208.有關外側皮質脊髓束（lateral corticospinal tract）的敘述，下列何者正確？ (A) 由中央溝後回傳出 (B) 可控制精巧性隨意運動 (C) 在脊髓交叉到對側 (D) 可傳導痛覺與溫度覺。 （99 二技）

(　) 209.參與情緒調節的主要構造，不包括下列何者？ (A) 海馬（hippocampus） (B) 杏仁核（amygdala） (C) 基底核（basal ganglia） (D) 下視丘（hypothalamus）。 （99 二技）

(　) 210.下列何者不屬於基底神經核（basal nuclei）的構造？ (A) 殼核（putamen） (B) 蒼白球（globus pallidus） (C) 楔狀核（nucleus cuneatus） (D) 尾狀核（caudate nucleus）。 （100 二技）

(　) 211.下列何種構造可隔開大腦的枕葉與小腦？ (A) 大腦鐮（falx cerebri） (B) 小腦鐮（falx cerebelli） (C) 鞍隔（diaphragma sellae） (D) 小腦天幕（tentorium cerebelli）。 （100 二技）

(　) 212.下列何者是由腦幹受損後所失去的反射？ (A) 瞳孔反射 (B) 肘反射 (C) 膝反射 (D) 踝反射。 （100 二技）

(　) 213.下列何種生理現象，通常不會發生於快速動眼睡眠期（REM sleep）？ (A) 作夢 (B) 眼球快速運動 (C) 全身骨骼肌之張力增加 (D) 腦波呈現類似清醒時之波形。 （100 二技）

(　) 214.下列何者不是小腦病變的主要病徵？ (A) 運動失調（ataxia） (B) 意向性顫抖（intention tremor） (C) 姿態不穩（unstable posture） (D) 休息性顫抖（resting tremor）。 （100 二技）

(　) 215.當神經細胞膜電位等於閾值（threshold）時，下列何種離子之通透性增加最多？ (A) 鉀離子 (B) 鈉離子 (C) 氯離子 (D) 鈣離子。 （100 二技）

(　) 216.有關神經元動作電位（action potential）之敘述，下列何者錯誤？ (A) 動作電位傳遞（propagation）與流經胞膜鈉離子孔道之離子流（local ionic flux）無關 (B) 鈉離子孔道負責動作電位之啟動（initiation of action potential） (C) 閾值（threshold）電位是指流入胞內鈉離子量恰與流出胞外鉀離子量相等時的膜電位 (D) 絕對不反應期（absolute refractory period）與鈉離子孔道的不活化（inactivation）有關。 （101 二技）

(　) 217.正常情況下，腦脊髓液（cerebrospinal fluid）存在於下列何部位？ (A) 硬腦膜上腔（epidural space） (B) 上矢狀竇（superior sagittal sinus） (C) 橫竇（transverse sinus） (D) 蜘蛛膜下腔（subarachnoid space）。 （101 二技）

(　) 218.大腦腦室（ventricles）內壁的何種組織分泌腦脊髓液（cerebrospinal fluid）？ (A) 硬腦膜（dura mater） (B) 脈絡叢膜組織（choroid plexuses） (C) 蛛網膜（arachnoid mater） (D) 軟腦膜（pia mater）。 （101 二技）

(　) 219.有關大腦運動中樞及其下行路徑（descending pathway）之敘述，下列何者正確？ (A) 大腦運動中樞調控的所有下行路徑都是以大腦皮質為起點 (B) 支配肌肉運動下行路徑的唯一來源是運動皮質區（motor cortex area） (C) 基底核（basal nuclei）在運動控制上扮演極重要之抑制性（inhibitory）角色(D) 不同區域的感覺運動皮質具有不同的功能，且彼此之間並無互動。 （101 二技）

(　) 220.坐骨神經（sciatic nerve）是由下列何神經叢所發出？ (A) 頸神經叢（cervical plexus） (B) 臂神經叢（brachial plexus） (C) 腰神經叢（lumbar plexus） (D) 薦神經叢（sacral plexus）。 （101 二技）

(　) 221.下列何種神經損傷可導致舌尖部位的味覺喪失？ (A) 三叉神經（trigeminal nerve） (B) 顏面神經（facial nerve） (C) 舌咽神經（glossopharyngeal nerve） (D) 舌下神經（hypoglossal nerve）。 （101 二技）

解答：

1.(A) 2.(B) 3.(A) 4.(B) 5.(D) 6.(B) 7.(C) 8.(A) 9.(C) 10.(B)
11.(C) 12.(A) 13.(C) 14.(C) 15.(B) 16.(A) 17.(C) 18.(B) 19.(B) 20.(C)
21.(D) 22.(C) 23.(A) 24.(D) 25.(A) 26.(C) 27.(D) 28.(B) 29.(D) 30.(C)
31.(C) 32.(C) 33.(B) 34.(B) 35.(C) 36.(A) 37.(B) 38.(A) 39.(D) 40.(C)
41.(B) 42.(A) 43.(B) 44.(D) 45.(A) 46.(C) 47.(B) 48.(D) 49.(C) 50.(B)
51.(C) 52.(B) 53.(B) 54.(A) 55.(C) 56.(C) 57.(B) 58.(A) 59.(B) 60.(C)
61.(D) 62.(C) 63.(D) 64.(A) 65.(D) 66.(C) 67.(B) 68.(B) 69.(A) 70.(B)
71.(A) 72.(D) 73.(D) 74.(B) 75.(C) 76.(C) 77.(D) 78.(A) 79.(B) 80.(A)
81.(B) 82.(A) 83.(D) 84.(B) 85.(B) 86.(C) 87.(B) 88.(A) 89.(C) 90.(B)
91.(C) 92.(D) 93.(D) 94.(C) 95.(C) 96.(B) 97.(C) 98.(C) 99.(D) 100.(B)
101.(C) 102.(B) 103.(B) 104.(A) 105.(D) 106.(C) 107.(C) 108.(B) 109.(B) 110.(B)
111.(D) 112.(B) 113.(B) 114.(D) 115.(B) 116.(D) 117.(B) 118.(A) 119.(D) 120.(B)
121.(C) 122.(C) 123.(A) 124.(B) 125.(C) 126.(A) 127.(D) 128.(D) 129.(D) 130.(C)
131.(C) 132.(A) 133.(D) 134.(B) 135.(C) 136.(D) 137.(B) 138.(C) 139.(B) 140.(B)
141.(D) 142.(C) 143.(A) 144.(B) 145.(D) 146.(A) 147.(C) 148.(C) 149.(C) 150.(A)
151.(A) 152.(A) 153.(C) 154.(A) 155.(A) 156.(A) 157.(B) 158.(C) 159.(C) 160.(A)
161.(D) 162.(A) 163.(B) 164.(A) 165.(B) 166.(B) 167.(B) 168.(B) 169.(C) 170.(A)
171.(B) 172.(D) 173.(A) 174.(A) 175.(A) 176.(A) 177.(C) 178.(D) 179.(C) 180.(B)
181.(A) 182.(D) 183.(D) 184.(A) 185.(D) 186.(C) 187.(C) 188.(B) 189.(D) 190.(C)
191.(B) 192.(C) 193.(D) 194.(D) 195.(C) 196.(D) 197.(A) 198.(D) 199.(A) 200.(B)
201.(A) 202.(A) 203.(C) 204.(D) 205.(B) 206.(C) 207.(C) 208.(B) 209.(A) 210.(C)
211.(D) 212.(A) 213.(D) 214.(D) 215.(B) 216.(D) 217.(D) 218.(B) 219.(A) 220.(D)
221.(B)

第九章　感覺

本章大綱

感覺的定義

感覺的特徵

感受器的分類

依位置分類

依簡單性或複雜性分類

依刺激類型分類

皮膚感覺

本體感覺

內臟感覺

特殊感覺

視覺

聽覺及平衡感覺

嗅覺

味覺

學習目標

1. 能分辨感覺與知覺的不同。
2. 能了解感覺的特徵。
3. 能明白感受器的分類。
4. 能清楚知道一般感覺的感受器名稱。
5. 能清楚知道一般感覺的感受器位置。
6. 能清楚知道一般感覺的感受器組成及功能。
7. 能了解特殊感覺器官視覺、聽覺、平衡感、嗅覺及味覺的構造及功能。

人體的感覺可分為一般感覺（general sense）及特殊感覺（special sense）。一般感覺是指對於碰觸、壓力、疼痛、溫度的感覺，其感受器並未特化成複雜的器官構造；特殊感覺是指視覺、聽覺、味覺、嗅覺、平衡感覺，其感受器特化成複雜的器官，其中嗅覺的特化程度最低，視覺特化程度最高。

感覺的定義

感覺（sensation）與知覺（perception）不同。能察覺身體內、外環境狀態的是感覺；若是對感覺性刺激經過大腦皮質感覺區後產生意識性認知的是知覺。感覺的產生，需先有內外環境的刺激（包括光、熱、壓力、機械或化學能），經感受器接收興奮去極化，轉變成神經衝動後，沿著神經徑傳導至腦部，再由腦部將神經衝動轉譯成感覺。由此可見，感受器就像能量轉換器，它能將自然界各種不同的能量形式轉換成神經衝動，再沿著感覺神經傳入大腦。

通常感受器具有高度的興奮性及專一性，也就是每一種感受器對特定的刺激具有低的反應閾值，對其他的刺激反應閾值就很高，但是痛覺感受器除外。

感覺的特徵

感覺的特徵有四：投射、適應、餘像及形式；分別說明如下。

1. 投射（projection）：意識性的感覺都發生於大腦皮質，亦即由眼球、耳朵、受傷部位傳來的刺激經大腦轉譯而成視覺、聽覺、痛覺。這種大腦代表身體受刺激部位之感覺的過程，稱為投射。
2. 適應（adaptation）：對於持續性的刺激會使感受性降低，甚至失去感覺。能快速適應的感覺感受器，如嗅覺、觸覺、壓力覺，其中嗅覺適應最快；而痛覺、身體位置、偵測血液中化學物質等的感受器則屬於慢適應感受器，尤其是痛覺根本沒有適應性。
3. 餘像（afterimage）：當刺激移除後，感覺仍存在的，即為餘像。例如注視強光後，視線離開光源或閉上眼睛，光的影像仍可存留數秒或數分鐘（圖9-1）。
4. 形式（modality）：對於各種形式的感覺皆能夠區分。例如我們能辨別疼痛、壓力、溫度、平衡、聽覺、視覺、味覺等。

圖9-1　數數看有幾個黑點？此為餘像刺激產生的黑點。

感受器的分類

身體對外來刺激能產生反應，是因身上有無數的感受器（receptor），它能喚起身體對外在環境改變的警覺性。它廣泛的分布於皮膚、黏膜、結締組織、肌肉、肌腱、關節和內臟，可依位置、刺激類型和簡單、複雜分類。

依位置分類

1. 外在感受器：靠近體表，可提供外在環境的訊息。例如視覺、聽覺、觸覺、嗅覺、味覺、溫度覺、壓覺、痛覺等。
2. 內臟感受器：位於內臟及血管內，可提供內在環境的訊息。例如疼痛、壓力、疲勞、飢餓、口渴等。
3. 本體感受器：位於肌肉、肌腱、關節、內耳，以提供身體位置及運動的訊息。例如肌肉張力、關節位置及平衡訊息。

依簡單性或複雜性分類

1. 一般感覺（簡單性）：此類感受器數目多，分布廣。例如觸覺、壓覺、痛覺、溫度覺等。
2. 特殊感覺（複雜性）：此類感受器數目少，分布局部。例如視覺、聽覺、味覺、平衡覺。

依刺激類型分類

表9-1 依刺激類型分類的感受器

感受器	刺激形式	感受機制	例 子
機械感受器	機械力	使感覺神經樹突的細胞膜或毛細胞變形，以活化感覺末梢神經	皮膚的觸覺、壓覺、前庭的平衡、耳蝸的聽覺
痛覺感受器	組織損傷	受傷組織釋放化學物質活化感覺末梢神經	皮膚的痛覺
光感受器	光線	利用光化學反應影響感受器細胞對離子的通透性	視網膜上的視桿、視錐
化學感受器	溶解的化學物質	藉化學性分子的交互作用影響感覺細胞對離子的通透性	口腔的味覺、鼻腔的嗅覺、頸動脈體的化學感受器

皮膚感覺

皮膚上有許多敏感的感受器，可偵測多種不同形式的感覺，皮膚感覺（cutaneous sensation）包括觸、壓、冷、熱及痛覺，皆由不同神經元樹突末梢所傳導（表9-2）。一個感受器在皮膚上所感受的範圍就是此感受器的感受區，而感受區的大小與該區域皮膚上的感受器密度成反比，例如由兩點觸覺辨識試驗（two point discrimination test）即可測得輕觸覺感受區的大小，並能得知身體的觸覺敏銳度。身體依敏銳度由高至低的排列順序為：舌尖、指尖、鼻側、手背、頸部背側。

冷、熱、痛覺的感受器僅由裸露的感覺神經末梢構成。觸覺感受器的裸露感覺神經末梢外層有被囊包住，例如由樹枝狀末梢擴大形成的路氏囊（Ruffini corpuscle）及莫克氏盤（Merkel's disc）；另有一些觸覺及壓覺感受器是由各種包膜的樹突末梢所構成，例如梅斯納氏囊（Meissner's corpuscle）、巴氏囊（Pacinian corpuscle）（圖9-2）。

溫度超過 45°C 及低於 10°C，皆會造成疼痛，而痛覺是日常生活中不可缺的，因為它提供組織傷害刺激的訊息，以免造成更大的傷害。只是痛覺感受器沒有適應性，不會因刺激的持續存在而減弱。

表9-2 皮膚感覺

感覺	感受器名稱	位　　置	傳入路徑	接受中樞
觸覺	梅斯納氏囊	眞皮乳頭層	• 粗略：前脊髓視丘徑 • 精細：薄束楔狀束	大腦皮質 1、2、3區
壓覺	巴氏囊	皮下、黏膜下、漿膜下組織中，圍繞關節，在乳腺和外生殖器上	前脊髓視丘徑	大腦皮質 1、2、3區
溫覺	路氏囊 30～45℃	眞皮層深部及皮下組織	外側脊髓視丘徑	下視丘
冷覺	克氏小體 10～40℃	眞皮層深部	外側脊髓視丘徑	下視丘
痛覺	游離神經末梢	皮膚表皮的生發層及各個組織中	外側脊髓視丘徑	大腦皮質 1、2、3區

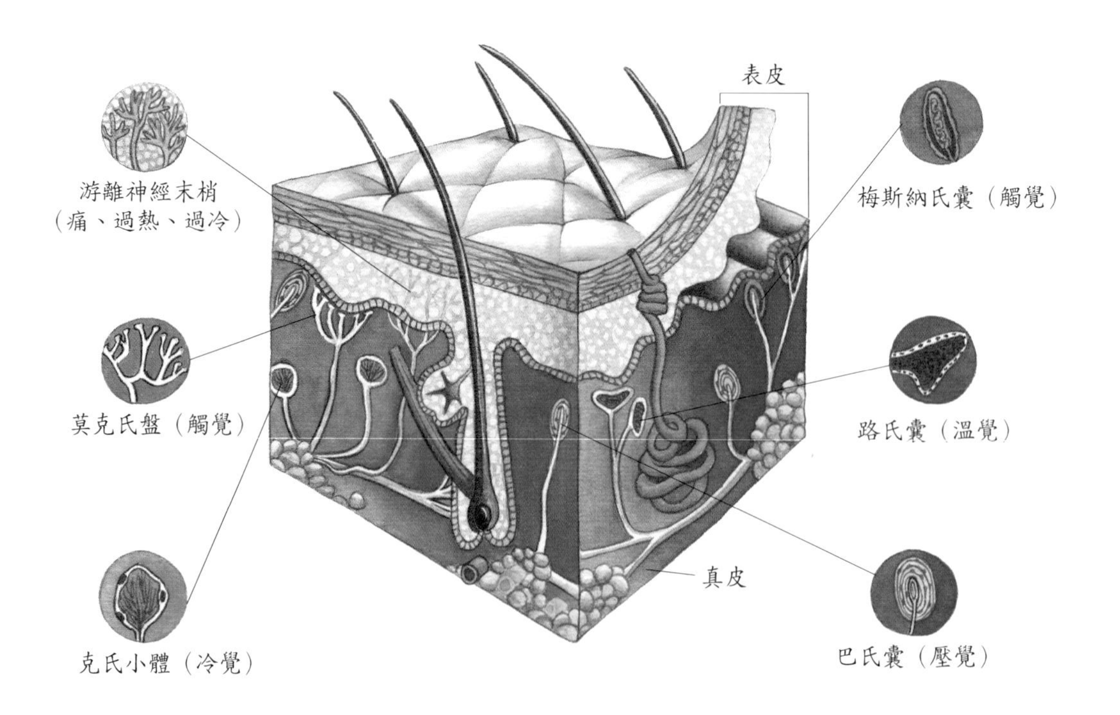

圖9-2 皮膚的感受器

一旦痛覺感受器受到刺激，有兩種不同軸突傳遞訊號。有髓鞘的纖維主要負責局部性感覺稱為快痛（fast pain）或刺痛，猶如注射或深切的感覺。這種訊息很快的達到中樞引起體反射和刺激主要感覺皮質。慢速沒有髓鞘的纖維則傳導慢痛（slow pain）或灼熱痛，不像快痛一般，慢痛只能有區域性的感覺。

來自臟層器官的痛覺常被來自相同脊神經支配的表面感覺所取代。這種並非由刺激部位本身所感受的痛覺稱為轉移痛（referred pain），身體臟層痛覺常被與表層相同脊神經支配的區域取代（圖9-3）。

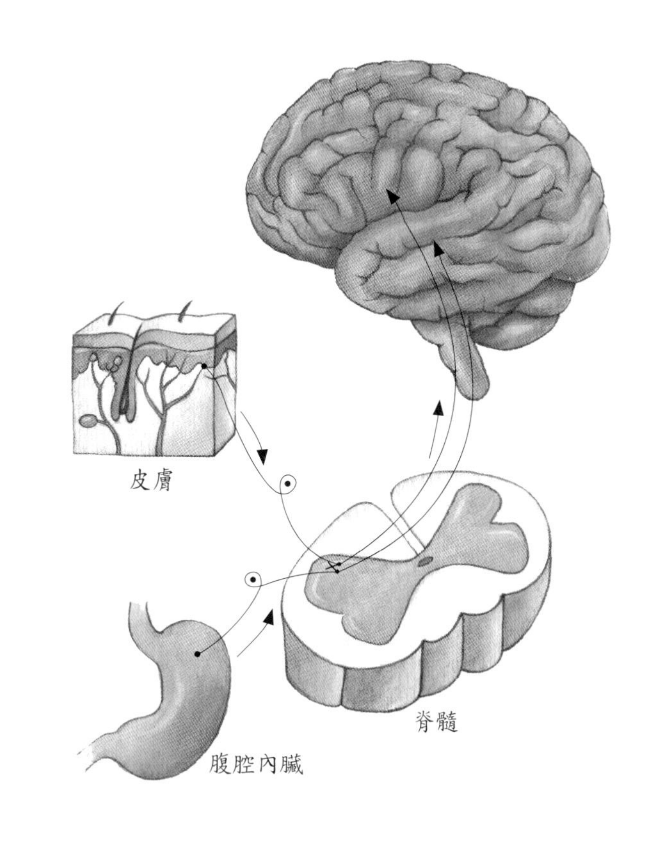

圖9-3　轉移性疼痛

截肢患者常會有幻覺肢（phantom limb），這是因殘肢內的末梢神經形成小結節，稱為神經瘤（neuroma）。神經瘤產生的衝動傳入大腦之後，大腦會將訊息詮釋成「雖已截肢，但仍有肢體的感覺」。

本體感覺

本體感覺（proprioceptive sensation）又稱動力感覺（kinesthetic sense），與肌肉、肌腱、關節活動及平衡有關，故能認知身體某一部分與其他部分之相關位置及運動速度。因此我們可在黑暗中走路、打字、穿衣，不用眼睛也能判斷四肢的位置及運動。

本體感受器位於骨骼肌、肌腱、關節及內耳，能測知肌肉收縮的程度、肌腱張力的大小、關節位置的改變及頭部與地面的位置關係（表9-3），經由的傳導路徑是薄束楔狀束（脊髓後柱徑）。

表9-3 本體感覺

感受器名稱	功 能	位置及組成
肌梭	偵測骨骼肌延伸的訊息	在骨骼肌纖維間的梭內肌纖維與感覺神經末梢組成
高氏Golgi肌腱器	可感應骨骼肌肌腱收縮張力的改變	在梭外肌纖維與肌腱交接處，由薄的結締組織囊包住膠質纖維而成，內有感覺神經纖維。
關節動力感受器	可提供關節壓力、彎曲程度與速度的訊息	在關節囊及韌帶
壺腹嵴及聽斑	可偵測身體動態與靜態的平衡	在內耳的半規管及前庭

內臟感覺

在內臟及血管內有內臟感受器，以提供身體內在環境的訊息（表9-4）。

表9-4 內臟感覺

感 覺	感受器名稱及位置	敏感情況	結 果
動脈氧分壓	頸動脈體、主動脈體之化學感受器	對動脈血中氧壓下降敏感	動脈氧壓下降至 60mmHg 時會刺激呼吸速率加快
腦脊髓液pH值	延腦腹面呼吸中樞 H^+感受器	CSF 中 H^+上升敏感	CSF 中 H^+上升會刺激延腦呼吸中樞使呼吸速率加快
血漿滲透壓	下視丘滲透壓感受器	對滲透壓上升敏感	血漿滲透壓上升會促使視上核 ADH 分泌及感覺口渴，喝水及尿量減少
動脈血壓	頸動脈竇、主動脈竇的壓力感受器	對血壓上升敏感	當血壓上升，頸動脈竇經舌咽神經，主動脈竇經迷走神經送達延腦至心跳抑制中心，使心輸出量減少、血壓恢復正常
	入球小動脈中膜內的壓力感受器	對血壓下降敏感	當血壓下降，入球小動脈的近腎絲球細胞會分泌腎素（renin）並刺激腎上腺皮質，使分泌血管加壓素及留鹽激素，體液增加，血壓恢復正常

（續）

感 覺	感受器名稱及位置	敏感情況	結 果
中央靜脈壓	右心房壓力感受器	對靜脈壓上升敏感	上下腔靜脈回流增加，靜脈壓上升即會刺激右心房的壓力感受器產生brainbridge反射，刺激延腦心跳加速中樞，同時右心房肌細胞分泌心房利鈉尿胜肽（ANP），使尿量增加
肺膨脹	肺組織內的伸張感受器	對肺過度充氣敏感	肺過度充氣會經由迷走神經傳到呼吸中樞，使呼吸速率降低，此種反射稱爲赫鮑（Hering-Breuer）二氏反射

特殊感覺

視覺、聽覺、味覺、平衡感覺的感受器特別複雜，稱為特殊感覺（special sensation）。

視覺

眼睛附屬構造

眼睛的附屬構造（accessory structures of the eye）包括眼瞼、淚器、眉毛、睫毛、眼球的外在肌（圖9-4）。

1. 眼瞼（eyelid）：每一眼瞼由表層至深層含有表皮、真皮、皮下蜂窩結締組織、眼

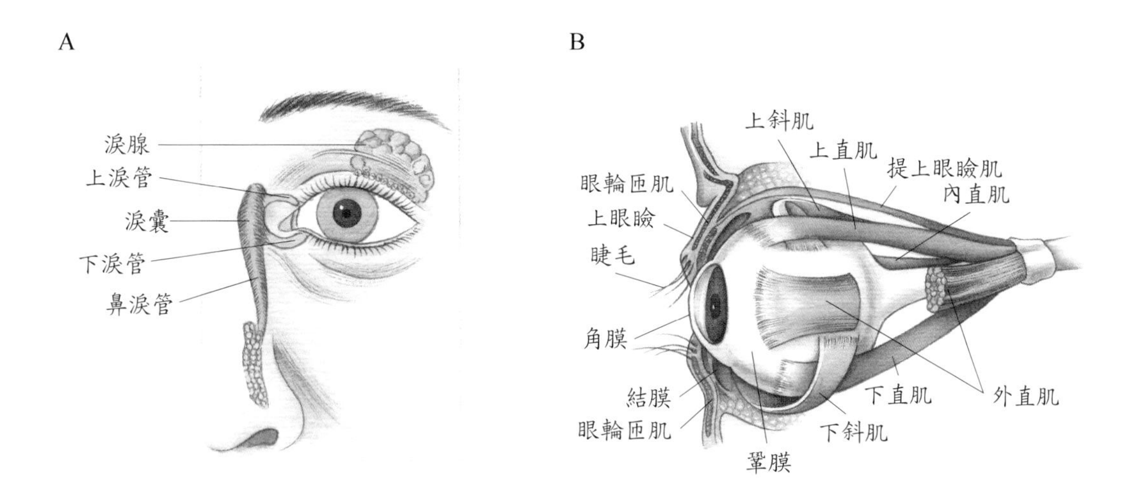

圖9-4 眼睛的附屬構造。A. 前面；B. 矢狀切面。

輪匝肌、提上眼瞼肌、瞼板及結膜。眼輪匝肌由顏面神經支配，負責關閉眼瞼；提上眼瞼肌由動眼神經支配，負責打開眼瞼。瞼板是厚的結締組織板，構成眼瞼內壁大部分並可支持眼瞼。瞼板內有特化的皮脂腺，可產生潤滑眼睛的油性分泌物，若此腺體發炎化膿，稱為麥粒腫（sty），俗稱針眼。結膜襯於眼瞼內面的部分稱為眼瞼結膜，反折至眼球的部分稱為眼球結膜。

2. 淚器（lacrimal apparatus）：是一群能製造及引流淚液的構造，包括淚腺、淚腺排泄管、淚管、淚囊、鼻淚管。淚腺位於眼眶上外側，分出 6～12 條排泄管，將淚液送至眼瞼結膜及眼球表面，流至上下眼瞼靠近內連合（內眥）處之淚點，然後通過淚管、淚囊、鼻淚管而至下鼻道。淚液含有溶菌酶，具有清潔、潤滑、濕潤眼球表面的功能。
3. 眉毛與睫毛（eyebrow and eyelashe）：眼睫毛由眼瞼邊緣伸出，其毛囊基部有皮脂腺，能分泌潤滑液至毛囊內。眉毛和睫毛除了具有美觀的功能外，尚有保護作用，能防止異物、汗水進入眼睛。
4. 外在肌（extrinsic muscle）：外在肌收縮可使眼睛轉動或移動，並可以將眼睛固定。在眼眶內（圖9-5），互相成為拮抗肌的眼肌有三對：
   ⑴外直肌（lateral rectus），使眼睛外移，外旋神經支配；內直肌（medial rectus），使眼睛內移，動眼神經支配；上直肌（superior rectus），使眼睛上移，動眼神經支配；下直肌（inferior rectus），使眼睛下移，動眼神經支配。
   ⑵ 上斜肌（superior oblique），使眼睛逆時鐘方向旋轉，滑車神經支配；下斜肌（inferior oblique），使眼睛順時鐘方向旋轉，動眼神經支配。

眼球的構造

成人眼球（eyeball）直徑約 2.5 公分，位於由額骨、篩骨、上頜骨、顴骨、顎骨、淚骨、蝶骨所組成的眼眶內。眼球壁由外至內分為纖維層、血管層及神經層三層。（圖9-6）

1. 纖維層（fibrous tunic）：是眼球的最外層，包括前面的角膜（cornea）及後面的鞏膜（sclera）。角膜占眼球的前 1/6，覆蓋有顏色的虹膜（iris），是無血管且透明的纖維膜，具有折射光線的功能，

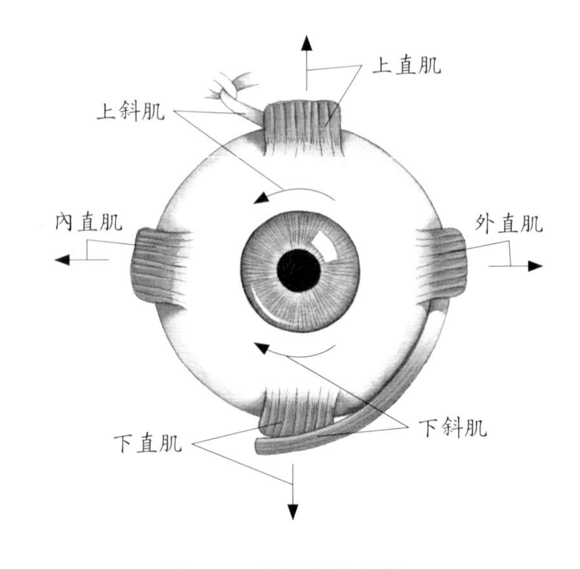

圖9-5 眼睛的外在肌

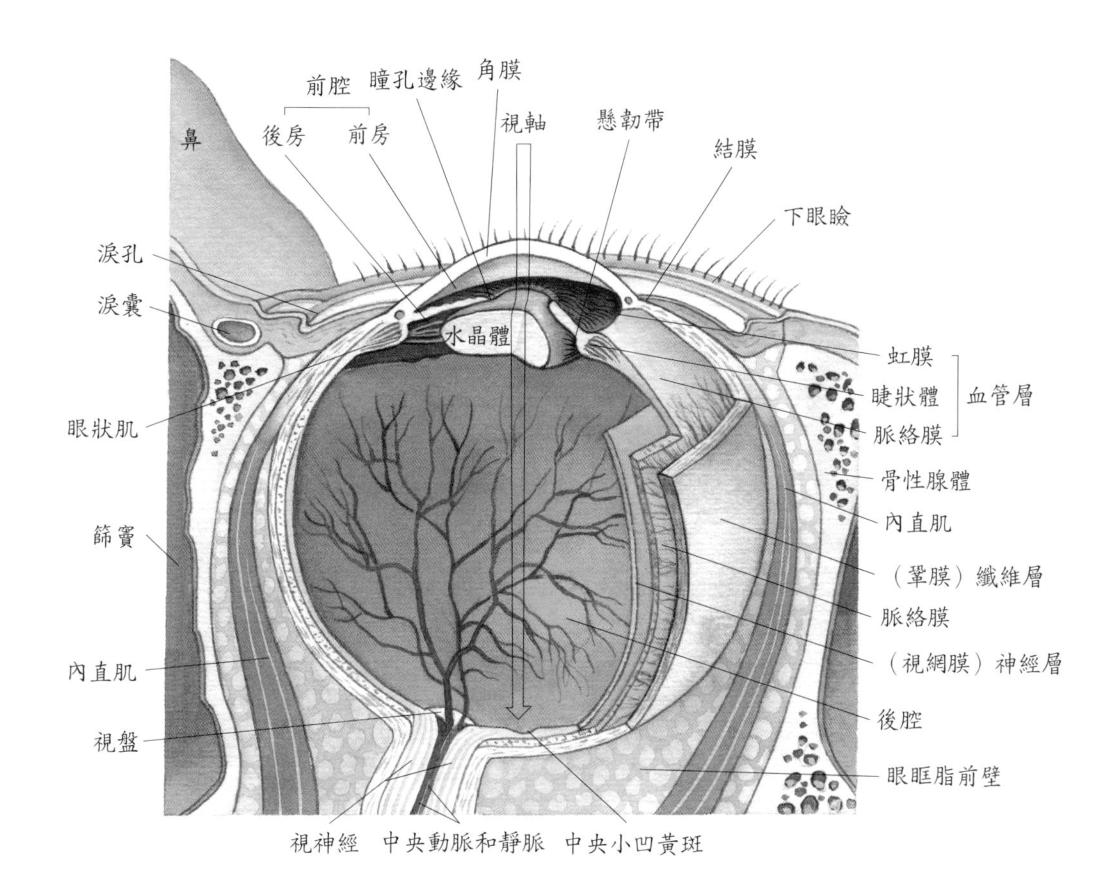

圖9-6　眼球的構造

若不平滑會引起散光。鞏膜則是占眼球後面的5/6，形成眼白的部分，是白色的緻密纖維組織膜，能維持眼球的形狀並保護內部構造，其後面被視神經穿過。在角膜與鞏膜的交界處有史萊姆氏（Schlemm）管的特化靜脈竇，負責房水的回流，若阻塞會造成青光眼（圖9-9）。

2. 血管層（vascular tunic）：是眼球的中層，又稱葡萄膜，包括脈絡膜（choroid）、睫狀體（ciliary body）、虹膜（iris）三部分。

⑴脈絡膜：位於血管層的後面，襯於鞏膜內面的深色薄層，含有許多血管與色素，血管可營養視網膜，色素可吸收光線。

⑵睫狀體：由睫狀突及睫狀肌所構成，睫狀突能分泌水樣液（房水），由動眼神經支配。睫狀肌是平滑肌，能調節水晶體厚薄。若交感神經興奮，睫狀肌舒張懸韌帶收縮，水晶體變薄，可看遠物；若副交感神經興奮，睫狀肌收縮懸韌帶舒張，水晶體變厚，可看近物。

⑶虹膜：包括了環狀肌（括約肌）和放射狀肌（擴大肌），能調節瞳孔的大小

及調整光線的進入量。虹膜中間的黑洞即為瞳孔，是光線進入眼球的地方。虹膜懸於角膜和水晶體之間，當眼睛受到強光刺激時，副交感神經支配瞳孔括約肌收縮，使瞳孔變小；若逢弱光，則是交感神經支配放射狀肌收縮，使瞳孔擴大。

3. 神經層（nervous tunic）：即是網膜層（圖9-7），是眼球壁的內層，位於眼球後面約 4/5 的部分，形成影像為其主要功能。神經組織層終止於睫狀體的邊緣，其終止緣呈波浪狀，故稱為鋸齒緣。色素層向前延伸覆蓋於睫狀體及虹膜的後面。視網膜的神經組織層依傳導衝動的先後順序為光感受神經元、雙極神經元、節神經元。

⑴光感受（photoreceptor）神經元：依構造可分為視桿（rod）和視錐（cone）。視桿適合夜視，對弱光敏感，使我們在晚間能看到物體的形狀及運動；視錐則適合明視，對強光及色彩敏感。黃斑（macula lutea）位於視網膜後面正中央，其內的中央小凹是視錐最密集的地方且無視桿，所以是視覺最敏銳的地方。若長期接觸陽光或於黑暗處看強光（暗處看手機），皆能導致黃斑病變，嚴重者能引起失明（圖9-8）。

⑵視網膜剝離：乃神經組織層脫離了色素層，常因外傷，例如頭部受重擊引起液體積聚於兩層間，並將視網膜推向玻璃狀液，嚴重時會造成失明。

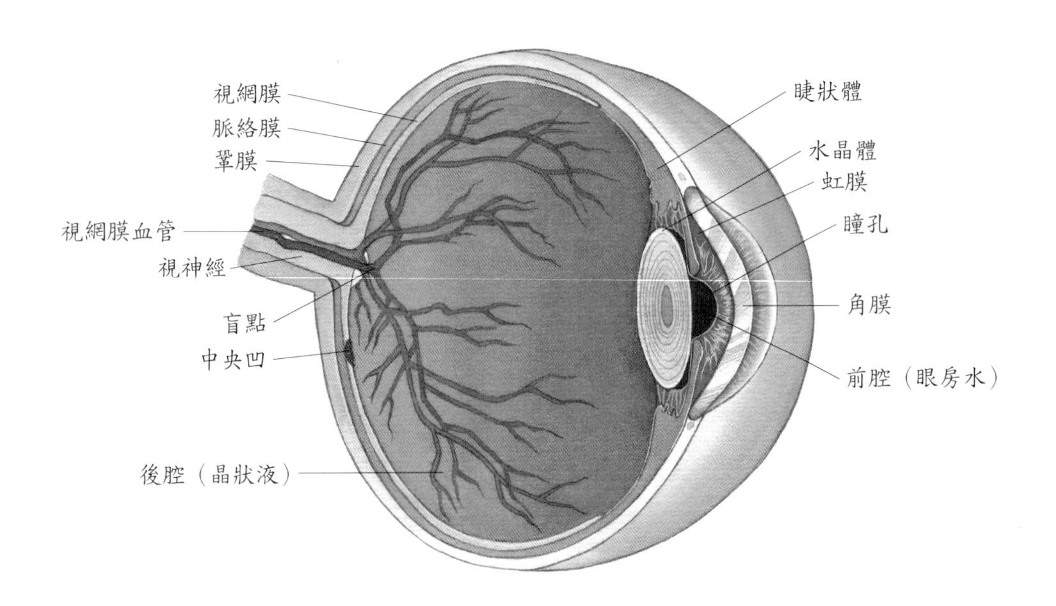

圖9-7　視網膜的顯微構造

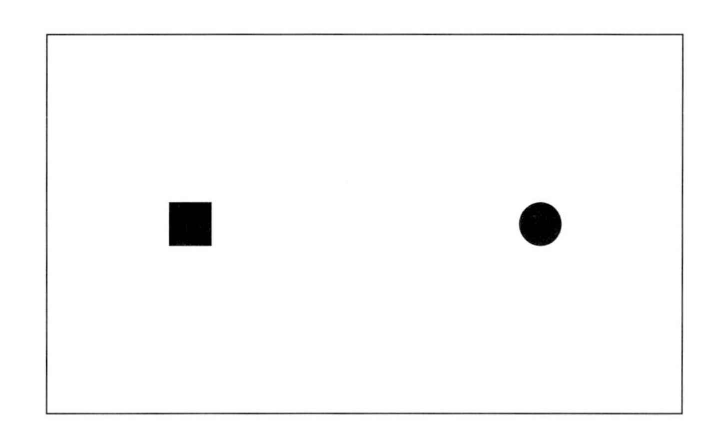

圖9-8　視盤的原理：閉上左眼，將右眼注視左側正方形，並將正方形停留在你的視線中央點，開始慢慢將正方形以幾公分的距離離開你的視線，直到影像落到盲點以後，右側黑點便會消失。反之，測試左眼，閉上右眼，左眼注視著右側黑點重複上述步驟。

4. 水晶體（lens）：位於虹膜及瞳孔的後方，不屬於任何一層，被睫狀體的懸韌帶懸於固定位置。它是由多層蛋白質纖維排列而成，呈透明狀，若失去透明性即成白內障（cataract）。水晶體具有光線折射的功能，在看遠物時，懸韌帶拉緊使水晶體變扁、變薄；看近物時，懸韌帶則鬆弛使水晶體變短變厚來調節焦距。以水晶體為界線，可將眼球分成前腔及後腔。

⑴前腔（anterior cavity）：前腔以虹膜為界，在角膜與虹膜間的為前房，在虹膜與水晶體、懸韌帶間的為後房，前、後房皆充滿房水。房水是由睫狀突的脈絡叢所分泌，先入後房再經瞳孔至前房，然後引流至角膜與鞏膜交接處的鞏膜靜脈竇，亦即史萊姆氏管，再進入外面的小血管。房水產生的眼內壓正常為16mmHg，若史萊姆氏管阻塞，眼內壓超過 25mmHg，就會引起青光眼，使視網膜退化而失明（圖9-9）。

⑵後腔（posterior cavity）：後腔位於水晶體與視網膜間，含有玻璃狀液的膠狀物質，以防止眼球塌陷。玻璃狀液與水樣液的房水不同，它無法不停的替換，它在胚胎時期形成後就不會再換新。

視覺生理學

1. 影像形成（image formation）：影像形成需經四個基本過程，皆與光線的聚焦有關。

⑴光線的折射（refraction of light rays）：眼睛含有角膜、水樣液（房水）、水晶體、玻璃狀液等四種會使光線產生折射的介質。當一物體距離眼球六公尺或六公尺以上時，由物體反射回來的光線幾乎是彼此平行的，經過眼睛折射正好落在視覺最敏銳的中央小凹上。若是近物反射回來的光線則不是平行的，需經較

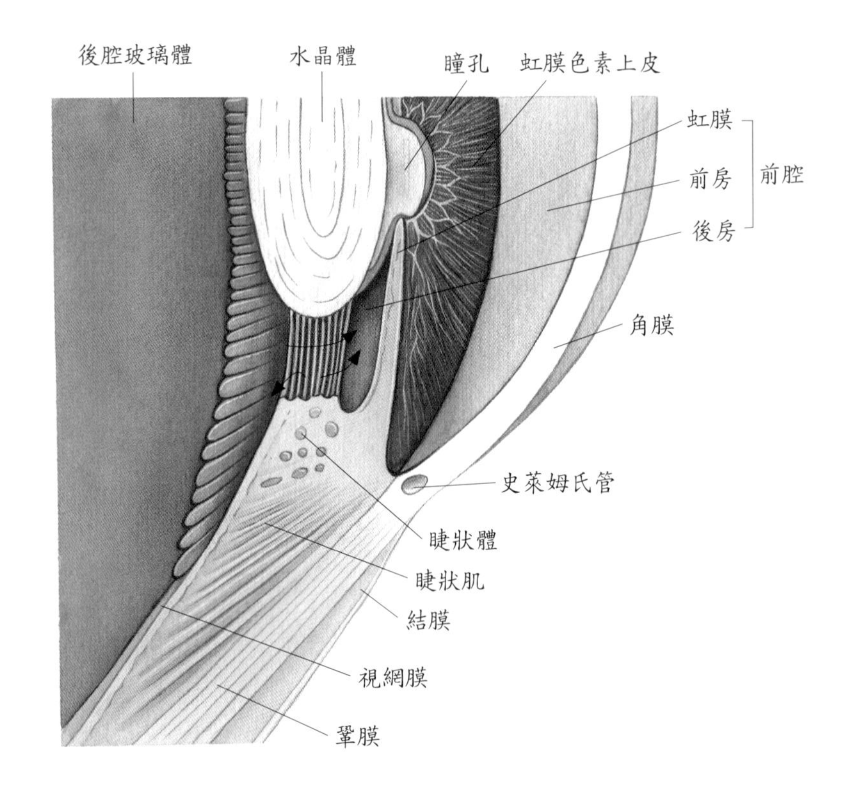

圖9-9　眼球前後房與房水的解剖圖

大的折射，此時需水晶體的調焦作用。所以折射介質中，水晶體的折射角度最大。

(2)水晶體的調焦作用（accommodation of the lens）：水晶體是兩面凸出的，能由彎曲度的改變來完成調焦的功能。看近物時，睫狀肌收縮，懸韌帶放鬆，水晶體的彎曲度增加變短變厚，增加光線的折射率；看遠物時，則睫狀肌放鬆，懸韌帶拉緊，水晶體被拉扁變薄。隨著年齡的增加，水晶體的彈性變弱，失去調焦的能力，無法看清近物，即為老花眼（presbyopia）。

- 用 Snellen 的視力表測試，具正常視力的人，立於距視力表 20 呎的位置，應可看到表上一行標有 20/20 的字母。若是近視（myopia）者，則因眼球眼軸太長，聚焦成像於視網膜前，所看字母是模糊的，需用雙凹透鏡發散進入眼球的光線，使焦點往後移至視網膜上，而獲得矯正；若是遠視（hyperopia）者，則因眼球眼軸太短，聚焦成像於視網膜後，所看字母是模糊的，需用雙凸透鏡聚合進入眼球的光線，使焦點往前移至視網膜上而獲得矯正（圖9-10）。
- 由於角膜或水晶體不規則彎曲，使水平及垂直的光線聚焦於不同的位置而造成視覺模糊或變形，此為散光（astigmatism），需用圓柱面透鏡來矯正。

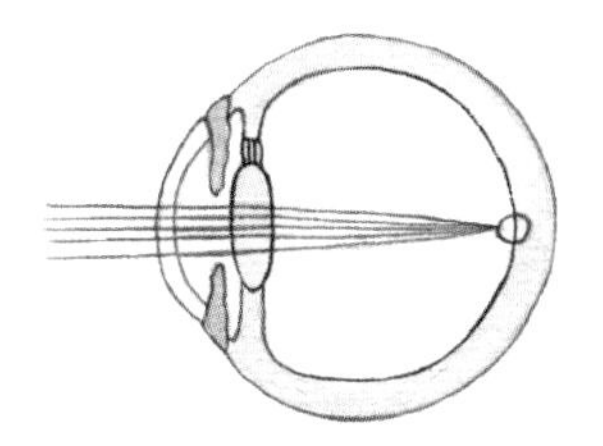

A正視（正常視覺影像落在視網膜上）

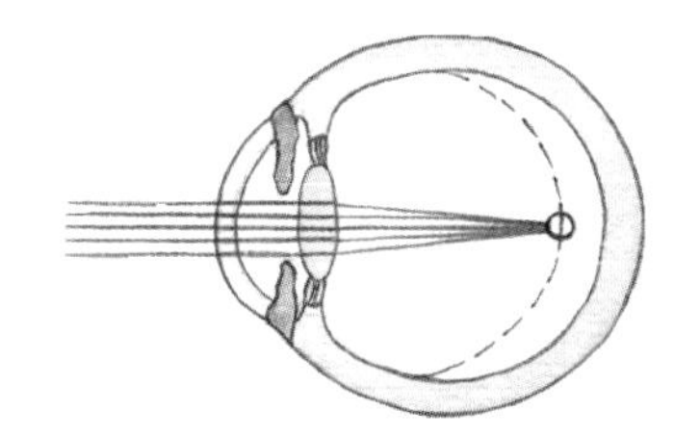

B近視（影像落在視網膜前）

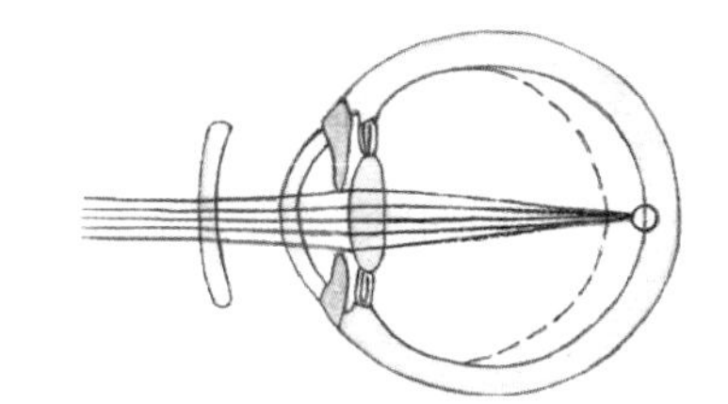

C近視（凹透鏡可矯正影像落在視網膜上）

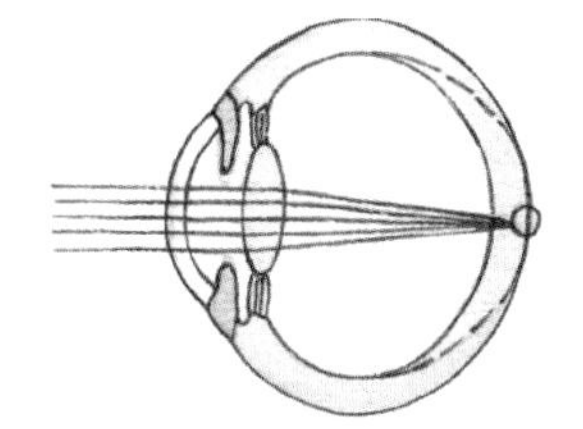

D遠視（影像落在視網膜後）

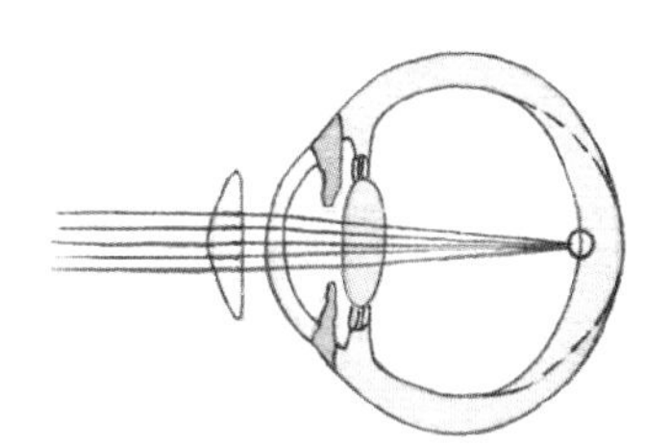

E遠視（凸透鏡可矯正影像落在視網膜上）

圖9-10　眼球的正常及不正常反射

(3)瞳孔的收縮（contraction of pupil）：調焦作用的機轉有一部分涉及瞳孔的收縮，瞳孔的收縮與水晶體的調焦作用是同時發生的，可防止光線通過水晶體的外圍部分。看近物或受強光刺激時，會使副交感神經興奮，瞳孔縮小，以保護視網膜免受突然強光的刺激；看遠物或受弱光刺激時，會使交感神經興奮，瞳孔放大。

(4)聚合運動（convergence）：需靠眼球外在肌，使兩眼向內側看（內收）的動作，使影像投射於視網膜上相對應之點上，產生同一影像。看越近的物體，聚合運動的程度會越大。

臨床指引：

近視的矯正手術是藉改變角膜的形狀及弧度，使影像準確地落在視網膜上，來解決屈光不正的問題。

早期手術用鑽石刀在角膜邊緣切割，而使影像準確落在視網膜上。例如角膜放射切開術（RK）、角膜散光切開術（AK）以及自動角膜層切割弧度重塑術（ALK）。由於這些在角膜上的手術可能會造成夜間眩光及光暈視覺或雙影現象，現在大多採用準分子雷射角膜屈光手術（PRK），以準分子雷射配合電腦程式計算出要治療的深度，將角膜組織氣化移除，來矯正中高度近視。

目前有 ALK 配上 PRK 的優點，實施準分子雷射角膜層切除弧度重塑術

（LASIK），藉準分子雷射的精準性，來改變角膜的形狀及弧度，因而改善近視及散光的問題。

2. 光感受細胞的興奮

⑴視桿的興奮：視桿內的光色素是含紫色色素的視紫質（rhodopsin），對弱光敏感。視紫質吸收弱光後會被裂解成視黃醛或稱網膜素（retinal）及暗視質（scotopsin），使人類在微弱光線下，具有區分明、暗的視覺能力。視黃醛是一種維生素 A 的衍生物，在缺乏維生素 A 的情況下，會造成夜盲症（nyctalopia）。

- 已適應光亮的人，在初踏入黑暗的房間時，其眼睛在微弱光線下的視覺敏感度差，過一段時間，其視網膜的光感受器對弱光的敏感性會逐漸增加，此為暗適應。弱光視覺的敏感度會逐漸增加的原因是，感光色素的合成在黑暗中逐漸增加之故。在最初的 5 分鐘，是視錐的感光色素合成增加，產生輕微的暗適應；5 分鐘後，視桿的視紫質大量合成，使眼睛對弱光的敏感度大大增加。

⑵視錐的興奮：視錐是強光及色彩的感受器，含有三類光色素，即視藍質、視綠質、視紅質，可吸收藍、綠、紅三種光，使人類具有三原色彩色視覺。視錐在強光下，光色素分解成視黃醛及光視質（photopsin），引起過極化而產生視覺。視錐受到兩種或兩種以上顏色的刺激，可產生任何顏色的組合。若視網膜失去某些接受色彩能力的視錐，即造成色盲，最常見的是紅綠色盲。

- 當暴露於光亮環境後一段時間，視桿和視錐的感光色素被分解減少，因此眼睛對光線的敏感度降低，此為光適應（圖9-11）。

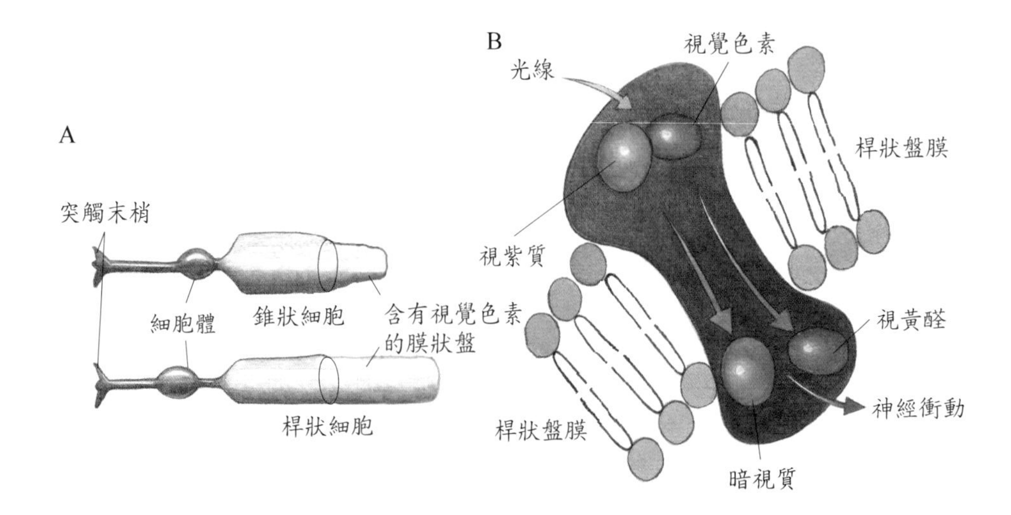

圖9-11　A. 桿狀細胞與錐狀細胞。B. 桿狀細胞放大圖。

3. 視覺傳導途徑（visual pathway）：當視桿、視錐產生電位，經由神經傳導物質的釋放，使雙極神經元興奮而將視覺訊息傳至節神經元，節神經元的細胞體位於視網膜，軸突經由視神經離開眼球通過視神經交叉（optic chiasma）（圖9-12），60%軸突交叉至對側，剩餘的不交叉。通過視神經交叉後，軸突則成為視神經徑，終止於視丘的外側膝狀核。外側膝狀核的神經元軸突則終止於大腦皮質枕葉的視覺區。所以傳導順序為：視桿、視錐→雙極神經元→節神經元→視神經→視神經交叉→視神經徑→外側膝狀核→視放射→枕葉17區。若視覺傳導途徑發生問題，會產生表9-5的病變現象。

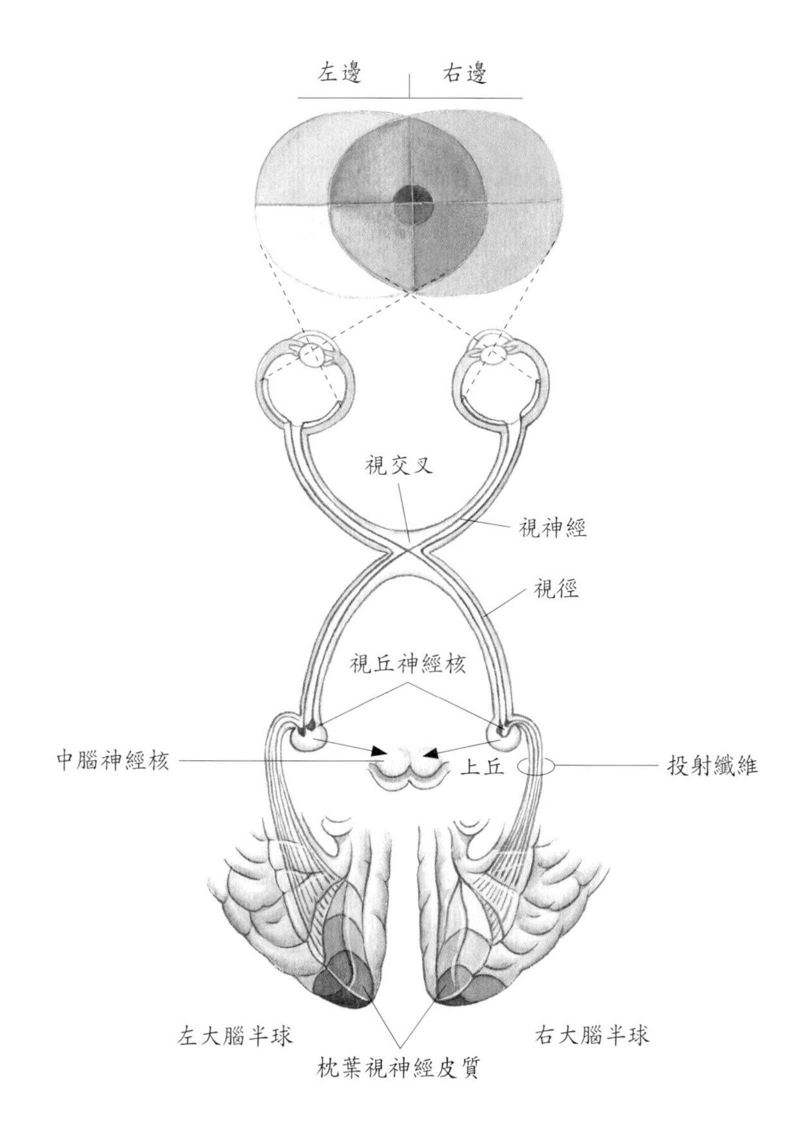

圖9-12　視覺途徑

表9-5　傳導問題造成的眼球病變

病變位置	病變視野	圖　示
左側視神經病變	左眼全盲	
視交叉處病變	兩顳側偏盲	
左側視神經徑病變	• 左側：鼻側偏盲 • 右側：顳側偏盲	
左側視放射病變	兩邊同側偏盲	

聽覺及平衡感覺

耳朵除了含有聲波感受器外，亦含有平衡感受器。

耳朵的構造

1. 外耳（outer ear）：包括耳廓、外耳道及鼓膜。
   (1)耳廓：是一片覆有厚皮膚的喇叭狀彈性軟骨，可收集聲波，又稱耳廓。
   (2)外耳道：位於顳骨內，由耳翼延伸至鼓膜，呈 S 型先向後再向前。外耳道在靠近外 1/2 硬骨部分含有毛及特化的汗腺，與皮脂腺共同分泌耳垢，防止外物進入耳內，此特化汗腺為耳垢腺（ceruminous gland），即耵聹腺。
   (3)鼓膜：介於外耳道與中耳間的一層薄而半透明的纖維結締組織，正常時在五點的位置有光錐，發生中耳炎時此光錐即消失。在 12 點位置有鬆弛部，是槌骨柄附著的地方。
2. 中耳（middle ear）：又稱鼓室，位於顳骨，以鼓膜與外耳隔開，以薄的骨質與內耳相隔，相隔的骨質上有圓窗及卵圓窗。後壁與顳骨乳突氣室相通，故中耳感染易引起乳突炎（mastoiditis），甚至感染到腦部。
   (1)中耳前壁有一開口通往耳咽管（歐氏管），它連接中耳與鼻咽，能平衡鼓膜兩邊的壓力，但是經此通道，感染亦可由鼻腔、咽傳到中耳。
   (2)中耳是位於外側鼓膜及內側耳蝸之間的空腔（圖 9 - 13），空腔中有三塊聽小骨，由外至內依序為槌骨（malleus）、砧骨（incus）、鐙骨（stapes），彼此以

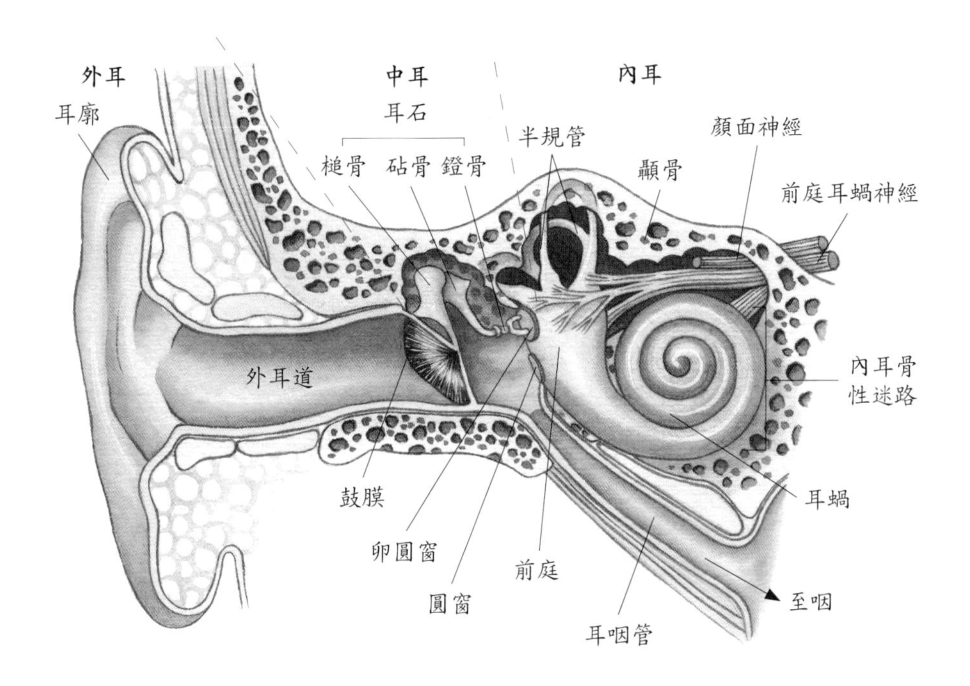

圖9-13 耳朵的構造

滑液關節相連接，槌骨柄附著於鼓膜的鬆弛部，頭部與砧骨體部相關節，砧骨與鐙骨頭部相關節，鐙骨的足板則嵌入卵圓窗（前庭窗），卵圓窗的正下方是圓窗（耳蝸窗），上面有膜蓋住。

⑶在聽小骨上有兩條肌肉附著，一條是由三叉神經下頷枝支配的鼓膜張肌，能將槌骨往內拉來增加鼓膜的張力，降低鼓膜的震動幅度，防止內耳受大聲音的傷害；另一條是附著於鐙骨頸部由顏面神經支配的鐙骨肌，它是身體最小的骨骼肌，能將鐙骨往後拉，減少震動幅度，功能與鼓膜張肌一樣。若鐙骨肌麻痺就會引起聽覺過敏（hyperacusis）。

3. 內耳（inner ear）：位於顳骨岩部內，因為具有複雜的管道，所以稱為迷路（labyrinth）；結構上可分為骨性迷路及膜性迷路兩部分（圖9-14）。

⑴在構造上，骨性迷路分為前庭（vestibule）、耳蝸（cochlea）、半規管（semicircular canals），內襯有骨膜，並含有外淋巴液，而外淋巴液圍繞著膜性迷路，所以膜性迷路是位於骨性迷路內，其形狀與骨性迷路的一連串囊狀及管狀構造相似。例如前庭是骨性迷路中央的卵圓形部分，其內的膜性迷路即是橢圓囊（utricle）和球狀囊（saccule）；耳蝸內的膜性迷路即是耳蝸管（cochlea duct）；骨性半規管內的膜性迷路是形狀幾乎相同的膜性半規管。膜性迷路內襯有上皮，並含有內淋巴液。

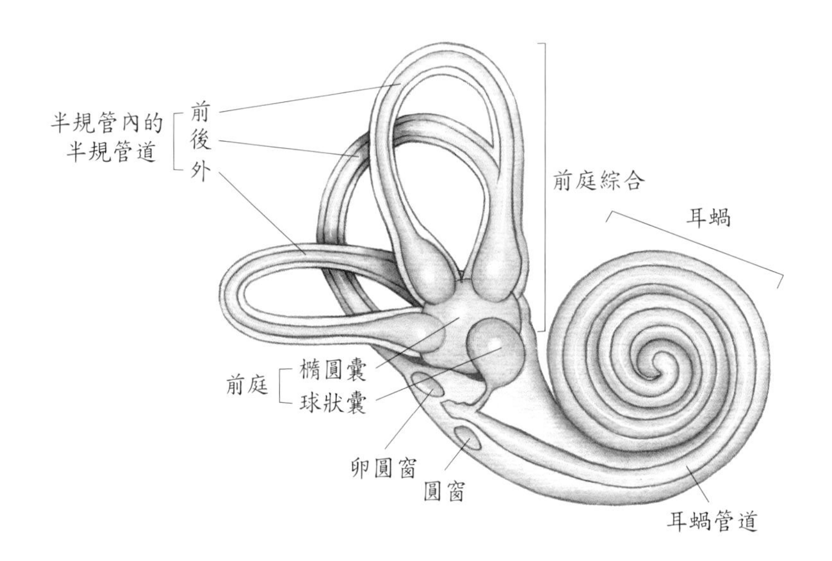

圖9-14　內耳。骨性迷路外觀，可以見到內襯封閉環的膜性迷路

⑵在功能上，內耳是由掌管平衡的前庭器及職司聽覺的耳蝸所組成。捲曲的耳蝸管可分成基部、中央部及尖部，將其橫切可看到三個分離的管道（圖9-15），上方是前庭管（scala vestibuli），下方是鼓膜管（scala tympani）。前庭管開口於卵圓窗，鼓膜管終止於圓窗，前庭管與鼓膜管屬於骨性迷路的一部分，含外淋巴液，且在耳蝸尖部的蝸孔（helicotrema）互相交通，但與屬於膜性迷路的耳蝸管間有前庭膜及基底膜相隔而不交通。

⑶基底膜上的毛細胞是一種感覺纖維，有覆膜覆蓋在其上方，下方則為與前庭耳蝸神經相連的基底膜，這些構造合稱為螺旋器或柯蒂氏器（spiral organ；organ of Corti）（圖9-15）。迷路的解剖及生理功能簡述於表9-6。

表9-6　內耳（迷路）的解剖與生理功能

骨性迷路（含外淋巴液）	膜性迷路（含內淋巴液）	接受器官	功　能	傳導神經	接受中樞
耳蝸（包括前庭管與鼓膜管）	耳蝸管（介於前庭膜與基底膜間）	柯蒂氏器（位於基底膜上）	聽覺	耳蝸神經	大腦顳葉41、42區
骨性半規管	膜性半規管	壺腹嵴	動態平衡（旋轉加速）	前庭神經	小腦
前庭	橢圓囊、球狀囊	聽斑（耳石）	靜態平衡（直線加速）	前庭神經	小腦

A

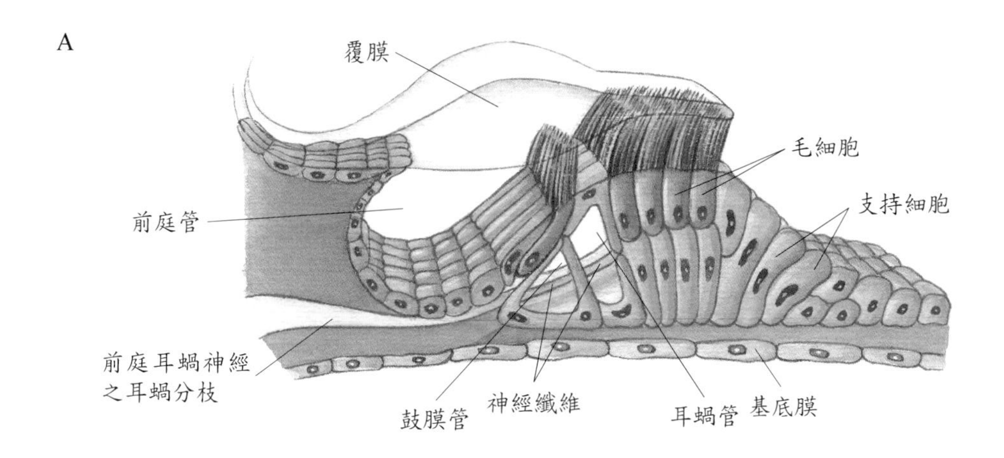

B

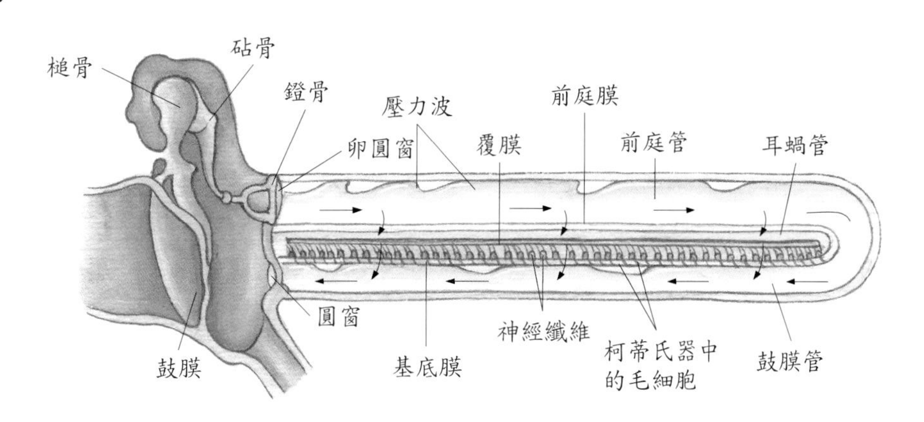

圖9-15　耳蝸構造及柯蒂氏器。B 圖之箭號表示壓力由卵圓窗移往圓窗，進而引起基底膜振動及使至少兩萬個毛細胞中的部分纖毛相對於覆膜而彎曲，因此便可產生神經衝動。

聽覺生理學

聲波由耳翼進入外耳道，震動鼓膜，由於聲波頻率的高、低，使鼓膜震動的快、慢有差（空氣傳導），接著由鼓膜鬆弛部震動槌骨、砧骨、鐙骨，鐙骨的前後震動（固體傳導），聲波經過聽小骨傳導，可放大約 20 倍的聲音強度使卵圓窗內外來回移動，於是前庭管外淋巴液產生波動，接著鼓膜管外淋巴液亦隨之波動，此波動壓力會將前庭膜往內推，增加耳蝸管內淋巴的壓力（液體傳導），使基底膜受壓力突向鼓膜管，當此波動傳至耳蝸基部時，圓窗會往中耳腔位移。在聲波減弱時，鐙骨往回移動產生相反過程，使基底膜突向耳蝸管。當基底膜震動時，使柯蒂氏器毛細胞抵住覆膜使纖毛移動和彎曲，以刺激毛細胞膜上鉀離子通道的開啟產生去極化，去極化使神經傳導物質釋放，刺激相連的感覺神經元，經耳蝸神經至延腦，再經延腦的神經元將聽覺訊息投射至中腦的下丘，再經由視丘的內側膝狀核轉換傳送至大腦顳葉 41、42 聽覺區（圖9-15 B）。

將上述文字以簡單聽覺傳導方向來標示如下：聲波→鼓膜震動→聽小骨傳導（放大 20 倍）→卵圓窗振動→外淋巴液（前庭管）→前庭膜→內淋巴液（耳蝸管）→基底膜→覆膜→柯蒂氏器→毛細胞去極化→耳蝸神經→延髓耳蝸核→中腦下丘→視丘內側膝狀核→大腦顳葉 41：42 區。

臨床指引：

判斷聲波差異的標準是聲波的頻率和強度，聲波的頻率以赫茲（hertz; Hz）為單位，聲波的頻率越高，聲音的音調也越高。聲波的強度是指聲波震幅的大小，以分貝（decibels; dB）為測量單位。經過訓練的年輕人，耳朵可聽到的聲波頻率範圍是 20～20,000Hz；能承受聲音強度的範圍是 0.1～120 分貝，超過即會引起耳朵疼痛。常見的聽覺障礙情況有兩種：

1. 傳導性聽力障礙（conductive hearing loss）：常因中耳炎或耳硬化使聲波經由中耳傳至卵圓窗的傳導途徑發生缺損，患者對所有聲波頻率的聽力發生障礙，可經由手術（鼓室成形術、聽小骨成形術）來修補缺損所在。
2. 感音性聽力障礙（sensorineural hearing loss）：常因傳導聽覺訊息的神經路徑產生了病理變化、老化或暴露於極強大的聲波下使內耳毛細胞受損，使聽覺訊息由耳蝸至聽覺皮質傳導過程發生問題所致。患者會喪失部分聲音頻率的聽覺。可配戴助聽器放大聲波，加強聲波由鼓膜至內耳的傳送。

平衡生理學

平衡覺的感受器位於內耳，稱為前庭器，它提供了頭部的方向位置。當頭部移動時，會使前庭內的液體隨之流動，因而牽動其內含的毛細胞，使毛細胞彎曲並產生動作電位，釋放神經傳導物質，刺激前庭神經元的樹突，產生的神經訊息沿著神經傳入小腦及腦幹的前庭核，前庭核再將訊息投射至動眼中樞及脊髓。動眼中樞有控制眼球動作的功能，而脊髓則有控制頭、頸及四肢動作的功能。所以前庭核投射至動眼中樞及脊髓的訊息，可作為軀體和眼球運動平衡的依據。

前庭器可分成耳石器官（包括橢圓囊和球狀囊）及半規管（圖 9 - 14）。橢圓囊和球狀囊的毛細胞主要負責線性加速（linear acceleration）的訊息，包括水平或垂直方向的速度變化，所以在駕車或跳躍時，能偵測到加速或減速的感覺，此為靜態平衡（static equilibrium）。半規管內的毛細胞則是偵測旋轉加速（rotational acceleration），因為半規管有三個，互相垂直方向排列，能測知三個方向的訊息，使人在轉頭、旋轉或翻滾時，可維持身體的平衡。

1. 橢圓囊及球狀囊（utricle and saccule）：含有特化的上皮細胞，稱為聽斑

（macula），它由毛細胞和支持細胞組成。毛細胞突出於充滿內淋巴液的膜性迷路內，其纖毛埋於支持細胞所分泌的膠質肝醣蛋白的耳石膜（otolithic membrane）裡，耳石膜內有一層稱為耳石（otoliths）的碳酸鈣結晶，耳石能增加耳石膜的重量，使具有對抗動作變化阻力的慣性（圖9-16）。

• 由於耳石膜會影響毛細胞的排列方向，所以橢圓囊對水平方向的加速度較敏感，球狀囊則對垂直方向的加速度較敏感。向前加速時，因為耳石膜位於毛細胞後方，使得橢圓囊毛細胞的纖毛被向後拉，這與汽車突然向前加速時，我們身體卻向後的道理是相同的。當我們乘坐電梯快速下降時，球狀囊的毛細胞纖毛卻是向上的。由此可見，人體朝某方向加速時，毛細胞纖毛會被拉往反方向，因此刺激了與毛細胞相連的感覺神經元，產生動作電位，以將身體加速狀態的訊息傳入大腦。

2. 半規管（semicircular canal）：有三條，分別位於三個不同的平面且互相垂直，每一條膜性半規管基部都有一個膨大的壺腹（ampulla），其中隆起的區域即是壺腹嵴（crista ampullaris）（圖9-17）。每個嵴皆是由一群毛細胞和支持細胞所構成，毛

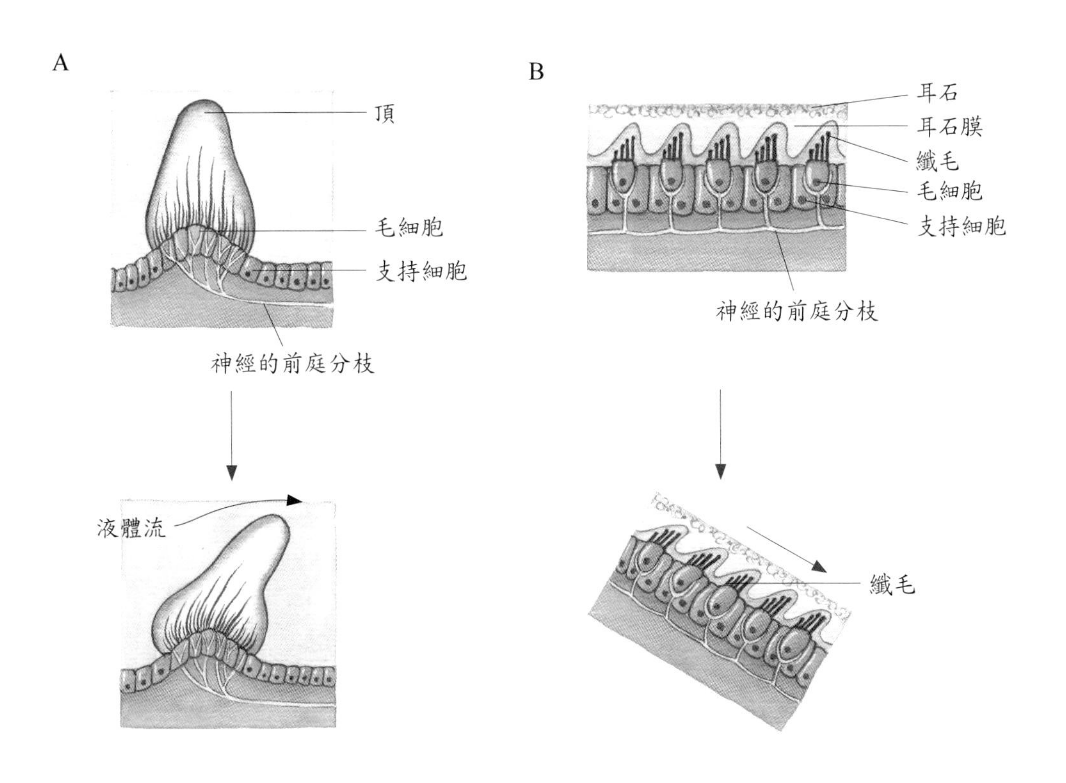

圖9-16　橢圓囊及球狀囊。A. 動態平衡：一半規管的壺腹。旋轉運動使半規管壺腹的毛細胞移位；B. 靜態平衡：橢圓囊和球狀囊。點頭使得橢圓囊和球狀囊中的纖毛移動。

細胞的纖毛埋於凝膠質的膜中，稱為嵴頂。當頭部移動時，膜性半規管的內淋巴液會流過毛細胞的纖毛，纖毛彎曲的方向與身體加速方向相反。例如頭向右邊轉動，半規管內淋巴液會將嵴頂毛細胞纖毛推向左邊，被牽動的毛細胞，引起相連的感覺神經元興奮，而將加速狀態的訊息傳入大腦。茲將上述文字以簡單平衡傳導方向來標示如下：

⑴靜態平衡：前庭的聽斑上耳石改變→刺激毛細胞→前庭神經→橋腦前庭核→延髓→小腦。

⑵動態平衡：半規管的壺腹嵴之淋巴液流動→刺激毛細胞→前庭細胞→橋腦前庭管→延髓→小腦。

臨床指引：

眩暈（vertigo）是病人突然發生天旋地轉的感覺，無法維持身體平衡而需靜臥休息，嚴重時會噁心、嘔吐、盜汗。通常維持數小時，然後逐漸減輕至二、三週內復原。在急性發作時，會給予神經安定劑，抗膽鹼激素及止暈劑來抑制眩暈。

眩暈常見的原因如下：

1. 中耳或內耳病變引起，例如梅尼爾氏症、良性陣發姿勢性眩暈、膽脂瘤、內耳阻塞，內耳動脈血栓等。這部分占眩暈的多數，茲將詳述如下。
   ⑴梅尼爾氏症（Meniere's disease）：是由於內耳迷路內淋巴量增多水腫引起，原因未明，由於平衡神經及聽神經會合併成聽神經，因此梅尼爾氏症最後都會導致眩暈、耳鳴及聽力障礙。
   ⑵良性陣發姿勢性眩暈（benign paroxysmal positimal vertigo; BPPV）：是由於半規管的耳石脫落下來，到處刺激毛細胞，導致在頭部自由轉動時引起眩暈。
   ⑶前庭神經炎（vestibular neurnitis）：是由於上呼吸病毒感染而引起嚴重眩暈，並伴隨噁心與嘔吐，在轉頭時會加劇症狀，會有耳鳴但聽力正常，症狀在幾天內會減輕。
2. 第八對腦神經病變引起，例如前庭神經炎、聽神經瘤等。
3. 腦幹、大腦及小腦病變引起，例如脊底動脈循環不全、腦動脈阻塞或破裂、腦瘤等。

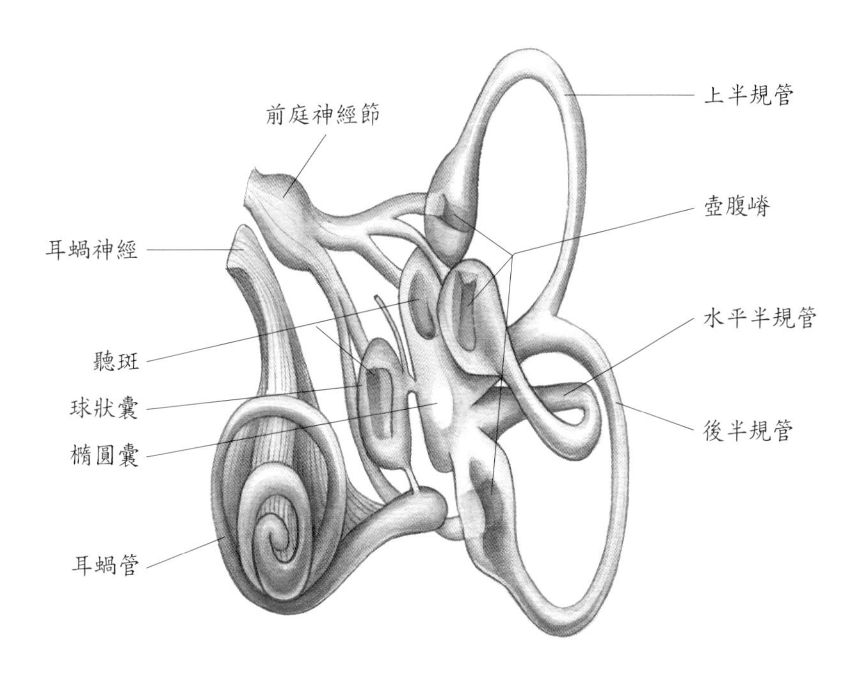

圖9-17　半規管與前庭的相關位置

嗅覺

嗅覺感受器的構造

嗅覺感受器位於鼻腔頂部鼻中膈兩側的上皮（圖9-18）。嗅覺上皮由支持細胞、嗅覺細胞、基底細胞所組成。

1. 支持細胞：位於鼻腔內襯黏膜的柱狀細胞，富含酵素，可將厭水性的揮發性氣味分子氧化，使這些分子的脂溶性降低，不易穿過細胞膜而進入腦部。
2. 嗅覺細胞：為雙極神經元，其細胞位於支持細胞之間。
3. 基底細胞：位於支持細胞基部之間，約每隔 1～2 月，會分裂產生新的感受器細胞，來取代因暴露於環境中受損的神經元。

嗅覺上皮底下的結締組織內有嗅腺（olfactory gland），可產生黏液經由導管送至上皮表面，以作為氣味物質的溶劑，並可潤濕嗅覺上皮的表面。由於黏液的不斷分泌，可更新嗅覺上皮表面的液體，以防止嗅毛連續受到同一種氣味的刺激。

嗅覺適應

嗅覺的特徵就是低閾值，所以只要空氣中有極微量的物質就可聞的到，因此產生與適應皆相當快速。而且嗅覺接受器蛋白質位於嗅覺感受器神經元的細胞膜中呈結合狀態，當嗅覺接受器與氣味分子結合時會使蛋白質解離，蛋白質解離後會放出大量的蛋白次單位來放大生理效應，此放大效應使嗅覺具有相當敏感的特性。但是區分氣味的機制

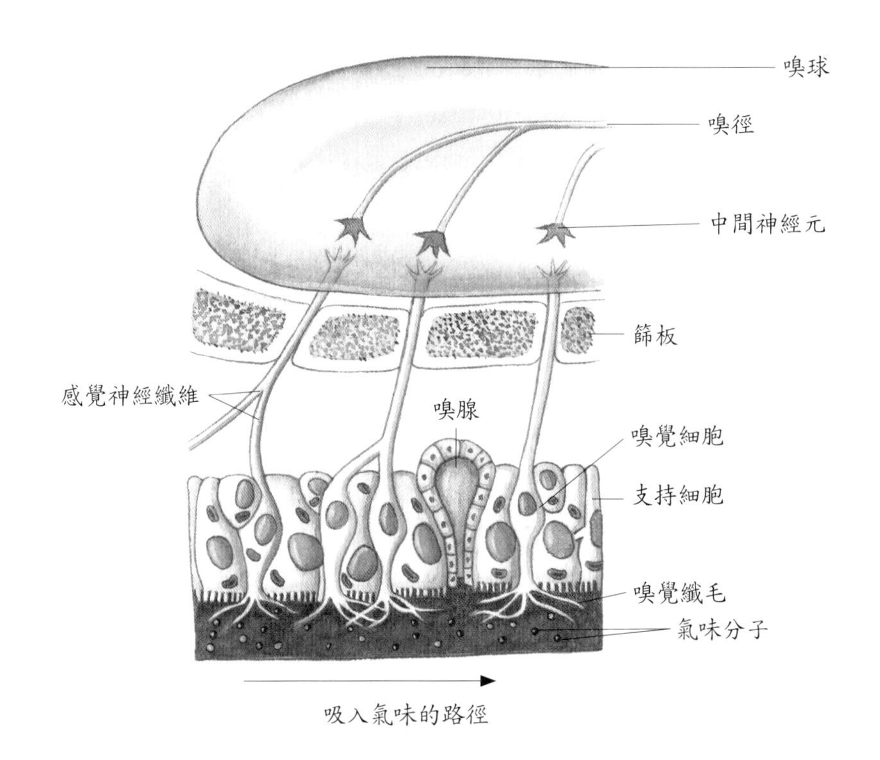

圖9-18　嗅覺感受器及傳導途徑

還是需仰賴大腦對於來自不同嗅覺接受器蛋白訊息的整合，然後再以類似指紋特徵的方式來辨識特定的氣味。

嗅覺傳導途徑

負責嗅覺的雙極神經元，一端為樹突，延伸至鼻腔處終止於含纖毛的終末球（圖9-18），另一端是無髓鞘的軸突，穿過篩板上的篩孔進入大腦的嗅球，與嗅球中的第二級神經元形成突觸。所以傳送嗅覺的神經路徑不需通過視丘，而是直接傳入大腦皮質。嗅球的第二級神經元會投射至大腦內側顳葉海馬回和杏仁核，它屬邊緣系統，與情緒、記憶有關，故特殊氣味極易引起與情緒有關的記憶。

將上述嗅覺傳導途徑（olfactory pathway）以簡單的文字標示如下：雙極神經元細胞→嗅神經穿過篩板→嗅球→嗅徑→顳葉海馬回。

味覺

味覺感受器的構造

味覺感受器是由桶狀排列的上皮細胞所構成，稱為味蕾（taste bud），約有 2,000 個（圖9-19）。每個味蕾由 50～100 個上皮細胞所組成，在上皮細胞頂端有長的微絨毛伸

A

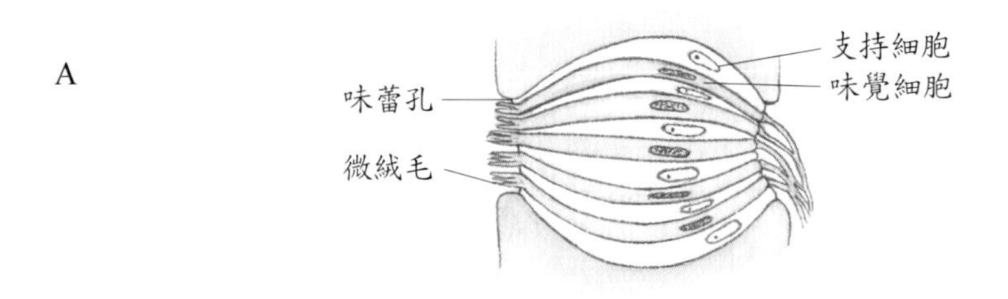

B

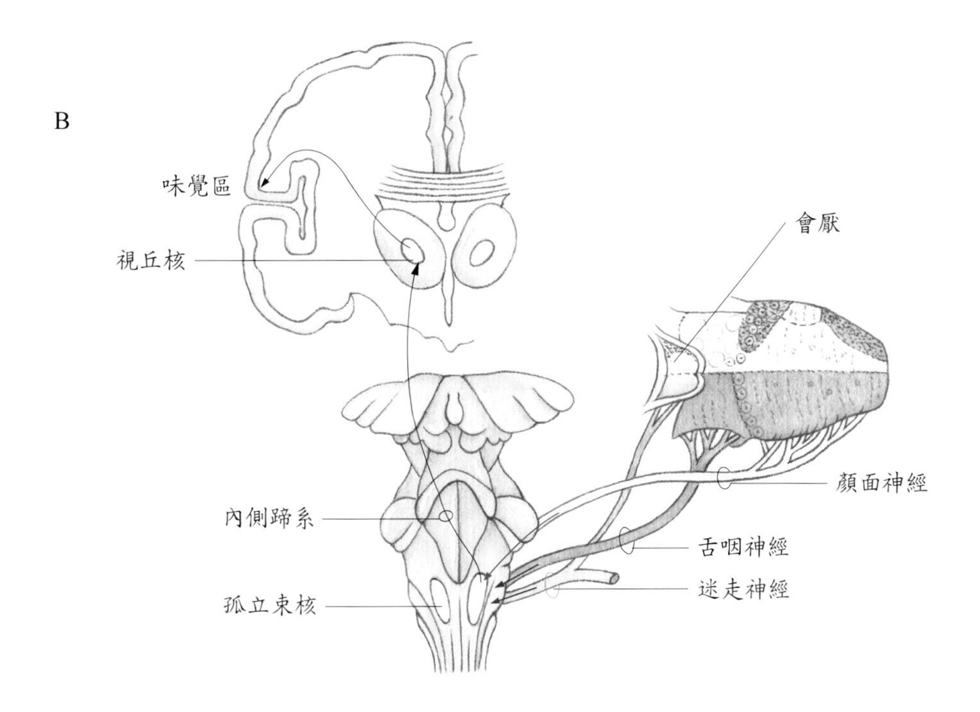

圖9-19　A. 味覺感受器（味蕾）；B. 傳導途徑。

出，它穿過味蕾孔突出舌頭表面，可與外面的環境接觸。雖然這些感覺上皮細胞不是神經元，卻有類似神經元的反應，受刺激時也能發生去極化產生動作電位，並釋出神經傳導物質，刺激與味蕾結合的感覺神經元。

味蕾中的特化上皮細胞稱為味覺細胞，其微絨毛與不同的化學分子作用而產生酸、甜、苦、鹹及鮮味，鮮味是由胺基酸中的麩胺酸所產生，所以在食物中加入味精（麩胺酸鈉）可增加鮮味。

在過去認為舌頭的不同區域負責感受不同的味覺，但現在科學家認為每一個味蕾可能含有負責各種味覺的味覺細胞，且一個感覺神經元可能會被數個不同味蕾中的味覺細胞所刺激，但每個感覺神經元只負責一種特定味覺形式的訊息，例如糖所引發的甜味，只會由專門傳遞甜味的感覺神經元傳送至腦部。由於傳遞各類味覺訊息的感覺神經元之活化，再加上嗅覺提供的重要細微差異，因而產生了複雜的味覺。

味覺傳導途徑

顏面神經支配舌前 2/3 味蕾，舌咽神經支配舌後 1/3 味蕾，迷走神經支配喉及會厭之味蕾，味覺訊息會先傳到延腦，在延腦與第二級神經元形成突觸再投射至視丘，第三級神經元則由視丘投射至大腦皮質中央後回的味覺區（43 區）。將上述味覺傳導途徑（gustatory pathway）以簡單的文字標示如下：味蕾→味覺神經→延髓孤立束核→內側蹄系交叉→對側視丘→對側大腦皮質味覺區。

歷屆考題

（ ）1. 下列何者為主要感受肌肉張力變化的本體感覺接受器？ (A)洛弗尼氏小體（Ruffini's corpuscle） (B) 麥考爾氏盤（Merkel's disc） (C) 肌梭（muscle spindle） (D) 高氏肌腱器（Golgi tendon organ）。（94 專普一）

（ ）2. 下列有關光感受細胞的特性之敘述，何者正確？ (A) 錐細胞的解像力顯著低於桿細胞 (B) 黃斑的中央小凹處無桿細胞 (C) 桿細胞包含三種對不同顏色敏感的細胞 (D) 錐細胞的視紫（rhodopsin）對光線非常敏感。（94 專普一）

（ ）3. 下列何者與味覺的傳導最無關連？ (A) 舌咽神經 (B) 滑車神經 (C) 顏面神經 (D) 迷走神經。（94專普一）

（ ）4. 聽覺的傳導路徑與下列何處最無關連？ (A) 延腦的耳蝸核（cochlear nuclei） (B) 中腦的下丘（inferior colliculi） (C) 視丘（thalamus） (D) 大腦皮質的額葉（frontal lobe）。（94 專普一）

（ ）5. 梅斯納氏小體（Meissner's corpuscles）負責何種感覺？ (A) 觸覺 (B) 壓覺 (C) 冷覺 (D) 痛覺。（94 專普二）

（ ）6. 負責聽覺的感覺受器是下列何者？ (A) 毛細胞 (B) 錐細胞 (C) 黏膜細胞 (D) 桿細胞。（92、94 專普二）

（ ）7. 下列有關視覺的敘述，何者正確？ (A) 青光眼是眼球晶狀體內壓力過高所引起 (B) 白內障是玻璃體內房水過多所引起 (C) 夜盲症是因錐細胞缺乏維生素A所引起 (D) 中央凹位於黃斑，只含錐細胞。（94 專普二）

（ ）8. 夜間或幽暗處之視力主要靠下列哪一種光受體細胞（photoreceptor cells）？ (A) 桿細胞（rods） (B) 角錐細胞（cones） (C) 雙極細胞（bipolar cells） (D) 節細胞（ganglion cells）。（94 專高一）

(　) 9. 視覺的神經傳導由光感受細胞→雙極神經元→節神經元→視神經之後的路徑，下列何者正確？ (A) →下視丘外側膝狀體→大腦皮質顳葉 (B) →視丘外側膝狀體→大腦皮質枕葉 (C) →視丘內側膝狀體→大腦皮質額葉 (D) →下視丘內側膝狀體→大腦皮質頂葉。（94 專高二）

(　) 10. 下列何種感覺不經過視丘的感覺輸入途徑？ (A) 味覺 (B) 嗅覺 (C) 視覺 (D) 聽覺。（95 專普二）

(　) 11. 眼球的最內層，同時可形成影像的部分為何？ (A) 鞏膜 (B) 脈絡膜 (C) 視網膜 (D) 水晶體。（95 專普一、專高一）

(　) 12. 如果某藥物破壞了視網膜內所有錐狀細胞（cone cell），則此人視覺變化之敘述，下列何者錯誤？ (A) 在低亮度時，視覺正常 (B) 在高亮度時，就無法產生清楚的視覺影像，所有影像都是灰色陰影 (C) 在非常強的光線下，無法產生任何視覺 (D) 在低亮度時，無法產生任何視覺。（95 專高二）

(　) 13. 當病人對於置於路中的椅子視而不見，逕自朝其走去，是因為哪一個部位大腦皮質受損？ (A) 初級視覺皮質區 (B) 視覺聯合皮質區 (C) 視神經交叉 (D) 側膝狀核。（95 專高二）

(　) 14. 局部麻醉劑阻斷痛覺的機制，通常是經由抑制何種通道產生？ (A) 氯離子 (B) 鈉離子 (C) 鈣離子 (D) 鉀離子。（96 專高一）

(　) 15. 下列何者與平衡鼓膜兩側壓力有關？ (A) 內淋巴 (B) 耳咽管 (C) 卵圓窗 (D) 半規管。（96 專高二）

(　) 16. 觸覺接受器與下列何種接受器相同？ (A) 體感覺 (B) 溫覺 (C) 痛覺 (D) 壓覺。（96 專高二）

(　) 17. 接受器電位變化的性質與下列何者最類似？ (A) 平衡電位 (B) 靜止膜電位 (C) 突觸後電位 (D) 動作電位。（96 專高二）

(　) 18. 視覺訊息主要傳送至大腦何葉？ (A) 顳葉 (B) 枕葉 (C) 頂葉 (D) 額葉。（94 專普二；96 專高二）

(　) 19. 心絞痛病患之轉位痛（referred pain），最可能表現在： (A) 腰部 (B) 頸部 (C) 肩部 (D) 頭部。（96 專普一）

(　) 20. 歐氏管一端開口於中耳腔，另一端開口於： (A) 喉部 (B) 喉咽 (C) 口咽 (D) 鼻咽。（94、96 專普一）

(　) 21. 下列何者與角膜是同一層的構造？ (A) 結膜 (B) 鞏膜 (C) 脈絡膜 (D) 視網膜。（96 專普一）

(　) 22. 當音量由 0 分貝增加到 40 分貝時，代表聲音能量增加幾倍？ (A) 10^4 倍 (B) 4 倍 (C) 10 倍 (D) 40 倍。（96 專普二）

(　)23.聲音在內耳的傳導媒介是：(A)動作電位 (B)空氣 (C)聽小骨 (D)淋巴液。（96 專普二）

(　)24.下列有關嗅覺之性質，何者錯誤？ (A)人體有四種基本嗅覺 (B)嗅覺之適應性非常快 (C)嗅覺只有在吸氣時才能產生 (D)嗅球內沒有嗅覺接受器。（97 專高一）

(　)25.下列何者屬於聽覺系統？ (A)耳蝸 (B)半規管 (C)橢圓囊 (D)球狀囊。（97 專高二）

(　)26.下列何者屬於本體感覺的接受器？ (A)裸露神經末梢 (B)路氏小體 (C)肌梭 (D)頸動脈竇。（97 專普一）

(　)27.我們聽到的聲音最後是傳送到大腦何處？ (A)枕葉 (B)額葉 (C)顳葉 (D)頂葉。（97 專普一）

(　)28.聲音在中耳的傳導方式是何種傳導？ (A)空氣傳導 (B)液體傳導 (C)機械傳導 (D)電位傳導。（97 專普二）

(　)29.下列何者是由於水晶體硬化，而導致焦距調節功能變化？ (A)老花眼 (B)近視眼 (C)遠視眼 (D)散光。（98 專普一）

(　)30.氣味物質與嗅覺感受器結合後，會導致嗅細胞的膜電位產生下列何者反應？ (A)動作電位 (B)過極化 (C)再極化 (D)去極化。（98 專普一）

(　)31.下列何者不屬於特殊感覺？ (A)嗅覺 (B)視覺 (C)聽覺 (D)痛覺。（98 專普一）

(　)32.轉移痛與下列何者最相關？ (A)肢體痛 (B)偏頭痛 (C)截肢痛 (D)內臟痛。（98 專高一）

(　)33.眼睛之何種構造負責調節焦距之功能？ (A)脈絡膜 (B)水晶體 (C)玻璃體 (D)視網膜。（98 專普二）

(　)34.青光眼是由於眼球何處異常而造成眼壓過高？ (A)視網膜 (B)水晶體 (C)前腔 (D)玻璃體。（98 專高二）

(　)35.下列何種是視覺感光色素的重要成分？ (A)維生素A (B)維生素B_{12} (C)維生素C (D)維生素D。（98專高二）

(　)36.下列何種部位具有平衡感覺接受器？ (A)鼓膜 (B)耳蝸 (C)半規管 (D)外耳。（99 專高一）

(　)37.下列何者不是人體的基本味覺？ (A)酸 (B)甜 (C)苦 (D)辣。（99 專高二）

(　)38.影像之形成是在眼球何處？ (A)結膜 (B)角膜 (C)脈絡膜 (D)視網膜。（99 專高二）

(　) 39.眼睛之何種構造負責調節光線進入之多寡？ (A) 黃斑 (B) 角膜 (C) 瞳孔 (D) 虹膜。 (99 專普二)

(　) 40.分隔外耳道與中耳之構造是： (A) 鼓膜 (B) 卵圓窗 (C) 前庭 (D) 耳蝸。 (99 專普二)

(　) 41.聲音強度最常用的單位是： (A) 赫茲 (B) 分貝 (C) 毫巴 (D) 伏特。 (99專普二)

(　) 42.觸覺的敏感度通常與其接受器的何種性質成反比關係？ (A) 接受器數目 (B) 適應速度 (C) 反應區大小 (D) 接受器種類。 (100 專高一)

(　) 43.視覺最敏銳的地方是： (A) 視盤 (B) 黃斑 (C) 虹膜 (D) 瞳孔。 (100 專高一)

(　) 44.下列何種視覺功能變化，是由於眼球外在肌收縮協調產生問題？ (A) 散光 (B) 近視 (C) 斜視 (D) 遠視。 (100 專普一)

(　) 45.下列何者不屬於人類舌頭的四種味蕾之一？ (A) 酸 (B) 甜 (C) 辣 (D) 鹹。 (100 專普一)

(　) 46.下列何者與聽覺的傳導無關？ (A) 毛細胞 (B) 耳蝸神經 (C) 外側膝狀核 (D) 內側膝狀核。 (100 專高二)

(　) 47.若腦下垂體腫瘤壓迫到視交叉，會造成何種視野異常？ (A) 右眼全盲 (B) 左眼全盲 (C) 兩眼顳側偏盲 (D) 兩眼同側偏盲。 (100 專高二)

(　) 48.下列何者能控制眼球的共軛運動（Conjugate movement）？ (A) 顳葉 (B) 額葉 (C) 枕葉 (D) 頂葉。 (100 專普二)

(　) 49.有關嗅覺的敘述，下列何者錯誤？ (A) 需經過視丘傳到大腦皮質 (B) 具有快適應作用 (C) 嗅覺細胞為一種雙極神經元 (D) 嗅覺細胞含有氣味分子結合蛋白。 (100 專普二)

(　) 50.光線通過下列何種眼球構造時，不會產生折射作用？ (A) 瞳孔 (B) 水晶體 (C) 角膜 (D) 房水。 (100 專普二)

(　) 51.眼睛之何種構造類似相機底片，具有感光功能？ (A) 視網膜 (B) 玻璃體 (C) 水晶體 (D) 脈絡膜。 (101 專普一)

(　) 52.下列何者不屬於維持平衡的前庭系統？ (A) 半規管 (B) 耳蝸 (C) 橢圓囊 (D) 球狀囊。 (101 專普一)

(　) 53.下列何者支配會厭部位的味覺？ (A) 三叉神經 (B) 顏面神經 (C) 舌咽神經 (D) 迷走神經。 (101 專普二)

(　) 54.下列何者是黃斑中央小凹為視覺最敏銳之處的原因？ (A) 含有最多的網膜素 (B) 含有最多的視桿細胞 (C) 含有最多的視紫素 (D) 含有最多的視錐

細胞。（101 專普二）

（　）55.下列神經，何者不參與味覺的傳導？ (A) 迷走神經 (B) 顏面神經 (C) 舌下神經 (D) 舌咽神經。（101 專普二）

（　）56.下列何者是眺望遠處時眼睛產生調節焦距的作用機轉？ (A) 交感神經興奮，睫狀肌鬆弛 (B) 懸韌帶鬆弛，水晶體變薄 (C) 懸韌帶拉緊，水晶體變厚 (D) 副交感神經興奮，睫狀肌收縮。（102 專高一）

（　）57.人體聽覺系統中的內耳毛細胞受到刺激時會去極化而興奮起來，這主要是由於下列何種離子流入所引起？ (A) Na^+ (B) K^+ (C) Ca^{++} (D) Mg^{++}。（102 專高二）

（　）58.維生素A是眼睛何種構造之重要成分？ (A) 玻璃體 (B) 脈絡膜 (C) 水晶體 (D) 視網膜。（97 專普二）

（　）59.與錐細胞（cone cell）相比，下列何者為桿細胞（rod cell）之特徵？ (A) 視覺敏銳度（visual acuity）較低 (B) 可提供色彩視覺 (C) 在中央小凹（central fovea）分佈最多 (D) 感光色素含光視質（photopsin）。（98 二技）

（　）60.下列何者附著於鐙骨（stapes）的基底部？ (A) 球囊（saccule） (B) 橢圓囊（utricle） (C) 圓窗（round window） (D) 卵圓窗（oval window）。（99 二技）

（　）61.下列何者屬於慢適應接受器（slowly adapting receptors）？ (A) 傷害接受器（nociceptors） (B) 嗅覺接受器（olfactory receptors） (C) 巴齊尼氏小體（Pacinian corpuscles） (D) 梅斯納氏小體（Meissner's corpuscles）。（99 二技）

（　）62.下列何者為看近物時眼睛的調適反應？ (A) 副交感神經活性增加 (B) 虹膜放射狀肌收縮 (C) 睫狀肌舒張 (D) 水晶體變扁平。（100 二技）

（　）63.有關視覺調適（accommodation）之敘述，下列何者正確？ (A) 睫狀肌（ciliary muscle）位在晶狀體（lens）與懸韌帶（zonular fiber）中間 (B) 看近物時，睫狀肌受到交感神經（sympathetic nerve）興奮的刺激而收縮 (C) 看近物時，懸韌帶（zonular fiber）放鬆使得晶狀體呈現肥厚（thickened）之圓形狀 (D) 睫狀肌收縮，使得瞳孔（pupil）縮小。（101二技）

解答：

1.(D) 2.(B) 3.(B) 4.(D) 5.(A) 6.(A) 7.(D) 8.(A) 9.(B) 10.(B)
11.(C) 12.(A) 13.(A) 14.(B) 15.(B) 16.(D) 17.(C) 18.(B) 19.(C) 20.(D)
21.(B) 22.(A) 23.(D) 24.(A) 25.(A) 26.(C) 27.(C) 28.(C) 29.(A) 30.(D)
31.(D) 32.(D) 33.(B) 34.(C) 35.(A) 36.(C) 37.(D) 38.(D) 39.(D) 40.(A)
41.(B) 42.(C) 43.(B) 44.(C) 45.(C) 46.(C) 47.(C) 48.(B) 49.(A) 50.(A)
51.(A) 52.(B) 53.(D) 54.(D) 55.(C) 56.(A) 57.(B) 58.(D) 59.(A) 60.(D)
61.(A) 62.(A) 63.(C)

解析：

22.分貝（decibel, dB）是聲音強度的單位。人耳能聽到的最小聲音定為0分貝，音量單位增加10分貝，代表聲音能量增加10倍；音量增加20分貝時，聲音能量增加100倍（10^2）。

第十章 血液與循環系統

本章大綱

血液

功能

物理特性

組成成分

血液凝固

血型

心臟

解剖學

血液供應

傳導系統

血管

動脈

微血管

靜脈

循環生理學

血流與血壓

檢查

血液循環

學習目標

1. 能清楚知道血液功能、物理特性及組成成分。
2. 能了解各個組成成分的構造、功能、壽命及其形成過程。
3. 能了解血液凝固的基本機轉。
4. 能清楚知道A、B、O血型分類系統中凝集原和凝集素的關係。
5. 清楚了解懷孕婦女與胎兒間Rh血型不相容的情況。
6. 了解循環系統的組成及功能。
7. 清楚知道心臟的構造、位置及周邊血管的狀況。
8. 清楚了解心臟傳導系統與心電圖、心跳、心動周期間的關係。
9. 能了解體內各種血管的構造、功能及彼此間的關係。
10. 知道體內各個部分血液循環的情形。
11. 能知道人體血管的名稱。

循環系統是由血液、心臟、血管組成。血液是心臟血管系統中循流的液體，也是一種特化的結締組織。心臟是一個含四個腔室的幫浦，此幫浦形成一個壓力源，可推動血管中的血液到肺臟及體細胞。血管則形成一個管狀的網路，讓血液由心臟流向全身細胞再返回心臟。循環功能在維持血液於其循環的路徑內移動，參與循環的血液能提供身體細胞營養、氧氣和化學指令及廢物排除的機轉。血液也運送特化的細胞以防禦周邊組織受到感染和疾病，完全缺乏循環的區域可能在數分鐘內死亡。

血液

功能

血液（blood）有運輸、調節、保護三項主要功能。

運輸

細胞新陳代謝需要的物質及廢物皆由血液運輸（transportation）。

1. 營養物質：消化系統負責將食物經機械及化學方式分解成能被小腸壁吸收的小分子，然後進入血管及淋巴管中，血液即會帶著這些消化吸收的營養物質通過肝臟送至身體需要的細胞。
2. 氧及二氧化碳：肺吸入之氧氣經肺微血管中紅血球攜帶運送至細胞供有氧呼吸之用，而細胞呼吸所產生的二氧化碳亦由血液攜帶至肺排出體外。
3. 荷爾蒙：內分泌系統產生的荷爾蒙由血液運送至身體需要的組織器官。
4. 廢物：例如尿素、尿酸等代謝廢物或過量的水、離子等，可經血液送至腎臟、汗腺、肺等處排出。

調節

1. 調節新陳代謝：血液將荷爾蒙由來源細胞送至標的組織，以執行各種調節（regulation）功能。
2. 調節體溫：血液可藉著吸收和再分配熱來幫助調節體溫。例如血液可將體內活性較高組織產生的熱量送至體表散發；若體溫太低，溫暖的血液就流向重要的溫度敏感器官。
3. 調節體內 pH 值：藉由體內的緩衝系統來調節身體 pH 值，以維持血液呈弱鹼性。
4. 調節體液的平衡：藉由血液的膠體滲透壓來調節體液的平衡。

保護

1. 凝血機轉：血液中含有凝血因子，可防受傷時大量血液流失。

2. 免疫：血液中有白血球、抗體，可抵抗外來微生物及毒素的侵襲。

物理特性

除了淋巴管外，所有流經血管的紅色體液，稱為血液（blood），其黏滯性是水的4.5～5.5 倍（水為 1.0），所以流速會較水慢。

1. 屬結締組織，全身血液量是體重的 8%，約 5,000cc.。例如 50 公斤體重者的全身血液量是 50 公斤×8%，約 4,000cc.。
2. 比重 1.056～1.059，與 0.9% 生理食鹽水成等張溶液。
3. pH 值為 7.35～7.45，呈弱鹼性。
4. 黏滯性為 4.5～5.5，其決定於：血中水分、紅血球數目、血流速度、血漿蛋白濃度與種類等因素。
5. 滲透壓為 290～300mOsm/L，與 0.9% 生理食鹽水成等滲溶液。
6. 動脈是鮮紅色，靜脈是暗紅色。

組成成分

血液由定形成分（formed element）（細胞與類細胞構造）及血漿（plasma）（含有溶解物質的液體）兩部分組成。定形成分約占血液容積的 45%，血漿約占血液容積的 55%（圖 10 - 1）。血球在血液容積中的比例是血比容（hematocrit; Hct），在人體中 40～45% 的血比容最有利於心臟將氧送至周邊組織。

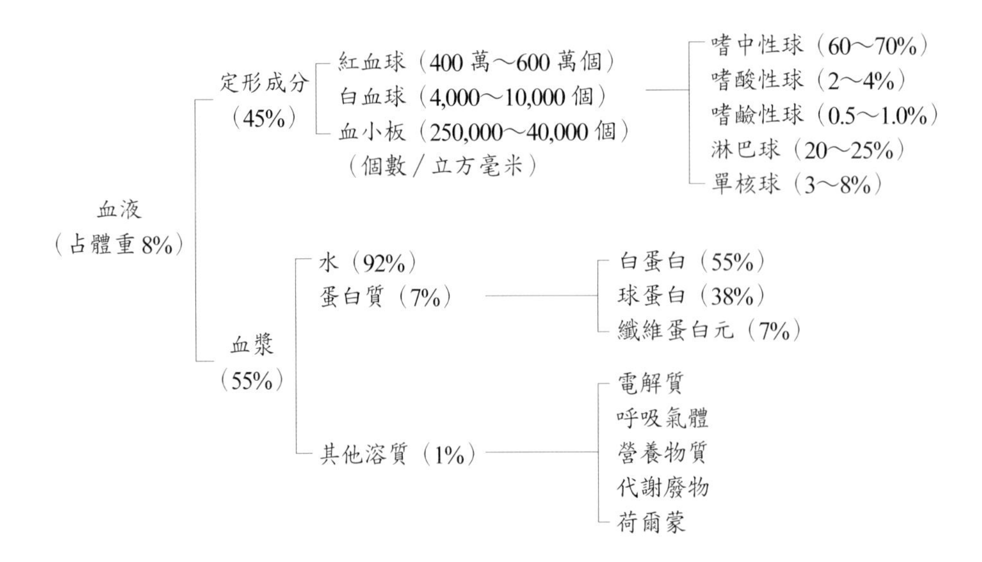

圖 10 - 1　血液的正常成分

若血液中加入抗凝劑（肝素或 3.8% 的檸檬酸鈉）後離心，血球會緊密的聚集在試管的底部（紅色），留下液態血漿在試管上層（黃綠色）。紅血球是數目最多的血球，而白血球和血小板只形成薄的、白色的一層，位於紅血球及血漿間的交界面（圖 10-2）。不加抗凝劑的血液靜置，可見下層的血凝塊及上層稻草色的透明液體血清。換句話說，凝固後的血液，除去纖維蛋白及血球後，即為血清。

定形成分

血液的定形成分包括：紅血球（erythrocyte; red blood cell; RBC）、白血球（leukocyte; white blood cell; WBC）及血小板（platelet）。紅血球的數目最多，每立方毫米的血液中，健康男性約有 510～600 萬個，女性則約為 400～520 萬個。相同體積的血液中，只含有 4,000～10,000 個白血球（圖 10-1）。

1. 紅血球

⑴形成過程：紅血球（erythrocyte; RBC）的形成過程，稱為紅血球生成（erythropoiesis），是由紅骨髓內未分化的血胚細胞或稱有核原始血球母細胞，分化成有核、細胞較大的前紅血球母細胞（圖 10-3），經一系統衍生細胞，最後經網狀紅血球（reticulocyte）脫核後成為成熟、無核、體積小的紅血球。所以由血液中網狀紅血球計數（與正常紅血球比例應為 0.5～1.5%）可測知人體紅血球的生成速率，若低於 0.5% 表示紅血球生成太慢，有貧血之虞，若超過 1.5% 則表示血球生成太快，像缺氧、骨髓癌患者的血液中，網狀紅血球就會高於正常。

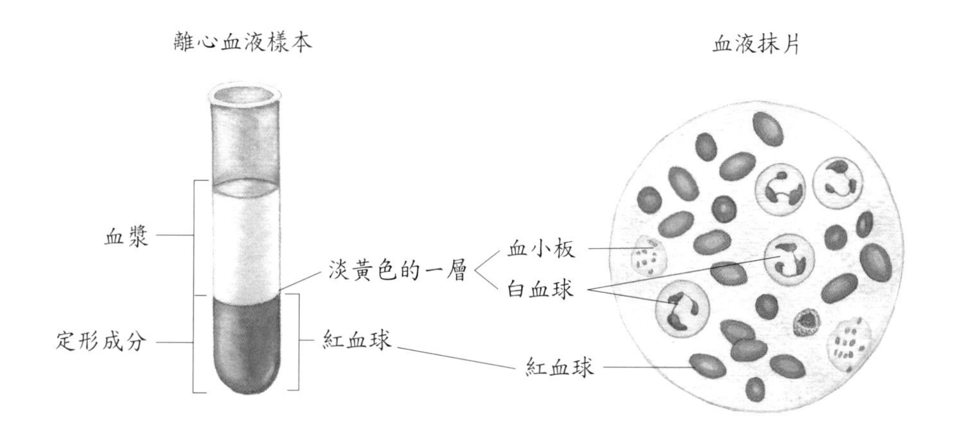

圖 10-2　血液的組成

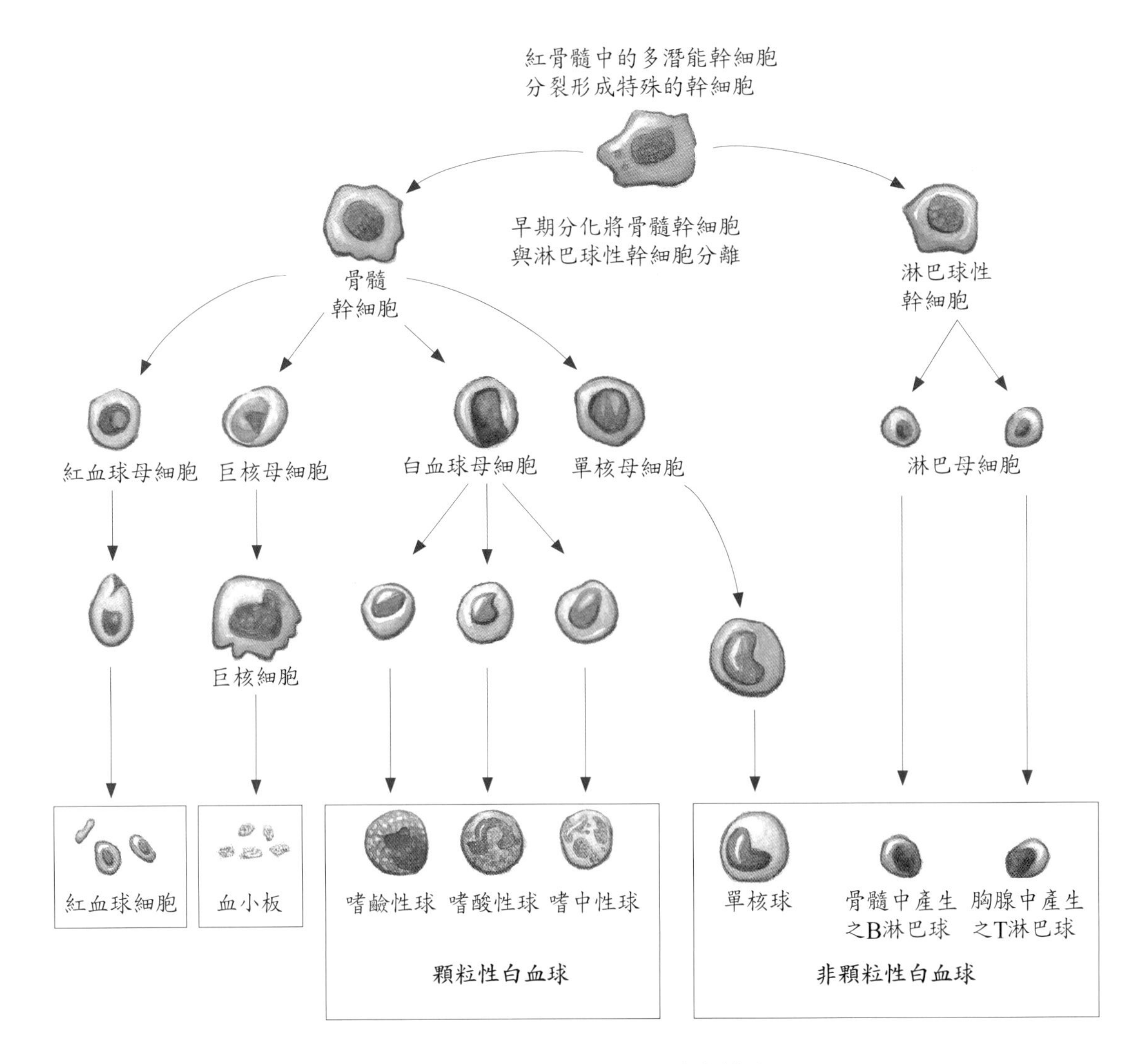

圖10-3　血球細胞的來源、發育與構造

⑵構造：紅血球為雙凹圓盤狀，直徑 7.5～8 μm，厚度 2.6 μm（圖 10-4A）。成熟的紅血球不具細胞核、DNA 及 RNA、粒線體、核糖體，故不能複製、再生，也不能進行多方面的代謝活動。是體內唯一無核的細胞，細胞質富含血紅素（hemoglobin），約占細胞重量的 33%，可攜帶氧和二氧化碳，亦使血液呈紅色。血紅素正常值在嬰兒為 14～20gm/dl，成年男性為 14～16.5 gm/dl，成年女性為 12～15 gm/dl。

①血紅素分子是由血球素（globin）及血基質（heme）組成，血球素是一種蛋白質（球蛋白），血基質是一種含鐵色素，有四個鐵原子，每個鐵原子可與一個氧分子結合，所以一分子的血紅素可攜帶四個氧分子。血基質的鐵可在肺臟中與氧結合成氧合血紅素（oxyhemoglobin），並攜帶至組織中，這占氧輸

送方式的 97%。

②1gm 的血紅素可攜帶 1.34cc. 的氧，所以男性動脈血中 100ml 含有 20ml 的氧，但供給組織的氧量只有 7ml，若肺功能正常，但血紅素減少，總血氧含量也會減少。

③若因遺傳上缺陷使血紅素結構不正常，則可能導致鎌刀型貧血（sickle cell anemia），造成紅血球成鎌刀狀而無法正常攜帶氧氣（圖 10-4B）。

⑶合成紅血球成熟所必需的因子：有維生素 B_{12} 、鐵、葉酸、內在因子及胺基酸等（現詳述於表 10-1）。

⑷紅血球的壽命及破壞流程：紅血球的壽命約 120 天，老化的紅血球不但不具功能且漿膜變脆，每天以約 5% 的代謝率進行破壞。主要是由肝臟、脾臟、骨髓等網狀內皮系統中的巨噬細胞所破壞分解成血球素和血基質，血球素進入血漿，血基質中的鐵離子可再循環至紅骨髓儲存，重新合成血紅素；色素則轉化成膽紅素進入肝臟，由膽汁排泄，在腎臟形成尿膽素，在腸道形成糞膽素。

臨床指引：

貧血（anemia）是指血液中紅血球濃度少，血色素降低。一般情況下，男性紅血球低於 410 萬，女性低於 380 萬；男性血紅素低於 13.5gm，女性低於 12.8gm，表示有貧血傾向。

缺鐵性貧血：是台灣最常見的貧血，育齡婦女（16～44 歲）中患缺鐵性貧血比例達 60%。患者容易心悸、呼吸不適、舌頭粗糙及指甲呈湯匙狀容易破裂。有此症的病患須注意是否因胃潰瘍、胃癌或痔瘡引起的出血；女性尚要注意是否有子宮肌瘤或子宮癌。如無上述疾病，可能是營養不均衡導致，應多攝取豬肝、文蛤、蜆及魚乾等含鐵較多的食物。

地中海型貧血：為隱形遺傳染色體變異所導致，台灣病患約占 8%，病患的紅血球壽命比正常人短，所以提早破裂紅血球中的鐵質會長期釋放到人體內，造成鐵質沉澱在肝、胰、骨髓等部位，成為鐵質沉積症。此患者在日常生活中應避免含鐵的食物與藥物，以避免上述器官進一步的傷害。根本治療方式是骨髓移植，否則只能定期輸血及注射排鐵劑來控制。

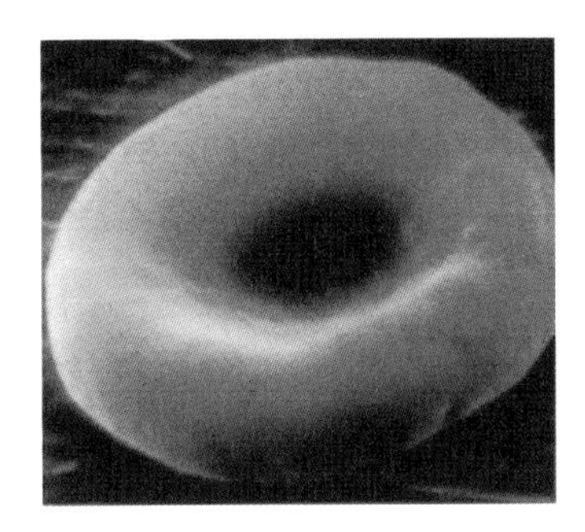
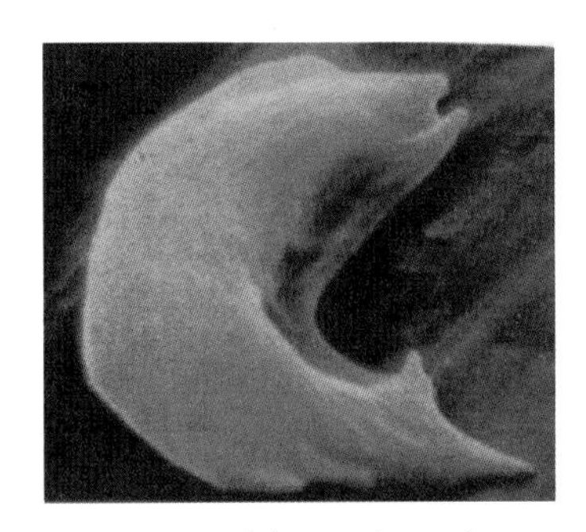

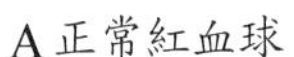
A 正常紅血球

B 鐮刀型貧血的紅血球

圖10-4 紅血球的構造

表10-1 合成血球成熟所必需的因子

必需的因子	特　　性
維生素 B_{12}	• 可刺激紅骨髓製造血球 • 維生素 B_{12} 缺乏，紅血球細胞核無法成熟、分裂，而成巨大紅血球的惡性貧血 • 維生素 B_{12} 是由食物中取得，迴腸吸收儲存肝臟
鐵	• 紅血球攜氧所必需 • 鐵正常吸收量是攝入量的 3～6%，大部分身體攝取的是 Fe^{+++}，胃只能吸收微量，但胃分泌可溶解鐵，使還原成 Fe^{++}形式，才易吸收 • 鐵的吸收爲主動過程，大部分在小腸上段，以 12 指腸和相鄰的空腸吸收最多 • 缺鐵時，血球會變小、變淡，爲缺鐵性貧血
葉酸	• 缺葉酸時，DNA 合成受阻，分裂受抑制但生長未受影響，紅血球變大、色深、易破裂，引起類似惡性貧血症狀
內在因子	• 維生素 B_{12} 吸收須靠內在因子的協助，才能在迴腸吸收 • 內在因子由胃壁細胞分泌
胺基酸	組成球蛋白所必需

2. 白血球

(1)構造與種類：白血球（leukocyte）有核，呈圓球形，直徑 8～15 μm，平均每立方毫米 5,000～10,000個。白血球有顆粒性（granular）與無顆粒性（agranular）兩種，顆粒性白血球由紅骨髓發育而來，占 75%，胞質可染色、胞核分成多葉，有嗜中性球（neutrophil）、嗜酸性球（eosinophil）、嗜鹼性球（basophil）；無顆粒性白血球是由類淋巴組織及骨髓發育而來，占 25%，胞質不染色，胞核呈球形，有單核球（monocyte）及淋巴球（lymphocyte）。

⑵功能與特性

上述各類白血球的功能與特性見表 10-2。

表 10-2　白血球的功能與特性

種類		功能與特性
顆粒性白血球	嗜中性球	• 具有趨化性：可藉阿米巴運動穿過血管壁，接近侵入的微生物並吞噬之 • 是血液中比例最多的白血球 • 於急性感染時數量會增加，且最快到達感染區，對抗急性細菌傳染病
	嗜酸性球	• 在過敏反應中釋出酵素分解組織胺的物質，解除過敏反應 • 專門吞噬被抗體標示的物質 • 氣喘、寄生蟲感染、猩紅熱等會使數量增加
	嗜鹼性球	• 在過敏反應時釋出組織胺，與過敏現象的形成有關 • 是血液中比例最少的白血球 • 可製造肝素（heparin），防止血液凝固
無顆粒性白血球	單核球	• 是最大的白血球 • 慢性感染時數量會增加，並釋出內生性致熱原 • 是吞噬功能最強的白血球 • 至組織間隙可轉變成為巨噬細胞，存在於肝（庫氏細胞）、肺（灰塵細胞）、腦（微小膠細胞）、骨骼（破骨細胞）等處
	淋巴球	• 可轉變成漿細胞製造抗體，來參與抗原抗體免疫反應 • B 細胞負責體液性，T 細胞負責細胞性免疫

臨床指引：

白血病（leukemia）是一種癌症，會產生許多不正常的白血球細胞，這些不正常的白血球細胞會堆積在骨髓、淋巴結、脾及肝臟內，使這些器官無法正常運作，也不能抵抗病毒細菌，造成身體發燒與感染。正常白血球在一萬以下，白血病則從幾萬到幾十萬，確定診斷須做骨髓穿刺檢查。

最常見的白血病有：

1. 急性淋巴性白血病（ALL）：最常見於年幼小孩，而成人患者多半在 65 歲以上。
2. 急性骨髓性白血病（AML）：小孩、成人均可能發生。
3. 慢性淋巴性白血病（CLL）：最常發生在 55 歲以上的成年人，幾乎不發生在小孩。
4. 慢性骨髓性白血病（CML）：主要發生在成年人，少部分小孩也患有此症。

發生白血病的原因可能是暴露輻射線與電磁場中、染色體缺陷（唐氏症小孩易得白血病）與病毒感染等。化學治療可用來摧毀不正常白血球細胞，使正常細胞恢復功能。一般而言，2～10 歲小孩比其他年齡的病患有較佳的預後（50～60%）。

3. 血小板

⑴構造：血小板（platelet）是骨髓中巨核細胞（megakaryocyte）的細胞質碎片掉落之後，被細胞膜包住所形成的凝血細胞（thrombocyte）。進入循環的血小板沒有細胞核，外形呈圓形或卵圓形，直徑約 3～4 μm。

⑵功能：血小板在血液凝固中扮演著重要角色。血凝塊大部分由血小板構成，因為血小板細胞膜上的磷脂質可活化血漿中的凝血因子，使纖維素產生並結成絲狀，加強血小板栓塞。而血凝塊中的血小板會釋放血清胺（serotonin），刺激血管收縮，減少受傷部位的血流量。血小板也分泌生長因子（PDGF）來維持血管的完整性。

⑶生命期與數目：每立方毫米血液中約有 25～40 萬個血小板，約可存活 5～9 天，老舊血小板會在脾臟及肝臟中被破壞。血小板 60～70% 在血循中，其餘存於脾臟，所以脾臟切除後，血小板數量會增加。

血漿

將血液的定形成分去除後，剩下的液體稱為血漿（plasma），是由 91.5% 的水和 8.5% 的溶質所組成。在血漿溶質中含量最多的是血漿蛋白（plasma protein），其餘為非蛋白質的含氮物質、食物分子、呼吸氣體及電解質等物質。

1. 血漿蛋白（plasma protein）：血漿蛋白可分成血漿白蛋白（albumin）占 55%、血漿球蛋白（globulin）占 38%、纖維蛋白元（fibrinogen）占 7% 等三大類，現將其製造、功能、特徵敘述於表 10-3。
2. 其他溶質（other components）。

血漿的其他溶質有電解質、氣體、營養物質、代謝廢物等，詳見表 10-4。

血液凝固

基本機轉

當血管受損或破裂時，會活化一連串的生理機制，以防失血。只要血管內皮層損傷，其下結締組織的膠原蛋白暴露於血液中，即會引發止血（hemostasis）機制，但此機制通常只對小血管失血有用，對於大量失血還是得靠適當的人為處理。

1. 血管痙攣（vascular spasm）：受傷的血管鄰近組織之痛覺會引發神經反射，使血管壁平滑肌收縮。再加上受傷的血小板會釋出血清素（serotonin），一樣會使血管壁

表10-3　血漿蛋白的種類

種　類	製造處	特徵與功能
白蛋白	肝臟	• 含量最多，與球蛋白的比例是 1.5：1 或 3：1 • 維持血液膠體滲透壓的物質，藉以維持血液的黏滯性及避免水腫的發生 • 可攜帶游離脂肪酸和膽紅素 • 兼具酸鹼反應的兩性物質，故有緩衝劑的作用
球蛋白	漿細胞	• 分 α、β、γ 三種，其中 α、β 作爲運輸用，而 γ 球蛋白可產生抗體，爲抗體蛋白，可產生免疫作用 • 血漿蛋白中唯一不由肝臟製造者
纖維蛋白元	肝臟	配合血小板參與血液凝固的機轉

表10-4　血漿的其他溶質

種類	成　分	含　　量	功　　能
電解質	Na^{+}	135～145mEq/L	膜電位、酸鹼平衡、滲透壓之維持
	K^{+}	3.5～5.0mEq/L	膜電位、酸鹼平衡、滲透壓之維持
	Ca^{++}	9～10.5mEq/L	膜電位、酸鹼平衡、滲透壓之維持
	Cl^{-}	98～106mEq/L	參與紅血球輸送二氧化碳之氯轉移
	HCO_3^{-}	26mM	二氧化碳在血液中之形式，酸鹼緩衝劑
	$HPO_4^{=}$	1.7～2.6mM	酸鹼緩衝劑
	H^{+}	—	體液之酸鹼平衡
氣體	CO_2	2ml/100ml	有氧呼吸作用的產物，以 HCO_3^{-} 形態存在血液中作爲緩衝劑
	O_2	0.2ml/100ml	有氧呼吸作用及電子傳遞鏈的最終反應物
	N_2	0.9 ml/100ml	—
營養物質	葡萄糖	100mg/100ml	能量來源，組成細胞及分子之基本成分
	胺基酸	40 mg/100ml	能量來源，組成細胞及分子之基本成分
	三酸甘油	500 mg/100ml	能量來源，組成細胞及分子之基本成分
	膽固醇	150～250mg/100ml	—
	維生素	0.0001～2.5 mg/100ml	輔酶，促進酵素反應

（續）

種類	成　分	含　　量	功　　能
代謝廢物	尿素	34 mg/100ml	蛋白質代謝的產物，由腎臟排除
	尿酸	0.5 mg/100ml	蛋白質代謝的產物，由腎臟排除
	膽色素	0.2～1.2 mg/100ml	血紅素之代謝產物，部分由肝臟製成膽汁，由小腸排出
	乳酸	—	無氧呼吸作用之產物，可由肝臟轉化爲葡萄糖
其他	酶	—	催化體內化學反應
	荷爾蒙	—	促進或抑制生理反應

平滑肌收縮，以減少血液流失達30分鐘，此時間內會引發更進一步的止血機轉。

2. 形成血小板栓塞（platelet plug formation）：受傷的血管壁膠原纖維暴露，活化了血液中之血小板，於是血小板開始變大，彼此黏附於膠原纖維上並釋出腺嘌呤核苷雙磷酸（ADP）、血漿血栓素 A_2（thromboxane A_2），此釋出物質可吸引新的血小板到附近並黏附於原先活化的血小板上，並釋出腺嘌呤核苷雙磷酸（ADP）、血漿血栓素 A_2 吸引更多的血小板凝集，形成血小板栓子塞住傷口，但結構鬆散，需靠凝血因子的強化（圖10-5）。
3. 血液凝固（blood clotting）：在出血的15～20秒即會開始血液凝固的反應，此反應可分成三階段（圖10-6）：

⑴第一階段：凝血酶元致活素（凝血活素；thromboplastin）的形成。凝血酶元致活素並不是血液中的正常成分，是由受傷組織細胞和血小板游離出來的。由於凝血因子的來源不同，可由兩種途徑產生凝血酶元致活素，而後引發一連串的凝血反應。

①外在徑路：是受傷組織中產生的物質和血液混合後引起的外在凝血徑路。

②內在徑路：是由血液內的凝血因子（Ⅰ～ⅩⅢ）所引起的內在凝血徑路。

⑵第二階段：凝血酶元致活素可催化凝血酶元（prothrombin）變成凝血酶（thrombin）。

⑶第三階段：凝血酶又可催化纖維蛋白元（fibrinogen）變成纖維蛋白（fibrin），然後纖維蛋白網住血小板、血球細胞及血漿，形成血凝塊。

4. 凝塊收縮與纖維蛋白分解（clot retraction and fibrinolysis）：纖維蛋白凝塊收縮，使受傷血管邊緣變小，減少出血的危險。正常凝塊收縮需要足夠的血小板參與，而纖維蛋白分解包含血塊溶解。當凝塊形成時，血液及組織會釋放酵素把血塊中的

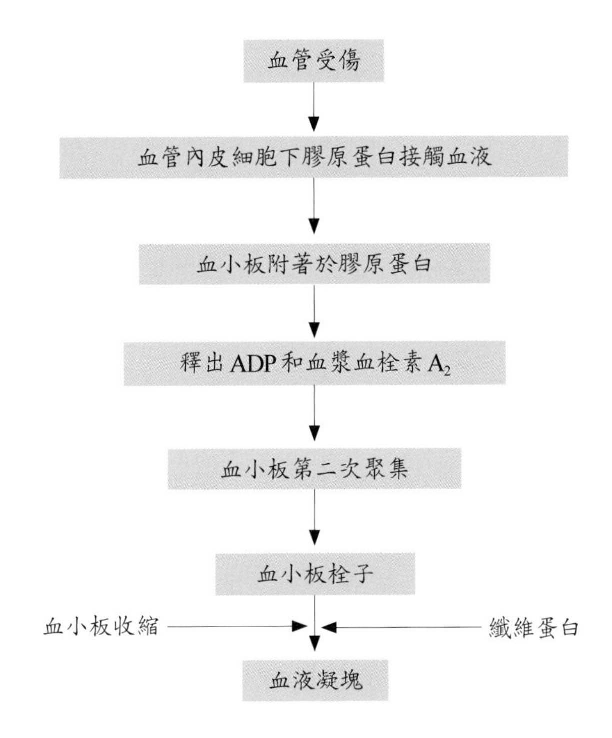

圖10-5 血小板栓子及血液凝塊的形成

胞漿素原（plasminogen）活化成胞漿素（plasmin）。胞漿素可將纖維蛋白分解成片段，因而促進血塊溶解。

凝塊的形成，可避免失血過多，是生理上的重要機轉。凝塊的形成需要維生素 K 及 Ca^{+2} 的存在，維生素 K 是合成凝血因子 VII、IX、X 所必需，而並非實際參與凝塊的形成。

5. 預防血栓形成（prevention of thrombosis）：血液在破裂血管中形成血栓，若不能自行溶解即會阻斷組織氧氣的供應，若血栓阻塞在腦、心等重要器官的血管，則會造成嚴重的栓塞現象（embolism）。臨床上可用來阻止血液凝固的化學物質，稱為抗凝劑（anticoagulant）。常見的抗凝劑如下：

⑴肝素（heparin）：肝素本身帶負電，並與多醣類結合，本身不具抗凝血質的特性，需與血漿中抗凝血酶第三因子（antithrombin Ⅲ）結合後，才會產生抑制凝血酶的作用。人體內的肥胖細胞及嗜鹼性白血球可分泌，亦可由動物的肺組織及腸黏膜中萃取而來。

⑵雙香豆素（dicumarol）：是利用對抗維生素 K 依賴因子 II、VII、IX、X 凝血因子來抑制凝血。

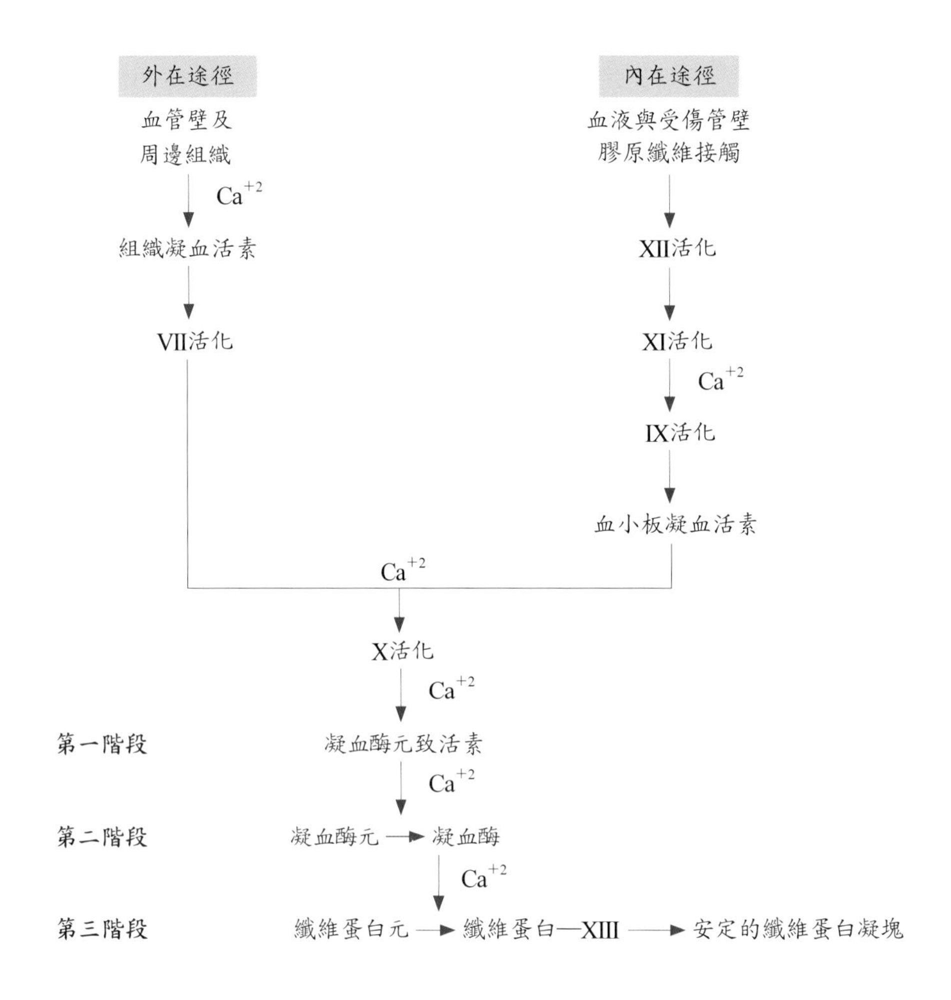

圖10-6　凝血的過程

(3)檸檬酸鈉（sodium citrate）或乙二胺四乙酸（EDTA; ethylenediamine tetraacetic acid）：可與血漿中的Ca^{+2}結合，使凝血無法發生。

(4)阿斯匹靈（aspirin）：會抑制攝護腺素產生，導致血小板釋放反應不全而無法凝血。

血型

身體所有細胞的表面皆有特定的分子，能夠被另一個體的免疫系統辨識為外來物，此特定的分子即是抗原（antigen）。另一個體的特定淋巴球能產生抗體（antibody），與侵入的抗原能結合成抗原抗體反應，此為免疫反應的部分。紅血球表面含有遺傳決定的抗原，稱為凝集原（agglutinogen），在血漿中遺傳決定的抗體，稱為凝集素（agglutinin）。兩者若產生抗原抗體反應，則紅血球出現凝集現象（agglutination），隨後產生溶血現象（hemolysis）。

ABO 血型

紅血球表面上的抗原在臨床上是極重要的，因為在輸血過程中，供血者與受血者的血型（blood group）必須配合，才不會出現輸血反應。

若紅血球表面含有 A 抗原（凝集原）的是 A 型，含有 B 抗原的是 B 型，含有 A和 B 兩種抗原的是 AB 型，既無 A、亦無 B 的抗原者為 O 型。A 型者含有抗 B 抗體（凝集素），B 型者含有抗 A 抗體，O 型者含有抗 A 及抗 B 抗體，而 AB 型者不含任何抗體（圖 10-7）。因此 A 型者不可接受 B 型或 AB 型血液，但可接受 A 或 O 型血液。AB 型者血漿中不含任何抗體，故可接受 A、B、AB、O 型的血液，被稱為全適受血者。O 型者的紅血球不含抗原，故可輸血給任何血型者，被稱為全適供血者。

Rh 血型

在大部分的紅血球上會發現另一種抗原為 Rh 凝集原，此凝集原有三種，其中 RhD 凝集原與輸血反應最有關聯。紅血球上具有 Rh 凝集原的為 Rh（+），不含 Rh 凝集原的為 Rh（-）。據估計，美國白人中 85%、黑人中 88%、東方人中 99%為 Rh（+）。

正常情況下，人類血漿不含抗 Rh 凝集素。若是有 Rh（-）的人接受了 Rh（+）的血液，體內即會開始製造抗 Rh 凝集素，並留存血液中，若此人不幸又接受了第二次的 Rh（+）血液，則體內原先形成的抗 Rh 凝集素就會與第二次輸入的血液引起反應。

若 Rh（-）的母親生下 Rh（+）的嬰兒時，胎兒的 Rh 凝集原會穿過胎盤進入母體血液中，使母體產生抗 Rh 凝集素。當她第二次懷孕時，若胎兒是 Rh（-）就不會有任何問題。但是若懷的仍是 Rh（+）胎兒時，母親血液中的Rh 凝集素即會經由胎盤進入胎兒血液，使胎兒發生溶血反應，此稱為新生兒溶血症（hemolytic disease of newborn; HDN），或稱新生兒紅血球母細胞過多症（erythroblastosis fetalis）（圖 10-8）。此類嬰兒出生後 90 分鐘內應以 Rh（-）血液置換原來血液；而母親則應在產後立即注射抗 Rh 凝集素，以結合進入母體的 Rh 凝集原，以防止母體產生抗 Rh 凝集素，影響下一胎的胎兒。

心臟

胚胎發育時是由一條會跳動的血管扭曲癒合而形成心臟（heart），約在胚胎第七週發育完成，是循環系統的中樞，每天約可跳動十萬次以上，約可送出 7,000 公升的血液，經血管供應全身。

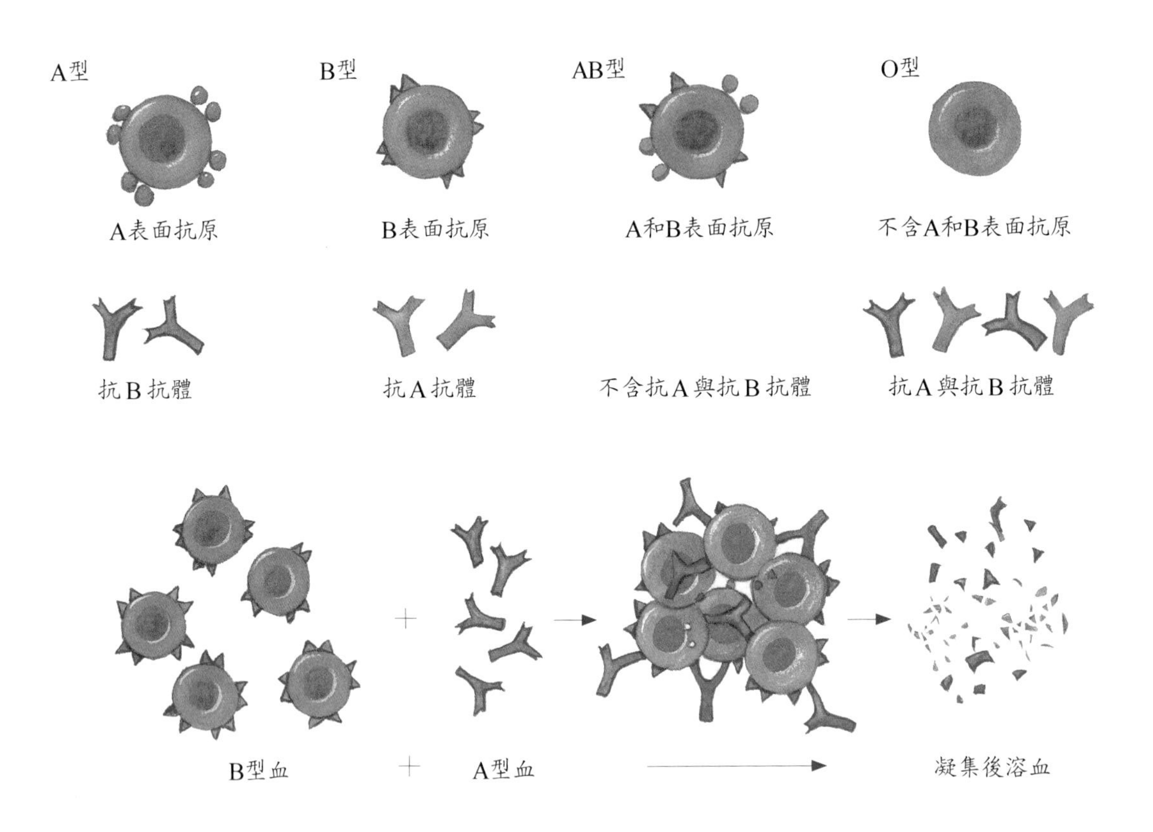

圖10-7 在ABO血型分類及交叉反應

解剖學

大小與位置

心臟位於兩肺之間的中縱膈腔內，約有2/3在身體中線的左側（圖10-9A），大小如握緊的拳頭，呈中空圓錐狀，重量約為250～350公克。

心尖（apex）是左心室形成的尖端，指向左前下方，正好位於左鎖骨正中線與第五肋間，是心室壁最厚的地方。

構造

1. 心外層－心包膜（pericardium）：心包膜包圍著心臟，並將其固定於一定的位置。心包膜包括纖維性（fibrous）與漿膜性（serous）兩部分（圖10-9B）。
   (1)外層纖維性心包膜：含有許多纖維性結締組織，可防止心臟過度擴張、保護心臟並將其固定於縱膈腔內。

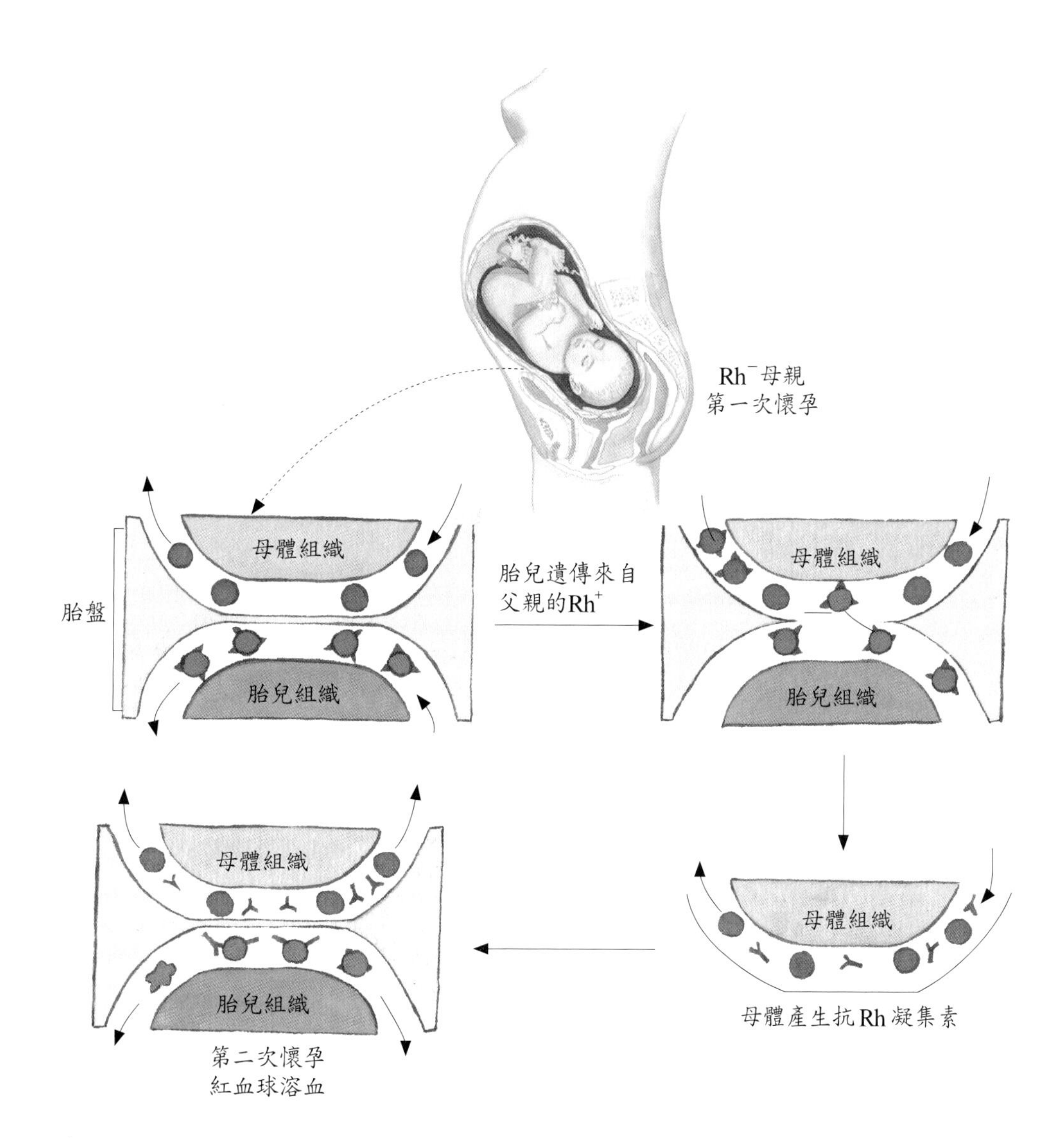

*第二次懷孕，母體之抗Rh凝集素進入胎兒血液，造成溶血。

*藍色：Rh^-；紅色：Rh^+

圖10-8　Rh血型不相容

(2)內層漿膜性心包膜：較薄且細緻的雙層膜。其壁層（parietal layer）緊貼纖維性心包膜的內側；臟層（visceral layer）緊貼於心肌表面，即是心外膜（epicardium）。壁層與臟層間的空間稱為心包腔，內含心包液（漿液），能減少心臟活動時膜與膜間的摩擦。

2. 心臟壁（heart wall）：心臟壁分成三層（圖 10-10）。

⑴外層－心外膜（epicardium）：是由漿膜組織與單層鱗狀上皮之間皮所組成的透明薄膜，亦即漿膜性心包膜的臟層。

⑵中層－心肌（myocardium）：構成心臟主體，負責心臟的收縮。心肌纖維是不隨意、具橫紋、有分叉且融合的合體細胞，介於兩個心肌細胞的交接處，有可加強收縮訊息傳導的間盤。

⑶內層－心內膜（endocardium）：由心臟大血管內皮延伸過來的內皮組織，襯於心肌層的內表面，同時覆蓋瓣膜及腱索。

3. 心內層（interior of heart）

⑴分成四個腔室（four chambers），以接受循環血液（圖 10-11）。

①上面兩個腔室稱為左、右心房（atria），心房上附有心耳（auricle），以增加心房的表面積。心房的內襯表面有梳狀肌（pectinate muscles）。左、右心房間有心房間隔（interatrial septum），間隔在右心房面上有一卵圓形凹陷，是為卵圓窩（fossa ovalis），此窩在胎兒時為卵圓孔。下面兩個腔室是左、右心室（ventricles），兩心室間有心室間隔分開。心室壁上有乳頭肌（papillary muscles），腱索連接瓣膜尖端與乳頭肌，共同配合指引血流的方向。

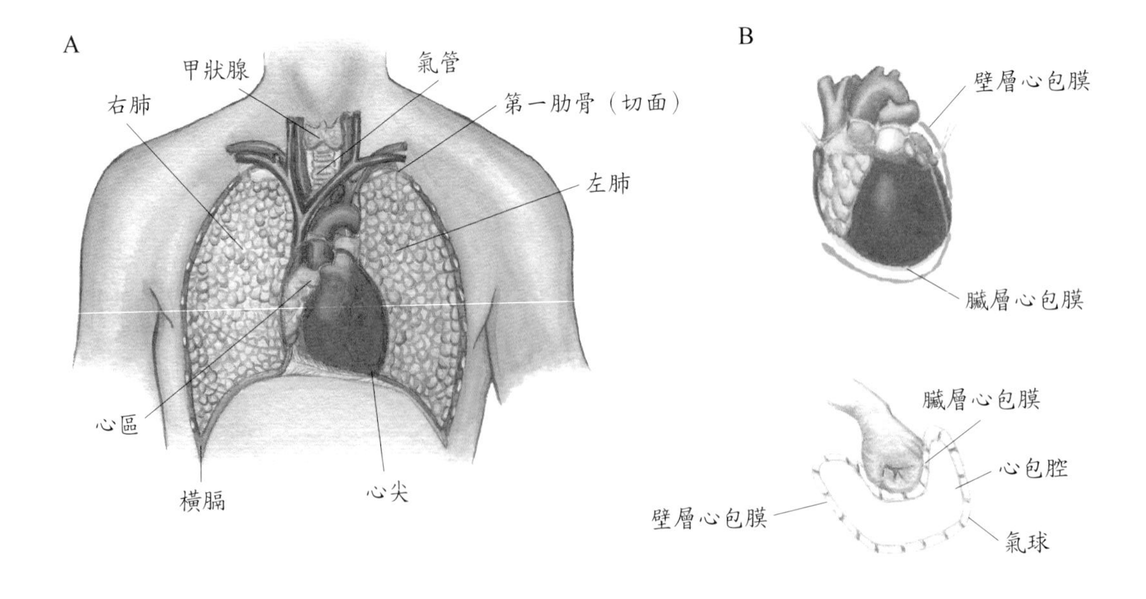

圖 10-9　心臟在胸腔內的位置。A. 心臟位於縱膈腔內，胸骨之後面；B. 心臟與心包腔的關係可與拳頭和氣球相比喻。

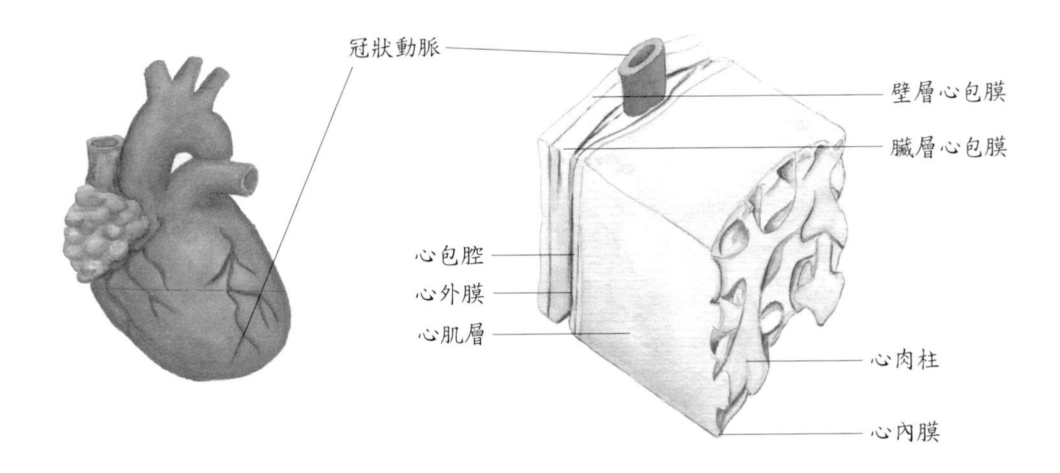

圖10-10　心胞膜與心臟壁的構造

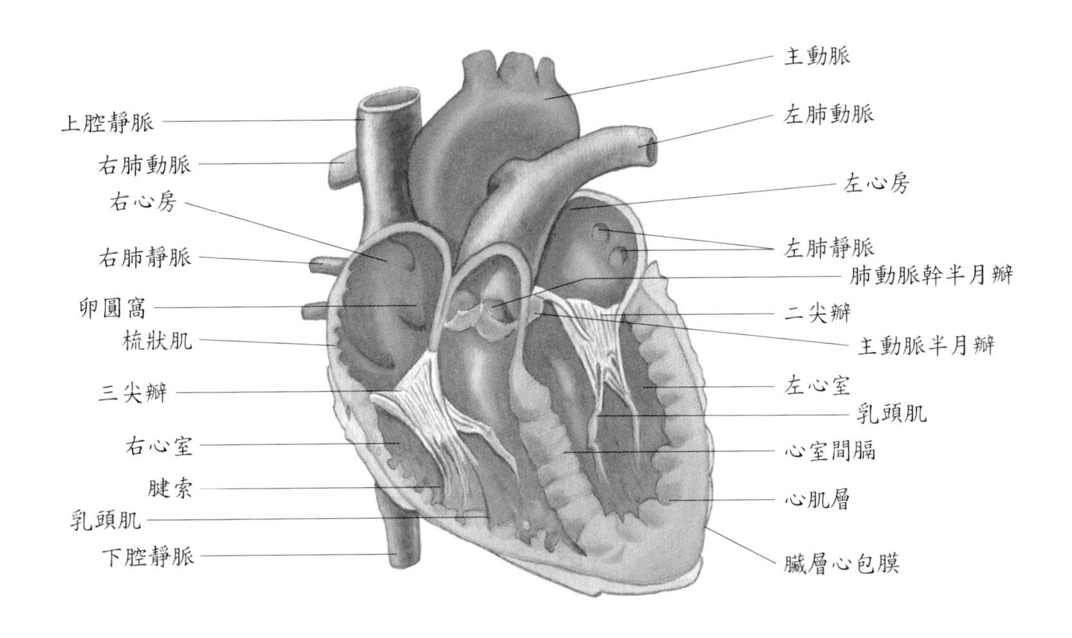

圖10-11　心臟的內部構造（冠狀切面）

②心臟外表在心房、心室間有冠狀溝（coronary sulcus）環繞，後方埋有冠狀竇（coronary sinus）。在左、右心室間前後各有前室間溝及後室間溝。這些溝埋有冠狀動脈及心臟的靜脈（圖10-12）。

⑵瓣膜（valve）：當心臟每個腔室收縮時，可將一部分血液推入心室中，或經由動脈而將血液送出心臟。心臟具有由緻密結締組織所組成的四組瓣膜（圖10-11、表10-5），可防止血液逆流。

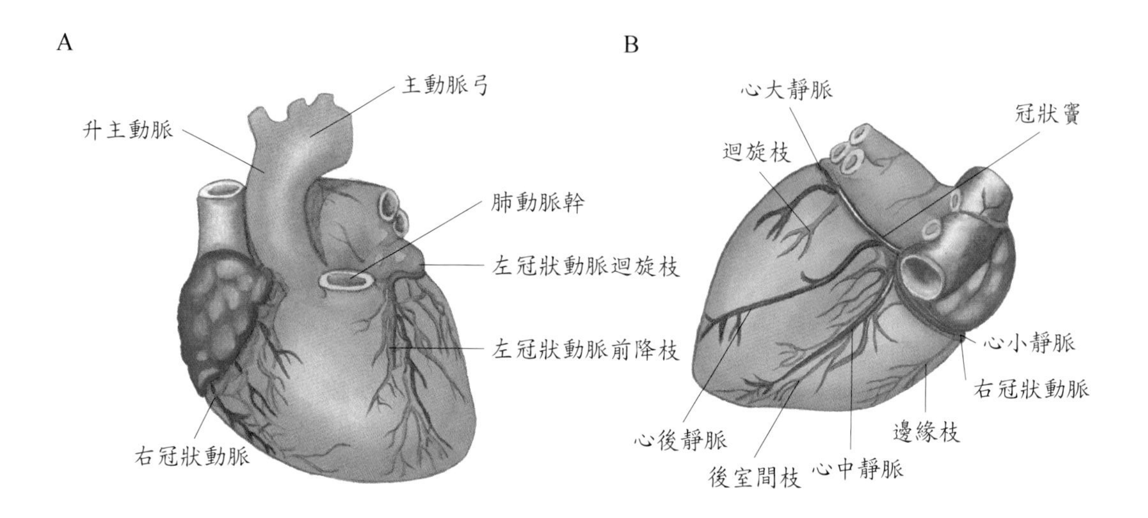

圖10-12　心臟的外觀及冠狀循環。A. 前面觀；B. 後面觀。

表10-5　心臟的瓣膜

種類	解剖位置	瓣尖	瓣數	血流方向	目　的
房室瓣	二尖瓣：左心房、心室間	朝下	2	左心房→左心室	防止血液逆流回心房
	三尖瓣：右心房、心室間	朝下	3	右心房→右心室	
半月瓣	主動脈與左心室間	朝上	3	左心室→主動脈	防止血液逆流回心室
	肺動脈與右心室間	朝上	3	右心室→肺動脈	

3. 九條連接心臟的大血管（associated great vessels of the heart）：上腔靜脈（superior vena cava）收集上半身的靜脈血液，下腔靜脈（inferior vena cava）收集下半身的靜脈血液，冠狀竇收集心臟壁大部分的靜脈血液。此三條靜脈血管將收集的血液送入右心房，接著送入右心室，經肺動脈幹的左、右肺動脈（pulmonary arteries）將血液送入肺臟進行氣體交換，再由四條肺靜脈流回左心房，進入左心室，送往主動脈（aorta），經其分枝將血液送往全身各部位。由於左心室要用高壓力將血液壓入通往全身各個部位的血管中，所以心肌層是四個腔室中最厚的（圖10-13、表10-6）。

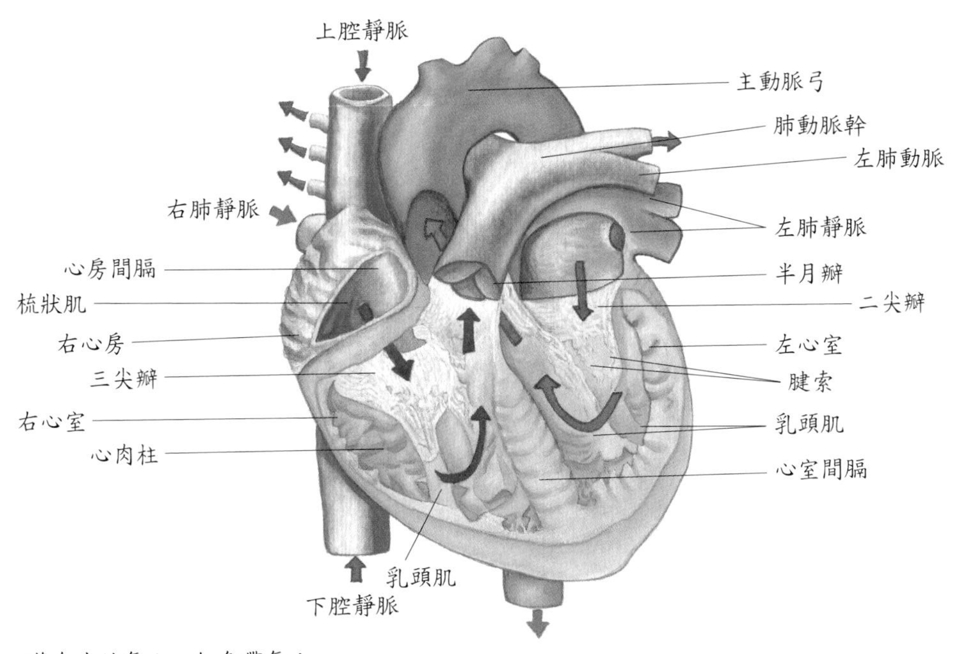

圖10-13　血液流經心臟的途徑

表10-6　連接心臟的大血管

種　類	數　目	含氧情形	血流方向
上腔靜脈	1條	缺氧血	上半身靜脈血→上腔靜脈→右心房
下腔靜脈	1條	缺氧血	下半身靜脈血→下腔靜脈→右心房
冠狀竇	1條	缺氧血	冠狀靜脈→冠狀竇→右心房
肺動脈幹	1條	缺氧血	右心室→肺動脈幹→肺動脈→肺
肺靜脈	4條	充氧血	肺→肺靜脈→左心房
主動脈	1條	充氧血	左心室→主動脈

血液供應

供應心肌的血管有左、右冠狀動脈（coronary artery），兩者皆起源於升主動脈。左冠狀動脈在左心房下，馬上就分成左前降枝（在前室間溝）及迴旋枝，左前降枝供應兩心室壁的血液，迴旋枝則供應左邊的心房、心室。右冠狀動脈在右心房下，並分成後室間枝（在後室間溝）及邊緣枝，後室間枝供應兩心室壁的血液，邊緣枝則供應右邊的心房、心室。

左前降枝、左迴旋枝與右冠狀動脈是供應心肌營養的三大血管（圖 10-12）。

心臟大部分的缺氧血，先收集至冠狀竇，再注入右心房。冠狀竇的主要支流是收集心臟前部靜脈血液的心大靜脈（great cardiac vein）及收集心臟後部靜脈血液的心中靜脈（middle cardiac vein）。

休息時，人類的冠狀血流平均 255ml / min，占心輸出量的 4～5%。心臟收縮時，心肌的收縮對心肌內血管造成壓迫，因此，此時冠狀動脈的血流量最小。當冠狀動脈有 90% 阻塞時，會形成側枝循環，雖然側枝循環血管皆很小，但心肌只要能接受正常血流量的 10～15% 即能存活，在活動增加時，由於心肌的耗氧增加，當冠狀動脈血流量無法負荷時，即會出現缺血性心臟病的現象。

臨床指引：

冠狀動脈疾病（coronary artery disease; CAD），泛指因冠狀動脈病變而導致的心臟疾病。冠狀動脈供應心肌營養，當冠狀動脈阻塞或狹窄時，會導致心肌缺氧或壞死，而引起 CAD。其症狀有心絞痛、心肌梗塞、心律不整及猝死。在西方國家已名列死亡原因之首，在台灣是十大死因第四名。

造成 CAD 的元凶是動脈粥狀硬化（atherosclerosis），就是在動脈血管壁上有塊斑（plaque）的形成，塊斑大多由膽固醇及血栓組成。造成的因素有吸菸、高血脂、高血壓、糖尿病、肥胖、少運動等。

罹患 CAD 的病患在初期以控制危險因子來著手，包括減重、多運動、多吃低脂、低鹽、多纖維的食物，並控制好血壓與血糖等。當臨床症狀加重時，可用藥物治療，包括阿斯匹靈、硝化甘油錠、β 腎上腺阻斷劑、鈣離子阻斷劑。當三條冠狀動脈有不同程度阻塞時，可用心導管檢查冠狀動脈攝影術來確定阻塞部位，並藉由氣球擴張術（甚至放置血管支架）來治療。

如果三條冠狀動脈都阻塞的話，則實施冠狀動脈繞道術 CABG，將患者腿上的大隱靜脈移植在心血管阻塞的位置並繞過其阻塞部位，來重新建立一條血流通路到心肌。如果冠狀動脈部分阻塞，可實施冠狀動脈再形成術（Percutaneous Coronary Intervention; PCI），又稱血管擴張術，就是經皮穿刺周邊動脈（股或橈動脈等）沿著動脈向心方向送入氣球導管或血管支架等介入性治療器械到阻塞的冠狀動脈，進行擴張及疏通的一種心導管治療技術。

傳導系統

心臟的傳導系統（conduction system）是由特化的心肌組織構成，能產生並傳導衝動以刺激心肌纖維的收縮。這些特化的組織依傳導順序包括了：竇房結（sinoatrial node）、房室結（atrioventricular node）、房室束（atrioventricular bundle）及其分枝、浦金埃氏纖維（Purkinje fibers）（圖 10 - 14）。自主神經對心臟只有調節的功能，並不會引發心臟收縮。

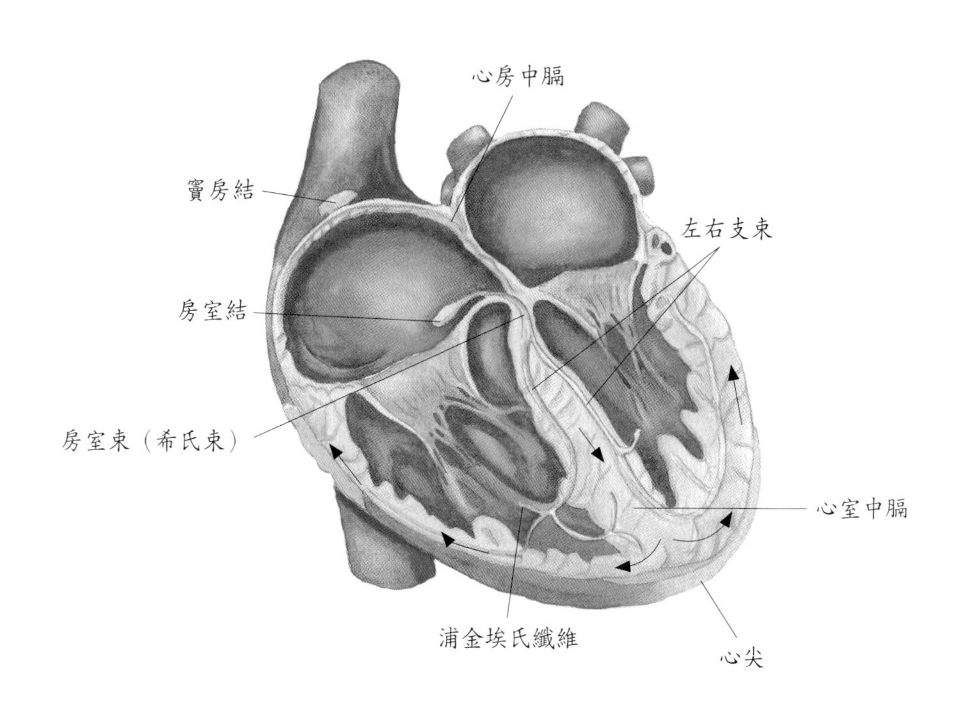

圖10-14 心臟的傳導系統

竇房結（S-A node）具有自我興奮性，能自發有節律的產生動作電位，故稱為節律點（pacemaker），它是位於右心房壁、上腔靜脈開口下方的細胞組織，其節律可受自主神經、血液中的甲狀腺素或正腎上腺素等化學物質的作用而改變。其傳導速度為每秒鐘 0.05 米。

竇房結一旦引發一個動作電位，此衝動即會傳遍兩個心房使其收縮（傳導速度每秒鐘 1 米），同時使位於心房間隔下方的房室結（A-V node）去極化，然後以每秒鐘 0.05 米的速度傳至心室間隔的房室束（His bundle），以每秒鐘 1 米的速度經房室束左右分枝至左、右心室壁，再經浦金埃氏纖維以每秒鐘 4 米的速度穿入心肌纖維，使左右心室同時收縮。由此可見，傳導速度最快的是浦金埃氏纖維。

心電圖

由於人體組織液含有高濃度的離子，可對電位差產生移動而形成電流，因此身體是電的良導體。心臟產生的電位差藉由上述原理傳導至身體表面，能被置於皮膚表面的電極紀錄到心動週期電位變化的即為心電圖（electrocardiogram）（圖 10-15）。記錄的裝置即為心電圖描記器（electrocardiograph）。典型的心電圖紀錄中，每一次心動週期伴有三個明顯的偏向波（圖 10-15、表 10-7）。

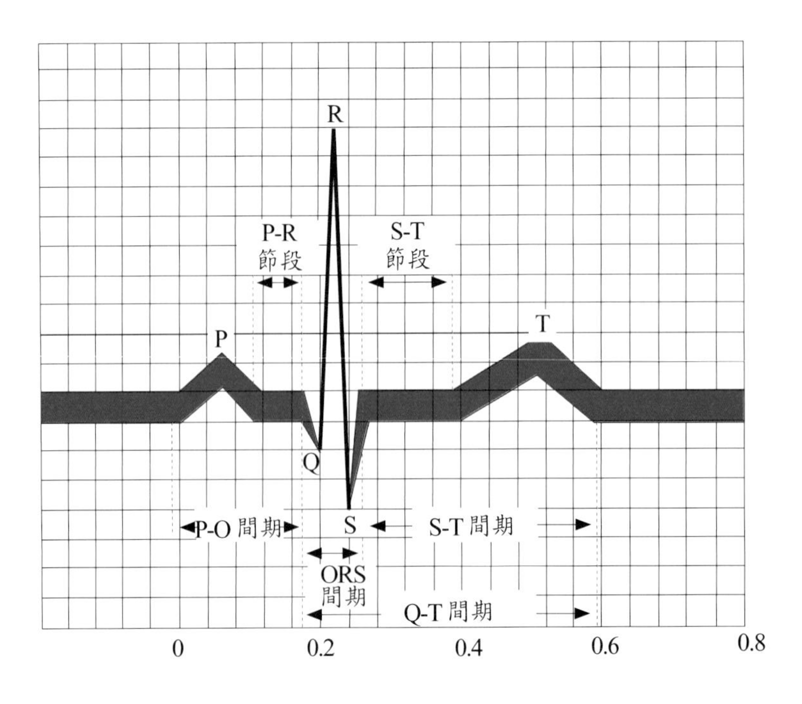

圖 10-15　單一次心跳的正常心電圖

表 10-7　心電圖的波形

波　形	正常時間	代表意義	異常狀況
P 波	0.08 秒	心房收縮時的去極化	
QRS 波	0.08～0.10 秒	心室收縮時的去極化	• ≧0.12 秒，表示心律不整，源於心室的異位節律點或束支傳導受阻滯 • 時間延長，表示血鈣濃度降低 • 時間縮短，表示血鈣濃度升高
T 波	0.16 秒	心室舒張時的再極化	高血鉀會出現高而尖的 T 波
P-Q 間期（interval）	0.12～0.20 秒（平均 0.16 秒）	由心房開始興奮（收縮）到心室開始興奮之間的傳導時間，亦即由 P 波至 QRS 波之間所需的時間	＞0.2 秒，表示房室傳導阻滯
S-T 節段（segment）	0.13 秒	心室去極化結束至心室再極化開始所需的時間	時間增加或減少，表示可能有缺血性心臟病
Q-T 間期	0.40～0.43 秒	心室去極化開始至心室再極化結束所需的時間	心肌梗塞的患者，會留下變寬變深的大 Q 波

心動週期

左、右兩個心房充血後，同時收縮將血液送入心室。接著兩個心室同時收縮，將血液送入肺循環和體循環。當心房收縮時，心室是舒張的；當心室收縮時，心房是舒張的。心動週期（cardiac cycle）就是指心臟收縮與舒張重複進行的週期性變化，故包括了收縮期（systole）與舒張期（diastole）。現分述於下（圖 10-16）：

1. 心室收縮期（ventricular systole）：由 QRS 波至 S-T 間段。
   (1)等容積收縮期（isovolumetric contraction）：當心室開始收縮時，心室壓力增加，會使房室瓣關閉（此時出現第一心音）、半月瓣打開，但由於房室瓣先關、半月瓣後開，當中有 0.05 秒時間，房室瓣與半月瓣皆在關閉狀態，心室未送出血液，此時容積未變，但其內壓力卻快速上升。
   (2)射出期（ejection period）：當心室壓大於動脈壓時，即會將半月瓣壓開，將血液送入動脈內。約持續 0.25 秒，直至半月瓣關閉為止。此時左、右心室射出的血液量即為心搏量，約 70ml。在前 1/3 時間射出量占 70%，稱為快速射出期；後 2/3 時間射出量只有 30%，稱為緩慢射出期。
2. 心室舒張期（ventricular diastole）：T 波。

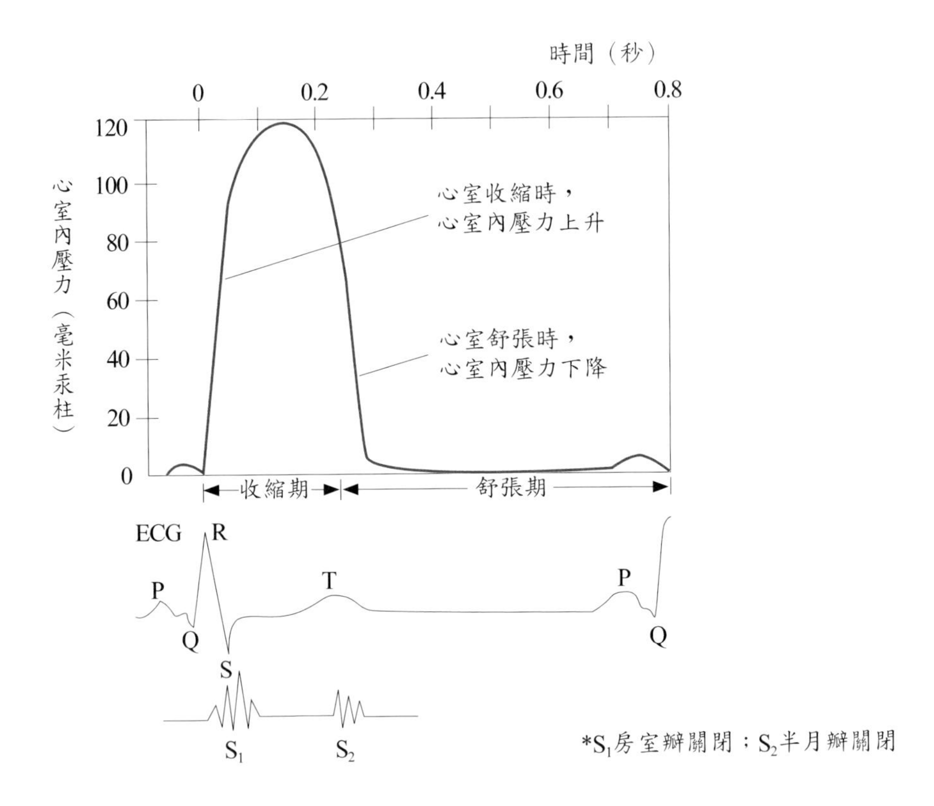

圖 10-16　心動週期與心臟相關變化和心電圖之間的關係

(1)等容積舒張期（isovolumetric relaxation）：在心室舒張時，半月瓣關閉後約經 0.05 秒房室瓣開啟，這段時間心室壓大降，但心室容積不變。

(2)重搏切跡（dicrotic notch）：心室收縮結束，舒張突然開始，產生較高的動脈壓讓血液回流，撞擊剛關閉的半月瓣上所產生的聲音，是為第二心音。

3. 心室填注期（ventricular filling）：由 T 波至 P 波。

(1)被動填注期（快速填注期）：在心室等容積舒張期後，心房也處於舒張狀態，由於血液不斷的匯流入心房，使心房壓大於心室壓，血液自然流入心室，占總注入量的 70%。可見，房室瓣並不是在心房收縮時才打開。

(2)主動填注期（慢速填注期）：當心房血液流入心室 70% 後，壓力降低無法壓開房室瓣，因此需靠心房收縮來使房室瓣打開，血液才能注入心室，占總注入量的 30%。所以此時的 EKG 是在 P 波上。

若每分鐘平均心跳 75 次，每一個心動週期需要 0.8 秒。心房收縮期為 0.1秒，舒張期為 0.7 秒；心室收縮期為 0.3 秒，舒張期為 0.5 秒。當心跳比較快時，舒張期就會縮短。

用聽診器聽診主要是聽由瓣膜關閉使血液產生渦流時的心音。第一心音，聲音長而低，是心室在等容積收縮時房室瓣關閉所產生的。第二心音的聲音尖而短，是當心室內壓力降到低於動脈壓時半月瓣關閉所產生的。若房室瓣關閉不全，少量血流會倒流回心房，即會引起不正常的心音，稱心雜音（murmur）。

血管

血管（blood vessel）形成一個遍及全身的網路，使血液可由心臟經動脈到達身體中所有活細胞後，再經靜脈返回心臟。血液離開心臟經過的動脈管腔逐漸縮小，所以有大、中、小動脈，然後經過微血管進入管腔逐漸變大的靜脈，返回心臟。

動脈壁和靜脈壁皆是由三層膜組成（圖 10-17），說明如下：

1. 外膜（tunica externa）：動、靜脈皆是由結締組織組成。
2. 中膜（tunica media）：動脈此層最厚，含有具彈性的彈性纖維及收縮性的平滑肌，且中膜與外膜間有外彈性膜。靜脈的彈性纖維及平滑肌含量皆較少，無外彈性膜，但有較多的白色纖維組織，所以管壁比動脈薄。

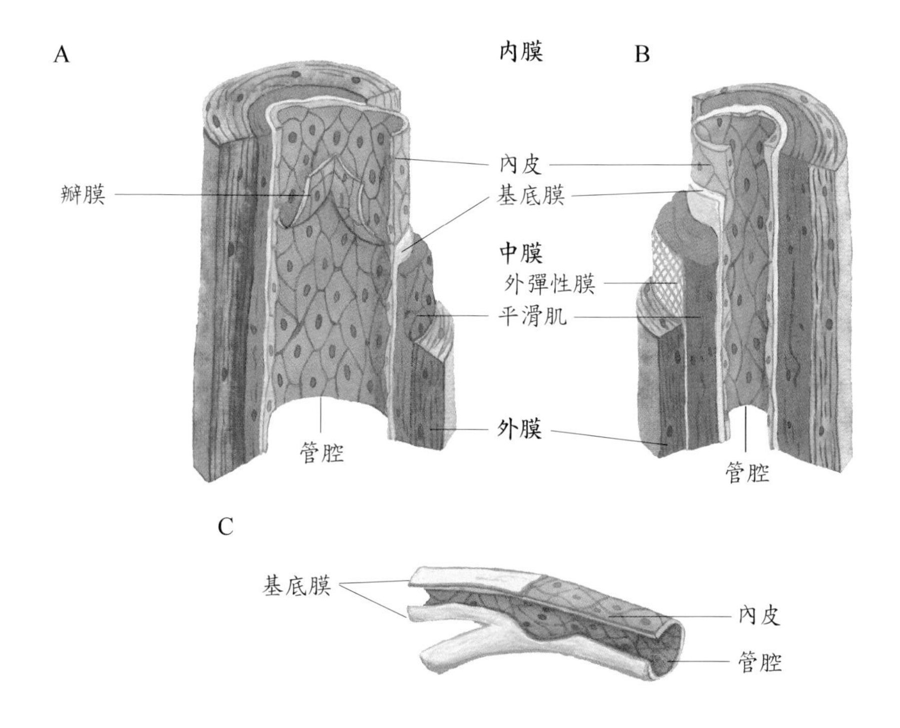

圖 10-17　各種血管構造的比較。A. 靜脈；B. 動脈；C. 微血管。

3. 內膜（tunica interna）：最內層是單層扁平上皮的內皮，直接與血液接觸。內皮的外面是基底膜，在基底膜外，動脈比靜脈多了一層內彈性膜。

動脈

身體大部分區域接受兩條以上的動脈（Artery）分枝，分枝末端彼此結合的稱為吻合（anastomosis），所以一支發生阻塞時，會產生側支循環。無吻合的動脈稱為終動脈（end arteries），若阻塞即產生此區的壞死，例如心肌梗塞。

彈性動脈

彈性動脈（elastic artery）或稱輸送動脈、傳導動脈，為大的動脈，包括主動脈、頭臂動脈、頸總動脈、鎖骨下動脈、椎動脈、髂總動脈等。其特徵是中膜含較多的彈性纖維，較少的平滑肌，所以管壁較薄。此類動脈可承受由左心室壓縮所射出大量血液的巨大壓力，心臟舒張時，又可反彈使血液向前流動，故有引導血液的功能。其血管總橫切面積最小，血流速度最快。

肌肉動脈

肌肉動脈（musclar artery）又稱分配動脈的中等口徑動脈，包括腋動脈、肱動脈、橈動脈、肋間動脈、脾動脈、腸繫膜動脈、股動脈、脛動脈等。其特徵是含有平滑肌較彈性纖維多，所以管壁較厚，有較大的收縮力和擴張力來調節血量。

小動脈

小動脈（arteriole）是血管中阻力最大的血管，又稱阻力動脈。其起端構造似動脈，末端似微血管，幾乎由內皮構成，周圍散列平滑肌細胞（圖10-18），故可改變血管直徑，影響周邊阻力，與血壓調節有關。

微血管

微血管（capillary）連接小動脈和小靜脈（圖10-18），幾乎所有細胞的附近皆有它的存在。體內微血管的分布因組織的活動性而有差異，活動性較高的，如肌肉、肝臟、腎臟、肺臟、神經系統等處就富含微血管；活動性較低的肌腱、韌帶等處的微血管就不密集，像是表皮、眼角膜、軟骨等地方就無微血管。

微血管壁是由單層的內皮細胞及基底膜所構成，管腔雖小但總橫切面積最大，血流速度慢，便於營養物質與廢物能在血液與組織細胞間交換。流至微血管的血液量完全由小動脈的血流阻力來決定，在小動脈接近微血管處的後小動脈外圍散列著平滑肌細胞（圖10-18），這些平滑肌的收縮和鬆弛可調節血量和血流的力量。微血管的起始部分有微血管前括約肌（precapillary sphincter），可控制進入真微血管的血流（圖10-18）。

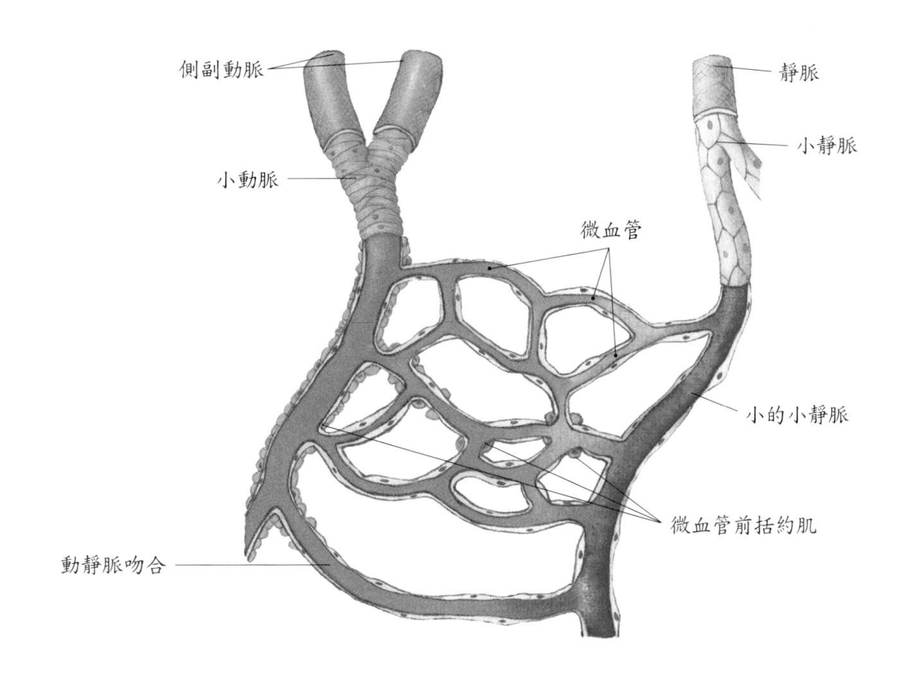

圖 10-18　小動脈與微血管的組成

靜脈

靜脈（vein）包括了小靜脈（venule）在內，小靜脈是由許多微血管匯集而成，它收集來自微血管的血液，最後注入靜脈（vein）。靠近微血管的小靜脈構造較簡單，只有內皮組成的內膜及結締組織組成的外膜，當靠近靜脈時，構造即似靜脈，亦含有中膜。

當血液離開微血管流入靜脈時，已失去大部分的血壓，所以血管破裂時，血流速度比動脈慢。低的靜脈壓不足以使血液返回心臟，特別是下肢的靜脈，所以需靠骨骼肌收縮及靜脈瓣膜來幫助靜脈回流，及防止血液倒流（圖 10-19）。若因遺傳、長期站立、懷孕或年紀大使瓣膜功能不全，會使大量血液因地心引力而積存於靜脈遠端，於是靜脈擴大、彎曲形成靜脈曲張（varicose veins）。若靜脈曲張發生於肛道壁，即是痔瘡（hemorrhoid）。

靜脈竇（venous sinus）又稱血管竇，為只含薄層的內皮管壁靜脈，不含平滑肌，故不能改變其直徑。如硬腦膜形成的靜脈竇、心臟的冠狀竇、肝臟的竇狀隙，皆屬於血管竇。

靜脈、小靜脈、靜脈竇約含全身血液的 75%，動脈含 20%，微血管含 5%，因此靜脈中存有大量的血液，被稱為血液的貯存所。

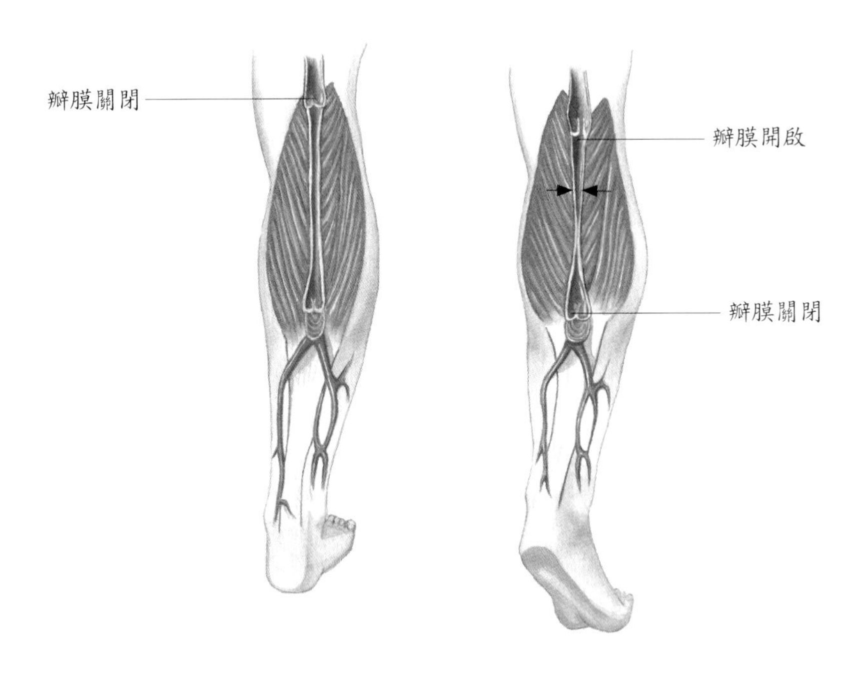

圖10-19　靜脈瓣膜的功能

循環生理學

由於血液在血管中的流動形成血流，血流對血管壁的壓力產生血壓，現詳述如下。

血流與血壓

血液是由壓力高的部位流向壓力低的部位。主動脈的平均壓力約為 100mmHg，此壓力在通過動脈系統時持續的快速下降（圖10-20），在通過靜脈系統時，下降的速度就較緩慢。血液由主動脈依次流到動脈（100～40mmHg）、小動脈（40～25mmHg）、微血管（25～12mmHg）、小靜脈（12～8mmHg）、靜脈（10～5mmHg）、腔靜脈（2mmHg），最後回到右心房，則壓力接近於零。

血液流動（blood flow）除了靠主動脈與腔靜脈兩端的壓力差外，還有在血液進入靜脈系統後，因為管徑較動脈大而降低了對血流的阻力，再加上骨骼肌的收縮及靜脈瓣膜的聯合作用，有助於血液流回心臟。

影響血壓的因素

血壓（blood pressure）是指血液施加於血管壁的壓力，臨床上是指左心室在收縮期時施於動脈的壓力。因動脈血壓＝心跳速率（HR）×心搏量（SV）×周邊阻力，所以影響

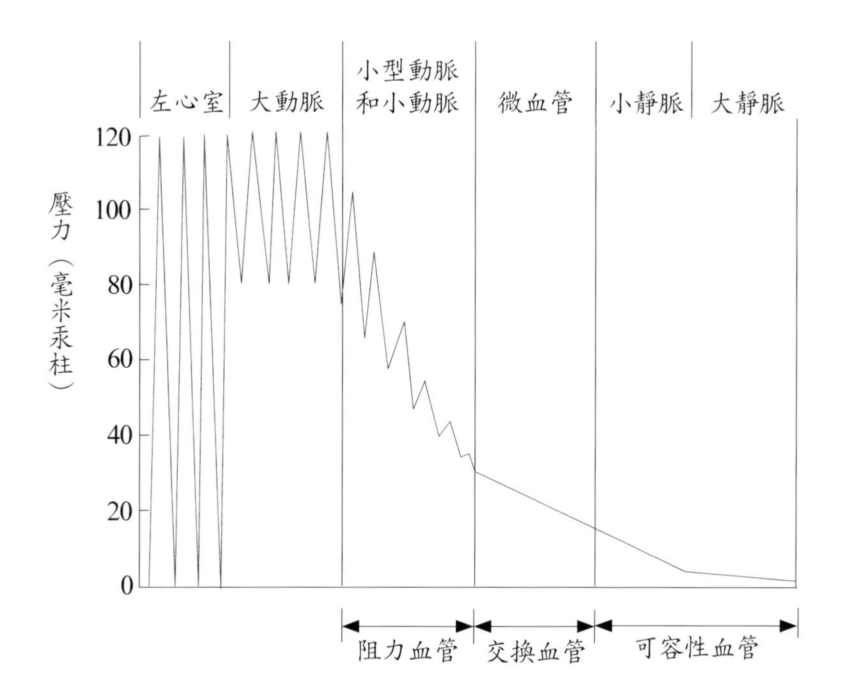

圖10-20 各種血管管內的壓力變化

動脈血壓最重要的因素即是心跳速率、心搏量（取決於血液容積）和周邊血管阻力。

1. 心輸出量：是指每分鐘左心室射到主動脈的血液量。而心輸出量決定於每分鐘的心跳速率與心室每次收縮射出的血液量（心搏量），所以兩者增加時，心輸出量即會增加，血壓也會上升。
2. 血液容積：血壓與心臟血管系統內的血液容積成正比。體內血液容積增加，靜脈回流量即會增加，因此心搏量增加、心輸出量增加，血壓即會上升。反之，血壓會下降。
3. 周邊阻力：是指血液與血管壁間的摩擦力，對血液流動產生的阻礙，它與血液的黏稠度、血管的管徑相關。血管的阻力與血管半徑的四次方成反比，亦即管徑較小血管的阻力是管徑較大血管阻力的 16 倍。所以流經較大管徑的血流量是較小管徑的 16 倍。小動脈主要就是利用管徑的改變來控制周邊阻力，因而控制血壓。
4. 動脈管壁彈性：年齡越長，血管越容易硬化，彈性變差，血壓即會上升。

血壓控制機轉

影響心跳速率及心臟收縮力的因素，皆會影響血壓。

1. 中樞神經對血壓的控制

⑴血管運動中樞（vasomotor center）：在延腦內有一群特殊的神經元可透過交感神經系統來維持全身阻力性血管（小動脈）管壁平滑肌的張力，使血管管徑保持

在適當大小，以維持基本血壓。若此中樞的興奮性受到影響而增強或減弱，使阻力血管收縮或擴張，血壓即隨之上升或下降。

⑵壓力感受器（baroreceptor）：感壓反射（baroreflex）是體內維持血壓穩定的重要自主神經反射作用。反射弧的接受器在主動脈弓（aortic arch）及頸動脈竇（carotid sinus），稱為壓力感受器。當血壓改變時，壓力感受器接受訊息分別經由迷走神經和舌咽神經傳送神經衝動至延腦的心跳中樞，改變心跳、心收縮力，心輸出量跟著改變，因而血壓獲得調節。感壓反射雖能於數秒內迅速調節血壓，但只對 75～150mmHg 範圍內血壓變動敏感，超過此範圍則需其他方式來幫忙。

⑶化學感受器（chemoreceptor）：位於壓力感受器附近的主動脈體（aortic body）及頸動脈體（carotid body），對於動脈血液中的氧、二氧化碳、氫離子之含量敏感。如果血液中缺氧、氫離子濃度升高或二氧化碳過多，則會刺激化學感受器送出神經衝動至血管運動中樞，增加對小動脈之交感神經刺激，使血管收縮，阻力增加，血壓即隨之上升。

⑷高級腦中樞（higher brain center）：在強烈情緒或盛怒下，大腦皮質會刺激血管運動中樞，使其送出交感神經衝動至小動脈，血管收縮、阻力增加，於是血壓上升。若情緒低落，則血管擴張，血壓降低。

2. 內分泌對血壓的控制

⑴腎活素－血管緊縮素系統（renin-angiotensin system）：當體內大量失血時，因體液的不足刺激腎臟近腎絲球器分泌腎活素（renin）至血液中，使血液中的血管緊縮素原（angiotensinogen）轉換成血管緊縮素 I，再經去掉兩個胺基酸變成血管緊縮素 II，其能產生三種情況。

①直接作用於小動脈，使管徑變小，血壓上升。

②作用於腎上腺皮質，使醛固酮（aldosterone）的分泌增加，刺激遠曲小管和集尿管對鈉離子和水的再吸收增加，血容積增加，心輸出亦增加，血壓即上升。

③刺激下視丘視上核分泌血管加壓素（vasopressin）或稱為抗利尿激素（ADH），使小動脈收縮，血壓上升。

⑵血管加壓素、正腎上腺素、腎上腺素三種內分泌物質皆可直接作用於小動脈血管平滑肌，使血管收縮，血壓上升。

⑶心房利鈉尿肽（atrial natriuretic peptide; ANP）：主要由心房細胞分泌的一種胜肽，可產生下列作用。

①增加腎絲球的過濾作用，並促進對鈉的排泄。

②降低血管平滑肌對血管緊縮素的作用，降低血壓。

③降低腎上腺皮質顆粒層分泌醛固酮（aldosterone）的有效反應。

④抑制腎活素的分泌，降低血液中血管緊縮素的濃度，使血壓下降。

⑤抑制下視丘產生抗利尿激素（ADH），使血壓下降。

⑷其他局部作用物質：例如 histamine 和 kinins 均為局部的血管擴張劑，除非全身性過敏大量釋放時，才會造成血壓下降。

檢查

脈搏之測量

隨著左心室每一次的收縮，動脈產生交替的擴張及彈性反彈，這就是脈搏。越靠近心臟的地方脈搏越強，遠離心臟越遠脈搏也越弱。靠近體表及跨過骨骼或其他硬組織的動脈較易感覺到脈動。最常用於檢查脈搏的地方是腕部的橈動脈，最常用來量血壓的是肱動脈，緊急狀況下用來檢查脈搏的是頸總動脈，手術後回病房想知周邊循環情形時測足背動脈。此外尚可測出脈搏的動脈有：淺顳動脈、顏面動脈、股動脈、膕動脈、脛後動脈（圖10-21）。

血壓之測量

在臨床上，血壓是指左心室收縮時施加於動脈之壓力，為心縮壓（systolic blood pressure），及左心室舒張時存留於動脈之壓力，為心舒壓（diastolic blood pressure）。通常是以血壓計在左肱動脈處測量血壓。常用的血壓計包括了橡皮氣袖、可壓縮的橡皮球、

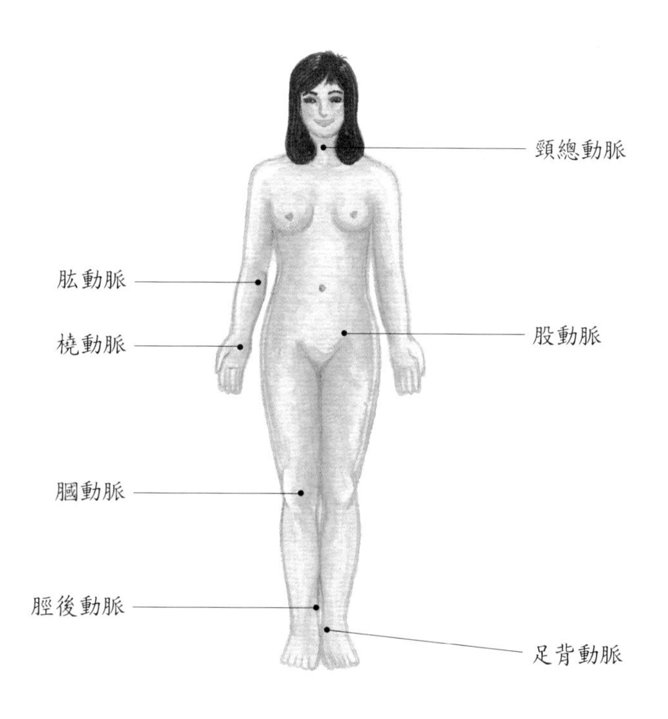

圖10-21　可測量脈搏的動脈圖

及有 mm 刻度的水銀柱三部分。氣袖有橡皮管連接橡皮球及水銀柱，現多為電子血壓計。

當環繞肱動脈的氣袖脹大而對肱動脈產生壓力，直到氣袖之壓力超過動脈的壓力為止。此時肱動脈的管壁緊貼在一起使血液不能通過，以手指置於腕部的橈動脈則感覺不到脈搏（圖 10-22A）。

緊接著氣袖慢慢放氣，當氣袖壓力稍小於肱動脈的最大壓力時，血流開始流過肱動脈，經由聽診器可聽到聲音，此為柯羅德科夫聲音（sound of Koratkoff）（圖 10-22B）。當氣袖壓力進一步下降時，聲音突然變弱直至完全消失（圖 10-22C、D）。當開始聽到聲音時之水銀柱讀數為心縮壓，當聲音消化時之水銀柱讀數為心舒壓。

血液循環

血液循環的（blood circulation）路線包括：心臟與肺之間的肺循環（小循環），心臟與全身之間的體循環（大循環）（圖 10-23），以及胎兒時期的胎血循環。

肺循環

肺循環（pulmonary circulation）是將來自全身的缺氧血由右心室送至肺進行氣體交換後，使缺氧血變成充氧血送回心臟的過程。如圖 10-23 的中間部分，右心室將暗紅色的缺氧血經肺動脈幹送至左、右兩條肺動脈，分別進入左、右肺臟。肺動脈進入肺臟後一再分枝，最後形成微血管圍繞於肺泡周圍進行氣體交換，將缺氧血變成鮮紅色的充氧

A

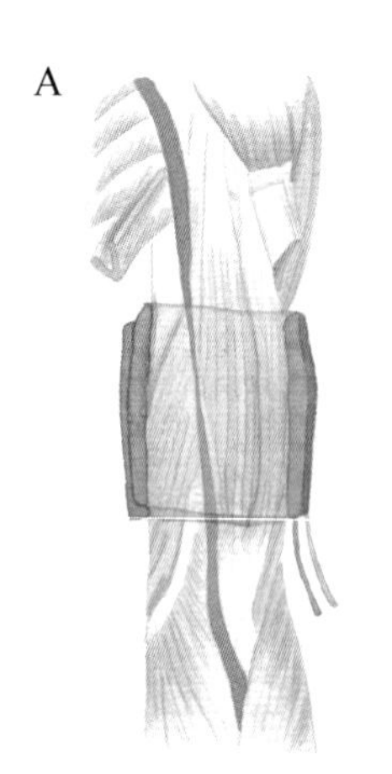

無聲音
氣囊壓力＝140

B

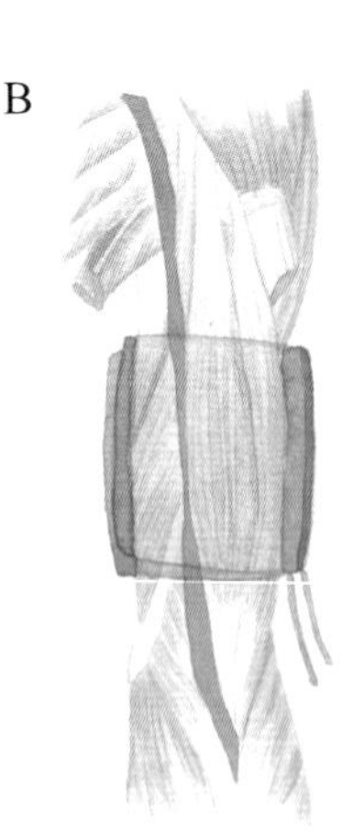

第一個柯羅德科夫聲音
氣囊壓力＝120
收縮壓＝120 mmHg

C

每次收縮時的聲音
氣囊壓力＝100

D

最後的柯羅德科夫聲音
氣囊壓力＝80
舒張壓＝80 mmHg

*血壓＝120/80 mmHg

圖 10-22　血壓測量原理

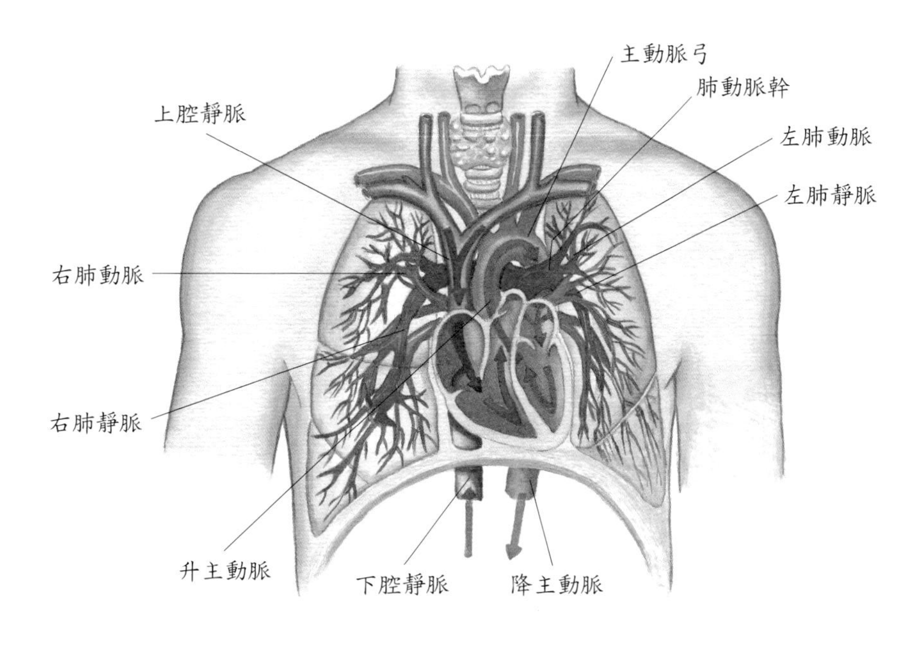

圖10-23 肺循環系統

血，經肺內微血管匯合成的小靜脈、靜脈，最後形成左、右各兩條肺靜脈，將充氧血送入左心房、左心室。肺靜脈是胎兒出生後唯一含充氧血的靜脈（圖10-23）。

體循環

體循環（systemic circulation）是指充氧血由左心室出來，將氧及營養物質攜至全身各個組織，再將組織移除的二氧化碳及代謝廢物又送回右心房的過程（圖10-23）。

1. 體循環的主要動脈（main systemic arteries）：所有體循環的動脈皆源自於接受左心室血液的主動脈（aorta），它在肺動脈幹深部往上行而成升主動脈（ascending aorta）。升主動脈至心肌層分成左、右冠狀動脈，往左後方彎曲即成主動脈弓（aortic arch）。主動脈弓彎曲至第四胸椎的高度往下降成為降主動脈（descending aorta），它貼於體腔後壁並靠近錐體，在胸腔的位置是胸主動脈（thoracic aorta）、在腹腔的位置為腹主動脈（abdominal aorta），至第四腰椎的高度而分成左、右髂總動脈（common iliac arteries）（圖10-24）。
   ⑴升主動脈：是主動脈的第一部分，基部分出左、右冠狀動脈，可營養心肌。
   ⑵主動脈弓：將血液送至頭頸部、上肢及一部分的胸壁構造（表10-8）。椎動脈和內頸動脈的分枝會合在腦部而形成威氏環（circle of Willis）。如果其中一條小動脈被堵住，腦部仍可由其餘血管得到供血（圖10-25）。

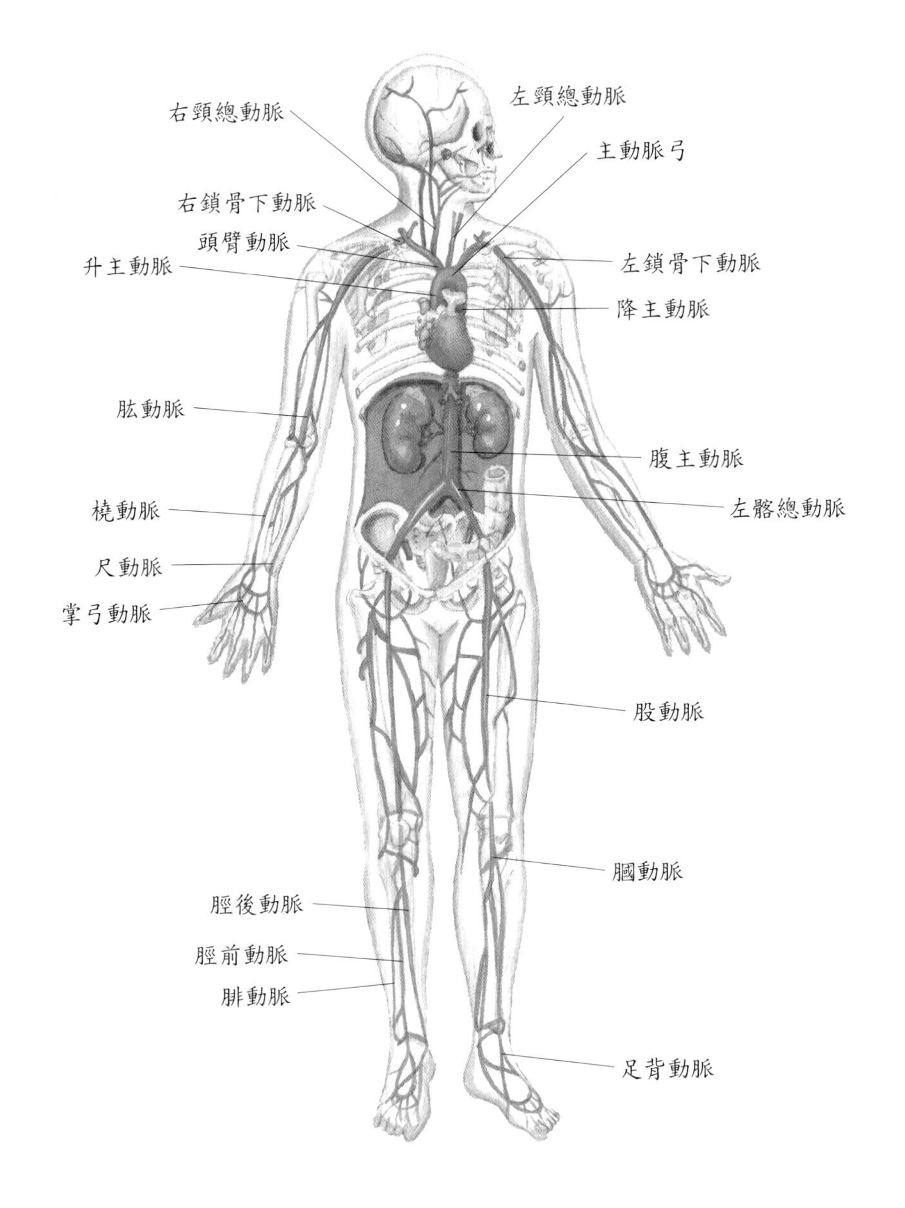

圖10-24　人體動脈循環系統圖

表10-8　主動脈弓

分　枝	分布區域
頭臂動脈（主動脈弓的第一分枝） 　右頸總動脈 　　右外頸動脈 　　右內頸動脈 　　　前大腦動脈	• 顏面、舌頭、甲狀腺、頸部、枕部頭皮 • 腦部、眼眶、前額 • 與基底動脈的分枝在顱底形成威利氏環

（續）

分　　枝	分布區域
中大腦動脈 　右鎖骨下動脈 　　椎動脈 　　　基底動脈 　　腋動脈 　　　肱動脈 　　　　尺動脈 　　　　橈動脈 　　　　　掌動脈弓 　　　　　　指動脈	 左右椎動脈穿過枕骨大孔即爲基底動脈 與內頸動脈的分枝在顱底形成威利氏環 至腋窩即爲腋動脈 上臂 前臂、手部 前臂、手部 手部 手指
左頸總動脈	同右頸總動脈，但位於身體左側
左鎖骨下動脈	同右鎖骨下動脈，但位於身體左側

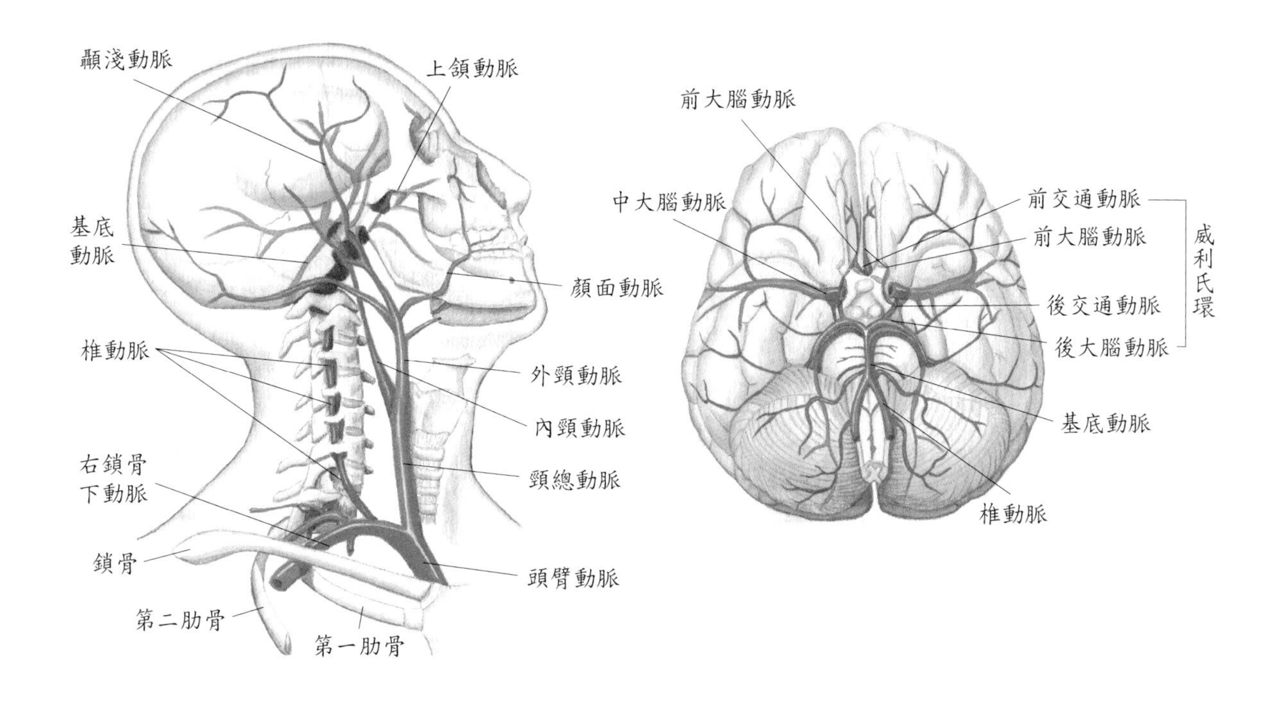

圖10-25　頸及腦部動脈分布

⑶胸主動脈：介於第四至第十二胸椎高度間，分枝分布至胸部內臟及體壁（表10-9）。

⑷腹主動脈：介於第十二胸椎至第四腰椎高度間，將血液送至腹盆腔的內臟器

官、後腹壁、橫膈（表10-10）。

(5)髂總動脈：腹主動脈在第四腰椎處分叉成左、右髂總動脈，每一分枝下行約五公分再分成髂內、外動脈，分別至骨盆腔內臟、臀部、會陰、下肢（表10-11）。

2. 體循環的主要靜脈（main systemic veins）：所有體循環的靜脈血會匯流入上腔靜脈、下腔靜脈、冠狀竇，進入右心房。體循環的主要靜脈和動脈雖有許多類似的地方，但亦有下列之差異：(1)心臟是由一條主動脈將動脈血送至全身，而靜脈血液則是由上腔靜脈及下腔靜脈二條血管送回心臟，同時，心臟的靜脈血液另由冠狀竇送回右心房。(2)動脈皆位於身體的深部，而靜脈除位於深部外，尚有些位於皮下。除了少數例外，深部靜脈皆與動脈相伴，且名稱相同。(3)在部分的身體部位，動脈的分布與靜脈的匯流都相類似，但在某些身體部位的靜脈匯流卻較特

表10-9　胸主動脈

分　　枝	分布區域
支氣管動脈 食道動脈 後肋間動脈 橫膈上動脈	支氣管、肺臟 食道 肋間及胸部的肌肉、胸膜 橫膈後上部

表10-10　腹主動脈

分　　枝	分布區域
橫膈下動脈	橫膈的下表面
腹腔動脈幹（最大分枝） 　肝總動脈 　左胃動脈 　脾動脈	 肝臟、膽囊、十二指腸及胃的一部分 胃及食道的下段 脾臟、胰臟及胃的一部分
腸繫膜上動脈	由十二指腸至橫結腸的右1/2
腎上腺動脈	腎上腺
腎動脈 　腎上腺下動脈	 腎臟、腎上腺
生殖腺動脈	成對，睪丸或卵巢
腸繫膜下動脈	由橫結腸左1/2至直腸
腰動脈	脊髓、脊髓膜、腰部肌肉與皮膚

表10-11　髂總動脈

分　　枝	分布區域
髂內動脈	骨盆腔臟器、臀部、會陰
子宮動脈	子宮、子宮韌帶、輸卵管、陰道
內陰動脈	肛管、會陰、生殖三角內的構造
髂外動脈	下肢、外生殖器
外陰動脈	與內陰動脈共同供應會陰及生殖三角內構造
股動脈	大腿、前腹壁
膕動脈	膝關節及鄰近構造
脛前動脈	小腿前部
足背動脈	足背
脛後動脈	小腿後部
腓動脈	小腿後外側
足底動脈	足底

別。例如腦部的靜脈血液在顱腔內先匯流至靜脈竇；來自消化器官的靜脈血需先經過肝門脈循環進入肝臟，才回到體循環的靜脈。

⑴匯流入上腔靜脈的靜脈血管

①頭頸部靜脈血管（表10-12、圖10-26）。

②上肢的靜脈血管（圖10-27）：上肢的深層靜脈與動脈走在一起，名稱亦相同。它們首先在手掌部匯流至深及淺掌靜脈弓，再往上至尺靜脈、橈靜脈、肱靜脈、腋靜脈，最後至鎖骨下靜脈。而淺層靜脈位於皮下，易於由體表觀察，它起始於手背靜脈弓，再匯流入頭靜脈（cephalic vein）、貴要靜脈（basilic vein）、前臂正中靜脈，最後進入深層靜脈。在手肘前面有肘正中靜脈（median cubital vein）連接頭靜脈與貴要靜脈，是施行靜脈抽血、注射或輸血的部位（表10-13）。

表10-12　頭頸部靜脈血管

靜脈	匯流部位
外頸靜脈	匯流頭頸部的淺層靜脈血液，最後注入鎖骨下靜脈
內頸靜脈	在頸靜脈孔處與顱腔內的靜脈竇相連，收集腦部、顏面及頸部的靜脈血液。在頸部兩側下行，分別與左、右鎖骨下靜脈匯合成左、右頭臂靜脈，最後合成上腔靜脈
椎靜脈	在頸部與椎動脈伴行，收集枕部及頸深部的靜脈血液，最後注入頭臂動脈

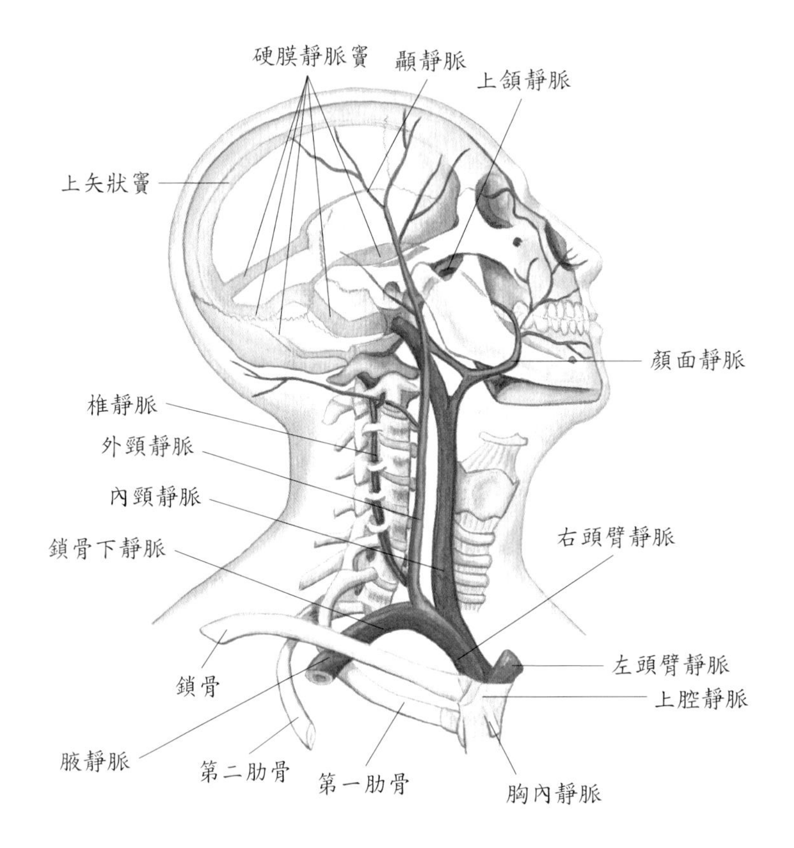

圖10-26　頭頸部的主要靜脈

③胸部的靜脈血管（圖10-27）：來自乳腺及第三肋間以上的胸部靜脈血液直接匯流入頭臂靜脈，其餘的靜脈血則由奇靜脈系統（azygos system）收集，匯流入上腔靜脈。奇靜脈系統位於體腔內、脊柱的兩側，由奇靜脈（azygos vein）、半奇靜脈（hemiazygos vein）、副半奇靜脈（accessory hemiazygos vein）組成（表10-14）。

⑵匯流入下腔靜脈的靜脈血管（圖10-27）

①腹部及骨盆的靜脈血管：髂內靜脈（internal iliac vein）匯集骨盆部靜脈血液，與來自下肢的髂外靜脈匯合成髂總靜脈（common iliac vein）。左、右髂總靜脈再匯合成下腔靜脈。

- 下腔靜脈也匯集來自腹腔內臟器官及腹壁的靜脈血液，但其中來自脾臟、胃、胰臟及部分大腸血液的脾靜脈與來自腸胃的腸繫膜上靜脈匯合成肝門靜脈。肝動脈送來的充氧血與肝門靜脈送來的缺氧血先入肝臟，再由肝靜脈注入下腔靜脈，此過程即為肝門循環（hepatic portal circulation）。

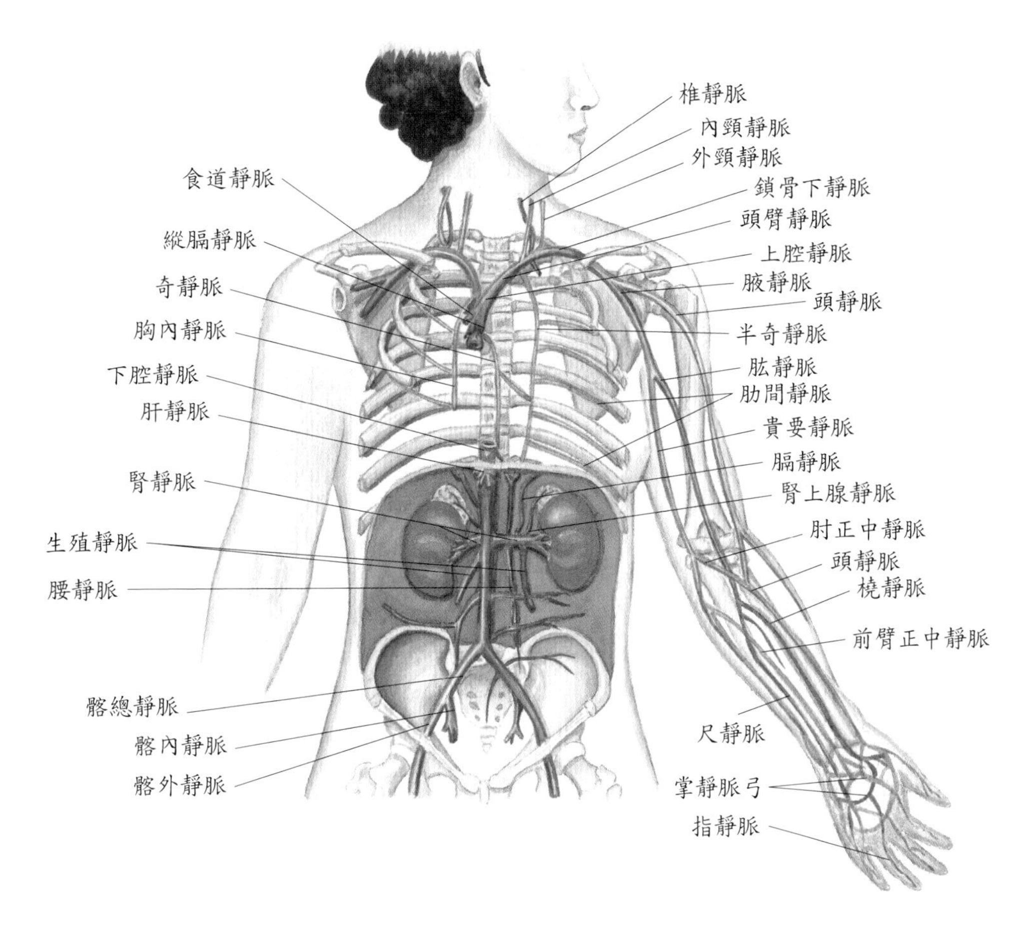

圖10-27 上肢及胸腹部主要靜脈

表10-13 上肢的靜脈血管

靜 脈	主要分枝	匯 流 部 位
淺層靜脈	頭靜脈	在前臂外側，在肘前以肘正中靜脈與貴要靜脈相連，最後注入腋靜脈
	貴要靜脈	在前臂內側，與肱靜脈合成腋靜脈
	前臂正中靜脈	匯流掌靜脈弓而在前臂上行，注入肘正中靜脈
深層靜脈	尺靜脈	收集掌靜脈弓血液匯流至前臂尺骨側靜脈血
	橈靜脈	收集掌靜脈弓血液匯流至前臂橈骨側靜脈血
	肱靜脈	由橈靜脈及尺靜脈合成
	腋靜脈	由肱靜脈及貴要靜脈合成
	鎖骨下靜脈	爲腋靜脈往上延伸的部分

表 10-14 胸部的靜脈血管

靜　脈	主要分枝	匯流部位
奇靜脈	右腰升靜脈 右後肋間靜脈 右支氣管靜脈	右半側胸靜脈血液匯流至奇靜脈，之後於第四胸椎的高度注入上腔靜脈
半奇靜脈	左腰升靜脈 左後肋間靜脈（T_{8-11}）	左胸下半部靜脈血液匯流入半奇靜脈，之後於第九胸椎的高度注入奇靜脈
副半奇靜脈	左後肋間靜脈（T_{4-7}）	左胸上半部靜脈血液匯流入副半奇靜脈，之後於第八胸椎的高度注入奇靜脈

- 在腎臟方面比較特別的是左、右匯入下腔靜脈的方式不同。左邊的腎上腺靜脈、生殖靜脈先匯入左腎靜脈後才匯流至下腔靜脈；而右邊的腎上腺靜脈、生殖靜脈、腎靜脈卻是直接匯流入下腔靜脈。

②下肢的靜脈血管（圖 10-28）：下肢的深層靜脈與動脈相伴，名稱亦相同。下肢的淺層靜脈在皮下，最後注入深層靜脈（表 10-15）。

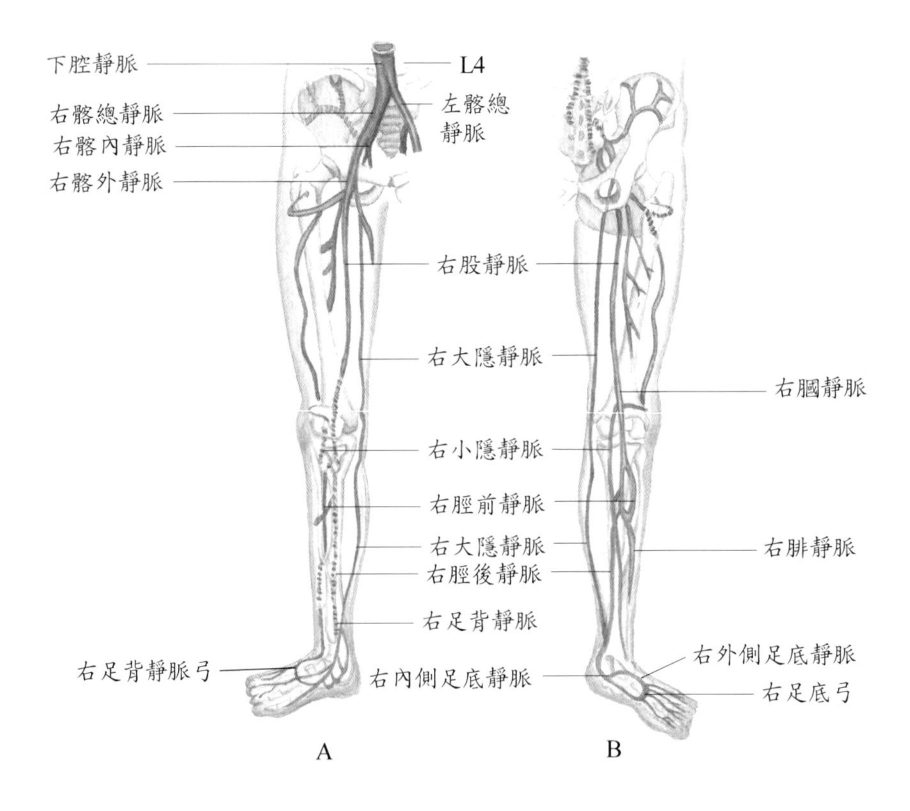

圖 10-28 骨盆與下肢靜脈。A. 前面；B. 後面。

表10-15　下肢的靜脈血管

靜　脈	主要分枝	匯流部位
淺層靜脈	大隱靜脈	由足背靜脈弓的內側，沿著小腿、大腿內側上行。在大腿上方，近鼠蹊韌帶處，匯流入股靜脈。是人體內最長的血管，也是最易發生靜脈曲張的地方
	小隱靜脈	由足背靜脈弓的外側，沿著小腿外側上行，匯流入膕靜脈
深層靜脈	脛後靜脈	由足底內、外側靜脈於內踝後側匯合，沿小腿深部上行，並接受腓靜脈。在小腿上端和脛前靜脈匯合成膕靜脈
	脛前靜脈	是足背靜脈的延續，行於脛骨與腓骨之間
	膕靜脈	由脛前、脛後靜脈匯合而成，位於膝窩內
	股靜脈	爲膕靜脈的延伸，並收集大腿深部的靜脈血液，進入骨盆腔後即稱爲髂外靜脈

肝門靜脈系統

將血液由胃、腸以及其他器官帶到肝臟。所謂門脈系統是指起始點和終止點皆為微血管者，因此，在一條動脈和一條最終靜脈間有兩套微血管。上腸繫膜動脈將血液帶到小腸，此處即有第一套微血管；許多靜脈匯合起來形成可將血液帶到肝臟的肝門靜脈（hepatic portal），在此形成第二套微血管；接著，肝靜脈離開肝臟而進入下腔靜脈（圖10-29）。

胎兒循環

胎兒循環（fetal circulation）是指在母體中的胎兒因其肺臟、腎臟、肝臟及消化道不具功能，因此需經由臍帶（umbilical cord）在胎盤（placenta）與母體血液進行物質交換的過程（圖10-30）。臍帶中含有兩條由胎兒髂內動脈來的臍動脈（umbilical artery）及經由靜脈導管導入下腔靜脈的臍靜脈（umbilical vein），尚有一條來自胎兒膀胱的臍尿管（urachus）。臍動脈將胎兒血液送至胎盤內之葉狀絨毛膜絨毛的血管，而絨毛內的血液循環則經由臍靜脈回流至胎兒。母體血液則被輸送引流至位於絨毛間的基蛻膜內的空腔中，所以胎兒與母體的血液在胎盤內可以更接近，但不會直接混合。

胎盤是母體和胎兒血液間物質交換的場所。氧氣及養分由母體擴散至胎兒，而二氧化碳和廢物則以相反方向擴散。但是，胎盤不僅是母親與胎兒血液交換的被動導管，它本身具有非常高的代謝率，對母體血液所提供的氧氣和葡萄糖的利用率達1/3，蛋白質的合成率也比肝臟高，並能產生種類繁多的酵素，能將激素和外來的藥物轉化成較不活化的分子，來防止母體血液中可能有害的分子傷害胎兒。

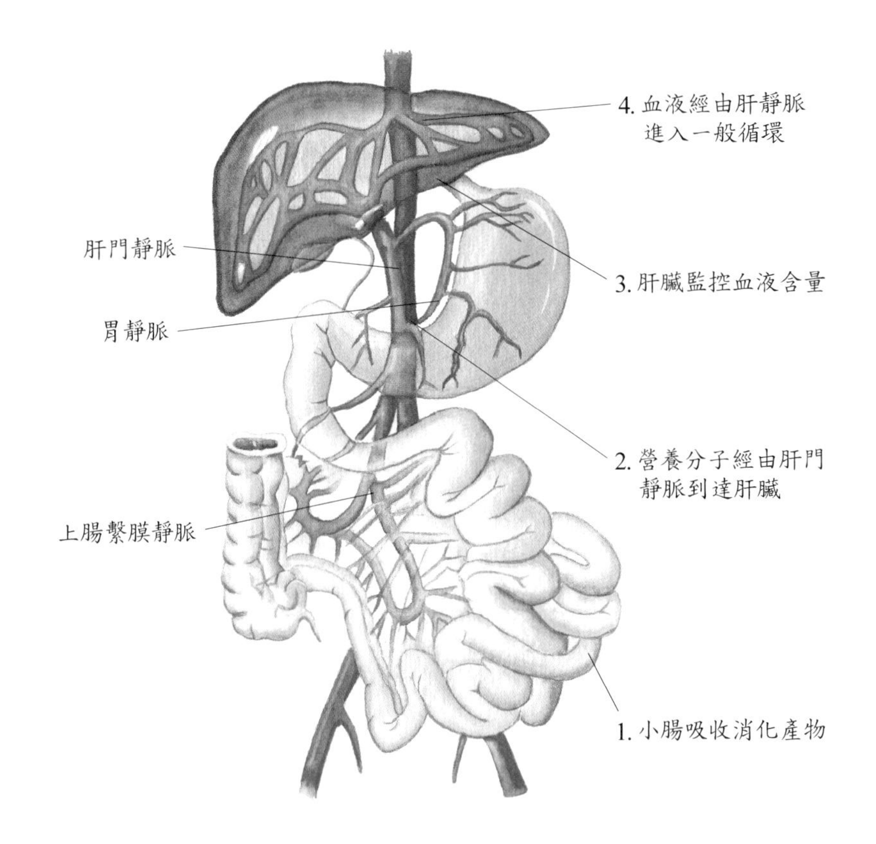

圖10-29　肝門靜脈系統

胎兒出生後，肺臟、腎臟、肝臟及消化器官立即產生功能，但胎兒原先的特殊循環則會產生下列變化（表10-16）。

表10-16　胎兒特殊循環的變化

胎兒體內原本構造	器官產生的變化	重要特徵
臍尿管	轉變成正中臍韌帶	來自胎兒膀胱
臍動脈	轉變成外側臍韌帶	二條，含缺氧血
臍靜脈	轉變成肝圓韌帶	一條，含充氧血
胎盤	以胎衣排出母體	胎盤由絨毛膜與子宮內膜構成
靜脈導管	轉變成靜脈韌帶	連接臍靜脈與下腔靜脈
動脈導管	轉變成動脈韌帶	連接主動脈與肺動脈幹
卵圓孔	轉變成卵圓窩	使左、右心房相通

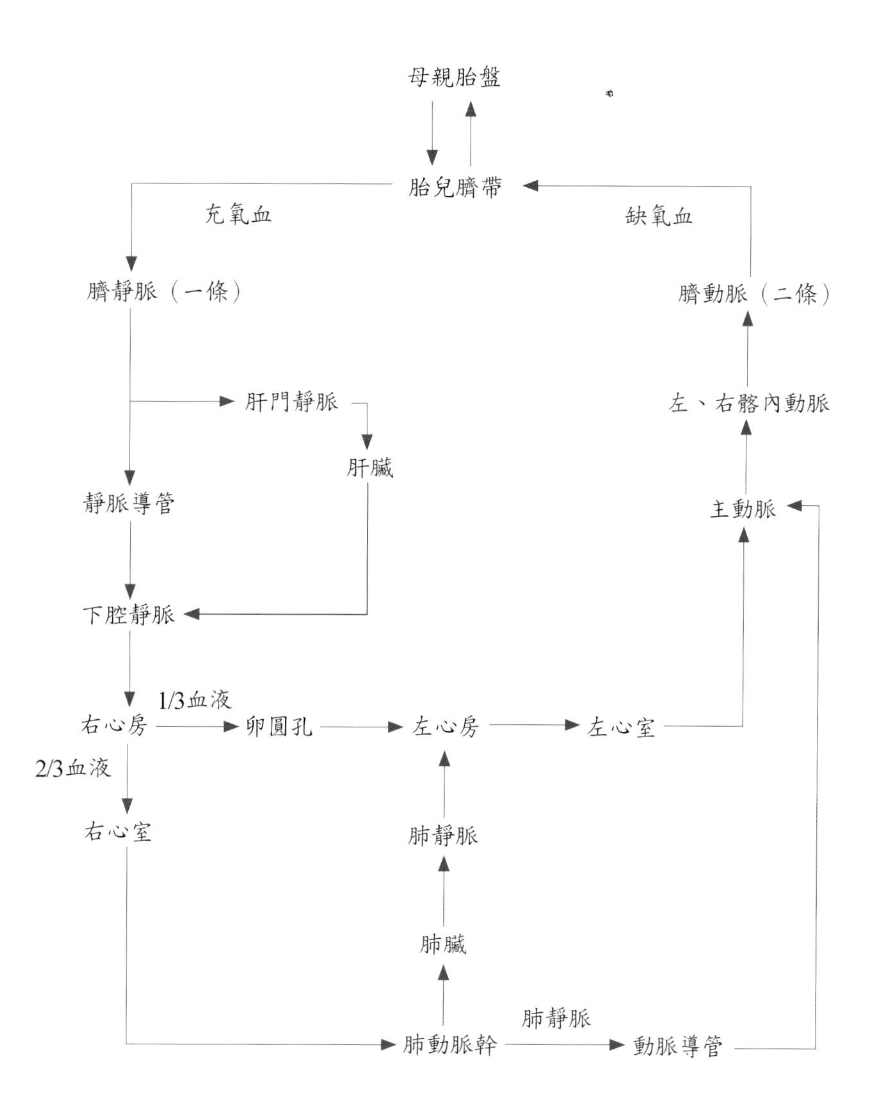

圖10-30　胎兒循環圖

歷屆考題

(　) 1. 心臟所分泌的何種激素可以降低血壓？ (A) 腎素（renin） (B) 心房利尿鈉胜肽（atrial natriuretic peptide; ANP） (C) 內皮素（endothelin） (D) 神經胜肽Y（neuropeptide Y; NPY）。 （94 專普一）

(　) 2. Atrial natriuretic peptide（ANP）可以： (A) 由心臟細胞合成而分泌 (B) 刺激腎小管鈉離子的再吸收 (C) 抑制腎絲球的過濾率 (D) 使血液鈉離子的濃

度大量上升。（95專普一）

（ ）3. 臨床上輸血之前除檢查血型之外，尚需做下列何種檢查以確保輸血之安全？ (A) 紅血球計數 (B) 白血球分類 (C) 交叉配合試驗 (D) 血球沉降試驗。（94 專普一）

（ ）4. 正常人白血球中比例最高者為下列何者？ (A) 淋巴球 (B) 單核球 (C) 嗜中性白血球 (D) 嗜酸性白血球。（94 專普二；97 專普一）

（ ）5. 正常人體內紅血球約可存活： (A) 30日 (B) 60日 (C) 120日 (D) 150日。（94專普二）

（ ）6. 每分子的血紅素含有幾個鐵原子？ (A) 1 (B) 2 (C) 3 (D) 4。（94 專普二）

（ ）7. 下列何種情況會延長凝血時間（coagulation time）？ (A) 膽固醇堆積在血管壁 (B) 交感神經興奮 (C) 紅血球生成素（erythropoietin）升高 (D) 缺乏鈣離子。（94 專高一）

（ ）8. 下列哪種物質與血液凝固有關？ (A) 血清球蛋白 (B) 血清白蛋白 (C) 纖維蛋白原 (D) 免疫球蛋白。（94 專高二）

（ ）9. 下列哪種貧血的原因與溶血有關？ (A) 失血性貧血 (B) 缺鐵性貧血 (C) 惡性貧血 (D) 地中海型貧血。（94 專高二）

（ ）10. 下列何者可生成血小板？ (A) 骨髓母細胞 (B) 巨核母細胞 (C) 淋巴母細胞 (D) 單核母細胞。（96 專普二）

（ ）11. 紅血球（erythrocyte）的直徑約： (A) 7~8 μm (B) 15~20 μm (C) 25~30 μm (D) 50 μm。（95 專普一）

（ ）12. 正常血液的pH值為： (A) 6.8 (B) 7.0 (C) 7.4 (D) 7.8。（95 專普一；97專高二）

（ ）13. 下列有關正常血液特性之敘述，何者正確？ (A) 健康男性之血球容積比（Hct）為 60% (B) 血漿黏稠度與水相同 (C) 血清不含凝血因子，而血漿含凝血因子 (D) 血中一半的氧是由氧合血紅素攜帶。（95 專普二）

（ ）14. 在凝血過程中，纖維蛋白原（fibrinogen）受到凝血　及何種離子之作用方可形成纖維蛋白（fibrin）？ (A) Mg^{2+} (B) K^{+} (C) Ca^{2+} (D) Na^{+}。（96 專普一）

（ ）15. 何種血型的人被認為是萬能供血者（universal donor）？ (A) A 型 (B) B 型 (C) AB 型 (D) O 型。（96 專普一）

（ ）16. 一個血紅素分子可攜帶多少個氧分子？ (A) 1 (B) 2 (C) 3 (D) 4。（96專普二）

(　) 17. 有關A型血型的人之敘述，下列何者正確？ (A) 紅血球表面上含有A凝集原 (B) 在血漿中含有抗A凝集素 (C) 在血漿中含有A凝集原 (D) 在紅血球表面上含有抗A凝集素。（94 專普二；96 專高一）

(　) 18. 正常血管的內皮細胞可分泌下列何種物質，以抑制凝血反應？ (A) 環前列腺素（prostacyclin） (B) 血管升壓素（angiotensin） (C) 凝血蛋白酶（thrombin） (D) 纖維蛋白原（fibrinogen）。（96 專高一）

(　) 19. 一氧化碳與血紅素的親和力是氧的多少倍？ (A) 210 (B) 21 (C) 2.1 (D) 0.21。（96 專高二）

(　) 20. 血漿中具有凝集素（agglutinins）A 及 B 的血型是： (A) A 型 (B) B 型 (C) AB 型 (D) O 型。（96 專高二）

(　) 21. 下列有關人類Rh血型之敘述，何者錯誤？ (A) Rh（+）的人紅血球表面上有Rh凝集原（agglutinogens） (B) Rh（+）的人血漿內含有抗Rh的凝集素（agglutinins） (C) Rh（–）的人紅血球表面上沒有Rh凝集原 (D) 正常情況下，Rh（–）的人血漿內不含抗Rh的凝集素。（97 專高一）

(　) 22. 巨核細胞（megakaryocyte）主要在何處分化？ (A) 胸腺 (B) 淋巴結 (C) 骨髓 (D) 甲狀腺。（97 專高二）

(　) 23. 血漿中最多的蛋白質是： (A) 白蛋白 (B) 球蛋白 (C) 脂蛋白 (D) 纖維蛋白原。（97 專普一）

(　) 24. 嗜鹼性球是由下列何者分化而成？ (A) 骨髓母細胞 (B) 淋巴母細胞 (C) 巨核母細胞 (D) 單核母細胞。（97專普一、專高二）

(　) 25. 下列何者不為造血器官？ (A) 肝臟 (B) 心臟 (C) 脾臟 (D) 骨髓。（97 專普二）

(　) 26. 下列何者不是造血生長因子（hematopoietic growth factor）？ (A) 紅血球生成素（erythropoietin） (B) 血管升壓素（angiotensin） (C) 介白素 -3（interleukin-3） (D) 聚落刺激因子（colony-stimulating factor）。（98 專高一）

(　) 27. 血紅素之何種成分能與氧分子結合，將氧運送到組織？ (A) 鈣 (B) 鎂 (C) 鐵 (D) 鋅。（98 專普二）

(　) 28. 有關血小板（platelet）形成的敘述，何者正確？ (A) 由骨髓母細胞（myeloblast）發育成熟而成 (B) 由巨核細胞（megakaryocyte）發育成熟而成 (C) 由巨核細胞的細胞質碎裂而成 (D) 由骨髓組織碎裂而成。（99 專高二）

(　) 29. 有關紅血球的敘述，下列何者正確？ (A) 成熟時為雙凹圓盤狀的有核細胞

(B) 生命周期有7~9天 (C) 正常人類的紅血球數量約為100萬個/毫升 (D) 老化的紅血球可在肝臟及脾臟中被攔截、分解。 (99 專普一)

( ) 30. 在正常生理情形下，白血球分類計數中數量最少的是： (A) 嗜中性球 (B) 嗜酸性球 (C) 嗜鹼性球 (D) 淋巴球。 (100 專普一)

( ) 31. 有關白血球之敘述，下列何者錯誤？ (A) 嗜中性球細胞核有明顯的分葉 (B) 單核球（monocytes）為最大之白血球 (C) 嗜鹼性球為顆粒球中數目最少之白血球 (D) 嗜酸性球可製造肝素（heparin）。 (100 專高二)

( ) 32. 下列何者不屬於顆粒性白血球？ (A) 單核球 (B) 嗜中性球 (C) 嗜酸性球 (D) 嗜鹼性球。 (100 專普二)

( ) 33. 下列何者源自於巨核細胞（Megakaryocyte）？ (A) 嗜中性球 (B) 單核球 (C) 淋巴球 (D) 血小板。 (100 專普二)

( ) 34. 關於紅血球的敘述，何者錯誤？ (A) 血紅素使血液呈紅色 (B) 成人的紅血球主要由黃骨髓生成 (C) 成熟的紅血球不具細胞核及胞器 (D) 老化的紅血球可被脾臟及肝臟中的巨噬細胞破壞。 (101 專高一)

( ) 35. 一般情況下，血漿約占血液容積的多少%？ (A) 30% (B) 40% (C) 55% (D) 65%。 (101 專高二)

( ) 36. 有關血小板之敘述，下列何者錯誤？ (A) 源自巨核細胞（megakaryocyte） (B) 有細胞膜 (C) 正常狀況下，每立方毫米血液約含 25~40 萬個血小板 (D) 生命期約 120 天。 (102 專高一)

( ) 37. 血紅素的主要功能為： (A) 運送氧氣 (B) 運送抗體 (C) 運送激素 (D) 進行代謝作用。 (102 專高二)

( ) 38. 下列關於血清與血漿的敘述何者正確？ (A) 血清不含纖維蛋白原（fibrinogen） (B) 血漿不含纖維蛋白原 (C) 兩者皆不含纖維蛋白原 (D) 兩者皆含纖維蛋白原。 (102 專高二)

( ) 39. 根據 ABO 系統，血型 AB 型的病人是全能受血者，是因為其血漿中： (A) 只有抗 A 抗體 (B) 只有抗 B 抗體 (C) 同時有抗 A 與抗B抗體 (D) 缺乏抗 A 與抗 B 抗體。 (103 專高一)

( ) 40. 下列影響血壓的因素當中，何者是最重要的？ (A) 血管長度 (B) 血管半徑 (C) 血液黏滯度（viscosity） (D) 血球數目。 (94 專普一)

( ) 41. 下列心臟組織中，何者之傳導速度最快？ (A) 竇房結 (B) 房室結 (C) 心室肌 (D) 柏金氏纖維。 (94 專普一)

( ) 42. 下列何者不是形成水腫的可能原因？ (A) 血管內之白蛋白含量上升 (B) 血管內之靜液壓上升 (C) 血管通透性增加 (D) 淋巴管堵塞。 (94 專普一)

(　) 43.心肌動作電位之高原期主要是因為下列何種因素所造成的？ (A) 鈉離子流入細胞內 (B) 鉀離子流出細胞外 (C) 鈣離子流入細胞內 (D) 氯離子流出細胞外。（94 專普一）

(　) 44.下列哪一條血管中的血液含氧量最高？ (A) 上腔靜脈 (B) 下腔靜脈 (C) 肺靜脈 (D) 肺動脈。（94 專普二）

(　) 45.下列何者不是幫助靜脈血液及淋巴液回流到心臟的因素？ (A) 地心引力 (B) 肢體運動 (C) 瓣膜 (D) 呼吸動作。（94 專高一）

(　) 46.下列哪一個構造中的血液為充氧血？ (A) 右心室 (B) 肺動脈 (C) 門靜脈 (D) 冠狀動脈。（94 專高二）

(　) 47.有關心臟節律點的敘述，下列何者是錯的？ (A) 竇房結是心臟節律點 (B) 可以產生動作電位 (C) 可以改變心肌收縮力 (D) 可以改變心跳速率。（94專高二）

(　) 48.下列有關心電圖的敘述，何者正確？ (A) P 波代表心室去極化 (B) QRS 波代表心室去極化 (C) T 波代表心房去極化 (D) PR 期間代表心房去極化。（94 專高二）

(　) 49.若心縮壓與心舒壓為 120/80 mmHg，則其平均血壓（mmHg）約為： (A) 40 (B) 80 (C) 93 (D) 100。（94 專高一）

(　) 50.一個人心臟收縮與舒張末期的容積分別為50與120 mL，則其心搏量（stroke volume）為多少mL？ (A) 50 (B) 70 (C) 170 (D) 600。（95 專普一）

(　) 51.心臟傳導系統中傳導速度最慢的部位是： (A) 浦金氏纖維（Purkinje fiber） (B) 心房 (C) 心室 (D) 房室結。（92 專高二；95 專普一、專高一）

(　) 52.局部血流中下列何者會引起血管的擴張？ (A) 血中的二氧化碳上升 (B) 血中的氧含量上升 (C) 血中的一氧化氮（nitric oxide）下降 (D) 血中的乳酸下降。（95 專普一、專高一）

(　) 53.心電圖中的 P 波與 T 波分別代表： (A) 心房去極化與心室再極化 (B) 心房再極化與心室再極化 (C) 心室去極化與心室再極化 (D) 心房再極化與心室去極化。（93 專普一、專高二；94 專普二；95 專普一）

(　) 54.下列有關心臟傳導系統之敘述，何者正確？ (A) 正常狀況下，竇房結（SA node）是節律點 (B) 正常竇房結產生動作電位之頻率與房室結（AV node）相同 (C) 由房室結可經普金奇氏纖維（Purkinje’s fiber）將電訊號由心房傳至心室 (D) 副交感神經興奮可刺激心跳速率。（95 專普二）

(　) 55.下列何者並非局部控制組織血流之機轉？ (A) 血流自動調節（autoregulation） (B) 受傷反應（injury response） (C) 組織新陳代謝加速

（active hyperemia） (D) 寒冷引發皮膚血流之反射（reflex）調控。

（95 專普二）

（　）56.中度運動時下列何項變化最可能發生？ (A) 血壓增倍 (B) 腎血流增倍 (C) 總血管週邊阻力下降 (D) 心輸出量下降。（95 專普二）

（　）57.失血後，補償反應發生時可能引起下列哪一個作用？ (A) 靜脈交感神經興奮造成周邊阻力上升 (B) 小動脈交感神經興奮增加心搏出量 (C) 感壓反射迅速刺激心跳速率 (D) 微血管壓力上升引起細胞間液回流至血管內。

（95 專普二）

（　）58.下列有關胎兒循環之敘述何者正確？ (A) 臍靜脈攜帶充氧血進入胎兒 (B) 卵圓孔直接連接左、右心室 (C) 胎兒血紅素與成人血紅素具相同之氧親和力 (D) 臍動脈在胎兒出生後成為下腔靜脈之一部分。

（95 專普二；97 專高二）

（　）59.下列何者並非血管緊縮素 II（angiotensin II）之作用？ (A) 血管收縮 (B) 抑制醛固酮（aldosterone）釋出 (C) 刺激抗利尿素（ADH）釋出 (D) 引起渴慾而要喝水。（95 專普二）

（　）60.有關動脈感壓反射（baroreceptor reflex）之敘述，何者不正確？ (A) 主要受器位在主動脈弓與頸動脈竇 (B) 血壓下降會引發此受器上行訊息增加 (C) 血壓下降會經此反射而興奮交感神經 (D) 作用迅速但長期會發生適應現象。（95專普二）

（　）61.乙君心跳 70 次／分鐘，心室舒張期結束時之體積為130 mL，而心室收縮期結束時之體積為 70 mL；則心輸出量為： (A) 2500 mL (B) 4200 mL (C) 4900 mL (D) 9100 mL。（95 專普二、專高一、專高二）

（　）62.下列何者會使心臟竇房結細胞（sinoatrial node cells）的放電頻率增快？ (A) 乙醯膽鹼（acetylcholine） (B) 腎上腺素（epinephrine） (C) 腺苷酸（adenosine） (D) 前列腺素（prostaglandin）。（95 專高一）

（　）63.心電圖中 QRS complex 產生的主要原因為何？ (A) 心房去極化 (B) 心室去極化 (C) 心室再極化 (D) 心房再極化。（92 專普二；95 專高一）

（　）64.正常肺動脈的收縮壓與舒張壓分別為若干mmHg？ (A) 120/80 mmHg (B) 120/10 mmHg (C) 80/25 mmHg (D) 25/10 mmHg。（95 專高一）

（　）65.史達林（Starling Law of the Heart）所定義的心臟幫浦的內在調節，即舒張末期心室的總血量（End Diastolic Volume）愈大，其心臟的收縮愈大。其機制是： (A) 進入肌細胞中的鈣增加 (B) 肌漿內質網釋放出的鈣離子增加 (C) 交感神經的作用 (D) 心肌纖維的長度因血量增加而增加。（95專高二）

( ) 66.下列各種血管中何者之血流速度最慢： (A) 微血管 (B) 小靜脈 (C) 小動脈 (D) 大靜脈。 (95 專高二)

( ) 67.右心房內血壓上升引起的反射作用稱為： (A) 主動脈反射（Aortic Reflex） (B) 頸動脈反射（Carotic Reflex） (C) 班布吉反射（Bainbridge Reflex） (D) 赫鮑二氏反射（Hering-Breuer Reflex）。 (95 專高二)

( ) 68.下列哪一種情況可造成水腫（edema）？ (A) 降低動脈壓 (B) 降低靜脈壓 (C) 降低血漿蛋白質濃度 (D) 降低組織間液（interstitial fluid）。 (95 專高二)

( ) 69.何種情況能刺激腎活素（Renin）之分泌？ (A) 血壓上升 (B) 腎動脈壓上升 (C) 細胞外液量增加 (D) 腎交感神經之興奮性增加。 (95 專高二)

( ) 70.下列何者最不可能是造成心雜音出現的直接原因？ (A) 瓣膜閉鎖不全 (B) 血液逆流 (C) 心臟中隔缺損 (D) 高血壓。 (96 專普一)

( ) 71.有關一氧化氮（nitric oxide）的敘述，下列何者正確？ (A) 正常情形下，主要由血管內皮細胞分泌 (B) 可造成血管收縮 (C) 可作用於α型受體引起主動充血 (D) 可促進凝血反應。 (96 專普一)

( ) 72.顏面動脈來自： (A) 內頸動脈（internal carotid artery） (B) 外頸動脈（external carotid artery） (C) 鎖骨下動脈（subclavian artery） (D) 基底動脈（basilar artery）。 (96 專普一)

( ) 73.下列哪一條靜脈，直接注入右心房？ (A) 心前靜脈（anterior cardiac vein） (B) 心大靜脈（great cardiac vein） (C) 心中靜脈（middle cardiac vein） (D) 心小靜脈（small cardiac vein）。 (96 專普一)

( ) 74.有關血液循環之敘述，下列何者正確？ (A) 各器官的微血管擴張程度決定進入該器官之血液量 (B) 心室射出血液後所產生之最大動脈壓力稱為心縮壓（systolic pressure） (C) 喝咖啡會降低心跳速率 (D) 主動充血（active hyperemia）受內分泌系統調節。 (96 專高一)

( ) 75.下列何者不是上肢的淺層靜脈？ (A) 貴要靜脈（basilic vein） (B) 頭靜脈（cephalic vein） (C) 尺靜脈（ulnar vein） (D) 前臂正中靜脈（median antebrachial vein）。 (96 專高一)

( ) 76.降結腸的血液主要來自下列何者的分枝？ (A) 腸繫膜上動脈 (B) 腸繫膜下動脈 (C) 腹腔幹 (D) 髂內動脈。 (96 專高一)

( ) 77.右心室所打出的血液進入： (A) 主動脈 (B) 冠狀動脈 (C) 肺動脈 (D) 肺靜脈。 (93 專普二；96 專高一)

( ) 78.正常血管的內皮細胞可分泌下列何種物質，以抑制凝血反應？ (A) 環前

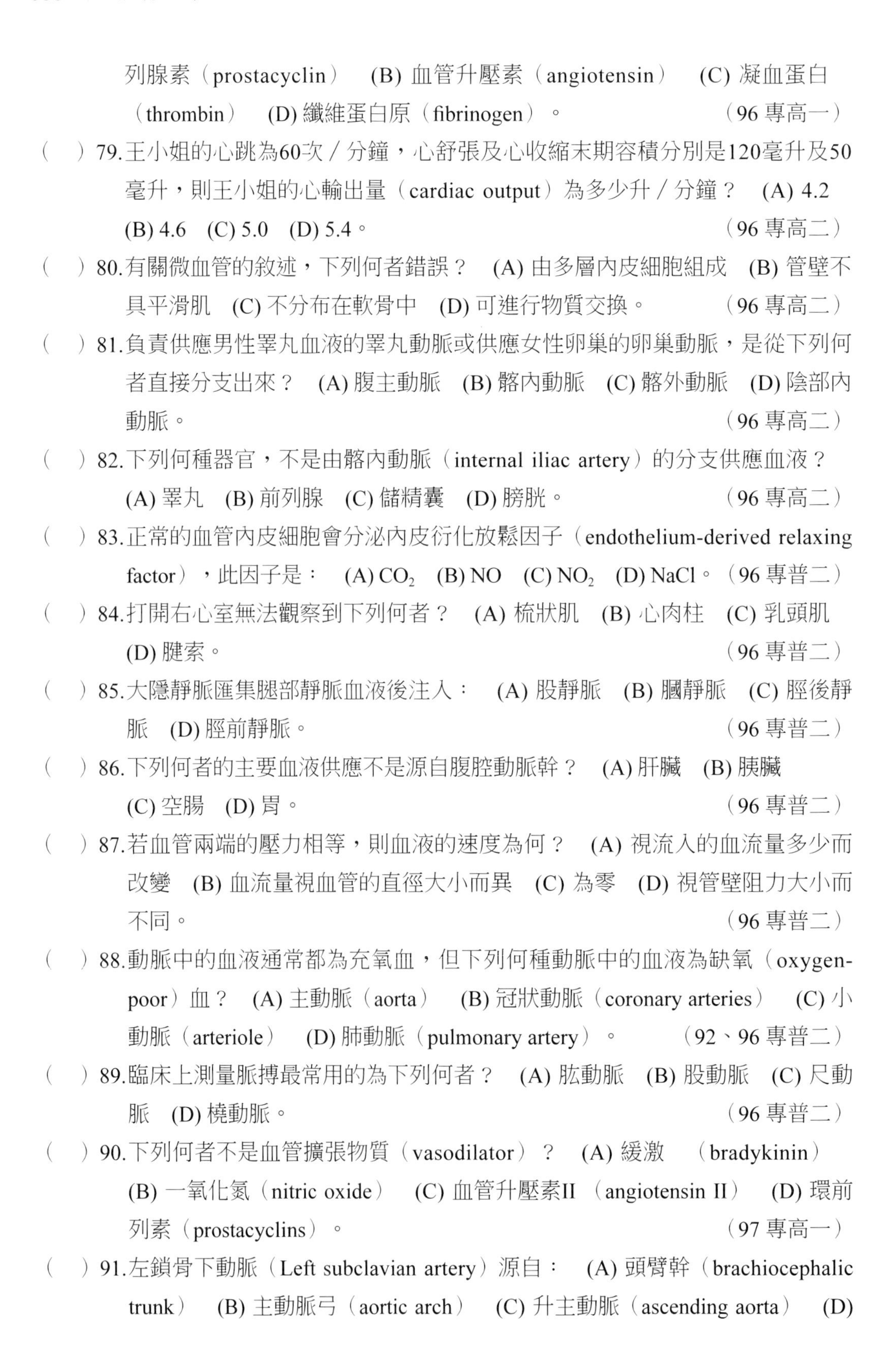

列腺素（prostacyclin） (B) 血管升壓素（angiotensin） (C) 凝血蛋白（thrombin） (D) 纖維蛋白原（fibrinogen）。 （96 專高一）

( ) 79. 王小姐的心跳為60次／分鐘，心舒張及心收縮末期容積分別是120毫升及50毫升，則王小姐的心輸出量（cardiac output）為多少升／分鐘？ (A) 4.2 (B) 4.6 (C) 5.0 (D) 5.4。 （96 專高二）

( ) 80. 有關微血管的敘述，下列何者錯誤？ (A) 由多層內皮細胞組成 (B) 管壁不具平滑肌 (C) 不分布在軟骨中 (D) 可進行物質交換。 （96 專高二）

( ) 81. 負責供應男性睪丸血液的睪丸動脈或供應女性卵巢的卵巢動脈，是從下列何者直接分支出來？ (A) 腹主動脈 (B) 髂內動脈 (C) 髂外動脈 (D) 陰部內動脈。 （96 專高二）

( ) 82. 下列何種器官，不是由髂內動脈（internal iliac artery）的分支供應血液？ (A) 睪丸 (B) 前列腺 (C) 儲精囊 (D) 膀胱。 （96 專高二）

( ) 83. 正常的血管內皮細胞會分泌內皮衍化放鬆因子（endothelium-derived relaxing factor），此因子是： (A) CO_2 (B) NO (C) NO_2 (D) NaCl。（96 專普二）

( ) 84. 打開右心室無法觀察到下列何者？ (A) 梳狀肌 (B) 心肉柱 (C) 乳頭肌 (D) 腱索。 （96 專普二）

( ) 85. 大隱靜脈匯集腿部靜脈血液後注入： (A) 股靜脈 (B) 膕靜脈 (C) 脛後靜脈 (D) 脛前靜脈。 （96 專普二）

( ) 86. 下列何者的主要血液供應不是源自腹腔動脈幹？ (A) 肝臟 (B) 胰臟 (C) 空腸 (D) 胃。 （96 專普二）

( ) 87. 若血管兩端的壓力相等，則血液的速度為何？ (A) 視流入的血流量多少而改變 (B) 血流量視血管的直徑大小而異 (C) 為零 (D) 視管壁阻力大小而不同。 （96 專普二）

( ) 88. 動脈中的血液通常都為充氧血，但下列何種動脈中的血液為缺氧（oxygen-poor）血？ (A) 主動脈（aorta） (B) 冠狀動脈（coronary arteries） (C) 小動脈（arteriole） (D) 肺動脈（pulmonary artery）。 （92、96 專普二）

( ) 89. 臨床上測量脈搏最常用的為下列何者？ (A) 肱動脈 (B) 股動脈 (C) 尺動脈 (D) 橈動脈。 （96 專普二）

( ) 90. 下列何者不是血管擴張物質（vasodilator）？ (A) 緩激 （bradykinin） (B) 一氧化氮（nitric oxide） (C) 血管升壓素II （angiotensin II） (D) 環前列素（prostacyclins）。 （97 專高一）

( ) 91. 左鎖骨下動脈（Left subclavian artery）源自： (A) 頭臂幹（brachiocephalic trunk） (B) 主動脈弓（aortic arch） (C) 升主動脈（ascending aorta） (D)

左頸總動脈（left common carotid artery）。（97 專高一）

(　) 92.嬰兒在出生後，有一些構造逐漸轉變，而和胎兒時期不同，下列哪一項轉變前與轉變後的配對是正確的？ (A) 臍靜脈－肝鐮韌帶 (B) 臍動脈－外側臍韌帶 (C) 靜脈導管－肝圓韌帶 (D) 動脈導管－動脈韌帶。（97 專高一）

(　) 93.下列哪一種胚胎期的構造在胎兒出生後，會閉鎖並退化成肝圓韌帶？ (A) 臍動脈 (B) 臍靜脈 (C) 動脈導管 (D) 靜脈導管。（97 專高一）

(　) 94.下列何者不是腹主動脈的成對分枝？ (A) 生殖腺動脈（gonadal artery） (B) 骶中動脈（median sacral artery） (C) 橫膈下動脈（inferior phrenic artery）(D) 腰動脈（lumbar artery）。（97 專高二）

(　) 95.下列何者的靜脈血不匯入肝門靜脈？ (A) 胃幽門部 (B) 胰臟的頭部 (C) 食道的上段 (D) 乙狀結腸。（97 專高二）

(　) 96.下列有關循環的敘述，何者正確？ (A) 肺循環是一個低壓高阻力的血流系統 (B) 體循環和肺循環的總血流量不相同 (C) 肝門靜脈含大量養分和氧氣 (D) 胎兒的臍靜脈血是充氧血。（93、97 專高二）

(　) 97.供給心肌細胞養分的特殊循環為： (A) 內臟循環 (B) 冠狀循環 (C) 腦脊髓液 (D) 皮膚循環。（97 專普一）

(　) 98.比較主動脈與肺動脈壓力的大小，下列何者正確？ (A) 肺動脈壓大於主動脈壓 (B) 肺動脈壓小於主動脈壓 (C) 兩者相同 (D) 不一定，要看是收縮期或舒張期。（97 專普一）

(　) 99.有關心臟節律點的名稱及位置，下列何者正確？ (A) 竇房結，位於左心房壁 (B) 竇房結，位於右心房壁 (C) 房室結，位於心房間隔下方 (D) 房室結，位於上腔靜脈壁。（97 專普一）

(　) 100.下列何者供應直腸的血液？ (A) 腹腔幹 (B) 腸繫膜下動脈 (C) 腸繫膜上動脈 (D) 髂外動脈。（97 專普一）

(　) 101.竇房結位於何處？ (A) 左心室壁 (B) 左心房壁 (C) 右心室壁 (D) 右心房壁。（92、97 專普一）

(　) 102.於有動脈硬化病變的血管內聽到血管內的嘈雜音，主要原因為何？ (A) 動脈狹窄造成的亂流血流的聲音 (B) 動脈狹窄造成的層流血流的聲音 (C) 半月瓣關閉的聲音 (D) 血中脂肪量太高。（97 專普二）

(　) 103.胎兒之靜脈導管連接下列哪兩條血管？ (A) 臍靜脈與下腔靜脈 (B) 肺靜脈與下腔靜脈 (C) 主動脈與下腔靜脈 (D) 臍靜脈與臍動脈。（97 專普二）

(　) 104.子宮的血液主要由下列何者供應？ (A) 腸繫膜下動脈 (B) 髂內動脈 (C) 髂外動脈 (D) 卵巢動脈。（97專普二）

(　) 105.與第二心音相比，則第一心音：　(A) 音調較低；時間較長　(B) 音調較低；時間較短　(C) 音調較高；時間較長　(D) 音調較高；時間較短。（93、97 專普二）

(　) 106.哪一類血管的總截面積最大？　(A) 小動脈　(B) 大動脈　(C) 微血管　(D) 靜脈。（98 專普一）

(　) 107.臨床最常用來抽血的靜脈是：　(A) 肱靜脈　(B) 尺靜脈　(C) 股靜脈　(D) 肘正中靜脈。（98 專普一）

(　) 108.前室間動脈源自於下列何者？　(A) 左冠狀動脈　(B) 右冠狀動脈　(C) 迴旋動脈　(D) 邊緣動脈。（98 專普一）

(　) 109.下列何者不是上肢的深層靜脈？　(A) 肘正中靜脈　(B) 尺靜脈　(C) 腋靜脈　(D) 橈靜脈。（98 專普一）

(　) 110.下列何者不匯入肝門靜脈？　(A) 右腎靜脈　(B) 脾靜脈　(C) 胃左靜脈　(D) 腸繫膜下靜脈。（98 專普一）

(　) 111.胎兒的血紅素與氧之親和力，與成人的相比較，其結果為何？　(A) 兩者差不多　(B) 前者高　(C) 後者高　(D) 無法比較。（98 專高一）

(　) 112.每分鐘由左心室射出至主動脈的血液總量稱為：　(A) 心搏量　(B) 心輸出量　(C) 靜脈回流量　(D) 心跳速率。（98 專高一）

(　) 113.眼球的血管是下列何者的分枝？　(A) 顏面動脈　(B) 頸內動脈　(C) 鎖骨下動脈　(D) 椎動脈。（98 專高一）

(　) 114.打開右心房無法觀察到下列哪一個構造？　(A) 梳狀肌（pectinate muscle）　(B) 乳頭肌（papillary muscle）　(C) 卵圓窩（fossa ovalis）　(D) 心房間隔。（98 專高一）

(　) 115.有關心電圖的敘述，下列何者正確？　(A) QT 間隔約 0.8 秒　(B) T 波（T wave）代表心房的去極化　(C) QRS 複合波（QRS complex）代表心室的去極化　(D) T 波為向下的小波形。（98 專普二）

(　) 116.有關平滑肌內離子對血管的影響之敘述，下列何者正確？　(A) 鈣離子濃度上升，會促使血管收縮　(B) 氫離子濃度上升，會促使血管收縮　(C) 鈉離子濃度上升，會促使血管收縮　(D) 鎂離子濃度上升，會促使血管收縮。（98專普二）

(　) 117.下列何者不是腹主動脈的分枝？　(A) 橫膈上動脈　(B) 腰動脈　(C) 睪丸動脈　(D) 腎上腺動脈。（98 專普二）

(　) 118.胎兒出生後，臍靜脈會閉鎖並退化成為：　(A) 肝圓韌帶　(B) 肝鐮韌帶　(C) 靜脈韌帶　(D) 外側臍韌帶。（98 專普二）

(　) 119.威利氏環（circle of Willis）主要供應下列何者的血液？ (A) 心臟 (B) 腦膜 (C) 腦 (D) 肺臟。 （98 專普二）

(　) 120.腎動脈直接源自： (A) 腹主動脈 (B) 腹腔動脈幹 (C) 髂總動脈 (D) 髂外動脈。 （98 專普二）

(　) 121.血液在血管中之流速，依快慢排序下列何者正確？(1)主動脈 (2)微血管 (3)小靜脈 (4)腔靜脈 (A) (1)(2)(3)(4) (B) (1)(3)(4)(2) (C) (1)(2)(4)(3) (D) (1)(4)(3)(2)。 （98 專高二）

(　) 122.正常心音中的第二個心音是在心周期中什麼時間產生？ (A) 房室瓣的開始開啟 (B) 房室瓣的開始關閉 (C) 主動脈瓣的開始開啟 (D) 主動脈瓣的開始關閉。 （98 專高二）

(　) 123.臍動脈是下列何者的分枝？ (A) 髂內動脈 (B) 髂外動脈 (C) 腹腔幹 (D) 腸繫膜下動脈。 （98 專高二）

(　) 124.走在頸椎橫突孔內的動脈是下列何者的分枝？ (A) 基底動脈 (B) 頸內動脈 (C) 頸外動脈 (D) 鎖骨下動脈。 （98 專高二）

(　) 125.打開心臟的哪一個腔室後，可以清楚觀察到卵圓窩（fossa ovalis）？ (A) 左心房 (B) 右心房 (C) 左心室 (D) 右心室。 （98 專高二）

(　) 126.鎖骨下動脈在通過第一肋骨後稱為： (A) 椎動脈 (B) 腋動脈 (C) 頸總動脈 (D) 胸主動脈。 （99 專高一）

(　) 127.有關心臟的敘述，下列何者錯誤？ (A) 心尖由左心室形成 (B) 心臟的胸肋面（sternocostal surface）主要由左心房與左心室形成 (C) 冠狀溝是心房與心室的界溝 (D) 基底（base）指的是心臟的上方，是大血管進出的地方。 （99 專高一）

(　) 128.起自足背靜脈弓外側，沿小腿後側上行，並注入膕靜脈的淺層血管是： (A) 大隱靜脈 (B) 小隱靜脈 (C) 脛前靜脈 (D) 脛後靜脈。 （99 專高一）

(　) 129.血液的儲存庫（blood reservoir）是指： (A) 動脈 (B) 微血管前括約肌段 (C) 微血管 (D) 靜脈。 （99 專高一）

(　) 130.下列何者是腹腔動脈幹的分枝？ (A) 腸繫膜上動脈 (B) 中結腸動脈 (C) 脾動脈 (D) 左結腸動脈。 （99 專高一）

(　) 131.有關心臟傳導系統的敘述，下列何者錯誤？ (A) 竇房結能自發性產生動作電位 (B) 竇房結的衝動經由神經纖維傳到房室結 (C) 房室結為心房最後去極化的部分 (D) 由心肌組織特化而成。 （99專高二）

(　) 132.動脈韌帶（ligamentum arteriosum）位於： (A) 臍靜脈與臍動脈之間 (B) 臍動脈與主動脈之間 (C) 肺動脈與主動脈之間 (D) 肺動脈與肺靜脈之

間。（99 專高二）

(　) 133.肋間後靜脈的血液主要經由下列何者回收注入上腔靜脈？ (A) 鎖骨下靜脈 (B) 頸內靜脈 (C) 椎靜脈 (D) 奇靜脈。（99 專高二）

(　) 134.會引起補償性心輸出量增加的情況是： (A) 大出血 (B) 動脈阻塞 (C) 心肌梗塞 (D) 心瓣膜閉鎖不全。（99 專高二）

(　) 135.胎兒心房間的卵圓孔在出生後會變成： (A) 靜脈韌帶 (B) 肝圓韌帶 (C) 臍帶韌帶 (D) 卵圓窩。（99 專普一）

(　) 136.竇房結（SA node）的解剖位置是在哪二者間？ (A) 上腔靜脈與右心房 (B) 右心房與右心室 (C) 左心室與左心房 (D) 右心房與肺動脈。（99 專普一）

(　) 137.冠狀動脈的血液直接源自於： (A) 左心室 (B) 主動脈弓 (C) 升主動脈 (D) 降主動脈。（99 專普一）

(　) 138.頭靜脈匯集上肢靜脈血液後注入： (A) 腋靜脈 (B) 橈靜脈 (C) 貴要靜脈 (D) 尺靜脈。（99 專普一）

(　) 139.椎動脈是下列何者的分枝？ (A) 頸內動脈 (B) 鎖骨下動脈 (C) 頸外動脈 (D) 淺顳動脈。（99 專普一）

(　) 140.基底動脈由下列何者匯集而成？ (A) 左右椎動脈 (B) 左右頸內動脈 (C) 左右頸外動脈 (D) 左右大腦後動脈。（99專普二）

(　) 141.左心房與左心室間的瓣膜是： (A) 僧帽瓣 (B) 三尖瓣 (C) 肺動脈半月瓣 (D) 主動脈半月瓣。（99專普二）

(　) 142.血液與組織之間氣體及物質的交換，主要在哪一部位進行？ (A) 主動脈 (B) 肺動脈 (C) 微血管 (D) 肺靜脈。（99 專普二）

(　) 143.有關利用血壓計測量到的心收縮壓之敘述，下列何者正確？ (A) 血流受到壓迫後，第一次通過氣袖（cuff）所產生的輕拍聲時的壓力 (B) 最後一次聽到輕拍聲時的壓力 (C) 當血流呈現平靜時的壓力 (D) 心房收縮時的壓力。（99 專普二）

(　) 144.下列何者的血液不由腸繫膜下動脈供應？ (A) 十二指腸 (B) 乙狀結腸 (C) 直腸 (D) 橫結腸。（99 專普二）

(　) 145.小隱靜脈收集小腿淺層靜脈血液並注入： (A) 股靜脈 (B) 膕靜脈 (C) 脛前靜脈 (D) 脛後靜脈。（100 專高一）

(　) 146.有關心臟收縮時的變化，下列敘述何者正確？ (A) 右心室收縮時二尖瓣開啟 (B) 左心室收縮時三尖瓣開啟 (C) 右心室收縮時半月瓣開啟 (D) 左心室收縮時房室瓣開啟。（100專高一）

(　) 147.有關血管疾病之敘述，下列何者正確？ (A) 冠狀動脈疾病（coronary artery disease）的發生與飲食中蛋白質含量有密切關係 (B) 糖尿病會惡化冠狀動脈硬化的病變 (C) 高血壓不會惡化冠狀動脈疾病 (D) 肥胖的人一定會有冠狀動脈硬化的病變。 （100 專高一）

(　) 148.心肌細胞受到刺激時所引發快速去極化的原因為何？ (A) 細胞膜對Na^+通透性增加 (B) 細胞膜對Ca^{2+}通透性增加 (C) 細胞膜對K^+通透性增加 (D) 細胞膜對Mg^{2+}通透性增加。 （100 專高一）

(　) 149.臍動脈連接到下列哪一條血管？ (A) 腹腔幹 (B) 髂外動脈 (C) 髂內動脈 (D) 腸繫膜下動脈。 （100 專普一）

(　) 150.下列何者不直接由主動脈弓發出？ (A) 頭臂幹 (B) 左頸總動脈 (C) 左鎖骨下動脈 (D) 右鎖骨下動脈。 （100 專普一）

(　) 151.心臟傳導的節律點在： (A) 竇房結（SA node） (B) 房室結（AV node） (C) 希氏束（Bundle of His） (D) 浦金埃氏纖維（Purkinje fiber）。 （100專 普一）

(　) 152.有關正常心跳速率的敘述，下列何者正確？ (A) 每分鐘約跳動100次 (B) 不受神經系統控制 (C) 腎上腺素作用於竇房結（SA node）上α型受體以增加心跳 (D) 副交感神經作用時會使心跳變慢。 （100 專普一）

(　) 153.血管半徑與血流阻力之間的關係為何？ (A) 兩者無關 (B) 阻力與半徑平方成反比 (C) 阻力與半徑三次方成反比 (D) 阻力與半徑四次方成反比。 （100 專普一）

(　) 154.下列何者直接提供威氏環（circle of Willis）的動脈血？ (A) 頸內動脈 (B) 頸外動脈 (C) 椎動脈 (D) 大腦前動脈。 （100 專高二）

(　) 155.構成心臟的橫膈面最主要的是下列何者？ (A) 右心房 (B) 右心室 (C) 左心房 (D) 左心室。 （100 專高二）

(　) 156.根據法蘭克－史達林機制（Frank-Starling mechanism）： (A) 心搏量與心室舒張末期容積成正向相關 (B) 心搏量與心室舒張末期容積成反向相關 (C) 心搏量與心室收縮末期容積成正向相關 (D) 心搏量與心室收縮末期容積成反向相關。 （100 專高二）

(　) 157.心臟電位衝動傳導組織中，下列何者傳導速度最慢？ (A) 竇房結（SA node） (B) 房室結（AV node） (C) 希氏束（bundle of His） (D) 浦金森纖維（Purkinje fibers）。 （100 專高二）

(　) 158.循環系統中，何種血管的血流阻力最大？ (A) 主動脈 (B) 小動脈 (C) 大靜脈 (D) 小靜脈。 （100 專高二）

( ) 159.甲狀腺上動脈是下列何者的分枝？ (A) 內頸動脈 (B) 外頸動脈 (C) 鎖骨下動脈 (D) 腋動脈。 （100 專普二）

( ) 160.在心臟腔室中，心肌層最厚的是： (A) 左心房 (B) 右心房 (C) 左心室 (D) 右心室。 （100專普二）

( ) 161.下列何者不是腸繫膜上動脈的分枝？ (A) 左結腸動脈 (B) 中結腸動脈 (C) 右結腸動脈 (D) 迴腸結腸動脈。 （100 專普二）

( ) 162.下列何種類型的血管在人體內分布的總截面積最大？ (A) 大動脈 (B) 大靜脈 (C) 微血管 (D) 小靜脈。 （100 專普二）

( ) 163.下列何者不直接由腹腔動脈幹供應血液？ (A) 膽囊 (B) 胰臟 (C) 脾臟 (D) 空腸。 （101 專高一）

( ) 164.下列何者不直接注入冠狀竇？ (A) 心大靜脈 (B) 心中靜脈 (C) 心小靜脈 (D) 心前靜脈。 （101 專高一）

( ) 165.下列何者血液中的含氧量最低？ (A) 肺靜脈 (B) 大動脈 (C) 右心室 (D) 左心房。 （101 專高一）

( ) 166.下列何者的管壁無平滑肌？ (A) 主動脈 (B) 冠狀動脈 (C) 上腔靜脈 (D) 微血管。 （101 專普一）

( ) 167.血液在肺臟內釋出二氧化碳並換攜氧氣，再由何者流回左心房？ (A) 肺動脈 (B) 肺靜脈 (C) 主動脈 (D) 冠狀竇。 （101 專普一）

( ) 168.右心室與其相接的大動脈之間的瓣膜是： (A) 二尖瓣 (B) 三尖瓣 (C) 肺動脈半月瓣 (D) 主動脈半月瓣。 （101 專普一）

( ) 169.乙狀結腸的動脈血液主要來自： (A) 腹腔動脈幹 (B) 腸繫膜上動脈 (C) 腸繫膜下動脈 (D) 髂內動脈。 （101 專普一）

( ) 170.下列內皮細胞衍生的因子中，何者不會使血管舒張？ (A) 一氧化氮（NO） (B) 緩激（bradykinin） (C) 前列腺環素（prostacyclin） (D) 內皮因子-1（endothelin-1）。 （101 專普一）

( ) 171.利用心縮壓與心舒壓數值，可計算平均動脈壓的近似值為何？ (A) 心舒壓＋2/3（心縮壓－心舒壓） (B) 心縮壓＋2/3（心縮壓－心舒壓） (C) 心舒壓＋1/3（心縮壓－心舒壓） (D) 心縮壓＋1/3（心縮壓－心舒壓）。 （101專普一）

( ) 172.支氣管動脈是下列何者的分枝？ (A) 胸內動脈 (B) 胸主動脈 (C) 胸外側動脈 (D) 肺動脈。 （101 專高二）

( ) 173.有關肺循環的敘述，下列何者正確？ (A) 平均血壓約為 120 mmHg (B) 對血管的阻力低於體循環的阻力 (C) 可使充氧血轉變成缺氧血 (D) 整個肺

循環的壓力差約為 50 mmHg。（101 專高二）

（ ）174.第二心音發生於心電圖中之何時？ (A) P 波時 (B) QRS 複合波時 (C) T 波後 (D) PR 時段（PR interval）。（101 專高二）

（ ）175.心臟組織中傳導速度最快的是： (A) 心房細胞（atrial cell） (B) 浦金埃氏纖維（Purkinje's fiber） (C) 房室結（AV node） (D) 希氏束（bundle of His）。（101 專高二）

（ ）176.心臟的卵圓窩位於下列何者之間？ (A) 右心房與右心室 (B) 左心房與左心室 (C) 右心房與左心房 (D) 右心室與左心室。（101 專普二）

（ ）177.下列何者不直接匯入下腔靜脈？ (A) 腎靜脈 (B) 肝靜脈 (C) 腰靜脈 (D) 腸繫膜上靜脈。（101 專普二）

（ ）178.下列何者不是胸主動脈的分支？ (A) 胸內動脈 (B) 橫膈上動脈 (C) 肋間後動脈 (D) 心包動脈。（101 專普二）

（ ）179.下列何種靜脈不直接匯流入肝門靜脈？ (A) 左胃靜脈 (B) 腸繫膜上靜脈 (C) 肝靜脈 (D) 脾靜脈。（101 專普二）

（ ）180.循環系統中，總血容量增加時會引起下列何種現象？ (A) 減少抗利尿激素（ADH）的分泌 (B) 尿液中鈉離子濃度減少 (C) 增加腎素的分泌 (D) 增加醛固酮的分泌。（101 專普二）

（ ）181.巨噬細胞吞噬下列何種脂蛋白會導致動脈粥狀硬化的產生？ (A) 非常低密度脂蛋白（VLDL） (B) 低密度脂蛋白（LDL） (C) 中密度脂蛋白（IDL） (D) 高密度脂蛋白（HDL）。（101 專普二）

（ ）182.感應血壓變化的感壓受器（baroreceptor）位於： (A) 頸動脈竇及主動脈弓 (B) 頸動脈體及主動脈體 (C) 上腔靜脈及右心房 (D) 下腔靜脈及右心房。（101 專普二）

（ ）183.下列何種因子會造成血管收縮？ (A) 副交感神經（parasympathetic neuron） (B) 抗利尿激素（ADH） (C) 組織胺（histamine） (D) 緩激肽（bradykinin）。（101 專普二）

（ ）184.供應升結腸的血液主要來自： (A) 腸繫膜上動脈 (B) 腸繫膜下動脈 (C) 腹腔動脈幹 (D) 髂內動脈。（102 專高一）

（ ）185.下列何者不直接注入右心房？ (A) 肺靜脈 (B) 冠狀竇 (C) 上腔靜脈 (D) 下腔靜脈。（102 專高一）

（ ）186.腎動脈是下列何者的分支？ (A) 腹主動脈 (B) 腹腔動脈幹 (C) 腸繫膜上動脈 (D) 腸繫膜下動脈。（102 專高一）

（ ）187.皮質醛酮（aldosterone）可作用於何處而引起血壓上升？ (A) 鮑氏囊

(B) 冠狀動脈　(C) 腎小管　(D) 靜脈。（102 專高一）

(　) 188.舒張末期心室的總血量（end-diastolic volume）愈多，所造成的心臟收縮愈大（史達林定律，Starling law of the heart），其機制為何？　(A) 進入心肌細胞中的鈣離子增加　(B) 肌漿內質網釋放出的鈣離子增加　(C) 交感神經的作用　(D) 心肌纖維的長度增加。（102 專高一）

(　) 189.關於冠狀循環血流量的分布，於心動週期中的變化，下列何者正確？　(A) 收縮期增加　(B) 舒張期減少　(C) 舒張期增加　(D) 維持恆定不變。（102 專高一）

(　) 190.在正常生理情況下，自主神經主要作用於下列何種組織而影響心跳速率？　(A) 竇房結（SA node）　(B) 房室結（AV node）　(C) 希氏束（bundle of His）　(D) 浦金森纖維（Purkinje fibers）。（102 專高一）

(　) 191.肺動脈壓約為：　(A) 2 mmHg　(B) 15 mmHg　(C) 40 mmHg　(D) 100 mmHg。（102 專高一）

(　) 192.下列何者不是腹主動脈的直接分枝？　(A) 睪丸動脈　(B) 膈下動脈　(C) 肝總動脈　(D) 腎動脈。（102 專高二）

(　) 193.有關冠狀循環的敘述，下列何者正確？　(A) 冠狀動脈是主動脈弓上的主要分枝　(B) 冠狀動脈主要供應腦部的血液　(C) 心臟之靜脈血大多回流入冠狀竇，再注入左心房　(D) 邊緣動脈主要將充氧血送到右心室壁。（102 專高二）

(　) 194.運動時會增加血流量分布至骨骼肌，主要是因為下列何種機制？　(A) α 腎上腺素受體的刺激　(B) 胰島素受體的刺激　(C) 膽鹼受體的刺激　(D) 運動中的肌肉細胞釋放代謝產物的刺激。（102 專高二）

(　) 195.在正常的心動週期中，心室等容收縮時，下列關於心臟腔室與主動脈壓力的敘述何者正確？　(A) 左心室＞主動脈＞左心房　(B) 主動脈＞左心房＞左心室　(C) 左心房＞主動脈＞左心室　(D) 主動脈＞左心室＞左心房。（102專高二）

(　) 196.胎兒循環中，靜脈導管連接下列何者之間？　(A) 臍靜脈和肝靜脈　(B) 臍靜脈和下腔靜脈　(C) 下腔靜脈和肝靜脈　(D) 臍靜脈和肝門靜脈。（103專高一）

(　) 197.第二心音的產生是由於：　(A) 心室舒張時，房室瓣打開所造成　(B) 心室收縮時，房室瓣關閉所造成　(C) 心室舒張時，半月瓣關閉所造成　(D) 心室收縮時，半月瓣打開所造成。（103 專高一）

(　) 198.有關心房利鈉素（atrial natriuretic peptide）分泌增加之敘述，下列何者錯誤？ (A) 會促進腎素（renin）的分泌 (B) 會抑制醛固酮（aldosterone）的分泌 (C) 會使腎絲球過濾率增加 (D) 會抑制鹽分及水分的再吸收。（99專高二）

(　) 199.下列何者不是製造紅血球所需之營養素？ (A) 鐵離子 (B) 葉酸 (C) 維生素B_{12} (D) 鎳離子。（97 專普一）

(　) 200.惡性貧血是因缺乏下列何者所致？ (A) 維生素B12 (B) 二價鐵離子 (C) 鋅離子 (D) 銅離子。（98 專普二）

(　) 201.惡性貧血是因缺乏下列何種維生素？ (A) 維生素B_{12} (B) 維生素B_1 (C) 維生素B_6 (D) 維生素C。（100 專高一）

(　) 202.血管升壓素原（angiotensinogen）主要來自何處？ (A) 肝 (B) 肺 (C) 心 (D) 腎。（98 專普一）

(　) 203.有關正常成人紅血球的特性，下列敘述何者不正確？ (A) 無細胞核 (B) 生命期約 60 天 (C) 由紅骨髓製造 (D) 可運送O_2與CO_2。（98 二技）

(　) 204.血管受損破裂時所導致的血管收縮，主要與血小板釋放何種物質有關？ (A) 一氧化氮（NO） (B) 肝素（heparin） (C) 血清胺（serotonin） (D) 腎上腺素（epinephrine）。（98二技）

(　) 205.上甲狀腺動脈（superior thyroid artery）是哪一條血管的直接分支？ (A) 頭臂動脈（brachiocephalic trunk） (B) 頸總動脈（common carotid artery） (C) 頸內動脈（internal carotid artery） (D) 頸外動脈（external carotid artery）。（98 二技）

(　) 206.能同時將充氧血送到左心房壁及左心室壁後半部的主要血管為何？ (A) 邊緣動脈（marginal artery） (B) 迴旋動脈（circumflex artery） (C) 前室間動脈（anterior interventricular artery） (D) 後室間動脈（posterior interventricular artery）。（98 二技）

(　) 207.有關第一心音的敘述，下列何者正確？ (A) 半月瓣（semilunar valve）關閉所產生 (B) 發生於心室射血期（ventricular ejection） (C) 房室瓣（atrioventricular valve）打開所產生 (D) 發生於等容心室收縮期（isovolumetric ventricular contraction）。（98 二技）

(　) 208.造成動脈壓升高的原因，下列何者不正確？ (A) 迷走神經（vagus nerve）活性增加 (B) 血比容（hematocrit）增加 (C) 抗利尿激素（ADH）分泌增加 (D) 腎素（renin）分泌增加。（98 二技）

(　) 209.下列何者可直接將纖維蛋白原（fibrinogen）轉變為纖維蛋白（fibrin）？ (A) 凝血酶（thrombin） (B) 胞漿素（plasmin） (C) 第十因子（factor X）

(D) 第十一因子（factor XI）。。 （99 二技）

(　) 210.下列何者為腎素（renin）的主要作用？ (A) 將血管張力素 I（angiotensin I）轉變成血管張力素 II（angiotensin II） (B) 刺激血管張力素轉化酶（angiotensin - converting enzyme）的活性 (C) 刺激血管張力素原（angiotensinogen）的合成 (D) 將血管張力素原轉變成血管張力素 I。 （99 二技）

(　) 211.下列何者不屬於彈性動脈（elastic artery）？ (A) 肱動脈（brachial artery） (B) 鎖骨下動脈（subclavian artery） (C) 髂總動脈（common iliac artery） (D) 頭臂動脈（brachiocephalic artery）。 （99 二技）

(　) 212.胰動脈（pancreatic artery）是由下列哪一條血管直接分支而來？ (A) 腹主動脈（abdominal aorta） (B) 脾動脈（splenic artery） (C) 肝總動脈（common hepatic artery） (D) 腹腔動脈幹（celiac trunk）。 （99 二技）

(　) 213.有關心室收縮期的敘述，下列何者錯誤？ (A) 收縮期時間比舒張期時間長 (B) 心室射血期發生在心電圖 QRS 波後 (C) 收縮期當中房室瓣關閉 (D) 第一心音發生於等容心室收縮期。。 （99 二技）

(　) 214.有關血紅素（hemoglobin）的敘述，何者正確？ (A) 可與氧作用形成氧化態血紅素 (B) 一個血紅素分子可攜帶一個氧分子 (C) 成人血紅素對氧的親和力大於胎兒血紅素 (D) 一氧化碳與血紅素結合能力高於氧的結合能力。 （100 二技）

(　) 215.下列何者直接與脾靜脈（splenic vein）匯流至肝門靜脈（hepatic portal vein）？ (A) 肝靜脈（hepatic vein） (B) 中央靜脈（central vein） (C) 上腸繫膜靜脈（superior mesenteric vein） (D) 下腸繫膜靜脈（inferior mesenteric vein）。 （100 二技）

(　) 216.當微血管的膠體滲透壓為 32 mmHg，血液靜水壓為 30 mmHg，組織間液膠體滲透壓為 2 mmHg，組織間液靜水壓為 4 mmHg，其有效過濾壓為何？ (A) 4 mmHg (B) 8 mmHg (C) -4 mmHg (D) -8 mmHg。 （100 二技）

(　) 217.下列何者是長期調控血壓的主要方式？ (A) 感壓接受器反射 (B) 血液容積的變化 (C) 自主神經活性的變化 (D) 週邊化學接受器反射。 （100二技）

(　) 218.當血液黏稠度增加為原來的 2 倍時，其血管阻力為原來的幾倍？ (A) 1/2 倍 (B) 1/16 倍 (C) 2 倍 (D) 16 倍。 （100 二技）

(　) 219.心臟的腱索（chordae tendineae）是連接瓣膜與下列何種構造？ (A) 乳頭肌 (B) 心肉柱 (C) 梳狀肌 (D) 心室間隔。 （100 二技）

(　) 220.正常第二心音開始於心動週期的哪一期？ (A) 心室充血期 (B) 等容心室收縮期 (C) 心室射血期 (D) 等容心室舒張期。 (100　二技)

(　) 221.下列何者為起自腹主動脈（abdominal aorta）的成對分支？ (A) 膈下動脈（inferior phrenic artery） (B) 腹腔動脈幹（celiac trunk） (C) 腸繫膜上動脈（superior mesenteric artery） (D) 腸繫膜下動脈（inferior mesenteric artery）。 (101　二技)

(　) 222.下列有關椎動脈（vertebral artery）的敘述，何者錯誤？ (A) 是鎖骨下動脈（subclavian artery）的分支 (B) 經由頸椎橫突孔（transverse foramen）上行 (C) 經破裂孔（foramen lacerum）進入顱腔 (D) 左、右椎動脈匯合形成基底動脈（basilar artery）。 (101　二技)

(　) 223.下列何者直接將缺氧血匯入下腔靜脈？ (A) 臍靜脈（umbilical vein） (B) 肝靜脈（hepatic vein） (C) 脾靜脈（splenic vein） (D) 腸繫膜上靜脈（superior mesenteric vein）。 (101二技)

(　) 224.肌肉組織中，下列何者含量增加時不會引起血管舒張（vasodila-tion）？ (A) 鉀離子 (B) 氫離子 (C) 氧氣 (D) 二氧化碳。 (101二技)

(　) 225.有關組織缺氧（hypoxia）之敘述，下列何者正確？ (A) 肺臟缺氧部位血管會收縮，使得通氣量 － 血流灌注量不相配之情形獲得改善 (B) 肺臟缺氧部位血管會舒張，使得通氣量 － 血流灌注量不相配之情形獲得改善 (C) 所有組織缺氧時，該部位血管會擴張，以減緩缺氧所造成之損傷 (D) 所有組織缺氧時，該部位血管會收縮，以減緩缺氧所造成之損傷。 (101 二技)

(　) 226.有關心搏量（stroke volume）之敘述，下列何者錯誤？ (A) 交感神經會增加心肌收縮力而增加心搏量 (B) 副交感神經會降低心肌收縮力而減少心搏量 (C) 靜脈血液回流越多心搏量越多 (D) 腎上腺素（epinephrine）會增加心搏量。 (101 二技)

(　) 227.下列哪一種血漿蛋白（plasma proteins）與凝血（blood coagula-tion）有關？ (A) 白蛋白（albumin） (B) 球蛋白（globulin） (C) 纖維蛋白原（fibrinogen） (D) 脂蛋白（lipoprotein）。 (101 二技)

解答：

1.(B)	2.(A)	3.(C)	4.(C)	5.(C)	6.(D)	7.(D)	8.(C)	9.(D)	10.(B)
11.(A)	12.(C)	13.(C)	14.(C)	15.(D)	16.(D)	17.(A)	18.(A)	19.(A)	20.(D)
21.(B)	22.(C)	23.(A)	24.(A)	25.(B)	26.(B)	27.(C)	28.(C)	29.(D)	30.(C)
31.(D)	32.(A)	33.(D)	34.(B)	35.(C)	36.(D)	37.(A)	38.(A)	39.(D)	40.(B)
41.(D)	42.(A)	43.(C)	44.(C)	45.(A)	46.(D)	47.(C)	48.(B)	49.(C)	50.(B)
51.(D)	52.(A)	53.(A)	54.(A)	55.(D)	56.(C)	57.(C)	58.(A)	59.(B)	60.(B)
61.(B)	62.(B)	63.(B)	64.(D)	65.(D)	66.(A)	67.(C)	68.(C)	.69.(D)	70.(D)
71.(A)	72.(B)	73.(A)	74.(B)	75.(C)	76.(B)	77.(C)	78.(A)	79.(A)	80.(A)
81.(A)	82.(A)	83.(B)	84.(A)	85.(A)	86.(C)	87.(C)	88.(D)	89.(D)	90.(C)
91.(B)	92.(BD)	93.(B)	94.(B)	95.(C)	96.(D)	97.(B)	98.(B)	99.(B)	100.(B)
101.(D)	102.(A)	103.(A)	104.(B)	105.(A)	106.(C)	107.(D)	108.(A)	109.(A)	110.(A)
111.(B)	112.(B)	113.(B)	114.(B)	115.(C)	116.(A)	117.(A)	118.(A)	119.(C)	120.(A)
121.(D)	122.(D)	123.(A)	124.(D)	125.(B)	126.(B)	127.(B)	128.(B)	129.(D)	130.(C)
131.(B)	132.(C)	133.(D)	134.(A)	135.(D)	136.(A)	137.(C)	138.(A)	139.(B)	140.(A)
141.(A)	142.(C)	143.(A)	144.(A)	145.(B)	146.(C)	147.(B)	148.(A)	149.(C)	150.(D)
151.(A)	152.(D)	153.(D)	154.(A)	155.(D)	156.(A)	157.(B)	158.(B)	159(B)	160.(C)
161.(A)	162.(C)	163.(D)	164.(D)	165.(C)	166.(D)	167.(B)	168.(C)	169.(C)	170.(D)
171.(C)	172.(B)	173.(B)	174.(C)	175.(B)	176.(C)	177.(D)	178.(A)	179.(C)	180.(A)
181.(B)	182.(A)	183.(B)	184.(A)	185.(A)	186.(A)	187.(C)	188.(D)	189.(C)	190.(A)
191.(B)	192.(C)	193.(D)	194.(D)	195.(D)	196.(B)	197.(C)	198.(A)	199.(D)	200.(A)
201.(A)	202(A)	203.(B)	204.(C)	205.(D)	206.(D)	207.(D)	208.(A)	209.(A)	210.(D)
211.(A)	212.(B)	213.(A)	214.(D)	215.(C)	216.(C)	217.(B)	218.(D)	219.(A)	220.(D)
221.(A)	222.(C)	223.(B)	224.(C)	225.(D)	226.(D)	227.(C)			

第十一章 淋巴系統與免疫

本章大綱

淋巴系統

淋巴

淋巴管

淋巴結

淋巴器官

淋巴循環

免疫系統

非特異性防禦

特異性防禦

學習目標

1. 能了解淋巴系統的組成和功能。
2. 能清楚知道淋巴系統與血管間構造的差異。
3. 能了解體內淋巴器官的組成、構造與功能。
4. 能知道體內淋巴循環的路程。
5. 清楚人體的免疫防禦系統的構造及機制。

淋巴系統

淋巴系統（lymphatic system）是一個大的淋巴網狀系統，由淋巴結的小塊組織連接而成（圖 11-1）。其組成包括了淋巴、淋巴管、淋巴組織及淋巴器官。

淋巴系統的主要功能為：

1. 淋巴管能將微血管滲入組織間隙的含蛋白質液體導回心臟血管系統中，以維持水在組織與血液之間的分布。
2. 淋巴液能將消化後的脂肪運送至血管中。
3. 淋巴組織能製造淋巴球並產生抗體，與巨噬細胞共同擔任監督與防禦功能。

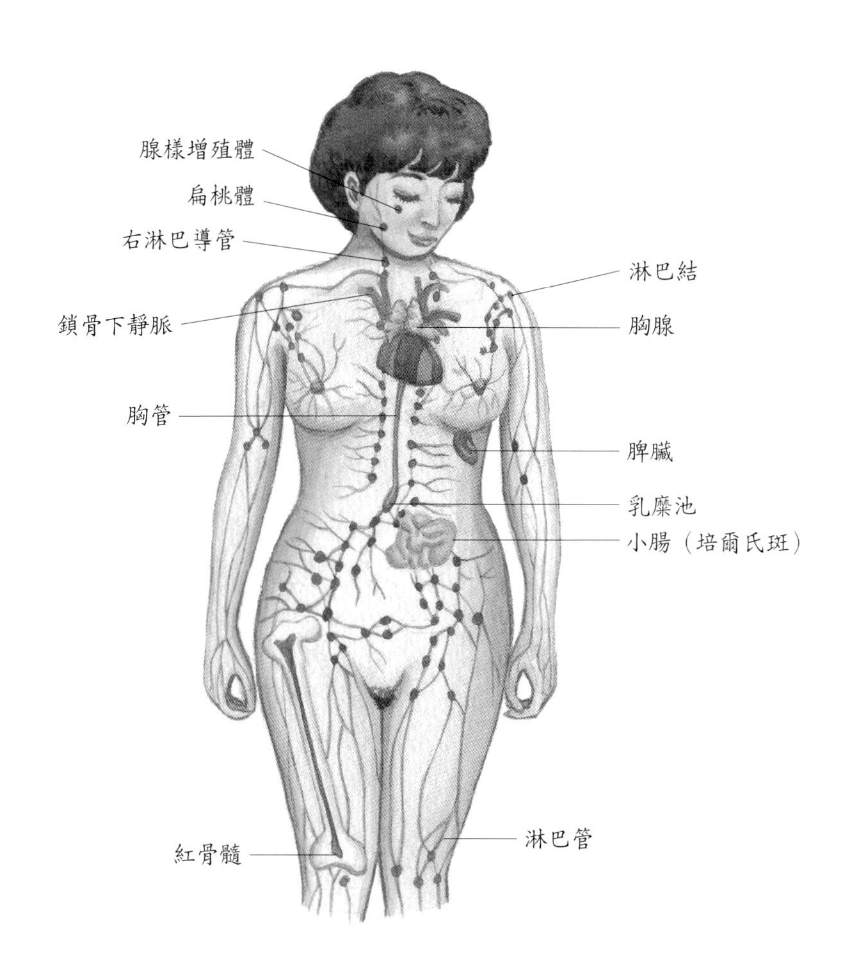

圖 11-1 淋巴系統

淋巴

血漿成分可以通過微血管壁進入組織間隙，即為組織間液（間質液）。當組織間液由組織間隙進入微淋巴管後，即成淋巴（lymph）。所以組織間液與淋巴基本上是相同的，只是所在位置不同而已。

組織間液、淋巴的成分與血漿相似，三者皆不含紅血球及血小板，只是蛋白質的含量較血漿少，那是因為血漿內蛋白質分子太大無法輕易通過微血管壁。組織間液、淋巴尚有一點與血漿不同的是含有不定數目的白血球，因為白血球可藉血球滲出作用進入組織間液，而淋巴組織本身即為製造顆粒性白血球之處。

淋巴管

淋巴管（lymphatic vessel）起始於細胞間細微的微淋巴管（lymph capillary）（圖11-2），它可能單獨一條或密集成叢。淋巴管遍及全身，但血管的組織、中樞神經系統、脾臟、骨髓等構造則無淋巴管。

微淋巴管的管徑比微血管大，通透性也較佳，有一端是盲端，且管壁是由單層扁平內皮細胞互相重疊成皮狀小瓣膜（圖11-2），使液體容易流入不易流出，類似單向瓣膜。管壁內皮的外表面藉固定絲連結在周圍組織上（表11-1）。

如同微血管匯集成小靜脈和靜脈，微淋巴管也會匯集成較大的淋巴管（圖11-3），淋巴管在構造上與靜脈相似（表11-2），但管壁較薄、有較多的瓣膜、每一段間隔含有淋巴結。淺層的淋巴管位於皮下組織層中與靜脈伴行，內臟的淋巴管通常與動脈伴行，並形成叢狀繞在臟器周圍。所有的淋巴管最後匯集於胸管和右淋巴管。

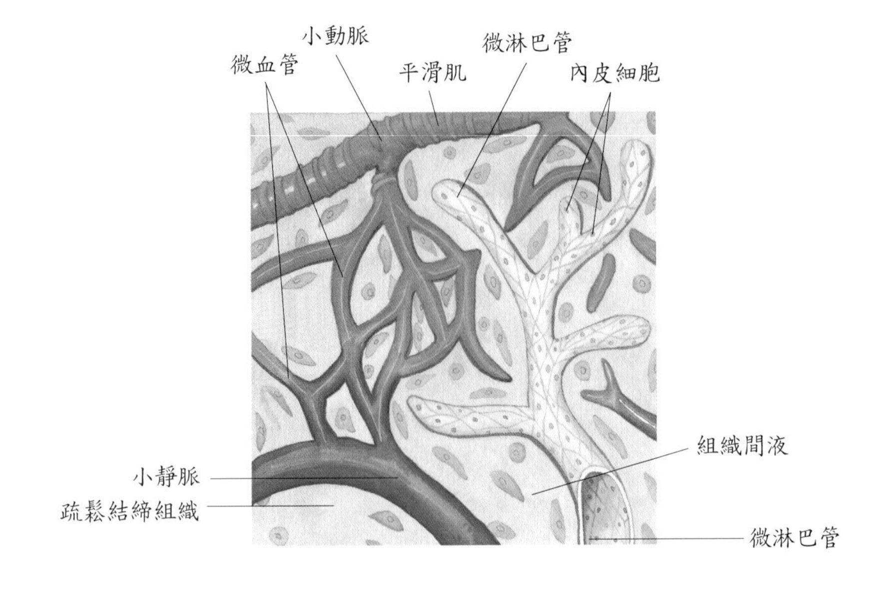

圖11-2　微淋巴管的分布特徵

表 11-1　微淋巴管與微血管的比較

比　較	微淋巴管	微血管
歸屬	淋巴循環系統	血液循環系統
內皮細胞	連續性的內皮細胞且有部分發生重疊，形成類似瓣膜的開口	有連續性或不連續性的內皮細胞
始末端	一端接淋巴管，一端爲盲端	一端接小動脈，一端接小靜脈，但腎絲球例外，始末端皆爲動脈
成分	淋巴液	血液
功能	收集組織液成淋巴液進入淋巴管，是血液循環的輔助路線	完成血液與組織細胞間的物質交換
分布	不存在於中樞神經系統、脾臟、骨髓中	較廣
瓣膜	較多	沒有
脂肪	高	低
管腔、壁孔	大	小
通透性	極佳	佳
血流量	大	小
阻力	小	大

表 11-2　淋巴管與靜脈管的比較

比　較	淋巴管	靜脈管
歸屬	淋巴循環系統	血液循環系統
構成	由內皮、平滑肌、結締組織構成	由內皮、平滑肌、結締組織構成
位置	微淋巴管→淋巴管→鎖骨下靜脈	微血管→靜脈→心房
管壁	較薄	較厚
成分	淋巴液	血液
瓣膜	較多	較少
功能	將淋巴液送回靜脈，又成血液	將微血管血液送回心臟
特殊構造	間隔之間有淋巴結	無
管徑	較大	較小

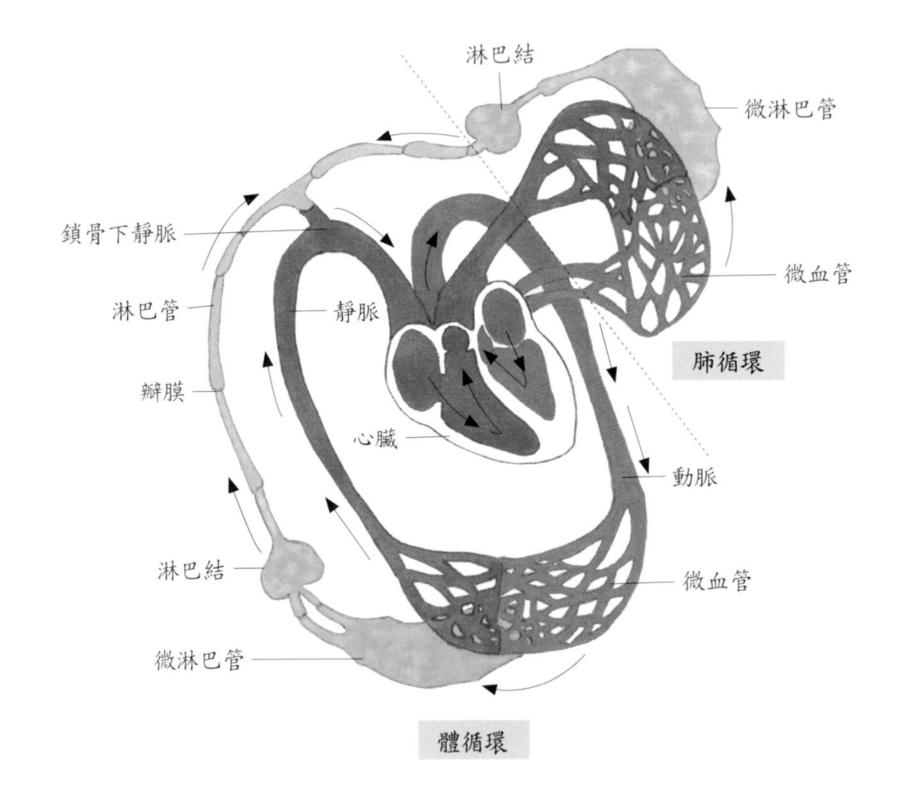

圖 11-3　淋巴系統與心臟血管系統的關係

淋巴結

在身體的前脊椎區、腸繫膜、腋窩、鼠蹊等疏鬆結締組織中可發現呈卵圓形或腎臟形的淋巴結（lymph node），長約 1～25mm。淋巴結略呈凹陷的部分稱為門（hilum），此處有輸出淋巴管（圖 11-4）。每一個淋巴結被一層緻密結締組織構成的囊（被膜）所包覆，囊向內延伸成小樑（trabeculae），囊、小樑、網狀纖維與網狀細胞組成淋巴結的基質部分；淋巴結的實質可分為皮質（cortex）及髓質（medulla）兩部分。外層皮質含有緊密排列成團的淋巴球所形成的淋巴小結，淋巴小結的中央是生發中心（germinal center），為製造淋巴球的地方；內層髓質的淋巴球排列成索，稱為髓索（medullary cord），其間有巨噬細胞和漿細胞。

在淋巴結的凸側有幾條含有瓣膜開口朝向淋巴結的輸入淋巴管，淋巴液由輸入淋巴管流入淋巴結後，最後流入管徑較大且含有瓣膜開口朝外的輸出淋巴管，將淋巴匯流離開淋巴結。當淋巴循環流經淋巴結時，外來的異物會被淋巴結內的網狀纖維及巨噬細胞捕捉、分解、吞噬。

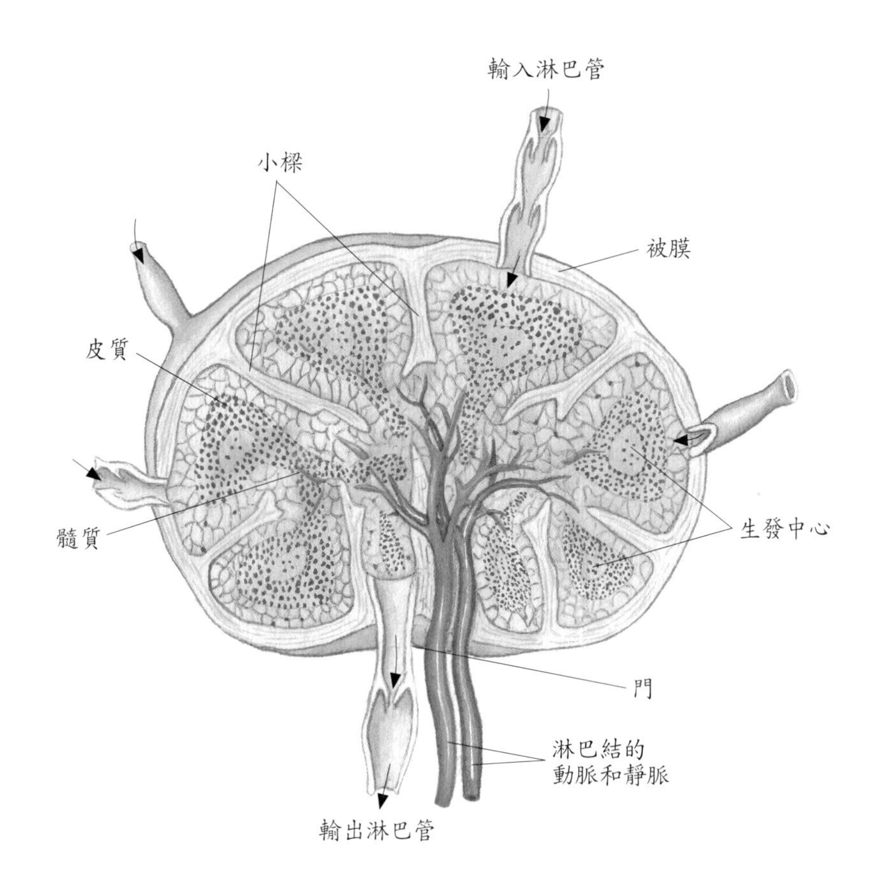

圖 11-4　淋巴結的構造

當細菌（血絲蟲）反覆入侵引起淋巴管發炎，會引起人體某部位淋巴聚積在皮下組織，使周邊皮膚或結締組織增生，以腿最常見，通常腫得跟象腳一樣，稱為象皮病（Elephantiasis）。

淋巴結可以單獨一個存在，也可形成大的集團，稱為聚集淋巴結，例如迴腸黏膜下層的培氏斑（Peyer's patch）即屬聚集淋巴結。

淋巴器官

扁桃體

許多淋巴結聚集被黏膜包埋的構造稱為扁桃體（tonsil），它不具輸入淋巴管，而是由組織周圍的微淋巴管叢匯流入輸出淋巴管，故無過濾淋巴液的功能。扁桃體可製造淋巴球與抗體，參與身體的防衛與免疫反應。有表 11-3 三種扁桃體，與咽後壁小淋巴結構成華代爾環（Waldeyer's ring），是人體口咽部抵禦細菌病毒的第一道防線。

表 11-3 扁桃體的種類

種　類	數量	解剖位置	異　常
咽扁桃體	1 個	鼻咽後壁	在童年或青春期時常感染腫大，稱爲腺樣增殖體，過於腫大則易打鼾
顎扁桃體	2 個	顎咽弓與顎舌弓間的扁桃窩內	扁桃腺炎即指此處發炎，是一般扁桃體切除的位置
舌扁桃體	多個	舌的基部	腫大易造成異物感及喉部不適

臨床指引：

扁桃腺炎（tonsillitis）及扁桃腺切除術（tonsillectomy）：顎扁桃體是人體入口的淋巴組織，當細菌或病毒入侵時，會引起一連串免疫反應，引起扁桃發炎、紅腫、發燒、咽喉疾病等，即是扁桃腺炎。當病原體被消滅掉時，發炎反應就會結束。但如果是鏈球菌（streptococcus）感染，則會長期寄生在扁桃體內，造成慢性扁桃腺炎。久而久之，鏈球菌也隨著血液循環至骨頭、關節、心臟、腎臟，造成風濕性關節炎，風濕性心臟病、腎臟炎等。此時就必須實施扁桃腺切除術。摘除顎扁桃腺並不會影響免疫功能，因為其他華代爾環的淋巴組織會取代其功能。所以實施扁桃腺切除術有下列幾個原因：

1.反覆感染發作：一年五次以上或一個月兩次以上的扁桃腺急性發炎。

2.扁桃體過度肥大，影響生長發育、呼吸阻塞（打鼾）。

3.扁桃腺腫瘤。

4.已有併發症者。

胸腺

胸腺（thymus gland）位於上縱膈腔、胸骨之後與兩肺之間。往上延伸入甲狀腺下方，往下至第四肋骨。胸腺與身體比例是在 2 歲時最大，在兒童時期呈紅色，至青春期時最大（40 克），此後逐漸萎縮而被脂肪組織和結締組織取代呈黃色，雖萎縮、退化但仍具功能。

圖 11-5 可見胸腺的外貌，包圍胸腺的外被將其分成二胸腺葉，被膜伸入胸腺葉中形成小樑，將每一葉又分成許多小葉，每一小葉由緻密排列的外部皮質和內部髓質組成，皮質內淋巴球進行有絲分裂，當 T 細胞成熟時將其移入髓質內，最後進入該區域的特化血管之一。散布在淋巴球間的是上皮細胞，負責胸腺激素的生成。

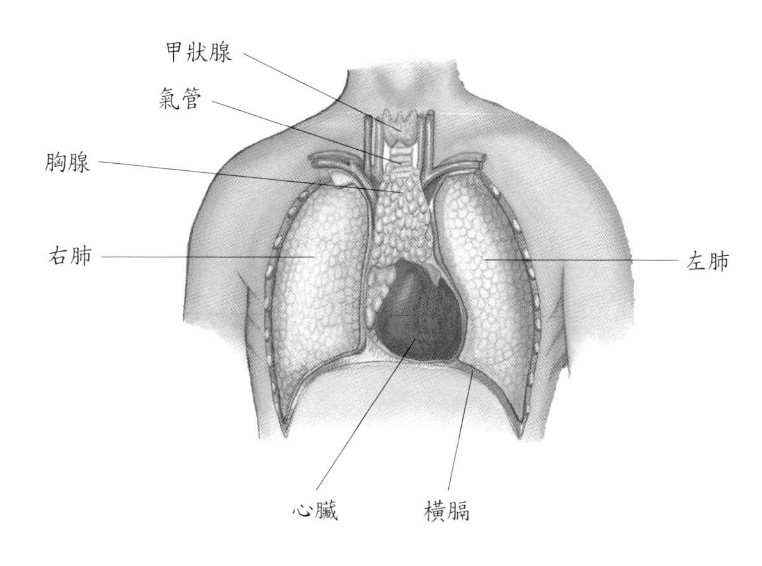

圖 11-5　胸腺的位置

脾臟

卵圓形的脾臟（spleen）位於左季肋區、胃底與橫膈間，左腎和降結腸的上方，是身體最大的淋巴組織。胃、左腎、降結腸在其表面造成壓跡。脾臟被一層緻密結締組織與散布平滑肌纖維的囊包住（圖 11-6），這層囊又被一層漿膜（腹膜）包覆。它與淋巴結相似，有門、小樑、網狀纖維與細胞構成脾臟的基質。脾動脈、脾靜脈及輸出淋巴管通過脾門，但不具輸入淋巴管，沒有過濾淋巴液的功能。

脾臟的實質包括紅髓（red pulp）和白髓（white pulp）。紅髓是由充滿血液的靜脈竇和脾索（splenic cord）所組成，脾索是索狀細胞組織，含有紅血球、巨噬細胞、淋巴球、漿細胞、顆粒性白血球；白髓是包圍中央動脈排列而成的淋巴組織。脾內各處皆有淋巴球聚成淋巴小結，稱為脾小結（splenic nodules）。

脾臟主要的功能是製造 B 淋巴球產生抗體，也能吞噬細菌與衰老的紅血球、血小板。靜脈竇能儲存大量血液，在危急時受交感神經刺激，可引起外囊中平滑肌收縮而放血，在胚胎第五個月時，也是一個重要的造血器官。

淋巴循環

淋巴循環（lymph circulation）乃指淋巴由有盲端的微淋巴管（lymph capillary）進入較大的淋巴管（lymphatic），再由輸入淋巴管進入淋巴結（lymph node），流經淋巴竇後由輸出淋巴管離開淋巴結再進入其他個或群淋巴結。然後再進入相近淋巴管匯合而成的淋巴幹（lymph trunk），匯流入胸管（thoracic duct）及右淋巴管（right lymphatic duct），最後進入內頸靜脈與鎖骨下靜脈交會處，進入右心房參與血液循環（圖 11-7）。

胸管是體內最粗大的淋巴管，起源於第二腰椎前的乳糜池（cisterna chyli），它接受來自左側頭、頸、胸、上肢及肋骨以下身體的淋巴液回流。右淋巴管則收集右上半部來的淋巴回流，亦即匯流右頸淋巴幹、右鎖骨下淋巴幹及右支氣管縱膈淋巴幹來的淋巴。

免疫系統

人體有自己的防禦機轉來抵抗外來病原的侵入（或己身出錯的細胞），以維持身體的恆定，這種防禦的機轉稱為免疫（immunity）。免疫包括非特異性防禦及特異性防禦兩種。

非特異性防禦即是體內天生具有防禦的機轉，可用來對抗所有的病原入侵，即入口屏障、發炎及補體系統等。特異性防禦即是適應性免疫，是由特定的抗原（antigen）侵入，引發身體產生特定的抗體（antibody）來對抗攻擊的過程。特異性防禦通常可持續一段很長的時間。

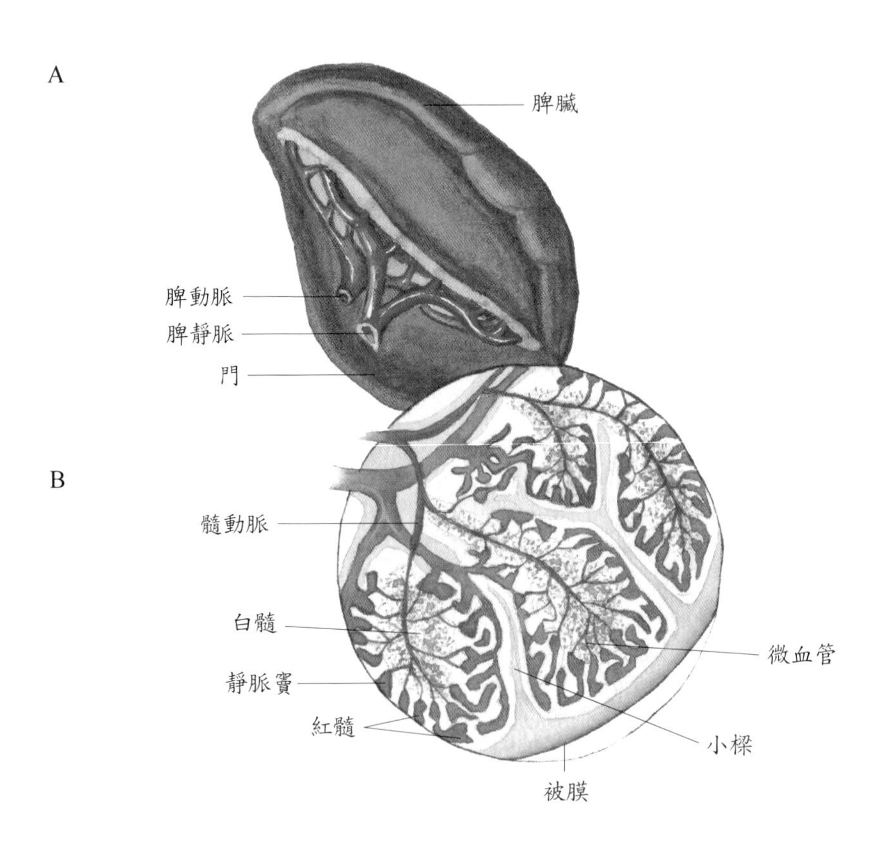

圖 11-6 脾臟的構造。A. 脾臟外觀；B. 橫切面。

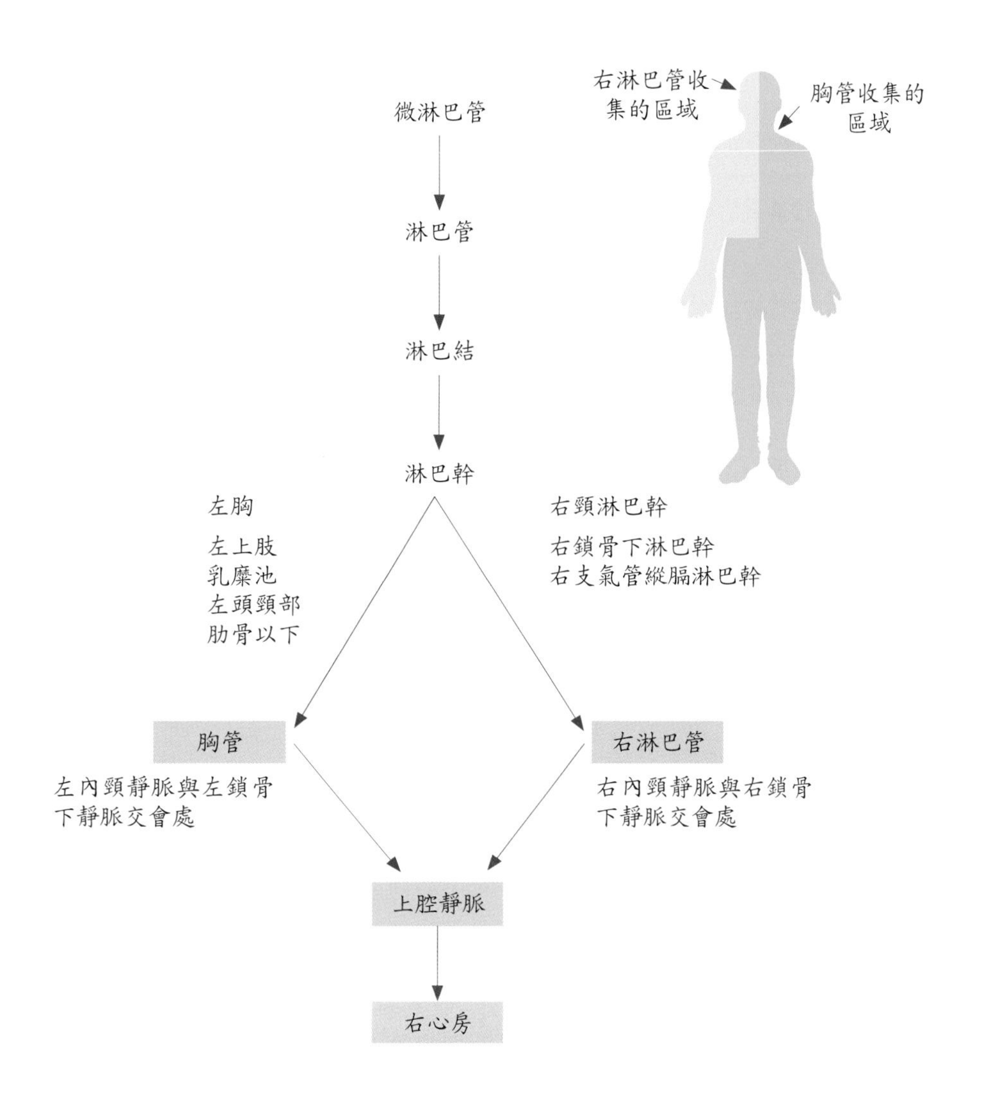

圖11-7　淋巴循環的路線

非特異性防禦

非特異性防禦（nonspecific defense）作用於出生後才具有，包括入口屏障、吞噬作用、免疫性監視、干擾素、補體系統、發炎反應及發燒等（圖11-8）。

入口屏障

入口屏障（barriers of entry）為皮膚及內襯在消化、呼吸及泌尿道的黏膜是防止病原體進入的屏障。例如皮膚油脂的分泌含有化學物質，可殺死或減弱病原體毒性。內襯的黏膜纖毛可阻擋外來物，黏液可包圍、陷住病原，胃液酸性 pH 值可抑制細菌生長等。

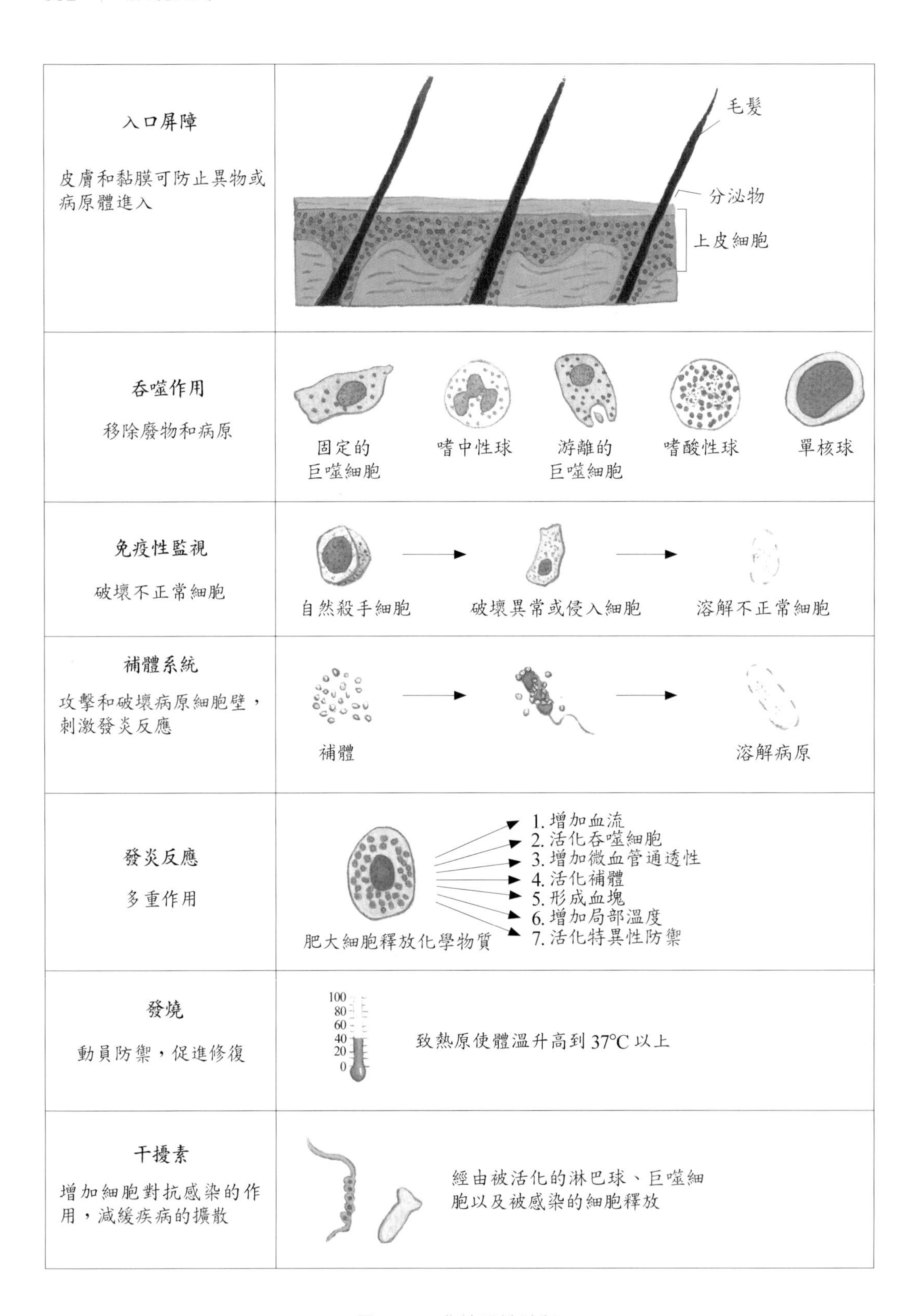
入口屏障
皮膚和黏膜可防止異物或病原體進入
毛髮
分泌物
上皮細胞
吞噬作用
移除廢物和病原
固定的巨噬細胞
嗜中性球
游離的巨噬細胞
嗜酸性球
單核球
免疫性監視
破壞不正常細胞
自然殺手細胞
破壞異常或侵入細胞
溶解不正常細胞
補體系統
攻擊和破壞病原細胞壁，刺激發炎反應
補體
溶解病原
發炎反應
多重作用
1. 增加血流
2. 活化吞噬細胞
3. 增加微血管通透性
4. 活化補體
5. 形成血塊
6. 增加局部溫度
7. 活化特異性防禦
肥大細胞釋放化學物質
發燒
動員防禦，促進修復
100
80
60
40
20
0
致熱原使體溫升高到37°C以上
干擾素
增加細胞對抗感染的作用，減緩疾病的擴散
經由被活化的淋巴球、巨噬細胞以及被感染的細胞釋放

圖11-8 非特異性防禦

吞噬作用

任何皮膚受傷會讓病原體進入身體。這時，嗜中性球（neutrophil）和單核球（monocyte）可像變形蟲般擠過微血管壁而進入組織中執行吞噬作用（phagocytosis）（圖 11-9）。單核球會分化成巨噬細胞（macrophage），可作為清道夫以吞噬老舊血球細胞、死亡組織，並促進白血球生成與釋放。

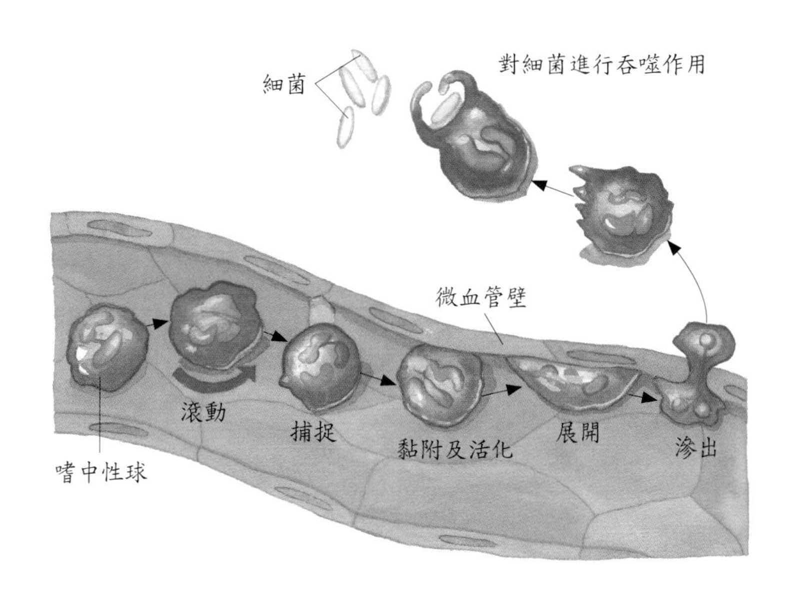

圖 11-9　白血球從血管移動至組織的過程

免疫性監視

身體的免疫作用是不會攻擊自己正常的細胞。免疫性監視（immunological surveillance）是監視組織上細胞，如有異常的細胞產生就會被攻擊摧毀。主要的攻擊淋巴球是自然殺手細胞（natural killer cell），它們面對異常細胞或感染病毒的細胞時，會分泌特殊蛋白質來破壞這些異常感染細胞的細胞膜，藉此來殺死細胞。

補體系統

補體系統（complement system）是由許多血漿蛋白所組成，通常是以 C 及數字來表示，例如 C2。當病原體進入身體時，會將補體蛋白活化，一旦補體蛋白被活化後，它會一個接著一個活化其他蛋白質，如此，活化的補體蛋白會破壞細菌的細胞壁及細胞膜，讓液體及鹽類進入病原體內造成膨脹破裂死亡（圖11-10）。補體也可釋放化學物質來吸引巨噬細胞到病原處，以吞噬方式引起發炎反應。

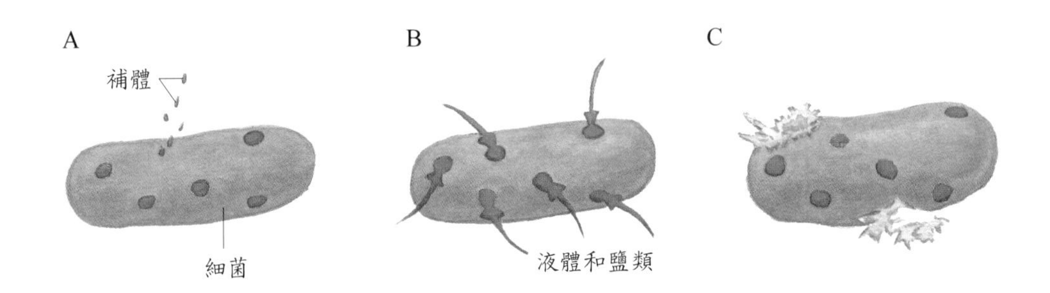

圖11-10 補體的功能。A. 補體蛋白質在細菌細胞壁和細胞膜上形成一個洞；B. 洞允許液體和鹽類進入細菌中；C. 細菌持續膨脹直到破裂為止。

發炎反應

皮膚或組織受傷裂開時，會產生一連串紅、腫、熱、痛的反應，稱為發炎（inflammation）。肥大細胞（mast cell）源自於嗜鹼性球，且位在結締組織內，是參與發炎反應（inflammatory reaction）相當重要的角色。當身體組織受傷時，肥大細胞會放出組織胺（histamine）和肝素（heparin）到組織中，引起血管擴張，增加微血管通透性，增加血流，並吸引吞噬細胞和嗜中性白血球聚集。嗜中性球與單核球和死亡的細胞、細菌、組織碎片等會形成黃色濃稠的膿（pus）。膿的產生表示身體的非特異防禦正抵抗著細菌，並可以形成血塊，讓受傷部位引起紅腫熱痛反應，並活化特異性防禦來修復組織（圖11-11）。

發熱

人體的體溫是由下視丘的體溫調節中樞所控制，維持體溫在 37°C。但病毒或病原體會產生致熱原（endogenous pyrogen），使體溫升高。雖然高燒超過 40°C 有其危險性，會損傷身體許多系統，但輕及中度的發熱（fever）可抑制微生物的活性，加速身體免疫反應。

干擾素

干擾素（interferon）是被病原體或病毒感染的細胞所分泌的小分子蛋白質。干擾素能干擾病毒在細胞複製，也可刺激活化巨噬細胞與自然殺手細胞，例如 C 型肝炎的干擾素即可降低 C 型肝炎病毒的感染。

特異性防禦

特異性防禦（specific defense）是指能對抗某一種特定威脅或防禦特定病菌傳染的能力。有兩種淋巴球提供特異性防禦的免疫，分別是 T 細胞淋巴球與 B 細胞淋巴球。T 細胞淋巴球（T-lymphocyte）在胸腺成熟，提供的防禦是對抗異常的細胞，又稱為細胞性

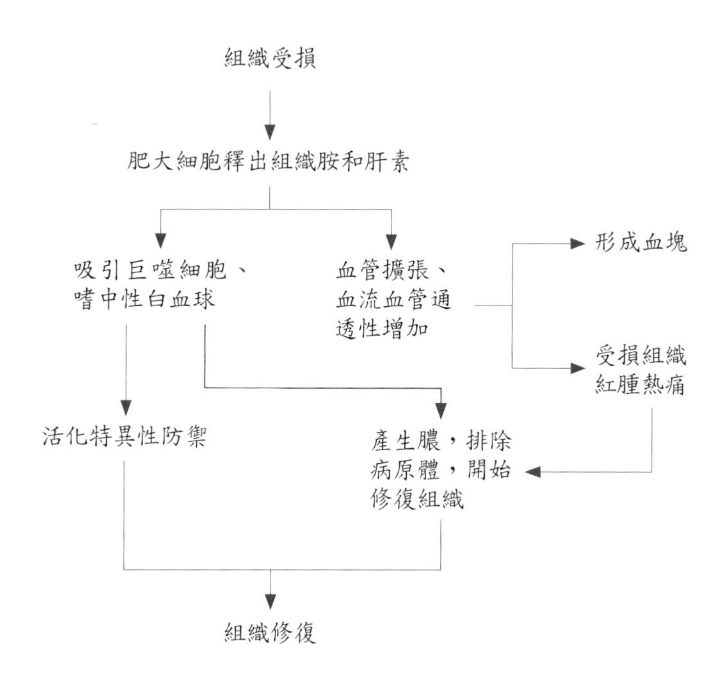

圖11-11　發炎反應

免疫（cellular immunity）。B 細胞淋巴球（B-lymphocyte）在骨髓成熟，所提供的防禦是對抗血漿中的抗原和病原體，它會產生並分泌和抗原結合的抗體，又稱為體液性免疫（humoral immunity）。

被身體辨認為外來物的蛋白質分子，或是病原體細胞的某一部分，稱為抗原（antigen）。只要體內有適量的抗原，B 淋巴球就會進行分裂、生長，其子細胞有的變成記憶細胞（memory cell），有的轉變為製造抗體的漿細胞（plasma cells），可與特定的抗原結合來對抗或消滅抗原。

抗體也稱為免疫球蛋白（immunoglobulin），大多屬於 γ 球蛋白，其具有特異性，所以不同類型的抗體有不同的構造。例如對抗天花的抗體對脊髓灰白質炎即無法提供免疫力。免疫球蛋白可分成五類：

1. IgA：在唾液、乳汁等外分泌液中的主要抗體形式。
2. IgD：在免疫反應前的淋巴球表面抗原接受器。
3. IgE：會造成立即性過敏反應的症狀。
4. IgG：是循環中的主要抗體，免疫反應後數量會增加。
5. IgM：在免疫反應前的淋巴球表面抗原接受器，在初級免疫反應時期會被分泌出。

簡單而言，特定 T 細胞淋巴球會攻擊它所認識帶有特殊抗原的細胞，B 細胞淋巴球產生並分泌能和特定抗原性的抗體來對抗防禦。

免疫的形式

免疫（immunity）可能是天生或後天取得的（圖 11 - 12）。先天性免疫（innate immunity）是遺傳決定的免疫能力；後天性免疫（acquired immunity）分為主動與被動免疫。

1. 主動免疫（active immunity）：暴露於抗原後所產生的免疫反應。這種免疫能力能對抗數量龐大的抗原，但只有在淋巴球受到特殊抗原刺激時才會產生抗體來對抗抵禦。自然環境中的抗原使人體產生抗體，稱為自然後天免疫（natural acquired immunity）。從小到大，我們在環境中接觸不少抗原而使身體自然獲得抗體，屬於此類。若由注射抗原以誘發人體產生抗體以預防疾病，稱為誘發性自動免疫（induce active immunity）。

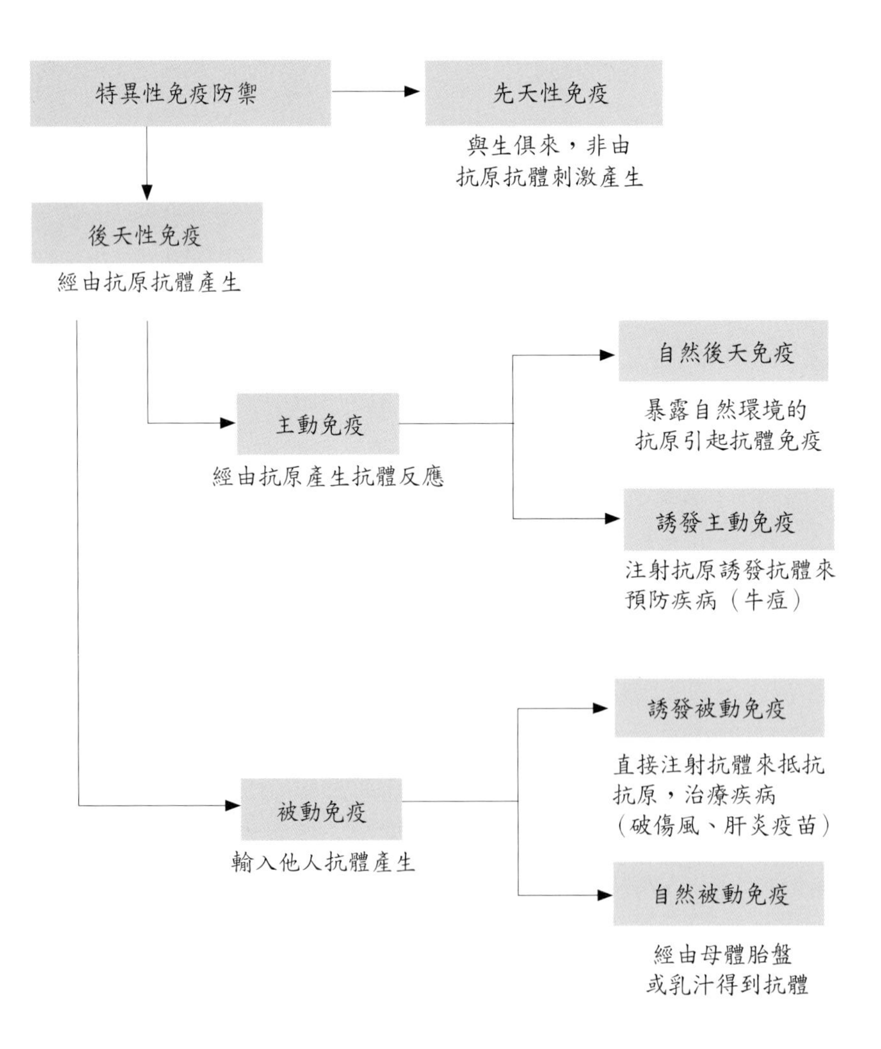

圖 11 - 12　免疫的形式與種類

2. 被動免疫（passive immunity）：直接給予人體特殊抗體而產生的結果。若是經由母親胎盤或乳汁得到免疫，稱為自然被動免疫（natural passive immunity）；若是利用注射抗體以對抗病原體，稱為誘導性被動免疫（induced passive immuity）。

B 細胞與體液性免疫

B 細胞淋巴球可以分泌與抗原相結合的抗體。病毒的抗原與抗體相結合的交互作用會刺激細胞分裂及生長，有些成為漿細胞（plasma cell），平均每秒產生 2,000 個抗體蛋白；有些成為記憶細胞（memory cell），在主動免疫中扮演重大角色。

漿細胞所產生的抗體，可以和病毒的抗原產生特異性的反應，啟動防禦機制來消滅病毒（圖 11 - 13）。

T 細胞與細胞性免疫

當病原體的蛋白質抗原（或病毒）進入人體時，被人體巨噬細胞吞入破壞，清除病毒及抗原的碎片，並將它移至巨噬細胞的細胞膜表面，此時 T 細胞的感受器可與在巨噬細胞膜上的病毒抗原相結合，活化 T 細胞並啟動免疫反應，此時被活化的 T 細胞成為殺手 T 細胞（killer T cell），會聚集在一起共同消滅病毒（圖 11 - 14）。

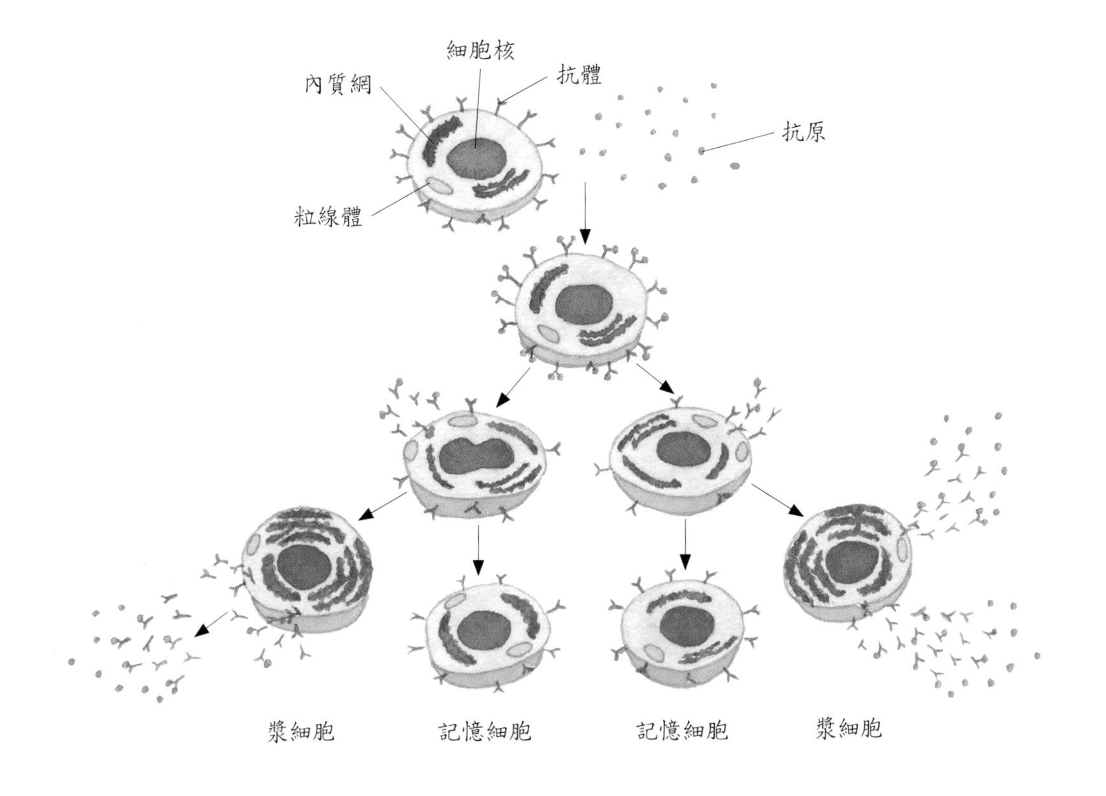

圖 11 - 13　B 淋巴球被刺激變成漿細胞和記憶細胞

另外，一部分會產生記憶 T 細胞（memory T cell），具有儲備作用。當第二次遇到同一病毒抗原時，這些細胞立刻活化成為殺手 T 細胞，來殺死入侵的抗原。

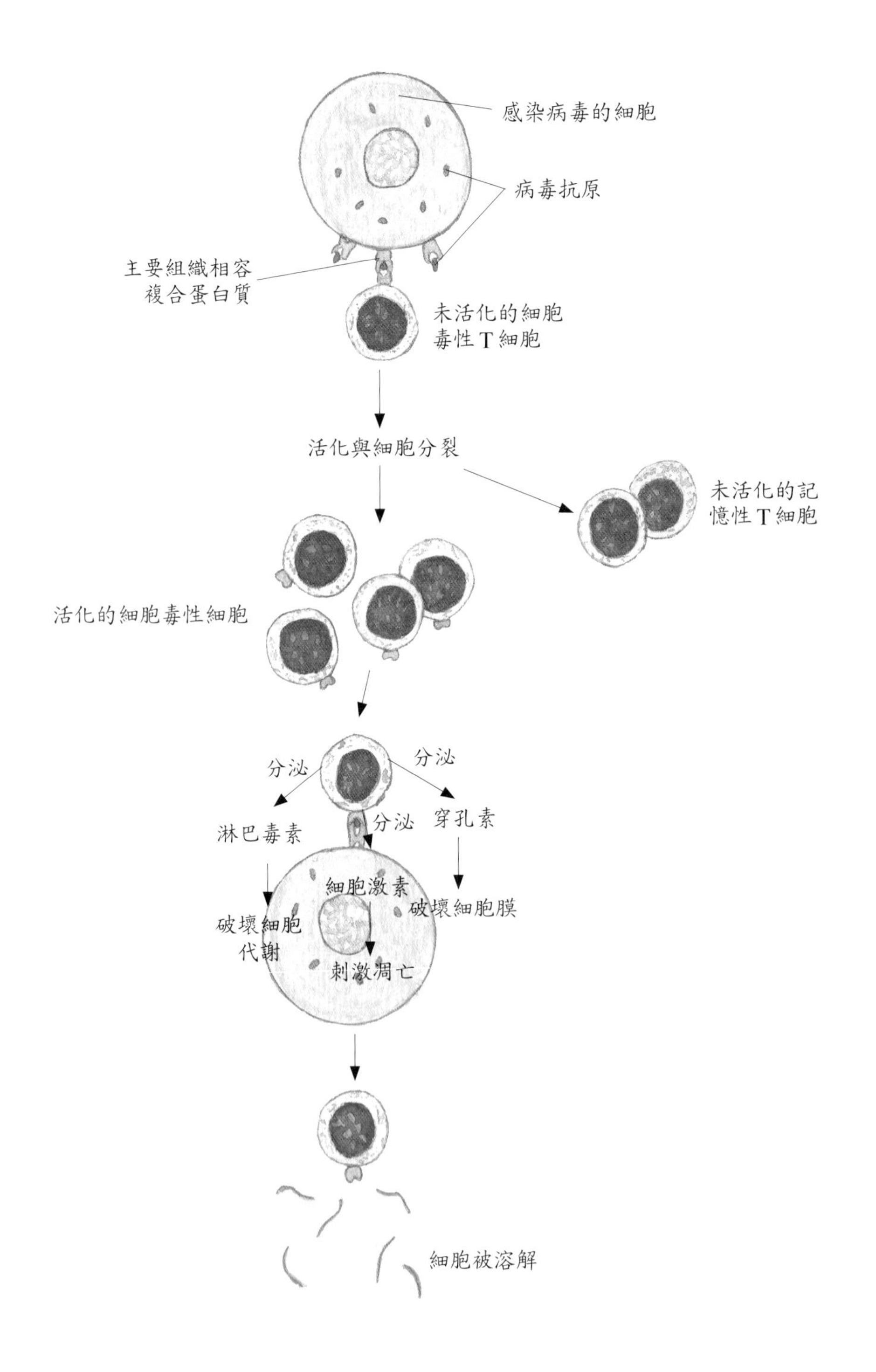

圖 11-14 細胞毒性 T 細胞的活化

歷屆考題

(　) 1. 有關發炎反應之敘述，下列何者正確？ (A) 調理素（opsonin）包括補體系統中之C3b (B) 只有單核球（monocyte）會由血管壁透出至組織 (C) 受傷組織細胞釋出組織胺（histamine）會使微血管通透性降低 (D) 吞噬小泡（phagosome）可與胞內內質網融合。 (95 專普二)

(　) 2. 有關淋巴結的敘述，下列何者錯誤？ (A) 淋巴結內有巨噬細胞 (B) 輸出淋巴管較輸入淋巴管的數目少 (C) 具有生發中心可製造淋巴球 (D) 構造上可區分為紅髓及白髓。 (96 專普一)

(　) 3. 製造抗體的細胞是： (A) 單核球（monocyte） (B) 漿細胞（plasma cell） (C) 巨噬細胞（macrophage） (D) T 淋巴球（T lymphocyte）。 (96 專普二)

(　) 4. 下列哪一個淋巴器官有紅髓與白髓的區分？ (A) 脾臟 (B) 胸腺 (C) 扁桃腺 (D) 淋巴結。 (97 專普一)

(　) 5. 在正常血液中，何種白血球細胞膜上有 IgE 分子？ (A) 嗜中性白血球（neutrophil） (B) 嗜酸性白血球（eosinophil） (C) 嗜鹼性白血球（basophil） (D) T 淋巴球（T-lymphocyte）。 (97 專高一)

(　) 6. 下列何者不適用在氣喘的治療？ (A) 吸入性的類固醇 (B) 吸入性的白三烯抑制劑（leukotriene inhibitor） (C) 支氣管擴張劑 (D) 阿斯匹靈。 (97 專高二)

(　) 7. 位於鼻咽後上部的淋巴組織稱為： (A) 腭扁桃體 (B) 咽扁桃體 (C) 舌扁桃體 (D) 腮腺。 (98 專普一)

(　) 8. 在正常生理狀況下，下列何者是血液中已分化成熟並可迅速吞噬細菌的白血球？ (A) 淋巴球（lymphocyte） (B) 嗜中性球（neutrophil） (C) 巨噬細胞（macrophage） (D) 單核球（monocyte）。 (98 專高二)

(　) 9. 位於口咽側壁的淋巴組織稱為： (A) 腭扁桃體 (B) 咽扁桃體 (C) 舌扁桃體 (D) 腮腺。 (99 專高一)

(　) 10. 下列何者不是脾臟的功能？ (A) 具有免疫的功能 (B) 靜脈竇能儲存血液 (C) 胚胎時期是造血器官 (D) 能幫助脂肪消化。 (100 專高一)

(　) 11. 血清中的抗體屬於： (A) 白蛋白 (B) 球蛋白 (C) 纖維蛋白 (D) 醣蛋白。 (100 專普一)

(　) 12. B 淋巴球（B lymphocyte）主要分布在何處？ (A) 腎上腺 (B) 淋巴結 (C) 胸腺 (D) 甲狀腺。 (101專普一)

(　) 13. 過敏反應時，何種血球會釋出組織胺？ (A) 嗜中性球（neutrophils）

(B) 嗜酸性球（eosinophils） (C) 肥大細胞（mast cells） (D) B淋巴球（B lymphocytes）。 （103 專高一）

( ) 14.下列何者是外分泌液中主要的免疫球蛋白（immunoglobulin, Ig）？ (A) IgG (B) IgA (C) IgE (D) IgD。 （98 二技）

( ) 15.有關淋巴管構造與功能的敘述，何者不正確？ (A) 胸管是體內最大的淋巴管 (B) 微淋巴管的通透性比微血管差 (C) 淋巴管的內壁與靜脈同樣具有瓣膜 (D) 右淋巴管可匯集身體右上部的淋巴液回流。 （100 二技）

( ) 16.胸腺（thymus）位於人體的哪一個部位？ (A) 縱膈（mediastinum） (B) 心包腔（pericardial cavity） (C) 胸膜腔（pleural cavity） (D) 腹腔（abdominal cavity）。 （101 二技）

( ) 17.施打流行性感冒疫苗屬於下列何者？ (A) 先天免疫（innate immunity） (B) 自動免疫（active immunity） (C) 被動免疫（passive immunity） (D) 細胞性免疫（cellular immunity）。 （101 二技）

解答：

1.(A) 2.(D) 3.(B) 4.(A) 5.(C) 6.(D) 7.(B) 8.(B) 9.(A) 10.(D)
11.(B) 12.(B) 13.(C) 14.(B) 15.(B) 16.(A) 17.(C)

第十二章 呼吸系統

本章大綱

呼吸器官

鼻

咽

喉

氣管

支氣管

肺

呼吸機制

肺的換氣作用

肺容積與肺容量

呼吸氣體的運輸

呼吸調節

呼吸中樞

呼吸運動的調控

學習目標

1. 能了解呼吸系統的組成。
2. 能明白呼吸各個器官的位置、構造與功能。
3. 清楚身體的呼吸機制與換氣方式。
4. 了解呼吸氣體在體內的運輸方式。
5. 知道人體呼吸調節的控制機轉。

呼吸系統是由胸腔以上之上呼吸道的鼻、咽、喉氣體進出通道及胸腔內之下呼吸道的氣管、支氣管、細支氣管與肺泡等器官所組成（圖 12-1）。此外，與呼吸作用有關的構造尚有口腔、副鼻竇、胸壁、肋骨、橫膈、腹壁肌肉及頸部的前、中、後斜角肌、胸鎖乳突肌等，與參與呼吸調節的神經組織、內分泌物質等。

在大氣、血液與組織細胞間氣體交換的過程稱為呼吸作用，它包括了：

- 肺的換氣作用：是指空氣在外界與肺之間做氣體交換的過程，即一般的呼吸。
- 呼吸氣體的運輸：是指氧及二氧化碳在細胞組織與肺之間的氣體運輸。
- 外呼吸：是指肺泡與微血管間的氣體交換過程。
- 內呼吸：是指在微血管與細胞組織間的氣體交換過程。

呼吸系統可分為傳遞空氣至呼吸區的鼻、咽、喉、氣管、支氣管組成的傳導區及氣體與血液之間氣體交換的肺臟呼吸區。氣體與血液之間氣體交換是透過肺泡囊進行，肺泡的氣囊僅有一層細胞的厚度，可使氣體快速擴散。

呼吸器官

鼻

氣體傳送管道由鼻部（nose）開始，終止於與肺泡相接的細支氣管，是上述的傳導

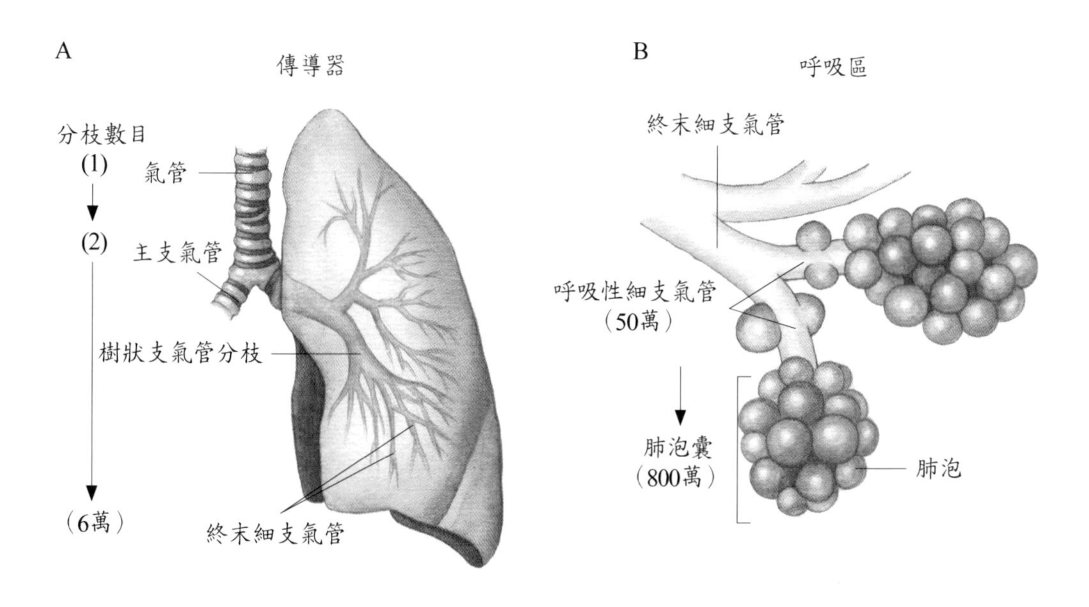

圖 12-1　呼吸系統的組成。A. 呼吸器官；B. 肺部分放大，氣體交換在肺泡囊發生。

區。空氣從鼻孔進入鼻腔，鼻腔的前面與外鼻部相連，後面由後（內）鼻孔與咽相通（圖 12-2），另有額竇、蝶竇、篩竇、上頷竇四種副鼻竇及鼻淚管皆開口於鼻腔。鼻腔頂部由篩骨水平板（篩板）組成，有嗅神經通過；底部是由顎骨及上頷骨之顎突所形成，是口腔與鼻腔的分界板；後面則由篩骨垂直板和犁骨及前面的軟骨形成鼻中膈；外側壁則由有上中鼻甲的篩骨、上頷骨及下鼻甲所構成，上、中、下鼻甲將鼻道分成上、中、下鼻道，而副鼻竇的蝶竇、後篩竇開口在上鼻道；前篩竇、額竇、上頷竇的開口在中鼻道；鼻淚管則開口在下鼻道。

鼻黏膜的嗅覺區在鼻腔頂部，上鼻甲以上及鼻中膈的上部，嗅覺感受器即位於上鼻甲以上的內襯。嗅覺區以下的部分為呼吸區，其黏膜上皮為偽複層纖毛柱狀上皮，含有微血管及杯狀細胞，當空氣經過時，會受到微血管的加溫，而杯狀細胞所分泌的黏液則能潤濕空氣並黏住灰塵顆粒。由上述可見，鼻的功能有：⑴接受嗅覺刺激。⑵將吸入的空氣加溫、潤濕、過濾。⑶是發聲的共鳴箱。

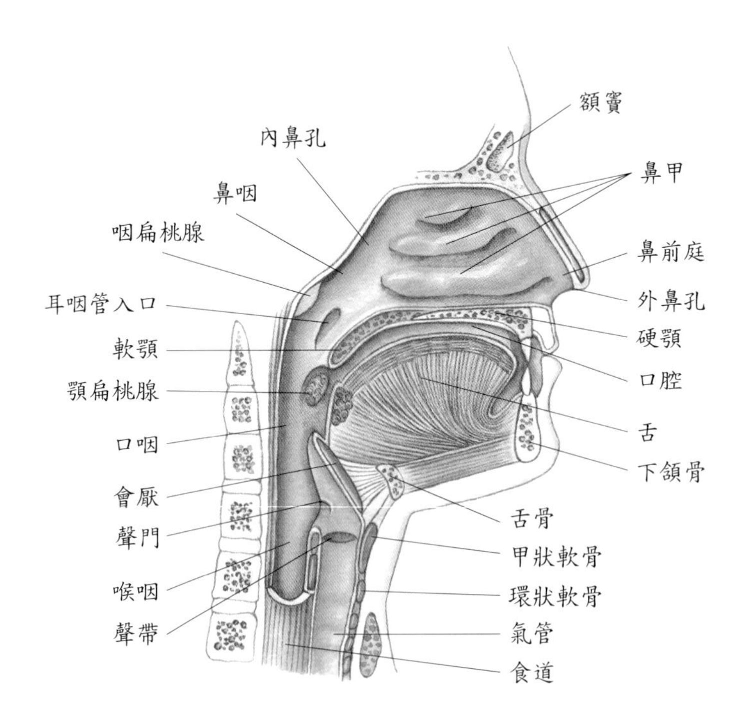

圖 12-2　上呼吸道及相關構造

臨床指引：

因感冒病毒或細菌感染造成鼻竇開口阻塞發炎，導致鼻竇內黏液無法排出，積久成膿，稱為鼻竇炎。阻塞時間短暫稱為急性鼻竇炎，以藥物治療或局部沖洗清潔黏液，可以解決此症。但鼻竇開口長期發炎導致狹窄，黏液或膿液無法排除，鼻竇黏膜愈來愈厚，黏液膿液愈來愈多，因而成為慢性鼻竇炎。目前治療慢性鼻竇炎以手術效果為佳，藥物治療僅能治標。手術以增大鼻竇開口方式為主，使黏膿液順利排出，使纖毛排出黏液機能逐漸恢復。現在有鼻竇內視鏡手術（functional endoscopic sinus surgery; FESS）及微創絞吸手術（microdebrider）來處理。

咽

咽（pharynx）位於鼻腔、口腔及喉的後方，俗稱喉嚨。咽壁由骨骼肌及內襯黏膜所組成，可作為空氣與食道的通道及發聲的共鳴箱，分成鼻咽（nasopharynx）、口咽（oropharynx）、喉咽（laryngopharynx）三部分（圖12-2），共有七個開口。

鼻咽

在咽的上段，其前壁有兩個內鼻孔與鼻腔相通。左、右側壁各有一個耳咽管（歐氏管）開口，連絡中耳與鼻咽，可維持鼓膜內外的壓力平衡，而幼兒耳咽管短、直，故易感染中耳炎。其後壁有咽扁桃體，又稱為腺樣增殖體。

口咽

在咽的中段，上與鼻咽以軟顎為界，下與喉咽以舌骨為界。口咽可經由咽門與口腔相通，在顎咽弓與顎舌弓間有咽扁桃體，在舌基部有舌扁桃體，是食物與空氣的共同通道，兼具消化與呼吸的功能。

喉咽

在咽的下段，前方有開口與喉相通，喉往下是氣管，喉咽下方則延伸成食道，所以氣管在前，食道在後，與口咽相同兼具消化與呼吸的功能。

喉

喉（larynx）又稱音箱，故與發音有關，位於喉咽前面，氣管的上端，約第四至第六頸椎的高度。喉壁共有九塊軟骨組成（圖12-3）。分別是單一的甲狀軟骨、會厭軟骨、環狀軟骨和成對的杓狀軟骨、小角軟骨和楔狀軟骨。

甲狀軟骨

甲狀軟骨（thyroid cartilage）主要由兩塊透明軟骨板融合而成，前方突出的部分稱為喉結，又稱亞當蘋果，在青春期後之男性特別明顯。是九塊軟骨中最大的一塊。位於聲帶

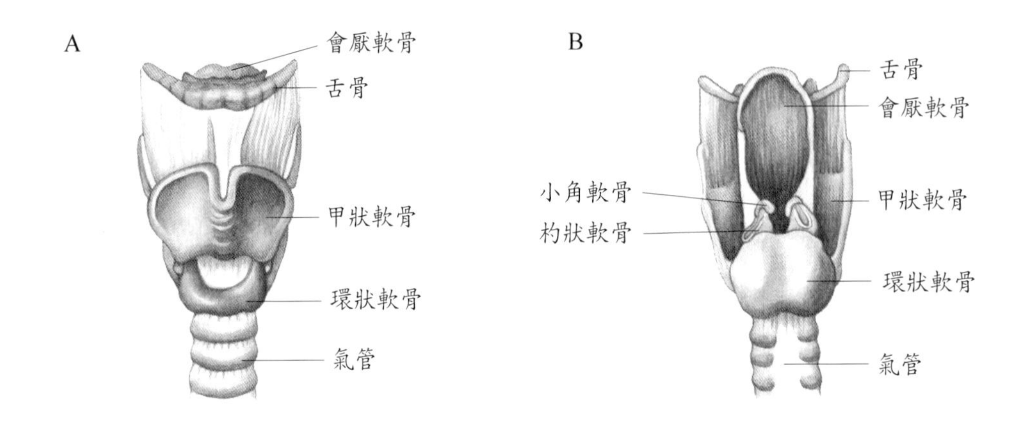

圖12-3 喉的軟骨構造。A. 正面；B. 背面。

的前方，是聲帶的起點，運動時可帶動聲帶的震動。

會厭軟骨

會厭軟骨（epiglottic cartilage）位於喉頂部的葉狀彈性軟骨，其柄附著於甲狀軟骨，葉片部分則是游離的。在吃東西吞嚥時，喉會往上提，會厭下壓蓋住氣管入口，防食物進入氣管中，若食物誤入氣管，則會引發咳嗽反射，將異物排出。

環狀軟骨

環狀軟骨（cricoid cartilage）位於所有軟骨的最下方，相當於第六頸椎的位置，下方與第一塊氣管軟骨環相連。

杓狀軟骨

杓狀軟骨（arytenoid cartilage）呈錐體形，位於環狀軟骨後上緣，又稱披裂軟骨。與聲帶、喉肌相連，是聲帶的止端，因此運動可帶動聲帶的震動。

小角軟骨

小角軟骨（corniculate cartilage）位於杓狀軟骨的頂端。

楔狀軟骨

楔狀軟骨（cuneiform cartilage）位於會厭皺襞上。喉在聲帶以下的部分，其內襯上皮為偽複層纖毛柱狀上皮，有杯狀細胞、基底細胞，可幫忙捕捉異物顆粒。

聲音的產生

喉的黏膜形成兩對皺襞，在上者為前庭（喉室）皺襞（ventricular folds），此為假聲帶；在下位者為聲帶皺襞（vocal folds），為真聲帶，由甲狀軟骨內壁至杓狀軟骨。左、右真聲帶間的空隙是聲門裂（rima glottis），聲門（glottis）則包括聲帶皺襞及聲門裂（圖12-4）。發音時聲門呈細裂狀，休息時聲門呈三角形狀。

聲音起源於呼氣時空氣振動聲帶而發聲。但要將聲音變成可認知的語言，需加上

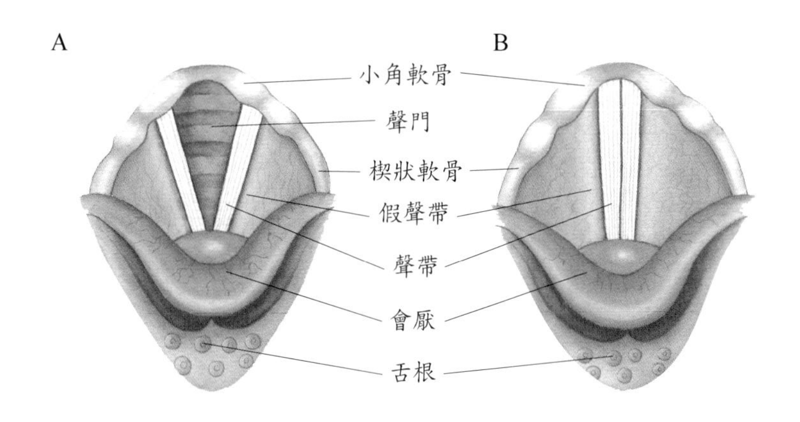

圖12-4　聲門上面觀。A. 休息時；B. 發音時。

喉、鼻腔、口腔、副鼻竇等共鳴腔來共同完成。而音調是由聲帶皺襞的張力來決定，若聲帶皺襞被環甲肌拉緊，張力增加，振動速度較快，會產生高（尖銳）音調。男生的聲帶皺襞較女性厚、長，振動慢，產生的聲音就較低沉。音量則是由空氣壓力及聲門大小來決定，例如環杓後肌收縮會使聲門變大，產生較大的聲音。

氣管

氣管（trachea）長 11 公分、寬 2.5 公分，位於食道的前面，喉部的下緣，相當於環狀軟骨的高度，往下延伸至第四、五胸椎間的椎間盤高度，分成左、右支氣管，右支氣管較左支氣管大、寬、直，所以異物較易卡住右支氣管。

氣管內的黏膜層是由偽複層柱狀纖毛上皮，內含杯狀細胞，纖毛的擺動和黏液的分泌可淨化和潤濕空氣。整條氣管由 16～20 塊水平排列的 C 型透明軟骨與平滑肌組成（圖12-5）。C 型軟骨的開口朝向食道，平滑肌在 C 型軟骨的缺口上，使食物通過食道時能擴張突向氣管，同時 C 型軟骨對氣管的支持作用，使得氣管壁不會向內塌陷而阻礙了氣體的通過。

臨床指引：

因異物卡在氣管容易造成呼吸阻塞而窒息。哈姆立克法（Heimlich Maneuver）以美國外科醫師發明此法而命名，可以快速而有效的拯救異物導致窒息的病人。

做法為首先站在病人後面，以雙手環繞他的腰部，再以你一隻手抓緊你另一隻手（成拳頭狀），將此拳頭放在肚臍上方的腹部上（胸部下），將拳頭由腹部快速向內向上往胸部擠壓，並重複數次。此法可將橫膈膜上提，使胸腔產生壓力去排除阻塞的異物。如在嬰兒使用哈姆立克法，則將其臉部放在自己膝蓋上，以食指中指的指腹代替拳頭向上胸部壓迫。此法通常重複數次後，可將異物推擠出來。

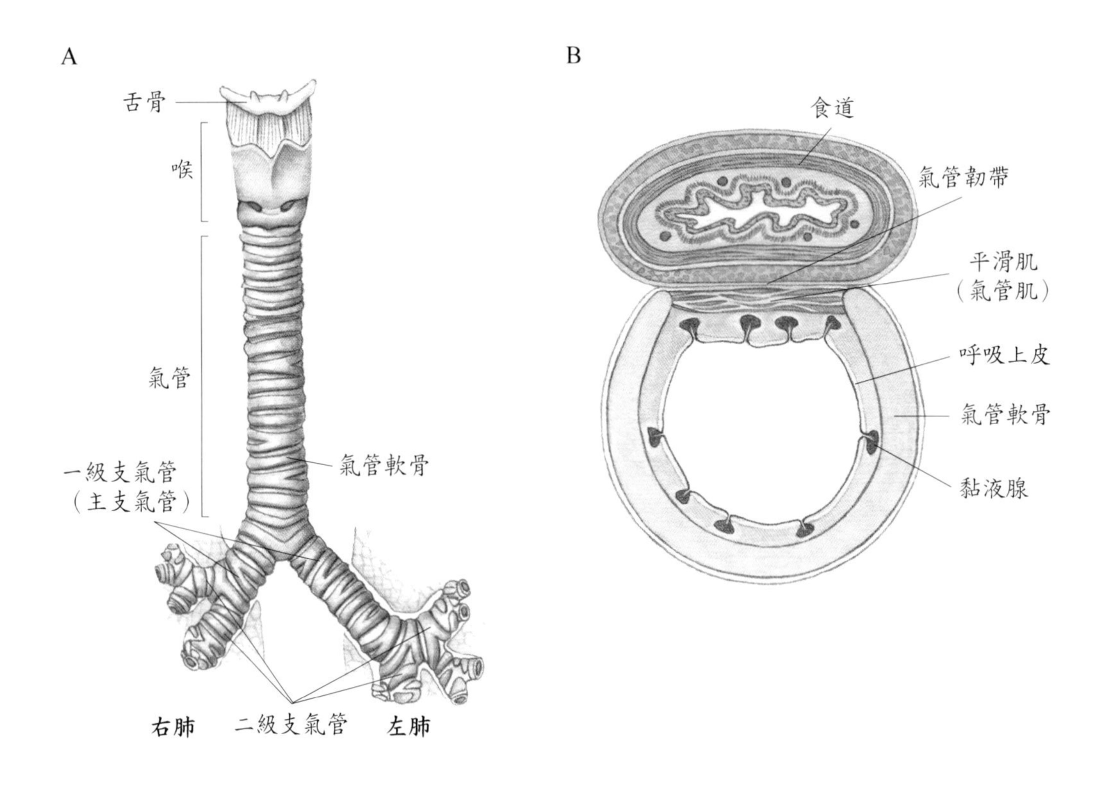

圖12-5　氣管的構造。A. 氣管前面觀；B. 氣管與食道橫切面。

支氣管

氣管於胸骨角或第四、五胸椎間的椎間盤高度分枝成左、右主支氣管（bronchus），分別進入左、右肺。其分枝高度正好也是上、下縱膈腔的分界高度，第二肋骨的位置，食道中段的狹窄處。

支氣管樹

氣管一再分枝就像樹幹和其分枝一般，故稱為支氣管樹（bronchial tree）（圖12-6）。由大至小排列如表12-1所示。

肺

肺臟（lung）為胸腔內的成對圓錐狀器官，每一邊肺臟皆被胸膜（肋膜）包圍、保護。胸膜是兩層漿膜，外層為襯於胸腔內壁的壁層胸膜；內層為覆於肺臟表面的臟層胸膜，壁層與臟層間的空間稱為胸膜腔（pleural cavity），內含胸膜所分泌的漿液，可防止呼吸時所造成的摩擦。胸（肋）膜腔永遠為負壓（低於肺內壓），才能保持肺的膨脹，只有在咳嗽、用力解便時為正壓。

肺由橫膈膜延伸至鎖骨上方約 1.5～2.5 公分，前後緊鄰肋骨（肋骨面）。肺寬廣的

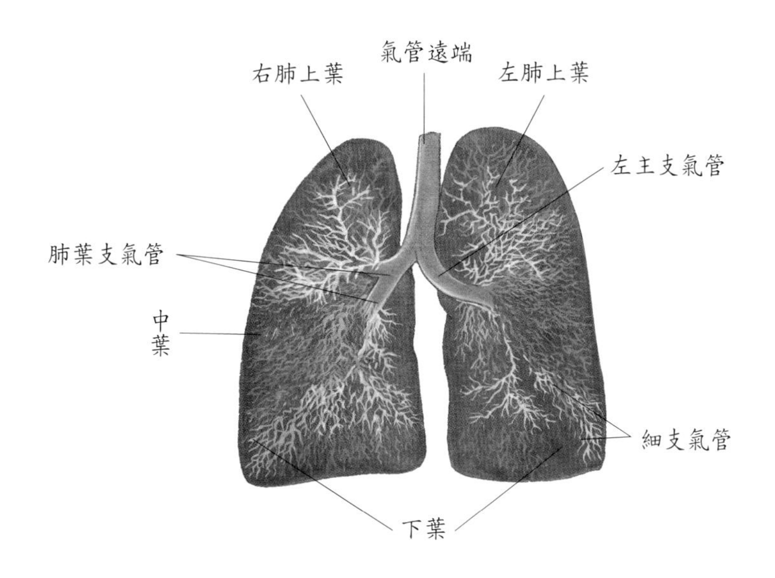

圖12-6　支氣管樹

表12-1　支氣管樹

支氣管樹	特　　性	軟骨杯狀細胞	上皮組織
主支氣管	• 右主支氣管短、寬、垂直，易有異物阻塞 • 左主支氣管則長、細、彎	+	僞複層纖毛柱狀上皮
肺葉支氣管（次級支氣管）	• 進入每一個肺葉，左二葉、右三葉 • 右肺由水平裂及斜裂分成上、中、下三葉，中葉最小 • 左肺由斜裂分成上、下兩葉	+	僞複層纖毛柱狀上皮
肺節支氣管（三級支氣管）	• 右肺由三葉分成十肺小節 • 左肺由二葉分成八肺小節 • 進入每一肺小節，左八節、右十節	+	僞複層纖毛柱狀上皮
細支氣管	• 軟骨逐漸消失，幾乎沒有軟骨，含大量平滑肌 • 當氣喘發作時易引起肌肉痙攣，關閉空氣通道	+→—	單層纖毛柱狀上皮
終末細支氣管	沒有軟骨	—	單層立方上皮
呼吸性細支氣管	末端爲肺泡囊，可進行氣體交換	—	單層立方上皮
肺泡	• 是肺的功能性單位，可進行氣體交換 • 肺泡壁只有一個細胞的厚度能允許氣體自由擴散 • 肺泡壁上有表面活性素，由中膈細胞分泌 • 參與呼吸膜的形成	—	單層鱗狀上皮

下部為肺底（base），位在橫膈膜上；肺狹窄的頂部為肺頂或肺尖（apex），位在鎖骨上緣 2.5 公分。肺的縱膈面為肺門（hilus），是支氣管、肺血管、淋巴管、神經進出肺臟的部位。左肺的縱膈面有心臟壓跡（cardiac impression），下有舌狀突出的小舌（lingula）；右肺下有肝臟，所以右肺較粗、厚、短、高（圖 12-7）。

每一肺葉由結締組織膈膜將其分成肺節，左肺 8 節，右肺 10 節。每一肺節又分成許多肺小葉。每一小葉被彈性結締組織包圍，內含淋巴管、小動脈、小靜脈、終末細支氣管、呼吸性支氣管、肺泡管、肺泡囊、肺泡。

肺泡壁是由鱗狀肺上皮細胞及表面張力細胞（surfactant cell）所組成。鱗狀肺上皮細胞又稱肺泡第一型（type I）細胞，細胞較大，構成肺泡壁的連續內襯；表面張力細胞又稱肺泡第二型（type II）細胞，細胞較小，散布於鱗狀肺上皮細胞之間，可產生表面張力素（surfactant），以降低表面張力，防止肺泡塌陷。新生兒缺乏表面張力素，就會造成嬰兒呼吸窘迫症候群（respiratory distress syndrome; RDS），早產兒較容易有此異常。在肺泡壁亦可見游離的肺泡巨噬細胞（Alveolar macrophage），具吞噬作用，可除去肺泡腔內的灰塵顆粒及其他碎片。肺泡周圍有微血管網，所以微血管最豐富的器官是肺臟（圖 12-8）。

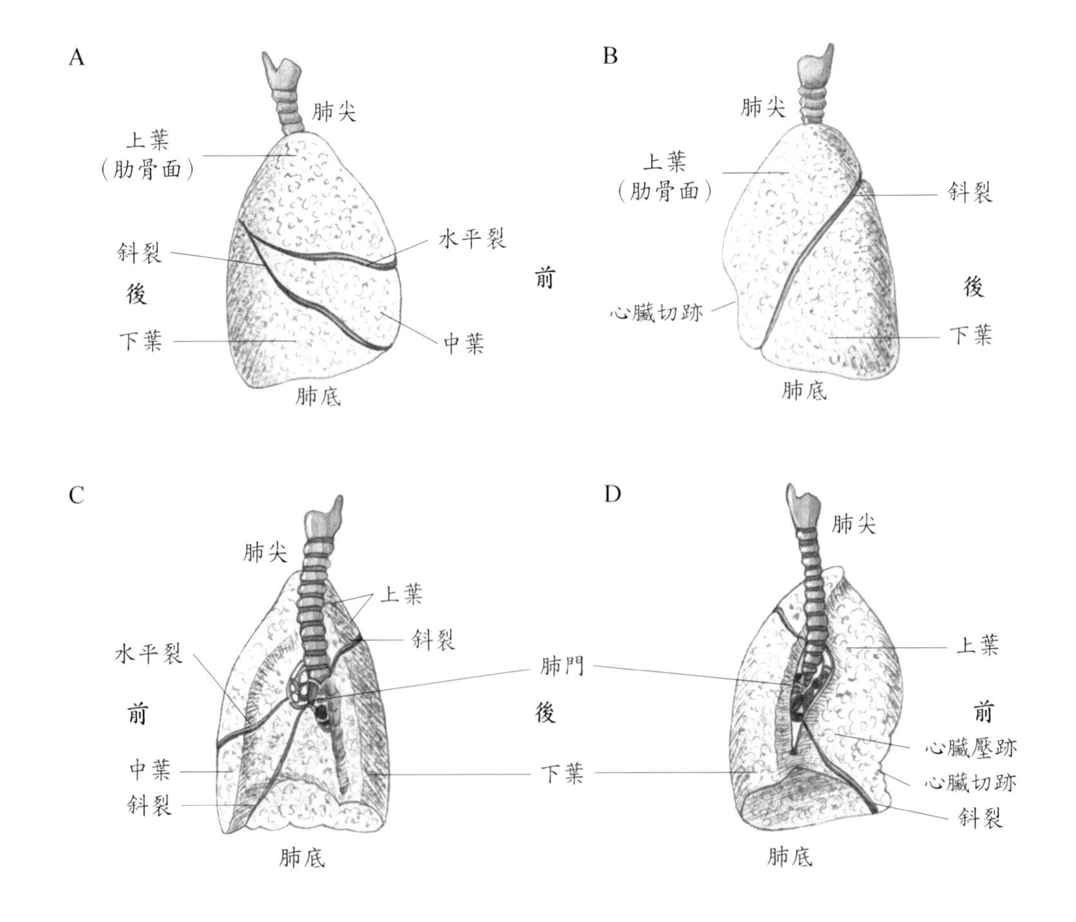

圖 12-7　肺臟。A. 右肺；B. 左肺；C. 右肺；D. 左肺。

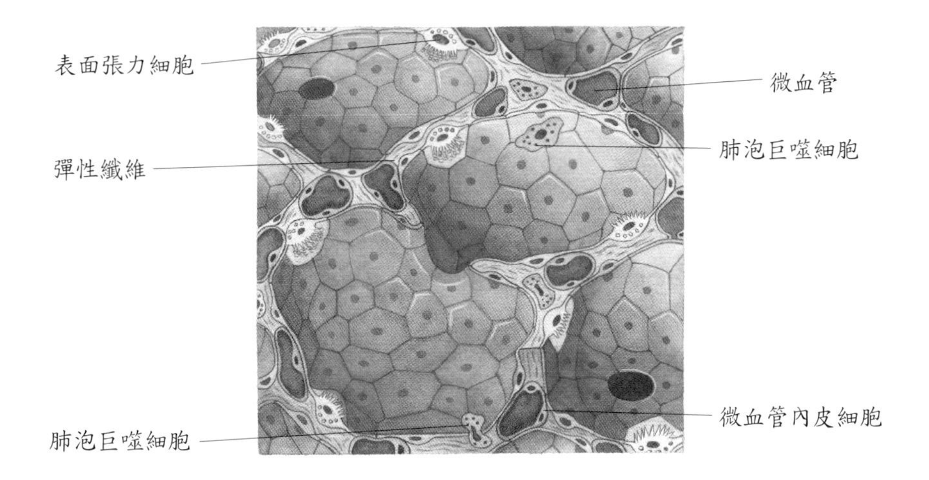

圖12-8 肺泡構造

臨床指引：

慢性阻塞性肺疾病（chronic obstruvtive pulmonary disease; COPD）是由慢性支氣管炎和肺氣腫合稱的疾病，多由吸菸而引起的。

急性上支氣炎多由細菌感染引起的，使用抗生素可治癒，但慢性支氣管炎不是由感染引起，而是因持續刺激支氣管內襯，導致支氣管內襯上皮發炎引起退化性改變，使得上皮纖毛喪失保護清潔功能。得此症的人經常久咳不癒，多發生在吸菸者身上。

肺氣腫（emphysema）是肺泡囊破壞導致肺泡組織瓦解而喪失彈性，如此空氣滯留在肺臟，肺泡與血液的氣體交換面積減少，患者會因透不過氣來而咳嗽並使呼吸道阻塞缺氧。X光片的判讀可用來確定肺的疾病（圖12-9）。

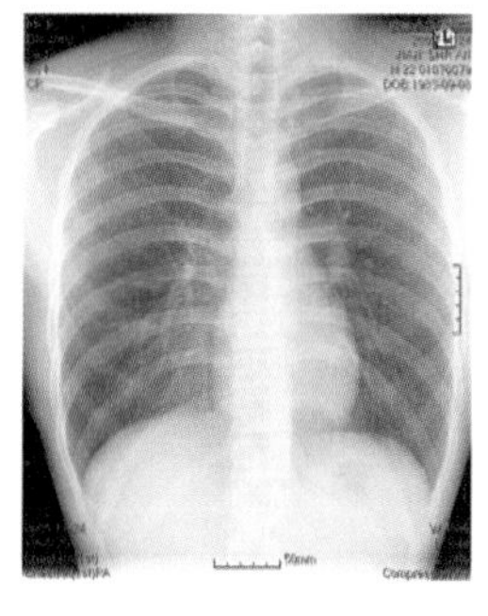

正常胸X光

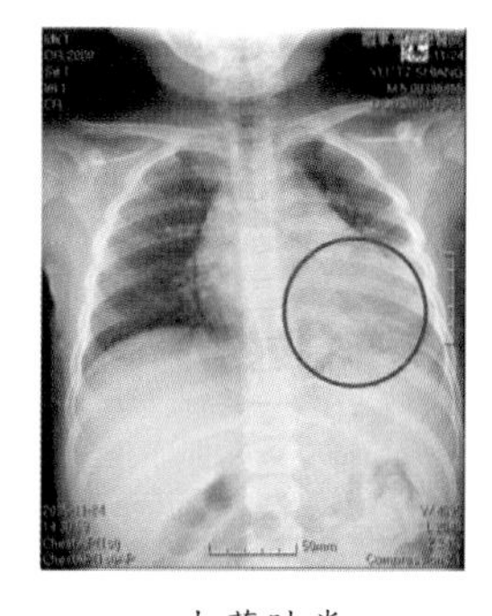

左葉肺炎

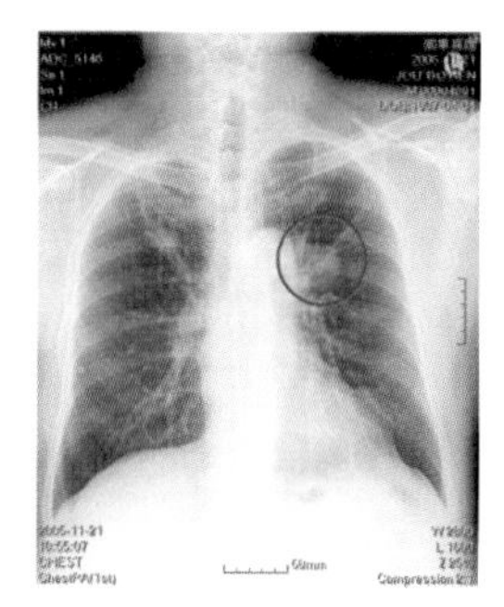

肺腫瘤

圖12-9 肺疾病之X光

呼吸膜

肺臟內的氣體交換是在三十億個極小的肺泡中，依壓力增減率來進行。在肺與血液之間的氣體交換是藉由通過肺泡壁及微血管壁的擴散作用而產生，所通過的肺泡壁－微血管壁的膜即為呼吸膜（respiratory membrane）（圖 12 - 10）。此呼吸膜包括了肺泡腔的表皮組織（表面張力素、肺泡上皮組織、肺泡基底膜）、組織間隙及微血管的內皮組織（微血管基底膜、微血管的內皮細胞）。由肺泡至微血管是氧的擴散方向，由微血管至肺泡是二氧化碳的擴散方向。

會影響呼吸膜氣體擴散的因素有：呼吸膜的厚度、呼吸膜的表面積、氣體對呼吸膜的擴散係數、膜兩側的壓力差、肺的血流量。因此若要利於擴散，呼吸膜要薄、表面積要大、膜兩側的壓力差要大、肺血流量高且氣體的擴散係數要大。

呼吸機制

空氣由鼻、咽、喉進入肺臟肺泡的換氣作用，是利用壓力差的原理在進行。

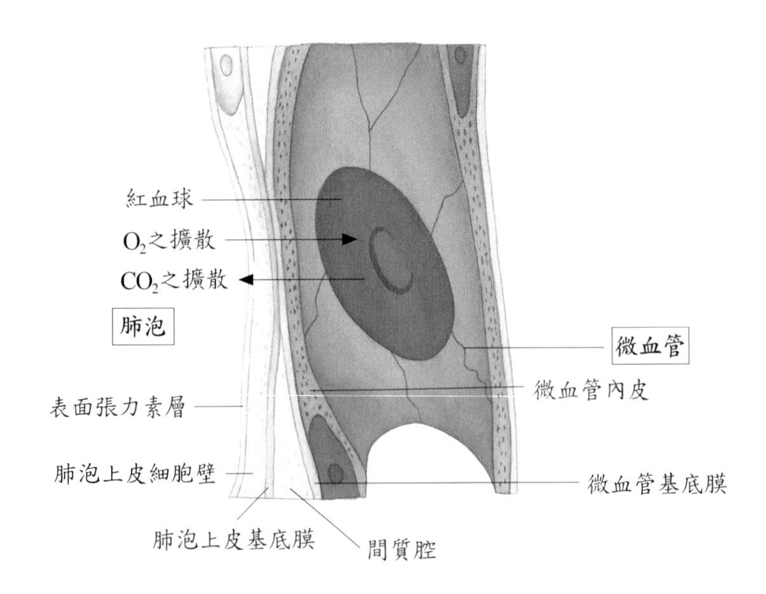

圖 12 - 10 肺泡及呼吸膜的細部構造

肺的換氣作用

肺的換氣作用（pulmonary ventilation）是指大氣與肺泡之間氣體交換的過程。空氣能在大氣與肺之間流動是因壓力差的關係，當肺內（肺泡）壓低於大氣壓時，空氣會自然流入肺臟，反之，則呼出氣體（圖 12-11）。實際上，大氣壓力值是非常恆定的，而肺內壓的改變是由於肺體積的改變，此根據波義耳定律（Boyle's law），「定量氣體的壓力與其體積成反比」。吸氣時，肺的體積增加使肺內壓降低成負壓，空氣因此吸入，反之，則空氣呼出。肺部體積的改變則是因為呼吸肌使胸腔體積改變造成，現將吸氣、呼氣的比較列於表 12-2。

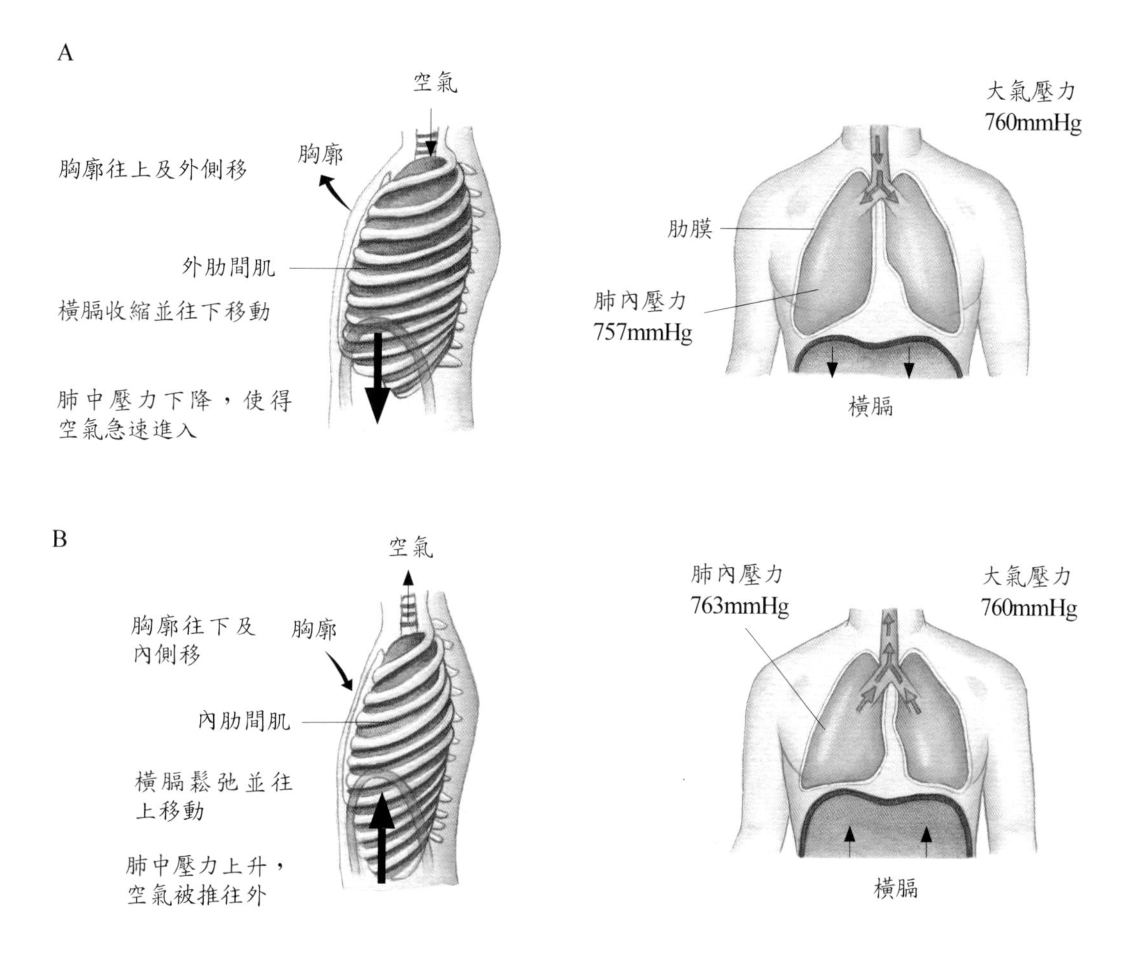

圖 12-11　呼吸動作時胸腔體積的變化。A. 吸氣；B. 呼氣。

表12-2 吸氣與呼氣之比較

比較項目	吸　氣	呼　氣
原理	肺內壓低於大氣壓	肺內壓高於大氣壓
平靜呼吸	• 外肋間肌收縮，增加胸腔的前後徑及橫徑 • 橫膈膜收縮，增加胸腔的垂直徑 • 因肌肉收縮引起，爲主動過程	• 外肋間肌、橫膈膜舒張（鬆弛），使胸腔體積變小 • 肌肉未收縮，爲被動過程
用力呼吸	• 除了外肋間肌、橫膈膜收縮外，尚有呼吸輔助肌的收縮 • 輔助肌包括：胸大肌、胸鎖乳突肌、斜角肌、前鋸肌、提肩胛肌	• 呼氣肌（內肋間肌、腹直肌）收縮所致 • 因肌肉收縮引起，爲主動過程
橫膈膜	下降	上舉
肋間肌	收縮	鬆弛
肋骨	上舉	下降
胸壁	上舉	下降
胸腔體積	增加	減少
肺內壓	低於大氣壓 2～3mmHg	高於大氣壓 2～3mmHg
氣流	空氣進入肺臟	空氣由肺臟呼出
靜脈回流	易回心臟	不易回心臟
腹腔體積	減少	增加
腹壓	增加	減少

肺容積與肺容量

呼吸是指一次吸氣加一次呼氣。健康的成年人在靜止時，平均每分鐘呼吸 12 次。呼吸時氣體的交換量及換氣速率，通常可以肺量計（spirometry）來測得。現在醫院已不用舊式的肺量計，而是利用其原理發展出各種精密多功能的電腦儀器來測定肺功能及肺活量（圖 12-12）。

肺容積

呼吸時進出肺的氣體稱為肺容積（pulmonary volume）（表 12-3、圖 12-12）。

表12-3 肺容積

肺容積名稱	定　　義	成人容積
潮氣容積（TV）	• 指平靜呼吸時，每一次吸入或呼出的氣體量 • 潮氣容積中只有約 350ml 眞正達到肺泡，其餘的 150ml 則留在鼻、咽、喉、氣管、支氣管等解剖死腔內，稱爲死氣容積	500ml
吸氣貯備容積（IRV）	• 平靜吸氣後，再用力吸氣，還可再吸入的最大氣體量 • 肺泡彈性越好者，吸氣貯備容積越大	3,100ml
呼氣貯備容積（ERV）	• 平靜呼氣後，再用力呼氣，還可再呼出的最大氣體量 • 肺泡彈性越好者，呼氣貯備容積越大	1,200ml
肺餘容積（RV）	• 用力呼氣後，仍滯留在肺內的氣體量，它無法由肺量計測得 • 肺餘容積增加，表示肺泡彈性變差，例如肺氣腫	1,200ml

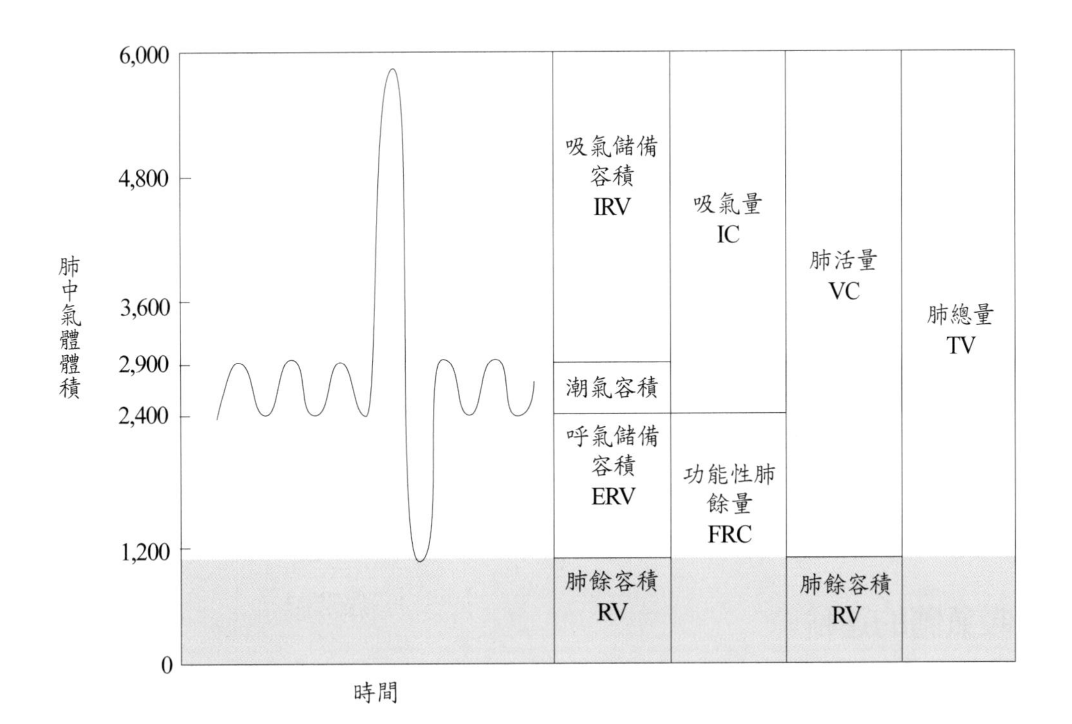

圖12-12 肺容積與肺容量的呼吸圖

打開胸腔時，胸內壓與大氣壓的壓力是相同的，此時會將肺內的肺餘容積擠壓出部分，剩下存於肺泡內的空氣量，是最小餘氣量。

每次呼吸氣體未進入肺泡內，而停留在無法進行氣體交換的腔室，包括鼻、咽、喉、氣管、支氣管、終末小支氣管等解剖上的死腔，它約為人體體重的磅數，也就是公斤乘以 2.2 所得的數據即為解剖死腔的量。生理上的死腔是包括解剖死腔及肺泡死腔，只是正常人的肺泡死腔幾乎等於零，所以正常人的生理死腔等於解剖死腔。除非肺泡功能變差，生理死腔才會變大。

肺容量

合併不同的肺容積可計算出各種肺容量（pulmonary capacity）（圖 12-12、表 12-4）。每分鐘進入肺泡的氣體量是為肺泡換氣量（alveolar ventilation），是潮氣容積減掉死腔，再乘以每分鐘的呼吸次數。其公式為：

肺泡換氣量＝（肺潮氣容積－生理死腔）×每分鐘呼吸次數

表 12-4　肺容量

名　稱	定　義	成人容積
吸氣容量（IC）	• 指肺的最大吸氣量 • 是潮氣容積和吸氣貯備容積的和	3,600ml
功能性肺餘容量（FRC）	• 安靜呼氣後，仍留在肺內的氣體量 • 是肺餘容積和呼氣貯備容積的和	2,400ml
肺活量（VC）	• 指進出肺的最大氣體量 • 是潮氣容積、吸氣貯備容積與呼氣貯備容積的和 • 肺活量越大者，其肺組織的呼吸潛力越大	4,800ml
肺總量（TLC）	• 爲所有肺容積的總和，亦即肺部可容納的最大氣體量	6,000ml

呼吸氣體的運輸

呼吸氣體在肺與身體組織間的運輸是靠血液執行。當氧與二氧化碳進入血液後，會產生一些物理及化學上的變化，以助呼吸氣體的運輸（transport of respiratory gas）與交換。

氣體的壓力

在呼吸機制中，氣體的壓力（pressures of gas）是由高壓力區移向低壓力區。所以氧（O_2）和二氧化碳（CO_2）在肺及組織的壓力不同，因此造成氣體交換（圖 12-13）。

在肺中，靜脈血中 P_{CO_2}（二氧化碳壓）較肺泡高，所以二氧化碳會從血液中擴散到肺泡，再呼出至大氣。肺泡 P_{O_2}（氧壓）比動脈血高，所以肺泡中的氧擴散到血液中，此為外呼吸。

在組織中，含氧的動脈血中的 P_{O_2} 較組織高，所以氧從血液中擴散至組織；而組織中的 P_{CO_2} 較血管高，所以二氧化碳會從組織擴散到血管（靜脈）中，此為內呼吸。

氣體的運輸

在正常休息狀態時，每 100ml 充氧血中約含 20ml 的氧。在正常情況下，吸入的氧氣有 97% 是先與紅血球中血紅素在肺中結合成氧合血紅素（HbO_2），再由肺臟送至各組織中，剩下 3% 的氧氣則溶於血漿中運送。

當血液到達組織時，因為氧（O_2）離開血液進入組織中，而使得氧合血紅素（HbO_2）變成去氧血紅素（Hb）。

二氧化碳（CO2）有 7% 進入血漿，93% 進入紅血球中。23% 二氧化碳會與血紅素結合形成碳醯血紅素（HbCO2），其餘 70% 則轉變為碳酸氫根離子（$HCO3^-$），由血漿所

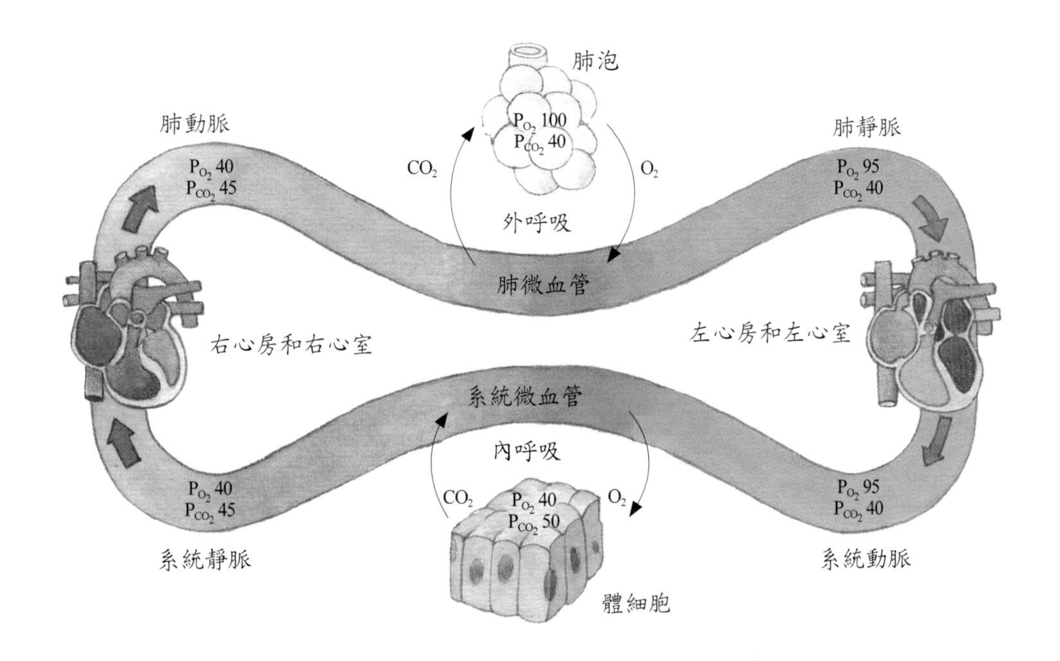

圖 12-13　氣體壓力不同而產生內外呼吸。壓力的不同造成肺泡中的氣體與微血管中的血液進行氣體交換。相同的，壓力的不同也造成組織中的氣體交換。

攜帶。氫離子（H^+）、氯離子（Cl^-）留在血紅素中作為緩衝，使得血紅素 pH 值變化不大（圖 12-14 A）。

當血液到達肺臟時，血中碳酸氫根離子（HCO_3^-）與氫離子（H^+）結合，會轉成二氧化碳（CO_2），由血液擴散而進入肺泡中。碳醯血紅素（$HbCO_2$）也會釋放出二氧化碳，並擴散至肺泡。去氧血紅素（Hb）也空出來後再準備與氧結合成氧合血紅素（HbO_2）（圖 12-14 B）。

氧與血紅素的解離曲線

氧與血紅素的結合是可逆性的，其結合反應會受到氧分壓、血液的 pH 值、溫度、2, 3-雙磷酸甘油酸（DPG）、一氧化碳中毒有關。

1. 血紅素與氧分壓：氧分壓是決定氧與血紅素結合量的最重要因素。當氧分壓介於 60～100mmHg 時，血紅素與氧結合的飽和度可達 90% 以上，亦即表示此時自肺流向組織的血液中幾乎滿載氧氣。若氧分壓高達 250mmHg 時，血紅素與氧結合的飽和度可達 100%；若氧分壓低於 40mmHg 時，飽和度為 75%；若氧分壓低於 10mmHg 時，飽和度只剩 13%（圖 12-15），引起氧的大量釋放。所以在活動的

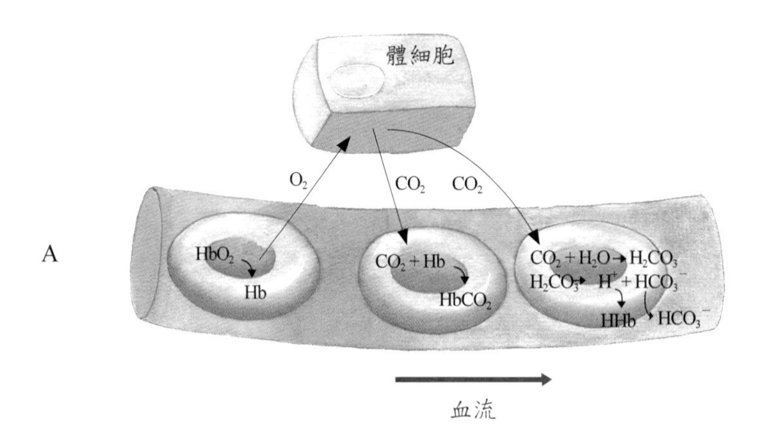

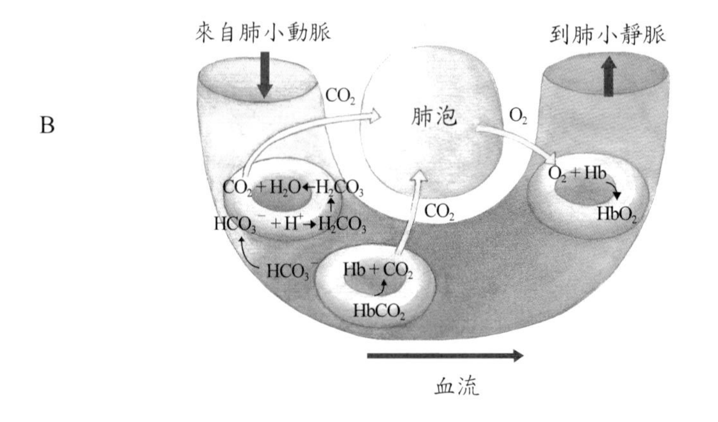

圖 12-14　內外呼吸圖。A. 內呼吸；B. 外呼吸。

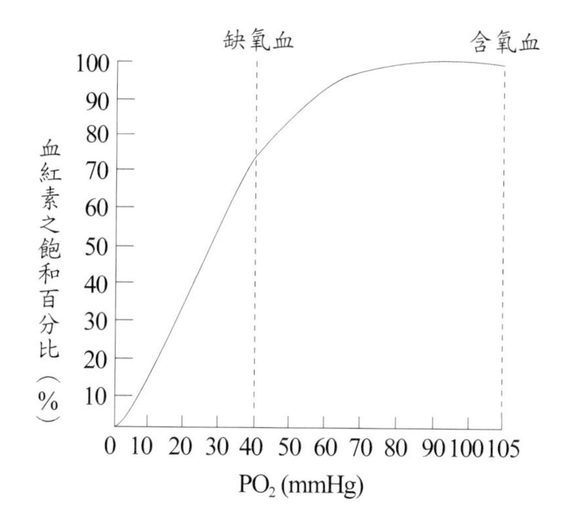

PO_2	血紅素飽和%
10	13
20	35
30	57
40	75
50	85
60	90
70	93
80	95
90	96
100	97

圖 12-15 血紅素與氧結合的飽和度與氧分壓之關係圖

組織，當氧分壓低於 40mmHg 時，會使血紅素釋放大部分的氧，以供肌肉收縮之需。若是在高山上，氧分壓降低也會使血紅素與氧結合的飽和度降低，使氧合血紅素的解離度增加。

2. 血紅素與 pH 值：在酸性環境中，氫離子會與血紅素結合而改變了血紅素的結構，降低其原本攜帶氧的能力，而使血紅素釋放較多的氧，亦即氧合血紅素的解離度增加，解離曲線往右移（圖 12-16），此為波爾效應（Bohr effect）。例如運動時，肌肉收縮產生高量的二氧化碳和乳酸，使血液的 pH 值下降，就會造成酸性血液，使氧合血紅素的解離度增加。
3. 血紅素與溫度：血液的溫度由 10°C →43°C 時，血紅素與氧結合的飽和百分比下降，氧被釋放（圖 12-17）。當細胞活動產生過多的酸和熱，均會刺激氧的釋放，解離曲線往右移。
4. 血紅素與 DPG：2, 3 雙磷酸甘油酸（DPG）是肝醣經無氧水解所產生的中間產物，它能與血紅素形成可逆的結合，改變血紅素的結構，使氧釋出。當送到組織的氧量減少時，DPG 產量增加，使血紅素將氧釋放，助氧運輸至組織。
5. 一氧化碳中毒：一氧化碳與血紅素的 Fe^{++} 結合力是氧的 250 倍，所以一氧化碳中毒會造成缺氧狀態，使血紅素將氧釋放，解離曲線右移。

綜合上述可知當人體代謝旺盛，細胞活動大時，氧分壓下降、二氧化碳分壓增加、氫離子增加、血液 pH 值下降、體溫上升、DPG 濃度上升，使細胞耗氧量增加，而使氧－血紅素的解離曲線往右移，血紅素釋出氧，以供身體利用。所以只要會造成缺氧狀況的皆會使解離曲線右移，例如貧血、一氧化碳中毒、登高等。

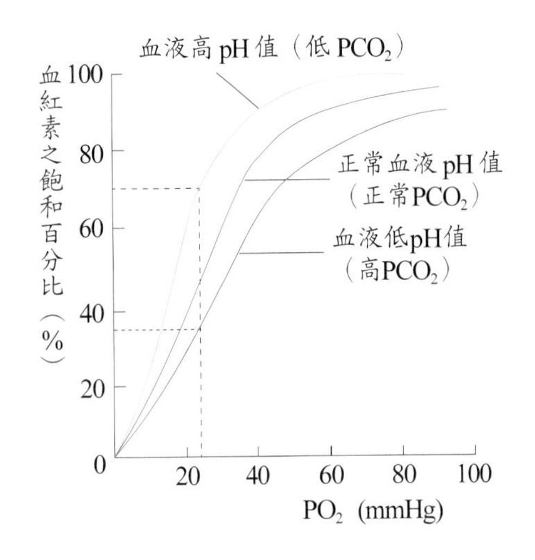

圖 12-16 血紅素與氧結合的飽和度與 pH 值之關係圖

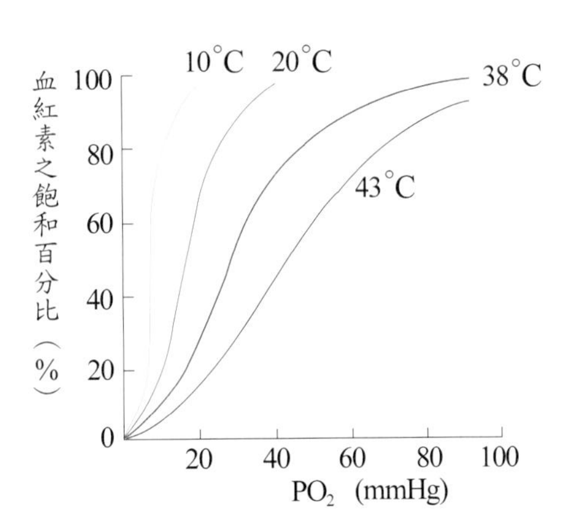

圖 12-17 血紅素與氧結合的飽和度與溫度之關係圖

呼吸調節

刺激呼吸肌的運動神經主要是由兩個下行徑控制，一個負責隨意的呼吸活動，另一個負責不隨意的呼吸活動。無意識、規律的呼吸調節（regulation of breathing）受到由感受器所感測的動脈血中之二氧化碳分壓、氧分壓及 pH 值等的感覺回饋調控所影響。

吸氣、呼氣是由負責呼吸的骨骼肌收縮、放鬆來完成，這些骨骼肌的活動則是由脊髓的體運動神經元活化而產生。這些運動神經元活性又受延髓的呼吸調節中樞之下行徑及大腦皮質的神經所控制。

呼吸中樞

胸廓大小是受呼吸肌動作的影響，而呼吸肌的收縮和鬆弛則是受腦幹網狀結構的呼吸中樞（respiratory center）所調控，節律中樞在延腦，調節中樞在橋腦。呼吸中樞則是由一群廣泛分布神經元所組成，依功能可分成三個部分：

背側呼吸神經元群

背側呼吸神經元群（dorsal respiratory group）發出軸突至脊髓中刺激膈神經的運動神經元，使橫膈收縮引發吸氣動作。

腹側呼吸神經元群

腹側呼吸神經元群（ventral respiratory group）包含了吸氣與呼氣神經元，此處的吸氣神經元刺激脊髓的聯絡神經元，以活化脊髓中掌管呼吸的運動神經元；而另一部分的呼氣神經元在呼氣時會抑制膈神經的運動神經元。在延腦內有特殊的節律點神經元會週期性自發性放電，分別刺激吸氣及呼氣神經元的活動，以產生節律性呼吸模式。

呼吸調節中樞

橋腦有長吸中樞及呼吸調節中樞（pneumotaxic center），長吸中樞可刺激延腦的吸氣神經元以促進吸氣；而呼吸調節中樞是和長吸中樞拮抗，以抑制吸氣作用，來調節呼吸的速率與模式。所以延腦的節律中樞活動是受到橋腦呼吸調節中樞的影響。

呼吸運動的調控

大腦皮質的調節

大腦皮質與腦幹呼吸中樞間有神經連繫，亦即可隨意志改變呼吸方式，甚至短暫的停止呼吸，只是停止呼吸的能力與時間會受到血液中二氧化碳分壓的限制。例如聞到不喜歡的味道，可暫時閉氣，但時間無法很久，只要血液中的二氧化碳分壓達到某一量時，延腦的吸氣區就會受刺激，送出神經衝動至吸氣肌，使呼吸重新開始。

膨脹反射

在整個支氣管樹的壁上有牽張感受器（stretch receptor），當吸入空氣使肺充氣膨脹時，會過度牽張這些感受器而引起神經衝動，並經由迷走神經傳至延腦的呼吸中樞及橋腦的呼吸調節中樞，以抑制橋腦的長吸區及延腦的吸氣區的作用而隨之產生呼氣，此為膨脹反射（inflation reflex），可防止肺臟過度膨脹，又稱為赫鮑二氏反射（Hering-Breur's reflex）。

化學調節

1. 中樞的化學感受器（central chemoreceptor）：在延腦腹側區靠近第九、十腦神經出口處的化學感受器，對血液中二氧化碳的濃度上升非常敏感。動脈血中二氧化碳分壓上升會造成血液中 H^+ 濃度的升高，但 H^+ 無法越過血腦屏障（blood-brain barrier），但 CO_2 可越過血腦屏障，在腦脊髓液中形成碳酸，碳酸產生的 H^+ 可使腦脊髓液的 pH 值降低，直接刺激延腦的化學感受器。當動脈血中二氧化碳分壓持續上升，延腦中的化學感受器能促使換氣增加達 70～80%，不過此反應需經數分鐘。能立即促使換氣增加的機制是周邊化學感受器所造成（圖 12-18）。
2. 周邊化學感受器（peripheral chemoreceptor）：此感受器包在一些與主動脈和頸動脈相連的小結節內，經由小動脈分枝感測來自主動脈和頸動脈的血液。周邊化學感受器有位於主動脈弓附近的主動脈體（aortic body）及位於頸總動脈分枝成內、外頸動脈處的頸動脈體（carotid body）。主動脈體與頸動脈體經由迷走神經與舌咽神經的感覺神經纖維將感測氧分壓降低的訊息傳至延腦而間接控制了呼吸活動。
   - 周邊化學感受器只對動脈氧分壓大量降低時敏感，若動脈血的氧分壓由正常的 105mmHg 降至 50mmHg 時，即會刺激感受器將衝動送至延腦吸氣區，以增加呼吸速率。若氧分壓降至 50mmHg 以下，則吸氣區的細胞會因缺氧而無法對化學感受器產生良好反應，減少傳至吸氣肌的衝動，使呼吸速率變慢，甚至停止。

二氧化碳或氫離子濃度上升時，也會興奮周邊化學感受器，而間接使呼吸作用增加。但二氧化碳或氫離子對延腦呼吸中樞的直接刺激較對周邊化學感受器效果強，故其作用常被忽略。

其他影響因素

除了上述因素外，尚有些身體周邊的因素也參與調節呼吸的頻率及強弱。

1. 血壓：血壓突然上升，呼吸速率會減慢。若切斷迷走神經或夾緊頸動脈下方，經反射後會使血壓上升、心跳加快、呼吸速率增加；若牽扯迷走神經或刺激頸動脈竇，經反射後會使血壓下降、心跳減慢、呼吸速率減少。
2. 體溫：發燒時體溫上升會使呼吸速率增加，體溫下降則呼吸速率降低。
3. 疼痛：長期疼痛中呼吸速率增加，突然劇痛則會呼吸暫停。
4. 登高山：高山上大氣壓力較海平面為低，血液中紅血球內氧的飽和度下降，呼吸頻率會增加。
5. 藥物：例如使用麻醉劑抑制呼吸中樞，若過量會造成呼吸停止。

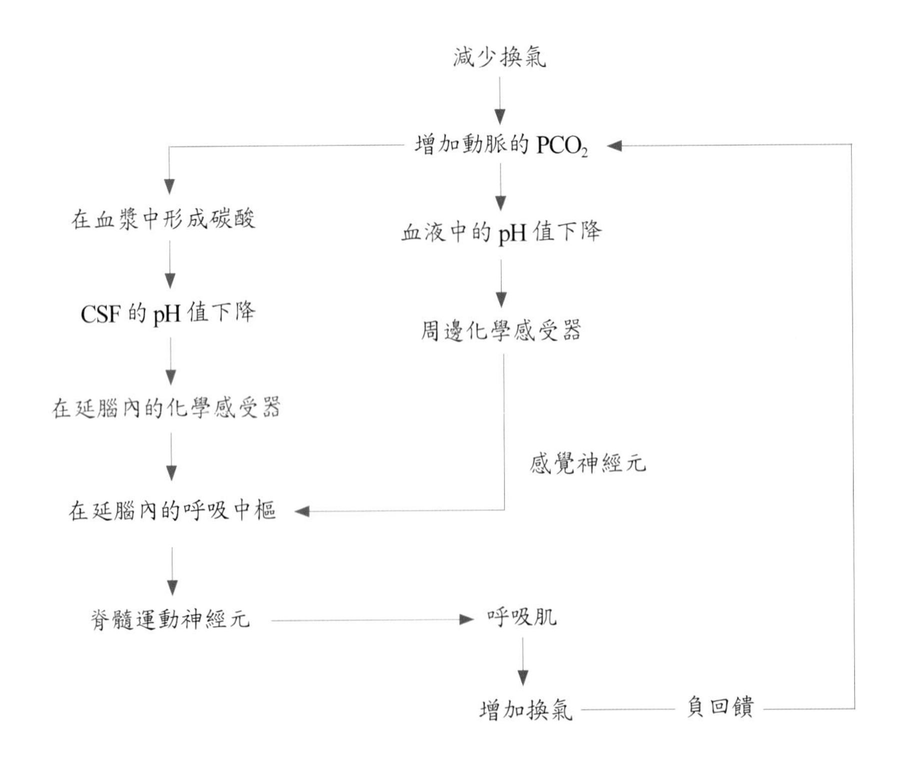

圖 12-18 呼吸的化學感受器控制

歷屆考題

( ) 1. 上頜竇開口於： (A) 蝶篩隱窩 (B) 上鼻道 (C) 中鼻道 (D) 下鼻道。
(96 專普一)

( ) 2. 有關中鼻道的敘述，下列何者正確？ (A) 介於上鼻甲與中鼻甲之間 (B) 蝶竇開口於此 (C) 上頜竇開口於此 (D) 鼻淚管開口於此。 (98 專高一)

( ) 3. 鼻淚管開口於鼻腔的： (A) 蝶篩隱窩 (B) 上鼻道 (C) 中鼻道 (D) 下鼻道。 (100 專普二)

( ) 4. 有關下鼻道（inferior nasal meatus）的敘述，下列何者正確？ (A) 介於下鼻甲與中鼻甲之間 (B) 蝶竇開口於此 (C) 上頜竇開口於此 (D) 鼻淚管開口於此。 (101 專高二)

( ) 5. 有關肺餘容積（residual volume）的特性之敘述，下列何者不正確？ (A) 是指盡最大力呼氣之後仍殘留於肺中無法呼出的氣體之量 (B) 無法由肺量計（spirometer）測得 (C) 肺氣腫之患者此值較高 (D) 此值在一般正常成年男性約為500 ml。 (94 專普一)

( ) 6. 吸氣儲備容積及潮氣容積之和為： (A) 肺總量 (B) 肺活量 (C) 吸氣容量 (D) 功能肺餘容量。 (94專普二)

( ) 7. 呼吸中樞位於何處？ (A) 延腦 (B) 脊髓 (C) 腦下腺 (D) 小腦。
(94專普二)

( ) 8. 下列有關影響血紅素與氧結合因素的敘述，何者正確？ (A) 溫度上升會降低血紅素與氧的結合 (B) pH 值上升會降低血紅素與氧的結合 (C) 二氧化碳分壓上升時會促使血液 pH 值上升 (D) 氧分壓高時會降低血紅素與氧的結合。 (94 專普二)

( ) 9. 呼吸訊號產生的起源在下列哪一位置？ (A) 脊髓 (B) 中腦 (C) 橋腦 (D) 延腦。 (94 專普一、專高一)

( ) 10. 二氧化碳在血液中以三種情形被攜帶。於靜脈血中，若二氧化碳溶於血漿及紅血球細胞內液形式的量為a，形成氨甲基酸化合物（carbamino compounds）的量為b，轉化成重碳酸氫根離子的量為 c，則 a，b，c 三者之大小依序為：(A) c＞b＞a (B) a＞b＞c (C) b＞c＞a (D) c＞a＞b。 (94 專高一)

( ) 11. 若肺的可容度（compliance）很高，這表示： (A) 空氣在氣管道流動的阻力小 (B) 空氣在氣管道流動的阻力大 (C) 肺容易擴張 (D) 肺不易擴張。
(94專高一)

( ) 12. 下列有關心臟或肺臟的構造，何者正確？ (A) 左肺有三葉，右肺有兩葉

(B) 肺泡是氣體交換之處　(C) 左心之房室瓣為三尖瓣，右心之房室瓣為二尖瓣　(D) 左心室進入主動脈的半月瓣為兩片。（94 專高二）

(　) 13. 某人的潮氣容積為 500 ml，吸氣儲備容積為 3000 ml，呼氣儲備容積為 1000 ml，餘氣容積為 1200 ml，請問此人之肺活量為多少？　(A) 4500 ml　(B) 4700 ml　(C) 4800 ml　(D) 5700 ml。（94 專高二）

(　) 14. 造成高山症的主要原因是：　(A) 空氣稀薄，造成貧血　(B) 空氣中氧濃度下降，血紅素與氧結合率降低　(C) 氧壓下降，造成消化系統不適　(D) 高山上溫度降低，血紅素與氧結合率上升。（94 專高二）

(　) 15. 平靜呼吸時一次吸入或呼出的氣體量稱為：　(A) 吸氣儲備容積　(B) 潮氣容積　(C) 肺餘容積　(D) 肺活量。（95 專普一）

(　) 16. 一氧化碳和血紅素的結合力為a，氧和血紅素的結合力為 b，則兩者相比較時：　(A) a 比 b 強 200 倍　(B) a 比 b 弱 200 倍　(C) a 與 b 相等　(D) a 與 b 無法比較。（95 專普一、專高一）

(　) 17. 下列有關表面張力調節液（surfactant）之敘述，何者錯誤？　(A) 多由第二型肺泡細胞分泌　(B) 使小肺泡體積愈小　(C) 降低肺泡表面張力　(D) 異常可造成早產兒呼吸窘迫症候群。（95 專普二）

(　) 18. 甲君潮氣容積為 500 mL，在平靜吸氣之後再儘量用力吸氣可達 3000 mL，已知其肺總量為 6000 mL，則甲君之功能肺餘量（functional residual capacity）為：　(A) 3500 mL　(B) 3000 mL　(C) 2500 mL　(D) 無法得知。

（95 專普二）

(　) 19. 調節呼吸作用的周邊化學受器主要受下列何者刺激？　(A) 血中 PO_2 及 H^+ 濃度增加　(B) 血中 PO_2 下降及 K^+ 濃度增加　(C) 血中 PO_2 上升及 PCO_2 下降　(D) 血中 PO_2 及 pH 均下降。（94 專普一；95 專普二）

(　) 20. 下列混合氣體中，吸入哪一種會造成最大的每分鐘通氣量？　(A) 10% O_2/5% CO_2　(B) 100% O_2/5% CO_2　(C) 21% O_2/5% CO_2　(D) 10% O_2/0% CO_2。

（95專高二）

(　) 21. 嚴重且未經控制的糖尿病人，體內會製造大量的有機酸，你預測該病人肺通氣的情形將會有：　(A) 過度換氣　(B) 換氣不足　(C) 正常呼吸　(D) 腹部呼吸。（95 專高二）

(　) 22. 高海拔地區人體對於缺氧的適應何者錯誤？　(A) 週邊化學接受器受刺激而導致通氣量增加　(B) 腎臟對於紅血球生成素分泌增加　(C) 微血管密度、粒線體數目及肌紅蛋白都會增加　(D) 二磷酸甘油（2, 3-diphosphoglycerate, DPG）減少。（95 專高二）

(　) 23. 有關血液酸鹼值與呼吸作用之間的關係之敘述，下列何者錯誤？ (A) 血液 pH 值降低，刺激呼吸中樞增加呼吸速率 (B) 血液 pH 值降低，刺激呼吸中樞降低呼吸速率 (C) 血液 pH 值升高，呼吸受抑制而變慢 (D) 呼吸作用比其他緩衝系統，能排出更多酸或鹼。（96 專普一）

(　) 24. 歐氏管一端開口於中耳腔，另一端開口於： (A) 喉部 (B) 喉咽 (C) 口咽 (D) 鼻咽。（94、96 專普一）

(　) 25. 肺泡呼吸膜的總面積約為多少平方公尺？ (A) 70 (B) 700 (C) 7 (D) 0.7。（96 專普一）

(　) 26. 造成喉結的軟骨是： (A) 甲狀軟骨 (B) 環狀軟骨 (C) 杓狀軟骨 (D) 會厭軟骨。（96 專高一）

(　) 27. 有關早產兒肺泡的敘述，下列何者錯誤？ (A) 肺泡囊易塌陷 (B) 肺泡表面覆蓋一層透明膜 (C) 易引起呼吸窘迫症候群 (D) 肺餘容積變大。（96 專普一）

(　) 28. 正常氧在血液中與血紅素結合的百分比約為多少？ (A) 3% (B) 97% (C) 23% (D) 70%。（96 專普二）

(　) 29. 二氧化碳在血液中最主要以哪一種方式運送？ (A) 直接溶於血漿中 (B) 直接進入紅血球中 (C) 與水反應形成碳酸鹽 (D) 以氣體方式在血液中運送。（96 專普二）

(　) 30. 某人的呼吸頻率為每分鐘 15 次，其潮氣容積為 500 mL，解剖死腔為 150 mL，則其肺泡通氣量為多少 mL？ (A) 7500 (B) 5250 (C) 1750 (D) 3000。（96 專普二）

(　) 31. 有關氣管的敘述，下列何者錯誤？ (A) 內襯黏膜 (B) 管腔內面覆蓋絨毛 (C) 管壁完全不含硬骨 (D) 管壁支架主要由C形軟骨環構成。（96專普二）

(　) 32. 下列何者不是空氣與食物共同的通道？ (A) 口腔 (B) 口咽 (C) 喉咽 (D) 喉部。（96 專高二）

(　) 33. 肺泡的內襯上皮是： (A) 單層鱗狀 (B) 單層柱狀 (C) 複層鱗狀 (D) 偽複層柱狀。（96 專高二）

(　) 34. 下列哪一段呼吸管道最早出現肺泡（alveoli）的結構？ (A) 肺泡管（alveolar duct） (B) 呼吸細支氣管（respiratory bronchiole） (C) 終末細支氣管（terminal bronchiole） (D) 小型支氣管（small bronchus）。（96 專高一）

(　) 35. 空氣中二氧化碳分壓約為多少mmHg？ (A) 40 (B) 45 (C) 0.3 (D) 0.03。（97 專普一）

(　) 36.依解剖位置，下列何者位於最下方？ (A) 甲狀軟骨 (B) 環狀軟骨 (C) 會厭軟骨 (D) 杓狀軟骨。 (97 專普一)

(　) 37.平靜吐氣末期留在肺內的氣體容量，稱為： (A) 肺活量 (B) 肺總量 (C) 功能肺餘量 (D) 最大呼氣量。 (97 專高一)

(　) 38.下列哪一情形與慢性阻塞性肺部疾病有關？ (A) 肺氣腫 (B) 肺餘容積變小 (C) FEV1/FVC 正常 (D) 呼氣流量變大。 (97 專普二)

(　) 39.肺泡內氧分壓約為多少 mmHg？ (A) 160 (B) 105 (C) 760 (D) 40。 (97專普二)

(　) 40.下列支氣管樹的分支當中，何者位於最末梢？ (A) 終末細支氣管 (B) 呼吸性細支氣管 (C) 肺泡管 (D) 肺泡囊。 (97 專普二)

(　) 41.下列哪一因素可使血紅素氧飽和度與氧分壓之解離曲線向右挪移？ (A) 2,3-diphosphoglycerate (2,3-DPG) 減少 (B) 血液 pH 偏鹼 (C) 溫度下降 (D) P_{CO_2}上升。 (98 專普一)

(　) 42.肺活量等於下列何者？ (A) 吸氣容量與吸氣儲備容積之和 (B) 潮氣容積與吸氣容量之和 (C) 潮氣容積、吸氣儲備容積以及呼氣儲備容積之和 (D) 肺餘容積與吸氣容量之和。 (98 專普一)

(　) 43.聲帶位於： (A) 鼻咽 (B) 口咽 (C) 喉咽 (D) 喉部。 (98 專普一)

(　) 44.有關肺臟的敘述，下列何者錯誤？ (A) 肺分成左右二肺 (B) 肺內有 30 億的肺泡 (C) 表面活性劑由第二型肺泡上皮細胞所分 (D) 肺泡通氣量約 4 L/min。 (98專高一)

(　) 45.肺泡壁彈性消失時，肺內氣體的容積或容量呈現何現象？ (A) 肺餘容積變小 (B) 肺餘容積變大 (C) 功能肺餘量變小 (D) 肺總量變小。(98 專普二)

(　) 46.總通氣量是指下列何者？ (A) 肺總量 (B) 肺活量與肺餘容積之和 (C) 功能肺餘量 (D) 潮氣容積與每分鐘呼吸次數的乘積。 (98專普二)

(　) 47.有關肺臟的敘述，下列何者錯誤？ (A) 左肺分成兩葉，右肺分成三葉 (B) 左肺尖突入頸部，右肺尖則否 (C) 表面皆覆蓋著胸膜 (D) 底面皆貼於橫膈之上。 (98 專普二)

(　) 48.有關肺內之防護機制的敘述，下列何者錯誤？ (A) 空氣污染會使肺泡吞噬細胞受損 (B) 纖維性囊腫 (cystic fibrosis) 是因鈉離子通道出了問題 (C) 呼吸道黏液可吸附灰塵 (D) 呼吸道上的腺體可分泌黏液。(98 專高二)

(　) 49.有關氣管的敘述，下列何者錯誤？ (A) 其內襯上皮具有纖毛 (B) 位於頸部、胸部 (C) 位於食道後方 (D) 管壁中的 C 形軟骨缺口朝後。 (98專高二)

( ) 50.下列何種構造的分支不能進行氣體交換？ (A) 肺泡囊 (B) 肺泡管 (C) 呼吸性細支氣管 (D) 終末細支氣管。 (99 專高一)

( ) 51.成人正常耗氧量每分鐘約為多少 mL/min？ (A) 25,000 (B) 2,500 (C) 250 (D) 25。 (99 專高一)

( ) 52.有關左、右肺臟的敘述，下列何者錯誤？ (A) 左肺的心壓跡較右肺深而明顯 (B) 底面皆貼於橫膈上 (C) 左肺僅有斜裂，右肺則有斜裂與水平裂 (D) 左肺分 3 葉，右肺分 2 葉。 (99 專高二)

( ) 53.增加 2,3- 雙磷酸甘油，會使血紅素氧飽和百分比曲線有何變化？ (A) 向右挪移 (B) 向左挪移 (C) 偏酸使曲線向左移 (D) 體溫下降使曲線向右移。 (99專普一)

( ) 54.血氧飽和百分比與氧分壓作圖呈現何種圖形？ (A) S 字形 (B) T 字形 (C) M字 形 (D) C 字形。 (99專普一)

( ) 55.有關氣管的敘述，下列何者錯誤？ (A) 延伸於喉部的後方 (B) 延伸於食道的前方 (C) 延伸於頸部 (D) 延伸於胸部。 (99 專普一)

( ) 56.有關左肺的敘述，下列何者錯誤？ (A) 其肺尖突入頸部 (B) 其底面靠在橫膈之上 (C) 表面有斜裂和水平裂 (D) 僅分成上、下兩葉。 (99 專普二)

( ) 57.在正常人的呼吸系統中，其解剖死腔約為多少 mL？ (A) 150 (B) 250 (C) 350 (D) 500。 (99 專普二)

( ) 58.肺內何種細胞可製造磷脂類的表面活性劑？ (A) 肺泡巨噬細胞 (B) 淋巴細胞 (C) 第二型肺泡上皮細胞 (D) 第一型肺泡上皮細胞。 (99 專普二)

( ) 59.下列何者不是直接決定肺泡氧分壓的因子？ (A) 大氣中的氧分壓 (B) 肺泡通氣量 (C) 耗氧量 (D) 肺活量。 (100專高一)

( ) 60.有關支氣管樹的敘述，下列何者正確？ (A) 右側的主支氣管管徑較左側粗 (B) 左右肺各有3條二級支氣管 (C) 左肺的節支氣管有 9 條，右肺有 10 條 (D) 節支氣管即相當於二級支氣管。 (100 專普一)

( ) 61.呼吸系統之生理死腔是指下列何者？ (A) 解剖死腔 (B) 肺泡死腔 (C) 解剖死腔與肺泡死腔之和 (D) 肺餘容積。 (100 專普一)

( ) 62.功能肺餘量是指下列何者？ (A) 肺餘容積 (B) 潮氣容積與呼氣儲備容積之和 (C) 潮氣容積與吸氣儲備容積之和 (D) 呼氣儲備容積與肺餘容積之和。 (100 專普一)

( ) 63.下列敘述，何者錯誤？ (A) 咽部無扁桃體 (B) 鼻咽是以軟腭與口咽為界 (C) 口咽兼具消化道和呼吸道的功能 (D) 當吞嚥食物時，喉頭會上提，使會厭軟骨蓋住喉頭，防止食物誤入氣管。 (100 專高二)

( ) 64.肺順應性是指（ΔV 為容積改變；ΔP 為壓力改變；Flow 為氣流大小）下列何者？ (A) ΔV/ΔP (B) ΔP/ΔV (C) ΔP/Flow (D) Flow/ΔP。 （100 專高二）

( ) 65.每分鐘呼出的二氧化碳約為多少 mL？ (A) 200 (B) 400 (C) 600 (D) 800。 （100 專高二）

( ) 66.吸氣時的肺臟擴張會刺激牽張接受器（Stretch receptor），其神經衝動經由迷走神經傳至延髓與橋腦，因而抑制吸氣並轉為呼氣。此作用稱為：(A) 呼吸自主調控（Respiration autoregulation） (B) 法蘭克－史達林呼吸律（Frank-Starling law of respiration） (C) 赫－鮑二氏膨脹反射（Hering-Breuer's inflation reflex） (D) 拉普拉斯反射（Laplace's reflex）。 （100 專普二）

( ) 67.健康的成年人在靜止時，每分鐘的呼吸次數約為多少次？ (A) 120 (B) 70 (C) 36 (D) 12。 （100 專普二）

( ) 68.有關肺循環及肺內氣體交換之敘述，下列何者錯誤？ (A) 肺動脈血為缺氧血 (B) 肺動脈內二氧化碳分壓約為 45 mmHg（$PaCO_2$ = 45 mmHg） (C) 肺泡氧分壓約為 110 mmHg (D) 經過肺泡換氣後，肺動脈內氧分壓約為 100 mmHg。 （100專普二）

( ) 69.頸動脈體偵測血液中 O_2 含量的變化，其訊息經由下列何者送至延髓？ (A) 三叉神經 (B) 舌下神經 (C) 舌咽神經 (D) 副神經。 （101專高一）

( ) 70.從氧合解離曲線來看，正常血液流過骨骼肌細胞時，每 100 mL 血液會有多少 mL 的氧解離並釋放進入肌細胞內？ (A) 5 (B) 10 (C) 15 (D) 20。 （101專高一）

( ) 71.58 歲女性，經診斷為右下肺葉肺癌並接受右下肺葉切除手術，請問此病人於術後其右肺還剩下多少個肺葉？ (A) 1 (B) 2 (C) 3 (D) 4。 （101專普一）

( ) 72.引發呼吸的節律中樞位於： (A) 脊髓 (B) 延髓 (C) 橋腦 (D) 中腦。 （101專普一）

( ) 73.某患者呼吸時之潮氣容積是 450 mL，解剖無效腔是 150 mL，呼吸頻率為每分鐘 10 次，則此患者之每分鐘肺泡通氣量為多少 mL/min？ (A) 4500 (B) 3000 (C) 1500 (D) 150。 （101 專高二）

( ) 74.下列構造中，何者並不經由肺門進出肺臟？ (A) 膈神經 (B) 支氣管 (C) 肺動脈 (D) 肺靜脈。 （101專普二）

( ) 75.在休息時，負責呼吸的主要肌肉除了橫膈之外，還有： (A) 腹直肌 (B) 腹橫肌 (C) 肋間肌 (D) 錐狀肌。 （101 專普二）

(　)76.正常人（70 Kg）在呼吸時，其解剖死腔約為多少 mL？ (A) 150 (B) 250 (C) 350 (D) 500。 （101 專普二）

(　)77.聲帶延伸於甲狀軟骨與下列何者之間？ (A) 會厭軟骨（epiglottis） (B) 小角狀軟骨（corniculate cartilage） (C) 環狀軟骨（cricoid cartilage） (D) 杓狀軟骨（arytenoid cartilage）。 （102 專高一）

(　)78.下列何者為臨床上反映通氣量之最常用指標？ (A) SaO_2 (B) Hb (C) PaO_2 (D) $PaCO_2$。 （102 專高一）

(　)79.動脈血氧分壓在 100 mmHg時，每公升血液中直接溶解的氧量約為多少毫升（mL）？ (A) 3 (B) 0.3 (C) 0.03 (D) 0.003。 （102 專高二）

(　)80.病人因肺癌切除右中肺葉，請問術後左、右肺臟各剩下多少葉？ (A) 左肺 2 葉；右肺 1 葉 (B) 左肺 3 葉；右肺 1 葉 (C) 左肺 2 葉；右肺 2 葉 (D) 左肺 3 葉；右肺 2 葉。 （102 專高二）

(　)81.有關呼吸道傳導區（conducting zone）之作用，下列何者錯誤？ (A) 分泌界面活性素（surfactant） (B) 構成解剖死腔（anatomic dead space） (C) 分泌黏液（mucus） (D) 構成部分呼吸道阻力（airway resistance）。 （102 專高二）

(　)82.下列何者無軟骨支撐？ (A) 細支氣管 (B) 三級支氣管 (C) 次級支氣管 (D) 主支氣管。 （103 專高一）

(　)83.正常成人耗氧量每分鐘約為多少mL？ (A) 2.5 (B) 25 (C) 250 (D) 2500。 （103 專高一）

(　)84.動脈血中之氧含量為200 mL/L，而心輸出量為5 L/min，每分鐘有多少mL氧供應到組織？ (A) 5 (B) 200 (C) 500 (D) 1000。 （103 專高一）

(　)85.將左邊肺臟分成上葉及下葉的構造為何？ (A) 斜裂（oblique fissure） (B) 水平裂（horizontal fissure） (C) 心切跡（cardiac notch） (D) 心壓跡（cardiac impression）。 （98 二技）

(　)86.下列哪一種狀況，血液中的血紅素與氧氣的親合力（affinity）較高？ (A) 登高山 (B) 貯存於血庫 (C) 發高燒 (D) 酸中毒。 （98 二技）

(　)87.有關平靜吸氣過程的敘述，下列何者正確？ (A) 肺泡內壓小於大氣壓力 (B) 肋膜腔內壓變成正壓 (C) 橫膈膜舒張 (D) 膈神經興奮性下降。 （98 二技）

(　)88.耳咽管（auditory tube）是鼻咽與下列何處相通的構造？ (A) 耳蝸 (B) 外耳 (C) 中耳 (D) 內耳。。 （99 二技）

(　)89.有關吸氣過程中的變化，下列敘述何者正確？ (A) 橫膈（diaphragm）鬆弛

(B) 胸腔（thoracic cavity）體積縮小 (C) 胸膜內壓（intrapleural pressure）高於肺內壓 (D) 肺內壓（intrapulmonary pressure）低於大氣壓。 （99二技）

( ) 90. 下列何者會增加肺的擴張能力？ (A) 肺泡表面張力（surface tension）降低 (B) 表面張力素（surfactant）分泌不足 (C) 肺水腫（pulmonary edema） (D) 肺纖維化（pulmonary fibrosis）。 （99 二技）

( ) 91. 有關肋膜內壓（intrapleural pressure）的敘述，何者不正確？ (A) 是位於肺和胸壁之間的壓力 (B) 正常是低於大氣壓力 (C) 是維持肺膨脹的重要因素 (D) 吸氣時肋膜內壓升高。 （100 二技）

( ) 92. 有關功能肺餘量（FRC）的敘述，何者正確？ (A) 是盡力呼氣後肺中剩餘的氣體量 (B) 是潮氣容積（TV）與肺餘容積（RV）之和 (C) 無法用肺量計（spirometer）測得 (D) 肺氣腫患者的功能肺餘量通常會降低。 （100 二技）

( ) 93. 當血液 pH 值由 7.4 降為 7.2 時，可引起的生理反應為何？ (A) 腎小管對 H^+ 分泌減少 (B) 血紅素與氧解離曲線左移 (C) 腎小管對 HCO_3 再吸收減少 (D) 化學接受器興奮引起換氣量增加。。 （100 二技）

( ) 94. 下列何者是真聲帶（true vocal cords）的終止點？ (A) 甲狀軟骨（thyroid cartilage） (B) 會厭軟骨（epiglottic cartilage） (C) 環狀軟骨（cricoid cartilage） (D) 杓狀軟骨（arytenoid cartilage）。 （101 二技）

( ) 95. 左、右主支氣管（primary bronchi）的比較，下列何項特徵為右大於左？ (A) 管徑寬度 (B) 長度 (C) 與體幹中線所夾的角度 (D) 管壁厚度。 （101二技）

( ) 96. 下列有關參與呼吸通氣（ventilation）之敘述何者錯誤？ (A) 肋間肌（external intercostal muscle）、橫膈肌（diaphragm）及肺臟內肌肉均有參與 (B) 鼻腔或口腔內的氣壓等於大氣壓（atmospheric pressure） (C) 肋膜腔內壓（intrapleural pressure）及肺泡壓（alveolar pressure）決定肺臟氣體充填程度 (D) 肺泡壓與大氣壓之間的差異決定呼吸通氣量大小和流向。 （101二技）

( ) 97. 下列何者與肺泡氧分壓（alveolar oxygen partial pressure）之多寡無關？ (A) 大氣中的氧分壓（partial oxygen pressure）含量 (B) 肺泡通氣量（alveolar ventilation）之多寡 (C) 組織細胞的耗氧量（oxygen consumption） (D) 肋膜腔內氧分壓（intrapleural oxygen partial pressure）含量。 （101二技）

解答：

1.(C)	2.(C)	3.(D)	4.(D)	5.(D)	6.(C)	7.(A)	8.(A)	9.(D)	10.(A)
11.(C)	12.(B)	13.(A)	14.(B)	15.(B)	16.(A)	17.(B)	18.(C)	19.(D)	20.(A)
21.(A)	22.(D)	23.(B)	24.(D)	25.(A)	26.(A)	27.(D)	28.(B)	29.(C)	30.(B)
31.(B)	32.(D)	33.(A)	34.(B)	35.(C)	36.(B)	37.(C)	38.(A)	39.(B)	40.(D)
41.(D)	42.(C)	43.(D)	44.(D)	45.(B)	46.(D)	47.(B)	48.(B)	49.(C)	50.(D)
51.(C)	52.(D)	53.(A)	54.(A)	55.(A)	56.(C)	57.(A)	58.(C)	59.(D)	60.(A)
61.(C)	62.(D)	63.(A)	64.(A)	65.(A)	66.(C)	67.(D)	68.(D)	69.(C)	70.(A)
71.(B)	72.(B)	73.(B)	74.(A)	75.(C)	76.(A)	77.(D)	78.(D)	79.(A)	80.(C)
81.(A)	82.(A)	83.(C)	84.(D)	85.(A)	86.(B)	87.(A)	88.(C)	89.(D)	90.(A)
91.(B)	92.(C)	93.(D)	94.(D)	95.(A)	96.(A)	97.(D)			

第十三章　消化系統

本章大綱

消化步驟

消化系統的組成

消化道的組織學

黏膜層

黏膜下層

肌肉層

漿膜層

消化道的解剖學

口腔

食道

胃

小腸

大腸

胰臟

肝臟

機械性和化學性消化作用

口腔的消化作用

食道的消化作用

胃內的消化作用

胰液的消化作用

膽汁分泌

小腸的消化與吸收

大腸的消化作用

學習目標

1. 知道人體的消化步驟。
2. 清楚了解消化系統的組成及其各個器官的位置。
3. 能明白消化道的各類組織結構與功能。
4. 了解體內消化及吸收的過程。

人體藉由食物的供應來補充身體生長及修補組織所需的營養，但攝入的食物無法全部被利用，因此需經由消化及分解的過程來轉換成身體所能使用的營養形式。將攝入的食物分解成小分子來供身體細胞利用的過程，稱為消化作用，而執行這種消化作用的器官稱為消化系統。食物被消化吸收後，在體內進行各種合成與分解的化學反應，以維持各種生命過程的作用，稱為新陳代謝。

消化步驟

攝入的食物經過消化分解後變成可被身體利用的小分子，它可經由擴散、促進擴散、主動運輸、胞飲作用等方式，由腸胃道進入血液循環，運送至全身各細胞、組織，以供建造及修補，未能被利用的物質則排出體外。整個消化過程可分成下列幾個步驟：

1. 運動（motility）：食物經由下列過程通過消化道的運動（表13-1）。
2. 分泌（secretion）：包括內、外分泌（表13-2）。
3. 消化（digestion）：食物經機械性及化學性消化，能將食物大分子分解成可被吸收的小分子。
4. 吸收（absorption）：消化後的小分子經由腸道細胞吸收後，進入血液及淋巴液中。
5. 貯存及排泄（storage and elimination）：是指暫時貯存並排除不能被消化的食物分子。

表13-1　運動性的消化

運　動	說　明
攝食（ingestion）	食物及水分由口攝入消化道
咀嚼（mastication）	嚼碎食物並與唾液混合
吞嚥（deglutition）	吞下食物
蠕動（peristalsis）	食物團在消化道中的移動

表13-2　分泌性的消化

分　泌	說　明
外分泌（exocrine secretion）	液體、鹽酸、重碳酸鹽離子與許多消化酵素被分泌進入消化道管腔，例如唾液、胃酸、胰液等，以助食物的分解
內分泌（endocrine secretion）	胃及小腸分泌許多激素，例如胃泌素、腸促胰激素等，以幫助調控消化系統

消化系統的組成

消化系統（digestive system）亦稱腸胃系統（gastrointestinal system），由消化道（digestive tract）及相關的附屬構造所組成。消化道又稱胃腸道（gastrointestinal tract; GI tract），起始於口腔而止於肛門約 9 公尺。消化道穿越胸腔在橫膈平面進入腹腔，肛門則在骨盆腔的下半部。它包括了口腔、咽、食道、胃、小腸、大腸（圖 13-1）。而相關的附屬構造則包括牙齒、舌頭、唾液腺、肝臟、膽囊、胰臟，其中除了牙齒、舌頭、唾液腺位於口腔，其餘均位於消化道外，但有導管連接消化道管腔，能將分泌物送到消化道中幫助消化作用的進行。

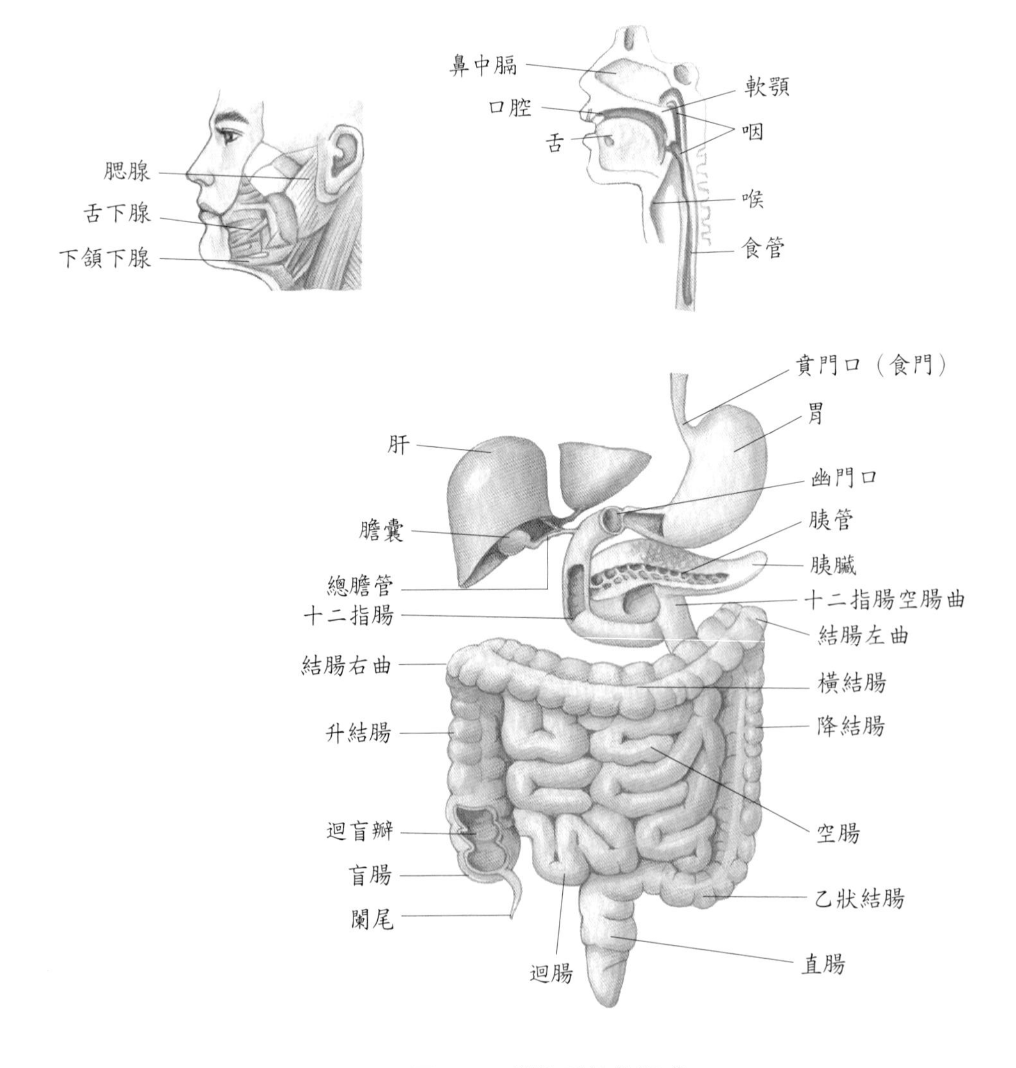

圖 13-1　消化系統的組成

消化道的組織學

由食道至肛門的這段消化道管壁的組成具有相同的基本組織排列，由內至外可分成下列四層（圖 13-2）：

黏膜層

黏膜層（mucosa）是消化道管腔的內襯，由三層所構成：

上皮層

上皮層（epithelium）直接與消化道內容物接觸。在口腔、舌、食道、肛門是複層鱗狀上皮，具保護、分泌功能；其餘部分是單層柱狀上皮，腸部有特化細胞，例如杯狀細胞可分泌黏液，腸絨毛可助吸收，故具分泌與吸收功能。

固有層

固有層（lamina propria）在上皮之下，是疏鬆結締組織層，含有許多血管、淋巴管、神經纖維及腺體。具有分泌、運送營養物及對抗細菌感染的功能。

黏膜肌層

黏膜肌層（muscularis mucosae）是固有層外一層薄的平滑肌肉層，構成消化道一部分的皺褶，以增加消化、吸收的表面積。

黏膜下層

相當厚的黏膜下層（submucosa）是富含血管及淋巴管的結締組織，尚具有黏膜下神經叢或稱 Meissner 神經叢，屬自主神經，管制消化道腺體的分泌。在迴腸黏膜下層具有培氏斑（Peyer's path），富含 β 淋巴球。

肌肉層

肌肉層（muscularis）負責消化道的分節運動及蠕動，內層為環狀肌層，外層為縱走肌層，當平滑肌肉層收縮時，可運送食物通過腸道並進行磨碎及與酵素混合。在兩層肌肉層間的腸肌層神經叢或稱 Auerbach's 神經叢，屬自主神經，是支配消化道活動力最主要的神經。

漿膜層

漿膜層（serosa）位於消化道的最外層，由疏鬆結締組織表面覆蓋單層鱗狀上皮所構成，為腹膜臟層，具有連結及保護的功能。但食道無漿膜覆蓋。

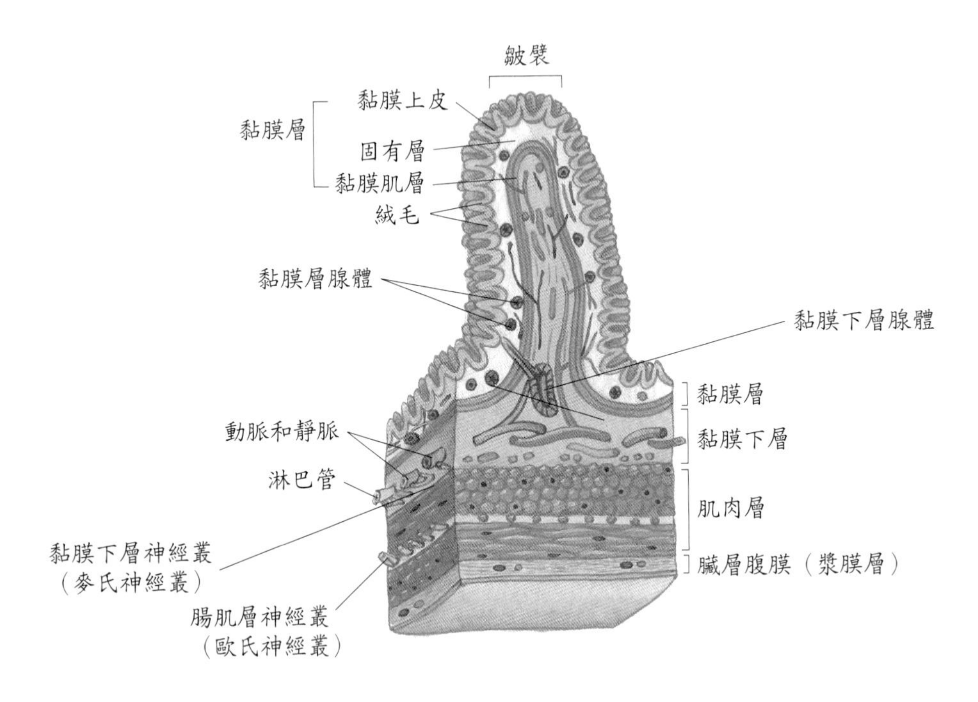

圖 13-2 消化道剖面之典型構造

消化道的解剖學

口腔

口腔（oral cavity）是由口唇、頰部、硬顎、軟顎及舌所圍成的空腔（圖 13-3）。頰（cheek）位於口腔側壁，是肌肉的構造，外覆有皮膚，內襯非角質化複層鱗狀上皮。頰的前部止於上、下唇。

唇

環繞口腔開口的肉質皺襞是唇（lip），外覆皮膚，內襯黏膜，兩者交會處形成唇紅緣（vermilion border），其上皮非角質化，透過透明的表層可清晰的看到下層血液顏色。

顎

顎（palate）構成口腔的頂板和鼻腔的底板，它包括顎前 2/3 的硬顎及顎後 1/3 的軟顎。硬顎是由上頜骨的顎突和顎骨的水平板構成。軟顎附著在硬顎後緣，構成顎後纖維肌肉部，向下方延伸形成彎曲的游離緣，游離緣懸吊著一錐形突起，稱為懸雍垂（uvula），基部兩邊有二個肌肉皺襞連著舌頭和咽部，前面的是顎舌弓，後面的是顎咽弓，兩者之間有顎扁桃體。軟顎後緣經過咽門開口至口咽，所以軟顎是鼻咽和口咽的分界點，吞嚥時可蓋住鼻咽。

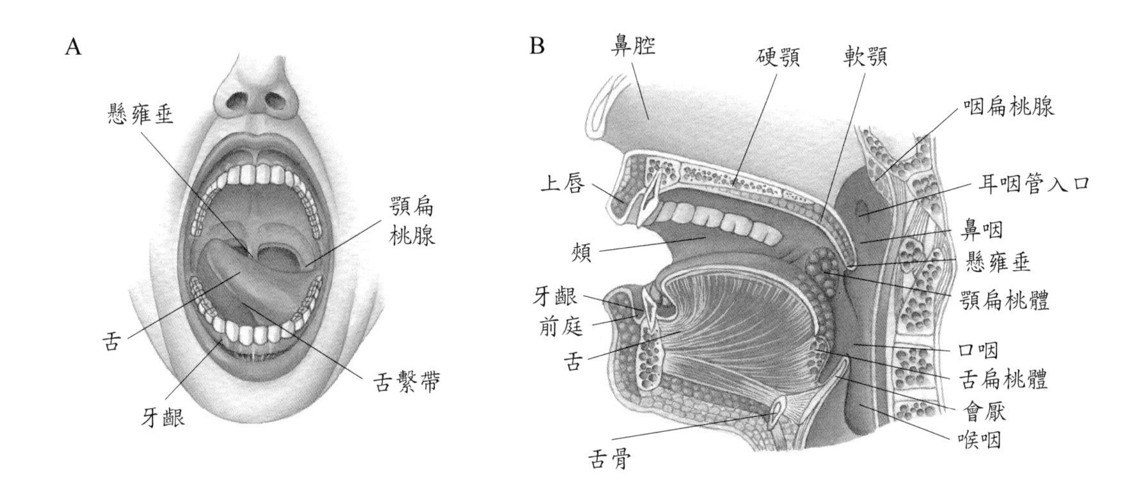

圖 13-3 口腔的構造。A. 前面觀；B. 側面觀。

舌

舌頭（tongue）是可動的肌肉器官，每一半有四條內在肌及四條外在肌等骨骼肌組成，外覆黏膜。內在肌包括上縱肌、下縱肌、橫向肌和垂直肌，起、止端都在舌之內，故可改變舌的形狀及大小，以利講話與吞嚥，也可產生如捲舌的靈巧動作；外在肌包括舌骨舌肌、頦舌肌、莖突舌肌和顎舌肌，起始於舌的外面，終止於舌，它可使舌朝兩邊移動，或伸出、縮回，可翻動食物以利咀嚼，使食物形成食團，並可迫使食團移向口腔後方以利吞嚥。

舌繫帶（lingual frenulum）位於舌下表面中線的黏膜皺襞（圖 13-3），可限制舌頭向後運動。如果兒童舌繫帶太短，舌頭運動會受到限制，舌頭無法伸出門齒並超過上下唇，造成口齒不清，稱為結舌（tingue tie），可切割鬆弛舌繫帶加以矯正。

舌上表面與兩側覆有舌乳頭（papillae），舌乳頭上方有味蕾（taste bud），可辨別酸、甜、苦、鹹四種味覺。舌乳頭有下列三種：

1. 絲狀乳頭（filiform papillae）：位於舌前 2/3，平行排列，數目最多，體積最小，不含味蕾。若角化過盛產生太多角蛋白，即形成舌苔。
2. 蕈狀乳頭（fungiform papillae）：散布於絲狀乳頭間，以舌尖處最多，大多數含有味蕾。
3. 輪廓乳頭（circumvallate papillae）：體積最大，數目最少，只有 10～12 個，成倒 V 字形排列於舌根，全部含有味蕾。

唾液腺

唾液腺（salivary gland）分泌唾液，每日分泌量約 1,000～1,500 cc.，含 99.5% 水分與 0.5% 的溶質，溶質中有氯化物、重碳酸鹽、磷酸鈉、磷酸鉀鹽類及一些可溶性氣體、尿素、尿酸、血清白蛋白、球蛋白、溶菌酶、唾液澱粉酶等有機物。唾液平時潤濕整個口腔黏膜，攝入食物時，分泌量增加，以使潤滑、溶解食物，進行化學性分解。

唾液腺主要有耳下腺、頷下腺與舌下腺三對（圖13-4），並比較於表13-3。

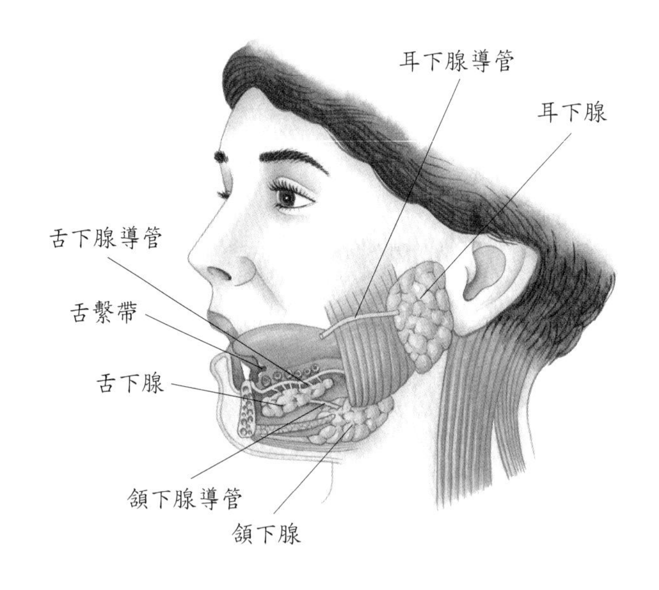

圖13-4　唾液腺

表13-3　唾液腺的分類

分　類	耳下腺（腮腺）	頷下腺	舌下腺
控制神經	舌咽神經	顏面神經	顏面神經
位置	耳前下方，皮膚與嚼肌間	舌基部下，口腔底板的後部	頷下腺之前
腺體	複式管泡狀腺體	複式泡狀腺體	複式泡狀腺體
導管開口	穿過頰肌，開口於正對上列第二臼齒的前庭處	走在口腔底部黏膜下，開口於舌繫帶基部之舌下乳頭	開口於口腔底部之舌下皺襞，部分匯流入頷下腺導管
腺體大小	最大	其次	最小
分泌量	25%	70%（最多）	5%
唾液腺細胞	漿液性細胞	漿液及黏液性細胞	黏液細胞
分泌成分	漿液內含唾液澱粉酶	漿液與黏液之混合液，內含唾液澱粉酶	黏液

唾液的特性與功能：

1. 潤滑作用：唾液中的黏蛋白溶於水形成黏液，能潤滑食物並保護口腔黏膜，有助於吞嚥。
2. 消化作用：唾液可溶解食物使其生味，因含氯化物可活化唾液澱粉酶，能使澱粉分解成麥芽糖，是口腔中唯一的消化酶，入胃後仍可作用 15～30 分鐘，直至胃酸出現為止。
3. 保持口腔潮溼：唾液可作為刺激味蕾分子的溶液。
4. 便利齒唇的運動：以協助說話。
5. 口齒的清潔：唾液中富含 proline 的蛋白質，可保護牙齒琺瑯質，並能結合有毒的鞣酸（tannin）。
6. 抗菌功能：唾液中的溶菌酶可破壞細菌的細胞壁；免疫球蛋白（IgA）為對抗細菌和病毒的第一道免疫防線。
7. 具緩衝功能：由於唾液中的重碳酸鹽和磷酸鹽作為緩衝物，以助唾液維持 pH 值在 6.35～6.85 的微酸性。
8. 中和胃酸：減輕胃液反流至食道時引起的疼痛。

牙齒

牙齒（tooth）經由咀嚼動作將食物分裂成更小的碎塊，以使消化酶易於分解食物分子，每個人的牙齒發育包括了乳齒及恆齒，發展情況如表 13-4。

表 13-4　牙齒的發展情況

齒列	開始長的時間	最先長的牙齒	總數	完成年齡
乳齒	6 個月	下頜門齒	20 顆	2 歲半
恆齒	6 歲	下頜第一臼齒	32 顆	成年

各類牙齒各以不同的方式來處理食物：門齒用來咬、切食物，犬齒用來刺穿、撕裂食物，臼齒用來壓碎及研磨食物。恆齒比乳齒多了 2 顆前臼齒及第三臼齒，第三臼齒又稱智齒（wisdom tooth），通常在青春期後才長出，有時則埋在齒槽內或根本不生長。除了第三臼齒外，其餘的約在 18 歲前就會長齊。

每一顆牙齒皆包括了露出牙齦的可見部分之齒冠（crown）及埋於齒槽內的齒根（root），齒冠與齒根的接合處為齒頸。齒冠外覆有琺瑯質（enamel），主要含鈣鹽，是人體最硬的部分。齒根外覆有牙骨質，並以牙周韌帶（牙周膜）與齒槽壁相連。正常情況，門齒及犬齒只有一個齒根，前臼齒有一個或兩個齒根，而臼齒有 2～3 個齒根。

齒質（dentin）或稱象牙質，是牙齒的主體，其中間的空腔是齒髓腔（pulp cavity），內有齒髓（tooth pulp），包括結締組織、血管、淋巴管、神經。齒髓腔在齒根的緊縮部分稱為根管（root canal），根管在齒根尖端的開孔稱為根尖孔（apical foramen），是神經、血管進入牙齒的通道。

食道

食道（esophagus）是參與吞嚥的器官之一，位於氣管後面，降主動脈前面，約 20～25 公分的肉質管狀構造。食道起自喉咽末端，亦為環狀軟骨下緣的正中線，在脊柱前通過胸腔的縱膈，然後穿過橫膈的食道裂孔，終止於胃的賁門口，約第六頸椎至第十胸椎的範圍。

食道黏膜層的上皮為非角質化的複層鱗狀上皮；肌肉層的上 1/3 為骨骼肌，中 1/3 同時具有骨骼肌與平滑肌，下 1/3 全為平滑肌；最外一層不是漿膜層而是纖維性外膜層。食道有三個狹窄處：喉頭環狀軟骨後方約第六頸椎高度、氣管分叉處約第四胸椎的高度、橫膈食道裂孔處約第十胸椎的高度。通常誤食的異物容易在第一狹窄處卡住。此食道異物必須迅速予以移除，以免造成食道穿孔，導致縱膈腔炎引起死亡。

胃

胃（stomach）可儲存食物，能進行機械性及化學性的消化作用，上端與食道、下端與十二指腸相連。胃在橫膈下方，位於腹上區、臍區及左季肋區，約 2/3 在身體正中線左側。胃的位置、形狀及大小會因不同的情況而改變。例如吸氣時橫膈會將胃下壓，呼氣時則將胃往上拉。

胃可區分為賁門部、胃底部、胃體部、幽門部四個部分（圖 13-5）。賁門部（cardiac region）是鄰近食道開口的小區域；胃底部（fundus）是位於賁門部上外側的膨大部分；胃體部（body）是胃中間的主體部分；幽門部（pyloric region）是與十二指腸相連的狹窄部分。幽門的末端有幽門括約肌，可控制胃的排空。胃凹陷的內側緣是胃小彎，凸出的外側緣是胃大彎。

胃壁是由典型的消化道之四層基本構造所組成，只是黏膜層和肌肉層具有一些特別的特徵，以扮演特定的功能。胃黏膜的表面上皮為單層柱狀上皮，黏膜凹陷處有胃小凹（gastric pit），是胃液湧出孔，胃黏膜及黏膜下層在胃排空時呈縱行皺襞（rugae），飽餐後即消失。肌肉層除了一般的環肌層（在幽門處形成幽門括約肌）與縱肌層外，最內層尚多了斜走肌層（賁、幽門處無此層），以使胃不但能推動食物，攪拌食物，還能將食物分解成小顆粒與胃液混合。覆蓋於胃的外膜是腹膜臟層的一部分，在胃小彎處，兩層臟層腹膜併合向上延伸到肝門形成小網膜；在胃大彎處，臟層腹膜向下蓋過腸道而形成大網膜。

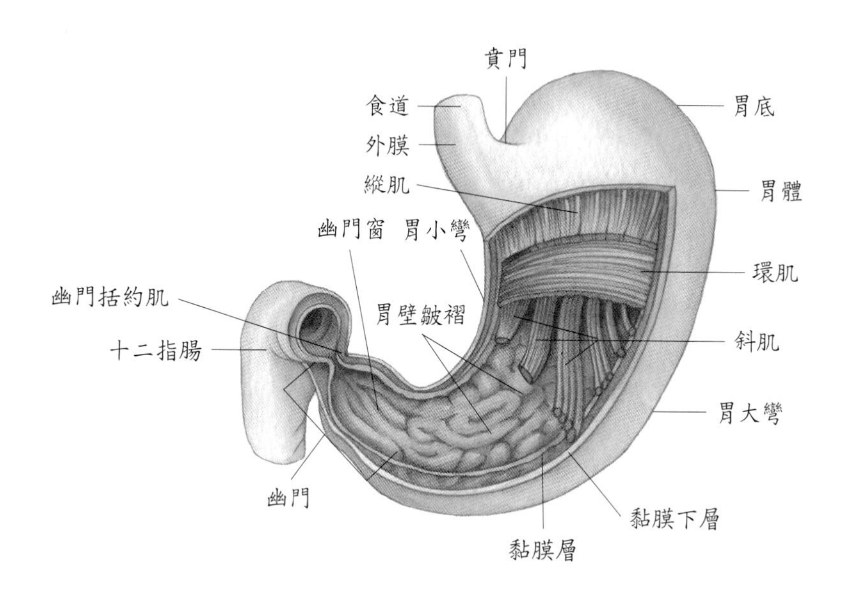

圖13-5 胃的內部與外表構造

胃黏膜形成胃腺（gastric gland），所分泌的胃液經由胃小凹至胃黏膜的表面。胃腺含有下列四種細胞（圖13-6）：

1. 黏液細胞（mucous cell）：位於胃腺的上部靠近胃小凹處，可分泌黏液，中和胃酸，保護胃壁不受胃酸的傷害。
2. 主細胞（chief cell）：可分泌胃蛋白酶原（pepsinogen），是胃蛋白酶的先質。
3. 壁細胞（parietal cell）：又稱泌酸細胞，分泌鹽酸，能將胃蛋白酶原轉變成具有活性的胃蛋白酶，可分解蛋白質。
4. 腸內分泌細胞（enteroendocrine cell）：又稱嗜銀細胞（argentaffin cells）或G細胞，主要位於幽門，可分泌胃泌素（gastrin），以刺激鹽酸和胃蛋白酶原的分泌，並能使下食道括約肌收縮，防止食物逆流回食道。可增加胃腸道的運動，使幽門括約肌、迴盲瓣鬆弛，以助胃的排空。

臨床指引：

消化性潰瘍（peptic ulcer）就是食道、胃、十二指腸消化道的黏膜受到胃酸侵蝕而形成表面上皮的潰爛損傷。發生在胃部，稱為胃潰瘍；發生在十二指腸的部位，稱為十二指腸潰瘍。消化性潰瘍的人大多有上腹疼痛，消化道有燒灼感、悶痛、脹痛，甚至劇烈腹痛，併有噁心、嘔吐、食慾不振的感覺。當潰瘍穿孔嚴重時，會有解黑便、吐血的症狀產生。

消化性潰瘍的原因包括體質（分泌過多胃酸），消化道黏膜抵抗力減弱（老化、糖尿病、重大壓力），細菌感染（幽門螺旋桿菌）及外在因素（服用止痛藥、飲酒過多）。

治療以消除幽門螺旋桿菌，以制酸劑中和胃酸，使用H_2受體拮抗劑及離子幫浦抑制劑來降低胃酸分泌等。病患最好能戒酒，保持心情愉快，配合醫護人員指示定時服用抗生素及制酸劑，才能成功治癒消化性潰瘍。

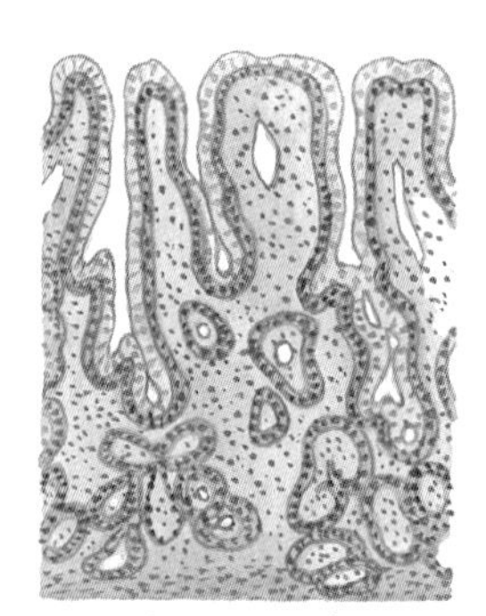

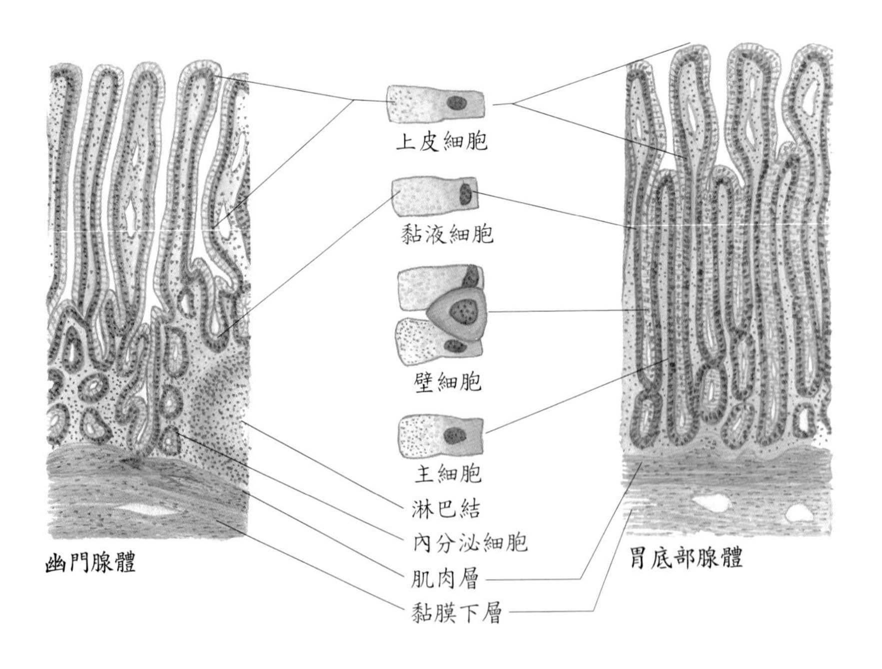

圖13-6 胃黏膜的構造

小腸

小腸（small intestine）由胃幽門括約肌延伸至大腸的起始部分，長約 6 公尺，捲曲在腹腔的中央及下方，包括：十二指腸（duodenum）、空腸（jejunum）、迴腸（ileum）三部分（圖 13-7），負責食物的消化與吸收。十二指腸是小腸的第一部分，長約 25 公分，呈 C 字型彎曲，圍繞胰臟頭部，大部分位於腹膜後。空腸位於臍區及左髂骨區。迴腸位於右髂骨區，終止於迴盲瓣（ileocecal valve），是小腸中最長的一段。

小腸壁的四層構造與大部分消化道的構造相同，但其黏膜層或黏膜下層經過特化，而強化了小腸的消化吸收功能。黏膜層含有許多襯有腺體上皮的小凹，稱為腸腺。在十二指腸的黏膜層及黏膜下層有布氏腺（Brunner's gland），也就是十二指腸腺，能分泌鹼性黏液，中和食糜中的酸並保護黏膜，此腺體空腸、迴腸皆無。在十二指腸近端至迴腸中段的黏膜層及黏膜下層有肉眼可見的較大皺褶是環狀皺襞（plicae circulares），可使食糜通過小腸時呈螺旋狀前進。

小腸的黏膜上皮是單層柱狀細胞，由黏膜上皮特化向管腔中指狀突起的稱為絨毛（villus），中間摻雜著分泌黏液的杯狀細胞。每一根絨毛的中心含有一條小動脈、一條小靜脈、微血管網及一條稱為乳糜管（lacteal）的微淋巴管（圖 13-8）。位於絨毛底部的細胞向下形成小腸隱窩（intestinal crypts）或稱李氏（Lieberkuhn's）凹窩，在此隱窩的小腸上皮細胞可經有絲分裂產生新的細胞。

每一個絨毛上皮細胞膜表面再形成微小的指狀突起稱為微絨毛（microvilli），在光學顯微鏡下，微絨毛在柱狀上皮細胞邊緣形成模糊的刷狀緣（brush border），可增加消化作用的接觸表面積。

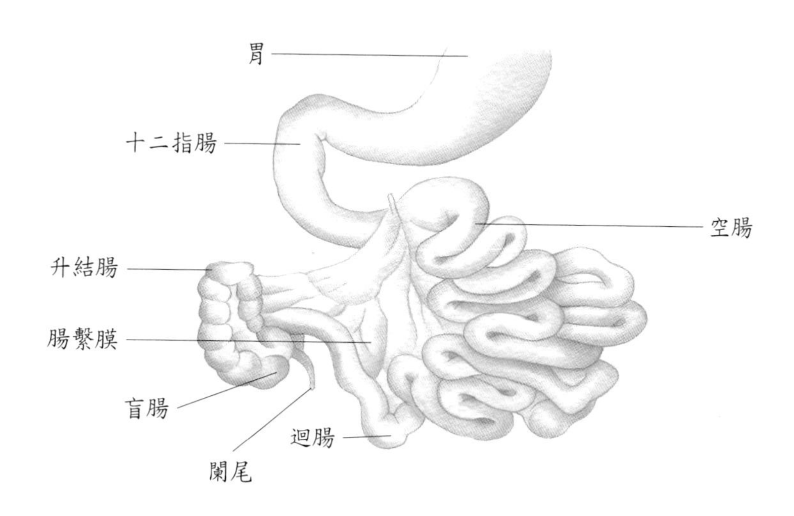

圖 13-7　小腸的組成結構

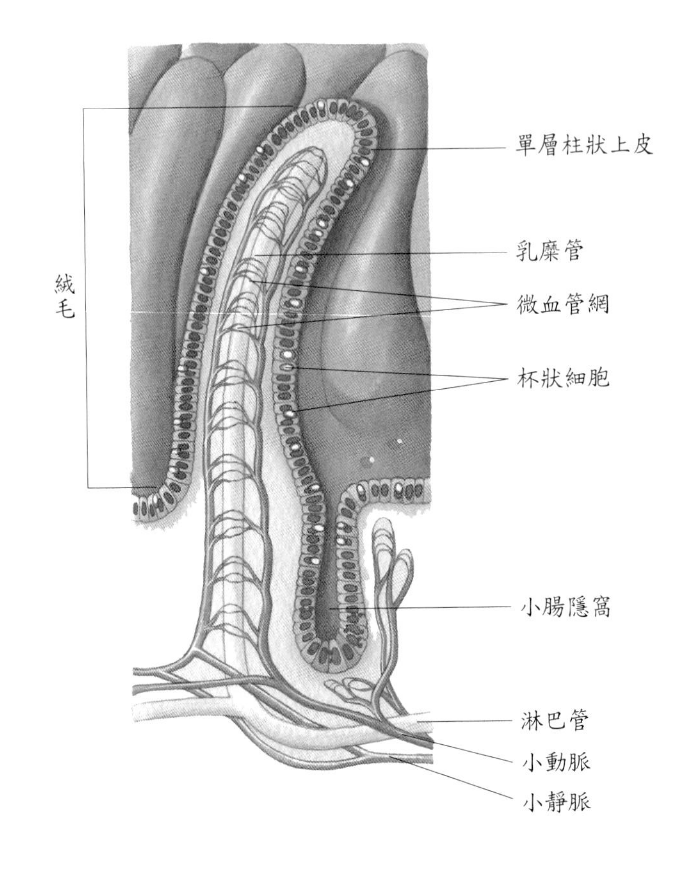

圖13-8 小腸內部的特有構造絨毛

小腸肌肉是由兩層平滑肌所組成，外層的縱走肌較薄，內層的環走肌較厚。除了大部分的十二指腸外，小腸表面完全被腹膜臟層所覆蓋。小腸每天可分泌 2～3 公升 pH 值為 7.6 的清澈黃色的消化液。

大腸

大腸（large intestine）由迴盲瓣一直延伸至肛門，並以三個方向圍繞著小腸。迴腸開口入大腸處有由黏膜皺襞所形成的迴盲瓣，以防止糞便由盲腸逆流入迴腸。所以食糜是由迴腸經迴盲瓣入大腸先端的盲腸（cecum），糞便經升結腸（ascending colon）、橫結腸（transverse colon）、降結腸（descending colon）、乙狀結腸（sigmoid colon）、直腸（rectum）和肛管（anal canal）方向移動（圖13-9），最後由肛門（anus）排出。直腸是消化道的最後一段，末端的 2～3 公分稱為肛管。肛管的黏膜形成縱皺襞，稱為肛柱（anal columns），內含動、靜脈血管網。肛管向外的開口是肛門，有內、外括約肌，內括約肌是平滑肌，外括約肌是骨骼肌。

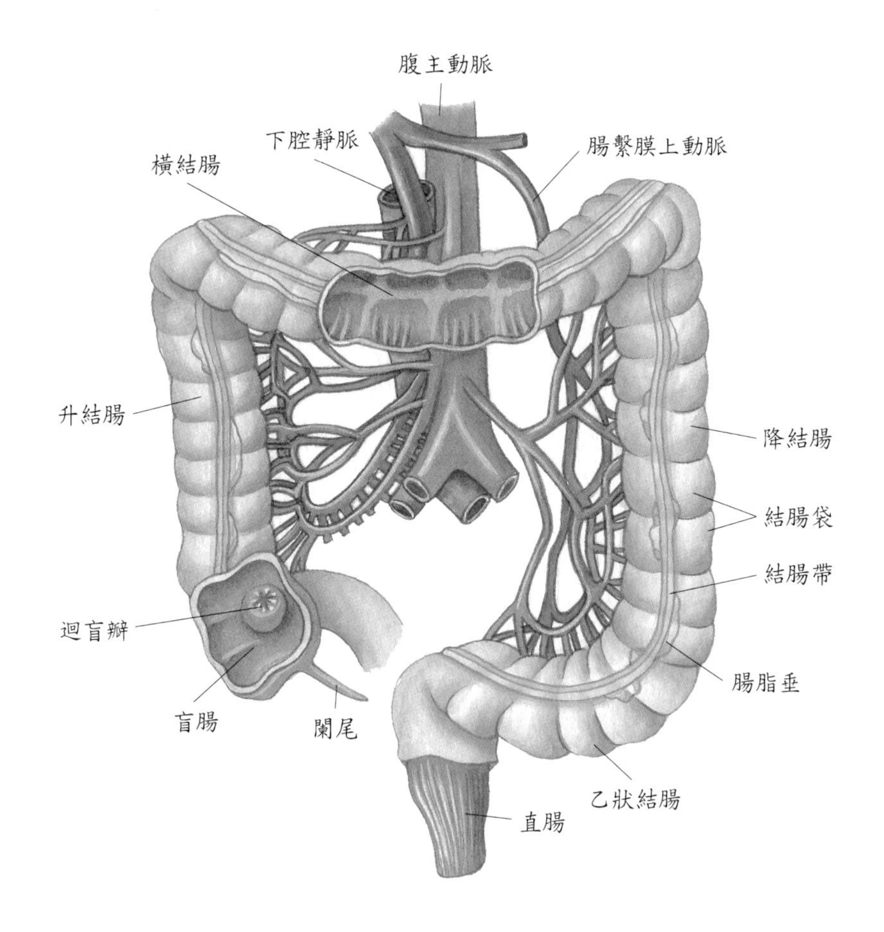

圖 13-9　大腸的組成結構

大腸黏膜層同小腸一樣，也是由柱狀上皮細胞及分泌黏液的杯狀細胞所覆蓋，且含有分散的淋巴細胞及淋巴小結，但表層是扁平的，沒有絨毛。而肌肉層的縱走肌肉變厚，形成三條明顯的結腸帶（taeniae coli），當結腸帶緊張性收縮時，就會使結腸出現結腸袋（haustra），環狀肌至肛門時形成內括約肌。大腸外膜是臟層腹膜的一部分，臟層腹膜形成顆粒狀脂肪小袋的腸脂垂（epiploic appendages），附在結腸帶表面。

胰臟

胰臟（pancreas）是長形的消化腺，它橫過整個後腹壁，並位於胃的後方。胰臟頭位於十二指腸的 C 字型彎曲部分，胰臟體及尾部則位於胃大彎後方，且尾部對著脾臟，正好在腹部的腹上區及左季肋區（圖 13-10）。胰管起始於胰臟尾部腺泡的小導管匯合而成，然後穿個整個胰臟實質部分到達胰臟頂，往下與總膽管聯合形成肝胰壺腹（hepatopancreatic ampulla），並開口於幽門下方 10 公分處的十二指腸乳頭（duodenal papilla），周圍有 Oddi 括約肌管制膽汁及胰液進入十二指腸。而副胰管則是在十二指腸乳頭上方 2.5 公分處注入十二指腸。

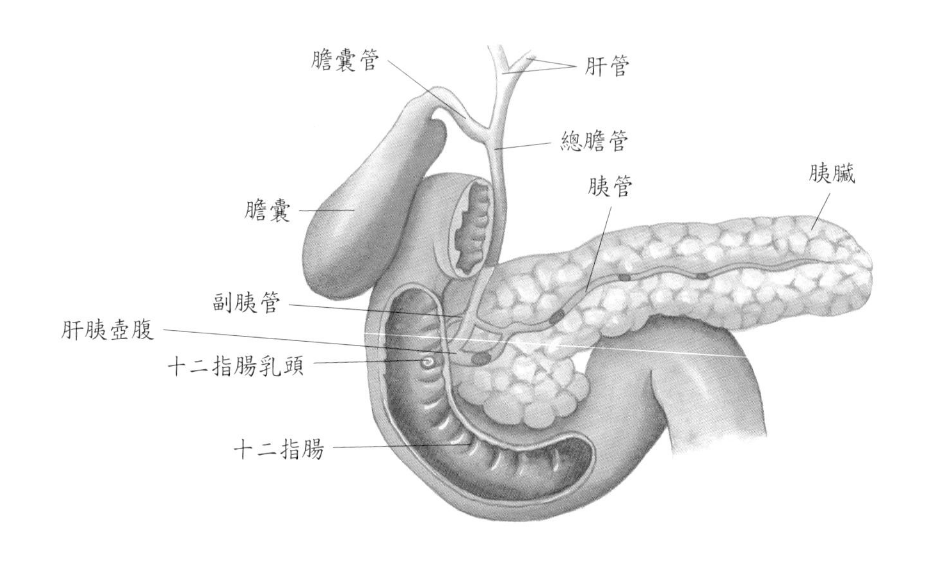

圖 13-10　胰臟、肝臟、膽囊、十二指腸間的關係

胰臟是由許多腺體上皮細胞群所構成，這些細胞中有 1% 是屬於內分泌腺的胰島，能分泌升糖素（glucagon）、胰島素（insulin）及體制素（somatostatin）；其餘 99% 的細胞為腺泡（acini），能分泌富含消化酶的液體，是胰臟的外分泌部分。

胰臟每天分泌 1,200～1,500ml 清澈無色的胰液，內含水、鹽類、重碳酸鈉及消化酶。重碳酸鈉使胰液呈 pH 值 7.1～8.2 的弱鹼性，可終止胃蛋白酶的作用。胰液中同時含有分解碳水化合物、蛋白質、脂肪的各種酵素，例如胰脂肪酶、胰澱粉酶、胰核酸酶、胰去氧核酸酶、胰蛋白酶、胰凝乳蛋白酶，所以胰液是最完全的消化液。

肝臟

肝臟（liver）是體內最大的有管腺體，位於橫膈膜下的右季肋區及腹上區，占體重 2.5%，是人體必要的代謝與合成器官，提供三大功能：調節代謝、調節血液、製造膽汁。鐮狀韌帶將肝臟分成左、右兩葉，是腹膜臟層的延伸，將肝臟附著於前腹壁和橫膈膜。在內臟面右葉被一 H 溝分成右葉本部、方葉、尾葉，其中右葉本部最大，尾葉在上方，方葉在下方（圖 13-11），而膽囊位於方葉和右葉本部之間。鐮狀韌帶的游離緣內有肝圓韌帶，是胎兒臍靜脈演化而來，將肝臟附著到臍部。

肝的構造及功能性單位是呈六角形柱狀結構的肝小葉（hepatic lobule）。肝細胞以中央靜脈（central vein）為中心，輻射排列成不規則的分枝板狀構造（圖 13-12）。在肝小葉的六個角上有肝三合體（hepatic triad），含有肝動脈、肝門靜脈的分枝和膽管。肝細胞板狀構造間的空隙是竇狀隙（sinusoids），內有星形網狀內皮庫佛氏細胞（Kupffer's cells），可吞噬流經此處血液內衰老的血球、細菌及有毒物質。

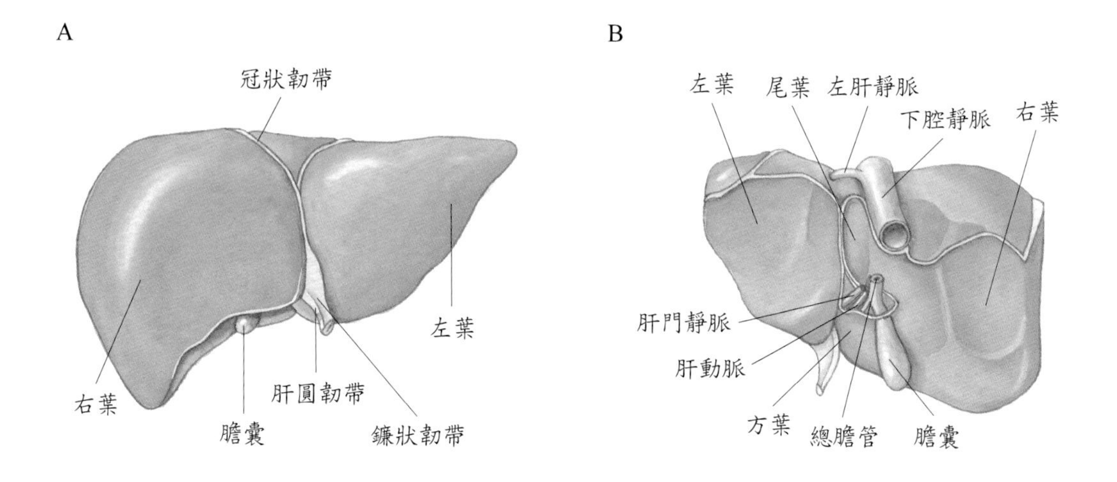

圖 13-11　肝臟構造。A. 前面；B. 後面。

血液供應

肝臟由源自腹腔動脈幹的肝動脈接受含氧血，占 25%；由肝門靜脈接受來自腸道剛被吸收的營養物質之缺氧血，占 75%。血液流經肝小葉的竇狀隙時，氧、營養物質、毒素被肝細胞處理。營養物質會被儲存或製造成新物質，毒素則被積存或去除毒素。由肝細胞製造的產物，或身體其他細胞所需的營養物質會被釋回血中，血液匯流入中央靜脈，然後再經肝靜脈而流入下腔靜脈。

功能

肝臟執行許多重要的生理功能，主要的功能摘要如下：

1. 調節代謝
   ⑴碳水化合物的代謝：當血糖高時，肝臟可將葡萄糖轉變成肝醣（肝醣生成），若仍有剩則經胰島素轉變成脂肪儲存；當血糖低時，肝臟可將肝醣轉變為葡萄糖，亦可將體內的蛋白質、脂肪轉變成葡萄糖（糖質新生），以維持體內正常的血糖。
   ⑵脂肪的代謝：肝臟能將乙醯輔酶 A 分解出脂肪酸，將過量的乙醯輔酶 A 轉變成酮體（ketone body），還能合成脂蛋白、膽固醇，並儲存脂肪及膽固醇。
   ⑶蛋白質的代謝：肝臟能產生脫胺作用，將有毒的氨（NH_3）轉變成不具毒性的尿素由尿排出；也能合成大部分的血漿蛋白（除了 γ 球蛋白以外）。
2. 調節血液：肝臟可藉用竇狀隙內的 Kupffer's 細胞的吞噬作用、或肝細胞對有毒分子作化學改變、或將有毒分子排至膽汁中的方式，將激素、藥物、毒物及分枝有生物活性的分子移出血液。

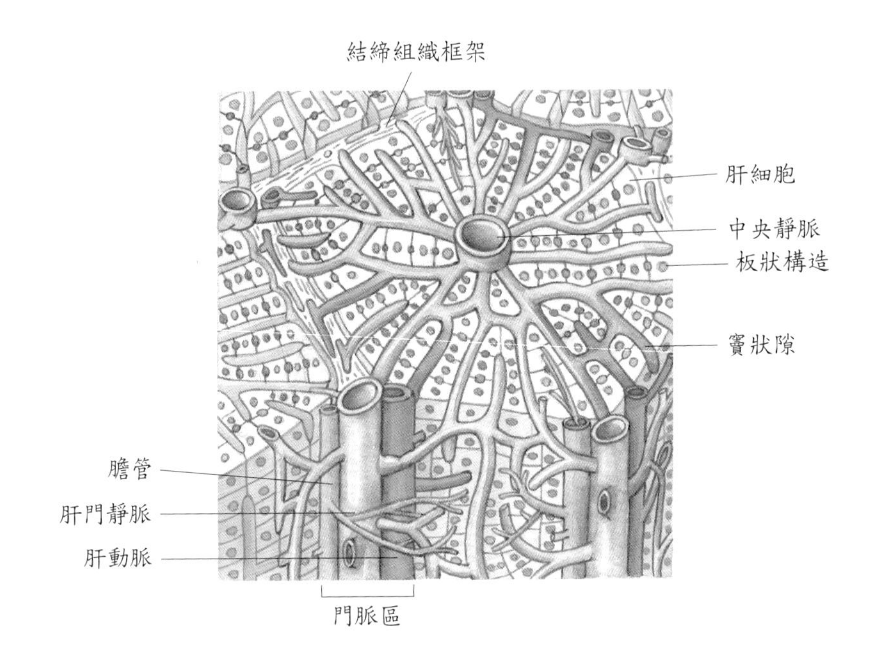

圖 13-12 肝臟的肝小葉構造

(1)肝臟每天製造並分泌 800～1,000ml 的膽汁，以幫助脂肪的消化與吸收。

(2)肝臟可儲存肝醣、膽固醇、脂肪、鐵、銅及維生素 A、D、E、K、B_{12}。

(3)肝臟竇狀隙內的星形網狀內皮細胞能吞噬破舊的血球及一些細菌。

(4)與腎臟參與活化維生素 D_3。

(5)食入的胡蘿蔔素經肝臟可產生維生素 A，但過程中需甲狀腺素的幫忙。

製造分泌膽汁

肝細胞每天約製造並分泌 800～1,000ml 黃褐色或橄欖綠的膽汁，在肝管中 pH 值為 7.6～8.6；在膽囊中的 pH 值是 7.0～7.4。膽汁內的成分有水、膽紅素、膽綠素、膽鹽、膽固醇、脂肪酸及一些離子，無機鹽中占最多的是膽鹽。

肝細胞製造分泌的膽汁進入微膽管後，再依序進入膽小管、葉間膽管，再匯集成左、右肝管，離開肝門後，左、右肝管聯合成總肝管，總肝管再與膽囊管匯合成總膽管，然後總膽管再與主胰管匯合進入肝胰壺腹至十二指腸乳頭，此為膽汁輸送路線。平常膽汁是儲存在膽囊中，需要時才會釋出。

膽鹽參與脂肪的消化吸收，約有 97% 經由腸肝循環後重返肝臟繼續運作。膽紅素（bilirubin）是主要的膽色素，由血紅素的血基質衍生而來，經肝臟形成結合型膽紅素（conjugated bilirubin），分泌至膽汁，再經細菌轉換成尿膽素原（urobilinogen），使糞便著色。約有 30～50% 的尿膽素原在小腸吸收後進入肝門靜脈，部分經腸肝循環又回到小腸，部分進入體循環，經腎臟過濾至尿中，使尿液有顏色。

臨床指引：

肝炎（Hepatitis）有A、B、C、D、E四種類型。A型及E型肝炎都是食用不潔食物或飲水而導致的急性肝病，大部分都可痊癒並有抗體產生。

B、C、D型肝炎的傳染途徑類似，是帶有肝炎病毒的血液（體液）經由不同的路徑進入人體內引起感染。這三種肝炎很容易轉成慢性肝炎，或逐漸轉變成肝硬化及肝癌。D型肝炎不能單獨生存，必須合併B型肝炎共同感染，使B型肝炎的病患病情更加嚴重。在台灣，B型肝炎危害最廣，成年人有15～20%，是全世界B型肝炎帶原率最高的地區。C型肝炎則占第二位，約有2～4%感染。B型及C型肝炎會由帶原轉變為慢性肝炎，最後逐漸變成肝硬化及肝癌。肝癌更高居台灣男性癌症第一位，女性癌症死亡第二位，所以B、C型肝炎已成為台灣最常見的本土疾病。

避免與他人共用可能留存血液（體液）的器具，例如針頭、牙刷、刮鬍刀。注意安全的性行為，如果自己沒有肝炎帶原或肝炎表面抗體，最好能接受B型肝炎疫苗注射。自1984年政府實施新生兒一律注射肝炎疫苗後，台灣學齡前兒童的B型肝炎帶原率已大幅降低。

機械性和化學性消化作用

機械性消化作用是將食物由大變成小，以利消化或吸收，例如牙齒咬碎及胃中攪拌等。化學性消化作用是指消化酵素的作用，而使食物由大變小或由大分子變成小分子而吸收，例如澱粉分解成葡萄糖、蛋白質分解成胺基酸。

口腔的消化作用

1. 機械性消化作用（mechanical digestion）：經由咀嚼動作，使食物受到舌頭的攪動、牙齒的磨碎，以使食物與唾液充分混合成一個小食團，以利吞嚥，並可減輕胃腸負擔。
2. 化學性消化作用（chemical digestion）：口腔中唯一的消化酶是唾液澱粉酶（salivary amylase），能將長鏈的多醣類變成雙醣類，但口中的食物很快就被吞下去，混合在食團中的唾液澱粉酶，在胃中對澱粉仍能作用15～30分鐘，直至胃酸出現抑制其活性為止。所以醣類的消化始於口腔。

食道的消化作用

機械性作用

食道不產生消化酶，也不進行吸收作用，只分泌黏液，以便吞嚥，藉食道蠕動將食物送往胃。食團進入食道即進入吞嚥的食道期，其過程如下（圖 13-13）：

1. 環肌收縮將食團往下擠，同時食團下方的縱肌收縮，使食道往外突出，而能容納下落的食團。
2. 平時食道下括約肌的緊張性收縮，可防止胃內物質逆流，吞嚥時此塊肌肉放鬆，以使食團順利進入胃部。
3. 食物以每秒 2～4 公分的速度通過食道，質地柔軟或液態食物會受重力影響較快進入胃。

胃內的消化作用

機械性消化作用

當食物由食道經賁門進入胃後，藉迷走神經的反射使胃壁肌肉張力降低，食物堆積向外膨脹，胃腺分泌胃液並促使胃壁肌細胞每 20 秒自發性地產生一次微弱的蠕動伸縮，此為混合波（mixing wave），能使食物與消化液混合形成黏稠、乳膏狀半流體的食糜（chyme），同時也將食物由胃體部推向幽門，但幽門的開口很小，每次蠕動波只能將少量的食糜送入十二指腸，剩餘的則又隨著蠕動波流回胃體部，重複著胃的混合及推進作用。

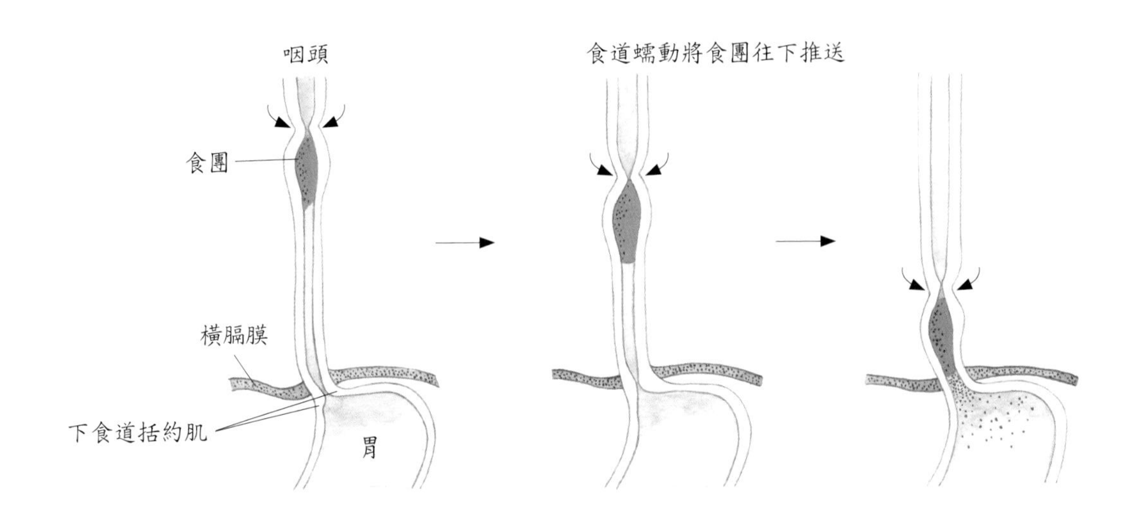

圖 13-13　吞嚥過程：食道期

化學性消化作用

蛋白質的消化始於胃，胃蛋白酶在胃內極酸的環境下（pH 值為 2）最具活性，可將蛋白質分解成胜肽類（peptide）。胃蛋白酶只會消化食物不會消化胃壁細胞的蛋白質，因為胃蛋白酶原在未與壁細胞分泌的鹽酸接觸前，不會變成具活性的胃蛋白酶來消化胃壁細胞，更何況黏液細胞分泌的鹼性黏液能保護胃黏膜細胞。胃內雖有胃脂肪酶，但它適合在鹼性環境中作用，所以在胃的功能有限。

嬰兒胃中比成人多了凝乳酶（rennin），它與鈣可作用於乳汁中的酪蛋白（casein）以形成凝乳，而增加乳汁在胃的滯留時間。

胃液分泌

胃液分泌（gastric secretion）受神經系統和內分泌系統的控制，通常分為頭期（cephalic phase）、胃期（gastric phase）、腸期（intestinal phase）三個階段（圖 13 - 14）。

1. 頭期（cephalic phase）：又稱反射期。當看到、聞到、嚐到或想到食物即會引發反射，由大腦皮質傳達訊息至下視丘的攝食中樞，將衝動傳到延腦，再經由迷走神經傳到胃腺刺激分泌。若無食慾或切斷迷走神經，則胃液分泌的頭期即會消失。
   情緒會影響胃液的分泌，憤怒與敵意會增加胃液分泌，沮喪與恐懼則減少胃液分泌。血糖過低會經由腦及迷走神經來增加胃液分泌。
2. 胃期（gastric phase）：主要是因蛋白質食物與酒精、咖啡鹼進入胃後，刺激胃黏膜分泌胃泌素至血液中，因而刺激胃液分泌；少部分是經由食物進入胃使胃擴張，刺激胃壁上的接受器，將衝動傳至延腦，再送回胃腺，使胃液分泌增加。此期是三期中胃液分泌量最多的一期。若刺激交感神經興奮產生腎上腺素或正腎上腺素時，會抑制胃液的分泌；或胃內 pH 值低於 2 時，會抑制胃泌素的分泌，使胃液分泌減少。
3. 腸期（intestinal phase）：被部分消化的蛋白質由胃進入十二指腸時，會刺激十二指腸黏膜釋出腸的胃泌素（enteric gastrin），以刺激胃腺繼續分泌，但胃液分泌量已開始減少。
   當被部分消化的蛋白質、酸性物質或脂肪食物進入十二指腸，使十二指腸擴張及黏膜受刺激時，即會引發腸胃反射（enterogastric reflex）亦即腸抑胃反射，以抑制胃的分泌作用。同時也會刺激腸黏膜釋放腸促胰激素（secretin）、膽囊收縮素（cholecystokinin; CCK）、抑胃胜肽類（gastric inhibiting peptide）來抑制胃酸的分泌及蠕動。
   - 腸促胰激素能刺激富含重碳酸鈉的胰液分泌，刺激肝細胞分泌膽汁，刺激小腸液的分泌。膽囊收縮素能刺激富含消化酶的胰液分泌，引起膽囊收縮排出膽汁，刺激小腸液分泌並有飽食感。

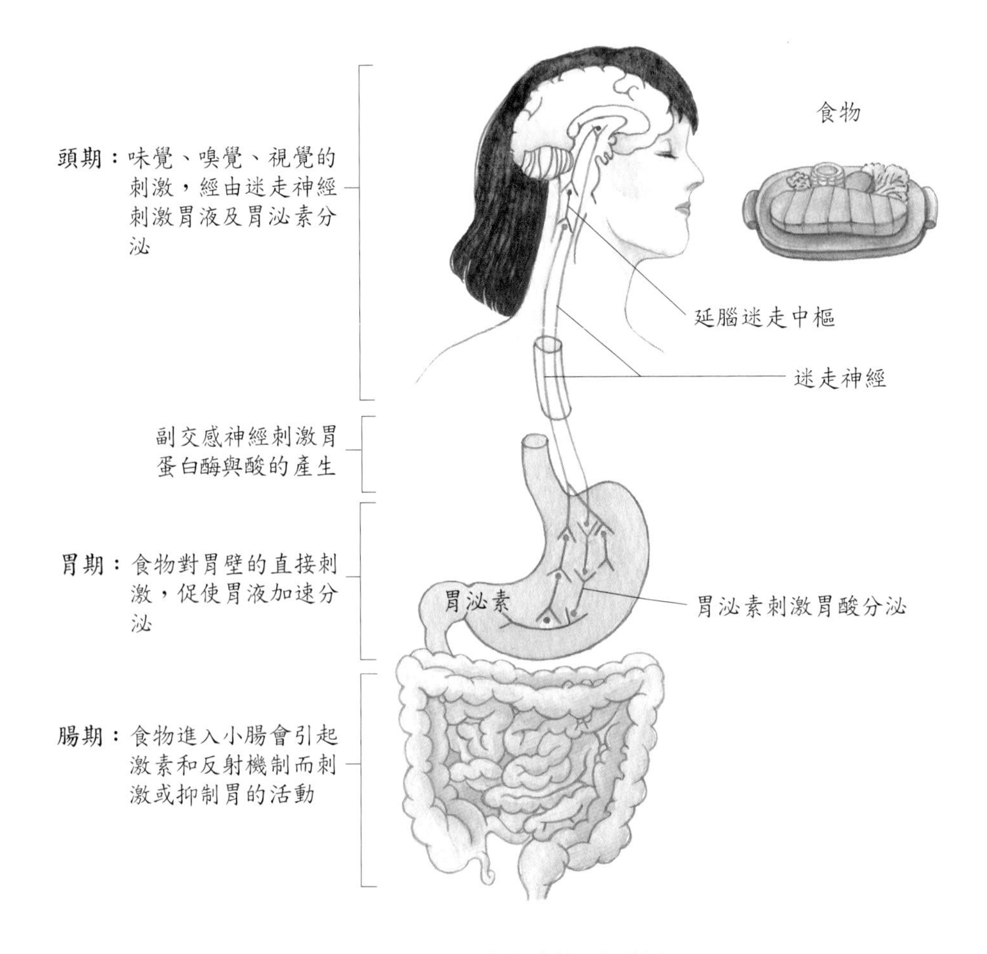

圖13-14　胃液分泌的三個階段

胃排空

胃排空（gastric emptying）是指食物由胃排向十二指腸的現象，它受食物使胃膨脹產生的神經訊息及胃泌素釋放的影響，也受腸胃反射與腸促胰激素、膽囊收縮素、抑胃胜肽類的影響（表13-5）。

通常胃在進食後 2～6 小時會排空所有內容物，進入十二指腸內。以排空速度來說，含碳水化合物較多的食物在胃中停留的時間最短，蛋白質食物較長，脂肪則停留最久。

胃吸收

由於胃上皮細胞有黏液，不與食團接觸，且在胃中時間不足將食物完全消化，所以大部分的物質不能通過胃壁進入血液也不會被吸收，它只能吸收一部分的水分、電解質及某些藥物、酒精。

胰液的消化作用

大部分胰酵素是以非活化的酶原（zymogen）形式產生，所以在胰臟內自我消化的機會很小。胰臟分泌的非活化型胰蛋白酶原，會被小腸內刷狀緣的酵素：腸激酶（enterokinase）所活化，將胰蛋白酶原轉化成胰蛋白酶。胰液中含有胰蛋白酶抑制分子（pancreatic trypsin inhibitor）的小蛋白質，會連接到胰蛋白酶上，使在胰液中失去活性，在進入十二指腸後，胰蛋白酶才會切斷抑制酵素活性的多胜肽序列來活化胰液中的其他酶原。胰液中的酵素之說明請見表13-6。

表13-5 影響胃排空的因素

因素	排空加快	排空抑制
神經衝動	迷走神經興奮	交感神經興奮
腸胃狀況	胃的肌纖維拉長（胃擴張）	十二指腸擴張、酸或部分消化後的蛋白質、脂肪食物出現於十二指腸引起腸胃反射或小腸內食糜量過多
激素的影響	胃泌素存在時	小腸內出現腸促胰激素、膽囊收縮素及抑胃胜肽類等激素
其他因素	乙醯膽鹼、甲狀腺素等	腎上腺素、正腎上腺素等

表13-6 胰液中的酵素

酵素	酶原	活化物	作用
胰蛋白酶	胰蛋白酶原	腸激酶	將內胜肽鍵切斷
胰凝乳蛋白酶	胰凝乳蛋白酶原	胰蛋白酶	將內胜肽鍵切斷
彈性蛋白酶	彈性蛋白酶原	胰蛋白酶	將內胜肽鍵切斷
羧肽酶	羧肽酶原	胰蛋白酶	將多胜肽羧基端最後一個胺基酸切除
磷脂酶	磷脂酶原	胰蛋白酶	由卵磷脂等磷脂質中將脂肪酸切開
脂肪酶	無	無	將脂肪分解成甘油和脂肪酸
澱粉酶	無	無	將澱粉分解成麥芽糖及短鏈的葡萄糖分子
膽固醇脂酶	無	無	移除膽固醇和其他分子的鍵
核糖核酸酶	無	無	將核糖核酸分解成核苷酸
去氧核糖核酸酶	無	無	將去氧核糖核酸分解成核苷酸

分泌調節

1. 在頭期與胃期的胃液分泌時，副交感神經衝動沿著迷走神經傳到胰臟，促使胰臟分泌胰液。
2. 在腸期時，酸性食糜刺激小腸黏膜分泌腸促胰激素，使胰臟分泌富含重碳酸鈉的胰液。
3. 在腸期時，被部分消化的蛋白質及含脂肪的食糜刺激小腸黏膜分泌膽囊收縮素，刺激胰臟分泌富含消化酶的胰液。

膽汁分泌

當小腸內沒有食物時，總膽管末端的 Oddi 氏括約肌收縮而關閉，膽汁因而被擠入膽囊管進入膽囊儲存、濃縮。其分泌的速率受下列因素的影響：

1. 迷走神經的興奮可使膽汁產生的速率增加兩倍以上。
2. 被部分消化的蛋白質或高濃度脂肪食物進入十二指腸，刺激腸黏膜分泌腸促胰激素及膽囊收縮素，使膽汁分泌增加並使膽囊收縮，將膽囊排空。
3. 流經肝臟的血流量增加，也會促使膽汁分泌增加。
4. 大量膽鹽出現在血液中，也會增加膽汁的分泌速率。
5. 酸和鈣進入十二指腸，也會刺激膽囊收縮素的分泌，以利膽囊排空。

小腸的消化與吸收

機械性消化作用

小腸最主要的運動方式是分節運動（segmentation），負責研磨、混合，所以只發生在含有食物的區域，能使食糜與消化液充分混合，並使食物成分與黏膜接觸以利吸收。此運動不會將小腸內容物往前推送，它是由環肌收縮將小腸分成好幾節，接著，環繞每一節中間的肌纖維也收縮，將這一段小腸重新分節（圖 13 - 15），每分鐘重複 12～16 次，將食糜來回推送。此運動是由小腸擴張所引發。

能將食糜沿著腸管推送的是蠕動（peristalsis），移動慢且弱，食糜在小腸中約停留 3～5 小時。迴腸末端與盲腸相接處的迴盲瓣常處於半收縮狀態，以減緩迴腸內容物的排空，延長食糜在迴腸中的停留時間以助腸道的吸收作用。

化學性消化作用

在口腔中，唾液澱粉酶將澱粉轉變成麥芽糖；在胃中胃蛋白酶將蛋白質轉變為胜酶類。因此，進入小腸的食糜是含有部分消化的碳水化合物、部分消化的蛋白質及未消化的脂質。小腸食糜中的營養物質之消化是集合胰液、膽汁與小腸液的作用而完成的。小腸每天約分泌 2～3 公升的清澈黃色液體，pH 值 7.6，內有麥芽糖酶、蔗糖酶、乳糖酶、胜

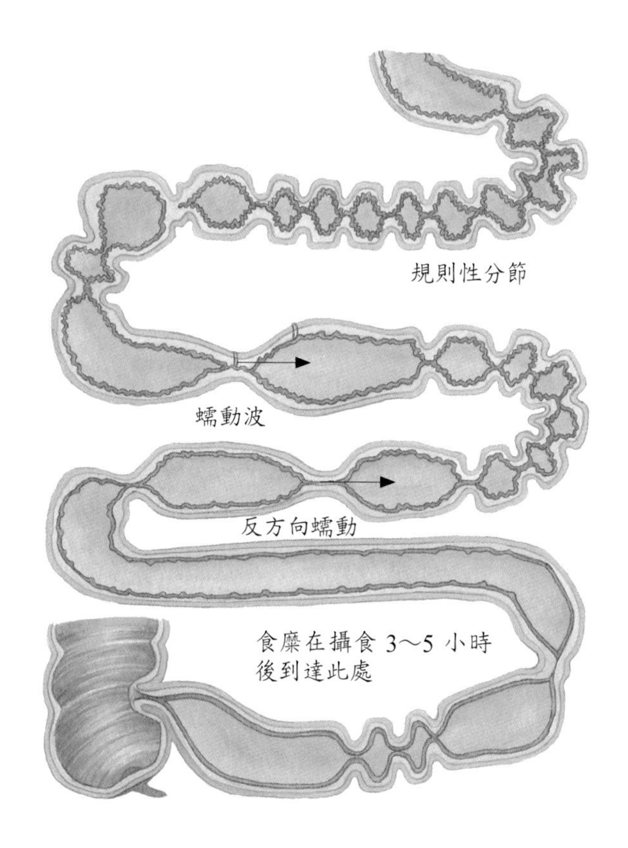

圖 13-15 小腸的分節運動

肽酶、核糖核酸酶及去氧核糖核酸酶。

1. 碳水化合物：當食糜進入小腸時只有 20～40% 的澱粉被分解為麥芽糖，尚未分解的澱粉則在小腸內被胰澱粉酶轉變為雙醣（圖 13-16）。
   ⑴食物中的雙醣需至小腸後由腸壁黏膜上皮細胞表面的雙醣酶（麥芽糖酶、蔗糖酶、乳糖酶）加以水解成單醣類的葡萄糖、果糖、半乳糖，可立即由附近黏膜細胞吸收，送至門靜脈血液中。
   ⑵若腸壁上缺乏雙醣酶，則在吃糖後常會因雙醣殘留物堆積在小腸、結腸而產生腹脹、排氣現象；如果留在腸腔內的單醣分子太多，則易引起腹瀉。但因發酵乳（yogurt）中含有細菌性乳糖酶，對於牛奶耐受性較差的人，仍是可接受的食品。
2. 蛋白質：食物中約有 10～20% 的蛋白質在胃中被消化，其餘的在小腸上半段經胰臟酶繼續分解成胜肽類（圖 13-17），再經由小腸腔、黏膜細胞絨毛及黏膜細胞細胞質中各種蛋白質分解酶，使其分解成單分子的胺基酸，經血液送至各細胞中利用。通常在充分咀嚼下進食，大約有 98% 的蛋白質可分解成胺基酸，只有 2% 不被消化而排入糞便中。

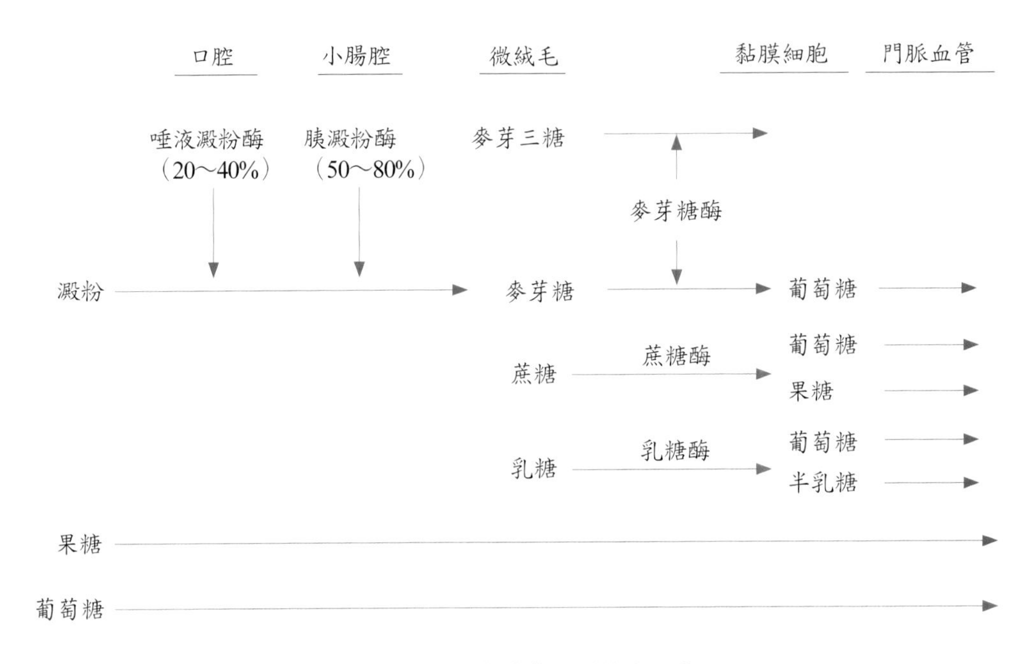

圖13-16　碳水化合物的消化與吸收

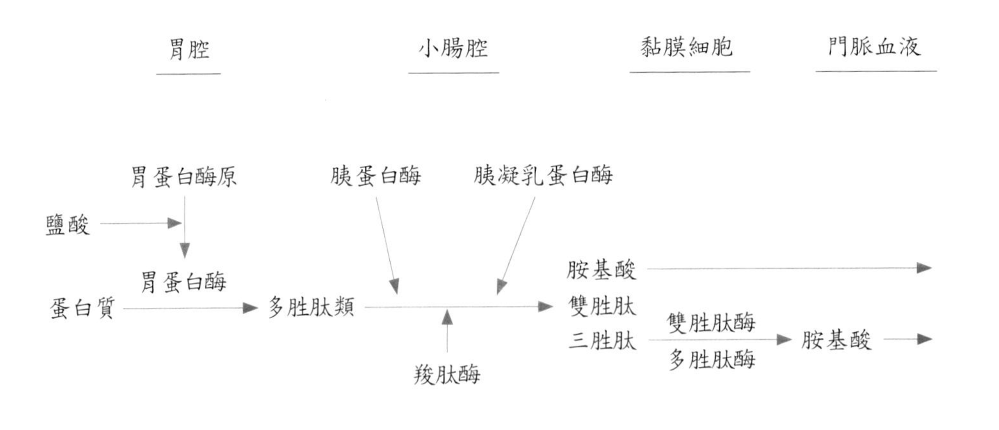

圖13-17　蛋白質的消化與吸收

3. 脂肪：成人幾乎所有的脂肪皆在小腸內消化。脂肪的消化首先需由膽鹽乳化，讓脂肪的表面張力降低，經腸胃道的蠕動、混合，使不溶於脂肪的脂肪酶可與脂肪粒子表面直接作用，所以經膽鹽乳化的脂肪，再經胰脂肪酶的作用分解成脂肪酸及單酸甘油脂，即完成消化。消化道中主要的消化酶、被消化類型，見表13-7。

表 13-7　消化道中主要的消化酶及被消化類型

來　源	消化酶	致活素	被消化類型	產　物
唾液腺	唾液澱粉酶	Cl^-	澱粉	麥芽糖
舌下腺	舌脂酶		脂肪	脂肪酸 單酸甘油脂
胃	胃蛋白酶	鹽酸	蛋白質 多胜肽類	多胜肽類
胰臟	胰澱粉酶	Cl^-	澱粉	麥芽糖
	胰脂肪酶		脂肪	脂肪酸 甘油
	磷脂酶	胰蛋白酶	磷脂	脂肪酸、溶磷脂
	胰蛋白酶	腸激酶	蛋白質 多胜肽類	胜肽類
	胰凝乳蛋白酶	胰蛋白酶		
	羧肽酶	胰蛋白酶	胜肽類	胺基酸
	核糖核酸酶		核糖核苷酸	核苷酸
	去氧核糖核酸酶		去氧核糖核苷酸	核苷酸
小腸黏膜上皮細胞微絨毛	麥芽糖酶		麥芽糖	葡萄糖
	蔗糖酶		蔗糖	葡萄糖、果糖
	乳糖酶		乳糖	半乳糖、葡萄糖
	腸脂肪酶		脂肪	甘油、脂肪酸
	胺基肽酶		多胜肽類 雙胜肽	胺基酸
	腸激酶		胰蛋白酶原	胰蛋白酶

小腸吸收作用

消化過的營養物質，如單醣類、胺基酸、脂肪酸、甘油，由消化管進入血液或淋巴中，稱為吸收作用。營養物質約有 90% 由小腸吸收，其餘的 10% 由胃及大腸吸收。在小腸中是經由絨毛以擴散、易化擴散、滲透及主動運輸等方式進行吸收。通常在小腸吸收的物質包括碳水化合物、蛋白質以及脂肪的消化代謝物，還有一些礦物質、水、維生素等。這些都是在十二指腸及空腸吸收，迴腸是吸收維生素 B_{12} 與膽鹽。

1. 碳水化合物：所有的碳水化合物必須以單醣的形式被吸收。碳水化合物經分解而成的葡萄糖、半乳糖、果糖都在食物到達迴腸終端前，幾乎已全被小腸微絨毛吸收。
2. 蛋白質：大部分蛋白質被分解後是以胺基酸的形式吸收，在十二指腸及空腸的吸收速率快速，在迴腸的吸收較慢。胺基酸的吸收路徑和碳水化合物相似，也是經由小腸微絨毛吸收後再進入血液中。
3. 脂肪：脂肪吸收跟膽鹽有關。膽鹽進行乳化作用，使得脂肪更容易被脂肪酶分解成脂肪酸、單酸甘油脂，並在膽鹽包容下形成微膠粒。微膠粒才可以進入小腸微絨毛而被吸收。吸收後的微膠粒與磷脂質、膽固醇結合成乳糜微粒（chylomicron）。乳糜微粒通過絨毛內的乳糜管而進入淋巴管，最後經由胸管至左鎖骨下靜脈進入血液後而到肝臟。若膽管阻塞或膽囊切除而導致膽鹽不足，脂肪就無法有效吸收，40% 會由糞便排出，也無法吸收維生素 A、D、E、K（脂溶性維生素）。
4. 水：每天進入小腸的液體包括攝入的 1.5 公升、消化道的分泌液 7.5 公升，共有 9 公升，在小腸吸收的有 8～8.5 公升，其餘 0.5～1 公升進入大腸。小腸水分的吸收是要配合電解質及消化食物的吸收，以維持血液滲透壓的平衡。
5. 電解質：小腸皆可吸收鈉離子、鉀離子、氯離子、鎂離子等。食物中結合形式的鈣受胃酸作用游離出來，進入十二指腸、空腸的鹼性環境有利鈣的沉澱吸收，但會受副甲狀腺素、維生素 D 的影響。而食物中的鐵經胃酸作用解離為三價的鐵離子，其後受維生素 C 或其他還原劑的作用形成二價鐵離子才會被小腸吸收。
6. 維生素：脂溶性維生素與攝入的食物脂肪進入膽鹽形成的微膠粒，最後與脂肪一起被吸收，若不與脂肪在一起就無法吸收。而大多數的水溶性維生素則是以擴散的方式被吸收，只有維生素 B_{12} 需與特別的胃內在因子結合，在迴腸部位才能被吸收。各種營養素吸收的部位如表 13-8。

大腸的消化作用

機械性消化作用

剛吃過飯後，立即產生胃迴腸反射（gastroileal reflex），此時胃泌素分泌可使迴盲瓣舒張，迴腸蠕動增加，使食糜進入盲腸，只要盲腸一被擴張，迴盲瓣就會收縮，此時結腸開始運動。

當食糜進入結腸袋使擴張至一定程度時，腸袋壁開始收縮，將內容物擠向下一個結腸袋，此為腸袋攪動（haustral churning）。大腸也能產生蠕動，但速率較其他部位慢（每分鐘約 3～12 次）。

表 13-8 各營養素吸收的部位

項 目	胃	十二指腸	空 腸	迴 腸	大 腸
葡萄糖、半乳糖	－	＋＋	＋＋＋＋	＋＋	－
胺基酸	－	＋＋	＋＋＋＋	＋＋	－
脂肪酸	－	＋＋＋＋	＋＋	＋	－
膽鹽	－	－	－	＋＋＋＋	－
酒精	＋	＋	－	－	－
藥物	＋＋＋	＋＋＋	－	－	－
脂溶性維生素	－	＋＋＋＋	－	－	－
維生素 K	－	－	－	－	＋＋＋＋
水溶性維生素	－	＋＋＋＋	＋＋	－	－
維生素 B_{12}、胃內在因子	－	－	－	＋＋＋＋	－
水	－	＋	＋＋＋＋	＋＋	＋
鈣與鐵離子	－	＋＋＋＋	＋	－	－

團塊蠕動（mass peristalsis）是始於橫結腸中段的強力蠕動波，能將結腸內容物推向直腸，又稱為胃結腸反射，是食物一入胃就引發的反射，通常於飯後三十分鐘發生，一天約有 3～4 次。

化學性消化作用

大腸腺分泌黏液，但不含消化酶，所以此處的消化作用不是酶的作用而是細菌作用。大腸內的細菌可將殘餘的碳水化合物發酵，釋出氫、二氧化碳和甲烷，形成結腸內脹氣的原因。大腸內細菌也能將膽紅質分解成較簡單的尿膽素原，使糞便著色。大腸內細菌也能將殘餘蛋白質轉成胺基酸，並將其分解成產生糞臭的糞臭素（skatole）。某些維生素 B 與 K 也可藉細菌作用在大腸內合成，並被吸收利用。

糞便的形成

食糜在大腸內停留 3～10 小時後，依水分吸收的情況變成固體或半固體，此為糞便，內有水、無機鹽、脫落的上皮細胞、細菌、細菌分解後的產物及未消化的食物。大多數水分在小腸吸收，每日進入大腸的水分只有 0.5～1 公升，其中除了 100ml 以外，皆在盲腸及升結腸處吸收，對身體的水分平衡很重要。大腸也能吸收一些鈉離子、氯離子及一些維生素。

排便

在電解質和水分被吸收後，團塊蠕動將糞便由乙狀結腸推入直腸，直腸壁擴張刺激壓力接受器，將衝動傳送至骶脊髓節，沿副交感神經傳回降結腸、乙狀結腸、直腸、肛門，直腸縱走肌收縮使直腸變短，增加直腸內部壓力，加上橫膈及腹肌的收縮使腹內壓上升，迫使肛門內括約肌鬆弛，產生便意（圖13-18）。肛門外括約肌可隨意控制，若克制排便（defecation）的慾望，外括約肌就會阻止糞便進入肛管，而使糞便停留直腸，甚至逆流至乙狀結腸，以待下一次團塊蠕動波所引發的另一個反射。但嬰兒的排便反射是直腸自動排空，不受肛門外括約肌的隨意控制。

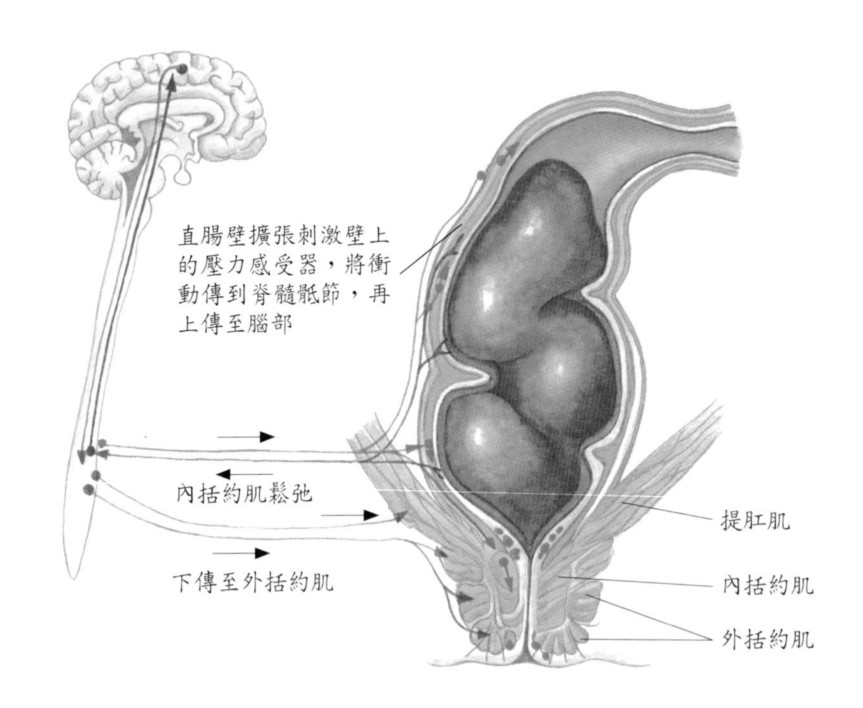

圖13-18　排便反射

歷屆考題

（　）1. 下列舌頭表面的突起，何者不含味蕾？　(A) 輪狀乳頭　(B) 絲狀乳頭　(C) 蕈狀乳頭　(D) 葉狀乳頭。　（101 專普一）

（　）2. 下列有關蕈狀乳頭（fungiform papilla）的敘述，何者正確？　(A) 舌乳頭中

體積最小　(B) 舌乳頭中數目最多　(C) 含有味蕾　(D) 分布在舌根。
（101 專普二）

(　) 3. 有關絲狀乳頭的敘述，下列何者錯誤？　(A) 分布在舌前 2/3　(B) 大多數都含有味蕾　(C) 舌乳頭中數目最多　(D) 舌乳頭中體積最小。（102 專高二）

(　) 4. 庫氏細胞（Kupffer cell）位於：　(A) 脾臟　(B) 肝臟　(C) 腎臟　(D) 胰臟。
（98 專普一）

(　) 5. 下列何者不是脂溶性維生素？　(A) 維生素 A　(B) 維生素 C　(C) 維生素 D　(D) 維生素 E。（97 專普一）

(　) 6. 脂肪在消化道之消化產物為：　(A) 脂肪酸與甘油　(B) 胜肽與胺基酸　(C) 脂肪酸與胜肽　(D) 甘油與胺基酸。（101 專普一）

(　) 7. 尿液中所含的尿素（urea）主要來自何物質的代謝產物？　(A) 核酸　(B) 蛋白質　(C) 葡萄糖　(D) 脂肪。（101 專高二）

(　) 8. 下列何種物質可被成人之消化道直接吸收？　(A) 膠原蛋白　(B) 免疫球蛋白　(C) 纖維質　(D) 脂肪酸。（102 專高一）

(　) 9. 下列何者是血管活性腸胜肽（vasoactive intestinal polypeptide; VIP）在消化系統的主要生理功能之一？　(A) 促進小腸分泌水分及電解質　(B) 促進胃酸分泌　(C) 促進膽囊收縮　(D) 抑制胰臟分泌富含消化酶之胰液。（94 專普一）

(　) 10. 消化道的構造分為四層，上皮層（epithelium layer）位於哪一層？　(A) 漿膜層（serosal layer）　(B) 肌肉層（muscularis）　(C) 黏膜下層（submucosal layer）　(D) 黏膜層（mucosal layer）。（94 專普二）

(　) 11. 一般正常人的乳牙及恆牙各有幾顆？　(A) 20、32　(B) 16、36　(C) 16、32　(D) 20、36。（94 專普二）

(　) 12. 下列何種食物的胃排空速度最慢？　(A) 雞肉　(B) 全麥麵包　(C) 米飯　(D) 花生油。（94 專普二）

(　) 13. 下列何者為大腸的主要功能？　(A) 分解蛋白質　(B) 吸收水分　(C) 分泌蛋白酶　(D) 分解脂肪酸。（94 專普二）

(　) 14. 下列何種胃部細胞分泌內因子（intrinsic factor）？　(A) 主細胞（chief cell）　(B) 壁細胞（parietal cell）　(C) 黏液頸細胞（mucus neck cell）　(D) 胃部內分泌細胞（gastric endocrine cell）。（94 專普二）

(　) 15. 胃的壁細胞（parietal cell）所分泌之內在因子（intrinsic factor），可協助小腸吸收何種物質？　(A) 脂質　(B) 胺基酸　(C) 維生素 B_{12}　(D) 維生素 C。
（94 專普二）

(　) 16. 缺乏下列哪一種消化液最易引起腹瀉現象？　(A) 胃液　(B) 胰液　(C) 腸液

(D) 膽汁。（94 專高一）

(　) 17.下列哪兩種胃的細胞分別負責分泌胃酸和促胃液激素（gastrin）？
(A) 主細胞（chief cells），壁細胞（parietal cells）　(B) 壁細胞，胃黏膜細胞（mucous cells）　(C) 胃黏膜細胞，主細胞　(D) 壁細胞，G 細胞。
（94專高一）

(　) 18.下列有關胃液中主要的成分與其分泌的細胞的敘述，何者正確？　(A) 主細胞分泌內在因子　(B) 嗜銀細胞分泌胃蛋白酶　(C) 黏液細胞分泌胃泌素　(D) 壁細胞分泌鹽酸。（94 專高二）

(　) 19.胰臟中負責分泌胰液的細胞為：　(A) 腺體細胞　(B) α細胞　(C) β細胞　(D) γ細胞。（94 專高二）

(　) 20.下列有關膽汁分泌及功能的敘述，何者正確？　(A) 膽汁是酸性物質　(B) 膽鹽為膽汁的主要成分，其作用為乳化脂肪　(C) 膽色素可以幫助消化　(D) 膽汁中含有高量的維生素 K。（94 專高二）

(　) 21.下列何處是製造膽鹽的地方？　(A) 胰臟　(B) 膽囊　(C) 十二指腸　(D) 肝臟。（95 專普一、專高一）

(　) 22.消化道最長的部分為：　(A) 大腸　(B) 小腸　(C) 胃　(D) 食道。
（95專普一）

(　) 23.缺乏維生素 B_{12} 而患惡性貧血症（pernicious anemia），主要是因為：
(A) 小腸細胞製造維生素 B_{12} 受損　(B) 胃不能分泌內生性因子（intrinsic factor）　(C) 骨髓病變無法產生血紅素（hemoglobin）　(D) 腎病變無法產生紅血球生成素（erythropoietin; EPO）。（94 專普一；95 專普二）

(　) 24.缺乏膽汁主要經由下列何者阻礙脂肪消化吸收？　(A) 抑制胃分泌脂肪分解酶（lipase）　(B) 阻止腸上皮細胞合成乳糜小滴（chylomicrons）
(C) 無法形成乳化（emulsification）作用　(D) 抑制胰臟分泌重碳酸根離子（HCO_3^-）。（95 專普二）

(　) 25.下列何種細胞主司胃酸分泌？　(A) 主細胞（chief cells）　(B) 幹細胞（stem cells）　(C) 壁細胞（parietal cells）　(D) 黏液細胞（mucous cells）。
（95專普二）

(　) 26.胃部能分泌胃蛋白酶原（pepsinogen）的重要細胞為下列何者？　(A) parietal cells　(B) mucous cells　(C) enterochromaffin cells　(D) chief cells。
（92專普二；95專高一）

(　) 27.會引起膽囊收縮的重要激素為下列何者？　(A) gastrin　(B) insulin
(C) glucagon　(D) cholecystokinin。（95 專普一、專高一）

( )28.Cholecystokinin的功能是？ (A) 促使膽汁分泌 (B) 促使小腸分泌腸液 (C) 促使膽囊收縮 (D) 脂化功能。 （95 專高二）

( )29.何者會抑制胃的出空（Gastric emptying）速度？ (A) 小腸內的脂肪及酸 (B) 刺激迷走神經 (C) 水分 (D) 礦物質。 （95 專高二）

( )30.當酸性食糜由胃排至十二指腸時，主要是經由刺激下列何者的分泌，而進一步促使胰臟分泌鹼性胰液以中和酸性？ (A) 血管活性腸肽（VIP） (B) 胰泌素（secretin） (C) 膽囊收縮素（CCK） (D) 胰島素（insulin）。 （91專普；93專普；95專高二）

( )31.肝小葉中的肝板主要由下列何者組成？ (A) 肝細胞 (B) 庫氏細胞（Kupffer's Cells） (C) 脂細胞 (D) 內皮細胞。 （96 專高一）

( )32.肝臟的各個分葉中，最大的是： (A) 右葉 (B) 左葉 (C) 尾葉 (D) 方形葉。 （96 專普一）

( )33.下列何者的肌肉不是由骨骼肌組成？ (A) 食道上段 (B) 幽門括約肌 (C) 肛門外括約肌 (D) 咽部。 （96 專普一）

( )34.下列哪一種物質無法由腸道消化吸收？ (A) 澱粉（starch） (B) 纖維素（cellulose） (C) 肝醣（glycogen） (D) 麥芽糖（maltose）。（96 專高一）

( )35.胃壁的保護性黏液，主要由下列何者分泌？ (A) 主細胞 (B) 杯狀細胞 (C) 表層黏液細胞（surface mucous cell） (D) 壁細胞。 （96 專高一）

( )36.膽汁經由膽管注入： (A) 十二指腸 (B) 空腸 (C) 胃 (D) 升結腸。 （96 專普二）

( )37.人體最堅硬的構造是： (A) 硬骨 (B) 琺瑯質 (C) 牙本質 (D) 齒骨質。 （96 專普二）

( )38.肝臟內具有吞噬細胞，可吞噬受損的白血球或紅血球等，該吞噬細胞是指何種細胞？ (A) 庫弗氏細胞 (B) 肝細胞 (C) 淋巴細胞 (D) 上皮細胞。 （96專普二）

( )39.消化脂肪的酶是： (A) amylase (B) sucrase (C) pepsin (D) lipase。 （96專高二）

( )40.有關胰臟的敘述，下列何者錯誤？ (A) 胰液經由肝胰壺腹注入十二指腸 (B) 副胰管開口於十二指腸 (C) 位於胃的前方 (D) 尾部延伸至脾臟。 （96專高二）

( )41.下列何者不是由腹膜所組成？ (A) 腸黏膜（intestinal mucosa） (B) 腸繫膜（mesentery） (C) 大網膜（greater omentum） (D) 小網膜（lesser omentum）。 （96專高二）

(　) 42.下列何者可導致消化性潰瘍？ (A) 胃蛋白酶分泌不足 (B) 幽門螺旋桿菌感染 (C) 胃黏液分泌太多 (D) 服用抗胃酸用藥。 (97 專普一)

(　) 43.消化道管壁的四層構造中，何者具有吸收養分的功能？ (A) 肌肉層 (B) 黏膜下層 (C) 黏膜層 (D) 漿膜層。 (97 專普一)

(　) 44.下列構造中何者不是由腹膜所組成？ (A) 鐮狀韌帶 (B) 腹股溝韌帶 (C) 子宮闊韌帶 (D) 卵巢懸韌帶。 (97 專普一)

(　) 45.下列哪項管道不經由肝門進出肝臟？ (A) 肝動脈 (B) 膽囊管 (C) 肝管 (D) 肝門靜脈。 (97 專普一)

(　) 46.有關小腸管腔之敘述，下列何者錯誤？ (A) 刷狀緣是指微絨毛 (B) 人類小腸管腔之總表面積約 300 平方公尺 (C) 絨毛底部之細胞不斷的在進行細胞分裂 (D) 小腸上皮細胞每 50 天更新一次。 (97 專高一)

(　) 47.膽鹽可在何處被再吸收？ (A) 十二指腸 (B) 空腸 (C) 迴腸 (D) 大腸。 (97 專普二)

(　) 48.有關食道的敘述，下列何者錯誤？ (A) 長約 20~25 公分 (B) 由平滑肌組成 (C) 可分泌黏液，但不分泌消化酶 (D) 下食道具有賁門括約肌。 (97 專普二)

(　) 49.結腸肝曲（hepatic flexure）位於下列何處？ (A) 橫結腸轉彎成降結腸處 (B) 升結腸轉彎成橫結腸處 (C) 降結腸轉彎成乙狀結腸處 (D) 乙狀結腸轉彎成直腸處。 (97 專高二)

(　) 50.胃酸由哪一種胃內細胞所分泌？ (A) 壁細胞 (B) 主細胞 (C) 嗜銀細胞 (D) 胃黏液細胞。 (98 專普一)

(　) 51.有關肝臟的主要功能之敘述，下列何者錯誤？ (A) 可合成血漿白蛋白 (B) 可合成急性期蛋白 (C) 可合成脂蛋白 (D) 可合成胰島素。(98專高一)

(　) 52.下列何者不是胃腺（gastric gland）的細胞？ (A) 主細胞 (B) 吸收細胞 (C) 壁細胞 (D) 腸道內分泌細胞。 (98 專高一)

(　) 53.會通過肝門的膽管系統是： (A) 膽囊管 (B) 肝管 (C) 微膽管 (D) 總膽管。 (98 專高一)

(　) 54.食物入胃前，食物對嗅覺、視覺及味覺的刺激可促使胃腺的分泌，這是屬於消化液分泌控制的哪一階段？ (A) 頭期 (B) 胃期 (C) 腸期 (D) 消化期。 (98 專普二)

(　) 55.大網膜延伸於橫結腸與下列何者之間？ (A) 肝臟 (B) 十二指腸 (C) 胃 (D) 空腸。 (98 專普二)

(　) 56.下列何者不是小腸的構造？ (A) 環形皺襞 (B) 絨毛 (C) 微絨毛 (D) 腸脂

垂。（98 專普二）

(　) 57. 下列何者介於肝臟的方形葉與右葉之間？ (A) 肝圓韌帶 (B) 靜脈韌帶 (C) 下腔靜脈 (D) 膽囊。（98 專普二）

(　) 58. 下列何種激素可刺激胰臟分泌重碳酸根（HCO_3^-）？ (A) 葡萄糖倚賴型胰島素控制胜肽（glucose-dependent insulinotropin peptide; GIP） (B) 膽囊收縮素（CCK） (C) 胃泌素（gastrin） (D) 胰泌素（secretin）。（98 專高二）

(　) 59. 唾液的功能不包含下列何者？ (A) 分泌黏液 (B) 分泌澱粉酶 (C) 溶解部分食物的分子 (D) 分泌蛋白酶。（98 專高二）

(　) 60. 有關咽部的敘述，下列何者錯誤？ (A) 無黏膜內襯 (B) 不與顱腔連通 (C) 與鼻腔、口腔相通 (D) 與喉部、中耳相通。（98 專高二）

(　) 61. 下列何者屬於腹膜後器官？ (A) 迴腸 (B) 空腸 (C) 升結腸 (D) 乙狀結腸。（99 專高一）

(　) 62. 下列大腸的四個部分，由始端到終端的順序為何？ (1)橫結腸 (2)降結腸 (3)直腸 (4)乙狀結腸： (A) (1)(2)(3)(4) (B) (1)(2)(4)(3) (C) (1)(4)(3)(2) (D) (1)(4)(2)(3)。（99 專高一）

(　) 63. 有關每天進入消化道的液體之敘述，下列何者錯誤？ (A) 每天喝入的水分約 1,200 mL (B) 唾液分泌每天約 150 mL (C) 胃液分泌每天約 2,000 mL (D) 膽汁分泌每天約 500 mL。（99 專高一）

(　) 64. 有關腸道絨毛的敘述，下列何者錯誤？ (A) 表面覆蓋單層柱狀上皮 (B) 是黏膜層與黏膜下層共同突出所形成的構造 (C) 每個絨毛內部皆含乳糜管 (D) 可增加腸道的吸收表面積。（99 專高二）

(　) 65. 牙冠最表層的構造是： (A) 牙髓 (B) 齒骨質 (C) 牙本質 (D) 琺瑯質。（99 專高二）

(　) 66. 歐迪氏（Oddi）括約肌位在： (A) 十二指腸 (B) 迴腸 (C) 空腸 (D) 盲腸。（99 專高二）

(　) 67. 有關小腸的敘述，下列何者錯誤？ (A) 消化道最長的部分 (B) 膽汁或胰液經肝胰壺腹直接進入迴腸 (C) 小腸內有大量絨毛 (D) 脂類物質可經乳糜管進入循環系統。（99 專普一）

(　) 68. 胃腺可分泌胃液，其中哪一種細胞會分泌內在因子？ (A) 主細胞 (B) 壁細胞 (C) 黏液細胞 (D) 消化內分泌細胞。（99 專普一）

(　) 69. 下列何者不與肝臟接觸？ (A) 橫膈 (B) 胃 (C) 降結腸 (D) 膽囊。（99 專普一）

(　) 70. 下列何者是腹膜後器官？ (A) 肝臟 (B) 胰臟 (C) 胃 (D) 橫結腸。（99 專普一）

(　) 71.肝圓韌帶是胚胎時期的哪條血管閉鎖而成？ (A) 動脈導管 (B) 靜脈導管 (C) 臍動脈 (D) 臍靜脈。 (99 專普二)

(　) 72.下列何者的肌肉層，由外向內有縱向、環向、斜向三種不同走向的肌纖維？ (A) 食道 (B) 直腸 (C) 胃 (D) 降結腸。 (99 專普二)

(　) 73.胰臟分泌的胰液，經由導管注入： (A) 胃 (B) 十二指腸 (C) 橫結腸 (D) 迴腸。 (99 專普二)

(　) 74.促進胃腺分泌的神經是： (A) 內臟大神經 (B) 內臟小神經 (C) 迷走神經 (D) 副神經。 (100 專高一)

(　) 75.下列何者是小腸與大腸共有的構造？ (A) 腸腺（intestinal gland） (B) 腸脂垂 (C) 絨毛 (D) 環形皺襞（plica circularis）。 (100 專高一)

(　) 76.下列何者不是小腸的一部分？ (A) 十二指腸 (B) 空腸 (C) 盲腸 (D) 迴腸。 (100 專高一)

(　) 77.消化道管壁中含有骨骼肌的是： (A) 盲腸 (B) 胃 (C) 食道 (D) 空腸。 (100 專普一)

(　) 78.腮腺是人體最大的唾液腺，位於： (A) 下頷骨的下方 (B) 舌頭的下方 (C) 耳朵的前下方 (D) 口腔的底部。 (100 專普一)

(　) 79.下列何者不與肝血竇連通？ (A) 膽管 (B) 中央靜脈 (C) 肝動脈的小分支 (D) 肝門靜脈的小分支。 (100 專普一)

(　) 80.下列何者的肌肉不是平滑肌？ (A) 口咽 (B) 食道下段 (C) 結腸帶 (D) 肛門內括約肌。 (100 專普一)

(　) 81.人體的唾液腺主要有三對，其中稱之為腮腺的是： (A) 頷下腺 (B) 舌下腺 (C) 耳下腺 (D) 發頓氏管。 (100 專普一)

(　) 82.歐迪氏括約肌主要與下列何者之分泌或流動有關？ (A) 膽汁 (B) 唾液 (C) 胃酸 (D) 胃黏液。 (100 專普一)

(　) 83.胰液經由下列何者注入消化道？ (A) 肝門 (B) 胃幽門 (C) 胃賁門 (D) 十二指腸乳頭。 (100 專高二)

(　) 84.有關乳糖之消化吸收，下列何者正確？ (A) 乳糖不耐症乃因小腸內乳糖酶（lactase）活性不足所致 (B) 嬰幼兒腸道可直接吸收乳糖，因此乳糖不耐症於嬰幼兒之發生率較成人低 (C) 一分子乳糖消化後之產物為兩分子半乳糖 (D) 乳糖酶由胰臟製造分泌。 (100 專高二)

(　) 85.肝三連物（Portal triad）不包括： (A) 膽管 (B) 肝動脈的小分枝 (C) 肝門靜脈的小分枝 (D) 中央靜脈。 (100 專普二)

(　) 86.由胃進入小腸的食糜在小腸內被何種鹼性物質中和其酸性？ (A) HCO_3^-

(B) NH_4^+　(C) SO_4^{2-}　(D) HPO_4^{2-}。（100 專普二）

(　) 87.小腸中將食糜與消化液混合之主要運動為：(A) 分節收縮（Segmentation contraction）(B) 蠕動（Peristalsis）(C) 團塊運動（Mass movement）(D) 袋狀收縮（Haustration）。（100 專普二）

(　) 88.胃腺分泌氫離子（H^+）的機制主要是透過：(A) H^+/K^+幫浦（H^+/K^+ ATPase pump）(B) H^+/Na^+幫浦（H^+/Na^+ATPase pump）(C) H^+/Ca^{2+}幫浦（H^+/Ca^{2+} ATPase pump）(D) H^+/Cl^-幫浦（H^+/Cl^- ATPase pump）。（100專普二）

(　) 89.空腸管壁的四層構造，由內往外的排序為何？(1)黏膜下層 (2)黏膜層 (3)肌肉層 (4)漿膜層　(A) (1)(2)(3)(4)　(B) (2)(1)(3)(4)　(C) (1)(2)(4)(3)　(D) (2)(3)(1)(4)。（101 專高一）

(　) 90.膽囊位於：(A) 肝左葉與肝方葉之間　(B) 肝左葉與肝尾葉之間　(C) 肝右葉與肝方葉之間　(D) 肝右葉與肝尾葉之間。（101 專高一）

(　) 91.嚴重胃潰瘍易致貧血，係因何種胃部功能受影響所致？(A) 胃分泌維生素 B_{12}之量不足　(B) 胃分泌內在因子（Intrinsic factor）之量不足　(C) 胃吸收維生素 B_{12} 之量不足　(D) 胃吸收內在因子（Intrinsic factor）之量不足。（101專高一）

(　) 92.下列何者是胃酸分泌之重要刺激物質？(A) 組織胺（histamine）(B) 前列腺素 E（prostaglandin E）(C) 胰泌素（secretin）(D) 膽囊收縮素（cholecystokinin）。（101 專高一）

(　) 93.胃泌素（gastrin）是由下列何者分泌？(A) 壁細胞（parietal cell）(B) 主細胞（chief cell）(C) 黏液頸細胞（mucous neck cell）(D) 腸內分泌細胞（enteroendocrine cell）。（101 專普一）

(　) 94.下列何者不是大腸特有的構造？(A) 結腸帶（teniae coli）(B) 腸脂垂（epiploic appendages）(C) 腸繫膜（mesentery）(D) 結腸袋（haustra）。（101 專普一）

(　) 95.唾液腺每天分泌的唾液量約為多少 mL？(A) 10~15　(B) 100~150　(C) 1000~1500　(D) 5000。（101 專普一）

(　) 96.下列何者是腹膜後器官？(A) 胃　(B) 肝臟　(C) 腎臟　(D) 脾臟。（101專高二）

(　) 97.有關腮腺的敘述，下列何者錯誤？(A) 又稱耳下腺　(B) 是最大的唾液腺　(C) 其導管貫穿嚼肌進入口腔　(D) 其導管開口於靠近上頷第二大臼齒處。（101專高二）

(　) 98.下列哪一種酶不會消化蛋白質？(A) pepsin　(B) trypsin　(C) chymotrypsin

(D) amylase。 （101 專高二）

(　) 99.結腸脾曲（splenic flexure）是指： (A) 橫結腸轉彎成降結腸的位置 (B) 升結腸轉彎成橫結腸的位置 (C) 降結腸轉彎成乙狀結腸的位置 (D) 乙狀結腸轉彎成直腸的位置。 （101 專普二）

(　) 100.有關三大唾液腺的敘述，下列何者錯誤？ (A) 皆為成對腺體 (B) 耳下腺主要由黏液腺泡（mucous acini）所構成 (C) 除耳下腺之外，其餘二者的導管皆開口於舌下區域 (D) 除耳下腺之外，其餘二者皆受顏面神經支配。 （101 專普二）

(　) 101.何種致活劑可將胰蛋白酶原（trypsinogen）活化為胰蛋白酶（trypsin）？ (A) 胰蛋白酶（trypsin） (B) 腸激活酶（enterokinase） (C) 鹽酸（HCl） (D) 碳酸氫根（HCO3–）。 （101 專普二）

(　) 102.下列何者是胰泌素（secretin）的主要功能？ (A) 促進膽囊的收縮 (B) 促進富含HCO_3^-的胰液分泌 (C) 抑制胃排空 (D) 促進富含消化酶的胰液分泌。 （101 專普二）

(　) 103.有關食道的敘述，下列何者錯誤？ (A) 具單層柱狀上皮 (B) 其纖維性外膜層並無漿膜覆蓋 (C) 中1/3段管壁同時含橫紋肌與平滑肌 (D) 穿過橫膈的食道裂孔約在第十胸椎高度。 （102 專高一）

(　) 104.有關肝小葉的敘述，下列何者正確？ (A) 塵細胞位於肝靜脈竇中 (B) 每一肝小葉中央有門脈三合體 (C) 門脈三合體含肝動脈、中央靜脈及膽管 (D) 由輻射狀之肝細胞組成，具有再生能力。 （102 專高一）

(　) 105.有些胰臟癌組織會分泌大量胃泌素（gastrin），易導致十二指腸潰瘍。此因下列胃泌素之何項作用？ (A) 減少腸道黏液質分泌量 (B) 減少胰臟分泌HCO_3^- (C) 增加胃腺分泌鹽酸 (D) 增加胰腺分泌胰蛋白酶原（pepsinogen）。 （102 專高一）

(　) 106.下列何者只存在於十二指腸？ (A) 巴內特氏細胞（Paneth cell） (B) 乳糜管（lacteal） (C) 環形皺襞（plica circularis） (D) 布魯納氏腺（Brunner's gland）。 （102 專高二）

(　) 107.有關胰泌素（secretin）之功能敘述，何者正確？ (A) 減少胰臟之碳酸氫根離子（HCO_3^-）之分泌 (B) 減少胃酸的分泌 (C) 減少小腸液的分泌 (D) 減少肝細胞分泌膽汁。 （102 專高二）

(　) 108.判斷急性闌尾炎患者的麥氏點，位於肚臍與下列何者連線的中外側三分之一處？ (A) 左髂前下棘 (B) 左髂前上棘 (C) 右髂前下棘 (D) 右髂前上棘。 （103 專高一）

( ) 109.有關結腸帶之敘述，下列何者錯誤？ (A) 由平滑肌構成 (B) 是環向的帶狀構造 (C) 橫結腸有此構造 (D) 直腸無此構造。 （103 專高一）

( ) 110.胃因食物堆積而膨大撐張時，最可能引發下列何種反應？ (A) 促進唾液分泌 (B) 促進小腸運動活性 (C) 抑制胃排空作用 (D) 抑制胃結腸反射。 （103 專高一）

( ) 111.腸道內之節律器細胞（pacemaker cell）所產生之去極化慢波（slow waves），主要由哪種離子流入胞內所致？ (A) 鈉 (B) 鉀 (C) 鈣 (D) 鎂。 （103專高一）

( ) 112.鐮狀韌帶（falciform ligament）是連接哪兩個器官的構造？ (A) 胃與肝臟 (B) 胃與大腸 (C) 小腸與大腸 (D) 肝臟與橫膈。 （98 二技）

( ) 113.膽汁經由何種構造注入膽管（bile duct）？ (A) 竇狀隙（sinusoids） (B) 微膽管（bile canaliculi） (C) 肝管（hepatic ducts） (D) 膽囊管（cystic duct）。 （98二技）

( ) 114.有關胃泌素（gastrin）的敘述，下列何者正確？ (A) 增加胃的運動力（motility） (B) 刺激主細胞（chief cells）分泌胃酸 (C) 受交感神經（sympathetic nerve）刺激而分泌 (D) 刺激壁細胞（parietal cells）分泌胃蛋白酶原（pepsinogen）。 （98 二技）

( ) 115.抑制小腸微絨毛的腸激酶（enterokinase），會阻斷下列何種酵素的活化？ (A) 胺基肽酶（aminopeptidase） (B) 胃蛋白酶原（pepsinogen） (C) 胰蛋白酶原（trypsinogen） (D) 蔗糖酶（sucrase）。 （98 二技）

( ) 116.奧氏神經叢（Auerbach's plexus）是位於消化道組織的哪一層？ (A) 黏膜層（mucosa） (B) 漿膜層（serosa） (C) 肌肉層（muscularis） (D) 黏膜下層（submucosa）。 （99 二技）

( ) 117.正常情況下，脂肪酸進入十二指腸時的主要反應為何？ (A) 增加胃酸分泌 (B) 抑制胰泌素（secretin）分泌 (C) 抑制酵素性胰液分泌 (D) 刺激膽囊收縮素（CCK）分泌。。 （99 二技）

( ) 118.果糖是經由下列何種方式吸收至小腸上皮細胞內？ (A) 主動運輸（active transport） (B) 與鈉離子共同運輸（cotransport） (C) 簡單擴散（simple diffusion） (D) 促進性擴散（facilitated diffusion）。 （99 二技）

( ) 119.有關膽固醇的敘述，下列何者錯誤？ (A) 是合成類固醇激素的原料 (B) 為組成細胞膜的成分 (C) 是形成膽紅素的成分 (D) 為製造膽鹽的成分。 （99二技）

( ) 120.單一的舌乳頭（papilla）中，下列何者含有較多的味蕾（taste buds）？

(A) 葉狀乳頭(foliate papilla) (B) 蕈狀乳頭(fungiform papilla) (C) 絲狀乳頭(filiform papilla) (D) 輪廓乳頭(circumvallate papilla)。 (99二技)

( ) 121.下列何者是乳齒(deciduous teeth)與恆齒(permanent teeth)齒列中皆具有的構造? (A) 第一前臼齒 (B) 第二前臼齒 (C) 第二臼齒 (D) 第三臼齒。 (100 二技)

( ) 122.胰管與下列何者會合形成肝胰壺腹(hepatopancreatic ampulla)? (A) 膽囊管(cystic duct) (B) 總膽管(common bile duct) (C) 總肝管(common hepatic duct) (D) 副胰管(accessory pancreatic duct)。 (100 二技)

( ) 123.下列哪些因素會促進胃排空?a.胃泌素(gastrin)分泌;b.胃部肌纖維拉長;c.十二指腸肌纖維拉長;d.交感神經興奮;e.副交感神經興奮 (A) abe (B) acd (C) ace (D) abd。 (100 二技)

( ) 124.下列何種器官的分泌液同時具有分解醣類、脂質和蛋白質的功能? (A) 肝臟 (B) 胰臟 (C) 口腔 (D) 胃。。 (100 二技)

( ) 125.下列消化器官及其製造的分泌物之配對,何者正確? (A) 小腸:膽囊收縮素(cholecystokinin) (B) 胃:腸激酶(enterokinase) (C) 胰臟:胰泌素(secretin) (D) 膽囊:膽汁(bile)。 (100 二技)

( ) 126.下列何者不屬於肝三合體(hepatic triad)? (A) 肝門靜脈(hepatic portal vein) (B) 肝動脈(hepatic artery) (C) 膽管(bile duct) (D) 肝管(hepatic duct)。 (101 二技)

( ) 127.下列何種組織結構可使消化道黏膜形成小皺襞,以增加消化及吸收之表面積? (A) 黏膜下層(submucosa) (B) 漿膜層(serosa) (C) 黏膜肌層(muscularis mucosae) (D) 肌肉層(muscularis)。 (101 二技)

( ) 128.腹膜所形成的皺褶中,何者連接胃大彎及橫結腸? (A) 結腸繫膜(mesocolon) (B) 小網膜(lesser omentum) (C) 大網膜(greater omentum) (D) 鐮狀韌帶(falciform ligament)。 (101 二技)

( ) 129.在食物中,下列何種營養物最先在口腔進行初步的消化分解? (A) 醣類 (B) 蛋白質 (C) 脂肪 (D) 維生素。 (101 二技)

( ) 130.下列何種荷爾蒙可刺激胰臟分泌富含鹼性的胰液? (A) 胃泌素(gastrin) (B) 胰泌素(secretin) (C) 胰島素(insulin) (D) 胃抑素(gastric inhibitory peptide)。 (101 二技)

解答：

1.(B)	2.(C)	3.(B)	4.(B)	5.(B)	6.(B)	7.(B)	8.(D)	9.(A)	10.(D)
11.(A)	12.(D)	13.(B)	14.(B)	15.(C)	16.(D)	17.(D)	18.(D)	19.(A)	20.(B)
21.(D)	22.(B)	23.(B)	24.(C)	25.(C)	26.(D)	27.(D)	28.(C)	29.(A)	30.(B)
31.(A)	32.(A)	33.(B)	34.(B)	35.(C)	36.(A)	37.(B)	38.(A)	39.(D)	40.(C)
41.(A)	42.(B)	43.(C)	44.(B)	45.(B)	46.(D)	47.(C)	48.(B)	49.(B)	50.(A)
51.(D)	52.(B)	53.(B)	54.(A)	55.(C)	56.(D)	57.(D)	58.(D)	59.(D)	60.(A)
61.(C)	62.(B)	63.(B)	64.(B)	65.(D)	66.(A)	67.(B)	68.(B)	69.(C)	70.(B)
71.(D)	72.(C)	73.(B)	74.(C)	75.(A)	76.(C)	77.(C)	78.(C)	79.(A)	80.(A)
81.(C)	82.(A)	83.(D)	84.(A)	85.(D)	86.(A)	87.(A)	88.(A)	89.(B)	90.(C)
91.(B)	92.(A)	93.(D)	94.(C)	95.(C)	96.(C)	97.(C)	98.(D)	99.(A)	100.(B)
101.(B)	102.(B)	103.(A)	104.(D)	105.(C)	106.(D)	107.(B)	108.(D)	109.(B)	110.(B)
111.(C)	112.(D)	113.(B)	114.(A)	115.(C)	116.(C)	117.(D)	118.(B)	119.(C)	120.(B)
121.(C)	122.(B)	123.(A)	124.(B)	125.(A)	126.(D)	127.(C)	128.(C)	129.(A)	130.(B)

第十四章 泌尿系統與電解質平衡

本章大綱

泌尿系統的解剖

腎臟

輸尿管

膀胱

尿道

泌尿系統的生理

尿液形成

尿液的排放

體液的分布

水

電解質

酸鹼平衡

酸鹼失衡

學習目標

1. 清楚了解泌尿系統的組成及其各個器官的位置、構造與功能。
2. 了解體內尿液的形成、濃縮機轉和排放情形。
3. 清楚知道身體體液分布及其調節方式。
4. 知道電解質在體內的功能與調節方式。
5. 了解體內酸鹼平衡的調節機制。

人體有皮膚、呼吸、消化、泌尿等四大排泄系統。泌尿系統是由一對製造尿液的腎臟、兩條輸送尿液至膀胱的輸尿管、一個暫時儲存尿液的膀胱及自膀胱排出尿液的尿道所組成。腎臟可藉由血液過濾，將大部分代謝的廢物以尿液的形成，由泌尿系統排出體外，並調節血液的成分與容積，以維持體內的恆定。

泌尿系統的解剖

腎臟

成對的腎臟（kidney）位於脊柱兩側及橫膈和肝臟的下方，緊靠著後腹壁，為腹膜後器官，約在第十二胸椎延伸至第三腰椎的高度。腎臟外形似蠶豆，成年人每個腎臟約一個拳頭大小，因為肝臟的壓迫，右腎比左腎低，而左腎較右腎大（圖 14-1）。

緊貼腎臟的一層透明纖維膜是腎被膜（renal capsule），腎被膜的外面有厚的脂肪囊（adipose capsule）包圍，以保護腎臟防止外傷，並將腎臟固定於腹腔的一定位置。脂肪囊外面有緻密性結締組織所構成的腎筋膜（renal fascia），它將腎臟固定於周圍的構造及腹壁，且包住腎上腺。

腎臟內側面凹陷處的垂直缺口是腎門（renal hilum），是腎動脈進入，腎靜脈和腎盂（renal pelvis）離開的地方。腎盂是輸尿管上方的膨大部分。若將腎臟冠狀切開可看到，

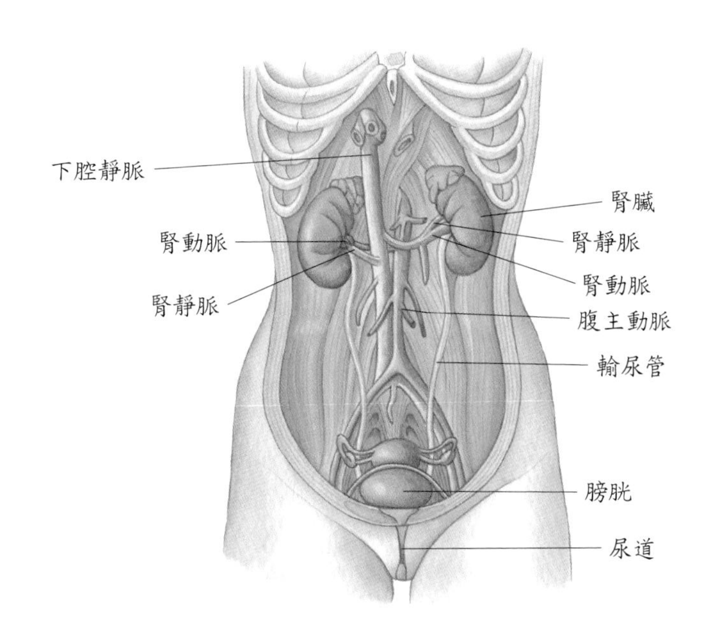

圖 14-1　泌尿系統器官圖

外圍顏色較鮮紅色的是皮質（cortex），其內顏色較深者為髓質（medulla）。皮質有豐富的微血管，含大量腎絲球；髓質是由 8～18 個腎錐體（renal pyramid）所組成，腎錐體呈條紋放射狀，主要由腎小管組成，尖端為腎乳頭（renal papilla），且伸入腎盞（calyx）內。皮質伸入錐體間的是腎柱（column）。腎乳頭是集尿管（collecting tube）共同開口處，集尿管收集的尿液經腎乳頭至小腎盞、大腎盞，再經漏斗狀的腎盂送至輸尿管（圖 14-2A）。

腎元

腎元（nephron）是腎臟製造尿液的功能性單位（圖 14-2B），包括腎小體（renal corpuscle）及腎小管（renal tubule）。每個腎臟約含 100 萬個腎元。

1. 腎小體：又稱馬氏小體（malpighian body），包含鮑氏囊（腎絲球囊）和腎絲球（圖 14-3），負責過濾的功能。
   (1)鮑氏囊（Bowman's capsule）：有兩層，外層是由單層鱗狀上皮所組成的壁層；內層是由稱為足細胞的特化上皮細胞所組成之臟層，兩層之間是中空構造，無血管。
   (2)腎絲球（glomerulus）：位於腎皮質。是由動脈微血管網盤繞成球狀所構成，微血管管壁間隙較大，是體內微血管通透性最佳的器官。

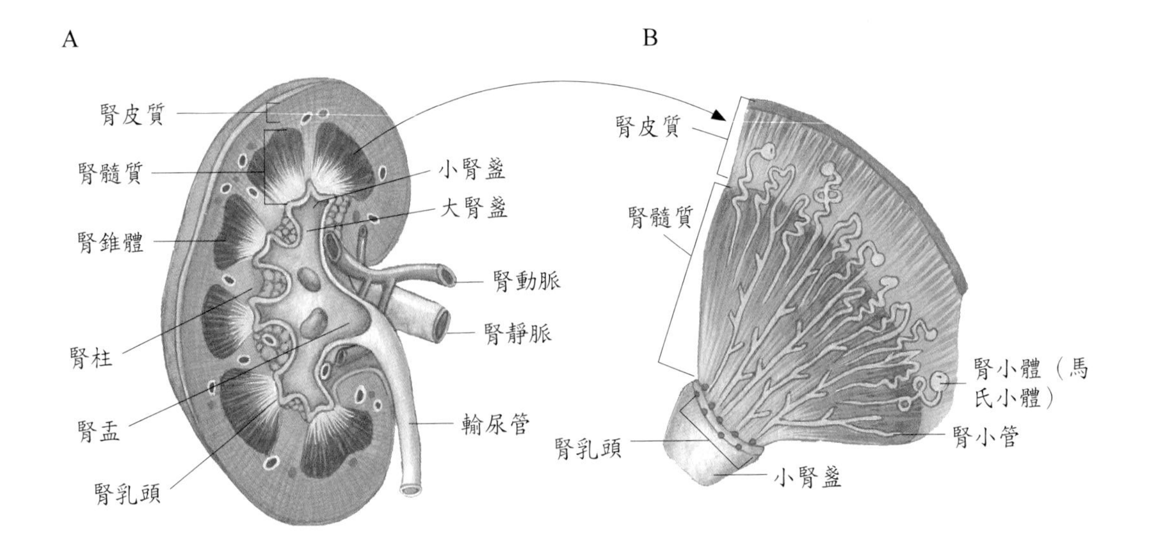

圖 14-2　腎臟解剖圖。A. 腎臟的冠狀切面；B. 腎錐體及腎元。

⑶內皮囊膜（endothelial capsular membrane）：是腎臟的過濾單位，所有被腎臟過濾的物質皆需經過腎絲球微血管內皮、腎絲球微血管基底膜、鮑氏囊的臟層上皮三層進入鮑氏囊腔，再入近側腎小管。因腎絲球微血管內皮細胞帶負電荷，所以易通過內皮囊膜的物質分子是陽性分子＞中性分子＞陰性分子。

2. 腎小管：包括近曲小管、亨利氏環、遠曲小管及集尿管，負責再吸收與分泌功能（圖 14-4A）。

⑴近曲小管（proximal convoluted tubule）：是腎小管的第一段，位於皮質或髓質。管壁有可增加再吸收及分泌作用表面積的微絨毛（刷狀緣）之立方上皮，此處呈等張壓，可吸收 75% 的水分。

⑵亨利氏環（loop of Henle）：位於髓質。下降枝的管壁是由鱗狀上皮所構成，上升枝則由立方上皮或低的柱狀上皮所構成。此處能濃縮尿液而呈高張壓。

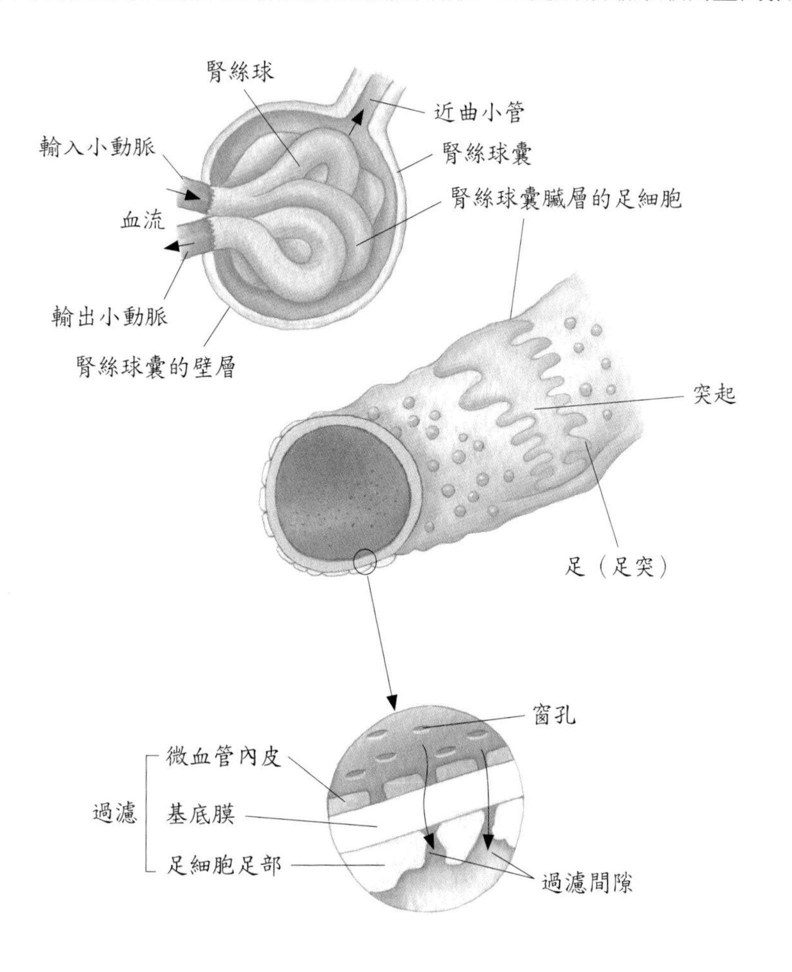

圖 14-3　腎小體的顯微結構

⑶遠曲小管（distal convoluted tubule）：位於皮質或髓質。管壁是由無微絨毛的立方上皮所構成，此處呈低張壓。遠曲小管與亨利氏環上升枝交界處的立方上皮特化成緻密斑（macula densa）。

⑷集尿管：管壁也是由立方上皮所構成，開口於腎乳頭。

3. 近腎絲球器（juxtaglomerular apparatus）：近腎絲球器在皮質中，由近腎絲球細胞（juxtaglomerular cell）和緻密斑組成（圖 14-4B）。近腎絲球細胞是指在輸入小動脈接近腎小體處，其中膜的平滑肌細胞之細胞核由長形變成圓形，細胞質內的肌原纖維變為顆粒，能分泌腎活素（renin）的細胞；緻密斑則是指在遠曲小管的管壁細胞，它對血鈉離子濃度減少敏感。所以，在流經遠曲小管的血鈉離子濃度減少時，緻密斑即會被刺激，引起近腎絲球細胞分泌腎活素，這與血壓的調整有關。

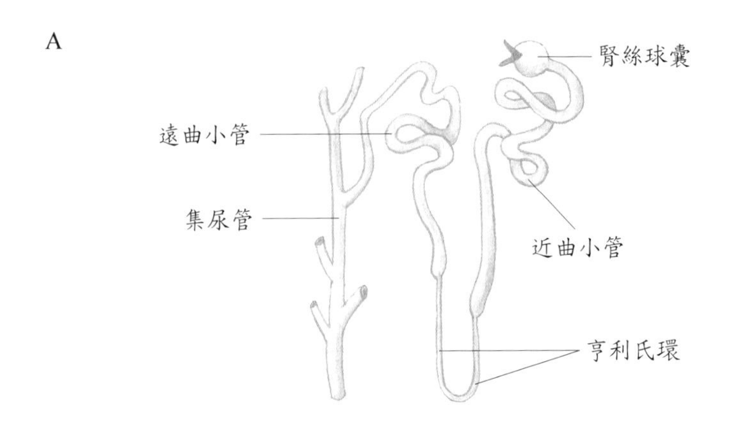

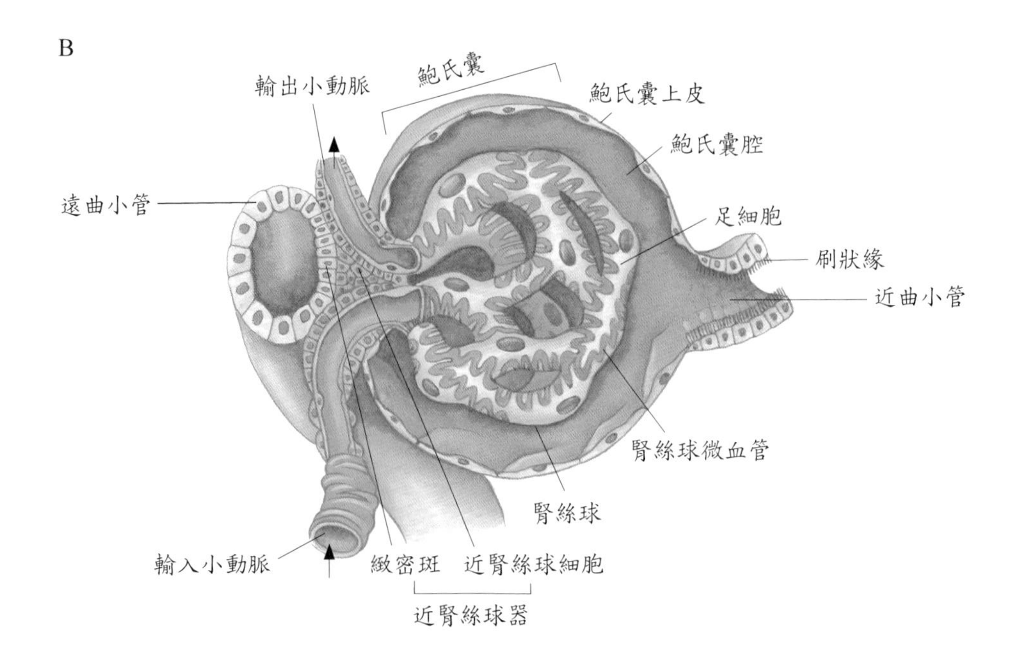

圖 14-4　腎小管與近腎絲球器。A. 腎小管；B. 近腎絲球器的顯微構造。

血液供應

左、右腎動脈輸送的血液量占心輸出量的 1/4，約為每分鐘 1,200ml 的血液流經腎臟，是全身血流量第二大器官（血流量占第一位的是肝臟）。

源自腹主動脈的腎動脈在經過腎門前先分成數條分枝，進入腎錐體間的腎柱稱為葉間動脈（interlobar artery），延伸至腎錐體的基部彎曲而成弓狀動脈（arcuate artery），正好介於皮質和髓質間。弓狀動脈分出小葉間動脈（interlobular artery）進入皮質，並在皮質內分出輸入小動脈。輸入小動脈進入鮑氏囊內形成纏繞的微血管網之腎絲球，由輸出小動脈離開鮑氏囊。輸出小動脈的血液一部分注入腎小管周圍微血管（peritubular capillary）再流入小靜脈，另一部分注入伴隨亨利氏環進入髓質的直血管（vasa recta）內。腎小管周圍微血管合成小葉間靜脈（interlobular vein），再合成弓狀靜脈（arcuate vein），然後進入腎柱成葉間靜脈（interlobar vein），最後合成腎靜脈（renal vein），由腎門離開腎臟（圖 14-5）。直血管則是將血液送入小葉間靜脈，它與尿液濃縮有關，是逆流交換裝置。

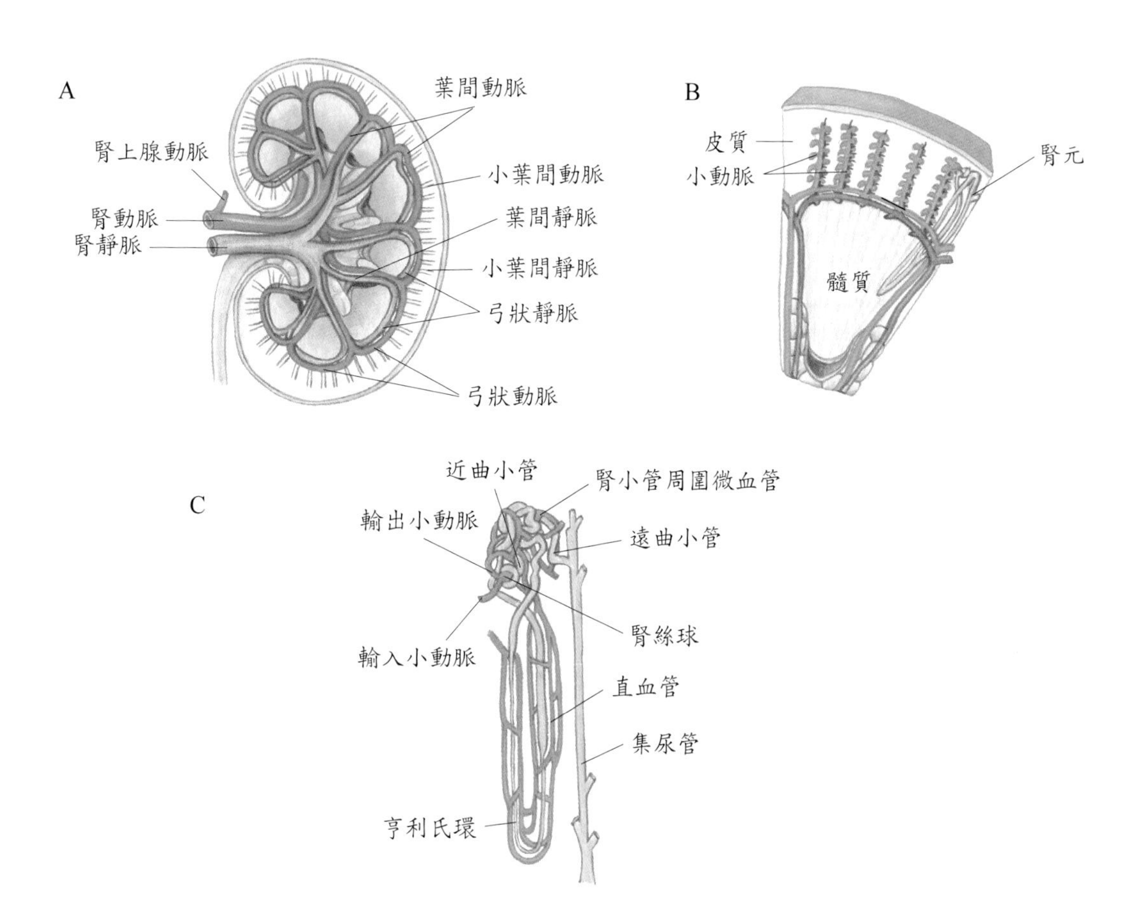

圖 14-5　腎臟血流支配循環的途徑。A. 腎臟冠狀切面；B. 腎錐體；C. 腎元。

神經分布

腎臟的神經分布（nerval distribution）源自於自主神經系統的腎神經叢（renal plexus），它是由脊髓第十二胸椎至第二腰椎來的交感神經纖維所支配，腎臟本身無副交感神經。神經伴隨著腎動脈分枝到附近血管，故可藉由此小動脈之直徑變化而來調節腎臟的血液循環。

生理功能

腎臟的五大生理功能（physiological function）：

1. 製造尿液：身體排出的尿液是經由腎絲球的過濾、腎小管的再吸收與分泌作用而形成的。
2. 排除廢物：食物中所含的胺基酸會經由肝臟代謝後形成尿素，所含的核酸代謝後釋出尿酸，肌肉組織中的肌酸代謝後會形成肌酸酐，而腎小管無法全部再吸收這些含氮代謝物質，因而由尿液排除。
3. 調節水分與電解質的平衡：水分與電解質的再吸收作用是藉由腎激素來調節並維持體內的平衡。
4. 維持血液的酸鹼平衡：腎臟透過近曲小管、遠曲小管及集尿管分泌 H^+ 再加上 HCO_3^- 的再吸收，來調節體內的酸鹼平衡。
5. 分泌內分泌物質：腎臟除可分泌腎活素參與血壓的調節外，尚可活化維生素 D 及刺激紅血球生成的腎紅血球生成因子的分泌。

輸尿管

輸尿管（ureter）有兩條，連接腎臟的腎盂與膀胱，管長約 25～30 公分，管徑約 4～5 公厘，上半段是腹膜後器官，下半段位於骨盆腔內，後方是腰大肌，由膀胱底部的上外側角以斜的方向進入膀胱（圖 14-6）。雖無實際的瓣膜構造，卻有生理上瓣膜功能。在膀胱膨脹時，膀胱內的壓力會壓迫輸尿管進入膀胱端關閉，而防止尿液逆流。若此生理瓣膜失效，則易因膀胱炎造成腎臟感染。輸尿管在與腎盂交接處、與髂動脈交叉處、進入膀胱等三處較狹窄。

輸尿管管壁有三層組織：

1. 內層為黏膜層，具有變形上皮，可分泌黏液，防止尿液與細胞直接接觸，具有保護效用。
2. 中層為肌肉層，由內層縱肌及外層環肌組成，但在輸尿管下 1/3 處，最外層多了一層縱肌層。肌肉層的主要功能是產生蠕動，以助尿液往膀胱輸送。
3. 外層為纖維層，可將輸尿管固定在一定位置。

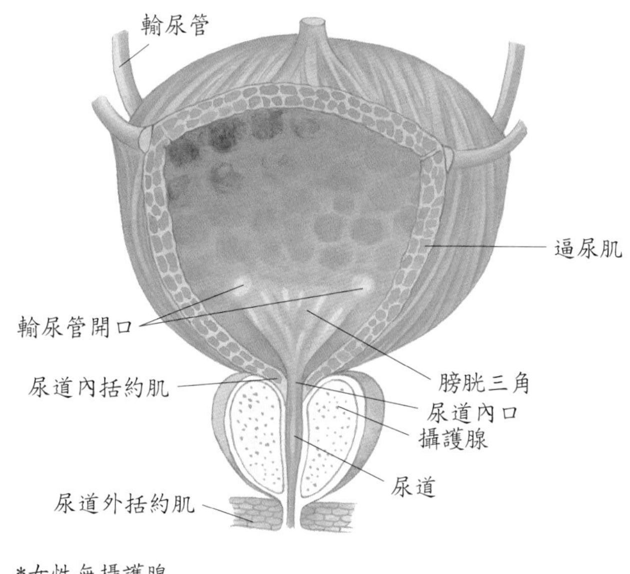

圖 14-6　膀胱與男性尿道

膀胱

膀胱（urinary bladder）是一個中空的肉質器官，位於骨盆腔內，恥骨聯合的後方。男性的膀胱位於直腸正前方，女性則位於陰道前方及子宮的下方。其形狀隨著所含尿量的多寡而變化，無尿時像洩了氣的氣球，尿量多時呈卵圓形，並上升至腹腔。

膀胱底部指向前方的三角形區域是膀胱三角（trigone），在膀胱後壁（圖 14-6）、尿道內口是此三角的頂端，而底部的兩個點則是輸尿管在膀胱的開口。膀胱壁包括四層組織，由內而外依序為：

1. 最內層是黏膜層，由變形上皮細胞組成，具有伸展性。
2. 第二層是黏膜下層，為緻密結締組織，連結黏膜層和肌肉層。
3. 第三層是肌肉層，由內層縱肌、中層環肌、外層縱肌所組成，合稱迫（逼）尿肌（detrusor muscle）。中層環肌在尿道入口處形成內括約肌。
4. 最外層是漿膜層，為腹膜的一部分，只覆蓋在膀胱的上表面。

尿道

尿道（urethra）是由膀胱通到體外的一條管子。女性的尿道長約 3.8 公分，位於恥骨聯合正後方（圖 14-7），並包埋於陰道前壁，斜向前下方，開口於陰道與陰蒂之間，此開口即為尿道口（urethral orifice）。尿道壁有三層構造：

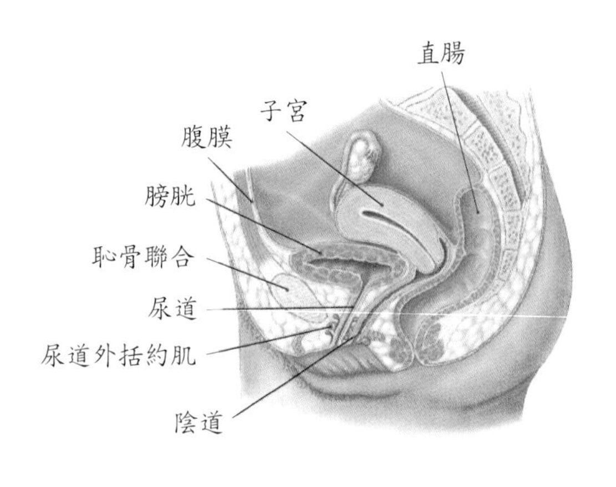

圖14-7 女性尿道位置

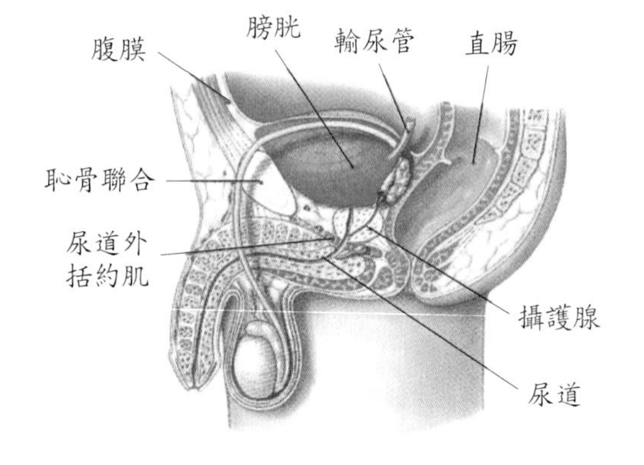

圖14-8 男性尿道位置

1. 內層為黏膜層，與外陰部的黏膜相連。上段近膀胱處是變形上皮，下段為複層鱗狀上皮。
2. 中層為薄的海綿組織，內含靜脈叢。
3. 外層為肌肉層，是由環狀平滑肌所構成。

男性尿道長約 20 公分，可分成三部分（圖14-8），在膀胱正下方，垂直通過攝護腺的為攝護腺尿道（prostatic urethra），長約 2.5 公分，為射精管開口處；然後穿過泌尿生殖膈的部分，長約 2 公分，為膜部尿道（membranous urethra），是尿道最短的一段；最後最長的部分，穿過陰莖的尿道海綿體，是為陰莖尿道（penial urethra）。尿道壁的構造有兩層：

1. 內層為黏膜層，在攝護腺尿道區是變形上皮；在生殖膈膜區及尿道海綿體區為偽複層上皮；在尿道開口的地方是複層鱗狀上皮。
2. 外層為黏膜下層，將尿道與周圍的構造結合在一起。

泌尿系統的生理

泌尿系統主要形成尿液，並能排出體外。

尿液形成

尿液的形成（the production of urine）需經過腎絲球的過濾作用（紅血球及蛋白質回血液中，其餘溶質過濾排出來）、近曲腎小管的養分再吸收作用（水、葡萄糖及其他養分再吸收入體內）及遠曲腎小管的分泌作用（體內氨、肌酸酐等多餘廢物排出）三個步驟（圖14-9）。而亨利氏環與集尿系統間的交互作用，可調節水分與鈉鉀離子在尿液中的流失量。

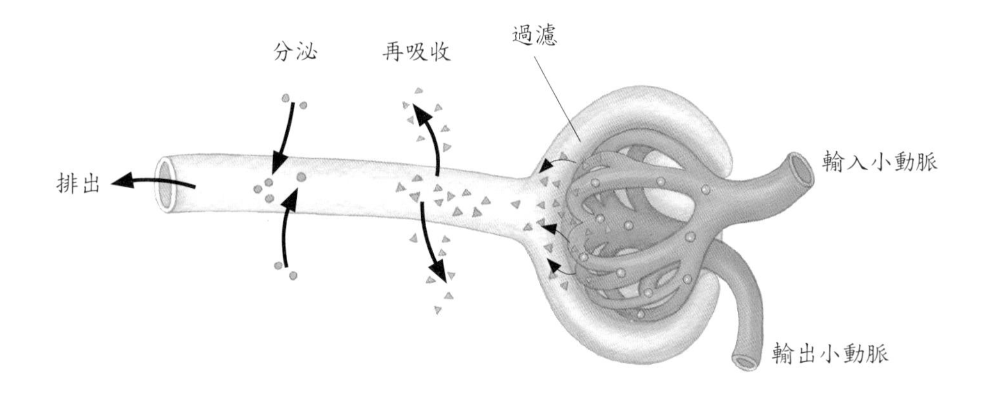

圖14-9　尿液形成的三個主要步驟

腎絲球過濾作用

血液進入腎絲球後，血壓迫使血液中的水分與溶質通過內皮囊膜（圖14-10）而形成過濾液。過濾液的正常成分除不含紅血球、蛋白質外，其餘應與血液相同。

1. 腎絲球能產生過濾作用與下列因素有關：

(1)腎小體的特殊構造

①腎絲球是一極長且高度捲曲的微血管，可提供廣大的過濾表面積。

②內皮囊膜的構造適合過濾作用的進行，使水、葡萄糖、維生素、胺基酸、小分子蛋白質、含氮廢物、離子等可通過此膜，但是蛋白質和紅血球不能通過。

③輸出小動脈的管徑較輸入小動脈小，增加了腎絲球微血管內的壓力，利於過濾作用的進行。

④分隔血液及鮑氏囊腔的內皮囊膜很薄（0.1 μm），利於過濾作用的進行。

(2)有效過濾壓：腎絲球對血液的過濾作用乃決定於下列四個相對壓力（圖14-11），壓力的總表現即為有效過濾壓（effective filtration pressure; Peff）。

①腎絲球血液靜水壓（glomerular blood hydrostatic pressure）：此為腎絲球內的血壓，可使液體由腎絲球進入鮑氏囊，壓力約為 60mmHg。是影響腎絲球與鮑氏囊間壓力增減率的主要力量。

②鮑氏囊靜水壓（capsular hydrostatic pressure）：是鮑氏囊內過濾液所產生的壓力，可對抗液體由腎絲球流出，約 20mmHg。

③血液膠體滲透壓（blood colloid osmotic pressure）：血漿中蛋白質所產生的滲透壓約 30mmHg，此壓力是對抗液體由腎絲球濾出。

④鮑氏囊膠體滲透壓（capsular colloid osmotic pressure）：正常的過濾液中不含蛋白質，所以鮑氏囊膠體滲透壓接近 0。當腎臟病變或腎炎時，血中蛋白質會進到過濾液中而產生滲透壓，有助於過濾作用。

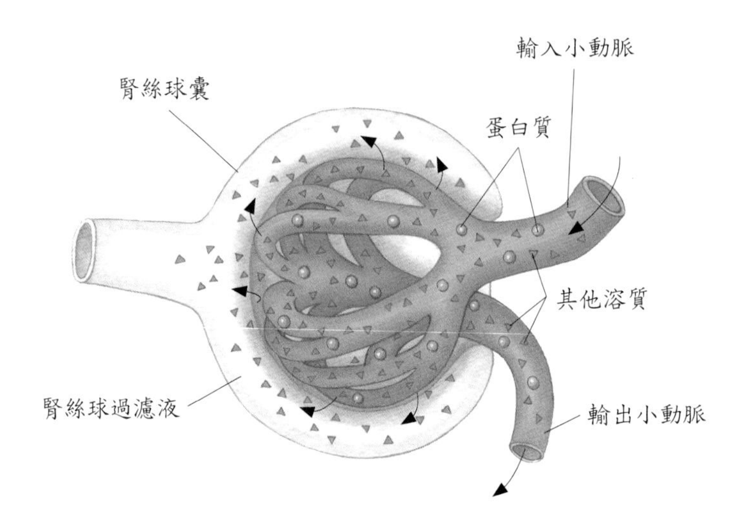

圖14-10 腎絲球濾液的形成。蛋白質（綠點）及紅血球仍在血液中，較小的溶質（紫質）較容易進入濾液中。

有效過濾壓（Peff）＝（腎絲球血液靜水壓＋鮑氏囊膠體滲透壓）－（鮑氏囊靜水壓＋血液膠體滲透壓）＝（60＋0）－（20＋30）＝10 mmHg

(3)當有效過濾壓為 1mmHg 時，腎絲球的過濾率（glomerular filtration rate; GFR）約為 12.5ml / min；所以有效過濾壓為 10mmHg 時，則腎絲球的過濾率應為 125 ml / min。

2. 影響 GFR 的因素：有效過濾壓會受各種因素的影響，例如嚴重出血時，會使全身血壓下降，腎絲球血液靜水壓跟著降低，若降低至 50mmHg，則過濾作用無法產生，亦即沒有尿液產生，是為閉尿（renal suppression）或無尿（auria）。
 (1)腎血流量的變化。
 (2)腎絲球微血管內靜水壓的改變。
  ①身體血壓的改變。
  ②交感神經興奮使輸入小動脈收縮。
  ③angiotensin II 使輸出小動脈收縮。
 (3)鮑氏囊內靜水壓的變化，例如輸尿管的阻塞。
 (4)血漿蛋白濃度的變化，例如脫水、低蛋白血症。
 (5)腎絲球微血管通透性的改變，例如腎絲球腎炎。
 (6)有效過濾表面積的變化，例如心房鈉利尿胜肽會使足細胞鬆弛，增加過濾作用的有效表面積。

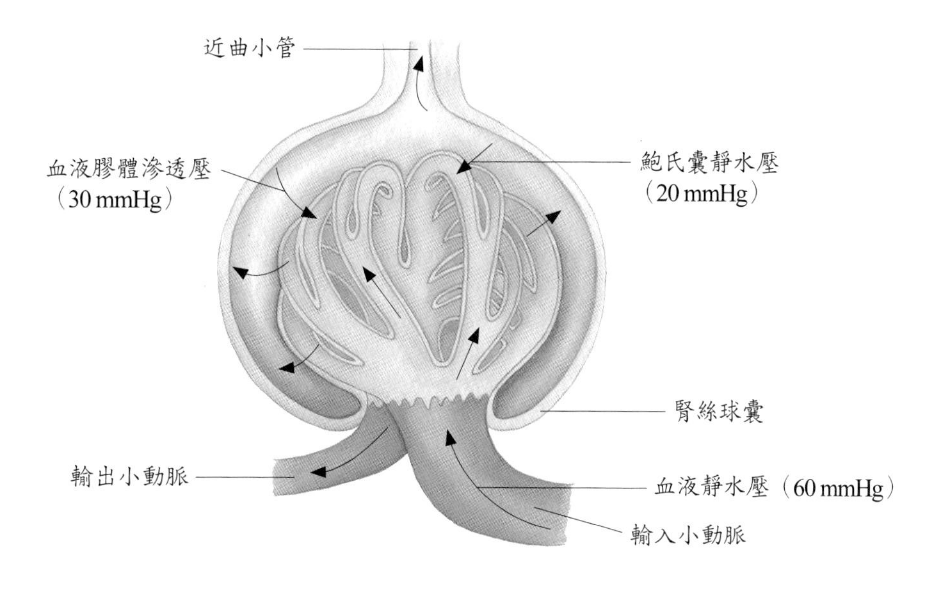

圖 14-11　腎絲球的過濾作用

腎小管再吸收作用

每分鐘自兩個腎臟腎絲球所過濾的液體量有 125ml，每日約有 180 公升。但是過濾液通過腎小管時，是以每分鐘 123～124ml 的速率再吸收濾液中的有用物質到腎小管周圍微血管。也就是在正常情況下，99% 以上的過濾液會在腎小管被再吸收，只有 1% 形成尿液。

體內的某些特定物質，例如水、葡萄糖、胺基酸、離子（Na^+、K^+、Ca^{++}、Cl^-、HCO_3^-、$HPO_4^=$）及少量尿素，可經由腎小管上皮細胞再吸收。一個物質能被再吸收的最大量稱為腎小管最大轉運量（transport maximum; Tm）。當過濾量小於最大轉運量，就可 100% 再吸收（圖 14-12）；若高於最大轉運量，此物質就會在尿液中出現，例如糖尿病患者，血糖超過 180mg%，尿液中就會出現葡萄糖。過濾液中絕對不會被再吸收的是肌酸酐（creatinine），所以可用來當做臨床腎功能的指標。

腎小管再吸收的主要部位是在近曲小管，此處的再吸收可達 80% 以上。近曲小管細胞內含有粒線體，可供主動運輸所需消耗的 ATP，當然管壁的微絨毛也增加了再吸收表面積，但是再吸收的最後完成部位是在遠曲小管。腎小管對各種物質再吸收的位置、方式，如表 14-1、圖 14-13。

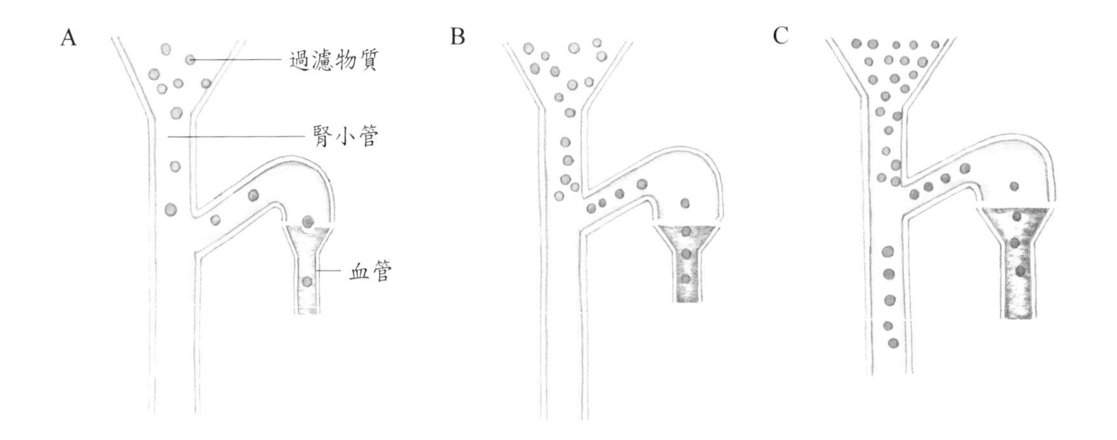

圖14-12 最大轉運量原理。A. 物質過濾量低於最大轉運量；B. 等於最大轉運量；C. 高於最大轉運量。

表14-1 腎小管對各物質再吸收的位置和方式

物質	位　置	方　式	耗ATP	備　註
葡萄糖	近曲小管	主動運輸	有	次級主動運輸需載運體及鈉離子
胺基酸	近曲小管	主動運輸	有	次級主動運輸需載運體及鈉離子
Na^+	近曲小管	主動運輸	有	靠 Na^+-K^+pump
	亨利氏環上升枝	被動運輸	無	
	遠曲小管、集尿管			與細胞外液 Na^+ 濃度有關，受醛固酮控制。
Cl^-	近曲小管	被動運輸	無	
	亨利氏環上升枝	主動運輸	有	Na^+隨著進行被動運輸
Ca^{++}	近曲小管	主動運輸	有	會受PTH的影響
HCO_3^-	近、遠曲小管	主動運輸	有	
$HPO_4^=$	近曲小管	主動運輸	有	會受PTH的影響
尿酸	近曲小管	主動運輸	有	
尿素	腎小管處皆有	被動運輸	無	
水	近曲小管、亨利氏環下降枝	滲透作用	無	專一性再吸收（不需ADH及aldosterone）
	遠曲小管、集尿管	滲透作用	無	兼性再吸收（需ADH及留鹽激素）

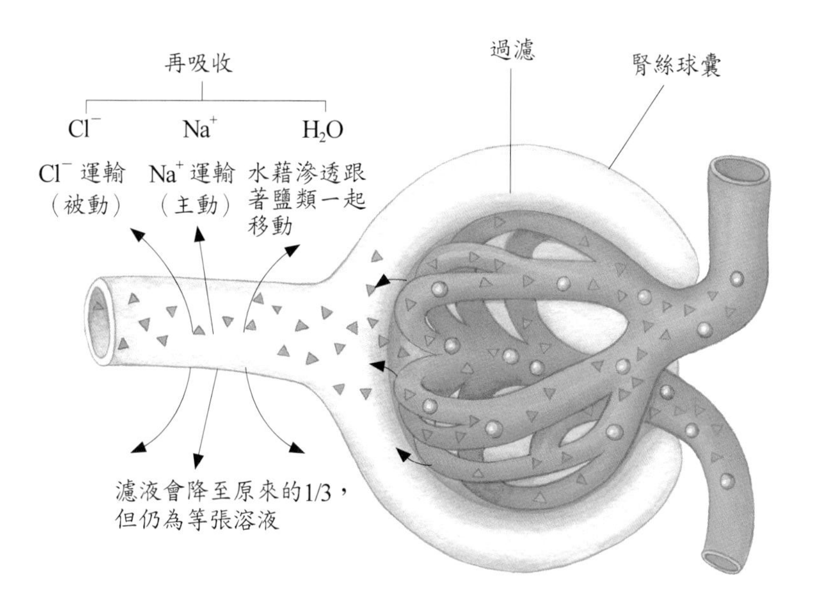

圖14-13　近曲小管內鹽及水分的再吸收

腎小管分泌作用

分泌是指物質由周邊微血管進入腎小管的主動運輸，其方向與再吸收相反，亦是說腎小管分泌作用（renal tubular secretion）是將腎小管周圍血液內的鉀離子、氫離子、氨（NH_3）、肌酸酐及一些藥物，例如盤尼西林（penicillin）和對氨馬尿酸（para-aminohippuric acid）等物質移入腎小管內。所以腎小管的分泌作用是在排除體內的某些物質及調節血液的pH值。腎小管各部分的分泌狀況如表14-2。

表14-2　腎小管各部分的分泌狀況

腎小管	分泌物質
近曲小管	H^+、NH_3、肌酸酐、尿酸、對氨馬尿酸、盤尼西林
亨利氏環	沒有分泌物質
遠曲小管	H^+、K^+、NH_3（H^+、K^+受醛固酮的作用）
集尿管	H^+、K^+、NH_3（H^+、K^+受醛固酮的作用）

尿液的排放

腎臟最重要的功能是能控制體液的滲透濃度，當體液太稀時，會將多餘的水分排出，排出的是稀尿而不需抗利尿激素協助；當體液太濃時，則需排出多餘的溶質，此時即需抗利尿激素的協助，且排出的是濃尿。兩種情況皆由抗利尿激素來決定。

尿液的濃縮機轉

體內若要排除高濃度的尿液，腎臟髓質腎小管間的組織間液就必須維持在高濃度溶質的高張環境，將最多的水分保留於體內，以最少的水分來排除多餘的溶質，此即為濃縮尿液。由圖 14-14 可見腎臟組織間液的濃度，由皮質約 300mOsm 到內髓質的 1,200mOsm 所形成的滲透壓力階梯。

濃縮尿液的機轉需靠腎小管的再吸收作用及逆流濃縮機轉。

1. 腎小管的再吸收：亨利氏環下降枝對溶質不具通透性，對水的通透性卻極佳，因此水離開腎小管移入組織間液，下降枝管腔中的鈉離子濃度明顯上升，組織間液中尿素有些進入下降枝，使滲透壓漸增，而成高張溶液。亨利氏環細上升枝對水及溶質不能通透，但對 Na^+、Cl^- 及尿素的通透性佳，Na^+ 的通透又比尿素好，結果，Na^+ 沿著濃度梯度被動地移入組織間。粗上升枝對水及溶質皆不通透，但它主動吸收 Na^+ 時，同時又帶入一個 K^+ 及兩個 Cl^- 至上皮細胞中。當上升枝由髓質靠近皮質時，濾液濃度降至 300mOsm，而成低張溶液。
2. 集尿管主動吸收 Na^+ 被動吸收 Cl^- 並送至髓質區的組織間液中。當抗尿激素存在時，上皮細胞對水的通透性增加，水藉滲透壓快速進入內髓質組織間液中，因而提高了管腔中尿素的濃度。尿素再藉由濃度差擴散至組織間液中，使組織間液中尿素濃度增加，此濃度又比亨利氏環管腔內濃度高，所以部分尿素會擴散入亨利氏環。依此循環，只要抗利尿激素存在，集尿管內的水便會再吸收增加，使濃縮尿素來濃縮尿液。
3. 最後尿液的濃縮還是要靠抗利尿激素作用於遠曲小管和集尿管，使管腔內的水分快速地回到組織間液（水的兼性再吸收），因此過濾液內溶質濃度增加，而呈高張性尿液（濃尿）。此處的尿液濃度比血漿及腎絲球過濾液濃度增加四倍。若無抗利尿激素，水分不會再吸收回去，尿液即變稀。

尿液的特性與組成

1. 尿液特性：健康成人每天排尿量約為 1,000～2,000ml，主要受到血壓、血液濃度、飲食、溫度、利尿劑、精神狀態及一般健康狀況等因素的影響。剛排出的尿液應為透明或澄清的黃色或琥珀色，靜置後才會變混濁且有氨味。pH 值為 4.6～8.0，會隨食物而有變化，比重為 1.001～1.035。
2. 尿液的化學組成：尿液中約含 95% 的水，其餘 5% 是細胞代謝所產生的溶質及外

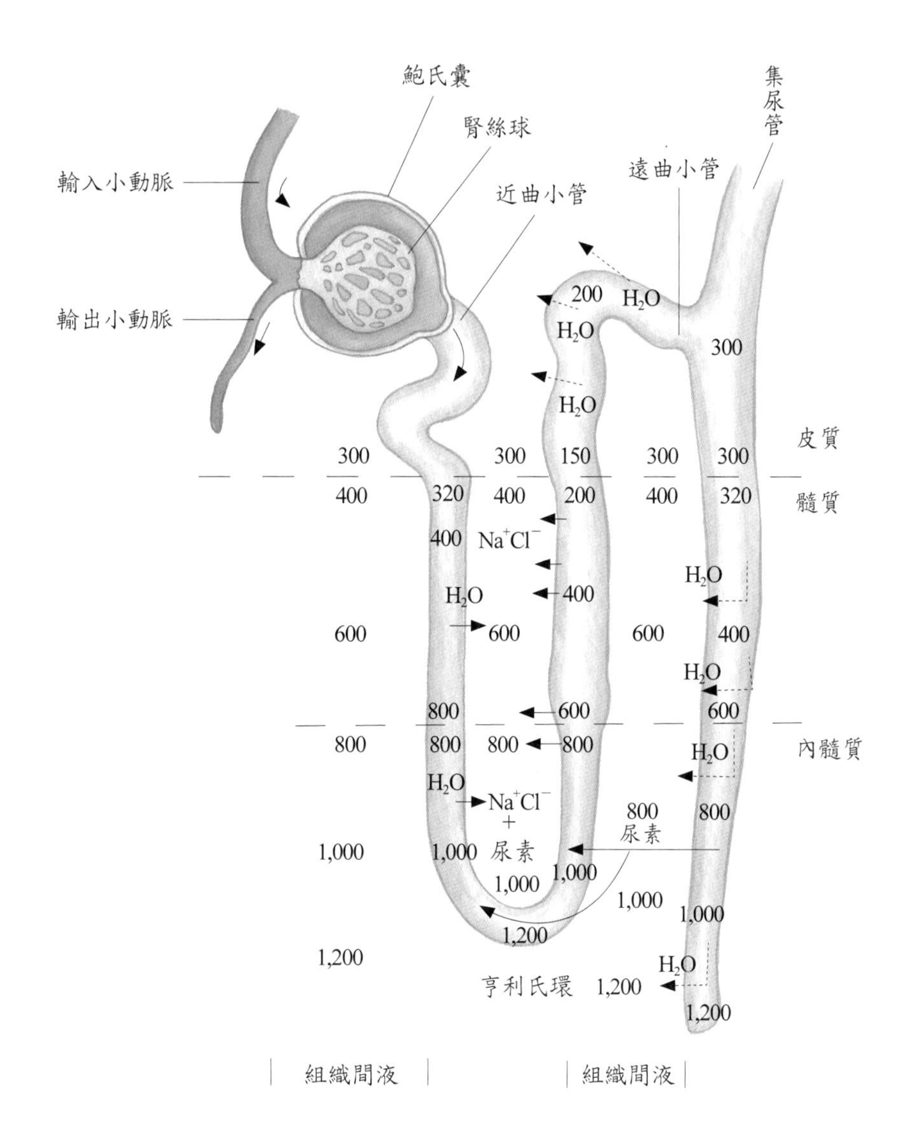

圖14-14　尿液濃縮的機轉。亨利氏環上升枝之粗黑線條表示對水及溶質不能通過，但鈉、氯離子可以由腎小管主動運輸至組織間液中。

來物質。每日尿液中重要的溶質含量如表14-3所示。

排尿

尿液是經由排尿（micturition）的動作由膀胱經尿道排出體外。膀胱的平均容量約為700～800ml，當膀胱內的尿液超過容量一半時，膀胱壁上的牽張感受器會傳送神經衝動至腰、骶段脊髓，這些神經衝動會引起尿意及下意識的排尿反射。

排尿反應是由隨意及不隨意兩種神經衝動共同作用產生（圖14-15）。骶椎傳來的副交感神經衝動經反射作用由骨盆神經（S2-4）及交感神經經由下腹神經（L1-2）將訊息傳至膀胱壁的逼尿肌及膀胱內括約肌，使逼尿肌收縮、內括約肌舒張。同時腦的意識區將神

表 14-3　尿液中重要溶質和含量

	成　分	含量（gm）
有機溶質	尿素	25.00
	肌酸酐	1.50
	尿酸	0.80
	馬尿酸	0.71
	酮體	0.04
	尿靛素（indican）	0.01
	其他物質	2.90
無機溶質	NaCl	15.0
	K^+	3.8
	$SO_4^=$、PO_4^{-3}	2.5
	NH_4^+	0.7
	Ca^{+2}	0.3
	Mg^{+2}	0.1

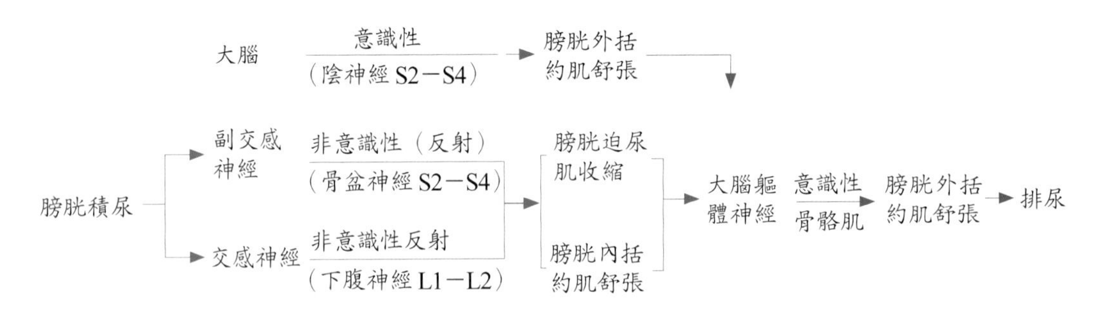

圖 14-15　排尿的機制

經衝動傳至膀胱外括約肌，使其舒張，如此才能引起排尿動作。雖然膀胱排空是由反射作用控制，但因大腦控制了外括約肌，使排尿動作可隨意被引發或停止。

男性的尿道除了是排尿的通道外，也是排出精液的通道，但兩種情況不會同時發生，因為當交感神經興奮產生射精動作，這時的膀胱迫尿肌鬆弛、內括約肌收縮，是抑制排尿的發生，同時可防止精液逆流回膀胱內。

臨床指引：

尿毒症（uremia）是腎臟功能衰竭或失去功能，導致體內廢物無法排泄出去而引起的疾病。尿毒症分為急性或慢性兩種：急性尿毒症有 85% 以上的治癒率，而慢性尿毒症的病患須長期洗腎或換腎治療。

急性尿毒症的發病原因主要是大量出血、嚴重休克、心臟衰竭、藥物使用不當（止痛劑、中藥、抗生素）等。老年人及糖尿病患者最易受腎毒性藥物侵害，應小心使用。急性尿毒症病患經適當治療或洗腎 2～3 次，腎功能恢復後即可痊癒。

慢性尿毒症是指血液中的毒素或廢物逐漸無法排出體外，而累積在身體內影響正常功能，甚至喪失生命。當腎功能喪失 90% 的功能時，就需要積極治療了。血中正常的肌酸酐（creatinine）為 1mg/dl，當超過 8mg/dl 以上時，即腎功能喪失 90%，是為腎衰竭。腎衰竭的慢性尿毒症病人可以用血液透析，腹膜透析及腎臟移植來治療。

慢性尿毒症的治療方法有以下三種，三者方法的存活率都相同。

1. 台灣目前最常見的就是血液透析，也就是洗腎。在病患手臂中先建立一條動靜脈瘻管，動脈出來的血液先經過體外的人工腎臟，將血液的廢物清除後，再將已透析血液送回人體靜脈內。
2. 腹膜透析是以病人的腹膜當做人工腎臟來清除血液中的廢物，再將含有廢物的透析物排出體外即可。
3. 腎臟移植即是找一健康正常的腎臟來取代原有喪失功能的腎臟。

體液的分布

體液（body fluid）是指體內所含的水分及其中所溶解的物質，約占體重的 45～75%。約有 2/3 的體液是位於細胞內，稱為細胞內液（intracellular fluid; ICF），約占體重的 40%，作為溶劑，能促使細胞內維持生命的化學反應；其餘的 1/3 位於細胞外，稱為細胞外液（extracellular fluid; ECF），約占體重 20%，細胞外液包括血漿及組織間液、淋巴及其他液體。其他液體包括了腦脊髓液、眼球內液、腸胃道液體、關節滑液、體腔的漿液、腺體的分泌液、腎絲球過濾液等（圖 14-16）。各個部位的體液能不斷地彼此互相移動，但每一部位的體液容積仍能維持穩定的環境，以適應細胞生存與物質傳送。

體液大部分由水組成，而水是以滲透的方式進出各個部位，所以體液內溶質的濃度是決定體液平衡的主要因素。而體液內溶質大部分是電解質，因此體液的平衡是指水的平衡，也是電解質的平衡。

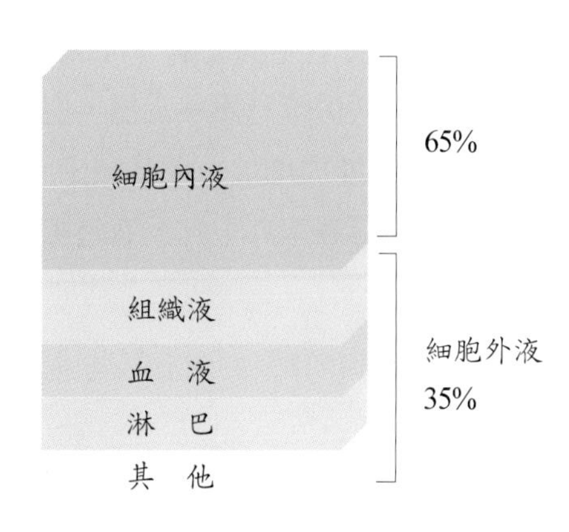

圖 14-16　身體中液體所在的位置

水

不同個體其含水量的差異主要取決於年齡的大小和脂肪含量。基本上，含水比例是隨年齡的增加而漸減，所以嬰兒的單位體重含水比例會比老年人高。另外，脂肪不含水，所以瘦的人含水比例會比胖的人高。成年男性體內含水量是體重的 65%，而女性因皮下脂肪較多，故體內含水量會較男性少，只占體重的 55%。

水的攝取與排出

人每天由飲水及飲料攝入液體約 1,000ml，由食物中攝取約 1,000ml，由各種營養物質代謝產生約 500ml，所以每天液體的總攝取量約 2,500ml。

液體的排出可經由腎臟的排尿，平均每天 1,300ml，肺臟的呼吸每天帶走 450ml，皮膚經蒸發、流汗排出每天約 650ml，消化道隨糞便排出每天約 100ml，所以每天的排出量也約為 2,500ml（表 14-4）。正常人水分的排出與攝取量應相等，才能保持固定體積。

表 14-4　人體每天液體的攝取與排出

攝取量		排出量	
消化道吸收的液體	1,000ml	系統	1,300ml
食物中水量	1,000ml	流汗	650ml
代謝水	500ml	呼氣中水分	450ml
		糞便含水	100ml
總量	2,500ml		2,500ml

排出的調節

液體的排出是受抗利尿激素（ADH）及醛固酮（aldosterone）的調節。當身體處在脫水狀況時，血容積下降、血壓下降，腎絲球過濾率亦隨之下降，而引發興奮腎素—血管收縮素系統（圖 14-17），使腎上腺皮質分泌醛固酮（aldosterone），腎小管再吸收鈉增加。同時血容積的減少，也會刺激下視丘的滲透壓接受器，使下視丘視上核產生 ADH 由腦下垂體釋放，於是腎小管再吸收水的能力增加，尿量減少，使血容積恢復正常。相反的，當體液過多時，血壓上升，腎絲球過濾率亦上升，液體排出就會增加。

攝取的調節

液體的攝取是受到口渴的調節（圖 14-18）。由於某些因素，例如過度出汗，引起總體液量的減少，使血液滲透壓升高，而刺激下視丘的口渴中樞，引發口渴感覺，再加上唾液的減少，口腔、咽黏膜乾燥，引起喝水的慾望，而增加液體的攝取，以平衡體液的流失。

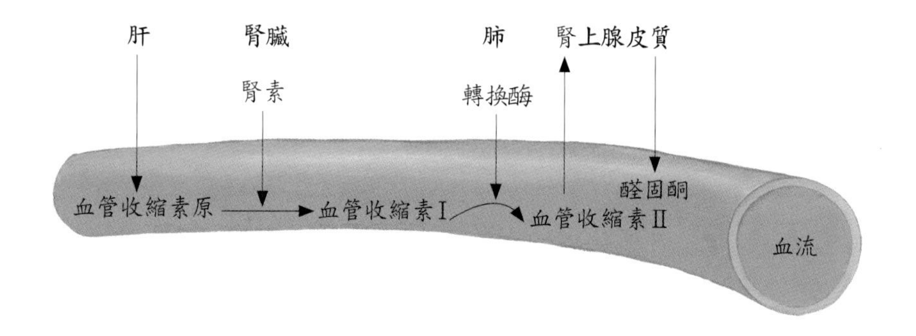

圖14-17 腎素－血管收縮素－醛固酮系統

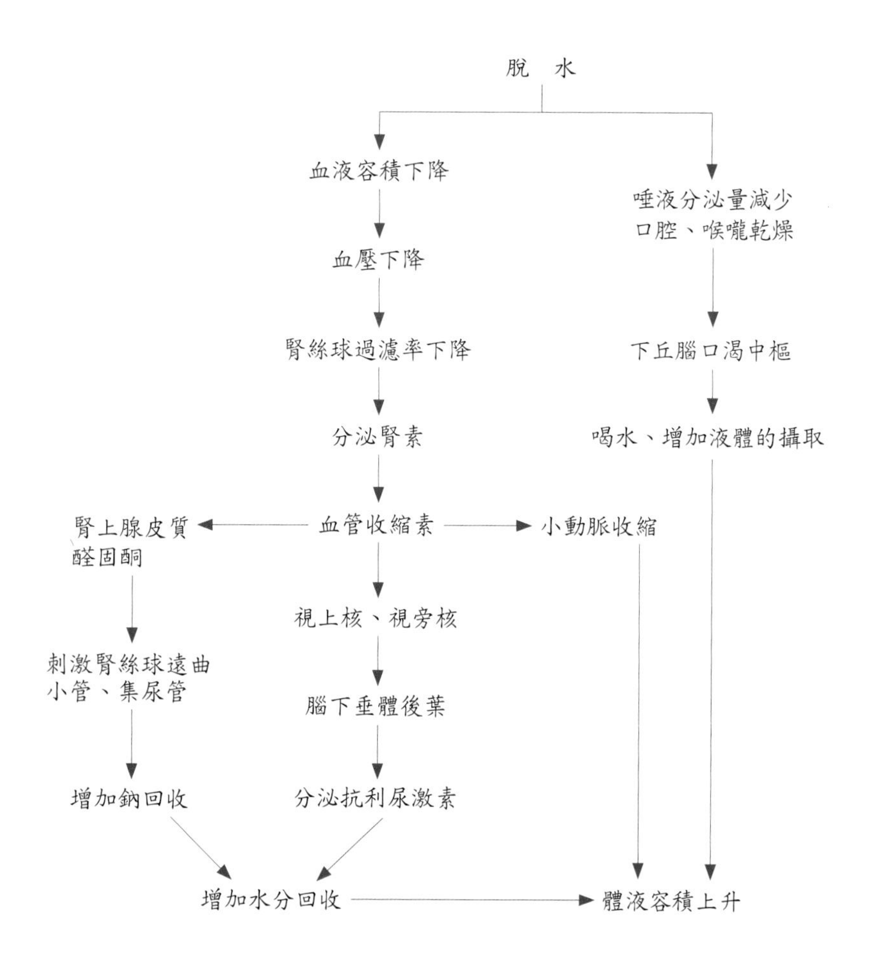

圖14-18 體內液體容積的調節

電解質

體液中含有各種溶解的化學物質，這些化學物質若是以離子鍵結合成的化合物即是電解質（electrolyte）（表14-5），當其溶於液體時即會解離成陽離子或陰離子，例如酸、鹼、鹽類。若是以共價鍵結合的即為非電解質，大部分為有機化合物。體內電解質具有三個主要的功能，說明如下：

- 很多電解質是體內必要的礦物質，為正常代謝所必需。
- 可調控身體內水的滲透壓。
- 能協助維持正常細胞活動的酸鹼平衡。

表14-5　體液中的電解質

電解質	特　徵	症　狀	濃度（mEq/L）
鈉（Na^+） sodium	• 細胞外液的主要陽離子，占90% • 神經、肌肉組織傳導衝動必需 • 維持血液滲透壓的主要無機鹽 • 濃度受醛固酮調節	過度出汗、使用利尿劑、燒傷皆會造成低血鈉症：肌肉衰弱、頭痛、低血壓、心搏過速以及循環性休克等	136～142
氯（Cl^-） chloride	• 細胞外液的主要陰離子 • 間接受醛固酮調控，因爲醛固酮在調節 Na^+ 再吸收時，Cl^- 也隨著被動的被吸收	過度嘔吐、脫水、腸瀉易造成低血氯症：痙攣、鹼中毒、呼吸衰弱、昏迷等	95～103
鉀（K^+） potassium	• 細胞內最主要的陽離子 • 是細胞內滲透壓的主要維持者 • 造成神經衝動之再、過極化 • 濃度受醛固酮調控	嘔吐、痢疾、鈉的過度攝取、腎臟疾病易造成低血鉀症：痙攣、鬆弛性麻痺、精神錯亂、尿量增加、心律不整	3.8～5.0
鈣（Ca^{+2}） calcium	• 與骨骼及牙齒構造、血液凝固、神經傳遞物之釋放、肌肉收縮、正常心跳有關 • 濃度受 PTH 和 CT 的調節，並需維生素 D 的幫助	急性腎臟炎、胰臟炎、腹瀉、副甲狀腺機能不足等造成低血鈣症：手足抽搐、強直痙攣等	4.5～5.5
磷酸根（$HPO_4^{=}$） phosphate	• 細胞內主要陰離子 • 與骨骼、牙齒構造有關 • 合成核酸及 ATP、緩衝劑必需 • 濃度受 PTH、CT 的調節		1.7～2.6

（續）

電解質	特　徵	症　狀	濃度（mEq/L）
鎂（Mg^{+2}）magnesium	• 可活化醣類、蛋白質代謝過程中所需酵素的活性，並與鈉鉀幫浦的引發、核糖體的製造、中樞神經的傳遞、心肌功能皆有關 • 濃度受醛固酮的調節	• 低血鎂症會增加肌肉系統及中樞神經系統的激動性 • 高血鎂症則是引起中樞神經系統的機能降低。	1.3～2.1

酸鹼平衡

酸鹼平衡（acid-base balance）就是電解質能使體液內氫離子濃度保持恆定的狀態。人體主要是藉由緩衝系統、呼吸作用及腎臟的排泄作用等三個機制來調節體液 pH 值維持在 7.35～7.45 之間。

緩衝系統

體內大部分的緩衝系統（buffer system）是由一弱酸及一弱鹼所組成，在加入強酸或強鹼時，能使強酸解離出 H^+ 或強鹼解離出 OH^-，因此 pH 值由強酸變成弱酸或由強鹼變成弱鹼，防止體內 pH 值劇烈變化。

緩衝液（buffer）是指一種化學物或是一群化學物可抓住過多的氫（H^+）或過多的氫氧根（OH^-）離子。血液中最重要的緩衝酸之一是碳酸（H_2CO_3），重要的鹼是碳酸氫根（HCO_3^-）：

$$H_2CO_3 \longleftrightarrow H^+ + HCO_3^-$$

假如血液的 pH 值上升（鹼）時，碳酸會解離而釋放出 H^+；假如血液的 pH 值下降（酸）時，碳酸氫根會與 H^+ 結合而形成碳酸，而使 H^+ 濃度減少呈鹼性。蛋白質也會幫助緩衝血液，因為它們帶電，所以它們也可以與 H^+ 或 OH^- 結合。

呼吸作用

體液的 pH 值會影響呼吸速率，當血液傾向較酸時，不管血中是 CO_2 或 H^+ 過多，皆會刺激延腦的呼吸中樞使呼吸變快。相反的，若血液傾向較鹼時，呼吸速率會受抑制而使呼吸變慢。

若呼吸頻率增加，呼出較多的 CO_2，血液的 pH 值會上升；若呼吸頻率降低，則會降低 pH 值。所以，呼吸速率的改變也會影響體液的 pH 值，因此呼吸作用（respiration）在維持身體 pH 值上扮演了重要角色。

排泄作用

腎臟維持恆定的方法是調節氫離子和氨的排出及鈉和碳酸氫根離子的再吸收，使血液的 pH 值維持在一狹窄的範圍內。腎臟為血液 pH 值的最終調節者，整個腎元皆參與這個過程。氫離子（H^+）和氨（NH_3）被排出，伴隨著鈉（Na^+）和碳酸氫根（HCO_3^-）的再吸收，這是將血液 pH 值調節在正常範圍內的基礎。假如血液較酸，氫離子會被排出而與氨結合，鈉和碳酸氫根離子會被再吸收，如此可以重建 pH 值，因為 $NaHCO_3$ 為鹼；假如血液較鹼，則氫離子被排出較少，並減少鈉和碳酸氫根離子被再吸收。

酸鹼失衡

正常血液的 pH 值是 7.35～7.45，若低於此範圍就會造成酸中毒（acidosis），若高於此範圍就會造成鹼中毒（alkalosis）。當血液 pH 值發生改變時，可經由呼吸作用及腎臟代謝作用來代償。呼吸性代償可在數分鐘內引發，數小時內發揮最大作用；而代謝性代償在數分鐘內開始，但需數天才能發揮最大作用。

由於呼吸作用使得血液中二氧化碳分壓失調而造成的酸鹼失衡（acid-base imbalance），是呼吸性的酸鹼中毒；若是因血液中重碳酸鹽（HCO3$^-$）濃度失調而造成的酸鹼失衡，則是代謝性的酸鹼中毒。

呼吸性酸中毒

呼吸性酸中毒（respiratory acidosis）是由肺部氣體交換減少或換氣不足所引起，會導致二氧化碳滯留，使得碳酸及氫離子濃度增加。主要造成的生理障礙有：

1. 造成延腦呼吸中樞的變化：例如嗎啡、安眠藥、麻醉劑的使用不當或呼吸中樞受傷。
2. 肺的換氣表面積減少，造成空氣擴散能力降低：例如氣胸、肺水腫、肋膜積水等。
3. 呼吸道阻塞：例如多發性肋骨骨折、慢性阻塞性肺疾病等。

呼吸性鹼中毒

呼吸性鹼中毒（respiratory alkalosis）是過度換氣使二氧化碳過度喪失所造成。CO_2 減少使氫離子濃度減少，pH 值上升。任何刺激呼吸中樞的情形均會引起，例如柳酸鹽中毒、阿斯匹靈（aspirin）過量、歇斯底里症、嚴重焦慮、高度缺氧、發燒、中樞神經系統受傷或手術後人工呼吸器使用過久等。

代謝性酸中毒

代謝性酸中毒（metabolic acidosis）是因酸性代謝物不正常增加，或是重碳酸鹽（HCO_3^-）流失造成體液 pH 值下降。此時會增加呼吸速度以排除酸。若過度換氣就會發生代償性呼吸性鹼中毒。造成的因素如下：

1. 重碳酸鹽不正常流失：例如腎功能失常、腹瀉、膽道或胰瘻管形成膽汁、胰液的損失。

2. 酸性代謝物不正常增加

⑴代謝性產酸增加：糖尿病酮酸中毒、乳酸酸血症、長期饑餓等。

⑵攝入過量的代謝性酸：長期食用低糖高脂肪飲食、攝入過多水楊酸、硼酸類藥物等。

⑶組織嚴重缺氧使乳酸增加：肺或肝臟疾病、嚴重貧血、手術後組織缺氧。

代謝性鹼中毒

代謝性鹼中毒（metabolic alkalosis）是因身體非呼吸性酸流失，或攝入過量的鹼性藥物造成體液中 HCO_3^- 增加，pH 值上升。此時會減少呼吸速度或深度以留住酸（CO_2），若過度會發生代償性呼吸性酸中毒。造成的因素如下：

1. 酸性物質過度流失：例如嘔吐出胃內容物、插鼻胃管所喪失的電解質未適當補充等。
2. 攝入過多的鹼性藥物：例如胃藥的長期使用。
3. 長期服用利尿劑及皮質固醇的藥物，使鉀流失過多。

表 14-6 列出酸鹼不平衡時，代償作用中的血漿值。代償性的呼吸不平衡可由腎臟功能來代償，代償性的代謝不平衡可由呼吸作用來代償。

表 14-6　酸鹼不平衡時，代償作用中的血漿值

酸鹼不平衡	pH值（7.35～7.45）	HCO_3^-濃度（22～26mEq/L）	PCO_2（35～45mmHg）
呼吸性酸中毒	＜7.4	＞24	＞40
呼吸性鹼中毒	＞7.4	＜24	＜40
代謝性酸中毒	＜7.4	＜22	＜40
代謝性鹼中毒	＞7.4	＞26	＞40

歷屆考題

(　) 1. 紅血球生成素（erythropoietin）是由哪一個器官分泌？　(A) 腎臟　(B) 心臟　(C) 脾臟　(D) 胰臟。（94 專普二）

(　) 2. 有關水分攝取的調節，下列敘述何者錯誤？　(A) 脫水增加血液的滲透壓，刺激下視丘造成口渴　(B) 水分的攝入量不受口渴的調節　(C) 脫水會使唾液分泌減少　(D) 口渴時，抗利尿激素增加。（98 專普一）

(　) 3. 某病患血液之 pH 值為 7.33、重碳酸氫根離子濃度為 32 mEq/L、二氧化碳分

壓為 65 mmHg，則此人之情形最可能為何？ (A) 呼吸性酸中毒 (B) 代謝性酸中毒 (C) 代謝性鹼中毒 (D) 呼吸性鹼中毒。 （94 專普一）

( ) 4. 下列何者並非呼吸性鹼中毒之可能表現？ (A) 血中 pH 上升 (B) 血中 HCO_3^- 下降 (C) 可因換氣不足引起 (D) 血中 CO_2 分壓下降。（95 專普二）

( ) 5. 因呼吸道阻塞引起肺換氣量減少，會造成下列何種情形？ (A) 呼吸性酸中毒 (B) 呼吸性鹼中毒 (C) 代謝性酸中毒 (D) 代謝性鹼中毒。 （98 專普一）

( ) 6. 菊糖（inulin）常被用以測量哪一種生理參數？ (A) 腎絲球過濾率 (B) 腎血漿流量 (C) 腎小管分泌能力 (D) 有效過濾壓。 （94 專普一）

( ) 7. 膀胱逼尿肌收縮而排尿，主要為透過何種神經之反射而完成？ (A) 交感神經 (B) 副交感神經 (C) 肌梭神經 (D) 高基氏肌腱器神經。 （94 專普一）

( ) 8. 葡萄糖的再吸收（reabsorption）主要是在腎臟的： (A) 腎絲球 (B) 近曲小管 (C) 亨利氏環 (D) 遠曲小管。 （94 專普二）

( ) 9. 在腎臟髓質，圍繞在亨利氏環附近的微血管為： (A) 直血管（vasa recta） (B) 弓狀靜脈（arcuate arteriole） (C) 入球小動脈（afferent arteriole） (D) 出球小動脈（efferent arteriole）。 （94 專普二）

( ) 10. 下列何種物質通常不存在於正常人的尿液中？ (A) 葡萄糖 (B) 尿素 (C) 鈉離子 (D) 鉀離子。 （94 專普二）

( ) 11. 腎小管是負責水分及鹽分再吸收的部位，其目的是為了避免： (A) 高血壓（hypertension） (B) 高血鉀（hyperkalemia） (C) 脫水（dehydration） (D) 體液過多（volume overload）。 （94 專高一）

( ) 12. 下列何者有關腎臟功能的敘述「不」正確？ (A) 腎臟主要是調節體液、水分、電解質（如鈉、鉀）的平衡 (B) 每分鐘心輸出量有 20~25% 流經腎臟 (C) 腎臟能分泌腎素影響血壓的調控 (D) 腎皮質（renal cortex）負責濃縮尿液。 （94 專高一）

( ) 13. 正常生理狀態下，供應腎臟血流之血管哪一段阻力最大？ (A) 小葉間動脈（interlobular artery） (B) 入球小動脈 (C) 出球小動脈 (D) 直血管。 （94 專高一）

( ) 14. 有關腎小管之重吸收作用之敘述何者為最正確？ (A) 物質重吸收之方向由周邊微血管運送至腎小管內 (B) 重吸收只在近曲小管發生 (C) 重吸收作用包括主動及被動性運輸 (D) 所有物質在不同段之腎小管重吸收比例均相同。 （94 專高一）

( ) 15. 腎元中，負責再吸收水分及鈉鹽總量達三分之二的部位為： (A) 近端腎小

管　(B) 亨利氏管　(C) 遠端腎小管　(D) 集尿管。（94 專高二）

(　) 16.腎絲球的主要功能為何？　(A) 過濾作用　(B) 再吸收　(C) 分泌　(D) 排泄。（94 專高二）

(　) 17.糖尿病病人常出現尿糖現象，與下列哪種原因有關？　(A) 腎臟功能破壞　(B) 尿液過多　(C) 血糖過高　(D) 胰島素過多。（94 專高二）

(　) 18.臨床上常用來測定腎絲球過濾功能的物質為：　(A) 菊糖　(B) 肌酸酐　(C) 尿素　(D) 葡萄糖。（91 專普；94 專普二；95 專普一）

(　) 19.下列有關排尿的敘述何者錯誤？　(A) 逼尿肌和外括約肌均為平滑肌　(B) 排尿時外括約肌會舒張　(C) 尿液積達 200 mL 時會造成膀胱壁感覺神經放電增加　(D) 脊髓背角神經受損會導致失禁。（95 專普二）

(　) 20.腎絲球微血管血壓與一般微血管比較：　(A) 為高，有利過濾　(B) 為高，有利分泌　(C) 為低，有利再吸收　(D) 為低，有利逆流交換。（95 專普二）

(　) 21.下列何種物質在正常情況下會被腎小管分泌？　(A) 葡萄糖　(B) 鉀離子　(C) 鈉離子　(D) 菊糖。（95 專普二）

(　) 22.抗利尿激素（antidiuretic hormone）的主要作用是位於下列何處？　(A) 近端腎小管（proximal tubule）　(B) 腎絲球（glomerulus）　(C) 集尿管（collecting duct）　(D) 亨利環（the loop of Henle）。（95 專高一）

(　) 23.腎元（Nephron）中具有再吸收水分、Na^+及分泌H^+、NH_3、K^+的部位為：　(A) 近側曲管　(B) 亨利氏環　(C) 遠側曲管　(D) 集尿管。（95 專高二）

(　) 24.正常人之腎臟在酸鹼平衡反應時之作用方式為：　(A) 排泄 H^+ 及 NH_4^+ 而保留 HCO_3^-　(B) 排泄 H^+ 及 HCO_3^- 而保留 NH_4^+　(C) 排泄 HCO_3^- 及 NH_4^+ 而保留 H^+　(D) 排泄 HCO_3^- 而保留 H^+ 及NH_4^+。（95 專高二）

(　) 25.男性尿道經過：　(A) 陰莖球與尿道海綿體　(B) 陰莖腳與尿道海綿體　(C) 陰莖球與陰莖海綿體　(D) 陰莖腳與陰莖海綿體。（96 專普一）

(　) 26.有關腎小管的再吸收作用，下列何者錯誤？　(A) 腎絲球濾過液有 99% 被再吸收，只有 1% 形成尿液排出體外　(B) 腎小管對葡萄糖的重吸收有一定的限量，超過即無法再吸收　(C) 約 75% 的腎絲球濾過液在近端腎小管被重吸收　(D) 胺基酸與葡萄糖在亨利氏管完成再吸收作用。（96 專普一）

(　) 27.有關尿液的形成，下列敘述何者錯誤？　(A) 腎絲球具過濾作用　(B) 醛固酮具促進鉀離子再吸收之作用　(C) 腎小管具分泌作用　(D) 腎小管具再吸收作用。（96 專普一）

(　) 28.有關輸尿管的敘述，下列何者錯誤？　(A) 與腎盂在腎門處連通　(B) 負責將尿液導流至膀胱　(C) 延伸於腹腔與骨盆腔　(D) 有括約肌以調控尿液的流

動。（96 專普一）

( ) 29.下列何者位於腎錐體內？ (A) 近曲小管 (B) 遠曲小管 (C) 集尿管 (D) 腎小體。（96 專高一）

( ) 30.正常成年人之腎絲球過濾率（GFR）約為多少mL/min？ (A) 425 (B) 325 (C) 225 (D) 125。（96 專普二）

( ) 31.下列哪一項不是腎絲球微血管壁之結構？ (A) 血管內皮細胞（endothelium） (B) 近腎絲球細胞（juxtaglomerular cell） (C) 基底膜（basement membrane） (D) 足細胞（podocyte）足部。（96 專高一；96 專普二）

( ) 32.腎絲球是一種： (A) 小動脈叢 (B) 微血管叢 (C) 小靜脈叢 (D) 小神經叢。（96 專普二）

( ) 33.有關醛固酮（aldosterone）的調節之敘述，下列何者正確？ (A) 血管緊縮素II （angiotensin II）抑制醛固酮分泌 (B) 增加血漿體積會抑制醛固酮分泌 (C) 流汗過多抑制醛固酮分泌 (D) 鉀離子攝取過多可抑制醛固酮分泌。（96專高二）

( ) 34.尿液濃縮機制中，稱為對流交換器（countercurrent exchanger）的是： (A) 近端腎小管 (B) 遠端腎小管 (C) 直行血管（vasa recta） (D) 集尿管。（96專高二）

( ) 35.葡萄糖在血漿的濃度是 110 mg/100 mL，腎絲球過濾率是 120 mL/min，則葡萄糖每分鐘的過濾量有多少 mg/min？ (A) 125 (B) 132 (C) 140 (D) 160。（95、96 專高二）

( ) 36.依尿液形成方向，下列管道的排序為何？ (1)亨利氏環（Henle's loop） (2)集尿管 (3)腎小盞 (4)腎盂 (A) (1)(2)(3)(4) (B) (1)(3)(2)(4) (C) (2)(1)(4)(3) (D) (2)(4)(1)(3)。（96 專高二）

( ) 37.有關近腎絲球器的敘述，下列何者錯誤？ (A) 近腎絲球器由近腎絲球細胞、網質細胞及緻密斑組成 (B) 緻密斑可分泌腎素 (C) 近腎絲球細胞位於入球小動脈壁上 (D) 緻密斑負責偵測腎小管內溶質濃度。（97 專普一）

( ) 38.下列何者不是腎元的一部分？ (A) 腎小體 (B) 集尿管 (C) 近曲小管 (D) 亨利氏環。（97 專普一）

( ) 39.正常生理狀況下，腎絲球過濾作用的主要動力來自下列何種力量？ (A) 腎絲球毛細血管內的膠體滲透壓（oncotic pressure） (B) 腎絲球毛細血管內的靜水壓（hydrostatic pressure） (C) 包氏囊（Bowman's capsule）內的靜水壓 (D) 包氏囊內的膠體滲透壓。（97 專高一）

(　) 40.腎小球入球小動脈（afferent arteriole）為下列何者的分支？　(A) 葉間動脈　(B) 弓狀動脈　(C) 小葉間動脈　(D) 出球小動脈。　（97 專高一）

(　) 41.下列何者屬於尿液的不正常成分？　(A) 尿素　(B) 紅血球　(C) 肌酸酐　(D) 尿酸。　（97專普二）

(　) 42.有關腎臟生理功能的敘述，下列何者錯誤？　(A) 製造尿液，排泄廢物　(B) 維持水分及電解質的平衡　(C) 與血液的酸鹼平衡無關　(D) 具有內分泌的功能。　（97 專普二）

(　) 43.下列何者不是血管收縮素II的作用？　(A) 使小動脈收縮，血壓上升　(B) 使腎上腺皮質釋出醛固酮（aldosterone），使Na+留住，使水分排出減少　(C) 刺激下視丘分泌血管加壓素（vasopressin），使尿液流量減少，體液增加　(D) 刺激組織胺的分泌，使血管收縮，血壓上升。　（97 專高二）

(　) 44.下列何種物質，為主要調控遠端腎小管及集尿管對水分的再吸收？　(A) 醛固酮（aldosterone）　(B) 心房利鈉素（ANP）　(C) 抗利尿激素（antidiuretic hormone）　(D) 腎上腺素（epinephrine）。　（97 專高二）

(　) 45.有關腎元（nephron）的敘述，下列何者錯誤？　(A) 由腎小球（renal corpuscle）和腎小管所組成　(B) 每顆腎臟約有百萬個腎元　(C) 構成腎臟基本生理功能之基本單位　(D) 大部分的腎元為近髓質腎元（juxtamedullary nephron）。　（97 專高二）

(　) 46.下列何者之組織可區分為皮質與髓質？　(A) 肝臟　(B) 胰臟　(C) 腎臟　(D) 肺臟。　（97專高二）

(　) 47.菊糖（inulin）被用於何種生理參數的測量？　(A) 腎小管的再吸收能力　(B) 腎小管的分泌能力　(C) 腎絲球過濾率　(D) 腎血漿流量。　（98 專普一）

(　) 48.經由腎絲球濾出至鮑氏囊腔的液體，緊接著會流至：　(A) 入球小動脈　(B) 出球小動脈　(C) 近曲小管　(D) 遠曲小管。　（98 專普一）

(　) 49.有關男性尿道與女性尿道的敘述，下列何者錯誤？　(A) 皆含尿道嵴　(B) 皆從骨盆腔延伸至會陰部　(C) 皆貫穿泌尿生殖橫膈　(D) 皆含骨骼肌構成的括約肌。　（98 專普一）

(　) 50.有關男性與女性尿道的敘述，下列何者錯誤？　(A) 男性尿道較女性長　(B) 男性尿道兼具生殖道的功能，女性則否　(C) 男性尿道貫穿泌尿生殖橫膈，女性則否　(D) 男性尿道開口於龜頭，女性則開口於陰道前庭。　（98專高一）

(　) 51.集尿管對水分的再吸收作用受到血管加壓素（vasopressin）所調控，其作用機制為何？　(A) 增加集尿管腔內膜上的Na^+/K^+-ATPase幫浦數量　(B) 減少集尿管腔內膜上的Na^+/K^+-ATPase幫浦數量 (C) 減少集尿管腔內膜上的水通道（aquaporin）數量 (D) 增加集尿管腔內膜上的水通道數量。 （98專高一）

( ) 52. 當鹼中毒發生時，腎臟會減少何種離子的再吸收？ (A) HCO_3^- (B) Na^+ (C) K^+ (D) Cl^-。 （98 專普二）

( ) 53. 有關腎小管的分泌作用之敘述，下列何者錯誤？ (A) 分泌作用能將腎小管周圍血液內的物質移入腎小管 (B) 遠曲小管分泌鉀離子及氫離子不受醛固酮之作用 (C) 亨利氏管沒有分泌物質 (D) 被分泌的物質有鉀離子、氫離子、氨、肌酸酐等物質。 （98 專普二）

( ) 54. 尿液最初在何處形成？ (A) 腎絲球 (B) 集尿管 (C) 腎盂 (D) 膀胱。 （98專高二）

( ) 55. 下列何者為尿液的正常成分？ (A) 白蛋白 (B) 尿素 (C) 白血球 (D) 紅血球。 （98 專高二）

( ) 56. 有關腎絲球與鮑氏囊的敘述，下列何者錯誤？ (A) 位於皮質 (B) 二者合稱腎元 (C) 腎絲球是由微血管所構成 (D) 鮑氏囊包圍在腎絲球的外圍。 （98 專高二）

( ) 57. 迫尿肌位於： (A) 輸尿管壁 (B) 膀胱壁 (C) 泌尿生殖橫膈 (D) 尿道壁。 （98專高二）

( ) 58. 近腎絲球細胞（juxtaglomerular cell）是由下列何者特化而成？ (A) 入球小動脈的平滑肌細胞 (B) 出球小動脈的平滑肌細胞 (C) 遠曲小管的上皮細胞 (D) 近曲小管的上皮細胞。 （99 專高一）

( ) 59. 腎小體過濾物質至鮑氏囊腔時，須通過三層構造，依濾液流動方向，其順序為何？(1)足細胞的過濾縫隙 (2)基底膜 (3)內皮細胞的孔洞： (A) (1)(2)(3) (B) (2)(1)(3) (C) (1)(3)(2) (D) (3)(2)(1)。 （99 專高二）

( ) 60. 有關腎臟顯微構造的敘述，下列何者錯誤？ (A) 腎臟製造尿液的功能單位稱為腎元（nephron） (B) 每一顆腎臟約含五百萬個腎元 (C) 腎元由腎小體（renal corpuscle）及腎小管組成 (D) 腎小體由鮑氏囊（Bowman's capsule）及腎絲球組成。 （99專普一）

( ) 61. 腎臟內部的血管中，入球小動脈直接源自： (A) 弓狀動脈 (B) 直血管 (C) 葉間動脈 (D) 小葉間動脈。 （99 專普二）

( ) 62. 下列何項因素會增加腎元的有效過濾壓？ (A) 鮑氏囊膠體滲透壓下降 (B) 腎絲球膠體滲透壓上升 (C) 鮑氏囊的靜水壓上升 (D) 腎絲球血液靜水壓上升。 （99專普二）

( ) 63. 有關醛固酮（aldosterone）的敘述，下列何者錯誤？ (A) 可促進遠端腎小管

對鉀的再吸收　(B) 由腎上腺皮質所分泌　(C) 大量失血時，醛固酮分泌增加　(D) 醛固酮分泌過多，可能會造成高血壓。（99 專普二）

(　) 64.將血管升壓素 I（angiotensin I）轉變為血管升壓素 II（angiotensin II），主要由下列何處製造的酶來協助進行？　(A) 肺　(B) 心　(C) 腎　(D) 肝。（100專普一）

(　) 65.下列各段腎小管中，何者是水分及鈉鹽再吸收的主要部位？　(A) 近端腎小管　(B) 亨利氏管　(C) 遠端腎小管　(D) 集尿管。（100 專高一）

(　) 66.正常生理狀態下，下列何種物質之腎臟清除率（renal clearance）最高？(A) 尿素　(B) 葡萄糖　(C) 鈉離子　(D) 肌酸酐（creatinine）。（100 專高一）

(　) 67.正常生理狀況下，下列何種物質不會被腎小管所分泌？　(A) 盤尼西林　(B) 氨　(C) 鉀離子　(D) 葡萄糖。（100 專高一）

(　) 68.依尿液流動方向，下列管道的排序為何？ (1)腎小盞 (2)腎大盞 (3)腎盂 (4)集尿管　(A) (1)(2)(3)(4)　(B) (2)(1)(3)(4)　(C) (1)(2)(4)(3)　(D) (4)(1)(2)(3)。（100 專普一）

(　) 69.有關尿液濃縮機制之敘述，下列何者錯誤？　(A) 當體液太濃時，腎臟可排除多餘的水分　(B) 抗利尿激素可調控後段腎小管對水分的再吸收　(C) 亨利氏管為對流放大器　(D) 直行血管為對流交換器。（100 專普一）

(　) 70.有關泌尿器官的敘述，下列何者錯誤？　(A) 人體輸尿管連接腎盂與膀胱　(B) 輸尿管藉由管壁肌肉的蠕動，將尿液由腎盂送至膀胱　(C) 膀胱主要收縮尿液的是逼尿肌　(D) 大腦控制了膀胱內括約肌，所以排尿動作可隨意被引發或停止。（100 專普一）

(　) 71.正常人尿液檢測時，最可能會出現下列何種物質？　(A) 氯離子　(B) 紅血球　(C) 葡萄糖　(D) 白蛋白。（100 專普一）

(　) 72.下列有關膀胱的敘述，何者錯誤？　(A) 屬腹膜後器官　(B) 黏膜層表皮為單層柱狀上皮　(C) 逼尿肌為三層平滑肌所構成　(D) 具有三個開孔與其他泌尿器官相通。（100 專高二）

(　) 73.當尿液離開大腎盞，會進入下列何處？　(A) 腎竇　(B) 腎盂　(C) 小腎盞　(D) 集尿管。（100 專普二）

(　) 74.下列何者為近腎絲球器（Juxta-glomerular apparatus）偵測體液中鈉離子濃度變化的構造？　(A) 緻密斑（Macula densa）　(B) 松果體（Pineal body）　(C) 脈絡叢（Choroid plexus）　(D) 逆流放大器（Counter-current amplifier）。（100 專普二）

(　) 75. 腎臟的近曲小管有豐富的何種胞器，以進行主動運輸？ (A) 粒線體 (B) 溶酶體 (C) 中心體 (D) 過氧化體。 （100 專普二）

(　) 76. 下列何者不構成腎小球過濾膜的一部分？ (A) 基底膜 (B) 過濾間隙 (C) 近腎絲球細胞 (D) 微血管內皮細胞。 （101專高一）

(　) 77. 在腎臟葡萄糖的次級主動運輸（secondary active transport）作用中，下列何者常伴隨著葡萄糖被再吸收？ (A) 鈉離子 (B) 鉀離子 (C) 鈣離子 (D) 氫離子。 （101 專高一）

(　) 78. 下列腎元（nephron）諸段構造中，何者的水分再吸收量最高？ (A) 鮑氏囊（Bowman's capsule） (B) 近曲小管（proximal convoluted tubule） (C) 亨利氏環（loop of Henle） (D) 遠曲小管（distal convoluted tubule）。 （101專高一）

(　) 79. 抗利尿激素（anti-diuretic hormone）在腎臟的主要作用位置為： (A) 腎絲球（glomerulus） (B) 鮑氏囊（Bowman's capsule） (C) 近曲小管（proximal convoluted tubule） (D) 集尿管（collecting duct）。 （101專 普一）

(　) 80. 腎動脈的血流和血壓降低時，會刺激腎臟的近腎絲球器（juxtaglomerular apparatus）分泌： (A) 血管收縮素（angiotensin） (B) 醛固酮（aldosterone） (C) 心房鈉尿胜 （atrial natriuretic peptide） (D) 腎素（renin）。 （101 專普一）

(　) 81. 葡萄糖之再吸收作用，發生於腎小管哪一部位？ (A) 近曲小管 (B) 亨利氏環 (C) 遠曲小管 (D) 集尿管。 （101 專普一）

(　) 82. 醛固酮（aldosterone）作用於下列何種腎臟細胞，而影響鈉離子的再吸收與鉀離子的分泌？ (A) 網狀細胞（lacis cells） (B) 間質細胞（mesangial cells） (C) 主細胞（principal cells） (D) 近腎絲球細胞（juxtaglomerular cells）。 （101 專高二）

(　) 83. 腎錐體與腎錐體間的構造稱為： (A) 腎柱 (B) 腎竇 (C) 腎盂 (D) 腎盞。 （101 專高二）

(　) 84. 下列何者會進入腎錐體？ (A) 腎小體 (B) 近曲小管 (C) 亨利氏環 (D) 遠曲小管。 （101 專普二）

(　) 85. 下列有關腎臟功能的敘述，何者錯誤？ (A) 調節血量和血壓 (B) 調節血液的 pH 值 (C) 刺激紅血球細胞的生成 (D) 可排除體內的白蛋白。 （101 專普二）

(　) 86. 有關腎絲球的敘述，下列何者錯誤？ (A) 腎絲球位於髓質 (B) 腎絲球是小動脈微血管所構成 (C) 腎絲球是腎臟過濾單位 (D) 正常狀況下，腎絲球無

法過濾白蛋白。（101專普二）

（ ）87.與血漿的內容物相比較，正常人鮑氏囊（Bowman's capsule）中的濾液組成，下列何者正確？ (A) 有較高的紅血球數目 (B) 有較低的鈉離子含量 (C) 有較低的球蛋白含量 (D) 有較高的淋巴球數目。（102 專高一）

（ ）88.當葡萄糖在腎絲球的濾出量超過葡萄糖的最大運轉量（maximal transport）時會產生下列何種反應？ (A) 尿中帶糖（glucosuria） (B) 代謝性酸中毒（metabolic acidosis） (C) 代謝性酮體中毒（metabolic ketosis） (D) 鹼血症（alkalosis）。（102 專高二）

（ ）89.下列何者可由意志力控制？ (A) 膀胱壁逼尿肌（detrusor of bladder wall） (B) 外尿道括約肌（external urethral sphincter） (C) 輸尿管縱走肌（longitudinal muscle of ureter） (D) 腎盂平滑肌（smooth muscle of renal pelvis）。（102 專高二）

（ ）90.下列有關腎元的敘述，何者錯誤？ (A) 由腎小體（renal corpuscle）及腎小管組成 (B) 為製造尿液的基本構造及功能單位 (C) 近髓質腎元的數量約為皮質腎元的七倍 (D) 近髓質腎元濃縮尿液的功能較皮質腎元強。

（103 專高一）

（ ）91.下列何種物質可以促使腎臟間質細胞（mesangial cells）舒張？ (A) 血小板活化因子（platelet-activating factor） (B) 血管張力素II（angiotensin II） (C) 多巴胺（dopamine） (D) 組織胺（histamine）。（103 專高一）

（ ）92.生理上所謂酸鹼平衡，維持中性，指的是動脈血中pH等於： (A) 7.6 (B) 7.4 (C) 7.2 (D) 7.0。（94 專高二）

（ ）93.有關血液酸鹼值與呼吸作用之間的關係之敘述，下列何者錯誤？ (A) 血液pH值降低，刺激呼吸中樞增加呼吸速率 (B) 血液pH值降低，刺激呼吸中樞降低呼吸速率 (C) 血液 pH 值升高，呼吸受抑制而變慢 (D) 呼吸作用比其他緩衝系統，能排出更多酸或鹼。（96 專普一）

（ ）94.當動脈血中之pH＝7.6、$[HCO_3^-]$＝20 mEq/L、PCO_2＝20 mmHg 時，最可能之情況為何？ (A) 呼吸性酸中毒 (B) 呼吸性鹼中毒 (C) 代謝性酸中毒 (D) 代謝性鹼中毒。（96 專高一）

（ ）95.下列與維持人體酸鹼平衡最無關的作用為何？ (A) 呼吸作用 (B) 尿液形成作用 (C) 體內緩衝系統（buffer system） (D) 血糖恆定作用。

（97專普一）

（ ）96.下列何者不是體液主要的緩衝系統（buffer system）？ (A) 碳酸－重碳酸鹽緩衝系統 (B) 磷酸鹽緩衝系統 (C) 蛋白質緩衝系統 (D) 腎素－血管張力

素系統。（97 專普一）

（　）97.因過度焦慮引起過度換氣，會造成下列何種情形？ (A) 呼吸性酸中毒 (B) 呼吸性鹼中毒 (C) 代謝性酸中毒 (D) 代謝性鹼中毒。（97專普二）

（　）98.當動脈血中之pH=7.55、$[HCO_3^-]$=44 mEq/L、PCO_2=55 mmHg時，最可能之情況為何？ (A) 呼吸性酸中毒 (B) 呼吸性鹼中毒 (C) 代謝性酸中毒 (D) 代謝性鹼中毒。（98專高一）

（　）99.哪一種維生素（vitamine）可在皮膚中生成？ (A) 維生素 C (B) 維生素 D (C) 維生素 E (D) 維生素 K。（98 專普二）

（　）100.人體組織間液（interstitial fluid）最主要的緩衝劑為何？ (A) 蛋白質 (B) 磷酸根（HPO_4^{2-}） (C) 重碳酸氫根（HCO_3^-） (D) 血紅素。

（99專高二）

（　）101.下列陰離子中，何者在細胞外液中之含量最高？ (A) SO_4^2 (B) PO_4^3 (C) HCO_3 (D) Cl 。（99 專高二）

（　）102.一個 62 公斤重的人，細胞內液（intracellular fluid）有多少公升？ (A) 10.2 (B) 12.4 (C) 20.8 (D) 24.8。（99 專普一）

（　）103.有關血液酸鹼平衡之敘述，下列何者錯誤？ (A) 正常動脈血漿 pH 值7.4 (B) 動脈血漿 pH 值低於 7.4 會造成酸中毒 (C) 動脈血漿 pH 值高於 7.4 會造成鹼中毒 (D) 靜脈血漿 pH 值高於 7.4。（99 專普一）

（　）104.在一般情況下，下列哪種離子，在細胞外液中的濃度遠低於在細胞內液中的濃度？ (A) 鈉離子 (B) 鉀離子 (C) 氯離子 (D) 鈣離子。（99專普二）

（　）105.一般細胞內含量最多的單價陽離子為： (A) Na^+ (B) Rb^+ (C) K^+ (D) Choline。（99 專普二）

（　）106.一位70公斤重的人，其細胞外液（extracellular fluid）有多少公斤？ (A) 14 (B) 28 (C) 35(D) 42。（101專高一）

（　）107.有關電解質的敘述，下列何者錯誤？ (A) 部分電解質為體內必要之礦物質，為細胞新陳代謝所需要 (B) 在身體各區間控制水的滲透度 (C) 電解質包括葡萄糖、尿素、肌酸等物質 (D) 維持正常細胞活動之酸鹼平衡。

（101 專普一）

（　）108.血漿中鈉離子濃度的調節主要受哪兩種荷爾蒙的影響？ (A) 雌性激素與雄性激素 (B) 甲狀腺素與副甲狀腺素 (C) 醛固酮與抗利尿激素 (D) 生長激素與催產素。（101 專普二）

（　）109.腎小管的刷狀緣（brush border）主要位於何處？ (A) 集尿管（collecting duct） (B) 遠曲小管（distal convoluted tubule） (C) 亨利氏環（loop of

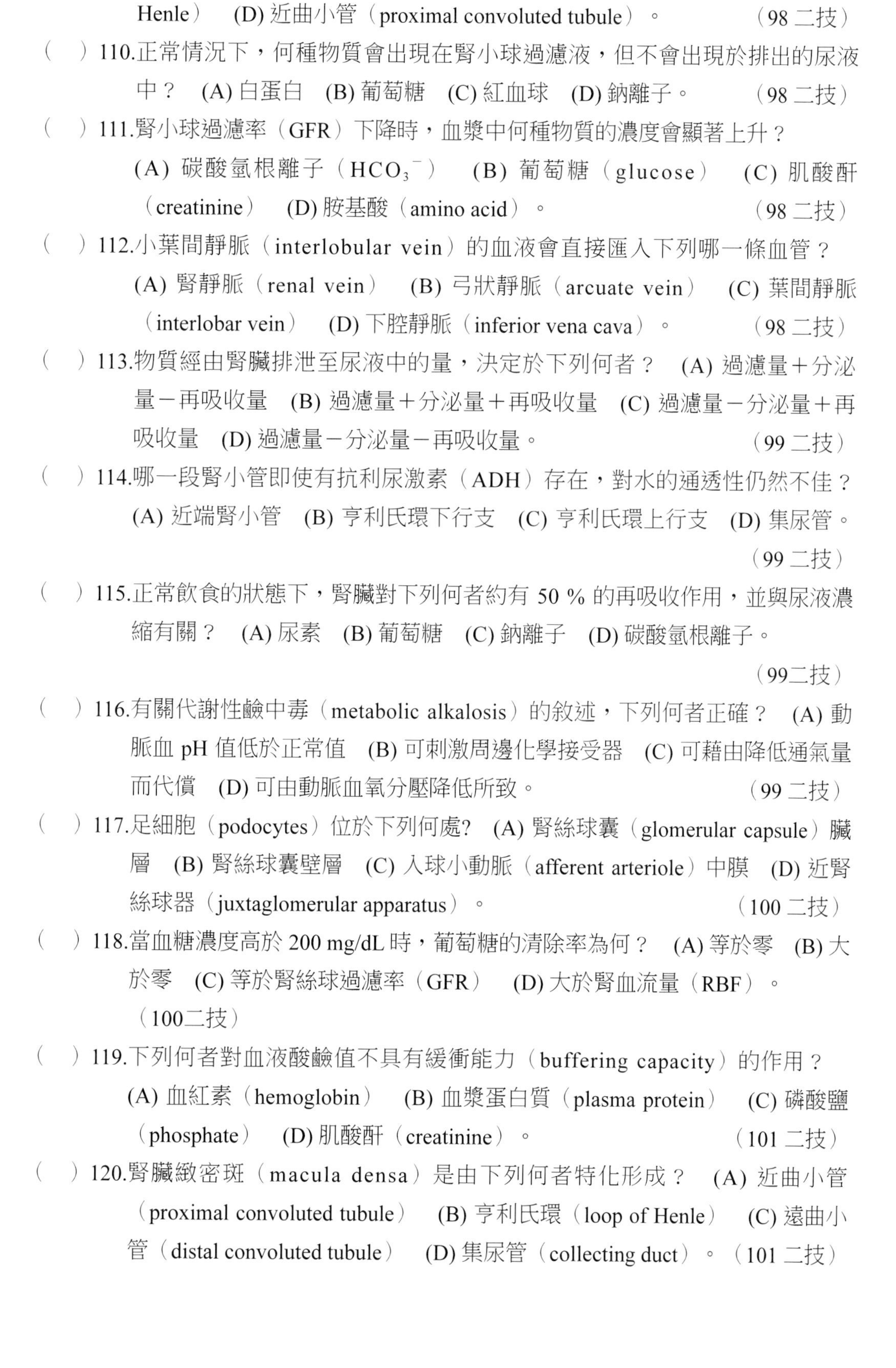

Henle） (D) 近曲小管（proximal convoluted tubule）。 （98 二技）

（ ）110.正常情況下，何種物質會出現在腎小球過濾液，但不會出現於排出的尿液中？ (A) 白蛋白 (B) 葡萄糖 (C) 紅血球 (D) 鈉離子。 （98 二技）

（ ）111.腎小球過濾率（GFR）下降時，血漿中何種物質的濃度會顯著上升？ (A) 碳酸氫根離子（HCO_3^-） (B) 葡萄糖（glucose） (C) 肌酸酐（creatinine） (D) 胺基酸（amino acid）。 （98 二技）

（ ）112.小葉間靜脈（interlobular vein）的血液會直接匯入下列哪一條血管？ (A) 腎靜脈（renal vein） (B) 弓狀靜脈（arcuate vein） (C) 葉間靜脈（interlobar vein） (D) 下腔靜脈（inferior vena cava）。 （98 二技）

（ ）113.物質經由腎臟排泄至尿液中的量，決定於下列何者？ (A) 過濾量＋分泌量－再吸收量 (B) 過濾量＋分泌量＋再吸收量 (C) 過濾量－分泌量＋再吸收量 (D) 過濾量－分泌量－再吸收量。 （99 二技）

（ ）114.哪一段腎小管即使有抗利尿激素（ADH）存在，對水的通透性仍然不佳？ (A) 近端腎小管 (B) 亨利氏環下行支 (C) 亨利氏環上行支 (D) 集尿管。 （99 二技）

（ ）115.正常飲食的狀態下，腎臟對下列何者約有 50 % 的再吸收作用，並與尿液濃縮有關？ (A) 尿素 (B) 葡萄糖 (C) 鈉離子 (D) 碳酸氫根離子。 （99二技）

（ ）116.有關代謝性鹼中毒（metabolic alkalosis）的敘述，下列何者正確？ (A) 動脈血 pH 值低於正常值 (B) 可刺激周邊化學接受器 (C) 可藉由降低通氣量而代償 (D) 可由動脈血氧分壓降低所致。 （99 二技）

（ ）117.足細胞（podocytes）位於下列何處? (A) 腎絲球囊（glomerular capsule）臟層 (B) 腎絲球囊壁層 (C) 入球小動脈（afferent arteriole）中膜 (D) 近腎絲球器（juxtaglomerular apparatus）。 （100 二技）

（ ）118.當血糖濃度高於 200 mg/dL 時，葡萄糖的清除率為何？ (A) 等於零 (B) 大於零 (C) 等於腎絲球過濾率（GFR） (D) 大於腎血流量（RBF）。 （100二技）

（ ）119.下列何者對血液酸鹼值不具有緩衝能力（buffering capacity）的作用？ (A) 血紅素（hemoglobin） (B) 血漿蛋白質（plasma protein） (C) 磷酸鹽（phosphate） (D) 肌酸酐（creatinine）。 （101 二技）

（ ）120.腎臟緻密斑（macula densa）是由下列何者特化形成？ (A) 近曲小管（proximal convoluted tubule） (B) 亨利氏環（loop of Henle） (C) 遠曲小管（distal convoluted tubule） (D) 集尿管（collecting duct）。（101 二技）

(　)121.下列各種腎臟外圍組織：a脂肪囊（adipose capsule）；b腎筋膜（renal fascia）；c腹膜（peritoneum）；d腎被膜（renal capsule）由內而外的正確順序為何？ (A) abdc (B) bdca (C) dbac (D) dabc。（101 二技）

(　)122.有關菊 （inulin）之敘述，下 何者錯誤？ (A) 為一種多醣類 (B) 菊糖可完全被腎絲球過 (C) 菊糖不會被腎小管再吸收 (D) 評估腎絲球過濾率（GFR）時，以口服方式給予。（101 二技）

(　)123.有關亨利氏環下行支（descending limb of Henle's loop）之特性，下列何者正確？ (A) 可分泌鉀離子 (B) 可吸收氫離子 (C) 對水分的通透性很高 (D) 抗利尿激素（ADH）可抑制水分之通透性。（101 二技）

解答：

1.(A)	2.(B)	3.(A)	4.(C)	5.(A)	6.(A)	7.(B)	8.(B)	9.(A)	10.(A)
11.(C)	12.(D)	13.(C)	14.(C)	15.(A)	16.(A)	17.(C)	18.(B)	19.(A)	20.(A)
21.(B)	22.(C)	23.(C)	24.(A)	25.(A)	26.(D)	27.(B)	28.(D)	29.(C)	30.(D)
31.(B)	32.(B)	33.(B)	34.(C)	35.(B)	36.(A)	37.(B)	38.(B)	39.(B)	40.(C)
41.(B)	42.(C)	43.(D)	44.(C)	45.(D)	46.(C)	47.(C)	48.(C)	49.(A)	50.(C)
51.(D)	52.(A)	53.(B)	54.(A)	55.(B)	56.(B)	57.(B)	58.(A)	59.(D)	60.(B)
61.(D)	62.(D)	63.(A)	64.(A)	65.(A)	66.(D)	67.(D)	68.(D)	69.(A)	70.(D)
71.(A)	72.(B)	73.(B)	74.(A)	75.(A)	76.(C)	77.(A)	78.(B)	79.(D)	80.(D)
81.(A)	82.(C)	83.(A)	84.(C)	85.(D)	86.(A)	87.(C)	88.(A)	89.(B)	90.(C)
91.(C)	92.(B)	93.(B)	94.(B)	95.(D)	96.(D)	97.(B)	98.(D)	99.(B)	100.(C)
101.(D)	102.(D)	103.(D)	104.(B)	105.(C)	106.(A)	107.(C)	108.(C)	109.(D)	110.(B)
111.(C)	112.(B)	113.(A)	114.(C)	115.(A)	116.(C)	117.(A)	118.(D)	119.(D)	120.(C)
121.(D)	122.(D)	123.(C)							

解析：

97過度換氣時，換氣速率比二氧化碳生成速率快，血漿中二氧化碳減少，碳酸亦減少而逐漸被耗盡，血液pH值因而升高，導致呼吸性鹼中毒。

第十五章　內分泌系統

本章大綱

內分泌腺

荷爾蒙

種類

生理作用機轉

分泌調節

腦下腺

前葉分泌的荷爾蒙

後葉分泌的荷爾蒙

甲狀腺

解剖學

顯微構造

甲狀腺激素

副甲狀腺

解剖學

顯微構造

副甲狀腺素

腎上腺

解剖學

顯微構造

腎上腺皮質激素

腎上腺髓質激素

胰臟

升糖素

胰島素

體制素

胸腺

松果腺

生殖系統荷爾蒙

卵巢

睪丸

學習目標

1. 清楚了解內分泌系統的組成。
2. 知道各個內分泌腺體的位置、構造與功能。
3. 了解體內各種荷爾蒙的種類。
4. 知道體內各種荷爾蒙的生理機轉。
5. 明白體內各種荷爾蒙的分泌調節系統。
6. 了解體內荷爾蒙的種類、生理機轉及其分泌調節系統。
7. 知道各個腺體所分泌荷爾蒙的名稱與對身體的作用。

內分泌系統和神經系統共同協調並維持身體內、外環境恆定。神經系統是經由神經元傳送電衝動，以控制恆定；內分泌系統則是釋放荷爾蒙（hormone）進入血液，影響身體活動。內分泌系統和神經系統兩者之間也能互相協調。

內分泌腺

內分泌腺（endocrine gland）不具導管，能將所分泌的荷爾蒙直接進入血液中，血液再將荷爾蒙送往標的細胞（target cell），以改變細胞組織的代謝作用。許多內分泌腺是分離的器官（圖15-1），包括腦下垂體（腦下腺）、松果腺（腦上腺）、甲狀腺、副甲狀腺、胸腺。此外，有的器官也含有內分泌組織，例如胰臟、卵巢、睪丸、腎、胃、小腸、心臟、皮膚、胎盤等（表15-1）。

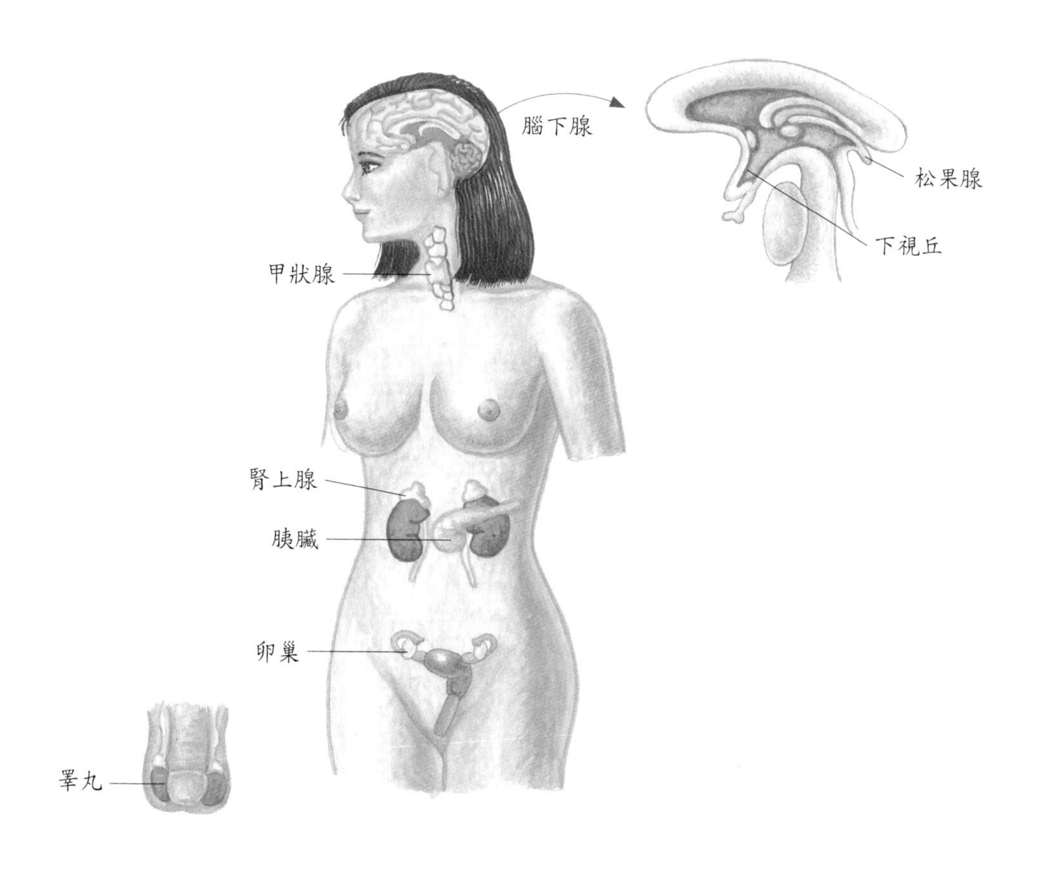

圖15-1　內分泌系統的器官位置圖

表15-1 全身內分泌腺

內分泌腺體	主要荷爾蒙	主要標的器官	主要作用
松果腺	褪黑激素（melatonin）	下視丘和腦下腺前葉	影響性促素的分泌
下視丘	釋放和抑制激素	腦下腺前葉	調節腦下腺前葉激素（荷爾蒙）的分泌
腦下腺前葉	營養激素（trophic hormone）	內分泌腺和其他器官	刺激標的器官成長發育，並刺激其他激素分泌
腦下腺後葉	抗利尿激素（ADH）	腎臟及血管	促進水分的保留和血管收縮
	催產素（oxytocin）	子宮及乳腺	促進子宮、乳腺分泌單位的收縮
甲狀腺	甲狀腺素（T_4） 三碘甲狀腺素（T_3）	大多數的器官	促進生長發育，並刺激細胞基礎代謝率
	降鈣素（calcitonin）	骨骼、小腸、腎臟	參與血鈣濃度調節
副甲狀腺	副甲狀腺素（PTH）	骨骼、小腸、腎臟	增加血鈣濃度
胸腺	胸腺生成素（thymopoietin）	淋巴結	刺激白血球的產生
心臟	心房鈉尿激素（ANH）	腎臟	促進鈉離子由尿排出
胰臟	體制素（somatomedins）	軟骨	抑制細胞分裂、生長
蘭氏小島	胰島素（insulin）	許多器官	促肝醣、脂肪生成
	升糖素（glucagon）	肝臟和脂肪組織	促肝醣、脂肪分解
胃	胃泌素（gastrin）	胃	刺激胃酸分泌
腎上腺皮質	糖皮質酮（corticoids）	肝臟及肌肉	影響葡萄糖代謝
	醛固酮（aldosterone）	腎臟	留鈉排鉀
腎上腺髓質	腎上腺素（epinephrine）	心臟、支氣管、血管	交感神經興奮
小腸	促胰激素（secretin）	胰臟	刺激胰液分泌
	膽囊收縮素（cholecystokinin）	肝臟、膽囊	刺激膽囊收縮
腎臟	促紅血球生成素	骨髓	刺激紅血球產生
卵巢	estradiol、progesterone	雌性生殖道及乳腺	促第二性徵出現
睪丸	睪固酮（testosterone）	攝護腺、儲精囊及其他器官	刺激第二性徵的發育

荷爾蒙

不同的內分泌腺體所分泌的荷爾蒙（hormone）（又稱激素）在化學結構上會有很大的差異，但仍可將其分成胺類、蛋白質與胜肽類、類固醇類三大類。

種類

1. 胺類（amine）：此類荷爾蒙是由酪胺酸（tyrosine）及色胺酸（tryptophan）兩種胺基酸衍生而來，包括了腎上腺髓質、甲狀腺、松果腺所分泌的荷爾蒙。
2. 蛋白質（protein）與胜肽類（peptide）：此類荷爾蒙由胺基酸鏈所組成，有的分子結構簡單，例如催產素；有的很複雜，例如胰島素。其他合成蛋白質與胜肽類的內分泌器官有：垂體前葉、甲狀腺的降鈣素、副甲狀腺、下視丘、胰臟。它與胺類皆為水溶性。是三類中占最多者。
3. 類固醇類（steroid）：此類荷爾蒙是由膽固醇衍生而來，例如腎上腺皮質分泌的皮質類固醇、性腺分泌的性類固醇，屬脂溶性，可在平滑內質網內製造。荷爾蒙的化學特性列於表15-2。

表15-2 荷爾蒙的種類與化學特性之比較

荷爾蒙 / 比較項目	胺　類	類固醇類	蛋白質與胜肽類
特徵	由酪胺酸、色胺酸衍生，構造最簡單	由膽固醇衍生	由胺基酸鏈所組成，量最多，有的簡單，有的複雜
製造器官	腎上腺髓質、甲狀腺、松果腺	腎上腺皮質、睪丸、卵巢、胎盤	垂體前葉、甲狀腺、副甲狀腺、下視丘、胰臟
溶解特性	水溶性	脂溶性	水溶性
荷爾蒙名稱	norepinephrine、epinephrine、T_3、T_4、thymopoietin	cortisol、aldosterone、testosterone、estrogen、progesterone	GH、TSH、FSH、ACTH、PTH、HCG、MSH、prolactin、calcitonin、ADH、oxytocin、insulin、glucagon
作用機轉	傳訊作用	基因作用	傳訊作用
接受器	細胞膜	細胞質、細胞核	細胞膜
需 cAMP 幫忙	＋	－	＋
需 mRNA 參與	－	＋	－

註：T_3、T_4爲水溶性荷爾蒙，但其作用機轉爲基因作用而非傳訊作用。

生理作用機轉

雖然每一個荷爾蒙在專一的標的細胞內具有其特定作用，但是如果荷爾蒙是屬於相同的化學分類，就會具有類似的作用機制。這些相似性包括細胞接受器的位置及荷爾蒙與其接受器結合後在標的細胞內引發的事件。

雖然荷爾蒙經由血液可傳送至身體的每一個細胞，但是只有標的細胞才能與之反應。為了能與此荷爾蒙產生反應，標的細胞上必須有特定的接受器蛋白，而此接受器蛋白和荷爾蒙的交互作用具高度專一性（specificity）、高親和性（high affinity）和低容量性（low capacity），荷爾蒙與接受器結合易飽和。在標的細胞中，荷爾蒙接受器的所在位置是依荷爾蒙的化學性質來決定。脂溶性荷爾蒙易穿過細胞膜進入標的細胞，所以接受器在細胞質和細胞核內，稱為基因作用；水溶性荷爾蒙無法穿過細胞膜，所以接受器在細胞膜的外表面，且需第二傳訊者的幫忙，稱為傳訊作用。

傳訊作用

水溶性荷爾蒙是第一傳訊者（first messenger），本身非脂質且結構太大，不容易通過細胞膜，必需與細胞膜上的特定接受器結合後，才能將訊息傳遞給標的細胞，在細胞質內再活化第二傳訊者（second messenger）後才能活化細胞內的代謝，此即為傳訊作用（transmission）。這是因為水溶性荷爾蒙不易通過細胞膜，作用較慢，才需傳訊者的協助。

水溶性荷爾蒙一旦與細胞膜上的特定接受器結合，就會活化細胞膜上的環腺苷酶（adenylate cyclase），將細胞內 ATP 分解成 cAMP（環腺苷酸），來改變酵素活動，進而引起標的細胞的反應。環腺苷酸作為第二傳訊者主要用來調節蛋白質激酶 A（PKA），而促進肌肉放鬆、細胞分泌等生理功能（圖 15-2）。

除了環腺苷酸外，體內第二傳訊者尚有環鳥糞苷酸（cGMP）及鈣離子等。

基因作用

脂溶性類固醇類荷爾蒙及 T_3、T_4 易通過標的細胞之細胞膜，活化標的細胞基因而影響細胞的功能，此基因作用（transcription）較傳訊作用快。

此類激素進入細胞後，與細胞質內特定的蛋白質接受體結合，並將其活化形成激素：接受體複合物進入細胞核中，附在 DNA 的片段上，活化特定基因，並改變 mRNA，促使核糖體進行轉譯而形成新的蛋白質。此新的蛋白質再引發一系列的反應，以影響標的細胞功能。但是 T_3、T_4 是以游離態進入細胞核與核膜上的接受器結合形成複合體，亦經活化特定基因，產生新的蛋白質來影響細胞的生理作用（圖 15-3）。

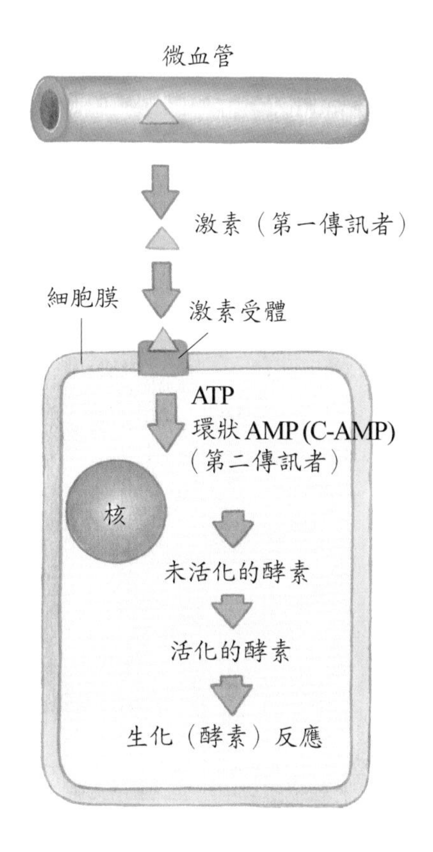

圖 15-2　水溶性荷爾蒙的傳訊作用

分泌調節

每一種特定荷爾蒙（激素）的分泌都是視身體需要和維持體內恆定而分泌的，所以不會分泌過多或過少，除非調節機轉發生了問題，才會導致荷爾蒙過量或不足而引起疾病。身體調節荷爾蒙分泌的方式有正或負回饋系統。

正回饋系統

產生的反應可加強最初的刺激作用，即為正回饋（positive feedback），此種機制在體內較少見。例如動情素（estrogen）在排卵前以正回饋方式促進黃體生成素（LH）及促性腺激素（GnRF）分泌。分娩時，胎兒對子宮壁的牽扯刺激誘發催產素（oxytocin）分泌，子宮肌的收縮會引發一連串的正回饋作用，產生陣痛而分娩。

負回饋系統

產生的反應可降低或改變最初的刺激，即為負回饋（negative feedback），體內大部分的荷爾蒙分泌是藉此系統來調節。例如血糖太高會誘發胰臟蘭氏小島分泌胰島素（insulin），使血糖下降至正常範圍為止。血糖高是個刺激，胰島素的分泌降低血糖濃度即是負回饋的表現。

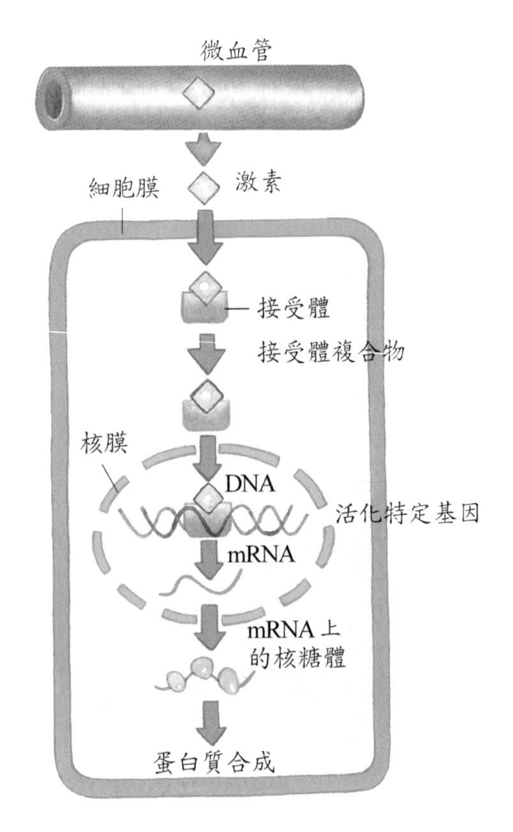

圖15-3 脂溶性荷爾蒙的基因作用

腦下腺

腦下腺（pituitary gland）又稱腦下垂體（hypophysis），呈圓形、豌豆狀、直徑約1.3cm的腺體，位於大腦基部視神經交叉後方蝶鞍的腦下垂體窩，以漏斗部（infundibulum）穿過鞍膈與下視丘相連。腦下腺可分為前葉、後葉。

1. 前葉：前葉又稱垂體腺體部（adenohypophysis），占垂體總重量的75%，含腺體上皮細胞，其分泌量受下視丘分泌的調節因子所調控。有下列幾種激素分泌：促腎上腺皮質素（adrenocorticotropic hormone; ACTH）、生長激素（growth hormone; GH）、泌乳激素（prolactin; PRL）、甲狀腺刺激素（thyroid-stimulating hormone; TSH）、濾泡刺激素（follicle-stimulating hormone; FSH）、促腎上腺皮質素（ACTH）、黃體生成素（luteinizing hormone; LH）下視丘可規律製造釋放及抑制因子（RF及IF）來調節腦下腺前葉的活動。這些因子會被分泌到門脈系統（portal system）中。門脈系統即是下視丘微血管網與腦下腺微血管網互相形成循環，以確保激素在進入一般血液循環之前先到達標的細胞（圖15-4）。

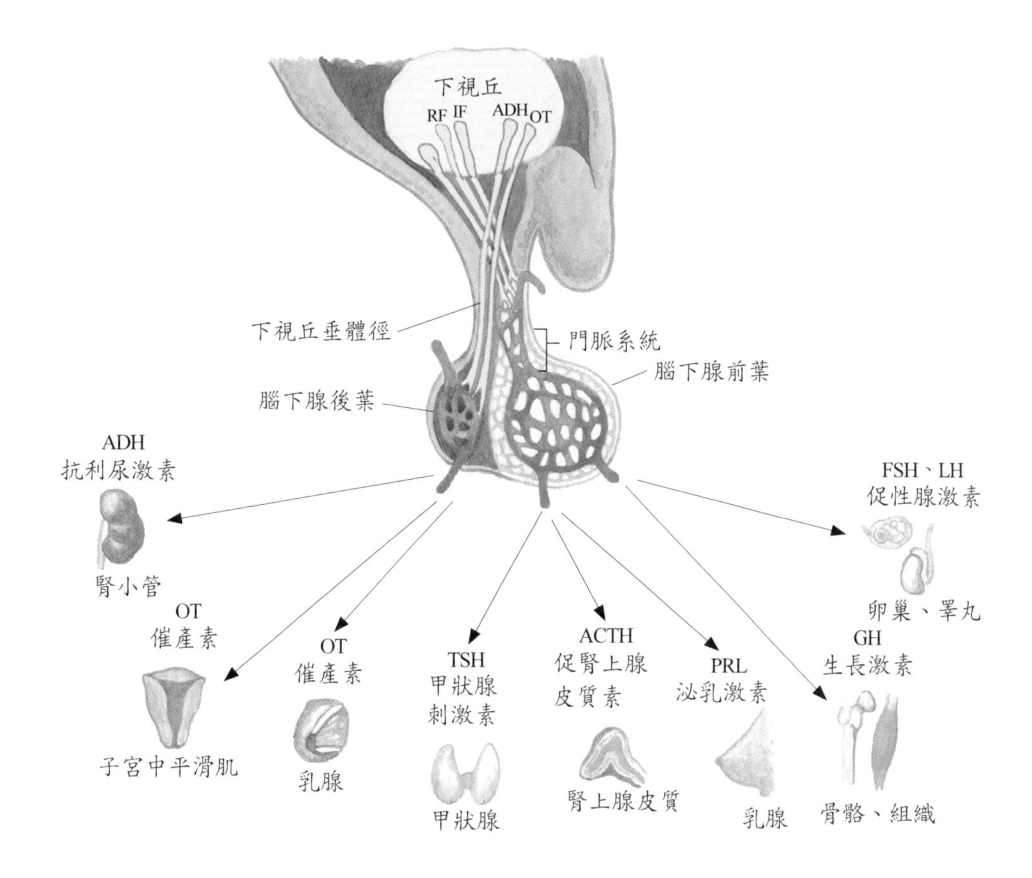

圖15-4 下視丘和腦下腺。下視丘產生兩種激素在腦下腺後葉儲存及釋放。下視丘控制腦下腺前葉的分泌，腦下腺前葉控制內分泌腺之甲狀腺、腎上腺皮質性的分泌。

2. 後葉：後葉又稱垂體神經部（neurohypophysis），占垂體總重量的 25%，所分泌的抗利尿激素（ADH）和催產素（OT）分別是由下視丘的視上核和室旁核所製造，再經由下視丘－垂體徑運送至垂體後葉儲存（圖15-4）。

前葉分泌的荷爾蒙

生長激素

生長激素（growth hormone; GH），又稱體促素（somatotropin）或促體激素（somatotropic hormone; SH），能促進身體細胞的生長及分裂，最主要的功能是作用於骨骼和骨骼肌的生長速率，並維持兩者間之大小。

1. 生理功能

⑴促進蛋白質合成，以引起細胞的生長與繁殖，故與青春期的生長有關。

⑵促使骨骺生長加速，增加長骨長度。

⑶促進脂肪的異化作用，利用脂肪做為能量的來源。

⑷GH 促使肝醣分解，使血糖升高，引起高血糖症狀，故稱為糖尿病生成效應，而有抗胰島素（anti-insulin）的作用。

⑸促進腸對鈣質及腎對磷質的吸收率，以利鈣、磷沉積於骨質。

2. 分泌調節：生長激素的分泌至少受兩種來自下視丘的調節因子，即生長激素釋放因子（growth hormone releasing factor; GHRF）及生長激素抑制因子（growth hormone inhibiting factor; GHIF）所調節。下視丘釋放的調節因子，可經由腦下垂體門脈循環，以促進及抑制生長激素的分泌。除了下視丘分泌 GHRF 可刺激生長激素分泌外，周邊身體的反應也會經由負回饋系統刺激生長激素的分泌（表15-3）。

3. 分泌異常：在孩童發育期，生長激素分泌不足會導致骨骼生長緩慢，未達正常高度骨骺即已閉合，將造成身體矮小的垂體性侏儒症（pituitary dwarfism）。若是在孩童發育期分泌過多，則造成巨人症（giantism）。若是在成年時生長激素分泌過多，則因長骨骨骺板已與骨幹融合，不會繼續增加長度，所以所有末梢皆變肥大，而成肢端肥大症（acromegaly）。

甲狀腺刺激素

1. 生理功能

⑴對於甲狀腺

①增加碘的攝取和吸收。

②增加甲狀腺素（thyroxine）的合成與分泌。

③促進儲存於甲狀腺濾泡中的甲狀腺球蛋白分解，以釋出甲狀腺素。

表15-3　影響生長激素分泌的因素

刺激分泌	抑制分泌
• 能量受質缺乏時，如低血糖、禁食 • 循環中某些胺基酸濃度增加 • 升糖素及胰島素 • 生長介質素 • 壓力刺激 • 入睡前 • 多巴胺（dopamine）及乙醯膽鹼（Ach）	• 高血糖 • 胺基酸減少 • 脂肪酸增加 • 生長激素量高 • GHIF分泌 • 熟睡期 • 甲狀腺機能不足

⑵對於脂肪組織

①促進脂肪的異化作用。

②增加脂肪酸的釋放。

⑶與 GH 共同參與體內組織的生長。

2. 分泌調節

⑴受下視丘所分泌的甲狀腺刺激素（thyroid-stimulating hormone; TSH）釋放因子（thyrotropin releasing factor; TRF）的刺激而分泌。

⑵TRF 的釋放則依血液中甲狀腺素的含量、血糖的含量、身體的代謝率，經由負回饋系統來完成。

黃體生成素

1. 生理功能：黃體生成素（luteinizing hormone; LH）與濾泡刺激素（follicle-stimulating hormone; FSH）合稱為促性腺激素（gonadotropin）。

⑴在女性方面

①LH 會與濾泡刺激素共同作用，刺激卵巢中濾泡的成熟。

②刺激卵巢分泌與合成動情素。

③與動情素一起刺激卵巢排卵，又稱排卵激素，並使子宮做好準備以待受精卵著床。

④排卵後刺激卵巢內黃體形成及維持，並分泌黃體素。

⑤使乳腺做好泌乳準備。

⑵在男性方面

①可刺激睪丸間質細胞的發育，並分泌睪固酮（testosterone），所以男性的 LH 又稱為間質細胞刺激素（interstitial cell-stimulating hormone; ICSH）。

②促進精子的成熟。

③促進男性第二性徵的表現，例如寬肩、窄腰、聲音變低沉等。

2. 分泌調節

⑴受到下視丘分泌促性腺激素釋放因子（gonadotropin releasing factor; GnRF）的控制。

⑵GnRF 的釋放則與動情素、黃體素、睪固酮的負回饋系統有關。

濾泡刺激素

1. 生理功能

⑴在女性方面

①引發每個月的卵泡發育成熟。

②刺激卵巢卵泡細胞分泌動情素。

(2)在男性方面

①促睪丸發育。

②刺激睪丸曲細精管中精子的製造和成熟。

③促使支持細胞分泌抑制素。

2. 分泌調節

(1)受下視丘分泌促性腺激素釋放因子的控制。

(2)受性腺激素的調節

①受女性動情素、黃體素及男性睪固酮負回饋系統的調節。

②排卵前，受動情素的正回饋系統刺激分泌增加，與 LH 共同作用。

(3)受排卵後黃體分泌抑制素（inhibin）的負回饋來調節分泌。

泌乳激素

1. 生理功能：與其他激素共同作用，在懷孕時可促乳房發育並刺激乳汁產生。

2. 分泌調節

(1)受下視丘分泌泌乳激素釋放因子（prolactin releasing factor; PRF）及抑制因子（prolactin inhibiting factor; PIF）的雙重調節。

(2)懷孕及生產時可刺激泌乳激素（prolactin; PRL）的分泌，但分娩後會短暫地降低分泌，等哺乳時分泌量又會上升。嬰兒吮乳刺激乳房會使下視丘減少PIF的分泌，而使泌乳激素分泌增加。同時PRL會抑制排卵，使卵巢失去活性，所以產後餵母乳的女性會無月經。

促腎上腺皮質素

1. 生理功能

(1)刺激腎上腺皮質糖皮質固醇、礦物質皮質固醇、性皮質固醇的製造與分泌。

(2)作用於脂肪細胞，增加脂肪的異化作用。

(3)作用於黑色素細胞，使皮膚顏色變黑。

2. 分泌調節

(1)受下視丘分泌的促腎上腺皮質素釋放因子（corticotropin releasing factor; CRF）所調控。

(2)受到壓力的刺激，會使 CRF 分泌增加。

(3)當糖皮質固醇分泌量發生改變時，會經由負回饋系統來調節促腎上腺皮質素（adrenocorticotropic hormone; ACTH）的分泌。

後葉分泌的荷爾蒙

催產素

1. 生理功能
   (1)刺激懷孕子宮平滑肌收縮以利生產之進行。
   (2)可刺激乳腺管平滑肌收縮射出乳汁。
   (3)產後可增強子宮的緊張度，控制產後出血。
   (4)性交時，刺激未懷孕的子宮收縮以利精子的運行與卵子受精。
2. 分泌調節
   (1)開始分娩時，子宮頸擴張引起神經衝動傳向下視丘分泌細胞，刺激催產素（oxytocin; OT）的合成，並使垂體後葉釋出 OT 入血液至子宮，加強子宮收縮，子宮的收縮產生正回饋使 OT 分泌更多，最後使胎兒擠出子宮。
   (2)嬰兒吸吮乳頭的刺激，使 OT 分泌，乳腺平滑肌收縮射出乳汁。

抗利尿激素

抗利尿激素（antidiuretic hormone; ADH）又稱血管加壓素（vasopressin）。

1. 生理功能
   (1)作用於遠曲小管、集尿管對水的再吸收增加，使尿量減少。
   (2)當身體失血時，ADH 可作用於小動脈平滑肌，使小動脈收縮而血壓上升。
2. 分泌調節：ADH 的分泌量是依身體的需要量而定。例如在高血漿滲透壓下，會刺激下視丘的滲透壓接受器，刺激視上核神經元產生 ADH 增加，並將儲存於腦下腺後葉的 ADH 釋放。
3. 分泌異常
   (1)分泌過量：某些腦疾、肺癌患者或用藥不慎者，造成 ADH 分泌異常而出現低血鈉症、尿液濃縮不良、血液呈低張狀態。
   (2)分泌不足：導致尿崩症（diabetes insipidus）。

臨床指引：

尿崩症（diabetes insipidus），臨床上因為腎臟受損導致多尿，但大部分的多尿症是由荷爾蒙失調所引起的。最常見的臨床疾病就是糖尿病及尿崩症（有關糖尿病將會在後面敘述）。尿崩症是水分不正常代謝而呈多尿的症狀，每日尿量大於5,000cc.。

尿崩症是腦下垂體後葉不分泌抗利尿激素（ADH）導致，使得腎臟對水分無法保留，而使腎臟排出過多的水分。

輕微的尿崩症病人不需特別的治療，只要將水分與電解質的攝取和尿液的排出保持平衡即可。但嚴重尿崩症的病患（每小時排尿超過250cc.），且連續兩次以上，則需服用抗利尿劑。

甲狀腺

甲狀腺（thyroid）位於喉的正下方，其左、右兩側葉分別位於喉及氣管的兩側，中間以峽部（isthmus）相連（圖15-5）。

解剖學

甲狀腺是體內最大的內分泌腺體，其血液供應豐富，分別來自外頸動脈的甲狀腺上動脈（superior thyroid artery）與來自甲狀腺頸幹的甲狀腺下動脈（inferior thyroid artery），供應每分鐘約80～120ml的血液。副甲狀腺則包埋在甲狀腺後表面中（圖15-7）。

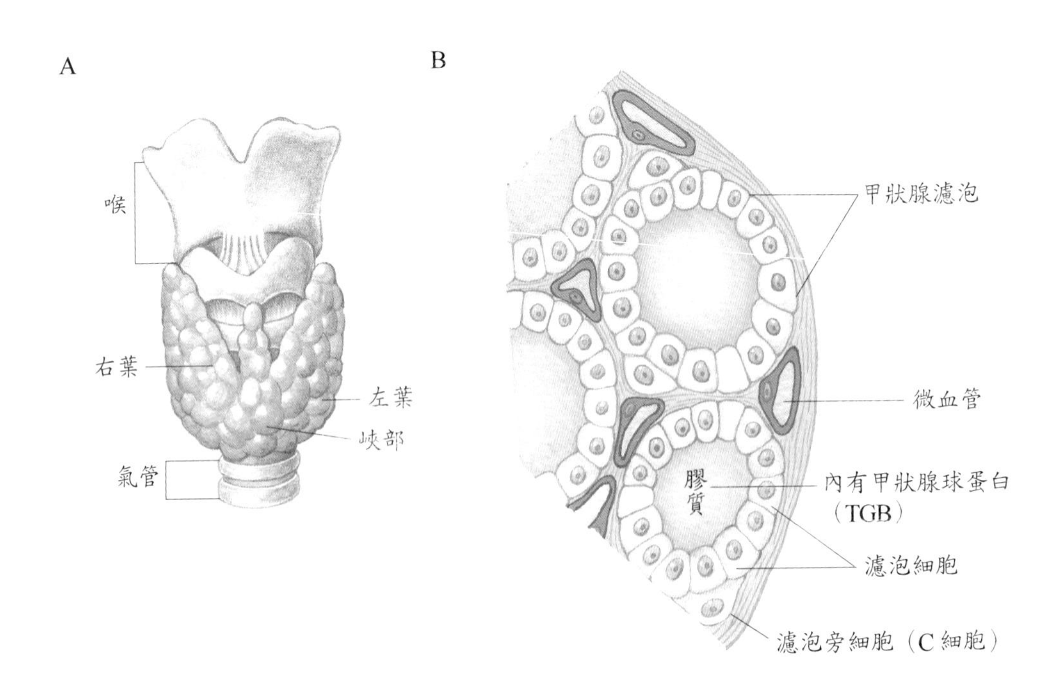

圖15-5 甲狀腺。A. 解剖位置；B. 濾泡放大圖。

顯微構造

甲狀腺外由結締組織包被，內有許多稱為甲狀腺濾泡（thyroid follicle）的球狀中空小囊（圖15-5），在濾泡內襯有一層單層立方上皮，此為合成甲狀腺素（thyroxine）的濾泡細胞（follicular cell），濾泡內部含有稱為膠質（colloid）的蛋白質液體。在濾泡之間的表皮細胞為分泌降鈣素（calcitonin）的濾泡旁細胞（parafollicular cell）或稱為C細胞。

濾泡細胞所製造的甲狀腺素（thyroxine; T_4），含四個碘原子；也製造三碘甲狀腺素（triiodothyronine; T_3），含三個碘原子，兩者合稱為甲狀腺激素（thyroid hormone）。T_4的分泌量是T_3的5倍，但T_3的活性卻是T_4的3～4倍。

甲狀腺激素

合成、儲存與釋放

食物中的碘是在空腸吸收，在血液中的濃度為0.3 μg/100ml。甲狀腺激素的合成是受甲狀腺刺激素（TSH）的影響，在濾泡上皮細胞合成。

1. 合成（formation）：體內的碘離子可藉主動運輸的方式由血液運入甲狀腺的濾泡細胞，濾泡細胞內的碘離子濃度可達血中的40倍。濾泡細胞中的碘離子在過氧化氫酶氧化下形成碘原子（iodine）。碘原子再與甲狀腺球蛋白中的酪胺酸（tyrosine）結合成單碘酪胺酸（monoiodotyrosine; MIT），再經碘化成雙碘酪胺酸（diiodotyrosine; DIT）。在膠質中，酵素會修飾MIT和DIT的結構，再將之配對偶合。當兩個DIT分子經適當修飾偶合成四碘甲狀腺素（T_4）或稱甲狀腺素；若是一個MIT與一個DIT偶合則形成三碘甲狀腺素（T_3）。
2. 儲存（storange）：甲狀腺激素合成後，大多會在膠質中與甲狀腺球蛋白（thyroglobulin; TGB）結合成甲狀腺膠體（thyroid colloid）儲存達1～3個月之久。所以，即使合成受阻，也需在數個月後才見到影響。
3. 釋放（secretion）：經由TSH的刺激，濾泡細胞會藉由胞飲作用吸收小體積的膠質，並將T_3和T_4由甲狀腺蛋白中移出，再將游離的激素分泌至血液中。進入血流後，大多數甲狀腺激素與血漿中的甲狀腺素結合球蛋白（thyroxine-binding globulin; TBG）結合成蛋白質結合碘（protein-bound iodine; PBI），故由血液中的蛋白質結合碘（PBI）可測知甲狀腺的機能。

生理作用

1. 調節代謝作用

(1)增加基礎代謝率（basic metabolic rate; BMR）：甲狀腺激素可促使細胞內粒線體分

裂加快使數目增加。粒線體是細胞內的發電廠，所以可增加能量產生，使 BMR 加快。

(2)增加醣類的異化作用降低血糖，增加脂肪的異化作用降低血中膽固醇。其所產生的能量以熱放出使體溫上升，此為產熱效應（calorigenic effect）。

(3)增加小腸吸收葡萄糖速率：所以飯後血糖會上升，但因異化作用加速，使血糖又迅速下降。

(4)助肝臟將胡蘿蔔素合成維生素 A。

(5)增加紅血球的 2, 3DPG，使氧與血紅素的解離度增加，解離曲線右移，以供給甲狀腺激素對氧的消耗。

2. 調節生長與發育：甲狀腺激素與生長激素共同促進小孩的骨骼、肌肉，尤其是神經組織的生長、發育。
3. 協調神經系統的活動性：甲狀腺激素會增加神經系統的反應性，導致血流速度增加、心跳變快變強、血壓上升、腸胃蠕動增加、神經質及不安。

分泌調節

若血液中甲狀腺激素的量低於正常值，或代謝率降低，或寒冷的天氣，在下視丘的化學感受器偵測出其變化後，即會刺激下視丘釋放促甲狀腺激素釋放激素（TRH），此釋放激素再刺激垂體腺體部分泌 TSH，接著 TSH 就刺激甲狀腺分泌甲狀腺激素，直至代謝率回復正常為止（圖 15-6）。

若血液中甲狀腺激素濃度增加，可經由負回饋機轉抑制腦下腺前葉的 TSH 及下視丘的 TRH 分泌減少。若血循中動情素（estrogen）、雄性素（androgen）大量出現或壓力、老化、過度溫暖，會使 TSH 分泌減少。

功能失調

甲狀腺功能失調有兩種情況，若分泌過多會造成功能亢進，若分泌過少會造成功能低下。

1. 功能亢進：最常見的是格雷氏病（Grave's disease）又稱為突眼甲腺腫。格雷氏病可發生於任何年齡，但最常發生在 30～50 歲的女性，它是一種自體免疫疾病，病人體內的 T 淋巴球被甲狀腺中的抗原活化，轉而刺激 B 淋巴球製造對抗抗原的抗體循環全身。通常使用藥物來抑制甲狀腺激素的合成，或以外科手術摘除部分甲狀腺的方式治療。格雷氏病是導致甲狀腺毒症最常見的原因，其特徵有三：

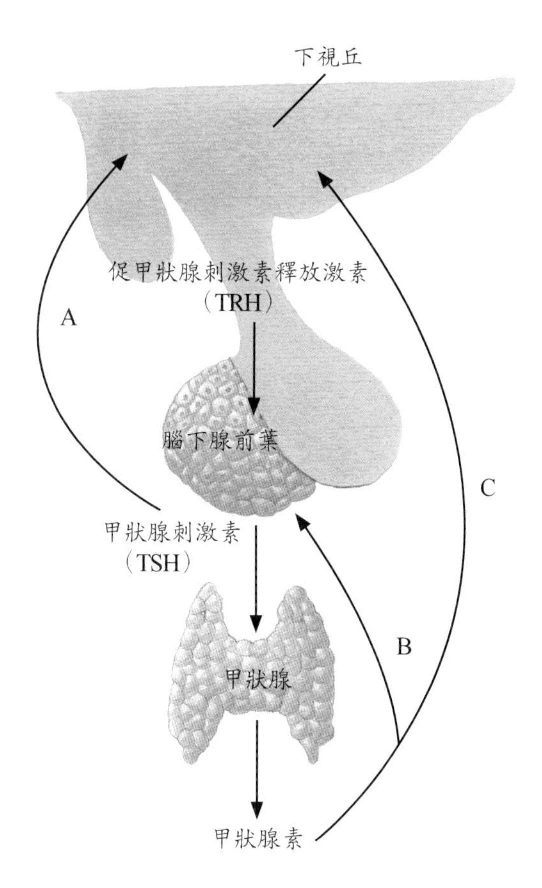

圖 15-6　調節下視丘、腦下腺前葉和甲狀腺的負回饋作用。A. 甲狀腺刺激素的濃度可回饋控制下視丘；B. 甲狀腺素的濃度可回饋控制腦下腺前葉；C. 甲狀腺素濃度可回饋控制下視丘。以此方法，甲狀腺可自行控制其分泌。皮質醇及性激素也以類似的方法來控制。

(1)甲狀腺機能亢進症狀：例如代謝率增加、體溫上升、脈搏速率增加、皮膚潮紅、體重減輕、易激動、手指顫抖、甲狀腺腫至原有的 2～3 倍等。

(2)浸潤性眼病：甲狀腺球蛋白－抗甲狀腺球蛋白及其他的甲狀腺免疫複合體沉積於眼球外肌肉內，產生炎症反應而形成突眼症。

(3)浸潤性皮病：常發生於足部或腿的背面，稱為脛前黏液水腫（pretibial myxedema）。

2. 功能低下

(1)成長期間甲狀腺激素分泌不足或懷孕時母親飲食缺碘，會造成呆小症（cretinism），明顯的症狀是侏儒症與精神遲滯。除此之外尚有性發育遲緩、臉圓、鼻子變厚、舌頭外突、腹部鼓起、體溫低、嗜眠、心跳速率變慢等症狀。

(2)在成年時因甲狀腺疾病、腦下腺或下視丘病變，造成甲狀腺激素分泌不足而發生黏液性水腫（myxedema），患者通常臉圓肥腫、心跳變慢後心肥大、體溫低、肌肉無力、嗜眠、神經反應性遲鈍等症狀。女性的發生率是男性的 8 倍。

副甲狀腺

副甲狀腺（parathyroid gland）是人體內最小的內分泌腺體。

解剖學

副甲狀腺埋在甲狀腺兩側葉之後，約綠豆大小，排成上下兩對（圖 15-7）。上兩個位在環狀軟骨高度，由甲狀腺上動脈支配；下兩個位在甲狀腺側葉下端，由甲狀腺下動脈支配。

顯微構造

副甲狀腺中含有兩種不同型態的上皮細胞，數目較多的是主細胞（chief cell），可合成副甲狀腺素（parathyroid hormone; PTH）；另一種是體積較大的嗜酸性細胞（oxyphil cell），功能不明顯，數目會隨年齡增加。

副甲狀腺素

生理功能

副甲狀腺素（Parathyroid Hormone; PTH）可控制血液中鈣離子濃度，會作用在骨骼、腸道、腎臟，以促進血液中鈣離子的增加，故有升鈣素之稱。

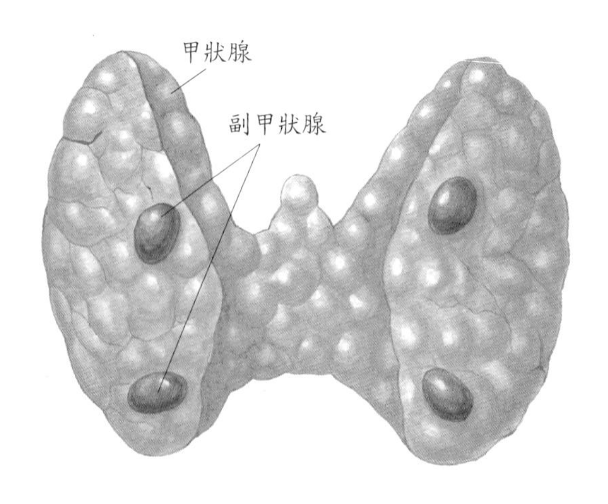

圖 15-7　甲狀腺後面與副甲狀腺

1. 可活化維生素 D，增加鈣與磷酸根由十二指腸吸收。
2. 增加蝕骨細胞的活性，使骨組織分解，並將鈣、磷酸釋入血液中。
3. 可增加血液中來自骨骼的鹼性磷酸酶。
4. 能增加近曲小管對鈣的再吸收，抑制近曲小管對磷酸根的再吸收，維持血液中鈣與磷的反比關係。

所以 PTH 的整體作用是升高血鈣、降低血磷含量，且在調節血鈣濃度上與降鈣素是互為拮抗的，其與降鈣素的比較，見表 15-4。

分泌調節

副甲狀腺素的分泌不受垂體控制，而是受血鈣濃度調節的負回饋作用。當血鈣濃度下降時，會促進副甲狀腺素的分泌；而血鈣濃度上升時，會抑制副甲狀腺素的活性及分泌（圖 15-8）。

功能失調

1. 功能亢進－囊狀纖維性骨炎（osteitis fibrosa cystica）：又稱褐色腫瘤。副甲狀腺長腫瘤造成機能亢進，會引起骨骼礦物質排除過多，使骨組織空腔被纖維性組織取代，由於高血鈣、骨質疏鬆，骨骼易變形、骨折，且易腎結石。
2. 功能低下－鈣離子缺乏症：若患者行甲狀腺切除術時，不慎連副甲狀腺也切除了，或放射線照射下，使副甲狀腺機能過低，引起鈣離子缺乏症，導致神經元在沒有正常刺激下也會去極化，使神經衝動增加，造成肌肉扭曲、手足抽搐（tetany）。

表 15-4 副甲狀腺素與降鈣素的比較

比較項目	副甲狀腺素（PTH）	降鈣素（CT）
分泌器官	副甲狀腺	甲狀腺
分泌細胞	主細胞	濾泡旁細胞
對鈣、磷的影響	升鈣、降磷	降鈣、降磷
作用機轉	• 增加蝕骨細胞的活性 • 增加十二指腸對鈣的再吸收 • 增加近曲小管對鈣的再吸收，但抑制對磷的再吸收。	• 抑制蝕骨細胞活性 • 增加骨骼對鈣的吸收 • 增加鈣、磷自尿中排泄

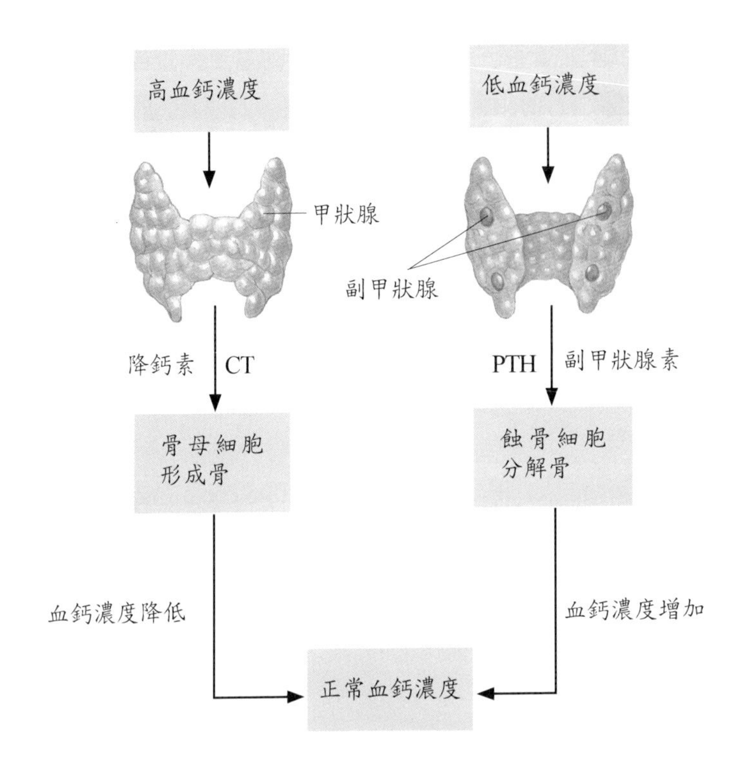

圖15-8 副甲狀腺素的分泌調節

腎上腺

腎上腺（adrenal gland）位於後腹腔左、右腎臟的上方各一個（圖15-9）。

解剖學

腎上腺外有腎筋膜覆蓋與腎臟一起被包住，左邊腎上腺較右邊大。血液則由源自膈下動脈的腎上腺上動脈、源自腹主動脈的腎上腺中動脈及源自腎動脈的腎上腺下動脈所供應。

顯微構造

每一個腎上腺含有外層的皮質（cortex）與內層的髓質，兩者功能不同，是因腎上腺髓質源於神經外胚層，皮質則源於中胚層。

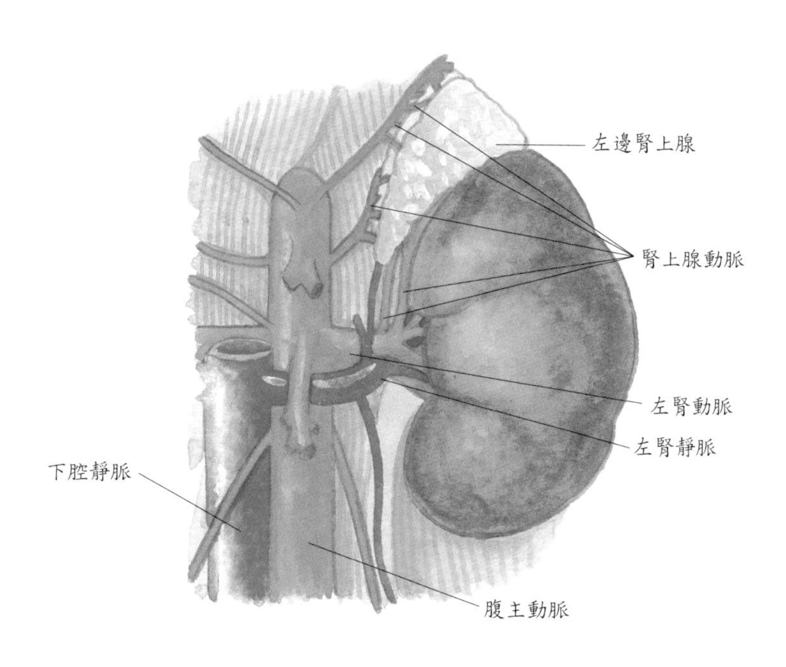

圖15-9　腎上腺位置及切面圖

皮質

腎上腺皮質細胞均分泌皮質固醇（corticosterone），依細胞的排列與組成可分成三層構造，由外往內排列為（圖15-10）：

1. 絲（小）球帶（zona glomerulosa）：約占皮質 15%，其細胞排列呈圓球形，可分泌礦物質皮質酮（mineralocorticoid）。
2. 束狀帶（zona fasciculata）：約占皮質的 70～80%，是最寬的一層，細胞排列呈雙排的索狀，可分泌糖皮質酮（glucocorticoid）。
3. 網狀帶（zona reticularis）：細胞排列成不規則的網狀，是最薄的一層，主要合成少量的性激素，尤其是雄性激素－睪固酮。

髓質

髓質（medulla）占腎上腺實質的 28～30%，是節後神經元失去軸突而保留具分泌功能的嗜鉻細胞（chromaffin cells）所組成，直接受交感神經支配。嗜鉻細胞在形態上可分成占 80% 的腎上腺素細胞及占 20% 的正腎上腺素細胞。

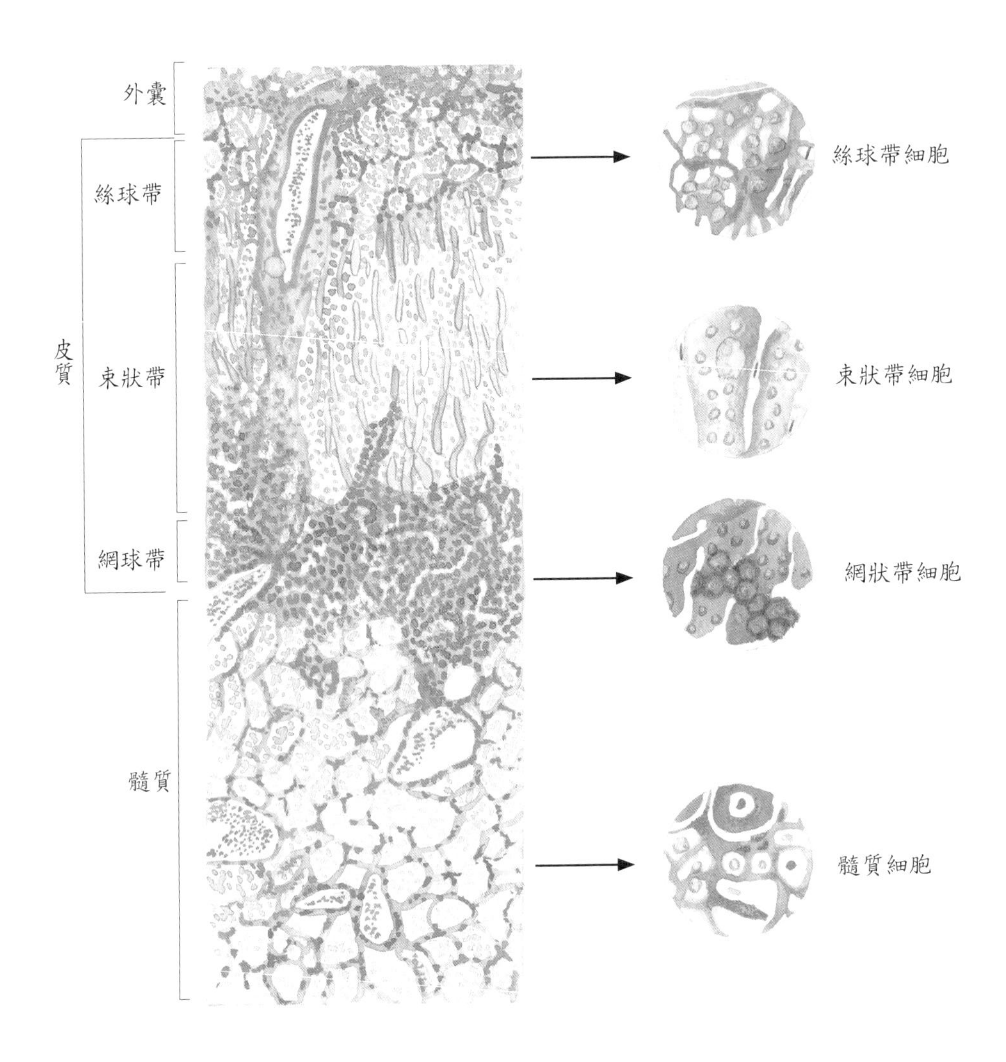

圖15-10 腎上腺的顯微構造

腎上腺皮質激素

礦物質皮質酮

1. 生理功能：礦物質皮質酮（mineralocorticoid）具有調節體內水分與電解質的恆定功能，尤其是鈉、鉀離子。礦物質皮質酮至少有三種，其中以分泌最多，活性也最大的醛固酮（aldosterone）為代表。它作用於遠曲小管、集尿管，增加對鈉離子及水的再吸收，加速鉀及氫離子的排泄作用。由於水及鈉離子保留下來，使尿液量減少，又因為鈉離子與鉀離子進行交換，所以醛固酮會降低細胞外液鉀離子的濃度。血管收縮素 II（angiotensin II）會刺激腎上腺皮質（adrenal cortex）製造更多醛固酮（留鹽激素），使鈉離子與水再吸收增加。所以醛固醇分泌受到血管收縮素

II 和細胞外液鉀離子濃度增加的刺激而影響。

2. 功能失調

⑴由於腎上腺皮質腺瘤使醛固酮分泌過多，造成醛固酮過多症（aldosteronism）或稱 Conn 氏症候群，因為鈉、水的過度滯留造成高血壓、水腫；鉀離子排除過多，使神經元無法去極化而造成肌肉無力。

⑵若腎上腺皮質功能不足，導致醛固酮分泌不足（hypoaldosteronism），會造成低血鈉、低血壓、高血鉀、代謝性酸中毒。

糖皮質酮

1. 生理功能：糖皮質酮（glucocorticoid）是影響糖類代謝及壓力抵抗有關的一群激素。具有皮質固醇（cortisol）、可體松（cortisone）及皮質脂酮（corticosterone）三種；其中以皮質固醇最多，負責了糖皮質酮 95% 的活性，故以皮質固醇為代表。這些激素在 ACTH 刺激下分泌，能促進胺基酸在肝臟中進行糖質新生的作用；或由胺基酸重新組合成新的蛋白質；或必要時將脂肪酸轉變成葡萄糖，使血糖上升與促進肝臟合成肝醣。也能減少發炎物質及內生性熱原的產生，並減少肥胖細胞的數目，抑制其釋放組織胺，減少過敏反應。

2. 功能失調

⑴糖皮質酮分泌過多會引起庫欣氏症候群（Cushing's syndrome），其特徵為：脂肪重新分布，造成梭形腿、月亮臉、背部水牛峰、腹部下垂。蛋白質分解過度會造成肌肉發育不良、傷口癒合慢、易瘀血、四肢無力等。因糖質新生造成抗胰島素的糖尿病，骨質疏鬆易發生骨折。

⑵糖皮質酮分泌過少會引起愛迪生氏症（Addison's disease），其臨床症狀包括：精神遲滯、體重減輕、低血糖導致肌肉無力、高血鉀、低血鈉、黑色素沉積皮膚成古銅色及脫水。

性腺皮質酮

腎上腺皮質的網狀帶分泌男、女性性腺皮質酮，亦即動情素及雄性素，其中以雄性素－睪固酮為主。在成年人的腎上腺所分泌的性腺皮質酮（gonadocorticoid）濃度很低，以致作用不明顯。

腎上腺髓質激素

腎上腺髓質（adrenal medulla）在腎上腺體中央，約占 30% 的體積，是節後神經軸突退化的交感神經節，受交感神經刺激會釋出 80% 的腎上腺素（epinephrine; E）和 20% 正腎上腺素（norepinephrine; NE）於血液中，兩者釋出的比例約 4：1。

腎上腺素與正腎上腺素的作用具擬交感神經性（sympathomimetic），其生理功能包括了：

1. 增加心臟肌肉的收縮力，使心輸出量與心跳速率增加，引起血壓上升。
2. 使冠狀動脈擴張，有足夠血流供應心肌活動。
3. 增加肝醣分解及糖質新生，使血糖上升。
4. 提高代謝速率，升高體溫。
5. 使腎絲球的輸入小動脈收縮，腎絲球過濾率下降。
6. 使近腎絲球器分泌腎活素的作用增加。

胰臟

胰臟（pancreas）是扁平器官，位於胃後下方、十二指腸旁，分成頭、體、尾三個部分，沒有被腹膜蓋住，屬腹膜外器官。其內分泌部分含有散布的細胞群，稱為蘭氏小島（islet of Langerhans），主要分布於胰臟的體部和尾部。以顯微鏡觀察，蘭氏小島中大多數的細胞是分泌升糖素（glucagon）的α細胞及分泌胰島素（insulin）的β細胞；其他尚有一些分泌體制素（somatostatin）的δ細胞。

升糖素

生理功能

升糖素（glucagon）的主要生理功能是增加血液中葡萄糖含量。

1. 肝醣分解：促進肝內的肝醣轉變為葡萄糖，以升高血糖。
2. 糖質新生：能將肝內的其他營養物質，例如胺基酸、甘油、乳酸等轉變成葡萄糖，以升高血糖量。
3. 可促使細胞利用脂肪速度增加作為能量來源，減少葡萄糖的利用，以升高血糖，但脂肪分解加快具有產酮作用，故升糖素又稱為產酮效應激素。

分泌調節

升糖素分泌直接受血糖量的負回饋控制。當血糖降至正常以下，胰島的α細胞內的化學感受器就刺激α細胞分泌升糖素；當血糖升高後，細胞就不再受刺激，停止製造升糖素（圖15-11）。

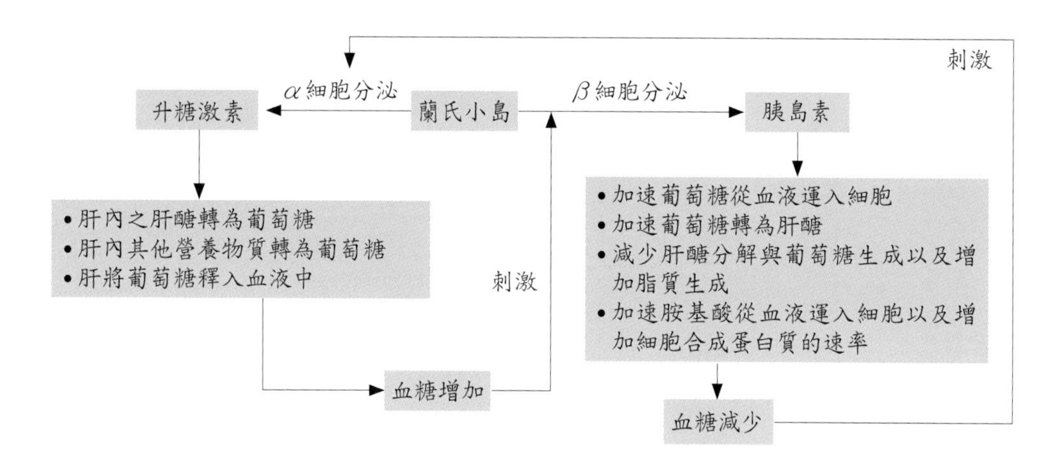

圖15-11 升糖素與胰島素的分泌調節

胰島素

生理功能

胰島素（insulin）最主要的功能是對抗升糖素，以降低血糖量。

1. 促進肝醣生成（glycogenesis）。
2. 促進葡萄糖由血液運送到細胞中，但標的細胞必需有胰島素接受器才能進入。
3. 減少肝醣分解及糖質新生。
4. 刺激蛋白質及脂肪的合成。

分泌調節

其分泌調節也是直接受血糖量的負回饋控制（圖15-11）。如果蘭氏小島長瘤使胰島素分泌過多（hyperinsulinism），血糖過低引起腎上腺素、升糖素及生長激素的分泌，結果會造成不安、流汗、顫抖、心跳加速、衰弱等。若腦細胞無足夠的葡萄糖供其有效地執行功能，易造成暈眩、昏迷、休克，最後死亡。如果胰島素分泌不足即會導致血糖過高及糖尿病（diabetes mellitus），只要血糖值超過180mg%，就會出現糖尿。糖尿病有三多症狀，即多吃、多喝、多尿。除此之外，尚易有酸中毒、傷口不易癒合、動脈粥狀硬化等問題。

臨床指引：

糖尿病：身體血糖是由升糖素和胰島素共同調節的。當兩者失去平衡時，血液中葡萄糖含量上升超過腎臟回收的極限時，葡萄糖從尿液中流出，所以稱為糖尿病（Diabetes Mellitus）。

由於糖本身滲透壓高，糖從尿中排出時，會伴隨水分和電解質的流失，使細胞脫水，所以會出現尿多、口渴、多吃、疲倦、體重下降的典型症狀。

正常人空腹血糖 <110mg/dl，飯後 2 小時血糖<140mg/dl。若有兩次空腹血糖 >140mg/dl，飯後 2 小時血糖 >200mg/dl，就可稱為糖尿病。當身體不能分泌胰島素，稱為胰島素依賴型糖尿病（DM1）。人體內細胞對胰島素反應不佳時，稱為非胰島素依賴型糖尿病（DM2）。

因糖尿病死亡率逐漸上升，居十大死因第二位（次於癌症）。而中風、心臟病及高血壓、腎臟病等十大死亡原因亦均與糖尿病有關，相當值得所有人對糖尿病予以重視。

體制素

由胰臟蘭氏小島中的 δ 細胞分泌的體制素（somatostatin）相當於下視丘分泌的生長激素抑制因子（GHIF）。其功能是：

1. 抑制生長激素分泌。
2. 抑制升糖素、胰島素的分泌。
3. 抑制胃酸分泌及胃蠕動。
4. 抑制胰臟分泌和膽囊收縮。

胸腺

胸腺（thymus）是一扁平雙葉狀構造，位於前縱膈腔內，在主動脈的前面和胸骨柄的後方，它會隨年齡而長大，至青春期後就開始退化並被大量脂肪組織取代。

胸腺是產生 T 細胞的地方，T 細胞屬於淋巴球，可參與細胞性的免疫。除了產生 T 細胞外，胸腺也分泌胸腺素（thymosin）、胸腺生成素（thymopoietin）等激素，可在 T 細胞離開胸腺後，刺激 T 細胞成熟。T 細胞與 B 細胞的差異如表 15-5。

表 15-5　T 細胞與 B 細胞的來源及功能

	T 細胞	B 細胞
分化來源	胸腺	• 扁桃體 • 迴腸黏膜下層的培氏斑 • 闌尾
免疫功能	與細胞性免疫有關	與體液性免疫有關

松果腺

松果腺（pineal gland）又稱腦上腺（epiphysis），位於第三腦室的頂部（圖 15-1），外由軟腦膜包圍，由神經膠細胞及具分泌功能的松果腺細胞組成。嬰幼兒時期松果腺很大，細胞常排列成腺泡狀。在青春期後，松果腺開始鈣化。

松果腺的主要激素是褪黑激素（melatonin），經由下視丘的視交叉上核刺激交感神經元活化松果腺，引起褪黑激素的製造與分泌。視交叉上核的活化和褪黑激素的分泌在夜晚時達最高，光線一進入眼球，褪黑激素就停止生產。而褪黑激素的減少，可促使性腺成熟。

生殖系統荷爾蒙

男、女性的生殖腺是位於陰囊內的睪丸及骨盆腔的卵巢，其分泌的荷爾蒙如下所述。

卵巢

女性的生殖腺位於骨盆腔的卵巢（ovary），它製造女性性激素－動情素（estrogen）和黃體素（progesterone），負責女性性徵的發育和維持，並與垂體的性腺激素共同調節月經週期或維持妊娠，使乳腺作好泌乳準備。卵巢與胎盤也製造鬆弛素（relaxin），它可使恥骨聯合鬆弛，並在妊娠晚期協助子宮頸舒張，且能增進精子活力。

睪丸

男性的生殖腺位於陰囊內的睪丸（testis），它製造雄性激素－睪固酮（testosterone），以刺激男性性徵的發育和維持。睪丸也分泌抑制素（inhibin），可抑制 FSH 的分泌。

卵巢和睪丸的解剖構造和功能，及其相關分泌的激素，將於下一章生殖系統討論。

歷屆考題

(　) 1. 下列哪個分子，目前被認為是次級傳訊物質（second messenger）？
(A) cAMP　(B) ATP　(C) H_2O　(D) CO_2。（96 專高二）

(　) 2. 正常情況下，下列何者與生產過程的進行最無關連？ (A) 催產素（oxytocin）　(B) 鬆弛素（relaxin）　(C) 抑制素（inhibin）　(D) 前列腺素

（prostaglandin）。 （94 專普一）

(　) 3. 下列何種腺體在幼年時較發達，但青春期以後逐漸萎縮，且不斷有鈣鹽沉積？ (A) 胸腺 (B) 扁桃腺 (C) 松果腺 (D) 副甲狀腺。 （94 專普一）

(　) 4. 下列何者的作用最不會影響男生之生長發育？ (A) 生長素（growth hormone） (B) 睪固酮（testosterone） (C) 甲狀腺素（thyroid hormone） (D) 血管加壓素（vasopressin）。 （94 專普一）

(　) 5. 下列激素當中，何者在血液中的半衰期最短？ (A) 甲狀腺素（thyroid hormone） (B) 醛固酮（aldosterone） (C) 正腎上腺素（norepinephrine） (D) 皮質固醇（corticosterone）。 （94 專普一）

(　) 6. 性激素除了由性腺分泌之外，尚可由下列何處分泌？ (A) 子宮 (B) 腎上腺 (C) 脾臟 (D) 松果腺。 （94 專普一）

(　) 7. 在抗利尿激素（ADH）大量分泌時，腎小管的哪一部位對水分重吸收之百分比為最高？ (A) 近曲小管 (B) 亨利氏環的下降枝 (C) 亨利氏環的上升枝 (D) 集尿管。 （94 專普一）

(　) 8. 甲狀腺內含 C 細胞，分泌什麼激素？ (A) 降鈣素 (B) 甲狀腺素 (C) 副甲狀腺素 (D) 三碘甲狀腺素。 （94 專普二）

(　) 9. 下列哪一種現象常見於第二型糖尿病患者？ (A) 發生於懷孕期的婦女 (B) 體型瘦弱 (C) 常發生在 20 歲的年輕人 (D) 體型肥胖。 （94 專普二）

(　) 10. 下列何種酵素的活化可使細胞內的二次信號物（second messenger）－cAMP 升高？ (A) 蛋白激酶A（protein kinase A） (B) 磷脂酶C（phospholipase C） (C) 腺三磷水解酶（ATPase） (D) 腺酸環化酶（adenylate cyclase）。 （94 專高一）

(　) 11. 下列何種細胞間的信號物質遞送方式屬於荷爾蒙（或激素性）的傳遞？ (A) 由細胞釋放給相鄰近的其他細胞接收 (B) 由突觸前細胞釋出給突觸後細胞接收 (C) 由細胞內透過 gap junction 流通至相鄰細胞內 (D) 由細胞釋出至血液，透過血流遞送至目標細胞。 （94 專高一）

(　) 12. 升糖素的主要作用位置為下列哪一種組織？ (A) 肌肉 (B) 肝臟 (C) 胰臟 (D) 脂肪細胞。 （94 專高一）

(　) 13. 下視丘的神經荷爾蒙對腦下垂體前葉荷爾蒙的分泌調控是藉由下列哪一種路徑？ (A) 門脈循環 (B) 體循環 (C) 神經突觸傳導 (D) 腦室循環。 （94 專高一）

(　) 14. 下列有關抗利尿激素（ADH）的敘述，何者「不」正確？ (A) 由腦下垂體後葉分泌，主管腎臟排水功能 (B) 它主要作用在腎小管的亨利式彎管厚壁上行枝（thick ascending limb of Henle）　(C) 抗利尿激素分泌過多可能引起低血鈉（hyponatremia）　(D) 抗利尿激素分泌不夠可能引起夜尿及多尿。（94 專高一）

(　) 15.可體松（cortisol）的分泌，主要受下列哪兩種荷爾蒙的調控？　(A) 促腎上腺皮質素（ACTH），促腎上腺皮質素釋放激素（CRH）　(B) 促腎上腺皮質素（ACTH），生長激素（GH）　(C) 促腎上腺皮質素釋放激素（CRH），黃體素（LH）　(D) 生長激素（GH），黃體素（LH）。（94 專高一）

(　) 16.下列何者是細胞內訊息傳遞分子？　(A) cAMP　(B) 葡萄糖　(C) 胺基酸　(D) 乳酸。（94 專高二）

(　) 17.下列哪種腺體構造，不屬於內分泌系統？　(A) 腦下腺　(B) 腎上腺　(C) 乳腺　(D) 甲狀腺。（94 專高二）

(　) 18.嬰兒時期若缺乏甲狀腺素，易造成呆小症（cretinism），請問與下列甲狀腺素的作用何者有關？　(A) 促進新陳代謝　(B) 增加基本代謝率　(C) 促進體溫上升　(D) 調節神經組織的生長。（94 專高二）

(　) 19.下列有關升糖激素分泌與作用的敘述，何者正確？　(A) 升糖激素由肝臟所製造，作用在胰臟　(B) 升糖激素可促進肝醣製造增加　(C) 升糖激素可促進糖質新生　(D) 血糖增加時可促進升糖激素分泌增加。（94 專高二）

(　) 20.泌乳素（Prolactin）的主要功能會：　(A) 使乳房增大　(B) 刺激受孕（fertilization）　(C) 抑制乳汁的產生　(D) 使月經周期恢復正常。（95 專普一）

(　) 21.需要碘元素（iodine）的荷爾蒙為：　(A) 副甲狀腺素　(B) 胰島素　(C) 甲狀腺素　(D) 生長激素。（95 專普一）

(　) 22.副甲狀腺素（parathyroid hormone）的作用為：　(A) 刺激 1,25-dihydroxyvitamin D 的產生　(B) 直接抑制腎小管鈣離子的吸收　(C) 直接增加腎小管磷酸根的再吸收　(D) 減少鈣離子從骨骼釋放。（95 專普一、專高一）

(　) 23.能夠引起血糖下降的重要激素為：　(A) 升糖素　(B) 胰島素　(C) 腎上腺素　(D) 生長激素。（95 專普一、專高一）

(　) 24.抗利尿激素（antidiuretic hormone）主要作用於：　(A) 近端腎小管　(B) 腎絲球　(C) 集尿管（collecting duct）　(D) 亨利環（the loop of Henle）。（95專普一）

(　) 25.有關生長素（GH）之敘述，下列何者正確？　(A) 其分泌量日夜相同　(B) 成年人即不再分泌　(C) 可加速軟骨生長　(D) 增加細胞對葡萄糖之攝

取。（95 專普二）

( ) 26.下列何者並非胰島素之作用？ (A) 促進蛋白質分解增加血中胺基酸濃度 (B) 促進葡萄糖進入肝細胞、肌肉及脂肪細胞 (C) 抑制升糖素的分泌 (D) 刺激周邊組織對酮酸的利用。（95 專普二）

( ) 27.下列有關皮質醇（cortisol）之敘述，何者錯誤？ (A) 可刺激發炎及免疫反應 (B) 主要由腎上腺皮質分泌 (C) 可促進糖質新生作用 (D) 分泌過量會減少肌肉蛋白質合成。（95 專普二）

( ) 28.下列何者最不會提升血糖？ (A) 升糖素 (B) 腎上腺素 (C) 皮質醇 (D) 甲狀腺素。（95 專普二）

( ) 29.下列何種血液的荷爾蒙上升會引起血糖升高？ (A) 胃泌素（gastrin） (B) 胰島素（insulin） (C) 生長激素（growth hormone） (D) 催產素（oxytocin）。（95 專高一）

( ) 30.將下視丘及腦下腺間的神經連結全數切除後，有哪些腦下腺荷爾蒙的分泌會受影響？ (A) FSH 和 LH (B) ACTH 和 TSH (C) GH 和 prolactin (D) oxytocin 和 ADH（vasopressin）。（95 專高二）

( ) 31.某位具有甲狀腺功能不足症狀的患者發現血漿中的 T_4、T_3 及 TSH 都比正常值低；注射TRH後，血漿中這三個激素都有上升。造成此甲狀腺功能不足的可能部位為何？ (A) 下視丘 (B) 腦下垂體前葉 (C) 甲狀腺 (D) 腦下垂體後葉。（95 專高二）

( ) 32.某婦女為治療關節炎使用大量的皮質固醇類藥物，請問對其自身的皮質固醇分泌之影響，下列何者錯誤？ (A) 高濃度皮質固醇類藥物會抑制下視丘 CRH 分泌 (B) 高濃度皮質固醇類藥物會抑制腦下垂體前葉 ACTH 分泌 (C) 高濃度皮質固醇類藥物會使腎上腺萎縮，減少 cortisol 分泌 (D) 高濃度皮質固醇類藥物會使 ADH 分泌減少。（95 專高二）

( ) 33.有關副甲狀腺素的功能之敘述，下列何者正確？ (A) 抑制維生素D的活性 (B) 增加腎對鈣離子的再吸收 (C) 降低血鈣濃度 (D) 增加血磷濃度。（96專普一）

( ) 34.體抑素（somatostatin）由胰臟何種腺體所分泌？ (A) β 細胞 (B) α 細胞 (C) δ 細胞 (D) 腺體細胞。（96 專普一）

( ) 35.由腦下腺後葉（posterior pituitary lobe）所分泌的主要激素為： (A) 黃體促素（LH）及泌乳素（prolactin） (B) 泌乳素及催產素（oxytocin） (C) 催產素及抗利尿素（ADH） (D) 抗利尿素及黃體促素。（94 專普二；95 專普一、專高一；96 專高一）

(　) 36.下列何者會提高基礎代謝率及體溫？ (A) 胰島素 (B) 甲狀腺素 (C) 胃泌素 (D) 腎活素。 (96 專高一)

(　) 37.高血鈣會促進哪一種激素分泌？ (A) 副甲狀腺素（parathyroid hormone） (B) 維生素 D（vitamin D） (C) 降鈣素（calcitonin） (D) 胰島素（insulin）。 (96 專高二)

(　) 38.有關激素作用之敘述，下列何者正確？ (A) 腎活素（renin）會促使血壓下降，此與礦物皮質酮的作用相同 (B) 抗利尿激素會促進排尿使血壓下降，此與血管加壓素的作用相反 (C) 糖皮質素會促使血糖下降，此與胰島素的作用相同 (D) 降鈣素會促使血中鈣離子下降，此與副甲狀腺素的作用相反。 (96 專高二)

(　) 39.胰臟蘭氏小島的 α 細胞分泌： (A) 胰島素 (B) 升糖素 (C) 降鈣素 (D) 體抑素。 (96 專普二)

(　) 40.何種腦下腺激素可促進男性睪固酮的分泌？ (A) 黃體生成素（LH） (B) 動情素（estrogen） (C) 性釋素（GnRH） (D) 助孕素（progesterone）。 (96 專普二)

(　) 41.下列何者非由腎臟分泌？ (A) 抗利尿激素 (B) 活性維生素D (C) 腎素 (D) 紅血球生成素。 (96 專普二)

(　) 42.下列何者會造成精神遲滯、體重下降、古銅色皮膚等症狀，又稱愛迪生氏病？ (A) 糖皮質素分泌不足 (B) 糖皮質素分泌過多 (C) 礦物皮質酮分泌不足 (D) 礦物皮質酮分泌過多。 (96 專普二)

(　) 43.下列哪一種激素屬於蛋白質激素（protein hormone）？ (A) 甲狀腺素（thyroxine） (B) 動情素（estrogen） (C) 甲促素（TSH） (D) 雄性素（androgen）。 (97 專高一)

(　) 44.一般而言，濾泡促素受體（FSH receptor）位於其標的細胞何處？ (A) 細胞膜 (B) 細胞質 (C) 細胞核 (D) 內質網。 (97 專高一)

(　) 45.調控生殖的兩種主要腦下腺激素是： (A) 黃體促素（LH）及性釋素（GnRH） (B) 性釋素及濾泡促素（FSH） (C) 濾泡促素及甲促素（TSH） (D) 濾泡促素及黃體促素。 (97 專高一)

(　) 46.腎上腺素（epinephrine）是由下列腎上腺的哪一部分分泌？ (A) 絲球帶（zona glomerulosa） (B) 束狀帶（zona fasciculata） (C) 網狀帶（zona reticularis） (D) 嗜鉻細胞（chromaffin cells）。 (97 專高一)

(　) 47.細胞自泌作用（autocrine）係指下列何者？ (A) 由細胞本身釋出之物質作用在鄰近的細胞上 (B) 是一種自發性細胞凋亡（apoptosis）的過程 (C) 由細

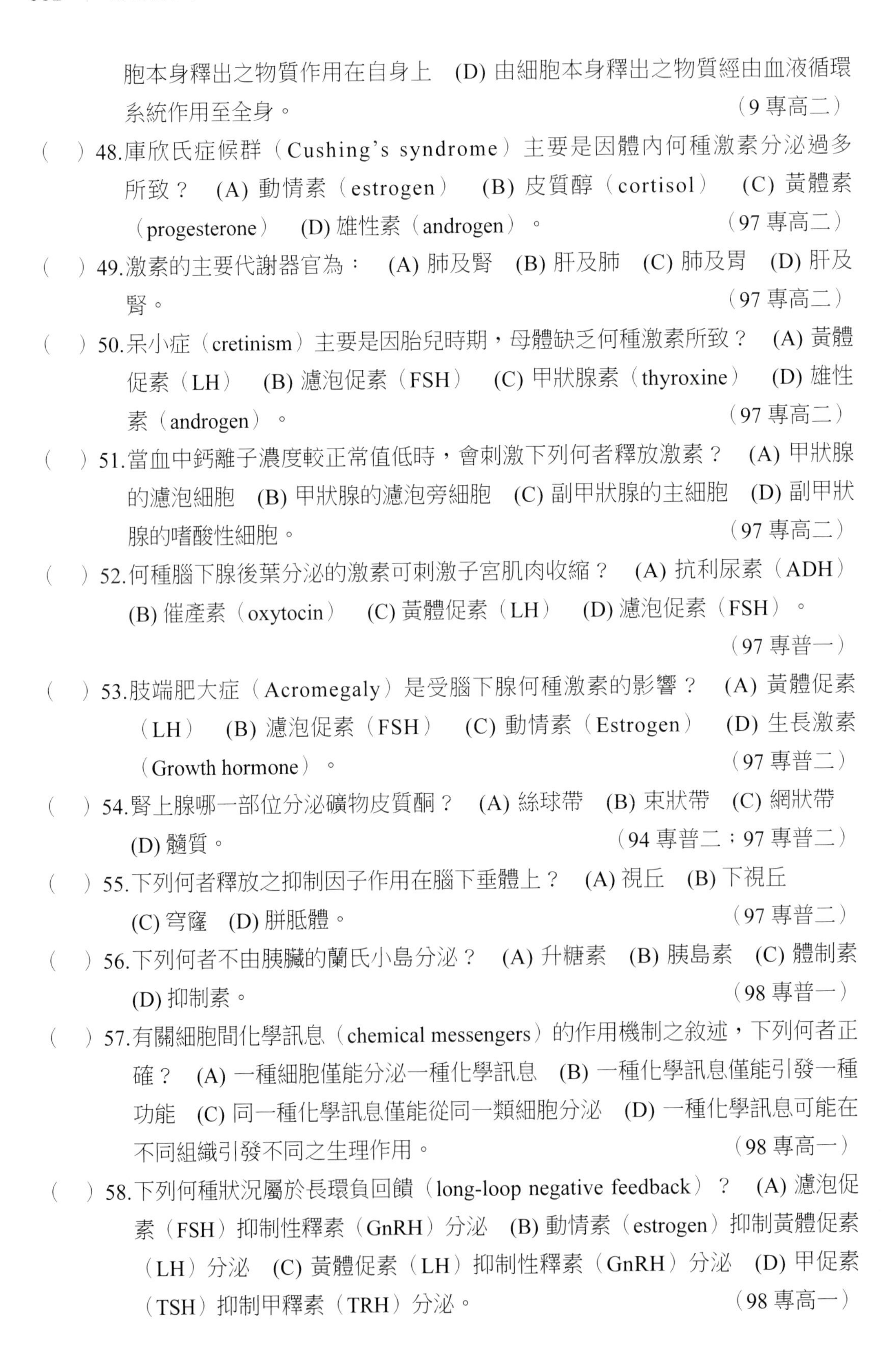

胞本身釋出之物質作用在自身上 (D) 由細胞本身釋出之物質經由血液循環系統作用至全身。（9 專高二）

（　）48.庫欣氏症候群（Cushing's syndrome）主要是因體內何種激素分泌過多所致？ (A) 動情素（estrogen） (B) 皮質醇（cortisol） (C) 黃體素（progesterone） (D) 雄性素（androgen）。（97 專高二）

（　）49.激素的主要代謝器官為： (A) 肺及腎 (B) 肝及肺 (C) 肺及胃 (D) 肝及腎。（97 專高二）

（　）50.呆小症（cretinism）主要是因胎兒時期，母體缺乏何種激素所致？ (A) 黃體促素（LH） (B) 濾泡促素（FSH） (C) 甲狀腺素（thyroxine） (D) 雄性素（androgen）。（97 專高二）

（　）51.當血中鈣離子濃度較正常值低時，會刺激下列何者釋放激素？ (A) 甲狀腺的濾泡細胞 (B) 甲狀腺的濾泡旁細胞 (C) 副甲狀腺的主細胞 (D) 副甲狀腺的嗜酸性細胞。（97 專高二）

（　）52.何種腦下腺後葉分泌的激素可刺激子宮肌肉收縮？ (A) 抗利尿素（ADH） (B) 催產素（oxytocin） (C) 黃體促素（LH） (D) 濾泡促素（FSH）。（97 專普一）

（　）53.肢端肥大症（Acromegaly）是受腦下腺何種激素的影響？ (A) 黃體促素（LH） (B) 濾泡促素（FSH） (C) 動情素（Estrogen） (D) 生長激素（Growth hormone）。（97 專普二）

（　）54.腎上腺哪一部位分泌礦物皮質酮？ (A) 絲球帶 (B) 束狀帶 (C) 網狀帶 (D) 髓質。（94 專普二；97 專普二）

（　）55.下列何者釋放之抑制因子作用在腦下垂體上？ (A) 視丘 (B) 下視丘 (C) 穹窿 (D) 胼胝體。（97 專普二）

（　）56.下列何者不由胰臟的蘭氏小島分泌？ (A) 升糖素 (B) 胰島素 (C) 體制素 (D) 抑制素。（98 專普一）

（　）57.有關細胞間化學訊息（chemical messengers）的作用機制之敘述，下列何者正確？ (A) 一種細胞僅能分泌一種化學訊息 (B) 一種化學訊息僅能引發一種功能 (C) 同一種化學訊息僅能從同一類細胞分泌 (D) 一種化學訊息可能在不同組織引發不同之生理作用。（98 專高一）

（　）58.下列何種狀況屬於長環負回饋（long-loop negative feedback）？ (A) 濾泡促素（FSH）抑制性釋素（GnRH）分泌 (B) 動情素（estrogen）抑制黃體促素（LH）分泌 (C) 黃體促素（LH）抑制性釋素（GnRH）分泌 (D) 甲促素（TSH）抑制甲釋素（TRH）分泌。（98 專高一）

(　) 59.瘦身素（leptin）主要是由何者所分泌？ (A) 脂肪組織 (B) 下視丘 (C) 副甲狀腺 (D) 心臟。 （98 專高一）

(　) 60.下列何者的分泌，不直接由腦下腺調控，而是受血糖濃度調控？ (A) 副甲狀腺 (B) 睪丸 (C) 卵巢 (D) 胰島（蘭氏小島）。 （98 專高一）

(　) 61.醛固酮（aldosterone）主要是由腎上腺何處分泌？ (A) 髓質 (B) 網狀帶 (C) 束狀帶 (D) 絲球帶。 （98 專普二）

(　) 62.下列何者分泌的激素會使血鈣下降？ (A) 甲狀腺的濾泡細胞 (B) 甲狀腺的濾泡旁細胞 (C) 副甲狀腺的主細胞 (D) 副甲狀腺的嗜酸性細胞。 （98 專普二）

(　) 63.下列激素的敘述，何者錯誤？ (A) 黃體生成激素主要作用於卵巢 (B) 抗利尿激素主要作用於輸尿管 (C) 泌乳激素由腦下腺前葉產生 (D) 生長激素能作用於骨骼。 （98 專普二）

(　) 64.促進子宮收縮與乳汁射出的催產激素，是由下列何者製造？ (A) 子宮內膜的上皮細胞 (B) 卵巢的濾泡細胞 (C) 腦下腺前葉的促泌乳細胞 (D) 下視丘（hypothalamus）的神經細胞。 （99 專高一）

(　) 65.有關激素與代謝之敘述，下列何者正確？ (A) 升糖素（glucagon）抑制肝醣（glycogen）分解 (B) 胰島素抑制肝醣分解 (C) 皮質醇（cortisol）抑制蛋白質分解 (D) 生長激素（growth hormone）抑制脂肪分解。 （99專高一）

(　) 66.下列何者由下丘腦的神經細胞產生？ (A) 褪黑激素 (B) 促腎上腺皮質激素 (C) 血管加壓素 (D) 泌乳素。 （99 專高二、專普一）

(　) 67.下列哪一種激素屬於胺類激素（amine hormones）？ (A) 甲狀腺素（thyroxine） (B) 動情素（estrogen） (C) 甲促素（TSH） (D) 甲釋素（TRH）。 （99 專高二、專普一）

(　) 68.下述何者是生長激素（growth hormone）的作用？ (A) 抑制肌肉蛋白質的生成 (B) 增強葡萄糖新生成作用（gluconeogenesis） (C) 抑制胰島素的作用 (D) 抑制骨細胞分化作用（differentiation）。 （99 專高二）

(　) 69.下列何者位於氣管前方，是體內最大的內分泌腺體？ (A) 松果腺 (B) 甲狀腺 (C) 副甲狀腺 (D) 腎上腺。 （99 專普一）

(　) 70.有關激素的敘述，下列何者錯誤？ (A) 腎臟分泌腎活素 (B) 腎上腺的分泌物可以作用於心臟 (C) 胃分泌胃泌素 (D) 膽囊分泌膽囊收縮素。 （99 專普二）

(　) 71.腦下垂體窩位於下列哪一塊骨頭上？ (A) 篩骨 (B) 顳骨 (C) 蝶骨 (D) 枕骨。 （99專普二）

( ) 72.抗利尿激素（ADH）主要作用於何種器官，以減少尿液？ (A) 肺 (B) 肝 (C) 腎 (D) 腦。 （99 專普二）

( ) 73.第一型糖尿病（Type I DM）主因是何種激素分泌不足所致？ (A) 黃體素 (B) 皮質固醇 (C) 醛固酮 (D) 胰島素。 （99 專普二）

( ) 74.下列哪一種激素屬於類固醇激素（steroid hormones）？ (A) 甲狀腺素（thyroxine） (B) 動情素（estrogen） (C) 甲促素（TSH） (D) 甲釋素（TRH）。 （100 專高一）

( ) 75.有關激素作用之敘述，下列何者正確？ (A) 腎素會促進血管收縮，使血壓上升 (B) 礦物皮質酮會促進鈉離子的再吸收，使血壓下降 (C) 副甲狀腺素會促進蝕骨細胞的作用，使血鈣下降 (D) 胰島素會促進細胞內的肝醣分解，使血中葡萄糖下降。 （100 專普一）

( ) 76.下列何者的兩個腺體間具有門脈循環系統？ (A) 下丘腦與腦下腺前葉 (B) 下丘腦與腦下腺後葉 (C) 甲狀腺與副甲狀腺 (D) 腎上腺皮質與腎上腺髓質。 （100 專普一）

( ) 77.庫欣氏症（Cushing's syndrome）主要是因為何種激素分泌過多所致？ (A) 醛固酮 (B) 皮質促進素 (C) 動情素 (D) 腎素。 （100 專普一）

( ) 78.下列何者的分泌主要在黑暗時進行？ (A) 松果腺 (B) 腦下腺 (C) 腎上腺 (D) 胸腺。 （100 專高二）

( ) 79.有關生長激素作用的敘述，下列何者錯誤？ (A) 促進蛋白質合成，產生正氮平衡 (B) 促進脂肪合成，減少血中脂肪酸 (C) 增加小腸對鈣離子的吸收 (D) 有抗胰島素作用，導致血糖升高。 （100 專高二）

( ) 80.下列何者由腦下腺後葉分泌？ (A) 褪黑激素（Melatonin） (B) 催產激素（Oxytocin） (C) 生長激素（Growth hormone） (D) 泌乳素（Prolactin）。 （100 專普二）

( ) 81.下列哪種賀爾蒙可以促進蛋白質異化作用？ (A) 腎上腺皮質素 (B) 生長激素 (C) 甲狀腺素 (D) 胰島素。 （94 專高二；100 專普二）

( ) 82.降鈣素（Calcitonin）主要由下列何種細胞所分泌？ (A) 甲狀腺濾泡旁細胞 (B) 甲狀腺濾泡細胞 (C) 副甲狀腺主細胞 (D) 副甲狀腺嗜酸性細胞。 （100 專普二）（98 二技）

( ) 83.切斷腦下腺與下視丘的神經聯繫，何種腦下腺激素分泌會受影響？ (A) 催產素（oxytocin） (B) 黃體促素（LH） (C) 胰島素（insulin） (D) 動情素（estrogen）。 （101專高一）

( ) 84.皮質醇（cortisol）主要來自腎上腺何處？ (A) 髓質部（medulla） (B) 網

狀帶（zona reticularis）　(C) 囊狀帶（zona fasciculata）　(D) 絲狀帶（zona glomerulosa）。（101 專高一）

(　) 85.胰島素不具有下列何種作用？　(A) 促進肝醣的合成　(B) 促進脂肪合成　(C) 促進細胞攝取葡萄糖　(D) 促進肌肉釋出胺基酸。（101專普一）

(　) 86.下列何者不分泌激素？　(A) 胸腺　(B) 丘腦　(C) 心臟　(D) 胎盤。（101專普一）

(　) 87.紅血球生成素（EPO）主要是由何處分泌？　(A) 骨髓　(B) 心　(C) 腎　(D) 肺。（101專普一）

(　) 88.哪兩種激素是由腦下腺前葉同一種細胞合成？　(A) 生長激素及濾泡促素（FSH）　(B) 濾泡促素及黃體促素（LH）　(C) 黃體促素及泌乳素（prolactin）　(D) 泌乳素及生長激素。（101 專普一）

(　) 89.抑制素（Inhibin）主要抑制腦下腺前葉的哪一種激素？　(A) 黃體促素（LH）　(B) 濾泡促素（FSH）　(C) 胰島素（insulin）　(D) 皮質醇（cortisol）。（101 專普一）

(　) 90.由甲狀腺分泌的兩種具有生理功能的主要激素是：　(A) 甲狀腺素（thyroxine）及單碘酪胺酸（monoiodotyrosine）　(B) 單碘酪氨酸及二碘酪胺酸（diiodotyrosine）　(C) 二碘酪胺酸及三碘甲狀腺素（triiodothyronine）　(D) 甲狀腺素及三碘甲狀腺素。（101 專高二）

(　) 91.下列何者會造成肢端肥大症？　(A) 幼年時期，生長激素分泌過多　(B) 幼年時期，生長激素分泌過少　(C) 成年時期，生長激素分泌過多　(D) 成年時期，生長激素分泌過少。（101 專普二）

(　) 92.下列何者促進降鈣素（calcitonin）釋放？　(A) 高血鈣　(B) 低血鈣　(C) 副甲狀腺素（parathyroid hormone）　(D) 甲狀腺激素（thyroid hormone）。（101 專普二）

(　) 93.下列何者具有產生生殖細胞的功能？　(A) 性腺　(B) 腎上腺　(C) 乳腺　(D) 前列腺。（101 專普二）

(　) 94.下列激素與其主要作用器官的配對，何者正確？　(A) 濾泡刺激激素主要作用於卵巢　(B) 抗利尿激素主要作用於膀胱　(C) 腎上腺素主要作用於腎臟　(D) 胰島素主要作用於胰臟。（102 專高一）

(　) 95.胰島素如何促使葡萄糖進入肌肉細胞？　(A) 增加細胞膜上胰島素受體　(B) 增加細胞膜上葡萄糖受體　(C) 增加細胞膜上葡萄糖運轉體　(D) 增加細胞膜上胰島素運轉體。（102 專高一）

(　) 96.下列何者中含有濾泡？　(A) 胰島　(B) 松果腺　(C) 甲狀腺　(D) 腎上腺皮

質。（102專高二）

( ) 97.下列何種激素是嗜鉻細胞（chromaffin cell）所分泌？ (A) 腎上腺皮質促進素（ACTH） (B) 促皮質素釋放因子（corticotropin releasing factor） (C) 催產素（oxytocin） (D) 腎上腺素（epinephrine）。（102 專高二）

( ) 98.下列何種激素負責調節基礎代謝率和促進中樞神經系統功能成熟？ (A) 生長激素 (B) 胰島素 (C) 甲狀腺素 (D) 糖皮質固醇。（103 專高一）

( ) 99.下列何種物質可以合成褪黑激素（melatonin）？ (A) 血清張力素（serotonin） (B) 多巴胺（dopamine） (C) 腎上腺素（epinephrine） (D) 正腎上腺素（norepinephrine）。（103 專高一）

( ) 100.餵食母乳可抑制排卵乃自然避孕法，這是經由下列何者所致？ (A) 鬆弛素（relaxin） (B) 泌乳素（prolactin） (C) 催產素（oxytocin） (D) 前列腺素（prostaglandin）。（103 專高一）

( ) 101.腎上腺哪一個部分分泌的激素，會促進腎小管對鈉離子的再吸收？ (A) 絲球帶 (B) 束狀帶 (C) 網狀帶 (D) 嗜鉻細胞。（100專高一）

( ) 102.下列何者會提高基礎代謝率及體溫？ (A) 胰島素 (B) 甲狀腺素 (C) 胃泌素 (D) 腎活素。（96 專高一）

( ) 103.泌乳素（Prolactin）的主要功能會： (A) 使乳房增大 (B) 刺激受孕（fertilization） (C) 抑制乳汁的產生 (D) 使月經周期恢復正常。（95 專普一）

( ) 104.下列何種情況可同時增加脂肪分解（lipolysis）與糖質新生（gluconeogenesis）？ (A) 胰島素（insulin）與升糖素（glucagon）二者分泌降低 (B) 胰島素分泌增加而升糖素分泌降低 (C) 胰島素分泌降低而升糖素分泌增加 (D) 胰島素與升糖素二者分泌增加。（98 二技）

( ) 105.若視上核（supraoptic nuclei）與旁室核（paraventricular nuclei）受損，對尿液的體積與滲透度的影響為何？ (A) 體積增加，滲透度降低 (B) 體積增加，滲透度上升 (C) 體積減少，滲透度降低 (D) 體積減少，滲透度上升。（98 二技）

( ) 106.有關葛雷夫氏病（Graves' disease）的敘述，下列何者不正確？ (A) 血漿甲狀腺素（thyroxine）偏高 (B) 患者會出現甲狀腺機能亢進的症狀 (C) 過多的甲促素（TSH）導致甲狀腺腫大 (D) 自體抗體會刺激甲促素受體（TSH receptor）。（98 二技）

( ) 107.下列何種疾病的病患具有血糖值偏低的症狀？ (A) 糖尿病（diabetes mellitus） (B) 肢端肥大症（acromegaly） (C) 庫辛氏症候群（Cushing's syndrome） (D) 愛迪生氏病（Addison's disease）。 （98二技）

( ) 108.可促進人體生長的激素，不包括下列何者？ (A) 甲狀腺素（thyroxine） (B) 皮質醇（cortisol） (C) 類胰島素生長因子 I（IGF - I） (D) 睪固酮（testosterone）。 （98 二技）

( ) 109.有關腺體細胞與其分泌激素的配對，下列何者正確？ (A) 甲狀腺濾泡旁細胞（parafollicular cells）：甲狀腺素（thyroxine） (B) 腎上腺髓質嗜鉻細胞（chromaffin cells）：腎上腺素（epinephrine） (C) 副甲狀腺濾泡細胞（follicular cells）：副甲狀腺素（parathyroid hormone） (D) 腎上腺皮質絲球帶細胞（zona glomerulosa cells）：糖皮質激素（glucocorticoid）。 （99二技）

( ) 110.有關生長激素（growth hormone）的敘述，下列何者正確？ (A) 屬於類固醇激素 (B) 會降低組織細胞對葡萄糖的利用 (C) 會被體制素（somatostatin）刺激而分泌 (D) 會抑制類胰島素生長因子 - I（IGF - I）的分泌。 （99二技）

( ) 111.下列何種激素的接受器位於細胞核？ (A) 胰島素（insulin） (B) 黃體素（progesterone） (C) 腎上腺素（epinephrine） (D) 腎上腺皮促素（ACTH）。 （99 二技）

( ) 112.有關激素與其分泌部位的配對，何者正確？ (A) 黃體生成素（LH）：卵巢 (B) 血管加壓素（vasopressin）：下視丘 (C) 生長激素：腦下垂體後葉 (D) 褪黑激素（melatonin）：腦下垂體前葉。 （100二技）

( ) 113.關於生長激素（growth hormone）的敘述，下列何者不正確？ (A) 會在快速動眼睡眠期分泌增加 (B) 具有抗胰島素（anti - insulin）效應 (C) 透過體介素（somatomedin）的分泌而促進身體生長 (D) 成人生長激素分泌過多會造成肢端肥大症（acromegaly）。 （100 二技）

( ) 114.若切除腦下垂體，下列何種激素的分泌不會直接受到影響？ (A) 皮質醇（cortisol） (B) 甲狀腺素（thyroid hormone） (C) 動情激素（estrogen） (D) 副甲狀腺素（parathyroid hormone）。 （100 二技）

( ) 115.下列何者為胰島素的代謝作用？ (A) 刺激蛋白質合成；增加脂肪合成； (B) 增加細胞對葡萄糖的利用； (C) 促進糖質新生作用； (D) 抑制肝醣合成。 （100二技）

( ) 116.分泌腎上腺素（epinephrine）和正腎上腺素（norepinephrine）的細胞，分布於腎上腺的何部位？ (A) 髓質（medulla） (B) 絲球帶（zona glomerulosa） (C) 網狀帶（zona reticularis） (D) 束狀帶（zona fasciculata）。（101 二技）

(　) 117.降鈣素（calcitonin）是下列哪一個器官所製造釋放？ (A) 腎上腺 (B) 甲狀腺 (C) 副甲狀腺 (D) 腎臟。（101 二技）

(　) 118.下列哪一組荷爾蒙失調與疾病的配對是正確的？ (A) 甲狀腺素（thyroid hormone）－ 庫欣氏症（Cushing's syndrome） (B) 甲狀腺素（thyroid hormone）－ 肢端肥大症（acromegaly） (C) 生長激素（growth hormone）－ 庫欣氏症（Cushing's syndrome） (D) 生長激素（growth hormone）－ 肢端肥大症（acromegaly）。（101二技）

(　) 119.下列何者為脂溶性荷爾蒙？ (A) 胰島素（insulin） (B) 甲狀腺素（thyroid hormone） (C) 腎上腺素（epinephrine） (D) 升糖激素（glucagon）。（101二技）

解答：

1.(A)	2.(C)	3.(C)	4.(D)	5.(C)	6.(B)	7.(D)	8.(A)	9.(D)	10.(D)
11.(D)	12.(B)	13.(A)	14.(B)	15.(A)	16.(A)	17.(C)	18.(D)	19.(C)	20.(A)
21.(C)	22.(A)	23.(B)	24.(C)	25.(C)	26.(A)	27.(A)	28.(D)	29.(C)	30.(D)
31.(A)	32.(D)	33.(B)	34.(C)	35.(C)	36.(B)	37.(C)	38.(D)	39.(B)	40.(A)
41.(A)	42.(A)	43.(C)	44.(A)	45.(D)	46.(D)	47.(C)	48.(B)	49.(D)	50.(C)
51.(C)	52.(B)	53.(D)	54.(A)	55.(B)	56.(D)	57.(D)	58.(B)	59.(A)	60.(D)
61.(D)	62.(B)	63.(B)	64.(D)	65.(B)	66.(C)	67.(A)	68.(C)	69.(B)	70.(D)
71.(C)	72.(C)	73.(D)	74.(B)	75.(A)	76.(A)	77.(B)	78.(A)	79.(B)	80.(B)
81.(A)	82.(A)	83.(A)	84.(C)	85.(D)	86.(B)	87.(C)	88.(B)	89.(B)	90.(D)
91.(C)	92.(A)	93.(A)	94.(A)	95.(C)	96.(C)	97.(D)	98.(C)	99.(A)	100.(B)
101.(A)	102.(B)	103.(A)	104.(C)	105.(A)	106.(C)	107.(D)	108.(B)	109.(B)	110.(D)
111.(B)	112.(B)	113.(A)	114.(D)	115.(A)	116.(A)	117.(B)	118.(D)	119.(B)	

第十六章　生殖系統

本章大綱

男性生殖系統

- 睪丸
- 曲細精管
- 精子
- 間質細胞
- 生殖管道
- 精索
- 精液
- 外生殖器
- 男性高潮
- 男性荷爾蒙的調節

女性生殖系統

- 卵巢
- 輸卵管
- 子宮
- 陰道
- 外生殖器
- 女性高潮
- 女性荷爾蒙的調節
- 卵巢與子宮週期
- 懷孕
- 不孕與原因
- 節育

性傳染病

生殖系統的老化

學習目標

1. 清楚了解男性生殖系統的組成。
2. 清楚了解女性生殖系統的組成。
3. 明白男性生殖器官的位置與構造。
4. 明白女性生殖器官的位置與構造。
5. 了解男女生殖功能。
6. 知道男、女性高潮與性荷爾蒙的調節。
7. 清楚知道女性的卵巢及子宮在月經週期中的變化與性荷爾蒙間的關係。
8. 了解精子、卵子的形成至受精、著床的懷孕過程。
9. 知道生殖系統老化造成的結果。

生殖系統的功能及其複雜的控制機轉，除了維持了個體的生命，也能確保種族的延續。兩性的性腺均能產生生殖細胞及性激素，不但能產生及維持性特徵，還能調節生殖系統的生理作用，以確保受精及胚胎發育生長的環境，最後將胎兒送出體外。

男性生殖系統

男性生殖系統（male reproductive system）包括（圖16-1）：

1. 性腺：睪丸（testis），能產生精子（sperm）並分泌荷爾蒙。
2. 生殖管道：附睪用來儲存精子，輸精管、射精管、尿道則是將精子輸送出體外的管道。
3. 附屬腺體：可產生精液。
4. 支持構造：陰囊（scrotum）、陰莖（penis）及成對的精索（spermatic cord）。

睪丸

睪丸（testis）是男性的性腺，為成對的卵圓形腺體，位於陰囊內。在胚胎發育時期，是在後腹壁較高位置形成，至胚胎七個月後期開始下降，離開腹腔通過腹股溝管，至出生時已降至陰囊（scrotum）內。

發育中的睪丸能分泌睪固酮刺激睪丸下降，若分泌不足，會使單或雙邊的睪丸未下

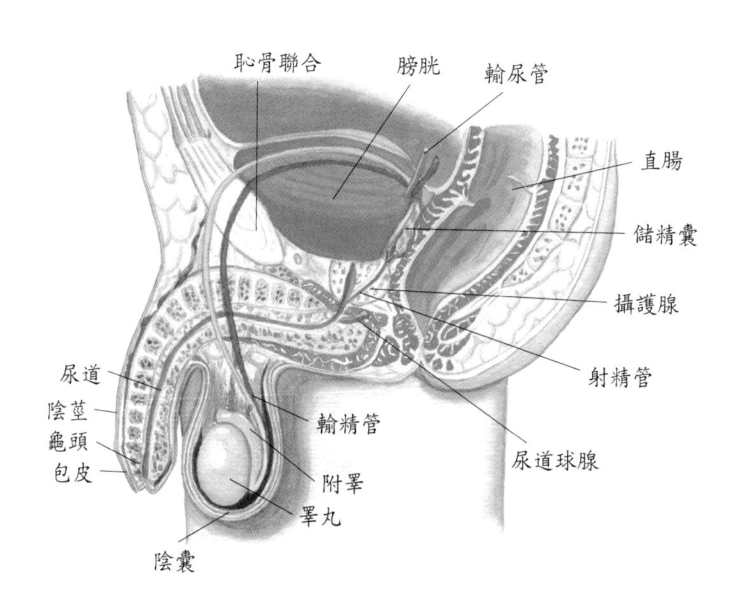

圖16-1 男性生殖器官及其周圍構造（矢狀切）

降至陰囊，稱為隱睪症（cryptorchidism）。隱睪症可於青春期前藉由簡單手術矯治，若未矯治，腹腔內較高的溫度會抑制精子的成熟，造成不孕。

睪丸的外面包有一層稱為白膜（tunica albuginea）的緻密白色纖維組織，它向內延伸將睪丸分成 200～400 個睪丸小葉，每一個睪丸小葉內含有 1～3 條緊密纏繞的曲細精管（seminiferous tubule），可產生精子，在曲細精管間的間質細胞（interstitial cell）可分泌睪固酮（testosterone）。

曲細精管彼此連接成一系列的直小管，然後在睪丸後上方會形成睪丸網（rete testis），再由此分出幾條輸出小管至附睪（圖 16-2A）。

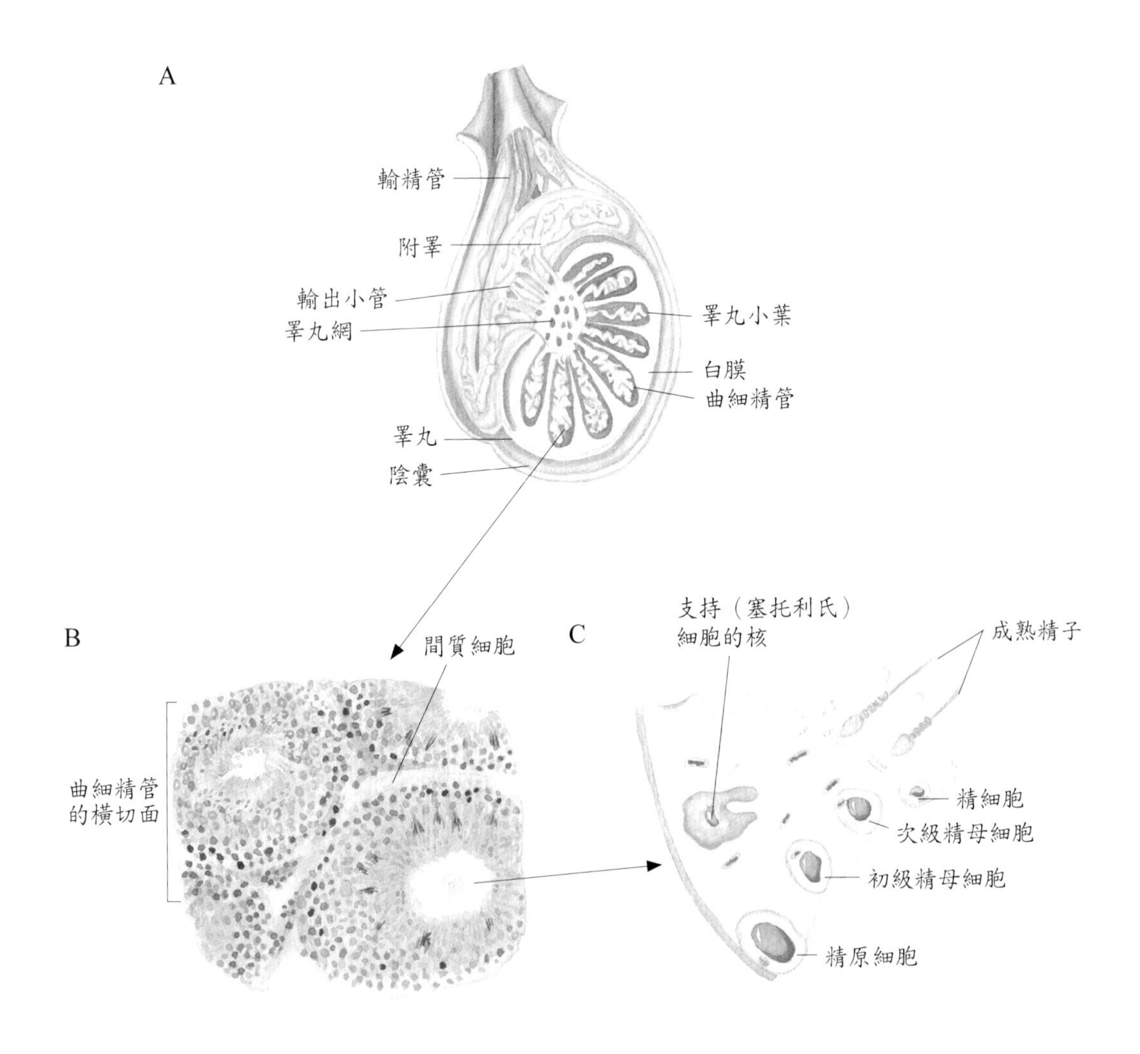

圖 16-2　A. 睪丸構造的矢狀切面；B. 曲細精管的橫切面；C. 曲細精管橫切面的放大圖。

曲細精管

由曲細精管（seminiferous tubule）的橫切面中可見其內有各種不同發育階段的細胞（圖 16-2B、C），最外圍靠近基底膜上的是最不成熟的精原細胞（spermatogonia），越往管腔細胞越成熟，依序為初級精母細胞（primary spermatocyte）、次級精母細胞（secondary spermatocyte）、精細胞（spermatid）、成熟的精子（sperm）。

大的塞托利氏支持細胞（Sertoli cell）附著於曲細精管外被上，由基底膜延伸至管腔，精細胞埋於支持細胞中發育。支持細胞可控制物質進入曲細精管，以確保精子生成所需的安定環境，它除了可維持血液－睪丸障壁（blood-testis barrier）外，並圍繞和保護精細胞，以提供營養並促進發育成精子。支持細胞還能分泌抑制素（inhibin），抑制腦下垂體 FSH 的生成，降低曲細精管內精子的生成速率。

精子

精子生成

精子生成（spermatogenesis）開始於曲細精管最外層的含雙套染色體之精原細胞，經有絲分裂增殖生長，並向管腔移動發育成體積較大的初級精母細胞。每個初級精母細胞經減數分裂 I（meiosis I），產生兩個含單套染色體的次級精母細胞。每個次級精母細胞再經減數分裂 II（meiosis II）即可產生兩個含單套染色體的精細胞，每個精細胞成熟後即成為精子（spermatozoon），也就是一個精原細胞可生成四個精子（圖 16-3）。整個生成過程需時三週，並以每天三億個的速度形成或成熟。精子一旦進入女性生殖道內，其壽命約 48 小時。

精子構造

精子構造（structure of spermatozoon）分成頭部、頸部、中板及尾部四個部分（圖 16-4）。

1. 頭部：內含 DNA 及單套染色體的細胞核緊縮變成精子的頭部，大部分的細胞質皆以殘留體被拋棄，然後被支持細胞吞食；高爾基體集中於精子的前端形成尖體（acrosome），又稱穿孔體，內含蛋白酶（proteinase）及玻尿酸酶（hyaluronidase），可分解圍繞卵子的層層構造，助精蟲穿過卵細胞膜。
2. 頸部：含有近側及遠側兩中心粒移至核後方位置，遠側中心粒沿精子長軸排列，其微小管延伸至尾部而形成鞭毛。
3. 中板：內含許多粒線體，螺旋纏繞於遠側中心粒，可進行代謝作用，提供精子運動的能量。
4. 尾部：是一條鞭毛，可推動精子前進。

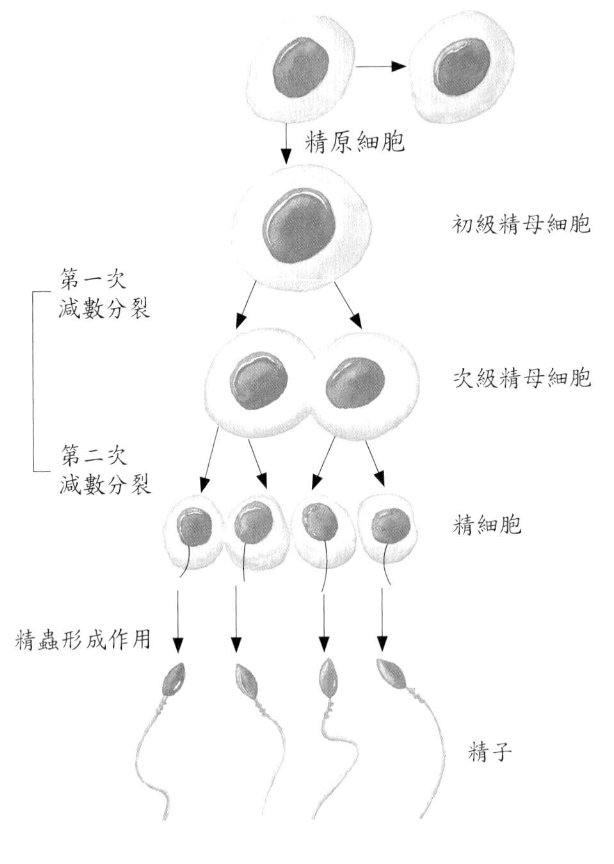

圖16-3　精子生成

間質細胞

曲細精管間的間質細胞（interstitial cell; Leydig cells）在間質細胞刺激素（ICSH）的作用下，會分泌睪固酮（testosterone），它是主要的雄性激素（androgen），對人體有下列作用：

1. 在胎兒出生前，助睪丸下降到陰囊內。
2. 控制男性生殖器官的發育、生長與維持。
3. 刺激骨骼的生長及蛋白質的同化作用。
4. 與精子的產生、性慾及性行為的表現有關。
5. 可助性器官輔助腺體的形成與分泌，如攝護腺。
6. 助男性第二性徵的發育，如肌肉骨骼的發育、胸寬窄臀的體形、喉結的出現、聲音變低沉等。
7. 若睪固酮過多，會使骨骺板提早變成骨骺線，限制骨骼生長，此時即會經由負回饋機轉減少睪固酮的產生。

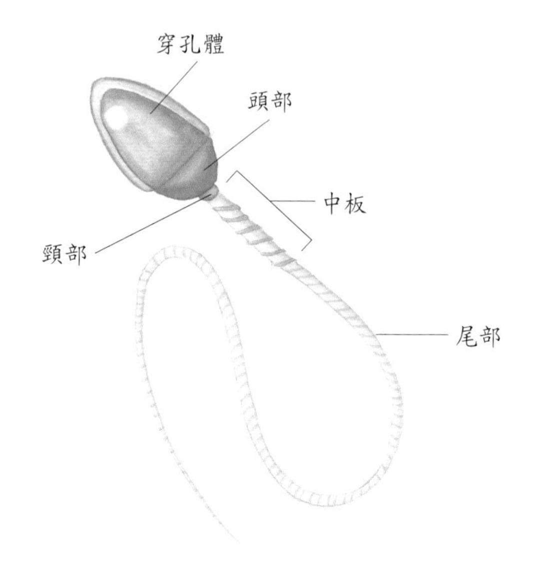

圖16-4　精子構造

生殖管道

精子產生後，由曲細精管游動至直小管（straight tubule）、睪丸網，有的睪丸網內襯細胞有立體纖毛助精子移動，經輸出小管至附睪的附睪管，這時精子形態上已成熟，再經由輸精管、射精管，由尿道排出體外（圖16-1、16-2）。

附睪

附睪（epididymis）位於睪丸頂端及後緣，主要由接在睪丸網輸出小管後之纏繞的附睪管所組成。附睪管襯有偽複層纖毛柱狀上皮，管壁內含平滑肌。功能說明如下：

1. 是精子成熟活化的場所。
2. 是儲存精子的地方，在此可儲存四周，之後則被分解吸收。
3. 射精時，管壁平滑肌的蠕動收縮可將精子送至尿道排出體外。
4. 可分泌部分精液。

輸精管

附睪管（vas deferens）的尾端漸趨平直，且管壁加厚、管徑變大而成輸精管（vas deferens），長約 45cm，沿著睪丸後緣上升，經腹股溝管進入骨盆腔，越過膀胱頂端而下行至膀胱後面，與精囊管會合而成射精管（ejaculatory duct）。

輸精管襯有複層纖毛柱狀上皮，管壁有三層平滑肌層，藉著平滑肌層的蠕動收縮，可將精子送至尿道。輸精管可儲存精子長達數月，且不喪失其受精能力。

輸精管結紮是男性避孕方法之一，此手術是在局部麻醉下從陰囊開刀，將每條輸精管兩頭紮起，中間切斷。睪丸仍可製造精子，因無法排出體外而退化，但不會影響性慾和性行為。

射精管

射精管（ejaculatory duct）是由輸精管和精囊管會合而成，長約 2 公分，開口於攝護腺尿道，輸送的精子可經過攝護腺送至攝護腺尿道（圖 16-5）。

尿道

男性尿道（urethra）是生殖管道的最後部分，以尿道外口通往體外，是精液和尿液的共同管道。它分成三部分：

1. 攝護腺尿道：射精管開口於此。
2. 膜部尿道：是尿道通過泌尿生殖膈的部位，最窄、最短也最易受傷，含尿道球腺。
3. 陰莖尿道：尿道球腺導管開口於此，是尿道最長的部分。

精索

在陰囊內伴隨輸精管上升的有睪丸動脈、自主神經、睪丸靜脈、淋巴管及其由腹壁所延伸下來含提睪肌的覆蓋物，這些構造構成了精索（spermatic cord）。圍繞睪丸的提睪肌受到性刺激或過冷時，會收縮將睪丸上提。

精液

精液（semen）是精子與精囊、攝護腺、尿道球腺及附睪分泌物之混合液體（表16-1）。每次射精的精液量平均約 2～6ml，每 ml 約含五千萬至一億五千萬個精子。若每 ml 精液所含之精子少於兩千萬個，就會造成不孕。

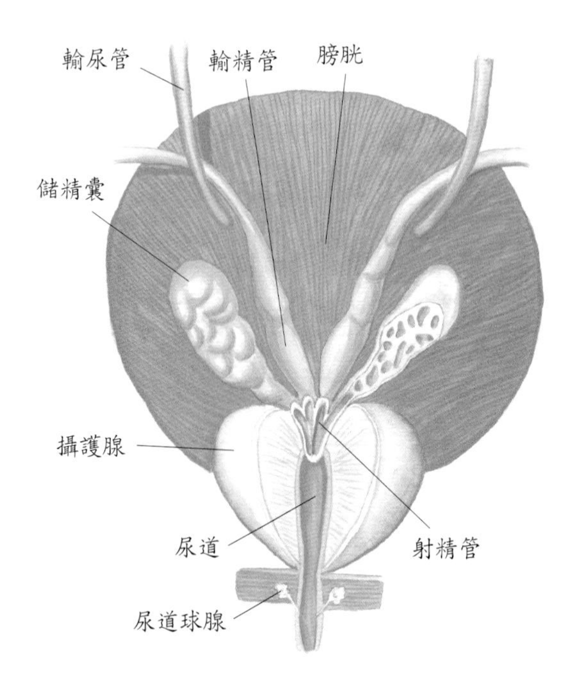

圖 16-5　生殖管道

精液呈弱鹼性，酸鹼值約 7.20～7.60。攝護腺的分泌物使精液看起來似牛奶，而精囊、尿道球腺的分泌物使精子具有黏性。精液提供了精子的運輸介質和營養，也能中和男性尿道和女性陰道的酸性環境。精液中含有酶，射精後可活化精子，亦含有精液漿素（seminal plasmin），可控制精液中和女性陰道中的細菌，幫助受精作用的進行。

攝護腺分泌物中的凝集蛋白會使液態精液射入陰道後呈凝集狀，但隨後纖維溶解素（fibrinolysin）的水解作用可使精液再恢復為液態，使精子易於活動。

外生殖器

外生殖器是指位於體腔外的器官。

陰囊

陰囊（scrotum）是由腹部下方的皮膚向外延伸形成囊袋構造，內有中膈分成左右兩個囊，每一囊內各含一個睪丸，其皮下組織為平滑肌纖維所構成的皮膜（dartos），可使陰囊表面形成皺褶，所以陰囊是睪丸的支持及保護構造。

可藉由陰囊的位置與提睪肌、陰囊皮膜肌的收縮來調節睪丸溫度。由於陰囊位於體腔外，可提供比體溫低 3°C 的環境，以利精子的產生與生存。天氣冷時，提睪肌與陰囊皮膜肌的收縮可將睪丸往上提，使睪丸接近體腔。

陰莖

陰莖（penis）含尿道，是尿液和精液的共同通道，性交時陰莖也是交接器，能將精子導入陰道內。陰莖是圓柱狀的構造，包括根部（將陰莖連於體壁）、體部（含有勃起組織的管狀結構）和龜頭（圍繞尿道開口的膨大部分）三個部分（圖 16-6）。

陰莖的體部是由三個圓柱狀海綿體構成，兩個是位於背外側的陰莖海綿體，一個是位於腹側中央的尿道海綿體，三個各被纖維組織的白膜分隔開。海綿體含有血竇（blood sinus），為一勃起組織。陰莖的體部外面包有筋膜及寬鬆的皮膚（圖 16-7）。陰莖根部是由尿道海綿體基部的膨大部分及陰莖海綿體近側端彼此分離的部分所組成（圖 16-7A）。

表 16-1 精液的來源及說明

腺體	位置	分泌量	pH 值	內含物	功能
精囊	膀胱的後下方，直腸的前方（圖 16-5）	60%	弱鹼性	果糖	提供精子運動的能量
攝護腺（前列腺）	膀胱正下方圍著尿道上部	33%	弱酸性	攝護腺素	刺激子宮收縮，減短精子受精前的路程
尿道球腺	攝護腺下方，膜部尿道兩側		鹼性	黏液	有潤滑作用，可中和尿道酸性環境

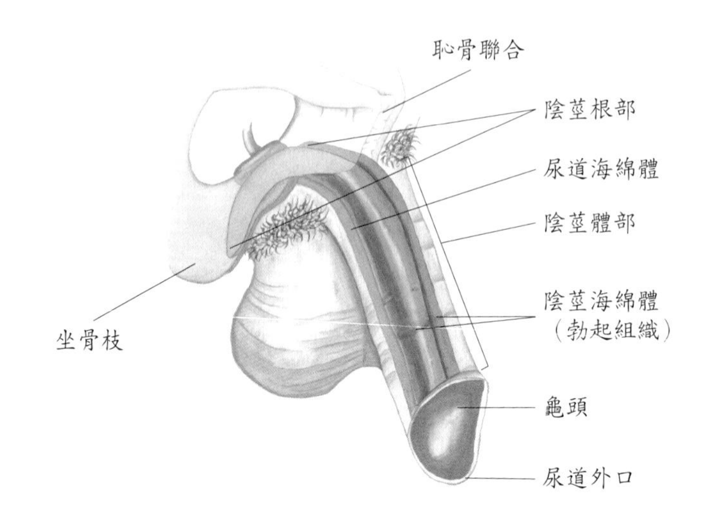

圖16-6　陰莖的前側面觀

龜頭是尿道海綿體末端膨大的部分，因其狀似烏龜的頭而得名，其邊緣為陰莖頭冠（corona），龜頭外面覆有包皮（prepuce）。在青春期時，位於包皮內的龜頭腺體會製造油性分泌物。此分泌物會與死亡的上皮細胞形成一種乳酪狀物質稱為包皮垢，包皮垢久未清理會造成細菌滋生，引起龜頭炎。

男性高潮

當男性受到生理或心理的性刺激時，副交感神經的衝動會引發陰莖海綿體內小動脈的擴張，使大量血流流入勃起組織的血竇內，當勃起組織充血且陰莖變得腫脹時會阻斷部分靜脈血回流而更促進勃起（erection）。當性刺激達到高潮時，交感神經的衝動會引起管狀系統的蠕動收縮、精囊和攝護腺的收縮，使精子及精液排入尿道，並經陰莖根部肌肉的節律性收縮，由尿道排出，這種經由交感神經所引起的反射作用即為射精（ejaculation）。射精時，由於尿道海綿體充血壓迫尿道使壓力上升，於是膀胱底部的膀胱內括約肌收縮，所以射精時尿液不會排出，精液也不會流入膀胱內。射精後，交感神經使陰莖動脈收縮，減少血液供應且降低對靜脈的壓力，使陰莖過多的血液引流入靜脈，並使陰莖恢復至原來弛軟的狀態，若要再度勃起，需經 10～30 分鐘或更長的時間。所以男性的性功能是由交感神經及副交感神經的協同作用完成。

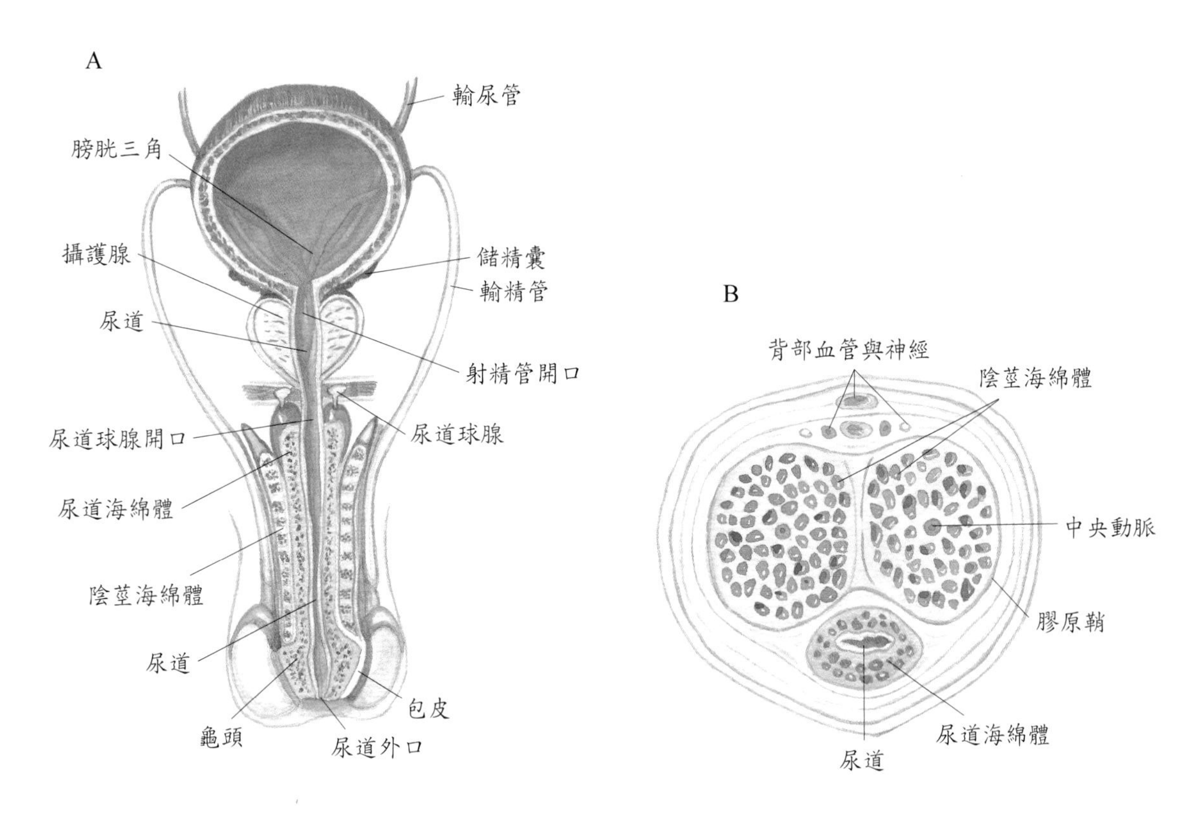

圖 16-7　男性的生殖系統及陰莖構造。A. 前額切面；B. 陰莖體部切面。

男性荷爾蒙的調節

青春期開始時，下視丘會釋放促性腺激素釋放因子（GnRF），以刺激腦下垂體前葉分泌濾泡刺激素（FSH）及黃體生成素（LH），黃體生成素即是男性的間質細胞刺激素（ICSH）。FSH 作用於曲細精管，使產生精子及刺激支持細胞；LH 也能幫助曲細精管產生成熟的精子，但主要是刺激間質細胞分泌睪固酮（圖 16-8）。

LH 雖能刺激睪固酮的產生，但是只要血液中睪固酮達到一定的量，就可抑制下視丘釋放 GnRF，使腦下垂體前葉分泌 LH 受到抑制，而減少睪固酮的分泌。若睪固酮在血液中的濃度降至某一水平，又會刺激下視丘釋放 GnRF，刺激前葉分泌 LH，使睪固酮產生增加。

當精子產生過多時，支持細胞即會分泌抑制素（inhibin），可直接作用於腦下垂體前葉，抑制 FSH 的分泌，減少精子發生。若精子產生速度太慢，抑制素即不會分泌，使 FSH 能持續分泌。

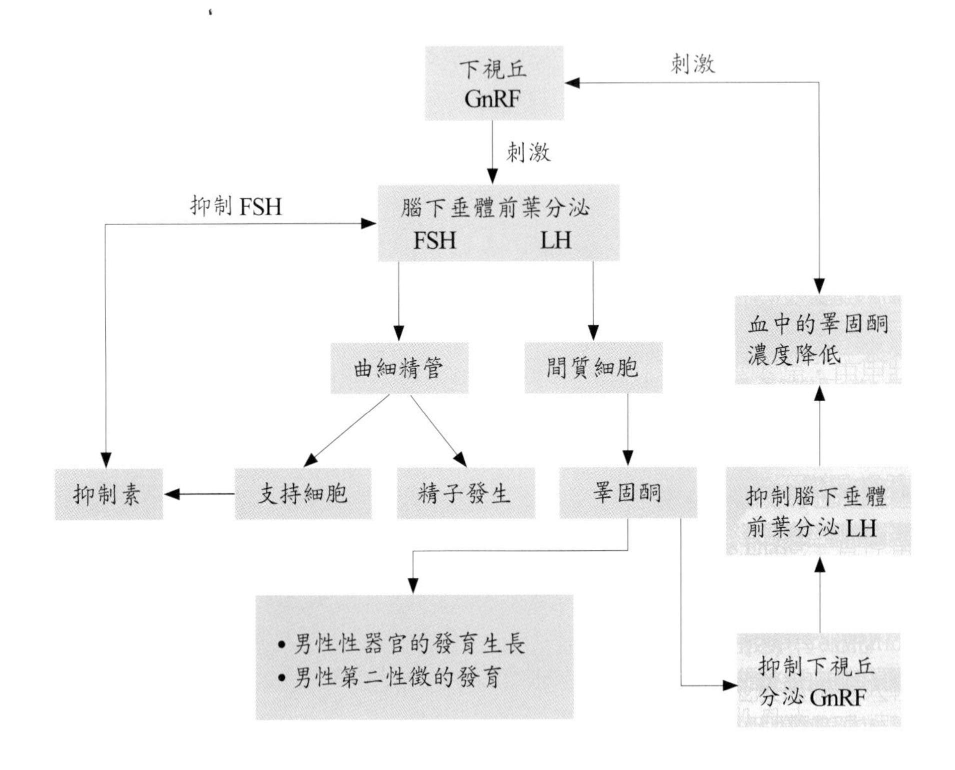

圖 16-8　睪固酮與抑制素的分泌、生理作用及控制

女性生殖系統

女性生殖系統（the female reproductive system）包括（圖 16-9）：

1. 性腺：卵巢能產生卵子並分泌荷爾蒙。
2. 內生殖器官：輸卵管、子宮、陰道。
3. 外生殖器官：大陰唇、小陰唇、陰蒂。

卵巢

構造

卵巢（ovary）是成對的生殖腺，位於子宮兩側，藉骨盆帶的韌帶固定於腹腔中。例如卵巢以卵巢系膜（mesovarium）附著於子宮闊韌帶，以卵巢韌帶（ovarian ligament）固定於子宮的上外側；以懸韌帶（suspensory ligament）附著於骨盆壁（圖 16-10）。

卵巢外圍由單層立方的生發上皮（germinal epithelium）覆蓋，是卵濾泡的來源。生發上皮的下面是緻密結締組織的白膜（tunica albuginea）。白膜內的結締組織是基質，由緻密

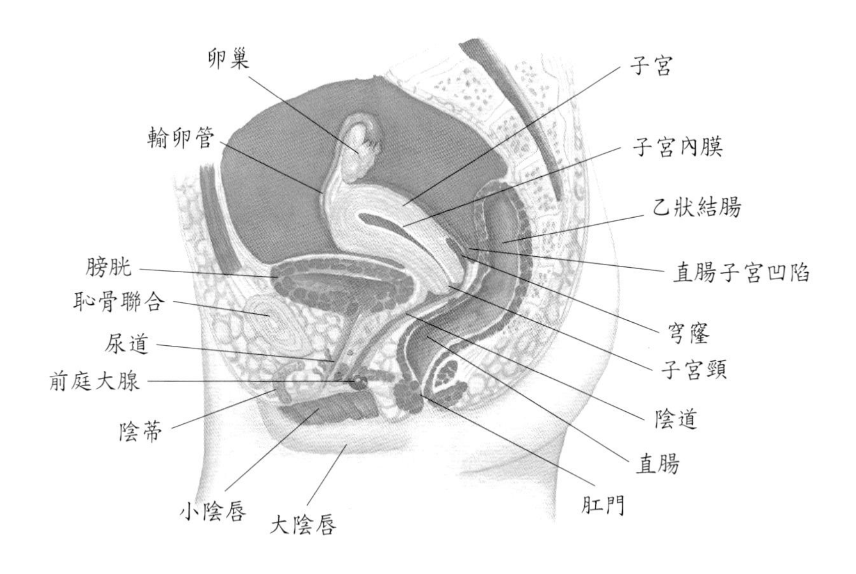

圖16-9 女性生殖器官和周圍構造

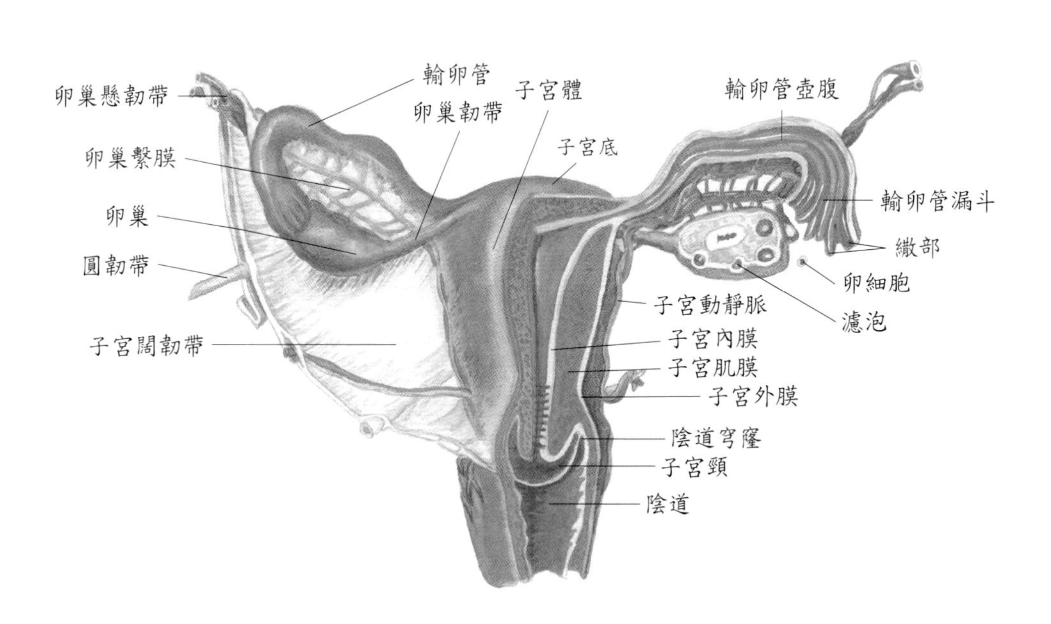

圖16-10 子宮、輸卵管和卵巢解剖圖

的皮質及疏鬆的髓質所構成。皮質中含有各種不同發育時期的濾泡（follicle）、退化的黃體（corpus luteum）和白體（corpus albicans）（圖 16-11）。

出生時，每個卵巢約含有二十萬個初級卵母細胞，青春期時，每月生殖週期中會有一個卵發育成熟排出，經輸卵管到達子宮，若與精子結合成受精卵則著床於子宮；若沒有與精子受精，則原先預留給受精卵營養而增厚的子宮壁會剝落，使得月經來潮。

卵子的生成

卵子的生成（oogenesis）與精子的生成過程上很相似，包括有絲分裂、生長、減數分裂及成熟等幾個過程（圖 16-12）。

一個含雙套染色體的卵原細胞（oogonium）在胚胎早期進行有絲分裂而增殖，此增殖能力會隨胚胎的發育而消失。在胚胎三個月時，卵原細胞發育成較大的初級卵母細胞（primary oocyte），此初級卵母細胞在出生前便開始進行減數分裂 I，但一直停留在前期 I，直至青春期時受到下視丘的促性腺激素釋放因子（GnRF）及腦下垂體前葉 FSH 的作用才陸續完成其餘的分裂步驟，分裂後產生含單套染色體的一個次級卵母細胞（secondary oocyte）和一個極體（polar body）。而後，在排卵時，次級卵母細胞及極體進入輸卵管開始進行減數分裂 II，但一直停留在中期的階段，除非精子進來發生受精作用，此次分裂才能繼續完成。次級卵母細胞產生一個成熟的卵子及一個極體，原先的極體經過減數分裂 II，產生兩個極體，最後被分解掉。所以一個卵原細胞只會形成一個卵子，而一個精原細胞則是形成四個精子。

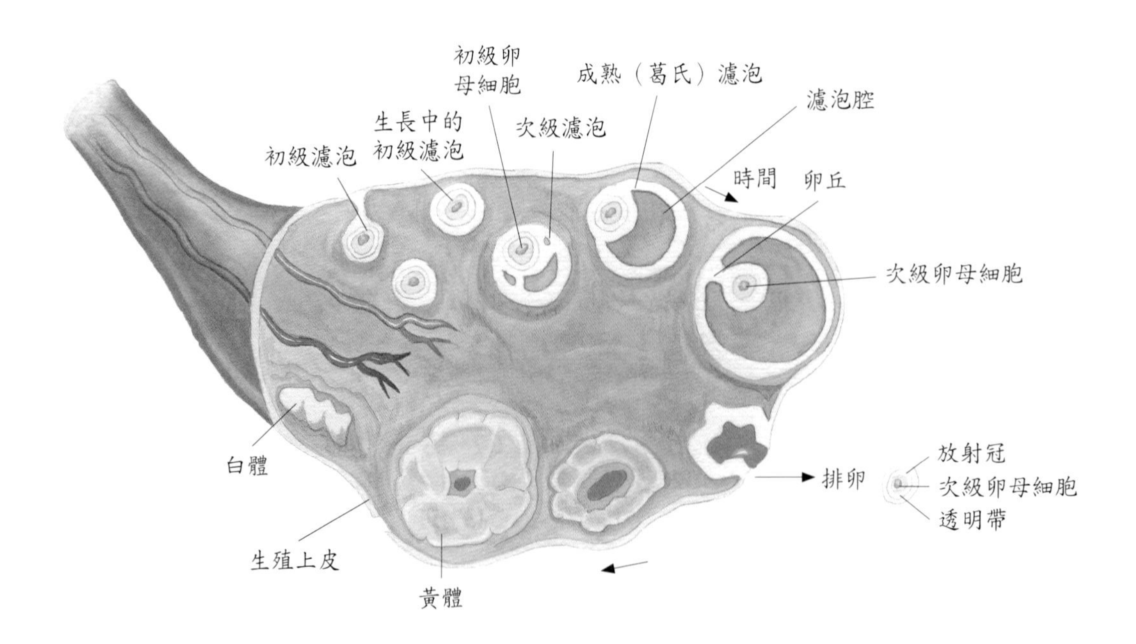

圖 16-11　卵和濾泡發育的階段

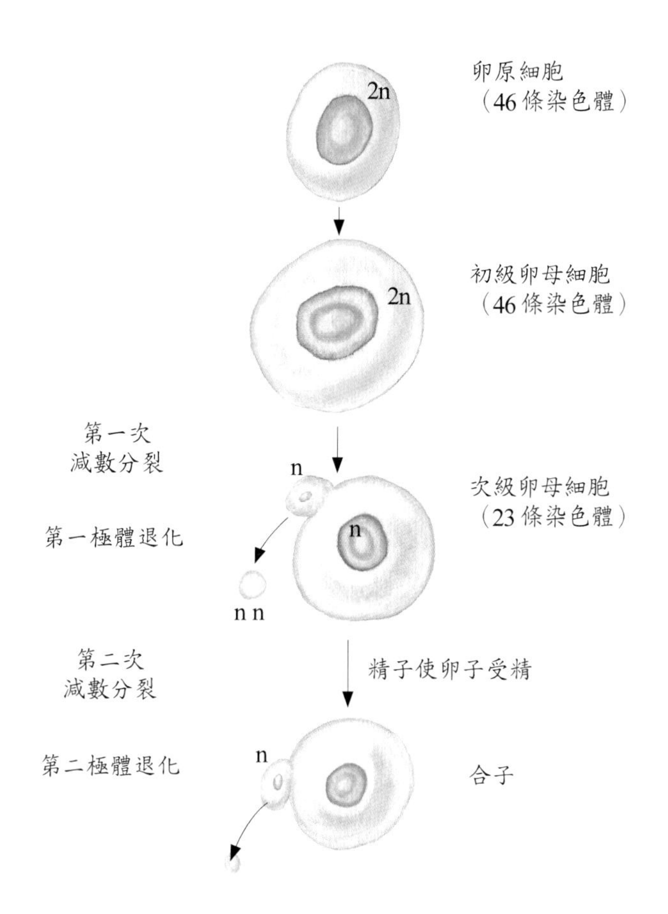

圖 16-12　卵子生成作用。減數分裂時期，每個初級卵母細胞產生一個單倍體（n）配子。若次級卵母細胞受精，將形成第二極體，其細胞核將與精子細胞融合形成合子（2n）。

輸卵管

輸卵管（uterine tube）由子宮體向兩側延伸，位於子宮闊韌帶的雙層皺襞間，末端有一漏斗狀朝向腹腔的開口，稱為漏斗（infundibulum）。漏斗很接近卵巢，但並未附在卵巢上，且被稱為繖（fimbriae）的指狀突起圍繞（圖 16-10）。輸卵管由漏斗向內下方延伸附著於子宮的上外側角，其外側 2/3 較寬處為壺腹（ampulla），是精子與卵子的受精處，受精卵如在此處著床，稱為子宮外孕，內側的 1/3 是較狹窄、管壁較厚的峽部（isthmus）。

輸卵管壁是由三層構造組成，由內至外的排列順序是：黏膜層、肌肉層和漿膜層。黏膜層含纖毛柱狀上皮和分泌細胞，可助卵子運動及提供其營養；肌肉層是由裡面較厚的環肌層及外面較薄的縱肌層兩層平滑肌組成，藉由肌肉層的蠕動收縮及纖毛的擺動，可將卵子送往子宮。

受精作用可發生於排卵後 24 小時內，且常發生於輸卵管的壺腹，七天內達子宮，未受精的卵則被分解掉。

子宮

子宮（uterus）位於直腸和膀胱之間，外形像倒置的梨，是形成月經、受精卵著床、胎兒發育及生產時送出胎兒的地方。

1. 可固定及維持子宮正常位置及適度前傾的姿勢，是靠下列四種韌帶：
   (1)子宮闊韌帶（broad ligament）：是腹膜壁層所形成的成對皺襞，能將子宮附著在骨盆側壁，子宮的血管、神經行走於此韌帶的雙層腹膜間。
   (2)子宮薦韌帶（uterosacral ligament）：是成對的腹膜皺襞，在直腸兩旁，可將子宮連到薦骨，以預防子宮過度前傾。
   (3)樞紐韌帶（cardinal ligament）：又稱子宮頸側韌帶（lateral cervical ligament），在骨盆壁與子宮頸、陰道間，為防止子宮脫垂掉入陰道的主要韌帶。
   (4)子宮圓韌帶（round ligament）：為纖維結締組織韌帶，起始於子宮上外側角輸卵管的正下方，可預防子宮後傾。
2. 子宮可分成四個部分：
   (1)子宮底（fundus）：是輸卵管水平以上的圓頂狀部分，亦即上側寬大部分。
   (2)子宮體（body）：中央的主要部分，內部的空間是子宮腔（uterine cavity）。
   (3)子宮頸（cervix）：為下方狹窄一開口於陰道的部分，子宮頸外部為鱗狀上皮組織，子宮頸內部為分泌黏液的柱狀上皮組織。位於內外子宮頸交接處的鱗狀-柱狀上皮接合處，是最容易產生子宮頸病變的地方。有內口通子宮腔，外口通陰道。
   (4)峽部（isthmus）：在子宮體與子宮頸間的狹窄部分，長約 1cm。
3. 子宮壁的三層組織：
   (1)子宮外膜（perimetrium）：位在最外層，為漿膜，是腹膜壁層的一部分，但沒有蓋住整個子宮，與前面膀胱形成子宮膀胱陷凹（vesicouterine pouch），與後面直腸形成直腸子宮陷凹（rectouterine pouch），又稱道格拉氏陷凹（Douglas pouch），是骨盆腔解剖最低點（圖 16-10）。
   (2)子宮肌層（myometrium）：構成子宮壁的主要部分，在子宮底最厚，子宮頸最薄，是由縱走、橫走、斜走三層平滑肌構成，有助於生產時，將胎兒擠向陰道及體外。
   (3)子宮內膜（endometrium）：在最內層，參與胎盤形成。它由二層構成：
      ①功能層：每次月經來潮時會脫落排出體外。月經週期的分泌期後期，血中黃體素和動情素濃度下降，引起螺旋小動脈收縮，導致功能層缺血壞死，造成

流血，即為月經。

②基底層：貼近子宮壁，是永久的構造，動情素在月經後會刺激基底層增生。

4. 子宮的血液供應：子宮的血液供應來自子宮動脈（uterine artery），它是髂內動脈的分枝，而卵巢動脈及陰道動脈亦與子宮動脈吻合。子宮動脈分出弓動脈（arcuate artery）環繞於子宮肌層的外圍，弓動脈又分出放射狀動脈（radial artery）伸入子宮肌層內，最後再分成直小動脈終止於基底層，螺旋小動脈終止於功能層。

陰道

陰道（vagina）位於直腸前，膀胱、尿道之後，以 45° 向前斜且前壁較後壁短，是由子宮頸延伸至外陰前庭的肉質管狀器官（圖 16-9、16-10），它是經血排出的通道、性交時容納陰莖的部位、產道的下半部。陰道頂部圍繞子宮頸下部的空間稱為陰道穹窿（fornix），要避孕時可置放避孕膈膜（contraceptive diaphragm）於此處。

陰道的黏膜層是子宮內膜的延續，由複層鱗狀上皮及結締組織所構成，並形成橫走的皺襞，在性交時，陰道的潤滑液大部分來自其上皮所分泌的黏液。陰道的肌肉層是由縱走的平滑肌構成，具有相當的延展性，能容納性交時勃起的陰莖及生產時可讓胎兒通過。陰道下端的開口是陰道口（vaginal orifice），周圍有一層薄的血管性黏膜皺襞是處女膜（hymen），封閉部分陰道口。

陰道黏膜含有大量的肝醣，經分解後會產生有機酸，使陰道成為酸性環境（pH3.5～4），可抑制微生物的滋長。但是酸性環境對精子有害，此時需靠精液來中和陰道的酸性，才能確保精子的生存。

外生殖器

女陰

女陰（vulva）是女性外部生殖器的總稱，它包括了下列各部分（圖 16-13）。

1. 陰阜（mons pubis）：是指蓋在恥骨聯合的部位，由外覆皮膚的脂肪墊所構成，至青春期時，此處會有粗的陰毛長出。
2. 大陰唇（labia majora）：是由陰阜往下後方延伸的兩片皮膚皺褶，含有大量的脂肪組織、皮脂腺、汗腺，其外側面覆有陰毛。是男性陰囊的同源構造。
3. 小陰唇（labia minora）：在大陰唇內側的兩片變形的皮膚皺褶，不長陰毛，不含脂肪，只有少量的汗腺，卻有大量的皮脂腺。
4. 陰蒂（clitoris）：是由勃起組織和神經組織所組成的小圓柱體，在小陰唇前面會合的正後方，有包皮蓋住陰蒂體，露於外的是陰蒂頭。陰蒂與男性的陰莖屬同源構造，受到觸覺刺激會膨大勃起。

5. 前庭（vestibule）：是指小陰唇間的裂縫，含有陰蒂、處女膜、陰道口、尿道口及一些導管的開口。
6. 陰道口（vaginal orifice）：位於尿道口的後方，邊緣有處女膜。
7. 尿道口（urethral orifice）：位於陰蒂與陰道口之間。
8. 前庭大腺（greater vestibular gland）：又稱巴氏腺體（Bartholin's gland），分泌黏液幫助性交時的潤滑作用，開口於會陰淺層、陰道口兩側，亦即處女膜與小陰唇間，與男性的尿道球腺為同源構造。
9. 前庭小腺（lesser vestibular gland）：埋於尿道壁，導管開口於尿道兩側，是一群小黏液腺。
10. 尿道旁腺（paraurethral gland）：為黏液腺，分泌黏液，相當於男性的攝護腺，導管開口於尿道兩側。

會陰

會陰（perineum）是指兩邊臀部與大腿間，前面以恥骨聯合、兩側以坐骨粗隆、後面以尾骨為界的菱形區域。在兩坐骨粗隆間連一橫線，可將會陰分成前面含外生殖器的泌尿生殖三角（urogenital triangle）及後面含肛門的肛門三角（anal triangle）（圖16-13）。

女性介於陰道和肛門間的部分稱為臨床會陰或稱產科會陰（obstetrical perineum）。若陰道太小，在分娩時無法讓胎兒頭部通過，常會使臨床會陰的皮膚、陰道上皮、皮下脂肪、會陰淺橫肌撕裂，甚至撕裂至直腸。為了避免造成會陰部的傷害，常在生產前行女陰切開術（episiotomy），將會陰的皮膚及皮下組織作一小切口，生產後再將切口分層縫合。

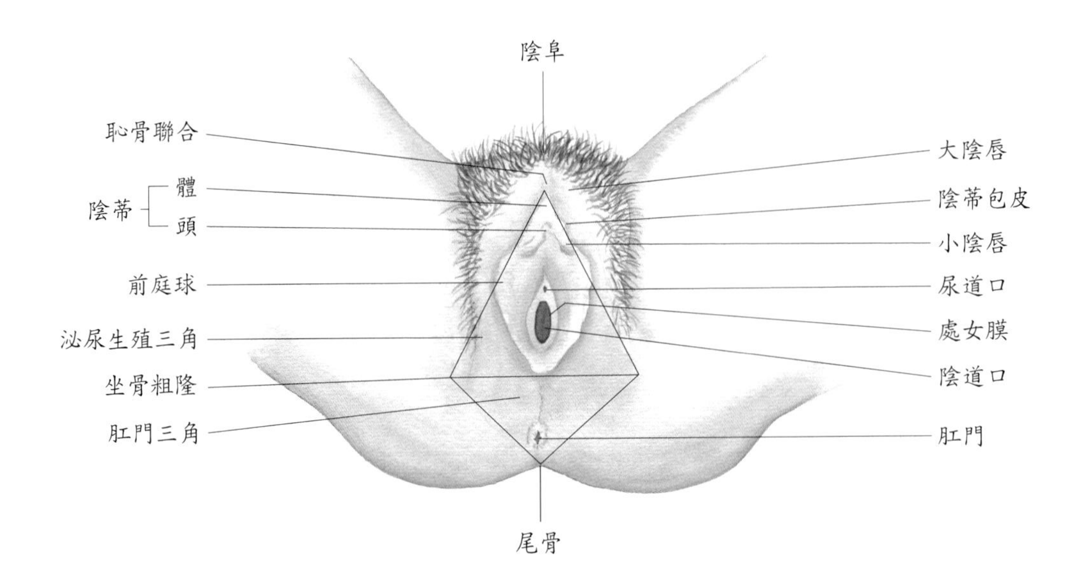

圖16-13 女性的外部生殖器官及會陰部

女性高潮

女性高潮（female excitation）如男性般，在性刺激下，副交感神經讓陰蒂勃起變大與增加敏感度，並使前庭腺與陰道黏液分泌增多。在性交中，藉女性性器官的觸覺及其他刺激，增加陰蒂刺激興奮使陰道收縮，並藉陰部神經刺激使骨盆肌肉節律性收縮而達到高潮，並引發子宮及陰道收縮。

女性荷爾蒙的調節

青春期開始，下視丘會釋放促性腺激素釋放因子（GnRF），以刺激腦下垂體前葉分泌濾泡刺激素（FSH）及黃體生成素（LH）。FSH 會引發卵巢濾泡的發育，並使濾泡分泌動情素；LH 則能促進卵巢濾泡進一步發育並促使排卵，也能刺激卵巢細胞分泌動情素（estrogen）、黃體素（progesterone）及鬆弛素（relaxin）（圖 16-14）。

動情素的生理作用

1. 促進濾泡的生長、輸卵管的運動增加。
2. 促使子宮內膜的基底層增生。
3. 促使第二性徵發育與乳房的發育生長。
4. 控制體液及電解質的平衡。

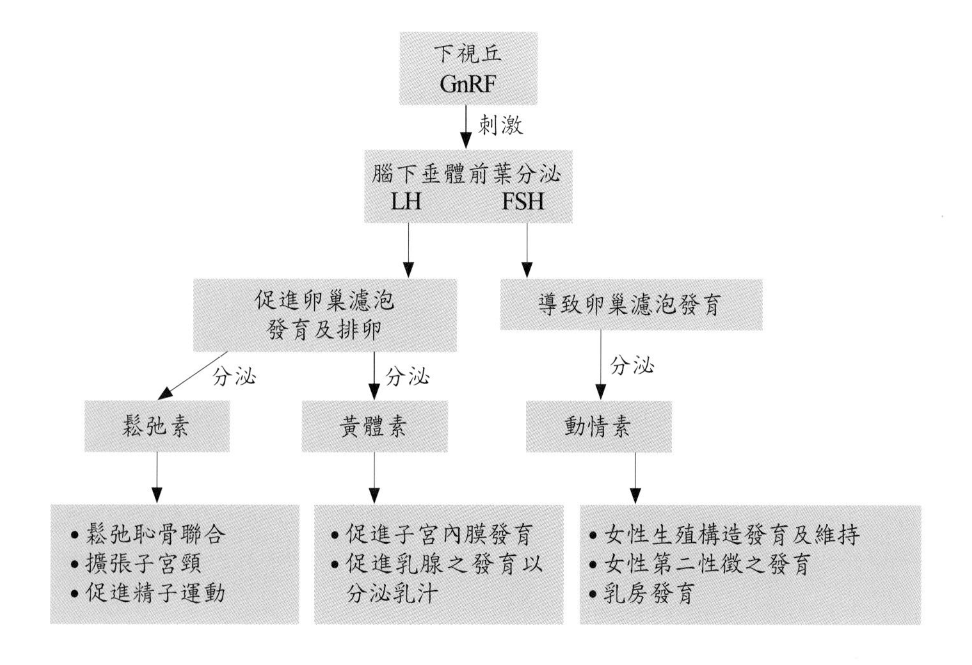

圖 16-14　動情素、黃體素、鬆弛素的分泌及其作用

5. 增加蛋白質的同化作用。
6. 血液中高濃度的動情素會抑制下視丘釋放 GnRF，因而抑制腦下垂體前葉分泌 FSH。
7. 會促使骨骺板變成骨骺線，影響生長。
8. 可降低血脂。
9. 使皮膚微血管增加及脂肪堆積，皮膚較光滑。
10. 促使排卵時，子宮頸黏液黏稠度增加且具彈性。
11. 增加血液中維生素 D 的濃度。

黃體素生理作用

1. 與動情素共同作用，促進子宮內膜的發育，以便受精卵著床，故有助孕功能。
2. 促進乳腺的發育，以便分泌乳汁。
3. 有產熱作用，可在卵巢排卵時，促使體溫升高。
4. 刺激呼吸作用。

鬆弛素生理作用

1. 促使恥骨聯合鬆弛。
2. 促使骨盆關節放鬆。
3. 促使子宮頸柔軟、擴張，以利生產。
4. 增加精子的活性。

卵巢與子宮週期

卵巢週期（ovarian cycle）是指每個月與卵子成熟有關的一連串變化；子宮週期（uterine cycle）則是指懷孕或未懷孕子宮內膜的一連串變化。未懷孕的子宮內膜功能層會剝落，排出體外，即形成月經週期。所以卵巢及子宮週期的變化與月經週期的變化有關。

月經週期約 24～35 天，平均 28 天，因為是週期所以並無開始與結束之分，而且改變是屬漸進式的，為了方便且經血來潮是較明顯的改變，因此稱月經來潮的第一天為週期的第一天，再以卵巢內部和子宮內膜的變化作更進一步的分期（圖 16-15）。

月經期

月經期（menstrual phase）大約是週期的前五天，是因為動情素和黃體素突然減少，引起子宮內膜功能層的退化及出血，約排出 25～65ml 的經血，其中含有血液、組織液、黏液及退化的子宮內膜功能層，所以此時子宮內膜只剩基底層，變得較薄。

在月經期的第一天，因動情素、黃體素的減少，刺激下視丘分泌 GnRF，使腦下垂體

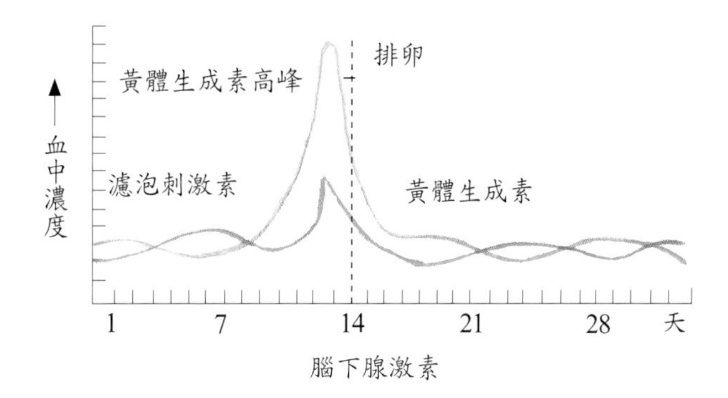

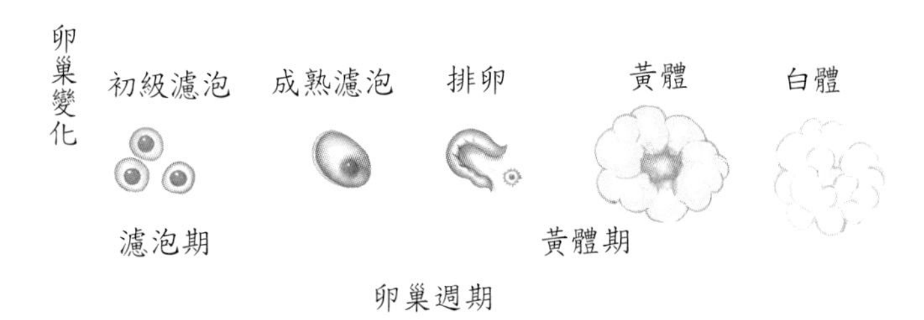

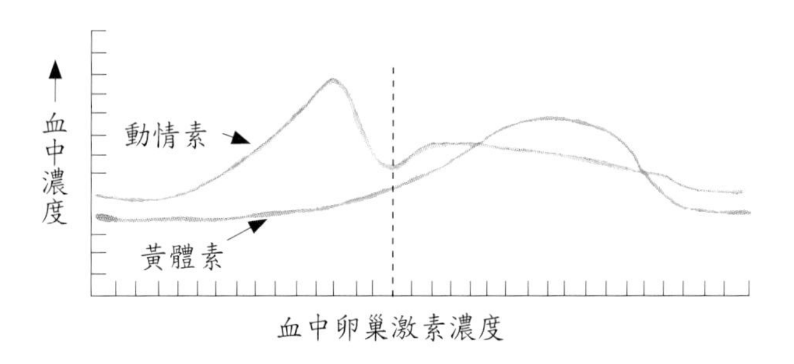

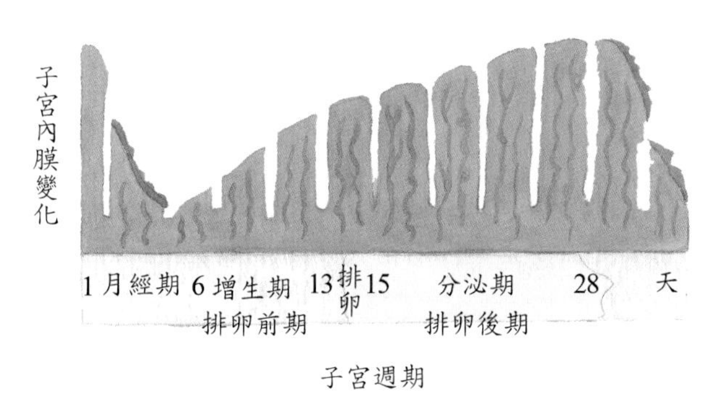

圖 16-15 卵巢與子宮週期的變化

前葉分泌 FSH，促使卵巢 20～25 個初級濾泡開始發育，並產生微量動情素，但最後只有一個濾泡達到成熟，其餘的退化消失。因此此期也稱為濾泡期（follicular phase），但濾泡由初級濾泡至成熟需 13 天，所以至排卵前皆為濾泡期。

排卵前期

排卵前期（pre-ovulatory phase）介於月經與排卵之間，此期長短變化較大，在 28 天的週期中，由第六天延續至第十三天。

由於 FSH 和 LH 的關係（但 FSH 較多），使濾泡產生更多的動情素，來刺激子宮內膜的修補，此時基底層的細胞經過有絲分裂產生功能層，其內的螺旋動脈捲曲狀血管會逐漸加長，子宮內膜增厚成 4～6mm。因為子宮內膜的細胞增殖，故又稱為增殖期（proliferative phase）；又因此期是由次級濾泡發育至成熟的葛氏濾泡，故也是濾泡期；也因動情素是此期的主要激素（圖 16-15），亦可稱為動情期（estrous phase）。

在排卵前期的早期，腦下垂體前葉分泌的 FSH 是主要的激素，隨著濾泡的發育成熟，動情素逐量增加，成熟的葛氏濾泡可產生少量的黃體素，而排卵（ovulation）前一天，動情素的高濃度促使 LH 的大量分泌。

排卵

在 FSH 的刺激下，葛氏濾泡增大變成卵巢表面的薄壁囊泡，此時動情素的分泌也隨著濾泡的增大而快速提升。在週期的第十三天左右，動情素的快速增加誘發 LH 的釋放，在第十四天的排卵日，LH 使葛氏濾泡壁破裂，釋放出一個處於減數分裂中期 II 的次級卵母細胞，並由纖毛帶進輸卵管，緩緩向子宮移動。

排卵後期

排卵後，LH 刺激空的濾泡發育成黃體，並使其分泌動情素和黃體素，此時黃體素可增加刺激子宮腺體生長，且在排卵後一週濃度達最高點。排卵後，在動情素和黃體素的共同作用下會使子宮內膜變厚、充滿血管，子宮腺體也充滿肝醣，內膜發育成柔軟且富含營養的構造，以備受精卵著床。

此期的主要卵巢激素是黃體素，所以又稱為黃體期（luteal phase）。此期高濃度的黃體素和動情素會共同抑制 FSH 及 LH 的分泌。同時，黃體也會分泌抑制素（inhibin），以助 FSH 的分泌或作用，阻止新的濾泡發育，避免在此期產生額外的排卵現象。

進入排卵後期（post-ovulatory phase）的末期，約在週期的第二十二天，此時抑制素製造降低，新的濾泡開始發育，黃體也開始退化變成白體，黃體素及動情素濃度也開始下降，至第二十八天下降至非常低的濃度，而引發另一個月經週期。

懷孕

由精子與卵產生受精作用至成熟的胎兒出生間的過程稱為懷孕（pregnancy）。通常女性每個月僅會排出一個卵，每次排出的卵是處於減數分裂 II 的次級卵母細胞，由纖毛帶進輸卵管，此時的次級卵母細胞外圍包覆有由蛋白質和多醣體組成的透明帶（zona pellucida）及由顆粒細胞構成的放射冠（corona radiata），需在排卵後 12～24 小時內與精子結合。

精子進入女性生殖道後，要經 4～6 小時，才有能力使卵受精。每個精子的尖體可分泌玻尿酸酶及蛋白酶，可使精子將透明帶分解以便進入卵子。只要第一個精子通過透明帶與卵的細胞膜融合，細胞膜即會產生許多變化以防止其他精子進入，可確保每個卵只能與一個精子結合。通常受精作用是發生在輸卵管的壺腹，此時次級卵母細胞會完成第二次減數分裂。

當精子進入卵的細胞質以後，在 12 小時之內卵核膜消失，卵與精子的單套染色體結合形成雙套染色體的受精卵，或稱為合子（zygote）。受精後，合子進行快速分裂，第三天已形成一個具有 16 個細胞的實心球體，即為桑葚體（morula）。此桑葚體不斷分裂且向子宮移動，受精後第四天進入子宮腔，子宮腔內液體進入桑葚體而成中空的囊胚（blastocyst）；受精後第六天，囊胚與子宮壁接觸並嵌入厚的子宮內膜中，此即為著床過程的開始，直至受精後 7～10 天，囊胚才完全埋入子宮內膜。此時的子宮內膜處於排卵後期。

囊胚細胞會分泌人類絨毛膜促性腺激素（human chorionic gonadotropin; HCG），此激素作用與 LH 相仿，可維持 5～6 週母體黃體的活性，並促進動情素和黃體素的產生，防止月經發生，因此胚胎可順利地植入子宮內膜發育、形成胎盤。懷孕的第 5～6 週後，黃體開始退化，此時胎盤成為主要性激素的分泌腺體，在胎盤發育完成時，HCG 開始降低，此時所分泌動情素的濃度比懷孕初期高 100 倍，並同時分泌大量黃體素，兩者比例初期為 100：1，在胎兒足月時已接近 1：1。

胎盤在分泌 HCG 的同時，也可分泌人類絨毛膜促體乳激素（human chorionic somatomammotropin; HCS），分泌量在第 32 週達到高點，並維持至生產為止。HCS 可刺激乳腺的發育，促進蛋白質的同化作用，助胎兒發育，降低母體對葡萄糖的利用及促進脂肪分解。由最後一次月經來潮時起算，懷孕至生產的整個過程約 280 天。胎盤與卵巢亦可產生鬆弛素，以助胎兒的出生。

不孕與原因

不孕症（infertility）是指一對夫婦在婚後某一特定期間（通常指一年）有正常的性生活，未採取任何避孕措施而仍然沒有受孕的情形。人類生殖的高峰是在 21～25 歲之間，婦女在 25 歲時於 6 個月內受孕的機率是 75%；接近 30 歲是 47%；30 歲以上是 38%；接近 40 歲是 25%；40 歲以上是 22%。在男性則沒有如此明顯下降的曲線。總之，年紀越大受孕機會越小。不孕的原因很多，包括生理、心理上的因素，都會直接或間接影響到複雜而微妙的生殖過程。造成不孕的原因大致如下：

男性因素

占不孕的 30～40%，其中以精子因素占最多。

1. 精子因素：精子的數量、形態、活動性及精液量皆有影響。
2. 性交困難、陽萎。
3. 精子抗體。
4. 陰莖、尿道異常，如尿道狹窄、尿道下裂。
5. 其他因素，例如營養不良、藥癮、酒癮、心理障礙等。

女性因素

1. 輸卵管：占 30～40%，包括輸卵管的狹窄、部分或完全性閉鎖、周圍組織發生黏連、失去節律蠕動的能力等。
2. 內分泌因素或卵巢：占 15～25%，包括月經不正常、不排卵、黃體機能不全等，其他如腦下垂體、甲狀腺、腎上腺機能異常。
3. 子宮頸：占 20%，不良的子宮頸狀況，例如子宮頸黏液分泌不足、子宮頸口糜爛等。
4. 骨盆腔內病變：占 5%，包括子宮內膜異位、卵巢腫瘤、子宮先天性畸形、輸卵管卵巢炎、骨盆腔腹膜炎等。
5. 其他：例如嚴重營養障礙、慢性疾病、外生殖器異常、陰道異常、情緒因素等。

兩性因素

性生活不協調、兩性生活環境的不適合、性交問題等。

節育

節育（birth control）即控制生育的方法，包括將性腺及子宮開刀拿掉或絕育、避孕、節慾。去勢、子宮切除術、卵巢切除術屬於絕對的避孕方法，但通常都是在這些器官發生疾病時才會進行此種手術。

能夠避免受精現象發生又不會破壞生育力的避孕方法，有下列四種方法：

1.荷爾蒙製劑：有口服、注射、植入、貼布等方式的避孕藥使用，其目的在於抑制 FSH 及 LH，使卵巢排卵功能及受精卵在子宮著床功能受到抑制。

2.阻隔性避孕措施：子宮避孕器（IUD）、子宮帽、保險套等隔絕精子與卵子結合，或使用殺精劑來殺死精子等。

3.手術結紮：有女性輸卵管及男性輸精管結紮。

4.其他：有性交中斷法、禁慾、測量基礎體溫等，但失敗率高。

臨床指引：

人工受孕（artificial insemination by a donor; AID）：是指夫妻身體異常造成不孕，而以其他方式代替的生育法。有下列幾種方式：

1. 子宮內受孕（intrauterine insemination; IUI）：在女性卵巢激素受到刺激後，將供應者正常的精子置入子宮內來受孕。
2. 體外受精（in vitro fertilization; IUF）：將排出的卵子以吸管取出（或由陰道壁在超音波導引下，以針吸出卵子），然後將精子置入和女性生殖器系統相同的溶液中，當放入卵子即會受精。受精的卵子開始發育成胚胎後2～4天，置入子宮內著床。
3. 配子輸卵管內運送（gamete intrafallopian transfer; GIFT）：其方法幾乎和IUF相同，只不過受精卵會立即放入輸卵管中，其過程較簡單方便，費用低廉。

性傳染病

凡是經由生殖道、口交、肛門性行為而傳播的疾病，都可稱為性傳染病（sexually transmitted disease; STD）。其菌種包括細菌性、病毒性、原蟲、黴菌、體外寄生蟲感染，且雙方皆會感染，有時會出現多種感染。

1. 細菌性：淋病（gonorrhea）、披衣菌感染（chlamydial infection）、梅毒（syphilis）。
2. 病毒性：生殖器疱疹（genital herpes）。
3. 原蟲：滴蟲病（trichomoniasis）。
4. 黴菌：念珠菌陰道炎（candidiasis）。
5. 體外寄生蟲感染：陰蝨感染（pediculosis pubis）。

生殖系統的老化

女性的生殖系統老化較明顯，因為在更年期時卵巢功能退化，使腦下垂體前葉分泌的FSH無法讓卵巢分泌性荷爾蒙，而造成月經停止。只要由最後一次月經算起，連續有一年沒有月經來潮即可診斷為停經，年齡約在50歲左右。

停經後由於動情素分泌不足而引發一連串的生理變化，其中最常見的是血管舒縮紊亂和泌尿生殖道的萎縮。血管舒縮紊亂會造成停經的熱潮紅，而泌尿道、陰道壁、陰道腺體萎縮會伴隨潤滑液分泌減少。也會有動脈硬化、心血管疾病的發生率上升，及漸進式骨質疏鬆症的情形增加。男性生殖系統的老化因無女性的週期性變化故不顯著。

歷屆考題

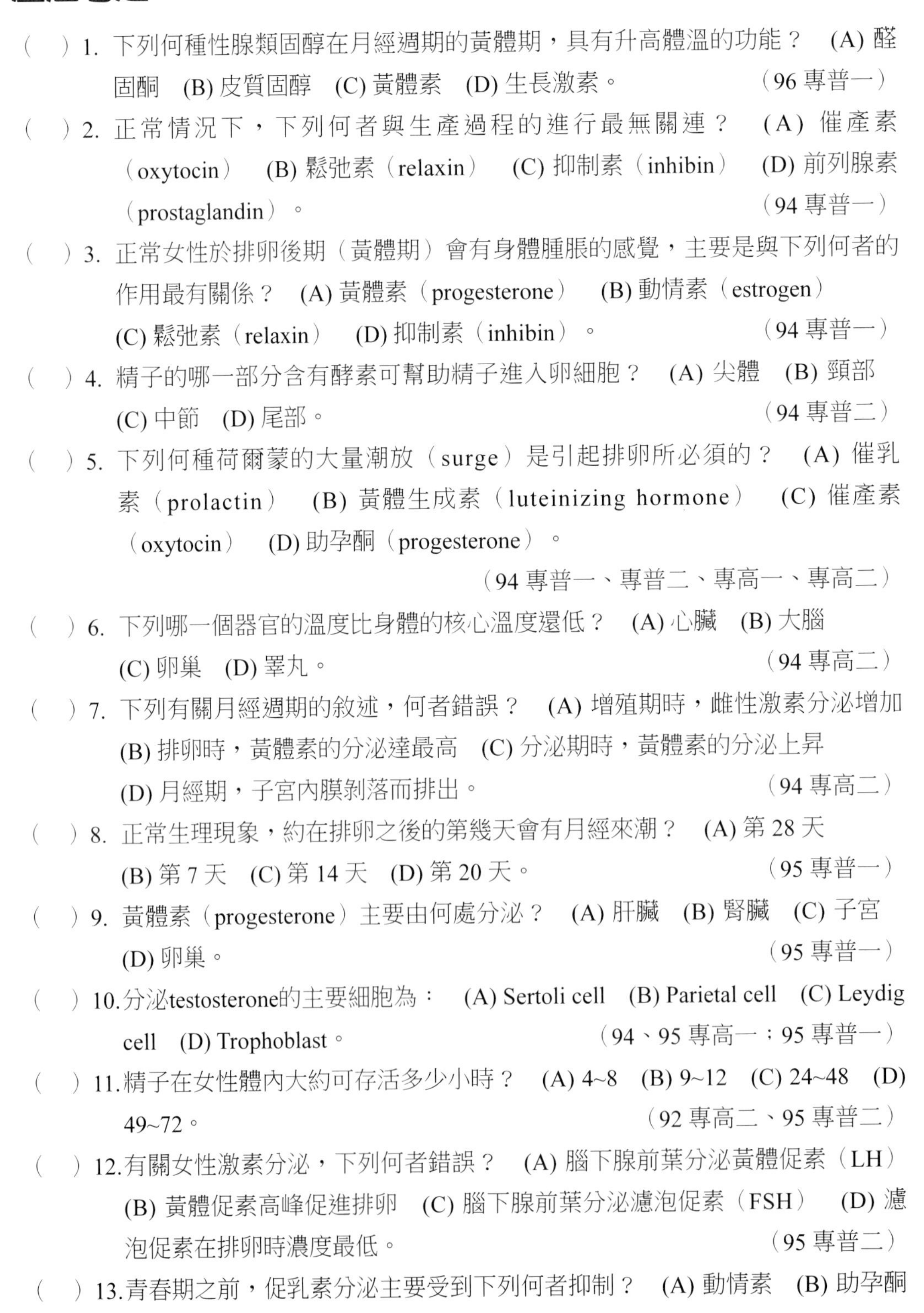

(　) 1. 下列何種性腺類固醇在月經週期的黃體期，具有升高體溫的功能？ (A) 醛固酮 (B) 皮質固醇 (C) 黃體素 (D) 生長激素。 (96 專普一)

(　) 2. 正常情況下，下列何者與生產過程的進行最無關連？ (A) 催產素（oxytocin） (B) 鬆弛素（relaxin） (C) 抑制素（inhibin） (D) 前列腺素（prostaglandin）。 (94 專普一)

(　) 3. 正常女性於排卵後期（黃體期）會有身體腫脹的感覺，主要是與下列何者的作用最有關係？ (A) 黃體素（progesterone） (B) 動情素（estrogen） (C) 鬆弛素（relaxin） (D) 抑制素（inhibin）。 (94 專普一)

(　) 4. 精子的哪一部分含有酵素可幫助精子進入卵細胞？ (A) 尖體 (B) 頸部 (C) 中節 (D) 尾部。 (94 專普二)

(　) 5. 下列何種荷爾蒙的大量潮放（surge）是引起排卵所必須的？ (A) 催乳素（prolactin） (B) 黃體生成素（luteinizing hormone） (C) 催產素（oxytocin） (D) 助孕酮（progesterone）。
(94 專普一、專普二、專高一、專高二)

(　) 6. 下列哪一個器官的溫度比身體的核心溫度還低？ (A) 心臟 (B) 大腦 (C) 卵巢 (D) 睪丸。 (94 專高二)

(　) 7. 下列有關月經週期的敘述，何者錯誤？ (A) 增殖期時，雌性激素分泌增加 (B) 排卵時，黃體素的分泌達最高 (C) 分泌期時，黃體素的分泌上昇 (D) 月經期，子宮內膜剝落而排出。 (94 專高二)

(　) 8. 正常生理現象，約在排卵之後的第幾天會有月經來潮？ (A) 第 28 天 (B) 第 7 天 (C) 第 14 天 (D) 第 20 天。 (95 專普一)

(　) 9. 黃體素（progesterone）主要由何處分泌？ (A) 肝臟 (B) 腎臟 (C) 子宮 (D) 卵巢。 (95 專普一)

(　) 10. 分泌testosterone的主要細胞為： (A) Sertoli cell (B) Parietal cell (C) Leydig cell (D) Trophoblast。 (94、95 專高一；95 專普一)

(　) 11. 精子在女性體內大約可存活多少小時？ (A) 4~8 (B) 9~12 (C) 24~48 (D) 49~72。 (92 專高二、95 專普二)

(　) 12. 有關女性激素分泌，下列何者錯誤？ (A) 腦下腺前葉分泌黃體促素（LH） (B) 黃體促素高峰促進排卵 (C) 腦下腺前葉分泌濾泡促素（FSH） (D) 濾泡促素在排卵時濃度最低。 (95 專普二)

(　) 13. 青春期之前，促乳素分泌主要受到下列何者抑制？ (A) 動情素 (B) 助孕酮

(C) 多巴胺 (D) 催產素。 （95 專普二）

( ) 14.下列何種藥物無法避免過早分娩？ (A) 前列腺素拮抗劑 (B) 動情激素作用劑 (C) 催產素拮抗劑 (D) 降低細胞質鈣離子濃度的藥物。 （95 專高二）

( ) 15.下列何者是即將發生排卵之訊號？ (A) 子宮頸分泌物變黏稠 (B) 體溫增加 (C) 血漿中LH濃度急遽上升 (D) 血漿中黃體素急遽上升。 （95 專高二）

( ) 16.月經期間的子宮內膜剝落，原因為何？ (A) 由於雌二醇（Estradiol）及助孕酮（Progesterone）分泌突然增加之故 (B) 由於雌二醇及助孕酮分泌突然減少之故 (C) 由於抑制素（Inhibin）分泌增加之故 (D) 由於濾泡激素（FSH）及黃體素（LH）分泌減少之故。 （95 專高二）

( ) 17.下列何種性腺類固醇在月經週期的黃體期，具有升高體溫的功能？ (A) 醛固酮 (B) 皮質固醇 (C) 黃體素 (D) 生長激素。 （96 專普一）

( ) 18.促進生產時子宮頸擴張的主要激素為： (A) 甲狀腺素（thyroxine） (B) 胰島素（insulin） (C) 鬆弛素（relaxin） (D) 黃體素（progesterone）。

（96 專普一）

( ) 19.下列何者造成產後哺育母乳的女性，出現無月經的現象？ (A) 動情激素 (B) 催產素 (C) 泌乳素 (D) 助孕素。 （96 專普一）

( ) 20.動情素（estrogen）對黃體促素（LH）之正回饋現象主要發生在何時？ (A) 周期第一天 (B) 周期最後一天 (C) 排卵前一天 (D) 排卵後一天。

（96專高一）

( ) 21.精子形成的位置是在： (A) 曲細精管 (B) 直小管 (C) 睪丸網 (D) 副睪。

（96 專高一）（98 二技）

( ) 22.由初級卵母細胞（primary oocyte）至卵，共可形成幾個極體（polar body）？ (A) 1 (B) 2 (C) 3 (D) 4。 （96 專高二）

( ) 23.懷孕婦女的子宮血液循環量會隨胎兒的增大而有何變化？ (A) 減慢 (B) 加快 (C) 兩者並無關聯 (D) 不變。 （96 專高二）

( ) 24.有關子宮的敘述，下列何者錯誤？ (A) 子宮底與子宮體的折彎稱為子宮的前屈（anteflexion） (B) 子宮頸與陰道折彎約 90 度，稱為子宮的前傾（anteversion） (C) 直腸在其後方 (D) 子宮體往前傾斜，靠在膀胱上方。

（96 專高二）

( ) 25.男性尿道經過： (A) 陰莖球與尿道海綿體 (B) 陰莖腳與尿道海綿體 (C) 陰莖球與陰莖海綿體 (D) 陰莖腳與陰莖海綿體。 （96專普一）

( ) 26.由胎盤分泌的人類絨毛膜促性腺激素（hCG）作用與何種腦下腺激素相似？ (A) 黃體生成素（LH） (B) 生長激素 (C) 胰島素 (D) 甲狀腺素。

（96專普二）

( ) 27. 子宮壁的構造中，會隨月經週期而改變厚度的是： (A) 漿膜層 (B) 外膜層 (C) 內膜層 (D) 肌肉層。 （96 專普二）

( ) 28. 下列何者不通過腹股溝管？ (A) 睪丸動脈 (B) 輸精管 (C) 輸卵管 (D) 子宮圓韌帶。 （97 專高一）

( ) 29. 有關陰莖的敘述，下列何者正確？ (A) 由一塊陰莖海綿體與兩塊尿道海綿體所構成 (B) 陰莖海綿體位於陰莖腹側，尿道海綿體位於背側 (C) 尿道海綿體遠端膨大形成龜頭 (D) 陰莖海綿體近端膨大形成陰莖球。

（97 專高一）

( ) 30. 有關性器官分化之敘述，下列何者正確？ (A) 沃氏管（Wolffian duct）發育成為男性生殖器官 (B) 墨氏管（Müllerian duct）發育成為男性生殖器官 (C) SRY基因存在於女性 XX 染色體內 (D) 墨氏抑制物（Müllerian-inhibiting substance）由卵巢分泌。 （97 專高二）

( ) 31. 提供精子運動能量的粒線體主要位於何處？ (A) 尖體（acrosome） (B) 頭部（head） (C) 中段（midpiece） (D) 尾部（tail）。

（93 專普一；96 專高一；97 專普一）

( ) 32. 排卵通常發生在 28 天月經週期的第幾天？ (A) 第 1 天 (B) 第 3 天 (C) 第 14 天 (D) 第 27 天。 （92 專普二；97 專普一）

( ) 33. 有關男性尿道與女性尿道的敘述，下列何者錯誤？ (A) 前者比後者長 (B) 後者走向較前者直 (C) 前者開口於龜頭，後者開口於陰蒂 (D) 前者兼具生殖道功能，後者則無。 （97 專普一）

( ) 34. 在濾泡期（Follicular phase），主要的卵巢激素為： (A) 胰島素（Insulin） (B) 動情素（Estrogen） (C) 黃體促素（LH） (D) 濾泡促素（FSH）。

（97 專普二）

( ) 35. 有關男性附屬性腺（前列腺、精囊、球尿道腺）的敘述，下列何者正確？ (A) 皆位於骨盆腔 (B) 皆為成對腺體 (C) 其導管皆直接開口於尿道 (D) 其分泌物皆參與形成精液。 （93 專高二；97 專普二）

( ) 36. 精子之遺傳物質 DNA 主要位於何處？ (A) 尖體（Acrosome） (B) 頭部（Head） (C) 中段（Midpiece） (D) 尾部（Tail）。 （97 專普二）

( ) 37. 下列何者為即將排卵的成熟濾泡？ (A) 原發濾泡（primordial follicle） (B) 初級濾泡（primary follicle） (C) 葛氏濾泡（Graafian follicle） (D) 黃體（corpus luteum）。 （98 專普一）

( ) 38. 排卵主要是由哪一種腦下腺激素所引發？ (A) 濾泡促素（FSH） (B) 黃體素（progesterone） (C) 睪固酮（testosterone） (D) 黃體促素（LH）。

（98 專普一）

(　) 39.精子生成的過程中，第二次減數分裂發生於哪一個過程？ (A) 精母細胞（spermatogonia）→初級精母細胞（primary spermatocyte） (B) 初級精母細胞→次級精母細胞（secondary spermatocyte） (C) 次級精母細胞→精細胞（spermatid） (D) 精細胞→精子（spermatozoa）。 （98 專高一）

(　) 40.輸精管壺腹（ampulla）位在膀胱的： (A) 上表面 (B) 外側面 (C) 後下面 (D) 頂尖部。 （98 專高一）

(　) 41.月經期（menstrual phase）的發生主要是何種激素減少？ (A) 胰島素（insulin）及動情素（estrogen） (B) 動情素及甲狀腺素（thyroxine） (C) 甲狀腺素及黃體素（progesterone） (D) 黃體素及動情素。 （98 專普二）

(　) 42.通過腹股溝管的男性生殖道是： (A) 副睪管 (B) 輸精管 (C) 輸出小管 (D) 射精管。 （98 專普二）

(　) 43.下列哪些類固醇可抑制乳汁分泌？ (A) 動情素（estrogen）及助孕素（progesterone） (B) 助孕素及甲狀腺素（thyroxine） (C) 甲狀腺素及雄性素（androgen） (D) 雄性素及動情素。 （98 專高二）

(　) 44.一位生理正常之未孕女性，終其一生大約共排出幾個卵？ (A) 100 (B) 200 (C) 400 (D) 800。 （98 專高二）

(　) 45.黃體促素的高峰（LH surge）一般約發生於女性周期的哪一段時間？ (A) 排卵前 72 小時 (B) 排卵前 16 小時 (C) 排卵後 24 小時 (D) 排卵後 72 小時。 （99 專高一）

(　) 46.成熟的卵巢濾泡（Graafian follicle）中所含的生殖細胞是： (A) 卵原細胞 (B) 初級卵母細胞 (C) 次級卵母細胞 (D) 卵子。 （99 專高一）

(　) 47.一般而言，黃體酮（progesterone）哪一段時期的濃度較高？ (A) 經期（menstruation） (B) 濾泡期（follicular phase） (C) 增殖期（proliferative phase） (D) 分泌期（secretory phase）。 （99 專高一）

(　) 48.嬰兒吮乳主要經由刺激母體何種激素促進乳汁合成及分泌？ (A) 動情素（estrogen）及泌乳素（prolactin） (B) 泌乳素及催產素（oxytocin） (C) 催產素及黃體酮（progesterone） (D) 動情素及黃體酮。 （99 專高一）

(　) 49.濾泡位於卵巢的： (A) 生殖上皮 (B) 白質 (C) 髓質 (D) 皮質。 （99 專高二）

(　) 50.受精（fertilization）主要發生於何處？ (A) 卵巢 (B) 輸卵管 (C) 子宮 (D) 子宮頸。 （99 專高二）

(　)51.黃體(corpus luteum)的生成主要受何種激素影響? (A) 濾泡促素(FSH) (B) 黃體促素(LH) (C) 甲促素(TSH) (D) 生長激素(growth hormone)。(99 專高二)

(　)52.一個卵原細胞(oogonium)經減數分裂可生成幾個成熟卵子(ovum)? (A) 1 (B) 2 (C) 3 (D) 4。(99 專普一)

(　)53.一般而言,精子與卵受精的位置是在輸卵管的: (A) 漏斗部 (B) 壺腹部 (C) 峽部 (D) 子宮部。(99 專普一)

(　)54.有關卵巢與睪丸的敘述,下列何者錯誤? (A) 前者位於骨盆腔,後者位於陰囊 (B) 前者可製造動情激素,後者可製造睪固酮 (C) 卵巢動脈與睪丸動脈皆直接源自腹主動脈 (D) 前者是精子形成的位置,後者是卵子形成的位置。(99 專普二)

(　)55.由曲細精管(seminiferous tubule)產生的精子主要貯存於: (A) 副睪(epididymis)及貯精囊(seminal vesicle) (B) 貯精囊及前列腺(prostate gland) (C) 前列腺及輸精管(vas deferens) (D) 輸精管及副睪。(99 專普二)

(　)56.有關副睪的敘述,下列何者錯誤? (A) 緊貼於睪丸的上端與腹側 (B) 頭部與睪丸連通 (C) 尾部與輸精管連通 (D) 是精子成熟的位置。(100 專高一)

(　)57.有關子宮的敘述,下列何者錯誤? (A) 表面無腹膜包覆 (B) 肌肉層是子宮壁中最厚的一層 (C) 內膜層是受精卵著床的位置 (D) 內膜的功能層在月經期時會崩解,基底層則保留。(100 專高一)

(　)58.女性月經週期中,排卵後體溫會微幅上升,主要是因何種類固醇引起? (A) 黃體促素(LH) (B) 濾泡促素(FSH) (C) 動情素(estrogen) (D) 助孕素(progesterone)。(100 專高一)

(　)59.有關前列腺的敘述,下列何者錯誤? (A) 位於直腸後面 (B) 位於膀胱下方 (C) 貼於泌尿生殖橫膈之上 (D) 精囊位於其上後方。(100 專普一)

(　)60.一個初級精母細胞經幾次減數分裂才可生成精子? (A) 1 (B) 2 (C) 3 (D) 4。(100 專普一)

(　)61.國小一年級的女童,其卵巢中的濾泡是: (A) 原始濾泡(primordial follicle) (B) 初級濾泡(primary follicle) (C) 次級濾泡(secondary follicle) (D) 葛拉夫濾泡(Graafian follicle)。(100 專高二)

(　)62.下列何者是睪固酮之作用? (A) 抑制黃體刺激素於腦下垂體前葉之分泌 (B) 促進濾泡刺激素於腦下垂體前葉之分泌 (C) 抑制黃體刺激素於下視丘之

分泌 (D) 促進濾泡刺激素於下視丘之分泌。（100 專高二）

( ) 63.下列何者可抑制泌乳素之分泌？ (A) 組織胺 (B) 多巴胺 (C) 雌激素 (D) 黃體素。（100 專高二）

( ) 64.有關陰莖勃起的敘述，下列何者錯誤？ (A) 青春期前陰莖也會勃起 (B) 主要是陰莖動脈舒張引起 (C) 交感神經衝動引起 (D) 副交感神經衝動引起。（100 專普二）

( ) 65.下列何者促進動情素分泌？ (A) 濾泡刺激素 (B) 黃體素 (C) 鬆弛素 (D) 前列腺素。（100 專普二）

( ) 66.有關萊狄氏細胞（Leydig cell）的敘述，下列何者錯誤？ (A) 位於曲細精管的管壁內 (B) 又稱為間質細胞 (C) 分泌睪固酮 (D) 其活性受到腦下垂體的調控。（101 專高一）

( ) 67.下列何者有助於分娩時直接引發強力之子宮收縮？ (A) 人類絨毛膜性腺激素 (B) 黃體素 (C) 催產素 (D) 鬆弛素。（101 專高一）

( ) 68.下列何者是引發排卵前黃體刺激素（LH）分泌高峰之主因？ (A) 雌激素增加引發之正回饋 (B) 黃體素增加引發之正回饋 (C) 雌激素下降引發之負回饋 (D) 黃體素下降引發之負回饋。（101 專高一）

( ) 69.下列何者是男性陰囊的同源構造？ (A) 陰阜 (B) 前庭 (C) 大陰唇 (D) 小陰唇。（101 專普一）

( ) 70.依精子輸送方向，下列男性生殖道的排序為何？(1)輸精管 (2)副睪管 (3)射精管 (A) (1)(2)(3) (B) (1)(3)(2) (C) (2)(1)(3) (D) (2)(3)(1)。（101 專高二）

( ) 71.青春期前，卵子發生停留在哪一階段？ (A) 第一次減數分裂前期 (B) 第一次減數分裂中期 (C) 第二次減數分裂前期 (D) 第二次減數分裂中期。（101 專高二）

( ) 72.哺乳婦女常不易再度懷孕，主要因何種腦下腺激素過高所致？ (A) 動情素（estrogen） (B) 助孕素（progesterone） (C) 性釋素（GnRH） (D) 泌乳素（prolactin）。（101 專高二）

( ) 73.懷孕後，黃體（corpus luteum）最長約可存在幾日？ (A) 10 (B) 90 (C) 180 (D) 270。（101 專高二）

( ) 74.射精管穿過何種構造而將精子送到尿道？ (A) 前列腺 (B) 泌尿生殖膈 (C) 尿道海綿體 (D) 陰莖海綿體。（101 專普二）

( ) 75.有關輸卵管的敘述，下列何者錯誤？ (A) 漏斗部開口於骨盆腔 (B) 壺腹部是輸卵管最長的部分 (C) 峽部是精子與卵受精的位置 (D) 子宮部開口於子宮腔。（102 專高一）

(　)76.女性週期（menstrual cycle）排卵前黃體促素的高峰（LH surge），主要受到哪一種類固醇的影響？ (A) 動情素（estrogen） (B) 黃體素（progesterone） (C) 雄性素（androgen） (D) 皮質醇（cortisol）。
（102 專高一）

(　)77.下列有關子宮的敘述，何者錯誤？ (A) 子宮的正常姿勢為前屈和前傾 (B) 直腸子宮陷凹為骨盆腔之最低點 (C) 月經時，子宮內膜的基底層會脫落而排出體外 (D) 子宮圓韌帶起始於子宮上外側角，終止於大陰唇。
（102 專高二）

(　)78.有關精囊的敘述，下列何者錯誤？ (A) 左、右各一 (B) 主要的功能為儲存精子 (C) 位於膀胱的後面 (D) 位於輸精管壺腹的外側。 （102 專高二）

(　)79.下列何者具有產生配子的功能？ (A) 睪丸 (B) 輸精管 (C) 陰囊 (D) 前列腺。 （102 專高二）

(　)80.下列有關月經週期之描述，何者正確？ (A) 黃體素之分泌主要發生於子宮內膜增生期 (B) 子宮內膜增生期發生於濾泡生長期 (C) 子宮內膜分泌期發生於濾泡生長期 (D) 月經出現於濾泡分化成為黃體之時。 （102 專高二）

(　)81.下列何種激素，只能由胎盤製造，卵巢並不會產生？ (A) 動情素（estrogen） (B) 黃體素（progesterone） (C) 鬆弛素（relaxin） (D) 人類絨毛膜促性腺激素（HCG）。 （103 專高一）

(　)82.下列子宮的韌帶中，何者主要由腹膜構成？ (A) 闊韌帶（broad ligament） (B) 子宮圓韌帶（round ligament of uterus） (C) 卵巢韌帶（ovarian ligament） (D) 主韌帶（cardinal ligament）。 （103 專高一）

(　)83.下列何種構造與維持子宮正常位置並防止子宮脫垂（prolapse of uterus）無關？ (A) 樞紐韌帶（cardinal ligaments） (B) 圓韌帶（round ligaments） (C) 薦韌帶（uterosacral ligaments） (D) 懸韌帶（suspensory ligaments）。
（98 二技）

(　)84.與分娩（parturition）過程有關的敘述，下列何者不正確？ (A) 催產素（oxytocin）可刺激子宮平滑肌的收縮 (B) 前列腺素（prostaglandin）可促進子宮平滑肌的收縮 (C) 黃體素（progesterone）於分娩前分泌增加而引發陣痛 (D) 動情素（estrogen）可增加子宮平滑肌細胞的間隙連接。
（98二技）

(　)85.下列何者是男性尿道球腺（bulbourethral gland）的同源構造？ (A) 陰蒂（clitoris） (B) 小陰唇（labia minora） (C) 大陰唇（labia majora） (D) 前庭大腺（greater vestibular gland）。 （99二技）

(　) 86.有關睪丸賽托利氏細胞（Sertoli cells）的敘述，下列何者錯誤？ (A) 可分泌抑制素進而抑制 FSH 分泌 (B) 具有緊密連接並且構成血–睪丸障壁 (C) 可維持精子生成作用（spermatogenesis） (D) 可受黃體生成素（LH）調節而分泌睪固酮。（99 二技）

(　) 87.女性因更年期而停經時，下列何種激素的分泌量會上升？ (A) 抑制素（inhibin） (B) 雌激素（estrogen） (C) 濾泡刺激激素（FSH） (D) 黃體素（progesterone）。（99 二技）

(　) 88.下列何者是輸精管的壺腹與精囊（seminal vesicle）近端相會合的構造？ (A) 輸尿管（ureter） (B) 腹股溝管（inguinal canal） (C) 射精管（ejaculatory duct） (D) 曲細精管（seminiferous tubule）。（100 二技）

(　) 89.子宮上部的圓頂狀構造為何？ (A) 峽部（isthmus） (B) 子宮體（body） (C) 子宮頸（cervix） (D) 子宮底（fundus）。（100 二技）

(　) 90.精子頭部的尖體（acrosome）功能為何？ (A) 帶有遺傳物質 (B) 可擺動幫助精子前進 (C) 可產生精子移動所需的ATP (D) 可釋放酵素分解卵細胞外的透明層。（100 二技）

(　) 91.卵細胞的第二次減數分裂（meiosis）於何時完成？ (A) 濾泡期 (B) 排卵時 (C) 受精時 (D) 胚胎著床後。（100 二技）

(　) 92.下列有關陰道（vagina）結構的敘述，何者正確？ (A) 前壁較長 (B) 前穹窿較深 (C) 肌肉層是環走的平滑肌 (D) 黏膜具豐富肝醣。（101 二技）

(　) 93.受精卵發育成為下列何者時，最適合著床於子宮壁？ (A) 接合子（zygote） (B) 次級卵母細胞（secondary oocyte） (C) 囊胚（blastocyst） (D) 桑葚體（morula）。（101 二技）

(　) 94.下列何者為史托利細胞（Sertoli cells）所分泌，可抑制濾泡促素（FSH）的釋放？ (A) 睪固酮（testosterone） (B) 黃體促素（luteinizing hormone） (C) 性腺釋素（GnRH） (D) 抑制素（inhibin）。（101 二技）

(　) 95.臨床上常用的驗孕劑，是檢測下列何種荷爾蒙？ (A) 動情素（estrogen） (B) 助孕酮（progesterone） (C) 人類絨毛性腺促素（human chorionic gonadotropin） (D) 黃體促素（luteinizing hormone）。（101 二技）

解答：

1.(C) 2.(C) 3.(B) 4.(A) 5.(B) 6.(D) 7.(B) 8.(C) 9.(D) 10.(C)
11.(C) 12.(D) 13.(C) 14.(B) 15.(C) 16.(B) 17.(C) 18.(C) 19.(C) 20.(C)
21.(A) 22.(C) 23.(B) 24.(A) 25.(A) 26.(A) 27.(C) 28.(C) 29.(C) 30.(A)
31.(C) 32.(C) 33.(C) 34.(B) 35.(D) 36.(B) 37.(C) 38.(D) 39.(C) 40.(C)
41.(D) 42.(B) 43.(A) 44.(C) 45.(B) 46.(C) 47.(D) 48.(B) 49.(D) 50.(B)
51.(B) 52.(A) 53.(B) 54.(D) 55.(D) 56.(A) 57.(A) 58.(D) 59.(A) 60.(D)
61.(A) 62.(A) 63.(B) 64.(C) 65.(A) 66.(A) 67.(C) 68.(A) 69.(C) 70.(C)
71.(A) 72.(D) 73.(D) 74.(A) 75.(C) 76.(A) 77.(C) 78.(B) 79.(A) 80.(B)
81(D) 82.(A) 83.(A) 84.(B) 85.(D) 86.(D) 87.(C) 88.(C) 89.(D) 90.(D)
91.(C) 92.(D) 93.(C) 94.(D) 95.(C)

解析：

4.尖體內含蛋白酶及玻尿酸酶。

自我測驗

第一章　自我測驗

選擇題

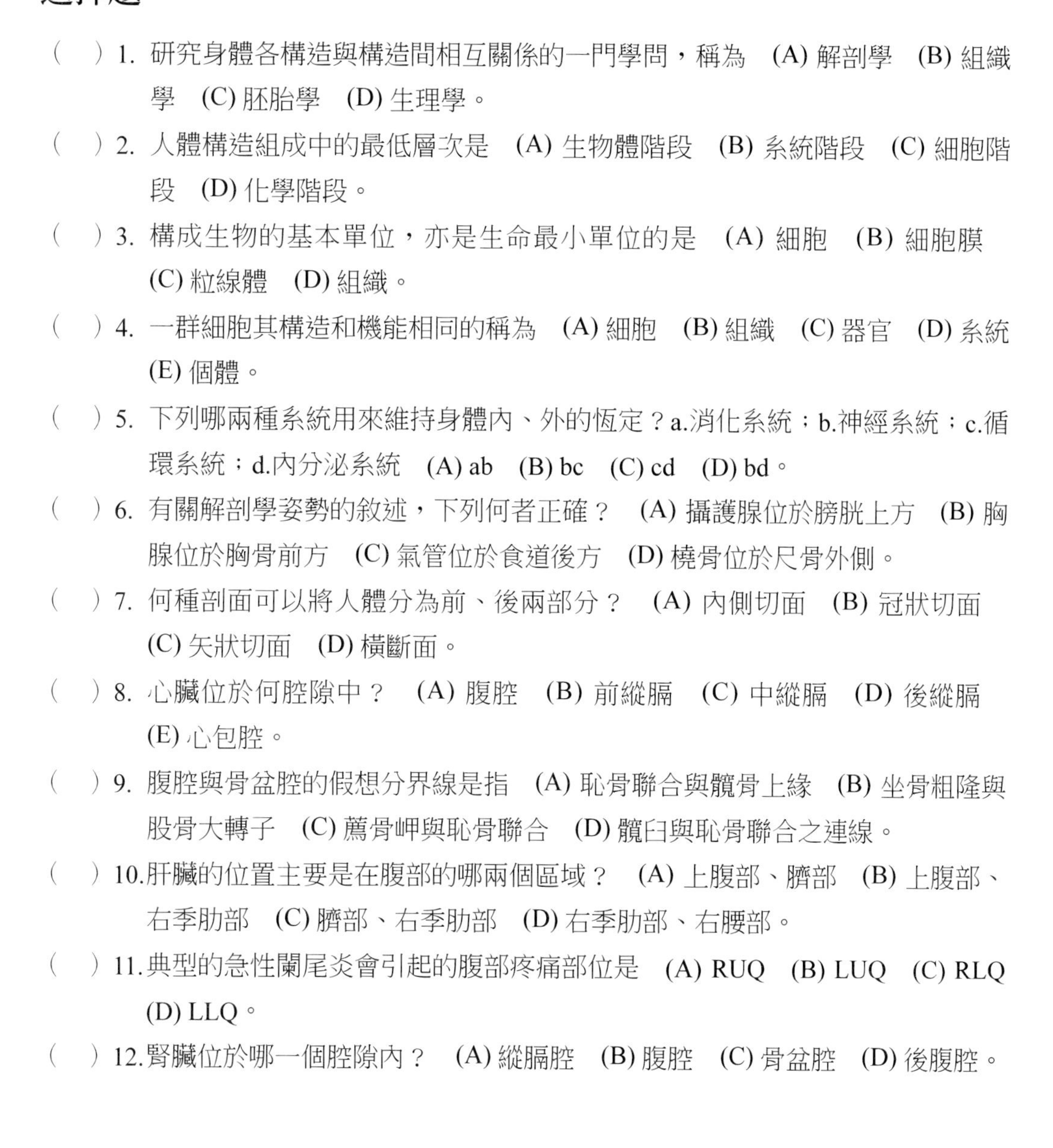

(　) 1. 研究身體各構造與構造間相互關係的一門學問，稱為　(A) 解剖學　(B) 組織學　(C) 胚胎學　(D) 生理學。

(　) 2. 人體構造組成中的最低層次是　(A) 生物體階段　(B) 系統階段　(C) 細胞階段　(D) 化學階段。

(　) 3. 構成生物的基本單位，亦是生命最小單位的是　(A) 細胞　(B) 細胞膜　(C) 粒線體　(D) 組織。

(　) 4. 一群細胞其構造和機能相同的稱為　(A) 細胞　(B) 組織　(C) 器官　(D) 系統　(E) 個體。

(　) 5. 下列哪兩種系統用來維持身體內、外的恆定？a.消化系統；b.神經系統；c.循環系統；d.內分泌系統　(A) ab　(B) bc　(C) cd　(D) bd。

(　) 6. 有關解剖學姿勢的敘述，下列何者正確？　(A) 攝護腺位於膀胱上方　(B) 胸腺位於胸骨前方　(C) 氣管位於食道後方　(D) 橈骨位於尺骨外側。

(　) 7. 何種剖面可以將人體分為前、後兩部分？　(A) 內側切面　(B) 冠狀切面　(C) 矢狀切面　(D) 橫斷面。

(　) 8. 心臟位於何腔隙中？　(A) 腹腔　(B) 前縱膈　(C) 中縱膈　(D) 後縱膈　(E) 心包腔。

(　) 9. 腹腔與骨盆腔的假想分界線是指　(A) 恥骨聯合與髖骨上緣　(B) 坐骨粗隆與股骨大轉子　(C) 薦骨岬與恥骨聯合　(D) 髖臼與恥骨聯合之連線。

(　) 10.肝臟的位置主要是在腹部的哪兩個區域？　(A) 上腹部、臍部　(B) 上腹部、右季肋部　(C) 臍部、右季肋部　(D) 右季肋部、右腰部。

(　) 11.典型的急性闌尾炎會引起的腹部疼痛部位是　(A) RUQ　(B) LUQ　(C) RLQ　(D) LLQ。

(　) 12.腎臟位於哪一個腔隙內？　(A) 縱膈腔　(B) 腹腔　(C) 骨盆腔　(D) 後腹腔。

問答題

1. 何謂恆定（homeostasis）？
2. 何謂負回饋機轉？請舉例說明。
3. 請解釋人體的各種剖面。
4. 請依最低至最高層次來敘述人體的組成情況。
5. 請以簡單方式說明人體體腔的畫分。

解答：

1.(A) 2.(D) 3.(A) 4.(B) 5.(D) 6.(D) 7.(B) 8.(C) 9.(C) 10.(B) 11.(C) 12.(D)

第二章　自我測驗

選擇題

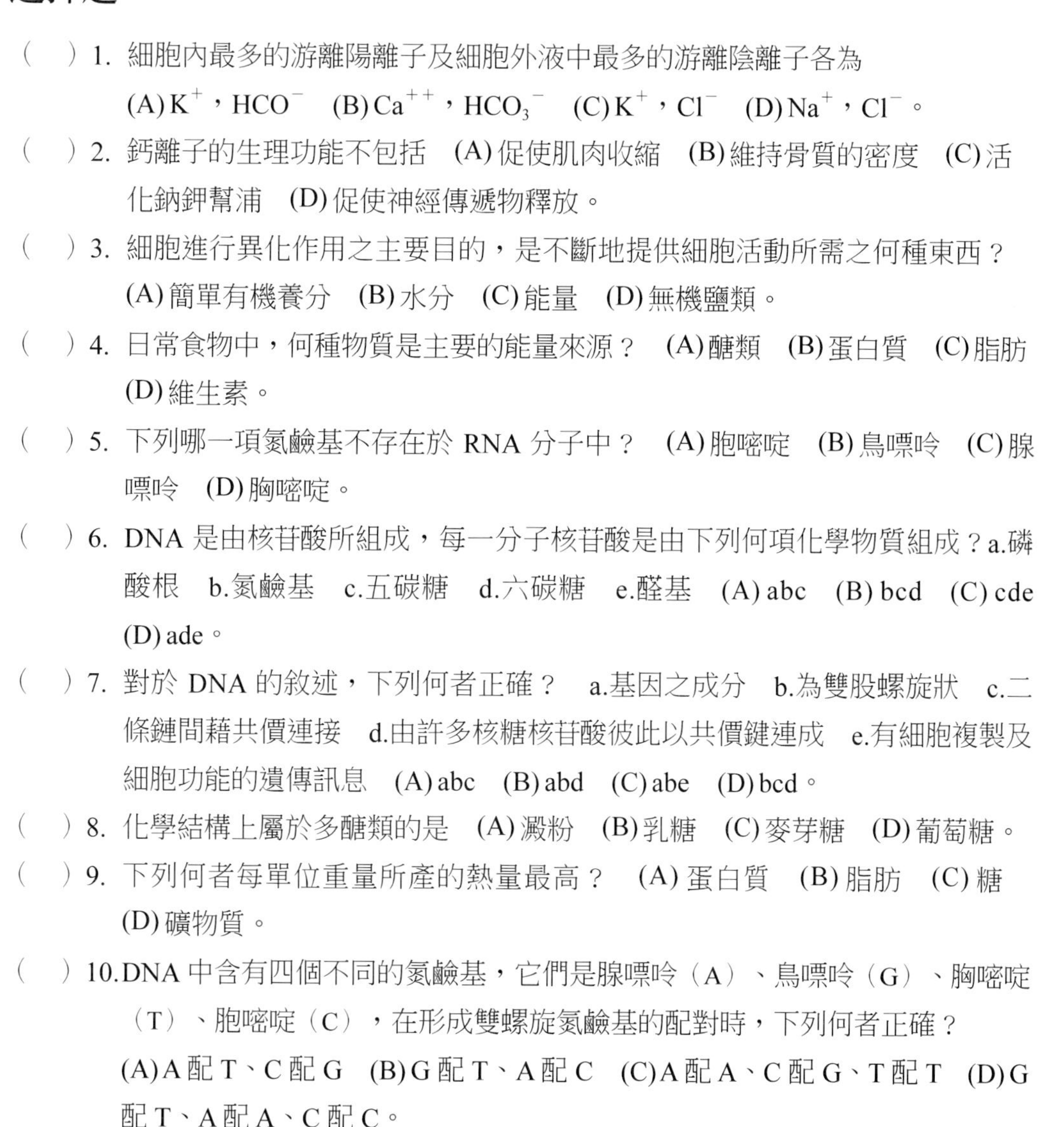

（　）1. 細胞內最多的游離陽離子及細胞外液中最多的游離陰離子各為 (A) K^+，HCO^-　(B) Ca^{++}，HCO_3^-　(C) K^+，Cl^-　(D) Na^+，Cl^-。

（　）2. 鈣離子的生理功能不包括　(A) 促使肌肉收縮　(B) 維持骨質的密度　(C) 活化鈉鉀幫浦　(D) 促使神經傳遞物釋放。

（　）3. 細胞進行異化作用之主要目的，是不斷地提供細胞活動所需之何種東西？ (A) 簡單有機養分　(B) 水分　(C) 能量　(D) 無機鹽類。

（　）4. 日常食物中，何種物質是主要的能量來源？　(A) 醣類　(B) 蛋白質　(C) 脂肪　(D) 維生素。

（　）5. 下列哪一項氮鹼基不存在於 RNA 分子中？　(A) 胞嘧啶　(B) 鳥嘌呤　(C) 腺嘌呤　(D) 胸嘧啶。

（　）6. DNA 是由核苷酸所組成，每一分子核苷酸是由下列何項化學物質組成？a.磷酸根　b.氮鹼基　c.五碳糖　d.六碳糖　e.醛基　(A) abc　(B) bcd　(C) cde　(D) ade。

（　）7. 對於 DNA 的敘述，下列何者正確？　a.基因之成分　b.為雙股螺旋狀　c.二條鏈間藉共價連接　d.由許多核糖核苷酸彼此以共價鍵連成　e.有細胞複製及細胞功能的遺傳訊息　(A) abc　(B) abd　(C) abe　(D) bcd。

（　）8. 化學結構上屬於多醣類的是　(A) 澱粉　(B) 乳糖　(C) 麥芽糖　(D) 葡萄糖。

（　）9. 下列何者每單位重量所產的熱量最高？　(A) 蛋白質　(B) 脂肪　(C) 糖 (D) 礦物質。

（　）10. DNA 中含有四個不同的氮鹼基，它們是腺嘌呤（A）、鳥嘌呤（G）、胸嘧啶（T）、胞嘧啶（C），在形成雙螺旋氮鹼基的配對時，下列何者正確？ (A) A 配 T、C 配 G　(B) G 配 T、A 配 C　(C) A 配 A、C 配 G、T 配 T　(D) G 配 T、A 配 A、C 配 C。

問答題

1. 碳水化合物為哪三類？其分子式各為何？
2. 無機化合物與有機化合物的區別在哪裡？對人體重要的有機化合物與無機化合物有哪些？
3. 水有哪些特性？
4. 敘述核苷酸的組成。
5. 列舉 DNA 與 RNA 的差異。

解答：

1. (C)　2. (C)　3. (C)　4. (A)　5. (D)　6. (A)　7. (C)　8. (A)　9. (B)　10. (A)

第三章 自我測驗

選擇題

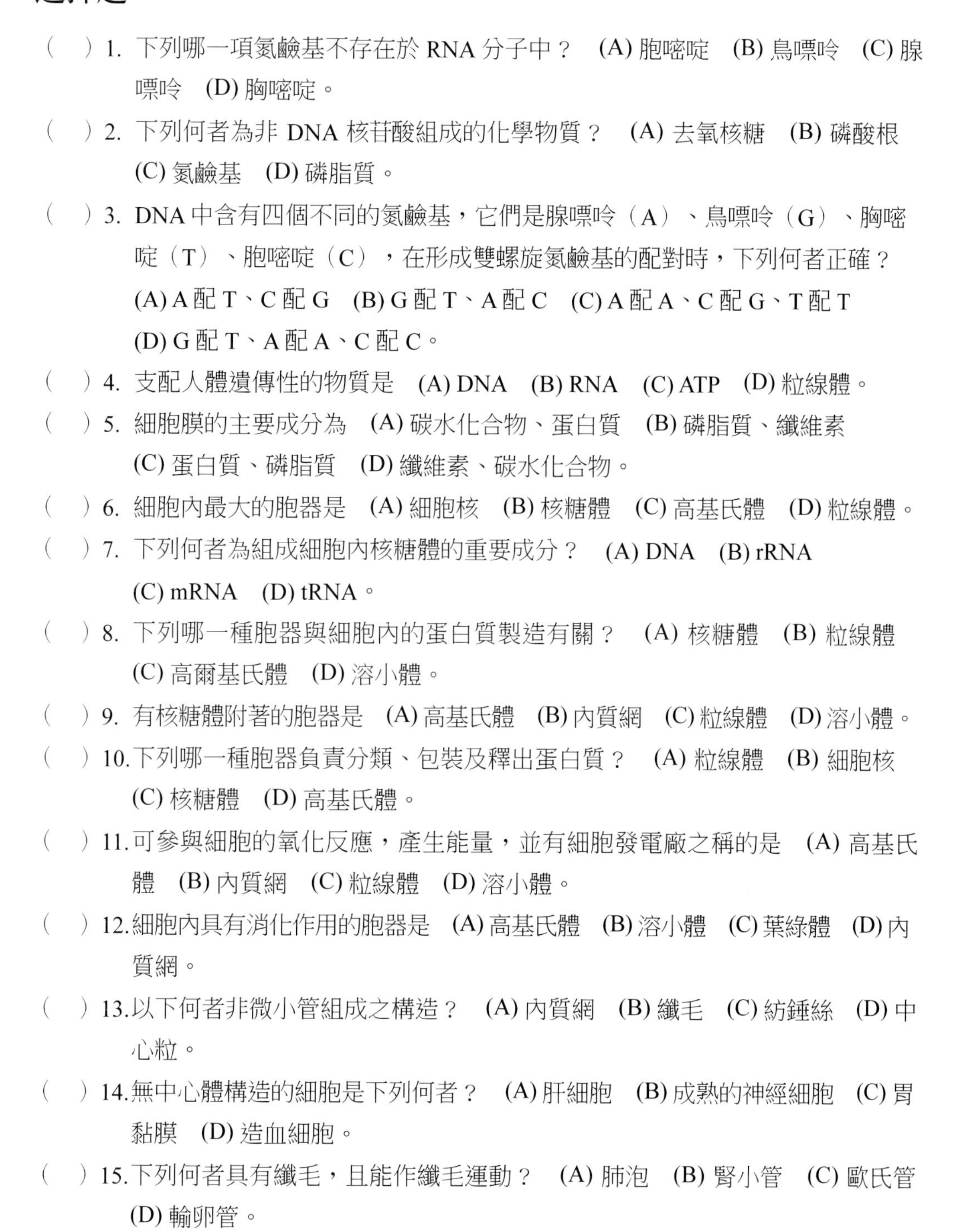

(　)1. 下列哪一項氮鹼基不存在於 RNA 分子中？ (A) 胞嘧啶 (B) 鳥嘌呤 (C) 腺嘌呤 (D) 胸嘧啶。

(　)2. 下列何者為非 DNA 核苷酸組成的化學物質？ (A) 去氧核糖 (B) 磷酸根 (C) 氮鹼基 (D) 磷脂質。

(　)3. DNA 中含有四個不同的氮鹼基，它們是腺嘌呤（A）、鳥嘌呤（G）、胸嘧啶（T）、胞嘧啶（C），在形成雙螺旋氮鹼基的配對時，下列何者正確？ (A) A 配 T、C 配 G (B) G 配 T、A 配 C (C) A 配 A、C 配 G、T 配 T (D) G 配 T、A 配 A、C 配 C。

(　)4. 支配人體遺傳性的物質是 (A) DNA (B) RNA (C) ATP (D) 粒線體。

(　)5. 細胞膜的主要成分為 (A) 碳水化合物、蛋白質 (B) 磷脂質、纖維素 (C) 蛋白質、磷脂質 (D) 纖維素、碳水化合物。

(　)6. 細胞內最大的胞器是 (A) 細胞核 (B) 核糖體 (C) 高基氏體 (D) 粒線體。

(　)7. 下列何者為組成細胞內核糖體的重要成分？ (A) DNA (B) rRNA (C) mRNA (D) tRNA。

(　)8. 下列哪一種胞器與細胞內的蛋白質製造有關？ (A) 核糖體 (B) 粒線體 (C) 高爾基氏體 (D) 溶小體。

(　)9. 有核糖體附著的胞器是 (A) 高基氏體 (B) 內質網 (C) 粒線體 (D) 溶小體。

(　)10. 下列哪一種胞器負責分類、包裝及釋出蛋白質？ (A) 粒線體 (B) 細胞核 (C) 核糖體 (D) 高基氏體。

(　)11. 可參與細胞的氧化反應，產生能量，並有細胞發電廠之稱的是 (A) 高基氏體 (B) 內質網 (C) 粒線體 (D) 溶小體。

(　)12. 細胞內具有消化作用的胞器是 (A) 高基氏體 (B) 溶小體 (C) 葉綠體 (D) 內質網。

(　)13. 以下何者非微小管組成之構造？ (A) 內質網 (B) 纖毛 (C) 紡錘絲 (D) 中心粒。

(　)14. 無中心體構造的細胞是下列何者？ (A) 肝細胞 (B) 成熟的神經細胞 (C) 胃黏膜 (D) 造血細胞。

(　)15. 下列何者具有纖毛，且能作纖毛運動？ (A) 肺泡 (B) 腎小管 (C) 歐氏管 (D) 輸卵管。

(　) 16.藥物經由胎盤進入胎兒體內，主要是利用何種方式？ (A) 過濾 (B) 被動運輸 (C) 主動運輸 (D) 胞飲作用。

(　) 17.葡萄糖通過一般體細胞的運輸方式為 (A) 主動運輸 (B) 單純擴散 (C) 易化擴散 (D) 胞噬作用。

(　) 18.紅血球置於溶液中，體積變小，則該溶液為 (A) 等滲透壓 (B) 等張 (C) 高張 (D) 低張。

(　) 19.負責攜帶密碼到核糖體以合成蛋白質的核酸為 (A) 去氧核糖核酸（DNA） (B) 訊息核糖核酸（mRNA） (C) 核糖體核糖核酸（rRNA） (D) 轉運核糖核酸（tRNA）。

(　) 20.染色體絲未分離且沿細胞赤道板排列，此屬於細胞有絲分裂的 (A) 前期 (B) 中期 (C) 後期 (D) 末期。

問答題

1. 簡述細胞膜的構造。
2. 簡述吞噬的種類與功能。
3. 簡述細胞被動運輸的種類。
4. 簡述細胞主動運輸的種類。
5. 蛋白質如何合成？
6. 何謂有絲分裂？

解答：

1.(D) 2.(D) 3.(A) 4.(A) 5.(C) 6.(A) 7.(B) 8.(A) 9.(B) 10.(D)
11.(C) 12.(B) 13.(A) 14.(B) 15.(D) 16.(B) 17.(C) 18.(C) 19.(B) 20.(B)

第四章　自我測驗

選擇題

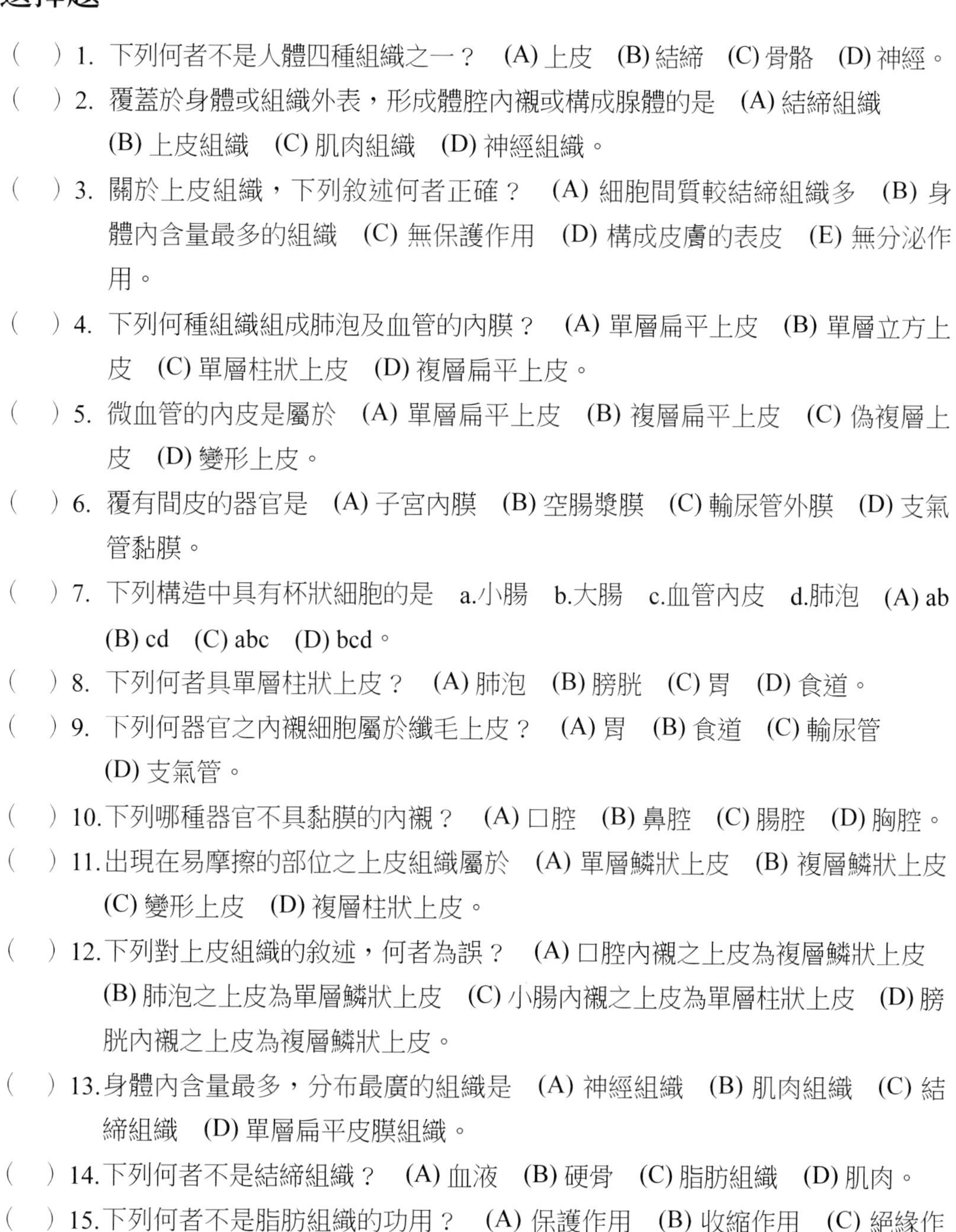

(　) 1. 下列何者不是人體四種組織之一？ (A) 上皮 (B) 結締 (C) 骨骼 (D) 神經。

(　) 2. 覆蓋於身體或組織外表，形成體腔內襯或構成腺體的是 (A) 結締組織 (B) 上皮組織 (C) 肌肉組織 (D) 神經組織。

(　) 3. 關於上皮組織，下列敘述何者正確？ (A) 細胞間質較結締組織多 (B) 身體內含量最多的組織 (C) 無保護作用 (D) 構成皮膚的表皮 (E) 無分泌作用。

(　) 4. 下列何種組織組成肺泡及血管的內膜？ (A) 單層扁平上皮 (B) 單層立方上皮 (C) 單層柱狀上皮 (D) 複層扁平上皮。

(　) 5. 微血管的內皮是屬於 (A) 單層扁平上皮 (B) 複層扁平上皮 (C) 偽複層上皮 (D) 變形上皮。

(　) 6. 覆有間皮的器官是 (A) 子宮內膜 (B) 空腸漿膜 (C) 輸尿管外膜 (D) 支氣管黏膜。

(　) 7. 下列構造中具有杯狀細胞的是 a.小腸 b.大腸 c.血管內皮 d.肺泡 (A) ab (B) cd (C) abc (D) bcd。

(　) 8. 下列何者具單層柱狀上皮？ (A) 肺泡 (B) 膀胱 (C) 胃 (D) 食道。

(　) 9. 下列何器官之內襯細胞屬於纖毛上皮？ (A) 胃 (B) 食道 (C) 輸尿管 (D) 支氣管。

(　) 10. 下列哪種器官不具黏膜的內襯？ (A) 口腔 (B) 鼻腔 (C) 腸腔 (D) 胸腔。

(　) 11. 出現在易摩擦的部位之上皮組織屬於 (A) 單層鱗狀上皮 (B) 複層鱗狀上皮 (C) 變形上皮 (D) 複層柱狀上皮。

(　) 12. 下列對上皮組織的敘述，何者為誤？ (A) 口腔內襯之上皮為複層鱗狀上皮 (B) 肺泡之上皮為單層鱗狀上皮 (C) 小腸內襯之上皮為單層柱狀上皮 (D) 膀胱內襯之上皮為複層鱗狀上皮。

(　) 13. 身體內含量最多，分布最廣的組織是 (A) 神經組織 (B) 肌肉組織 (C) 結締組織 (D) 單層扁平皮膜組織。

(　) 14. 下列何者不是結締組織？ (A) 血液 (B) 硬骨 (C) 脂肪組織 (D) 肌肉。

(　) 15. 下列何者不是脂肪組織的功用？ (A) 保護作用 (B) 收縮作用 (C) 絕緣作用 (D) 支持作用。

(　) 16. 肌腱、韌帶外表均呈銀白色，故屬於下列何種組織？ (A) 疏鬆結締組織

(B) 脂肪組織 (C) 緻密不規則結締組織 (D) 緻密規則結締組織。

( ) 17.結締組織中所含的細胞，何者能製造組織胺及肝素？ (A) 巨噬細胞 (B) 肥大細胞 (C) 纖維細胞 (D) 網狀細胞。

( ) 18.肺、耳殼、支氣管、主動脈等構造中，它們共同的物質是 (A) 彈性纖維 (B) 軟骨 (C) 複層上皮細胞 (D) 網狀細胞。

( ) 19.會厭軟骨屬於何種軟骨？ (A) 彈性軟骨 (B) 纖維軟骨 (C) 透明軟骨 (D) 網狀軟骨。

( ) 20.椎間盤是何種性質的軟骨？ (A) 透明軟骨 (B) 彈性軟骨 (C) 纖維軟骨 (D) 透明及纖維軟骨。

( ) 21.下列各膜中具有固有層的是 (A) 黏膜 (B) 腹膜 (C) 心包膜 (D) 滑液膜。

( ) 22.具有杯狀細胞的膜是 (A) 黏膜 (B) 漿膜 (C) 滑膜 (D) 鞘膜。

( ) 23.體腔內襯有漿液性薄膜者是下列何處？ (A) 顱腔 (B) 腹腔 (C) 口腔與食道 (D) 心房與心室。

( ) 24.下列何者具有滑膜的構造？ (A) 鼻腔、口腔 (B) 咽、喉 (C) 腱鞘、關節囊 (D) 胸腔、腹腔。

( ) 25.下列何者不具有上皮組織的構造？ (A) 黏膜 (B) 皮膚膜 (C) 漿膜 (D) 滑液膜。

問答題

1. 人體有哪四種基本組織？
2. 上皮組織有哪些共同特性？並將分類情形列表說明。
3. 說明各種結締組織的特徵、分布與功能。
4. 說明神經細胞與神經膠細胞的不同。
5. 說明皮膜、黏膜、漿膜、滑液膜及腦脊髓膜的分布情形及功能。

解答：

1.(C) 2.(B) 3.(D) 4.(A) 5.(A) 6.(B) 7.(A) 8.(C) 9.(D) 10.(D)
11.(B) 12.(D) 13.(C) 14.(D) 15.(B) 16.(D) 17.(B) 18.(A) 19.(A) 20.(C)
21.(A) 22.(A) 23.(B) 24.(C) 25.(D)

第五章　自我測驗

選擇題

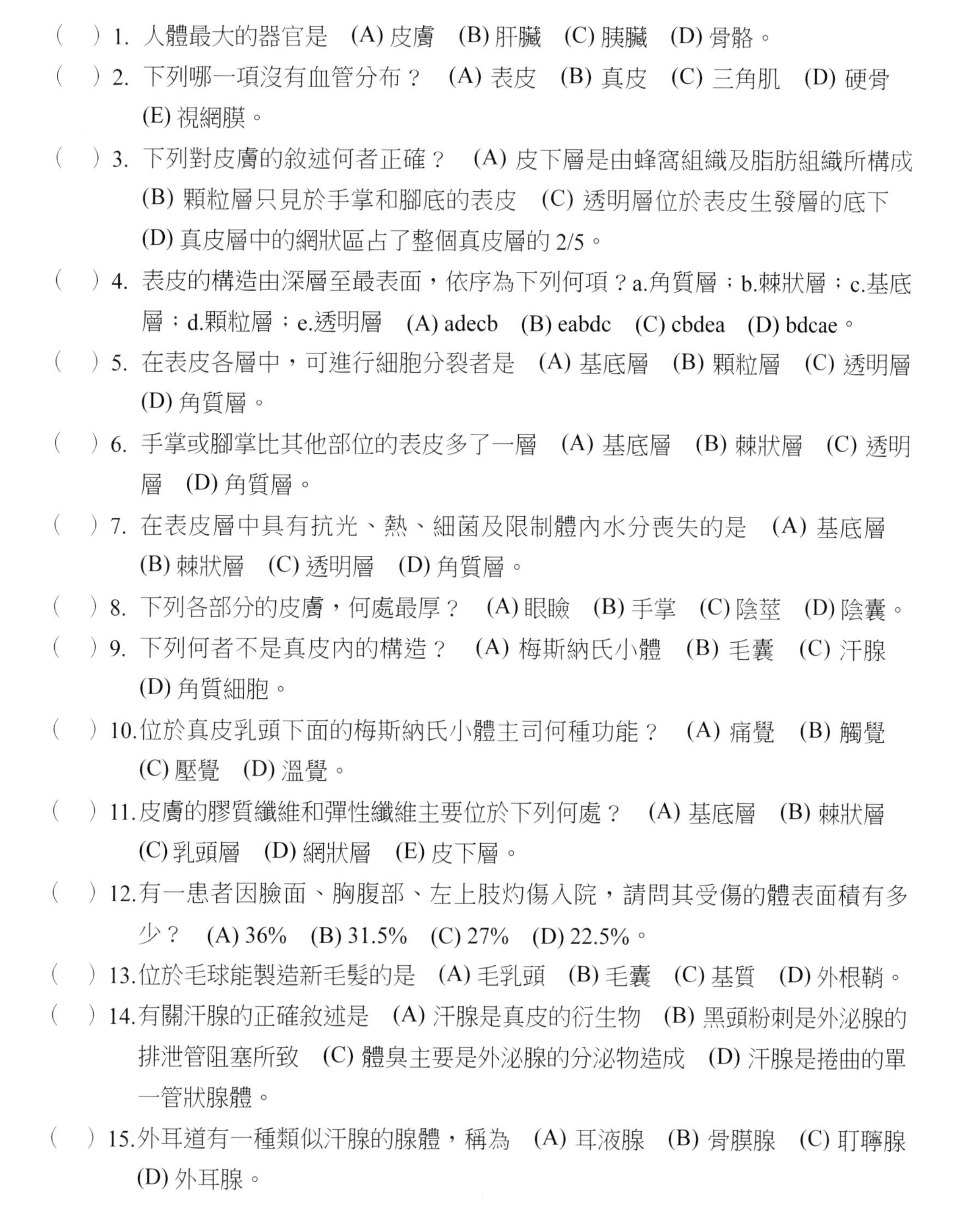

(　) 1. 人體最大的器官是　(A) 皮膚　(B) 肝臟　(C) 胰臟　(D) 骨骼。

(　) 2. 下列哪一項沒有血管分布？　(A) 表皮　(B) 真皮　(C) 三角肌　(D) 硬骨　(E) 視網膜。

(　) 3. 下列對皮膚的敘述何者正確？　(A) 皮下層是由蜂窩組織及脂肪組織所構成　(B) 顆粒層只見於手掌和腳底的表皮　(C) 透明層位於表皮生發層的底下　(D) 真皮層中的網狀區占了整個真皮層的 2/5。

(　) 4. 表皮的構造由深層至最表面，依序為下列何項？a.角質層；b.棘狀層；c.基底層；d.顆粒層；e.透明層　(A) adecb　(B) eabdc　(C) cbdea　(D) bdcae。

(　) 5. 在表皮各層中，可進行細胞分裂者是　(A) 基底層　(B) 顆粒層　(C) 透明層　(D) 角質層。

(　) 6. 手掌或腳掌比其他部位的表皮多了一層　(A) 基底層　(B) 棘狀層　(C) 透明層　(D) 角質層。

(　) 7. 在表皮層中具有抗光、熱、細菌及限制體內水分喪失的是　(A) 基底層　(B) 棘狀層　(C) 透明層　(D) 角質層。

(　) 8. 下列各部分的皮膚，何處最厚？　(A) 眼瞼　(B) 手掌　(C) 陰莖　(D) 陰囊。

(　) 9. 下列何者不是真皮內的構造？　(A) 梅斯納氏小體　(B) 毛囊　(C) 汗腺　(D) 角質細胞。

(　) 10. 位於真皮乳頭下面的梅斯納氏小體主司何種功能？　(A) 痛覺　(B) 觸覺　(C) 壓覺　(D) 溫覺。

(　) 11. 皮膚的膠質纖維和彈性纖維主要位於下列何處？　(A) 基底層　(B) 棘狀層　(C) 乳頭層　(D) 網狀層　(E) 皮下層。

(　) 12. 有一患者因臉面、胸腹部、左上肢灼傷入院，請問其受傷的體表面積有多少？　(A) 36%　(B) 31.5%　(C) 27%　(D) 22.5%。

(　) 13. 位於毛球能製造新毛髮的是　(A) 毛乳頭　(B) 毛囊　(C) 基質　(D) 外根鞘。

(　) 14. 有關汗腺的正確敘述是　(A) 汗腺是真皮的衍生物　(B) 黑頭粉刺是外泌腺的排泄管阻塞所致　(C) 體臭主要是外泌腺的分泌物造成　(D) 汗腺是捲曲的單一管狀腺體。

(　) 15. 外耳道有一種類似汗腺的腺體，稱為　(A) 耳液腺　(B) 骨膜腺　(C) 耵聹腺　(D) 外耳腺。

(　) 16.有關指甲的敘述，下列何者為非？ (A) 指甲有保護的作用 (B) 指甲呈粉紅色是因甲床上微血管的顏色 (C) 指甲弧負責指甲的生長 (D) 指甲由數層扁平、退化的細胞所組成。

(　) 17.維持正常體溫的產熱機轉是 (A) 血管擴張 (B) 骨骼肌收縮 (C) 副交感神經興奮 (D) 促進小腸吸收脂肪。

問答題

1. 請說明皮膚的主要功能。
2. 比較表皮與真皮的構造。
3. 比較皮脂腺與汗腺在構造上的差異。
4. 皮膚如何調節體溫？
5. 請比較兩種汗腺的差異。

解答：

1.(A) 2.(A) 3.(A) 4.(C) 5.(A) 6.(C) 7.(D) 8.(B) 9.(D) 10.(B)
11.(D) 12.(B) 13.(C) 14.(D) 15.(C) 16.(C) 17.(B)

第六章　自我測驗

選擇題

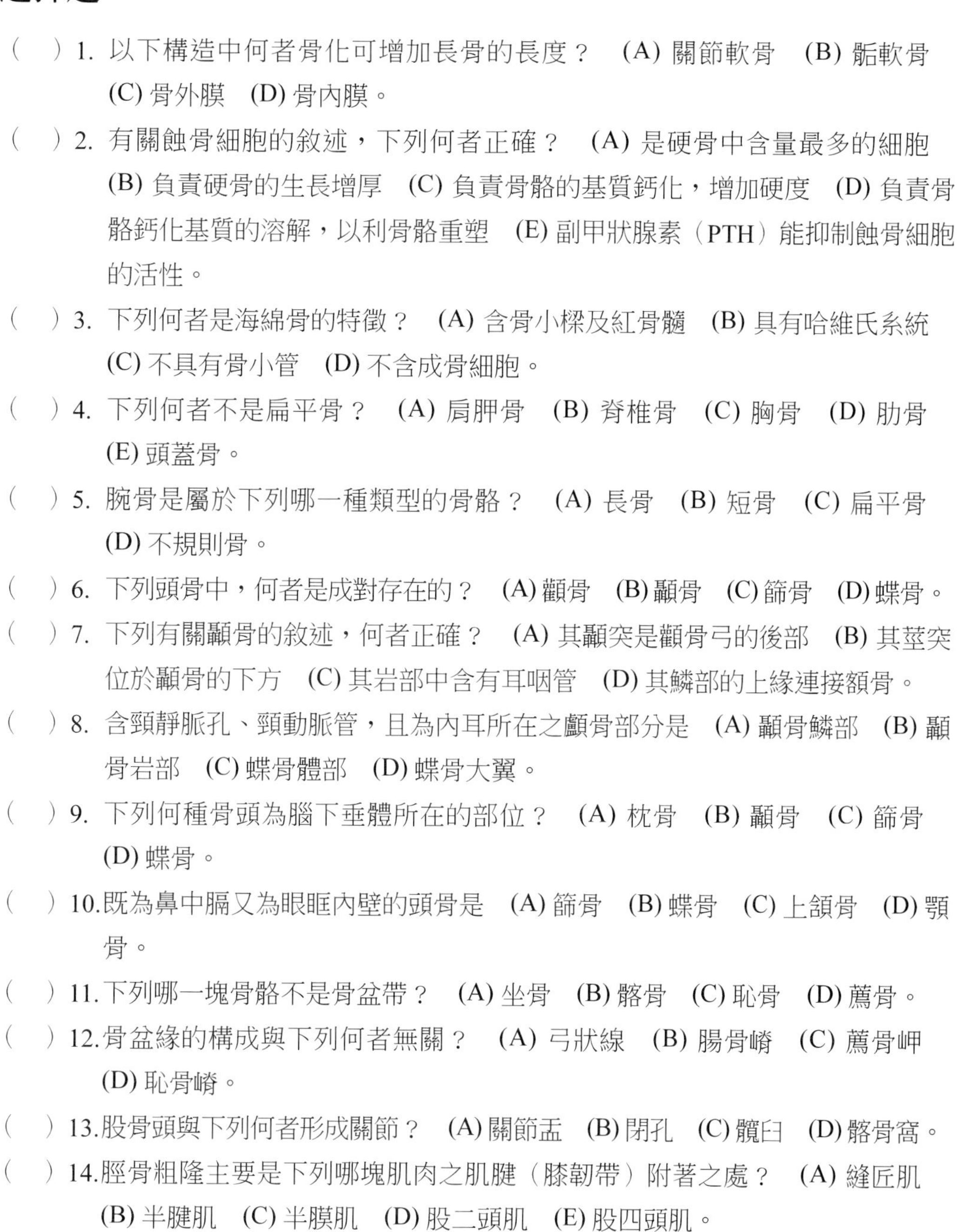

(　) 1. 以下構造中何者骨化可增加長骨的長度？ (A) 關節軟骨 (B) 骺軟骨 (C) 骨外膜 (D) 骨內膜。

(　) 2. 有關蝕骨細胞的敘述，下列何者正確？ (A) 是硬骨中含量最多的細胞 (B) 負責硬骨的生長增厚 (C) 負責骨骼的基質鈣化，增加硬度 (D) 負責骨骼鈣化基質的溶解，以利骨骼重塑 (E) 副甲狀腺素（PTH）能抑制蝕骨細胞的活性。

(　) 3. 下列何者是海綿骨的特徵？ (A) 含骨小樑及紅骨髓 (B) 具有哈維氏系統 (C) 不具有骨小管 (D) 不含成骨細胞。

(　) 4. 下列何者不是扁平骨？ (A) 肩胛骨 (B) 脊椎骨 (C) 胸骨 (D) 肋骨 (E) 頭蓋骨。

(　) 5. 腕骨是屬於下列哪一種類型的骨骼？ (A) 長骨 (B) 短骨 (C) 扁平骨 (D) 不規則骨。

(　) 6. 下列頭骨中，何者是成對存在的？ (A) 顴骨 (B) 顳骨 (C) 篩骨 (D) 蝶骨。

(　) 7. 下列有關顳骨的敘述，何者正確？ (A) 其顳突是顴骨弓的後部 (B) 其莖突位於顳骨的下方 (C) 其岩部中含有耳咽管 (D) 其鱗部的上緣連接額骨。

(　) 8. 含頸靜脈孔、頸動脈管，且為內耳所在之顱骨部分是 (A) 顳骨鱗部 (B) 顳骨岩部 (C) 蝶骨體部 (D) 蝶骨大翼。

(　) 9. 下列何種骨頭為腦下垂體所在的部位？ (A) 枕骨 (B) 顳骨 (C) 篩骨 (D) 蝶骨。

(　) 10. 既為鼻中膈又為眼眶內壁的頭骨是 (A) 篩骨 (B) 蝶骨 (C) 上頜骨 (D) 顎骨。

(　) 11. 下列哪一塊骨骼不是骨盆帶？ (A) 坐骨 (B) 髂骨 (C) 恥骨 (D) 薦骨。

(　) 12. 骨盆緣的構成與下列何者無關？ (A) 弓狀線 (B) 腸骨嵴 (C) 薦骨岬 (D) 恥骨嵴。

(　) 13. 股骨頭與下列何者形成關節？ (A) 關節盂 (B) 閉孔 (C) 髖臼 (D) 髂骨窩。

(　) 14. 脛骨粗隆主要是下列哪塊肌肉之肌腱（膝韌帶）附著之處？ (A) 縫匠肌 (B) 半腱肌 (C) 半膜肌 (D) 股二頭肌 (E) 股四頭肌。

(　) 15. 下列何者非女性骨盆的特徵？ (A) 閉孔呈三角形 (B) 入口呈心臟形 (C) 出口呈圓形 (D) 恥骨弓大於 90 度。

(　) 16.襯於可自由移動的關節腔中的是 (A) 漿膜 (B) 黏膜 (C) 滑液膜 (D) 皮膜。

(　) 17.能夠完成內翻動作的關節是 (A) 肩關節 (B) 胸鎖關節 (C) 膝關節 (D) 踝關節。

(　) 18.只能做旋轉運動的關節是 (A) 踝關節 (B) 鞍關節 (C) 車軸關節 (D) 杵臼關節。

(　) 19.下列何項為杵臼關節？ (A) 髖關節 (B) 腕關節 (C) 肘關節 (D) 指間關節。

(　) 20.全身活動範圍最大的關節是 (A) 肩關節 (B) 肘關節 (C) 腕關節 (D) 膝關節。

問答題

1. 中軸骨骼與附肢骨骼有何不同？各包含哪些骨骼？
2. 顱骨與顏面骨各由哪些骨骼構成？
3. 何謂囟門？說明其位置及閉合時間。
4. 身體各部位的脊柱有何特徵？請說明之。
5. 胸廓、肩帶、骨盆帶各由哪些骨骼組成？
6. 上、下肢各包含哪些骨骼？
7. 男、女骨盆在構造上有何差異？
8. 請說明滑液關節的構造特徵。
9. 請舉例說明滑液關節的六大類關節特性及例子。

解答：

1.(B) 2.(D) 3.(A) 4.(B) 5.(B) 6.(B) 7.(B) 8.(B) 9.(D) 10.(A)
11.(D) 12.(B) 13.(C) 14.(E) 15.(B) 16.(C) 17.(D) 18.(C) 19.(A) 20.(A)

第七章　自我測驗

選擇題

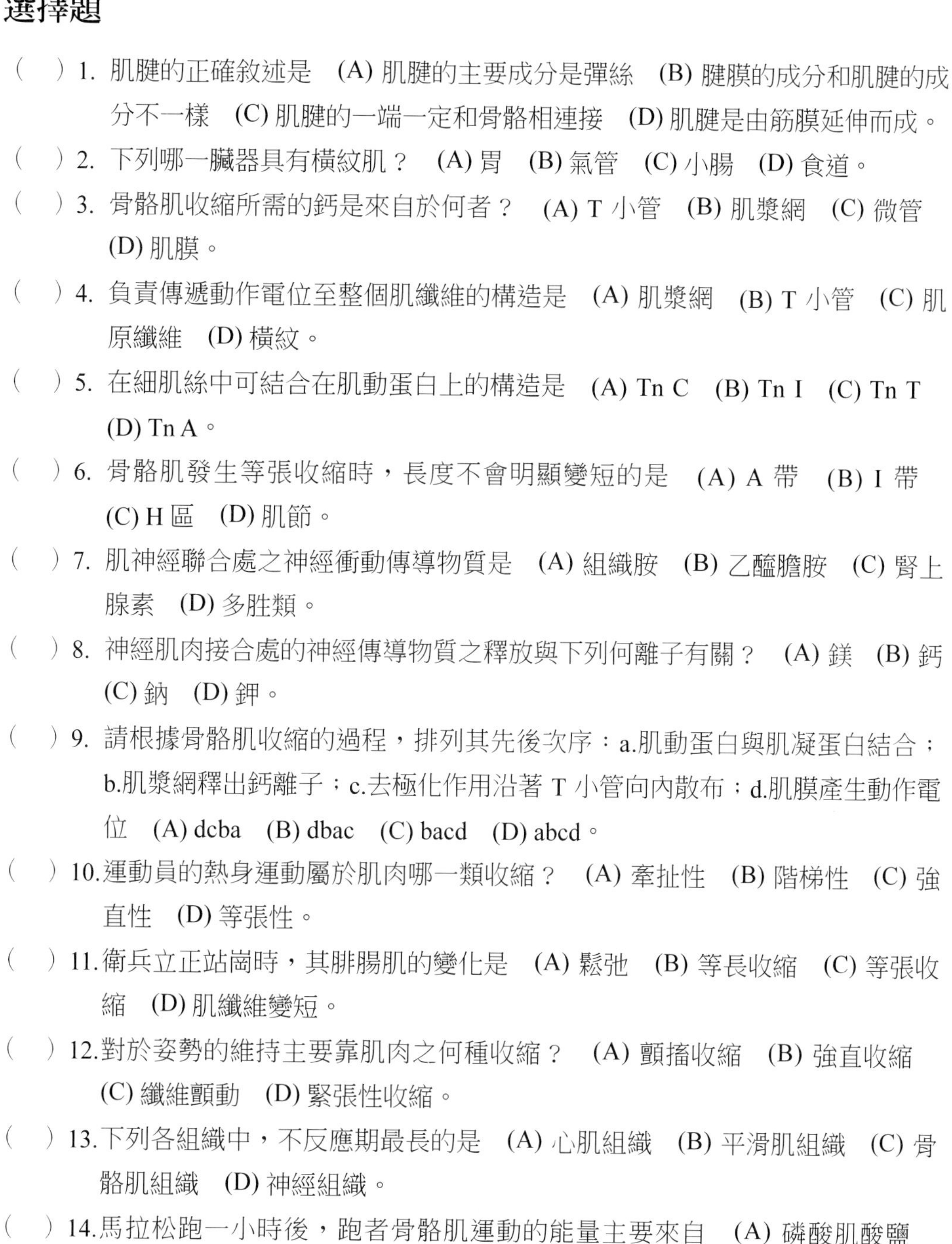

(　) 1. 肌腱的正確敘述是　(A) 肌腱的主要成分是彈絲　(B) 腱膜的成分和肌腱的成分不一樣　(C) 肌腱的一端一定和骨骼相連接　(D) 肌腱是由筋膜延伸而成。

(　) 2. 下列哪一臟器具有橫紋肌？　(A) 胃　(B) 氣管　(C) 小腸　(D) 食道。

(　) 3. 骨骼肌收縮所需的鈣是來自於何者？　(A) T 小管　(B) 肌漿網　(C) 微管　(D) 肌膜。

(　) 4. 負責傳遞動作電位至整個肌纖維的構造是　(A) 肌漿網　(B) T 小管　(C) 肌原纖維　(D) 橫紋。

(　) 5. 在細肌絲中可結合在肌動蛋白上的構造是　(A) Tn C　(B) Tn I　(C) Tn T　(D) Tn A。

(　) 6. 骨骼肌發生等張收縮時，長度不會明顯變短的是　(A) A 帶　(B) I 帶　(C) H 區　(D) 肌節。

(　) 7. 肌神經聯合處之神經衝動傳導物質是　(A) 組織胺　(B) 乙醯膽胺　(C) 腎上腺素　(D) 多胜類。

(　) 8. 神經肌肉接合處的神經傳導物質之釋放與下列何離子有關？　(A) 鎂　(B) 鈣　(C) 鈉　(D) 鉀。

(　) 9. 請根據骨骼肌收縮的過程，排列其先後次序：a.肌動蛋白與肌凝蛋白結合；b.肌漿網釋出鈣離子；c.去極化作用沿著 T 小管向內散布；d.肌膜產生動作電位　(A) dcba　(B) dbac　(C) bacd　(D) abcd。

(　) 10.運動員的熱身運動屬於肌肉哪一類收縮？　(A) 牽扯性　(B) 階梯性　(C) 強直性　(D) 等張性。

(　) 11.衛兵立正站崗時，其腓腸肌的變化是　(A) 鬆弛　(B) 等長收縮　(C) 等張收縮　(D) 肌纖維變短。

(　) 12.對於姿勢的維持主要靠肌肉之何種收縮？　(A) 顫搐收縮　(B) 強直收縮　(C) 纖維顫動　(D) 緊張性收縮。

(　) 13.下列各組織中，不反應期最長的是　(A) 心肌組織　(B) 平滑肌組織　(C) 骨骼肌組織　(D) 神經組織。

(　) 14.馬拉松跑一小時後，跑者骨骼肌運動的能量主要來自　(A) 磷酸肌酸鹽　(B) 肝醣分解　(C) 脂肪分解　(D) 蛋白質分解。

(　) 15.下列何者不屬於顏面表情肌？　(A) 闊頸肌　(B) 口輪匝肌　(C) 嚼肌　(D) 頰

肌。

(　) 16.一個人吹口哨時會運用到的顏面肌肉是：a.頰肌；b.提口肌；c.笑肌；d.口輪匝肌 (A) ab (B) ac (C) bc (D) ad。

(　) 17.眼向右看時，下列哪兩條肌肉參與作用？ (A) 右外直肌、左外直肌 (B) 右外直肌、左內直肌 (C) 右內直肌、左外直肌 (D) 右內直肌、左內直肌。

(　) 18.可使頭拉向前並使頦上提的肌肉是 (A) 胸鎖乳突肌 (B) 菱形肌 (C) 斜方肌 (D) 闊背肌。

(　) 19.下列何肌的腱膜形成鼠蹊韌帶？ (A) 腹直肌 (B) 腹橫肌 (C) 腹外斜肌 (D) 腹內斜肌。

(　) 20.橫膈的止點是在 (A) 中央腱 (B) 下位肋骨內面 (C) 胸骨劍突後方 (D) 第十二胸椎的前方。

問答題

1. 比較骨骼肌、心肌、平滑肌在構造與生理上的差異。
2. 何謂不反應期？骨骼肌與心肌的不反應期有何不同？
3. 何謂全或無定律？與閾刺激有何關係？
4. 何謂氧債？請詳述之。
5. 請詳述肌肉收縮的生理學。
6. 說明肌肉注射的適合位置。

解答：

1.(D) 2.(D) 3.(B) 4.(B) 5.(B) 6.(A) 7.(B) 8.(B) 9.(A) 10.(B)
11.(B) 12.(D) 13.(A) 14.(C) 15.(C) 16.(D) 17.(B) 18.(A) 19.(C) 20.(A)

第八章　自我測驗

選擇題

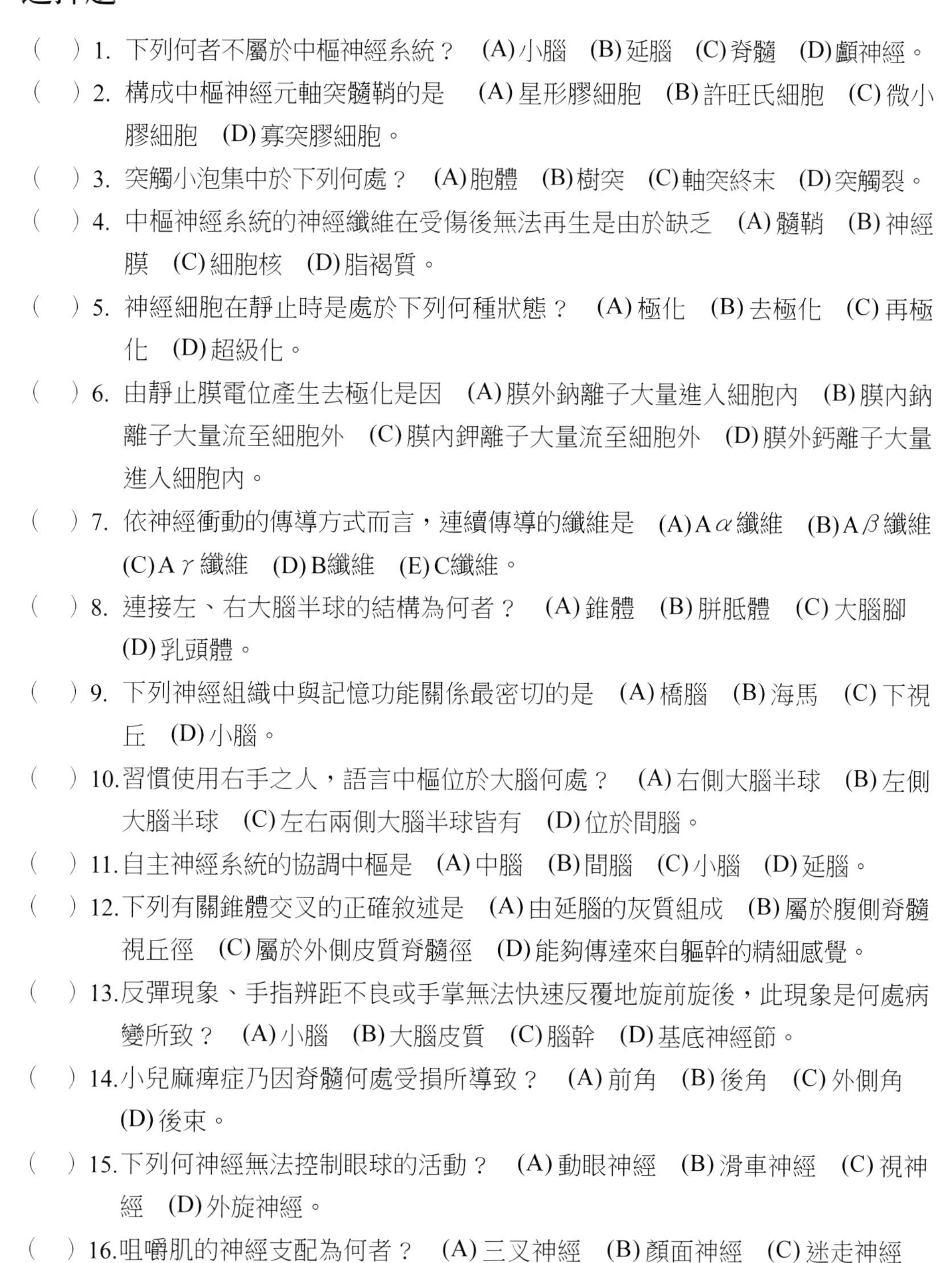

(　) 1. 下列何者不屬於中樞神經系統？ (A)小腦 (B)延腦 (C)脊髓 (D)顱神經。

(　) 2. 構成中樞神經元軸突髓鞘的是 (A)星形膠細胞 (B)許旺氏細胞 (C)微小膠細胞 (D)寡突膠細胞。

(　) 3. 突觸小泡集中於下列何處？ (A)胞體 (B)樹突 (C)軸突終末 (D)突觸裂。

(　) 4. 中樞神經系統的神經纖維在受傷後無法再生是由於缺乏 (A)髓鞘 (B)神經膜 (C)細胞核 (D)脂褐質。

(　) 5. 神經細胞在靜止時是處於下列何種狀態？ (A)極化 (B)去極化 (C)再極化 (D)超級化。

(　) 6. 由靜止膜電位產生去極化是因 (A)膜外鈉離子大量進入細胞內 (B)膜內鈉離子大量流至細胞外 (C)膜內鉀離子大量流至細胞外 (D)膜外鈣離子大量進入細胞內。

(　) 7. 依神經衝動的傳導方式而言，連續傳導的纖維是 (A)A α 纖維 (B)A β 纖維 (C)A γ 纖維 (D)B纖維 (E)C纖維。

(　) 8. 連接左、右大腦半球的結構為何者？ (A)錐體 (B)胼胝體 (C)大腦腳 (D)乳頭體。

(　) 9. 下列神經組織中與記憶功能關係最密切的是 (A)橋腦 (B)海馬 (C)下視丘 (D)小腦。

(　) 10.習慣使用右手之人，語言中樞位於大腦何處？ (A)右側大腦半球 (B)左側大腦半球 (C)左右兩側大腦半球皆有 (D)位於間腦。

(　) 11.自主神經系統的協調中樞是 (A)中腦 (B)間腦 (C)小腦 (D)延腦。

(　) 12.下列有關錐體交叉的正確敘述是 (A)由延腦的灰質組成 (B)屬於腹側脊髓視丘徑 (C)屬於外側皮質脊髓徑 (D)能夠傳達來自軀幹的精細感覺。

(　) 13.反彈現象、手指辨距不良或手掌無法快速反覆地旋前旋後，此現象是何處病變所致？ (A)小腦 (B)大腦皮質 (C)腦幹 (D)基底神經節。

(　) 14.小兒麻痺症乃因脊髓何處受損所導致？ (A)前角 (B)後角 (C)外側角 (D)後束。

(　) 15.下列何神經無法控制眼球的活動？ (A)動眼神經 (B)滑車神經 (C)視神經 (D)外旋神經。

(　) 16.咀嚼肌的神經支配為何者？ (A)三叉神經 (B)顏面神經 (C)迷走神經

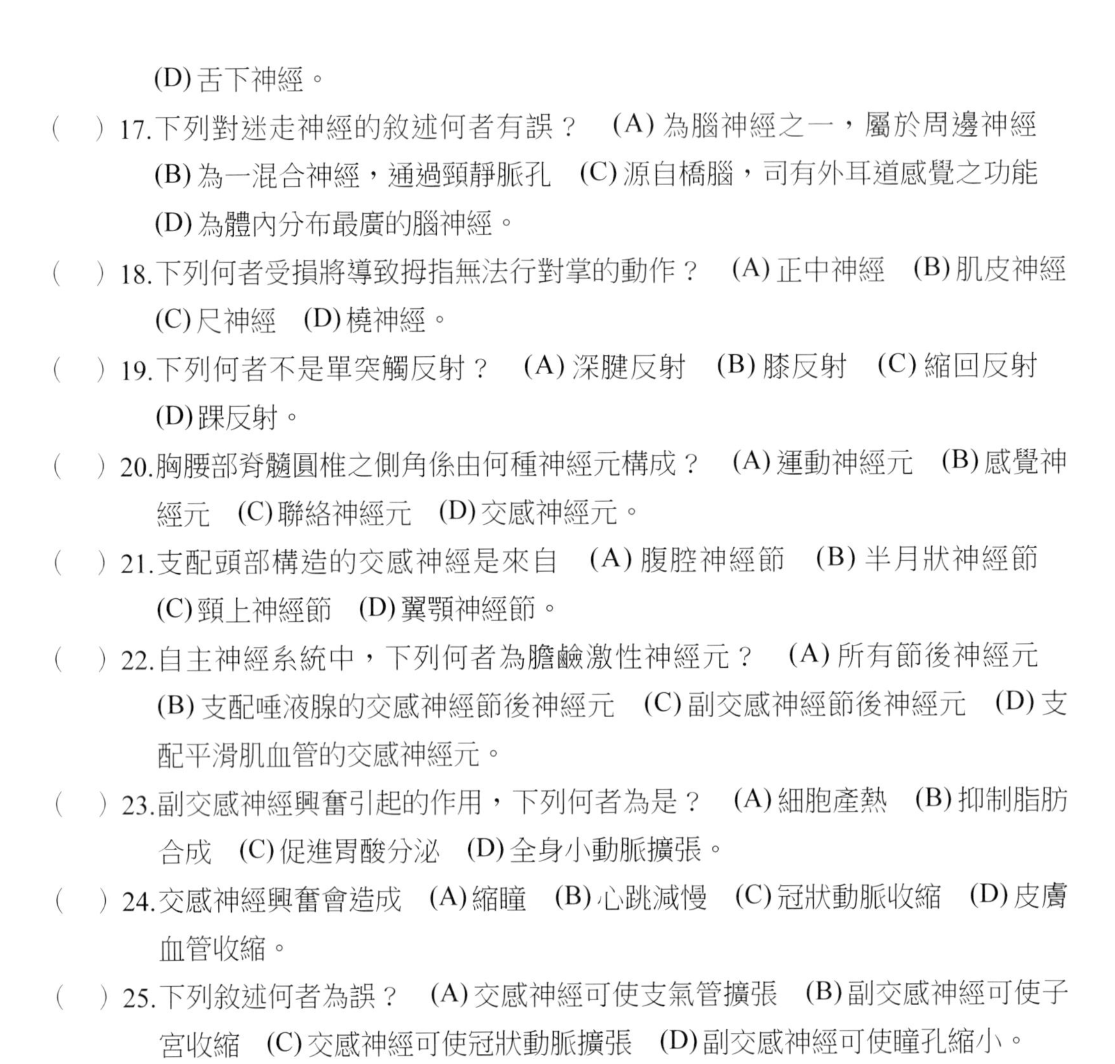

(D) 舌下神經。

(　) 17.下列對迷走神經的敘述何者有誤？ (A) 為腦神經之一，屬於周邊神經 (B) 為一混合神經，通過頸靜脈孔 (C) 源自橋腦，司有外耳道感覺之功能 (D) 為體內分布最廣的腦神經。

(　) 18.下列何者受損將導致拇指無法行對掌的動作？ (A) 正中神經 (B) 肌皮神經 (C) 尺神經 (D) 橈神經。

(　) 19.下列何者不是單突觸反射？ (A) 深腱反射 (B) 膝反射 (C) 縮回反射 (D) 踝反射。

(　) 20.胸腰部脊髓圓椎之側角係由何種神經元構成？ (A) 運動神經元 (B) 感覺神經元 (C) 聯絡神經元 (D) 交感神經元。

(　) 21.支配頭部構造的交感神經是來自 (A) 腹腔神經節 (B) 半月狀神經節 (C) 頸上神經節 (D) 翼顎神經節。

(　) 22.自主神經系統中，下列何者為膽鹼激性神經元？ (A) 所有節後神經元 (B) 支配唾液腺的交感神經節後神經元 (C) 副交感神經節後神經元 (D) 支配平滑肌血管的交感神經元。

(　) 23.副交感神經興奮引起的作用，下列何者為是？ (A) 細胞產熱 (B) 抑制脂肪合成 (C) 促進胃酸分泌 (D) 全身小動脈擴張。

(　) 24.交感神經興奮會造成 (A) 縮瞳 (B) 心跳減慢 (C) 冠狀動脈收縮 (D) 皮膚血管收縮。

(　) 25.下列敘述何者為誤？ (A) 交感神經可使支氣管擴張 (B) 副交感神經可使子宮收縮 (C) 交感神經可使冠狀動脈擴張 (D) 副交感神經可使瞳孔縮小。

問答題

1. 請說明神經膠細胞的種類與功能。
2. 何謂全或無原理？
3. 請區分興奮性與抑制性傳導。
4. 何謂反射弧？請舉例說明之。
5. 請敘述腦部由上至下的排列情形，並簡述重要功能。

6. 請列表說明腦神經的名稱與功能。
7. 何謂神經叢？請列表敘述身體重要的神經叢及其支配的位置和重要神經。
8. 體運動系統和自主運動系統的比較。
9. 交感神經和副交感神經在構造上與功能上有何不同？
10. 以圖表示節前神經元及節後神經元的位置與功能。

解答：

1.(D) 2.(D) 3.(C) 4.(B) 5.(A) 6.(A) 7.(E) 8.(B) 9.(B) 10.(B)
11.(B) 12.(C) 13.(A) 14.(A) 15.(C) 16.(A) 17.(C) 18.(A) 19.(C) 20.(D)
21.(C) 22.(C) 23.(C) 24.(D) 25.(B)

第九章　自我測驗

選擇題

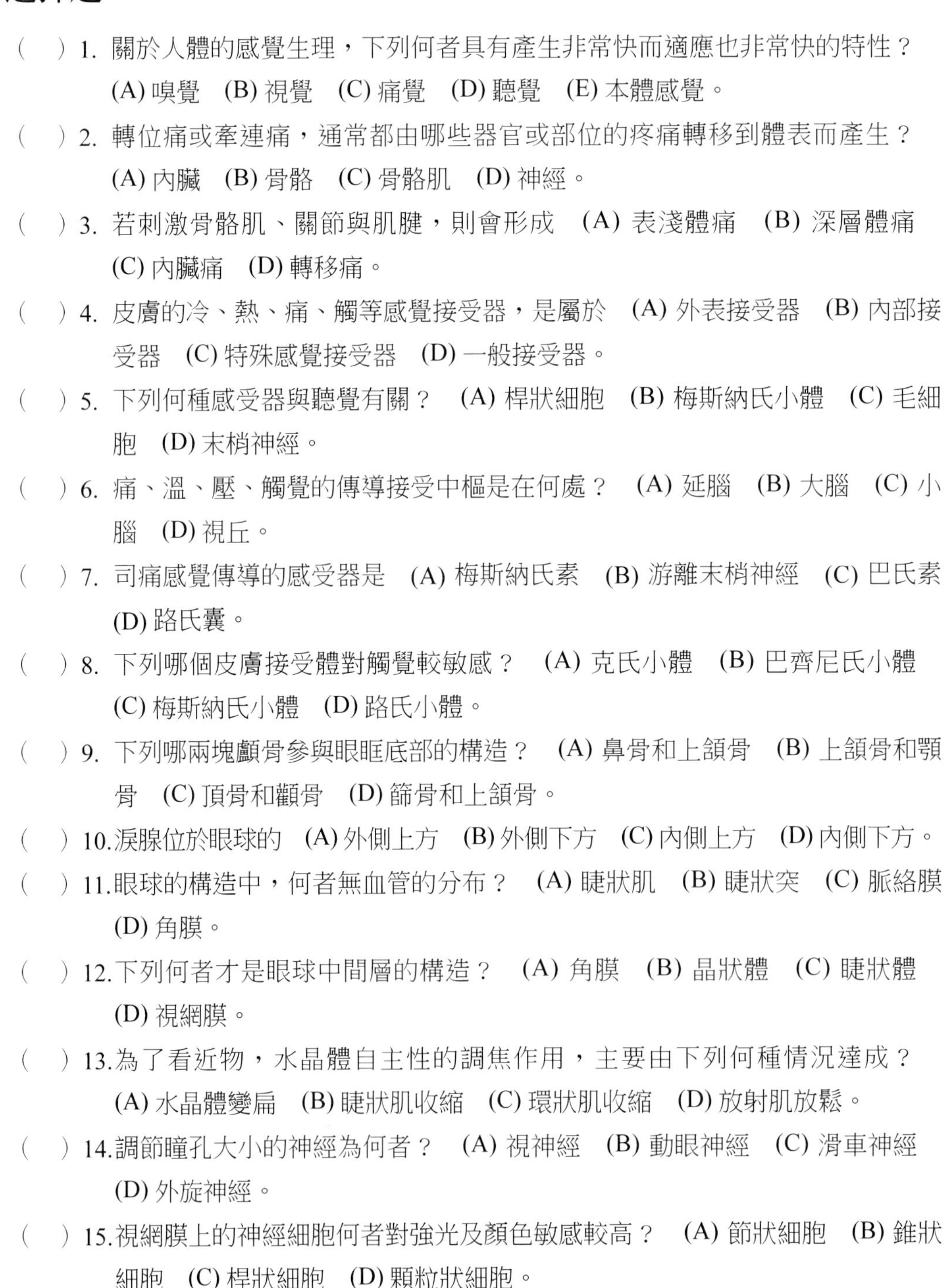

(　) 1. 關於人體的感覺生理，下列何者具有產生非常快而適應也非常快的特性？ (A) 嗅覺 (B) 視覺 (C) 痛覺 (D) 聽覺 (E) 本體感覺。

(　) 2. 轉位痛或牽連痛，通常都由哪些器官或部位的疼痛轉移到體表而產生？ (A) 內臟 (B) 骨骼 (C) 骨骼肌 (D) 神經。

(　) 3. 若刺激骨骼肌、關節與肌腱，則會形成 (A) 表淺體痛 (B) 深層體痛 (C) 內臟痛 (D) 轉移痛。

(　) 4. 皮膚的冷、熱、痛、觸等感覺接受器，是屬於 (A) 外表接受器 (B) 內部接受器 (C) 特殊感覺接受器 (D) 一般接受器。

(　) 5. 下列何種感受器與聽覺有關？ (A) 桿狀細胞 (B) 梅斯納氏小體 (C) 毛細胞 (D) 末梢神經。

(　) 6. 痛、溫、壓、觸覺的傳導接受中樞是在何處？ (A) 延腦 (B) 大腦 (C) 小腦 (D) 視丘。

(　) 7. 司痛感覺傳導的感受器是 (A) 梅斯納氏素 (B) 游離末梢神經 (C) 巴氏素 (D) 路氏囊。

(　) 8. 下列哪個皮膚接受體對觸覺較敏感？ (A) 克氏小體 (B) 巴齊尼氏小體 (C) 梅斯納氏小體 (D) 路氏小體。

(　) 9. 下列哪兩塊顱骨參與眼眶底部的構造？ (A) 鼻骨和上頷骨 (B) 上頷骨和顎骨 (C) 頂骨和顴骨 (D) 篩骨和上頷骨。

(　) 10.淚腺位於眼球的 (A) 外側上方 (B) 外側下方 (C) 內側上方 (D) 內側下方。

(　) 11.眼球的構造中，何者無血管的分布？ (A) 睫狀肌 (B) 睫狀突 (C) 脈絡膜 (D) 角膜。

(　) 12.下列何者才是眼球中間層的構造？ (A) 角膜 (B) 晶狀體 (C) 睫狀體 (D) 視網膜。

(　) 13.為了看近物，水晶體自主性的調焦作用，主要由下列何種情況達成？ (A) 水晶體變扁 (B) 睫狀肌收縮 (C) 環狀肌收縮 (D) 放射肌放鬆。

(　) 14.調節瞳孔大小的神經為何者？ (A) 視神經 (B) 動眼神經 (C) 滑車神經 (D) 外旋神經。

(　) 15.視網膜上的神經細胞何者對強光及顏色敏感較高？ (A) 節狀細胞 (B) 錐狀細胞 (C) 桿狀細胞 (D) 顆粒狀細胞。

(　) 16. 視覺最靈敏的地方是 (A) 水晶體 (B) 角膜 (C) 中央小凹 (D) 玻璃狀液。

(　) 17. 下述眼球內的空腔中，哪一部分不含水樣液（房水）？ (A) 前房 (B) 後房 (C) 後腔 (D) 史萊姆氏管。

(　) 18. 中耳經由歐氏管和下列何者溝通？ (A) 鼻咽 (B) 口咽 (C) 喉咽 (D) 喉。

(　) 19. 附著在鼓膜上的聽小骨是 (A) 槌骨 (B) 砧骨 (C) 鐙骨 (D) 距骨。

(　) 20. 內耳中不含內淋巴液的構造是 (A) 耳蝸管 (B) 前庭階 (C) 膜性半規管 (D) 球狀囊。

問答題

1. 請敘述感覺的特徵。
2. 請敘述皮膚的各種感覺及感受器的名稱及位置。
3. 何謂本體感覺？其感受器位於何處？
4. 請敘述感覺神經元的種類。
5. 請敘述影像形成的四個基本過程。
6. 請繪圖說明眼球的構造。
7. 請述說各種眼疾的原因。
8. 請說明聲波如何由耳殼傳到柯蒂氏器？
9. 比較聽斑與壺腹內的功能。

解答：

1.(A) 2.(A) 3.(B) 4.(A) 5.(C) 6.(B) 7.(B) 8.(C) 9.(B) 10.(A)
11.(D) 12.(C) 13.(B) 14.(B) 15.(B) 16.(C) 17.(C) 18.(A) 19.(A) 20.(B)

第十章　自我測驗

選擇題

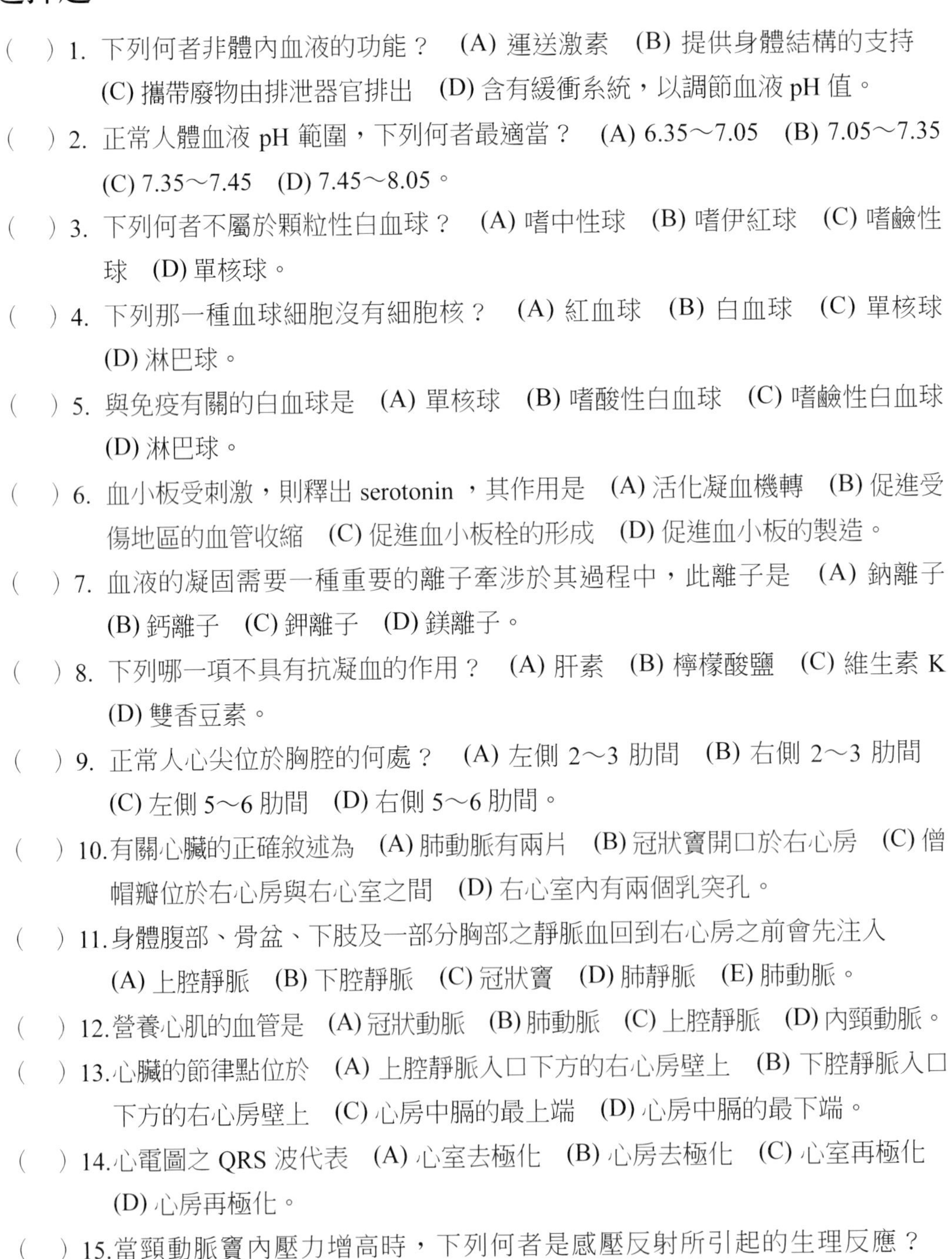

(　) 1. 下列何者非體內血液的功能？ (A) 運送激素 (B) 提供身體結構的支持 (C) 攜帶廢物由排泄器官排出 (D) 含有緩衝系統，以調節血液 pH 值。

(　) 2. 正常人體血液 pH 範圍，下列何者最適當？ (A) 6.35～7.05 (B) 7.05～7.35 (C) 7.35～7.45 (D) 7.45～8.05。

(　) 3. 下列何者不屬於顆粒性白血球？ (A) 嗜中性球 (B) 嗜伊紅球 (C) 嗜鹼性球 (D) 單核球。

(　) 4. 下列那一種血球細胞沒有細胞核？ (A) 紅血球 (B) 白血球 (C) 單核球 (D) 淋巴球。

(　) 5. 與免疫有關的白血球是 (A) 單核球 (B) 嗜酸性白血球 (C) 嗜鹼性白血球 (D) 淋巴球。

(　) 6. 血小板受刺激，則釋出 serotonin ，其作用是 (A) 活化凝血機轉 (B) 促進受傷地區的血管收縮 (C) 促進血小板栓的形成 (D) 促進血小板的製造。

(　) 7. 血液的凝固需要一種重要的離子牽涉於其過程中，此離子是 (A) 鈉離子 (B) 鈣離子 (C) 鉀離子 (D) 鎂離子。

(　) 8. 下列哪一項不具有抗凝血的作用？ (A) 肝素 (B) 檸檬酸鹽 (C) 維生素 K (D) 雙香豆素。

(　) 9. 正常人心尖位於胸腔的何處？ (A) 左側 2～3 肋間 (B) 右側 2～3 肋間 (C) 左側 5～6 肋間 (D) 右側 5～6 肋間。

(　) 10.有關心臟的正確敘述為 (A) 肺動脈有兩片 (B) 冠狀竇開口於右心房 (C) 僧帽瓣位於右心房與右心室之間 (D) 右心室內有兩個乳突孔。

(　) 11.身體腹部、骨盆、下肢及一部分胸部之靜脈血回到右心房之前會先注入 (A) 上腔靜脈 (B) 下腔靜脈 (C) 冠狀竇 (D) 肺靜脈 (E) 肺動脈。

(　) 12.營養心肌的血管是 (A) 冠狀動脈 (B) 肺動脈 (C) 上腔靜脈 (D) 內頸動脈。

(　) 13.心臟的節律點位於 (A) 上腔靜脈入口下方的右心房壁上 (B) 下腔靜脈入口下方的右心房壁上 (C) 心房中膈的最上端 (D) 心房中膈的最下端。

(　) 14.心電圖之 QRS 波代表 (A) 心室去極化 (B) 心房去極化 (C) 心室再極化 (D) 心房再極化。

(　) 15.當頸動脈竇內壓力增高時，下列何者是感壓反射所引起的生理反應？ (A) 血壓下降、心跳變慢 (B) 血壓下降、心跳變快 (C) 血壓上升、心跳變

慢 (D) 血壓上升、心跳變快。

( ) 16.動脈與靜脈在血管構造上均分有外膜、中膜及內膜，但其主要區別乃是 (A) 動脈之中膜較薄，一旦割破易塌陷 (B) 動脈管內有瓣膜存在 (C) 動脈含有彈性組織較靜脈多 (D) 靜脈含有多量彈性組織。

( ) 17.血液循環中阻力最大的地方為下列何者？ (A) 心臟 (B) 主動脈 (C) 小動脈 (D) 微血管。

( ) 18.人體儲存血量最多的地方是 (A) 動脈 (B) 靜脈 (C) 微血管 (D) 臟器。

( ) 19.循環系統中何處血管的血壓最低？ (A) 主動脈 (B) 腔靜脈 (C) 小靜脈 (D) 微血管。

( ) 20.下列激素中，何者會引起小動脈收縮，並使血壓升高？ (A) ADH (B) GH (C) PTH (D) TSH。

( ) 21.下列何動脈是主動脈弓的分枝？ (A) 冠狀動脈 (B) 右頸總動脈 (C) 左鎖骨下動脈 (D) 食道動脈。

( ) 22.下列各種動脈，不屬於腹腔動脈幹分枝的是 (A) 左胃動脈 (B) 上腸系膜動脈 (C) 肝總動脈 (D) 脾動脈。

( ) 23.腓動脈為何動脈的分枝？ (A) 脛前動脈 (B) 膕動脈 (C) 脛後動脈 (D) 足底外側動脈。

( ) 24.人體最長的靜脈是 (A) 股靜脈 (B) 膕靜脈 (C) 大隱靜脈 (D) 小隱靜脈

( ) 25.胎兒循環中的臍靜脈，在出生後會閉鎖成為 (A) 側臍韌帶 (B) 靜脈韌帶 (C) 肝圓韌帶 (D) 卵圓窩。

問答題

1. 請敘述血液的主要功能。
2. 請敘述血液的組成成分。
3. 請敘述紅血球成熟所必需的因子。
4. 請敘述各種白血球的功能與特性。
5. 請簡述血液凝固的基本機轉。
6. 何謂新生兒溶血症？
7. 請簡述連接心臟的大血管。
8. 請簡述心臟傳導系統及與心電圖的關係。
9. 請簡述心臟心動週期及其與心音的關係。
10. 請敘述動脈的種類及特性。

11.請比較三種不同的微血管。

12.請簡述肺循環與體循環。

13.何謂胎兒循環？

解答：

1.(B) 2.(C) 3.(D) 4.(A) 5.(D) 6.(B) 7.(B) 8.(C) 9.(C) 10.(B)
11.(B) 12.(A) 13.(A) 14.(A) 15.(A) 16.(C) 17.(C) 18.(B) 19.(B) 20.(A)
21.(C) 22.(B) 23.(C) 24.(C) 25.(C)

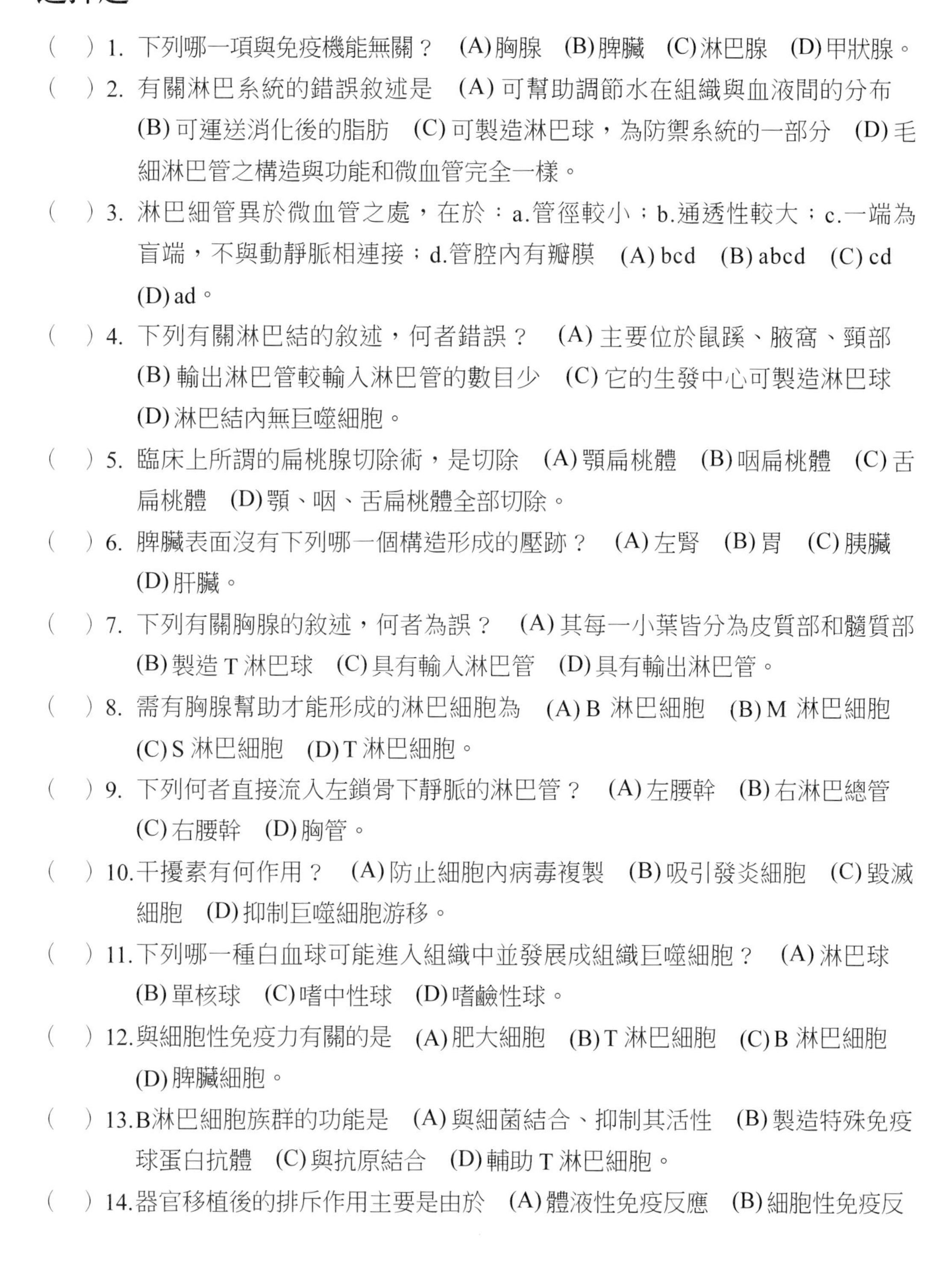

第十一章　自我測驗

選擇題

(　) 1. 下列哪一項與免疫機能無關？ (A)胸腺 (B)脾臟 (C)淋巴腺 (D)甲狀腺。

(　) 2. 有關淋巴系統的錯誤敘述是 (A)可幫助調節水在組織與血液間的分布 (B)可運送消化後的脂肪 (C)可製造淋巴球，為防禦系統的一部分 (D)毛細淋巴管之構造與功能和微血管完全一樣。

(　) 3. 淋巴細管異於微血管之處，在於：a.管徑較小；b.通透性較大；c.一端為盲端，不與動靜脈相連接；d.管腔內有瓣膜 (A) bcd (B) abcd (C) cd (D) ad。

(　) 4. 下列有關淋巴結的敘述，何者錯誤？ (A)主要位於鼠蹊、腋窩、頸部 (B)輸出淋巴管較輸入淋巴管的數目少 (C)它的生發中心可製造淋巴球 (D)淋巴結內無巨噬細胞。

(　) 5. 臨床上所謂的扁桃腺切除術，是切除 (A)顎扁桃體 (B)咽扁桃體 (C)舌扁桃體 (D)顎、咽、舌扁桃體全部切除。

(　) 6. 脾臟表面沒有下列哪一個構造形成的壓跡？ (A)左腎 (B)胃 (C)胰臟 (D)肝臟。

(　) 7. 下列有關胸腺的敘述，何者為誤？ (A)其每一小葉皆分為皮質部和髓質部 (B)製造T淋巴球 (C)具有輸入淋巴管 (D)具有輸出淋巴管。

(　) 8. 需有胸腺幫助才能形成的淋巴細胞為 (A)B 淋巴細胞 (B)M 淋巴細胞 (C)S 淋巴細胞 (D)T 淋巴細胞。

(　) 9. 下列何者直接流入左鎖骨下靜脈的淋巴管？ (A)左腰幹 (B)右淋巴總管 (C)右腰幹 (D)胸管。

(　) 10.干擾素有何作用？ (A)防止細胞內病毒複製 (B)吸引發炎細胞 (C)毀滅細胞 (D)抑制巨噬細胞游移。

(　) 11.下列哪一種白血球可能進入組織中並發展成組織巨噬細胞？ (A)淋巴球 (B)單核球 (C)嗜中性球 (D)嗜鹼性球。

(　) 12.與細胞性免疫力有關的是 (A)肥大細胞 (B)T 淋巴細胞 (C)B 淋巴細胞 (D)脾臟細胞。

(　) 13.B淋巴細胞族群的功能是 (A)與細菌結合、抑制其活性 (B)製造特殊免疫球蛋白抗體 (C)與抗原結合 (D)輔助 T 淋巴細胞。

(　) 14.器官移植後的排斥作用主要是由於 (A)體液性免疫反應 (B)細胞性免疫反

(C) 補體結合反應　(D) 干擾素的反應。

(　) 15.乳糜池是哪一條淋巴管的源頭？　(A) 胸管　(B) 右淋巴管　(C) 鎖骨下淋巴幹　(D) 腰淋巴幹。

問答題

1. 請簡述淋巴系統的功能。
2. 請簡述血漿、組織間液、淋巴液的異同點。
3. 請列表說明微淋巴管與微血管的差異點。
4. 請列表說明淋巴管與靜脈管的差異點。
5. 請簡述淋巴結的構造與功能。
6. 人體最大的淋巴組織為何？簡述其位置、構造及功能。
7. 請簡述先天性免疫與後天性免疫的差別。
8. 請列表說明主動免疫與被動免疫的差別。

解答：

1.(D)　2.(D)　3.(A)　4.(D)　5.(A)　6.(D)　7.(C)　8.(D)　9.(D)　10.(A)
11.(B)　12.(B)　13.(B)　14.(B)　15.(A)

第十二章　自我測驗

選擇題

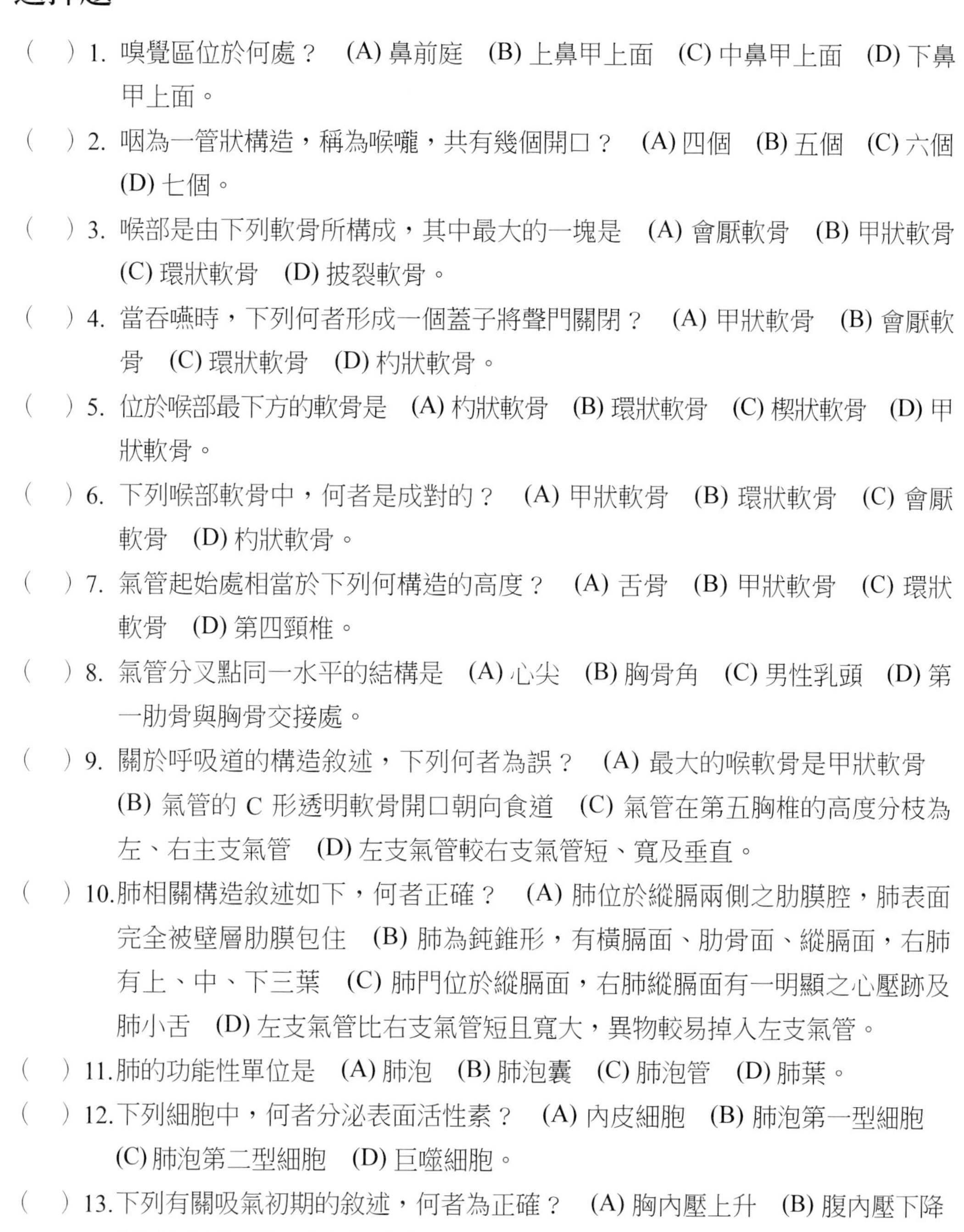

(　) 1. 嗅覺區位於何處？ (A) 鼻前庭 (B) 上鼻甲上面 (C) 中鼻甲上面 (D) 下鼻甲上面。

(　) 2. 咽為一管狀構造，稱為喉嚨，共有幾個開口？ (A) 四個 (B) 五個 (C) 六個 (D) 七個。

(　) 3. 喉部是由下列軟骨所構成，其中最大的一塊是 (A) 會厭軟骨 (B) 甲狀軟骨 (C) 環狀軟骨 (D) 披裂軟骨。

(　) 4. 當吞嚥時，下列何者形成一個蓋子將聲門關閉？ (A) 甲狀軟骨 (B) 會厭軟骨 (C) 環狀軟骨 (D) 杓狀軟骨。

(　) 5. 位於喉部最下方的軟骨是 (A) 杓狀軟骨 (B) 環狀軟骨 (C) 楔狀軟骨 (D) 甲狀軟骨。

(　) 6. 下列喉部軟骨中，何者是成對的？ (A) 甲狀軟骨 (B) 環狀軟骨 (C) 會厭軟骨 (D) 杓狀軟骨。

(　) 7. 氣管起始處相當於下列何構造的高度？ (A) 舌骨 (B) 甲狀軟骨 (C) 環狀軟骨 (D) 第四頸椎。

(　) 8. 氣管分叉點同一水平的結構是 (A) 心尖 (B) 胸骨角 (C) 男性乳頭 (D) 第一肋骨與胸骨交接處。

(　) 9. 關於呼吸道的構造敘述，下列何者為誤？ (A) 最大的喉軟骨是甲狀軟骨 (B) 氣管的 C 形透明軟骨開口朝向食道 (C) 氣管在第五胸椎的高度分枝為左、右主支氣管 (D) 左支氣管較右支氣管短、寬及垂直。

(　) 10. 肺相關構造敘述如下，何者正確？ (A) 肺位於縱膈兩側之肋膜腔，肺表面完全被壁層肋膜包住 (B) 肺為鈍錐形，有橫膈面、肋骨面、縱膈面，右肺有上、中、下三葉 (C) 肺門位於縱膈面，右肺縱膈面有一明顯之心壓跡及肺小舌 (D) 左支氣管比右支氣管短且寬大，異物較易掉入左支氣管。

(　) 11. 肺的功能性單位是 (A) 肺泡 (B) 肺泡囊 (C) 肺泡管 (D) 肺葉。

(　) 12. 下列細胞中，何者分泌表面活性素？ (A) 內皮細胞 (B) 肺泡第一型細胞 (C) 肺泡第二型細胞 (D) 巨噬細胞。

(　) 13. 下列有關吸氣初期的敘述，何者為正確？ (A) 胸內壓上升 (B) 腹內壓下降 (C) 肺內壓下降 (D) 無效腔內氧分壓下降。

(　) 14. 下列何肌參與呼氣過程？ (A) 外肋間肌 (B) 胸鎖乳突肌 (C) 內肋間肌 (D) 前斜角肌。

(　) 15. 有關肺容積與肺容量的關係之敘述，正確者為何？ (A) 肺活量＝吸氣儲備容積＋呼氣儲備容積＋潮氣容積＋肺餘容積 (B) 潮氣容積＝吸氣容量－吸氣儲備容積 (C) 功能性肺餘容積＝吸氣儲備容積＋潮氣容積 (D) 肺總量＝肺活量－肺餘容積。

(　) 16. 外呼吸是指下列何項？ (A) 空氣吸入鼻腔 (B) 空氣在大氣與肺之間的流進流出 (C) 肺與血液之間的氣體交換 (D) 血液與細胞之間的氣體交換。

(　) 17. 組織細胞接受氧氣，並排出二氧化碳的過程，稱為 (A) 內呼吸 (B) 外呼吸 (C) 吸氣 (D) 呼氣。

(　) 18. 生理的波爾效應所描述的是下列何項？ (A) 心肌纖維受牽扯時，收縮力增加 (B) 血液酸化時，血紅素釋出，氧增加 (C) 胃泌素增加時，胃酸分泌增加 (D) 腎臟出球小動脈收縮時，GFR 增加。

(　) 19. 下列何者會使氧合血紅素解離曲線向右移轉？ (A) 氫離子減少 (B) 二氧化碳分壓減少 (C) 溫度增高 (D) 2, 3-DPG 減少。

(　) 20. 下列何者不是二氧化碳在血液中的運送方式？ (A) 直接溶解於血液 (B) 和紅血球中的血紅素結合 (C) 和水結合成碳酸 (D) 與血液內的鐵離子結合。

問答題

1. 呼吸系統的相關組成構造有哪些？
2. 簡述呼吸系統的功能。
3. 何謂波爾效應？
4. 請簡述支氣管樹。
5. 簡述肺容積與肺容量有哪些？
6. 試述氧氣的運送方式。
7. 試述二氧化碳的運送方式。
8. 簡述呼吸調控的方式有哪些？

解答：

1.(B) 2.(D) 3.(B) 4.(B) 5.(B) 6.(D) 7.(C) 8.(B) 9.(D) 10.(B)
11.(A) 12.(C) 13.(C) 14.(C) 15.(B) 16.(C) 17.(A) 18.(B) 19.(C) 20.(D)

第十三章　自我測驗

選擇題

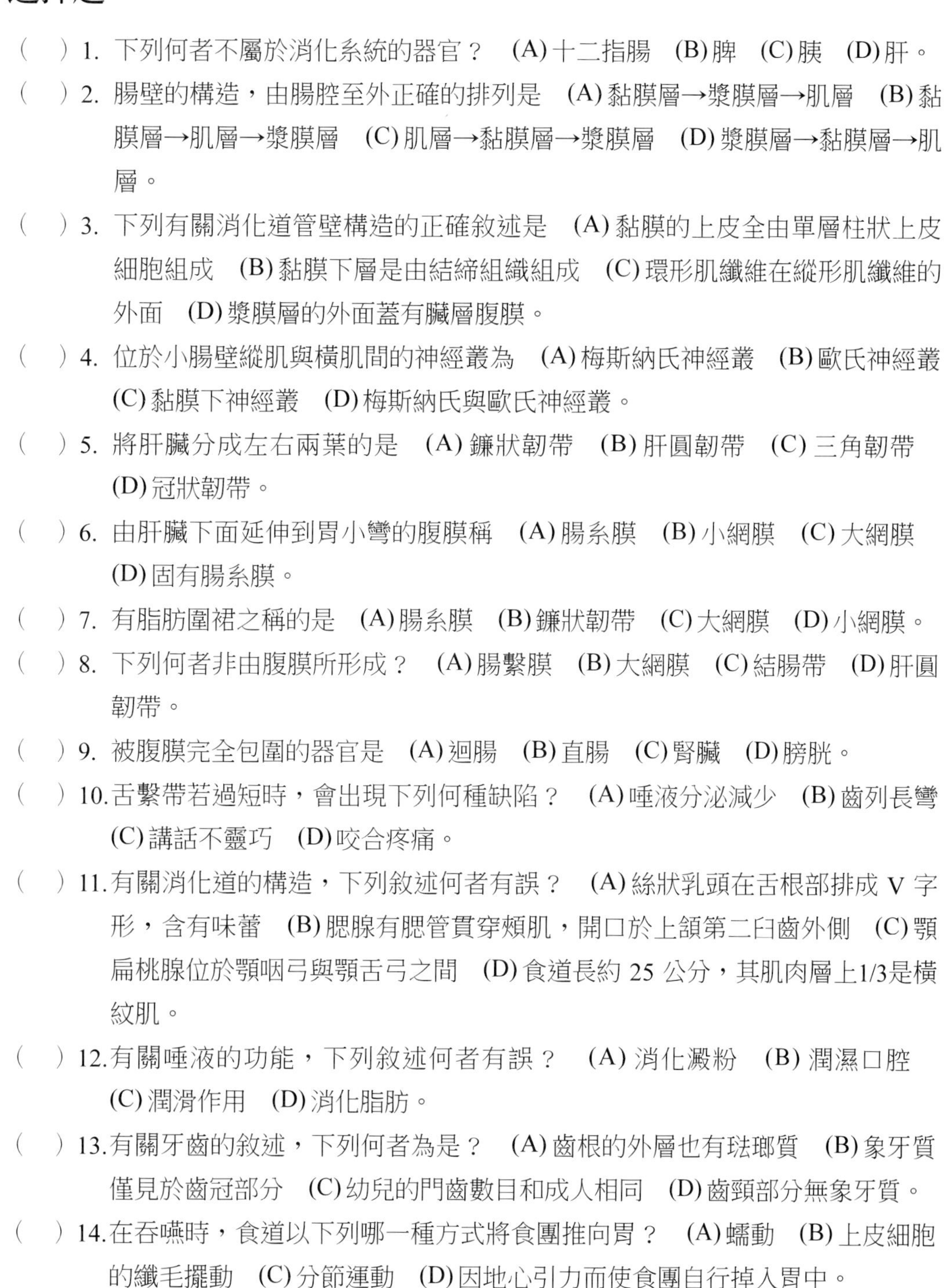

(　) 1. 下列何者不屬於消化系統的器官？ (A)十二指腸 (B)脾 (C)胰 (D)肝。

(　) 2. 腸壁的構造，由腸腔至外正確的排列是 (A)黏膜層→漿膜層→肌層 (B)黏膜層→肌層→漿膜層 (C)肌層→黏膜層→漿膜層 (D)漿膜層→黏膜層→肌層。

(　) 3. 下列有關消化道管壁構造的正確敘述是 (A)黏膜的上皮全由單層柱狀上皮細胞組成 (B)黏膜下層是由結締組織組成 (C)環形肌纖維在縱形肌纖維的外面 (D)漿膜層的外面蓋有臟層腹膜。

(　) 4. 位於小腸壁縱肌與橫肌間的神經叢為 (A)梅斯納氏神經叢 (B)歐氏神經叢 (C)黏膜下神經叢 (D)梅斯納氏與歐氏神經叢。

(　) 5. 將肝臟分成左右兩葉的是 (A)鐮狀韌帶 (B)肝圓韌帶 (C)三角韌帶 (D)冠狀韌帶。

(　) 6. 由肝臟下面延伸到胃小彎的腹膜稱 (A)腸系膜 (B)小網膜 (C)大網膜 (D)固有腸系膜。

(　) 7. 有脂肪圍裙之稱的是 (A)腸系膜 (B)鐮狀韌帶 (C)大網膜 (D)小網膜。

(　) 8. 下列何者非由腹膜所形成？ (A)腸繫膜 (B)大網膜 (C)結腸帶 (D)肝圓韌帶。

(　) 9. 被腹膜完全包圍的器官是 (A)迴腸 (B)直腸 (C)腎臟 (D)膀胱。

(　) 10. 舌繫帶若過短時，會出現下列何種缺陷？ (A)唾液分泌減少 (B)齒列長彎 (C)講話不靈巧 (D)咬合疼痛。

(　) 11. 有關消化道的構造，下列敘述何者有誤？ (A)絲狀乳頭在舌根部排成 V 字形，含有味蕾 (B)腮腺有腮管貫穿頰肌，開口於上頜第二臼齒外側 (C)顎扁桃腺位於顎咽弓與顎舌弓之間 (D)食道長約 25 公分，其肌肉層上1/3是橫紋肌。

(　) 12. 有關唾液的功能，下列敘述何者有誤？ (A)消化澱粉 (B)潤濕口腔 (C)潤滑作用 (D)消化脂肪。

(　) 13. 有關牙齒的敘述，下列何者為是？ (A)齒根的外層也有琺瑯質 (B)象牙質僅見於齒冠部分 (C)幼兒的門齒數目和成人相同 (D)齒頸部分無象牙質。

(　) 14. 在吞嚥時，食道以下列哪一種方式將食團推向胃？ (A)蠕動 (B)上皮細胞的纖毛擺動 (C)分節運動 (D)因地心引力而使食團自行掉入胃中。

(　) 15.胃腺中有分泌內在因子功能的細胞是 (A)主細胞 (B)壁細胞 (C)嗜銀細胞 (D)黏液細胞。

(　) 16.下列何者兼具內分泌和外分泌的雙重作用？ (A)肝臟 (B)胰臟 (C)甲狀腺 (D)腦下腺。

(　) 17.腸激酶的作用是 (A)促進小腸分泌黏液 (B)促進小腸平滑肌收縮 (C)活化胰澱粉酶 (D)活化胰蛋白酶元。

(　) 18.膽囊管與下列何者會合成總膽管？ (A)右肝管 (B)左肝管 (C)總肝管 (D)主胰管。

(　) 19.膽汁是由下列何者所分泌？ (A)胰臟 (B)肝臟 (C)脾臟 (D)膽囊。

(　) 20.膽汁的製造、儲存和作用處與下列何者無關？ (A)胃 (B)十二指腸 (C)肝臟 (D)膽囊。

(　) 21.能分泌黏液的消化道器官是：a.胃；b.空腸；c.十二指腸；d.大腸 (A)ac (B)bd (C)abc (D)abcd。

(　) 22.小腸絨毛中的乳糜管亦即何者？ (A)小動脈 (B)小靜脈 (C)微血管 (D)微淋巴管。

(　) 23.小腸的哪一動作，會使食糜與消化液充分混合？ (A)蠕動 (B)分節運動 (C)擺動 (D)絨毛運動。

(　) 24.小腸吸收的單醣類是經由下列何系統運走？ (A)內分泌系統 (B)門脈系統 (C)淋巴系統 (D)靜脈系統。

(　) 25.微膠粒的作用是 (A)消化核酸 (B)運送腸腔中的脂肪酸至黏膜上皮細胞 (C)消化蛋白質 (D)運送腸黏膜上皮細胞中的脂肪酸至乳糜管。

問答題

1. 請簡述消化道管壁的四層構造。
2. 比較乳齒與恆齒的數目及長出時間。
3. 說明胃腺的細胞與功能。
4. 請說明肝臟的解毒方式。
5. 請敘述肝臟在身體的功能有哪些？

6. 請敘述膽汁的功能。
7. 請說明小腸的消化作用。
8. 請說明血液如何進出肝臟？
9. 何謂團塊運動？
10. 請簡述各種營養素吸收部位的情形。

解答：

1.(B) 2.(B) 3.(B) 4.(B) 5.(A) 6.(B) 7.(C) 8.(C) 9.(A) 10.(C)
11.(A) 12.(D) 13.(C) 14.(A) 15.(B) 16.(B) 17.(D) 18.(C) 19.(B) 20.(A)
21.(D) 22.(D) 23.(B) 24.(B) 25.(B)

第十四章　自我測驗

選擇題

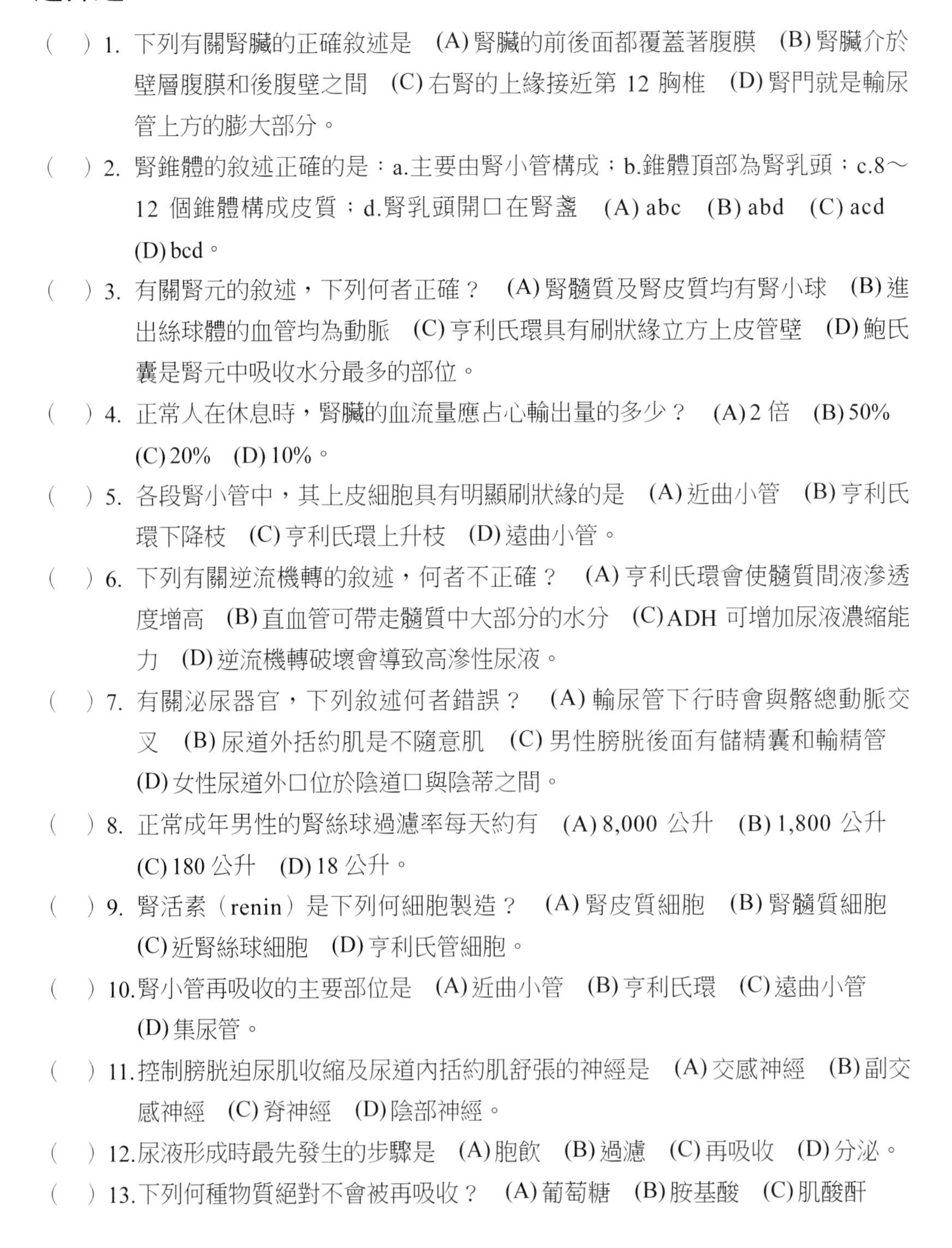

(　) 1. 下列有關腎臟的正確敘述是 (A)腎臟的前後面都覆蓋著腹膜 (B)腎臟介於壁層腹膜和後腹壁之間 (C)右腎的上緣接近第12胸椎 (D)腎門就是輸尿管上方的膨大部分。

(　) 2. 腎錐體的敘述正確的是：a.主要由腎小管構成；b.錐體頂部為腎乳頭；c.8～12個錐體構成皮質；d.腎乳頭開口在腎盞 (A) abc (B) abd (C) acd (D) bcd。

(　) 3. 有關腎元的敘述，下列何者正確？ (A)腎髓質及腎皮質均有腎小球 (B)進出絲球體的血管均為動脈 (C)亨利氏環具有刷狀緣立方上皮管壁 (D)鮑氏囊是腎元中吸收水分最多的部位。

(　) 4. 正常人在休息時，腎臟的血流量應占心輸出量的多少？ (A) 2倍 (B) 50% (C) 20% (D) 10%。

(　) 5. 各段腎小管中，其上皮細胞具有明顯刷狀緣的是 (A)近曲小管 (B)亨利氏環下降枝 (C)亨利氏環上升枝 (D)遠曲小管。

(　) 6. 下列有關逆流機轉的敘述，何者不正確？ (A)亨利氏環會使髓質間液滲透度增高 (B)直血管可帶走髓質中大部分的水分 (C) ADH可增加尿液濃縮能力 (D)逆流機轉破壞會導致高滲性尿液。

(　) 7. 有關泌尿器官，下列敘述何者錯誤？ (A)輸尿管下行時會與髂總動脈交叉 (B)尿道外括約肌是不隨意肌 (C)男性膀胱後面有儲精囊和輸精管 (D)女性尿道外口位於陰道口與陰蒂之間。

(　) 8. 正常成年男性的腎絲球過濾率每天約有 (A) 8,000公升 (B) 1,800公升 (C) 180公升 (D) 18公升。

(　) 9. 腎活素（renin）是下列何細胞製造？ (A)腎皮質細胞 (B)腎髓質細胞 (C)近腎絲球細胞 (D)亨利氏管細胞。

(　) 10. 腎小管再吸收的主要部位是 (A)近曲小管 (B)亨利氏環 (C)遠曲小管 (D)集尿管。

(　) 11. 控制膀胱逼尿肌收縮及尿道內括約肌舒張的神經是 (A)交感神經 (B)副交感神經 (C)脊神經 (D)陰部神經。

(　) 12. 尿液形成時最先發生的步驟是 (A)胞飲 (B)過濾 (C)再吸收 (D)分泌。

(　) 13. 下列何種物質絕對不會被再吸收？ (A)葡萄糖 (B)胺基酸 (C)肌酸酐

(D) 尿素。

(　) 14. 人體的水分約為體重的 (A) 16% (B) 20～30% (C) 50～70% (D) 90%。

(　) 15. 體內酸性物質過多，經腎臟調節後，排泄量會增加的物質是 (A) NaCl (B) HCO_3^- (C) NH_4Cl (D) K^+。

(　) 16. 下列何情形不會引起代謝性酸中毒？ (A) 服用過量的重碳酸鈉 (B) 糖尿病酮酸中毒 (C) 尿毒症 (D) 下痢。

(　) 17. 血漿中含量最多的陽離子和陰離子是 (A) 鈉離子和氯離子 (B) 鉀離子和氯離子 (C) 鈉離子和重碳酸根離子 (D) 鉀離子和重碳酸根離子。

(　) 18. 血液 pH 值正常時，碳酸與重碳酸根離子的比例是 (A) 1：5 (B) 1：10 (C) 1：20 (D) 1：40。

(　) 19. 精神性換氣過度會造成下列哪一種酸鹼失衡？ (A) 呼吸性酸中毒 (B) 呼吸性鹼中毒 (C) 代謝性酸中毒 (D) 代謝性鹼中毒。

(　) 20. 體細胞及血漿內含量最豐富的緩衝劑是 (A) 碳酸－重碳酸鹽 (B) 磷酸鹽 (C) 血紅素－氧基血紅素 (D) 蛋白質。

問答題

1. 試述腎元的組成及各部分的功能。
2. 試述腎臟的血液供應情形。
3. 試述尿液的形成。
4. 何謂逆流機轉？有何重要性？
5. 試述排尿的機制。
6. 腎臟對體液酸鹼平衡維持的機轉如何？
7. 何謂電解質？對人體有何功能？
8. 男、女性的尿道在構造上有何不同？
9. 何謂膀胱三角？

解答：

1.(B) 2.(B) 3.(B) 4.(C) 5.(A) 6.(D) 7.(B) 8.(C) 9.(C) 10.(A)
11.(B) 12.(B) 13.(C) 14.(C) 15.(C) 16.(A) 17.(A) 18.(C) 19.(B) 20.(D)

第十五章　自我測驗

選擇題

(　) 1. 下列何種構造不會產生激素？ (A)心臟 (B)腎臟 (C)脾臟 (D)胎盤。

(　) 2. 下列對內分泌系統的描述，何者正確？ (A)它是無管腺體 (B)它與神經系統無關 (C)它是靠正回饋來維持平衡 (D)它所分泌的激素不經由血液循環帶到標的器官。

(　) 3. 蛋白質類的荷爾蒙之細胞接受器位於 (A)細胞質 (B)細胞核 (C)細胞膜 (D)粒線體。

(　) 4. 下列何者之分泌可影響其他內分泌腺的活化激素？ (A)腦下垂體前葉 (B)腦下垂體後葉 (C)甲狀腺 (D)副甲狀腺。

(　) 5. 下視丘所分泌的激素直接控制的器官是 (A)卵巢 (B)腦下垂體 (C)子宮 (D)甲狀腺。

(　) 6. 下列何者是厭色細胞分泌的激素？ (A) TSH (B) ACTH (C) FSH (D) LH。

(　) 7. 腦下垂體受損時，性腺會有何變化？ (A)增大 (B)不受任何影響 (C)萎縮 (D)消失。

(　) 8. 泌乳激素（Prolactin）是由下列何者所分泌？ (A)卵巢 (B)下視丘 (C)腦下垂體前葉 (D)腦下垂體後葉。

(　) 9. 下列何者能正確敘述褪黑激素（melatonin）在血中濃度的變化？ (A)中午時濃度過高 (B)黑夜時濃度較白天高 (C)白天濃度較黑夜高 (D)日夜無差異。

(　) 10.下列激素中，何者會引起小動脈收縮並使血壓升高？ (A)ADH (B)GH (C)TSH (D)PTH。

(　) 11.最能影響基礎代謝率的激素是 (A) GH (B) TH (C) ACTH (D)Androgen。

(　) 12.副甲狀腺素主要維持細胞外液中何種物質的濃度於恆定？ (A)碘離子 (B)鈣離子 (C)鈉離子 (D)鉀離子。

(　) 13.腎上腺皮質所分泌的激素不包括 (A)皮質固醇 (B)腎上腺素 (C)雄性素 (D)醛固酮。

(　) 14.調節血鉀濃度的主要激素是 (A)PTH (B)Estrogen (C)ADH (D) Aldosterone。

(　) 15. Cortisol 可以產生下列哪一項作用？ (A) 可避免身體所承受的壓力 (B) 可降低血糖 (C) 可增加耗氧量 (D) 可降低腎絲球透析率（GFR）。

(　) 16. 庫欣氏症疾病是因為下列何種原因所造成？ (A) 副甲狀腺機能低下 (B) 甲狀腺機能亢進 (C) 腎上腺機能低下 (D) 腎上腺機能亢進。

(　) 17. 愛迪生氏症時，身體的 (A) 水喪失 (B) 水增加 (C) 水及鹽皆喪失 (D) 水及鹽皆增加。

(　) 18. Epinephrine 是由下列何處分泌？ (A) 腎上腺皮質部 (B) 腎上腺髓質部 (C) 腦下垂體前葉 (D) 腦下垂體後葉。

(　) 19. 當人類應付緊急情況時，哪種內分泌腺的分泌會增加？ (A) 副甲狀腺 (B) 性腺 (C) 腎上腺髓質 (D) 胸腺。

(　) 20. 下列何者為腎上腺素之擬交感神經性作用？ (A) 汗腺分泌減少 (B) 血糖下降 (C) 睫狀肌收縮 (D) 血糖上升。

(　) 21. 胰島素是由胰臟哪一種細胞分泌？ (A) α 細胞 (B) β 細胞 (C) γ 細胞 (D) δ 細胞。

(　) 22. 蘭氏小島的 α 細胞主要分泌 (A) 胰島素 (B) 升糖激素 (C) 降血鈣素 (D) 血管加壓素。

(　) 23. 胰島素的功能是 (A) 抑制葡萄糖進入骨骼肌 (B) 促進肝醣形成 (C) 促進脂肪分解 (D) 抑制胺基酸進入肝細胞。

(　) 24. 能幫助子宮頸擴張以利生產的是 (A) Estrogen (B) Progesterone (C) Relaxin (D) Androgen。

(　) 25. 性腺所產生的激素，可引起 (A) 第一性徵 (B) 第二性徵 (C) 第三性徵 (D) 第四性徵。

問答題

1. 荷爾蒙依其化學性質可分成哪幾類？並舉例說明之。
2. 何謂回饋系統？舉例說明正、負回饋的情形。
3. 腦下垂體前葉可分泌哪些荷爾蒙？其生理功能如何？
4. 腦下垂體後葉可分泌哪些荷爾蒙？其生理功能如何？
5. 簡述下視丘和腦下垂體之間的關係。

6. 簡述甲狀腺和副甲狀腺間如何調節血鈣濃度？
7. 簡述腎上腺皮質分泌荷爾蒙的類型及其功能。
8. 請簡述生長激素、升糖素、胰島素及糖皮質酮在體內調節血糖的機制。
9. 請列表說明各種激素分泌失調時所產生的情況。

解答：

1.(C) 2.(A) 3.(C) 4.(A) 5.(B) 6.(B) 7.(C) 8.(C) 9.(B) 10.(A)
11.(B) 12.(B) 13.(B) 14.(D) 15.(A) 16.(D) 17.(C) 18.(B) 19.(C) 20.(D)
21.(B) 22.(B) 23.(B) 24.(C) 25.(B)

第十六章　自我測驗

選擇題

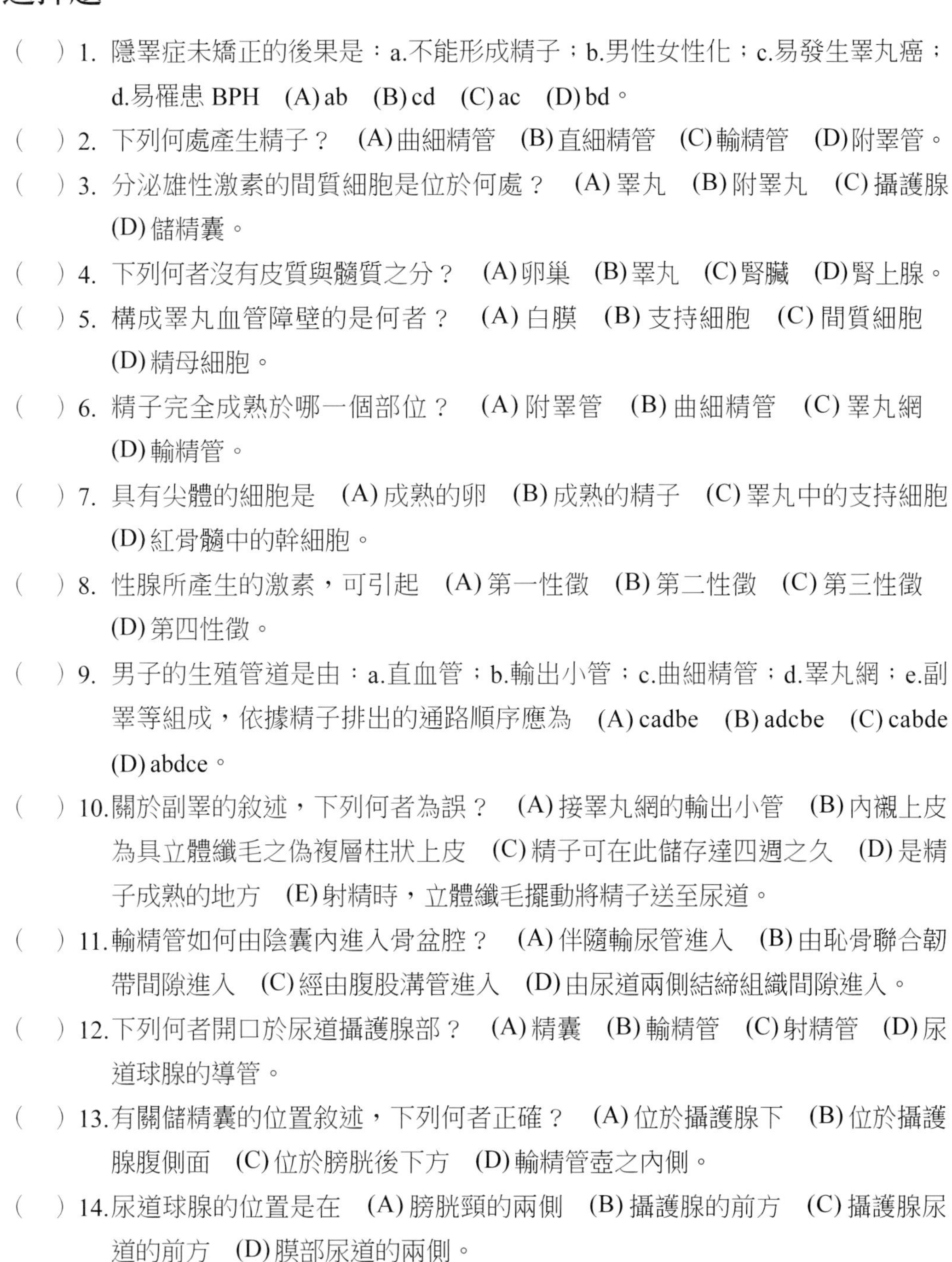

(　) 1. 隱睪症未矯正的後果是：a.不能形成精子；b.男性女性化；c.易發生睪丸癌；d.易罹患 BPH　(A) ab　(B) cd　(C) ac　(D) bd。

(　) 2. 下列何處產生精子？　(A)曲細精管　(B)直細精管　(C)輸精管　(D)附睪管。

(　) 3. 分泌雄性激素的間質細胞是位於何處？　(A)睪丸　(B)附睪丸　(C)攝護腺　(D)儲精囊。

(　) 4. 下列何者沒有皮質與髓質之分？　(A)卵巢　(B)睪丸　(C)腎臟　(D)腎上腺。

(　) 5. 構成睪丸血管障壁的是何者？　(A)白膜　(B)支持細胞　(C)間質細胞　(D)精母細胞。

(　) 6. 精子完全成熟於哪一個部位？　(A)附睪管　(B)曲細精管　(C)睪丸網　(D)輸精管。

(　) 7. 具有尖體的細胞是　(A)成熟的卵　(B)成熟的精子　(C)睪丸中的支持細胞　(D)紅骨髓中的幹細胞。

(　) 8. 性腺所產生的激素，可引起　(A)第一性徵　(B)第二性徵　(C)第三性徵　(D)第四性徵。

(　) 9. 男子的生殖管道是由：a.直血管；b.輸出小管；c.曲細精管；d.睪丸網；e.副睪等組成，依據精子排出的通路順序應為　(A) cadbe　(B) adcbe　(C) cabde　(D) abdce。

(　) 10. 關於副睪的敘述，下列何者為誤？　(A)接睪丸網的輸出小管　(B)內襯上皮為具立體纖毛之偽複層柱狀上皮　(C)精子可在此儲存達四週之久　(D)是精子成熟的地方　(E)射精時，立體纖毛擺動將精子送至尿道。

(　) 11. 輸精管如何由陰囊內進入骨盆腔？　(A)伴隨輸尿管進入　(B)由恥骨聯合韌帶間隙進入　(C)經由腹股溝管進入　(D)由尿道兩側結締組織間隙進入。

(　) 12. 下列何者開口於尿道攝護腺部？　(A)精囊　(B)輸精管　(C)射精管　(D)尿道球腺的導管。

(　) 13. 有關儲精囊的位置敘述，下列何者正確？　(A)位於攝護腺下　(B)位於攝護腺腹側面　(C)位於膀胱後下方　(D)輸精管壺之內側。

(　) 14. 尿道球腺的位置是在　(A)膀胱頸的兩側　(B)攝護腺的前方　(C)攝護腺尿道的前方　(D)膜部尿道的兩側。

(　) 15. 下列何者不是由交感神經所控制？　(A)射精　(B)陰莖勃起　(C)附睪的蠕

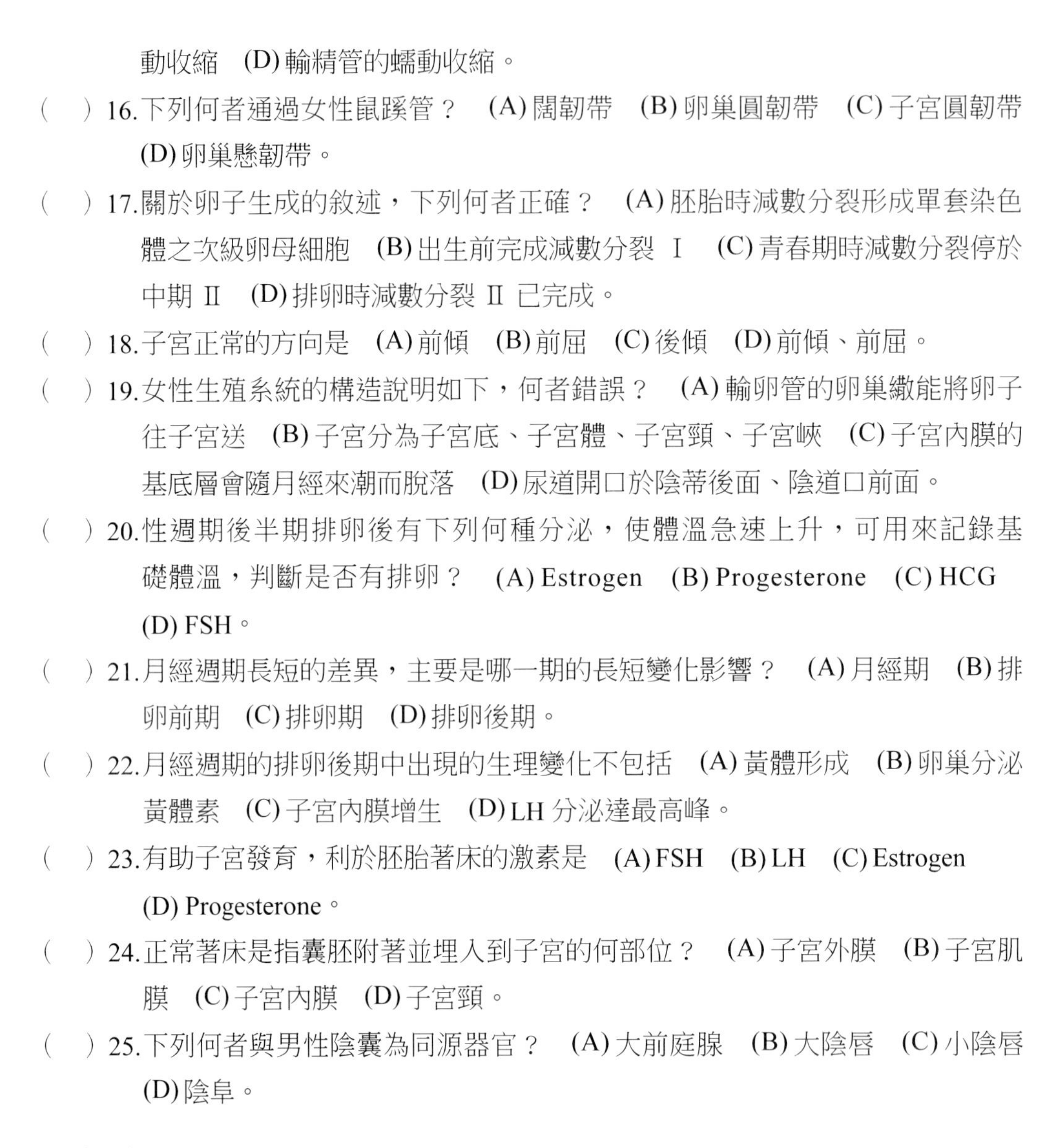

動收縮　(D) 輸精管的蠕動收縮。

(　) 16. 下列何者通過女性鼠蹊管？　(A) 闊韌帶　(B) 卵巢圓韌帶　(C) 子宮圓韌帶　(D) 卵巢懸韌帶。

(　) 17. 關於卵子生成的敘述，下列何者正確？　(A) 胚胎時減數分裂形成單套染色體之次級卵母細胞　(B) 出生前完成減數分裂 I　(C) 青春期時減數分裂停於中期 II　(D) 排卵時減數分裂 II 已完成。

(　) 18. 子宮正常的方向是　(A) 前傾　(B) 前屈　(C) 後傾　(D) 前傾、前屈。

(　) 19. 女性生殖系統的構造說明如下，何者錯誤？　(A) 輸卵管的卵巢繖能將卵子往子宮送　(B) 子宮分為子宮底、子宮體、子宮頸、子宮峽　(C) 子宮內膜的基底層會隨月經來潮而脫落　(D) 尿道開口於陰蒂後面、陰道口前面。

(　) 20. 性週期後半期排卵後有下列何種分泌，使體溫急速上升，可用來記錄基礎體溫，判斷是否有排卵？　(A) Estrogen　(B) Progesterone　(C) HCG　(D) FSH。

(　) 21. 月經週期長短的差異，主要是哪一期的長短變化影響？　(A) 月經期　(B) 排卵前期　(C) 排卵期　(D) 排卵後期。

(　) 22. 月經週期的排卵後期中出現的生理變化不包括　(A) 黃體形成　(B) 卵巢分泌黃體素　(C) 子宮內膜增生　(D) LH 分泌達最高峰。

(　) 23. 有助子宮發育，利於胚胎著床的激素是　(A) FSH　(B) LH　(C) Estrogen　(D) Progesterone。

(　) 24. 正常著床是指囊胚附著並埋入到子宮的何部位？　(A) 子宮外膜　(B) 子宮肌膜　(C) 子宮內膜　(D) 子宮頸。

(　) 25. 下列何者與男性陰囊為同源器官？　(A) 大前庭腺　(B) 大陰唇　(C) 小陰唇　(D) 陰阜。

問答題

1. 請說明睪丸的構造及功能。
2. 精子由曲細精管開始經由那些生殖管道由尿道排出體外？
3. 說明卵巢的構造及功能。
4. 請述說男性精液的組成、pH 值及功能。
5. 請說明卵巢週期及子宮週期。
6. 何謂受精作用？正常發生的位置在何處？

7. 請列出與懷孕有關的激素。
8. 請敘述男性興奮時，交感、副交感神經作用的情況。
9. 曲細精管內的支持細胞有何功能？

解答：

1.(C) 2.(A) 3.(A) 4.(B) 5.(B) 6.(A) 7.(B) 8.(B) 9.(A) 10.(E)
11.(C) 12.(C) 13.(C) 14.(D) 15.(B) 16.(C) 17.(C) 18.(A) 19.(C) 20.(B)
21.(B) 22.(D) 23.(D) 24.(C) 25.(B)

索引

一畫

二畫

三畫

四畫

五畫

六畫

七畫

八畫

九畫

十畫

十一畫

十二畫

十三畫

十四畫

十五畫

十六畫

十七畫

十八畫

十九畫

二十畫

二十一畫

二十二畫

二十三畫

二十四畫

二十五畫

二十七畫

參考書目

1. Robert Carola: *Human Anatomy*. McGraw-Hill.Inc. 1992.
2. Martin Bartholomew: *Essential Anatomy & Physiology*. Prentice-Hill Inc. 2000.
3. Sylvia Mader: *Understanding Human Anatomy & physiology*. McGraw-Hill Inc. 2001.
4. John T. Hansen: *Netter's Atlas of Human Physiology*. MediMedia Inc. 2002.
5. Stuart Ira Fox:*Human Physiology*. McGraw-Hill Inc. 2004.
6. 許世昌（2002）。《解剖生理學》。台北：永大書局。

國家圖書館出版品預行編目資料

解剖生理學／袁本治、黃經著．——二版.——臺北市：五南, 2015.09
面； 公分

ISBN 978-957-11-8232-2 (平裝)

1.人體解剖學 2.人體生理學

397 104014351

5J27

解剖生理學

作　　者／袁本治　黃經(185.2、296.5)
發 行 人／楊榮川
總 編 輯／王翠華
主　　編／王俐文
責任編輯／許杏釧　李志宏　金明芬
插　　畫／徐玉蘋　王美玲　張丰慈
封面設計／斐類設計公司
出 版 者／五南圖書出版股份有限公司
地　　址／106臺北市大安區和平東路二段339號4樓
電　　話／(02)2705-5066　　傳　　真／(02)2706-6100
網　　址／http://www.wunan.com.tw
電子郵件／wunan@wunan.com.tw
劃撥帳號／01068953
戶　　名／五南圖書出版股份有限公司
法律顧問／林勝安律師事務所　林勝安律師
出版日期／2009年5月初版一刷
　　　　　2015年9月二版一刷
定　　價／新臺幣800元